제4판

행동과학을 위한 **기초 통계학**

Σ시그마프레스

행동과학을 위한 기초 통계학 제4판

발행일 | 2021년 6월 25일 1쇄 발행

지은이 | Susan A. Nolan, Thomas E. Heinzen
옮긴이 | 신현정
발행인 | 강학경
발행처 | ㈜시그마프레스
디자인 | 김은경
편 집 | 윤원진

등록번호 | 제10-2642호
주소 | 서울특별시 영등포구 양평로 22길 21 선유도코오롱디지털타워 A401~402호
전자우편 | sigma@spress.co.kr
홈페이지 | http://www.sigmapress.co.kr
전화 | (02)323-4845, (02)2062-5184~8
팩스 | (02)323-4197

ISBN | 979-11-6226-309-9

Essentials of Statistics for the Behavioral Sciences, 4th edition

40년 가까운 먼 옛날, 역자가 미국에 공부하러 가서 두 번째 학기에 심리통계학 강의조교(TA)를 맡았을 때 일이다. 덩치가 집채만 한 학생이 약속시간도 아닌데 느닷없이 찾아와서는 무슨 말인지 마구 쏟아내며 항의하는데 당최 알아들을 수가 없었다. 지금도 그렇지 않다고 할 수 없지만, 당시에는 영어가 능숙하지 않은 동양인을 얕잡아보고는 골려먹으려는 백인들이 많아서 겁부터 났던 게 사실이다.

차근차근 이야기를 나누다보니, 지난번 과제물에서 계산기가 알려준 대로 답을 썼는데 왜 틀렸다고 했느냐는 것이 불만의 요지이었다. 계산기가 더 정확하지 채점한 내가 더 정확할 수 없다는 게 그 학생의 주장이었다. 당시의 계산기는 가감승제나 제곱 또는 제곱근 연산 정도만을 할 수 있었으며 메모리 용량이 매우 작아서 소수점 처리도 두 자리 정도에서 그칠 정도로, 지금 기준으로 판단하면 한심하기 그지없는 것이었다. 10을 3으로 나누고 엔터키를 누르면 3.33이 나오는데, 다시 3을 곱하고 엔터키를 누르면 9.99가 된다. 과제물에 이런 순환소수가 되는 분수를 처리하는 (당시 미국의 유수 대학원에 유학을 간 한국 학생의 수준에서 보면) 암산으로도 계산할 수 있는 지극히 간단한 문제가 있었는데, 예컨대 이 학생이 9.99라고 적은 것을 내가 10.0이라고 고쳐서 일어난 해프닝이었다.

당시의 내 영어말하기 실력과 당황스러움 그리고 그 학생의 무식함으로 인해서, 계산기는 분수를 처리할 능력이 없으며, 계산이 정확하다는 말은 매우 가까운 근사치만을 빠른 속도로 알려주고, 일단 엔터키를 치면 그때까지의 연산결과를 알려줄 뿐 앞서 수행한 연산을 기억하지 못한다는 사실을 학생에게 이해시키는 데 무려 한 시간이나 걸렸다. 다행스럽게 그 학생도 인내심이 매우 강했는지 나의 어눌하지만 열성적인 설명을 열심히 경청해주어 가까스로 사태를 마무리 지을 수 있었다.

기억도 가물가물한 먼 옛날의 개인적 경험을 이렇게 미주알고주알 늘어놓은 까닭은 요즘 한국 대학생 중에도 이 정도까지는 아니더라도 수학공포증을 앓는 수포자가 빠르게 늘어난다는 안타까운 사실 때문이다. 통계학 때문에 심리학을 공부하기가 너무나 힘들다고 하소연하는 학생들도 많아졌다. 많은 원인이 있겠지만, 어릴 때부터 지나치게 기계에만 의존하며 성장한 것이 가장 큰 요인이 아닐까 싶다.

이 책을 번역하게 된 까닭은 무엇보다도 출판사의 요청이 있었기 때문이지만, 통계학 공포증으로 인해서 심리학을 비롯한 행동과학 공부를 포기하는 학생이 한 명이라도 줄어들기를 소망하였기 때문이다. 저자들도 서문에서 밝혔듯이, 이 책은 행동과학 통계의 기본만을 돌다리 두드려가면서 건너듯 차근차근 소개하고 있다. 역자의 입장에서는 다소 지겨운 작업이었으나, 이 책으로 도움을 받을 학생들이 있을 것이라는 기대를 가져본다. 다시 한번 말하건대, 이 책은 대단한 수학적 재능을 요구하지 않는다. 다만 이 책을 읽으면서 통계학 연습과 훈련을 받고자 하는 독자라면, 엉덩이가 무거워 책상 앞에 오래 앉아있기만 하면 된다.

번역하는 과정에서 역자가 일방적으로 처리한 부분이 있다. 전혀 필요하지 않은 군더더기라고 판단한 부분은 일부 생략하였다. 저자의 표현이 적합하지 않거나 한국 문화에 어울리지 않는다고 판단한 부분은 가능한 한 독자들이 쉽게 이해할 수 있도록 수정하였다. 물론 이 과정에서 교재의 내용을 왜곡한 부분은 전혀 없다고 생각한다. 만에 하나 교재의 내용을 잘못 전달한 부분이 있다면, 그것은 전적으로 역자의 책임이다. 독자 제현의 가차 없는 지적을 기대한다.

마지막으로 강학경 사장을 비롯하여 이 책을 출판하는 데 정성을 기울여준 (주)시그마프레스의 모든 분들, 그리고 작업공간을 내준 부산지사 문정현 부장에게 감사드린다.

2021년
금정산 스카이라인이 짙푸르게 바라다보이는 온천장에서 역자 신현정

통계학은 그 어느 때보다도 뜨겁다. 빅데이터의 시대다. 뉴욕타임스 기사에 따르면, 통계학은 지금 당장 여러분이 선택할 수 있는 가장 전도유망하고 흥미진진한 직업 선택지이며, 디지털시대에 가용한 (빅데이터라고 부르는) 엄청난 양의 정보 덕분에 신속하게 확장하고 있는 분야이다. 분야가 변하면 책 내용도 변하게 마련이다. 크라우드소싱 데이터(crowd와 outsourcing을 합성한 말로 대중들이 참여해서 만든 데이터), 반복연구 위기(replication crisis. 많은 과학연구가 반복 또는 재생하기 어렵거나 불가능하다), 오픈 사이언스 운동 등과 같은 첨단 주제에 대한 미묘한 논의를 포함하고 있다. 또한 전통적인 영가설 유의도 검증에 대한 비판도 제시한다. 이러한 비판과 관련하여, 책 전반에 걸쳐 효과크기와 신뢰구간 등을 포함한 '새로운 통계학'을 통합하고, 메타분석과 통계적 검증력을 모두 가르친다. 심지어는 베이즈 분석 이면의 기본 생각을 개관하는 부록도 포함시켰다. 이 책은 데이터를 찾고 생성하며, 데이터에 관한 어려운 질문을 던지고, 데이터 분석이 제공하는 피드백을 해석하며, 정확하고 응집적이며 데이터가 주도하는 속내를 드러내는 방식으로 데이터를 배열할 수 있도록 여러분을 훈련시킨다. 이러한 자질은 학생들에게 적절한 통계검증을 선택하는 방법을 가르쳐주고, 통계학을 더욱 과학적이고 윤리적인 방향으로 이동시키고 있는 새로운 도구들을 제공해준다. 이렇게 새로운 브랜드의 통계적 추리는 정보의 최첨단에 존재하는 것이 아니라 그 자체가 정보의 최첨단인 것이다.

"나는 통계학자이다."라고 큰 소리로 반복해보라. 우수한 통계학자가 되기 위해서 수학을 사랑해야만 하는 것은 아니다. 만일 변산성에 대해서 생각하고 있다면, 여러분은 이미 통계학자처럼 생각하고 있는 것이다. 직관의 힘과 같이 통계적 추리의 이점에는 자연스러운 경계가 있을 것이다. 그렇지만 어떤 경계에 직면해있다고 생각할 때마다, 누군가 그 경계를 부숴버리고는 노벨상을 수상하며, 행동과학을 더욱 강건하게 만들어감에 따라 나머지 사람들에게 더 창의적이 되도록 부추긴다.

감히 말하건대, 여러분은 이 책을 사랑하게 될 것이다.

통계학 가르치기(교수) 원리

마샤 로벳과 조엘 그린하우스(2000)는 이미 고전이 되어버린 설득력 있는 논문에서 통계학을 보다 효과적으로 가르치는 원리들을 제안하였다(모든 원리는 인지심리학의 경험적 연구에 근거한 것이다). 다른 연구자들도 계속해서 유용한 연구를 수행하고 있다 (Benassi, Overson, & Hakala, 2014; GAISE College Report ASA Revision Committee,

2016). 그리고 미국심리학회(APA)와 미국심리과학회(APS) 모두 최근에 데이터 분석 결과의 윤리적으로 투명한 보고를 위한 새로운 지침을 개발하였다(Appelbaum et al., 2018; Association for Psychological Science, 2017). 우리는 교수법의 설계에서부터 포함시킬 특정 사례의 결정에 이르기까지 이 통계교과서의 새로운 판을 만들 때마다 이 지침을 살펴본다. 통계학 교수법에 관한 연구로부터 다음과 같은 여섯 가지 원리가 출현하였으며, 이는 이 교과서의 내용을 주도하고 있다.

1. **연습과 참여.** 최근 연구는 광의적으로 정의한 능동적 학습이 학생들의 수행을 증진시키고 심리학을 포함한 과학 분야 수강에서의 실패율을 낮춘다는 사실을 보여주었다(Freeman et al., 2013). 이 원리는 강의실 바깥에서의 일에도 해당한다(Lovett & Greenhouse, 2000). 이러한 결과뿐만 아니라 미국통계학회의 지침(GAISE, 2016)에 근거하여, 우리는 학생들이 이 책 전반에 걸친 학습에 적극적으로 참여하기를 권장한다. 학생들은 자신의 지식을 많은 연습문제, 특히 개념 적용하기와 종합 절에서 연습해볼 수 있다. 이러한 연습문제들과 아울러 본문에 제시한 사례들에서, 실제 데이터의 출처를 제공하여 학생들이 더 깊이 있게 파고들기를 권장하고 있다.

2. **생생한 사례.** 연구자들은 학생들이 생생한 교육도구를 가지고 예시한 개념을 기억할 가능성이 매우 높다는 사실을 밝혀왔다(VanderStoep, Fagerlin, & Feenstra, 2000). 따라서 우리는 가능하다면 언제나 놀랍고도 생생한 사례를 사용하여 통계 개념을 기억할 만한 것으로 만들고자 하였다. 예컨대, 백상아리 크기를 가지고 표본을 설명하고, 허리케인을 가지고 혼입변인을 논의하며, 치폴레 식당의 부리또를 가지고 통제집단을 가르치고, 데이미언 허스트의 점묘화를 가지고 무선성을 설명하며, 비욘세의 주택 구입을 가지고 유명인사 예외값을 지적하는 식이다. 생생한 사례에는 기억가능성을 증진시키려는 사진이 수반되기 십상이다. 연구문헌을 넘어서서 외부에서 그러한 사례를 가져올 때는, 중요한 개념의 기억가능성을 높이기 위하여 행동과학의 연구사례와 연결시켰다.

3. **새로운 지식을 기존 지식과 통합시키기.** 새로운 자료를 기존 지식에 연결시킬 때, 학생들은 그 새로운 자료를 "필요할 때 새로운 지식을 학습하고 인출하며 사용할 수 있게 해주는 틀걸이"에 더 용이하게 내포시킬 수 있다(Ambrose & Lovett, 2014, 7쪽). 이 책 전반에 걸쳐서 새로운 개념을 학생들이 이미 알고 있는 것과 연계시키는 사례를 가지고 예증한다. 제1장에서는 리얼리티 프로그램의 순위시스템에 대한 학생들의 이해를 사용하여 서열변인을 설명한다. 제5장에서는 임신진단검사의 잠재적 오류가능성에 대한 학생들의 이해를 사용하여 1종 오류와 2종 오류 간의 차이를 가르친다. 제14장에서는 페이스북 프로파일의 예측력을 사용하여 회귀를 가르친다. 그리고 제15장에서는 헝거게임과 같은 대중적인 책 시리즈에 나오는 문장을 제시하여 학생들이 비모수적 가설검증을 이해하는 데 도움을 준다. 상이한 맥락에서의 학습은 학생들이 지식을 새로운 상황에 전이하는 것을 도와주기 때문에, 각

개념에 대한 다양한 사례를 사용한다. 전형적으로 첫 번째 사례는 이해하기 쉬운 것으로 시작하고, 보다 전형적인 행동과학 연구사례들이 뒤따른다.

4. **오해에 맞서기.** 역으로 어떤 유형의 사전 지식은 학생들의 진도를 느리게 만들 수 있다(Lovett & Greenhouse, 2000). 학생들은 독립성에서부터 변산성과 유의성 등과 같은 많은 통계학 용어를 알고 있다. 그렇지만 이 용어의 '일상적' 정의를 알고 있는 것이며, 이러한 사전 지식이 통계학적 정의의 학습을 지체시킬 수 있다. 이 책 전반에 걸쳐서, 이러한 핵심 용어들에 대하여 학생들이 가지고 있음직한 사전 이해를 지적하고, 그 이해를 새로운 통계학적 정의와 대비시켰다. 또한 제시한 용어를 이해할 수 있는 다양한 방식을 학생들에게 설명해주려는 목적을 가지고 있는 연습문제도 포함하고 있다. 여기에 덧붙여서 제5장에서는 착각상관, 확증편향, 우연한 동시발생 등을 통해서 또 다른 유형의 오해가 출현할 수 있는 방법을 소개하였다. 책의 나머지 부분에 걸쳐서 이러한 유형의 잘못된 생각을 사례를 통해서 조명하고, 통계학이 어떻게 이러한 오해에 대한 해독제가 될 수 있는지를 보여주었다. 예컨대, 휴가철 체중 증가가 심각한 문제라거나, 부정행위는 더 좋은 성적과 관련이 있다거나, 아니면 사람들이 맹세를 자주 하는 까닭은 제한된 어휘를 가지고 있기 때문이라는 등의 오해 말이다.

5. **실시간 피드백.** 학생들이 새로운 통계기법을 처음으로 시도할 때 실수를 저지르는 것은 드문 일이 아니다. 실제로는 실수할 것이라고 예상한다. 연구결과는 이러한 오류를 극복하는 최선의 방법 중의 하나가 학생들에게 즉각적인 피드백을 제공하는 것임을 보여준다(Kornell & Metcalfe, 2014). 그러한 이유로 인해서 모든 장에서 하나의 절이 끝나는 지점에 나오는 학습내용 확인하기 문제의 답 그리고 각 장의 말미에 제시한 연습문제 중에서 홀수번호 문제의 답을 책 말미에 포함시켰다. 중요한 사실은 단순히 최종 답만을 제공한 것이 아니라는 점이다. 학생들에게 모든 단계를 보여주는 완벽한 해결책과 최종 답에 도달하는 계산과정을 제공하였다. 그렇게 함으로써 학생들이 어디에서 길을 잃었는지를 정확하게 찾아낼 수 있다. 학생들이 자신의 실수를 즉각적으로 교정하거나 정확하게 답하였다는 피드백을 받을 때, 학습은 더 효율적이게 된다. 이 책에 내포되어 있으며 학생들이 모델로 사용할 수 있는 다른 유형의 피드백도 이러한 학습을 증폭시킨다. 여기에는 각 장에 들어 있는 풀이를 포함한 사례들과 각 장 말미의 부가적인 작동방법의 사례들이 포함된다. 로벳과 그린하우스(2000)가 설명한 바와 같이, "새로운 문제를 풀기에 앞서 풀이를 포함한 사례를 보는 것은 뒤따르는 문제해결을 더욱 용이한 과제로 만들어준다"(201쪽).

6. **반복.** 학습에서 '바람직한 난이도'의 역할에 관한 연구문헌이 증가하고 있다. 즉, 학생들이 지원을 받으면서 새로운 자료와 씨름할 때 더 잘 학습한다는 것이다 (Clark & Bjork, 2014). 반복이라는 핵심 아이디어에 바탕을 두고 있는 간격두기, 끼워넣기, 그리고 검증하기라는 세 가지 기법은 적절한 수준의 난이도를 생성하여

학생들이 보다 효율적으로 학습하도록 도와준다.

- 간격두기(spacing)는 동일한 자료에 대한 반복적인 연습 회기를 수반하는데, 회기 사이에 지연을 둔다. 이 책은 간격두기를 권장하는 방식으로 구성되었다. 예컨대, 각 장의 출발점에 있는 '시작하기에 앞서'는 학생들에게 앞에서 나왔던 자료를 개관할 기회를 제공한다. 각 장마다 여러 절의 '학습내용 확인하기'가 들어있으며, 더 많은 연습문제가 각 장의 말미에 포함되어 있다.

- 끼워넣기(interleaving)는 학생이 수행하는 연습의 유형을 뒤섞는 것을 지칭한다. 새로운 과제의 연습을 한 블록으로 묶기보다는 앞선 주제의 연습과 섞어서 반복하는 것이다. 앞선 개념과 함께 수행하는 반복연습이 기억을 증진시킨다. 각 장 말미 연습문제의 종합 절에서 끼워넣기를 부추기는 문제들을 구성하였는데, 선행 장에서 배운 개념들을 사용하도록 요구하는 문제들이다.

- 검증하기(testing)가 아마도 새로운 자료를 학습하는 최선의 방법이겠다. 공부만 하는 것은 학습을 증진시키는 바람직한 난이도를 초래하지 못하는 반면, 검증하기는 오류를 유발시켜 새로운 자료의 효율적인 기억을 주도한다. 각 장에서 반복적으로 제시하고 말미에 집중적으로 제시한 연습문제는 수많은 검증하기 기회를 제공한다. 우리는 학생들이 전통적이지만 효율성이 떨어지는 방식으로 공부하기보다는 제공한 것 이상으로 연습문제를 풀면서 반복적으로 연습할 것을 권한다.

통계학의 추세 : 다음에는 무엇이 나올까?

통계학 분야는 안정적이고 심지어는 고루한 것처럼 보일지도 모른다. 그렇지만 통계학에서 흥미진진한 혁명이 진행되고 있으며, 그러한 혁명은 다방면에서 일어나고 있다. 이 책에서 다룬 다섯 가지 추세는 다음과 같다.

추세 1 : 데이터의 시각적 제시   데이터 그래픽스는 데이터의 패턴을 찾고, 데이터가 주도하는 이야기를 들려주며, 가용한 엄청난 양의 정보에서 새로운 통찰을 얻기 위한 유망한 새로운 방법이다. 이 추세는 다가오고 있는 것이 아니다. 이미 우리에게 와있다. 그리고 이 분야에 연료를 공급해주는 모든 노력과 창의성을 억누르지 않는 수많은 의견을 필요로 한다. 요컨대, 이 분야는 참신하면서도 근면하고 창의적이면서도 시각 지향적인 행동과학자들을 필요로 한다. 우리는 제3장뿐만 아니라 그래프 작성을 소개하는 다른 여러 장에서도 학생들이 데이터를 시각화하는 데 더 많은 요령을 갖추도록 도움을 주고자 하였다.

추세 2 : 크라우드소싱   점차적으로 연구자들이 데이터를 크라우드소싱하고 있다. 소셜 미디어를 통하든, 온라인게임을 통하든, 아니면 다른 테크놀로지 도구를 통하든지 간에, 오늘날 많은 연구들이 수백만 개, 심지어는 수십억 개의 데이터 포인트를 가지고 있다. 제5장에서 우리는 이렇게 수집한 데이터 분석의 장단점을 소개하였다.

추세 3 : 재생가능성   주류 언론에서조차 행동과학에서의 '재생가능성 위기'에 관하여 숨이 가쁠 정도로 보도해왔다. 문제라고? 수많은 연구들이 두 번째(여러 번) 수행할 때는 원래의 결과를 반복하는 데 실패해왔다. 우리는 제7장에서 이렇게 눈에 뜨이는 행동과학 분야에 대한 도전거리를 개관하면서, 동시에 자기교정적 과학이 행동과학과 사회 모두에 유익할 가능성도 살펴보았다. 또한 저널 논문에 통계치를 보고하는 방법을 소개할 때, 데이터 윤리와 투명성을 증진시키려는 목적을 가지고 있는 미국심리학회(APA)의 새로운 논문 보고 기준도 소개하였다(Appelbaum et al., 2018).

추세 4 : '새로운 통계치'   행동과학 연구저널들은 점차적으로 발표하는 논문에 새로운 통계치, 특히 효과크기와 신뢰구간을 포함시킬 것을 요구하고 있다(APS, 2017; Appelbaum et al., 2018; Cumming, 2012). 우리는 제8장에서 통계치를 보고하는 데 있어서의 이러한 최근 변화 그리고 그 변화가 올바른 방향으로 첫발을 내딛는 것인 까닭을 알아보았다. 또한 제9장에서부터 제15장에 이르기까지 모든 가설검증과 아울러 적절한 새로운 통계치들도 소개하였다.

추세 5 : 베이즈 분석   아마도 통계학 혁명의 가장 큰 부분은 전통적인 가설검증을 폐기하고 베이즈 분석을 선호하려는 움직임이 시작된 것이겠다. 베이즈 분석이란 현재 데이터뿐만 아니라 연구하고 있는 주제에 관하여 이미 알고 있는 것까지도 고려하는 접근방법이다(Kruschke, 2010a). 우리는 부록 H에서 기본적인 베이즈 논리를 소개하고 많은 연구자들이 이 접근방법을 선호하는 이유를 탐색하였다. 향후 10년에 걸쳐 통계 접근방식에서의 지속적인 변화를 학생들이 살펴볼 것을 적극 권한다(GAISE, 2016).

교수법과 연습법

우리는 책 전반에 걸쳐 가능한 한 효율적이고 기억하기 용이하게 학생들을 통계학 개념과 연계시키고자 하였다. 책의 초점을 핵심 개념에 맞추어왔으며, 각 주제를 선명한 실세계 사례를 가지고 소개하였다. 우리의 교수법은 우선 개념의 숙달을 강조한 다음에 학생들에게 수학적 계산을 포함하여 각 통계방법의 단계별 과정을 보여주는 여러 사례를 제시하는 것이다. 모든 장에서 각 절 말미에 제시한 광범위한 학습내용 확인하기는 각 장 말미의 연습문제와 아울러 학생들에게 풍부한 연습기회를 제공하고 있다. 실제로 초판에 비하면 이번 판인 제4판에는 거의 두 배의 문제가 나와있다. 또한 책 전반에 걸쳐 다음과 같은 자질들을 미세조정함으로써 우리의 접근방식을 명확하게 하였다.

시작하기에 앞서

모든 장은 '시작하기에 앞서' 절로 출발하는데, 이 절은 그 장의 내용을 공부하기에 앞서 학생들이 숙달하고 있을 필요가 있는 개념들을 조명하고 있다.

시작하기에 앞서 여러분은

- 표본과 전집 간의 차이를 이해하여야만 한다(제1장).
- 집중경향, 특히 평균을 계산하는 방법을 알고 있어야만 한다 (제4장).

공식 숙달하기와 개념 숙달하기

통계학을 처음 접하는 학생들에게 가장 어려운 과제 중의 하나는 핵심을 확인하고 새로운 지식을 선행 장들에서 공부하였던 것과 연결시키는 것이다. 페이지 좌우 여백에 제시하는 공식 숙달하기와 개념 숙달하기는 학생들에게 처음 소개하는 모든 공식과 중요 개념을 이해하는 데 도움을 주는 설명을 제공해준다. 부록 E에서 그림 E-1("적합한 가설검증 선택하기")은 학생들에게 연구에 통계기법을 적용하는 방법을 보여주는 멋들어진 요약이다. 단 한 페이지에 책 전체를 요약한 것이다. 학생들은 이것을 신속하게 학습하고는 평생에 걸쳐 필요할 때 사용하게 될 것이다.

공식 숙달하기

8-2 : z 통계치에 대한 코헨의 d 의 공식은 다음과 같다.

$$d = \frac{(M - \mu)}{\sigma}$$

z 통계치의 공식과 동일하며, 단지 분모가 표준오차가 아니라 전집 표준편차라는 사실만 다르다.

개념 숙달하기

6-1 : 많은 변인의 분포는 수학적으로 정의된 단봉이며 대칭적인 산 모양의 곡선에 근접하고 있다.

예시적인 단계별 사례

이 책은 행동과학의 다양한 출처에서 나온 실세계 사례들로 충만하다. 많은 사례들은 이번 제4판에 처음 등장하였다. 통계기법들을 단계별로 제시하는 방식으로 개관함으로써 학생들이 각 개념을 데이터에 창의적이고 효과적으로 적용하도록 이끌어간다.

다음은 점수 개수가 짝수일 때 중앙값을 결정하는 사례이다. 극단적 예외값과 함께 두
번째로 큰 점수를 제외함으로써, 점수 개수는 48개가 되었다.

사례 4.4

| 단계 1 : 모든 점수를 오름차순으로 |
| 배열한다. |

5	16	17	48	53	54	55	74	87	87
88	91	95	100	101	102	114	118	122	123
126	142	143	156	160	168	178	184	190	191
199	213	223	224	225	228	239	241	257	265
270	276	292	302	309	336	345	360		

SPSS®

SPSS를 수업에 접목시키는 교수들을 위하여, 각 장에 학생들이 본문에 소개한 데이터를
사용하여 SPSS를 숙달하는 데 도움을 주도록 프로그램의 간략한 명령과 스크린샷을 포
함하였다. 각 장 말미의 연습문제와 책 말미 부록 C의 답은 학생들이 SPSS 프로그램의
학습을 확인하는 데 도움을 준다.

SPSS®

제2장의 전염성 강한 비디오 데이터를 사용하여 이 장에서 논의
한 기술통계치를 확인하는 데 SPSS를 사용할 수 있다. 우선 스크
린샷에서 보는 것처럼 데이터를 입력한다. (4,586초의 예외값을
포함시키지 않는다.)

'비디오 길이' 변인의 수치 목록을 얻기 위해서 다음을 선택
한다. 분석(Analyze) → 기술통계량(Descriptive Statistics) → 빈
도 분석(Frequencies). 그 후 관심의 대상인 '비디오 길이'를 하
이라이트한 다음에 화살표를 클릭하여 왼쪽에서 오른쪽 측면으

로 이동시킨다. 그런 다음에 다음을 선택한다. 통계치(Statistics)
→ 평균(Mean), 중앙값(Median), 최빈값(Mode), 표준편차(Std
deviation), 변량(Variance), 범위(Range) → 계속(Continue) → 확
인(OK). 여러분도 알아차렸겠지만, SPSS가 제공할 수 있는 여러
가지 다른 기술통계치들이 존재한다(예컨대, 최소점수, 최대점
수 등).

데이터와 출력은 스크린샷에 나와있는 것처럼 보이게 된다.
SPSS는 출력에 빈도표도 지정값으로 제공해준다.

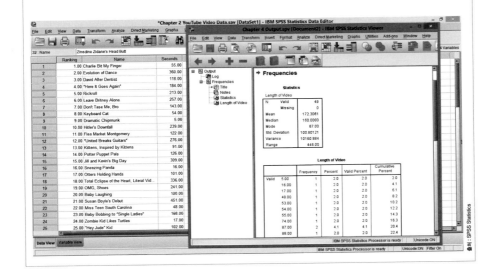

작동방법 : 단계별 풀이과정을 동반한 각 장의 내용에 대한 연습문제

많은 학생들은 장 말미에 연습문제가 나타나면 불안감을 표출한다. 그 불안감을 달래주기 위해서, 작동방법 절은 학생들에게 장 말미의 연습문제를 대표하는 문제들을 단계별 풀이와 함께 제시한다. 이 절은 연습문제 전에 나오며 개념 적용하기와 종합이라는 보다 도전적인 문제들의 모델로 작동한다. 이 판에는 실제 행동과학 연구결과에 기반한 새로운 연습문제들을 많이 포함하고 있다.

작동방법

15.1 카이제곱 적합도 검증 수행하기

벡델검사를 들어본 적이 있는가? 앨리슨 벡델은 영화(또는 픽션 작품)가 최소한도 성별 평등을 시도하였는지를 결정하는 간단한 기준을 개발하였다. 그 검사는 다음과 같다. 여러분은 다음 세 가지 질문에 '그렇다'고 답할 수 있어야 한다. (1) 영화에는 적어도 두 명의 여성이 등장합니까? (2) 둘이 서로 대화를 합니까? (3) 대화내용에 남자와 관련되지 않은 것이 있습니까? 이러한 세 가지 기준을 충족하는 영화를 찾기가 놀라울 정도로 어렵다. 연구자들은 시나리오작가의 성별이 영화의 성별 평등에 미치는 효과를 살펴보았다(Friedman, Daniels, & Blinderman, 2016). 전적으로 남자가 집필한 고수익 영화의 53%가 벡델검사를 통과하지 못하였다. 적어도 한 명의 여성 작가가 관여하였으며 유사한 정도로 성공적인 영화의 경우는 어떨까? 집필팀에 적어도 한 명의 여성이 들어있는 상위 61편의 영화 표본에서 23편이 검사를 통과하지 못하였으며 38편만이 통과하였다. 어떻게 벡델검사를 사용하여 카이제곱 적합도 검증에서 가설검증의 여섯 단계를 실시할 수 있겠는가?

단계 1 : 전집 1 : 집필팀에 적어도 한 명의 여성이 포함된 고수익 영화. 전집 2 : 전적으로 남성이 집필한 고수익 영화.

엑셀(Excel) 프로그램을 사용하여 더 우수한 그래프 작성하기

이 판에 새로 추가된 부록(부록 G)은 그래프 그리기에 관한 제3장의 내용을 강조하며, 학생들에게 엑셀 프로그램을 사용하여 명확하고도 알아보기 쉬운 그래프를 작성하는 기초를 제공한다. 교재의 사례를 사용하여 그래프를 작성한 다음에 더욱 뛰어난 그래프를 위한 기준을 충족하도록 엑셀의 지정값을 변경하는 단계들을 학생들에게 제시한다.

게임 디자인과 연습

사용자가 더 높은 수준의 성과를 올릴 수 있도록 반복과 작은 변화를 사용하는 컴퓨터 게임과 마찬가지로, 이 책 **행동과학을 위한 기초 통계학**(*Essentials of Statistics for the Behavioral Sciences*)은 각 장마다 자신감을 불어넣어 주는 학습내용 확인하기 절로 시작하여 점진적으로 어려운 도전거리를 제시하고 있다. 교재에 포함된 1,000개 이상의 연습문제 대부분은 저자들이 실제 데이터에 바탕을 두고 작성한 것이며, 교수와 학생 모두가 가장 흥미진진한 연습문제들을 선택할 수 있다. 학생들은 다음과 같은 네 가지 유형의 연습문제 중에서 선택함으로써 과학저널에서 사용하는 통계분석법을 실시하고, 결과를 해석하고 이해하며 통계치를 보고하는 능력을 개발할 수 있다.

● 개념 명료화하기 문제는 학생들이 각 주제의 보편적 개념, 통계 용어 그리고 개념적 가정을 숙달하는 것을 도와준다.

● 통계치 계산하기 연습은 학생들에게 각 공식과 통계치의 기본 계산을 연습하는 방법을 제공한다.

● 개념 적용하기 연습은 학생들에게 행동과학에 걸쳐 실세계 상황에 통계학적 물음을 적용하고 개념에 대한 지식과 계산을 연결시킬 것을 요구한다.

● 종합 연습은 학생들에게 그 장에서 공부한 개념을 실세계 상황에 적용함과 동시에 선행 장들에서 공부한 아이디어와 연계시키도록 조장한다.

요약 차례

제1장	통계학과 연구설계 입문	1
제2장	빈도분포	27
제3장	데이터의 시각적 표현	53
제4장	집중경향과 변산성	89
제5장	표집과 확률	115
제6장	정상곡선, 표준화, z 점수	147
제7장	z 검증을 통한 가설검증	183
제8장	신뢰구간, 효과크기, 그리고 통계적 검증력	217
제9장	단일표본 t 검증과 대응표본 t 검증	253
제10장	독립표본 t 검증	295
제11장	일원 변량분석	325
제12장	이원 집단간 변량분석	389
제13장	상관	433
제14장	회귀	465
제15장	카이제곱 검증	505

차례

제1장 　 통계학과 연구설계 입문

통계의 두 갈래 3
　기술통계 3
　추론통계 3
　표본과 전집 구분하기 3

관찰을 변인으로 변환하는 방법 4
　불연속 관찰 5
　연속 관찰 5

변인과 연구 7
　독립변인, 종속변인, 혼입변인 8
　신뢰도와 타당도 9

가설검증 입문 11
　혼입변인을 제어한 실험 수행하기 12
　집단간 설계와 집단내 설계 14
　상관연구 15

제2장 　 빈도분포

빈도분포 28
　빈도표 28
　묶은 빈도표 32
　히스토그램 35
　빈도다각형 38

분포의 모양 40
　정상분포(정규분포) 40
　편중분포(비대칭분포, 편포) 40

제3장 　 데이터의 시각적 표현

시각적 통계법으로 속임수를 쓰는 방법 55
　"이미 발표된 그래프 중에서 가장 허위적인 것" 55
　그래프로 대중을 호도하는 기법 55

그래프의 보편적 유형 58
　산포도 58
　선그래프 60
　막대그래프 62

그림그래프 64
　파이차트 64

그래프 작성법 67
　적합한 그래프 유형 선택하기 67
　그래프 읽는 방법 68
　그래프 작성 지침 69
　그래프의 미래 70

제4장   집중경향과 변산성

집중경향   90

평균 : 산술평균   91
중앙값 : 중간 점수   94
최빈값 : 가장 빈번한 점수   95
예외값이 집중경향에 미치는 영향   97
어느 집중경향 측정치가 최선인가?   99

변산성 측정치   101

범위   101
변량   102
표준편차   104

제5장   표집과 확률

표본과 그 전집   116

무선표집   117
편의표집   118
편중표본의 문제점   120
무선할당   121

확률   123

동시발생과 확률   123
상대적 빈도에 근거한 기대확률   125
독립성과 확률   126

추론통계   128

가설 세우기   128
가설에 관한 결정 내리기   129

1종 오류와 2종 오류   132

1종 오류   132
2종 오류   133
1종 오류의 충격적인 발생률   133

제6장   정상곡선, 표준화, z 점수

정상곡선   148

표준화, z 점수, 그리고 정상곡선   152

표준화의 필요성   152
원점수를 z 점수로 변환하기   153
z 점수를 원점수로 변환하기   157
z 점수를 사용하여 비교하기   159

z 점수를 퍼센타일로 변환하기   160

중심극한정리   162

평균분포 생성하기   164
평균분포의 특성   166
중심극한정리를 사용하여 z 점수를 가지고 비교하기   169

제7장 z 검증을 통한 가설검증

z 점수표   184

원점수, z 점수, 그리고 백분율   185
z 점수표와 평균분포   191

가설검증의 가정과 단계   194

가설검증의 세 가지 가정   194
가설검증의 여섯 단계   195
반복연구   196

z 검증 사례   201

제8장 신뢰구간, 효과크기, 그리고 통계적 검증력

새로운 통계치 219

신뢰구간 221
  구간 추정치 221
  z 분포에서 신뢰구간 계산하기 222

효과크기 225
  통계적 유의성에 대한 표본크기의 효과 226

효과크기란 무엇인가? 228
  코헨의 d 228
  메타분석 231

통계적 검증력 235
  통계적 검증력의 중요성 236
  통계적 검증력에 영향을 미치는 다섯 가지 요인 238

제9장 단일표본 t 검증과 대응표본 t 검증

t 분포 255
  표본에서 전집 표준편차 추정하기 255
  t 통계치를 위한 표준오차 계산하기 258
  표준오차를 사용하여 t 통계치 계산하기 258

단일표본 t 검증 259
  t 점수표와 자유도 260
  단일표본 t 검증의 여섯 단계 262
  단일표본 t 검증에서 신뢰구간 계산하기 264

단일표본 t 검증에서 효과크기 계산하기 267

대응표본 t 검증 268
  평균차이 분포 269
  대응표본 t 검증의 여섯 단계 270
  대응표본 t 검증에서 신뢰구간 계산하기 274
  대응표본 t 검증에서 효과크기 계산하기 276
  순서효과와 역균형화 276

제10장 독립표본 t 검증

독립표본 t 검증 수행하기 296
  평균 간 차이 분포 297
  독립표본 t 검증의 여섯 단계 298
  통계치 보고하기 305

가설검증 뛰어넘기 307
  독립표본 t 검증에서 신뢰구간 계산하기 307
  독립표본 t 검증에서 효과크기 계산하기 309

제11장 일원 변량분석

셋 이상의 표본에서 F 분포 사용하기 327
  셋 이상을 비교할 때의 1종 오류 327
  z와 t 통계치의 확장으로서 F 통계치 328
  변산을 분석하여 평균을 비교하기 위한 F 분포 328
  F 점수표 329
  변량분석(ANOVA)의 용어와 가정 329

일원 집단간 변량분석 332
  계산을 제외한 변량분석의 모든 것 332
  F 통계치의 논리와 계산 337
  결정 내리기 345

일원 집단간 변량분석을 통한 가설검증 넘어서기 348
R^2, 변량분석의 효과크기 348
사후검증 349
투키 HSD 검증 350

일원 집단내 변량분석 353
집단내 변량분석의 이점 354

가설검증의 여섯 단계 354

일원 집단내 변량분석을 통한 가설검증 넘어서기 361
R^2, 변량분석의 효과크기 361
투키 HSD 검증 362

제12장   이원 집단간 변량분석

이원 변량분석 391
이원 변량분석을 사용하는 이유 392
이원 변량분석의 세부 용어 393
두 개의 주효과와 하나의 상호작용 394

변량분석에서 상호작용 이해하기 396
상호작용과 공공정책 396

상호작용 해석하기 397

이원 집단간 변량분석 수행하기 406
이원 변량분석의 여섯 단계 407
이원 변량분석에서 네 가지 변산원 확인하기 412
이원 변량분석에서의 효과크기 417

제13장   상관

상관의 의미 434
상관의 특성 434
상관은 인과가 아니다 438

피어슨 상관계수 440
피어슨 상관계수 계산하기 440

피어슨 상관계수를 사용한 가설검증 444

심리측정에서 상관 적용하기 447
신뢰도 447
타당도 448

제14장   회귀

단순선형회귀 466
예측 대 관계 467
z 점수의 회귀 468
회귀식 결정하기 471
표준회귀계수 그리고 회귀의 가설검증 475

해석과 예측 478
회귀와 오차 478

상관의 제한점을 회귀에 적용하기 479
평균으로의 회귀 480
오차의 비례적 감소 481

중다회귀 487
회귀식 이해하기 487
일상생활에서의 중다회귀 490

제15장   카이제곱 검증

비모수적 통계   507
  비모수적 검증의 사례   507
  비모수적 검증의 사용 시점   508

카이제곱 검증   509
  카이제곱 적합도 검증   509

카이제곱 독립성 검증   515

가설검증을 넘어서서   522
  크레이머 V, 카이제곱의 효과크기   522
  카이제곱 비율 그래프 그리기   523
  상대적 위험도   524

부록

부록 A : 기초 수학
부록 B : 통계표
부록 C : 홀수 연습문제의 답
부록 D : 학습내용 확인하기의 답
부록 E : 적절한 통계검증 선택하기

부록 F : 통계치 보고하기
부록 G : 엑셀(Excel) 프로그램을 사용하여 더 우수한 그래프 작성하기
부록 H : 데이터 분석에서 베이즈 접근방법

 이 책의 부록은 시그마프레스 홈페이지(www.sigmapress.co.kr) 내 일반자료실에서 찾을 수 있습니다.

통계학과 연구설계 입문

1

통계의 두 갈래
    기술통계
    추론통계
    표본과 전집 구분하기

관찰을 변인으로 변환하는 방법
    불연속 관찰
    연속 관찰

변인과 연구
    독립변인, 종속변인, 혼입변인
    신뢰도와 타당도

가설검증 입문
    혼입변인을 제어한 실험 수행하기
    집단간 설계와 집단내 설계
    상관연구

시작하기에 앞서 여러분은

■ 우선 기초 수학을 숙지해야 한다(부록 A에 나와있는 기초 수학을 참조).

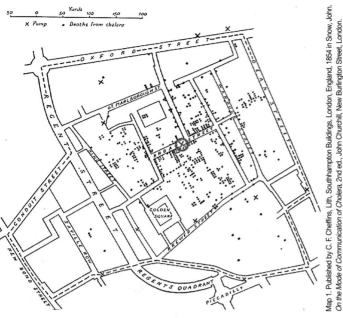

Map 1. Published by C. F. Cheffins, Lith, Southampton Buildings, London, England, 1854 in Snow, John. *On the Mode of Communication of Cholera*, 2nd ed., John Churchill, New Burlington Street, London.

존 스노의 유명한 지도　존 스노 박사는 브로드가에 있는 우물과 관련하여 콜레라 사망자들을 지도에 표시함으로써, 어떻게 콜레라가 급작스럽게 그토록 많은 사람들에게 전파되었는지에 관한 절박한 수수께끼를 해결하였다. 지도상 ⓧ는 모두 그 지역에 있는 우물이다. 그중 ⓧ가 브로드가의 우물이다. 각 점은 그 주소지에 살던 사람이 콜레라로 사망한 위치를 나타내며, 브로드가 우물 주변에서 사망 사례의 군집을 명확하게 볼 수 있다(다른 우물 주변은 그렇지 않다). 스노는 사망자들이 특정 음용수 공급원에 더 가깝게 위치한다는 사실을 입증하기 위하여 다른 X(우물)를 포함시키는 데 신중을 기하였다.

통계는 생명을 구한다.

1854년 영국 런던에는 전염병인 콜레라가 무시무시할 정도의 전파속도와 눈에 뜨이는 무작위성을 나타내면서 창궐하였다. 첫 열흘 동안 500명 정도가 사망하였는데, 어느 누구도 그 이유를 알지 못하였다. 관련된 사람들이 알고 있는 것은 오직 그 질병이 감염자를 섬뜩할 정도로 탈수시킨다는 사실뿐이었다. 감염자가 아무리 많은 물을 마신다고 하더라도 말이다. 마치 1854년 늦여름 동안 저승사자가 런던의 골든스퀘어 지역을 무작위로 돌아다니기로 결정하였던 것처럼 보였다. 535명을 수용하고 있던 한 구빈원(17세기 이후 설립되었던 영국의 강제노역소)에서는 소수의 사람만이 희생되었으며 70명이 근무하던 이웃 양조장에는 전염병이 발생하지도 않았지만, 근처의 또 다른 공장에서는 18명이나 사망하고 말았다.

존 스노(John Snow) 박사는 여러 해에 걸쳐 콜레라가 어떻게 한 사람으로부터 다른 사람에게 전파되는지를 밝히고자 악전고투해왔다(Vinten-Johansen et al., 2003). 그는 눈에 뜨이는 무작위성 이면에 숨어있는 패턴을 찾고 있었다. 지도에서 콜레라 환자의 집 위치를 표시한 다음에 근처에 있는 우물 각각에 X 표지를 덧붙였다. 결국 시각적으로 나타낸 이 데이터는 그 우물로부터의 거리와 사망자 숫자 간의 관계를 드러내고 말았다! 집이 브로드가(街)에 있는 우물(지도에서 동그라미를 친 X)과 가까울수록, 콜레라로 인한 사망사고가 발생하였을 가능성이 높았던 것이다.

스노는 '우물의 펌프 손잡이를 제거하라'는 간단한 해결책을 제안하였는데, 이 제안은 그 당시 행정책임자들을 당황하게 만들었다. 놀랍게도 우여곡절 끝에 행정당국이 브로드가 우물의 펌프 손잡이를 제거하자(즉, 물 공급을 차단하자), 콜레라 사망자 수가 극적으로 감소하였다. 그렇기는 하지만 스노는 여전히 다음과 같은 통계적인 문제에 직면하고 있었다. 즉, 콜레라로 인한 사망률은 이미 손잡이를 제거하기 전부터 감소하고 있었다. 어떻게 이런 일이 일어났던 것인가? 스노의 개입이 정말로 효과가 있었는가? 답은 충격적인 동시에 통찰을 제공해준다. 브로드가 주변에 살던 사람들이 너무나도 많이 사망하거나 도망을 갔기 때문에 전염병에 감염될 인구수 자체가 줄어들었던 것이다.

통계의 두 갈래

스노 박사의 통계학적 재능과 연구는 생명을 구하였을 뿐만 아니라 현대통계학의 두 가지 기본 갈래, 즉 기술통계와 추론통계(추리통계)를 예측하게 만들었다.

기술통계

기술통계(descriptive statistic)는 일단의 양적 관찰치를 체제화하고 요약하며 전달한다. 기술통계는 많은 양의 데이터를 하나 또는 소수의 수치로 기술한다. 피트 또는 미터라는 친숙한 측정단위를 사용한 예를 보자. 내셔널 지오그래픽(2015)은 웹사이트에 성장한 백상아리의 평균 길이가 15피트(4.6미터)라고 보도하였다. 그렇지만 그것은 단지 평균치일 뿐이다. 어떤 백상아리는 20피트(6미터)까지도 자란다! 대부분의 대학기숙사 방도 그만큼 크지 않다. 백상아리의 평균 길이가 기술통계치인 까닭은 많은 백상아리의 길이를 단지 하나의 수치로 기술하고 있기 때문이다. 평균을 보고하는 단일 수치는 연구자들이 지금까지 관찰해온 모든 백상아리의 길이를 나열한 기나긴 목록보다 더 명료하게 관찰결과를 전달해준다.

추론통계

추론통계(inferential statistic)는 표본 데이터를 사용하여 보다 큰 전집에 관해 추정한다. 추론통계는 전집에 관하여 추론하거나 합리적인 추측을 한다. 예컨대, 내셔널 지오그래픽에 데이터를 제공한 연구자들은 이 세상에 존재하는 모든 백상아리를 실제로 측정하지 않았음에도 불구하고 백상아리 길이에 관하여 추론하였다. 오히려 연구자들은 전체 전집에 관한 합리적 추측을 수행하기 위하여 소규모의 대표집단을 연구하였다.

기술통계는 일단의 양적 관찰치를 체제화하고 요약하며 전달한다.

추론통계는 표본 데이터를 사용하여 보다 큰 전집에 관해 추정한다.

표본은 관심의 대상인 전집으로부터 추출한 일련의 관찰치 집합이다.

전집은 무엇인가 알아내고자 하는 것에 관한 모든 가능한 관찰치를 포함한다.

표본과 전집 구분하기

표본(sample)은 관심의 대상인 전집으로부터 추출한 일련의 관찰치 집합이다. 일반적으로 연구자는 표본을 연구하지만 실제로는 **전집**(population)에 관심을 가지고 있으며, 전집이란 무엇인가 알아내고자 하는 것에 관한 모든 가능한 관찰치를 포함한다. 예컨대, 연구자가 사용한 백상아리 표본에서의 평균 길이를 사용하여 세상에 존재하는 모든 백상아리 전집의 평균 길이를 추정하였으며, 후자가 바로 내셔널 지오그래픽의 관심사이다.

거의 대부분의 연구에서 표본을 사용하는 까닭은 연구자가 전집에 포함된 모든 사람(또는 백상아리, 조직체, 실험

기술통계는 정보를 요약한다 모든 백상아리의 길이를 끝없이 나열한 목록을 제시하는 것보다는 많은 백상아리의 길이를 요약한 단일 수치를 사용하는 것이 더 유용하다.

실 쥐 등)을 연구할 수는 없기 때문이다. 무엇보다도 전집 연구에는 너무나 많은 비용이 든다. 이에 덧붙여서 너무나 오랜 시간이 걸린다. 스노 박사는 브로드가의 모든 사람을 인터뷰하려고 하지 않았다. 사람들이 너무나도 빠른 속도로 죽어가고 있었던 것이다! 다행스럽게도 그가 표본에서 찾아낸 사실은 더 큰 전집에도 적용되었다.

학습내용 확인하기		
개념의 개관	>	기술통계는 일단의 양적 관찰치를 체제화하고 요약하며 전달한다.
	>	표본 데이터와 씨름하는 연구자는 추론통계를 사용하여 큰 전집에 관한 결론을 도출한다.
	>	표본, 즉 전집의 선택적 관찰은 그 전집을 대표하려는 의도를 갖는다.
개념의 숙달	1-1	추론통계에서는 표본과 전집 중 어느 것을 사용하는가?
통계치의 계산	1-2a	만일 담당교수가 통계학 수강생의 평점을 계산하였다면, 그것은 기술통계치인가 아니면 추론통계치인가?
	1-2b	만일 미래의 통계학 수강생에 관해 무엇인가를 예측하는 데 위의 평점을 사용한다면, 그것은 기술통계치인가 아니면 추론통계치인가?
개념의 적용	1-3	연구자인 앤드루 겔만은 자신의 연구를 뉴욕타임스(2013)에 다음과 같이 기술하였다. "보통의 미국인은 대략 600명을 알고 있다. 그렇다는 사실을 어떻게 알 수 있는가? 컬럼비아대학의 내 동료인 티안 쩽이 이끄는 연구팀은 1,500명의 미국인으로 구성된 대표표본에게 일련의 질문을 던졌다." a. 무엇이 표본인가? b. 무엇이 전집인가? c. 무엇이 기술통계치인가? d. 무엇이 추론통계치인가?

학습내용 확인하기의 답은 부록 D에서 찾아볼 수 있다.

관찰을 변인으로 변환하는 방법

모든 사람은 존 스노와 마찬가지로 관찰을 하고 그 관찰치를 유용한 형식으로 변환하는 것으로 연구과정을 시작한다. 예컨대, 스노는 콜레라로 사망한 사람의 거주 위치를 관찰하고, 그 지역의 우물들도 보여주는 지도에 거주 위치를 표시하였다. 콜레라 사망자의 수 그리고 브로드가 우물까지의 거리는 모두 변인이다. **변인**(variable)이란 상이한 값을 취할 수 있는 물리, 태도, 행동 특성 등의 관찰을 말한다. 행동과학자는 흔히 동기와 자존감 등과 같은 추상적 변인을 연구한다. 과학자는 자신의 관찰을 수치로 변환하는 것으로 연구과정을 시작한다.

연구자는 변인을 수량화하기 위하여 불연속 수량 관찰치와 연속 수량 관찰치 모두를

변인은 상이한 값을 취할 수 있는 물리, 태도, 행동 특성 등의 관찰을 말한다.

사용한다. **불연속 관찰**(discrete observation)은 오직 특정 값(예컨대, 정수)만을 취할 수 있으며, 정수 사이에 해당하는 어떤 값도 존재할 수 없다. 예컨대, 실험 참가자가 특정한 1주일 동안에 일찍 기상한 횟수를 측정하였다면, 가능한 값은 오직 정수일 뿐이다. 각 참가자가 특정 1주일 동안에 0~7회에 걸쳐 일찍 기상할 수는 있지만 1.6회나 5.92회는 불가능하다.

연속 관찰(continuous observation)은 전체 범위의 모든 값(예컨대, 소수점 이하의 수치)을 취할 수 있으며, 무한한 수의 잠재적 값이 존재한다. 예컨대, 참가자가 어떤 과제를 12.83912초에 수행하거나 백상아리의 길이가 13.83피트일 수 있다. 가능한 값이 연속적이며, 선택한 소수점 이하 자릿수에 의해서만 제한을 받는다.

불연속 관찰

다음과 같은 두 가지 유형의 관찰, 즉 명목변인과 서열변인은 항상 불연속적이다. **명목변인**(nominal variable)은 범주나 이름을 값으로 갖는 관찰에 사용한다. 예컨대, 데이터를 통계 프로그램에 집어넣을 때, 연구자는 남성 참가자를 숫자 1로, 그리고 여성 참가자를 숫자 2로 부호화할 수 있다. 이 경우에 숫자는 단지 각 참가자의 성별 범주를 나타낼 뿐이다. 그 숫자는 다른 어떤 의미도 함축하지 않는다. 예컨대, 남성이 첫 번째 숫자를 갖기 때문에 여성보다 더 우월하지 않으며, 숫자 2로 부호화하기 때문에 여성이 남성보다 두 배 더 우월하지도 않다. 명목변인은 항상 불연속적(정수)이라는 사실을 명심하기 바란다.

서열변인(ordinal variable)은 순위(예컨대, 1등, 2등, 3등…)를 값으로 갖는 관찰에 사용한다. 예컨대, 텔레비전 리얼리티 프로그램에서 특정 참가자는 특정 순위로 시즌을 마감하게 된다. 우승자가 차순위자보다 약간만 우수했던 아니면 훨씬 더 우수했던 그것은 문제가 되지 않는다. 그리고 선거에서 승자가 패자보다 한 표를 앞섰든 아니면 100만 표를 앞섰든 그것도 문제가 되지 않는다. 서열변인도 명목변인과 마찬가지로 항상 불연속적이다. 참가자는 1등이거나 3등이거나 12등일 수는 있지만, 1.563등일 수는 없다.

연속 관찰

다음과 같은 두 유형의 관찰, 즉 등간변인과 비율변인은 연속적일 수 있다. **등간변인**(interval variable)은 수치를 값으로 갖는 관찰에 사용하는데, 연속하는 두 값 간의 거리(또는 간격)가 일정하다고 가정한다. 예컨대, 온도가 등간변인인 까닭은 이웃한 값 간의 간격(예컨대, 1도와 2도 간의 간격, 5도와 6도 간의 간격)이 항상 동일하기 때문이다. 1주일 동안 일찍

> **불연속 관찰**은 오직 특정 값(예컨대, 정수)만을 취할 수 있으며, 정수 사이에 해당하는 어떤 값도 존재할 수 없다.
>
> **연속 관찰**은 전체 범위의 모든 값(예컨대, 소수점 이하의 수치)을 취할 수 있으며, 무한한 수의 잠재적 값이 존재한다.
>
> **명목변인**은 범주나 이름을 값으로 갖는 관찰에 사용한다.
>
> **서열변인**은 순위(예컨대, 1등, 2등, 3등…)를 값으로 갖는 관찰에 사용한다.
>
> **등간변인**은 수치를 값으로 갖는 관찰에 사용하는데, 연속하는 두 값 간의 거리(또는 간격)는 일정하다고 가정한다.

서열변인은 순위를 갖는다 미국의 시몬 바일스는 2016년 리우올림픽 체조 여자 도마 종목에서 금메달을 획득하였다. 러시아의 마리아 파세카가 은메달을 그리고 스위스의 기울리아 스타인그루버가 동메달을 획득하였다. 이것은 서열변인이기 때문에 바일스가 파세카와 스타인그루버보다 얼마나 우수한 기량을 발휘하였는지에 관계없이 1등, 2등, 3등이 된 것이다.

1-2 : 변인의 세 가지 기본 유형은 명목(또는 범주)변인, 서열(또는 순위)변인, 그리고 척도변인이다. 세 번째 유형(척도변인)에는 등간변인과 비율변인이 모두 포함되는데, 측정치 간의 거리(간격)가 의미를 갖는다.

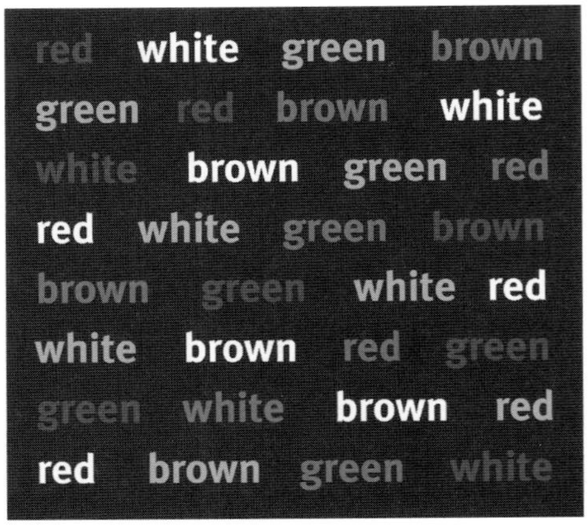

그림 1-1

반응시간과 스트룹 검사

스트룹 검사는 예컨대 흰색으로 쓴 '빨강'이라는 단어와 같이, 상이하거나 동일한 색깔로 적은 단어 목록에서 단어 그 자체 또는 단어를 쓴 색깔을 말하는 데 걸리는 시간을 평가한다. 단어와 색깔이 다를 경우 단어를 읽는 시간은 늘어나지 않지만 색깔을 말하는 시간은 늘어나게 된다. 여기서 반응시간(목록을 읽는 데 걸리는 시간)이 비율변인(척도변인이라고도 부른다)이다. (스트룹 검사의 자세한 내용은 인지심리학 책을 참조.)

기상한 날의 수와 같이, 어떤 등간변인은 불연속 관찰이기도 하다. 이 것이 등간변인인 까닭은 관찰치 간의 간격이 동일하다고 가정하기 때문이다. 1회와 2회 간의 차이는 5회와 6회 간의 차이와 동일하다. 그렇지만 이러한 관찰이 불연속적인 까닭은, 앞서 지적한 바와 같이 1주일 내의 날짜 수는 정수일 수밖에 없기 때문이다. 성격 측정치와 태도 측정치 같은 몇몇 행동과학 측정치는 등간 측정치이면서 동시에 불연속적일 수 있다.

때때로 1주일에 일찍 기상한 횟수와 같은 불연속 등간변인은 **비율변인**(ratio variable), 즉 등간변인의 기준을 만족하면서 동시에 의미 있는 영점(零點)도 가지고 있는 변인이기도 하다. 예컨대, 어떤 사람이 하루도 일찍 기상하지 않았다면, 0은 의미를 갖는 관찰이 되며 다양한 삶의 상황을 반영할 수 있다. 아마도 그 사람은 해고되었거나, 은퇴하였거나, 아프거나, 아니면 단지 휴가 중일 수 있다. 불연속 비율변인의 또 다른 사례는 쥐가 먹이를 얻기 위하여 지렛대를 누른 횟수이다. 이 변인도 진정한 영점을 가지고 있다. 즉, 쥐가 지렛대를 결코 누르지 않을 수 있다(그래서 계속 배가 고프다). 불연속적이지 않은 비율변인에는 농구경기의 남은 시간, 그리고 달리기 경주에서 결승선을 통과한 시간 등이 포함된다.

많은 인지심리학 연구는 사람들이 어려운 정보를 얼마나 빠르게 처리하는지를 측정하는 반응시간이라는 비율변인을 사용한다. 예컨대, 스트룹 검사는 '빨강'이나 '녹색'이라는 색이름을 다른 색깔의 잉크로 적은 목록(그림 1-1)을 읽는 데 걸리는 시간을 평가한다. 만일 여러분이 녹색으로 적은 '빨강'을 정확하게 '빨강'으로 읽는 데 1.264초가 걸린다면, 그 반응시간은 비율변인이다. 시간은 항상 의미 있는 영점을 함축한다.

많은 컴퓨터 통계 프로그램에서 등간 측정치와 비율 측정치를 모두 척도 관찰치라고 부르는 까닭은 등간 측정치와 비율 측정치를 모두 동일한 통계검증법으로 분석하기 때문이다. 구체적으로 **척도변인**(scale variable)이란 등간변인이나 비율변인의 기준을 만족하는

비율변인은 등간변인의 기준을 만족하면서 동시에 의미 있는 영점(절대영점)도 가지고 있는 변인이다.

척도변인은 등간변인이나 비율변인의 기준을 만족하는 변인을 말한다.

표 1-1	관찰의 수량화

연구자는 자신의 관찰을 수량화하는 데 네 가지 유형의 변인을 사용할 수 있다. 명목변인과 서열변인은 항상 불연속적이다. 등간변인은 불연속적이거나 연속적일 수 있다. 비율변인은 거의 항상 연속적이다. (등간변인과 비율변인을 흔히 '척도변인'이라고 부른다.)

변인	불연속	연속
명목	항상	결코 아님
서열	항상	결코 아님
등간	때때로	때때로
비율	거의 아님	거의 항상

변인을 말한다. 이 책 전반에 걸쳐 등간변인이나 비율변인을 지칭하기 위하여 척도변인
이라는 용어를 사용할 것이지만, 등간변인과 비율변인 간의 차이를 명심하는 것이 중요
하다. 표 1-1은 네 가지 유형의 변인을 요약한 것이다.

학습내용 확인하기		
개념의 개관	>	변인은 불연속적이거나 연속적인 관찰을 수량화한다.
	>	통계학자는 연구에 근거하여 명목변인, 서열변인, 또는 척도변인(등간변인 또는 비율변인)을 선택한다.
개념의 숙달	1-4	불연속 관찰과 연속 관찰 간의 차이는 무엇인가?
통계치의 계산	1-5	세 학생이 스트룹 검사를 받았다. 로나는 12.67초, 데지레는 14.87초, 그리고 마리안느는 9.88초에 읽기를 끝냈다. a. 이 데이터는 불연속적인가, 아니면 연속적인가? b. 변인은 등간변인인가, 아니면 비율변인인가? c. 서열변인이라면 로나의 점수는 얼마인가?
개념의 적용	1-6	온디맨드 자동차 서비스(온디맨드 경제란, 모바일 기술 및 IT 인프라를 통해 소비자의 수요에 즉각적으로 제품 및 서비스를 제공하는 경제활동을 말한다)를 제공하는 회사인 우버는 다양한 방법으로 운전사의 수행능력을 측정한다(Rosenblat, 2015). 운전자의 수행을 측정하는 여러 가지 방법이 아래에 나와있다. 각 방법이 명목변인, 서열변인, 또는 척도변인인지를 답하고, 그렇게 답한 이유를 설명하라. a. 운전자가 승객으로부터 5점 척도에서 평가받는다. b. 운전자가 수행성과에 관하여 회사로부터 경고를 받았던 적이 있는지에 주목한다. c. 승객이 우버 서비스를 사용할 수 있도록 운전자가 우버 앱에 로그인하고 있는 시간을 측정한다. d. 때때로 운전자에게 '당신은 최고의 우버 운전자입니다'라는 피드백을 제공한다. e. 때때로 회사는 운전자에게 수행능력을 증진시키기 위한 특별 강좌를 수강하도록 권유하고는 누가 그 강좌를 수강하고 수강하지 않았는지를 확인한다.

학습내용 확인하기의 답은
부록 D에서 찾아볼 수 있다.

변인과 연구

연구의 핵심목표는 다양한 값을 갖는 변인들 간의 관계를 이해하려는 것이다. 변인은 말
그대로 변한다는 사실을 기억하는 것이 유용하다. 예컨대, 성별과 같은 불연속 명목변
인을 연구할 때, 성별을 변인이라 칭하는 까닭은 그것이 남성이나 여성으로 변할 수 있
기 때문이다. '수준'이라는 용어는 '값'이나 '조건'이라는 용어와 동일한 아이디어를 지칭
하는 것이다. **수준**(level)은 변인이 취할 수 있는 불연속 값이나 조건을 말한다. 예컨대, 남
성은 성별 변인의 한 수준이다. 여성은 성별 변인의 또 다른 수준이다. 두 경우 모두에서

수준은 변인이 취할 수 있는 불연속 값
이나 조건을 말한다.

성별이 변인이다. 마찬가지로 마라톤 선수의 완주시간과 같은 연속적인 척도변인을 연구할 때는 시간이 변인이다. 예컨대, 3시간 42분 27초는 마라톤을 완주하는 데 걸리는 무한한 수의 시간 중 하나이다. 이 사실을 명심하고 독립변인, 종속변인, 혼입변인이라는 세 가지 유형의 변인을 살펴보도록 하자.

독립변인, 종속변인, 혼입변인

연구에서 고려하는 세 가지 유형의 변인이 독립변인, 종속변인, 혼입변인이다. 독립변인과 종속변인 두 가지는 좋은 연구에 필수적이다. 그렇지만 세 번째 유형인 혼입변인은 좋은 연구의 장애물이다. 일반적으로 하나 이상의 독립변인이 하나의 종속변인을 예측하는지를 결정하기 위하여 연구를 수행한다. **독립변인**(independent variable)은 종속변인에 대한 효과를 결정하기 위하여 연구자가 처치를 가하거나 관찰하는 적어도 두 개의 수준을 갖는 변인이다. 예컨대, 성별이 정치에 관한 태도를 예측하는지를 연구하고 있다면, 독립변인은 성별이 된다.

종속변인(dependent variable)은 독립변인의 변화와 관련이 있거나 그 변화가 야기한다고 가설을 세우는 결과변인이다. 예컨대, 연구자는 종속변인(정치에 관한 태도)이 독립변인(성별)에 달려있다는 가설을 세운다. 만일 어느 것이 독립변인이고 어느 것이 종속변인인지가 의심스럽다면, 어느 것이 다른 것에 의존적인지를 자문해보라. 의존하고 있는 것이 바로 종속변인이다.

반면에 **혼입변인**(confounding variable)은 독립변인과 함께 체계적으로 변함으로써 어느 변인이 작동하는 것인지를 논리적으로 결정할 수 없게 만드는 모든 변인을 말한다. 그렇다면 어느 것이 독립변인이고 어느 것이 혼입변인인지를 어떻게 결정하는가? 모든 것은 결국 여러분이 연구하고자 결정한 것이 무엇인지에 달려있다. 사례를 보자. 체중을 감량하고자 다이어트 약물을 사용하기 시작하면서 동시에 운동도 시작한다고 해보자. 약물과 운동이 혼입되는 까닭은 어느 것이 체중 감량의 원인인지를 논리적으로 말할 수 없기 때문이다. 만일 특정 다이어트 약물이 체중 감량으로 이끌어간다는 가설을 세운다면, 다이어트 약물의 사용 여부가 독립변인이 되며, 운동은 연구자가 제어하고자 시도하는 잠재적인 혼입변인이 된다. 반면에 운동이 체중 감량으로 이끌어간다는 가설을 세운다면, 운동 여부가 독립변인이 되며 운동과 함께 다이어트 약물을 사용하는지는 연구자가 제어하고자 시도하는 잠재적인 혼입변인이 된다. 두 경우 모두에서, 종속변인은 체중 감량이다. 연구자는 어느 변인을 독립변인으로 취급하고, 어느 변인을 제어해야만 하

독립변인은 종속변인에 대한 효과를 결정하기 위하여 연구자가 처치를 가하거나 관찰하는 변인으로 최소한 두 개의 수준을 갖는다.

종속변인은 독립변인의 변화와 관련이 있거나 그 변화가 야기한다고 가설을 세우는 결과변인이다.

혼입변인은 독립변인과 함께 체계적으로 변함으로써 어느 변인이 작동하는 것인지를 논리적으로 결정할 수 없게 만드는 모든 변인을 말한다.

개념 숙달하기

1-3 : 독립변인이 종속변인을 예측하는지 알아보기 위하여 연구를 수행한다.

Photo by Spencer Platt/Getty Images

피해는 강풍 때문인가 아니면 폭우 때문인가? 여기 셔원 웨버가 2017년 12월 허리케인 어마가 휩쓸고 지나간 후에 버뮤다 제도에 있는 파손된 자기 집의 잔해 위에 서있다. 어마를 비롯하여 허리케인이 휘몰아칠 때는 엄청난 바람이 엄청난 폭우와 혼입되기 십상이기 때문에, 재산 손실이 (보험 처리가 가능한) 바람 때문인지 아니면 (보험 처리가 되지 않는) 폭우 때문인지를 결정하기가 항상 가능한 것은 아니다.

며, 어느 변인을 종속변인으로 취급할 것인지를 결정해야만 한다. 연구자인 여러분이 실험을 제어하는 것이다.

신뢰도와 타당도

아마도 여러분은 변인들을 평가해본 많은 경험을 가지고 있을 것이다. 대학에 지원할 때 여러 가지 표준검사를 받았으며, 청바지이든 스마트폰이든 여러분에게 적합한 제품을 선택하기 위하여 간략한 질문지에 응답한 적이 있으며, 여러분이 어느 품종의 개와 가장 닮았는지를 평가하기 위하여 10개의 문항으로 구성된 "당신은 어느 품종의 개인가요?" 와 같은 온라인 퀴즈에 응답해보았을 것이다.

이런 퀴즈는 얼마나 우수한 것인가? 저자 중의 한 명이 이 퀴즈에 응답해보았다. 토요일 오전에 무엇을 하고 싶으냐는 물음에 "하이킹, 자전거 타기, 조깅, 또는 에너지 회복을 도와주는 어떤 일"을 선택하였더니, 골든리트리버 종(길고 윤기가 나는 황금빛 털을 가지고 있는 밝은 성격의 대형견)으로 분류가 되었다. 어떤 측정치가 우수한 것인지를 결정하려면, 그것이 신뢰할 만하면서도 타당한지를 알아야 할 필요가 있다.

신뢰할 만한(reliable) 측정치는 일관성을 갖는다. 지금 집에 있는 체중계에 올라가보고 한 시간 후에 다시 올라가보면, 체중은 거의 동일할 것이다. 체중을 변화시킬 일을 아무것도 하지 않았을 때 체중계가 나타내는 체중이 동일하다면, 그 체중계는 신뢰할 만한 것이다. "당신은 어느 품종의 개인가요?" 퀴즈에 있어서, 골든리트리버 저자가 몇 개월의 시차를 두고 다시 응답했음에도 불구하고 두 번째에도 골든리트리버라는 피드백을 받았다면, 그것도 신뢰도의 한 지표가 된다.

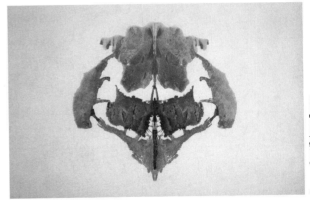

그렇지만 신뢰할 만한 측정치가 반드시 타당한 측정치는 아니다. **타당한**(valid) 측정치는 측정하고자 의도하였던 것을 측정하는 것이다. 여러분의 체중계는 엉터리지만 일관성을 갖는 엉터리일 수 있다. 즉, 신뢰할 만하지만 타당하지는 않을 수 있다. 보다 극단적인 사례는 체중을 알아보고자 줄자를 사용하는 것이다. 얻은 수치는 신뢰할 만할 수 있지만(매번 동일할 수 있다), 체중의 타당한 측정치는 아닌 것이다.

신뢰도와 타당도 채점 지침서는 로르샤흐 잉크반점 검사와 같은 투사법 성격검사를 보다 믿을 만하게 만들어왔지만, 그 지침서가 타당한 측정치를 제공하는지는 여전히 불투명하다. 측정치는 신뢰할 만하고(시간 경과에 따른 일관성) 동시에 타당하여야만(평가하고자 의도하는 것을 측정) 한다.

그렇다면 "당신은 어느 품종의 개인가요?" 퀴즈는 어떤가? 아마도 성격의 정확한 측정치는 아닐 것이다. 어느 누구도 이 퀴즈가 타당한지를 결정하기 위한 통계작업을 수행한 적은 없을 것이다. 여러분이 그러한 온라인 퀴즈에 응답한다면, 우리의 조언은 그 결과를 깨달음을 주는 것이라기보다는 오락거리로 받아들이라는 것이다.

신뢰도가 형편없는 측정치는 결코 높은 타당도를 가질 수 없다. 검사 자체가 변화무쌍한 결과를 내놓을 때 측정하고자 의도하는 것을 측정할 가능성은 없다. 유명한 로르샤흐

신뢰도(reliability)는 측정의 일관성을 지칭한다.

타당도(validity)는 검사가 측정하고자 의도하였던 것을 실제로 측정하고 있는 정도를 지칭한다.

잉크반점 검사는 신뢰도가 의심스러운 검사의 한 예이며, 그렇기 때문에 이 검사가 내놓는 정보의 타당도를 해석하기가 어렵다(Wood et al., 2003). 예컨대, 두 임상가가 로르샤흐 검사에 대한 동일한 반응 목록을 분석하여 전혀 다른 해석을 내놓을 수 있으며, 이것은 검사가 신뢰도를 결여하고 있다는 사실을 의미한다. 채점 지침서를 사용하여 신뢰도를 증진시킬 수 있지만, 그것이 타당도의 증가를 의미하지는 않는다. 로르샤흐 검사를 채점한 두 임상가가 검사받은 사람을 정신병자로 진단한다고 해서 그 사람이 반드시 정신병자임을 의미하는 것은 아니다. 타당한 측정치를 얻기 위해서는 신뢰도가 필요하지만 신뢰도만으로는 충분하지 않다. 그렇지만 애매모호한 이미지가 숨어있는 정보를 이끌어낸다는 아이디어는 많은 사람에게 매력적이다. 그렇기 때문에 상당한 논란이 있음에도 불구하고 로르샤흐 검사와 같은 투사법 검사는 여전히 널리 사용되고 있다(Wood et al., 2003).

학습내용 확인하기

개념의 개관

> 독립변인은 실험자가 처치를 가하거나 관찰하는 변인이다.
> 종속변인은 독립변인의 변화나 차이에 의해 발생하는 결과이다.
> 혼입변인은 독립변인과 함께 체계적으로 변하기 때문에, 어느 변인이 종속변인에 영향을 미친 것인지를 논리적으로 구분할 수 없다.
> 연구자는 독립변인과 종속변인 간의 관계를 탐구하기 위하여 현재 관심 대상이 아닌 요인을 제어한다.
> 측정치는 신뢰할 만하고(시간 경과에 따른 일관성) 동시에 타당할(평가하고자 의도한 것을 측정) 때에만 유용하다.

개념의 숙달

1-7 _____변인이 _____변인을 예측한다.

통계치의 계산

1-8 연구자가 두 변인의 기억효과를 연구하고 있다. 한 변인은 음료수(카페인 유무)이며, 다른 변인은 기억할 대상(숫자, 단어 목록, 이야기 양상)이다.
a. 독립변인과 종속변인을 확인하라.
b. '음료수'와 '기억할 대상' 변인은 각각 몇 개의 수준을 가지고 있는가?

개념의 적용

1-9 360명의 대학생을 대상으로 대학 구내식당에서 학생들이 얼마나 많은 음식을 낭비하는지를 측정하였다(Kim & Morawski, 2012). 음식 트레이가 가용할 때의 낭비량을 트레이가 가용하지 않을 때의 낭비량과 비교하였다. 이들이 얻은 결과는 트레이가 가용하지 않을 때 학생들이 32%의 음식을 덜 낭비한다는 것이었다.
a. 이 연구에서 독립변인은 무엇인가?
b. 독립변인의 수준은 무엇인가?

개념의 적용 (계속)

학습내용 확인하기의 답은
부록 D에서 찾아볼 수 있다.

c. 종속변인은 무엇인가? 연구자들이 이 종속변인을 측정하였을 적어도 한 가지 방법을 생각해보라.

d. 음식 낭비 측정치가 신뢰할 만하다는 것은 무엇을 의미하는가?

e. 음식 낭비 측정치가 타당하다는 것은 무엇을 의미하는가?

가설검증 입문

존 스노가 브로드가 우물에서 펌프 손잡이를 제거해야 한다고 제안하였을 때, 그는 독립변인(오염된 우물물)이 종속변인(콜레라 사망자)으로 이끌어간다는 아이디어를 검증하고 있었던 것이다. 행동과학자는 **가설검증**(hypothesis testing)이라고 부르는 특정한 통계 기반 과정을 통해서 아이디어를 검증하는 연구를 수행한다. 가설검증이란 증거가 변인들 간의 특정 관계를 지지하는지에 관한 결론을 도출하는 과정이다. 전형적으로 연구자는 전집에 관한 결론을 도출하기 위하여 표본 데이터를 살펴보게 되지만, 연구를 수행하는 많은 방법들이 존재한다. 이 절에서는 변인을 결정하는 과정, 연구에 접근하는 두 가지 방식, 그리고 두 가지 실험설계를 논의한다.

여러분이 어느 품종의 개와 가장 많이 닮았는지를 결정하는 것은 어리석게 보일지 모르겠다. 그렇지만 개 한 마리를 입양하는 것은 매우 중요한 결정이다. 애니멀 플래닛(미국 디스커버리 네트워크 계열의 동물 전문 방송국)의 '개 품종 선택기(Dog Breed Selector)'와 같은 온라인 퀴즈가 도움을 줄 수 있겠는가? 30명의 사람에게 입양할 개의 품종을 선택하도록 요구하고, 또 다른 30명에게는 '개 품종 선택기'가 품종을 제안하도록 함으로써 연구를 수행할 수 있다. 그런 다음에 결과를 어떻게 측정할 것인지를 결정해야 한다.

조작적 정의(operational definition)는 변인에 처치를 가하거나 그 변인을 측정하는 데 사용하는 절차를 규정한다. 새로 입양한 개에 관한 우수한 결과를 여러 가지 방법으로 조작적으로 정의할 수 있다. 그 개와 1년 이상 동거하였는가? 반려동물 만족도 척도에서 높은 점수를 얻었는가? 수의사가 그 반려견의 건강이 우수하다고 평가하는가?

여러분은 개를 선택할 때 퀴즈가 더 좋은 선택으로 이끌어간다고 생각하는가? 퀴즈는 마당의 크기, 여가시간, 개털에 대한 내성 등과 같이 개 소유자에게 중요한 요인들을 생각하게 만들기 때문에, 퀴즈가 더 좋은 선택으로 이끌어갈 것이라고 생각할 수 있다. 여러분은 이미 이와 유사한 많은 가설을 염두에 두고 있다. 단지 성가시게 그 가설을 검증하지 않았을 뿐이다. 예컨대, 여러분은 반려동물 소유자가 다른 사람보다 더 행복하다거나 흡연자가 금연할 의지력을 결여하고 있을 뿐이라고 믿고 있는지도 모른다. 캠퍼스의 주차 문제는 대학당국이 여러분의 삶을 더욱 고단하게 만들려는 음모라고 확신하고 있을지도 모르겠다.

표 1-2에서 보는 바와 같이, 각 경우에 독립변인과 종속변인에 근거하여 하나의 가설을 구성하게 된다. 변인의 조작적 정의를 배우는 최선의 방법은 스스로 경험해보는 것이

가설검증은 증거가 변인들 간의 특정 관계를 지지하는지에 관한 결론을 도출하는 과정이다.

조작적 정의는 변인에 처치를 가하거나 그 변인을 측정하는 데 사용하는 절차를 규정한다.

표 1-2	변인의 조작적 정의

독립변인	예측	종속변인
반려동물 소유 ──────────────→		행복 수준
의지력의 크기 ──────────────→		흡연 수준
대학당국의 배려 수준 ────────→		주차 문제의 심각성 정도

개념적 변인	조작적 변인
반려동물 소유	반려동물 소유 대 비소유
행복 수준	_____
의지력의 크기	_____
흡연 수준	_____
대학당국의 배려 수준	_____
주차 문제의 심각성 정도	학생들에게 5점 척도(1 : 문제 없음, 5 : 최악의 상태)에서 문제를 평정하도록 요청

다. 따라서 표 1-2에 나와있는 변인 각각을 측정하는 한 가지 방법을 제안해보라. 표에서는 이미 '반려동물 소유', 즉 반려동물을 소유하는 것 대 소유하지 않는 것(조작적 정의를 내리기가 쉽다) 그리고 '주차 문제의 심각성 정도'(조작적 정의가 더 어렵다)로 출발점을 제공하였다.

혼입변인을 제어한 실험 수행하기

일단 변인들을 조작적으로 어떻게 정의할 것인지를 결정하고 나면, 연구를 수행하고 데이터를 수집할 수 있다. 연구에 접근하는 데는 실험과 상관연구를 포함하여 여러 가지 방법이 있다. **상관**(correlation)이란 둘 이상 변인 간의 연합이다. 스노의 콜레라 연구에서 많은 사람의 생명을 구한 것은 두 변인(브로드가 우물과의 근접성과 사망자 수) 간의 체계적인 상호 관련성이라는 아이디어였다. 상관은 가설을 검증하는 한 가지 방법이지만, 유일한 방법은 아니다. 일반적으로 연구자가 상관연구보다 실험을 선호하는 까닭은 실험의 결과를 해석하기가 더 용이하기 때문이다.

실험연구의 보증서가 무선할당이다. **무선할당**(random assignment)에서는 모든 참가자가 어떤 집단 또는 실험조건에 배정될 기회를 동등하게 갖게 된다. 그리고 **실험**(experiment)은 참가자를 하나 이상의 독립변인의 각 조건이나 수준에 무선적으로 할당하는 연구이다. 무선할당은 참가자이든 연구자이든 어느 누구도 조건을 스스로 선택하지 않는다는 사실을 의미한다. 실험이 가설검증의 황금표준인 까닭은 혼입변인을 제어하는 최선의 방법이기 때문이다. 혼입변인의 제어는 연구자로 하여금 단순히 변인들 간의 체계적 연합을 추론하기보다는 변인들 간의 원인-결과 관계를 추론하게 해준다. 연구자가 진정한 실험을 수행할 수 없을 때조차도, 실험의 많은 특성을 포함한다. 하나의 연구를 실험이라고 부를 가치가 있게 만들어주는 결정적 자질이 바로 집단에의 무선할당이다.

상관은 둘 이상 변인 간의 연합이다.

무선할당에서는 모든 참가자가 어떤 집단 또는 실험조건에 배정될 기회를 동등하게 갖게 된다.

실험은 참가자가 하나 이상의 독립변인의 각 조건이나 수준에 무선할당된 연구이다.

실험을 수행할 때, 연구자는 독립변인의 상이한 수준이나 조건에 참가자들을 무선할 당함으로써 근사하게나마 대등한 집단들을 만들어낸다. 무선할당은 실험의 각 조건에 걸쳐 참가자들을 고르게 분포시킴으로써 성격특질, 삶의 경험, 개인적 편향 등을 포함한 잠재적 혼입변인의 효과를 제어한다. 따라서 만일 여러분이 실험을 사용하여 행복에 대한 반려동물 소유의 효과를 연구하고 싶다면, 참가자들을 반려동물을 소유하는 조건과 소유하지 않는 조건에 무선할당해야만 한다. 현실적인 측면에서는 이것이 지극히 어려울 수도 있지만(그리고 사람과 반려동물 모두에게 비윤리적일 가능성이 있지만), 반려동물 소유자가 자신을 더욱 행복하게(혹은 더욱 불행하게) 이끌어가는 특정 성격특질을 가지고 있을 가능성 등과 같은 잠재적 혼입변인을 제거할 수 있게 해준다. 혼입변인이 초래할 수 있는 문제를 보기 위하여 실제 연구를 살펴보기로 하자.

여러분은 **포켓몬**이나 **콜 오브 듀티**(Call of Duty. 제2차 세계대전을 배경으로 현대 역사의 기초를 일군 시민병사들과 무명용사들이 벌이는 전쟁게임)를 즐기면서 시간을 보내는 것이 유용한 일인지를 궁금해할지도 모르겠다. 의사와 심리학자로 구성된 한 연구팀은 비디오게임 놀이(독립변인)가 우수한 외과수술 재능으로 이끌어가는지를 연구하였다. 이들은 복강경 시술(미세한 절개, 초소형 비디오카메라, 비디오모니터를 사용하는 외과수술 기법)을 모사하는 훈련을 받을 때, 비디오게임 경험이 많은 외과의사가 경험이 없는 외과의사보다 평균적으로 보다 빠르고 더욱 정확하다는 결과를 보고하였다(Rosser et al., 2007).

사례 1.1

비디오게임과 외과수술 연구에서는 비디오게임 경험 여부 조건에 외과의사들을 무선할당하지 않았다. 대신에 외과의사들에게 비디오게임을 즐겼던 개인경험을 보고하도록 요구한 뒤에, 복강경 시술 재능을 측정하였다. 여러분은 혼입변인을 찍어낼 수 있겠는가? 사람들이 비디오게임을 선택적으로 즐기는 까닭은 그들이 이미 외과수술에 필요한 정교한 운동재능과 눈-손 협응능력을 가지고 있으며 비디오게임을 통해서 자기 재능의 사용을 즐기기 때문일 수 있다. 만일 이것이 사실이라면, 비디오게임을 즐기는 사람은 마땅히 우수한 외과술 재능을 가지고 있을 가능성이 크다. 이들은 비디오게임을 즐기기 전부터 이미 재능을 가지고 있었던 것이다!

> **개념 숙달하기**
>
> **1-5** : 가능하다면 연구자는 상관연구보다는 실험을 선호한다. 실험은 무선할당을 사용하는데, 이것은 한 변인이 다른 변인을 초래하는지를 결정하는 유일한 방법이다.

독립변인의 두 수준, 즉 (1) 비디오게임을 경험하는 수준과 (2) 경험하지 않는 수준 중 하나에 외과의사들을 무선할당하는 실험을 설계하는 것이 훨씬 더 유용할 것이다. 무선할당은 두 집단이 평균적으로는 뛰어난 외과적 재능에 기여할 수 있는 모든 변인들, 예컨대 정교한 운동재능, 눈-손 협응능력, 다른 비디오게임을 즐긴 경험 등에서 대체로 등가적이라는 사실을 확신시켜준다. 무선할당은 이러한 모든 잠재적인 혼입변인의 효과를 제거해준다. 그렇기 때문에 무선할당은 두 집단이 평균적으로 실험을 수행하기 전에는 복강경 시술 적성에서 유사하였다는 확신도를 증가시킨다. (그림 1-2는 자기선택과 무

그림 1-2

비디오게임 경험집단과 무경험집단
의 자기선택 대 무선할당

이 그림은 자기선택과 무선할당 간의 차
이를 시각적으로 명료하게 보여준다. 첫
번째 연구의 실험설계는 "비디오게임 경
험이 복강경 시술 재능을 증진시키는
가?"라는 물음에 답하지 못한다.

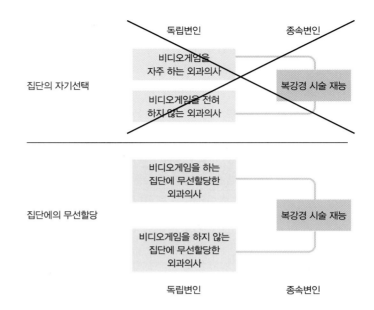

선할당 간의 차이를 명료하게 보여준다. 제5장에서 어떻게 무선할당을 구현하는지를 보다 구체적으로 다룬다.) 만일 무선할당을 실시하고, 실험이 끝난 후에 '비디오게임 경험집단'이 '무경험집단'보다 평균적으로 복강경 시술 재능에서 뛰어나다면, 비디오게임 경험이 보다 우수한 외과수술 재능을 초래한다는 결론을 더 확신하게 된다.

실제로 많은 연구자가 비디오게임 경험의 인과효과를 탐구하는 실험설계를 사용해왔다. 무선할당을 사용하여, 액션게임(빠른 판단력과 순발력을 사용하여 특정한 행동을 요구하는 게임) 후에 공간 재능이 증가하는 정적 효과(Feng, Spence, & Pratt, 2007)와 피가 낭자한 폭력게임을 즐긴 후에 적개심이 증가하는 부적 효과(Bartlett, Harris, & Bruey, 2008)를 모두 찾아냈다. ●

집단간 설계와 집단내 설계

연구자는 의미 있는 비교집단을 여러 가지 방식으로 만들 수 있다. 그렇지만 대부분의 연구는 집단간 설계 또는 집단내 설계(반복측정설계라고도 부른다) 중의 하나를 사용한다.

집단간 연구설계(between-groups research design)는 참가자가 독립변인의 오직 한 가지 수준만을 경험하는 실험이다. 통제집단(예컨대, 비디오게임을 경험하지 않는 수준에 무선할당된 집단)을 실험집단(예컨대, 비디오게임을 경험하는 수준에 무선할당된 집단)과 비교하는 실험이 집단간 설계의 사례이다.

집단내 연구설계(within-groups research design)는 모든 참가자가 독립변인의 모든 수준을 경험하는 실험이다. 비디오게임 경험과 같이 독립변인의 한 수준을 경험하기 전(前)과 후(後)에 동일한 참가자 집단을 비교하는 실험이 집단내 설계의 사례이다. 내(within)라는 표현은 연구의 한 조건을 경험하더라도 다른 모든 조건을 경험할 때까지 연구 내에 머무르고 있다는 사실을 강조하는 것이다.

집단간 연구설계에서는 참가자가 독립
변인의 오직 한 가지 수준만을 경험한다.

집단내 연구설계에서는 모든 참가자
가 독립변인의 모든 수준을 경험한다.
반복측정 설계(repeated-measures
design)라고도 부른다.

행동과학의 응용과 관련된 많은 물음은 집단내 설계를 사용하여 가장 잘 답할 수 있다. 이것은 개인과 조직이 시간 경과에 따라 어떻게 변하는지를 밝히려는 장기적 연구(흔히 종단연구라고 부른다) 또는 실험실에서 반복할 수 없는 자연발생적 사건을 수반하는 연구에서 특히 그렇다. 만일 여러분이 오랜 시간에 걸쳐, 예컨대 1년에 한 번씩 추적 조사하는 연구에 참가한 적이 있다면, 종단연구에 참여한 것이다. 집단내 연구는 다른 맥락에서도 유용하다. 예컨대, 연구자가 사람들을 허리케인 경험집단과 무경험집단에 무선할당할 수 없다는 사실은 자명하다. 그렇지만 연구자는 허리케인을 기대하게 해주는 자연의 예측가능성을 사용하여, 사람들이 허리케인을 경험하기 '전' 데이터를 수집한 다음에 다시 '후' 데이터를 수집할 수 있다.

상관연구

참가자들을 조건에 무선할당하는 것이 비윤리적이거나 비현실적이어서 실험을 수행할 수 없는 경우가 흔히 있다. 사람들을 반려동물 보유 조건과 미보유 조건에 무선할당할 수는 없다. 동물 알레르기가 있는 사람을 어떻게 할 것인가? 보유 조건에 할당된 동물 혐오자에게 주어진 불쌍한 개는 어떻게 할 것인가? 이미 반려견을 가지고 있는 사람에 대해서는 어떻게 할 것인가? 마찬가지로 스노의 콜레라 연구는 사람들을 브로드가 우물의 물을 마시는 조건에 무선할당할 수는 없었다. 이러한 연구는 실험이 아니라 상관연구이다.

상관연구에서는 변인에 처치를 가하지 않는다. 단지 존재하는 두 변인을 평가할 뿐이다. 예컨대, 사람들을 여러 해에 걸쳐 비디오게임을 경험하거나 경험하지 못하도록 무선할당하는 것은 거의 불가능하다. 그렇지만 실제로 비디오게임을 경험하는 것의 효과를 보기 위하여 오랜 시간에 걸쳐 사람들을 관찰할 수는 있다. 묄러와 크라헤(Möller & Krahé, 2009)는 30개월에 걸쳐 독일 10대를 연구하여, 연구를 시작할 때 비디오게임 경험의 양이 30개월 후의 공격성과 관련이 있다는 결과를 얻었다. (그림 1-3에서 보는 바와 같이) 비디오게임 경험과 공격성이 관련되어 있다는 사실을 찾아내기는 하였지만, 이 연구자들이 비디오게임 경험이 공격성을 초래한다는 증거를 찾아낸 것은 아니다. 제13장

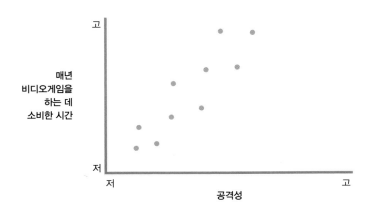

그림 1-3

공격성과 비디오게임 경험 간의 상관
이 그래프는 10명의 가상적인 참가자 연구에서 공격성과 비디오게임을 경험한 시간 간의 관계를 보여주고 있다. 비디오게임을 많이 경험할수록 공격성 수준이 높은 경향을 나타낸다.

에서 논의하겠지만, 상관연구에는 대안적 설명이 항상 존재한다. 두 변인이 상관되었다고 해서 성급하게 인과성을 추론하지는 말라.

학습내용 확인하기

개념의 개관

> 가설검증은 증거가 변인들 간의 특정 관계(가설)를 지지하는지에 관한 결론을 도출하는 과정이다.

> 모든 변인은 조작적으로 정의해야 한다. 즉, 변인들을 어떻게 측정하거나 처치할 것인지를 규정할 필요가 있다.

> 실험은 독립변인과 종속변인 간의 원인-결과 관계를 설명하고자 시도한다.

> 혼입변인을 제어하려는 무선할당이야말로 실험의 보증서이다.

> 대부분의 연구는 집단간 설계나 집단내 설계 중 하나를 사용한다.

> 상관연구는 실험연구가 가능하지 않을 때 사용할 수 있다.

개념의 숙달

1-10 이 장에서 설명한 두 유형의 연구, 즉 실험연구와 상관연구는 어떻게 다른 것인가?

1-11 어떻게 무선할당은 혼입변인에 대처하는 데 도움을 주는가?

통계치의 계산

1-12 학습내용 확인하기 1-6에서 여러분은 우버가 운전자의 수행을 측정하는 여러 가지 방법(Rosenblat, 2015)을 보았다.

a. 하나 이상의 사례를 사용하여 '조작적 정의'라는 용어를 여러분 방식대로 정의해보라. 우버가 조작적으로 정의하고자 시도한 것은 무엇인가?

b. 우버가 사용한 또 다른 조작적 정의는 높은 취소율이다. 즉 탑승을 자주 취소한 운전자를 부정적으로 간주한다. 그렇지만 로젠블라트(2015)는 다음과 같이 지적하였다. "높은 취소율의 맥락을 고려하지 못하였다. 언제 승객이 무례하게 행동하게 되는지를 나타내는 기제는 접어놓더라도, 언제 탑승의 허용이 운전자로 하여금 실제로 손해를 보게 만드는지에 대한 융통성이 결여되어 있다." 이 경우에 '취소율'이 좋지 않은 조작적 정의일 수 있는지를 여러분 방식대로 설명해보라.

개념의 적용

1-13 기대가 중요하다. 많은 연구자는 어떻게 고정관념에 근거한 기대가 여성의 수학 성과에 영향을 미치는지를 밝혀왔다(Steele, 2011 참조). 몇몇 연구에서는 여성에게 특정 수학검사에서 성별 차이가 나타났으며 여성이 남성보다 낮은 점수를 받는 경향이 있다고 알려주었다. 다른 여성에게는 검사에서 성별 차이가 나타나지 않았다고 알려주었다. 이와 같은 연구에서, 첫 번째 집단의 여성은 평균적으로 남성보다 열등한 성과를 보이는 경향이 있는 반면, 두 번째 집단의 여성은 그렇지 않았다.

a. 연구자들이 어떻게 집단간 설계를 사용한 진정한 실험으로 이 연구를 수행할 수 있었는지를 간략하게 개관해보라.

b. 연구자들이 무선할당을 사용하고자 원하는 이유는 무엇인가?

c. 만일 연구자들이 무선할당을 사용하기보다 이미 그러한 조건에 들어있는 사람(즉, 이미 고정관념을 믿고 있거나 믿지 않는 사람)을 선택하였다면, 가능한 혼입변인은 무엇인가? 적어도 두 가지를 지적해보라.

개념의 적용 (계속)

학습내용 확인하기의 답은
부록 D에서 찾아볼 수 있다.

 d. 여기서 수학 성과는 어떻게 조작적으로 정의하는가?
 e. 연구자들이 어떻게 집단내 설계를 사용하여 이 연구를 수행할 수 있는지를 간략하게 개관해보라.

개념의 개관

통계의 두 갈래

통계는 기술통계와 추론통계의 두 갈래로 분할된다. **기술통계**는 많은 양의 수치 정보를 체제화하고 요약하며 전달한다. **추론통계**는 전집의 작은 표본에 근거하여 그 전집에 관한 결론을 도출한다. **표본**은 전집을 대표하려는 의도를 갖는다.

관찰을 변인으로 변환하는 방법

관찰은 불연속 관찰이나 연속 관찰로 기술할 수 있다. **불연속 관찰**은 오직 특정 수치(예컨대, 1과 같은 정수)만을 취할 수 있으며, **연속 관찰**은 어느 범위의 모든 가능한 수치(예컨대, 1.68792)를 취할 수 있다. 두 가지 유형의 변인, 즉 명목변인과 서열변인은 불연속적이다. **명목변인**은 오직 점수에 이름을 붙이기 위해서 숫자를 사용한다. **서열변인**은 순위를 나타낸다. 두 가지 유형의 변인, 즉 등간변인과 비율변인은 연속적일 수 있다(몇몇 경우에는 둘 모두 비연속적일 수도 있다). **등간변인**은 수치 간의 거리가 동일하다고 가정하는 변인이다. **비율변인**은 등간변인의 기준을 충족시킬 뿐만 아니라 의미 있는 영점(절대영점)도 가지고 있다. **척도변인**은 등간변인과 비율변인 모두에 사용하는 용어이며, 특히 컴퓨터 통계 프로그램에서 그렇다.

변인과 연구

독립변인은 실험자가 처치를 가하거나 관찰할 수 있는 변인이며, 최소한 두 개의 수준이나 조건을 갖는다. **종속변인**은 독립변인의 변화나 차이에 의한 결과이다. **혼입변인**은 독립변인과 함께 체계적으로 변하기 때문에 어느 변인이 종속변인에 영향을 미친 것인지를 논리적으로 결정할 수 없다. 독립변인과 종속변인은 연구자로 하여금 변인들 간의 관계를 검증하고 탐색할 수 있게 해준다. 하나의 측정치는 **신뢰**할 만하고 동시에 **타당**할 때에만 유용하다. 신뢰할 만한 측정치는 일관성을 갖는 측정치이며, 타당한 측정치는 평가하고자 의도한 것을 평가하는 측정치이다.

가설검증 입문

가설검증은 증거가 변인들 간의 특정 관계를 지지하는지에 관한 결론을 도출하는 과정이다. 가설을 검증하기 위해서는 독립변인과 종속변인의 **조작적 정의**가 필요하다. **실험**은 독립변인과 종속변인 간의 원인-결과 관계를 확인해내고자 시도한다. 혼입변인을 제어하기 위한 무선할당이 실험의 보증서이다. 대부분의 연구는 **집단간 설계**나 **집단내 설계**를 사용한다. 상관연구는 실험을 수행하기 불가능할 때 사용할 수 있다. 상관연구는 두 변인 간에 예측가능한 관계가 존재하는지를 결정할 수 있게 해준다.

SPSS®

SPSS는 두 개의 기본 화면으로 분할된다. 두 화면 사이를 이동하는 가장 쉬운 방법은 좌측 하단에 '변인 보기(Variable View)'와 '데이터 보기(Data View)'라는 표지가 붙은 두 개의 탭을 사용하는 것이다. 데이터를 수집할 때, 각 데이터 포인트는 각 참가자에 해당하는 식별자와 연계되어야 한다. 흔히 이 변인을 'ID'라고 부른다. 측정하는 모든 변인은 자체적인 이름과 표지를 가질 필요가 있으며, SPSS는 그 변인을 어떻게 측정한 것인지를 알 필요가 있다.

변인에 이름을 붙이려면, '변인 보기'(첫 번째 스크린샷 참조)로 가서 다음을 선택한다.

이름(Name). 변인 이름의 약자를 타이핑한다. 예컨대, 우울 증상의 보편적인 척도인 벡 우울 척도(Beck Depression Inventory)에 대해서 BDI를 타이핑한다. 첨가할 두 번째 변인은 벡 불안 척도(Beck Anxiety Inventory)의 약자인 BAI가 될 수 있다. SPSS는 변인의 '이름'에 빈칸을 허용하지 않는다는 사실을 명심하라.

변인 이름이 무엇을 의미하는 것인지를 SPSS에게 알려주려면 다음을 선택한다.

설명문(Label). '벡 우울 척도'와 '벡 불안 척도'같이, 변인의 완전한 이름을 타이핑한다.

이제 다음을 선택함으로써 SPSS에게 어떤 유형의 변인인지를 알려준다.

측정(Measure). 각 변인 다음에 '측정(Measure)'이라는 표지가 붙은 열의 칸을 클릭한 다음에 그 변인이 척도변인인지 서열변인인지 아니면 명목변인인지를 확인하게 해주는 도구에 접속하는 화살표를 클릭함으로써 변인의 유형을 하이라이트한다.

'변인 보기'에서 연구에 포함된 모든 변인을 기술한 후에, (스크린의 좌측 하단에 있는) '데이터 보기'로 넘어간다(두 번째 스크린샷 참조). 여러분이 입력한 정보는 자동적으로 스크린에 전이되지만, 이제 변인들은 좌측 열을 따라서 배열되는 것이 아니라 상단 열을 따라서 배열된다. 이제 적절한 이름이 붙은 '데이터 보기'에 데이터를 입력할 수 있다. 각 참가자의 데이터를 하나의 행에 걸쳐서 입력한다.

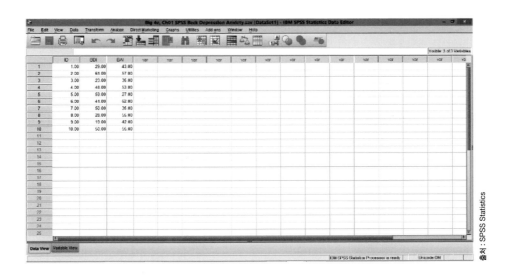

연습문제

홀수 문제의 답은 부록 C에서 찾아볼 수 있다.

개념 명료화하기

1.1 기술통계와 추론통계의 차이는 무엇인가?

1.2 표본과 전집의 차이는 무엇인가?

1.3 연구자가 관찰을 수량화하는 데 사용하는 네 가지 유형의 변인을 제시하고 정의하라.

1.4 통계학자가 척도(scale)라는 단어를 사용하는 두 가지 방식을 기술하라.

1.5 불연속 변인과 연속 변인을 구분하라.

1.6 독립변인과 종속변인 간의 관계는 무엇인가?

1.7 혼입변인이란 무엇이며, 어떻게 무선할당을 사용하여 제어하는가?

1.8 신뢰도와 타당도의 차이는 무엇인가? 두 개념은 어떻게 관련되는가?

1.9 가설을 검증하려면 독립변인과 종속변인의 조작적 정의가 필요하다. 조작적 정의란 무엇인가?

1.10 실험이라는 단어를 여러분 자신의 방식으로 정의해보라. 우선 일상 대화에서 여러분이 사용하는 방식으로 정의한 다음에 연구자가 사용하는 방식으로 정의해보라.

1.11 실험연구와 상관연구의 차이는 무엇인가?

1.12 집단간 연구설계와 집단내 연구설계의 차이는 무엇인가?

1.13 통계학에서는 언어표현에 주의를 집중하는 것이 중요하다. 다음 진술은 틀렸지만 하나의 단어나 구절을 대체함으로써 수정할 수 있다. 예컨대, "오직 상관연구만이 인과성에 관한 정보를 알려줄 수 있다."는 '상관연구'를 '실험'으로 바꿈으로써 수정할 수 있다. 다음 진술 각각에서 잘못된 단어나 구절을 확인하고 정확한 단어나 구절로 대치하라.

a. 시험 준비에 관한 연구에서, 각 참가자는 혼자 공부하는 조건과 집단이 함께 공부하는 조건에 할당될 기회가 동일하였다. 이 연구는 상관연구이다.

b. 한 심리학자는 종속변인인 카페인의 수면시간에 대한 효과를 연구하는 데 관심을 가지고 있었으며, 수면에 대해서 척도 측정치를 사용하였다.

c. 한 대학은 일반적으로 사용하는 척도인 수학배치검사가 정말로 수학능력을 측정하는지를 결정하기 위하여 그 검사의 신뢰도를 평가하였다.

d. 칼슘과 골다공증에 관한 집단내 실험에서, 참가자들을 독립변인의 두 수준, 즉 정상적인 식사 또는 칼슘을 첨가한 식사 중 하나에 할당하였다.

1.14 다음 진술은 틀렸지만 하나의 단어나 구절을 대체함으로써 수정할 수 있다. (연습문제 1.13의 지시문 참조.) 다음 진술 각각에서 잘못된 단어나 구절을 확인하고 정확한 단어나 구절로 대치하라.

a. 한 연구자는 서열변인인 '성별'이 척도변인인 '매주 리얼리티 프로그램을 시청하는 시간'에 미치는 효과를 살펴보았다.

b. 한 심리학자는 일단의 학부생을 대상으로 독립변인(운

동비디오 시청)이 종속변인(체중)에 미치는 효과를 연구하기 위하여 그 비디오를 시청하기 전과 후에 체중을 측정하는 집단간 설계를 사용하였다.

c. 기억이라는 종속변인에 대한 소음 수준이라는 혼입변인의 효과에 관한 연구에서, 연구자들은 기억 측정치가 타당하지 않을 것을 걱정하였다.

d. 한 연구자는 불빛 노출에서의 변화가 수면시간이라는 종속변인의 변화를 초래하는지를 알아보기 위하여 쥐 20마리 전집을 연구하였다.

통계치 계산하기

1.15 한 연구자는 2,500명의 캐나다인이 매주 운동하는 시간을 알아보고 있다. 이 사례에서 표본과 전집을 확인하라.

1.16 대학 구내서점은 책을 구입한 225명의 학생에게 고객 만족도 질문지를 작성하도록 요구하였다. 서점 책임자는 고객의 만족도를 증진시킬 방법을 찾고자 하였다. 이 사례에서 표본과 전집을 확인하라.

1.17 한 식료품점은 1주일에 걸쳐 100명의 고객을 무작위로 선정하여 좋아하는 식료품에 관한 질문지에 답하도록 요구하였다. 이 사례에서 표본과 전집을 확인하라.

1.18 한 연구자는 미국 교외지역에 거주하는 130명을 대상으로 이들이 매주 걷는 평균 거리를 연구하고 있다.

a. 표본크기는 얼마인가?

b. 전집을 확인하라.

c. 만일 이 평균을 연구한 130명을 기술하는 데 사용한다면, 이 '평균'은 기술통계치인가 아니면 추론통계치인가?

d. 1주일에 걷는 평균 거리를 서열변인으로 어떻게 조작적으로 정의하겠는가?

e. 1주일에 걷는 평균 거리를 척도변인으로 어떻게 조작적으로 정의하겠는가?

1.19 인기 있는 식료품점에서 장을 보고 나가는 73명을 붙잡고는 그들이 구입한 과일과 채소 품목의 숫자를 세어본다.

a. 표본크기는 얼마인가?

b. 전집을 확인하라.

c. 만일 세어본 품목의 수를 사용하여 모든 구매자의 식습관을 추정한다면, 이것은 기술통계인가 아니면 추론통계인가?

d. 구입한 과일과 채소 품목의 양을 명목변인으로 어떻게 조작적으로 정의하겠는가?

e. 구입한 과일과 채소 품목의 양을 서열변인으로 어떻게

조작적으로 정의하겠는가?

f. 구입한 과일과 채소 품목의 양을 척도변인으로 어떻게 조작적으로 정의하겠는가?

1.20 2008년 가을에 미국 주식시장은 여러 차례 폭락하면서 세계경제에 심각한 결과를 초래하였다. 한 연구자는 2009년에 사람들이 얼마나 많이 저축하였는지를 살펴봄으로써 이 상황이 초래한 경제효과를 평가하고자 하였다. 그 저축액을 경제적으로 안정된 해에 사람들이 저축한 금액과 비교해볼 수 있다. 여러분이라면 국가 수준에서, 즉 여러 국가에 걸쳐 경제적 함의를 어떻게 조작적으로 정의하겠는가?

1.21 9/11 테러가 발생하였을 때 맨해튼으로부터의 물리적 거리와 정서적 거리가 그 사건에 대한 기억의 정확도와 어떻게 관련되는지에 관심이 있다고 가정해보라.

a. 독립변인과 종속변인을 확인하라.

b. 물리적 거리를 160킬로미터 이내와 이상으로 평가한다고 상상하라. 또한 정서적 거리는 피해를 당한 사람을 아무도 알지 못하는 것, 피해를 당했지만 살아남은 사람을 아는 것, 그리고 테러로 사망한 사람을 아는 것으로 평가한다고 상상하라. 독립변인은 몇 개의 수준을 가지고 있는가?

c. (a)에서 확인한 종속변인을 어떻게 조작적으로 정의하겠는가?

1.22 피부색(밝음, 중간, 진함)이 중년기 얼굴 주름의 심각성에 미치는 효과에 관한 연구가 성형외과의사에게 관심거리일 수 있다.

a. 이 연구에서 독립변인은 무엇인가?

b. 이 연구에서 종속변인은 무엇인가?

c. 독립변인은 몇 개의 수준을 가지고 있는가?

개념 적용하기

1.23 **미국인의 평균 체중** : 미국 질병관리예방센터(CDC)는 지난 40년에 걸쳐서 남녀노소에 관계없이 전 미국인의 체중이 상당히 많이 증가하였다고 보고하였다. 이 데이터를 보고하고 있는 웹사이트(cdc.gov)에서 "미국인은 40년 전보다 약간 커졌고 많이 뚱뚱해졌다(Americans Slightly Taller, Much Heavier Than Four Decades Ago)"라는 제목의 논문을 찾아보라.

a. 1963년과 2002년에 10세 소녀의 평균 체중은 얼마이었는가?

b. CDC는 이러한 평균치를 얻기 위하여 모든 미국 소녀의 체중을 재었는가? 만일 아니라면 이것이 가능하지

않은 이유를 설명해보라.

c. 2002년에 10세 소년의 평균 체중이나 1963년에 10세 소년의 평균 체중이 어떻게 기술통계와 추론통계 모두를 대표하는 것인가?

1.24 노르웨이에서 표본과 전집 : 노르트뢰넬라그 건강 연구는 노르웨이에서 6만 명 이상을 조사하여 위장병 징후와 우울장애 그리고 불안장애 간에 강력한 관계가 존재한다고 보고하였다(Haug, Mykletun, & Dahl, 2002).

a. 이 연구자들이 사용한 표본은 무엇인가?

b. 연구자들이 자신의 결과를 확장시키려고 하는 전집은 무엇인가?

1.25 변인의 유형과 올림픽 수영종목 : 2012년 런던 올림픽에서 미국선수 마이클 펠프스는 4개의 금메달을 획득하여 그의 생애 전체 금메달 수를 모두 18개로 늘렸으며, 모든 스포츠 종목을 망라하여 올림픽 금메달 신기록을 수립하였다. 그가 금메달을 획득한 종목 하나가 100미터 접영이었다. 다음 사례 각각에 대해서 변인의 유형, 즉 명목변인, 서열변인, 또는 척도변인을 확인하라.

a. 미국의 펠프스가 1등으로 골인하였고, 남아공의 채드 르 클로스와 러시아의 에브게니 코로티쉬킨이 동시에 2등으로 골인하였다.

b. 펠프스는 51.21초에 골인하였고, 르 클로스와 코로티쉬킨은 51.44초에 골인하였다.

c. 펠프스와 코로티쉬킨은 북반구에 사는 반면, 르 클로스는 남반구에 살고 있다.

1.26 변인의 유형과 켄터키 더비 : 아마도 켄터키 더비는 미국 최고의 경마대회일 것이다. 더비의 다음 사례 각각에 대해서 변인의 유형을 확인하라.

a. 경마팬인 우리는 골인 순서라는 변인에 매우 관심을 가지고 있다. 2013년에 오브라는 말이 우승을 하였으며, 뒤이어 골든 소울이 2등을 그리고 레볼루셔너리가 3등을 차지하였다.

b. 또한 우리는 골인 시간이라는 변인에도 관심을 가지고 있다. 오브는 2분 2.89초로 우승하였다.

c. 2013년 더비의 관중은 모두 151,616명이었으며, 최고 기록인 2012년의 165,307명에는 미치지 못하였다.

d. 만일 우리가 내기를 거는 타입이라면, 상금이라는 변인도 살펴볼 것이다. 오브에 2달러를 걸었던 사람은 12.80달러를 상금으로 받았다.

e. 우리는 더비의 역사 그리고 기수의 성별이나 인종과 같은 인구학적 변인에 관심이 있을 수 있다. 예컨대, 켄

터키 더비의 처음 28번의 경주에서, 우승한 기수 중 15명이 아프리카계 미국인이었다.

f. 귀빈석에는 고급 패션이 지배적이다. 우리는 모자 쓰기라는 변인에 호기심을 가지고 있어서, 얼마나 많은 여성이 모자를 쓰고 있으며 얼마나 많은 여성이 쓰고 있지 않은지 관찰하였다.

1.27 불연속 변인 대 연속 변인 : 다음 사례 각각에 대해서, 척도변인이 불연속적인지 아니면 연속적인지 진술하라.

a. 노래의 수에 근거한 스마트폰의 용량

b. 개별 노래의 연주시간

c. 노래 하나를 합법적으로 다운로드하는 비용

d. Amazon.com에서 어떤 앨범에 달린 리뷰의 개수

1.28 신뢰도와 타당도 : 온라인에 들어가 outofservice.com/starwars에 들어있는 성격검사에 응답해보라. 이 검사는 영화 '스타워즈'의 등장인물에 근거하여 여러분의 성격을 평가한다.

a. 검사가 신뢰할 만하다는 의미는 무엇인가? 다시 한번 검사에 응답해보라. 그 검사가 신뢰할 만하게 보이는가?

b. 검사가 타당하다는 의미는 무엇인가? 이 검사는 타당해 보이는가? 설명해보라.

c. 그 검사는 마지막 부분에 "대부분의 젊은 시절을 보낸 국가는 어디인가?"를 포함하여 여러 가지 인구학적 질문을 하고 있다. 이 웹사이트 검사의 개발자로 하여금 이 질문을 던지게 만든 어떤 가설을 생각할 수 있겠는가?

d. 여러분의 가설에서 독립변인과 종속변인을 확인해보라.

1.29 신뢰도, 타당도, 와인 평가 : 와인가게에 가서는 그곳에 게시된 와인 평가서가 얼마나 유용한 것인지 궁금해한 적이 있는지 모르겠다. (그 평가서는 일반적으로 100점이 최고점인 척도에서 50~100점 사이의 점수를 부여하고 있다.) 아무튼 그 평가는 주관적인 것이 아니겠는가? 와인 전문가가 일관성을 보이는지를 알아보았다(Corsi & Ashenfelter, 2001). 날씨가 가격에 관한 최선의 예측자임을 알고 있는 연구자는 날씨가 전문가의 평가를 얼마나 잘 예측하는지 궁금하였다. 날씨에 사용한 변인에는 온도와 강우량이 포함되었으며, 와인 전문가 평가에 사용한 변인은 각 와인에 부여한 수치였다.

a. 독립변인 하나에 이름을 붙여보라. 어떤 유형의 변인인가? 불연속 변인인가 아니면 연속 변인인가?

b. 종속변인에 이름을 붙여보라. 어떤 유형의 변인인가? 불연속 변인인가 아니면 연속 변인인가?

c. 이 연구는 신뢰도 개념을 얼마나 반영하고 있는가?

d. 이 연구에 참여한 와인 전문가 중의 한 명인 로버트 파커가 높은 점수를 부여한 와인을 여러분이 자주 마신다고 해보자. 파커의 평가는 확실히 신뢰할 만하며, 여러분은 일반적으로 그의 평가에 동의한다. 이 사실은 타당도의 개념을 얼마나 반영하고 있는가?

1.30 변인의 조작적 정의와 랩뮤직 통계치 : 웹사이트 랩 지니어스(Rap Genius)는 소위 랩메트릭스를 사용하여 랩뮤직을 분석한다. 이 웹사이트는 각운 밀도라는 측정치를 개발하였는데, 이 측정치는 다른 음절과 운이 맞는 모든 음절의 비율을 말한다. 예컨대, Eminem의 "Without Me"는 거의 절반의 가사가 각운을 이루기 때문에 0.49(49%)의 각운 밀도를 가지고 있는 반면, 악명이 자자한 B.I.G.의 "Juicy"는 각운 밀도가 단지 0.23(23%)에 불과하다. 랩 지니어스 관계자들은 이렇게 말하고 있다. "가수활동 전반에 걸쳐서 가장 높은 각운 밀도를 나타내는 래퍼가 기본적으로 최고의 전문 래퍼이다."

a. 랩 지니어스는 최고의 래퍼를 어떻게 조작적으로 정의하고 있는가?

b. 최고의 래퍼를 결정하는 데 있어서 고려할 수 있는 다른 변인을 적어도 세 가지 기술해보라.

c. 모든 노래에 걸쳐서 MF Doom이 0.44의 각운 밀도로 1등을 차지하였으며, Cam'ron이 0.41의 각운 밀도로 2등을 차지하였다. 이 순위는 어떤 유형의 변인인가? 각운 밀도는 어떤 유형의 변인인가?

d. 랩 지니어스는 각운 밀도 논의를 다음과 같이 요약하고 있다. "MF Doom은 우리를 조금 놀라게 만들었다. 처음에는 뉴요커에 실린 거창한 프로파일이며 지금은 이것, 각운 밀도이다. 정말 대단하다! Cam'ron은 문화적으로 적절하며 흥미진진하다(게다가 그는 가면을 쓸 필요가 없다. 태생적으로 우스꽝스럽다). 따라서 우리는 랩메트릭스에서 그를 G.O.A.T.(greatest of all time) MC[이 시대 최고의 래퍼]로 고려하고 있다." 따라서 랩 지니어스는 최고 래퍼의 조작적 정의를 약간 변경하였다. 랩 지니어스가 G.O.A.T. MC의 조작적 정의에 첨가한 것은 무엇인가?

1.31 코미디언의 수입에 대한 조작적 정의 : 2013년에 포브스(Forbes)는 수입이 많은 10명의 코미디언을 보도하였는데, 10명 모두 남자이었다. 여기에는 대니얼 토쉬, 케빈 하트, 그리고 래리 더 케이블 가이가 포함되었다. 수많은 온라인 기자들은 목록에 여자가 포함되지 않은 이유를 알고자 하였다. 예컨대, 에린 글로리아 라이언은 엘렌 드제너러스와 에이미 폴러와 같은 여자들이 어디로 갔는지 궁금해하였다. **포브스**는 '방법론'이라는 제목을 붙이고 이 데이터를 수집한 과정을 설명하였다. "세금을 제하기 전의 총수입액을 산출하고자, 우리는 각 코미디언이 벌어들인 액수를 추정하기 위하여 에이전트, 변호사 그리고 기획사 내부자들과 논의하였다." **포브스**는 다음과 같은 단서조항을 덧붙였다. "코미디언들이 최종 명단에 들어가기 위해서는 일차적인 수입원이 공연티켓 판매에서 나온 것이어야만 한다." 이러한 단서조항에 대해서 라이언은 다음과 같은 반응을 내놓았다. "그렇다고요? 그것이야말로 코미디언이 어떤 사람인지에 대한 가장 괴상망측한 정의이군요."

a. **포브스**가 코미디언의 수입을 어떻게 조작적으로 정의하였는지를 설명하라.

b. 라이언은 어째서 이 정의에 대해 문제점을 제기하였는지를 설명하라.

c. 라이언은 다음과 같이 적고 있다. "만일 닥터 드레가 진정한 '힙합 가수'로 간주되기 위해서 앨범을 내거나 콘서트를 열 필요가 없다면, 어째서 민디 케일링은 진정한 '코미디언'이 되기 위해서 벽돌담 앞에서 마이크를 쥘 필요가 있는 것인가요?" 라이언의 비판에 근거하여, 코미디언의 수입을 조작적으로 정의하는 적어도 한 가지 상이한 방법을 제안해보라.

1.32 집단간 대 집단내 설계와 운동 : 인구 전집에 걸친 현저한 체중 증가에 주목한 연구자와 영양학자 그리고 의사들은 많은 서구 국가에서 만연한 비만의 흐름을 차단하는 방법을 찾고자 고군분투해왔다. 이들은 수많은 운동 프로그램을 주창해왔으며, 이 프로그램의 효과를 알아보기 위한 연구들을 진행해왔다. 여러분이 운동을 수반하지 않은 프로그램과 비교하여 운동을 수반한 프로그램의 체중 감소 효과를 알아보려는 연구를 수행하고 있다고 가정해보라.

a. 어떻게 집단간 설계를 사용하여 운동 프로그램을 연구할 수 있는지를 기술해보라.

b. 어떻게 집단내 설계를 사용하여 운동 프로그램을 연구할 수 있는지를 기술해보라.

c. 집단내 설계의 잠재적 혼입변인은 무엇인가?

1.33 상관연구와 흡연 : 수십 년에 걸쳐 연구자와 정치가 그리고 담배회사 간부들은 흡연과 건강문제 간의 관계에 관하여 논쟁하였으나 바람직하지 않은 결과를 내놓았다.

a. 이 연구가 본질적으로 상관적일 수밖에 없는 이유는 무엇인가?

b. 어떤 혼입변인이 흡연의 건강요인을 분리해내는 것을 어렵게 만드는가?

c. 이 연구의 본질과 혼입변인들이 어떻게 담배회사로 하여금 흡연의 해악을 인정할 때까지 시간을 벌 수 있게 해주었는가?

d. 모든 윤리적 문제는 접어두고, 여러분은 어떻게 집단 간 실험을 사용하여 흡연과 건강문제 간의 관계를 연구할 수 있겠는가?

1.34 실험연구 대 상관연구와 문화 : 개인주의 사회와 집단주의 사회의 문화가치에 관심을 가지고 있는 한 연구자가 개인주의 점수가 높은 32명과 집단주의 점수가 높은 37명이 경험한 관계 갈등 정도에 대한 데이터를 수집하고 있다.

a. 이 연구는 실험연구인가 아니면 상관연구인가? 설명해보라.

b. 무엇이 표본인가?

c. 이 연구자가 내놓을 가능성이 있는 가설을 적어보라.

d. 관계 갈등을 어떻게 조작적으로 정의하겠는가?

1.35 실험연구 대 상관연구와 재활용 : 아르헨티나에서 수행한 연구는 식료품가게가 물건을 담을 비닐봉투에 요금을 매기지 않을 때보다 요금을 매길 때 고객들이 자신의 장바구니를 가지고 올 가능성이 높다고 결론지었다(Jakovcevic et al., 2014). 여러분이 아르헨티나 이외의 국가에서 이 주제에 관하여 추수연구를 계획한다고 상상해보라.

a. 이 연구의 가설을 적어보라.

b. 이 가설을 검증하기 위한 상관연구를 어떻게 설계할 수 있는지 기술해보라.

c. 이 가설을 검증하기 위한 실험을 어떻게 설계할 수 있는지 기술해보라.

종합

1.36 낭만적 관계 : 연구자들은 영국에서 수행한 대규모 연구 프로젝트인 밀레니엄 코호트 연구의 결과를 발표하였다(Goodman & Greaves, 2010). 이들은 다음과 같이 진술하였다. "결혼한 부부보다 동거하는 부부가 헤어질 가능성이 더 높은 것은 사실이지만, 이것이 결혼의 인과효과 때문임을 시사하는 증거는 거의 없다. 오히려 상이한 유형의 사람들이 동거하면서 자녀를 갖기보다는 결혼하고 자녀를 갖는 것으로 보이며, 관계가 지속될 것이라는 최선의 전망을 나타내는 관계가 결혼으로 이끌어갈 가능성이 가장 높은 관계인 것으로 보인다"(1쪽).

a. 이 연구에서 표본은 무엇인가?

b. 가능한 전집은 무엇인가?

c. 이것은 상관연구인가 아니면 실험연구인가? 설명해보라.

d. 독립변인은 무엇인가?

e. 종속변인은 무엇인가?

f. 한 가지 가능한 혼입변인은 무엇인가? 그 혼입변인을 조작적으로 정의할 수 있는 적어도 한 가지 방법을 제안해보라.

1.37 실험, HIV(인체면역결핍바이러스) 그리고 콜레라 : 여러 연구는 HIV 양성인 사람이 콜레라에 취약하다는 사실을 언급해왔다(약화된 면역시스템 때문일 가능성이 높다). 인구의 20~30%가 HIV 양성인 것으로 추정되는 국가인 모잠비크에서 콜레라 구강백신이 HIV 양성인 사람에게 효과가 있는지 연구자들은 궁금하였다(Lucas et al., 2005). 모잠비크에서 HIV 양성반응을 보인 14,000명에게 콜레라 백신을 투여하였다. 곧이어 콜레라가 유행하여 연구자들로 하여금 자신의 가설을 검증할 기회를 제공하였다.

a. HIV 양성인 사람들에게 콜레라 백신의 효과를 검증하는 실험을 연구자들이 수행할 수 있는 방법을 기술해보라.

b. 만일 연구자들이 실험을 수행하였다면, 이것은 집단간 실험이겠는가 아니면 집단내 실험이겠는가? 설명해보라.

c. 연구자들은 백신 조건과 무백신 조건에 참가자들을 무선할당하지 않았다. 오히려 대규모로 백신을 투여하였다. 이 방법이 인과적 결론의 도출을 제한하는 까닭은 무엇인가? 적어도 하나 이상의 혼입변인을 포함시켜라.

1.38 능력과 임금 : NLSY79라고 부른 전국적인 종단적 조사 연구의 데이터를 분석하였는데(Arcidiacono et al., 2008), 이 연구는 1979년에 14~22세에 해당하는 미국의 남녀 12,000명으로부터 수집한 데이터를 포함하고 있다. 연구자들은 능력이 대학 졸업자의 초기 임금과는 관련이 있지만, 고졸자의 경우는 그렇지 않다고 보고하였다. 임금의 측면에서 인종차별이 대졸자보다는 고졸자에게 더 팽배하다는 연구결과는 이 결과와 일맥상통하고 있다. 능력이 임금을 결정하는 일차적 요인이 아닐 때는, 능력과 무관한 인종과 같은 다른 요인이 작동하기 때문이다. 연구자들은 능력 수준이 동일할 때 평균적으로 백인보다는 흑인이 대학 학위를 얻을 가능성이 더 높은 이유를 자신의 결과가 설명해줄 수 있다고 제안하였다.

a. 독립변인을 기술해보라.

b. 종속변인을 기술해보라.

c. 이 연구에서 표본은 무엇인가?

d. 연구자들이 결론을 도출하려는 전집은 무엇인가?

e. 이 연구에서 '종단적'이라는 표현은 무엇을 의미하는가?

f. 연구자들은 능력을 측정하는 데 AFQT(Armed Forces Qualification Test)를 사용하였다. AFQT는 어휘 지식, 문단 이해력, 수리 추리력, 그리고 수학 지식 하위척도의 점수를 합한다. 여러분은 대졸자를 고졸자와 비교할 때 능력과 임금 간의 관계에서 혼입변인을 적어도 한 가지 제안할 수 있겠는가?

g. 연구자가 능력을 조작적으로 정의할 수 있는 다른 방법을 적어도 두 가지 제안해보라.

1.39 자선단체의 평가 : 많은 사람은 자신의 돈을 어디에 기부할 것인지를 결정하기에 앞서 자선단체들을 조사한다. 티나 로젠버그(Tina Rosenberg, 2012)는 전통적으로 많은 사람이 '채리티 내비게이터(Charity Navigator)'나 '베터 비즈니스 뷰로(Better Business Bureau)'의 웹사이트와 같은 출처를 사용해왔다고 보고하였다. 두 웹사이트는 모두 기부금을 모금활동이나 행정관리에 덜 사용하고 자신들이 지원하고 있는 대의명분에 더 많이 사용하는 단체를 보다 높게 평가하였다. 예컨대, 건강과 의료혜택 결핍에 초점을 맞추고 있는 비영리단체인 '국경 없는 의사회'는 채리티 내비게이터에서 재정운용, 책무성, 그리고 투명성에 근거하여 70점 중에서 57.11점을 얻고 있다. 이러한 평가는 '국경 없는 의사회'를 채리티 내비게이터의 다섯 단계 중에서 두 번째 단계에 올려놓고 있다(charitynavigator.org).

a. 채리티 내비게이터는 좋은 자선단체를 어떻게 조작적으로 정의하고 있는가?

b. 70점 중에서 57.11이라는 점수는 어떤 유형의 변인(명목, 서열, 또는 척도변인)인가? 여러분의 답을 설명해보라.

c. '다섯 단계 중에서 두 번째 단계'라는 표현에서 단계는 어떤 유형의 변인인가? 여러분의 답을 설명해보라.

d. 많은 유형의 자선단체가 있다. 국경 없는 의사회는 건강과 의료혜택 결핍에 초점을 맞추고 있다. 자선단체의 유형은 어떤 유형의 변인인가? 여러분의 답을 설명

해보라.

e. 로젠버그(2012)에 따르면, 옥스퍼드대학교의 도덕철학자인 토비 오드(Toby Ord)는 좋은 자선단체를 규정하는 전통적인 조작적 정의가 지나치게 제한적이라고 생각한다. 그는 좋은 자선단체에게 중요한 것으로 간주하는 다음과 같은 다섯 가지 기준을 가지고 있다. 좋은 자선단체는 보다 심각한 문제(예컨대, 예술보다는 질병)를 목표로 삼는다. 증거에 기반한 관례를 사용한다. 가성비가 높은 개입을 사용한다. 유능하고 정직하다. 그리고 들어오는 기부금을 유효적절하게 사용할 능력이 있다. 오드는 자신의 기준을 반영하여 평가하는 출처로 기브웰(GiveWell)이라고 부르는 웹사이트를 내세우고 있다. 국경 없는 의사회는 기브웰에서 썩 좋은 평가를 받지 못하고 있다. 이 웹사이트는 다음과 같이 주장한다. "[국경 없는 의사회] 활동의 전반적인 가성비는 (우리가 선정한) 최고의 자선단체들의 가성비에 비견하기 어렵다." 채리티 내비게이터와 같은 웹사이트는 오드가 제안한 것과 같은 보다 완전한 정의에 대비하여 재정과 관련된 측정치만을 들여다보는 까닭을 설명해보라.

f. 채리티 내비게이터의 평가와 기브웰의 평가 중에서 어느 것이 더 신뢰할 만할 가능성이 높은가? 여러분의 답을 설명해보라.

g. 채리티 내비게이터의 평가와 기브웰의 평가 중에서 어느 것이 더 타당할 가능성이 높은가? 여러분의 답을 설명해보라.

h. 만일 여러분이 자선기부금의 증가가 한 국가의 사망률을 낮추어주는지를 모니터링하고 있다면, 그것은 실험연구인가 아니면 상관연구인가? 여러분의 답을 설명해보라.

i. 만일 여러분이 어떤 지역은 더 많은 기부금을 받고 다른 지역은 더 적은 기부금을 받도록 무선할당을 하고 두 지역에서의 사망률을 추적한다면, 그것은 실험연구인가 아니면 상관연구인가? 여러분의 답을 설명해보라.

핵심용어

가설검증(hypothesis testing)

기술통계(descriptive statistic)

독립변인(independent variable)

등간변인(interval variable)

명목변인(nominal variable)

무선할당(random assignment)

변인(variable)

불연속 관찰(discrete observation)

비율변인(ratio variable)

상관(correlation)

서열변인(ordinal variable)

수준(level)

신뢰도(reliability)

실험(experiment)

연속 관찰(continuous observation)

전집(population)

조작적 정의(operational definition)

종속변인(dependent variable)

집단간 연구설계(between-groups research design)

집단내 연구설계(within-groups research design)

척도변인(scale variable)

추론통계(inferential statistic)

타당도(validity)

표본(sample)

혼입변인(confounding variable)

빈도분포

2

빈도분포
    빈도표
    묶은 빈도표
    히스토그램
    빈도다각형

분포의 모양
    정상분포(정규분포)
    편중분포(비대칭분포, 편포)

시작하기에 앞서 여러분은

- 상이한 유형의 변인들, 즉 명목변인, 서열변인, 척도변인을 이해하여야만 한다(제1장).

- 불연속 변인과 연속 변인 간의 차이를 이해하여야만 한다(제1장).

존 스노는 통계학자처럼 생각하기 위하여 어떤 수학공식도 필요하지 않았다. 실제로 빈도분포를 이해하기 위하여 여러분에게 필요한 핵심 수학은 집계(counting)이다. 그렇다고 해서 수학의 단순함이 여러분을 멍청하게 만들지 않도록 하라. 통계적 추리야말로 강력한 도구이다. 집계한 다음에 그 수치를 가장 큰 것에서 가장 작은 것으로(또는 그 반대로) 재배열하는 작업은 숨어있는 모든 유형의 패턴을 드러낼 수 있다.

이 장에서는 표에 들어있는 개별 데이터 값들을 체제화하는 방법을 배운다. 그런 다음에 한 단계 더 나아가서 데이터의 전반적 패턴을 보여주기 위한 두 가지 유형의 그래프, 즉 히스토그램과 빈도다각형을 사용하는 방법을 배운다. 마지막으로 데이터 값들의 분포 모양을 이해하기 위하여 이 그래프를 사용하는 방법을 배운다. 이러한 도구들은 행동과학에서 통계를 사용하는 중요한 단계가 된다.

빈도분포

원점수는 아직 변환하거나 분석하지 않은 데이터 값이다.

빈도분포는 한 변인의 가능한 값 각각에 대해서 집계한 사례 수나 비율을 드러냄으로써 관찰치 집합의 패턴을 기술한다.

빈도표는 각 데이터 값이 얼마나 자주 발생하는지, 즉 각 값에 얼마나 많은 사례가 존재하는지를 시각적으로 보여주는 표이다. 값들은 첫 번째 열에 나열하며, 그 값을 갖는 사례의 수는 두 번째 열에 나열한다.

일반적으로 연구자는 예컨대 비디오클립의 길이(독립변인)가 그 비디오의 입소문(종속변인)에 미치는 효과와 같이, 변인들 간의 관계에 상당한 관심을 기울인다. 그렇지만 변인들 간의 관계를 이해하기 위해서는 우선 각 변인의 데이터 값들을 이해해야만 한다. 데이터 집합의 기본 성분, 즉 아직 변환하거나 분석하지 않은 데이터를 **원점수**(raw score)라고 부른다. 통계에서는 원점수를 **빈도분포**(frequency distribution)로 체제화하는데, 빈도분포는 한 변인의 가능한 값 각각에 대해서 집계한 사례 수나 비율을 드러냄으로써 관찰치 집합의 패턴을 기술한다.

빈도표

데이터를 빈도분포의 측면에서 체제화하는 여러 가지 방법이 있다. 첫 번째 방법인 빈도표는 앞으로 다룰 세 가지 방법 각각을 위한 출발점이 된다. **빈도표**(frequency table)는 각 데이터 값이 얼마나 자주 발생하는지, 즉 각 값에 얼마나 많은 사례가 존재하는지를 시각적으로 보여주는 표이다. 일단 빈도표로 정리한 데이터는 묶은 빈도표나 히스토그램, 또는 빈도다각형으로 제시할 수 있다.

개념 숙달하기

2-1: 빈도표는 얼마나 많은 참가자가 각각의 가능한 점수를 얻었는지를 나타냄으로써 데이터의 패턴을 보여준다. 빈도표 속의 데이터는 빈도 히스토그램이나 빈도다각형을 사용하여 그래프로 나타낼 수 있다.

사례 2.1

지구상에 존재하는 소위 죽음의 호수 중의 하나인 키부 호수는 아프리카 국가인 르완다와 콩고민주공화국 사이에 위치하고 있다. 근처 화산대의 활동은 폭발성이 강한 메탄을 비롯하여 위험하기 짝이 없는 가스가 호수로 스며들게 만든다. 긍정적인 측면은 메탄을 이용하여 그 지역의 전력을 공급한다는 점이다. 부정적인 측면은 메탄이 호수를 폭발하게 만들어 수십만 명을 사망케 만들 수 있다는 점인데, 이러한 사건은 대략 1,000년마다 발생한다(Turner, 2015).

그렇다면 화산은 심리학이나 통계학과는 어떤 관계가 있는 것인가? 임상심리학자와 환경심리학자는 자연재해에 대한 사람들의 반응에 초점을 맞추어왔다(Norris et al., 2008 참조). 심리학자는 재앙의 후유증으로 인한 심리적 피해뿐만 아니라 발생할지도 모르는 재앙이 지역사회를 암암리에 끊임없이 위협하게 되는 시점에도 관심을 가지고 있다.

여러분이 그러한 지역에 살고 있다고 상상해보라. 아니면 이미 그런 곳에 살고 있을 수도 있겠다. 예컨대, 미국 북서부와 밴쿠버 위쪽의 캐나다 남서부는 치명적인 지진에 직면해있다(Schulz, 2015). 여러분이라면 어떻게 느끼겠는가? 어떻게 대처하겠는가? 아마도 여러분은 그 사실을 무시하고자 시도할 수도 있겠다. 기자가 만일 메탄이 스며들지 않는다면 키부 호수가 더 안전할 것이라고 말하자, 그 지역에서 웨이터로 일하는 에마누엘은 "우리는 별로 신경 쓰지 않아요."라고 응답하고는 곧바로 사라졌다(Turner, 2015). 여러분이라면 불안해졌을 것이다. 분화구에서 흘러내리는 용암이 하와이의 한 마을을 위협하자, 한 주민은 "나를 포함한 모든 사람은 매우 불안합니다. 우리는 몰라요. 미래를 내다볼 수 없잖아요."라고 인정하였다(Carroll, 2014).

화산이 조용히 진행되면서도 가장 현저한 환경 위협이 되는 까닭은 근처에 살고 있는 사람들에게 문자 그대로 서서히 다가오기 때문이다. 화산의 위협에 따른 사람들의 심리적 손상에 관심을 가지고 있는 심리학자는 그 위협이 어떻게 세상에 퍼져나가는지를 밝히는 데 관심을 가질 수 있다. 미국 오리건주립대학교는 전 세계 화산의 상당히 종합적인 목록을 발표하였다(Volcanoes by country, 2018).

표 2-1은 적어도 하나 이상의 화산을 가지고 있는 55개 국가 각각의 화산 개수를 나열하고 있다. 이 데이터를 사용하여 빈도표를 만들 수 있다.

얼핏 보아서는 대부분의 수치 목록에서 패턴을 찾아내기가 쉽지 않다. 그렇지만 그 수치들을 재배열하면, 패턴이 드러나기 시작한다. 빈도표는 이해하기 용이한 데이터 분포를 만들어내는 최선의 방법이다. 이 사례에서는 단지 데이터를 두 열의 표로 체제화하는데, 하나의 열은 반응의 범위(값)를 나타내고 다른 하나는 각 반응의 빈도(점수)를 나타낸다.

빈도표를 만드는 구체적인 단계들이 있다. 첫째, 원점수의 범위를 결정한다. 각 나라마다 얼마나 많은 화산을 가지고 있는지 세어볼 수 있다. 최저점수는 1이고 최고점수는 81이다. 데이터는 적어도 하나 이상의 화산을 가지고 있는 국가만을 포함하고 있다는 사실을 명심하라. 또한 이 사례의 목적을 위하여 4개의 예외값(outlier)에 해당하는 국가, 즉 인도네시아, 일본, 러시아, 미국의 데이터는 사용하지 않을 것이다. 네 국가의 데이터는 빈도표를 지나치게 길게 만들어버린다. 이러한 상황에 대처하는 방법은 다음 절에서 배우게 된다. 따라서 지금은 최고점수가 17이다. 점수가 1부터 17 사이의 범위에 존재한다는 사실을 지적하는 것만으로도 데이터 집합을 어느 정도는 명료하게 만들어준다. 그

스트레스를 유발하는 화산 심리학자는 발생할 가능성이 있는 자연재해의 위험 속에서 살고 있는 사람들이 경험하는 만성 스트레스를 연구한다. 여기 콩고민주공화국 쪽에서 키부 호수에 면한 도시인 고마에 살고 있는 사람들이 화산 폭발의 잔해를 바라다보고 있다. 키부 호안을 따라 살고 있는 사람들은 두 가지 환경적 위험, 즉 화산 폭발의 잠재성 그리고 화산이 초래한 폭발성 가스의 축적으로 인해 호수 자체가 폭발할 가능성이 초래하는 스트레스를 경험하고 있다.

PEDRO UGARTE/AFP/Getty Images

표 2-1	전 세계의 화산

이 표는 적어도 하나 이상의 화산을 가지고 있는 국가의 화산 수를 보여준다. 이 데이터는 미국 오리건주립대학교 연구자들이 정리한 것이다.

국가	화산 수	국가	화산 수	국가	화산 수	국가	화산 수
남극	1	콩고민주공화국	2	이태리	6	포르투갈	3
아르헨티나	1	에콰도르	12	일본	40	러시아	55
호주	4	엘살바도르	5	케냐	7	솔로몬 제도	2
아조레스 제도	3	에리트레아	2	소순다 열도	1	스페인	5
카메룬	2	에티오피아	10	리비아	1	세인트키츠 네비스	2
카나리아 제도	1	프랑스	4	마리아나 제도	4	세인트빈센트	1
카보베르데 제도	2	갈라파고스 군도	1	멕시코	7	탄자니아	3
차드	1	그리스	5	네덜란드	2	통가	1
칠레	10	그레나다	1	뉴질랜드	8	터키	2
중국	1	과테말라	7	니카라과	9	우간다	1
콜롬비아	3	아이슬란드	5	노르웨이	1	영국	4
코모로 군도	1	인도	2	파푸아 뉴기니	17	미국	81
콩고	2	인도네시아	45	페루	2	바누아투	9
코스타리카	4	이란	2	필리핀	13		

이 데이터는 volcano.oregonstate.edu/volcanoes_by_country(2018)에서 발췌한 것임.

렇지만 더욱 명료하게 만들 수 있다.

최저점과 최고점을 확인한 후에, 표 2-2에서 볼 수 있는 두 개의 열을 만든다. 원점수를 살펴보면서 얼마나 많은 국가가 각 데이터 값에 해당하는지를 결정한다. 각 값에 적절한 수치를 표에 기록한다. 예컨대, 화산을 17개 가지고 있는 국가가 하나이므로 그곳에 1을 기록한다. 범위에 포함되는 모든 수를 포함해야 한다는 사실을 지적하는 것이 중요하겠다. 11, 14, 15, 또는 16개의 화산을 가지고 있는 국가는 없기 때문에 각각에 0을 기록한다.

빈도표를 만드는 단계를 요약하면 다음과 같다.

1. 최고점수와 최저점수를 결정한다.
2. 두 개의 열을 만든다. 첫 번째 열에는 변인 이름을 적고, 두 번째 열에는 '빈도'를 적는다.
3. 데이터의 모든 점수를 포괄하는 전체 범위의 값을 내림차순으로 나열한다. 빈도가 0인 값이 있더라도 범위의 모든 값을 포함시킨다.
4. 각 값에 해당하는 점수의 수를 세어, 빈도 열에 그 수치를 기록한다.

표 2-3에서 보는 바와 같이, 백분율(퍼센티지) 열을 첨가할 수 있다. 백분율을 계산하려면 특정 값을 갖는 국가의 수를 전체 국가의 수로 나눈 다음에 100을 곱한다. 앞서 보

표 2-2 빈도표와 화산

이 빈도표는 1~17개의 화산을 가지고 있는 51개 국가에서 특정 화산 수에 해당하는 국가의 빈도를 나타내고 있다. 네 개의 예외값에 해당하는 국가, 즉 인도네시아, 일본, 러시아, 그리고 미국은 40~81개의 화산을 가지고 있어서 빈도표를 쓸데없이 너무 길게 만들어버린다.

화산 수	빈도
17	1
16	0
15	0
14	0
13	1
12	1
11	0
10	2
9	2
8	1
7	3
6	1
5	4
4	5
3	4
2	12
1	14

이 데이터는 volcano.oregonstate.edu/volcanoes_by_country(2018)에서 발췌한 것임.

았던 것처럼, 17개의 화산을 가지고 있는 국가는 하나이며, 백분율은 다음과 같다.

$$\frac{1}{51}(100) = 1.961$$

즉, 17개의 화산을 가지고 있는 국가의 백분율은 1.96%이다. 표 2-3에서 50% 이상의 국가가 하나 또는 두 개의 화산을 가지고 있음을 볼 수 있다.

통계치를 계산할 때, 거치게 되는 단계의 수 그리고 소수점 이하의 수치를 올리거나 내리는 방식에 따라서 상이한 답을 얻을 수 있다. 이 책에서 계산할 때는 소수점 세 자리까지 반올림하지만, 최종 답은 적절하게 반올림하거나 반내림하여 소수점 두 자리까지 보고한다. 때로는 반올림이나 반내림으로 인해서 수치들의 합이 정확하게 100%가 되지 않는다. 그렇지만 이 지침을 따른다면, 여러분도 책이 제시하는 것과 동일한 답을 얻게 될 것이다.

데이터의 빈도표를 작성하는 것은 수치집단에 대한 통찰을 제공해준다. 화산이 있는

표 2-3	특정 수의 화산을 가지고 있는 국가의 빈도와 백분율

이 빈도표는 특정 수의 화산을 가지고 있는 국가의 수를 나타낸 표 2-2를 확장한 것이다. 여기서도 1~17개의 화산을 가지고 있는 51개 국가만을 포함시켰다. 이 표는 백분율도 포함하고 있는데, 백분율은 실제 수치보다 데이터를 더 잘 기술하고 있기 십상이다.

화산 수	빈도	백분율(%)
17	1	1.96
16	0	0
15	0	0
14	0	0
13	1	1.96
12	1	1.96
11	0	0
10	2	3.92
9	2	3.92
8	1	1.96
7	3	5.88
6	1	1.96
5	4	7.84
4	5	9.80
3	4	7.84
2	12	23.53
1	14	27.45

이 데이터는 volcano.oregonstate.edu/volcanoes_by_country(2018)에서 발췌한 것임.

국가는 대체로 하나 또는 두 개의 화산을 가지고 있을 가능성이 높으며, 오직 소수의 국가만이 10개 이상의 화산을 가지고 있다는 사실을 알 수 있다. 다음 절에서는 몇몇 예외값, 즉 다른 값들과 현저하게 차이 나는 값을 가지고 있는 데이터 집합을 다루는 방법을 살펴본다. ●

묶은 빈도표

선행 사례에서는 국가의 수를 센 정수 데이터를 사용하였다. 이에 덧붙여서, 범위를 1에서 17까지로 제한하였다. 그렇지만 데이터는 그렇게 용이하게 이해되지 않기 십상이다. 다음의 두 상황을 살펴보자.

1. 반응시간처럼, 데이터가 소수점 이하 여러 자리까지 내려갈 때
2. 화산 데이터의 전체 집합과 같이, 데이터가 넓은 범위에 걸쳐 퍼져있을 때

두 상황 모두에서 빈도표는 여러 쪽에 걸쳐 계속될 수 있다. 예컨대, 만일 어떤 사람이 체중에서 다음 순위의 사람보다 오직 0.0001킬로그램 더 무겁다면, 그 사람은 차별적인 범주에 속하게 된다. 이토록 세부적인 값의 사용은 엄청난 양의 불필요한 작업을 하게 되며, 데이터에서 어떤 추세도 찾지 못하게 된다는 두 가지 문제점을 초래하게 된다. 다행스럽게도 이러한 상황에 대처하는 기법이 존재한다. **묶은 빈도표**(grouped frequency table)는 특정 값의 빈도가 아니라 특정 간격 또는 범위에 들어가는 빈도를 보고함으로써 연구자로 하여금 데이터를 시각적으로 묘사하게 해준다.

묶은 빈도표는 특정 값의 빈도가 아니라 특정 간격에 들어가는 빈도를 보고하는 빈도표이다.

다음은 표준적인 빈도표로는 데이터를 쉽게 전달할 수 없는 두 번째 상황을 예시한다. 이것은 표 2-1에서 제시한 화산 데이터의 전체 집합이다.

사례 2.2

1	1	4	3	2	1	2	1
10	1	3	1	2	4	2	12
5	2	10	4	1	5	1	7
5	2	45	2	6	40	7	1
1	4	7	2	8	9	1	17
2	13	3	55	2	5	2	1
3	1	2	1	4	81	9	

앞서 빈도표를 만들 때 네 개의 예외값을 생략하였던 사실을 기억할는지 모르겠다. 만일 모든 데이터 값을 포함하였다면, 그 표는 1에서 81까지 계속되었을 것이며, 원자료 데이터 목록보다도 길었을 것이다.

범위에 들어가는 모든 단일 값을 보고하는 대신에, 값의 간격 또는 범위를 보고할 수 있다. 표준적인 묶은 빈도표를 생성하는 다섯 단계는 다음과 같다.

> **단계 1 : 빈도분포에서 최저점수와 최고점수를 확인한다.**

화산 사례에서 이 점수는 1과 81이다.

> **단계 2 : 데이터의 전체 범위를 구한다.**

만일 소수점이 있다면, 최고점수와 최저점수 모두 가장 가까운 정수로 반올림한다. 만일 화산 사례와 같이 이미 정수라면, 그 값을 사용한다. 데이터의 전체 범위를 얻기 위하여 최고점수에서 최저점수를 빼고 1을 더한다. (1을 더하는 까닭은 무엇인가? 스스로 알아보라. 81에서 1을 빼면 80이 남는다. 그렇지만 실제로는 81개의 값이 존재한다. 최저값이 1일 때는 명확해 보인다. 그렇다면 3에서 10까지의 범위를 가지고 시도해보라. $10 - 3 = 7$이지만, 실제로는 8개의 값이 존재한다. 세어보라. 의심이 들 때는 항상 개별 값들을 세어보라.)

화산 사례에서 $81 - 1 = 80$이며, $80 + 1 = 81$이다. 모든 점수는 81의 범위 속에 들어간다.

단계 3 : 간격의 수와 최선의 간격크기를 결정한다.

간격의 이상적인 수에 대한 합의가 존재하는 것은 아니지만, 대부분의 연구자는 데이터 집합이 거대하고 엄청난 범위를 갖고 있지 않은 한, 5에서 10개 사이의 간격을 권장한다. 최선의 간격크기를 구하려면, 범위를 원하는 간격의 수로 나눈 다음에 (데이터 값들이 지나치게 작지 않은 한, 즉 소수점 이하로 많이 내려가지 않는 한) 가장 가까운 정수로 반올림한다. 상당히 넓은 범위의 경우에는 간격크기가 10이나 100 아니면 1,000의 배수일 수 있다. 좁은 범위의 경우에는, 간격크기가 2, 3, 5처럼 작을 수 있으며, 만일 데이터 값들이 소수점 이하로 많이 내려간다면 1 이하의 간격크기가 될 수도 있다. 여러 가지 간격크기를 시도하여 최선의 것으로 결정하라.

화산 사례에서는 간격크기 10을 선택하였는데, 이것은 9개의 간격을 갖는다는 사실을 의미한다.

단계 4 : 최저 간격의 하한(下限)이 될 수치를 찾아라.

최저 간격의 하한은 간격크기의 배수가 되는 것이 바람직하다. 예컨대, 만일 크기가 10인 9개의 간격을 선택한다면, 최저 간격의 하한값이 10의 배수로 시작되는 것이 좋다. 데이터에 따라서 0, 10, 80, 또는 1,050 등에서 시작할 수 있다. 최저점수보다 작은 10의 배수를 선택한다.

화산 사례에서는 크기가 10인 9개의 간격이 존재하기 때문에, 최저 간격의 하한은 0이 된다. 만일 최저점수가 예컨대 12이었다면, 10을 선택할 것이다. (이 과정은 때때로 애초에 계획하였던 것보다 간격의 수를 하나 더 많이 만들기도 하는데, 이것은 아무런 문제도 되지 않는다.)

단계 5 : 최고 간격에서부터 최저 간격에 이르는 간격을 나열하고 각 간격의 점수 숫자를 셈함으로써 표를 완성한다.

이 단계는 (간격이 없는) 빈도표를 작성하는 것과 매우 유사하다. 크기가 10인 간격으로 결정하고 첫 번째 간격이 0에서 시작한다면, 그 값에 10을 더하여 다음 간격의 하한을 얻게 된다. 따라서 첫 번째 간격은 0에서 9.9999까지이며, 다음 간격은 10에서 19.9999까지 진행되는 식이다. 정수 데이터를 사용한다면, 단지 0에서 9까지, 10에서 19까지 식으로 말할 수 있다. 최선의 경험법칙은 간격의 하한은 선택한 간격크기만큼씩 이동한다는 것이며, 이 사례에서는 10이다.

화산 사례에서 최저 간격은 0에서 9까지이다(엄격하게는 0.00에서 9.99까지). 다음 간격은 10에서 19까지가 되겠다.

원자료의 긴 목록이나 빈도분포와 비교할 때, 표 2-4의 묶은 빈도표는 이해하기가 훨씬 용이하다. ●

표 2-4	화산을 가지고 있는 전 세계 국가의 화산 수에 대한 묶은 빈도표

묶은 빈도표는 값의 범위가 넓은 데이터 집합을 의미 있는 것으로 만들어준다. 이 묶은 빈도표는 55개 국가, 즉 표 2-2에서 요약한 51개 국가와 예외값에 해당하는 4개 국가의 화산 수를 요약하는 9개의 간격을 보여주고 있다.

간격	빈도
80~89	1
70~79	0
60~69	0
50~59	1
40~49	2
30~39	0
20~29	0
10~19	5
0~9	46

이 데이터는 volcano.oregonstate.edu/volcanoes_by_country(2018)에서 발췌한 것임.

히스토그램

그래프는 데이터를 한눈에 살펴보는 데 있어서 표보다 더 큰 도움이 된다. 변인 하나의 척도 데이터를 그래프로 나타내는 가장 보편적인 두 가지 방법이 히스토그램과 빈도다각형이다. 여기서는 히스토그램(더 보편적이다)과 빈도다각형(덜 보편적이다)을 구성하고 해석하는 방법을 배운다.

히스토그램(histogram)은 막대그래프와 유사하게 생겼지만, 단지 하나의 변인만을 묘사한다. 일반적으로 척도 데이터에 근거하며, 변인의 값은 x축(가로축)에, 그리고 빈도는 y축(세로축)에 나타낸다. 각 막대는 특정 값이나 간격의 빈도를 나타낸다. 히스토그램과 막대그래프의 차이는 막대그래프가 전형적으로 명목변인(예컨대, 남자와 여자)의 각 값에 또 다른 변인(예컨대, 신장)에서의 점수를 제공해주는 반면, 히스토그램은 전형적으로 하나의 척도변인(예컨대, 걷는 속도의 수준)에서의 빈도를 제공해준다는 점이다. 빈도표나 묶은 빈도표를 가지고 히스토그램을 작성할 수 있다. 히스토그램은 척도 데이터에서 전형적으로 나타나는 많은 수의 간격을 허용한다. 막대들은 빈틈없이 붙어있으며, 간격은 왼쪽부터 작은 수에서 시작하여 오른쪽으로 큰 수를 배열한다. 막대그래프에서는 범주들을 특정 순서대로 배열할 필요가 없으며, 막대들이 붙어있어서는 안 된다.

개념 숙달하기

2-2 : 빈도표의 데이터는 그래프 형태로 나타낼 수 있다. 히스토그램에서는 각 점수나 간격에서의 빈도를 나타내기 위하여 막대를 사용한다. 빈도다각형에서는 빈도를 나타내기 위하여 각 점수나 간격 위에 점을 찍고, 그 점들을 연결한다.

히스토그램은 막대그래프와 유사하게 생겼지만, 단지 하나의 변인만을 묘사한다. 일반적으로 척도 데이터에 근거하며, 변인의 값은 x축(가로축)에 그리고 빈도는 y축(세로축)에 나타낸다.

사례 2.3

빈도표를 가지고 히스토그램을 작성하는 것으로부터 시작해보자. 표 2-2는 화산 수가 17개 이하인 국가에 있어서 화산 수의 빈도를 나타내고 있다. x축(수평축)과 y축(수직축)을 그려 히스토그램을 구성한다. x축에는 관심사인 변인의 이름을 붙이고(이 사례에서는 '화산의 수'), y축에는 '빈도'라는 이름을 붙인다. 대부분의 그래프와 마찬가지로, 두 축의 교차점에서 가장 작은 값으로 시작하고 x축을 따라서는 오른쪽으로, y축을 따라서는 위쪽으로 이동하면서 값이 증가한다. 이상적으로는 각 축의 최저값이 0이어서, 그래프가 엉뚱한 방향으로 흐르지 않는다. 그렇지만 만일 각 축에서 값의 범위가 0을 벗어나 있으면, 때때로 0이 아닌 값을 최저값으로 사용하기도 한다. 나아가서 점수에 음수가 있다면(예컨대, 온도의 경우와 같이), x축이 음수를 가질 수도 있다.

일단 그래프를 작성하고 나면, 각 값에 대한 막대를 그린다. 각 막대는 빈도를 제공하는 값을 중심에 놓고 그린다. 막대의 높이는 각 값에 해당하는 점수의 수, 즉 빈도를 나타낸다. 만일 어떤 국가도 특정 값에 해당하는 점수를 가지고 있지 않다면, 그 값에 대해서는 막대를 그리지 않는다. 따라서 x축의 값 2에 대해서는 막대가 2를 중심으로 y축에서 12의 높이를 가지며, 12개 국가가 두 개의 화산을 가지고 있다는 사실을 나타낸다. 그림 2-1은 화산 데이터에 대한 히스토그램을 보여주고 있다.

여기서 빈도표를 가지고 히스토그램을 구성하는 단계를 요약하면 다음과 같다.

1. x축을 그리고 관심사인 변인의 이름을 붙인 다음, 이 변인이 가지고 있는 값의 전체 범위를 표시한다. (모든 점수가 0에서 멀리 벗어나서 0이 비현실적이지 않은 한에 있어서 0을 포함시킨다.)
2. y축을 그리고 '빈도'라는 이름을 붙인 다음, 이 변인의 전체 빈도 범위를 표시한다. (비현실적이지 않은 한 0을 포함시킨다.)
3. 각 값에 대해서 막대를 그린다. 막대는 x축에 표시한 값을 중심에 놓고, y축에 표시한 빈도만큼의 높이까지 그린다.

그림 2-1

전 세계 국가의 화산 수 빈도표에 근거한 히스토그램

히스토그램은 빈도표나 묶은 빈도표의 정보를 그래프로 나타낸 것이다. 이 히스토그램은 1~17개의 화산을 가지고 있는 51개 국가의 화산 수를 보여주고 있다.

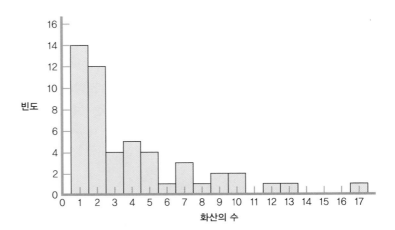

묶은 빈도표도 히스토그램으로 나타낼 수 있다. x축에 값들을 배열하는 대신에 간격의 중앙점을 배열한다. 학생들은 흔히 중앙점을 결정할 때 실수를 저지른다. 만일 간격이 0에서 4까지라면, 중앙점은 어디인가? 만일 2라고 답하였다면, 매우 빈번한 실수를 저지르고 있는 것이다. 이 간격은 실제로 0.00000에서 4.99999까지이거나, 실제로 다음 간격의 하한인 5가 아니면서 그 5에 아주 근접한 점수일 수 있다. 이 범위에 5개의 수치 (0, 1, 2, 3, 4)가 있다면, 중앙점은 하한으로부터 2.5만큼 떨어져 있다. 따라서 0에서 4까지의 중앙점은 2.5이다. 한 가지 좋은 경험규칙은 다음과 같다. 중앙점을 결정할 때는 여러분이 관심을 기울이고 있는 간격의 하한을 살펴본 다음에 다음 간격의 하한을 살펴보라. 그런 다음에 이 두 수치의 중앙점을 결정하라. ●

묶은 빈도표를 작성한 화산 데이터를 들여다보자. 9개 간격 각각의 중앙점은 어디인가? 최하위 간격인 0~9의 중앙점을 계산해보자. 이 간격의 하한인 0과 다음 간격의 하한인 10을 들여다보아야 한다. 두 수치의 중앙점은 5이기 때문에, 그것이 이 간격의 중앙점이 된다. 나머지 중앙점도 동일한 방식으로 계산할 수 있다. 최상위 간격인 80~89에 있어서는 하나의 간격을 더 가지고 있다고 상상하는 것이 도움을 준다. 그렇게 한다면, 다음 간격은 90에서 시작한다. 80과 90의 중앙점은 85이다. 이 지침을 사용하여, 5, 15, 25, 35, 45, 55, 65, 75, 85를 중앙점으로 계산한다. (좋은 확인방법은 중앙점이 간격크기씩 증가하는지 확인해보는 것이며, 이 사례에서는 10이다.) 이제 x축에 이 중앙점들을 배열하고 그 중앙점을 중심으로 각 간격의 빈도만큼 막대를 그려 히스토그램을 작성할 수 있다. 이 데이터의 히스토그램이 그림 2-2에 나와있다.

여기서 묶은 빈도표를 가지고 히스토그램을 구성하는 단계를 요약하면 다음과 같다.

1. 각 간격의 중앙점을 결정한다.
2. x축을 긋고 관심사인 변인의 이름을 붙이며 각 간격의 중앙점을 나열한다. (비현실

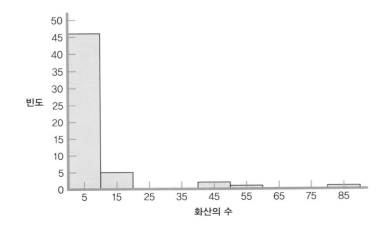

그림 2-2

전 세계 국가의 화산 수 묶은 빈도표에 근거한 히스토그램

히스토그램은 묶은 빈도표의 데이터도 나타낼 수 있다. 이 히스토그램은 적어도 하나 이상의 화산을 가지고 있는 국가의 화산 수에 대한 묶은 빈도표에 나와있는 데이터를 그래프로 나타내고 있다.

적이지 않은 한 0을 포함시킨다.)

3. y축을 긋고 '빈도'라는 이름을 붙인 다음, 이 변인의 전체 빈도 범위를 표시한다. (비현실적이지 않은 한 0을 포함시킨다.)

4. 각 중앙점을 중심으로 막대를 그린다. 막대는 x축에 표시한 값을 중심에 놓고, y축에 표시한 빈도만큼의 높이까지 그린다. ●

빈도다각형

빈도다각형은 x축이 값(또는 간격의 중앙점)을 나타내고 y축이 빈도를 나타내는 선그래프이다. 각 값(또는 중앙점)의 빈도에 해당하는 위치에 점을 찍고 연결하면 된다.

빈도다각형은 히스토그램과 유사한 방식으로 구성한다. 이름이 함축하는 바와 같이, 다각형이란 변이 여러 개인 도형이다. 히스토그램은 도시 스카이라인처럼 보이는 반면, 다각형은 산의 능선처럼 보인다. 구체적으로 **빈도다각형**(frequency polygon)은 x축은 값(또는 간격의 중앙점)을 나타내고 y축은 빈도를 나타내는 선그래프이다. 각 값(또는 중앙점)의 빈도에 해당하는 위치에 점을 찍고 연결하면 된다.

사례 2.5

전반적으로 빈도다각형은 히스토그램과 완전히 동일한 과정을 거쳐 작성한다. 각 값이나 중앙점 위에 막대를 그리는 대신에, 점을 찍고 그 점들을 선으로 연결한다. 다른 차이는 연결선이 0에 도달하여 다각형이 닫힌 도형이 되도록 그래프의 양극단에 적절한 값(또는 중앙점)을 첨가할 필요가 있다는 점이다. 화산 데이터의 경우에, 최저 중앙점에서 간격크기를 빼고($5 - 10 = -5$) 최고 중앙점에 간격크기를 더함으로써($85 + 10 = 95$), 양극단에 중앙점을 하나 더 계산한다. 첫 번째 중앙점이 음수(-5)이기 때문에, 0을 사용하게 된다. 어떤 국가든 -5개의 화산을 가질 수는 없기 때문이다. 이제 x축에 새로운 중앙점 0과 95를 첨가하고 각 중앙점 위에 각 간격의 빈도만큼 높은 위치에 점을 찍고 그 점들을 연결함으로써 빈도다각형을 작성할 수 있다. 그림 2-3은 앞서 그림 2-2에서 작성한 히스토그램에 상응하는 빈도다각형을 보여주고 있다.

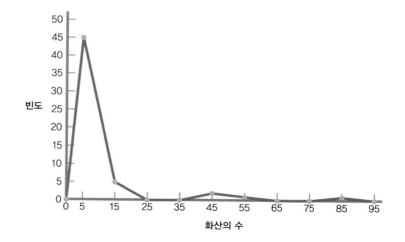

그림 2-3

화산 데이터의 또 다른 그래프인 빈도다각형

빈도다각형은 히스토그램의 대안이다. 이 빈도다각형은 그림 2-2의 히스토그램이 묘사한 것과 동일한 데이터를 보여주고 있다. 어느 경우이든 그래프는 분포를 쉽게 해석할 수 있는 그림을 제공해준다.

빈도다각형을 구성하는 단계들을 요약하면 다음과 같다. 빈도다각형이 빈도표에 근거할 때에는 x축에 특정 값을 배열한다. 묶은 빈도표에 근거할 때에는 x축에 간격의 중앙점을 배열한다.

1. 빈도다각형이 묶은 빈도표에 근거할 때에는 각 간격의 중앙점을 결정한다. 빈도표에 근거할 때에는 이 단계를 무시한다.
2. x축을 긋고 관심사인 변인의 이름을 붙이며 값이나 중앙점을 나열한다. (비현실적이지 않은 한 0을 포함시킨다.)
3. y축을 긋고 '빈도'라는 이름을 붙인 다음, 이 변인의 전체 빈도 범위를 표시한다. (비현실적이지 않은 한 0을 포함시킨다.)
4. 각 값이나 중앙점 위에 빈도를 나타내는 점을 찍고 그 점들을 연결한다.
5. x축의 양극단에 적절한 가상의 값이나 중앙점을 첨가하고 그 값이나 중앙점에 0의 빈도를 나타내는 점을 찍는다. 이 점까지 연결하여 연결선이 공중이 떠있는 것이 아니라 닫힌 도형이 되도록 만든다. ●

학습내용 확인하기

개념의 개관

> 단일 변인의 데이터를 체제화하는 첫 번째 단계는 크기 순서로 모든 값들을 나열한 다음에 각 값이 출현하는 빈도를 집계하는 것이다.

> 단일 변인에 관한 정보를 체제화하는 네 가지 기법은 빈도표, 묶은 빈도표, 히스토그램, 그리고 빈도다각형이다.

개념의 숙달

2-1 원자료를 시각적으로 체제화하는 네 가지 상이한 방법을 말해보라.

2-2 빈도와 묶은 빈도 간의 차이는 무엇인가?

통계치의 계산

2-3 2013년 *U.S. News & World Report*는 전 세계 상위 400개 대학의 교수 1인당 인용횟수의 순위 목록을 발표하였다. 예컨대, MIT가 1위를 차지하였으며, 캐나다의 맥길대학교가 18위이었다. 인용횟수는 지난 5년에 걸쳐 교수 1인의 연구를 다른 연구자들이 얼마나 인용하였는지를 알려주며, 연구 생산성의 지표가 된다. 다음은 상위 50개 대학의 데이터이다.

100.0	100.0	100.0	100.0	99.8	99.5	99.5	99.3	99.1	98.8
97.9	97.9	97.8	97.2	97.0	96.9	96.4	96.3	94.0	93.3
92.4	92.1	90.7	90.0	89.4	87.3	87.3	86.5	81.6	80.2
79.9	78.3	77.3	77.1	75.7	75.6	74.9	74.8	74.7	73.1
70.8	70.0	69.1	68.9	68.0	64.3	63.1	62.2	62.1	60.2

a. 이 데이터의 묶은 빈도표를 작성하라.
b. 이 묶은 빈도표의 히스토그램을 작성하라.
c. 이 묶은 빈도표의 빈도다각형을 작성하라.

(계속)

개념의 적용	**2-4**	앞의 데이터와 여러분이 작성한 표와 그래프를 살펴보라.

a. 점수 목록을 얼핏 살펴보아서는 알 수 없지만 그래프와 표를 통해서 알 수 있는 것은 무엇인가?

b. 다양한 대학시스템을 가지고 있는 여러 국가에 걸친 데이터를 살펴볼 때, 어떤 쟁점이 발생할 수 있겠는가?

학습내용 확인하기의 답은 부록 D에서 찾아볼 수 있다.

분포의 모양

지금까지 통계분석의 기본 토대인 분포의 개념을 보다 잘 이해할 수 있도록 데이터를 체제화하는 방법을 배웠다. 숫자 목록을 들여다보는 것으로는 데이터의 전반적 패턴을 이해할 수 없지만 빈도표를 들여다보면 패턴의 감을 잡을 수 있다. 그래프를 작성해보면 더욱 확실하게 감을 잡을 수 있다. 히스토그램과 빈도다각형은 데이터 분포의 전반적 패턴이나 모양을 볼 수 있게 해준다.

　분포의 모양은 독특한 정보를 제공해준다. 미국에서 실시한 일반사회조사(General Social Survey. 인터넷을 통해 일반에게 공개된 대규모 데이터 집합이다)에서 사람들에게 공영 텔레비전과 네트워크 텔레비전이 방영하는 아동 프로그램의 영향에 관하여 물었을 때, 방송 유형에 따라서 아동 프로그램에 대한 응답이 상당한 다른 패턴을 나타냈다(그림 2-4). 예컨대, 네트워크 텔레비전 프로그램에 대해 가장 보편적인 응답은 그 프로그램이 중립적 영향을 갖는다는 것인 반면, 공영 텔레비전 프로그램에 대한 가장 보편적인 반응은 그 프로그램이 긍정적 영향을 갖는다는 것이었다. 이 절에서는 이 패턴 간의 차이를 나타내는 용어들을 다룬다. 구체적으로 여러분은 정상분포와 편중분포(편포)를 포함하여 분포의 다양한 모양을 배우게 된다.

정상분포(정규분포)

모두는 아니더라도 많은 분포가 산 모양의 정상곡선을 나타낸다. 통계학자는 분포를 기술하는 데 있어서 정상이라는 단어를 매우 특별한 방식으로 사용한다. **정상분포**(normal distribution)는 산 모양의 대칭적이고 봉우리가 하나인 독특한 빈도분포 곡선이다(그림 2-5). 네트워크 텔레비전의 아동 프로그램에 대한 사람들의 태도는 정상분포에 근사한 분포의 예를 보여준다. (그림 2-4a의 히스토그램에서 보는 바와 같이) 중앙에서 멀어지는 값에는 적은 수의 점수가 존재하며, 극단적인 값에는 더욱 적은 수의 점수가 존재한다. 대부분의 점수는 분포의 중앙에 있는 중립적이라는 단어에 몰려있는데, 이것은 산의 정상에 해당한다.

정상분포는 산 모양의 대칭적이고 봉우리가 하나인 독특한 빈도분포 곡선이다.

편중분포는 분포의 꼬리 하나가 중앙에서부터 멀리 떨어져 있는 분포이다.

정적으로 편중된 데이터에서는 분포의 꼬리가 오른쪽으로(정적인 방향으로) 늘어진다.

편중분포(비대칭분포, 편포)

현실세계는 정상적으로 분포되어 있기 십상이지만, 항상 그런 것은 아니다. 이 말은 어

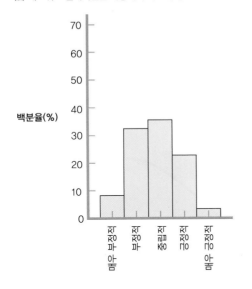

(a) 네트워크 텔레비전은 아동에게 어떤 영향을 미치는가?

백분율(%)

부정적 아님 / 부정적 / 중립적 / 긍정적 / 긍정적 아님

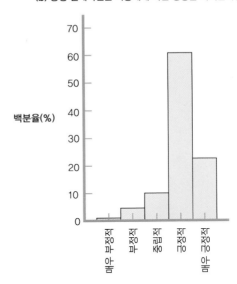

(b) 공영 텔레비전은 아동에게 어떤 영향을 미치는가?

백분율(%)

부정적 아님 / 부정적 / 중립적 / 긍정적 / 긍정적 아님

그림 2-4

아동에게 미치는 텔레비전 프로그램의 영향

두 히스토그램은 아동에게 미치는 텔레비전 프로그램의 영향에 대한 사람들의 지각에 관하여 상이한 정보를 제공하고 있다. 첫 번째 히스토그램은 네트워크 텔레비전의 영향을 기술하고 있으며, 두 번째 히스토그램은 공영 텔레비전의 영향을 기술하고 있다.

출처 : McCollum & Bryant(2003)

떤 관찰을 기술하는 분포는 정상분포의 모습을 가지고 있지 않다는 사실을 의미한다. 따라서 정상분포가 아닌 어떤 분포를 기술하는 데 도움이 되는 새로운 용어가 필요하다. **편중분포**(skewed distribution)는 분포의 꼬리 하나가 중앙에서부터 멀리 떨어져 있는 분포이다. 그러한 데이터에 대한 전문용어는 편중(skewed)이지만, 편중분포는 기울어진, 불균형적, 또는 단순히 비대칭적 분포라고도 부를 수 있다. 편중된 데이터는 어느 한쪽 방향으로 가느다란 꼬리를 갖는다. 공영 텔레비전이 제공하는 아동용 프로그램에 대한 태도의 분포(그림 2-4b 참조)가 편중분포의 한 가지 사례이다. 점수가 긍정적이라는 선택지를 중심으로 분포의 오른쪽에 몰려있으며, 꼬리가 왼쪽으로 늘어져 있다.

분포가 그림 2-6a에서처럼 **정적으로 편중**(positively skewed)되어 있으면, 분포의 꼬리가 오른쪽으로(정적인 방향으로) 늘어진다. 때때로 정적 편중은 **바닥효과**(floor effect)가 있을 때 발생하는데, 바닥효과란 변인이 특정 값 이하의 수치를 취하지 못하도록 어떤 제약요인이 작동하고 있는 상황을 말한다. 예컨대, 화산 데이터에서 얼마나 많은 국가가 특정한 수의 화산을 가지고 있는

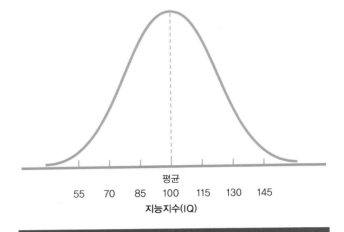

평균

55 70 85 100 115 130 145

지능지수(IQ)

그림 2-5

정상분포

지능지수를 나타내는 정상분포는 산 모양의 대칭적이고 봉우리가 하나인 빈도분포이다. 정상분포는 많은 통계 계산에서 핵심적이다.

바닥효과란 변인이 특정 값 이하의 수치를 취하지 못하도록 어떤 제약요인이 작동하고 있는 상황을 말한다.

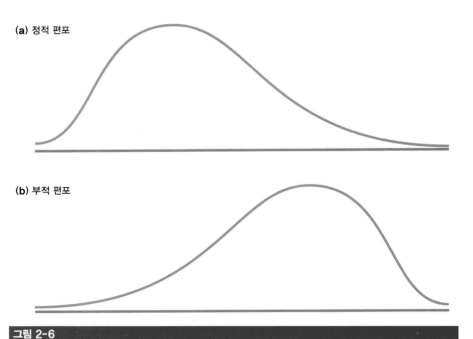

그림 2-6

두 유형의 편중

(a) 오른쪽으로 길고 가느다란 꼬리를 갖는 분포는 정적으로 편중되어 있으며, (b) 왼쪽으로 길고 가느다란 꼬리를 갖는 분포는 부적으로 편중되어 있다.

지를 나타내는 점수는 바닥효과를 나타내는 정적 편중분포의 사례이다. 적어도 한 개의 화산을 가지고 있는 국가만을 포함시켰는데, 이것은 데이터가 분포의 하한에서 제약을 받는다는 사실을 의미한다(즉, 1 이하로 내려갈 수 없다).

그림 2-6b의 분포는 **부적으로 편중**(negatively skewed)된 데이터를 보여주는데, 이러한 데이터는 왼쪽으로(부적인 방향으로) 늘어진 꼬리를 갖는 분포를 이룬다. 공영 텔레비전의 아동 프로그램에 대한 사람들의 태도가 호의적인 까닭은 응답이 긍정적이라는 선택지 주변에 몰려 있기 때문이며, 그 분포의 모양을 부적으로 편향되어 있다고 기술하는 까닭은 가느다란 꼬리가 분포의 왼쪽에 위치하기 때문이다. 놀라울 것도 없이, 때때로 부적 편중은 **천장효과**(ceiling effect)의 결과이며, 천장효과란 변인이 특정 값 이상의 수치를 취할 수 없도록 어떤 제약요인이 작동하고 있는 상황을 말한다. 만일 담당교수가 극히 쉬운 퀴즈를 낸다면, 그 퀴즈 점수는 천장효과를 나타낼 것이다. 많은 학생이 가능한 최고점수인 100점 주변에 몰려있으며, 소수의 낙오자만이 아래쪽에 위치하게 된다.

개념 숙달하기

2-3 : 만일 히스토그램이 데이터는 대칭적인 산 모양이라는 사실을 나타낸다면, 그 데이터는 정상분포를 이룬다. 만일 대칭적이지 않고 꼬리가 오른쪽으로 늘어져 있으면, 그 데이터는 정적으로 편중되어 있다. 꼬리가 왼쪽으로 늘어져 있으면, 그 데이터는 부적으로 편중되어 있다.

부적으로 편중된 데이터는 왼쪽으로(부적인 방향으로) 늘어진 꼬리를 갖는 분포를 이룬다.

천장효과란 변인이 특정 값 이상의 수치를 취할 수 없도록 어떤 제약요인이 작동하고 있는 상황을 말한다.

학습내용 확인하기		
개념의 개관	>	정상분포는 산 모양의 대칭적이고 봉우리가 하나인 분포이다.
	>	편중분포는 왼쪽이나 오른쪽으로 기울어져 있다. 오른쪽으로 늘어진 꼬리는 정적 편중을 나타내며, 왼쪽으로 늘어진 꼬리는 부적 편중을 나타낸다.
개념의 숙달	2-5	정상분포와 편중분포를 구분해보라.
	2-6	데이터가 군집을 이루고 있지만, 왼쪽으로 늘어져 있을 때, 그 편중은 _____이다. 데이터가 오른쪽으로 늘어져 있을 때, 그 편중은 _____이다.
통계치의 계산	2-7	학습내용 확인하기 2-3에서 여러분은 전 세계 상위 대학교의 교수 1인당 인용횟수의 분포에 대한 두 가지 그래프를 작성하였다. 이 분포를 어떻게 기술하겠는가? 그래프에 명백한 편중이 존재하는가? 만일 그렇다면 어떤 유형의 편중인가?
	2-8	알츠하이머병은 전형적으로 70세 이상의 노인에게서 발생한다. 이른 나이에 그렇게 진단된 사례를 '조기 발병'이라고 부른다.
		a. 이러한 조기 발병 사례가 데이터의 한쪽 방향으로의 독특한 긴 꼬리를 나타내는 것이라고 가정한다면, 이 편중은 정적인가 아니면 부적인가?
		b. 이 데이터는 바닥효과를 나타내는가 아니면 천장효과를 나타내는가?
개념의 적용	2-9	학습내용 확인하기 2-8을 참조할 때, 그러한 편중을 확인해내는 것이 알츠하이머병의 진단과 치료에 어떤 함의를 갖는 것인가?
학습내용 확인하기의 답은 부록 D에서 찾아볼 수 있다.		

개념의 개관

빈도분포

원자료 집합의 빈도분포를 표현할 수 있는 여러 가지 방법이 있다. **빈도표**는 두 개의 열로 구성되는데, 하나는 모든 가능한 값을 위한 것이며, 다른 하나는 그 값이 발생한 빈도를 위한 것이다. **묶은 빈도표**는 보다 복잡한 데이터를 가지고 작업할 수 있게 해준다. 첫 번째 열은 값 대신에 간격 또는 범위로 구성된다. **히스토그램**은 변인이 취할 수 있는 각 값(또는 간격)의 빈도를 나타내는 상이한 높이의 막대들을 보여준다. **빈도다각형**은 변인이취할 수 있는 각 값(또는 간격)의 빈도를 나타내는 상이한 높이의 점들을 보여준다. 빈도다각형의 점들을 연결하여 데이터의 모습(패턴)을 만들어낸다.

분포의 모양

정상분포는 산 모양이며 대칭적이고 봉우리가 하나인 특정한 분포이다. 데이터는 편중성도 나타낼 수 있다. **정적으로 편중된** 분포는 정적 방향(오른쪽)으로 꼬리를 갖는다. 때로는 바닥효과로 인해서 초래되는데, 이때는 점수들이 제약을 받아서 특정 수치 이하로 내려갈 수가 없다. **부적으로 편중된 분포**는 부적 방향(왼쪽)으로 꼬리를 갖는다. 때때로 **천장효과**로 인해서 초래되는데, 이때는 점수들이 제약을 받아서 특정 수치 이상 올라갈 수 없다.

SPSS®

제1장 SPSS 절에서 논의한 바와 같이, 화면 좌측 하단에서 '데이터 보기'와 '변인 보기'를 선택할 수 있다. 데이터 보기의 맨 왼쪽 열에는 사전에 1부터 시작하는 번호가 매겨져 있다. 그 번호 오른쪽으로 각 열은 특정 변인에 관한 정보를 담고 있다. 각 행은 특정 관찰, 즉 개인이든 비디오이든 국가이든, 개별 대상에 관한 정보를 나타낸다. 변인 보기는 변인 이름, 그 변인의 표지, 변인 유형(예 : 명목변인, 서열변인, 척도변인)에 관한 정보를 제공한다.

이 예에서는 타임이 2010년에 선정한 상위 50개 비디오의 방송시간 데이터가 SPSS 데이터파일에 입력되었다. 데이터에는 하나의 극단적인 예외값인 4,586초가 있다는 사실에 주목하라. 극단적인 예외값이기 때문에 설명을 단순화하기 위하여 이 예에서는 제거하였다(걱정하지 말라. 예외값은 제4장에서 논의할 것이다). 데이터를 입력할 때는 우선 변인 보기로부터 시작한다. 각 비디오의 이름에 대한 설명문을 입력하려면, (변인 보기에서) 변인의 '유형(Type)'을 '숫자(Numeric)' 대신에 '문자(String)'로 바꾼다. 화면 상단의 메뉴에서 분석(Analyze) → 기술통계량(Descriptive Statistics) → 빈도분석(Frequencies)을 선택한다. SPSS가 기술하기를 원하는 변인을 하이라이트하고 중간에 있는

화살표를 클릭함으로써 그 변인을 선택한다. 이 예에서는 각 비디오의 상영 길이를 선택할 것이다. 그리고 각 변인을 화면에 나타내기 위하여 어떤 변인을 선택한 후에 차트 → 히스토그램 → 계속 → 확인(OK)을 선택한다.

모든 SPSS 기능에 있어서 '확인'을 클릭하면 '출력' 파일이 자동적으로 나타난다. 출력 파일을 저장할 수 있으며, 나중에 접속할 수 있는 PDF 파일이나 WORD 파일로 저장할 수도 있다. 여기서 보여주고 있는 스크린샷은 히스토그램을 포함한 SPSS 출력의 일부분이다. SPSS 차트 편집기로 들어가기 위해서 그래프를 더블클릭한 다음에 그 그래프가 여러분이 원하는 방식대로 보이도록 각 속성을 더블클릭한다. 예컨대, 제목을 보다 구체적인 것(예 : 상위 50개 비디오의 히스토그램)으로 바꾸려 할 수 있다. 싱글클릭을 두 번 함으로써 제목을 편집할 수 있다. 이에 덧붙여서, 그래프의 막대 색깔을 바꿀 수 있다. 막대를 더블클릭하면, 대화상자가 나타난다. '채우기와 경계선(Fill & Border)' 탭 아래쪽에서 여러분이 좋아하는 색깔을 선택할 수 있다. 어떤 속성이든 데이터를 더욱 명확하게 보여줄 수 있는 것을 클릭하여 변경하면 된다.

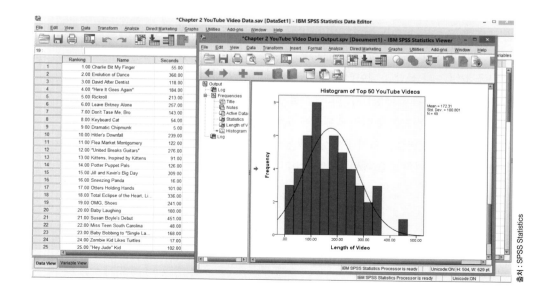

출처 : SPSS Statistics

작동방법

2.1 묶은 빈도표 작성하기

타임이 선정한 2010년 상위 50개 비디오 데이터의 경우에는 주어진 간격에 포함된 빈도를 보고하는 묶은 빈도표가 각 비디오의 상영 길이를 묘사하는 적절한 방법이다. 이 예에서는 50초의 간격(예컨대, 0~49, 50~99 등)을 사용할 수 있다. 설명의 편의상 예외값인 4,586초는 이 예에 포함시키지 않을 것이다.

초	빈도
400~449	1
350~399	1
300~349	4
250~299	5
200~249	7
150~199	8
100~149	10
50~99	10
0~49	3

2.2 묶은 히스토그램 작성하기

어떻게 동일한 데이터를 사용하여 묶은 히스토그램을 작성할 수 있겠는가? 우선 x축에 비디오 길이의 간격들을 적고 y축에는 빈도를 표시한다. 각 빈도의 막대는 각 간격의 중앙점을 중심으로 그린다. 다음 그래프는 이 데이터에 대한 히스토그램을 보여주고 있다.

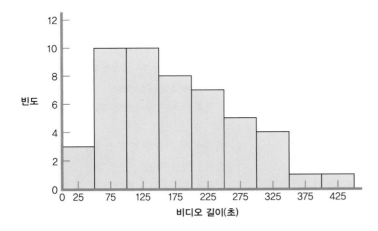

2.3 빈도다각형 작성하기

어떻게 동일한 데이터를 사용하여 빈도다각형을 작성할 수 있겠는가? 히스토그램의 경우와 마찬가지로 우선 x축에 비디오 길이의 간격들을 적고 y축에는 빈도를 표시한다. 이제 해당 간격 위에 막대 대신에 각 빈도를 나타내는 점을 찍는다. 그래프가 닫힌 다각형이 되도록 좌우 양극단에 부가적인 중앙점을 덧붙인다. (음수의 시간을 가질 수는 없기 때문에 왼쪽 극단은 0으로 설정한다.) 다음 그래프는 이 데이터에 대한 빈도다각형을 보여주고 있다.

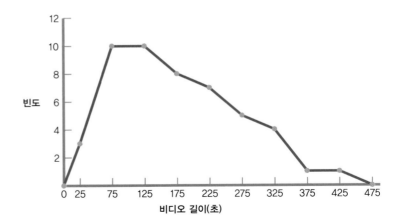

연습문제

홀수 문제의 답은 부록 C에서 찾아볼 수 있다.

개념 명료화하기

2.1 원점수란 무엇인가?

2.2 빈도표를 작성하는 단계는 무엇인가?

2.3 빈도표와 묶은 빈도표의 차이는 무엇인가?

2.4 통계학자가 간격(interval)이라는 단어를 사용하는 두 가지 방식을 기술하라.

2.5 히스토그램과 막대그래프의 차이는 무엇인가?

2.6 히스토그램에서 x축과 y축에 사용하는 전형적인 표지는 무엇인가?

2.7 히스토그램과 빈도다각형의 차이는 무엇인가?

2.8 단순히 데이터 목록을 들여다보는 것에 비해서 시각적 데이터 분포를 작성하는 것의 이점은 무엇인가?

2.9 분포(distribution)라는 단어를 여러분의 방식대로 정의해보라. 우선 일상 대화에서 사용하는 의미로 정의한 다음, 통계학자가 사용하는 의미로 정의하라.

2.10 정상분포란 무엇인가?

2.11 정적으로 편중된 분포와 부적으로 편중된 분포는 정상분포에서 어떻게 벗어나 있는가?

2.12 바닥효과란 무엇이며, 이것은 분포에 어떤 영향을 미치는가?

2.13 천장효과란 무엇이며, 이것은 분포에 어떤 영향을 미치는가?

통계치 계산하기

2.14 다음을 백분율로 변환하라. 1,264개 중에서 63개; 88개 중에서 2개.

2.15 다음을 백분율로 변환하라. 39개 중에서 7개; 300개 중에서 122개.

2.16 집계(count)는 백분율로 변환하기 십상이다. 22,140개 중에서 817개를 백분율로 변환하라. 이제 22,140개 중에서 4,009개를 백분율로 변환하라. 집계로서의 이 데이터는 어느 유형(명목, 서열, 척도)의 변인인가? 백분율로서 이 데이터는 어느 유형의 변인인가?

2.17 2,000개 중에서 2개를 백분율로 변환하라. 이제 62개 중에서 60개를 백분율로 변환하라.

2.18 이 책 전반에 걸쳐서, 최종 답은 소수점 두 자리까지 보고한다. 다음 수치를 이러한 방식으로 보고해보라.

1,888.999 / 2.6454 / 0.0833

2.19 다음 수치를 소수점 두 자리까지 보고해보라.

0.0391 / 198.2219 / 17.886

2.20 어느 결혼만족도 검사에서 점수 범위는 0에서 27점까지이다.

    a. 이 장에서 기술한 계산 절차에 따를 때, 데이터의 전체 범위는 얼마인가?

    b. 만일 6개의 구간을 원한다면, 간격크기는 얼마가 되겠는가?

    c. 그 6개의 구간을 나열해보라.

2.21 2점에서 68점까지 걸쳐있는 데이터를 가지고 있으며, 묶은 빈도표에서 7개의 구간을 원한다면, 그 간격은 얼마가 되어야 하는가?

2.22 어떤 묶은 빈도표가 다음과 같은 간격들을 가지고 있다. 30~44, 45~59, 60~74. 히스토그램으로 변환한다면, 중앙점은 얼마가 되겠는가?

2.23 표 2-4의 묶은 빈도표에서 적어도 30개의 화산을 가지고

있는 국가는 몇이나 되는가?

2.24 그림 2-1의 히스토그램에서, 하나 또는 두 개의 화산을 가지고 있는 국가는 몇이나 되는가?

2.25 만일 살인죄로 기소된 보통사람이 한 사람만을 살해한다면, 연쇄살인범은 어떤 유형의 편중을 초래하는가?

2.26 살인죄로 기소된 사람의 살해자 수에 대한 데이터는 바닥효과의 사례인가 아니면 천장효과의 사례인가?

2.27 한 연구자가 대학생의 연령에 관한 데이터를 수집하고 있다. 여러분도 이미 알고 있는 바와 같이, 연령분포는 19세에서 22세 주변에 몰려있지만, 하단(고등학교 천재들)과 상단(학교로 돌아온 전형적이지 않은 학생들) 모두에 극단적인 값들이 존재한다.

  a. 그러한 데이터에서 어떤 유형의 편중을 기대하겠는가?

  b. 편중 데이터는 바닥효과를 나타내는가 아니면 천장효과를 나타내는가?

2.28 페이스북 계정을 가지고 있다면, 친구를 5,000명까지 확보할 수 있다. 5,000명에 도달하면, 페이스북은 더 이상의 친구를 차단하며, 친구를 추가하려면 기존의 친구를 명단에서 제외시켜야 한다. 여러분이 페이스북 사용자로서 데이터를 수집한다고 상상해보라.

  a. 그러한 데이터에서는 어떤 유형의 편중을 기대하겠는가?

  b. 그 편중 데이터는 바닥효과를 나타내는가 아니면 천장효과를 나타내는가?

개념 적용하기

2.29 **빈도표, 히스토그램, 학생 참여도 조사** : 학생 참여도에 관한 전국조사는 신입생과 4학년을 대상으로 학습을 증진시키는 수업활동에의 참여 수준을 조사하였다. 전국조사가 처음으로 실시된 1999년 이래로, 거의 1,000개 대학교에서 수십만 명의 대학생들이 질문지에 응답하였다. 질문지에는 특정 학년도 중에 얼마나 자주 20쪽이 넘는 과제물을 부여받았는지를 묻는 질문이 포함되었다. *U.S. News & World Report* 웹사이트를 통해 데이터를 공개한 19개 대학의 표본에서, 20쪽이 넘는 과제물을 5개에서 10개 사이로 부여받았다고 응답한 학생의 백분율은 다음과 같다.

$$0 \quad 5 \quad 3 \quad 3 \quad 1 \quad 10 \quad 2$$
$$2 \quad 3 \quad 1 \quad 2 \quad 4 \quad 2 \quad 1$$
$$1 \quad 1 \quad 4 \quad 3 \quad 5$$

  a. 이 데이터의 빈도표를 작성하라. 백분율을 위한 세 번째 열을 포함시켜라.

  b. 그 학년도에 정확하게 4%의 학생이 20쪽이 넘는 과제

물을 5~10개 작성하여 제출하였다고 보고한 대학의 백분율은 얼마인가?

  c. 이것은 무선표본인가? 여러분의 답을 해명해보라.

  d. 6개의 간격을 사용하여 묶은 데이터의 히스토그램을 작성하라.

  e. 그 학년도에 6% 이상의 학생이 20쪽이 넘는 과제물을 5~10개 작성하여 제출하였다고 보고한 대학의 수는 얼마인가?

  f. 이 데이터의 분포는 어떤 모습인가?

2.30 **빈도표, 히스토그램, 학위취득 조사** : 학위취득 조사는 미국 대학에서 수여한 박사학위의 수와 유형을 정기적으로 평가한다. 또한 박사학위를 취득하는 데 소요된 햇수에 관한 데이터도 제공한다. 각 데이터 값은 한 대학의 평균 햇수이다. 여러분의 분석을 용이하게 만들기 위하여 소요 햇수를 소수점 이하를 절단한 정수 목록으로 아래에 제시하였다. 이 데이터는 1982년 이래 5년마다 수집한 것이다.

$$8 \quad 8 \quad 8 \quad 8 \quad 8 \quad 7 \quad 6 \quad 7 \quad 7 \quad 7 \quad 7 \quad 7$$
$$6 \quad 6 \quad 6 \quad 6 \quad 6 \quad 6 \quad 7 \quad 8 \quad 8 \quad 8 \quad 8 \quad 7$$
$$6 \quad 6 \quad 7 \quad 7 \quad 6 \quad 11 \quad 13 \quad 15 \quad 15$$
$$14 \quad 12 \quad 9 \quad 10 \quad 10 \quad 9 \quad 9 \quad 9$$

  a. 이 데이터의 빈도표를 작성하라.

  b. 평균 8년 이상의 소요 햇수를 나타낸 대학은 몇이나 되는가?

  c. 묶은 빈도표가 필요한가? 그렇거나 그렇지 않은 이유는 무엇인가?

  d. 이 데이터의 분포 모양을 기술하라.

  e. 이 데이터의 히스토그램을 작성하라.

  f. 평균적으로 학생들이 박사학위를 취득하는 데 10년 이상이 소요된 대학은 몇이나 되는가?

2.31 **빈도표, 히스토그램, 빈도다각형, 기대수명** : 최근에 유엔개발계획(UNDP, 2015b)은 전 세계 195개 국가의 기대수명, 즉 한 사람이 살아갈 것이라고 예상할 수 있는 햇수를 발표하였다. 다음은 데이터가 가용한 가장 최근 연도인 2013년에 무선적으로 선택한 30개 표본의 결과이다.

국가	기대수명
아프가니스탄	60.95
아르메니아	74.56
호주	82.50
벨라루스	69.93
보스니아 헤르체고비나	76.37
부르키나파소	56.34

(계속)

국가	기대수명
캐나다	81.48
코트디부아르	50.72
쿠바	79.26
에콰도르	76.47
가나	61.13
가이아나	66.30
인도네시아	70.83
일본	83.58
요르단	73.85
레바논	80.01
말레이시아	75.02
멕시코	77.50
나미비아	64.48
뉴질랜드	81.13
파나마	77.56
세인트루시아	74.80
슬로바키아	75.40
스웨덴	81.82
통가	72.67
트리니다드 토바고	69.87
튀니지	75.87
영국	80.55
미국	78.94
짐바브웨	59.87

a. 이 데이터의 묶은 빈도표를 작성하라.

b. 이 데이터는 코트디부아르의 50.72세의 기대수명에서부터 일본의 83.58세에 이르기까지 상당한 범위를 갖고 있다. 이 데이터를 살펴볼 때 여러분의 마음에는 어떤 연구가설이 떠오르는가? 이 데이터가 여러분에게 시사하는 적어도 한 가지 이상의 연구물음을 언급해보라.

c. 이 데이터의 묶은 히스토그램을 작성하라. 항상 그렇듯이, 간격의 중앙점을 결정할 때 조심하라.

d. 이 데이터의 빈도다각형을 작성하라.

e. 그래프를 살펴보고 분포를 간략하게 기술해보라. 이례적인 점수들이 있는가? 데이터는 대칭적인가, 아니면 편중되었는가? 만일 편중되었다면, 어느 방향으로 편중되었는가?

2.32　빈도표, 히스토그램, 농구의 승리 횟수 : 다음은 2012~2013 NBA 시즌에서 30개 팀이 승리한 횟수이다.

60	44	39	29	23	57	50	43	37	27
49	42	37	29	19	56	51	40	33	26
48	42	31	25	18	53	44	40	29	23

a. 이 데이터의 묶은 빈도표를 작성하라.

b. 묶은 빈도표에 근거하여 히스토그램을 작성하라.

c. 편중의 모양과 방향이라는 측면에서 이 데이터의 분포를 기술하는 요약문을 작성해보라.

d. 다음은 캐나다 NBL에 속한 8개 팀의 승리 횟수이다. 이 데이터에 대한 묶은 빈도표가 필요하지 않은 이유를 설명해보라.

26	33
20	22
20	18
19	2

2.33　분포의 유형 : 다음 세 변인을 생각해보자. 마라톤에서 완주한 시간, 삼시 세끼 프로그램을 실시하는 대학 구내식당에서 한 학기 동안 식사한 횟수, 외향성 척도에서의 점수.

a. 어느 변인이 정상분포를 나타낼 가능성이 가장 높은가? 여러분의 답을 해명해보라.

b. 어느 변인이 정적으로 편중된 분포를 나타낼 가능성이 가장 높은가? 바닥효과가 작동할 가능성을 언급하면서 여러분의 답을 해명해보라.

c. 어느 변인이 부적으로 편중된 분포를 나타낼 가능성이 가장 높은가? 천장효과가 작동할 가능성을 언급하면서 여러분의 답을 해명해보라.

2.34　빈도분포의 유형과 그래프의 유형 : 아래에 기술한 각 데이터 유형에 대해서, 우선 빈도분포를 작성할 때 개별 데이터 값을 제시할 것인지 아니면 묶은 데이터를 제시할 것인지를 진술하라. 그런 다음에 어떤 시각적 표현이 가장 적절할 것인지를 진술하라. 여러분의 답을 명확하게 해명해보라.

a. 87명의 눈 색깔.

b. 240명의 10대가 휴대폰을 사용한 시간.

c. 런던 마라톤 대회에 참가한 35,000명 이상의 완주시간.

d. 64명 대학생의 형제 수.

2.35　텔레비전의 수와 묶은 빈도분포 : 캐나다 라디오-텔레비전 통신위원회가 캐나다 가정의 텔레비전 수에 관한 데이터를 수집하고 있다. 2%의 가정에 텔레비전이 없으며, 28%가 한 대, 32%가 두 대, 20%가 세 대, 18%가 네 대 이상을 소유하고 있다. 이 백분율의 히스토그램을 작성하라. (여기서 '네 대 이상'은 네 대로 취급하라.)

2.36　편중과 성(姓)의 빈도 : 워드 등(Word, Coleman, Nunziata, & Kominski, 2008)은 미국 인구조사 데이터에 근거하여 성(姓)의 빈도를 발표하였다. 표는 맨 왼쪽 열

에 성의 빈도를, 다음 열에 그 빈도 수준을 나타내는 성의 개수를, 그리고 다음 두 열에는 누적 개수와 누적 백분율을 나열하고 있다. 예컨대, 미국에서는 230만 명이 데이터 집합에서 가장 흔한 스미스라는 성을 가지고 있다. 따라서 스미스는 첫 번째 행에 포함된 7개 성, 즉 인구 전체에서 100만 번 이상 나타난 성 중의 하나이다. 또 다른 사례에서 72,000명 이상이 싱이라는 성을 가지고 있다. 따라서 싱은 세 번째 행에 나와있는 3,012개, 즉 인구 전체에서 10,000~99,999 사이에 포함되는 성 중의 하나이다.

a. 이것은 빈도표인가 아니면 묶은 빈도표인가? 여러분의 답을 해명해보라.

b. 이 표는 여러분이 이 장에서 작성하였던 표들과 어떻게 다른가? 연구자들이 이 표를 다르게 작성한 이유는 무엇이라고 생각하는가?

c. 이 표에 근거할 때, 그 분포는 정상, 부적 편중, 정적 편중 중에서 어느 것처럼 보이는가? 여러분의 답을 해명해보라.

d. 바닥효과가 있는가, 아니면 천장효과가 있는가? 여러분의 답을 해명해보라.

성			
출현 빈도	수	누적 수	누적 백분율
1,000,000+	7	7	0.0
100,000~999,999	268	275	0.0
10,000~99,999	3,012	3,287	0.1
1,000~9,999	20,369	23,656	0.4
100~999	128,015	151,671	2.4
50~99	105,609	257,280	4.1
25~49	166,059	423,339	6.8
10~24	331,518	754,857	12.1
5~9	395,600	1,150,457	18.4
2~4	1,056,992	2,207,449	35.3
1	4,040,966	6,248,415	100.0

2.37 편중과 영화 평가 : 인터넷 영화 데이터베이스(IMDb)는 전 세계 영화의 평균 평가점수를 발표한다. 누구든지 접속하여 영화를 평가할 수 있다. IMDb에 수록된 235,000개 이상의 영화 중에서 최악으로 평가된 영화는 무엇인가? 볼리우드 액션-로맨스 영화인 'Gunday'인데, 1~10점 척도에서 1.4의 평점을 얻었다(Goldenburg, 2014). 다른 어떤 영화도 그렇게 낮은 평점을 받지 않았다. 실제로 평균 평점은 6.3이며, 대부분의 영화는 5.5와 7.2 사이의 평가를 받았다. 'Gunday'가 꽤나 좋은 비평가 리뷰를 받았음에

도 불구하고, 인터넷을 통한 대중의 평가에서는 완전히 망하고 말았다. 그 이유는 무엇인가? 방글라데시의 사회운동가들이 소셜미디어를 장악하고는 나쁜 평점을 주었기 때문이다. 한 사회운동가는 다음과 같은 글을 게시하였다. "만일 당신이 방글라데시 국민이며, 인도의 쓰레기 영화가 우리의 독립운동사를 왜곡하지 못하도록 만드는 데 관심을 가지고 있다면, 단결하여 이 영화를 보이콧하자!!!"

a. IMDb에서의 전형적인 평가에 관하여 여러분이 알고 있는 것에 근거할 때, 이 데이터에 근거한 빈도다각형은 정상분포, 부적 편중, 정적 편중 중에서 어디에 해당할 가능성이 높은가? 여러분의 답을 해명해보라.

b. 이 데이터에는 바닥효과의 가능성이 더 높은가, 아니면 천장효과의 가능성이 더 높은가? 여러분의 답을 해명해보라.

c. 이 이야기에 근거해볼 때, 관객이 생성하는 IMDb 평가는 영화의 품질을 조작적으로 정의하는 좋은 방법이겠는가? 더 좋은 방법으로는 무엇이 있겠는가?

종합

2.38 빈도, 분포, 친구의 수 : 한 학생은 보통사람이 얼마나 많은 친구를 가지고 있는지에 관심을 가지고 있다. 그 학생은 캠퍼스 전체에서 기숙사와 사무실에 걸어놓은 사진에 들어있는 사람의 수를 세어보기로 결정하였다. 그는 학생 84명과 교수 33명의 데이터를 수집하였다. 그 데이터가 다음 그래프에 나와있다.

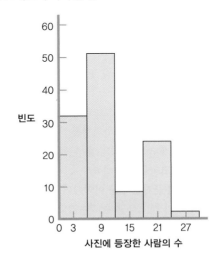

a. 이것은 어떤 유형의 시각적 제시방법인가?

b. 얼마나 많은 사람이 6명 미만의 사진을 가지고 있는지 추정해보라.

c. 얼마나 많은 사람이 18명 이상의 사진을 가지고 있는지 추정해보라.

d. 여기에 제시한 데이터를 살펴본 후에 여러분이 던질 수 있는 부가적인 질문을 생각해볼 수 있는가?

e. 여기서 기술한 데이터의 부분집합을 아래에 제시하였다. 7개 집단을 사용하여 이 데이터의 묶은 빈도표를 작성하라.

1	5	3	9	13	0	18	15
3	3	5	7	7	7	11	3
12	20	16	4	17	15	16	10
6	8	8	7	3	17		

f. (e)의 묶은 데이터의 히스토그램을 작성하라.

g. 원래 그래프와 (f)에서 작성한 히스토그램이 보여주는 데이터가 어떻게 분포되어 있는지를 기술하라.

2.39 빈도, 분포, 모유 수유 기간 : 질병통제예방센터를 비롯한 여러 기관은 유아의 모유 수유가 가지고 있는 건강상 이점에 관심을 가지고 있다. 전국 면역력 조사에는 "자녀의 모유 수유 기간은 얼마나 되었습니까?"를 포함하여 모유 수유 실행에 관한 질문이 포함되어 있다. 20명의 가상적인 어머니의 개월 수로 측정한 모유 수유 기간 데이터는 다음과 같다.

0	7	0	12	9	3	2	0	6	10
3	0	2	1	3	0	3	1	1	4

a. 이 데이터의 빈도표를 작성하라. 백분율을 위한 세 번째 열을 포함시켜라.

b. 이 데이터의 히스토그램을 작성하라.

c. 이 데이터의 빈도다각형을 작성하라.

d. 이 데이터에 대해서 세 집단의 묶은 빈도표를 작성하라. (2.5개월, 7.5개월, 12.5개월의 중앙점을 중심으로 집단을 구성하라.)

e. 묶은 데이터의 히스토그램을 작성하라.

f. 묶은 데이터의 빈도다각형을 작성하라.

g. 편중의 모습과 방향의 측면에서 이 데이터 분포를 기술하는 요약문을 작성하라.

2.40 빈도분포에 근거한 연구 아이디어 개발 : 다음은 연습문제 2.38에서 기술한 학생과 교수 집합의 친구 데이터 빈도분포이다.

간격	교수 빈도	학생 빈도
24~27	0	2
20~23	0	37
16~19	0	27
12~15	0	2
8~11	1	24
4~7	11	26
0~3	21	0

a. 교수의 분포를 어떻게 기술하겠는가?

b. 학생의 분포를 어떻게 기술하겠는가?

c. 교수와 학생이 가지고 있는 친구의 수를 비교하는 연구를 수행하고자 한다면, 무엇이 독립변인이고, 무엇이 그 독립변인의 수준이 되겠는가?

d. (c)에서 기술한 연구에서, 무엇이 종속변인이 되겠는가?

e. (c)에서 기술한 연구에 존재할 수 있는 혼입변인은 무엇인가?

f. 종속변인을 조작적으로 정의하는 적어도 두 가지의 부가적인 방법을 제안해보라. 그 방법은 어느 것이든 (e)에서 기술한 혼입변인의 영향을 감소시키겠는가?

2.41 빈도, 분포, 졸업생 조언 : 화학자와 사회과학자로 구성된 연구팀은 화학 분야의 멘토링 연구에서 가장 성공적인 멘토, 즉 자신의 지도학생들을 미국의 상위 50대 화학 부서에 취업시킨 교수들을 확인해보았다(Kuck et al., 2007). 54명의 교수가 적어도 3명의 지도학생을 그러한 부서에 취업시켰다. 다음은 54명의 교수에 대한 데이터이다. 각 수는 각기 다른 교수가 성공적으로 멘토링하였던 학생의 수를 나타낸다.

3	3	3	4	5	9	5	3	3	5	6
3	4	8	6	3	3	3	4	4	4	7
6	3	5	5	7	13	3	3	3	3	3
4	4	4	5	6	7	6	7	8	8	3
3	3	5	3	3	5	5	3	5	3	3

a. 이 데이터의 빈도포를 작성하라. 백분율을 위한 세 번째 열을 포함시켜라.

b. 이 데이터의 히스토그램을 작성하라.

c. 이 데이터의 빈도다각형을 작성하라.

d. 이 분포의 모양을 기술하라.

e. 연구자들은 멘토링의 성공이라는 변인을 어떻게 조작적으로 정의하였는가? 멘토링의 성공을 조작적으로 정의할 수 있는 방법을 적어도 두 가지 제안해보라.

f. 연구자들이 좋은 멘토링이라는 독립변인은 직업 성공이라는 종속변인을 예측한다는 가설을 세웠다고 상상해보라. 버클리 소재 캘리포니아대학교 교수인 유안 리 박사는 13명의 미래 최고 교수 자원을 훈련시켰다.

리 박사는 노벨상 수상자이다. 이렇게 혁혁하고 공개적인 성취가 어떻게 앞서 기술한 가설에 대한 혼입변인을 만들어낼 수 있는지를 설명하라.

g. 리 박사는 자신이 노벨상을 수상하기 전부터 최고 교수직에 오른 많은 학생을 지도하였다. 미국에서 다른 여러 노벨 화학상 수상자들이 대학원 지도교수를 맡고 있지만, 멘토로서 리 박사만큼 높은 수준의 성공을 달성하지 못하였다. 최고 교수직의 획득이라는 종속변인을 예측할 수 있는 다른 가능한 변인들은 무엇인가?

핵심용어

묶은 빈도표(grouped frequency table)

바닥효과(floor effect)

부적 편중(negative skewness)

빈도다각형(frequency polygon)

빈도분포(frequency distribution)

빈도표(frequency table)

원점수(raw score)

정상분포(normal distribution)

정적 편중(positive skewness)

천장효과(ceiling effect)

편중분포(skewed distribution)

히스토그램(histogram)

데이터의 시각적 표현

3

시각적 통계법으로 속임수를 쓰는 방법
　　"이미 발표된 그래프 중에서 가장 허위적인 것"
　　그래프로 대중을 호도하는 기법

그래프의 보편적 유형
　　산포도
　　선그래프
　　막대그래프
　　그림그래프
　　파이차트

그래프 작성법
　　적절한 그래프 유형 선택하기
　　그래프 읽는 방법
　　그래프 작성 지침
　　그래프의 미래

시작하기에 앞서 여러분은

- 상이한 유형의 변인들, 즉 명목변인, 서열변인, 척도변인을 이해하여야만 한다(제1장).
- 독립변인과 종속변인 간의 차이를 이해하여야만 한다(제1장).
- 히스토그램 작성법을 알고 있어야만 한다(제2장).

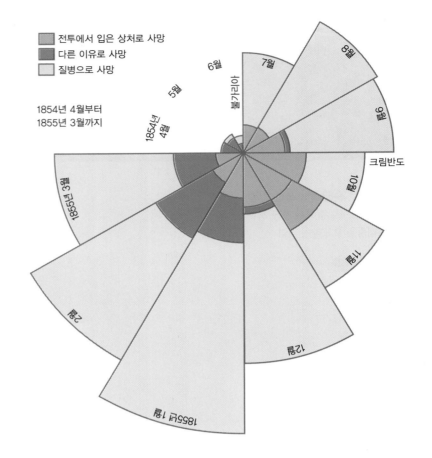

그림 3-1

설득력 있는 그래프

나이팅게일의 콕스콤 그래프, "동방에 주둔한 군대에서 사망의 원인에 대한 도해"에 근거한 이 콕스콤 그래프는 1854년 4월부터 1855년 3월까지의 기간을 다루고 있다. 이것을 콕스콤 그래프라고 부르는 까닭은 데이터의 배열이 수탉의 머리 모양을 닮았기 때문이다. 12 구획은 열두 달로 분할한 한 해라는 서열변인을 나타낸다. 각 달을 나타내는 구획의 크기는 그 특정 달에 사망한 군인의 수라는 척도변인을 나타낸다. 각 색깔은 사망 원인이라는 명목변인을 나타낸다.

전설적인 19세기 간호사 플로렌스 나이팅게일은 '격정적인 통계학자'로도 알려져 있다(Diamond & Stone, 1981). 시간이라는 렌즈는 이토록 빈정대며 물러서지 않으면서 밀어붙이는 투사(Gill, 2005)의 이미지를 부드럽게 만들어놓았다. 그녀는 단지 물건을 세어보는 것으로 분란을 일으켰던 것이다. 그녀는 창고에 저장된 물품을 세어보고는 부정부패를 발견하였으며, 의사의 유형을 세어보고는 무능력을 발견하였다. 불가리아와 크림반도에서 영국 병사들의 사망 원인을 세어본 후에 그림 3-1에 나와있는 시각적 표현을 만들었다. 영국 군대는 전쟁에서 입은 부상보다 열악한 위생시설로 인해 병사들을 더 많이 죽이고 있었으며, 격분한 대중은 변화를 요구하게 되었다. 이것은 정말로 강력한 그래프인 것이다!

그래프는 계속해서 생명을 구하고 있다. 최근 연구는 건강관리에 관한 결정을 주도하며 심지어는 위험한 건강 관련 행동을 감소시키는 그래프의 위력을 입증하고 있다(Garcia-Retamero & Cokely, 2013).

이 장은 데이터에 이야기를 만들어주는 그래프, 미국심리학회(APA) 방식으로 표현하면 도표(figure)를 작성하는 방법을 보여준다. 69쪽에 나와있는 점검표, 즉 체크리스트는 그래프 작성법에 관하여 여러분이 던지는 대부분의 물음에 답을 주고 있다.

시각적 통계법으로 속임수를 쓰는 방법

학생들에게 거짓말하는 방법을 가르치는 것이 통계를 가르치는 엉뚱한 방법처럼 들릴 수도 있지만, 시각적 속임수를 찾아내는 것은 강력한 힘을 발휘할 수 있다. 우리는 속이기도 하고 계몽적이기도 한 그래프의 위력을 찾아내서 유머러스하게 보여주는 웹사이트를 운영하는 캐나다 토론토 소재 요크대학교의 마이클 프렌들리에게 신세를 지고 있다. 그는 그림 3-2를 "이미 발표된 그래프 중에서 가장 허위적인 것"이라고 기술하였다.

Ithaca Times, Photo : Tracy Meier

그림 3-2

거짓말하는 그래프

마이클 프렌들리는 이 그래프를 "하나의 이미지에서 자신이 보았던 것보다 더 많은 죄악을 저지르고 있는 현저한 그래프의 사례"이며, "이미 발표된 그래프 중에서 가장 허위적인 것"이라고 기술하고 있다.

"이미 발표된 그래프 중에서 가장 허위적인 것"

그림 3-2의 이타카 타임스(*Ithaca Times*)지의 그래프는 다음과 같은 간단한 질문에 답하려는 것이다. "대학이 그토록 비싸야 하는 이유는 무엇인가?" 이 그래프는 거짓으로 가득 차있다.

- **거짓 1.** 두 선은 상이한 시간 간격을 다루고 있다. 상승곡선은 35년에 걸친 등록금 인상을 나타낸다. 하강곡선은 단지 11년에 걸친 코넬대학교의 순위를 나타내고 있다.
- **거짓 2.** *y*축은 순위 관찰치(대학 순위)를 척도 관찰치(등록금)와 비교하고 있다. 이 관찰치들은 상이한 두 개의 그래프이어야 한다.
- **거짓 3.** *y*축에서 코넬대학교의 순위는 의도적으로 등록금보다 더 낮은 곳에서 시작함으로써, 학생들이 지불하고 있는 것만큼 제공하는 데 이미 실패한 대학이 극적일 만큼 열악해져왔음을 암시하고 있다.
- **거짓 4.** 그래프는 상승과 하강이 함축하는 의미를 역전시키고 있다. 순위에서는 낮은 숫자가 좋은 것이다. 11년의 기간에 걸쳐, 코넬대학교의 순위는 15등에서 6등으로 개선되었던 것이다.

그래프로 대중을 호도하는 기법

몇 가지 통계적 속임수를 학습하게 되면, 여러분은 즉각적으로 시각적 통계에 대해 훨씬 더 비판적이며 잘 속아 넘어가지 않는 소비자가 될 것이다.

1. **편파적 척도 거짓말.** 뉴욕(*New York*)지의 평론가는 별 다섯 개를 사용하여 특정 식당의 음식, 서비스, 분위기가 '거의 완벽하다'는 사실을 나타낸다. 별 셋은 '전반적으로 뛰어나다'를 의미하며, 별 하나는 '괜찮다'를 의미한다. 그렇다면 별이 없음은 '나쁘다'를 의미해야 한다. 그렇지 않은가? 틀렸다. 별 없음은 '여러분이 그곳에서 외식하는 것을 추천하지 않음'을 의미한다. 듣자 하니 뉴욕 평론가가 식사를 하였던 식당에서는 형편없는 음식을 먹을 수 없다는 뜻이겠다.

보간법의 위험성

모든 데이터를 살펴보지 않으면, 엉터리 결론을 도출하기 쉽다. 캐나다 철도범죄율이 1970년대 후반부터 2006년에 이르기까지 감소해왔다고 하더라도, 중간 시점인 1991년을 중심으로 하는 정점이 존재하고 있다. 만일 1970년대와 2006년의 데이터만을 보았다면, 이 시기에 점진적인 감소가 있었다고 잘못 결론 내릴 수 있다.

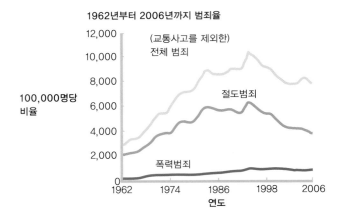

개념 숙달하기

3-1 : 그래프는 사기를 칠 수 있다. 비판적 사고자는 표본이 전집을 대표하는지, 어떻게 변인들을 실제로 측정하는지, 그리고 그래프가 정확한 데이터를 알려주는지를 알고자 한다.

2. **의뭉스러운 표본 거짓말.** 교수들을 평가하는 웹사이트에서 유용한 정보를 얻을 수도 있지만, 조심해야 한다. 평가를 제공할 가능성이 가장 큰 학생들은 특정 교수를 강력하게 싫어하거나 인정하는 학생들이다. 자기선택표본은 그 정보가 여러분에게는 적용되지 않을 수도 있음을 의미한다.

3. **보간법 거짓말.** 보간법은 두 데이터 값 간의 어떤 값은 두 값을 연결하는 직선 위에 위치한다는 가정을 수반한다. 예컨대, 캐나다 통계청은 2006년에 캐나다가 1970년대 이래로 가장 낮은 절도침입범죄율을 보였다고 보고하였는데 (그림 3-3), 30년에 걸쳐 점진적인 하강을 가정할 수는 없다. 1991년 직전의 몇 해 동안 절도범죄가 극적으로 증가하였다. 합리적인 수의 중간 데이터 값들이 보고되었는지를 확인하라.

4. **외삽법 거짓말.** 이 거짓말은 데이터 범위를 넘어서는 값도 무한정 계속될 것이라고 가정한다. 1976년에 시민 밴드 라디오(*Citizens Band Radio*) 핸드북은 미국 초등학교가 머지않아서 CB 라디오로 소통하는 방법을 학생들에게 가르칠 수밖에 없으며, 그렇게 되면 자신들의 인기가 치솟을 것이라고 주장하였다. 실제로는 무슨 일이 일어났는가? 휴대폰이 등장하였다. 하나의 패턴이 무한정 계속될 것이라고 가정하지 말라.

5. **부정확한 값 거짓말.** 이 거짓말은 데이터의 한 부분에서는 진실을 말하고 있지만, 다른 곳에서는 데이터를 시각적으로 왜곡시킨다. 그림 3-4의 처음 세 열에서는 단지 4개의 막대인물화가 43,000명 이상의 간호사를 나타내고 있다. 그렇지만 마지막 열에서 보는 바와 같이, 단지 수천 명의 간호사를 첨가하였을 때, 40개의 막대인물화가 사용되었다. 막대인물화 수의 변화량이 데이터 크기의 변화량보다 훨씬 크다.

그래프를 가지고 사기를 치는 더 많은 방법이 존재하며, 여러분이 그런 사기에 걸려들지 않도록 조심하기를 희망한다. 연구자들은 이 모든 거짓말을 다음과 같은 두 집단으로 범주화한다. (1) 과장하는 거짓말 그리고 (2) 결과를 뒤집어버리는 거짓말(Pandey et al., 2015). 과장하는 거짓말은 주어진 차이가 실제보다 더 크거나 작다고 생각하게 만든다.

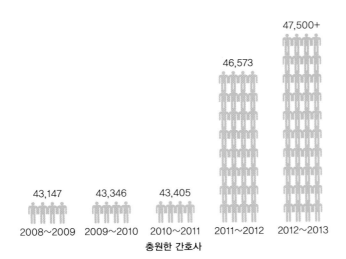

47,500+

46,573

43,147 43,346 43,405

2008~2009 2009~2010 2010~2011 2011~2012 2012~2013

충원한 간호사

그림 3-4

부정확한 값 거짓말

여기서 보여주고자 하는 시각적 거짓말은 어느 열에 들어있는지에 따라서 상이한 값을 갖도록 막대인물화를 사용한 결과이다. 블로거인 아비마뉴 다스와 다이애나 빌러(2015)가 지적한 바와 같이, "네 명의 막대인물이 43,000명의 간호사를 나타내고 있지만, 28명의 막대인물이 부가적인 3,000명의 간호사를 나타내고 있다." 따라서 5년에 걸친 7% 증가가 시각적으로는 7,000% 증가처럼 묘사되어 있는 것이다!

출처 : static.guim.co.uk/sys-images/Guardian/Pix/pictures/2013/8/1/1375343461201/misleading.jpg

뒤집어버리는 거짓말은 반대 결과가 일어나고 있다고 생각하게 만든다. 연구자들은 시각적 왜곡이 사람들의 지각과 반응에 영향을 미칠 수 있음을 보여주는 일련의 연구를 수행하기도 하였다. 한 예에서 보면, 사기 치는 그래프를 본 38명 중에서 단지 7명만이 그 그래프를 정확하게 해석할 수 있었던 반면, 정확하게 작성한 그래프의 경우에는 40명 중에서 39명이 정확하게 해석하였다. 심리학도와 통계학도에게 있어서는 정확한 그래프를 작성하고 시각적 거짓말을 경계할 수 있는 능력을 보유하는 것이 중요하다.

학습내용 확인하기		
개념의 개관	>	그래프의 작성과 이해는 오늘날과 같이 데이터가 넘쳐나는 사회에서 핵심적인 재능이다.
	>	그래프는 정보를 드러낼 수도, 모호하게 만들 수도 있다. 어떤 그래프가 실제로 전달하는 것을 이해하려면, 그 그래프를 살펴보고 비판적 물음을 던져보아야 한다.
개념의 숙달	3-1	그래프의 목적은 무엇인가?
통계치의 계산	3-2	그림 3-4에서 2010~2011년보다 2011~2012년에 간호사의 수가 얼마나 더 많았는지를 계산하라. 이것이 그래프 사기의 사례인 이유를 설명해보라.
개념의 적용	3-3	다음 두 그래프 중에서 어느 것이 거짓말을 하고 있는가? 어느 것이 데이터를 더 정확하게 묘사하는 것으로 보이는가? 여러분의 답을 해명해보라.

(계속)

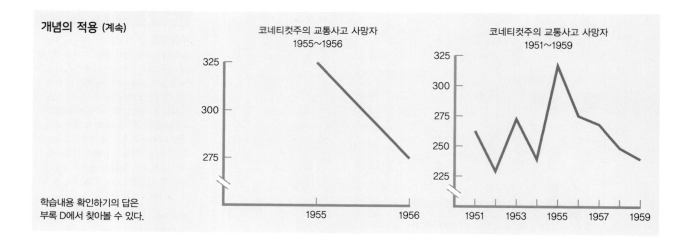

학습내용 확인하기의 답은
부록 D에서 찾아볼 수 있다.

그래프의 보편적 유형

그래프가 강력한 도구인 까닭은 단 하나의 이미지에 변인 간의 관계를 표현할 수 있기 때문이다. 우선 두 개의 척도변인을 가지고 있는 그래프인 산포도와 선그래프를 작성하는 방법을 제시한다. 그런 다음에 단지 하나의 명목변인만을 갖는 그래프, 즉 막대그래프, 그림그래프, 그리고 파이차트를 작성하는 방법을 비판적으로 제시한다.

산포도

산포도(scatterplot)는 두 개의 척도변인 간의 관계를 묘사하는 그래프이다. 각 변인의 값을 두 축을 따라 표시하게 되는데, 각 점은 각 참가자가 나타낸 두 값의 교차점을 나타낸다. 즉, 그 점은 x축에서의 점수와 y축에서의 점수가 교차하는 지점이다. 컴퓨터에서 작성하기에 앞서 손으로 스케치해봄으로써 그 그래프가 어떤 모습일지를 생각해볼 것을 제안한다.

산포도는 두 척도변인 간의 관계를 묘사하는 그래프이다.

사례 3.1

그림 3-5는 학생들이 통계학을 공부한 시간과 통계학 시험점수 간의 관계를 기술하고 있다. 이 예에서 독립변인(x축)은 공부한 시간이며, 종속변인(y축)은 통계학 시험점수이다.

그림 3-5의 산포도는 공부한 시간이 높은 점수와 관련되어 있음을 시사한다. 산포도는 점수의 전반적 패턴을 나타내는 각 참가자의 두 점수(공부한 시간과 시험점수)를 포함하고 있다. 이 산포도에서는 두 축에 위치한 점수들이 0을 향하고 있지만, 반드시 그래야만 하는 것은 아니다. 때로는 하나 또는 두 개의 축 모두에서 범위를 조정함으로써 점수들이 군집을 이루며 데이터 패턴이 더 명확해지기도 한다. (만일 점수들이 0으로 수렴하는 것이 현실적이지 않을 때는 절단 표지를 가지고 이 사실을 나타내야 한다. 절단 표지란 그 축이 0이 아닌 다른 값에서 출발한다는 사실을 나타내는 단절 틈을 말한다.)

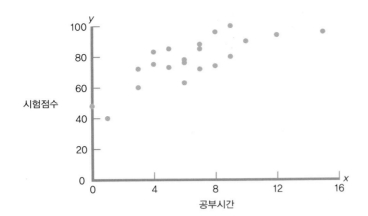

그림 3-5

공부시간과 통계학 점수의 산포도
이 산포도는 공부에 투자한 시간과 통계학 시험점수 간의 관계를 묘사하고 있다. 각 점은 한 참가자의 x축에 걸쳐있는 독립변인 점수와 y축에 걸쳐있는 종속변인 점수를 나타낸다.

산포도를 작성하는 과정은 다음과 같다.

1. 데이터를 참가자별로 정리한다. 각 참가자는 두 척도변인 각각에 해당하는 두 점수를 갖는다.

2. x축에 독립변인 이름을 붙이고, 가능하다면 0부터 시작하여 가능한 값들을 배열한다.

3. y축에 종속변인 이름을 붙이고, 가능하다면 0부터 시작하여 가능한 값들을 배열한다.

4. 각 참가자의 점수를 그래프의 x축과 y축에 맞추어 점으로 표시한다.

개념 숙달하기

3-2 : 산포도와 선그래프는 두 척도변인 간의 관계를 묘사하는 데 사용된다.

두 척도변인의 산포도는 다음과 같은 세 가지 가능한 이야기를 알려줄 수 있다. 첫째, 관계가 전혀 없다. 이 경우에 산포도는 무선적인 점들의 집합처럼 보인다. 만일 두 변인 간에 어떤 체계적인 패턴이 존재한다고 믿고 있었다면, 이 패턴은 중요한 무엇인가를 시사하는 것이다.

둘째, 변인 간의 **선형관계**(linear relation)는 두 변인 간의 관계를 직선으로 가장 잘 기술할 수 있다는 사실을 의미한다. 선형관계가 정적(positive)일 때는, 데이터 포인트들의 패턴이 우상 방향으로 진행한다. 선형관계가 부적(negative)일 때는 데이터 포인트들의 패턴이 우하 방향으로 진행한다. 그림 3-5에서 공부시간과 시험점수는 정적 선형관계를 나타낸다.

변인 간의 **비선형관계**(nonlinear relation)는 두 변인 간의 관계를 변곡점이 있는 선이나 곡선으로 가장 잘 기술할 수 있다는 사실을 의미한다. 비선형(nonlinear)이란 단지 '직선이 아님'을 의미하기 때문에 변인 간에는 다양한 비선형관계가 가능하다. 예컨대, 그림 3-6에서 기술한 여키스–닷슨 법칙(Yerkes-Dodson law)은 각성 수준과 과제 수행 간의 관계를 예측한다. 교수로서 우리는 여러분이 결시할 만큼 방종하기를 원하지 않지만 공황장애를 일으킬 만큼 스트레스를 받지도 않기를 바란다. 여러분은 비선형관계(이 경우에는 산 모양의 곡선)가 보여주고 있는 중간 수준의 편안한 상태에서 수행을 극대화하게 된다. ●

선형관계는 두 변인 간의 관계를 직선으로 가장 잘 기술할 수 있다는 사실을 의미한다.

비선형관계는 두 변인 간의 관계를 변곡점이 있는 선이나 곡선으로 가장 잘 기술할 수 있다는 사실을 의미한다.

그림 3-6

비선형관계

여키스-닷슨 법칙은 스트레스/불안이 과제 수행을 증진시킨다고 예측하지만, 오직 어느 수준까지만 그렇다. 지나친 불안은 최선의 수행능력을 와해시킨다. 이러한 곡선은 불안과 수행 간의 관계라는 개념을 예시해주기는 하지만, 산포도가 두 변인 간의 특정한 관계를 보다 명확하게 보여준다.

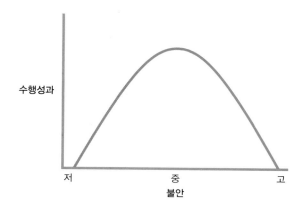

선그래프

선그래프(line graph)는 두 척도변인 간의 관계를 예시하는 데 사용된다. 한 가지 유형의 선그래프는 산포도에 근거하며 각 x값에 대해 예측한 y값을 나타내는 최적선을 그릴 수 있게 해준다. 두 번째 유형의 선그래프는 시간 경과에 따른 y축 값들의 변화를 시각적으로 제시할 수 있게 해준다.

선그래프는 두 척도변인 간의 관계를 예시하는 데 사용된다.

사례 3.2

산포도에 근거하는 첫 번째 유형의 선그래프가 특히 유용한 까닭은 그 최적선이 모든 데이터 포인트와 그 최적선 간의 거리를 최소화하기 때문이다. 최적선은 x값을 사용하여 y값을 예측하게 해준다. 즉, 오직 하나의 부분정보에 근거한 예측을 가능하게 만들어준다. 예컨대, 그림 3-7의 최적선을 사용하여 만일 한 학생이 두 시간 공부한다면 대략 62점을 받을 것이며, 13시간을 공부한다면 대략 100점을 받는다고 예측할 수 있다. 지금은 그저 산포도를 보고 눈대중으로 최적선을 그릴 수 있다. 최적선을 계산하는 방법은 제14장에서 배우게 될 것이다.

최적선을 가지고 있는 산포도를 작성하는 단계를 요약하면 다음과 같다.

1. x축에 독립변인 이름을 붙이고, 가능하다면 0부터 시작하여 가능한 값들을 배열한다.
2. y축에 종속변인 이름을 붙이고, 가능하다면 0부터 시작하여 가능한 값들을 배열한다.
3. 각 참가자의 점수를 그래프의 x축과 y축에 맞추어 점으로 표시한다.
4. 눈대중으로 산포도의 점들을 관통하는 최적선을 그린다. ●

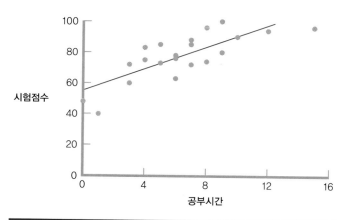

그림 3-7

최적선

최적선은 x축 변인의 값으로부터 y축 변인의 값을 예측할 수 있게 해준다.

단지 산포도보다 선그래프가 더 유용한 두 번째 상황은 시간 관련 데이터를 수반한다. **시계열도**(time series plot, time plot)는 y축의 척도변인이 x축에 이름 붙인 시간의 증가(예컨 대, 시간, 날짜, 세기 등)에 따라 변화하는 양상을 나타내는 그래프이다. 산포도와 마찬가지 로, 각 점은 x축의 특정 값(예컨대, 특정 시간)에서의 y값(즉, 종속변인에서의 값)을 나타 낸다. 그런 다음에 점들을 선분으로 연결한다. 하나의 시계열도에는 y축에서 동일한 척 도변인을 사용하는 여러 개의 선을 그릴 수 있다. 둘 이상의 선을 사용하는 경우에는 또 다른 변인의 상이한 수준에 따른 추세를 비교해볼 수 있다.

예컨대, 그림 3-8은 전 세계에 걸쳐 트위터에 표현된 긍정적 태도와 부정적 태도의 시계열도를 보여준다. 연구자들은 하루 24시간에 걸쳐 5억 개 이상의 트윗을 분석하여 (Golder & Macy, 2011) 각 요일에 해당하는 개별 선을 그려보았다. 흥미진진한 이 데이 터는 많은 이야기를 함축하고 있다. 예컨대, 사람들은 하루의 늦은 시간보다는 아침에 더 많은 긍정적 태도와 더 적은 부정적 태도를 나타내는 경향이 있다. 주중보다는 주말 에 더 많은 긍정적 태도를 나타내며, 주말 아침에 긍정적 태도의 정점이 주중보다 늦게 나타나는데, 아마도 사람들이 주말에 늦잠을 잔다는 지표일 것이다.

시계열도를 작성하는 단계를 요약하면 다음과 같다.

1. x축에 독립변인 이름을 붙이고, 가능한 값들을 배열한다. 독립변인은 시간의 증가 (예컨대, 시간, 월, 연도 등)이어야 한다.
2. y축에 종속변인 이름을 붙이고, 가능하다면 0부터 시작하여 가능한 값들을 배열한다.
3. 각 참가자의 점수를 그래프의 x축과 y축에 맞추어 점으로 표시한다.
4. 점들을 연결한다. ●

시계열도는 y축의 척도변인이 x축에 이 름 붙인 시간의 증가(예컨대, 시간, 날 짜, 세기 등)에 따라 변화하는 양상을 나 타내는 그래프이다.

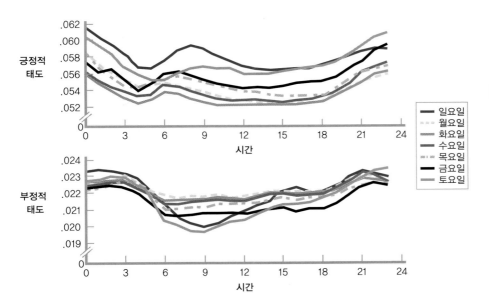

그림 3-8

트위터에서의 기분 변화를 보여주는 시계열도

연구자들은 전 세계에 걸쳐 하루 24시 간 동안 트위터에 표현한 긍정적 태도와 부정적 태도를 추적하였다(Golder & Macy, 2011). 시계열도는 하나의 그래 프에 둘 이상의 척도변인을 그릴 수 있 게 해준다. 이 사례에는 각 요일에 대한 개별적인 선분이 존재하며, 예컨대 토요 일 선분과 일요일 선분이 24시간에 걸 쳐 가장 높은 긍정적 태도와 가장 낮은 부정적 태도를 보이는 경향이 있음을 보 여준다.

막대그래프

막대그래프(bar graph)는 독립변인이 명목변인이거나 서열변인이고 종속변인이 척도변인인 데이터를 시각적으로 묘사하는 그래프이다. 각 막대의 높이는 전형적으로 각 범주에서 종속변인의 평균값을 나타낸다. x축의 독립변인은 명목변인(예컨대, 성별)이거나 서열변인(예컨대, 올림픽의 금·은·동메달 수상자)일 수 있다. 단일 그래프에서 두 개의 독립변인을 묶을 수도 있다. 예컨대, 올림픽 마라톤 종목에서 금·은·동메달을 수상한 남자선수와 여자선수의 기록을 비교하기 위하여 하나의 그래프에 두 개의 분리된 막대 군집을 그릴 수 있다.

막대그래프를 작성하는 데 사용하는 변인들을 요약하면 다음과 같다.

1. 막대그래프의 x축은 명목변인이나 서열변인의 불연속 수준을 나타낸다.
2. 막대그래프의 y축은 합계나 백분율을 나타낸다. 그렇지만 달리기의 평균 속도, 기억과제에서의 점수, 반응시간 등과 같은 다른 많은 척도변인을 나타낼 수도 있다.

막대그래프는 독립변인이 명목변인이거나 서열변인이고 종속변인이 척도변인인 데이터를 시각적으로 묘사하는 그래프이다. 각 막대의 높이는 전형적으로 각 범주에서 종속변인의 평균값을 나타낸다.

파레토차트는 x축의 범주들을 왼쪽부터 높은 막대 순으로 배열하는 막대그래프다.

막대그래프는 데이터를 시각적으로 제시하는 융통성 있는 도구다. 예컨대, x축을 따라서 나타내야 하는 범주의 수가 많을 때는 때때로 **파레토차트**(Pareto chart)를 작성하기도 하는데, 이것은 x축의 범주들을 왼쪽부터 막대 높이가 높은 순으로 배열하는 막대그래프다. 이러한 배열은 비교를 용이하게 만들어주며 가장 보편적인 범주와 가장 이례적인 범주를 쉽게 확인할 수 있게 해준다.

사례 3.4

그림 3-9는 각 국가별로 1개월에 걸쳐 트위터에 접속하였던 인터넷 사용자의 백분율을 묘사하는 두 가지 방법을 보여준다. 하나는 국가를 영어의 알파벳 순서로 나열한 막대그래프이고, 다른 하나는 파레토차트이다. 다른 국가와 비교할 때, 캐나다의 사용률은 어디에 위치하는가? 어느 그래프가 이 물음에 답하는 것을 용이하게 만들어주는가? ●

그림 3-9

파레토차트가 이해하기 더 용이하다
표준 막대그래프는 명목변인인 국가의 14개 수준에서 트위터 사용 정도를 비교할 수 있게 해준다. 막대그래프의 다른 버전인 파레토차트는 국가들을 x축을 따라 백분율이 높은 순서대로 배열함으로써, 가장 큰 막대와 작은 막대를 쉽게 찾을 수 있게 해준다. 또한 캐나다는 사용률이 중간 정도이며, 미국과 영국은 하위에 치우쳐 있다는 사실을 더 쉽게 볼 수 있다. 표준 막대그래프에서 이러한 결론을 도출하려면 더 많은 작업을 해야만 한다.

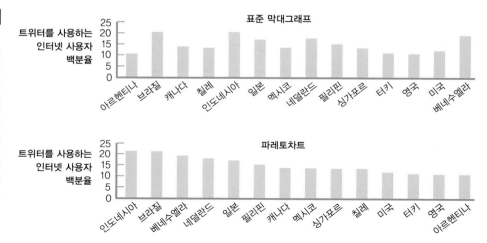

사례 3.5

막대그래프는 흥미진진한 물음에 대한 답을 이해하는 데 도움을 줄 수 있다. 예컨대, 연구자들은 과거에 '일탈적' 세계관의 지표로 간주되기도 하였던 피어싱과 문신이 어떻게 주류로 자리 잡게 되었는지를 물음하였다(Koch et al., 2010). 이들은 1,753명의 대학생을 대상으로 피어싱과 문신의 수에 덧붙여서 학업 부정행위, 불법 마약 사용, 체포 횟수(교통법규 위반 제외) 등을 포함하여 광범위한 일탈행위를 조사하였다. 그림 3-10의 막대그래프는 한 가지 사실을 보여주고 있다. 즉, 체포되었을 가능성은 4개 이상의 문신을 가진 집단을 제외하면 모든 집단에서 꽤나 유사하였다. 4개 이상 문신집단의 70.6%가 적어도 한 번 이상 체포되었다고 보고하였다.

이 연구를 보도한 잡지 기사는 부모들에게 다음과 같이 충고하였다. "대학 2학년생인 자녀의 발목에 그려진 나비가 좋지 않은 친구들과 나돌아 다닌다는 신호는 아니다. 그렇지만 봄방학을 맞이하여 머리부터 발끝까지 문신을 하고는 집에 온다면, 걱정해야 한다"(Jacobs, 2010).

사기꾼을 조심하라! 만일 이 기사를 작성한 기자가 부모들을 대경실색하게 하고 싶다면, 문신이 전혀 없거나 하나 있거나 두세 개 있는 학생들 간의 작은 차이를 마치 큰 차이인 것처럼 과대포장할 수 있다. 그림 3-11을 그림 3-10의 첫 세 막대와 비교해보

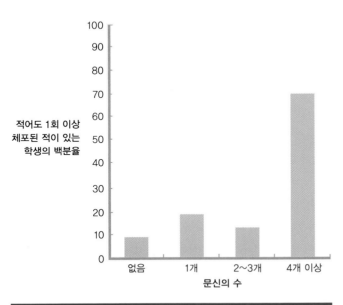

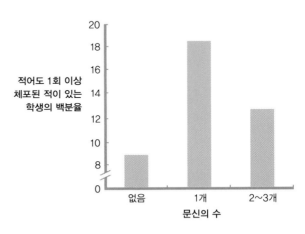

그림 3-10

막대그래프는 평균이나 백분율 간의 차이를 강조한다

이 막대그래프는 (교통법규 위반을 제외하고) 적어도 한 번 이상 체포되었던 대학생의 백분율을 나타내고 있다. 연구자들은 다음과 같은 네 집단을 조사하였다. 문신이 없는 집단, 하나인 집단, 두세 개인 집단, 네 개 이상인 집단. 막대그래프는 인쇄된 숫자 자체(8.5, 18.7, 12.7, 70.6%)보다 백분율 간의 차이를 더욱 선명하게 보여줄 수 있다.

그림 3-11

속임수를 쓰는 그래프

평균 간의 차이를 과장하기 위하여 그래프 작성자는 때때로 그래프에서 보여주고 있는 평정척도를 압축해버린다. 가능하다면, y축을 0으로부터 시작하고, 백분율을 나타낼 때는 100%까지 모든 값들을 포함시켜라.

라. 4개 이상의 문신을 나타내는 네 번째 막대를 제거하면 어떤 일이 발생하는지에 주목하라. y축의 값이 0에서 시작하지 않고, 간격은 10에서 2로 변하며, y축은 20%가 최대가 된다. 완전히 동일한 데이터가 전혀 다른 인상을 남기고 있다. (주 : 만일 데이터가 0에서 많이 벗어나 있으며, y축이 0부터 시작하는 것이 의미가 없다면, 그림 3-11에 나와있는 것처럼, 절단 표지라고 부르는 이중 사선을 사용하여 그래프에 이 사실을 나타내라.)

막대그래프를 작성하는 단계를 요약하면 다음과 같다. 그래프 작성자에게 있어서 핵심은 두 번째 단계에 들어있다.

1. x축에 명목변인이나 서열변인인 독립변인의 이름과 수준(즉, 범주)을 붙여라.
2. y축에 척도변인인 종속변인의 이름을 붙이고, 가능하다면 0부터 시작하는 가능한 값들을 배열하라.
3. 독립변인의 모든 수준에 대해서 그 수준에서의 종속변인 값에 해당하는 높이의 막대를 그려라. ●

그림그래프

가끔은 그림그래프가 용인될 수도 있지만, 그러한 그래프의 사용은 조심해야 하며 신중하게 작성하였을 때에만 사용해야 한다. **그림그래프**(pictorial graph)는 지극히 적은 수의 수준(범주)을 갖는 명목변인이나 서열변인인 하나의 독립변인과 척도변인인 하나의 종속변인에 대해서만 전형적으로 사용하는 시각적 표현방법이다. 각 수준은 종속변인에서의 값을 나타내기 위하여 그림이나 상징을 사용한다. 시선을 끄는 그림그래프는 전문잡지보다 대중매체에서 훨씬 더 보편적으로 사용한다. 이 그래프는 데이터가 알려주는 이야기보다는 멋들어진 삽화가 주의를 끄는 경향이 있다.

예컨대, 그래프 작성자는 인구 규모를 나타내기 위해서 양식화된 사람 그림을 사용할 수 있다. 그림 3-12는 그림그래프가 가지고 있는 한 가지 문제점을 보여주고 있다. 그림은 사람을 높이도 세 배 높고 너비도 세 배 넓게 표현하고 있다(따라서 큰 사람은 그다지 늘어난 것처럼 보이지 않는다). 그런데 인구는 단지 세 배 많음에도 불구하고 그림의 전체 면적은 작은 사람보다 대략 9배나 크기 때문에 잘못된 인상을 심어줄 수 있다.

그렇지만 세심하게 설계한다면 그림그래프도 잘 작동할 수 있다. 그림 3-13의 그래프에서, 모든 막대인물은 크기가 동일하고 각각은 한 사람을 나타낸다. 이러한 설계 자질은 그래프를 오해할 가능성을 감소시킨다.

파이차트

파이차트(pie chart)는 원형 그래프이며, 각 조각은 독립변인의 각 수준(범주)에 해당한다. 각 조각의 크기는 각 범주의 비율(또는 백분율)을 나타낸다. 파이차트의 모든 조각을 합하면 항상 100%가 되어야 한다. 그림 3-14는 파이차트 쌍을 가지고 비교하는 것의 어려움을 보

그림그래프는 지극히 적은 수의 수준(범주)을 갖는 명목변인이나 서열변인인 하나의 독립변인과 척도변인인 하나의 종속변인에 대해서만 전형적으로 사용하는 시각적 표현방법이다. 각 수준은 종속변인에서의 값을 나타내기 위하여 그림이나 상징을 사용한다.

파이차트는 원형 그래프이며, 각 조각은 독립변인의 각 수준(범주)에 해당한다. 각 조각의 크기는 각 범주의 비율(또는 백분율)을 나타낸다.

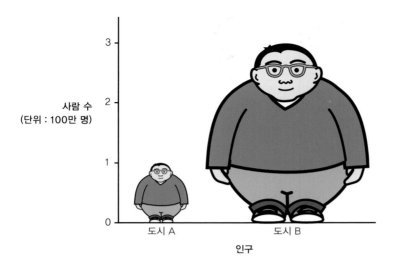

사람 수
(단위 : 100만 명)

도시 A   도시 B

인구

그림 3-12

그림으로 데이터 왜곡하기

그림그래프에서 그림 높이의 세 배 증가
는 너비의 세 배 증가도 수반하기 십상
인데, 이것은 3을 두 번 곱하는 꼴이 된
다. 따라서 그림은 세 배가 아니라 아홉
배 크게 된다.

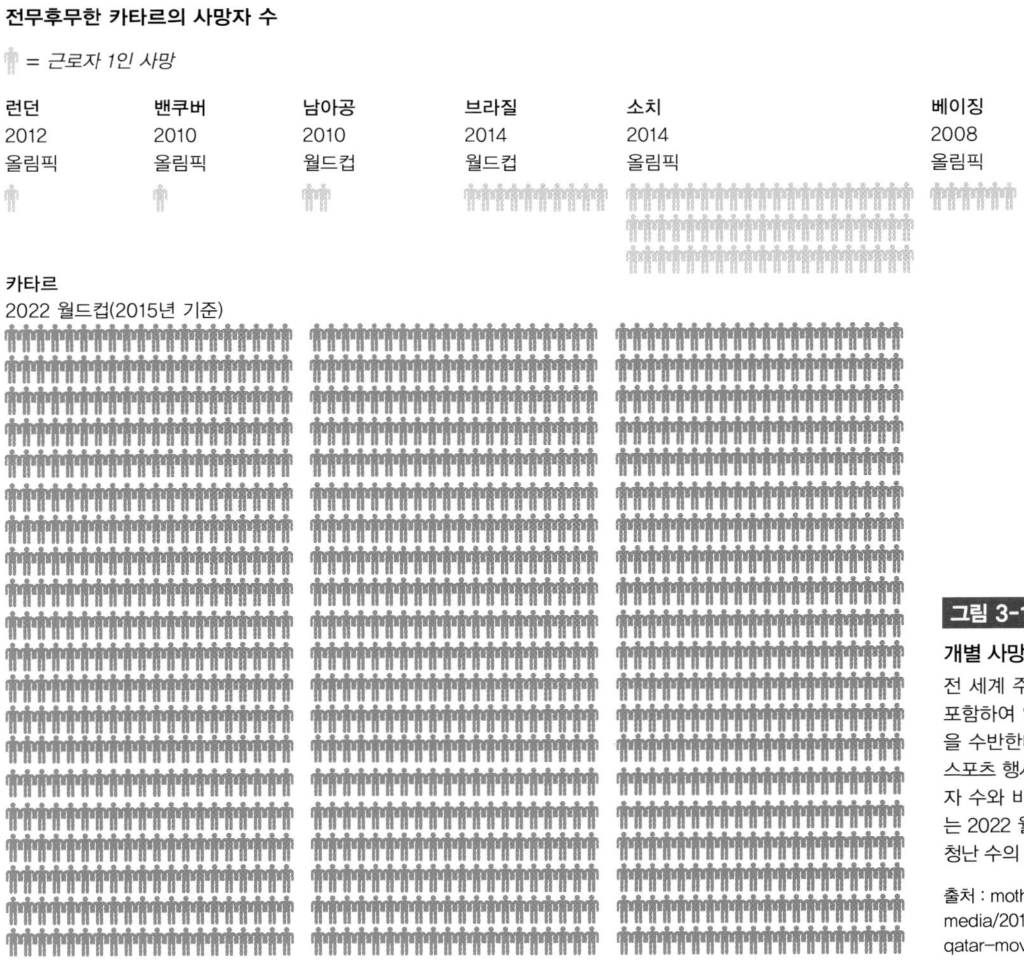

전무후무한 카타르의 사망자 수

= 근로자 1인 사망

런던	밴쿠버	남아공	브라질	소치	베이징
2012	2010	2010	2014	2014	2008
올림픽	올림픽	월드컵	월드컵	올림픽	올림픽

카타르
2022 월드컵(2015년 기준)

그림 3-13

개별 사망자의 그림그래프

전 세계 주요 스포츠 행사는 경기장을
포함하여 엄청난 사회기반시설의 건설
을 수반한다. 이 그래프는 다른 국가의
스포츠 행사와 관련된 건설에 따른 사망
자 수와 비교할 때, 카타르에서 개최되
는 2022 월드컵을 위한 건설에 따른 엄
청난 수의 사망자를 보여주고 있다.

출처 : motherjones.com/mixed-
media/2015/05/chart-fifa-deaths-
qatar-move-it-to-the-united-states

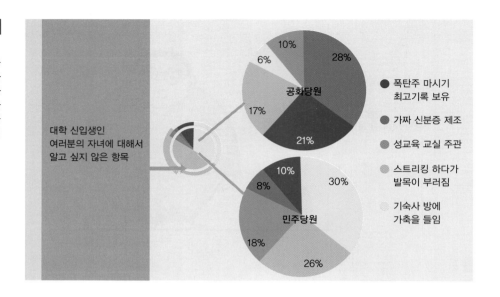

그림 3-14

파이차트의 위험성

파이차트는 비교를 어렵게 만든다. 미국에서 만일 자기 자녀가 기숙사 방에 가축을 데리고 있다면 공화당원의 6%와 민주당원의 30%가 매우 경악할 것이라는 사실을 알아내려면 상당한 노력을 들여야 한다. 막대그래프나 표에서는 이러한 비교가 훨씬 용이하다.

출처 : vanityfair.com/magazine/2013/05/60-minutes-poll-college-locations

공화당원

10%
28%
6%
17%
21%

● 폭탄주 마시기 최고기록 보유

● 가짜 신분증 제조

● 성교육 교실 주관

● 스트리킹 하다가 발목이 부러짐

기숙사 방에 가축을 들임

대학 신입생인 여러분의 자녀에 대해서 알고 싶지 않은 항목

민주당원

10%
30%
8%
18%
26%

여준다. 이 그래프가 시사하는 바와 같이, 데이터는 거의 항상 파이차트보다는 표나 막대그래프로 더 명확하게 제시할 수 있다. 에드워드 터프티(Edward R. Tufte)는 명쾌한 그래프를 작성하는 간단한 방법을 시범 보이는 여러 권의 멋진 책으로 잘 알려져 있다(1997/2005, 2001/2006b, 2006a). 터프티(2006b)는 파이차트에 관해서 다음과 같이 직설적인 충고를 하고 있다. "표는 거의 항상 멍청한 파이차트보다 더 좋다"(178쪽). 파이차트의 제한점과 가용한 대안이 있기 때문에, 여기서는 파이차트를 작성하는 단계를 개관하지 않겠다.

학습내용 확인하기

개념의 개관

> 산포도와 선그래프는 두 척도변인 간의 관계를 볼 수 있게 해준다.

> 변인 간의 관계를 살펴볼 때는 아무런 관계가 존재하지 않을 가능성과 함께 선형관계와 비선형관계를 살펴보는 것이 중요하다.

> 막대그래프, 그림그래프, 파이차트는 명목변인이나 서열변인의 여러 수준에서 척도변인의 요약값(예컨대, 평균이나 백분율)을 나타낸다.

> 막대그래프가 더 좋다. 그림그래프와 파이차트는 오해의 소지가 있다.

개념의 숙달

3-4 산포도와 선그래프는 어떻게 유사한가?

3-5 일반적으로 그림그래프와 파이차트의 사용을 기피해야 하는 까닭은 무엇인가?

통계치의 계산

3-6 한 변인이 시간 경과에 따라 어떻게 변하는지를 계산하거나 평가하게 해주는 시각적 제시방법은 어떤 유형의 것인가?

3-7 다음 데이터 집합과 연구물음 각각을 보여주는 최선의 그래프 유형은 무엇인가? 여러분의 설명을 해명해보라.

    a. 150명 대학생에게 있어서 우울의 강도와 스트레스의 양. 우울은 스트레스 수준과 관련이 있는가?

    b. 1890년부터 2000년까지 매 10년마다 측정한 캐나다 정신건강시설의 수. 시설의 수가 최근에 감소해왔는가?

    c. 100명이 보고한 형제의 수. 어떤 가족 규모가 가장 보편적인가?

    d. 미국 여섯 지역의 평균 교육연한. 어떤 지역은 다른 지역보다 교육 수준이 더 높은가?

    e. 85명이 하루에 섭취한 칼로리양과 그날 밤의 수면시간. 먹은 음식의 양은 그날 밤의 수면시간을 예측하는가?

학습내용 확인하기의 답은 부록 D에서 찾아볼 수 있다.

그래프 작성법

이 절에서는 가장 적절한 유형의 그래프를 선정한 다음, 그 그래프가 미국심리학회(APA) 스타일에 맞는지를 확인하는 점검표를 사용하는 방법을 다룬다. 또한 그래프 사용의 흥미로운 미래를 강조하는 혁신적 그래프도 논의한다. 그래프 사용에서의 혁신은 플로렌스 나이팅게일의 콕스콤 그래프가 전달하였던 것 못지않게 설득력 있는 메시지 전달을 도와줄 수 있다.

적합한 그래프 유형 선택하기

어떤 유형의 그래프를 사용할지 결정할 때는 우선 변인들을 살펴보라. 어느 것이 독립변인이고 어느 것이 종속변인인지를 결정하라. 또한 그 변인 각각이 명목변인, 서열변인, 척도변인(등간/비율변인) 중에서 어떤 유형의 변인인지를 확인하라. 대부분의 경우 독립변인은 수평의 x축에 해당하고 종속변인은 수직의 y축에 해당한다.

개념 숙달하기

3-4 : 생성할 그래프의 유형을 결정하는 최선의 방법은 독립변인, 종속변인과 함께 그 변인 각각의 유형(명목변인, 서열변인, 아니면 척도변인)을 확인하는 것이다.

연구에 포함된 변인의 유형을 평가한 후에는, 다음의 지침을 사용하여 적합한 그래프를 선택하라.

1. 빈도를 나타내는 하나의 척도변인이 있다면 히스토그램이나 빈도다각형을 사용하라(제2장).
2. 모두 척도변인인 하나의 독립변인과 하나의 종속변인이 있다면, 산포도나 선그래프를 사용하라. (그림 3-8은 시계열도에서 둘 이상의 선을 사용하는 방법의 예를 보여준다.)
3. 명목변인이거나 서열변인인 하나의 독립변인과 척도변인인 하나의 종속변인이 있다면, 막대그래프를 사용하라. 만일 독립변인이 많은 수준을 가지고 있다면 파레토 차트의 사용을 고려해보라.

4. 명목변인이거나 서열변인인 둘 이상의 독립변인과 척도변인인 하나의 종속변인이
   있다면, 막대그래프를 사용하라.

그래프 읽는 방법

그림 3-15의 그래프를 사용하여 독립변인과 종속변인에 대한 여러분의 이해를 확인해
보자. 이 연구(Maner et al., 2009)는 질투 수준(만성적 질투심의 고저)과 점화[참가자들
을 배우자의 부정(不貞)이나 중립적 주제를 생각하도록 점화]라는 두 개의 독립변인을
포함하고 있다. 부정 점화조건 참가자는 자신이 부정과 관련된 걱정거리를 가지고 있었
던 때를 떠올리고 그에 관한 글을 작성하였다. 중립 점화조건 참가자는 어제 수행하였던
네다섯 가지 일을 상세하게 적었다. 종속변인은 참가자가 매력적인 동성의 인물 사진을
주시하는 시간이다. 질투심이 높은 사람에게 동성의 매력적인 인물은 배우자와의 관계
에 대한 잠재적 위협이 될 수 있다.

질투 연구의 결과를 보여주는 그래프를 이해하기 위해서 여러분이 던질 필요가 있는
결정적 물음은 다음과 같다. 잘 설계된 그래프는 그 답을 용이하게 볼 수 있게 만든다.
왜곡하거나 거짓말을 하려는 그래프는 그 답을 애매하게 만들어버린다.

1. 연구자는 어떤 변인을 예측하고자 시도하고 있는가? 즉, 무엇이 종속변인인가?
2. 그 종속변인은 명목변인인가, 서열변인인가, 아니면 척도변인인가?
3. 종속변인의 측정단위는 무엇인가? 예컨대, 종속변인이 웩슬러 성인용 지능검사로
   측정한 IQ라면, 가능한 점수는 0부터 145에 이르는 IQ 점수 자체이다.
4. 연구자는 이 종속변인을 예측하기 위하여 어떤 변인을 사용하였는가? 즉, 무엇이
   독립변인인가?
5. 두 개의 독립변인은 명목변인인가, 서열변인인가, 아니면 척도변인인가?
6. 각 독립변인의 수준은 무엇인가?

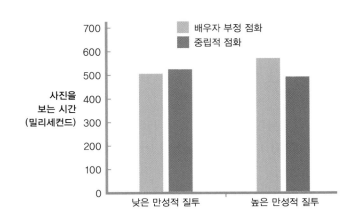

그림 3-15

두 개의 독립변인

두 개의 독립변인을 가지고 있는 데이
터 집합을 그래프로 나타낼 때는, 하나
의 독립변인은 x축에(이 사례에서는 만
성적 질투의 높음 대 낮음), 그리고 다른
하나의 독립변인은 색깔을 달리하는 막
대(이 사례에서는 배우자 부정 대 중립
적 주제인 점화 유형)로 나타내라. 이 그
래프는 중립적 주제를 생각하도록 점화
할 때보다 배우자 부정을 생각하도록 점
화할 때, 만성적 질투가 높은 사람은 동
성의 매력적인 인물을 더 오래 살펴본다
는 사실을 보여주고 있다. 만성적 질투
가 낮은 사람의 경우에는 그 패턴이 역
전되었다(Maner et al., 2009).

이제 여러분의 답을 확인해보라.

1. 종속변인은 밀리세컨드(1/1,000초)로 측정한 시간이다.
2. 밀리세컨드는 척도변인이다.
3. 밀리세컨드는 0부터 무한정 계속될 수 있다. 이 사례에서는 어떤 평균도 600밀리세컨드를 넘어서지 않는다.
4. 첫 번째 독립변인은 질투 수준이다. 두 번째 독립변인은 점화조건이다.
5. 질투 수준은 서열변인이지만, 그래프에서는 명목변인으로 취급할 수 있다. 점화조건은 명목변인이다.
6. 질투 수준은 낮은 만성적 질투와 높은 만성적 질투이다. 점화조건의 수준은 배우자 부정과 중립적 주제이다.

모두 명목변인인 두 개의 독립변인과 척도변인인 한 개의 종속변인이 있기 때문에, 이 데이터를 표현하기 위하여 막대그래프를 사용하였다.

그래프 작성 지침

여러분이 어떤 그래프에 직면하거나 스스로 그래프를 작성할 때 어떤 물음을 던져야 하는지를 도와주는 점검표는 다음과 같다. 몇몇은 이미 앞에서 언급한 것이며, 모든 물음을 던져보는 것이 현명한 일이겠다.

- 그래프가 명확하고 구체적인 제목을 가지고 있는가?
- 두 축 모두에 변인 이름이 붙어있는가? 모든 이름이 왼쪽에서 오른쪽으로 읽도록 되어있는가? y축에는 단지 하나의 이름이 있더라도 말이다.
- 그래프에서 사용하는 용어들이 그 그래프를 수반하는 본문에서 사용한 용어들과 동일한가? 모든 불필요한 약자를 배제하였는가?
- 측정단위(예 : 분, 퍼센트)가 표지에 포함되었는가?
- 두 축에 표시한 값이 0부터 시작하는가, 아니면 0부터 시작하지 않음을 나타내는 절단 표지(이중 사선)를 가지고 있는가?
- 색깔을 단순하고도 명쾌한 방식으로 사용하고 있는가? 이상적으로는 다른 색상 대신에 회색 색조들을 사용하는 것이 좋다.
- 모든 차트정크를 배제하였는가?

이 점검표의 마지막 항목은 새로운 용어, 즉 그래프를 변질시키는 쓰레기인 **차트정크**를 포함하고 있다. 이 용어는 파이차트를 설명할 때 소개하였던 터프티(2001)가 만들었다. 터프티에 따르면 **차트정크**(chartjunk)는 그래프를 통해 데이터를 이해하는 사람들의 능력을 와해시키는 불필요한 정보나 자질이다. 차트정크는 다음과 같은 세 가지 불필요한 자질의 형태를 취할

차트정크는 그래프를 통해 데이터를 이해하는 사람들의 능력을 와해시키는 불필요한 정보나 자질이다.

Franck Fotos/Alamy

그림 3-16

차트정크가 날뛰다
이 막대그래프의 패턴에서 보는 것과 같은 무아레 진동은 재미로 사용할 수도 있지만, 데이터가 제공하는 이야기를 읽어내는 여러분의 능력을 혼란시킨다. 이에 덧붙여서 막대의 배경이 되는 격자 패턴이 과학적인 것처럼 보일 수도 있지만, 단지 혼란스러울 뿐이다. 막대의 3차원 효과와 원형의 클립아트와 같은 오리는 데이터에 아무것도 보태주는 것이 없으며, 색조는 터무니없이 눈을 어지럽힌다. 웃을 일이 아니다. 우리는 세심하게 작성한 보고서에 이것보다도 훨씬 더 야시시한 그래프를 동반하여 제출하는 학생들을 수도 없이 많이 보아왔다!

에드워드 터프티의 빅덕 그래프 이론가인 에드워드 터프티는 오리의 모습을 하고 있는 상점인 빅덕(Big Duck)에 매료되어, 차트정크의 한 유형으로 그 이름을 차용하였다. 그래프에서 오리란 어떤 것이든 '과대치장'하여 데이터의 메시지를 모호하게 만들어버리는 자질이다. 오리를 우스꽝스러운 의상을 입은 데이터라고 생각하라.

무아레 진동은 시각을 혼란시키는 진동과 움직임의 인상을 만들어내는 시각패턴이다.

격자는 거의 모눈종이와 같은 배경패턴으로, 막대와 같은 데이터가 그 위에 겹쳐지게 된다.

오리는 요란하게 치장하여 데이터 이상의 다른 것처럼 보이도록 만드는 데이터의 자질이다.

컴퓨터 **지정값**은 소프트웨어 설계자가 미리 선택해놓은 선택지이며, 만일 여러분이 다르게 지정하지 않는다면 소프트웨어가 시행할 내장된 결정사항이다.

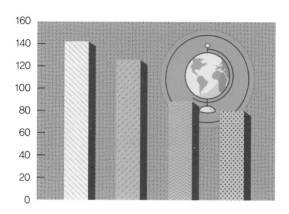

수 있는데, 이 자질들을 그림 3-16의 다소 섬뜩해 보이는 그래프가 보여주고 있다.

1. **무아레 진동**(Moiré vibration)은 시각을 혼란시키는 진동과 움직임의 인상을 만들어내는 시각패턴이다. 불행하게도 무아레 진동은 때때로 통계 소프트웨어에서 막대그래프의 지정값이기도 하다. 터프티는 패턴 대신에 회색 색조 사용을 권장하고 있다.

2. **격자**(grid)는 거의 모눈종이와 같은 배경패턴으로, 막대와 같은 데이터가 그 위에 겹쳐지게 된다. 터프티는 손으로 그래프의 초안을 그려볼 때에만 격자 사용을 권장하고 있다. 그래프 최종본에서, 만일 필요하다면, 매우 연하게 표시된 격자만을 사용하라.

3. **오리**(duck)는 요란하게 치장하여 데이터 이상의 다른 것처럼 보이도록 만드는 데이터의 자질이다. 오리를 특수의상을 입은 데이터로 생각하라. 뉴욕 플랜더스에 커다란 오리 형태로 지어진 상점인 빅덕(Big Duck)에서 따온 것으로, 그래프에서 오리는 삼차원 효과, 깜찍함을 떠는 그림, 요란한 활자체 등을 비롯한 엉터리 설계 자질일 수 있다. 차트정크를 피하라!

컴퓨터가 생성하는 여러 가지 그래프 작성 프로그램은, 모두는 아니라고 하더라도 이러한 지침의 대부분과 대응하는 지정값을 가지고 있다. 컴퓨터 **지정값**(default)은 소프트웨어 설계자가 미리 선택해놓은 선택지이며, 만일 여러분이 다르게 지정하지 않는다면 소프트웨어가 시행할 내장된 결정사항이다. 여러분은 이러한 지정값이 APA 지침을 따른다고 가정해서는 안 된다. 일반적으로 커서를 그래프의 특정 부분으로 이동하여 클릭해봄으로써 가용한 선택지를 알아볼 수 있다.

그래프의 미래

컴퓨터 테크놀로지 덕분으로, 과학적 그래프 작성의 두 번째 황금기를 맞이하였다. 여기서는 네 가지 범주, 즉 인터랙티브 그래프, 지리정보시스템, 워드클라우드, 그리고 다중변인 그래프만을 언급한다.

인터랙티브 그래프(interactive graph)   뉴욕타임스는 2004년 9월 9일 이라크에서 1,000 번째 미군병사가 사망한 날을 기리기 위하여 한 가지 유용하면서도 잊을 수 없는 그래프를 온라인에 게재하였다. "A Look at 1,000 Who Died(사망한 1,000명의 모습)"이라는 제목을 달고 있는 멋지게 설계된 헌정 그래프는 사망한 남녀 병사 각각을 나타내는 정사각형으로 구성되었다. 정사각형에는 이름, 출생지, 성별, 사망 원인, 연령 등과 같은 변인들이 채워져 있다. 정사각형은 모두 크기가 동일하기 때문에, 쌓아올리면 막대그래프로도 기능하게 된다. 둘 이상의 달을 연속해서 클릭하거나 둘 이상의 연령을 클릭하면, 특정 범주의 수준 간에 사망자 수를 시각적으로 비교할 수 있다.

그렇지만 이 인터랙티브 그래프가 더욱 미묘한 까닭은 병사들이 살아온 삶의 단편들을 제공하기 때문이다. 사각형 위에 커서를 올려놓으면, 예컨대 애리조나 우드러프 출신으로 직업군인이었던 스펜서 캐롤은 교전 중에 입은 부상으로 20세의 나이로 2003년 10월 6일 사망하였다는 사실을 알 수 있다. 그의 사진도 볼 수 있다. 이토록 자상하게 설계된 인터랙티브 그래프는 정보를 제공하고 정서를 유발하는 방법에 있어서 전통적인 생기 없는 그래프보다 훨씬 강력한 힘을 가지고 있으며, 숫자 이면에 담겨있는 이야기를 인간답게 만들어주는 세부사항을 제공해준다.

지리정보시스템(geographic information system, GIS)   많은 기업이 컴퓨터 프로그래머로 하여금 인터넷 기반 데이터를 인터넷 기반 지도에 링크시킬 수 있게 해주는 소프트웨어를 발표해왔다(Markoff, 2005). 이러한 시각도구는 모두 지리정보시스템(GIS)을 변형한 것이다. APA는 GIS를 사회과학에 적용하는 방법에 관한 고급 수준의 워크숍을 지원해왔다.

사회학자, 지리학자, 정치학자, 소비자심리학자, 유행병학자(통계를 사용하여 질병의 패턴을 추적한다)는 이미 각자의 분야에서 GIS에 익숙하다. 조직심리학자, 사회심리학자, 환경심리학자는 작업 흐름을 조직하고, 집단 역동성을 평가하며, 강의실 설계를 연구하는 데 GIS를 사용할 수 있다. 역설적으로 컴퓨터를 이용한 지도 작성의 진보는 존 스노가 컴퓨터도 없이 1854년에 브로드가 콜레라 발병을 연구할 때 수행하였던 작업과 꽤나 유사하다.

워드클라우드(word cloud)   점차 보편적인 유형의 그래프가 되어가고 있는 워드클라우드는 특정 글에서 매우 보편적으로 사용하는 단어에 관한 정보를 제공해준다(그림 3-17; McKee, 2014). 연구자들은 워드클라우드를 작성할 때 '매우 보편적'이라는 표현을 '가장 빈번하게 사용하는 상위 50개 단어', '가장 빈번하게 사용하는 상위 25개 단어' 등과 같은 방식으로 정의한다. 일반적으로 단어의 크기는 그 단어의 빈도를 나타낸다(단어가 클수록 빈도가 높다).

그렇지만 명심할 사항이 있다. 워드클라우드는 특정 글에서 빈번하게 사용하는 단어를 시각적으로 소개하는 데는 뛰어나지만, 분석을 위한 정량적 데이터를 반드시 제공하는 것은 아니다. 예컨대, 오하이오주에 있는 콜럼버스 메트로폴리탄 도서관은 그 도서관

워드클라우드

워드클라우드는 특정 글에서 매우 보편적으로 사용하는 단어에 관한 정보를 제공해준다. 여기에 나와있는 두 워드클라우드는 과거의 도서관(a)과 미래의 도서관(b)에 대한 사람들의 생각을 묘사하고 있다.

(a) (b)

페이스북 팔로워들에게 어렸을 때의 도서관(왼쪽의 워드클라우드)과 지금부터 20년 후의 도서관(오른쪽의 워드클라우드)을 기술해보도록 요구하여 얻은 데이터를 사용하였다. 도서관의 용도와 목적에 대한 지각이 지난 50년에 걸쳐 변화해왔음이 명백하며, 특히 테크놀로지와 인터넷의 접속이 증가한 점에서 그렇다. 그리고 두 개의 워드클라우드는 이러한 종류의 데이터를 보여준다. 또한 두 워드클라우드 모두에서 꽤나 현저하게 나타나는 research(연구), information(정보), books(책) 등의 단어 사용을 가지고 도서관 지각에서의 일관성 있는 추세를 시각화할 수 있다. 그렇지만 그 해석에는 제약이 있다. 사람들이 실제로 그러한 목적으로 얼마나 자주 도서관을 사용하는지, 아니면 각 요소가 얼마나 중요한지를 알지는 못한다(예컨대, 사람들은 주로 연구를 수행하기 위하여 도서관에 가는가 아니면 공동체 활동을 위하여 도서관에 가는가?).

다중변인 그래프(multivariable graph) 그래프 작성 테크놀로지가 점점 진보함에 따라서, 단일 그래프에 복수의 변인들을 묘사하는 멋진 방법들이 늘고 있다. 마이크로소프트 엑셀에서 '다른 차트'에 들어있는 버블그래프 선택지를 사용하면, 다중변인을 묘사하는 버블그래프를 작성할 수 있다.

세라 프레스먼과 동료들(Pressman, Gallagher, & Lopez, 2013)은 "정서-건강 연계가 '부유한 선진국 문제'인가?"라는 제목을 붙인 논문에서 다음과 같은 네 개의 변인을 제시하기 위하여 보다 정교한 버전의 버블그래프를 사용하였다(그림 3-18).

1. **국가.** 각 버블은 하나의 국가이다. 예컨대, 우측 상단의 큰 버블은 아일랜드를 나타낸다. 좌측 하단의 작은 버블은 조지아(그루지야)를 나타낸다.
2. **자기보고식 건강.** x축은 한 국가에서 자기보고한 신체 건강을 나타낸다.
3. **긍정 정서.** y축은 한 국가에서 자기보고한 긍정 정서를 나타낸다.
4. **국내총생산(GDP).** 버블의 크기와 색깔은 모두 한 국가의 GDP를 나타낸다. 더 작고 푸른 버블은 낮은 GDP를 나타내며, 더 크고 밝은 회색 버블은 높은 GDP를 나타낸다.

연구자들은 GDP를 나타내기 위하여 크기나 색조 중 하나를 사용함으로써 다섯 번째 변인을 첨가하도록 선택할 수도 있었다. 예컨대, GDP를 나타내는 데 크기를 사용하고,

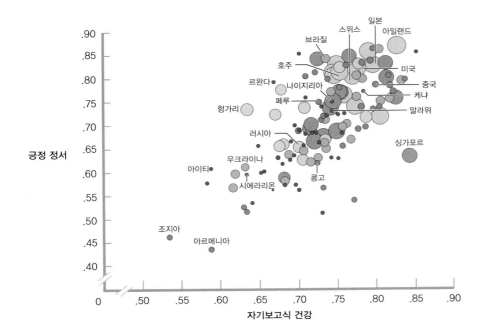

그림 3-18

다중변인 그래프
점차 정교해지고 있는 테크놀로지는 점점 더 정교한 그래프를 작성할 수 있게 해주고 있다. 세라 프레스먼과 동료들(2013)의 연구에서 발췌한 이 버블그래프는 국가(각 버블), 자기보고식 건강(x축), 긍정 정서(y축), 국내총생산(버블의 크기와 색깔)이라는 네 가지 변인을 묘사하고 있다. 연구자들이 GDP를 나타내는 데 버블의 크기와 색조 모두를 사용하지 않았더라면 다섯 개의 변인을 가질 수도 있었다.

각 국가가 속한 대륙을 나타내는 데 색조를 사용할 수도 있었다.

　이 그래프를 통해서 신체 건강과 긍정 정서 간의 강력한 관계를 볼 수 있다. GDP는 두 측정치 모두와 관련된 것으로 보인다. GDP가 높은 국가(크고 밝은 회색 원)와 낮은 국가(작고 푸른 원)에서 정서와 건강 간의 연계가 존재한다.

　버블그래프의 몇몇 인터랙티브 버전은 놀랍게도 인쇄한 종이에 가능한 다섯 개 변인에다가 여섯 번째 변인을 첨가하였다. 예컨대, www.gapminder.org/tools는 전 세계 국가에 관한 데이터를 멋들어진 버블그래프로 보여준다. 이 홈페이지는 좌측 하단의 'Play'를 클릭함으로써 '연도'라는 변인을 첨가할 수 있게 해주는데, 그렇게 하면 그래프가 동영상으로 바뀌어 변인들의 범위라는 측면에서 1800년 이래로 국가의 이동상황을 볼 수 있다.

학습내용 확인하기

개념의 개관

> 그래프가 본문에 정보를 덧붙여주거나 어려운 내용을 명확하게 보여주는 데 도움을 줄 때에는 반드시 사용해야 한다.

> 어떤 유형의 그래프를 사용할지 결정할 때는 독립변인과 종속변인이 명목변인인지 서열변인인지 아니면 척도변인인지를 결정하라.

> 간단한 점검표가 이해할 수 있는 그래프를 작성하는 데 도움을 준다. 그래프에 정확한 이름을 붙이고 차트정크를 피하라.

(계속)

개념의 개관 (계속)	>	그래프의 미래가 도래하고 있다! 온라인 인터랙티브 그래프, 컴퓨터를 이용한 지리정보시스템의 응용, 워드클라우드, 다중변인 그래프 등이 점차적으로 보편화되고 있다.
개념의 숙달	3-8	차트정크란 무엇인가?
통계치의 계산	3-9	어떤 유형의 그래프를 사용할 것인지에 관한 결정은 주로 변인들을 측정하는 방법에 달려있다. 한 연구자가 '수면의 질'이 (틀린 문제의 수로 측정한) 통계학 시험점수와 어떤 관계가 있는지에 관심이 있다고 상상해보라. 다음의 각 수면 측정치에 대해서 어떤 유형의 그래프를 사용할지 결정해보라. a. 분 단위로 측정한 전체 수면시간 b. 충분 대 불충분으로 평가한 수면시간 c. 7점 척도(1 : 낮은 질의 수면, 7 : 훌륭한 수면)의 사용
개념의 적용	3-10	그림 3-16의 그래프가 햇빛에의 노출이 IQ를 손상시킬 수 있다는 가설을 검증한 데이터를 나타낸다고 상상하라. 나아가서 연구자는 사람들을 모집하여 상이한 수준의 노출시간(하루에 0, 1, 6, 12시간. 모든 조건에서 햇빛이 가용하지 않을 때는 인공 태양광선에 노출시켰다)에 무선할당하였다고 상상하라. 평균 IQ 점수는 각각 142, 125, 88, 80이다. 손으로 그리든 소프트웨어를 사용하든, 이 절에서 개관한 해야 할 일과 해서는 안 되는 일에 유념하면서 이 차트정크 그래프를 재설계해보라.

학습내용 확인하기의 답은 부록 D에서 찾아볼 수 있다.

개념의 개관

시각적 통계법으로 속임수를 쓰는 방법

통계치의 시각적 표현방법이 호도하거나 사기를 치는 방식을 알게 되면, 여러분 스스로 그러한 속임수를 집어낼 수 있는 힘을 갖게 된다. 데이터의 시각적 표현은 손쉽게 조작할 수 있기 때문에 엉터리 정보를 전달하고 있지 않다는 사실을 확신하기 위해 그래프의 세부사항에 면밀한 주의를 기울이는 것이 중요하다.

그래프의 보편적 유형

그래프 작성 기술을 획득할 때는 기본으로부터 시작하는 것이 중요하다. 사회과학자는 다양한 유형의 그래프를 보편적으로 사용한다. 산포도는 두 척도변인 간의 관계를 묘사한다. 산포도는 두 변인 간의 관계가 선형적인지 비선형적인지를 결정할 때 유용하다. 몇몇 선그래프는 최적선을 포함시킴으로써 산포도를 확장시킨다. 시계열이라고 부르는 다른 선그래프는 시간 경과에 따른 척도변인의 변화를 보여준다.

막대그래프는 명목변인이거나 서열변인인 하나의 독립변인이 가지고 있는 둘 이상의 범주를 척도변인인 하나의 종속변인에서 비교하고자 사용한다. 독립변인의 수준들을 가

장 높은 막대에서부터 가장 낮은 막대로 재배열한 막대그래프인 **파레토차트**는 수준들을
용이하게 비교할 수 있게 해준다. **그림그래프**는 막대 대신에 그림을 사용한다는 점을 제
외하고는 막대그래프와 유사하다. **파이차트**는 소수의 수준을 가지고 있는 하나의 명목변
인이나 서열변인에서 비율이나 백분율을 묘사하는 데 사용한다. 그림그래프와 파이차트
는 잘못된 방식으로 작성되거나 잘못 지각하기 십상이기 때문에, 거의 항상 막대그래프
를 더 선호하게 된다.

그래프 작성법

우선 독립변인과 종속변인을 살펴보고 각각이 명목변인인지 서열변인인지 아니면 척도
변인인지를 확인함으로써 작성할 그래프의 유형을 결정한다. 그런 다음에 명확하고 설
득력 있는 그래프를 작성하는 몇 가지 지침을 고려한다. 모든 그래프에 적절한 표지를
붙이고 부가적인 글을 읽지 않아도 그래프 자체가 데이터에 이야기를 제공하게 만들어
주는 제목을 다는 것이 중요하다. 모호하지 않은 그래프를 원한다면, 작성자는 그래프를
어수선하게 만들며 해석하기 어렵게 만드는 **차트정크**, 즉 무아레 진동, 격자, 오리와 같이
불필요한 정보를 반드시 제거해야 한다. 그래프 작성용 소프트웨어를 사용할 때는 그 소
프트웨어에 장착된 **지정값**을 확인하고 어떤 지침을 따르고자 할 때 필요하다면 그 지정
값을 기각하는 것이 중요하다.

　마지막으로 인터랙티브 그래프, 컴퓨터 생성 지도, 워드클라우드, 다중변인 그래프 등
을 포함하여 그래프 작성의 미래를 계속해서 주시함으로써, 행동과학에서 그래프 작성
의 추세로부터 뒤처지지 않게 된다. 새로운 기법은 점차적으로 복잡한 그래프를 작성할
수 있게 해준다. 예컨대, 버블그래프는 단일 그래프에 변인을 다섯 개까지 포함할 수 있
게 해준다.

SPSS®

'데이터 보기(Data View)' 화면과 '변인 보기(Variable View)' 화
면 모두에서 데이터의 시각적 표현을 요구할 수 있다. SPSS에서
대부분의 그래프 작성은 차트 작성기(Chart Builder)를 사용하여
수행한다. 이 절에서는 산포도를 사례로 사용하여 그래프를 작
성하는 일반적인 단계로 여러분을 안내한다. 우선 그림 3-5의
산포도를 작성하는 데 사용한 공부시간과 시험점수 데이터를 입
력하라. 여기서는 스크린샷에서 데이터를 볼 수 있다.

　그래프(Graphs) → 차트 작성기를 선택한다. '갤러리(Gallery)'
탭 밑에 '선택하기(Choose from)'에서 그래프 유형을 클릭하
여 선택한다. 예컨대, 산포도를 작성하려면, '산포도/점(Scatter/
Dot)'을 클릭한다. 샘플 그래프를 오른쪽에서부터 위쪽의 큰 박
스로 드래그한다. 일반적으로는 가장 단순한 그래프를 원하게

되는데, 이것은 좌측 상단에 위치한 샘플 그래프인 경향이 있다.
　'변인(Variable)' 박스로부터 적절한 변인을 샘플 그래프의 적
절한 위치(예컨대, x축)로 드래그한다. 산포도의 경우에는 '공부
시간(hours)'을 x축으로 그리고 '성적(grade)'을 y축으로 드래그
한다. 그렇게 하면 차트 작성기가 여기서 제시한 스크린샷과 같
은 모습이 된다. '확인(OK)'을 클릭하면 SPSS가 그래프를 작성
한다.

　명심할 사항 : 소프트웨어의 지정값에 의존해서는 안 된다. 여
러분 자신이 그래프 설계자인 것이다. 일단 그래프를 작성하면,
그래프의 모양을 변경하게 해주는 도구인 차트 작성기를 열기
위하여 그래프를 더블클릭한다. 그런 다음에 수정하고자 하는
그래프의 특정 자질을 클릭하거나 더블클릭한다. 그래프의 특정

부분을 한 번 클릭하면 몇 가지를 변경할 수 있다. 예컨대, y축의 표지를 클릭하면 드롭다운 메뉴를 사용하여 활자체를 변경할 수 있다. 더블클릭은 표지를 수평에 맞게 나타나게 하는 것과 같은 다른 변경이 가능하다(더블클릭한 후에, 'Text Layout' 아래의 'Horizontal'을 선택한다).

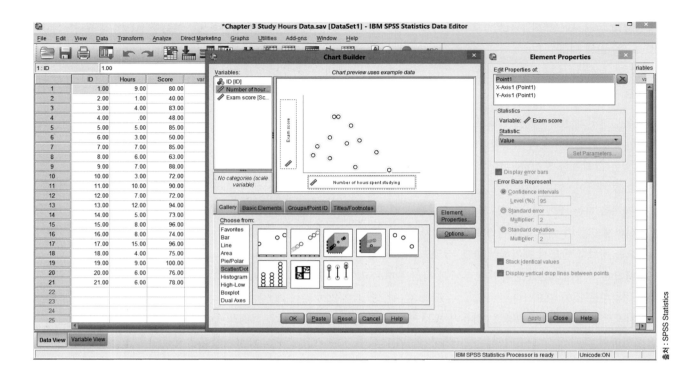

작동방법

3.1 산포도 작성하기

이 장 말미에서 언급한 바와 같이, www.gapminder.org/tools는 사람들이 그래프를 가지고 놀면서 시간 경과에 따른 변인들 간의 관계를 탐색해볼 수 있는 멋진 웹사이트이다. 이 웹사이트에서 다음과 같이 두 변인에 대한 10개 국가의 점수를 얻었다.

국가	여성 1인당 자녀 수(전체 출산 수)	출생 시 기대수명(연)
아프가니스탄	7.15	43.00
인도	2.87	64.00
중국	1.72	73.00
홍콩	0.96	82.00
프랑스	1.89	80.00
볼리비아	3.59	65.00
에티오피아	5.39	53.00
이라크	4.38	59.00
말리	6.55	54.00
온두라스	3.39	70.00

두 변인 간의 관계를 보여주는 산포도를 어떻게 작성할 수 있는가? 산포도를 작성하기 위해서 x축에 총출산율을, 그리고 y축에 기대수명을 집어넣는다. 그런 다음에 각 국가의 출산율과 기대수명의 교차점에 점을 찍는다. 아래에 그 산포도가 제시되어 있다.

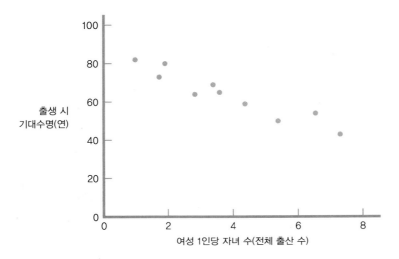

3.2 막대그래프 작성하기

국제통화기금(IMF)은 소위 G8 국가의 2012년도 1인당 국내총생산을 다음과 같이 발표하였다.

캐나다 : $52,232   이태리 : $33,115   영국 : $38,589

프랑스 : $41,141   일본 : $46,736   미국 : $49,922

독일 : $41,513   러시아 : $14,247

이 데이터에 대한 막대그래프를 어떻게 작성할 수 있는가? 우선 국가를 x축에 놓는다. 그런 다음에 각 국가에 대해서 그 국가의 1인당 국내총생산에 해당하는 높이를 갖는 막대를 그려넣는다. 다음 그림은 국가를 영어 알파벳 순서로 배열한 막대그래프이다.

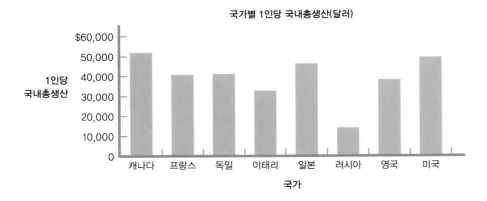

3.3 파레토차트 작성하기

막대그래프를 작성하였던 동일한 G8 데이터를 사용하여 어떻게 파레토차트를 작성할 수 있는가? 파레토차트는 단지 막대들을 높은 값에서부터 낮은 값으로 배열한 막대그래프이다. 1인당 국내총생산이 가장 높은 국가로부터 가장 낮은 국가에 이르기까지 국가들을 재배열한다. 아래에 그 파레토차드가 나와있다.

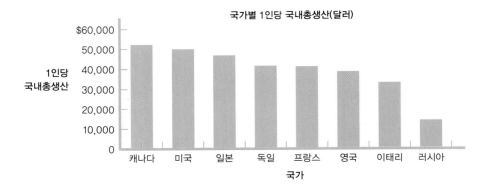

연습문제

홀수 문제의 답은 부록 C에서 찾아볼 수 있다.

개념 명료화하기

3.1 그래프를 가지고 데이터를 호도하는 다섯 가지 기법은 무엇인가?

3.2 산포도를 작성하는 단계는 무엇인가?

3.3 산포도에서 각 점이 나타내는 것은 무엇인가?

3.4 두 변인이 선형적으로 관련이 있다는 말은 무엇을 의미하는가?

3.5 두 변인의 관계가 선형적인지 아니면 비선형적인지를 어떻게 알 수 있는가?

3.6 선그래프와 시계열도 간의 차이는 무엇인가?

3.7 막대그래프와 파레토차트 간의 차이는 무엇인가?

3.8 막대그래프와 히스토그램은 매우 유사하게 보인다. 둘 간의 차이를 여러분 방식대로 진술해보라.

3.9 그림그래프와 파이차트란 무엇인가?

3.10 그림그래프와 파이차트보다 막대그래프를 선호하는 이유는 무엇인가?

3.11 그래프를 작성하기에 앞서 독립변인과 종속변인을 확인하는 것이 중요한 이유는 무엇인가?

3.12 어떤 상황에서 x축과 y축이 0에서 출발하지 않는가?

3.13 차트정크는 다양한 형태로 나타난다. 무아레 진동과 격자 그리고 오리는 구체적으로 무엇인가?

3.14 컴퓨터를 이용한 그래프 작성 테크놀로지가 제공하는 것과 같은 지리정보시스템(GIS)은 어떤 유형의 연구물음에 답하는 데 특히 강력한 도구인가?

3.15 버블그래프는 전통적 산포도와 얼마나 유사한가?

3.16 버블그래프는 전통적 산포도와 얼마나 다른가?

통계치 계산하기

3.17 2006년부터 2016년까지 매년 기부한 총액으로 계산한 동창생 기부율은 명목변인, 서열변인, 척도변인 중에서 어떤 유형의 변인을 나타내는가? 이 데이터를 나타내는 적합한 그래프는 어떤 것이 되겠는가?

3.18 여러 대학교에 있어서 해당 연도에 기부한 동창의 수와 기부하지 않은 동창의 수로 계산한 동창생 기부율은 명목변인, 서열변인, 척도변인 중에서 어떤 유형의 변인을 나타내는가? 이 데이터를 나타내는 적합한 그래프는 어떤 것이 되겠는가?

3.19 성별과 게임 최종 점수로 측정한 비디오게임 수행 간의 관계를 탐색하고 있다.

a. 이 연구에서 독립변인과 종속변인은 무엇인가?

b. 성별은 명목변인인가 서열변인인가 아니면 척도변인인가?

c. 최종 점수는 명목변인인가 서열변인인가 아니면 척도변인인가?

d. 이 데이터를 표현하는 데는 어떤 그래프가 적절한가? 그 이유를 설명해보라.

3.20 다음 그래프의 데이터는 선형관계를 나타내는가, 비선형관계를 나타내는가, 아니면 아무 관계가 없는가? 설명해보라.

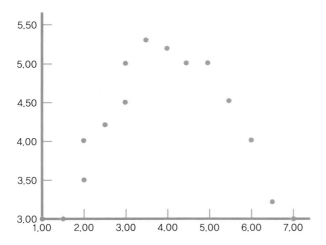

3.21 다음 그래프의 데이터는 선형관계를 나타내는가, 비선형관계를 나타내는가, 아니면 아무 관계가 없는가? 설명해보라.

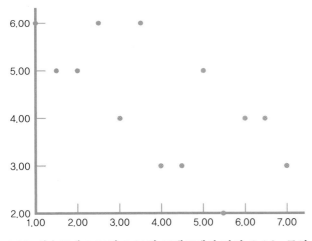

3.22 연습문제 3.20과 3.21의 그래프에서 빠진 요소는 무엇인가?

3.23 다음 그래프는 어느 대학에서 여섯 번의 가을학기에 걸친 대학원생의 등록을 전체 학생의 백분율로 보여주고 있다.

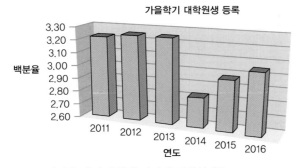

가을학기 대학원생 등록

a. 이것은 어떤 유형의 시각적 표현인가?

b. 어떤 또 다른 유형의 시각적 표현을 사용할 수 있었겠는가?

c. 두 축에서 빠진 것은 무엇인가?

d. 어떤 차트정크가 존재하는가?

e. 이 그래프를 사용하여 2011, 2012, 2014년도 가을학기에 대학원생의 등록률을 전체 학생의 백분율로 추정해보라.

f. 만일 *y*축이 0에서 시작하였다면 막대들 간의 비교가 어떻게 변하였겠는가?

3.24 그래프를 작성할 때, 두 축의 수치 매김에 관한 결정을 할 필요가 있다. 만일 한 변인이 다음과 같은 범위를 가지고 있다면, 그 축의 수치들을 어떻게 매김하겠는가?

337 280 279 311 294 301 342 273

3.25 만일 한 변인의 데이터 범위가 다음과 같다면, 그 축의 수치들을 어떻게 매김하겠는가?

0.10 0.31 0.27 0.04 0.09 0.22 0.36 0.18

3.26 작동방법 3.1의 산포도는 출산과 기대수명 간의 관계를 보여주고 있다. 각 점은 한 국가를 나타낸다.

a. 개략적으로 최장 기대수명은 얼마인가? 개략적으로 어떤 출산율(여성 1인당 자녀의 수)이 최장 기대수명과 관련이 있는가?

b. 이것은 선형관계처럼 보이는가? 그렇든 그렇지 않든 그 이유를 설명하고, 여러분의 방식대로 그 관계를 설명해보라.

3.27 그림 3-18의 버블그래프 데이터에 근거할 때, 신체 건강과 긍정 정서 간의 관계는 어떤 것인가?

3.28 그림 3-18에서 버블의 색조와 크기는 각 국가의 국내총생산(GDP)을 나타낸다. 이 정보를 사용하여 긍정 정서와 GDP 간의 관계가 어떤 것인지 설명해보라.

개념 적용하기

3.29 **다국적 연구팀과 연구의 영향력 간의 관계를 그래프로 작성하기** : 다국적 연구팀의 연구가 더 큰 영향력을 발휘하는가? 다국적 연구팀이 수행한 연구가 그렇지 않은 연구팀의 연구보다 더 큰 영향력을 발휘하는지 알아보았다 (Hsiehchen, Espinoza, & Hsieh, 2015). 다음 그래프는 두 측정치 간의 관계를 보여주고 있다. (1) 제1저자의 국가와 다른 국가 소속인 저자의 수 그리고 (2) 그 연구의 학문적 영향력(점수가 높을수록 더 큰 영향력을 나타낸다).

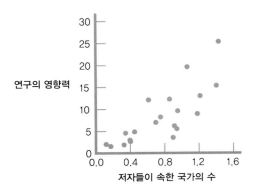

a. 이 연구에서 독립변인과 종속변인은 명목변인인가, 서열변인인가, 아니면 척도변인인가?
b. 이것은 어떤 유형의 그래프인가? 연구자들이 이 유형의 그래프를 선택한 이유는 무엇인가?
c. 연구자들이 찾아낸 사실을 여러분 방식대로 설명해보라.

3.30 우울증에 대한 인지행동치료의 효과를 나타내는 그래프의 유형 : 한 사회복지학자는 인지행동치료법으로 치료받고 있는 우울증 환자들의 우울 수준을 추적하였다. 각 환자의 우울 정도를 치료회기 중 첫 번째 주부터 스무 번째 주까지 매주 평가하였다. 연구자는 매주 모든 환자의 평균을 계산하였다.
a. 이 연구에서 독립변인과 종속변인은 무엇인가?
b. 그 변인들은 명목변인인가, 서열변인인가, 아니면 척도변인인가?
c. 이 데이터를 보여주는 데 가장 적절한 그래프는 어떤 것인가? 그 이유를 설명해보라.

3.31 상대적 자살률을 나타내는 그래프의 유형 : 세계보건기구(WHO)는 많은 국가에 걸쳐 성별 자살률을 추적한다. 예컨대, 2011년 남성 100,000명당 자살률은 캐나다가 17.3명, 미국이 17.7명, 스리랑카가 44.6명, 러시아가 53.9명, 남아공이 1.4명, 그리고 필리핀이 2.5명이었다.
a. 이 연구의 변인들은 무엇인가?
b. 그 변인들은 명목변인인가, 서열변인인가, 아니면 척도변인인가?
c. 이 데이터를 보여주는 데 가장 적절한 그래프는 어떤 것이겠는가? 그 이유를 설명해보라.
d. 만일 50년에 걸쳐 세 국가의 자살률을 추적하고자 한다면, 그 데이터를 보여주기 위하여 어떤 유형의 그래프를 사용하겠는가?

3.32 매일 자전거 타는 거리와 고갯길 유형의 산포도 : 매년 여름에 미국의 한 여행사(America by Bicycle)는 캘리포니아

샌프란시스코에서부터 뉴햄프셔 포츠머스까지 7주에 걸쳐 자전거로 여행하는 '크로스컨트리 챌린지'를 시행한다. 자전거 여행 중 몇몇 지점에서 기진맥진한 참가자들은 일반적으로 주최 측이 의도적으로 하루에 달려야 하는 거리가 멀수록 고갯길의 수도 많도록 여행계획을 세웠다고 불평을 늘어놓기 시작한다. 여행사 직원들은 고개의 수와 거리 간에는 아무런 관계가 없으며, 자전거 여행자들이 머무를 수 있는 마을의 위치와 같은 현실적인 문제에 근거하여 경로를 결정한다고 응수한다. 경로를 설계한 주최 측(이들은 자전거 여행에 참가하지 않는 여행사 직원들이다)은 자신들이 실제로는 최악의 고갯길이 있는 날에는 거리를 축소하고자 시도하였다고 말한다. 다음 표는 대략적으로 하루에 달리는 거리와 고갯길의 높이(고도)를 참가자들의 자전거에 장착된 컴퓨터로 피트 단위로 계산한 값이다.
a. 거리를 x축에 놓은 자전거 타기 데이터의 산포도를 작성하라. 반드시 모든 것에 표지를 달고 제목을 붙여라.
b. 아직 추론통계를 배우지 않았기 때문에 실제로 무슨 일이 일어나고 있는지를 추정할 수는 없겠지만, 여러분은 고도가 하루에 달리는 거리와 관련이 있다고 생각하는가? 만일 그렇다면 여러분 자신의 방식으로 그 관계를 설명해보라. 만일 그렇지 않다면, 어째서 관계가 없다고 생각하는지를 설명해보라.
c. 추론통계는 두 변인 간에 관계가 존재한다는 주장을 지지하지 않으며, 여행사의 평가가 더 정확한 것처럼 보인다. 자전거 여행자와 주최 측이 상반된 입장을 취하는 이유가 무엇이라고 생각하는가? 이 결과는 사람들의 편향과 데이터의 필요성에 대해서 무엇을 알려주고 있는가?

거리	높이	거리	높이	거리	높이
83	600	69	2,500	102	2,600
57	600	63	5,100	103	1,000
51	2,000	66	4,200	80	1,000
76	8,500	96	900	72	900
51	4,600	124	600	68	900
91	800	104	600	107	1,900
73	1,000	52	1,300	105	4,000
55	2,000	85	600	90	1,600
72	2,500	64	300	87	1,100
108	3,900	65	300	94	4,000
118	300	108	4,200	64	1,500
65	1,800	97	3,500	84	1,500
76	4,100	91	3,500	70	1,500

거리	높이	거리	높이	거리	높이
66	1,200	82	4,500	80	5,200
97	3,200	77	1,000	63	5,200
92	3,900	53	2,500		

3.33 **국내총생산과 교육 수준의 산포도** : G8은 세계적으로 경제력이 큰 국가들로 구성되어 있다. G8은 매년 시급한 현안을 논의하기 위한 회의를 개최한다. 예컨대, 2013년에는 국제안보를 포함한 의제를 가지고 영국에서 만났다. G8 국가의 결정은 전 지구적인 영향력을 행사할 수 있다. 실제로 보도에 따르면 G8 회원국의 생산량은 전 세계 생산량의 거의 2/3를 차지하고 있다. 다음 표는 G8 중 7개 국가의 2004년 국내총생산(GDP)과 교육 수준 데이터이다. 교육 수준은 25세부터 64세에 이르는 국민 중에서 대학 학사학위 이상의 학위를 가지고 있는 사람의 백분율이다(Sherman, Honegger, & McGivern, 2003). 러시아는 교육 수준 데이터가 가용하지 않기 때문에 제외하였다.

국가	GDP(단위 : 조 달러)	대졸 백분율
캐나다	0.98	19
프랑스	2.00	11
독일	2.71	13
이태리	1.67	9
일본	4.62	18
영국	2.14	17
미국	11.67	27

a. 대학 학위 백분율을 x축에 놓고, 이 데이터의 산포도를 작성하라. 반드시 모든 것에 표지를 달고 제목을 붙여라. 나중에 최적선을 위한 식을 결정하는 통계도구를 사용할 것이며, 지금은 어림짐작으로 최선이라고 생각하는 최적선을 그려보라.

b. 산포도에서 보는 변인들 간의 관계를 여러분 자신의 방식대로 기술해보라.

c. 교육 수준이 x축에 있다는 사실은 교육 수준이 독립변인임을 나타낸다. 교육 수준이 GDP를 예측할 수 있는 이유를 설명해보라. 이제 예측의 방향을 역전시켜 어째서 GDP가 교육 수준을 예측할 수 있는지를 설명해보라.

3.34 **장기 기증의 시계열도** : 캐나다 건강정보연구소(CIHI)는 정부기관에서부터 병원과 대학에 이르는 다양한 기관으로부터 데이터를 수집하고 종합하는 비영리기관이다. 공중보건 전문가들이 관심을 기울이는 많은 주제 중에는 낮은 수준의 장기 기증 문제가 포함되어 있다. 의학의 진보는 장기 이식률을 점진적으로 증가시켜왔지만, 장기 기증은 더욱 정교하고 복잡한 외과수술 능력을 따라오지 못하였다. CIHI가 발표한 데이터는 2001년부터 2010년까지 캐나다의 장기 이식률과 기증률을 보여준다. 다음은 인구 100만 명당 기증률이며, 이 수치는 사망한 기증자만을 포함하고 있다.

연도	100만 명당 기증률	연도	100만 명당 기증률
2001	13.4	2006	14.1
2002	12.9	2007	14.7
2003	13.3	2008	14.4
2004	12.9	2009	14.4
2005	12.7	2010	13.6

a. 이 데이터의 시계열도를 작성하라. 반드시 모든 것에 표지를 달고 제목을 붙여라.

b. 이 데이터는 무엇을 알려주는가?

c. 만일 여러분이 공중보건 분야에서 일하고 있으며, 사랑하는 사람이 사망한 후에 가족이 장기 기증에 동의할 가능성을 연구하고 있다면, 이 데이터가 시사하는 추세의 가능한 이유에 대해서 어떤 연구물음을 던지겠는가?

3.35 **다양한 유형의 심리학 박사학위 프로그램의 경쟁률에 대한 막대그래프** : 미국심리학회(2015)는 거의 1,000개에 달하는 심리학 박사학위 프로그램으로부터 데이터를 수집하였다. (주 : 만일 한 학교가 네 가지 상이한 심리학 박사학위 프로그램을 실시한다면, 각각을 따로 계산하였다.) 아래 표는 10개의 상이한 심리학 박사학위 프로그램의 전반적인 경쟁률을 포함하고 있다.

심리학 하위분야	경쟁률(입학률)
임상심리학	12.0%
인지심리학	10.9%
상담심리학	11.0%
발달심리학	14.1%
실험심리학	12.7%
산업/조직심리학	14.6%
신경과학	10.7%
학교심리학	29.0%
사회심리학	7.0%
기타 응용심리학	25.2%

a. 이 예에서 독립변인은 무엇인가? 그 변인은 명목변인인가 아니면 척도변인인가? 만일 명목변인이라면, 무

엇이 수준인가? 만일 척도변인이라면, 무엇이 단위이며 무엇이 최솟값과 최댓값인가?

b. 이 예에서 종속변인은 무엇인가? 그 변인은 명목변인인가 아니면 척도변인인가? 만일 명목변인이라면, 무엇이 수준인가? 만일 척도변인이라면, 무엇이 단위이며 무엇이 최솟값과 최댓값인가?

c. 여러분이 사용하는 컴퓨터 소프트웨어의 지정값을 사용하여, 하나의 막대가 각 유형의 심리학 박사학위 프로그램을 나타내는 막대그래프를 작성해보라.

d. 이 장에서 논의한 그래프 지침을 만족하도록 지정값을 변경한 두 번째 막대그래프를 작성해보라. 단순성과 명료성에 초점을 맞추어라.

e. 훗날 탐구하고픈 연구물음을 적어도 하나 이상 제시해보라. 여러분의 연구물음은 이 데이터에 기초한 것이어야 한다.

f. 이 데이터를 어떻게 그림그래프로 제시할 수 있을지를 설명해보라. (여러분은 그러한 그래프를 작성할 필요가 없다는 점에 유념하라.) 어떤 유형의 그림을 사용할 수 있겠는가? 그 그림은 어떤 모습이겠는가?

g. 그림그래프의 잠재적 위험성은 무엇인가? 일반적으로 막대그래프가 더 좋은 선택인 이유는 무엇인가?

3.36 여러 국가의 국내총생산 막대그래프 대 파레토차트 : 작동방법 3.2에서 G8 국가 각각의 1인당 국내총생산의 막대그래프를 작성하였다. 작동방법 3.3에서는 동일한 데이터의 파레토차트를 작성하였다.

a. 파레토차트와 *x*축에서 국가를 알파벳 순서로 배열한 표준 막대그래프 간의 차이를 설명해보라.

b. 표준 막대그래프보다 파레토차트가 가지고 있는 이점은 무엇인가?

3.37 대학원생 멘토링의 막대그래프 대 시계열도 : 두 가지 유형의 심리학 박사학위 프로그램, 즉 실험심리학과 임상심리학 프로그램에서 멘토링에 관한 연구를 수행하였다 (Johnson et al., 2000). 두 유형의 프로그램을 이수한 사람들에게 대학원 시절에 교수 멘토가 있었는지를 물었다. 임상심리학의 경우에 1945년부터 1950년 사이에 졸업한 전공생의 48%가, 그리고 1996년부터 1998년 사이에 졸업한 전공생의 62.31%가 멘토링을 받았다고 응답하였다. 실험심리학의 경우에는 1945년부터 1950년 사이에 졸업한 전공생의 78.26%가, 그리고 1996년부터 1998년 사이에 졸업한 전공생의 78.79%가 멘토링을 받았다고 응답하였다.

a. 이 연구에서 두 개의 독립변인은 무엇이며, 그 변인들

의 수준은 무엇인가?

b. 종속변인은 무엇인가?

c. 두 독립변인의 백분율을 동시에 보여주는 막대그래프를 작성하라.

d. 이 그래프가 알려주는 것은 무엇인가?

e. 이것은 진정한 실험인가? 여러분의 답을 해명해보라.

f. 이 데이터에 시계열도가 적절하지 않은 이유는 무엇인가? 시계열도가 임상심리학 전공생과 실험심리학 전공생의 멘토링 추세에 관하여 시사하는 점은 무엇인가?

g. 1945~1950, 1965, 1985, 그리고 1996~1998년이라는 네 가지 시점에서 임상심리학 전공생의 멘토링 백분율은 각각 48.00, 56.63, 47.50, 62.31%이었다. 실험심리학 전공생의 경우에는 멘토링 백분율이 각각 78.26, 57.14, 57.14, 78.79%이었다. 이것이 알려주는 정보는 단지 두 시점에만 근거하여 내놓았던 정보와 어떤 갈등을 일으키고 있는가?

3.38 막대그래프 대 파이차트 그리고 건강관리서비스에 대한 지각 : 운동과 수면을 추적하는 손목밴드를 생산하는 한 회사가 2013년에 다음의 파이차트를 포함하고 있는 보고서를 내놓았다.

a. 이 데이터에 대해서 파이차트보다는 막대그래프가 더 적합한 이유를 설명해보라.

b. 이 데이터에는 어떤 통계적 거짓말이 존재하는 것으로 보이는가?

사람들은 건강관리에 관한 엄청난 양의
조언에 의해서 얼마나 압도되는가?

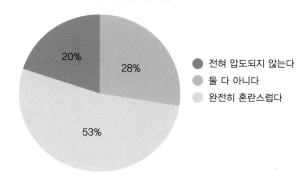

● 전혀 압도되지 않는다
● 둘 다 아니다
● 완전히 혼란스럽다

3.39 그래프 작성 소프트웨어 프로그램의 지정값과 건강관리서비스에 대한 지각 : 이 문제에서는 연습문제 3.38에 나와 있는 파이차트 데이터를 사용하라.

a. 이 데이터의 막대그래프를 작성하라. 가용한 선택지를 가지고 그래프가 이 장에서 소개한 지침을 만족시키도

록 변화를 시도해보라.

b. (a)에서 그래프를 작성할 때 변경하였던 자질들을 구체적으로 나열해보라.

3.40 **'세상에서 가장 깊은' 쓰레기통을 보여주는 그래프를 작성하는 소프트웨어 프로그램의 지정값** : 자동차 회사인 폭스바겐은 최근에 재활용이나 제한속도 준수와 같은 친사회적 행동을 촉진하기 위하여 일상행동에 게임에서와 같은 인센티브를 제공하는 '재미 이론(Fun Theory)' 캠페인(재미가 사람들의 행동을 바꿀 수 있다는 가정하에 기발한 방식으로 에스컬레이터 대신 계단을 이용하거나 쓰레기를 휴지통에 집어넣도록 하는 등의 캠페인)을 지원해왔다. 한 가지 예를 들면, 폭스바겐은 엄청나게 깊어 보이는 쓰레기통을 만들었다. 무엇인가를 던져 넣으면, 마치 그 물건이 수백 미터나 떨어지는 것처럼 고음의 호루라기 소리가 점점 멀어져가는 듯이 7초간 들린다. 이 캠페인 담당자가 수집한 데이터는 다음과 같다. 하루 동안, 깊은 쓰레기통에는 72킬로그램의 쓰레기가 쌓인 반면, 인근의 쓰레기통에는 31킬로그램만이 쌓였다.

a. 소프트웨어 프로그램(예컨대, 엑셀, SPSS, 미니탭 등)의 지정값 선택지를 사용하여 이 데이터의 막대그래프를 작성해보라.

b. 가용한 선택지들을 사용해보라. 그래프가 이 장에서 소개한 지침을 만족시키도록 변경할 수 있는 자질들을 구체적으로 나열하고 변경한 그래프를 제시하라.

3.41 **다중변인 그래프와 학구성 및 성적 매력에서의 대학 순위** : Buzzfeed.com은 대학을 학구성과 '성적 매력'에서 순위매김하려는 아래와 같은 다중변인 그래프를 발표하였다.

a. 이것은 어떤 유형의 그래프인가? 설명해보라.

b. 이 그래프에 포함된 변인들을 나열해보라.

c. 이 그래프를 이 장에서 소개한 지침에 근거하여 재설계할 수 있는 적어도 세 가지 방법을 나열해보라.

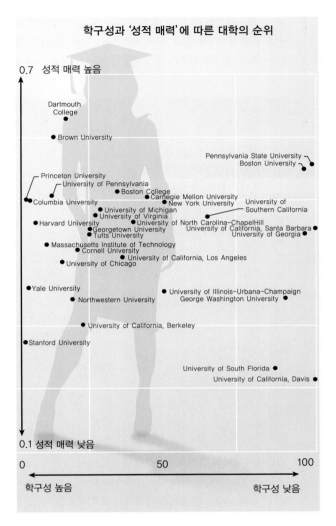

3.42 **행동과학 연구에 적합한 그래프 유형** : 실제이든 가상적이든 행동과학에서 연구자들이 다음에 제시한 각 유형의 그래프를 사용할 수 있는 연구의 사례를 제시해보라. 명목변인의 수준들을 포함하여 독립변인과 종속변인을 언급해보라.

a. 빈도다각형

b. 선그래프(최적선)

c. 막대그래프(하나의 독립변인)

d. 산포도

e. 시계열도

f. 파이차트

g. 막대그래프(두 개의 독립변인)

3.43 **완벽한 그래프 작성하기** : 다음 그래프의 작성자에게 어떤 조언을 해주겠는가? 차트정크를 피하고 통계치를 통해서 호도하는 방법들을 고려하면서, 명확한 그래프에 대한 기

본 지침을 생각해보라. 세 가지 조언을 제시해보라. 그 조언은 구체적이어야 한다. 단지 차트정크가 하나 있다고 말하는 것이 아니라 정확하게 무엇을 수정할 것인지를 언급하라.

3.44 대중매체에서의 그래프 : 대중매체에서 글에 덧붙여 그래프를 포함하고 있는 기사 하나를 찾아보라.

a. 기사와 그래프의 핵심을 간략하게 요약해보라.

b. 그래프가 보여주는 독립변인과 종속변인은 무엇인가? 그 변인들은 어떤 유형의 것인가? 만일 명목변인이라면 수준은 무엇인가?

c. 그 기사나 그래프에는 어떤 기술통계치가 포함되어 있는가?

d. (기사가 아니라) 그 그래프가 전달하고자 시도하고 있는 이야기를 한두 문장으로 기술해보라.

e. 기사와 그래프는 얼마나 잘 대응하고 있는가? 동일한 이야기를 전달하고 있는가? 동일한 용어를 사용하고 있는가? 설명해보라.

f. 그래프 작성자에게 그 그래프를 개선하는 조언을 하나의 문단으로 작성해보라. 이 장에서 소개한 지침을 인용하면서 구체적이도록 하라.

g. 손으로든 컴퓨터를 사용하든 여러분의 제안에 맞추어 그래프를 재작성해보라.

3.45 두 유형의 경력 후회에 관한 그래프 해석하기 : 여키스-닷슨 그래프는 검증할 수 있는 이론적 관계를 기술하는 데 그래프를 사용할 수 있다는 사실을 입증하고 있다. 대학생일 때 내렸던 경력 결정에 적용할 수 있는 연구에서 길로비치와 메드베치(1995)는 두 유형의 후회, 즉 일에 대한 후회와 하지 않은 일에 대한 후회를 확인하고, 그 후회의 강도가 시간 경과에 따라 변한다고 제안하였다. 여러분은 이러한 후회를 1유형 후회(하지 않았기를 소망하지만 해버린 일에 대한 후회)와 2유형 후회(했어야만 했지만 하지 않았던 일에 대한 후회)로 생각할 수 있다. 연구자들은 변인들 간에 다음 그래프와 같은 모습을 보이는 이론적 관계를 제안하였다.

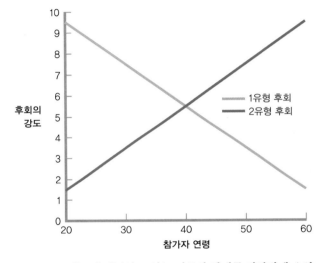

a. 그래프가 제안하고 있는 이론적 관계를 간략하게 요약하라.

b. 그래프가 나타내고 있는 독립변인과 종속변인은 무엇인가? 이 변인들은 어떤 유형의 것인가? 만일 명목변인이거나 서열변인이라면, 무엇이 수준인가?

c. 글이나 그래프에 포함된 기술통계치는 무엇인가?

d. 그래프가 전달하려는 이야기를 한두 문장으로 기술해보라.

3.46 심리학 학위의 빈도를 나타내는 그래프를 비판적으로 생각하기 : 미국심리학회(APA)는 심리학 분야의 훈련과 경력에 관한 많은 통계치를 수집하고 있다. 다음 그래프는 1970년과 2000년 사이에 수여한 학사학위, 석사학위, 그리고 박사학위를 추적한 것이다.

a. 이것은 어떤 유형의 그래프인가? 연구자들이 이 그래프를 선택한 이유는 무엇인가?

b. 이 그래프가 전달하는 전반적인 이야기를 간략하게 요약해보라.

c. 그래프가 보여주는 독립변인과 종속변인은 무엇인가? 그 변인들은 어떤 유형의 것인가? 만일 명목변인이거나 서열변인이라면, 무엇이 수준인가?

d. 그래프 작성자가 제대로 수행한 것(즉, 그래프 작성 지침과 일치하는 것)을 적어도 세 가지 기술해보라.

e. 그래프 작성자가 다르게 했어야만 하였던 것(즉, 그래프 작성 지침과 일치하지 않는 것)을 적어도 한 가지 기술해보라.

f. 시간 경과에 따른 심리학 학사, 석사, 박사학위의 유행을 추적하는 데 빈도 수치 대신에 사용할 수 있는 다른 변인을 적어도 하나 제시해보라.

g. 시간 경과에 따른 학사학위의 증가는 박사학위의 증가와 대응하지 않는다. 이 결과가 여러분에게 시사하는 연구물음을 적어도 한 가지 기술해보라.

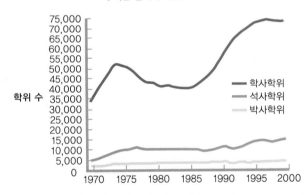

수여한 심리학 학위의 수 : 1970~2000

3.47 외국 유학생에 대한 그래프를 비판적으로 생각하기 : 캐나다 대학생들을 대상으로 대학 캠퍼스의 국제화에 대한 생각을 조사하였다(Lambert & Usher, 2013). 참가자는 13,000명의 자국 학부생과 대학원생이었다. 즉, 이들은 최근에 외국에서 캐나다로 유학한 학생이 아니었다. 여기에 제시한 파이차트는 다음과 같은 항목에 대한 반응을 보여준다. "우리 학교에 다니는 외국 유학생의 수가 점차 늘어나는 것은 학교의 평판과 이미지를 개선시켜왔다."

a. 이 데이터가 알려주고 있는 정보는 무엇인가?

b. 이 데이터의 막대그래프가 파이차트보다 정보를 더 잘 전달해주는 이유는 무엇인가?

c. 왼쪽에 '매우 동의하지 않음'에서부터 맨 오른쪽에 '잘 모름/해당사항 없음'의 순서대로 이 데이터의 막대그래프를 작성해보라.

d. 이 사례의 경우 파레토차트를 작성하는 것이 무의미한 이유는 무엇인가?

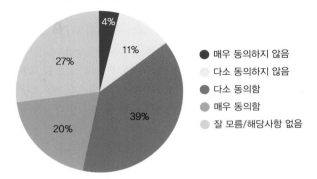

3.48 교통 흐름 그래프 해석하기 : maps.google.com에 접속해보라. 여러분의 국가 지도를 켜고 좌측 상단에 있는 드롭다운 메뉴에서 'Traffic'을 선택하라.

a. 이 그래프에서 교통량의 밀도와 흐름을 어떻게 표현하고 있는가?

b. 여러분 국가의 여러 지역에서 나타난 교통 흐름 패턴을 기술해보라.

c. 이러한 인터랙티브 그래프의 이점은 무엇인가?

3.49 총기 사망 그래프를 비판하기 : 이 장에서 통계적 거짓말을 포함한 그래프와 애매하게 설계한 그래프를 공부하였다. 다음에 제시한 그래프에서 문제점을 생각해보라.

플로리다주 총기 사망
총기를 사용한 살인의 수

출처 : io9.gizmodo.com/11-most-useless-and-misleading-infographics-on-the-inte-1688239674

a. 이 데이터 제시에서 일차적 결함은 무엇인가?

b. 여러분은 이 그래프를 어떻게 재설계하겠는가? 여러분이 수정할 적어도 세 가지 내용을 구체적으로 제시해보라.

3.50 **워드클라우드와 통계학 교과서** : 웹사이트 Wordle (wordle.net/create)은 여러분 자신의 워드클라우드를 작성할 수 있게 해준다. (TagCrowd와 WordItOut 등을 포함하여 워드클라우드를 작성하는 수많은 다른 온라인 도구들도 존재한다.) 다음은 이 장의 본문을 가지고 작성한 워드클라우드이다. 어째서 10여 개의 가장 빈번한 단어들이 나타나고 있는 것인지를 여러분 자신의 방식으로 설명해보라. 즉, 탁월하고 명확한 그래프를 작성하는 방법을 배울 때 이 단어들이 중요한 이유는 무엇인가?

3.51 **워드클라우드와 주관적 웰빙을 비교하기** : 사회과학자들은 자신의 연구결과를 전달하는 데 워드클라우드를 점차적으로 더 많이 사용하고 있다. 네덜란드 연구팀은 66명의 노인에게 자신의 웰빙에 중요하다고 생각하는 것의 목록을 작성해보도록 요구하였다(Douma et al., 2015). 연구자들은 이 목록에 기초하여 웰빙과 관련된 것으로 생각하는 15가지 보편적 영역을 확인해냈다. 각 영역을 언급한 빈도를 시각화하기 위하여 여기에 제시한 것과 같은 워드클라우드를 작성하였다.

a. 연구자들이 찾아낸 사실을 여러분 자신의 방식으로 요약해보라.

b. 이 결과가 노인사회에서 일하는 심리학자에게 제안하는 연구물음은 무엇인가?

3.52 **다중변인 그래프와 조난사고** : "여성과 아동 먼저"라는 상투적 문구는 부분적으로 타이타닉호가 침몰하고 있을 때

선장의 유명한 지시에서 유래하였다. 그렇지만 현실에서는 이 상투적인 문구가 좌초하고 만다. 다음의 다중변인 그래프를 보라.

모든 남자는 자력으로 생존?

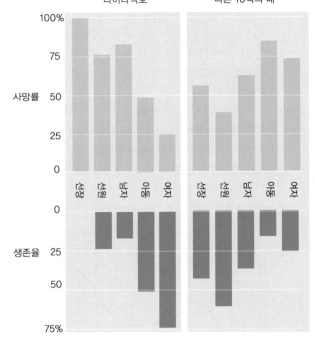

1852년부터 2011년까지 난파한 16척의 대형 선박을 살펴보면 선원과 남자 승객이 여자와 아동보다 생존율이 더 높다는 사실을 시사한다. 선장이 "여자와 아동 먼저"를 명령하였던 난파선 타이타닉호는 유명한 예외에 해당한다.

출처 : nytimes.com/imagepages/2012/08/07/health/07ship.html

a. 이것은 어떤 유형의 그래프인가?

b. 이 그래프에 포함된 변인들을 나열해보라.

c. 이 이야기를 전달하는 데 위쪽 데이터와 아래쪽 데이터가 모두 필요한가? 설명해보라. 두 가지 측면을 모두 포함하고 있는 이유가 무엇이라고 생각하는가?

d. 이 그래프가 시각적으로 보여주고 있는 이야기를 여러분 자신의 방식대로 적어보라.

종합

3.53 **매력도 평정에 대한 낭만적 노래의 효과를 기술하는 그래프의 유형** : 연구자들은 낭만적 노래의 청취가 프랑스 이성애 여성의 데이트 행동에 영향을 미칠 것인지에 관심을 가졌다(Guéguen, Jacob, & Lamy, 2010). 연구가 시작되기를 기다리는 동안 여성들을 낭만적 노래조건과 낭만적이

지 않은 노래조건에 무선할당하였다. 연구 후반부에 매력적인 남성 실험자가 각 참가자에게 전화번호를 물어보았다. 낭만적 노래를 들었던 여성 중에서는 52.2%가 실험자에게 자신의 전화번호를 알려준 반면, 낭만적이지 않은 노래를 들었던 여성 중에서는 단지 27.9%만이 알려주었다.

a. 이 연구에서 독립변인은 무엇인가?

b. 종속변인은 무엇인가?

c. 이 연구는 집단간 연구인가, 아니면 집단내 연구인가? 여러분의 답을 해명해보라.

d. 제1장의 변인에 대한 논의를 회상해보라. 연구자들은 이 연구에서 '데이트 행동'을 어떻게 조작적으로 정의하였는가? 여러분은 이것이 데이트 행동의 타당한 측정이라고 생각하는가? 여러분의 답을 해명해보라.

e. 이 결과를 나타내는 최선의 그래프 유형은 무엇인가? 여러분의 답을 해명해보라.

f. 지정값을 변경하지 않은 채 소프트웨어 프로그램을 사용하여 (e)에서 기술한 그래프를 작성해보라.

g. 이 장에서 소개한 지침의 기준을 만족하도록 지정값을 변경하면서 (e)에서 기술한 그래프를 다시 작성해보라.

3.54 **그래프에서 연구물음을 개발하기** : 그래프는 연구물음에 답해줄 뿐만 아니라 새로운 연구물음을 촉발할 수도 있다. 그림 3-8은 트위터를 통해서 표현하는 태도의 변화패턴을 보여주고 있다.

a. 어느 요일 어느 시간에 평균적으로 가장 높은 긍정적 태도를 표현하는가?

b. 어느 요일 어느 시간에 평균적으로 가장 낮은 부정적 태도를 표현하는가?

c. 이러한 관찰은 주중과 주말이라는 측면에서 어떤 연구물음을 여러분에게 제안해주는가? (일요일 0시는 자정이나 토요일 늦은 밤을 의미한다.) 독립변인과 종속변인은 무엇인가?

d. 연구자는 기분을 어떻게 조작적으로 정의하는가? 이것이 기분의 타당한 측정치라고 생각하는가? 여러분의 답을 해명해보라.

e. 가장 높은 부정적 태도의 하나는 일요일 자정에 발생한다. 이 결과는 어떻게 여러분이 (c)에서 도출한 연구가설과 들어맞는가? 이것이 새로운 연구가설을 제안해주는가?

핵심용어

격자(grid)

그림그래프(pictorial graph)

막대그래프(bar graph)

무아레 진동(moiré vibration)

비선형관계(nonlinear relation)

산포도(scatterplot)

선그래프(line graph)

선형관계(linear relation)

시계열도(time plot, time series plot)

오리(duck)

지정값(default)

차트정크(chartjunk)

파레토차트(Pareto chart)

파이차트(pie chart)

집중경향과 변산성

4

집중경향
   평균 : 산술평균
   중앙값 : 중간 점수
   최빈값 : 가장 빈번한 점수
   예외값이 집중경향에 미치는 영향
   어느 집중경향 측정치가 최선인가?

변산성 측정치
   범위
   변량
   표준편차

시작하기에 앞서 여러분은

■ 분포의 의미를 이해하여야만 한다(제2장).

■ 히스토그램과 빈도다각형을 해석할 수 있어야만 한다(제2장).

고품질 지퍼 일본계 기업 YKK는 고품질 지퍼로 널리 알려져 있다. 핵심은 낮은 변산성이다. 이 회사는 모든 지퍼가 우수한 것이기 위해서 어떻게 낮은 변산성을 확신할 수 있을 것인지에 몰두해왔다.

통계적 변산성을 이해하는 데는 거액이 걸려있다. '전 세계에서 가장 거대한 지퍼 공장'을 운영하며 지퍼 시장을 주도하고 있는 YKK에 물어보라(Balzar, 1998; Stevenson, 2004).

여러분은 제대로 읽은 것이다. 바로 지퍼다. 지퍼에 이물질이 끼거나 밑에서부터 제대로 작동하지 않거나 시도 때도 없이 물리거나 할 때, 여러분은 어떤 느낌이 드는가? 기껏해야 움직이지 않는 지퍼는 귀찮을 따름이지만, 사회적 상황에서 당황스러운 것일 수 있으며 심지어는 생명을 위협할 수도 있다. YKK는 놋쇠를 제련하는 것에서부터 선적을 위한 종이박스를 제작하는 것에 이르기까지 제조과정의 모든 것을 제어함으로써 제품 변산성을 줄인다. 심지어는 제품을 만들어내는 기계까지 제작한다(Balzar, 1998 참조). 모든 제조과정의 제어는 YKK가 이례적으로 일관성 있는 지퍼를 제작하고 판매하도록 돕는다. 이렇게 낮은 변산성은 고품질 제품으로 이끌어가며, 이것은 다시 의류 제조업자들에게 YKK 지퍼에 대한 높은 신뢰감을 제공한다. 이것이 '선순환'이라고 부르는 YKK 기업철학의 알파요 오메가이다(YKK, 2018).

YKK는 어떤 소매업자도 가장 저렴한 부품 중의 하나인 지퍼가 제대로 작동하지 않아서 값비싼 드레스, 가방, 정장이 쓸모없게 되는 것을 원치 않는다는 사실을 이해하고 있다. YKK는 어떤 지퍼도 불량품이 아니기를 희망하지만, 제조의 완벽성은 본질적으로 불가능하다. 따라서 YKK는 차선책, 즉 완벽성의 기준에서 크게 벗어나지 않는 낮은 변산성을 원한다. 이 장에서는 하나의 분포가 집중경향에서 얼마나 떨어져 있는지를 측정하는 세 가지 보편적인 방식, 즉 범위, 변량(분산), 표준편차를 배우게 된다. 그렇지만 변산성을 충분히 이해하기 위해서는 우선 분포의 중앙 또는 집중경향을 확인하는 방법을 알아야만 한다.

개념 숙달하기

4-1: 집중경향은 데이터 분포의 중앙에서 일어나고 있는 일을 기술하는 세 가지 약간 상이한 방법, 즉 평균, 중앙값, 그리고 최빈값을 지칭한다.

집중경향은 데이터 집합의 중심을 가장 잘 나타내는 기술통계치, 즉 다른 모든 데이터가 수렴하는 것으로 보이는 특정한 값을 지칭한다.

집중경향

집중경향(central tendency)은 데이터 집합의 중심을 가장 잘 나타내는 기술통계치, 즉 다른 모든 데이터가 수렴하는 것으로 보이는 특정한 값을 지칭한다. 제2장에서 보았던 것처럼, 분포의 시각적 표현, 즉 그래프를 작성하면, 그 집중경향이 드러난다. 일반적으로 집중경향은 히스토그램이나 빈도다각형에서 가장 높은 점수이거나 그 근처에 위치한다. 데이터가 집중경향을 중심으로 군집하고 있는 모습은 세 가지 상이한 방식, 즉 평균, 중앙값, 최빈값으로 측정할 수 있다. 예컨대, 그림 4-1은 제2장에서 보았던 상위 50개 전염성이 강한 비디오의 길이 데이터에 대한 히스토그램을 보여주고 있다(여기서는 한 가지 극단적인 값, 4,586초를 제외하였다). 추측건대, 이 데이터의 집중경향은 가장 높은 두 막대의 오른쪽을 향하고 있겠다.

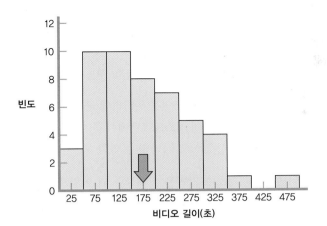

그림 4-1

히스토그램에서 집중경향을 추정하기
히스토그램과 빈도다각형은 표본분포의 중심점을 볼 수 있게 해준다. 화살표는 대략적으로 상위 49개 전염성 강한 비디오의 길이 분포에서의 중심점을 향하고 있다(Aneja & Ross, 2015). (4,586 초라는 극단적인 예외값은 포함되지 않았음에 주의하라.)

평균 : 산술평균

평균은 간단하게 계산하며 통계공식들을 이해하는 관문이 된다. 평균이 통계학에서 그토록 중요한 개념이기 때문에 여기서는 평균에 대해서 생각하는 네 가지 차별적 방식, 즉 언어적으로, 산술적으로, 시각적으로, 그리고 (통계 표기법을 사용하여) 기호로 생각하는 방식을 제시한다.

일상 언어에서의 평균 가장 보편적으로 보고하는 집중경향 측정치는 **평균**(mean), 즉 점수집단의 산술 평균이다. 평균은 분포에서 '전형적인' 점수를 나타내는 데 사용한다. 평균은 누군가 운동능력이 보통이라거나 어떤 영화가 '그저' 보통 수준이라고 말하는 것처럼, 일상 대화에서 보통(average)이라는 단어를 사용하는 방식과는 다르다. 정확하게 계산하기 위해서는 평균을 수학적으로 정의할 필요가 있다.

산술에서의 평균 평균은 데이터 집합의 모든 점수를 합한 다음에 점수의 전체 개수로 나누어 계산한다. 아마도 여러분은 살아오면서 수도 없이 평균을 계산하였을 것이다.

평균은 점수집단의 산술 평균이다. 데이터 집합의 모든 점수를 합한 다음에 점수의 전체 개수로 나누어 계산한다.

예컨대, (한 개의 예외값을 제외하고) 전염성이 강한 비디오 길이의 평균은 (1) 남아있는 49개 비디오 각각의 길이를 합한 다음에, (2) 비디오의 전체 수로 나누어서 계산한다. 상위 49개 전염성이 강한 비디오에 대해서 계산하면 다음과 같다.

사례 4.1

단계 1 : 모든 점수를 더한다.

$55 + 360 + 118 + 184 + 213 + 257 + 143 + 54 + 5 + 239 + 122 + 276 + 91 + 126 + 309 + 16 + 101 + 336 + 241 + 100 + 451 + 48 + 168 + 17 + 102 + 270 + 74 + 345 + 302 + 87 + 53 + 123 + 228 + 224 + 160 + 191 + 292 + 114 + 265 + 223 + 142 + 178 + 199 + 95 + 87 + 88 + 156 + 225 + 190 = 8,443$

| 단계 2 : 점수의 합을 그 점수들의 전체 개수로 나눈다. | 이 사례에서는 모든 점수의 합인 8,443을 점수들의 개수인 49로 나눈다. |

$$8,443/49 = 172.31(초) ●$$

평균의 시각적 제시 평균을 분포의 좌우 측면을 완벽하게 균형 잡는 지점으로 생각하라. 예컨대, 172.31초의 평균은 그림 4-2의 히스토그램에서 볼 수 있는 바와 같이, 시각적으로 분포의 균형을 완벽하게 이루는 점으로 나타낼 수 있다.

기호 표기법으로 나타낸 평균 기호 표기법은 실제보다 더 어렵게 보일 수 있다. 앞에서 기호 표기법과 공식 없이도 평균을 계산하지 않았는가 말이다. 다행스럽게도 통계를 이해하는 데 필요한 아이디어를 표현하기 위해서는 단지 소수의 기호만을 이해하면 된다.

평균을 나타내는 몇 가지 기호들이 있다. 통계학자들은 표본의 평균을 위해서 전형적으로 M이나 $\overline{X}$를 사용한다. 이 책에서는 M을 사용한다. 다른 많은 교재도 M을 사용하지만, 몇몇은 $\overline{X}$를 사용한다('엑스 바'라고 읽는다). 전집에서는 평균의 기호로 그리스어 문자 μ를 사용한다('뮤'라고 읽는다). (M과 같은 라틴어 문자는 표본의 수치를 지칭하며, μ와 같은 그리스어 문자는 전집 수치를 지칭하는 경향이 있다.) 전집에서 표집한 표본에 근거한 수치를 **통계치**(statistic)라고 부른다. 따라서 M은 통계치이다. 전체 전집에 근거한 수치는 **모수치**(parameter)라고 부른다. 따라서 μ는 모수치이다. 표 4-1은 이러한 기호들을 사용하는 방법을 요약하고 있으며, 그림 4-3은 이 기호들을 사용하는 데 익숙해지도록 도와주는 기억도구를 나타낸다.

표본의 평균을 계산하는 공식은 등식의 좌변에 기호 M을 사용하고, 우변에 계산을 수행하는 방식을 기술하고 있다. 단일 점수는 전형적으로 X라는 기호로 나타낸다. 모든 점

통계치는 전집에서 표집한 표본에 근거한 수치이며, 일반적으로 라틴어 문자로 나타낸다.

모수치는 전체 전집에 근거한 수치이며, 일반적으로 그리스어 문자로 나타낸다.

그림 4-2

데이터의 받침점으로서의 평균

172.31이라는 평균은 상위 49개 전염성 강한 비디오의 길이 점수들이 균형을 이루는 받침점에 해당한다. 수학적으로 점수들은 항상 평균을 중심으로 균형을 이루고 있다.

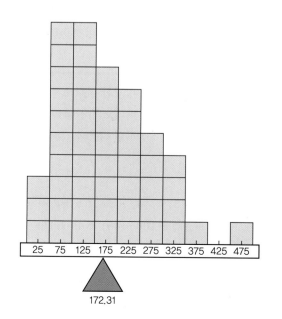

표 4-1	평균의 기호		

표본의 평균은 통계치의 사례인 반면, 전집의 평균은 모수치의 사례이다. 사용하는 기호는 표본의 평균을 지칭하는지 아니면 전집의 평균을 지칭하는지에 달려있다.

통계치/모수치	표본/전집	기호	읽기
통계치	표본	M 또는 $\overline{X}$	'엠' 또는 '엑스 바'
모수치	전집	μ	'뮤'

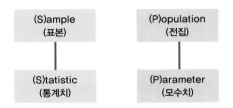

그림 4-3

표본의 통계치와 전집의 모수치

표본 통계치와 전집 모수치를 구분하는 데 이 기억도구를 사용하라. 문자 s는 표본(sample)에 근거한 수치를 통계치(statistic)라고 부른다는 사실을 의미한다. 문자 p는 전집(population)에 근거한 수치를 모수치(parameter)라고 부른다는 사실을 의미한다.

수, 즉 모든 X를 합한다는 사실을 알고 있기 때문에 첫 번째 단계는 합의 기호 Σ('시그마'라고 부른다)를 사용하여 일련의 점수를 합하고 있다는 사실을 나타내는 것이다. 여러분도 추측할 수 있는 바와 같이, 모든 점수를 합하는 표현은 ΣX가 된다. 이 기호 조합은 표본에 들어있는 모든 X를 더하라고 지시한다.

등식을 구성하는 단계별 지시문은 다음과 같다.

단계 1 : 표본의 모든 점수를 합하라. 통계학 표기법으로는 ΣX이다.

단계 2 : 모든 점수의 합을 점수의 개수로 나누어라.

표본에 들어있는 점수들의 전체 개수는 전형적으로 N으로 나타낸다. (대문자 N은 전형적으로 전체 데이터 집합에 들어있는 점수들의 개수를 나타낼 때 사용한다는 점에 유념하라. 후속 장들에서 보게 되겠지만, 만일 표본을 더 작은 부분들로 분할할 때는 전형적으로 소문자 n을 사용한다.) 온전한 등식은 다음과 같다.

$$M = \frac{\Sigma X}{N}$$

공식 숙달하기

4-1 : 평균의 공식은 $M = \dfrac{\Sigma X}{N}$ 이다. 평균을 계산하려면, 모든 점수를 합한 다음 점수들의 전체 개수로 나눈다.

사례 4.1에서 다루었던 전염성 강한 비디오 데이터의 평균을 살펴보기로 하자.

사례 4.2

단계 1 : 모든 점수를 더한다.

앞에서 계산한 바와 같이, 모든 점수의 합은 8,443이다.

단계 2 : 점수의 합을 그 점수들의 전체 개수로 나눈다.

이 사례에서는 모든 점수의 합인 8,443을 점수들의 개수인 49로 나눈다. 결과는 소수점 세 자리에서 반올림하여 172.31이 된다.

공식으로 표현하면 다음과 같다.

$$M = \frac{\Sigma X}{N} = \frac{8,443}{49} = 172.31$$

용어 사용에 주의하라! 앞에서 본 바와 같이, 거의 모든 기호는 이탤릭체로 나타내지만, 실제 수치는 이탤릭체로 나타내지 않는다. 이에 덧붙여서 기호를 대문자에서 소문자로 바꾸는 것은 의미의 변화를 나타내기 십상이다. 여러분이 이 공식을 사용하여 평균 계산을 연습할 때는, 반드시 기호들을 이탤릭체로 표기하고 M, X, N 등과 같이 대문자를 사용하도록 하라. ●

중앙값 : 중간 점수

두 번째로 많이 사용하는 집중경향 측정치가 중앙값이다. **중앙값**(median)은 표본에 들어있는 모든 점수를 오름차순으로 배열할 때 중간에 해당하는 점수이다. 중앙값은 50퍼센타일에 해당하는 값으로 생각할 수 있다. 미국심리학회(APA)는 중앙값을 Mdn이라는 약자로 표현하는 것을 권장한다. 많은 국가에서는 사회과학과 행동과학 연구에서 APA 양식을 사용하기 때문에, 그 용법에 익숙해지는 것이 바람직하겠다.

중앙값은 표본에 들어있는 모든 점수를 오름차순으로 배열할 때 중간에 해당하는 점수이다. 만일 단일 중간 값이 존재하지 않는다면, 중앙값은 두 중간 값의 평균이 된다.

중앙값을 결정하려면, 다음 단계를 따르면 된다.

단계 1 : 모든 점수를 오름차순으로 배열한다.

단계 2 : 중간 점수를 찾아라. 점수의 개수가 홀수이면, 실제로 중간 점수가 존재한다. 점수의 개수가 짝수이면, 실제 중간 점수가 존재하지 않는다. 이 경우에는 두 중간 점수의 평균을 계산하라.

분포가 단지 소수의 데이터 값만을 가지고 있을 때는 공식에 신경 쓸 필요가 없다. 그저 수치들을 가장 작은 것에서부터 가장 큰 것으로 배열하고, 위쪽과 아래쪽에 동일한 수의 점수를 갖는 점수를 확인하라. 분포가 많은 데이터 값을 가지고 있는 경우에도 계산은 용이하다. 점수 개수(N)를 2로 나누고 1/2, 즉 0.5를 더하라. 그 숫자가 중앙값의 서열 위치(순위)이다. 다음에 예시하는 바와 같이, 작은 점수로부터 그 숫자만큼 세어서 그 위치에 있는 숫자를 보고하라.

평균 대 중앙값 홍콩의 스카이라인은 사진 오른쪽에 이례적으로 높이 솟아있는 건물인 국제금융센터가 특징적이다. 이 스카이라인에서 빌딩 높이의 집중경향을 계산한다면, 88층이라는 예외값이 평균을 상향시키게 된다. 그렇지만 중앙값은 중간에 위치한 값이며, 이례적인 국제금융센터의 영향을 받지 않는다. 이러한 상황에서는 평균보다 중앙값이 더 안전한 집중경향이 된다.

Justin Seah/Moment/Getty Images

사례 4.3

여기 점수의 개수가 홀수인 사례가 있다. 이 점수들은 극단적인 예외값 하나를 제외한 전염성 강한 비디오의 길이를 초 단위로 나타낸 것이다. 모두 49개의 점수가 있다.

55 360 118 184 213 257 143   54   5 239 122 276   91
126 309   16 101 336 241 100 451   48 168   17 102 270
74 345 302   87   53 123 228 224 160 191 292 114 265
223 142 178 199   95   87   88 156 225 190

단계 1 : 모든 점수를 오름차순으로 배열한다.

5	16	17	48	53	54	55	74	87		
87	88	91	95	100	101	102	114	118	122	123
126	142	143	156	160	168	178	184	190	191	
199	213	223	224	225	228	239	241	257	265	270
276	292	302	309	336	345	360	451			

단계 2 : 중간 점수를 찾는다.

우선 점수 개수를 센다. 49개의 점수가 있으며, 49를 2로 나누면 24.5가 된다. 이 결과에 0.5를 더하면, 25가 된다. 따라서 중앙값은 25번째 점수이다. 이제 25번까지 세어본다. 중앙값은 160이다. ●

다음은 점수 개수가 짝수일 때 중앙값을 결정하는 사례이다. 극단적 예외값과 함께 두 번째로 큰 점수를 제외함으로써, 점수 개수는 48개가 되었다.

사례 4.4

단계 1 : 모든 점수를 오름차순으로 배열한다.

5	16	17	48	53	54	55	74	87	87
88	91	95	100	101	102	114	118	122	123
126	142	143	156	160	168	178	184	190	191
199	213	223	224	225	228	239	241	257	265
270	276	292	302	309	336	345	360		

단계 2 : 중간 점수를 찾는다.

우선 점수 개수를 센다. 48개의 점수가 있으며, 48을 2로 나누면 24가 된다. 이 결과에 0.5를 더하면, 24.5가 된다. 따라서 중앙값은 24번째와 25번째 점수의 평균이 된다. 24번째 점수는 156이고 25번째 점수는 160이다. 중앙값은 두 점수의 평균으로 158이다. ●

최빈값 : 가장 빈번한 점수

최빈값은 세 가지 집중경향 측정치 중에서 계산하기 가장 쉽다. **최빈값**(mode)은 표본의 모든 점수 중에서 가장 빈번한 점수이다. 빈도표, 히스토그램, 빈도다각형 등에서 손쉽게 찾을 수 있다. 중앙값과 마찬가지로 최빈값의 APA 양식은 어떤 기호를 가지고 있지 않으며, 실제로는 약자도 존재하지 않는다. 최빈값을 보고할 때는 그저 "최빈값은 …"이라고 적으면 된다.

최빈값은 표본의 모든 점수 중에서 가장 빈번한 점수이다.

사례 4.5

전염성 강한 비디오 길이 데이터에서 최빈값을 결정해보라. 각 점수는 각 비디오의 초 단위 길이를 나타낸다는 사실을 명심하라(4,586초의 극단적 예외값은 제외하였다). 최빈값은 수치 목록에서 가장 보편적인 점수를 찾아보거나 다음과 같은 빈도표를 작성함으로써 확인할 수 있다.

점수	빈도	점수	빈도	점수	빈도
5	1	118	1	224	1
16	1	122	1	225	1
17	1	123	1	228	1
48	1	126	1	239	1
53	1	142	1	241	1
54	1	143	1	257	1
55	1	156	1	265	1
74	1	160	1	270	1
87	2	168	1	276	1
88	1	178	1	292	1
91	1	184	1	302	1
95	1	190	1	309	1
100	1	191	1	336	1
101	1	199	1	345	1
102	1	213	1	360	1
114	1	223	1	451	1

87을 찾았는가? 만일 그러지 못하였다면, 여러분도 흔히 범하는 실수를 저질렀을 수 있다. 최빈값은 가장 빈번하게 발생하는 점수이지 그 점수의 빈도가 아니다. 따라서 위의 데이터 집합에서 점수 87이 두 번 발생하였다. 최빈값은 87이지 2가 아니다. ●

이 사례에서 최빈값을 결정하기가 특별히 용이한 까닭은 그 점수가 두 번 반복된 유일한 값이기 때문이다. 다른 모든 점수는 오직 한 번만 발생하였다. 때로는 데이터 집합이 특정한 최빈값을 갖지 못하기도 한다. 점수들을 소수점 몇 자리까지 보고할 때 (그리고 어떤 값도 두 번 이상 반복되지 않을 때) 특히 그렇다. 특정한 최빈값이 존재하지 않을 때는 때때로 가장 빈번한 간격을 최빈값으로 보고하기도 한다. 예컨대, 통계학 시험에서 최빈값은 70~79(0~100의 전체 범위에서 하나의 간격이다)라고 말할 수 있다. 둘 이상의 최빈값이 존재할 때는, 모두 보고하게 된다. 점수분포가 하나의 최빈값을 가지고 있을 때는, **단봉**(unimodal)이라고 부른다. 두 개의 최빈값을 가지고 있을 때는, **쌍봉**(bimodal)이라고 부른다. 셋 이상의 최빈값을 가지고 있을 때, 그 분포를 **다봉**(multimodal)분포라고 부른다. 예컨대, 미국에서 바이올렛이라는 이름을 가진 여성의 연령분포는 그림 4-4에서 예

단봉분포는 하나의 최빈값(가장 보편적인 점수)을 갖는다.

쌍봉분포는 두 개의 최빈값을 갖는다.

다봉분포는 셋 이상의 최빈값을 갖는다.

그림 4-4

'바이올렛'이라는 이름을 가지고 있는 여성의 연령이 나타내는 쌍봉분포

쌍봉이거나 다봉인 분포에서는 평균이나 중앙값 어느 것도 데이터를 대표하지 못한다. '바이올렛'이라는 이름을 갖는 여성의 연령은 쌍봉분포를 나타낸다 (Silver & McCann, 2014). 만일 여러분의 이름이 '바이올렛'이라면, 노인이거나 아동일 가능성이 높다. 바이올렛의 1/4은 1936년 이전에 태어났으며, 또 다른 1/4은 2010년 이후에 태어났다. 그 중간에 태어난 아이의 경우에는 지극히 소수만이 '바이올렛'이라는 이름을 가졌으며, 1970년대와 1980년대에는 거의 없다. 따라서 '바이올렛'이라는 이름을 가진 여성의 연령분포에서 중앙값은 50세를 약간 상회하지만, 그 이름을 가진 50세 여성은 거의 없다.

시하는 바와 같이 쌍봉분포이다.

이름 사례에서 보는 바와 같이, 척도 데이터에서도 최빈값을 사용할 수 있다. 그렇지만 명목 데이터에서 더욱 보편적으로 최빈값을 사용한다. 예컨대, 영국 신문 가디언은 인구조사 데이터에 근거하여 잉글랜드와 웨일스 지방 거주자들이 출퇴근하는 방식을 보여주는 지도를 보도하였다(Rogers, 2013). 3.5%는 재택근무하며, 10.5%는 대중교통수단을 이용하고, 40.4%는 자가용으로 출퇴근하며, 0.5%는 오토바이를 타고 다니고, 1.9%는 자전거를 타고 다니며, 0.3%는 택시를 이용하고, 6.9%는 걸어 다닌다고 보도하였다. 이 데이터 집합에서 전형적인 출퇴근 방식은 자가용을 타고 다니는 것이다. (총합이 100%가 안 되는 까닭은 나머지 사람들이 실업 상태이기 때문이다.)

예외값이 집중경향에 미치는 영향

데이터가 하나 또는 소수의 예외값, 즉 다른 점수들과 비교할 때 매우 높거나 매우 낮은 극단적인 점수로 인해서 편중될 때는 평균이 최선의 집중경향 측정치가 아니다. 이 장에서 제시한 전염성 강한 비디오 데이터 사례에서는 길이가 4,586초나 되는 예외값을 제외해왔다. 그림 4-5는 그 예외값을 포함한 상위 50개 비디오의 분포이다. 이 데이터가 정적으로 편중된 까닭은 하나의 극단적 예외값이 나머지 점수들에 비해서 지나치게 높은 값을 갖기 때문이다. 앞에서는 이 예외값을 제외하고 분포의 평균을 계산하였고, 그 평균이 172.31이었다. 만일 예외값을 포함한 분포의 평균을 계산하면 260.58을 얻게 되는데, 거의 90초가 길게 된다. 분포의 중간 점수인 중앙값은 예외값에 의해서 이토록 엄청난 영향을 받지 않는다. 이 사례에서 중앙값은 예외값이 없을 때 160에서 예외값이 있을 때 164로, 단지 4초만 증가하고 있다.

그림 4-5

극단적 예외값을 포함한 전염성 강한 비디오 데이터의 히스토그램

상위 50개의 전염성 강한 비디오 중에서 4,586초(76분이 넘는다)의 비디오는 극단적인 예외값으로 간주할 수 있다.

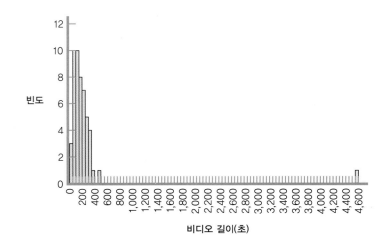

사례 4.6

평균에 대한 예외값의 영향뿐만 아니라 예외값에 대한 중앙값의 저항력을 입증하기 위하여, 국가에 따라 인구 1,000명당 의사의 수(의사 밀도라고 부르는 통계치)를 비교하는 먼디 인덱스 추정치를 살펴보도록 하자. 여기서는 상위 다섯 국가에 초점을 맞춘다.

산마리노	47.35
쿠바	6.40
그리스	6.04
모나코	5.81
벨라루스	4.87

전반적인 의사 밀도에 대한 감을 잡기 위해서 다섯 국가의 집중경향 측정치를 계산해볼 수 있다. 통계학 기호를 연습해보기 위해서 공식을 사용한다.

$$M = \frac{\Sigma X}{N} = \frac{(47.35 + 6.40 + 6.04 + 5.81 + 4.87)}{5} = \frac{70.47}{5} = 14.09$$

그림 4-6에서 표본의 각 점수를 나타내는 위치에 추를 배치하였으며, 이 추들이 평균의 중요한 자질을 보여주고 있다. 시소처럼, 평균은 모든 점수들이 완벽하게 균형을 이루는 지점이다. 의사 밀도점수는 4.87에서부터 47.35까지 퍼져있으며, 예외값이 존재할 때 평균을 사용하는 문제를 예증하고 있다. 이 표본에서 평균은 다섯 국가 중에서 어느 국가도 대표하지 못한다. 평균인 14.09에 받침대를 설치하면 시소가 완벽하게 균형을 이룸에도 말이다.

산마리노(이태리에 속해있는 인구 33,000명 규모의 국가)라는 소국은 다른 국가들과 전혀 다르다는 사실을 지적할 수밖에 없다. 네 개의 점수는 4.87과 6.40 사이에 들어있으며, 범위가 훨씬 좁다. 그렇지만 산마리노는 인구 1,000명당 47.35명이라는 의사의 수를

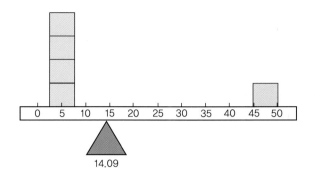

그림 4-6

예외값과 평균

의사 밀도 데이터에서 평균인 14.09는 네 개의 낮은 점수보다 위에 있으며 가장 높은 점수보다는 한참 아래에 있다. 예외값인 산마리노의 점수가 의사 밀도가 높지 않은 다른 네 국가가 있음에도 불구하고 평균을 더 높은 쪽으로 끌어올리고 있다. 이토록 극단적인 예외값이 존재할 때 평균은 데이터가 전해주는 이야기를 대표하는 온당한 역할을 수행하지 못한다.

자랑하고 있다. 산마리노와 같은 예외값이 존재할 때는 이 값이 평균에 어떤 영향을 미치는지를 고려해보는 것이 중요하며, 관찰 수가 소수에 불과할 때 특히 그렇다. ●

산마리노의 점수를 배제하면, 데이터가 6.40, 6.04, 5.81, 4.87이 되며, 새로운 평균은 다음과 같다.

사례 4.7

$$M = \frac{\Sigma X}{N} = \frac{23.12}{4} = 5.78$$

이 점수들의 새로운 평균인 5.78은 산마리노라는 예외값을 포함한 점수들의 원래 평균보다 상당히 작다. 그림 4-7에서 새로운 평균은 원래의 평균과 마찬가지로 모든 점수들이 완벽하게 균형을 이루는 지점을 나타낸다. 그렇지만 새로운 평균은 점수들을 조금 더 잘 대표하고 있다. 즉, 5.78은 네 개 국가를 보다 잘 대표하는 점수가 된다. 예외값에 주의를 기울여라. 일반적으로 예외값은 흥미진진한 이야기를 전해준다! ●

어느 집중경향 측정치가 최선인가?

서로 다른 집중경향 측정치는 상이한 결론으로 이끌어갈 수 있지만, 결정을 내릴 필요가 있을 때는 대체로 평균과 중앙값 사이에서 선택을 하게 된다. 일반적으로는 평균이 우위를 차지하며, 관찰 수가 많을 때 특히 그렇지만 항상 그런 것은 아니다. 산마리노와 같은 예외값이 분포를 편중시킬 때나 지극히 소수의 관찰만이 있을 때는, 중앙값이 분포의 집중경향을 더 잘 대표할 수 있다.

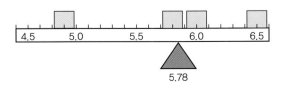

그림 4-7

예외값이 없을 때의 평균

의사 밀도 데이터에서 예외값인 산마리노를 제외하면, 평균이 표본의 실제 점수들을 보다 잘 대표하게 된다.

유명인사 예외값 주택가격의 보고는 평균을 보고하는가 아니면 중앙값을 보고하는가에 따라 달라진다. 예컨대, 공연예술가인 비욘세는 자신의 어머니 티나 놀스를 위해 텍사스 휴스턴의 590만 달러짜리 저택을 구입하였다. 23,562제곱피트의 거창한 맨션에는 침실이 8개 그리고 화장실이 12개나 있다! 부동산 웹사이트 Trulia.com에 따르면, 비욘세가 그 집을 구입할 당시 휴스턴 주변 주택가격의 중앙값은 318,377달러이었다. 휴스턴에서 비욘세가 지불한 가격은 예외값이었다. 그 가격은 대부분의 도시에서 주택가격의 중앙값보다 평균이 훨씬 높은 이유를 설명해준다. 극단적인 예외값은 평균을 한껏 끌어올리지만, 중앙값에는 영향을 미치지 않는다.

Rex/Rex USA

최빈값은 일반적으로 다음과 같은 세 가지 상황에서 사용한다. (1) 하나의 특정 점수가 분포를 주도할 때, (2) 분포가 쌍봉이거나 다봉일 때, 그리고 (3) 명목변인 데이터일 때. 어느 측정치가 최선의 집중경향 지표인지에 대해서 확신이 서지 않을 때는 세 가지를 모두 보고하라.

집중경향은 단일 수치로 엄청난 양의 정보를 전달하기 때문에, 집중경향 측정치가 가장 광범위하게 보고하는 기술통계라는 사실은 놀라울 것이 없다. 불행하게도 소비자는 중앙값 대신에 평균을 사용하는 보고에 속아 넘어갈 수 있다. 예컨대, 주택가격의 집중경향에 관한 보고를 들을 때, 우선 평균을 보고하고 있는지 아니면 중앙값을 보고하고 있는지에 주목하라. 왼쪽 사진에서 주택시장의 유명인사 예외값의 사례를 볼 수 있다.

개념 숙달하기

4-2 : 평균이 가장 보편적인 집중경향 지표이지만, 항상 최선인 것은 아니다. 예외값이 있거나 관찰 수가 소수일 때는, 일반적으로 중앙값을 사용하는 것이 더 좋다.

학습내용 확인하기

개념의 개관	> 분포의 집중경향은 그 분포에서 무엇이 전형적인지를 가장 잘 기술해주는 수치이다.
	> 집중경향의 세 측정치는 평균, 중앙값, 그리고 최빈값이다.
	> 평균은 가장 보편적으로 사용하는 집중경향 측정치이지만, 분포가 편중되어 있을 때는 중앙값을 선호한다.
	> 통계학에서 사용하는 기호는 매우 구체적인 의미를 가지고 있다. 하나의 기호를 약간만 바꾸어도 그 의미를 상당히 변화시킬 수 있다.

개념의 숙달	4-1	통계치와 모수치 간의 차이는 무엇인가?
	4-2	예외값은 평균, 중앙값, 최빈값 중에서 어느 것에 가장 큰 영향을 미치는가? 여러분의 설명을 해명해보라.
통계치의 계산	4-3	다음 수치 집합의 평균, 중앙값, 최빈값을 계산해보라. a. 10 8 22 5 6 1 19 8 13 12 8 b. 122.5 123.8 121.2 125.8 120.2 123.8 120.5 119.8 126.3 123.6 c. 0.100 0.866 0.781 0.555 0.222 0.245 0.234
개념의 적용	4-4	다음과 같은 대학 4학년생 20명의 가상적 데이터를 살펴보도록 하자. 각 점수는 1주일 동안 한 학생이 저녁시간을 사교를 위해 보낸 날짜의 수이다.

개념의 적용 (계속)

1 0 1 2 5 3 2 2 3 1 3 1 7 2 3 2 2 2 0 4 6

    a. 공식을 사용하여 이 점수들의 평균을 계산하라.

    b. 만일 연구자가 이 점수 평균을 대학 전체 전집에 대한 추정치로 보고하였다면, 평균에 대해서 어떤 기호를 사용하였겠는가? 그 이유는 무엇인가?

    c. 만일 연구자가 이 20명의 점수에만 관심이 있었다면, 평균에 대해서 어떤 기호를 사용하였겠는가? 그 이유는 무엇인가?

    d. 이 점수들의 중앙값은 얼마인가?

    e. 이 점수들의 최빈값은 얼마인가?

    f. 중앙값과 평균값은 서로 얼마나 유사한가(다른가)? 이러한 유사성(차이점)은 점수 분포에 대해서 무엇을 알려주는가?

4-5 약삭빠른 기업은 소비자를 속이기 위하여 예외값에 관한 지식을 사용할 수 있다. 예컨대, 텔레비전 방송사는 광고비를 끌어들이기 위해서 높은 평균 시청률을 필요로 한다. 미국의 NBC는 2012년 1월에 '특별 프로그램'으로 범주화했어야만 하였을 공화당 대통령 후보들의 토론을 방영하였다. 뉴욕타임스 사설은 그 속임수를 다음과 같이 설명하였다. "사려 깊은 시청자라면 방송사가 그 토론을 '록펠러센터의 브라이언 윌리엄스(NBC의 뉴스 앵커)'라고 이름 붙임으로써 시청률 평가용 뉴스매거진 프로그램의 정규방송으로 간주하였다는 사실을 알아차렸을 것이다. 이 방송은 결과로 드러난 것처럼, 그 프로그램의 평상시 시청자 수보다 배가 넘는 710만 명이 시청하였다"(Carter, 2012). 이러한 이름 붙이기가 NBC에 유용한 이유를 여러분의 입장에서 설명해보라.

학습내용 확인하기의 답은 부록 D에서 찾아볼 수 있다.

변산성 측정치

지퍼회사 YKK는 고품질 제품이 낮은 변산성을 요구한다는 사실을 이해하고 있다. 낮은 변산성은 여러분 차의 시동이 걸리며, 컴퓨터는 먹통이 되지 않고, 지퍼는 작동할 것이라고 확신을 시켜준다. **변산성**(variability)이란 분포가 얼마나 많이 퍼져있는지를 수치로 기술하게 해주는 방법이다. 분포의 변산성을 수치로 나타내는 한 가지 방법은 범위를 계산하는 것이다. 변산성을 나타내는 보편적인 방법은 변량(분산)을 계산하고, 표준편차라고 알려진 변량의 평방근을 구하는 것이다.

변산성은 분포가 얼마나 많이 퍼져있는지를 수치로 기술하게 해주는 방법이다.

범위는 최고점수에서 최저점수를 빼서 계산하는 변산성 측정치이다.

범위

범위는 계산하기 가장 용이한 변산성 측정치이다. **범위**(range)는 최고점수에서 최저점수를 빼서 계산하는 변산성 측정치이다. 범위는 다음과 같은 공식으로 나타낸다.

$$범위 = X_{최고점수} - X_{최저점수}$$

다음은 앞 장에서 논의하였던 상위 49개 전염성 강한 비디오의 길이를 나타내는 점수 목록이다.

개념 숙달하기

4-3 : 변산성은 (집중경향에 뒤이어) 분포의 모양을 이해하는 데 도움을 주는 두 번째로 보편적인 개념이다. 변산성의 보편적 지표는 범위, 변량, 그리고 표준편차이다.

5	16	17	48	53	54	55	74	87	87
88	91	95	100	101	102	114	118	122	123
126	142	143	156	160	168	178	184	190	191
199	213	223	224	225	228	239	241	257	265
270	276	292	302	309	336	345	360	451	

사례 4.8

데이터를 훑어보거나 아니면 더욱 용이하게는 데이터의 빈도표를 살펴봄으로써 최고점수와 최저점수를 결정할 수 있다.

단계 1 : 최고점수를 결정한다.	이 사례에서 최고점수는 451이다.
단계 2 : 최저점수를 결정한다.	이 사례에서 최저점수는 5이다.
단계 3 : 최고점수에서 최저점수를 뺌으로써 범위를 계산한다.	

$$범위 = X_{최고점수} - X_{최저점수} = 451 - 5 = 446$$

범위는 변산성의 유용한 초기 지표일 수 있지만, 최고점수와 최저점수에만 영향을 받는다. 중간에 들어있는 다른 점수들은 최고점수 근처에 몰려있거나, 중앙 부근에 옹기종기 모여있거나, 골고루 퍼져있거나, 아니면 다른 어떤 예기치 않은 패턴을 가지고 있을 수 있다. 범위만을 가지고는 알 수가 없다. ●

변량

변량(variance)은 각 점수가 평균으로부터 벗어난 정도인 편차의 제곱, 즉 편차제곱의 평균이다. 무엇인가가 변할 때는 어떤 표준으로부터 변할 수밖에 없다(즉, 표준과 차이가 날 수밖에 없다). 그 표준이 평균이다. 따라서 변량을 계산할 때, 그 수치는 분포가 평균을 중심으로 얼마나 변화가 큰지를 나타낸다. 작은 수치는 평균을 중심으로 적은 양의 확산 또는 편차를 나타내며, 큰 수치는 평균을 중심으로 많은 양의 확산 또는 편차를 나타낸다. 예컨대, YKK 지퍼가 항상 낮은 수치를 지향하는 까닭은 그것이 높은 신뢰도, 즉 신뢰할 수 있는 제품을 의미하기 때문이다.

변량은 각 점수가 평균으로부터 벗어난 정도인 편차의 제곱, 즉 편차제곱의 평균이다.

사례 4.9

대학 상담센터에서 치료를 받는 학생들은 많은 회기를 빼먹기 십상이다. 예컨대, 한 연구에서 보면, 치료회기의 중앙값이 3이고 평균은 4.6이었다(Hatchett, 2003). 5명의 표본에 대한 다음과 같은 가상적 점수, 즉 1, 2, 4, 4, 10을 살펴보도록 하자. 그 평균은 4.2이다. 개별 점수에서 평균을 뺌으로써 각 점수가 평균으로부터 얼마나 이탈하고 있는지를 확인한다. 우선 점수를 나열한 열에 X라는 표지를 붙인다. 두 번째 열에는 각 점수에서 평균을 뺐을 때 얻는 결과, 즉 $X - M$을 나열한다. 이것을 **평균으로부터의 편차**(deviation from the mean, 단순히 편차라고도 부른다)라고 부르며, 표본점수가 그 평균과 차이를 보이는 정도이다.

X	X − M
1	− 3.2
2	− 2.2
4	− 0.2
4	− 0.2
10	5.8

그렇지만 편차의 평균을 그대로 취할 수는 없다. 그렇게 하게 되면 항상 0의 값을 얻게 된다(만일 시도해본다면, 음양부호를 잊지 말라). 놀랐는가? 평균은 모든 점수가 완벽하게 균형을 이루는 점이라는 사실을 기억하라. 수학적으로 점수들은 균형을 이루어야 한다. 그렇지만 우리는 점수들 사이에 변산성이 존재한다는 사실을 알고 있다. 변산성의 양을 나타내는 수치가 0이 아니라는 사실은 명확하지 않은가!

학생들에게 음수부호를 제거하는 방법을 묻게 되면, 전형적으로 다음과 같은 두 가지를 제안한다. (1) 편차의 절댓값을 취해서 모두 양수가 되도록 만든다. (2) 모든 점수를 제곱하여 모두 양수가 되도록 만든다. 모든 편차를 제곱하는 후자가 통계학자들이 이 문제를 해결하는 방법이다. 일단 편차를 제곱하고 그 평균을 구하면 변산성의 측정치를 얻을 수 있다.

요약해보자.

단계 1 : 모든 점수에서 평균을 뺀다.	이 점수를 평균으로부터의 편차(혹은 그냥 편차)라고 부른다.
단계 2 : 모든 편차를 제곱한다.	이 점수를 편차제곱이라고 부른다.
단계 3 : 모든 편차제곱을 합한다.	흔히 이것을 편차제곱합 아니면 줄여서 제곱합이라고 부른다.
단계 4 : 제곱합을 표본의 전체 사례 수(N)로 나눈다.	이 수치는 변량의 수학적 정의를 나타낸다. 평균으로부터의 편차를 제곱한 값의 평균이다.

이 단계들을 시도해보자. 치료회기 데이터의 변량을 계산하기 위해서 각 편차의 제곱을 나열하는 세 번째 열을 첨가한다. 그런 다음 **제곱합**(sum of squares, 기호 SS로 나타낸다), 즉 평균으로부터의 편차를 제곱한 값의 합을 계산하기 위하여 모든 수치를 합한다. 이 사례에서 편차제곱합은 48.80이며, 편차제곱합의 평균은 48.80/5 = 9.76이다. 따라서 변량은 9.76이 된다.

평균으로부터의 편차는 표본점수가 그 평균과 차이를 보이는 정도이다.

제곱합은 기호 SS로 나타내며, 평균으로부터의 편차를 제곱한 값의 합이다.

X	X − M	(X − M)²
1	− 3.20	10.24
2	− 2.20	4.84
4	− 0.20	0.04
4	− 0.20	0.04
10	5.80	33.64

용어 사용에 주의하라! 변량이라는 아이디어를 나타내는 기호 표기법을 사용하기 위해서는 몇 가지 기호가 더 필요하다. 각 기호는 약간씩 상이한 상황에 적용하는 동일한 아이디어(즉, 변량)를 나타낸다. 표본의 변량을 나타내는 기호에는 SD^2, s^2, 그리고 MS 가 포함된다. 기호 표기 MS는 'mean square(평균제곱)'라는 단어에서 유래한다(편차제곱의 평균을 지칭한다). 여기서는 SD^2을 사용할 것이지만, 나중에 변량을 나타내는 다른 기호로 전환할 때는 그 사실을 언급할 것이다. 표본의 변량은 세 가지 기호 표기를 모두 사용한다. 그렇지만 전집의 변량은 단지 하나의 기호 σ^2('시그마 제곱'이라고 읽는다)만을 사용한다. 표 4-2는 평균과 변량의 상이한 버전을 기술하는 데 사용하는 기호와 용어를 요약하고 있으며, 진도가 나감에 따라서 여러분이 계속해서 되새길 수 있게 해줄 것이다.

변량을 계산하는 데 필요한 다른 모든 기호는 이미 제시하였다. 즉, 개별 점수를 나타내는 X, 평균을 나타내는 M, 그리고 표본크기를 나타내는 N 등이다.

$$SD^2 = \frac{\Sigma(X - M)^2}{N}$$

보는 바와 같이, 변량은 실제로 편차제곱의 평균일 뿐이다. ●

표준편차

용어 사용에 주의하라! 변량과 표준편차는 동일한 핵심 아이디어를 지칭한다. 표준편차가 더 유용한 까닭은 각 점수가 평균으로부터 벗어난 양이기 때문이다. 수학적으로 **표준편차**(standard deviation)는 편차제곱 평균의 평방근, 간략하게 표현하여 변량의 평방근이다.

표준편차는 편차제곱 평균의 평방근, 간략하게 표현하여 변량의 평방근이다. 각 점수가 평균으로부터 벗어난 전형적인 크기이다.

표 4-2	변량과 표준편차 기호

표본의 변량이나 표준편차는 통계치의 사례인 반면에 전집의 변량이나 표준편차는 모수치의 사례이다. 사용하는 기호는 지칭하는 것이 표본의 변산인지 아니면 전집의 변산인지에 달려있다.

통계치/모수치	표본/전집	표준편차 기호	읽기	변량 기호	읽기
통계치	표본	SD 또는 s	그대로	SD^2, s^2, 또는 MS	'SD 제곱'
모수치	전집	σ	'시그마'	σ^2	'시그마 제곱'

변량과 비교할 때 표준편차가 가지고 있는 매력은 한눈에 그 의미를 이해할 수 있다는 것이다.

5명 대학생의 치료회기 수는 1, 2, 4, 4, 10이었고 평균은 4.2회이었다. 특정 점수가 평균으로부터 9.76만큼 떨어져 있지는 않다. 변량은 편차 자체가 아니라 편차제곱에 근거하기 때문에, 지나치게 크다. 학생들에게 이 문제를 해결할 수 있는 방법을 물었을 때, 이 구동성으로 "평방근을 구하라."라고 말하며, 여기서 행한 것이 바로 그것이다. 변량의 평방근을 구하여 훨씬 더 유용한 수치인 표준편차를 얻는다. 9.76의 평방근은 3.12이다. 이제 우리에게 의미를 갖는 수치를 갖게 되었다. 이 표본의 학생에게 있어서 전형적인 치료회기 수는 4.2회이며, 한 학생이 이 전형적인 수치(즉, 평균)에서 벗어난 전형적인 수치는 3.12회라고 말할 수 있다.

저널에 게재된 논문을 읽을 때, 여러분은 다음과 같이 보고하는 평균과 표준편차를 자주 보게 될 것이다. ($M = 4.2$, $SD = 3.12$). 원래 데이터(1, 2, 4, 4, 10)를 살펴보면, 이 수치들이 의미 있음을 알 수 있다. 4.2는 대체로 중앙에 위치하는 것으로 보이며, 점수들은 4.2로부터 대체로 3.12만큼 떨어져 있는 것으로 보인다. 점수 10은 약간 예외값이기는 하지만, 그렇게 심각한 것은 아니다. 평균과 표준편차는 여전히 특정 점수와 특정 편차를 어느 정도 대표하고 있다.

지금까지는 표준편차를 구하기 위한 어떤 공식이 필요하지 않았다. 단지 변량의 평방근을 취하였다. 아마도 여러분은 변량의 평방근을 취함으로써 표준편차를 위한 기호들을 추측하였을 것이다. 표본의 경우에는 표준편차가 SD이거나 s이다. 전집의 경우에는 표준편차가 σ이다. 표 4-2는 이러한 정보를 간결하게 보여준다. 변량으로부터 표준편차를 계산하는 방법을 보여주는 공식을 다음과 같이 작성할 수 있다.

$$SD = \sqrt{SD^2}$$

원래의 X, M, N을 가지고 표준편차를 계산하는 방법을 보여주는 공식도 다음과 같이 작성할 수 있다.

$$SD = \sqrt{\frac{\Sigma(X - M)^2}{N}} \bullet$$

공식 숙달하기

4-4 : 표준편차의 가장 기본적인 공식은 $SD = \sqrt{SD^2}$이다. 단순히 변량의 평방근을 취하면 된다.

공식 숙달하기

4-5 : 표준편차의 온전한 공식은 $SD = \sqrt{\frac{\Sigma(X - M)^2}{N}}$이다. 표준편차를 구하려면, 우선 각 점수에서 평균을 뺌으로써 평균으로부터 편차를 계산한다. 그런 다음에 그 편차를 제곱하여 합하고 표본크기로 나눈다. 마지막으로 편차제곱 평균의 평방근을 취한다.

학습내용 확인하기

개념의 개관

> 변산성을 측정하는 가장 단순한 방법은 범위를 사용하는 것이며, 최고점수에서 최저점수를 빼서 계산한다.

> 변량과 표준편차는 모두 분포에서 점수들이 평균으로부터 벗어난 정도를 측정한다. 표준편차는 단지 변량의 평방근이다. 이것은 한 점수가 전형적으로 평균에서 벗어난 정도를 나타낸다.

(계속)

개념의 숙달	4-6	변산성이 무엇인지를 여러분 방식대로 기술해보라.
	4-7	범위를 표준편차와 구분해보라. 각각이 분포에 대해서 알려주는 것은 무엇인가?
통계치의 계산	4-8	다음 데이터 집합의 범위, 변량, 표준편차를 계산해보라(집중경향 절에서 보았던 것과 동일한 데이터 집합이다).

4-8 다음 데이터 집합의 범위, 변량, 표준편차를 계산해보라(집중경향 절에서 보았던 것과 동일한 데이터 집합이다).

a. 10 8 22 5 6 1 19 8 13 12 8
b. 122.5 123.8 121.2 125.8 120.2 123.8 120.5 119.8 126.3 123.6
c. 0.100 0.866 0.781 0.555 0.222 0.245 0.234

개념의 적용

4-9 학기말 시험이 다가오고 있으며, 학생들은 평상시처럼 먹지를 못한다. 4명의 학생에게 시험 바로 전날 정오부터 밤 10시 사이에 얼마나 많은 정크푸드 칼로리를 섭취하였는지 물었다. 영양 소프트웨어 프로그램의 도움을 받아 계산한 칼로리 추정치는 각각 450, 670, 1,130, 그리고 1,460이었다.

a. 공식을 사용하여 이 점수들의 범위를 계산하라.
b. 범위로부터 얻을 수 없는 정보는 무엇인가?
c. 공식을 사용하여 이 점수들의 변량을 계산하라.
d. 공식을 사용하여 이 점수들의 표준편차를 계산하라.
e. 만일 연구자가 오직 이 4명 학생에게만 관심이 있었다면, 변량과 표준편차 각각에 대해서 어떤 기호를 사용하였겠는가?
f. 만일 다른 연구자는 이 4명 학생으로부터 대학의 모든 학생에게 일반화하기를 희망하였다면, 변량과 표준편차 각각에 대해서 어떤 기호를 사용하였겠는가?

학습내용 확인하기의 답은 부록 D에서 찾아볼 수 있다.

개념의 개관

집중경향

연구에서는 세 가지 **집중경향** 측정치를 보편적으로 사용한다. 집중경향 측정치가 표본을 기술할 때 그 수치는 **통계치**이다. 전집을 기술할 때는 그 수치가 **모수치**이다. **평균**은 데이터의 산술평균이다. **중앙값**은 데이터 집합의 중앙점이다. 50%의 점수가 중앙값 좌우에 위치한다. **최빈값**은 데이터 집합에서 가장 빈번한 점수이다. 최빈값이 하나일 때는 분포가 **단봉분포**이다. 두 개의 최빈값이 있을 때는 **쌍봉분포**이다. 세 개 이상의 최빈값이 있을 때는 **다봉분포**가 된다. 평균은 예외값의 영향을 상당히 받는 반면에, 중앙값과 최빈값은 예외값에 대한 저항력을 가지고 있다.

변산성 측정치

범위는 계산하기 가장 용이한 **변산성** 측정치이다. 데이터 집합의 최고점수에서 최저점수를 빼는 방식으로 계산한다. 변량과 표준편차가 변산성의 훨씬 더 보편적인 측정치이다.

선호하는 집중경향 측정치가 평균일 때, 변량과 표준편차를 사용한다. **변량**은 평균으로부터의 편차제곱의 평균이다. 모든 점수로부터 평균을 빼서 **평균으로부터의 편차**를 얻은 다음에, 각 편차를 제곱하여 계산한다. (후속 장들에서는 표본에 근거하여 전집에 관한 추론을 할 때 편차의 제곱합이라는 용어를 사용할 것이다.) **표준편차**는 변량의 평방근이다. 표준편차는 한 점수가 전형적으로 평균으로부터 벗어나 있는 정도를 나타낸다.

SPSS®

제2장의 전염성 강한 비디오 데이터를 사용하여 이 장에서 논의한 기술통계치를 확인하는 데 SPSS를 사용할 수 있다. 우선 스크린샷에서 보는 것처럼 데이터를 입력한다. (4,586초의 예외값을 포함시키지 않는다.)

'비디오 길이' 변인의 수치 목록을 얻기 위해서 다음을 선택한다. 분석(Analyze) → 기술통계량(Descriptive Statistics) → 빈도 분석(Frequencies). 그 후 관심의 대상인 '비디오 길이'를 하이라이트한 다음에 화살표를 클릭하여 왼쪽에서 오른쪽 측면으로 이동시킨다. 그런 다음에 다음을 선택한다. 통계치(Statistics) → 평균(Mean), 중앙값(Median), 최빈값(Mode), 표준편차(Std deviation), 변량(Variance), 범위(Range) → 계속(Continue) → 확인(OK). 여러분도 알아차렸겠지만, SPSS가 제공할 수 있는 여러 가지 다른 기술통계치들이 존재한다(예컨대, 최소점수, 최대점수 등).

데이터와 출력은 스크린샷에 나와있는 것처럼 보이게 된다. SPSS는 출력에 빈도표도 지정값으로 제공해준다.

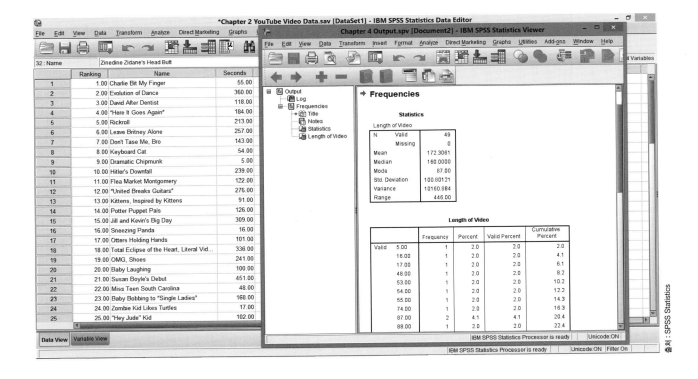

출처 : SPSS Statistics

작동방법

4.1 평균 계산하기

평균은 어떻게 계산하는가? yelp.com에서 캐나다 밴쿠버에 있는 상위 15개 베트남 식당을 살펴보았다. 모든 식당이 매우 높은 전반적 평가를 받았지만, 평가자의 수가 식당마다 차이가 있었다. (이 데이터가 유용한 까닭은 무엇인가? 식당이 뛰어나다는 데 동의하는 평가자가 많을수록 그 식당에 대한 전반적 평가를 더 신뢰할 수 있다고 생각할 수 있다. 그렇기는 하지만 Yelp 평가자들이 대표적인 표본이 아닐 수도 있기 때문에 신중해야만 한다.) 다음은 Yelp에서 15개 식당 각각을 평가한 사람의 수이다.

$$423 \quad 123 \quad 50 \quad 78 \quad 43 \quad 98 \quad 139 \quad 53 \quad 78 \quad 69 \quad 112 \quad 120 \quad 74 \quad 39 \quad 130$$

평균은 어떻게 계산할 수 있는가? 우선 모든 점수를 더한다.

$$423 + 123 + 50 + 78 + 43 + 98 + 139 + 53 + 78$$
$$+ \ 69 + 112 + 120 + 74 + 39 + 130 \ = \ 1,629$$

그런 다음에 점수 개수인 15로 나눈다.

$$1,629/15 = 108.60$$

공식을 사용하면 다음과 같이 계산한다.

$$M = \frac{(423 + 123 + 50 + 78 + 43 + 98 + 139 + 53 + 78 + 69 + 112 + 120 + 74 + 39 + 130)}{15} = 108.60$$

4.2 중앙값 계산하기

밴쿠버에 있는 베트남 식당에 대한 Yelp 평가자 수 데이터를 사용하여, 어떻게 중앙값을 계산할 수 있는가? 중앙값은 중간 점수(홀수의 점수 개수일 때)이거나 두 중간 점수의 평균(짝수의 점수 개수일 때)이다. 우선 데이터를 최저점수에서부터 최고점수까지 재배열한다.

$$39 \quad 43 \quad 50 \quad 53 \quad 69 \quad 74 \quad 78 \quad 78 \quad 98 \quad 112 \quad 120 \quad 123 \quad 130 \quad 139 \quad 423$$

15개의 점수에서는 하나의 중간 점수, 즉 여덟 번째 점수가 존재한다. 여덟 번째 점수는 78이다. 중앙값은 78이다.

4.3 최빈값 계산하기

'Yelp 평가자의 수' 데이터에서 어떻게 최빈값을 계산할 수 있는가? 최빈값은 가장 보편적인 점수이다. 이 데이터의 최빈값은 빈도분포를 들여다봄으로써 결정할 수 있다. 두 식당에 78명의 평가자가 있다. 최빈값은 78이다.

4.4 변량 계산하기

'Yelp 평가자의 수' 데이터에서 어떻게 변량을 계산할 수 있는가? 이 데이터에서 변량을 계산하려면 우선 모든 점수로부터 평균인 108.60을 뺀다. 그런 다음에 그 편차를 제곱한다. 다음 표에 계산이 나와있다.

점수	$X - M$	$(X - M)^2$
39	−69.6	4,844.16
43	−65.6	4,303.36
50	−58.6	3,433.96
53	−55.6	3,091.36
69	−39.6	1,568.16
74	−34.6	1,197.16
78	−30.6	936.36
78	−30.6	936.36
98	−10.6	112.36
112	3.4	11.56
120	11.4	129.96
123	14.4	207.36
130	21.4	457.96
139	30.4	924.16
423	314.4	98,847.36

그런 다음에 세 번째 열의 모든 점수를 합하여 편차제곱합(또는 그냥 제곱합)을 얻는다. 그 합은 121,001.60이다.

공식을 사용하여 계산을 마칠 수 있다.

$$SD^2 = \frac{\Sigma(X - M)^2}{N} = \frac{121,001.60}{15} = 8,066.773$$

변량은 8,066.773이다.

4.5 표준편차 계산하기

'Yelp 평가자의 수' 데이터에서 어떻게 표준편차를 계산할 수 있는가? 표준편차는 변량의 평방근이다. 앞서 공식을 사용하여 계산한 변량으로부터 표준편차를 직접 계산할 수 있다.

$$SD = \sqrt{SD^2} = \sqrt{8,066.773} = 89.815$$

표준편차는 89.82이다.

연습문제

홀수 문제의 답은 부록 C에서 찾아볼 수 있다.

개념 명료화하기

4.1 집중경향의 세 가지 측정치, 즉 평균, 중앙값, 최빈값을 정의해보라.

4.2 평균을 시각적으로 그리고 산술적으로 평가할 수 있다. 각 방법을 기술해보라.

4.3 평균이 어떻게 수학적으로 분포의 균형을 유지하는지를 설명해보라.

4.4 단봉분포, 쌍봉분포, 다봉분포가 의미하는 바를 설명해보라.

4.5 쌍봉분포와 다봉분포에서는 평균이 유용하지 않은 이유를 설명해보라.

4.6 예외값이란 무엇인가?

4.7 예외값은 평균과 중앙값에 어떤 영향을 미치는가?

4.8 어떤 상황에서 최빈값을 주로 사용하는가?

4.9 표준편차를 여러분의 방식대로 정의해보라.

4.10 다음 변량 공식에서 사용하는 기호를 정의해보라.

$$SD^2 = \frac{\Sigma(X - M)^2}{N}$$

4.11 전형적으로 변량보다는 표준편차를 보고하는 이유는 무엇인가?

4.12 다음 진술이나 공식 각각에서 잘못 사용한 기호들을 찾아보라. 각 진술이나 공식에서, (1) 어느 기호를 잘못 사용하고 있는지를 진술하고, (2) 그 기호가 잘못인 까닭을 설명하며, (3) 어느 기호를 사용해야 하는지를 진술해보라.

    a. 반응시간 표본의 평균과 표준편차를 계산하였다($m = 54.2$, $SD^2 = 9.87$).

    b. 고등학생 평균평점 표본의 평균은 $\mu = 3.08$이었다.

    c. 범위 $= X_{최고} - X_{최저}$

통계치 계산하기

4.13 다음 데이터를 사용하라.

    15 34 32 46 22 36 34 28 52 28

    a. 평균, 중앙값, 최빈값을 계산해보라.

    b. 또 다른 데이터 점수 112를 첨가하라. 다시 평균, 중앙값, 최빈값을 계산해보라. 이 새로운 데이터 점수가 계산에 어떤 영향을 미치는가?

    c. 원래 데이터의 범위, 변량, 표준편차를 계산해보라.

4.14 다음의 연봉 데이터를 사용하라(단위는 $).

    44,751 38,862 52,000 51,380 41,500 61,774

    a. 평균, 중앙값, 최빈값을 계산해보라.

    b. 또 다른 연봉 $97,582를 첨가하라. 다시 평균, 중앙값, 최빈값을 계산해보라. 이 새로운 연봉이 계산에 어떤 영향을 미치는가?

    c. 원래 데이터의 범위, 변량, 표준편차를 계산해보라.

    d. 예외값인 연봉 $97,582를 포함시킬 때 범위가 어떻게 변하는가?

4.15 뉴햄프셔에 있는 워싱턴산 천문대(Mount Washington Observatory, MWO)는 전 세계에서 최악의 날씨를 보인다고 주장한다. 다음은 MWO에서 기록된 극단적 날씨에 관한 데이터이다.

월	정상적 최고온도 (°F)	정상적 최저온도 (°F)	최저온도 기록 (연도)	시간당 최고풍속 (연도)
1월	14.0	-3.7	-47 (1934)	173 (1985)
2월	14.8	-1.7	-46 (1943)	166 (1972)
3월	21.3	5.9	-38 (1950)	180 (1942)
4월	29.4	16.4	-20 (1995)	231 (1934)

월	정상적 최고온도 (°F)	정상적 최저온도 (°F)	최저온도 기록 (연도)	시간당 최고풍속 (연도)
5월	41.6	29.5	-2 (1966)	164 (1945)
6월	50.3	38.5	8 (1945)	136 (1949)
7월	54.1	43.3	24 (2001)	154 (1996)
8월	53.0	42.1	20 (1986)	142 (1954)
9월	46.1	34.6	9 (1992)	174 (1979)
10월	36.4	24.0	-5 (1939)	161 (1943)
11월	27.6	13.6	-20 (1958)	163 (1983)
12월	18.5	1.7	-46 (1933)	178 (1980)

    a. 한 해에 걸쳐 정상적인 하루 최저온도의 평균과 중앙값을 계산해보라.

    b. 최저온도 기록의 평균, 중앙값, 최빈값을 계산해보라.

    c. 최고풍속 데이터의 평균, 중앙값, 최빈값을 계산해보라.

    d. 원자료에 최빈값이 존재하지 않을 때는 데이터를 간격으로 분할하여 최빈값을 계산할 수 있다. 여러분은 최고풍속 데이터에 대해서 어떻게 하겠는가?

    e. 한 해에 걸쳐 정상적인 하루 최저온도의 범위, 변량, 표준편차를 계산해보라.

    f. 최저온도 기록의 범위, 변량, 표준편차를 계산해보라.

    g. 최고풍속 데이터의 범위, 변량, 표준편차를 계산해보라.

4.16 다음은 상위 70개 미국 대학의 경쟁률에 관하여 *U.S. News & World Report*가 보도한 데이터이다. 이 데이터는 모든 지원자 중에서 합격한 학생의 백분율이다.

  6.3 14.0 8.9 21.6 40.6 51.2 50.5 69.4 42.4 68.3
  8.5 12.4 18.0 30.4 31.4 51.3 47.5 49.4 54.6 63.5
  7.7 12.8 18.8 25.5 28.0 33.4 38.3 25.0 49.4 56.7
  7.0 10.1 24.3 23.0 32.7 46.0 52.4 31.6 44.7 62.8
16.3 18.0 16.4 33.3 40.0 35.5 67.6 43.2 57.9 63.3
  9.7 18.4 26.7 39.9 34.6 39.6 46.6 34.5 47.3 61.1
  7.1 16.5 18.1 21.9 34.1 45.7 58.4 63.4 63.0 46.6

    a. 여러분이 기호와 공식을 사용하는 방법을 알고 있음을 보여주면서, 이 데이터의 평균을 계산해보라.

    b. 이 데이터의 중앙값을 결정하라.

    c. 범위를 계산하여 이 데이터의 변산성을 기술해보라.

개념 적용하기

4.17 **연봉 데이터의 평균 대 중앙값**: 연습문제 4.13과 4.14에서 하나의 예외값이 계산에 포함될 때 평균과 중앙값이 어떻게 변하는지를 보았다. 만일 여러분이 회사의 연봉을 보고하고 있다면, 평균과 중앙값이 잠재적 지원자에게 어떤 상이한 인상을 주었겠는가?

4.18 기온 데이터의 평균 대 중앙값 : 연습문제 4.15에서는 MWO에서 매달 기록한 '정상적인' 하루 최고온도와 최저온도를 제시하였다. 이 데이터는 매달의 집중경향 측정치일 가능성이 크다. 이러한 '정상적인' 기온을 평균이나 중앙값으로 계산한 이유를 설명해보라. 특정 유형의 통계치를 사용한 이유는 무엇이겠는가?

4.19 우울점수의 평균과 중앙값 : 우울 연구팀은 최근에 대학 전집에서 무선선택한 7명의 참가자를 평가하였다. 참가자들의 집중경향을 보다 잘 나타내는 지표는 평균이겠는가, 아니면 중앙값이겠는가? 여러분의 답을 해명해보라.

4.20 기온 데이터의 집중경향 측정치 : MWO의 '정상적인' 날씨 데이터는 월별로 분할되어 있다. 여러분이 모든 달에 걸쳐 평균을 내려고 하지 않는 이유는 무엇이겠는가? 한 해를 어떤 다른 방법으로 요약할 수 있겠는가?

4.21 예외값, 집중경향 그리고 최고풍속 데이터 : MWO에서 기록한 최고풍속 데이터에는 예외값이 있는 것으로 보인다(연습문제 4.15에서 데이터를 참조). 어디에서 그 예외값을 볼 수 있으며, 이 데이터 값을 제외시키는 것은 세 가지 집중경향 계산에 어떤 영향을 미치겠는가?

4.22 야구 성적의 집중경향 측정치 : 다음은 야구에서 4년에 걸쳐 최고의 투구를 보인 투수 11명의 승률이다.

$$0.755 \quad 0.721 \quad 0.708 \quad 0.773 \quad 0.782 \quad 0.747$$
$$0.477 \quad 0.817 \quad 0.617 \quad 0.650 \quad 0.651$$

a. 이 점수의 평균은 얼마인가?

b. 이 점수의 중앙값은 얼마인가?

c. 평균과 중앙값을 비교해보라. 둘 간의 차이는 데이터가 상당히 편중되었음을 시사하는가?

4.23 '실생활'에서의 평균과 중앙값 : 평균보다 중앙값을 선호하는 실생활 상황 하나를 간략하게 기술해보라. 여러분의 설명에서 가상적인 평균과 중앙값을 제시하라. 독창적이기를 기대한다.

4.24 대중매체에서의 기술통계치 : 온라인에서든 인쇄매체에서든 노화방지 제품 광고를 찾아보라. 주장이 허무맹랑할수록 더 좋다.

a. 그 광고는 제품이 소비자에게 무엇을 해준다고 약속하고 있는가?

b. 약속한 이점에 관하여 어떤 데이터를 제시하고 있는가? 어떤 기술통계치를 제시하고 있는가, 아니면 단지 증언만을 보여주는가? 만일 기술통계치를 제시하고 있다면, 그 통계치의 제한점은 무엇인가?

c. 만일 여러분이 이 제품을 심각하게 고려하고 있다면,

어떤 집중경향 측정치를 가장 보고 싶은가? 모든 집중경향 측정치가 도움이 되는 것이 아닌 이유를 지적하면서 여러분의 답을 해명해보라.

d. 통계학 배경이 없는 친구가 이 제품을 심각하게 고려하고 있다면, 그 친구에게 어떤 이야기를 들려주겠는가?

4.25 대중매체에서의 기술통계치 : 텔레비전에서 몸매관리 제품(예컨대, 복근 기계)을 광고할 때, 경이로운 성공 스토리를 가지고 있는 인물을 등장시키기 십상이다. "개인에 따라 결과는 다를 수 있습니다."라는 진술은 그 광고가 특정 유형의 데이터를 제시하고 있다는 사실을 함축하고 있다.

a. 이 광고는 어떤 유형의 데이터를 제시하고 있는가?

b. 일반 대중에게 '개인에 따라 결과가 얼마나 다를 수 있는지'를 알려주는 데 도움을 주려면 어떤 통계치를 제시할 수 있겠는가?

4.26 캐나다 텔레비전 프로그램 평가 데이터의 범위 : 캐나다의 시청자 평가기관인 뉴메리스는 캐나다 텔레비전 프로그램 평가 데이터를 수집한다. 다음은 1주일에 걸쳐 영어로 방영하는 상위 30개 프로그램의 1분당 시청자 수의 평균을 1,000명 단위로 나타낸 것이다. 즉 첫 번째 데이터 값인 3117은 3,117,000명을 의미한다. 이 데이터의 범위는 얼마인가?

3117	2935	2216	2128	1785	1735	1616	1602	1548	1519
1513	1476	1462	1263	1201	1198	1193	1189	1186	1155
1117	1102	1079	1057	1036	1034	1008	925	902	887

4.27 학생 참여도에 관한 전국조사 데이터의 기술통계치 : 학생 참여도 전국조사(NSSE)는 매년 미국 대학생들에게 20쪽에 달하는 과제를 얼마나 많이 받았는지를 묻는다. 다음은 19개 대학 표본에서 5~10개의 20쪽 과제를 받았었다고 응답한 학생의 백분율이다.

$$0 \quad 5 \quad 3 \quad 3 \quad 1 \quad 10 \quad 2$$
$$2 \quad 3 \quad 1 \quad 2 \quad 4 \quad 2 \quad 1$$
$$1 \quad 1 \quad 4 \quad 3 \quad 5$$

a. 기호와 수식을 사용하여 이 데이터의 평균을 계산해보라.

b. 기호와 수식을 사용하여 이 데이터의 변량을 계산해보라. 열(column)을 사용하여 모든 계산과정을 보여주어라.

c. 기호와 수식을 사용하여 이 데이터의 표준편차를 계산해보라.

d. 이 데이터의 평균과 표준편차는 점수들에 관하여 무엇을 알려주는지를 여러분 방식대로 기술해보라.

4.28 통계치 대 모수치 : 다음 각 상황에 대해서 평균이나 중앙값이 통계치인지 아니면 모수치인지를 진술하라. 여러분의 답을 해명해보라.

   a. 캐나다 인구조사 데이터에 따르면, 브리티시콜럼비아주의 가구당 수입의 중앙값이 $66,970이었으며, 전국 중앙값인 $69,860보다 낮았다.

   b. 영국 프리미어리그의 각 팀이 사용하는 경기장은 평균 38,391명의 관중을 수용할 수 있다.

   c. 일반사회조사(GSS)는 참가자들에게 오지선다형 검사에서 적절한 동의어를 선택하도록 요구하는 어휘검사를 포함하고 있다. 어휘검사 점수의 평균은 5.98이었다.

   d. 학생 참여도 전국조사(NSSE)는 학생들에게 강의실 이외의 장소에서 얼마나 자주 교수와 토론하는지를 물었다. 데이터를 공개한 19개 대학에서 '매우 자주'라고 응답한 학생의 평균 백분율은 8%이었다.

4.29 집중경향과 분포의 모양 : 통계학 강의에서 어떤 퀴즈의 점수가 나타낼 수 있는 여러 분포를 생각해보라. 점수는 0~100점의 범위를 가질 수 있다고 상상하라. 다음 각 상황에 대해서 가상의 평균과 중앙값(즉, 다음의 모양을 나타내는 분포에서 나타날 수 있는 평균과 중앙값)을 제시해보라.

   a. 정상분포

   b. 정적 편중분포

   c. 부적 편중분포

4.30 분포의 모양, 화학 강의 성적, 그리고 준비가 덜 된 채 대학에 입학한 대학생 : 데이비드 라우디는 준비가 덜 된 학생들이 다른 학생들과 동일한 수준으로 학업을 수행하도록 이끌어주는 개입 프로그램을 개발한 오스틴 소재 텍사스대학교의 화학교수이었다(그리고 과거에 자신이 준비가 덜 된 대학생이었다)(Tough, 2014). 그가 이 프로그램을 시작한 까닭은 성적이 중앙에서 정점을 이루는 단봉분포가 아니라 쌍봉분포인 것을 목격하였기 때문이었다. 구체적으로 "500명의 학생이 수강하는 각 강의에서, A와 B+ 점수 영역에 몰려있는 꽤나 우수한 400명과 D와 F의 하위 영역에 대략 100명의 두 번째 군집이 있었다."

   a. 왼쪽부터 F로 시작하여 오른쪽에 A가 배열된 분포를 작성하고 만일 중앙에 정점이 있는 단봉분포라면 화학 점수가 어떤 모양일지를 보여라.

   b. 라우디가 자신의 화학 강의에서 목격한 분포를 그려보라.

   c. (a)와 (b) 각각의 분포에서 알파벳으로 나타낸 성적의

평균은 어떠할 것인지 추측해보라.

   d. 어느 분포에서 평균이 집중경향의 더 좋은 측정치가 되겠는가? 여러분의 답을 해명해보라.

   e. 위에서 진술한 결과에 근거하여, 라우디가 개입 프로그램을 실시한 후에 분포는 어떤 모양일 것이라고 생각하는지를 기술해보라.

4.31 예외값, 허리케인 샌디 그리고 쥐의 창궐 : 뉴욕타임스 기자 카라 버클리(2013)는 기사에서 허리케인 샌디가 초래한 홍수에 뒤이어 쥐들이 뉴욕시 해안가로부터 도심으로 대거 유입된 사실을 보도하였다. 버클리는 병충해 방지 전문가인 티모시 웡을 인터뷰하였는데, 그는 쥐의 창궐이 그 문제에 제대로 대처하지 않은 건물들의 위법행위 탓일 수 있다는 사실을 지적하였다. 그렇지만 버클리는 허리케인이 도래하는 시점에서는 뉴욕시 전반에 걸쳐 위법행위가 감소하였다고 보도하였다. 전년도에는 같은 시점에 2,750건의 위법행위가 발생한 반면, 해당 시점에는 1,996건의 위법행위만 발생하였다는 것이다. 그 이유는 무엇이겠는가? 버클리는 다음과 같이 설명하였다. "보건당국은 11월 1일 허리케인 샌디가 휘몰아친 후에 A구역(뉴욕시에서 홍수에 가장 취약한 지역)에서 설치류 위법행위를 발표하는 것을 금지시켰다고 밝혔다."

   a. 허리케인 샌디가 발생하기 전과 후의 한 해에 걸쳐 설치류 위법행위의 월 평균을 작성하고자 할 때, 여러분이 비교를 할 수 없는 이유는 무엇인가?

   b. A지역 위법행위의 제거가 어떻게 예외값의 제거와 동시에 부정확한 데이터로 이끌어갈 수 있는지를 설명해보라.

4.32 예외값, H&M 그리고 디자이너 협업 : 스웨덴의 저가 의류 판매회사인 H&M은 때때로 고급의상 디자이너들과 협업하기도 한다. 예컨대, H&M은 디자이너 마틴 마르지엘라와 협업하였는데, 그의 제품은 곧바로 매진되었다. 만일 H&M이 의류제품당 평균 판매 수를 발표한다면, 마틴 마르지엘라의 경우와 같은 디자이너 협업이 판매량의 평균은 부풀리지만 중앙값은 부풀리지 않는 이유는 무엇인가?

4.33 성장차트 데이터에서 집중경향과 예외값 : 아동의 평균 키나 체중을 도작하여 성장차트를 작성할 때, 여러분은 이 데이터의 평균을 사용하는 것이 적합하다고 생각하는가? 신장에는 예외값이 존재하기 십상임에도 불구하고, 그 예외값이 데이터에 미치는 영향에 관심을 갖지 않는 이유는 무엇인가?

4.34 강의조교(TA), 인종, 그리고 표준편차 : 연구자들은 강의

조교(TA)의 인종이 학생들의 성적에 영향을 미친다고 보고하였다(Lusher, Campbell, & Carrell, 2015). 이들은 다음과 같이 보고하였다. "TA가 모두 아시아인일 때 아시아계 학생들이 받는 성적이 표준편차의 2.3%만큼 증가한다. 마찬가지로 TA가 모두 비아시아인일 때 비아시아계 학생들이 받는 성적은 표준편차의 3.7%만큼 증가한다." 연구자들은 이 효과가 발생하는 이유에 관한 여러 가지 가설을 세웠는데, 그중의 하나는 학생들이 유사한 인종의 TA를 열성적이라고 간주하거나 아니면 단지 동일한 인종의 누군가로부터 배우는 것이 더 편하기 때문이라는 것이었다. 표준편차에 관하여 알고 있는 사실에 근거하여, 이 결과를 여러분의 방식대로 설명해보라. 그리고 이것이 상당한 효과인지를 진술하고 여러분의 답을 해명해보라.

4.35 초혼 연령의 평균 대 중앙값 : 2008년에 캐나다에서 처음 결혼하는 남성의 평균 연령은 31.1세이고 여성은 29.1세이었다. 그리고 2011년에 미국에서 처음 결혼하는 남성의 중앙값은 28.9세이고 여성의 중앙값은 26.9세이었다. 이 데이터가 약간 상이한 해에 수집된 것이라는 사실을 접어놓고, 국가 간 비교를 위하여 이러한 집중경향 측정치를 직접 비교할 수 없는 이유를 설명해보라.

4.36 연령의 중앙값과 테크놀로지 기업 : 뉴욕타임스는 "테크놀로지 노동자는 젊다(정말로 젊다)"라는 제목의 기사에서 다양한 기업에 근무하는 사람들의 연령 중앙값을 보도하였다(Hardy, 2013). 기자는 다음과 같이 쓰고 있다. "연령의 중앙값이 가장 작은(즉, 젊은) 상위 8개 기업은 Epic Games(26세), Facebook(28세), Zynga(28세), Google(29세), 그리고 AOL, Blizzard Entertainment, InfoSys, Monster.com(모두 30세)이었다. 노동통계국에 따르면, 오직 구둣가게와 식당만이 연령 중앙값이 30세 이하인 직원을 고용하고 있다."

a. 기자가 노동자 연령을 평균이 아니라 중앙값으로 제시한 이유를 설명해보라.

b. 기업 간의 연령을 비교하는 데 평균보다는 중앙값을 사용하는 것이 더 용이한 이유는 무엇인가?

4.37 표준편차와 학령전 아동의 부모에 대한 문자메시지 개입 : 연구자들은 부모가 8개월에 걸쳐 문자메시지를 받는 프로그램인 READY4K를 연구하였다(York & Loeb, 2014). 문자메시지의 목적은 부모가 학령전 아동의 글 읽기를 준비시키는 것을 도와주려는 것이었다. 문자메시지를 받은 부모의 자녀들을 문자메시지를 받지 않은 부모의 자녀들과 비교하였다. 연구자들은 문자메시지가 "몇몇 영

역의 초기 문해력 학습에서 대략 0.21~0.34 표준편차에 이르는 이득"을 초래하였다고 보고하였다.

a. 평균과 표준편차에 관한 지식에 근거하여 이 결과가 의미하는 것을 설명해보라.

b. 연구자는 집단간 설계를 사용하였는가, 아니면 집단내 설계를 사용하였는가? 여러분의 답을 해명해보라.

4.38 범위, 세계신기록 그리고 우정 팔찌 체인의 길이 : 기네스 세계기록의 보도에 따르면, 미국 펜실베이니아 초등학생들이 집단따돌림 반대 캠페인의 일환으로 2,678피트에 달하는 우정 팔찌 체인을 만들었다. 기네스는 이토록 경이로운 주장을 위해 어떤 유형의 데이터에 의존하였는가? 이 데이터는 범위의 계산과 어떻게 관련되어 있는가?

종합

4.39 기술통계치와 농구 게임에서의 승리 : 다음은 30개 NBA 팀들이 2012~2013 시즌에 승리한 횟수이다.

60	44	39	29	23	57	50	43	37	27
49	42	37	29	19	56	51	40	33	26
48	42	31	25	18	53	44	40	29	23

a. 이 데이터의 묶은 빈도표를 작성하라.

b. 묶은 빈도표에 근거한 히스토그램을 작성하라.

c. 이 데이터의 평균, 중앙값, 최빈값을 계산하라. 평균을 계산할 때는 기호와 공식을 사용하라.

d. 통계 소프트웨어를 사용하여 이 데이터의 범위와 표준편차를 계산하라.

e. 이 데이터의 분포를 기술하는 한두 문단의 요약문을 작성해보라. 집중경향, 변산성, 그리고 모양을 언급하라. 최빈값의 수(즉, 단봉, 쌍봉, 다봉 분포), 예외값, 그리고 편중의 존재와 방향을 반드시 논의하라.

f. 이 데이터 집합이 제기할 수 있는 한 가지 연구물음을 진술해보라.

4.40 집중경향과 교통사고 사망자 데이터의 예외값 : 다음 표는 WHO의 데이터에 근거한 12개 국가의 연간 교통사고 사망자 수이다.

a. 12개 국가 전체의 평균과 중앙값을 계산하라.

b. 12개 국가 전체의 범위를 계산하라.

c. 미국의 데이터 값을 제외하고 (a)와 (b)의 통계치를 재계산해보라. 미국 데이터 값을 포함시키거나 제외하는 것이 이러한 통계치에 어떤 영향을 미치는가?

d. 교통사고 사망자의 수를 사용하는 대신에 100,000명당

사망자 수를 사용하는 것은 이 통계치들에 어떤 영향을 미치는가?

e. 교통사고 사망자 수가 개인적 특성이나 국가적 특성에 따라 변한다고 생각하는가? 그러한 특성들이 (제1장에서 논의하였던) 혼입변인을 나타낼 수 있겠는가?

국가	사망자 수
미국	35,490
호주	1,363
캐나다	2,296

국가	사망자 수
덴마크	258
핀란드	272
독일	3,830
이태리	4,371
일본	6,625
말레이시아	7,085
포르투갈	1,257
스페인	2,478
터키	8,758

핵심용어

다봉분포(multimodal distribution)
단봉분포(unimodal distribution)
모수치(parameter)
범위(range)
변량(variance)
변산성(variability)
쌍봉분포(bimodal distribution)
제곱합(sum of squares)

중앙값(median)
집중경향(central tendency)
최빈값(mode)
통계치(statistic)
평균(mean)
평균으로부터의 편차(deviation from the mean)
표준편차(standard deviation)

공식

$$M = \frac{\Sigma X}{N}$$

$$범위 = X_{최고} - X_{최저}$$

$$SD^2 = \frac{\Sigma(X - M)^2}{N}$$

$$SD = \sqrt{SD^2}$$

$$SD = \sqrt{\frac{\Sigma(X - M)^2}{N}}$$

기호

M

$\overline{X}$

μ

X

Σ

N

Mdn

SD^2

s^2

MS

σ^2

SD

s

σ

SS

표집과 확률

5

표본과 그 전집
    무선표집
    편의표집
    편중표본의 문제점
    무선할당

확률
    동시발생과 확률
    상대적 빈도에 근거한 기대확률
    독립성과 확률

추론통계
    가설 세우기
    가설에 관한 결정 내리기

1종 오류와 2종 오류
    1종 오류
    2종 오류
    1종 오류의 충격적인 발생률

시작하기에 앞서 여러분은

■ 표본과 전집 간의 차이를 이해하여야만 한다(제1장).

■ 집중경향, 특히 평균을 계산하는 방법을 알고 있어야만 한다 (제4장).

Bettmann/Getty Images

힘들게 일하지 말고 현명하게 일하라! 표집은 보다 효율적으로 일을 하는 방법이다. 표집은 산업-조직심리학 분야의 선구자인 릴리언 길브레스와 그녀의 남편인 프랭크 길브레스가 때때로 혼란스럽기도 하지만 행복한 가정을 꾸리는 데 적용하였던 원리에 근거한다. 길브레스 부부가 12명의 자식 중에서 11명과 함께 찍은 사진이다. 맨 왼쪽이 프랭크 그리고 맨 오른쪽이 릴리언이다.

산업심리학과 조직심리학의 선구자인 릴리언 길브레스(Held, 2010)는 9살이 될 때까지 부모가 집에서 교육을 시켰던 내향적인 소녀였다. 집은 정신없이 돌아가는 장소이었으며, 9남매 중 장녀이었던 어린 릴리언은 병석의 어머니 역할을 대신하기 십상이었다. 아동기부터 시작된 숨 가쁜 삶의 페이스는 그녀가 여생을 지내는 동안에도 계속되었다. 효율성 전문가이었던 릴리언과 프랭크 길브레스 부부는 컨설팅 사업을 벌였으며, 12명의 자녀를 두었다. 부부는 어떤 과제를 보다 효율적으로 수행하는 데 필요한 동작을 분석해내기 위하여 작업하고 있는 사람들의 영상물을 사용하는 방법을 개척하였으며, 자녀들이 자신의 삶을 보다 효율적으로 영위하는 것을 돕는 데 동일한 원리를 적용하였다. 이 가족의 생활방식은 훗날 두 명의 자녀가 **열두 명의 원수들**(*Cheaper By the Dozen*)이라는 책을 집필하도록 고취시켰으며, 이 책을 바탕으로 찍은 영화가 유명세를 타기도 하였다.

남편인 프랭크가 비교적 젊은 나이에 사망한 후에, 릴리언은 계속해서 기업 컨설턴트로 가족을 먹여 살렸다(APS, 2017). 그녀는 공동집필한 책 표지에 남편 이름만을 허용하는 시대에 그 일을 해냈다. 여성 작가를 광고하면 책의 신뢰성을 상실한다는 출판사의 두려움 때문이었다니 말이나 되는가! 프랭크는 대학에서 학위를 획득한 적이 결코 없었지만, 릴리언은 버클리 소재 캘리포니아대학교에서 석사학위를, 그리고 브라운대학교에서 박사학위를 받았다.

*California Monthly*는 릴리언 길브레스를 "삶의 지혜를 갖춘 천재"로 묘사하였다(Kennedy, 2012). 그녀의 과학적 사고능력은 가정과 작업장에서 크고 작은 혁신을 이루는 데도 도움을 주었다(Graham, 1999). 쓰레기통의 풋 페달? 릴리언 길브레스에 감사하라. 효율적 주방의 작업 트라이앵글(work triangle. 가스레인지와 냉장고, 싱크대 사이의 동선을 가장 단순하고 편안하게 배열하는 것)? 릴리언 길브레스에게 감사하라. 이 모든 아이디어를 이면에서 주도하는 힘이 인간의 효율성이다. 효율성은 표집에서도 작동하는 힘이다. 보다 용이한 방법이 가용하다면 어째서 힘들게 일하겠는가? 적합하게 표집한 400명이 동일한 정보를 생성한다면 어째서 400,000명을 연구하겠는가?

표본과 그 전집

투표 성향에서부터 구매 패턴과 독감 예방주사의 효과에 이르기까지 평가할 가치가 있는 거의 모든 것들이 표본을 필요로 한다. 표집, 즉 전집에서 표본을 추출하는 작업의 목표는 간단하다. 즉, 전집을 대표하는 표본을 구하는 것이다. 릴리언 길 브레스가 상기시키는 바와 같이, 효율적인 삶과 표집은 모두 가능하며, 실행하기보다는 이론적인 면이 훨씬 더 용이하다.

두 가지 기본적인 유형의 표본, 즉 무선표본과 편의표본이 존재한다. **무선표본**(random sample)은 연구 대상으로 선택될 가능성에서 전집의 모든 구성원이 동일한 표본이다. **편의표본**(convenience sample)은 대학생과 같이 쉽게 가용한 참가자를 사용하는 표본이다. 무선표본은 이상적인 표본이며 대표표본으로 이끌어갈 가능성이 매우 높지만, 일반적으로 비용이 많이 들며 여러 가지 현실적인 문제점을 야기할 수 있다. 무선표본을 선택하기 위하여 전집의 모든 구성원을 접촉하는 것은 거의 불가능하다. 'Amazon Mechanical Turk'나 'SurveyMonkey' 등을 비롯한 많은 인터넷 도구들은 보다 다양한 참가자 표본으로부터 편의표본을 구하는 새로운 방식을 제안하고 있다.

무선표본은 연구 대상으로 선택될 가능성에서 전집의 모든 구성원이 동일한 표본이다.

편의표본은 쉽게 가용한 참가자를 사용하는 표본이다.

무선표집

어느 도시에서 최근에 심적 외상을 초래한 집단살인 사건이 일어났으며 그 도시 경찰서에는 정확하게 80명의 경찰관이 근무한다고 상상해보라. 이 심적 외상의 여파에 대한 경찰서의 염려에 대처하는 데 있어서 동료 상담과 전문가 상담 중에서 어느 것이 더 효과적인 방법인지를 결정하는 문제로 여러분이 고용되었다. 불행하게도 예산 부족으로 인해 여러분이 모집할 수 있는 표본은 단지 10명에 불과할 수밖에 없다. 어떻게 하면 여러분은 10명의 경찰관이 80명이라는 큰 전집을 정확하게 대표할 확률을 극대화할 수 있겠는가?

한 가지 방법은 다음과 같다. 80명의 경찰관 각각에 01부터 80까지 숫자를 부여한다. 그런 다음에 난수표(표 5-1)를 사용하여 10명의 경찰관을 선택한다. 난수표를 사용하려면, (1) 표의 어느 한 지점을 선택하고, (2) 전후좌우 어느 한 방향으로 숫자를 읽어나간다. 예컨대, 여러분이 표 5-1의 두 번째 행의 여섯 번째 수에서 시작하며, 그 행을 따라 오른쪽으로 읽어나간다고 해보자. 처음 10개의 숫자는 97654 64501이다. (다섯 개의 숫자 집합 간에 빈칸을 집어넣은 것은 단지 표를 읽기 쉽게 만들기 위한 것이다.) 첫 번째 숫자 쌍은 97이지만, 전집에는 80명만이 존재하기 때문에 이 숫자를 무시한다. 다음 숫

표 5-1 난수표의 일부

이것은 전집에서 참가자를 무작위로 선정하고 참가자를 실험조건에 무작위로 할당하는 데 사용하는 난수표의 일부분이다.

04493	52494	75246	33824	45862	51025	61962
00549	97654	64501	88159	96119	63896	54692
35963	15307	26898	09354	33351	35462	77974
59808	08391	45427	26842	83609	49700	46058

무선적인 점? 진정한 무선성은 무선적인 것처럼 보이지 않기 십상이다. 영국 화가 데이미언 허스트는 자신의 유명한 점 그림과 같은 많은 작품의 실제 작업을 조수들에게 맡긴다. 그는 조수들에게 색깔 점들을 무선배열하라는 지시를 포함하여 다양한 지시를 내린다. 한 조수는 일련의 노란색 점을 연속해서 배열하였는데, 그것은 허스트와의 논쟁으로 이어졌다. 허스트는 다음과 같이 말하였다. "그 (노란색) 점들이 무선적이지 않다고 말하였는데… 이제는 그가 옳고 내가 틀렸다는 사실을 깨달았다"(Vogel, 2011).

자 쌍은 65이다. 목록에서 65번째 경찰관을 선택한다. 다음 두 숫자 쌍 46과 45도 표본에 포함되며, 뒤따르는 숫자 쌍 01도 포함된다. 동일한 숫자 쌍, 예컨대 45가 반복해서 나타난다면 무시하게 되며, 00이나 80 이상의 숫자 쌍도 무시한다. 여러분의 결정을 고수하라. 디아스 형사는 잘 적응하고 있는 것처럼 보이기 때문에 표집에서 배제하거나 매킨타이어 형사는 곧바로 도움이 필요하다고 생각하여 표본에 포함시켜서는 안 된다.

무선표집이 숫자 46과 45를 모두 선택하여서 놀랐는가? 진정한 난수는 무선적인 것처럼 보이지 않는 숫자 배열을 가지고 있기 십상이다. 예컨대, 표의 세 번째 행에서 3이 연속해서 세 번 나타나고 있는 것에 주목하라.

여러분은 온라인에서 '난수생성기'를 찾아볼 수도 있는데, 이 생성기는 다음과 같은 숫자열을 내놓을 수 있다. 10, 23, 27, 34, 36, 67, 70, 74, 77, 78. 여러분은 10개의 숫자 중에서 4개가 70대인 것에 놀랄는지도 모른다. 놀라지 말라. 난수는 무선적인 것처럼 보이지 않을지라도 진정한 난수인 것이다.

사회과학에서 결코 무선표본을 사용하지 못하는 까닭은 거의 항상 전체 전집에 결코 접속할 수 없기 때문이다. 예컨대, 들쥐의 섭식행동을 연구하는 데 관심이 있다고 하더라도, 무선표본을 선택하기 위한 들쥐 전집 목록을 결코 작성할 수는 없다. 영국에서 비디오게임이 10대의 주의폭에 미치는 영향을 연구하는 데 관심이 있다고 하더라도, 무선표본으로 선택할 영국의 모든 10대를 결코 확인할 수는 없다.

편의표집

동물을 공급해주는 회사에서 구입한 들쥐를 사용하거나 지역의 학교에서 10대를 모집하는 것이 대표표본을 모집하느라 시간과 노력을 기울이는 것보다 훨씬 더 편리하다(빠르고 용이하며 저렴하다). 그렇지만 여기에는 심각하게 불리한 측면이 존재한다. 편의표본은 대규모 전집을 대표하지 못할 수 있다. **일반화가능성**(generalizability)이란 연구자가 한 표본이나 맥락에서 얻은 결과를 다른 표본이나 맥락에 적용할 수 있는 능력을 말한다. 이 원리를 외적 타당도(external validity)라고도 부르며, 지극히 중요하다. 연구 참가자 이외의 다른 사람에게 적용할 수 없다면 도대체 연구를 수행하느라 고생할 필요가 있겠는가?

다행스럽게도 **반복연구**(replication), 즉 상이한 맥락이나 상이한 특성을 나타내는 표본에서 과학적 결과를 반복하는 연구를 통해서 외적 타당도를 증가시킬 수 있다[때로는 재현가능성(reproducibility)이라고도 부른다]. 다시 말해서, 연구를 반복하고 반복하라. 다른 연구자에게 연구를 반복하도록 요청하라. 이것이야말로 과학이 신뢰할 만하면서도 타당한 지식을 생성하는 느리지만 믿을 수 있는 과정인 것이다. 또한 진정한 '과학적 돌파구'라고 하는 것이 실제로는 많은 소규모 연구결과들에 근거한 티핑 포인트(작은 변화들이 어느 정도 기간을 두고 쌓여, 이제 작은 변화가 하나만 더 일어나도 갑자기 큰 영향을 초래할 수 있는 상태가 된 단계)인 이유도 바로 이것이다.

거짓말쟁이를 경계하라! **자원자표본**(volunteer sample), 즉 참가자들이 연구에 참여하겠다고 능동적으로 선택한 편의표본을 사용할 때는 더욱 조심해야만 한다[자기선택표본(self-selected sample)이라고도 부른다]. 참가자가 참여 공고문에 응답하거나 좋아하는 리얼리티 프로그램 참가자나 아이스하키 팀에 투표하도록 사람들을 독려하는 여론조사와 같은 온라인 조사에 스스로 응답할 때, 자원 또는 자기선택하는 것이다. 심리학 연구에서 크라우드소싱[crowdsourcing. 대중(crowd)과 아웃소싱(outsourcing)의 합성어로, 대중들의 참여를 통해 솔루션을 얻는 방법]이 점점 더 대중화함에 따라서 자원자표본을 더 자주 보게 된다. 연구에서 크라우드소싱은 일반적으로 온라인에서 모집한 대규모 집단에게 입력을 요청할 때 발생한다. 한 사례에서 보면, 연구자는 공항에서 스캐너를 감시하면서 사람들의 수화물에 적재할 수 없는 물건들을 찾아내서 비행기가 안전하게 출발하도록 만드는 온라인게임을 즐기는 사람들로부터 데이터를 수집하였다(Mitroff et al., 2015). 이 연구에는 문자 그대로 수백만 명의 참가자가 아주 간헐적으로만 나타나는 다이너마이트와 같이 위험한 물건을 탐색하였다. 그 결과로 얻은 수십억 개의 데이터 값들은 연구자들로 하여금 드물게 나타나는 대상을 시각적으로 탐색하는 능력에 영향을 미치는 요인들을 이해할 수 있게 해주었다. 한편으로는 인터넷을 통해서만 그토록 많은 참가자와 데이터 값들을 얻을 수 있다. 반면에 크라우드소싱을 통한 데이터 수집은 누가 연구에 참가하였는지를 연구자가 제어할 수 없기 때문에, 결과의 분석과 해석에서 신중을 기하여야만 한다(APA, 2014).

Amazon Mechanical Turk(MTurk.com)는 누구든지 소액의 수수료로 과제를 수행할 사람들을 모집할 수 있는 온라인 네트워크이다. 심리학에서 MTurk는 연구자들이 보다 대표적인 참가자 집단을 표집하는 보편적인 가상공간이 되어가고 있다. 누구든지 무료 계정에 가입하고 기초적인 인구학 정보를 제공하고는 금전적 보상을 받기 위하여 온라인 조사에 참여할 수 있다. 이러한 방식으로 참가자를 표집하는 것의 신뢰도와 타당도

일반화가능성이란 연구자가 한 표본이나 맥락에서 얻은 결과를 다른 표본이나 맥락에 적용할 수 있는 능력을 말한다. 외적 타당도라고도 부른다.

반복연구는 상이한 맥락이나 상이한 특성을 나타내는 표본에서 과학적 결과를 반복하는 연구를 말한다. 때로는 재현가능성이라고도 부른다.

자원자표본은 참가자들이 연구에 참여하겠다고 능동적으로 선택한 특별한 유형의 편의표본이다. 자기선택표본이라고도 부른다.

에 관한 많은 논의가 있어왔다(예컨대, Buhrmester, Kwang, & Gosling, 2011). 그렇지만 MTurk를 사용한 표집은 많은 심리학 연구자에게 편리한 표집방법이기 십상인 대학생만을 표집할 때의 편중성을 제거해주는 것처럼 보인다. 이러한 장점이 있기는 하지만, MTurk를 비롯한 온라인 도구들은 여전히 자원자 표집 절차에 머무르고 있다. 성격 및 사회심리학회(SPSP)는 온라인 데이터 수집에 사용하는 'Reddit'과 'Craigslist' 등을 포함한 또 다른 보편적인 크라우드소싱 도구들도 링크시켜준다.

　　온라인 모집도구는 연구자에게 편리하지만, 온라인 자원자표본을 사용하는 제한점은 여전히 남아있다. 자원자표본은 무선선택한 표본과 전혀 다를 수 있다. 자원자들이 제공하는 정보는 사람들이 정말로 관심을 가지고 있는 대규모 전집을 대표하지 못할 수 있다. 크라우드소싱 사례를 생각해보라. 공항에서 위험물을 탐색하는 온라인게임을 즐기는 사람들은 일반 전집과 어떻게 다를 수 있겠는가?

편중표본의 문제점

직설적으로 말해보자. 만일 여러분이 표집을 제대로 이해하지 못하고 있다면, 다른 사람이 여러분을 이용해 먹기 쉽다. 예컨대, 웹사이트 'Viewpoint'는 세탁기용 세제에서부터 카메라에 이르는 다양한 제품의 소비자 리뷰를 위한 토론마당을 제공하고 있다. Viewpoint에는 특정 브랜드의 네일 폴리시(전통적으로는 매니큐어라고 부르던 것이다)만을 다루는 페이지가 있는데, 이 브랜드에서는 'I'm with Brad', 'Read My Palm', 'Never Enough Shoes' 등과 같이 기발한 이름을 가지고 있는 제품을 제공한다. 'catdoganimal'이라는 ID를 사용하는 캘리포니아 베벌리힐스의 한 리뷰어는 그 네일 폴리시를 추천하면서 다음과 같이 적었다. "다듬지 않아도 색깔이 1주일 이상 가네요. 내 손톱을 튼튼하게 만들어주었어요." 이 '증거', 그 네일 폴리시가 오래가며 손톱을 튼튼하게 만들어준다는 간략한 증언서가 가지고 있는 문제점을 살펴보자.

　　관심의 대상인 전집은 그 네일 폴리시를 사용하는 사람들이다. 표본은 리뷰를 게시한 한 명이다. 이 표본에는 두 가지 핵심적인 문제점이 있다. 첫째, 한 사람은 믿을 만한 표본크기가 아니다. 둘째, 그나마 자원자표본이다. 그 네일 폴리시를 경험하였던 소비자가 선택적으로 리뷰를 게시하였다. 이 제품에 별 감흥을 느끼지 않은 사람이 그러한 행위를 할 가능성이 있겠는가? 그 네일 폴리시는 감탄스럽고 리뷰어가 진정으로 그 제품을 좋아할 수 있지만, 캘리포니아의 동물애호가로 보이는 한 사람의 단일 증언서는 믿을 만한 증거를 제공하지 못한다. 실제로 이 제품에 대한 다른 증언서를 수집하였다면, 그 네일 폴리시의

증언서는 믿을 만한 증거인가? 특정 브랜드의 네일 폴리시에 대한 한 사람의 긍정적 경험("내 손톱을 튼튼하게 만들어주었어요.")은 이 제품이 실제로 손톱을 튼튼하게 만든다는 증거를 제공하는가? 증언서는 단 한 명의 자원자표본을 사용하는데, 일반적으로 편향성을 갖는 사람이다. 더 크고 대표적인 표본의 데이터가 한 명의 표본보다는 항상 더 신뢰할 만하다.

찬반에 대하여 상당한 이견이 있을 것이다.

자기선택은 심각한 문제이지만, 전혀 희망이 없는 것은 아니다. 특정한 수의 사람들을 특정 브랜드 네일 폴리시를 사용하는 집단에 무선할당하고 동일한 수의 다른 사람들을 다른 제품을 사용하는 집단에 무선할당한 다음에, 어느 집단이 시간 경과에 따라 더 튼튼한 손톱을 갖는지뿐만 아니라 색깔이 더 오래 지속되는지를 알아볼 수 있다. 의심스러운 증언서와 잘 설계한 실험 중 어느 것이 더 설득적이겠는가? 만일 솔직한 응답이 의심스러운 증언서라면, 통계적 추리는 또다시 일화가 때로는 과학보다 더 설득적인 이유에 관한 물음을 던질 수밖에 없다. (아무튼 사회심리학자들이 멋지게 답하고 있는 물음이다.)

무선할당

무선할당은 과학연구의 독특한 보증서이다. 그 이유는 무엇인가? 모든 참가자가 독립변인의 특정 수준에 할당될 동일한 기회를 갖는 것이 공평한 경쟁의 장을 마련해주기 때문이다. 무선할당은 무선선택과 다르다. 무선선택은 전집에서 표본을 구하는 이상적인 방법이다. 무선할당은 연구를 위하여 모집한 참가자들에게 행하는 절차이다. 표본을 어떻게 모집하였는지에 관계없이 말이다. 전체 전집에 접근하는 것과 관련된 현실적인 문제들은 무선선택이 거의 불가능하다는 사실을 의미한다. 그렇지만 무선할당은 가능하다면 언제나 사용하게 되며, 편의표본과 관련된 많은 문제를 해결해준다.

> **개념 숙달하기**
>
> **5-2 :** 반복연구와 무선할당은 편의표집의 문제를 극복하는 데 도움을 준다. 반복연구란 한 연구의 반복이며, 이상적으로는 그 결과가 일관적인지를 알아보기 위하여 상이한 참가자 또는 상이한 맥락에서 연구를 재차 반복하는 것이다. 무선할당에서는 모든 참가자가 독립변인의 어떤 수준에 할당될 동일한 기회를 갖는다.

무선할당은 무선선택에서 사용하는 것과 유사한 절차를 수반한다. 만일 어떤 연구가 경찰관 연구에서처럼 독립변인의 두 수준을 가지고 있다면, 참가자들을 두 집단 중 하나에 할당할 필요가 있다. '동료 상담' 집단과 '전문가 상담' 집단 각각에 임의로 0과 1이라는 숫자를 부여하기로 결정할 수 있다. 그런 다음에 (1) 난수표에서 어느 지점을 선택하고, (2) 상하좌우 중에서 한 방향으로 숫자를 읽어나가되, 여러분의 결정을 고수해야만 한다.

예컨대, 표 5-1 마지막 행의 첫 번째 숫자로부터 시작하여 오른쪽으로 0이나 1이 아닌 숫자는 무시하면서 읽어나간다면, 0010000을 찾아내게 된다. 따라서 처음 두 참가자는 집단 0에 들어가고, 세 번째 참가자는 집단 1에 들어가며, 다음 4명의 참가자는 집단 0에 들어가게 된다. (여기서도 얼핏 비무선적 패턴처럼 보이지만, 이것은 무선적인 숫자패턴이라는 사실을 명심하라.)

온라인 난수생성 프로그램은 예컨대 0과 1로 구성된 10개 숫자 집합을 제공할 수 있다. 여러 개의 0과 1이 필요하기 때문에 프로그램에게 그 숫자들이 단 한 번만 나오지 않도록 명령하게 된다. 덧붙여서 숫자가 생성된 순서에 따라 참가자들을 할당하고자 원하기 때문에 숫자들을 정렬하지 않도록 요청한다. 저자들이 온라인 난수생성 프로그램을 사용하였을 때, 10개의 숫자는 1110100001이었다. 실험에서는 일반적으로 집단에 동일한 수의 참가자가 할당되기를 원한다. 만일 숫자들이 위의 경우와 달리 절반이 1이고 나머지 절반이 0이 아니라면, 사전에 처음에 나온 다섯 개의 1이나 0만을 사용하기로 결정할 수 있다. 반드시 사전에 무선할당에 관한 규칙을 설정하고 그 규칙을 고수하라.

학습내용 확인하기

개념의 개관

> 표본 데이터를 사용하여 전집에 관한 결론을 도출한다.
> 무선표집에서는 전집의 모든 구성원이 표본의 사례가 될 동일한 기회를 갖는다.
> 행동과학에서는 무선표본보다 편의표본이 훨씬 더 보편적이다.
> 난수가 항상 무선적인 것처럼 보이는 것은 아니다. 어떤 패턴이 있는 것처럼 보일 수 있다.
> 무선할당에서는 모든 참가자가 특정 실험조건에 할당될 동일한 기회를 갖는다.
> 만일 무선할당을 사용하는 연구를 여러 맥락에서 반복한다면, 그 연구결과를 일반화할 수 있다.

개념의 숙달

5-1 표집의 위험성은 무엇인가?

통계치의 계산

5-2 난수표(표 5-1)를 사용하여 80명의 표본에서 6명을 선정하라. 각 사람에게 01부터 80까지 숫자를 부여하는 것으로 시작하라. 그런 다음에 네 번째 행에서 시작하여 오른쪽으로 진행하면서 6명을 선정하라. 선정된 6명의 숫자를 나열해보라.

5-3 표 5-1을 사용하여 그 6명을 0과 1로 나타낸 두 실험집단에 무선할당하라. 이번에는 첫 번째 열의 상단에서 아래쪽으로 진행하면서 시작하라. 그 열의 하단에 도달하면 두 번째 열의 상단에서 다시 시작하라. 0과 1을 사용하여, 6명이 두 조건에 할당된 순서를 나열해보라.

개념의 적용

5-4 다음 시나리오 각각에 대해서, 현실적인 견지에서 무선선택을 사용할 수 있었는지 여부를 진술해보라. 연구자가 일반화하기를 원하였을 전집에 관한 진술을 포함하면서, 여러분의 답을 해명해보라. 그런 다음 무선할당을 사용할 수 있었는지를 진술하고 여러분의 답을 해명해보라.

a. 한 건강심리학자는 수술 전에 상담을 받지 않은 환자보다 받았던 환자의 수술 후 회복시간이 짧은지를 연구하였다.

b. 교육위원회는 학교심리학자에게 만일 학생들이 인쇄한 교과서 대신에 온라인 교과서를 사용하면 역사 과목에서 더 우수한 성과를 보이는지를 연구해보도록 요구하였다.

c. 한 임상심리학자는 성격장애로 진단받은 사람이 그렇지 않은 사람보다 진료 약속을 빼먹을 가능성이 더 큰지를 연구하였다.

학습내용 확인하기의 답은 부록 D에서 찾아볼 수 있다.

확률

아마도 여러분은 '오차범위'나 '플러스마이너스 3퍼센트포인트' 등과 같은 표현을 들어보았을 것이다. 특히 선거철에 말이다. 이것들은 "우리 자신의 결과를 믿을 수 있는지 100% 확신할 수 없다."는 말의 또 다른 표현이다. 이러한 표현은 여러분을 통계에 관해 냉소적이게 만들 수도 있다. 모든 작업을 수행한 후에도 여전히 그 데이터를 신뢰할 수 있는지 알 수 없게 만드니 말이다.

그렇지만 통계를 믿을 만한 것으로 받아들이게 만들어주는 정당한 근거가 있다. 통계학은 불확실성을 정량화할 수 있게 만들어주는 것이다. 조금 더 진지하게 말해보자. 대부분의 삶은 불확실성으로 가득하다. 고품질의 YKK 지퍼가 달려있는 재킷의 품질이든지, 손질을 하지 않고도 네일 폴리시가 온전하게 지속되는 기간이든지, 아니면 어떤 과제를 수행하는 가장 효율적인 방법이든지 말이다. 확률이 추론통계에서 핵심적인 까닭은 전집에 관한 결론은 일화나 증언서가 아니라 표본을 통해서 얻은 데이터에 근거하기 때문이다.

확증편향은 사람들이 이미 믿고 있는 것을 확증하는 증거에 주의를 기울이고 그 믿음을 부정하는 증거를 무시하는 의도하지 않은 경향성이다. 확증편향은 착각상관으로 이끌어가기 십상이다.

착각상관은 아무런 관련성이 없는 변인 간에 관련성이 있다고 믿는 현상이다.

동시발생과 확률

확률과 통계적 추리는 괴상망측한 동시발생에 직면한 사람을 구해줄 수 있다. 다음과 같은 두 가지 개인적 편향이 진정으로 놀라서 "어머나! 저런 일이 일어날 수 있단 말이야?"라고 말하는 것에 뒤엉켜있다. 첫째, **확증편향**(confirmation bias)은 사람들이 이미 믿고 있는 것을 확증해주는 증거에는 주의를 기울이고 그 믿음을 부정하는 증거를 무시하는 의도하지 않은 경향성이다. 어떤 여자 운동선수가 자기 팀의 승리를 행운의 귀걸이 탓으로 돌리면서 그 귀걸이를 달고 패배한 경우나 다른 귀걸이를 달고 승리한 경우를 무시한다면, 그것이 바로 확증편향이다. 확증편향은 착각상관으로 이끌어가기 십상이다. 둘째, **착각상관**(illusory correlation)은 아무런 관련성이 없는 변인 간에 관련성이 있다고 믿는 현상이다. 팀의 승리를 자신의 행운 귀걸이 탓으로 돌리는 확증편향을 가지고 있는 운동선수는 이제 착각상관을 믿고 있다. 유순해 보이면서도 억제력을 갖고 있는 통계적 추리의 논리를 무시할 때마다 사람들은 자신의 삶에 착각상관을 끌어들이고 있는 것이다.

예컨대, 과학 프로그램인 라디오랩(Radiolab. 미국 뉴욕시의 공영 라디오 방송인 WNYC의 프로그램)은 동시발생에 관한 놀랄 만한 이야기를 방송으로 내보냈다(Abumrad & Krulwich, 2009). 로라 벅스턴이라는 이름의 10세 소녀가 영

HOLGER HOLLEMANN/AFP/GettyImages

코끼리 넬리 놀랍게도 넬리라는 이름의 코끼리가 스포츠경기 결과의 놀라운 예언자인 것처럼 보였다. 침이 마르도록 극찬한 한 보도기사는 "서른세 번의 축구경기 중에서 서른 번을 정확하게 예측한 후에 ⋯ 넬리는 축구 '귀재'로 손색이 없어 보인다."라고 뻥을 쳤다(NDTV Sports, 2014). 애석하게도 넬리는 물론이고 그의 경쟁자였던 펠레라는 이름의 피라냐, 한 쌍의 아르마딜로, 그리고 페렛이란 이름의 수달 등이 모두 2014년 월드컵을 예측하는 데 실패하자 모든 매스컴들이 등을 돌리고 말았다(Reuters, 2014). 이러한 실패는 "더 이상 월드컵을 정확하게 예언할 수 없는 동물들"이라는 표제로 막을 내리게 되었다(Reuters, 2014). 어느 누구도 넬리의 예측 실패에 관해서는 관심을 가지지 않는 듯하였다. 이에 덧붙여서 때때로 운이 좋아 연속해서 결과를 맞추는 동물이 있다는 사실은 전혀 놀라운 일이 아니다. 영국 케임브리지대학교 통계학 교수인 데이비드 스피겔하터가 지적한 바와 같이, 만일 여러 해에 걸쳐 스포츠경기의 승자를 예측하고자 시도하고는 실패하였던 모든 동물을 생각해본다면, 그러한 성과는 주목할 만한 것이 아니다.

5-3 : 인간의 편향은 두 가지 밀접하게 관련된 개념에서 유래한다. 이미 믿고 있는 것을 확증하는 증거에만 주의를 기울이고 반증하는 증거는 무시할 때, 확증편향에 굴복하고 있는 것이다. 확증편향에는 착각상관, 즉 두 변인 간에 관계가 존재하지 않음에도 관계가 있다고 믿는 현상이 뒤따르기 십상이다.

국 북부의 자기 집에서 빨간 풍선을 날려 보낸 이야기이었다. 나중에 로라는 자신이 10세가 아니라 '거의 10세, 즉 9세 후반'이었다고 진행자의 진술을 수정해주었다. 로라는 풍선에 "제발 로라 벅스턴에게 돌아오라"는 기원문과 함께 자신의 주소를 적었다. 풍선은 영국 남부로 220여 킬로미터를 날아간 끝에, 이름이 똑같이 로라 벅스턴인 또 다른 10세 소녀의 이웃에게 발견되었던 것이다! 두 번째 로라는 첫 번째 로라에게 편지를 썼고 만나기로 약속하였다. 둘은 모두 청바지에 분홍색 스웨터를 입고 만남 장소에 나타났다. 신장도 동일하였으며, 머리는 갈색이고, 검은색 래브라도 리트리버와 회색 토끼 그리고 오렌지색 반점이 있는 기니피그를 가지고 있었다. 실제로 두 로라는 자신의 기니피그를 만남 장소에 데리고 왔다. 라디오 방송이 있던 시점에 둘은 18세이었으며 친구가 되어있었다. 한 명의 로라 벅스턴은 "아마도 우리는 만날 운명이었나 봐요."라고 회상하였다. 다른 로라는 "만일 이것이 바람이었다면, 매우 매우 운이 좋은 바람이었겠지요."라고 말하였다.

가능성은 믿을 수 없을 만큼 미약해 보이지만, 여기서도 확증편향과 착각상관 모두가 일익을 담당하고 있으며, 확률은 그러한 동시발생이 발생한 이유를 이해하는 데 도움을 주고 있다. 핵심은 동시발생이 불가능한 일이 아니라는 점이다. 사람들은 낯선 동시발생에 주목하고 그것을 기억하지만, 헤아릴 수 없이 많은 불가능해 보이지 않는 사건에는 주의를 기울이지 않는다. 사람들은 중국음식점에서 행운의 과자 속에 들어있던 숫자 때문에 로또가 당첨되었던 증조할머니 이야기와 같이, 이례적인 동시발생과 행운 이야기를 기억한다(Rosario & Sutherland, 2014). 그렇지만 자신이 산 로또가 꽝이었던 많은 경우, 그리고 구매한 로또가 꽝이었던 수많은 사람들은 기억하지 못한다.

라디오랩은 이 현상을 '풀잎 역설(blade of grass paradox)'이라고 기술하였다. 골퍼가 공을 쳤는데, 그 공이 페어웨이를 따라 날아가서 어느 풀잎 위에 떨어진 장면을 상상해 보라. 라디오 진행자는 그 풀잎이 다음과 같이 말하는 것을 상상한다. "어머나. 수십억 개도 넘는 풀잎 중에서 그 공이 바로 내 위에 떨어질 가능성이 도대체 얼마나 될까?" 그렇지만 우리는 어떤 풀잎이 그 공에 짓눌릴 가능성은 거의 100%임을 알고 있다. 그 풀잎에게는 경이로운 것처럼 보이겠지만 말이다. 로또 당첨자였던 증조할머니의 경우도 마찬가지이다.

로라 벅스턴 이야기로 되돌아가보자. 한 통계학자는 이야기를 더 멋지게 만들려고 세부사항들을 조작하였다는 점을 지적하였다. 진행자는 두 로라가 모두 10세이었다고 기억하였지만, 첫 번째 로라는 진행자에게 자신이 그 당시 여전히 9세('거의 10세')이었음을 상기시켰다. 진행자는 그 외에도 많은 차이점이 있었음을 인정하였다. 한 명이 좋아하는 색은 분홍이고 다른 한 명이 좋아하는 색은 파랑이었으며, 좋아하는 과목도 정반대이었다. 한 명은 생물학, 화학, 지리학을 좋아하였으며, 다른 한 명은 영어, 역사, 고전문명을 좋아하였다. 이에 덧붙여서 풍선을 발견한 사람은 두 번째 로라가 아니라 그 이웃이었다. 유사성은 이야기를 더 멋지게 만들어준다. 확증편향과 착각상관에 확률을 덧붙이게 되면, 그 유사성은 사람들이 기억하는 "어머나!"의 세부사항이 되어버린다. 그렇지만 이것도 여전히 또 다른 풀잎일 뿐이다. 아직 확신이 서지 않는가? 계속 읽어보라.

상대적 빈도에 근거한 기대확률

사람들이 일상 대화에서 확률을 논할 때는 통계학자가 **개인적 확률**(personal probability)이라고 부르는 것을 생각하는 경향이 있다. 개인적 확률이란 어떤 사건이 발생할 가능성에 관한 개인의 판단을 말하며, 주관적 확률이라고도 부른다. "오늘밤 내가 원고를 마무리하고 놀러 나갈 가능성은 75%야."라고 말할 수 있다. 그렇다고 놀러 나갈 가능성이 정확하게 75%라는 말은 아니다. 오히려 그러한 사건이 일어날 것이라는 확신도에 대한 평가이다. 실제로 이것은 최선의 추측에 불과하다.

그렇지만 수학자와 통계학자는 확률이라는 단어를 다소 다른 의미로 사용한다. 통계학자는 상이한 유형의 확률, 즉 보다 객관적인 확률에 관심을 갖는다. 일반적인 의미에서 **확률**(probability)은 모든 가능한 결과 중에서 하나의 특정한 결과가 발생할 가능성이다. 예컨대, 동전을 열 번 던졌을 때(모든 가능한 결과) 앞면이 특정 횟수 나올(특정한 결과) 가능성에 대해서 언급할 수 있다. 확률을 사용하는 까닭은 전체 전집에 관하여 알고자 함에도 일반적으로는 오직 표본에만 접속할 수 있기 때문이다.

용어 사용에 주의하라! 통계학에서는 확률에 대한 더욱 구체적인 정의, 즉 **상대적 빈도에 근거한 기대확률**(expected relative-frequency probability), 즉 수많은 시행의 실제 결과에 근거한 특정 사건의 발생가능성에 관심을 갖는다. 동전을 던질 때, 궁극적으로 상대적 빈도에 근거한 기대확률은 0.50이다. 확률은 어떤 일이 발생할 가능성을 지칭하며, 빈도는 특정 횟수의 시행(예컨대, 동전던지기) 중에서 특정 결과(예컨대, 동전의 앞면이나 뒷면)가 얼마나 자주 발생하는지를 나타낸다. 상대적(relative)이라는 표현은 이 숫자가 전체 시행 횟수에 상대적이라는 사실을 나타내며, 기대(expected)라는 표현은 사람들이 예상하는 것이라는 사실을 나타내는데, 그 예상은 실제로 일어나는 것과는 다를 수 있다.

확률과 관련하여, **시행**(trial)이라는 용어는 주어진 절차를 한 번 수행하는 것을 말한다. 예컨대, 동전 하나를 던질 때마다 하나의 시행이 된다. **소산**(outcome)은 한 시행의 결과를 지칭한다. 동전던지기 시행에서 소산은 앞면이거나 뒷면이 된다. **성공**(success)은 사람들이 확률을 결정하고자 시도하고 있는 소산을 지칭한다. 앞면의 확률을 검증하고 있다면, 성공은 앞면이 된다.

개인적 확률은 어떤 사건이 발생할 가능성에 관한 개인의 판단을 말하며, 주관적 확률이라고도 부른다.

확률은 모든 가능한 결과 중에서 하나의 특정한 결과가 발생할 가능성이다.

상대적 빈도에 근거한 기대확률은 수많은 시행의 실제 결과에 근거한 특정 사건의 발생가능성이다.

확률과 관련하여, **시행**이란 주어진 절차를 수행하는 각각의 상황을 말한다.

확률과 관련하여, **소산**은 한 시행의 결과를 지칭한다.

확률과 관련하여, **성공**은 사람들이 확률을 결정하고자 시도하고 있는 소산을 지칭한다.

확률 결정하기 앞면의 확률을 결정하려면 많은 시행(동전던지기)을 실시하고 결과(앞면 또는 뒷면)를 기록하며 성공의 비율(이 경우에는 앞면)을 결정해야 한다.

사례 5.1

확률을 공식의 측면에서 생각할 수 있다. 확률은 성공의 전체 횟수를 시행의 전체 횟수로 나눔으로써 계산한다. 따라서 공식은 다음과 같다.

$$확률 = \frac{성공\ 횟수}{시행\ 횟수}$$

만일 동전을 2,000번 던졌는데, 앞면이 1,000번 나온다면,

$$확률 = \frac{1,000}{2,000} = 0.50$$

확률을 계산하는 단계를 요약하면 다음과 같다.

> **단계 1 : 전체 시행 횟수를 결정한다.**

> **단계 2 : 성공적인 소산으로 간주하는 시행의 횟수를 결정한다.**

> **단계 3 : 성공적인 소산의 횟수를 전체 시행 횟수로 나눈다.**

사람들은 확률, 비율, 백분율이라는 용어를 혼동하기 십상이다. 현재 우리의 관심거리가 되는 개념인 확률은 궁극적으로 기대하는 비율이다. 비율은 성공 횟수를 시행 횟수로 나눈 값이다. 단기적으로 시행이 단지 소수에 불과할 때에는 비율이 기저 확률을 반영하지 않을 수도 있다. 여섯 번의 동전던지기에서는 앞면이 3회보다 많거나 적을 수 있으며, 앞면의 기저 확률과 대응하지 않는 비율을 나타내기도 한다. 비율과 확률은 모두 소수점 이하의 소수로 표기한다.

백분율은 확률이나 비율에 100을 곱한 값이다. 동전던지기에서 앞면이 나올 확률이 0.50이며 앞면의 가능성이 50%이다. 아마도 여러분은 이미 백분율에 친숙할 것이기에, 확률은 장기적으로 기대하는 것인 반면 비율은 관찰한 것이라는 사실만을 명심하기 바란다.

상대적 빈도에 근거한 기대확률이 가지고 있는 핵심 특성 중의 하나는 그 확률이 장기적으로만 작동한다는 점이다. 이것은 확률의 중차대한 측면이며, 큰 수의 법칙(law of large numbers)을 지칭한다. 무선할당에 대한 앞선 논의를 생각해보라. 난수생성기를 통해 일련의 0과 1을 생성하여 참가자들을 독립변인의 각 수준에 할당하였다. 단지 몇 차례의 시행에 불과한 단기적인 경우에는 절반이 0이고 절반이 1이 되지 않는 일련의 0과 1을 얻기 십상이다. 비록 기저 확률에 따르면 각각 절반이 되어야 하지만 말이다. 그렇지만 시행 수가 많아지면, 각각이 0.50 또는 50%에 근접할 가능성이 훨씬 커지게 된다. 장기적으로는 결과를 꽤나 잘 예측할 수 있다. ●

독립성과 확률

용어 사용에 주의하라! 편향을 극복하기 위하여 통계학의 확률은 개별 시행이 독립적

(independent)일 것을 요구하며, 이 독립성은 통계학자들이 즐겨 사용하는 용어 중의 하나이다. 여기서 독립성이란 각 시행의 소산이 어떤 방식으로든 직전 시행의 소산에 의존적이어서는 안 된다는 사실을 의미한다. 동전던지기를 한다면, 각 동전던지기는 다른 동전던지기와 독립적이다. 참가자를 선정하기 위하여 난수 목록을 생성한다면, 선행 숫자를 생각하지 않은 채 각 숫자를 생성해야만 한다. 실제로 사람들이 무선적으로 생각할 수 없는 까닭이 바로 이것이다. 사람들은 다음 숫자가 '무선적'이게 만들기 위하여 이미 생성하였던 선행 숫자를 자동적으로 살펴보게 된다. 우연은 기억을 가지고 있지 않으며, 따라서 무선성이야말로 편향 없음을 확신시켜주는 유일한 방법이 된다.

Sylvia Serrado/Photolibrary/Getty Images

도박과 확률의 오지각 많은 사람은 오랜 시행 동안 동전을 집어삼키기만 하였던 슬롯머신이 '이제는 토해낼 때가 되었다'라고 믿는다. 곧 토해낼 것이라고 기대하면서 계속해서 동전을 집어넣게 된다. 슬롯머신 자체는, 속임수를 쓰지 않는 한, 선행 결과에 대한 기억이 없다. 각 시행은 독립적일 뿐이다.

학습내용 확인하기

개념의 개관

> 확률이론은 동시발생이 아무런 의미를 가지지 않을 수도 있다는 사실을 이해하는 데 도움을 준다. 이 세상에서 일어나는 헤아릴 수 없이 많은 사건들을 생각해보면, 동시발생은 얼마든지 가능한 것이다.

> 착각상관은 아무 관계도 존재하지 않는 상황에서 어떤 연계성을 지각하는 것을 지칭한다. 확증편향에 뒤따르기 십상이며, 이 경우에 자신이 이미 가지고 있는 생각과 맞아떨어지는 사건에 주목하고 그렇지 않은 사건을 간과하게 된다.

> 개인적 확률은 어떤 사건이 일어날 가능성에 대한 개인적 판단을 말한다(주관적 확률이라고도 부른다).

> 상대적 빈도에 근거한 기대확률은 수많은 시행의 실제 소산에 근거하여 어떤 사건이 일어날 가능성을 말하는 것이다.

> 어떤 사건이 일어날 확률은 장기적으로 전체 시행 횟수 중에서 성공의 기대 횟수로 정의한다.

> 단기적인 비율은 다양한 소산을 내놓을 수 있는 반면에, 장기적인 비율은 기저 확률에 더욱 근사하게 된다.

개념의 숙달 5-5 일상생활에서 사람들이 수행하는 개인적 확률 평가를 통계학자들이 사용하는 객관적 확률과 구분해보라.

통계치의 계산 5-6 다음 각 사례의 확률을 계산해보라.

a. 100회 시행, 5회 성공

b. 50회 시행, 8회 성공

c. 1,044회 시행, 130회 성공

(계속)

개념의 적용	5-7	한 학생이 남자와 여자 중에서 누가 학생회관에 설치한 현금인출기를 더 많이 사용할 가능성이 있는지를 궁금해한다는 시나리오를 생각해보라. 그 학생은 현금인출기를 사용하는 사람들을 관찰해보기로 결정한다. (동일한 수의 남자와 여자가 있다고 가정하라.)

a. 한 시행에서 현금인출기를 사용하는 여자를 성공으로 정의하라. 이 학생이 단기적으로 관찰할 것이라고 예상하는 성공의 비율은 얼마인가?

학습내용 확인하기의 답은
부록 D에서 찾아볼 수 있다.

b. 이 학생이 장기적으로 관찰할 것이라고 기대하는 것은 무엇인가?

개념 숙달하기

5-5 : 많은 실험은 참가자에게 처치나 개입을 가하는 실험집단 그리고 참가자에게 그러한 처치나 개입을 가하지 않는 통제집단을 갖는다. 실험집단에 가하는 처치나 개입을 제외하고는 두 집단을 동등하게 취급한다.

Craig Warga/Bloomberg via Getty Images

통제집단 부리또   여러분도 일상생활에서 통제집단을 찾을 수 있다. 인턴인 딜런 그로즈는 천국을 "과카몰리와 칩이 항상 공짜인 대형 치폴레 식당"(2015)으로 묘사한다. 재정이 궁핍한 그는 같은 돈으로 가장 많은 치폴레를 얻을 수 있는 방법을 찾아내는 것을 자신의 임무로 삼았다. 그는 '통제집단 부리또'를 확인하는 것으로 시작하였다. 이것은 밥, 콩, 닭고기, 살사, 그리고 치즈를 포함하고 있었다. 그런 다음에 2주에 걸쳐 일곱 종류의 각기 다른 부리또를 다섯 개씩 모두 35개를 주문하고는 이 실험집단들을 자신의 통제집단 부리또와 비교하였다. 그는 평균 부리또 무게를 86%나 증가시키는 여섯 가지 트릭을 확인해냈다. 그 트릭 중에는 두 가지 종류의 밥과 두 가지 종류의 콩을 주문하는 것이 들어있었다.

추론통계

제1장에서 통계의 두 갈래, 즉 기술통계와 추론통계를 소개하였다. 두 갈래를 연결시키는 연결고리가 확률이다. 기술통계는 표본의 특성을 요약할 수 있게 해주지만, 출구조사에서와 같이 표본에서 얻은 결과를 대규모 전집에 적용할 때는 추론통계와 함께 확률을 사용하여야만 한다. 가설검증이라고 부르는 과정을 통해 산출하는 추론통계는 주어진 소산의 확률을 결정하는 데 도움을 준다.

가설 세우기

비공식적이기는 하지만 사람들은 항상 가설을 세우고 검증한다. 출근길에 평행하게 달리는 두 도로 중에서 한 도로의 교통이 혼잡할 것이라고 생각하여 다른 길을 택하고는 자신의 생각이 맞는지를 보기 위하여 교차로를 지날 때마다 다른 쪽 도로를 살펴본다. 과학 블로그인 'TierneyLab'을 운영하는 존 티어니와 동료들은 사람들에게 사진에 들어있는 음식의 칼로리를 추정해보도록 요구하였다(Tierney, 2008a, b). 한 집단에게는 동양식 닭고기 샐러드와 펩시콜라 한 잔의 사진을 보여주었다. 다른 집단에게도 동일한 사진을 보여주었지만, 이 사진은 '제로 트랜스지방'이라는 표지가 선명한 크래커도 포함하였다. 연구자들은 '건강한' 음식의 첨가가 전체 음식에 들어있는 칼로리 추정에 영향을 미칠 것이라는 가설을 세웠다. 이들은 표본을 대상으로 데이터를 구하고는 확률을 사용하여 표본결과를 전집에 적용하였다.

이 연구를 표집과 확률의 용어로 표현해보자. 표본은 뉴욕시 브루클린의 파크 슬로프 인근에 살고 있는 사람들인데, 이 동네의 식료품점에는 유기농 식품이 풍부하기 때문에 티어니의 표현을 빌리면 '영양의 측면에서 적절한' 지역이었다. 전집은 이 연구에 참가할 수도 있었던 파크 슬로프 전역의 모든 주민이다. 이 연구를 주도한 관심사는 많은 부유한 국가에서 점증하고 있는 비만 수준이었다(티어니가 후속 연구에서 탐색한 문제이다). 아무튼 이 시점에서는 결과를 파크 슬로프 그리고 이와 유사한 동네의 주민들에게 적용할 수 있는지를 추론할 수 있을 뿐이다. 이 사례에서 독립변인은 음식 사진에 '건강 크래커'가 존재하는지 여부이다. 종속변인은 추정한 칼로리이다.

건강 크래커가 없는 사진을 본 집단이 **통제집단**(control group), 즉 연구의 관심사인 처치를 받지 않은 독립변인 수준이다. 통제집단은 실험처치 자체를 제외하고는 모든 면에서 **실험집단**(experimental group), 즉 관심사인 처치나 중재를 받는 독립변인 수준과 대응되도록 구성한다. 이 사례에서 실험집단은 건강 크래커를 포함한 음식 사진을 보는 사람들이 된다.

다음 단계는 검증할 가설의 설정이다. 이상적으로는 표본 데이터를 실제로 수집하기 전에 가설을 설정해야 한다. 여러분은 가설을 설정한 다음에 데이터를 수집하는 패턴이 이 책 전반에 걸쳐서 반복되는 것을 보게 될 것이다. 추론통계를 수행할 때 실제로는 두 개의 가설을 비교하게 된다. 하나는 **영가설**(null hypothesis)이며, 전집 간에 차이가 없다거나 연구자가 예상하는 것과는 반대 방향으로 차이가 있다고 가정하는 진술이다. 대부분의 상황에서 영가설은 아무 일도 일어나지 않을 것을 제안하기 때문에 지루하기 짝이 없는 가설로 생각할 수 있다. 건강 음식 연구에서 영가설은 평균 칼로리 추정치가 두 전집에서 동일하다는 것이다. 여기서 두 전집이란 건강 크래커가 들어있는 사진을 보거나 보지 않은 파크 슬로프의 모든 주민으로 구성된다.

영가설과는 반대로, 연구가설은 일반적으로 흥미를 끄는 가설이다. **연구가설**(research hypothesis)[대립가설(alternative hypothesis)이라고도 부른다]은 전집 간의 차이를 상정하는 진술이다. 건강 음식 연구에서 연구가설은 평균적으로 건강 크래커가 들어있는 사진을 보는 사람들과 건강 크래커가 들어있지 않은 사진을 보는 사람들의 칼로리 추정치가 차이를 보인다는 것이다. 연구가설은 차이의 방향도 규정할 수 있다. 즉, 전자의 평균 칼로리 추정치가 후자의 추정치보다 높다(또는 낮다)는 것이다. 모든 가설에 있어서 매우 신중하게 비교집단을 진술한다는 점에 주목하기 바란다. 단순히 건강 크래커를 포함한 사진을 보는 집단이 높은(또는 낮은) 평균 칼로리 추정치를 내놓는다고 말하지 않는다. 건강 크래커가 들어있지 않은 사진을 보는 집단보다 더 높은(또는 낮은) 평균 칼로리 추정치를 내놓는다고 말하게 된다.

영가설과 연구가설이 서로 대비될 수 있도록 두 가설을 설정한다. 표본 평균 간에 충분한 차이가 있어서 전집 평균 간에 차이가 있을 가능성이 높다고 결론 내릴 수 있는 확률을 결정하기 위하여 통계치를 사용하게 된다. 따라서 가설에 관한 결정을 내릴 때 확률이 작동한다.

가설에 관한 결정 내리기

연구 말미에서 결론을 내릴 때, 데이터는 다음과 같은 두 가지 중에서 하나로 결론 내리

통제집단은 연구의 관심사인 처치를 받지 않은 독립변인 수준이다. 실험처치 자체를 제외하고는 모든 면에서 실험집단과 대응되도록 구성한다.

실험집단은 실험의 관심사인 처치나 중재를 받는 독립변인 수준이다.

영가설은 전집 간에 차이가 없다거나 연구자가 예상하는 것과는 반대 방향으로 차이가 있다고 가정하는 진술이다.

연구가설은 전집 간의 차이를 상정하거나 보다 구체적으로 특정 방향으로 차이가 존재한다는 진술이다. 대립가설이라고도 부른다.

개념 숙달하기

5-6 : 가설검증은 두 가지 경쟁적인 가설을 대비시킬 수 있게 해준다. 영가설은 전집 간에 차이가 없다거나 그 차이가 예측한 것과는 반대 방향으로 나타난다고 진술한다. 연구가설은 전집 간에 차이가 있다고(또는 그 차이가 예측한 방향으로 나타난다고) 진술한다.

도록 이끌어간다.

1. 영가설을 기각한다고 결정한다.
2. 영가설을 기각하는 데 실패하였다고 결정한다.

실험결과에 관하여 추리할 때는 항상 영가설을 검증하고 있다는 사실을 상기하는 것으로 시작하게 된다. 건강 음식 연구에서 영가설은 집단 평균 간에 차이가 없다는 것이다. 가설검증에서는 전집 평균 간에 실제로 차이가 없다고 가정할 때, 표본 평균 간에 차이를 보게 될 확률을 결정하게 된다.

사례 5.2   데이터를 분석한 후에는 다음의 두 가지 중에서 하나를 하게 된다.

1. 영가설을 기각한다. "전집 평균 간에 차이가 없다는 생각을 기각한다." 평균 간에 차이가 없다는 영가설을 기각할 때는 실제 결과에 근거하여 그 차이가 존재한다고 주장할 수 있다. 샐러드, 콜라, 그리고 건강 크래커 사진을 보는 사람이 샐러드와 콜라만을 보는 사람보다 평균적으로 낮은(아니면 연구에서 얻은 결과에 근거하여, 높은) 칼로리를 추정하는 것처럼 보인다고 말할 수 있다.
2. 영가설을 기각하는 데 실패한다. "전집 평균 간에 차이가 없다는 생각을 기각할 수 없다." 이 경우에는 가설을 지지하는 증거가 없다고만 말할 수 있다.

영가설을 기각한다는 첫 번째 가능한 결론을 보자. 만일 건강 크래커를 포함한 사진을 보았던 집단이 통제집단의 평균 칼로리 추정치보다 상당히 높은(또는 낮은) 평균 칼로리 추정치를 보인다면, 우리는 전집 평균에 그러한 차이가 존재한다는 연구가설, 즉 건강 크래커가 어떤 차이를 초래한다는 연구가설을 받아들인다고 말하고 싶은 유혹에 빠지게 된다. 평균 간 차이가 충분히 커서 그 차이가 실재하는 것이라고 말하고자 결정하는 데 있어서 확률이 핵심 역할을 담당하게 된다. 그렇지만 이 경우에 연구가설을 받아들이기보다는 아무 일도 일어나지 않는다는 사실을 시사하는 가설인 영가설을 기각하는 것이다. 다시 한번 반복한다. 데이터가 평균 간 차이가 존재한다는 사실을 시사할 때, 우리는 평균 간 차이가 없다는 생각을 기각하는 것이다.

두 번째 가능한 결론은 영가설을 기각하는 데 실패하는 것이다. 영가설을 받아들이기보다 영가설을 기각하는 데 실패하였다고 생각하는 데는 충분한 이유가 있다. 평균 간 차이가 조금 있는데, 영가설을 기각할 수 없다고 결론 내린다고 해보자(우리가 원하는 것은 영가설의 기각이라는 사실을 명심하라!). 우리는 단지 평균 간 차이가 실재할 가능성이 충분하지 않다고 결정하는 것이다. 평균 간에 실재하는 차이가 단지 우연히 특정 표본에서 나타나지 않은 것일 수 있다. 표본이 전집 평균 간의 실제 차이를 드러내지 못하게 되는 경우가 많이 존재한다. 다시 반복한다. 데이터가 차이를 시사하지 않을 때는, 평균 간 차이가 존재하지 않는다는 영가설을 기각하는 데 실패한 것이다.

표 5-2	가설검증 : 가설과 결정

영가설은 평균에서 차이 없음을 상정하는 반면, 연구가설은 어떤 유형의 차이를 상정한다. 내릴 수 있는 결정은 오직 두 가지뿐이다. 연구가설을 지지하지 못한다면 영가설을 기각하는 데 실패하여 연구가설을 지지하지 못하거나, 영가설을 기각하여 연구가설을 지지할 수 있다.

	가설	결정
영가설	변화 없음 또는 차이 없음	영가설 기각 실패(연구가설을 지지하지 못할 때)
연구가설	변화 또는 차이	영가설 기각(연구가설을 지지할 때)

영가설을 기각할 것인지 결정하는 방법은 확률에 직접적으로 근거한다. 아무런 차이도 존재하지 않음에도 데이터가 이만한 크기의 표본에서 평균 간에 이만큼 큰 차이를 내놓게 되는 확률을 계산한다.

공식적인 가설검증에 수치를 부여하기에 앞서 여러분이 그 가설검증의 논리를 편안하게 느끼게 만들어주는 더 많은 기회를 제공할 것이다. 아무튼 다음은 세 가지 용이한 규칙이며, 표 5-2는 여러분이 핵심에서 벗어나지 않게 도와줄 것이다.

1. 명심할 사항 : 영가설은 집단 간 차이가 없다는 것이며, 일반적으로 가설은 평균 간 차이를 탐색하는 것이다.
2. 영가설을 기각하거나 기각하는 데 실패하게 된다. 다른 선택지는 없다.
3. 공식적인 가설검증에서는 받아들인다는 단어를 결코 사용하지 않는다.

가설검증은 여러분이 결과에 관심을 기울일 때 흥미를 유발한다. 여러분은 건강 음식 연구에서 일어난 일을 궁금해할지 모르겠다. 단지 샐러드와 콜라의 사진을 보았던 사람들은 평균적으로 934칼로리의 음식을 1,011칼로리로 추정하였다. 100칼로리의 건강 크래커를 첨가하였을 때, 음식의 실제 칼로리는 934에서 1,034로 증가하였다. 그럼에도 불구하고 이 사진을 본 사람들은 평균적으로 그 음식이 단지 835칼로리만을 가지고 있다고 추정하였던 것이다! 연구자인 티어니는 이 효과를 '마술과 같이 나머지 음식에서 칼로리를 빼버리는 건강 후광효과'라고 지칭하였다. 흥미롭게도 뉴욕 타임스퀘어에서 외국인 관광객을 대상으로 이 연구를 반복하였지만, 이 효과를 얻지 못하였다. 그는 파크슬로프에 거주하는 사람들처럼 건강을 의식하는 사람들이 일반인들보다 마술적 건강 후광효과에 더 취약하다고 결론지었다. ●

학습내용 확인하기

개념의 개관

> 실험에서는 전형적으로 처치받은 사람들(실험집단)의 평균 반응을 처치받지 않은 유사한 사람들(통제집단)의 평균 반응과 비교한다.

> 연구자는 다음과 같은 두 가지 가설을 세운다. 전집에서 독립변인 수준 간에 평균차이가 없다는 영가설, 그리고 전집에서 어떤 유형의 평균차이가 있다는 연구가설.

(계속)

개념의 개관 (계속)		연구자는 다음과 같은 두 가지 결론을 도출할 수 있다. 영가설을 기각하고 연구가설을 지지한다고 결론 내리거나 아니면 영가설 기각에 실패하고는 연구가설을 지지하지 못하였다고 결론지을 수 있다.
개념의 숙달	5-8	연구 말미에서 영가설을 기각한다는 것의 의미는 무엇인가?
통계치의 계산	5-9	영가설에 근거하여, 학습내용을 개관하는 수업에 참석하는 학생과 참석하지 않는 학생의 평균 학점에서 예상할 수 있는 차이에 관하여 진술해보라.
개념의 적용	5-10	한 대학이 예산을 절약하기 위하여 겨울철 난방온도를 낮춘다. 교수들은 추운 조건에서 학생들의 수행이 평균적으로 떨어질 것인지가 궁금하다.

a. 이 연구를 위한 가능성 있는 영가설을 설정해보라.
b. 가능성 있는 연구가설을 설정해보라.
c. 만일 낮은 온도가 평균적으로 학업 수행을 떨어뜨리는 것으로 보인다면, 연구자는 공식적인 가설검증에서 어떤 결론을 내리겠는가?
d. 만일 낮은 온도가 평균적으로 학업 수행을 떨어뜨린다고 결론지을 만큼 충분한 증거를 얻지 못한다면, 공식적인 가설검증에서 어떤 결론을 내리겠는가?

학습내용 확인하기의 답은 부록 D에서 찾아볼 수 있다.

1종 오류와 2종 오류

잘못된 결정은 대표적이지 않은 표본 탓일 수 있다. 그렇지만 적절하게 표집을 수행한 경우조차도 여전히 잘못된 결론으로 이끌어가는 두 가지 경우가 존재한다. (1) 기각해서는 안 됨에도 불구하고 영가설을 기각할 수 있으며, (2) 기각했어야만 했음에도 영가설을 기각하는 데 실패할 수 있다. 따라서 통계학 용어를 사용하여 두 가지 유형의 오류를 살펴보도록 하자.

1종 오류

영가설을 기각하였지만 그것이 실수였다면, 1종 오류를 범한 것이다. 구체적으로 **영가설을 기각하지만 그 영가설이 올바른 것일 때 1종 오류**(type I error)를 범하게 된다. 1종 오류는 의료검사에서의 허위긍정과 같은 것이다. 예컨대, 한 여성이 임신하였다고 믿는다면, 가정용 임신검사를 구입할 수 있다. 이 경우에 영가설은 그녀가 임신하지 않았다는 것이다. 만일 검사결과가 양성이면, 그 여성은 영가설, 즉 임신하지 않았다는 가설을 기각한다. 검사결과에 근거하여 그 여성은 임신하였다고 믿는다. 그렇지만 임신검사는 완벽하지 않다. 검사가 양성이어서 영가설을 기각한다고 하더라도, 그 검사결과는 허위긍정이며 그녀가 틀렸을 가능성이 있다. 검사결과에 근거하여 임신하지 않았음에도 임신하였다고 믿은 것이다. 허위긍정은 1종 오류와 등가적이다.

　1종 오류는 영가설을 잘못 기각하였음을 나타낸다. 여러분도 예상할 수 있는 바와 같

1종 오류는 영가설이 참일 때 그 영가설을 기각하는 오류이다.

이, 전형적으로 영가설의 기각은 적어도 그 기각이 오류라는 사실을 발견할 때까지 어떤 행위를 하도록 이끌어간다. 예컨대, 임신검사가 허위긍정을 나타낸 여성은 가족에게 그 사실을 공표하고는 아기 옷을 구입하기 시작할 수 있다. 많은 연구자가 1종 오류의 후유증이 특히 해롭다고 간주하는 까닭은 사람들이 잘못된 결론에 근거하여 행동하게 되기 때문이다.

1종 오류와 2종 오류 가정용 임신검사의 결과는 양성(임신을 나타낸다)이거나 음성(임신이 아님을 나타낸다)이다. 만일 검사결과가 양성이지만 임신하지 않았다면, 1종 오류가 된다. 검사결과가 음성이지만 임신하였다면, 2종 오류가 된다. 가설검증에서와 마찬가지로 임신검사에서도 사람들은 2종 오류보다는 1종 오류를 범할 때 행동을 취할 가능성이 더 높다. 사진에서 임신검사는 이 여성이 임신하였음을 나타내는 것처럼 보이는데, 이것은 1종 오류일 수 있다.

2종 오류

만일 영가설을 기각하는 데 실패했지만 그것이 실수라면, 2종 오류를 범한 것이다. 구체적으로 기각하는 데 실패한 영가설이 거짓일 때 **2종 오류**(type II error)를 범하게 된다. 2종 오류는 의료검사에서의 허위부정과 같다. 앞서 임신 사례에서 그 여성은 검사를 통해 부정적 결과를 얻고는 임신하지 않았다고 언급하는 영가설을 기각하는 데 실패할 수 있다. 이 경우에 그녀는 실제로 임신하였음에도 임신하지 않았다고 결론 내리는 것이다. 허위부정은 2종 오류와 등가적이다.

실수로 영가설을 기각하지 못할 때 2종 오류를 범한다. 전형적으로 영가설의 기각 실패는, 예컨대 개입을 하지 않거나 진단을 제대로 하지 않는 등 행위를 취하지 못하는 실패를 초래하지만, 일반적으로 영가설을 잘못 기각하는 것보다는 덜 위험하다. 그렇기는 하지만 2종 오류가 심각한 결과를 초래할 수 있는 경우들이 있다. 예컨대, 2종 오류로 인해서 임신하였다고 믿지 않는 임산부는 음주를 함으로써 태아에 의도하지 않은 해를 끼칠 수 있다.

개념 숙달하기

5-7 : 가설검증에는 범할 위험이 있는 두 가지 유형의 오류가 있다. 영가설이 참일 때 그 영가설을 기각하는 1종 오류는 의료검사에서의 허위긍정과 같은 것이다. 어떤 사람이 병에 걸렸다고 생각하지만 실제로는 그렇지 않은 경우이다. 영가설이 참이 아닐 때 그 영가설 기각에 실패하는 2종 오류는 의료검사에서의 허위부정과 같은 것이다. 어떤 사람이 멀쩡하다고 생각하지만 실제로는 병에 걸린 경우처럼 말이다.

1종 오류의 충격적인 발생률

스턴과 스미스(Sterne & Smith, 2001)는 *British Medical Journal*에 의학연구자들이 무위 결과(null result)보다 긍정 결과(positive result)를 발표할 가능성이 더 높다고 보고하였다. 첫째, 연구자들은 무위 결과를 발표하기를 원치 않을 가능성이 높은데, 특히 그 결과가 연구비를 지원한 제약회사의 제품을 지지하지 못할 때 더욱 그렇다. 뉴욕타임스 기사는 그러한 관행의 편향된 결과를 다음과 같이 기술하였다. "동전던지기를 하는데, 뒷면이 나올 때마다 결과를 숨긴다면, 항상 앞면이 나오는 것처럼 보이게 된다"(Goldacre, 2013). 둘째, 전문잡지는 '재미없는' 결과보다는 '흥미진진한' 결과를 출판하는 경향이 있다. 이 사실을 가설검증의 용어로 번역하면 다음과 같다. 만일 연구자가 '재미없는' 영가설을 기각하고 '흥미진진한' 연구가설의 지지증거만을 모은다면, 저널 편집자는 이러한 결과를 출판하고 싶을 가능성이 더 높다. 셋째, 일반 대중의 사주를 받는 대중매체가

2종 오류는 영가설이 거짓일 때 영가설 기각에 실패하는 오류이다.

이 문제를 혼란스럽게 만든다. 'Last Week Tonight'(뉴스 풍자 토크쇼)의 사회자인 코미디언 존 올리버는 다음과 같이 풍자하였다. "사람들은 험담처럼 공유할 수 있는 재미있고 귀여운 과학을 좋아하지요. 그리고 텔레비전 뉴스 프로듀서들은 이 사실을 다 알고 있습니다"(2016).

스턴과 스미스(2001)는 근거 있는 추정을 통해서 1,000개의 가상적인 연구에 대한 다음과 같은 확률을 계산하였다. 첫째, 관상성 심장병에 관한 문헌에 근거하여, 10%의 연구가 영가설을 기각해야만 한다고 가정하였다. 즉, 10%의 연구가 실제로 작동하는 의료기법에 관한 것이었다. 둘째, 작은 표본크기와 같이 방법론에서의 결함에 덧붙여 실제와는 다른 우연한 결과가 존재한다는 사실에 근거하여, 영가설을 기각해야만 하였던 연구의 절반이 그 영가설을 기각하지 못하는 2종 오류를 범하였다고 추정하였다. 즉 절반의 경우에 도움이 되는 처치가 경험적 지지를 받지 못하였다는 것이다. 마지막으로 새로운 처치가 실제로는 작동하지 않는 경우의 5%에서 연구자가 영가설을 잘못 기각하였다. 즉, 우연히 연구가 처치 간의 엉터리 차이를 보고하도록 이끌어가서는 1종 오류를 범하였다. (후속 장에서 5% 기준점에 관하여 논의할 것이다. 지금은 5% 기준점이 임의적인 것이지만 통계분석에서 잘 확립된 기준이라는 사실을 아는 것이 중요하다.) 표 5-3은 1,000가지 연구의 가상적 결과를 요약하고 있다.

1,000개의 연구 중에서 흥미진진한 연구가설은 오직 100개에서만 참이다. 이 연구들에서는 영가설을 기각해야만 한다. 다른 900개 연구에서는 영가설이 참이고 따라서 그 영가설을 기각해서는 안 된다. 그렇지만 우리는 때때로 결론에서 실수를 범한다는 사실을 기억하라. 5%의 1종 오류 비율을 전제로 할 때, 기각해서는 안 되는 900개의 영가설 중에서 5%, 즉 45개를 잘못 기각하는 것이다. 50%의 2종 오류 비율을 전제로 할 때, 영가설을 기각해야만 하는 100개 연구 중에서 50개를 기각하지 못하는 실수를 범한다. (표 5-3에서 오류를 나타내는 두 수치 모두를 색으로 표시하였다.) 가장 중요한 수치들은 기각 행, 즉 흥미진진한 결과를 포함한 행에 들어있다. 영가설을 기각한 총 95개의 연구 중 45개에서 실수를 범하였는데, 거의 절반에 해당하는 수치이다! 이 수치는 발표한 의학연구의 거의 절반이 1종 오류를 범하고 있음을 시사한다.

한 가지 사례를 살펴보도록 하자. 최근에 천연물이 건강에 이롭다는 주장이 빈번하게

표 5-3   1종 오류 추정치

스턴과 스미스(2001)는 근거 있는 추정을 통해서 발표된 의학연구 논문들의 1종 오류 가능성을 계산하였다. 이들의 계산은 출판된 의학논문의 거의 절반이 1종 오류를 범하고 있음을 시사한다.

연구의 결과	영가설이 참 (처치가 작동하지 않는다)	영가설이 거짓 (처치가 작동한다)	전체
기각 실패	855	50	905
기각	45	50	95
전체	900	100	1,000

제기되어왔다. 건강 관련 천연물이 제조약품보다 가격도 저렴하기 십상인 까닭은 대형 제약회사가 개발할 필요가 없기 때문이다. 이에 덧붙여서 천연물이 항상 무해하지만은 않음에도 불구하고 사람들은 그것이 건강에 좋다고 지각한다. (방울뱀의 독과 비소도 천연물이지 않은가!) 선행 연구는 다양한 질병을 예방하기 위하여 비타민 E의 사용을 지지하였으며, 에키네이셔(데이지와 비슷하게 생긴 꽃. 인체에 치유력과 면역력을 제공하는 것으로 알려짐)는 감기를 예방하는 데 있어서 타의 추종을 불허하는 것으로 알려져왔다. 그렇지만 엄격한 연구설계를 사용한 최근 연구는 널리 알려져왔던 비타민 E와 에키네이셔의 효과를 대체로 불신하였다.

비타민 E나 에키네이셔의 가치를 먼저 읽은 다음에 건강관리 전문기관이 그 효과를 기각하였다는 사실을 읽게 되면, 사람들은 무엇을 믿어야 할지 의아해하며, 유감스럽게도 자신의 편중된 상식에 더욱 의존하기 십상이다. 과학자들이 처음부터 연구설계를 철저히 하여 매스컴의 표제로 종종 등장하는 1종 오류를 줄이는 것이 훨씬 좋은 일이겠다. 또 다른 해결책이 반복연구이다. 즉 사회에 중차대한 함의를 가지고 있는 연구를 반복하는 것이다. 여러분은 제7장에서 오늘날의 반복연구 프로젝트에 관해 자세하게 공부하게 된다.

학습내용 확인하기

개념의 개관
> 추론통계에서 결론을 도출할 때는 항상 틀릴 가능성이 존재한다.
> 영가설을 기각하지만 그 영가설이 참일 때 1종 오류를 범한 것이다.
> 영가설을 기각하는 데 실패하였지만 그 영가설이 참이 아닐 때 2종 오류를 범한 것이다.
> 연구에 본질적으로 내재한 문제점으로 인해서, 수많은 영가설을 잘못 기각하고는 1종 오류를 범한다.
> 연구의 유능한 소비자는 자신의 편향을 자각하고 있으며, 그러한 편향이 착각상관과 확증편향을 선호하여 비판적 사고를 포기하려는 경향성에 어떤 영향을 미치는지를 자각하고 있다.

개념의 숙달
5-11 1종 오류와 2종 오류 모두가 어떻게 영가설과 관련되는지를 설명해보라.

통계치의 계산
5-12 만일 교도소에 수감된 280명당 7명이 결백하다면, 1종 오류율은 얼마인가?
5-13 만일 법원이 35명의 범인 중에서 11명에게 유죄판결을 내리는 데 실패한다면, 2종 오류율은 얼마인가?

개념의 적용
5-14 참가자에게 가상현실 안경을 끼고서 표적에 공을 던진 다음에 정상 시력을 제공하는 안경을 끼고 공을 던지게 함으로써 지각에 관한 연구를 수행하고 있다. 영가설은 가상현실 안경을 착용할 때와 정상적인 안경을 착용할 때 수행의 차이가 없다는 것이다.
  a. 연구자는 영가설을 기각하고, 가상현실 안경이 정상 안경보다 열등한 수행을 초래한다고 결론지었다. 연구자는 어떤 오류를 범하였을 수 있는가? 설명해보라.

(계속)

개념의 적용 (계속)

학습내용 확인하기의 답은 부록 D에서 찾아볼 수 있다.

b. 연구자가 영가설 기각에 실패하고, 가상현실 안경은 수행에 아무런 영향을 미치지 않을 가능성이 있다고 결론짓는다. 연구자는 어떤 오류를 범하였을 수 있는가? 설명해보라.

개념의 개관

표본과 전집

표본 선정의 황금률은 **무선표집**, 즉 전집의 모든 구성원이 연구에 참가하도록 선택될 동일한 기회를 갖는 표집과정이다. 난수표나 컴퓨터에 기반한 난수생성기를 사용하여 무선성을 확립한다. 현실적인 이유로 사회과학 연구에서 무선표집은 드물다. 한 가지 유형의 **편의표본**이 **자원자표본**(자기선택표본이라고도 부른다)이며, 참가자들이 스스로 연구 참여를 선택하는 표본이다. 무선할당에서는 모든 연구 참가자가 특정 실험조건에 할당될 동일한 기회를 갖는다. 무선할당과 함께 반복연구도 **일반화가능성**, 즉 주어진 표본을 넘어서서 결과를 일반화하는 능력을 증가시키는 데 기여할 수 있다.

확률

확률 계산이 필수적인 까닭은 인간의 사고가 위험할 정도로 편향되어 있기 때문이다. **확증편향**, 즉 볼 것이라고 기대하는 패턴을 보는 경향성으로 인해서, 사람들은 단순한 동시발생에서도 의미를 보기 십상이다. 확증편향은 **착각상관**, 즉 존재하는 것처럼 보이지만 존재하지 않는 관계를 초래하기 십상이다. 많은 사람들은 확률을 생각할 때 **개인적 확률**, 즉 어떤 사건이 일어날 가능성에 대한 자신의 판단을 생각한다. 그렇지만 통계학자는 상대적 빈도에 근거한 **기대확률**, 또는 실험이나 시행을 수없이 반복할 때 장기적으로 기대하는 소산을 지칭한다. **시행**이란 어떤 절차를 수행하는 각각의 상황을 지칭하며, **소산**은 한 시행의 결과이다. **성공**은 확률을 결정하고자 시도하고 있는 소산을 지칭한다. **확률**은 추론통계의 근본 토대이다. 표본에 근거하여 전집에 관한 결론을 도출할 때 언급할 수 있는 것은 그 결론이 정확할 가능성이 있다는 것뿐이지 확실하다는 것은 아니다.

추론통계

확률에 근거하는 추론통계는 하나의 가설로부터 출발한다. **영가설**은 일반적으로 전집 평균 간에 차이가 없음을 상정하는 진술이다. **연구가설** 또는 **대립가설**은 전집 평균 간의 차이가 있음을 상정하는 진술이다. 가설을 검증하고 나면, 두 가지 결론만이 가능하다. 영가설을 기각하거나 기각하는 데 실패할 뿐이다. 추론통계를 수행할 때는 처치를 가하거나 개입을 한 집단인 **실험집단**을 처치나 개입이 없다는 점을 제외하고는 모든 면에서 실험집단과 동일한 집단인 **통제집단**과 비교하기 십상이다. 전집 평균 간에 차이가 없을 때

표본 평균 간에 나타난 차이를 얻게 될 확률을 사용하여 전집에 관한 결론을 도출한다.

1종 오류와 2종 오류

통계학자는 자신의 결론이 틀릴 수 있다는 사실을 항상 염두에 두어야만 한다. 만일 영가설을 기각하였는데 그 영가설이 참이라면, 1종 오류를 범한 것이다. 만일 영가설을 기각하는 데 실패하였는데 그 영가설이 거짓이라면, 2종 오류를 범한 것이다. 과학저널과 의학저널은 매우 흥미롭고 놀라운 결과를 발표하는 경향이 있으며, 대중매체도 그러한 결과를 보도하는 경향이 있다. 그렇기 때문에, 발표된 결과 중에는 1종 오류가 과도하게 많기 십상이다.

SPSS®

독립변인과 종속변인을 보다 면밀하게 들여다보는 여러 가지 방법이 존재한다. 여러분은 분석(Analyze) → 보고(Reports) → 사례 요약(Case Summaries)을 선택함으로써 다양한 요약을 요청할 수 있다. 그런 다음 관심변인을 선택하고 화살표를 클릭하여 그 변인을 '변인(Variables)'으로 이동시킬 수 있다.

하나의 변인을 다른 '그룹 만들기' 변인을 가지고 분할할 수도 있다. 예컨대, 제3장 SPSS 절에서 보았던 공부시간과 시험성적

으로 사용할 수 있다. '변인' 밑에 있는 '점수(Score)'와 '집단변인(Grouping Variables)' 밑에 있는 '시간(Hours)'을 선택하라. 출력은, 그 일부분이 스크린샷에 나와있는데, 공부시간이 달랐던 모든 학생들의 성적을 알려준다. 이 요약은 예컨대, 세 시간 공부하였던 두 학생이 시험에서 50점과 72점을 받았다는 사실을 보여주고 있다.

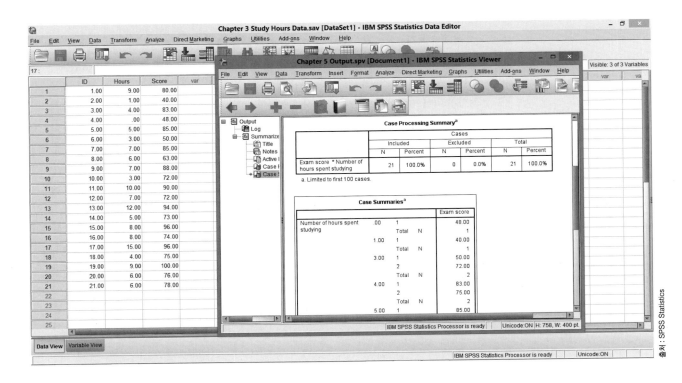

작동방법

5.1 무선선택 이해하기

호주에는 대략 2,000명의 학교심리학자가 있다. 한 연구자가 아동의 품행장애를 확인해내는 새로운 진단도구를 개발하였으며, 이 도구를 사용하도록 학교심리학자들을 훈련시키는 방법을 찾아내고자 한다. 연구자는 연구에 참가할 30명의 학교심리학자 무선표본을 어떻게 확보할 수 있는가?

2,000명의 호주 학교심리학자 전집에서 30명 표본을 무선적으로 선정하기 위하여 온라인 난수생성기를 사용할 수 있다. 시도해보자. (인터넷에서 '난수생성기'를 탐색할 수 있다.) 연구자는 난수생성기에 0001부터 2000 사이에 들어가는 30개의 숫자 집합을 생성하도록 명령할 수 있다. 어떤 학교심리학자든 이 연구에 두 번 이상 참가할 수 없기 때문에, 30개 숫자는 모두 다른 숫자가 되도록 규정한다. 만일 원한다면 연구자는 표본에 들어갈 참가자를 보다 용이하게 확인하기 위하여 프로그램에게 숫자들을 정렬하도록 요구할 수 있다. 다음과 같은 30개의 난수 집합을 생성하였다고 해보자.

25	48	84	113	159	165	220	312	319	330
337	452	493	562	613	734	822	860	920	924
931	960	983	1290	1305	1462	1502	1515	1675	1994

물론 난수 목록을 생성할 때마다 그 목록은 달라진다. 무작위로 생성한 특정한 수치 목록이 반드시 무선적으로 보일 필요는 없다는 사실에 유념하라. 예컨대, 이 목록에서 30개 숫자 중 7개만이 1,000 이상이다. 숫자들이 매우 유사한 여러 사례들도 있다(예컨대, 920과 924).

5.2 무선할당 사용하기

5.1절에서 기술하였던 연구자가 두 개의 훈련 모듈을 개발하였다고 상상해보라. 하나는 교실 장면에서 구현한 것으로, 학교심리학자가 직접적인 훈련에 참여하도록 출장을 나가야 한다. 다른 하나는 훨씬 경제적인 웹 기반 모듈이다. 연구자는 참가자들이 얼마나 많이 학습하였는지를 결정하기 위하여 훈련을 받은 후에 검사를 실시한다. 연구자는 어떻게 절반의 참가자를 교실 훈련에 그리고 나머지 절반을 웹 기반 훈련에 무선할당할 수 있겠는가?

이 경우에 독립변인은 교실 훈련과 웹 기반 훈련이라는 두 수준을 가지고 있는 훈련 유형이다. 종속변인은 검사로 결정하는 학습량이다. 각 참가자를 할당할 조건을 결정하기 위해 연구자는 난수생성기를 사용하여 0과 1로 구성된 30개 숫자 집합을 만들 수 있다. 집단 0에 할당된 참가자는 교실에서 직접적인 훈련을 받으며, 집단 1에 할당된 참가자는 웹 기반 훈련을 받는다. 각 훈련 유형에 여러 명의 참가자가 포함되기를 원하기 때문에 생성한 모든 숫자가 유일한 것이기를 원하지 않는다. 숫자의 순서가 중요하기 때문에 그 숫자들을 정렬하기를 원하지도 않는다.

온라인 난수생성기를 사용하여 다음과 같은 30개 숫자 집합을 얻을 수 있다.

11000	01110
01000	00011
01110	01100

이러한 무선 숫자배열에 근거하여, 첫 번째 두 참가자는 집단 1에 할당되고 웹 기반 훈련을 받는다. 다음 네 명은 집단 0에 할당되고 직접적인 훈련을 받는 방식으로 진행한다. 이 숫자 집합은 13개의 1과 17개의 0을 포함하고 있다. 각 집단에 정확하게 15명만을 원한다면, 15개의 0에 도달하였을 때 참가자를 집단 0에 할당하는 과정을 중지할 수 있다. 그런 다음 나머지는 집단 1에 할당한다.

5.3 확률 계산하기

어떤 대학교가 모든 학생에게 노트북 컴퓨터를 제공하였는데, 학생들이 인터넷에 접속하여 적어도 세 가지 이상의 프로그램을 동시에 열었을 때는 항상 먹통이 된다고 불평한다고 해보자. 한 학생은 이것이 지나친 과장이라고 생각하고는 이러한 상황에서 학교 컴퓨터가 먹통이 될 확률을 계산해보기로 하였다. 그 학생은 어떻게 이 계산을 할 수 있겠는가?

그는 자신의 연구에 참여할 100명의 학생을 무선적으로 선정하는 것으로 시작할 수 있다. 100명 학생의 컴퓨터에서 3개의 프로그램을 열고 온라인에 접속한 후 각 컴퓨터가 먹통이 되는지를 기록할 수 있다.

이 경우에 시행 수는 100회가 되는데(100개의 노트북 컴퓨터 각각에 대한 한 번씩의 시행), 각 시행은 세 가지 프로그램을 열고 온라인에 접속해보는 것이다. 소산은 그 컴퓨터가 먹통이 되는지 여부이다. 이 경우에 성공은 먹통이 된 컴퓨터이며, 이러한 사건이 55회 발생하였다고 해보자. (먹통이 된 컴퓨터를 성공으로 간주하지 않을 수도 있지만, 확률이론에서 성공이란 확률을 결정하려는 소산을 지칭한다.) 이제 성공 횟수(55)를 시행 수로 나누어볼 수 있다.

$$55/100 = 0.55$$

따라서 세 가지 프로그램을 열고 온라인에 접속하였을 때 컴퓨터가 먹통이 되는 확률은 0.55이다. 물론 상대적 빈도에 근거한 기대확률을 결정하려면 훨씬 더 많은 시행을 수행해보아야만 한다.

연습문제

홀수 문제의 답은 부록 C에서 찾아볼 수 있다.

개념 명료화하기

5.1 전집 대신에 표본을 연구하는 까닭은 무엇인가?

5.2 무선표본과 편의표본 간의 차이는 무엇인가?

5.3 일반화가능성이란 무엇인가?

5.4 자원자표본이란 무엇이며, 이 표본과 관련된 핵심 위험성은 무엇인가?

5.5 무선표집과 무선할당 간의 차이는 무엇인가?

5.6 반복연구를 수행한다는 것의 의미는 무엇이며, 반복연구는 결과에 대한 확신도에 어떤 영향을 미치는가?

5.7 이상적으로 실험은 무선표집을 사용하여 데이터가 전집을 정확하게 반영하여야 한다. 현실적인 이유로 이것은 수행하기 어렵다. 어떻게 무선할당이 무선표집의 미사용을 보완해주는 것인가?

5.8 확증편향이란 무엇인가?

5.9 착각상관이란 무엇인가?

5.10 어떻게 확증편향이 착각상관으로 이끌어가는가?

5.11 개인적 확률이란 무엇인가? 여러분 자신의 표현을 사용해보라.

5.12 상대적 빈도에 근거한 기대확률이란 무엇인가? 여러분 자신의 표현을 사용해보라.

5.13 통계학자는 시행, 소산, 성공과 같은 용어를 확률이라는 측면에서 독특한 방식으로 사용한다. 동전던지기 맥락에서 이 용어 각각이 의미하는 것은 무엇인가?

5.14 확률과 비율은 소산의 가능성을 어떻게 나타내는 것인가?

5.15 통계학자는 독립적이라는 표현을 어떤 방식으로 사용하는가?

5.16 가설검증에 포함된 하나의 단계는 표본의 구성원들을 통제집단과 실험집단에 무선적으로 할당하는 것이다. 두 집단 간의 차이는 무엇인가?

5.17 영가설과 연구가설 간의 차이는 무엇인가?

5.18 데이터에 근거하여 가설에 관하여 내릴 수 있는 두 가지 결정이나 결론은 무엇인가?

5.19 1종 오류와 2종 오류 간의 차이는 무엇인가?

통계치 계산하기

5.20 어떤 고속도로 휴게소에 43대의 트레일러가 하룻밤을 보내기 위해 주차되어 있다. 여러분은 각 트레일러에 1부터 43까지 번호를 부여한다. 아래에 나와있는 난수표에서 두 번째 줄부터 왼쪽에서 오른쪽으로 이동하면서, 내일 아침에 휴게소를 떠날 때 중량을 측정할 4대의 트레일러를 선정해보라.

    00190 27157 83208 79446 92987 61357
    23798 55425 32454 34611 39605 39981
    85306 57995 68222 39055 43890 36956
    99719 36036 74274 53901 34643 06157

5.21 공항 보안대는 매일 승객의 가방을 무작위로 조사한다. 만일 10명당 1명을 조사한다면, 연습문제 5.20의 난수표를 사용하여 검사할 처음 6명을 결정해보라. 위에서부터 아래로 진행하되, 네 번째 열에서 시작하고, 숫자 0은 열 번째 사람을 나타내도록 하라.

5.22 숫자 1, 2, 3으로 나타낸 세 조건에 8명을 무선할당하라. 연습문제 5.20의 난수표를 사용하되, 첫 번째 행에서 시작하여 왼쪽에서 오른쪽으로 진행하라. (주의사항 : 각 조건에 동일한 수의 참가자가 들어가는지는 무시하고 참가자를 조건에 할당하라.)

5.23 1부터 5까지 숫자를 부여한 다섯 조건을 갖는 연구를 수행하고 있다. 조건에 걸쳐 동일한 수의 참가자가 들어가는지를 무시하고 실험실에 도착한 처음 7명을 조건에 할당하라. 연습문제 5.20의 난수표를 사용하되, 세 번째 행에서 시작하여 왼쪽에서 오른쪽으로 진행하라.

5.24 사람들이 확증편향을 나타내는 일반적인 경향성을 전제로, 객관적인 데이터를 수집하는 것이 중요한 이유를 설명해보라.

5.25 사람들이 착각상관을 지각하는 일반적인 경향성을 전제로, 객관적인 데이터를 수집하는 것이 중요한 이유를 설명

해보라.

5.26 장기적으로 매 489번의 시도 중에서 71번 표적을 실제로 맞춘다면, 표적을 맞출 확률은 얼마인가?

5.27 게임 프로그램에 총 266명이 참가하였는데 8명이 대상을 차지하였다. 대상을 차지할 확률을 추정해보라.

5.28 다음 비율을 백분율로 변환해보라.

   a. 0.0173

   b. 0.8

   c. 0.3719

5.29 다음 백분율을 비율로 변환해보라.

   a. 62.7%

   b. 0.3%

   c. 4.2%

5.30 연습문제 5.20의 난수표를 사용하여, 숫자의 무작위 배열에서 6이 출현할 확률을 추정해보라. 처음 두 열에 나오는 숫자들에 근거하여 답해보라.

5.31 다음 진술 각각이 개인적 확률을 지칭하는지 아니면 상대적 빈도에 근거한 기대확률을 지칭하는지 판단해보라. 여러분의 답을 해명해보라.

   a. 주사위가 짝수를 나타낼 가능성은 50%이다.

   b. 내일 수업에 지각할 가능성은 1/4이다.

   c. 내가 공부하는 동안 주체하지 못하고 아이스크림을 먹을 가능성은 80%이다.

   d. PlaneCrashInfo.com에 따르면 가장 안전한 상위 25위 항공기를 한 번 탔을 때 죽을 가능성은 920만분의 1이다.

개념 적용하기

5.32 **동시발생과 로또** : "여성이 텍사스 로또에서 네 번째로 100만 달러에 당첨되다" 조앤 긴더(Joan Ginther. 미국에서 네 번이나 100만 달러 이상의 거액에 당첨된 여성)의 놀랄 만한 행운에 관한 머리기사 제목이다(Wetenhall, 2010). 두 장의 로또는 동일한 가게에서 구입한 것인데, 가게주인 밥 솔리스는 "내 가게는 대단히 행운이 따르는 가게이다."라고 말하였다. 이 장에서 공부한 개념들을 인용하여 여러분은 긴더와 솔리스에게 운수대통 상황에서 확률과 동시발생이 수행하는 역할에 관하여 무슨 말을 해주겠는가?

5.33 **난수와 비밀번호** : 여러분이 사용하는 비밀번호는 얼마나 무선적인가? 비밀번호는 여러분의 돈이 들어있는 계좌를 지켜주는 가장 중요한 안전장치이며 여러분에게 가치 있는 정보이다. 영국 BBC방송은 네 자리 숫자의 비밀번호

를 선택할 때, "사람들은 10,000개의 가능한 전집 중에서 작은 부분집합으로 쏠리게 된다. 어떤 경우에는 80% 이상의 선택이 단지 100개의 상이한 숫자 집합에서 나온다."라고 보도하였다(Ward, 2013). 무선적으로 생각하는 사람들의 능력에 관하여 알고 있는 것에 근거하여, 이 결과를 설명해보라.

5.34 무선선택과 학교심리학자의 경력 조사 : 캐나다 정부는 7,550명의 심리학자가 캐나다에서 활동하고 있다고 보도하였다(2013). 한 연구자는 직업 전망에 관한 조사연구를 위하여 캐나다 심리학자 중에서 100명을 무선적으로 선정하고자 한다. 아래에 나와있는 난수표를 사용하여 물음에 답하라.

04493	52494	75246	33824	45862	51025
00549	97654	64051	88159	96119	63896
35963	15307	26898	09354	33351	35462
59808	08391	45427	26842	83609	49700

a. 이 연구가 표적으로 삼고 있는 전집은 무엇인가? 이 전집은 얼마나 큰가?

b. 이 연구자가 원하는 표본은 무엇인가? 그 표본은 얼마나 큰가?

c. 연구자가 어떻게 표본을 선정하는지를 기술해보라. 전집 구성원들에게 어떻게 번호를 매기고, 난수표를 사용할 때 어떤 숫자 집합을 무시해야 하는지를 반드시 설명하라.

d. 첫 번째 행의 왼쪽부터 시작하여 다음 행으로 계속해서 진행하면서, 연구자가 처음에 선정한 10명의 참가자를 나열해보라.

5.35 가설과 학교심리학자 경력 조사 : 연습문제 5.34에서 기술한 연구에서, 연구자가 100명의 캐나다 심리학자 표본을 무선적으로 선정한 후, 조사자료의 일환으로 직업 전망이 좋아지고 있다는 가상의 신문기사를 읽는 조건에 50명을, 그리고 직업 전망이 나빠지고 있다는 가상의 신문기사를 읽는 조건에 나머지 50명을 무선할당하기로 결정하였다. 그런 다음에 참가자들은 자신의 경력에 관한 태도를 묻는 질문에 답하였다.

a. 이 실험에서 독립변인은 무엇이며, 그 독립변인의 수준은 무엇인가?

b. 이 실험에서 종속변인은 무엇인가?

c. 이 연구의 영가설과 연구가설을 적어보라.

5.36 무선할당과 학교심리학자 경력 조사 : 다음 물음에 답할 때 연습문제 5.34와 5.35를 참조하라.

a. 연구자가 참가자들을 독립변인의 수준들에 어떻게 무선할당하였는지를 기술하라. 독립변인의 수준들에 어떻게 번호를 매기고 난수표를 사용할 때 어떤 숫자 집합을 무시해야 하였는지를 반드시 설명하라.

b. 연습문제 5.34의 난수표에서 맨 아래 행의 왼쪽부터 시작하여 그 위쪽 행의 왼쪽으로 계속하여 진행하면서, 처음 10명의 참가자를 할당하는 독립변인의 수준을 나열해보라. 두 조건을 나타내는 데는 0과 1을 사용하라.

c. 이 숫자들이 무선적으로 보이지 않는 이유는 무엇인가? 단기적 비율과 장기적 비율 간의 차이를 논의해보라.

5.37 무선선택과 심리학 전공자 조사 : 여러분이 심리학 전공자들의 학과 경험에 관한 조사를 실시하는 조사요원으로 선발되었다고 상상해보라. 전체 300명의 전공자 중에서 60명을 무선선발하도록 요구받았다. 여러분은 학교 서버가 고장 나서 온라인 난수생성기를 사용할 수 없기 때문에 기숙사 방에서 난수표를 사용하여 이 작업을 수행하고 있다. 여러분이 이 작업을 신속하게 해낼 수 있도록, 친구가 001에서부터 300 사이에 속하는 60개의 난수 목록을 적어주겠다고 제안한다. 그 친구가 난수 목록을 제대로 생성할 가능성이 낮은 이유를 그 친구에게 설명해보라.

5.38 무선선택과 무선할당 : 다음 각 연구에 대해서 (1) 무선선택을 사용하였을 가능성이 있는지를 진술하고, 무선선택을 사용하였을 수도 있었는지를 설명해보라. 또한 연구자가 일반화하고자 원하였으며 그렇게 할 수도 있었던 전집을 기술해보라. (2) 무선할당을 사용하였을 가능성이 있는지 그리고 무선할당을 사용하였을 수도 있었는지를 기술해보라.

a. 한 발달심리학자는 조산아가 5세가 되었을 때 정상 출산한 아동과는 상이한 사회성 기술을 갖는지 알고 싶었다.

b. 대학 상담센터 소장은 우울증 치료를 받는 학생과 불안증 치료를 받는 학생의 주당 치료시간을 비교하고자 하였다. 소장은 내년도 예산 증액을 위하여 이 데이터를 대학당국에 보고하고자 하였다.

c. 한 산업조직심리학자는 새로운 노트북 컴퓨터 디자인이 컴퓨터를 사용할 때의 반응시간에 영향을 미치는지를 알고자 원하였다. 그는 새로운 노트북 컴퓨터를 사용할 때의 반응시간을 두 가지 표준적인 노트북 컴퓨터 버전, 즉 맥킨토시와 PC를 사용할 때의 반응시간과 비교하고자 하였다.

5.39 자원자표본과 대학 미식축구 여론조사 : 자원자표본은 참

가자들이 자발적으로 참여하는 일종의 편의표본이다. 최근에 일간지 USA투데이는 웹사이트에 대학 미식축구에 관하여 다음과 같은 질문을 던지는 온라인 여론조사를 실시하였다. "금년도 ACC(미국 동부지역 대학스포츠 연맹) 컨퍼런스에서 어느 대학이 우승후보라고 생각합니까?" 최상위 득표 대학인 버지니아 테크와 마이애미대학을 포함한 7개 대학과 '기타'를 합쳐 모두 8개의 선택지를 제시하였다.

a. 이 표본에 스스로 참여할 전형적인 사람을 기술해보라. 대학 미식축구 팬의 전집이라는 측면에서 보더라도 이 표본이 편향될 수밖에 없는 이유는 무엇인가?

b. 외적 타당도란 무엇인가? 이 표본에서 외적 타당도가 제한적일 수밖에 없는 이유는 무엇인가?

c. 이 여론조사에서 여러분이 확인해낼 수 있는 다른 문제점은 무엇인가?

5.40 표본과 코스모폴리탄 퀴즈 : 월간 잡지 코스모폴리탄은 웹사이트에 잘 알려진 퀴즈를 많이 게재한다. 이성애 여성을 표적으로 삼은 한 가지 퀴즈는 "여러분은 헤어진 남친에게 지나치게 집착합니까?"라는 제목을 달고 있다. '리바운드 가이'(남친과 이별한 후 잠시 사귀는 남자)에 관한 질문은 다음과 같은 세 가지 선택지를 제시한다. "여러분의 마음을 달래줄 남자라면 누구든 상관없다", "헤어진 남친의 도플갱어(어떤 사람과 똑같이 생긴 사람)", 그리고 "마지막으로 데이트했던 남자와 정반대인 사람". 여러분은 여자들이 헤어진 남친에 얼마나 강박적으로 매달리는지를 결정하기 위하여 퀴즈 데이터를 사용하고자 원하는지 생각해보라.

a. 이 퀴즈에 반응할 전형적인 인물을 기술해보라. **코스모폴리탄** 독자층의 측면에서 보더라도 이러한 표본의 데이터가 얼마나 편향되었겠는가?

b. 자원자표본에 의존하는 것의 일반적인 위험성은 무엇인가?

c. 여러분이 이 퀴즈에서 보는 또 다른 문제점은 무엇인가? 질문의 유형과 반응에 대해서 언급해보라.

5.41 표본과 성교육 조사 : 성의 과학에 초점을 맞추고 있는 웹사이트 Gizmodo.com의 블로그인 Throb은 자체적인 성교육 조사 결과를 발표하였다(Kelly, 2015). 이 조사를 설계한 블로거는 다음과 같이 적고 있다. "나는 여러분들의 충분한 응답을 통해 미국에서 성교육이 실제로 어떤 모습인지에 대한 밑그림을 그리기 시작할 수 있게 되기를 희망한다. 그렇게 되면 그 교육을 받는 학생들에게 실제로 어떤

영향을 미치는지를 알아낼 수 있을 것이다."

a. 여러분은 그 블로거의 결과가 미국 전집을 대표할 가능성이 있다고 생각하는가? 그렇게 생각하는 이유는 무엇인가?

b. 이 표본에 자원할 가능성이 매우 높은 사람들을 기술해보라. 이 집단이 미국인 전집과 비교할 때 편향적인 이유는 무엇인가?

c. 그 블로거는 다음과 같이 말하고 있다. "10대들이 성에 관하여 질문을 던지는 온라인 포럼을 5분 동안만 살펴보면, 분노와 절망으로 눈물을 흘릴 수 있다." 이 진술은 그가 잘못된 정보가 넘쳐난다고 믿고 있다는 사실을 나타낸다. 블로그 Throb 전반에 반영되어 있을 가능성이 높은 이 블로거의 관점이 어떻게 특정 유형의 응답자를 불러 모을 수 있겠는가?

d. 이 조사는 온라인에 게재되었기 때문에, 상당한 수의 응답자가 참가할 가능성이 높다. 그럼에도 불구하고 높은 외적 타당도를 갖는 연구를 수행하기에 충분하지 않은 이유는 무엇인가? 외적 타당도를 높이기 위하여 이 표본을 어떻게 바꿀 필요가 있겠는가?

5.42 무선선택 또는 무선할당 : 다음 각각의 가상적인 시나리오가 선택을 기술하는지 아니면 할당을 기술하는지를 진술하라. 사용한 방법은 무선선택 또는 무선할당인가?

a. 캐나다 대학교의 상담센터가 제공하는 서비스에 관한 연구에서 20개 대학을 조사하였다. 모든 대학교는 이 연구에 참여할 동일한 기회를 가지고 있었다.

b. 공포증 연구에서 30마리의 레서스원숭이를 공포자극에 노출시키거나 노출시키지 않았다. 모든 원숭이는 두 노출조건 중 하나에 포함될 동일한 기회를 가지고 있었다.

c. 휴대폰 사용에 관한 연구에서, 청구서와 함께 보낸 연구 참가의향서를 통해서 참가자들을 모집하였다.

d. 시지각 연구에서 심리학개론 수강생을 대상으로 참가자를 모집하였다.

5.43 확증편향과 부정적 사고패턴 : 확증편향의 일반적 경향성이 어떻게 주요우울장애에 수반되는 부정적 사고패턴을 변경시키기 어렵게 만드는지를 설명해보라.

5.44 확률과 동전던지기 : 단기적 비율은 장기적 확률과 꽤나 차이 나기 십상이다.

a. 단기적으로는 비율이 왔다 갔다 할 것이라고 기대하는 반면, 장기적인 확률은 상당히 예측 가능한 까닭을 여러분 자신의 표현으로 설명해보라.

b. 만일 동전을 상당히 많이 던진다면 앞면이 나올 장기적 기대확률은 얼마인가? 그 이유는 무엇인가?

c. 동전을 연속해서 10번 던져보라. 앞면의 비율은 얼마인가? 이 과정을 5회 반복해보라. 주의사항 : 실제로 해봄으로써 여러분은 더 많은 것을 배우게 될 것이며, 단순히 수치를 적는 것에 그치지 말라.

처음 10회 던지기의 비율 :

두 번째 10회 던지기의 비율 :

세 번째 10회 던지기의 비율 :

네 번째 10회 던지기의 비율 :

다섯 번째 10회 던지기의 비율 :

d. (c)의 비율들이 (b)의 장기적 기대확률과 대응하는가? 그 이유는 무엇인가?

e. 친구가 동전을 10회 던졌는데 아홉 번 앞면이 나왔으며, 동전이 편향적이라고 투덜댔다. 그 친구에게 단기적 확률과 장기적 확률 간의 차이를 어떻게 설명하겠는가?

5.45 확률, 비율, 백분율, 그리고 '왈도를 찾아라' : Salon.com의 기자 벤 블라트(2013)는 매우 상세한 만화그림에서 항상 적색과 백색의 줄무늬 스웨터와 모자를 쓰고 있는 왈도를 찾아야 하는 게임에서 왈도의 위치를 분석하였다. 블라트는 "53%의 경우에 왈도는 두 개의 1.5인치 띠 중 하나 속에 숨어있는데, 한 개는 페이지 하단에서부터 3인치 떨어진 곳에서 시작하며, 다른 하나는 하단에서부터 7인치 떨어진 속에서 시작한다."라고 보고하였다. 블라트의 동료 한 명이 이 정보를 사용하여 11개 그림에 걸쳐 이 정보를 가지고 있지 않은 동료보다 신속하게 왈도를 찾아냈다.

a. 확률이라는 용어가 지칭하는 것은 무엇인가? 블라트가 확인한 두 개의 1.5인치 띠 중 하나에서 왈도를 찾아낼 확률은 얼마인가?

b. 비율이라는 용어가 지칭하는 것은 무엇인가? 왈도가 두 개의 1.5인치 띠 중 하나에 있을 비율은 얼마인가?

c. 백분율이라는 용어가 지칭하는 것은 무엇인가? 왈도가 두 개의 1.5인치 띠 중 하나에 있을 백분율은 얼마인가?

d. 이 데이터에 근거할 때, 여러분은 '왈도를 찾아라' 게임이 고정된 것인지를 결정하는 데 충분한 정보를 가지고 있는가? 그 이유는 무엇인가? (주의사항 : 블라트는 두 개의 1.5인치 띠가 모든 왈도의 적어도 50%를 포함하고 있을 확률은 지극히 미약하여 0.3%가 되지 않는다고 보고하였다.)

5.46 독립시행과 유로비전 음악 경연대회 편향 : 영국의 일간지 텔레그래프가 보도한 바와 같이(Highfield, 2005), 옥스퍼드 대학교 연구자들은 매년 열리는 유로비전 음악 경연대회에서 투표가 편향되었다는 의혹을 조사하였는데, 이 경연은 유럽 전역에 걸쳐 국가마다 한 곡의 팝뮤직을 선정하여 서로 겨루게 하는 것이다. 연구팀은 이웃하는 국가들이 하나의 단위로 투표하는 경향이 있다는 사실을 발견하였다. 예컨대, 노르웨이는 스웨덴과, 벨라루스는 러시아와, 그리고 그리스는 사이프러스와 동일하게 투표하였다. 이 경우에 투표가 상호 독립적이라고 간주할 수 없는 이유를 설명해보라.

5.47 독립시행과 미국 대통령 선거 : 네이트 실버는 정확한 예측도구를 사용하는 것으로 잘 알려진 통계학자이자 기자이다. 실버(2012)는 버락 오바마가 밋 롬니에게 승리한 2012년 미국 대통령 선거의 서곡이 되었던 기사에서, 자신의 예측방법을 "근본적으로 선거인단 시뮬레이션이기 때문에 각 주(state)의 여론조사에 크게 의존하는 것"으로 설명하였다. 50개 주에 걸친 여론조사 결과를 실버가 통합하는 방식을 생각해보라. 어떤 면에서 이러한 여론조사가 독립시행일 가능성이 있는가? 누군가 그 여론조사는 진정한 의미의 독립시행이 아니라고 주장하는 까닭은 무엇인가?

5.48 독립시행, 종속시행, 그리고 확률 : 도박사는 선행 시행의 소산에 근거하여 미래 시행의 소산을 잘못 예측하기 십상이다. 시행들이 독립적일 때, 미래 시행의 소산은 선행 시행의 소산에 근거하여 예측할 수 없다. 다음 각 사례에 대해서 (1) 시행들이 독립적인지 아니면 종속적인지 언급하고, (2) 그 이유를 설명하라. 덧붙여서 (3) 시행의 독립성이나 종속성이 정확도에 어떤 영향을 미치는지를 설명하면서, 인용문이 정확할 가능성이 있는지 아니면 명백하게 틀렸는지를 진술해보라.

a. 여러분이 모노폴리 게임(주사위 두 개를 굴려서 나온 수만큼 자신의 말을 옮기고, 도착한 곳의 땅을 구입하는 보드게임. 같은 색깔의 땅을 많이 모으면 이긴다)을 하고 있으며, 마지막 열 번의 주사위 던지기 중에서 네 번이나 6의 쌍이 나왔다. 여러분은 "신난다. 일이 잘 풀리네. 또 6이 나올 거야."라고 말한다.

b. 여러분이 오하이오주립대학교(OSU) 미식축구 팬인데, 연속해서 두 게임을 패하여 우울하다. 여러분은 이렇게 되뇐다. "이것은 정말 이상한 일이야. 버크아이즈(오하이오 사람의 별칭)는 이번 시즌 저주받았어. 그래서 시즌 초기부터 부상자가 속출하는 게야."

c. 여러분은 때때로 시동 거는 데 문제가 있는 20년 된 차

를 가지고 있다. 이번 주에는 매일 시동이 걸렸으며, 오늘은 금요일이다. 여러분은 이렇게 말한다. "나는 불행해질 운명이야. 차가 1주일 내내 믿을 만했고, 지난주에 손을 보았지만, 오늘은 나를 실망시킬 게야."

5.49 영가설과 연구가설 : 다음 각 연구에 대해서 영가설과 연구가설을 설정해보라.

a. 한 법인지심리학자는 거짓정보의 반복이 (반복하지 않는 것에 비해서) 평균적으로 거짓기억을 발전시키는 경향성을 증가시키는지가 궁금하였다.

b. 한 임상심리학자는 치료과정의 지속적인 구조화된 평가가 (평가하지 않는 것에 비해서) 우울증 치료를 받는 외래환자에게 더 좋은 결과를 제공하는지를 연구하였다.

c. 한 회사는 칸막이 사무실이 (폐쇄된 사무실에 비해서) 직원 사기에 미치는 효과를 연구하기 위하여 산업조직심리학자를 고용하였다.

d. 발달인지심리학자 팀은 태어날 때부터 아동에게 외국어를 가르치는 것이 모국어를 사용하는 능력에 영향을 미치는지 연구하였다.

5.50 영가설에 대한 결정 : 다음 각 가상적 결론에 대해서, 연구자들이 영가설을 기각하였는지 아니면 기각하는 데 실패하였는지를 진술하라(물론 진술을 지지하는 추론통계에 달려있다). 여러분 결정의 근거를 해명해보라.

a. 거짓정보가 여러 차례 반복될 때, 반복되지 않을 때보다 평균적으로 사람들이 거짓기억을 발달시킬 가능성이 더 큰 것으로 보인다.

b. 지속적으로 치료의 구조화된 평가를 받는 주요우울장애 환자가 평가를 받지 않는 환자보다 평균적으로 더 낮은 치료후 우울 수준을 나타내는 것으로 보인다.

c. 칸막이 사무실에서 근무하든 폐쇄된 사무실에서 근무하든 평균적으로 고용자의 사기는 다르지 않은 것으로 보인다.

d. 아이를 이중언어자로 키우든 그렇지 않든 평균적으로 아동의 모국어 능력은 다르지 않은 것으로 보인다.

5.51 1종 오류 대 2종 오류 : 연습문제 5.50의 진술을 다시 살펴보자. 각각에 대해서 만일 그 결론이 틀렸다면, 연구자는 어떤 유형의 오류를 범한 것인가? 여러분의 답을 해명해보라.

a. 거짓정보가 여러 차례 반복될 때, 반복되지 않을 때보다 평균적으로 사람들이 거짓기억을 발달시킬 가능성이 더 큰 것으로 보인다.

b. 지속적으로 치료의 구조화된 평가를 받는 주요우울증

장애 환자가 평가를 받지 않는 환자보다 평균적으로 더 낮은 치료후 우울 수준을 나타내는 것으로 보인다.

c. 칸막이 사무실에서 근무하든 폐쇄된 사무실에서 근무하든 평균적으로 고용자의 사기는 다르지 않은 것으로 보인다.

d. 아이를 이중언어자로 키우든 그렇지 않든 평균적으로 아동의 모국어 능력은 다르지 않은 것으로 보인다.

5.52 초대를 거부하는 것 대 거부하는 데 실패하는 것 : 통계학 강의에서 새로운 공부친구를 만났다고 상상해보라. 어느 날, 그 공부친구가 데이트를 하자고 요청한다. 여러분은 이 초대를 대단히 놀랍게 받아들이고 무슨 말을 해야 할지 어리둥절하다. 그 친구에게 낭만적으로 끌리지는 않지만, 상대방의 감정을 상하게 만들고 싶지도 않다.

a. 그 친구에게 보일 수 있는 두 가지 반응을 만들어보되, 하나는 여러분이 초대를 거부하는 데 실패하는 것이고, 다른 하나는 그 초대를 거부하는 것이 되도록 하라.

b. 초대를 거부하는 데 실패하는 것은 초대를 거부하거나 받아들이는 것과 어떻게 다른가?

5.53 확증편향, 오류, 반복연구, 그리고 점성술(별점) : Astrology.com의 한 별점은 다음과 같이 진술하였다. "직장에서 여러분이 상상도 하지 못했을 대단한 성과가 있으며, 오늘이 바로 그 성과가 드러나는 날이다." 최근 대학을 졸업하고 직장을 구하는 사람이 구미가 당기는 직장의 새로운 목록을 찾아내고는 별점이 맞는다고 결정한다. 만일 여러분이 관련성을 찾고 있다면, 그 관련성을 찾을 가능성이 있다. 그렇지만 신중한 연구자들은 점성술의 정확성을 지지하는 증거를 찾는 데 반복적으로 실패해왔다 (Dean & Kelly, 2003 참조).

a. 확증편향이 어떻게 별점이 맞는다고 결정하는 논리를 주도하는지를 그 졸업생에게 설명해보라.

b. 만일 연구자들이 틀렸다면, 어떤 유형의 오류를 범한 것인가?

c. 어째서 반복연구는 이 결과가 오류일 가능성이 낮다는 사실을 의미하는지를 설명해보라.

5.54 확률과 스모 : 레빗과 더브너(2009)는 자신들의 저서 **괴짜 경제학**(Freakonomics)에서 다음과 같은 질문을 던진 더건과 레빗(2002)의 연구를 기술하고 있다. "스모 선수들은 속임수를 쓰는가?" 스모 선수는 스모가 국기(國技)인 일본에서 엄청난 존경을 받는다. 연구자들은 11년에 걸쳐 32,000회의 스모경기 결과를 살펴보았다. 만일 한 선수가 패배 기록(열다섯 번의 시합 중에서 일곱 번 이하의 승리)으로 한

대회를 마치게 되면, 순위가 내려가면서 승리에 뒤따르는 상금과 특권도 줄어든다. 연구자들은 대회에서 7승 7패(7-7)를 기록하고 있는 선수(순위가 올라가기 위해서 오직 한 번의 승리가 더 필요하다)가 8승 6패(8-6)를 기록하고 있는 선수(이미 순위 상승이 보장되어 있다)와의 마지막 경기에서 기대 이상의 승리를 거두었는지를 알아보고자 하였다. 그러한 현상은 속임수를 나타내는 것일 수 있다. 과거의 경기 기록에 근거할 때, 한 7-7 선수(선수 A)가 마지막 상대인 8-6 선수(선수 B)를 상대로 승리한 백분율은 48.7%이었다.

a. 만일 속임수가 없다면, A가 7-7이고 B가 8-6인 상황을 포함하여 A가 B를 이길 확률은 얼마인가?

b. 만일 경기에 부정행위가 개입함으로써 8-6 선수가 경기를 포기하여 다른 선수가 자신의 순위를 유지하도록 도와주는 일이 자주 발생한다면(그래서 미래에 있을 경기에서 7-7 선수로부터 보상을 되돌려 받는다면), 여러분은 대회에서 한 선수는 7-7이고 다른 선수는 8-6인 바로 그 상황에서 두 선수가 맞붙었을 때 승리 백분율에 어떤 일이 일어날 것이라고 예상하는가?

c. 스모 선수들이 속임수를 쓰는지를 살펴보는 연구의 영가설과 연구가설을 진술해보라.

d. 이러한 실생활의 특정 사례에서, 선수 A가 7-7이고 선수 B가 8-6인 경우에 선수 A가 B를 꺾는 백분율이 79.6%인 것으로 나타났다. 만일 추론통계가 이런 일이 우연히 일어날 가능성이 매우 낮다는 사실을 보여준다면, 여러분의 결정은 어떤 것이 되겠는가? 가설검증 용어를 사용하도록 하라.

5.55 **증언서와 해리 포터** : 아마존을 비롯한 다른 온라인서점은 독자들에게 책 리뷰를 쓸 기회를 제공하며, 많은 잠재적 독자는 어느 책을 구입할지 결정하기 위하여 이 리뷰를 샅샅이 뒤져본다. 해리 포터 책은 상당히 많은 독자 리뷰를 끌어들인다. 한 아마존 리뷰어인 'bel78'은 해리 포터와 **혼혈왕자**(*Harry Potter and the Half-Blood Prince*)에 대한 리뷰를 아르헨티나에서 기고하였다. 이 책에 대해서 그녀는 "그냥 뛰어나게 좋다."라고 말하면서 자신의 리뷰를 읽는 독자에게 "빨리 책을 구하라."라고 제안하였다. 이러한 리뷰는 영향력이 있는가? 이 경우에 900명 이상이 bel78의 리뷰를 읽었으며, 그 리뷰가 도움을 주었다고 답한 사람이 거의 700명에 달하였다.

a. 여러분이 해리 **포터와 혼혈왕자**를 구입할지를 결정하고 있으며, 돈과 시간을 투자하기에 앞서 그 책을 이미 읽

은 사람이 어떻게 생각하는지를 알고 싶어 한다고 상상해보라. 여러분이 관심을 갖는 의견의 전집은 무엇인가?

b. 만일 여러분이 bel78의 리뷰만을 읽는다면, 데이터를 수집하는 표본은 무엇인가? 단 한 가지 리뷰에만 의존하는 것의 문제점은 무엇인가?

c. 대략 5,500명의 독자가 2016년에 아마존에서 이 책을 리뷰하였다. 만일 모든 리뷰어가 이 책은 놀랍다는 데 동의하였다면 어떻게 되겠는가? 이 표본의 문제점은 무엇인가?

d. 현실적이거나 재정적인 제한점이 없다면, 이 책을 읽은 아마존 사용자의 표본을 모으는 최선의 방법은 무엇이겠는가?

e. 친구가 봄방학에 가져가려고 온라인에서 책 한 권을 주문하고자 계획하고 있다. 결정을 내리기 위하여 여러 책의 온라인 리뷰를 읽고 있다. 증언서에 의존하는 것이 객관적인 정보를 제공할 가능성이 낮은 이유를 몇 개의 문장으로 그 친구에게 설명해보라.

종합

5.56 **별점과 예측** : 사람들은 자신의 별점이 으스스한 예측, 예컨대 연인 관계가 깨진 바로 그날 사랑의 문제가 있다는 예측을 내놓았을 때를 기억하고는 별점이 정확하다고 결론 내린다. 그러한 결론에 도전장을 내민 사람들 중에 먼로와 먼로(2000)가 있다. 이들은 별점에 별자리 기호를 표지로 붙였을 때는 34%의 학생이 자신의 별점을 자기에게 딱 들어맞는 것으로 선택한 반면, 그 별점에 무선적인 숫자를 표지로 붙였을 때는 13%만이 자신의 별점을 선택하였다는 결과를 보고하였다. 13%는 8.3%와 통계적으로 유의한 차이가 없는데, 8.3%는 우연히 기대할 수 있는 백분율이다.

a. 이 연구에서 관심의 대상인 전집은 무엇이며, 표본은 무엇인가?

b. 무선선택을 사용하였는가? 여러분의 답을 해명해보라.

c. 무선할당을 사용하였는가? 여러분의 답을 해명해보라.

d. 독립변인은 무엇이며, 그 독립변인이 가지고 있는 수준은 무엇인가? 종속변인은 무엇인가? 독립변인과 종속변인은 어떤 유형의 변인인가?

e. 영가설은 무엇이며, 연구가설은 무엇인가?

f. 연구자가 내린 결론은 무엇인가? (추론통계 용어를 사용하여 답하라.)

g. 만일 연구자가 내린 결론이 틀렸다면, 어떤 유형의 오류를 범한 것인가? 여러분의 답을 해명해보라. 일반적인 의미에서 그리고 이 상황에서 이러한 유형의 오류가 초래하는 결과는 무엇인가?

5.57 알코올 남용 개입 : 64명의 남학생이 학교 음주 규칙을 위반하여 학교 상담사를 찾아가라는 명령을 받았다. 보사리와 캐리(2005)는 이 학생들을 두 조건에 무선할당하였다. 첫 번째 조건의 학생에게는 새롭게 개발한 간편 동기 인터뷰(BMI)를 실시하였는데, 교육자료가 학생 자신의 경험과 관련된 개입 프로그램이다. 두 번째 조건의 학생에게는 전형적인 음주교육(AE) 회기를 실시하였는데, 학생의 경험과 관련되지 않은 교육자료를 제시하는 프로그램이다. 추론통계에 근거하여 연구자는 추후 조사에서 BMI 집단이 평균적으로 AE 집단보다 음주 관련 문제를 더 적게 일으켰다고 결론 내렸다.

a. 이 연구에서 관심의 대상인 전집은 무엇이며, 표본은 무엇인가?

b. 무선선택을 사용하였을 가능성이 있는가? 여러분의 답을 해명해보라.

c. 무선할당을 사용하였을 가능성이 있는가? 여러분의 답을 해명해보라.

d. 독립변인은 무엇이며, 그 독립변인이 가지고 있는 수준은 무엇인가? 종속변인은 무엇인가?

e. 영가설은 무엇이며, 연구가설은 무엇인가?

f. 연구자가 내린 결론은 무엇인가? (추론통계 용어를 사용하여 답하라.)

g. 만일 연구자가 내린 결론이 틀렸다면, 어떤 유형의 오류를 범한 것인가? 여러분의 답을 해명해보라. 일반적인 의미에서, 그리고 이 상황에서 이러한 유형의 오류가 초래하는 결과는 무엇인가?

5.58 우울증 치료 : 우울 증상이 치료에 반응하지 않았던 18명의 우울증 환자를 대상으로 연구를 수행하였다(Zarate, 2006). 절반은 케타민 정맥주사를 맞는데, 우울 증상을 신속하게 제거할 것이라고 가정한 약물이다. 다른 절반은 가짜약 정맥주사를 맞았다. 해밀턴 우울증 평가척도로 측정한 결과, 일반적으로 2시간 이내에 케타민을 투여한 환자들이 가짜약 환자보다 훨씬 더 개선되었다.

a. 이 연구에서 관심의 대상인 전집은 무엇이며, 표본은 무엇인가?

b. 무선선택을 사용하였을 가능성이 있는가? 여러분의 답을 해명해보라.

c. 무선할당을 사용하였을 가능성이 있는가? 여러분의 답을 해명해보라.

d. 독립변인은 무엇이며, 그 독립변인이 가지고 있는 수준은 무엇인가? 종속변인은 무엇인가?

e. 영가설은 무엇이며, 연구가설은 무엇인가?

f. 연구자가 내린 결론은 무엇인가? (추론통계 용어를 사용하여 답하라.)

g. 만일 연구자가 내린 결론이 틀렸다면, 어떤 유형의 오류를 범한 것인가? 여러분의 답을 해명해보라. 일반적인 의미에서, 그리고 이 상황에서 이러한 유형의 오류가 초래하는 결과는 무엇인가?

핵심용어

개인적 확률(personal probability)

무선표본(random sample)

반복연구(replication)

상대적 빈도에 근거한 기대확률(expected relative-frequency probability)

성공(success)

소산(outcome)

시행(trial)

실험집단(experimental group)

연구가설(research hypothesis)(대립가설)

영가설(null hypothesis)(귀무가설)

일반화가능성(generalizability)

자원자표본(volunteer sample)

착각상관(illusory correlation)

통제집단(control group)

편의표본(convenience sample)

확률(probability)

확증편향(confirmation bias)

1종 오류(Type I error)

2종 오류(Type II error)

정상곡선, 표준화, z 점수

6

정상곡선

표준화, z 점수, 그리고 정상곡선
    표준화의 필요성
    원점수를 z 점수로 변환하기
    z 점수를 원점수로 변환하기
    z 점수를 사용하여 비교하기
    z 점수를 퍼센타일로 변환하기

중심극한정리
    평균분포 생성하기
    평균분포의 특성
    중심극한정리를 사용하여 z 점수를 가지고 비교하기

시작하기에 앞서 여러분은

■ 히스토그램과 빈도다각형을 생성할 수 있어야만 한다(제2장).

■ 집중경향, 변산성, 편중성 측정치를 사용하여 점수의 분포를 기술할 수 있어야만 한다(제2장과 4장).

■ 표본에 근거한 점수분포에 덧붙여 전집에 근거한 점수분포도 존재한다는 사실을 이해하고 있어야만 한다(제5장).

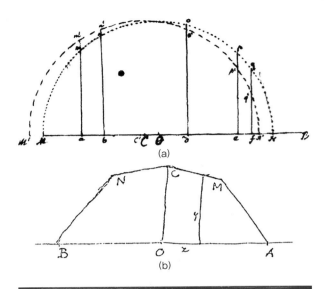

그림 6-1

정상곡선의 탄생

다니엘 베르누이는 (a) '오류의 빈도를 기술하는' 1769년 스케치에서 산 모양의 정상곡선에 근사한 그림을 작성하였다. 아우구스투스 드모르간은 (b) 1849년 천문학자인 조지 에어리에 보낸 편지에 이 스케치를 첨부하였다.

아브라함 드무아브르는 종교적 신념 때문에 프랑스 수도원에 2년간 감금되었던 1680년대에 10대에 불과하였다. 풀려난 후에 그는 런던에 있는 올드 슬로터의 커피하우스(1692년 토마스 슬로터가 런던 성마틴가에 설립하였던 커피하우스. 그 당시 주요 명사들이 자주 드나들던 장소이었다)를 찾아갔다. 정치 논쟁가, 활동적인 예술가, 지역 도박꾼, 보험 중개인들이 이 젊은 학자를 귀찮게 하지 않았던 것으로 보인다. 아마도 그는 커피로 얼룩진 종이에 그의 유명한 공식을 끄적거리고 있었을 것이다. 그 공식은 정확하게 도박꾼들이 주사위 던지기를 예측하는 데 필요하였던 것이었다. 또한 보험 중개인들이 배가 목적지에 도착할 확률을 추정하는 데도 도움을 주었다.

드무아브르의 막강한 수학적 아이디어는 그림을 가지고 이해하기가 훨씬 용이하지만, 그러한 시각적 통찰은 또다시 200년을 기다려야만 하였다. 예컨대, 다니엘 베르누이가 1769년에 거의 성공한 듯 보였다. 아우구스투스 드모르간은 1849년에 친구인 천문학자 조지 에어리에게 우편으로 보낸 스케치에서 더욱 근접하게 되었다(그림 6-1). 이들은 모두 **정상곡선**(normal curve), 즉 단봉이며 대칭적이고 수학적으로 정의된 산 모양의 곡선을 그리고자 시도하고 있었던 것이다.

천문학자들은 별이 지평선에 닿는 정확한 시간을 측정하고자 시도하고 있었지만, 모든 관찰자들이 동의하는 시간을 얻을 수는 없었다. 혹자는 조금 이른 시간으로 추정하였고, 다른 사람은 조금 늦은 시간으로 추정하였다. 그렇기는 하지만 결과를 보면, (a) 오차의 패턴은 대칭적이고, (b) 중앙점은 실재의 합리적 추정치를 나타내고 있었다. 오직 소수의 추정치만이 극단적으로 높거나 낮았다. 대부분의 오차는 중앙을 중심으로 견고하게 몰려있었다. 이들은 최선의 추정치는 추론통계의 토대가 되는 산 모양의 곡선에 근거한다는, 오늘날 명백해 보이는 것을 이해하기 시작하고 있었다(Stigler, 1999).

이 장에서는 추론통계의 다음과 같은 근본토대를 배우게 된다. (1) 정상곡선의 특성, (2) z 점수라고 부르는 도구를 사용하여 어느 변인이든 표준화하기 위하여 정상곡선을 사용하는 방법, 그리고 (3) 중심극한정리. 중심극한정리는 표준화에 대한 이해와 결합함으로써 평균 간의 비교를 할 수 있게 해준다.

정상곡선

드무아브르가 깨달았던 바와 같이, 정상곡선은 통계학에서 강력한 도구이다. 데이터에 관한 확률을 결정할 수 있게 해주며, 데이터를 넘어서서 적용할 수 있는 결론을 도출할 수 있게 해준다. 이 절에서는 실생활 사례를 통해서 정상곡선에 관하여 더 많은 것을 배운다.

정상곡선은 단봉이며 대칭적이고 수학적으로 정의된 산 모양의 곡선이다.

통계학 강의 수강생 중에서 선정한 5명 표본의 신장을 인치 단위로 살펴보도록 하자.

52 77 63 64 64

그림 6-2는 이들 신장의 히스토그램과 아울러 정상곡선 하나를 중첩시켰다. 점수의 수가 매우 적기 때문에, 정상분포가 출현하는 모습을 추측할 수 있을 뿐이다. 세 개의 관찰치(63, 64, 64인치)를 중앙 막대로 나타낸 것에 주목하라. 이 막대가 52인치와 77인치의 단일 관찰을 나타내는 막대보다 세 배나 높은 이유가 바로 이것이다.

다음은 30명 학생 표본의 인치 단위 신장 데이터이다.

52 77 63 64 64 62 63 64 67 52
67 66 66 63 63 64 62 62 64 65
67 68 74 74 69 71 61 61 66 66

그림 6-3은 이 데이터의 히스토그램을 보여준다. 30명 학생의 신장은 비록 완벽하게 대응하지는 않더라도, 단지 5명 학생의 신장보다는 정상곡선에 더 근사하다는 사실에 주목하라.

표 6-1은 140명 학생의 무선표본에서 얻은 인치 단위의 신장을 나타낸다. 그림 6-4는 이 데이터의 히스토그램을 보여주고 있다.

이러한 세 가지 표와 그림은 정상곡선과 관련하여 표본크기가 그토록 중요한 이유를 예증하고 있다. 표본크기가 증가함에 따라서, 분포는 점점 더 정상곡선에 근사해진다(기

개념 숙달하기

6-1 : 많은 변인의 분포는 수학적으로 정의된 단봉이며 대칭적인 산 모양의 곡선에 근접하고 있다.

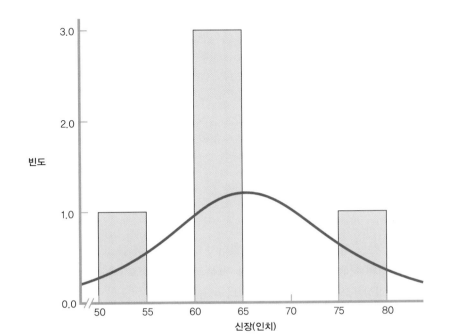

그림 6-2

5명 표본

5명 학생의 신장을 인치 단위로 나타낸 히스토그램이다. 이토록 적은 수의 표본을 가지고는, 데이터가 신장 전집에서 볼 수 있는 정상곡선을 닮을 가능성이 낮다.

30명 표본
30명 학생의 신장을 인치 단위로 나타낸 히스토그램이다. 표본크기가 커지면, 데이터는 신장 전집의 정상곡선을 닮아가기 시작한다.

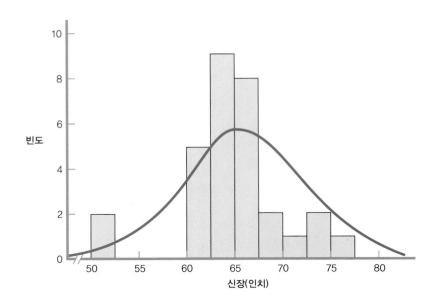

표 6-1	신장의 사례

140명 학생의 신장을 인치 단위로 나타낸 것이다.

52	77	63	64	64	62	63	64	67	52
67	66	66	63	63	64	62	62	64	65
67	68	74	74	69	71	61	61	66	66
68	63	63	62	62	63	65	67	73	62
63	63	64	60	69	67	67	63	66	61
65	70	67	57	61	62	63	63	63	64
64	68	63	70	64	60	63	64	66	67
68	68	68	72	73	65	61	72	71	65
60	64	64	66	56	62	65	66	72	69
60	66	73	59	60	60	61	63	63	65
66	69	72	65	62	62	62	66	64	63
65	67	58	60	60	67	68	68	69	63
63	73	60	67	64	67	64	66	64	72
65	67	60	70	60	67	65	67	62	66

저 전집이 정상분포를 이루고 있는 한에 있어서 그렇다). 더욱 큰 표본, 예컨대 1,000명이나 100만 명의 학생 표본을 상상해보라. 표본크기가 전집크기에 근접함에 따라서 분포의 모양은 정상분포를 이루는 경향을 나타낸다. ●

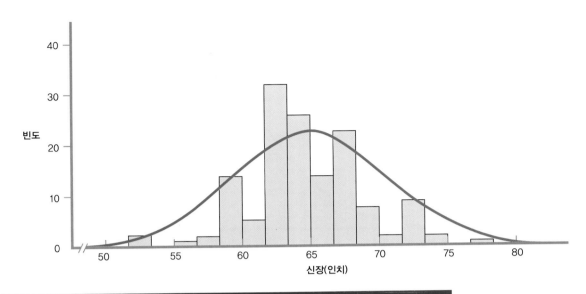

그림 6-4

140명 표본

140명 학생의 신장을 인치 단위로 나타낸 히스토그램이다. 표본크기가 점점 더 커짐에 따라서, 분포의 모양은 전집에서 볼 수 있는 정상곡선을 점점 더 닮아간다. 1,000명이나 100만 명 표본의 데이터가 나타내는 분포를 상상해보라.

학습내용 확인하기		
개념의 개관	>	정상곡선은 산 모양의 단봉이며 대칭적이고 수학적으로 정의된 곡선이다.
	>	정상곡선은 많은 변인의 분포를 기술한다.
	>	표본크기가 전집크기에 근접함에 따라서, 분포는 정상곡선을 닮아간다(전집이 정상분포를 이루고 있는 한에 있어서 그렇다).
개념의 숙달	6-1	정상곡선이 단봉이고 대칭적이라고 말하는 것의 의미는 무엇인가?
통계치의 계산	6-2	225명의 학생 표본이 CFC 척도에 응답하였다. 이 척도는 사람들이 자신의 현재 행위가 미래에 영향을 미치는 정도가 얼마나 된다고 생각하는지를 평가한다(Petrocelli, 2003). 점수는 열두 항목에 대한 반응의 평균이다. CFC 점수의 범위는 1~5이다.

통계치의 계산 6-2 (이어서)

a. 0.5점 단위로 반올림한 다섯 학생의 CFC 점수는 다음과 같다. 3.5, 3.5, 3.0, 4.0, 2.0. 수작업을 하거나 소프트웨어를 사용하여 이 데이터의 히스토그램을 작성하라.

b. 이제 다음과 같은 30명 학생 점수의 히스토그램을 작성하라.

3.5	3.5	3.0	4.0	2.0	4.0	2.0	4.0	3.5	4.5
4.5	4.0	3.5	2.5	3.5	3.5	4.0	3.0	3.0	2.5
3.0	3.5	4.0	3.5	3.5	2.0	3.5	3.0	3.0	2.5

개념의 적용 6-3 다음 히스토그램은 6-2에서 기술한 225명 학생 모두의 반올림하지 않은 실제 CFC 점수를 사용한 것이다. 여러분이 표본크기가 증가함에 따라서 점수분포의 모양에 관하여 알아차린 것은 무엇인가?

(계속)

개념의 적용 (계속)

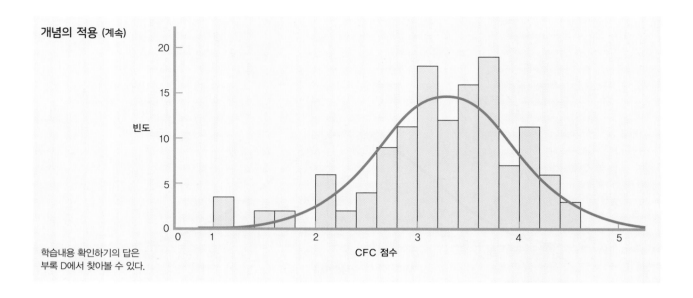

학습내용 확인하기의 답은
부록 D에서 찾아볼 수 있다.

표준화, z 점수, 그리고 정상곡선

드무아브르의 정상곡선 발견은 과학자들이 의미 있는 비교를 할 수 있게 되었다는 사실을 의미하였다. 그 이유는 무엇인가? 데이터가 정상분포를 이룰 때는, 특정 점수를 전체 점수분포와 비교할 수 있다. 그렇게 하기 위해서 원점수를 표준점수로 변환한다. (표준 점수를 알면 자동적으로 퍼센타일도 알 수 있다.) **표준화**(standardization)는 상이한 정상분포에 들어있는 개별점수를 사전에 평균, 표준편차, 퍼센타일을 알고 있는 공통의 정상분포로 변환하는 방법이다.

이 절에서는 표준화의 중요성을 설명하고 표준화를 도와주는 도구인 z 점수를 소개한다. 원점수를 z 점수로 변환하고 z 점수를 원점수로 변환하는 방법을 보여줄 것이다. z 점수의 분포가 어떻게 전집에서 특정 z 점수보다 크거나 작은 점수들의 백분율을 알려주는 것인지도 예증할 것이다.

표준화의 필요성

의미 있는 비교를 시도할 때 직면하는 첫 번째 문제점은 변인들을 상이한 척도에서 측정하고 있다는 것이다. 예컨대, 신장은 인치 단위로 측정하고 체중은 파운드 단위로 측정할 수 있다. 신장과 체중을 비교하기 위해서는 상이한 변인들을 동일한 표준척도에 올려놓는 방법이 필요하다. 다행스럽게도 평균과 표준편차를 사용하여 원점수를 z 점수로 변환함으로써 상이한 변인들을 표준화할 수 있다. **z 점수**(z score)는 특정 점수가 평균으로부터 떨어져 있는 정도를 표준편차의 수로 나타낸 값이다. 한 사람의 신장과 같은 원점수가 자체적인 신장 분포의 부분인 것과 마찬가지로, 하나의 z 점수는 자체적인 z 분포의

표준화는 상이한 정상분포에 들어있는 개별점수를 평균, 표준편차, 퍼센타일을 이미 알고 있는 공통의 정상분포로 변환하는 방법이다.

z 점수는 특정 점수가 평균으로부터 떨어져 있는 정도를 표준편차의 수로 나타낸 값이다.

개념 숙달하기

6-2 : z 점수는 어떤 변인이든지 표준분포로 변환시키는 능력을 제공하여, 변인들을 비교할 수 있게 해준다.

부분이 된다. (모든 통계기호의 경우와 마찬가지로, *z*도 이탤릭체로 표현한다는 사실에
유념하라.)

여기 기억에 남을 표준화 사례가 있다. 즉 바퀴벌레의 체중을 비교하는 것이다. 국가마
다 상이한 무게 측정치를 사용한다. 영국과 미국에서는 전형적으로 파운드 그리고 드램
이나 온스나 톤과 같이 파운드의 일부분이나 배수를 사용한다. 대부분의 국가에서는 십
진법을 사용하며, 그램이 무게의 기본 단위이고 밀리그램이나 킬로그램과 같이 그램의
일부분이나 배수를 사용한다.

사례 6.2

　만일 세 가지 가상적인 바퀴벌레 종이 8.00드램, 0.25파운드, 98.00그램
의 평균 체중을 갖고 있다는 말을 들었다면, 어떤 종을 가장 두려워해야 하
겠는가? 체중을 표준화하여 동일한 측정치에서 비교함으로써 이 물음에
답할 수 있다. 1드램은 1/256파운드이기에, 8.00드램은 1/32, 즉 0.03125
파운드이다. 1파운드는 453.5924그램이다. 이러한 변환에 근거하여 체중
을 다음과 같이 그램으로 표준화할 수 있다.

바퀴벌레 1의 체중 : 8.00드램 = 0.03125파운드 = 14.17그램

바퀴벌레 2의 체중 : 0.25파운드 = 113.40그램

바퀴벌레 3의 체중 : 98.00그램

바퀴벌레 체중을 표준화하기 표준화는 상이한 척도들을
공통의 표준척도로 변환함으로써 의미 있는 비교를 가능하
게 해주는 방법이다. 그램, 온스, 파운드 등을 포함하여 상이
한 측정치를 사용한 바퀴벌레들의 체중을 비교할 수 있다.

　표준화는 두 번째 바퀴벌레 종의 체중이 113.40그램으로 가장 무거운 경향이 있다고
결정할 수 있게 해준다. 다행스럽게도 이 세상에서 가장 큰 바퀴벌레는 단지 35그램 정
도이며, 길이는 80밀리미터 정도이다. 바퀴벌레 2와 3은 오직 상상 속에만 존재한다. 그
렇지만 모든 변환이 상이한 단위로 측정한 체중을 그램 단위로 표준화하는 것처럼 간단
하지는 않다. 통계학자들이 *z* 분포를 개발한 이유가 바로 이것이다. ●

원점수를 *z* 점수로 변환하기

의미 있는 비교를 하겠다는 열망이 원점수를 표준점수로 변환하도록 강제한다. 예컨대,
중간고사를 치르고 나서 여러분이 통계학 강의에서 평균보다 1 표준편차 위에 있다는
사실을 알고 있다고 해보자. 이것은 좋은 소식인가? 만일 평균보다 0.5 표준편차 아래에
위치한다면 어떻겠는가? 한 점수가 분포의 평균과 가지고 있는 관계를 이해한다는 것은
중요한 정보를 제공한다. 통계학 시험에서는 평균보다 위에 있는 것이 좋다는 사실을 알
고 있다. 불안 수준에서는 평균 이상이 일반적으로 나쁘다는 사실도 알고 있다. *z* 점수는
의미 있는 비교를 할 기회를 만들어준다.

　어떤 원점수이든 *z* 점수로 변환하는 데 필요한 유일한 정보는 관심 대상인 전집의 평
균과 표준편차뿐이다. 중간고사 사례에서는 아마도 자신의 성적을 다른 학생들의 성적
과 비교하는 데 관심이 있을 것이다. 이 경우에는 통계학 수강생이 관심 대상인 전집이

z 분포

z 분포는 항상 0의 평균과 1의 표준편차를 갖는다.

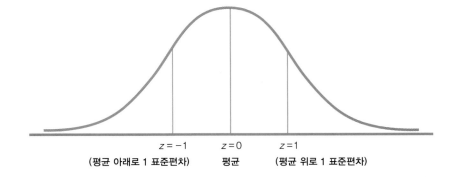

z = −1
(평균 아래로 1 표준편차)

z = 0
평균

z = 1
(평균 위로 1 표준편차)

된다. 여러분의 중간고사 점수가 평균보다 2 표준편차 위에 있다고 해보자. 여러분의 z 점수는 2.0이다. 친구의 점수는 평균보다 1.6 표준편차 아래에 위치한다고 상상해보라. 그 친구의 z 점수는 −1.6이다. 만일 여러분이 통계학 강의에서 정확하게 평균에 위치한다면 z 점수는 얼마가 되겠는가? 만일 0이라고 추측하였다면, 올바르게 답한 것이다.

그림 6-5는 z 분포의 두 가지 중요한 자질을 예시하고 있다. 첫째, z 분포는 항상 평균이 0이다. 따라서 여러분이 바로 평균에 해당한다면, 평균으로부터 0 표준편차만큼 떨어져 있는 것이며 z 점수는 0이 된다. 둘째, z 분포는 항상 표준편차가 1이다. 만일 원점수가 평균보다 1 표준편차 위에 있다면, 여러분은 1.0의 z 점수를 갖게 된다.

사례 6.3

계산기나 공식 없이 z 점수를 계산해보자. 통계학 시험의 점수분포를 사용한다. (이 사례는 그림 6−6에 예시되어 있다.) 통계학 시험의 평균이 70이고 표준편차가 10이며 여러분의 점수가 80이라면, 여러분의 z 점수는 얼마인가? 이 경우에 여러분은 평균보다 정확하게 10점 또는 1 표준편차 위에 있기 때문에 z 점수는 1.0이다. 이제 여러분의 점수가 50이어서 평균보다 20점 또는 2 표준편차 아래에 있다면, z 점수는 −2.0이다. 점수가 85라면 어떻겠는가? 이제 여러분은 평균보다 15점 또는 1.5 표준편차 위에 있기 때문에, z 점수는 1.5이다.

여러분도 알 수 있는 바와 같이, 쉬운 수치를 가지고 계산할 때는 z 점수를 계산하는

z 점수에 관한 직관

평균이 70이고 표준편차가 10인 정상분포에서 공식을 사용하지 않고도 많은 z 점수를 계산할 수 있다. 원점수 50은 −2.0의 z 점수를 갖는다. 원점수 60은 −1.0의 z 점수를 갖는다. 원점수 70의 z 점수는 0이다. 원점수 80은 1.0의 z 점수를 갖는다. 원점수 85는 1.5의 z 점수를 갖는다.

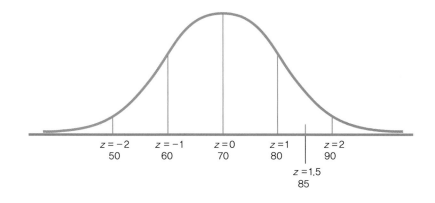

z = −2
50

z = −1
60

z = 0
70

z = 1
80

z = 2
90

z = 1.5
85

데 공식이 필요하지 않다. 그렇지만 통계 표기법과 용어를 알고 있는 것이 중요하다. 수치들이 계산하기 용이하지 않을 때 공식을 사용하여 z 점수로 변환시켜보자. 특정한 z 점수를 계산하는 데는 단지 두 단계가 존재한다.

> **단계 1 : 계산의 일환으로 전집 평균(μ)으로부터 특정인의 점수(X)까지의 거리를 결정한다 : $X - \mu$.**

> **단계 2 : 전집의 표준편차 σ로 나누어줌으로써 거리를 표준편차로 표현한다.**

따라서 공식은 다음과 같다.

$$z = \frac{(X - \mu)}{\sigma} \;\bullet$$

공식 숙달하기

6-1 : z 점수 공식은 다음과 같다.

$$z = \frac{(X - \mu)}{\sigma}$$

개별 점수와 전집 평균 간의 차이를 계산한 다음, 전집 표준편차로 나누어준다.

사례 6.4

암산하기 쉽지 않은 사례를 보도록 하자. 어느 대학 2학년생 전집의 평균 신장은 64.886 인치이며, 표준편차는 4.086이다. 만일 여러분의 신장이 70인치라면 z 점수는 얼마인가?

> **단계 1 : 여러분의 점수에서 전집 평균을 뺀다.**

이 사례에서는 여러분의 점수 70에서 전집 평균 64.886을 뺀다.

> **단계 2 : 전집 표준편차로 나눈다.**

전집 표준편차는 4.086이다. 공식에서의 이 단계는 다음과 같다.

$$z = \frac{(X - \mu)}{\sigma} = \frac{(70 - 64.886)}{4.086} = 1.25$$

여러분은 평균보다 1.25 표준편차만큼 위에 위치한다.

공식을 무심코 사용하지 않도록 유념해야만 한다. 항상 답이 이치에 맞는지를 따져보라. 이 경우에 1.25는 양수이며, 신장이 평균보다 1 표준편차 이상 위에 있다는 사실을 나타낸다. 이 값이 이치에 맞는 까닭은 원점수 70은 평균보다 단지 1.25 표준편차 위에 있기 때문이다. 여러분이 규칙적으로 이렇게 체크해본다면, 대가를 치르기 전에 실수를 수정할 수 있다. $\bullet$

사례 6.5

또 다른 사례를 살펴보자. 만일 여러분의 신장이 62인치라면 어떻겠는가?

> **단계 1 : 여러분의 점수에서 전집 평균을 뺀다.**

여러분의 점수 62에서 전집 평균 64.886을 뺀다.

> **단계 2 : 전집 표준편차로 나눈다.**

전집 표준편차는 4.086이다. 공식에서의 이 단계는 다음과 같다.

z 점수 추정하기 여러분은 모든 개와 비교할 때 왼쪽 개가 크기에서 양수의 z 점수와 음수의 z 점수 중에서 어느 것을 갖는다고 추측하겠는가? 오른쪽 개는 어떤가? 매우 작은 개는 크기에서 평균 이하이며 음수의 z 점수를 가질 것이다. 매우 큰 개는 크기에서 평균 이상이며 양수의 z 점수를 가질 것이다.

GK Hart/Vikki Hart/Stone/Getty images

$$z = \frac{(X - \mu)}{\sigma} = \frac{(62 - 64.886)}{4.086} = -0.71$$

여러분은 평균보다 0.71 표준편차 아래에 있다.

　　z 점수의 음양부호를 잊지 말라. z 점수를 음수 −0.71에서 양수 0.71로 바꾸는 것은 엄청난 차이를 초래하는 것이다! ●

사례 6.6

지금까지 사용해온 신장 사례를 가지고 z 분포의 평균은 항상 0이며 표준편차는 항상 1이라는 사실을 입증해보자. 평균은 64.886이고 표준편차는 4.086이다. 평균에서 z 점수가 얼마인지를 계산해보자.

단계 1 : 평균에 위치한 점수에서 전집 평균을 뺀다.

바로 평균에 해당하는 점수 64.886에서 전집 평균 64.886을 뺀다.

단계 2 : 전집 표준편차로 나눈다.

차이값을 4.086으로 나눈다. 공식에서의 이 단계는 다음과 같다.

$$z = \frac{(X - \mu)}{\sigma} = \frac{(64.886 - 64.886)}{4.086} = 0$$

만일 누군가 평균보다 정확하게 1 표준편차 위에 있다면, 그 사람의 점수는 64.886 + 4.086 = 68.972이다. 이 사람의 z 점수가 얼마인지를 계산해보자.

단계 1 : 평균보다 정확하게 1 표준편차 위인 점수에서 전집 평균을 뺀다.

평균보다 정확하게 1 표준편차 위인 점수 68.972에서 전집 평균 64.886을 뺀다.

단계 2 : 전집 표준편차로 나눈다.

그 차이값을 4.086으로 나눈다. 공식에서의 단계는 다음과 같다.

$$z = \frac{(X - \mu)}{\sigma} = \frac{(68.972 - 64.886)}{4.086} = 1 ●$$

z 점수를 원점수로 변환하기

이미 z 점수를 알고 있다면, 원점수를 결정하기 위하여 계산을 역으로 수행할 수 있다. 공식은 동일하다. X 대신에 모든 수치를 집어넣은 다음에 수식을 풀면 된다. 신장 사례를 가지고 시도해보자.

전집 평균은 64.886이고 표준편차는 4.086이다. 따라서 z 점수가 1.79라면, 여러분의 신장은 얼마인가?

사례 6.7

$$z = \frac{(X - \mu)}{\sigma} = 1.79 = \frac{(X - 64.886)}{4.086}$$

수식을 풀면, $X = 72.20$을 얻게 된다. 수식 사용을 최소화하고 싶은 사람을 위해서 원점수를 직접 구하는 공식을 유도할 수 있다. 그 공식은 등식의 양변에 σ를 곱한 다음에 다시 양변에 μ를 더함으로써 유도한다. 그렇게 하면 X에 관한 식은 다음과 같게 된다.

$$X = z(\sigma) + \mu$$

따라서 z 점수를 원점수로 변환하는 데는 두 단계가 존재한다.

공식 숙달하기

6-2 : z 점수로부터 원점수를 계산하는 공식은 다음과 같다.

$$X = z(\sigma) + \mu$$

z 점수에 전집 표준편차를 곱한 후에 전집 평균을 더한다.

단계 1 : z 점수에 전집 표준편차를 곱한다.

z 점수 1.79에 전집 표준편차 4.086을 곱한다.

단계 2 : 여기에 전집 평균을 더한다.

단계 1의 곱셈 결과에 전집 평균 64.886을 더한다.

공식에서의 단계는 다음과 같다.

$$X = 1.79(4.086) + 64.886 = 72.20$$

애초의 공식을 사용하든 아니면 직접적인 공식을 사용하든 관계없이, 신장은 72.20인치가 된다. 늘 그렇듯이 답이 정확해 보이는지를 생각하라. 이 경우에 그 답이 이치에 맞는 까닭은 신장이 평균 이상이고 z 점수도 양수이기 때문이다. ●

여러분의 z 점수가 −0.44라면 어떻겠는가?

사례 6.8

단계 1 : z 점수에 전집 표준편차를 곱한다.

z 점수 −0.44에 전집 표준편차 4.086을 곱한다.

단계 2 : 여기에 전집 평균을 더한다.

단계 1의 곱셈 결과에 전집 평균 64.886을 더한다.

공식에서의 단계는 다음과 같다.

$$X = -0.44(4.086) + 64.886 = 63.09$$

여러분의 신장은 63.09인치이다. 이 계산을 수행할 때 음수부호를 잊지 말라. ●

사과와 오렌지 표준화는 사과를 오렌지와 비교할 수 있게 해준다. 두 가지 상이한 척도에서의 원점수를 표준화할 수 있다면, 즉 두 점수를 z 점수로 변환할 수 있다면, 점수들을 직접 비교할 수 있다.

전집의 평균과 표준편차를 알고 있는 한, 다음과 같은 두 가지를 수행할 수 있다. (1) z 점수로부터 원점수를 계산한다. (2) 원점수로부터 z 점수를 계산한다.

이제 z 점수를 이해하였다면, "사과와 오렌지를 비교할 수 없다."라는 진술에 의문을 제기해보자. 사과의 정상분포에서 어떤 사과를 택하여 사과 분포의 평균과 표준편차를 사용하여 그 사과의 z 점수를 계산하고, 그 z 점수를 퍼센타일로 변환한 뒤, 특정한 사과가 모든 사과의 85%보다 크다고 말할 수 있다. 마찬가지로 오렌지의 정상분포에서 특정 오렌지를 택하여 오렌지 분포의 평균과 표준편차를 사용하여 그 오렌지의 z 점수를 계산하고, 그 z 점수를 퍼센타일로 변환한 뒤, 특정한 오렌지가 모든 오렌지의 97%보다 크다고 말할 수 있다. (다른 오렌지들과의 관계 측면에서) 그 오렌지는 (다른 사과들과의 관계 측면에서) 그 사과보다 크다. 바로 이것이 솔직한 비교이다. 표준화를 통해 어느 것이든 각자가 속한 집단이라는 측면에서 비교할 수 있다.

정상곡선이 점수를 퍼센타일로도 변환시킬 수 있게 해주는 까닭은 전집의 100%를 산 모양의 곡선 아래 나타낼 수 있기 때문이다. 이것은 중앙이 50퍼센타일이라는 사실을 의미한다. 어떤 검사에서 하나의 개별 점수가 평균 왼쪽에 위치한다면, 50퍼센타일 이하가 된다. 보다 세부적인 비교를 하려면 z 분포를 사용하여 원점수를 z 점수로 변환하고 z 점수를 다시 퍼센타일로 변환하게 된다. **z 분포**(z distribution)는 표준점수의 분포, 즉 z 점수의 분포이다. 그리고 **표준정상분포**(standard normal distribution)는 z 점수의 정상분포이다.

대부분의 사람은 자신의 점수가 단지 평균 이상인지 아니면 이하인지를 아는 것에 만족하지 않는다. 그림 6-7에서 보는 바와 같이 신장에서 51퍼센타일에 해당하는 점수와 99퍼센타일에 해당하는 점수 간에는 엄청난 차이가 있을 수 있다. 표준정상분포는 다음과 같은 작업을 가능하게 해준다.

1. 원점수를 z 점수라고 부르는 표준점수로 변환한다.
2. z 점수를 다시 원점수로 변환한다.
3. 원점수들이 상이한 척도에서 측정된 것이라고 하더라도, z 점수를 가지고 서로를 비교한다.
4. z 점수를 보다 쉽게 이해할 수 있는 퍼센타일로 변환한다.

z 분포는 표준점수의 분포, 즉 z 점수의 분포이다.

표준정상분포는 z 점수의 정상분포이다.

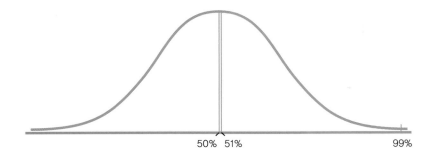

그림 6-7

모든 것을 아우르는 z 분포

이론적으로 z 분포는 모든 가능한 점수를 포함하기 때문에, 그 분포가 정상분포일 때 점수의 50%는 평균 이상이고 50%는 평균 이하임을 알게 된다. 그렇지만 51퍼센타일과 99퍼센타일은 상당히 멀리 떨어져 있기 때문에 비교를 하고 있는 사람은 단지 평균 이상인지 아닌지를 넘어서서 더욱 구체적인 정보를 원하게 된다.

z 점수를 사용하여 비교하기

여러분은 그림 6-8에서 연구자들이 어떻게 z 점수를 표준화 도구로 사용하는지에 관한 사례를 보게 된다. 연구자들은 구글 엔그램 도구를 사용하여 1900년 이래 문학에서 정서 관련 단어들을 사용한 횟수를 기록하였다. 직접적인 비교를 위하여, 모든 횟수를 z 점수로 변환하였다. 그렇게 함으로써 비록 '공포' 단어를 '혐오' 단어보다 더 자주 사용하였다고 하더라도, 연구자들은 정서 관련 단어의 사용에서 나타나는 패턴을 직접적으로 비교할 수 있었다.

이제 여러분이 삶에서 직면하였을 수도 있는 사례를 들여다보기로 하자. 친구와 여러분이 같은 학기에 통계학 강의를 수강하고 있는데, 담당교수가 다르다고 상상해보라. 각 교수는 상이한 성적 지침을 가지고 있기 때문에, 각 강의는 상이한 점수분포를 내놓는다. 표준화 덕분에, 각 원점수를 z 점수로 변환하여 상이한 분포에서 나온 원점수를 비교할 수 있다.

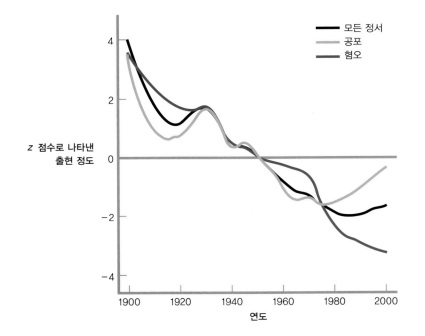

그림 6-8

연구에서 표준화 도구로 z 점수를 사용하기

한 연구팀은 구글 엔그램(Google Ngram)을 사용하여 시대에 따라 문학에서 정서 관련 단어의 사용에 숨어있는 패턴을 찾아보고자 하였다(Acerbi et al., 2013). 이들은 구글 북스가 수집한 3,000만 권의 책에서 사용한 정서 관련 단어의 출현율이 지난 세기에 걸쳐 전반적으로 감소하였다는 사실을 찾아냈다. 단 한 가지 예외가 '공포'와 관련된 단어였다. 이 그래프는 상이한 정서 단어들을 비교하기 위하여 z 점수를 사용하였다. 예컨대, 만일 공포 관련 단어가 혐오 관련 단어보다 전반적으로 더 보편적이었다면, 두 선은 멀리 떨어져 있었을 것이며, 추세를 반영하는 선들의 비교를 어렵게 만들었을 것이다.

사례 6.9

예컨대, 여러분과 친구가 모두 퀴즈시험을 보았다고 해보자. 여러분은 100점 만점에서 92점을 받았으며, 점수분포는 평균이 78.1점이고 표준편차가 12.2이다. 친구는 10점 만점에서 8.1을 받았으며, 점수분포는 평균이 6.8이고 표준편차가 0.74이다. 여기서도 우리는 오직 퀴즈시험을 보았던 클래스에만 관심이 있기 때문에 각 클래스가 전집이 된다. 누가 더 우수한가?

점수를 해당 분포의 관점에서 표준화한다.

$$\text{여러분의 점수} : z = \frac{(X - \mu)}{\sigma} = \frac{(92 - 78.1)}{12.2} = 1.14$$

$$\text{친구의 점수} : z = \frac{(X - \mu)}{\sigma} = \frac{(8.1 - 6.8)}{0.74} = 1.76$$

우선 이 계산 작업을 확인해보자. 이 답은 이치에 맞는가? 그렇다. 여러분과 친구는 모두 평균 이상의 점수를 받아서 양수 z 점수를 갖는다. 둘째, z 점수를 비교한다. 표준편차의 측면에서 둘은 모두 평균 이상이었지만, 해당 클래스 내에서 친구가 여러분보다 더 잘하였다. ●

Corbis/Fuse/Getty Images

비교하기 z 점수는 상이한 강의에서 상이한 시험을 치른 학생들을 비교하는 방법을 제공한다. 만일 각 시험점수를 특정 시험의 평균과 표준편차에 근거한 z 점수로 변환할 수 있다면, 두 점수를 직접 비교할 수 있게 된다.

z 점수를 퍼센타일로 변환하기

z 점수가 유용한 까닭을 보자.

개념 숙달하기

6-3 : z 점수는 어떤 점수가 전집 평균으로부터 얼마나 떨어져 있는지를 전집 표준편차의 입장에서 알려준다. 이러한 특성 때문에, 원점수가 상이한 분포에서 나온 것일 때조차도 z 점수를 서로 비교할 수 있는 것이다. 그리고 z 점수를 퍼센타일로 변환하고 그 퍼센타일을 서로 비교함으로써 한 걸음 더 나아갈 수 있다.

1. z 점수는 어떤 점수가 전집 평균과의 관계에서 (전집의 표준편차라는 측면에서) 어디에 위치하는지를 알려준다.
2. z 점수는 상이한 분포에 속한 점수들을 비교할 수 있게 해준다.

그렇지만 그 점수가 어디에 위치하는지를 더욱 상세화할 수 있다. z 점수는 부가적이지만 특히 유용한 다음과 같은 용도를 가지고 있다.

3. z 점수를 퍼센타일로 변환할 수 있다.

정상곡선의 모양으로 인해서, 곡선 아래의 특정 영역이 차지하는 백분율을 자동적으로 알게 된다. 정상곡선과 수평축이 하나의 형태를 취한다고 생각해보라. (실제로 이것은 빈도다각형이다.) 다른 어떤 형태와 마찬가지로, 정상곡선 아래의 면적을 측정할 수 있다. 즉 정상곡선 아래의 공간을 백분율에 따라 정량화할 수 있다.

정상곡선은 정의상 대칭적임을 기억하라. 이 사실은 정확하게 점수의 50%가 평균 아래에 위치하며 나머지 50%가 평균 위에 위치함을 의미한다. 그렇지만 그림 6-9는 더욱 세부적일 수 있음을 예증하고 있다. 대략 34%의 점수가 평균과 z 점수 1.0 사이에 위치한다. 대칭성으로 인해서 34%의 점수가 평균과 z 점수 −1.0 사이에도 위치한다. 또한

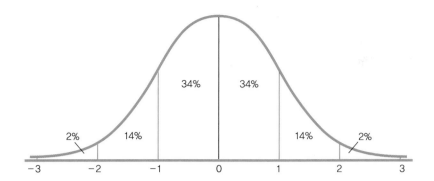

그림 6-9

정상곡선과 백분율
정상곡선의 모양은 곡선 아래 영역의 대략적인 백분율을 알 수 있게 해준다. 예컨대, 평균과 z 점수 1.0 사이에 대략 34%의 점수가 들어있다.

대략 14%의 점수가 z 점수 1.0과 2.0 사이에 위치하며, 또 다른 14%가 z 점수 -1.0과 -2.0 사이에 위치한다. 마지막으로 대략 2%의 점수가 z 점수 2.0과 3.0 사이에 위치하며, 또 다른 2%가 z 점수 -2.0과 -3.0 사이에 위치한다.

간단한 더하기를 통해서 대략 68%(34 + 34 = 68)의 점수가 평균으로부터 1 표준편차 내에 위치하며, 대략 96%(14 + 34 + 34 + 14 = 96)의 점수가 평균으로부터 2 표준편차 내에 위치하고, 100%(2 + 14 + 34 + 34 + 14 + 2 = 100)에 가까운 거의 모든 점수가 평균으로부터 3 표준편차 내에 위치한다는 사실을 알 수 있다. 따라서 만일 여러분이 통계학 퀴즈시험에서 평균보다 1 표준편차 위에 위치한다면, 평균과 z 점수 1.0 사이의 34%에다가 평균 이하의 50%를 더하여 여러분의 점수는 대략 84퍼센타일에 근사하다는 사실을 알 수 있다.

만일 여러분이 평균보다 1 표준편차 아래에 위치한다면, 하위 50%에 속하며, 34%의 점수가 여러분의 점수와 평균 사이에 존재한다는 사실을 알게 된다. 빼기(50 − 34 = 16)를 통해서 여러분은 16%의 점수가 여러분 점수 아래에 위치함을 알 수 있다. 여러분의 점수는 대략 16퍼센타일에 해당한다. 표준화검사의 점수는 퍼센타일로 표현하기 십상이다.

z 분포는 단봉이고 대칭적인 모양의 정상곡선을 나타낸다는 사실을 이해하는 것이 중요하다. 형태를 알고 있으며 전집의 100%가 정상곡선 아래에 위치하기 때문에 정상곡선 아래의 어떤 영역의 백분율도 결정할 수 있는 것이다.

학습내용 확인하기

개념의 개관 > 표준화는 상이한 분포에 속한 관찰치들 간에 의미 있는 비교를 수행하는 방법이다. 그 비교는 상이한 분포의 원점수를 표준점수라고도 부르는 z 점수로 변환함으로써 가능하다.

> z 점수는 표준편차로 나타낸 특정 점수와 분포 평균 간의 거리이다.

> z 점수 공식을 역으로 수행하여 z 점수를 원점수로 변환할 수도 있다.

> z 점수는 개별 점수를 전집분포와 비교하는 방식을 알려주는 퍼센타일과 대응된다.

(계속)

개념의 숙달	6-4	표준화 과정을 기술해보라.
	6-5	z 점수의 크기와 음양부호가 나타내는 것은 무엇인가?

통계치의 계산	6-6	전집 평균은 14이고 표준편차는 2.5이다. 공식을 사용하여 다음 원점수를 z 점수로 변환해보라.
		a. 11.5
		b. 18
	6-7	위에서 사용한 것과 동일한 전집 모수치를 사용하여 다음 z 점수를 원점수로 변환해보라.
		a. 2
		b. -1.4

개념의 적용	6-8	CFC 척도는 학생들의 미래지향성 정도를 평가한다. 연구자들은 CFC 척도의 높은 점수가 직업 잠재력에 대한 긍정적 지표라고 생각하고 있다. 한 연구는 800명 표본에서 CFC 척도의 평균이 3.20이고 표준편차가 0.70이라는 결과를 얻었다(Adams, 2012).
		a. 어떤 학생이 2.5의 점수를 받았다면, z 점수는 얼마인가? 이 z 점수는 대체로 어떤 퍼센타일과 대응하는가?
		b. 어떤 학생이 4.6의 점수를 받았다면, z 점수는 얼마인가? 이 z 점수는 대체로 어떤 퍼센타일과 대응하는가?
		c. 어떤 학생이 84퍼센타일에 해당하는 점수를 받았다면, z 점수는 얼마인가?
		d. 84퍼센타일에 해당하는 학생의 원점수는 얼마인가? 기호 표기법과 공식을 사용하라. 그 답이 이치에 맞는 이유를 설명해보라.
	6-9	서맨사는 고혈압이 있지만 운동을 한다. 그녀는 평균이 93이고 표준편차가 4.5인 건강 척도에서 84점을 받았다(높은 점수가 좋은 건강을 나타낸다). 니콜은 정상체중이지만 콜레스테롤 수치가 높다. 그녀는 평균이 312이고 표준편차가 2.0인 건강척도에서 332점을 받았다.
		a. 공식을 사용하지 말고, 누구의 건강이 더 좋은지를 말해보라.
		b. 표준화를 사용하여 누구의 건강이 더 좋은지 결정해보라. 기호 표기법을 사용하여 세부사항들을 제시하라.
		c. z 점수에 근거할 때, 서맨사와 니콜보다 더 건강한 사람의 백분율은 각각 얼마인가?

학습내용 확인하기의 답은 부록 D에서 찾아볼 수 있다.

중심극한정리

개념 숙달하기

6-4 : 중심극한정리는 (개별 점수가 아니라) 많은 표본의 평균들로 구성된 분포가, 비록 전집이 정상분포를 이루지 않는 경우조차도, 정상곡선에 근접한다는 사실을 보여준다.

1900년대 초기에 윌리엄 고셋(William S. Gosset)은 정상곡선의 예측가능성이 어떻게 기네스맥주의 품질관리를 개선시킬 수 있는지를 찾아냈다. 고셋이 당면한 한 가지 현실적인 문제점은 효모 배양물의 표집과 관련된 것이었다. 효모가 너무 적으면 발효가 불완전하게 되고, 효모가 너무 많으면 쓴맛의 맥주가 되었다. 정확하면서도 경제적으로 표집할 수 있는지 검증하기 위하여 고셋은 관찰치가 4개인 표본들의 평균을 내서 이것들이 크기가 3,000인 전집을 얼마나 잘 대표하는지를 알아보았다(Gosset, 1908, 1942; Stigler, 1999).

(단 하나의 관찰치 표본을 사용하는 대신에 4개 관찰치 표본의 평균을 취하는) 이러한 사소한 조정이 가능한 까닭이 바로 중심극한정리 때문이다. **중심극한정리**(central limit theorem)는 전집이 정상분포를 나타내지 않을 때조차도 표본 평균의 분포가 개별 점수들의 분포보다 정상분포에 더욱 근사하게 된다는 사실을 나타낸다. 실제로 표본크기가 증가함에 따라서 표본 평균의 분포는 정상곡선에 점점 더 근사하게 된다. 보다 구체적으로 중심극한정리는 다음과 같은 두 가지 중요한 원리를 입증하고 있다.

1. 전집이 정상분포를 이루지 않을 때조차도 반복적인 표집은 정상곡선에 근접한다.
2. 평균의 분포는 개별 점수의 분포보다 덜 가변적이다.

고셋은 크기가 3,000인 전집으로부터 단일 데이터 값을 무선표집하는 대신에 4개의 데이터 값을 무선표집하였다. 그는 이 표집과정을 반복하고 그 평균들을 사용하여 평균의 분포를 생성하였다. **평균분포**(distribution of means)는 동일한 전집에서 취한 특정 크기의 가능한 모든 표본으로부터 계산한 평균들로 구성된 분포이다. 다시 말해서, 평균분포를 구성하는 수치들은 개별 점수가 아니라 개별 점수들로 구성된 표본의 평균이다. 다양한 맥락에 걸쳐서 데이터를 이해하기 위하여 평균분포를 사용하기 십상이다. 예컨대, 어떤 대학교가 신입생들의 표준화검사 점수의 평균을 발표할 때, 그 평균은 개별 점수들의 분포 대신에 평균분포와 관련해서 이해하게 된다.

고셋은 4개 데이터 값의 평균을 사용하여 실험하였지만, 4라는 숫자에 특별한 의미가 있는 것은 아니다. 신입생들에게 실시한 표준화검사 점수의 평균은 훨씬 더 큰 표본크기

중심극한정리는 전집이 정상분포를 나타내지 않을 때조차도 표본 평균의 분포가 개별 점수들의 분포보다 정상분포에 더욱 근사하게 된다는 사실을 나타낸다.

평균분포는 동일한 전집에서 취한 특정 크기의 가능한 모든 표본으로부터 계산한 평균들로 구성된 분포이다.

평균분포 평균분포는 왼쪽 부처의 크기와 같은 개별 예외값의 영향을 감소시킨다. 그렇게 극단적인 크기가 오른쪽 부처의 경우와 같이 전형적으로 작은 크기의 부처들을 포함하고 있는 표본에 들어 있을 때는, 그 표본의 평균이 커다란 단일 부처의 크기보다 작게 된다. 평균에 근거한 분포가 개별 점수에 근거한 분포보다 변산성이 작은 이유가 바로 이것이다.

를 가질 수 있다. 중요한 사실은 전집이 **정상분포를 나타내지 않는 경우**조차도 평균분포가 더욱 일관성 있게 정상분포를 나타낸다는 것이다(물론 변산은 줄어들지만 말이다). 중심 극한정리가 작동하는 까닭은 예컨대 크기가 4인 표본이 예외값의 효과를 최소화시키기 때문임을 여러분이 이해하는 데 이 사실이 도움을 줄 수 있다. 표집한 4개의 점수 중의 하나가 예외값일 때, 평균은 그 예외값만큼 극단적이지 않게 된다.

이 절에서는 평균분포를 생성하는 방법뿐만 아니라 평균의 z 점수[보다 정확하게 말해서 개별 점수가 아니라 평균의 z 점수를 계산할 때는 **z 통계치**(z statistic)라고 부른다]를 계산하는 방법을 학습한다. 또한 가설검증을 수행할 때 어째서 평균분포가 개별 점수 분포보다 더 유용한지를 중심극한정리가 보여주는 이유도 학습한다.

평균분포 생성하기

중심극한정리는 평균분포에 근거하는 많은 통계처리과정의 근간을 이룬다. 평균분포는 개별 점수들의 분포보다 훨씬 더 밀집되어 있다(표준편차가 작다).

사례 6.10

수업시간에 중심극한정리를 실시간으로 시범 보일 때는 다음과 같이 할 수 있다. 표 6-1 의 숫자들을 모자와 같은 용기에 넣고 뒤섞을 수 있는 140장의 개별 인덱스카드에 적는 것으로 시작한다. 숫자는 140명 학생의 신장을 인치 단위로 나타낸 것이다. 앞에서와 마 찬가지로 140명 학생을 전집으로 취급한다.

1. 첫째, 한 번에 하나의 카드를 무작위로 뽑고, 히스토그램에 그 점수를 정사각형으 로 표시한다. (수업시간에 시범 보일 때는 히스토그램을 칠판에 그린다.) 점수를 표 시한 후에는 그 카드를 용기에 다시 집어넣고, 다음 카드를 뽑기에 앞서 모든 카드 를 뒤섞는다. [놀라울 것도 없이, 이 절차를 **복원표집**(sampling with replacement)이 라고 부른다.] 적어도 30개의 점수를 히스토그램에 표시할 때까지 표집을 계속한 다. 동일한 점수가 나올 때마다 정사각형이 쌓여서 막대가 형성된다. 이 방법을 사 용하여 만들어진 히스토그램의 한 예가 그림 6-10이다.

2. 이제 한 번에 세 장의 카드를 무작위로 뽑아, 그 점수의 평균을 계산한 다음에(소수 점 첫째 자리에서 반올림하여 정수가 되도록 한다) 새로운 히스토그램에 그 평균을 정사각형으로 표시한다. 앞에서와 마찬가지로 그 카드들을 전집에 되돌리고 다음 세 장을 뽑기에 앞서 모든 카드를 뒤섞는다. 적어도 30개의 값을 표시할 때까지 표집 을 계속한다. 이 방법을 사용하여 만들어진 히스토그램의 한 예가 그림 6-11이다.

그림 6-10의 점수분포는 52에서 74까지의 범위를 가지고 있으며, 중앙 부분에 정점이 있다. 만일 더 큰 전집을 가지고 있으며 더 많은 카드를 뽑았다면, 그 분포는 점점 더 정 상분포에 가까워질 것이다. 분포가 대체로 전집 평균인 64.89 주변에 몰려있음에 주목하 라. 거의 모든 점수가 평균의 3 표준편차 내에 들어가 있다는 사실에도 주목하라. 전집의

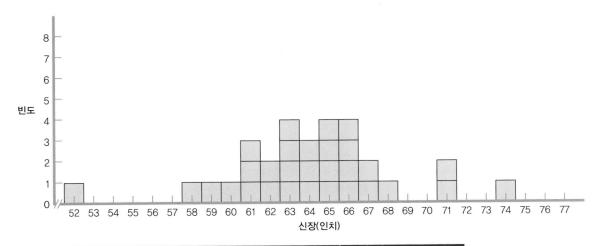

점수분포 만들기

이 분포는 140명의 신장이라는 전집에서 복원표집의 방법으로 한 번에 하나씩 30개를 뽑아서 만들 수 있는 많은 분포 중의 하나이다. 만일 여러분 스스로 이 데이터로부터 점수분포를 만든다면, 여기서 보는 것과 같은 대체로 단봉이며 대칭적인 산 모양의 형태를 취해야 한다.

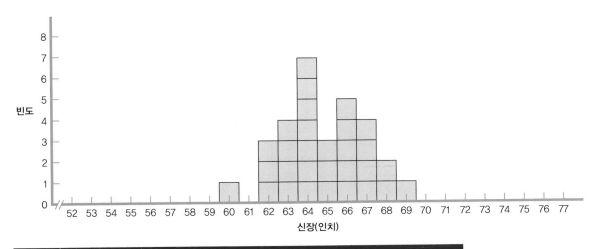

평균분포 만들기

이 평균분포를 그림 6-10의 점수분포와 비교해보라. 평균은 동일하며 여전히 대체로 산 모양을 나타내고 있다. 그렇지만 분산된 정도가 좁기 때문에 더 작은 표준편차를 갖는다. 이 분포는 140명의 신장이라는 전집에서 30개의 평균(한 번에 3개씩 뽑은 것의 평균)을 산출하여 만들 수 있는 많은 유사한 분포 중의 하나이다.

표준편차는 4.09이다. 따라서 거의 모든 점수가 이 범위 내에 들어가야 한다. 실제로 52부터 74까지의 점수 범위는 이 범위와 꽤나 유사하다.

$$64.89 - 3(4.09) = 52.62 \text{ 그리고 } 64.89 + 3(4.09) = 77.16$$

그림 6-11의 평균분포에 무엇인가 다른 것이 있는가? 그렇다. 점수분포와는 달리 평

균분포의 양 꼬리에는 평균들이 많지 않다. 실제로는 50대와 70대 값이 더 이상 존재하지도 않는다. 그렇지만 분포의 중앙에는 아무런 변화가 없다. 평균분포도 여전히 실제 평균인 64.89 주변에 몰려있다. 이것은 이치에 들어맞는다. 세 점수의 평균 각각은 동일한 점수 집합에서 나온 것이기 때문에, 표본 평균들의 평균도 전집의 평균과 같아야만 한다.

점수분포가 아니라 평균분포를 만들 때 분산의 정도가 줄어드는 까닭은 무엇인가? 개별 점수들을 히스토그램에 표시할 때는 극단적인 점수도 분포에 나타났다. 그렇지만 평균을 표시할 때는 극단적인 점수를 다른 두 점수와 합하여 평균을 계산하였다. 따라서 70대 점수 하나를 뽑을 때마다, 나머지 두 개는 낮은 점수를 뽑는 경향이 있다. 50대 점수 하나를 뽑을 때마다, 높은 점수 두 개를 뽑는 경향도 존재한다.

3개 점수의 평균이 아니라 10개 점수 평균들의 분포를 작성한다면 어떤 일이 일어날 것이라고 생각하는가? 여러분이 추측하는 바와 같이, 때때로 나타나는 극단적인 점수의 효과를 상쇄시키는 점수들이 더 많아지기 때문에 분포가 더욱 좁아지게 된다. 10개 점수의 평균들은 실제 평균인 64.89에 더욱 근접할 가능성이 있다. 100개 점수 평균의 분포 또는 1,000개 점수 평균의 분포를 작성하면 어떻겠는가? 표본크기가 커질수록, 평균분포의 변산이 작아지게 된다. ●

평균분포의 특성

평균분포는 점수분포보다 변산성이 작기 때문에 자체적인 표준편차가 필요하게 되는데, 개별 점수들의 분포에서 사용하였던 것보다 작은 표준편차를 갖게 된다.

그림 6-12에 제시한 데이터는 평균분포가 작은 표준편차를 나타낸다는 사실을 시각적으로 검증할 수 있게 해준다. 전집의 평균 64.886과 표준편차 4.086을 사용할 때, 양극단의 점수인 60과 69의 z 점수는 각각 −1.20과 1.01이며, 3 표준편차에는 근접하지도 않는다. 이 분포에서는 이러한 z 점수가 잘못된 것이다. 개별 점수의 표준편차가 아니라 표본 평균의 표준편차를 사용할 필요가 있다.

개념 숙달하기

6-5 : 평균분포는 점수분포와 동일한 평균을 갖지만, 표준편차는 더 작다.

용어 사용에 주의하라! 점수분포가 아니라 평균분포를 기술할 때는 약간 수정한 용어와 기호를 사용한다. 평균분포의 평균은 점수 전집의 평균과 동일하지만, μ_M이라는 기호를 사용한다. μ('뮤'라고 읽는다)는 이것이 전집의 평균이라는 사실을 나타내며, 아래첨자 M은 전집이 표본 평균으로 구성된다는 사실을 나타낸다. 즉, 전집이 특정한 개별 점수 전집에서 특정한 크기의 가능한 모든 표본의 평균들의 집합이 된다.

평균분포의 표준편차에 대해서도 새로운 기호와 이름이 필요하다. 기호는 σ_M('시그마 엠'이라고 읽는다)이다. 아래첨자 M은 여기서도 평균을 나타낸다. σ_M은 특정 크기의 가능한 모든 표본의 평균으로 구성된 전집의 표준편차이다. 이 기호는 표준오차라는 자체적인 이름을 가지고 있다. **표준오차**(standard error)는 **평균분포의 표준편차를 나타내는 이

표준오차는 평균분포의 표준편차를 나타내는 이름이다.

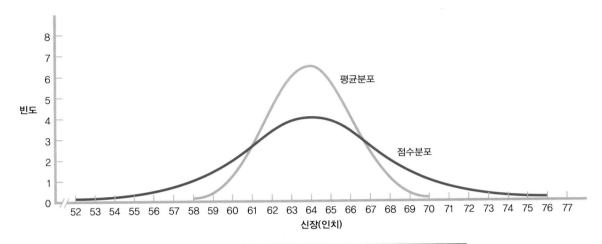

그림 6-12

적절한 변산성 측정치 사용하기

평균분포는 점수분포보다 좁기 때문에, 더 작은 표준편차를 갖는다. 이 표준편차는 표준오차라고 하는 자체적인 이름을 갖는다.

름이다. 표 6-2는 관련된 아이디어들을 기술하는 이름들을 요약하고 있다.

다행스럽게도 표준오차 σ_M이 표준편차 σ보다 얼마나 작은지를 정확하게 알려주는 간단한 계산법이 있다. 앞에서 언급한 바와 같이, 표본크기가 클수록 평균분포는 좁아지며 평균분포의 표준편차, 즉 표준오차는 작아진다. 평균분포를 구성하는 평균들을 계산할 때 사용한 표본크기를 고려함으로써 표준오차를 계산한다. 표준오차는 전집의 표준편차를 표본크기의 평방근으로 나눈 값이다. 공식은 다음과 같다.

$$\sigma_M = \frac{\sigma}{\sqrt{N}}$$

사례 6.11

개별 점수분포의 표준편차가 5이며, 10명의 표본을 가지고 있다고 상상해보라. 표준오차는 다음과 같다.

$$\sigma_M = \frac{\sigma}{\sqrt{N}} = \frac{5}{\sqrt{10}} = 1.58$$

표 6-2 **점수분포 대 평균분포의 모수치**

분포의 모수치를 결정할 때, 그 분포가 점수로 구성된 것인지 아니면 평균으로 구성된 것인지를 고려해야 한다.

분포	평균 기호	변산 기호	변산의 이름
점수	μ	σ	표준편차
평균	μ_M	σ_M	표준오차

10명 표본의 평균들이 분산된 정도가 작은 까닭은 극단적 점수를 덜 극단적인 점수가 상쇄시키기 때문이다. 표본크기가 200으로 더 커지게 되면, 극단적 점수를 상쇄시키는 평균에 가까운 점수들이 더 많아지기 때문에 분산의 정도는 더욱 작아진다. 이 경우에 표준오차는 다음과 같다.

$$\sigma_M = \frac{\sigma}{\sqrt{N}} = \frac{5}{\sqrt{200}} = 0.35$$

평균분포는 중심극한정리를 충실하게 따른다. 개별 점수들의 전집이 정상분포를 이루지 않더라도, 만일 표본이 적어도 30개 점수로 구성된다면 평균분포는 정상분포에 근접하게 된다. 그림 6-13의 세 그래프를 보자. (a)는 극단적으로 정적인 방향으로 편중된 개별 점수분포를 나타내고, (b)는 표본크기가 2인 평균분포를 작성할 때 나타나는 덜 편중된 분포를 보여주며, (c)는 표본크기 25를 사용하여 평균분포를 작성할 때 나타나는 거의 정상분포에 근접한 분포를 나타낸다. 평균분포는 다음과 같은 세 가지 중요한 특성을 가지고 있다.

1. 표본크기가 증가하더라도, 평균분포의 평균은 동일하다.
2. 평균분포의 표준편차(표준오차라고 부른다)는 개별 점수분포의 표준편차보다 작아진다. 표본크기가 증가함에 따라서 표준오차는 항상 작아지게 된다.
3. 개별 점수 전집이 정상분포를 이루고 있거나 평균분포를 구성하는 각 표본의 크기가 적어도 30이 되면, 평균분포의 모양은 정상분포에 근접하게 된다. ●

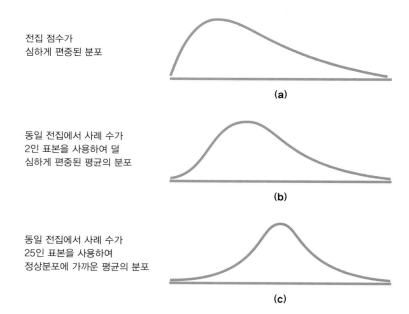

전집 점수가
심하게 편중된 분포

(a)

동일 전집에서 사례 수가
2인 표본을 사용하여 덜
심하게 편중된 평균의 분포

(b)

그림 6-13
큰 표본의 수학적 마법
정상분포를 이루지 않는 전집에서조차도, 표본이 커질수록 평균분포는 정상곡선에 근접한다.

동일 전집에서 사례 수가
25인 표본을 사용하여
정상분포에 가까운 평균의 분포

(c)

중심극한정리를 사용하여 z 점수를 가지고 비교하기

z 점수는 전집에 근거하여 원점수를 표준화시킨 점수이다. 그런데 전체 전집을 가지고 작업하는 경우는 거의 없기 때문에, 전형적으로는 표본 평균을 계산하고 평균분포에 근거한 z 점수를 계산하게 된다. z 점수를 계산할 때는 점수분포 대신에 평균분포를 사용한다. z 점수 공식은 사용하는 기호에서만 다음과 같이 변한다.

$$z = \frac{(M - \mu_M)}{\sigma_M}$$

이제 X 대신에 M을 사용하는 까닭은 개별 점수가 아니라 표본 평균의 z 점수를 계산하기 때문이다. 이제 z 점수는 실제 점수가 아니라 평균을 나타내기 때문에 흔히 z 통계치라고 부른다. 구체적으로 z 통계치는 표본 평균이 전집 평균으로부터 표준오차 단위로 얼마나 떨어져 있는지를 알려준다.

사례 6.12

전집의 평균과 표준편차를 알고 있는 어떤 분포를 생각해보자. 수백 개 대학교의 상담센터가 데이터를 발표하였다(Gallagher, 2009). (이 사례에서는 이 표본을 전체 전집으로 간주한다.) 결과를 보면, 대학교당 평균 8.5명의 학생이 정신질환으로 1년 이상 입원하였다. 이 사례의 목적을 위하여 표준편차는 3.8이라고 가정한다. 입원 수를 줄이기 위한 예방 프로그램을 개발하고 연구에 참가할 30개 대학을 모집한다고 해보자. 1년 후에 30개 대학에서 평균 7.1명이 입원하였다. 전집을 놓고 볼 때, 이것은 극단적인 표본 평균인가?

크기가 30인 표본들의 입원 평균분포를 생각해보자. 앞선 사례에서 세 명으로 구성된 표본들의 평균을 수집했던 것과 동일한 방법으로 여기서도 평균들을 수집한다. 이 모든 평균들의 평균은 전집과 동일한 평균을 갖겠지만, 분산의 정도는 작을 것이다. 분포의 분산 정도가 작은 까닭은 극단적인 입원학생 점수가 덜 극단적인 점수를 포함할 가능성이 높은 표본의 한 부분이기 때문이다. 각 표본의 평균은 개별 점수보다 덜 극단적일 가능성이 크다. 따라서 이 모든 평균들의 분포는 개별 점수들의 분포보다 덜 가변적이게 된다. 다음은 대학 표본의 평균과 표준오차를 기호 표기법을 사용하여 나타낸 것이다.

$$\mu_M = \mu = 8.5$$

$$\sigma_M = \frac{\sigma}{\sqrt{N}} = \frac{3.8}{\sqrt{30}} = 0.694$$

이제 z 통계치를 계산하는 데 필요한 모든 정보를 갖추었다.

$$z = \frac{(M - \mu_M)}{\sigma_M} = \frac{(7.1 - 8.5)}{0.694} = -2.02$$

이 z 통계치로부터 평균 입원 수가 얼마나 극단적인지를 백분율을 가지고 결정할 수 있다. 만일 예방 프로그램이 작동하지 않는다면 30개 대학교 표본에서 7.1명의 평균 입원 수를 얻게 될 가능성이 얼마나 되는지에 관하여 결론을 내릴 수 있다. 평균분포와 z 통계치를 적절하게 결합함으로써 추론통계와 가설검증을 할 수 있게 되었다. ●

학습내용 확인하기	

개념의 개관

> 중심극한정리에 따라서 30개 이상의 점수에 근거한 표본 평균들의 분포(평균분포)는 원래의 전집이 정상분포를 이루지 않는 경우조차도 정상분포에 근접한다.

> 점수분포는 평균분포와 동일한 평균을 갖는다. 그렇지만 점수분포는 평균분포보다 더 많은 극단적인 점수를 보유하고 더 큰 표준편차를 갖는다. 이것이 중심극한정리의 또 다른 원리이다.

> z 점수는 점수분포나 평균분포에서 계산할 수 있다. 평균에 대한 z 점수를 계산할 때는 일반적으로 z 통계치라고 부른다.

> 분산의 정도를 계산할 때는 상이한 용어를 사용한다. 점수분포의 경우에는 표준편차, 그리고 평균분포의 경우에는 표준오차라고 부른다.

> z 점수와 마찬가지로 z 통계치도 어떤 평균의 분포 내에서의 상대적 위치를 알려준다. 이것을 퍼센타일로 나타낼 수 있다.

개념의 숙달

6-10   중심극한정리의 바탕이 되는 핵심 아이디어는 무엇인가?

6-11   평균분포가 무엇인지를 설명해보라.

통계치의 계산

6-12   점수분포의 평균이 57이고 표준편차가 11이다. 35명의 표본에 근거하여 평균분포의 표준오차를 계산해보라.

개념의 적용

6-13   학습내용 확인하기 6-2b에서 다루었던 30명 CFC 점수의 선정으로 되돌아가 보자.

      3.5   3.5   3.0   4.0   2.0   4.0   2.0   4.0   3.5   4.5
      4.5   4.0   3.5   2.5   3.5   3.5   4.0   3.0   3.0   2.5
      3.0   3.5   4.0   3.5   3.5   2.0   3.5   3.0   3.0   2.5

a. 이 점수들의 범위는 얼마인가?

b. 이 점수 표본에서 각 행에 들어있는 10개 점수의 평균을 계산하라. 이 평균들의 범위는 얼마인가?

c. 개별 점수들의 범위보다 표본 평균들의 범위가 작은 이유는 무엇인가?

d. 30개 점수의 평균은 3.32이고 표준편차는 0.69이다. 기호 표기법과 공식을 사용하여, 각 10명씩인 세 표본을 가지고 계산한 평균분포의 평균과 표준오차를 결정해보라.

학습내용 확인하기의 답은 부록 D에서 찾아볼 수 있다.

개념의 개관

정상곡선

정상곡선에 관한 세 가지 아이디어가 추론통계를 이해하는 데 도움을 준다. 첫째, **정상곡선**은 많은 물리적 특성과 심리적 특성이 나타내는 변산성을 기술한다. 둘째, 정상곡선은 백분율로 변환함으로써 변인들을 표준화하여 상이한 측정단위의 점수들을 직접 비교할 수 있게 해준다. 셋째, 점수분포가 아니라 평균분포는 더욱 완벽한 정상곡선을 초래한다. 마지막 아이디어는 중심극한정리에 근거하며, 이 정리를 통해서 평균들을 계산한 표본들의 크기가 적어도 30이 될 만큼 충분히 크기만 하면 평균분포는 정상분포를 이루게 되며 분산의 정도도 작아진다는 사실을 알 수 있다.

표준화, z 점수, 그리고 정상곡선

표준화 과정은 원점수를 z 점수로 변환시킨다. 정상분포에서 얻은 원점수는 z **분포**로 변환할 수 있다. z 점수의 정상분포를 **표준정상분포**라고 부른다. z 점수는 어떤 원점수가 평균으로부터 얼마나 떨어져 있는지를 표준편차 단위로 알려준다. 공식을 역전시켜 z 점수를 원점수로 변환할 수도 있다. z 점수를 사용하는 표준화는 다음과 같은 두 가지 중요한 측면에 적용할 수 있다. 첫째, 표준점수 즉 z 점수를 퍼센타일로 변환할 수 있다(그리고 퍼센타일을 z 점수로 변환한 다음에 원점수로 변환할 수도 있다). 둘째, 상이한 원점수 분포에서 얻은 z 점수들을 직접 비교할 수 있다.

중심극한정리

z 분포는 점수분포에 덧붙여 **평균분포**에서도 사용할 수 있다. 평균분포는 평균들을 계산한 개별 점수들의 분포와 동일한 평균을 갖지만, 변산성의 정도는 작다. 평균분포의 표준편차를 **표준오차**라고 부른다. 변산성이 감소하는 까닭은 평균을 계산할 때 극단적인 점수가 덜 극단적인 점수에 의해서 상쇄되기 때문이다. 점수들이 정상분포를 이루고 있거나 아니면 표본크기가 적어도 30이 될 정도로 충분히 큰 표본에서 평균을 계산할 때 평균분포가 정상분포를 이루게 된다. 후자의 경우에 **중심극한정리**가 작동한다. 즉, 점수분포가 정상분포를 이루지 않는 경우조차도 각 표본을 구성하는 점수의 수가 적어도 30이 된다면(즉, 표본크기가 30 이상이라면), 평균분포는 정상분포를 이루게 된다. 정상분포의 특성은 z 분포와 같은 표준화된 분포를 사용하여 작은 표본에서도 추론을 할 수 있게 해준다.

SPSS®

SPSS는 각 변인을 이해하고 변인의 편중성을 파악하며 정상분포에 얼마나 잘 들어맞는지를 알 수 있게 해준다. 표 6-1의 140개 신장 데이터를 입력하라.

분석(Analyze) → 기술통계량(Descriptive Statistics) → 탐색(Explore)을 선택함으로써 분포를 편중시키는 예외값들을 확인할 수 있다. 대화상자에서 통계(Statistics) → 예외값(Outlier)을 선택하고 '계속(Continue)'을 클릭하라. 왼쪽에서 관심변인인 '신장(Height)'을 클릭하고 화살표를 사용하여 오른쪽으로 이동시켜라. '확인(OK)'을 클릭하라. 아래에 제시한 스크린샷은 출력의 일부분을 보여주고 있다.

출력은 관심변인의 기본적인 기술통계치(즉, 평균, 표준편차, 중앙값, 최솟값, 최댓값, 범위 등)를 제공하며, 극단적인 예외값 즉 상위 5위까지의 예외값과 하위 5위까지의 예외값도 기술한

다. 출력을 아래로 내려보면, SPSS가 지정값으로 제공하고 있는 줄기-잎 도표(stem-and-leaf plot)와 상자 도표(box plot)를 볼 수 있다. 두 가지 도표는 모두 25퍼센타일이나 75퍼센타일을 넘어서서 1.5 사분범위를 넘어서는 값이라는 통계적 정의를 사용하여 극단적인 점수들을 확인하고 있다. 상자 도표는 빈도분포에 덧붙여서 분포의 편중성을 시각적으로 보여주는 유용한 도구이다.

여러분의 데이터와 SPSS의 많은 자질들을 훑어볼 것을 권장한다. 특히 여러분이 자신의 데이터를 사용하고 있다면 더욱 그렇게 해보기를 권한다. 여러분이 무엇보다도 연구에 포함된 모든 숫자의 의미를 알고 있을 때 SPSS는 배우기가 훨씬 용이하다. 여러분 자신의 아이디어를 검증하는 것이 훨씬 더 흥미진진하지 않겠는가!

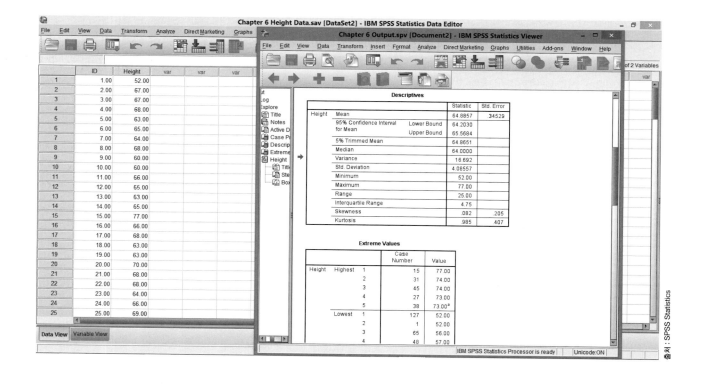

작동방법

6.1 원점수를 z 점수로 변환하기

연구자들은 대학생들이 대학생이 아니거나 대졸자가 아닌 사람들보다 평균적으로 더 건강한 섭식습관을 가지고 있다고 보고하였다(Georgiou et al., 1997). 이들은 연구에 참가한 대학생 412명이 주당 평균 4.1회 아침식사를 하며, 표준편차는 2.4라는 결과를 얻었다. 이 412명이 관심 전집이라고 상상해보라.

기호 표기법과 공식을 사용하여, 주당 6회 아침식사를 하는 학생의 z 점수를 어떻게 계산할 수 있는가? 다음과 같이 계산할 수 있다.

$$z = \frac{(X - \mu)}{\sigma} = \frac{(6 - 4.1)}{2.4} = 0.79$$

이제 주당 2회 아침식사를 하는 학생의 z 점수를 어떻게 계산할 수 있는가? 다음과 같이 계산할 수 있다.

$$z = \frac{(X - \mu)}{\sigma} = \frac{(2 - 4.1)}{2.4} = -0.88$$

6.2 z 점수로의 표준화와 퍼센타일

누가 더 많은 수입을 올리고 있는가? 가장 막강한 명사 10명의 측면에서 케이티 페리인가, 아니면 최고의 수입을 자랑하는 골퍼 10명의 측면에서 타이거 우즈인가? 2012년에 포브스지는 성별에 관계없이 수입과 대중매체 노출에서 가장 막강한 명사 10명을 발표하였다. 페리는 이 목록에서 8위를 차지하였는데 그해에 4,500만 달러의 수입을 올렸다. 2012년에 골프다이제스트지는 골프에서 상위 10명의 고액 소득자를 발표하였다. 우즈는 8610만 달러로 1위를 차지하였다. 상위 10명의 동료들과의 비교에서 우즈는 정말로 상위 10명의 명사들과 비교한 페리보다 더 많은 수입을 올린 것인가?

명사들의 경우 상위 10명의 평균은 7,030만 달러이며 표준편차는 4,140만 달러이었다. 이 사실에 근거할 때, 케이트 페리의 z 점수는 다음과 같다.

$$z = \frac{(X - \mu)}{\sigma} = \frac{(45 - 70.3)}{41.4} = -0.61$$

페리의 퍼센타일 순위가 들어갈 범위도 계산할 수 있다. 50%의 점수가 평균 아래에 놓인다. 대략 34%가 평균과 z 점수 −1.0 사이에 놓인다. 따라서 16%(50%-34%)의 점수가 z 점수 −1.0 아래에 위치한다. 따라서 케이티 페리는 가장 막강한 명사 10명 중에서 16퍼센타일과 50퍼센타일 사이에 위치한다.

골프의 경우에 상위 10명의 평균은 3,000만 달러이며 표준편차는 2,110만 달러이다. 이 사실에 근거할 때 타이거 우즈의 z 점수는 다음과 같다.

$$z = \frac{(X - \mu)}{\sigma} = \frac{(86.1 - 30)}{21.1} = 2.66$$

퍼센타일 순위도 추정할 수 있다. 50%의 점수가 평균 아래에 놓인다. 대략 34%가 평균과 1 표준편차 사이에 놓인다. 그리고 대략 14%가 1 표준편차와 2 표준편차 사이에 놓인다. 50 + 34 + 14 = 98이다. 우즈는 수입이 많은 상위 10명의 골퍼 중에서 98퍼센타일보다도 높은 곳에 위치한다.

각자의 영역에서 상위 10명의 고액 수입자들과 비교할 때, 타이거 우즈가 케이티 페리보다 압도적으로 더 많은 수입을 올렸다.

연습문제

홀수 문제의 답은 부록 C에서 찾아볼 수 있다.

개념 명료화하기

6.1 정상(normal)이라는 단어를 일상 대화에서 사용하는 방식으로 설명한 다음에, 통계학자가 사용하는 방식으로 설명해보라.

6.2 정상곡선의 어느 위치가 가장 보편적으로 발생하는 관찰을 나타내는가?

6.3 표본크기는 데이터 분포의 모양에 어떤 영향을 미치는가?

6.4 표준화(standardization)라는 단어를 일상 대화에서 사용하는 방식으로 설명한 다음에, 통계학자가 사용하는 방식으로 설명해보라.

6.5 z 점수란 무엇인가?

6.6 z 점수가 유용한 세 가지 이유를 제시해보라.

6.7 z 분포의 평균과 표준편차는 얼마인가?

6.8 정상분포를 이루고 있지 않은 전집을 다루는 데 있어서 중심극한정리가 그토록 중요한 아이디어인 까닭은 무엇인가?

6.9 기호 μ_M이 의미하는 것은 무엇인가?

6.10 기호 σ_M이 의미하는 것은 무엇인가?

6.11 표준편차와 표준오차 간의 차이는 무엇인가?

6.12 표본크기를 증가시키면 표준오차가 줄어드는 까닭은 무엇인가?

6.13 z 통계치, 즉 평균분포에 근거한 z 점수가 표본 평균에 대해서 알려주는 것은 무엇인가?

6.14 다음 공식 각각에는 오류가 있다. 그 오류를 확인하여 수정하고 설명해보라.

a. $\sigma_M = \dfrac{\mu}{\sqrt{N}}$

b. $z = \dfrac{(\mu - \mu_M)}{\sigma_M}$ (평균분포에서)

c. $z = \dfrac{(M - \mu_M)}{\sigma}$ (평균분포에서)

d. $z = \dfrac{(X - \mu)}{\sigma_M}$ (점수분포에서)

통계치 계산하기

6.15 다음 세 점수 집합에 대한 히스토그램을 작성하라. 각 점수 집합은 동일한 전집에서 표집한 표본을 나타낸다.

a. 6 4 11 7 7

b. 6 4 11 7 7 2 10 7 8 6 6 7 5 8

c. 6 4 11 7 7 2 10 7 8 6 6 7 5 8
 7 8 9 7 6 9 3 9 5 6 8 11 8 3
 8 4 10 8 5 5 8 9 9 7 8 7 10 7

d. 세 분포에 걸쳐 어떤 일이 일어났는가?

6.16 어떤 전집의 평균이 250이고 표준편차가 47이다. 다음 각 원점수의 z 점수를 계산해보라.

a. 391

b. 273

c. 199

d. 160

6.17 어떤 전집의 평균이 1,179이고 표준편차가 164이다. 다음 각 원점수의 z 점수를 계산해보라.

a. 1,000

b. 721

c. 1,531

d. 1,184

6.18 평균이 250이고 표준편차가 47인 전집에서 250점의 z 점수를 계산하라. 여러분이 얻은 값의 의미를 설명해보라.

6.19 평균이 250이고 표준편차가 47인 전집에서 203점과 297점의 z 점수를 계산하라. 이 값들의 의미를 설명해보라.

6.20 평균이 250이고 표준편차가 47인 전집에서 다음 각 z 점수를 원점수로 변환해보라.

a. 0.54

b. −2.66

c. −1.00

d. 1.79

6.21 평균이 1,179이고 표준편차가 164인 전집에서 다음 각 z 점수를 원점수로 변환해보라.

a. -0.23

b. 1.41

c. 2.06

d. 0.03

6.22 GRE(대학원 입학시험)의 언어 하위검사는 전집 평균이 500이고 표준편차가 100이 되도록 설계되어 있다. 공식을 사용하지 않으면서 다음 z 점수를 원점수로 변환해보라.

a. 1.5

b. -0.5

c. -2.0

6.23 GRE(대학원 입학시험)의 언어 하위검사는 전집 평균이 500이고 표준편차가 100이 되도록 설계되어 있다. 기호 표기법과 공식을 사용하여 다음 z 점수를 원점수로 변환해보라.

a. 1.5

b. -0.5

c. -2.0

6.24 800명 학생 표본을 대상으로 CFC 척도를 사용한 연구에서 평균점수는 3.20이고 표준편차는 0.70으로 나타났다 (Adams, 2012). (이 표본을 전체 전집으로 간주하라.)

a. 만일 CFC 점수가 4.2라면, z 점수는 얼마인가? 기호 표기법과 공식을 사용하라. 그 답이 이치에 맞는 이유를 설명해보라.

b. 만일 CFC 점수가 3.0이라면, z 점수는 얼마인가? 기호 표기법과 공식을 사용하라. 그 답이 이치에 맞는 이유를 설명해보라.

c. 만일 z 점수가 0이라면, CFC 점수는 얼마인가? 설명해보라.

6.25 160쪽의 사진 설명을 사용하여, 다음을 비교해보라. 전집 평균이 51이고 표준편차가 4일 때의 점수 45 그리고 전집 평균이 765이고 표준편차가 23일 때의 점수 732.

a. 이 점수들을 표준점수로 변환하라.

b. 표준점수를 사용할 때, 이 두 점수를 서로 비교하는 방법에 대해서 여러분은 무슨 말을 할 수 있는가?

6.26 다음 점수를 비교해보라.

a. $\mu = 800$이고 $\sigma = 29$일 때 점수 811 대 $\mu = 3,127$이고 $\sigma = 951$일 때 점수 4,524.

b. $\mu = 30$이고 $\sigma = 12$일 때 점수 17 대 $\mu = 88$이고 $\sigma = 16$일 때 점수 67.

6.27 다음 물음에 답할 때 정상분포를 가정하라.

a. 점수의 몇 퍼센트가 평균 이하에 위치하는가?

b. 점수의 몇 퍼센트가 평균 이하 1 표준편차에서부터 평균 이상 2 표준편차 사이에 위치하는가?

c. 점수의 몇 퍼센트가 평균 이상과 이하에서(즉, 양방향에서) 2 표준편차보다 더 멀리 떨어져 있는가?

d. 점수의 몇 퍼센트가 평균과 평균 이상 2 표준편차 사이에 위치하는가?

e. 점수의 몇 퍼센트가 정상곡선 아래에 놓여있는가?

6.28 전집 평균이 100이고 표준편차가 20이라고 가정할 때 다음 각 표본크기에서의 표준오차(σ_M)를 계산해보라.

a. 45

b. 100

c. $4,500$

6.29 어떤 전집의 평균은 55이고 표준편차는 8이다. 다음 각 표본크기에서의 μ_M과 σ_M을 계산해보라.

a. 30

b. 300

c. $3,000$

6.30 전집의 평균이 100이고 표준편차가 20이라고 가정하고, 다음 각각의 z 통계치를 계산해보라.

a. 크기가 43인 표본의 평균이 101이다.

b. 크기가 60인 표본의 평균이 96이다.

c. 크기가 29인 표본의 평균이 100이다.

6.31 100명의 표본이 85의 평균 우울점수를 가지고 있다. 이 우울척도의 전집 평균은 80이고 표준편차는 20이다. 또 다른 100명의 표본은 또 다른 우울척도에서 17의 평균점수를 가지고 있다. 이 척도의 전집 평균은 15이고 표준편차는 5이다.

a. 이 평균들을 z 통계치로 변환해보라.

b. z 통계치를 사용할 때, 이러한 두 평균을 상호 비교하는 방식에 관하여 여러분은 무슨 말을 할 수 있겠는가?

개념 적용하기

6.32 **실생활에서의 정상분포** : 많은 변인들이 정상분포를 이루지만, 모든 분포가 그런 것은 아니다. (다행히도, 정상분포가 아닌 전집에서 선정한 표본을 가지고 연구를 수행할 때에도 표본크기가 30보다 크다면, 중심극한정리가 문제를 해결해준다.) 다음 중 어느 것이 정상분포를 이룰 가능성이 있으며, 어느 것이 정상분포가 아닐 가능성이 있는가? 여러분의 답을 해명해보라.

a. 경쟁이 매우 치열한 토론토대학교에 합격한 학생 전집에서, (대학 입학에 필수적인) 읽기/쓰기 검사 점수.

b. 뉴질랜드 중학생 전집에서 하루 칼로리 섭취량.

c. 텍사스 샌안토니오의 직업을 가지고 있는 성인 전집에서, 출퇴근에 소비하는 시간.

d. 북미 대학생 전집에서, 1년에 얻는 비행기 마일리지.

6.33 분포와 데이터 준비시간 : 통계학 수강생 150명에게 데이트를 준비하는 데 걸리는 시간을 분 단위로 보고하도록 요구하였다. 점수는 1분에서 120분의 범위에 걸쳐졌으며, 평균은 51.52분이었다. 다음은 이 학생 중 40명의 데이터이다.

30	90	60	60	5	90	30	40	45	60
60	30	90	60	25	10	90	20	15	60
60	75	45	60	30	75	15	30	45	1
20	25	45	60	90	10	105	90	30	60

a. 첫 번째 행의 10개 점수에 대한 히스토그램을 작성하라.

b. 40개 점수 모두에 대한 히스토그램을 작성하라.

c. 점수의 수를 10에서 40으로 늘림에 따라서 분포 모양에 어떤 일이 일어났는가? 만일 150명 학생 모두의 데이터를 포함시키면 어떤 일이 일어날 것이라고 생각하는가? 10,000명의 데이터를 포함시키면 어떻겠는가? 이 현상을 설명해보라.

d. 이것들은 점수분포인가 아니면 평균분포인가? 설명해보라.

e. 이 데이터는 자기보고한 것이다. 즉, 학생들이 데이트 준비하는 데 걸린다고 믿고 있는 시간을 분 단위로 적은 것이다. 이 사실은 데이터가 30, 60, 또는 90분과 같이 딱 떨어지는 값을 많이 포함하고 있는 사실을 설명해준다. 이 변인을 조작적으로 정의하는 더 좋은 방법은 무엇이었겠는가?

f. 이 데이터는 여러분이 연구하고 싶은 어떤 가설을 시사하고 있는가? 적어도 하나 이상의 가설을 제시해보라.

6.34 z 점수와 GRE : GRE(대학원 입학시험)의 언어 하위검사는 전집 평균이 500이고 표준편차가 100이 되도록 설계되어 있다. (GRE의 하위검사는 모두 동일한 평균과 표준편차를 가지고 있다.)

a. 기호 표기법을 사용하여 GRE 언어검사의 평균과 표준편차를 진술해보라.

b. 공식을 사용하지 않고 GRE 점수 700점을 z 점수로 변환해보라.

c. 공식을 사용하지 않고 GRE 점수 550점을 z 점수로 변환해보라.

d. 공식을 사용하지 않고 GRE 점수 400점을 z 점수로 변

환해보라.

6.35 z 분포와 수면시간 : 150명의 통계학 수강생 표본이 주중에 취하는 수면시간을 보고하였다. 평균 수면시간은 6.65이고 표준편차는 1.24이었다. (이 표본을 전체 전집으로 간주하라.)

a. z 분포의 평균은 항상 얼마인가?

b. 수면 데이터를 사용하여, (a)의 답변이 z 분포의 평균이라는 사실을 입증해보라. (힌트 : 평균에 해당하는 학생의 z 점수를 계산해보라.)

c. z 분포의 표준편차는 항상 얼마인가?

d. 수면 데이터를 사용하여, (c)의 답변이 z 분포의 표준편차라는 사실을 입증해보라. (힌트 : 평균보다 1 표준편차 이상이거나 이하에 해당하는 학생의 z 점수를 계산해보라.)

e. 여러분은 주중에 얼마나 잠을 자는가? 이 전집에 근거할 때 여러분의 z 점수는 얼마인가?

6.36 존경심 평정에 적용한 z 분포 : 148명의 통계학 수강생 표본이 7점 척도에서 힐러리 클린턴에 대한 존경심 수준을 평정하였다. 평균 평정치는 4.06이고 표준편차는 1.70이었다. (이 표본을 전체 전집으로 간주하라.)

a. 이 데이터를 사용하여 z 분포의 평균은 항상 0임을 입증해보라.

b. 이 데이터를 사용하여 z 분포의 표준편차는 항상 1임을 입증해보라.

c. 힐러리 클린턴에 대한 존경심을 6.1로 평정한 학생의 z 점수를 계산해보라.

d. 한 학생의 z 점수는 -0.55이었다. 그 학생은 힐러리 클린턴에 대한 존경심을 몇 점으로 평정하였는가?

6.37 z 통계치와 CFC 점수 : 애덤스(2012) 연구에서 참가자 전집에 대한 CFC 점수의 모수치를 논의한 바 있다. CFC 점수의 평균은 3.20이고 표준편차는 0.70이었다. (800명 참가자 표본을 전집으로 간주하였다는 사실을 기억하라.) 여러분이 이 전집에서 무작위로 40명을 선정하고 졸업 후 재정계획에 관한 일련의 비디오를 시청하도록 요구하였다고 상상해보라. 비디오를 시청한 후에 평균 CFC 점수는 3.62이었다.

a. 이 표본의 평균을 점수분포와 비교하는 것이 이치에 맞지 않는 이유는 무엇인가? 여러분의 답에서 분포의 변산성을 반드시 논의하도록 하라.

b. 영가설이 예측하는 것은 무엇이며, 연구가설이 예측하는 것은 무엇인가?

c. 기호 표기법과 공식을 사용하여, 이 표본을 선정한 전집의 분포에 대해 적절한 집중경향치와 변산성의 척도가 무엇인지를 기술해보라.

d. 기호 표기법과 공식을 사용하여 이 표본 평균에 대한 z 통계치는 무엇인지를 기술해보라.

6.38 z 점수를 CFC 원점수로 변환하기 : CFC 척도를 사용한 연구(Adams, 2012)는 800명의 표본에서 평균 CFC 점수가 3.20이고 표준편차가 0.70이라는 결과를 얻었다.

a. CFC 척도에서 여러분의 z 점수가 −1.2라고 상상해보라. 원점수는 얼마인가? 기호 표기법과 공식을 사용하라. 그 답이 이치에 맞는 이유를 설명해보라.

b. CFC 척도에서 여러분의 z 점수가 0.66이라고 상상해보라. 원점수는 얼마인가? 기호 표기법과 공식을 사용하라. 그 답이 이치에 맞는 이유를 설명해보라.

6.39 정상곡선과 실생활 변인 I : 다음 각 변인에 대해서 점수분포가 정상곡선에 근접할 가능성이 있는지를 진술하라. 여러분의 답을 해명해보라.

a. 대학생이 1년에 관람하는 영화의 수.

b. 잡지에 게재하는 전면광고의 수.

c. 캐나다에서 태어나는 신생아의 체중.

6.40 정상곡선과 실생활 변인 II : 다음 각 변인에 대해서 점수분포가 정상곡선에 근접할 가능성이 있는지를 진술하라. 여러분의 답을 해명해보라.

a. 학생들이 매주 페이스북을 비롯한 소셜미디어를 확인하는 데 사용하는 분 단위의 시간.

b. 사람들이 매일 마시는 물의 양.

c. 유튜브 비디오의 분 단위 방영시간.

6.41 대중매체에서의 정상곡선 : 뉴욕타임스가 정상곡선에 관한 기사를 보도하였을 때 통계학 천재들은 환호하였다(Dunn, 2013). 생물학자 케이시 던은 다음과 같이 썼다. "수많은 실세계 관찰은 정상분포라는 동일한 기대 패턴에 접근하고 이것에 기대어 검증할 수 있다." 그는 정상곡선을 평균 부근에 많은 관찰치가 몰려있는 대칭적이고 산 모양을 하고 있는 것으로 기술하였다. 그는 "꽃의 크기, 약물에 대한 생리적 반응, 강철 케이블의 절단력" 등과 같은 여러 가지 사례를 제시하였을 뿐만 아니라, 가계수입을 포함하여 중요한 예외도 존재한다는 사실도 지적하였다. 통계학을 수강해본 적이 없는 사람에게 가계수입은 던의 다른 사례들과 달리 정상분포를 이루지 않는 이유를 설명해보라.

6.42 퍼센타일과 섭식습관 : 작동방법 6.1에서 언급한 바와 같

이, 조지우 등(1997)은 대학생들이 평균적으로 대학생이 아니거나 대졸자가 아닌 사람들보다 더 건강한 섭식습관을 가지고 있다고 보고하였다. 이 연구에서 412명의 대학생은 주당 아침식사를 평균 4.1회 하였으며, 표준편차는 2.4이었다. (이 연습문제에서도 이 표본이 전체 전집이라고 상상하라.)

a. 매주 네 번 아침식사를 하는 학생의 퍼센타일은 대체로 얼마인가?

b. 매주 여섯 번 아침식사를 하는 학생의 퍼센타일은 대체로 얼마인가?

c. 매주 두 번 아침식사를 하는 학생의 퍼센타일은 대체로 얼마인가?

6.43 z 점수와 스포츠팀 간의 비교 : 같은 도시에 살고 있지만 상이한 스포츠에 열광하는 스포츠팬들은 공통적인 난국에 직면한다. 어느 팀이 자신이 속한 리그에서 더 잘하고 있는지를 어떻게 결정하겠는가? 2012년에 애틀랜타 브레이브스 야구팀과 애틀랜타 팰컨스 미식축구팀은 모두 좋은 성과를 보였다. 브레이브스는 94경기를 이겼으며, 팰컨스는 13경기를 이겼다. 2012년에 어느 팀이 더 잘하였는가? 물음은 다음과 같다. MLB에 속한 다른 팀과의 비교에서 브레이브스의 성적이 NFL에 속한 다른 팀과의 비교에서 팰컨스의 성적보다 더 우수한가? 이 물음을 두고 몇 시간씩 논쟁을 벌일 수도 있지만, 통계치를 살펴보는 것이 더 낫다. 정규시즌 동안 얻은 승리 횟수로 한 시즌에 걸친 성과를 조작적으로 정의해보자.

a. 2012년에 MLB 팀의 평균 승리 횟수는 81.00이고 표준편차는 11.733이다. 모든 팀을 포함하였기 때문에, 이것이 전집 모수치이다. 브레이브스의 z 점수는 얼마인가?

b. 2012년에 NFL 팀의 평균 승리 횟수는 7.969이고 표준편차는 3.036이다. 팰컨스의 z 점수는 얼마인가?

c. 이 데이터에 따를 때, 어느 팀이 더 우수한가?

d. 낮은 z 점수의 팀이 높은 z 점수 팀보다 앞서려면 몇 번이나 승리하였어야 하는가?

e. 팀의 성과라는 변인에 대한 또 다른 조작적 정의를 적어도 하나 이상 제시해보라.

6.44 z 점수와 존경심 평정의 비교 : 통계학 수강생들에게 힐러리 클린턴에 대한 존경심을 7점 척도에서 평정하도록 요구하였다. 또한 배우이자 가수이며 '아메리칸 아이돌' 프로그램의 심사위원이었던 제니퍼 로페즈와 테니스 선수인 비너스 윌리엄스에 대한 존경심도 7점 척도에서 평정하도록 요구하였다. 앞서 지적하였던 바와 같이, 클린턴에 대

한 평균 평정점수는 4.06이고 표준편차는 1.70이었다. 로페즈에 대한 평균 평정점수는 3.72이고 표준편차는 1.90이었다. 윌리엄스에 대한 평균 평정점수는 4.58이고 표준편차는 1.46이었다. 한 학생이 클린턴과 윌리엄스에 대한 자신의 존경심을 5점으로 평정하였으며 로페즈에 대해서는 4점으로 평정하였다.

a. 클린턴에 대한 평정에서 이 학생의 z 점수는 얼마인가?

b. 윌리엄스에 대한 평정에서 이 학생의 z 점수는 얼마인가?

c. 로페즈에 대한 평정에서 이 학생의 z 점수는 얼마인가?

d. 이 표본에 들어있는 다른 통계학 수강생들과 비교할 때, 이 학생이 가장 존경하는 유명인사는 누구인가? (원점수에 근거하여 이 학생이 로페즈보다는 클린턴과 윌리엄스를 선호한다고 말할 수도 있다. 그렇지만 이 유명인사들에 대한 대중들의 생각을 참작할 때, 이 학생은 각 인물에 대해서 어떻게 느끼고 있는 것인가?)

e. z 점수가 어떻게 원점수를 가지고는 불가능한 비교를 가능하게 해주는가? 표준화의 이점을 기술해보라.

6.45 원점수, z 점수, 퍼센타일, 그리고 스포츠팀 : 야구와 미식축구를 다시 들여다보기로 하자. MLB와 NFL 각각에 속한 모든 팀의 데이터를 살펴보자.

a. 2012년에 MLB 팀의 평균 승리횟수는 81.00이고 표준편차는 11.733이었다. 만년 약체인 시카고 컵스의 z 점수는 −1.705이었다. 컵스는 몇 경기나 승리하였는가?

b. 2012년에 NFL 팀의 평균 승리횟수는 7.969이고 표준편차는 3.036이었다. 뉴올리언스 세인츠의 z 점수는 −0.319이었다. 세인츠는 몇 경기나 승리하였는가?

c. 인디애나폴리스 콜츠는 NFL 승리횟수에서 84퍼센타일 바로 아래에 위치하였다. 콜츠는 몇 경기나 승리하였는가? 그 답을 어떻게 구하였는지를 설명해보라.

d. (a), (b), (c)에서 얻은 수치들이 이치에 맞는지를 어떻게 결정할 수 있는지를 설명해보라.

6.46 분포와 기대수명 : 연구자들은 20세에 HIV(인체면역결핍바이러스)로 진단되고 ART(항레트로바이러스치료)를 받은 남아프리카 남자의 기대수명이 27.6세라고 보고하였다(Johnson et al., 2013). 연구자들이 ART를 받은 250명의 HIV 환자를 추적하여 평균을 계산함으로써 이 값을 결정하였다고 상상해보라.

a. 무엇이 종속변인인가?

b. 무엇이 전집인가?

c. 무엇이 표본인가?

d. 전집에서 무엇이 점수분포가 되는지를 기술해보라.

e. 전집에서 무엇이 평균분포가 되는지를 기술해보라.

f. 만일 전집분포가 편중되었다면, 점수분포도 편중될 가능성이 높은가, 아니면 정상분포에 근접하겠는가? 여러분의 답을 해명해보라.

g. 평균분포는 편중되겠는가 아니면 정상분포에 접근하겠는가? 여러분의 답을 해명해보라.

6.47 분포, 성격검사, 그리고 우울증 : MMPI(미네소타 다면인성검사)의 개정판인 MMPI-2는 가장 많이 실시하는 자기보고식 성격검사이다. 피검자는 500개 이상의 그렇다/아니다 진술에 반응하며, 그 반응은 전형적으로 컴퓨터를 가지고 여러 가지 척도(예컨대, 건강염려증, 우울증, 정신병질적 일탈 등)에서 채점한다. 응답자들은 규준과 비교할 수 있는 각 척도에서의 T 점수를 받는다. (만일 심리학 강의를 수강하였다면 T 점수를 경험하였을 가능성이 높지만, 이 T 점수가 이 책의 후속 장에서 다룰 t 통계치와는 다르다는 사실을 인식하는 것이 좋겠다.) T 점수는 퍼센타일과 탈락점을 결정할 수 있도록 점수를 표준화하는 또 다른 방법이다. 평균 T 점수는 항상 50이며, 표준편차는 항상 10이다. 여러분이 최근에 부모를 여읜 95명에게 MMPI-2를 실시하였다고 상상해보라. 이들의 우울증 척도 점수가 평균적으로 규준보다 높은지 궁금하다. 여러분은 표본에서 평균 55점의 우울증 점수를 얻었다.

a. 기호 표기법을 사용하여 전집의 평균과 표준편차를 보고해보라.

b. 기호 표기법과 공식을 사용하여 여러분의 표본을 비교할 평균분포의 평균과 표준오차를 보고해보라.

c. 표준오차가 표준편차보다 작은 것이 이치에 맞는 이유를 설명해보라.

6.48 분포, 성격검사, 그리고 내향성 : 앞선 연습문제에서 MMPI-2에 대한 설명을 보라. 평균 T 점수는 항상 50이며, 표준편차는 항상 10이다. 여러분이 인스타그램을 비롯한 여타 소셜미디어를 사용하지 않는 50명에게 MMPI-2를 실시한다고 상상해보라. 이들의 내향성 점수가 평균적으로 규준보다 높은지가 궁금하였다. 여러분은 표본에서 평균 60의 내향성 점수를 얻었다.

a. 기호 표기법을 사용하여 전집의 평균과 표준편차를 보고해보라.

b. 기호 표기법과 공식을 사용하여 여러분의 표본을 비교할 평균분포의 평균과 표준오차를 보고해보라.

c. 표준오차가 표준편차보다 작은 것이 이치에 맞는 이유

를 설명해보라.

6.49 **분포와 GSS(일반사회조사)** : GSS는 1972년부터 매년 2,000명 정도의 성인을 대상으로 수행하는 조사로, 지금까지 총 38,000명 이상이 참가하였다. 여러 해에 걸쳐, 응답자들에게 몇 명의 절친을 가지고 있는지 물었다. 이 변인의 평균은 7.44명이며, 표준편차는 10.98이다. 중앙값은 5.00이며 최빈값은 4.00이다.

a. 이 데이터는 점수분포에 해당하는가, 아니면 평균분포에 해당하는가? 설명해보라.

b. 평균과 표준편차는 분포의 모양에 관해서 무엇을 시사하는가? (힌트 : 평균과 표준편차의 크기를 비교해보라.)

c. 세 가지 집중경향치는 분포의 모양에 관하여 무엇을 시사하는가?

d. 이 데이터가 전체 전집을 나타낸다고 해보자. 이 전집에서 한 사람을 무작위로 선정하고 절친을 몇 명이나 가지고 있는지 물었다고 해보자. 이 사람을 점수분포에 비교하겠는가, 아니면 평균분포에 비교하겠는가? 여러분의 답을 해명해보라.

e. 이제 이 전집에서 80명의 표본을 무작위로 선정한다고 해보자. 이 표본을 점수분포에 비교하겠는가, 아니면 평균분포에 비교하겠는가? 여러분의 답을 해명해보라.

f. 기호 표기법을 사용하여 평균분포의 평균과 표준오차를 계산해보라.

g. 평균분포의 모양은 어떨 가능성이 높은가? 여러분의 답을 해명해보라.

6.50 **점수분포와 GSS** : 연습문제 6.49를 다시 보자. 이번에도 GSS 표본이 전체 전집이라고 해보자.

a. 이 전집에서 무작위로 한 사람을 선정하였는데, 절친이 18명이라고 보고하였다고 상상해보라. 그의 점수를 점수분포에 비교하겠는가, 아니면 평균분포에 비교하겠는가? 여러분의 답을 해명해보라.

b. 그의 z 점수는 얼마인가? z 점수에 근거할 때 퍼센타일은 대체로 얼마인가?

c. 이 사람의 퍼센타일을 계산하는 것은 이치에 맞는가? 여러분의 답을 해명해보라. (힌트 : 분포의 모양을 생각해보라.)

6.51 **평균분포와 GSS** : 연습문제 6.49를 다시 보자. 이번에도 GSS 표본이 전체 전집이라고 해보자.

a. 이 전집에서 무작위로 80명을 선정하였는데, 절친의 수가 평균 8.7명이라고 보고하였다고 상상해보라. 이

평균을 점수분포에 비교하겠는가, 아니면 평균분포에 비교하겠는가? 여러분의 답을 해명해보라.

b. 이 평균의 z 통계치는 얼마인가? z 통계치에 근거할 때 표본의 퍼센타일은 대체로 얼마인가?

c. 이 표본의 퍼센타일을 계산하는 것은 이치에 맞는가? 여러분의 답을 해명해보라. (힌트 : 분포의 모양을 생각해보라.)

6.52 **퍼센타일, 원점수, 그리고 신용카드 절도** : 신용카드 회사는 종종 카드 소유자에게 전화를 걸어 사용패턴에 근거할 때 카드를 도난당하였을 수도 있음을 알린다. 여러분이 매달 평균 280달러만큼 신용카드를 사용하며, 표준편차는 75라고 해보자. 카드회사는 특정 달의 카드 사용액이 98퍼센타일을 넘어설 때는 언제나 여러분에게 전화를 걸어온다. 카드회사로부터 전화를 받을 금액의 한도는 얼마인가?

6.53 **z 분포와 돌팔이 심장병 전문의** : 인디애나 먼스터의 한 심장병 전문의가 불필요한 심장수술을 하였다는 죄목으로 기소되었다(Creswell, 2015). 수사관은 이 의사가 활동하고 있는 도시가 심장수술 비율에서 전국 상위 10%에 해당한다는 사실을 발견하였다. 변호사는 이 지역에 늙고 병든 사람들이 많다고 맞받아쳤다. 그렇지만 고관절 치료와 같은 노인들의 다른 질병 치료가 이 지역에서 많지 않았다. 이 심장병 전문의가 불필요한 수술을 하였는지를 결정하는 데 있어서 어떻게 z 분포가 일익을 담당하는지를 설명해보라.

6.54 **z 분포와 '초인식자'** : 얼굴맹(盲)이라고도 부르는 얼굴실인증은 잘 알고 있는 사람의 얼굴조차도 알아보지 못하는 질병이다. 대략 2%의 사람이 얼굴맹을 경험한다. 콜린스는 정반대의 사람이다. 그는 자신이 보았던 거의 모든 얼굴을 회상해내는 1~2%에 속하는 사람이다. 여러분도 상상할 수 있는 바와 같이, 이 능력은 콜린스에게 범죄를 해결하는 데 도움을 주는 초능력에 가까운 힘을 제공해준다. 보안카메라에 스쳐 지나가는 장면에서 콜린스는 혐의자를 찾아낸다. 그렇지만 대부분의 사람은 얼굴실인증 환자와 초인식자 중간에 해당한다.

a. 얼굴인식능력에 대한 z 분포를 상상해보라. 콜린스와 다른 초인식자들이 위치하는 영역의 하한 z 점수를 추정하고 여러분의 답을 해명해보라.

b. 이제 얼굴맹을 나타내는 사람들이 위치하는 영역의 상한 z 점수를 추정하고 여러분의 답을 해명해보라.

c. 대부분의 사람은 대략 어떤 z 점수 사이에 위치하는가? 여러분의 답을 해명해보라.

종합

6.55 확률과 의학적 치료 : 막힌 관상동맥을 치료하는 세 가지 가장 보편적인 방법은 약물치료, 혈관 우회수술, 그리고 혈관 성형술이다. 혈관 성형술은 막힌 동맥의 제거를 수반하는 의료기법이며 다른 두 방법보다 의사에게 더 많은 수익을 가져다준다. 미국에서 혈관 성형술 비율이 가장 높은 곳은 오하이오주의 소도시인 일리리아이다. 뉴욕타임스의 2006년도 기사는 다음과 같이 보도하였다. "일리리아의 메디케어(미국에서 시행되고 있는 노인의료보험제도) 환자는 전국 평균보다 거의 네 배나 높은 비율로 혈관 성형술을 받고 있을 만큼 통계치가 정상에서 크게 벗어났기 때문에, 메디케어와 적어도 하나 이상의 민간보험회사가 의문을 제기하기 시작하였다." 실제 이 지역의 비율은 일리리아에서 단지 50킬로미터밖에 떨어져 있지 않은 클리블랜드보다도 세 배나 높다.

a. 이 예에서는 무엇이 전집이고 무엇이 표본인가?

b. 조사를 시작하겠다는 메디케어와 민간보험회사의 결정에서 확률은 어떤 역할을 담당하였는가?

c. 이 사례에서 z 분포는 사기가능성을 밝히려는 조사관에게 어떤 도움을 주겠는가?

d. 만일 보험회사가 일리리아의 의사들이 사기를 치고 있다고 결정하지만 그 보험회사가 틀렸다면, 어떤 유형의 오류를 범한 것인가? 설명해보라.

e. 일리리아의 극단적으로 높은 퍼센타일은 이 도시의 의사들이 사기를 치고 있다는 것을 의미하는가? 일리리아가 예외값일 수 있는 두 가지 다른 가능한 이유를 들어보라.

6.56 농촌지역 우정과 GSS : 앞서 사람들이 보고한 절친의 수에 대한 GSS 데이터를 살펴보았다. 이 변인의 평균은 7.44이고 표준편차는 10.98이다. 여러분이 농촌지역에 사는 사람들은 전체 GSS 표본과는 상이한 평균을 가지고 있는지 검증하기 위하여 GSS 데이터를 사용하기로 결정하였다고 해보자. 여기서도 전체 GSS 표본을 전집으로 취급한다. 농촌지역에 살고 있는 40명을 선택하였는데, 이들은 평균 3.9명의 친구를 가지고 있다는 사실을 발견하였다고 해보자.

a. 이 연구에서 무엇이 독립변인인가? 이 변인은 명목변인인가, 서열변인인가 아니면 척도변인인가?

b. 이 연구에서 무엇이 종속변인인가? 이 변인은 명목변인인가, 서열변인인가 아니면 척도변인인가?

c. 이 연구에서 영가설은 무엇인가?

d. 이 연구에서 연구가설은 무엇인가?

e. 표본 데이터를 점수분포에 비교하겠는가, 아니면 평균분포에 비교하겠는가? 설명해보라.

f. 기호 표기법과 공식을 사용하여 평균분포의 평균과 표준오차를 계산해보라.

g. 기호 표기법과 공식을 사용하여 이 표본의 z 통계치를 계산해보라.

h. 이 표본의 대략적인 퍼센타일은 얼마인가?

i. 연구자들이 농촌지역 사람들이 전체 전집보다 더 적은 수의 친구를 가지고 있다고 결론 내렸다고 해보자(따라서 영가설을 기각하였다). 만일 연구자들이 틀렸다면, 1종 오류를 범한 것인가, 아니면 2종 오류를 범한 것인가? 설명해보라.

6.57 표준화시험에서의 속임수 : 레빗과 더브너(2009)는 자신들의 저서 괴짜경제학에서 시카고 공립학교 교사들이 속임수를 쓰고 있다는 주장을 기술하고 있다. 어떤 교실은 표준화시험에서 의심스러울 정도로 높은 성과를 나타냈는데, 다음 해에 새로운 교사가 동일한 학생들을 가르쳤을 때는 그 성과가 불가사의할 정도로 하락하기 십상이었다. 조사한 교실의 대략 5%에서 레빗을 비롯한 연구자들은 대부분의 학생들이 시험지의 마지막 부분에 있는 몇 개 질문에 정답을 내놓고 있는 사실을 발견하였는데, 이것은 교사가 어려운 질문들에 대한 대부분 학생들의 답을 수정하였다는 사실을 나타내는 것일 수 있었다. 만일 한 교실의 전체적인 표준화시험 점수가 해가 바뀜에 따라서 놀라운 변화를 보여준다면 그 교실에서 속임수가 있는 것이라고 가정해보자.

a. 연구자들은 이 연구에서 속임수 변인을 어떻게 조작적으로 정의하고 있는가? 이 변인은 명목변인인가, 서열변인인가 아니면 척도변인인가?

b. 연구자들이 속임수를 쓰는 교사를 찾아내기 위하여 어떻게 z 분포를 사용할 수 있는지를 설명해보라.

c. 속임수를 쓰는 교사를 찾아내고자 시도하는 연구자들에게 히스토그램이나 빈도다각형이 어떤 도움을 주겠는가?

d. 만일 연구자들이 교사가 속임수를 쓰고 있다고 잘못 결론 내린다면, 어떤 유형의 오류를 범하고 있는 것인가? 설명해보라.

6.58 책과 영화 중 어느 것이 더 좋은가? : 'FiveThirtyEight'는 정치, 스포츠, 과학과 건강, 경제, 문화 등을 보다 잘 이해

할 수 있도록 통계치를 창의적인 방식으로 사용하는 유명한 블로그이다. 한 기사에서 저자는 *z* 점수를 사용하여 goodreads.com이 내놓은 책 리뷰(5점 척도를 사용한다) 그리고 소설에 바탕을 둔 상위 500개 영화에 대한 imdb.com의 영화 리뷰(101점 척도를 사용한다)를 표준화하였다 (Hickey, 2015).

a. 어느 스토리의 경우에 영화보다 책이 더 좋은지, 아니면 어느 스토리의 경우에 책보다 영화가 더 좋은지를 알아내기 위하여 *z* 점수로의 변환이 필요한 이유를 설명해보라.

b. 이러한 온라인 평가를 사용할 때 나타나는 표집 편향에는 어떤 것이 있는가? (제5장을 참조하라.)

핵심용어

정상곡선(normal curve)

중심극한정리(central limit theorem)

평균분포(distribution of means)

표준오차(standard error)

표준정상분포(standard normal distribution)

표준화(standardization)

z 분포(*z* distribution)

z 점수(*z* score)

공식

$$z = \frac{(X - \mu)}{\sigma}$$

$$X = z(\sigma) + \mu$$

$$\sigma_M = \frac{\sigma}{\sqrt{N}}$$

$$z = \frac{(M - \mu_M)}{\sigma_M}$$

기호

z

μ_M

σ_M

z 검증을 통한 가설검증

z 점수표

원점수, z 점수, 그리고 백분율

z 점수표와 평균분포

가설검증의 가정과 단계

가설검증의 세 가지 가정

가설검증의 여섯 단계

반복연구

z 검증 사례

시작하기에 앞서 여러분은

- 점수분포와 평균분포에서 z 통계치를 계산하는 방법을 이해하고 있어야만 한다(제6장).

- z 분포가 특정한 z 통계치 아래에 놓이는 점수(또는 평균)의 백분율을 결정할 수 있게 해준다는 사실을 이해하고 있어야만 한다(제6장).

실험설계 피셔는 차를 먼저 부은 찻잔과 우유를 먼저 부은 찻잔의 맛을 구분할 수 있다고 주장한 '차를 마시는 여인'에게서 영감을 받았다. 피셔는 자신의 저서 '실험설계'에서 어떻게 통계가 실험설계라는 맥락에서 의미를 가지게 되는지를 입증하였다.

통계학자 로널드 피셔(Ronald A. Fisher)가 뮤리엘 브리스톨 박사에게 차 한 잔을 권하였을 때, 박사가 정중하게 거절하였는데, 이상한 이유 때문이었다. 그녀는 우유를 찻잔에 먼저 부은 차의 맛을 선호하였던 것이다.

피셔는 "말도 안 돼. 아무런 차이도 없는 게 확실해."라고 응답하였다.

윌리엄 로치(William Roach. 두 동료 간의 대화를 목격하였으며, 나중에 브리스톨 박사와 결혼하였다)는 다음과 같이 제안하였다. "그녀를 검증해봅시다." 로치는 어떤 잔에는 차를 먼저 붓고 다른 잔에는 우유를 먼저 부었다. 그렇지만 피셔의 마음에는 사용해야 할 잔의 숫자, 제시순서, 온도나 단맛에서의 우연한 변이를 제어하는 방법 등에 관한 통계적 고려사항들이 휘몰아치고 있었다. 차를 마시는 박사의 사례는 확률을 실험설계와 연계시켰으며, 이제 고전이 된 피셔의 저서 **실험설계**(*The Design of Experiments*)의 제1장을 시작하는 이야기가 되었다(Fisher, 1935/1971).

단지 두 개의 선택지만이 있는 상황에서 브리스톨 박사에게는 우연히 우유를 먼저 부은 찻잔을 선택할 가능성이 50%나 되었다. 그렇다면 그녀의 홍차 감별력을 인정하기 위해서는 우연한 성공 수준인 50%보다 얼마나 높은 정확도가 필요한 것인가? 100% 정확도는 설득력이 있는 것이 명백하지만, 55%도 충분하겠는가? 70%는 어떤가? 95%는 어떤가? 윌리엄 로치가 다음과 같이 말한 것으로 알려져 있다. "브리스톨 박사는 차를 먼저 부은 찻잔을 자신의 능력을 입증하기에 충분한 수 이상으로 정확하게 예측하였다"(Box, 1978, 134쪽). (차를 먼저 부은 찻잔을 정확하게 예측한 그녀의 성공률은 우연 수준인 50%를 상회한 것으로 나타났다.) 그렇지만 어느 누구도 '충분한 수 이상'이 실제로 무엇을 의미하는지를 구체화하지는 않았다. 아무튼 윌리엄 로치는 사랑에 빠졌기 때문에 편향적이었을 것이다. 여기서 중요한 사실은 이러한 일상사건으로부터 얻은 피셔의 위대한 통찰은 어떤 가설을 검증하기 위하여 확률을 사용할 수 있다는 것이다.

z 검증을 가지고 가설검증에 대한 탐험을 시작한다. z 분포와 z 검증이 어떻게 표준화를 통해서 공정한 비교를 가능하게 만들어주는지를 알게 될 것이다. 구체적으로 다음과 같은 내용을 학습하게 된다.

1. z 점수표를 사용하는 방법
2. 가설검증의 기본 단계를 구현하는 방법
3. 단일 표본을 알고 있는 전집과 비교하기 위하여 z 검증을 수행하는 방법

z 점수표

제6장에서 (1) 대략 점수의 68%가 z 값 ±1 사이에 들어가며, (2) 대략 점수의 96%가 z 값 ±2 사이에 들어가고, (3) 거의 모든 점수가 z 값 ±3 사이에 들어간다는 사실을 학습

하였다. 이 지침이 유용하지만, *z* 통계치와 백분율의 표는 더욱 구체적이다. *z* 점수표 전체가 부록 B의 표 B-1에 나와있지만, 편의상 표 7-1에 한 부분을 발췌하여 제시하였다. 이 절에서는 *z* 점수가 정수가 아닐 때 어떻게 *z* 점수표를 사용하여 백분율을 계산하는 것인지를 다룬다.

원점수, *z* 점수, 그리고 백분율

동일한 사람을 단일 이름의 여러 변형, 예컨대 '크리스티나', '크리스티', '티나' 등으로 부를 수 있는 것처럼, *z* 점수도 정상곡선 아래의 동일한 위치를 확인하는 세 가지 상이한 방법, 즉 원점수, *z* 점수, 그리고 퍼센타일 순위의 하나일 뿐이다.

z 점수표는 하나의 점수에 이름을 붙이는 한 가지 방법에서 다른 방법으로 이행할 수 있게 해준다. 더욱 중요한 사실은 *z* 점수표가 상이한 유형의 관찰치를 동일한 척도에서 표준화함으로써 가설을 진술하고 검증하는 방법을 제공한다는 점이다.

예컨대, 다음과 같은 두 단계를 통해서 특정 *z* 통계치와 연합된 백분율을 결정할 수 있다.

단계 1 : 원점수를 *z* 점수로 변환한다.
단계 2 : *z* 점수표에서 해당 *z* 점수를 찾아 평균과 그 *z* 점수 사이에 들어있는 점수들의 백분율을 구한다.

z 점수표에 나와있는 *z* 점수는 모두 양수이지만, 이것은 단지 지면을 절약하기 위한 것이다. 정상곡선은 대칭적이기 때문에, 음수 *z* 점수(평균 이하의 점수)는 양수 *z* 점수(평균 이상의 점수)의 거울상이 된다(그림 7-1).

표 7-1	*z* 점수표에서 발췌

z 점수표는 평균과 주어진 *z* 값 사이에 들어가는 점수들의 백분율을 제공한다. 전체 표는 0.00에서부터 4.50에 이르는 양수 *z* 통계치를 포함하고 있다. 음수 *z* 통계치를 포함시키지 않은 까닭은 양수부호를 음수부호로 바꾸기만 하면 되기 때문이다. 정상곡선은 대칭적이라는 사실을 명심하라. 한쪽 절반은 항상 다른 쪽 절반의 거울상이다. 전체 표를 보려면 부록 B의 표 B-1을 참조하라.

z	평균과 *z* 사이의 %
⋮	⋮
0.97	33.40
0.98	33.65
0.99	33.89
1.00	34.13
1.01	34.38
1.02	34.61
⋮	⋮

표준 z 분포

z 점수표를 사용하여 특정 z 점수 이하
와 이상의 백분율을 결정할 수 있다. 예
컨대, 점수의 34%가 평균과 z 점수 1.0
사이에 들어간다.

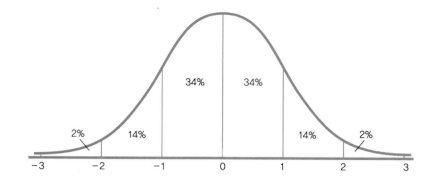

사례 7.1

다음은 z 점수표의 사용방법을 배우는 재미난 방법이다. 한 연구팀(Sandberg et al., 2004)은 신장이 매우 작은 아동은 큰 아동에 비해 심리적 적응에서 열등한 경향이 있기 때문에 성장호르몬으로 치료해야 하는지를 알아보고자 하였다. 연구자들은 연령과 성별에 따른 규준(National Center for Health Statistics, 2000)에 근거하여 15세 소년과 소녀들을 작다(하위 5%), 보통이다(중간 90%), 크다(상위 5%)의 세 집단으로 구분하였다. 15세 소년의 평균 신장은 대략 67.00인치이며 표준편차는 3.19이었다. 15세 소녀의 경우에는 평균 신장이 대략 63.80인치이며 표준편차는 2.66이었다. 여기서는 평균보다 큰 15세 소녀 한 명과 평균보다 작은 소년 한 명을 다룬다.

　　제시카의 신장은 66.41인치이다.

단계 1 : 제6장에서 배운 것처럼, 원점수를 z 점수로 변환한다.	15세 소녀의 평균($\mu = 63.80$)과 표준편차($\sigma = 2.66$)를 사용한다.

$$z = \frac{(X - \mu)}{\sigma} = \frac{(66.41 - 63.80)}{2.66} = 0.98$$

단계 2 : z 점수표에서 0.98을 찾아서 평균과 제시카의 z 점수 사이의 백분율을 확인한다.	일단 그 백분율이 33.65%임을 알게 되면, 그녀의 z 점수와 관련된 여러 값들을 결정할 수 있다.

1. 제시카의 퍼센타일 순위, 즉 그녀의 점수 아래에 해당하는 점수의 백분율 : 평균과 양수 z 점수 사이의 백분율에 50%를 더한다. 이 50%는 평균 이하 점수들의 백분율이다.

제시카의 퍼센타일 : 50 + 33.65 = 83.65

　　그림 7-2는 이 사실을 시각적으로 보여준다. z 점수의 계산을 평가할 때 그러하였던 것처럼, 이 답이 정확한 것일 가능성을 머릿속에서 신속하게 확인해볼 수 있다. 양수 z 점수의 퍼센타일을 계산하는 데 관심이 있는데, 평균 이상이기 때문에 답은 50퍼센타일

보다 높아야 한다는 사실을 알고 있으며 실제 답도 그렇다.

2. 제시카 점수보다 높은 점수들의 백분율 : 평균 이상인 점수들의 백분율인 50%에서 평균과 양수 z 점수 사이의 백분율을 뺀다.

$$50\% - 33.65\% = 16.35\%$$

따라서 15세 소녀 중에서 16.35%가 제시카보다 크다. 그림 7-3은 이 사실을 시각적으로 보여준다. 여기서는 백분율이 50%보다 작다는 사실이 이치에 맞는다. z 점수가 양수이기 때문에 그 z 점수 위에 50% 이상의 값을 가질 수 없다. 더 간단한 방법은 100%에서 제시카의 퍼센타일 순위인 83.65%를 빼는 것이다. 이 방법도 16.35%의 값을 내놓는다. 부록 B의 표 B-1에서 '꼬리' 열을 찾아볼 수도 있다.

3. 양방향 모두에서 최소한 제시카의 z 점수 못지않게 극단적인 점수들의 백분율 : 가설검증을 시작할 때, 주어진 z 점수 못지않게 극단적인 점수의 백분율을 아는 것이 유용하다. 이 사례에서 16.35%가 제시카의 z 점수 0.98보다 큰 z 점수를 가질 만큼 극단적이다. 그렇지만 정상곡선은 대칭적임을 기억하라. 이 사실은 신장의 또 다른 16.35%가 z 점수 −0.98보다 작을 만큼 극단적임을 의미한다. 따라서 제시카의 신

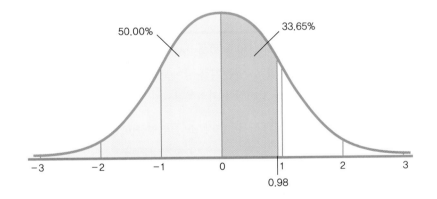

그림 7-2

양수 z 점수의 퍼센타일 계산하기

곡선을 그리는 것은 퍼센타일 순위를 확인하는 데 도움을 준다. z 점수 0.98의 경우에는 평균 이하의 50%를 평균과 z 점수 사이의 33.65에 더한다. 퍼센타일 순위는 83.65%이다.

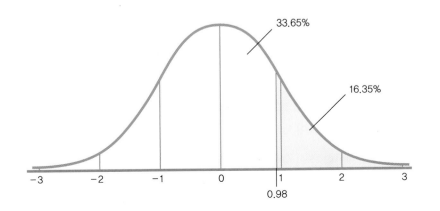

그림 7-3

양수 z 점수 위의 백분율 계산하기

양수 z 점수의 경우에는 50%에서 평균과 그 z 점수 간의 백분율을 빼서 그 z 점수 위의 백분율을 구한다. 50%에서 평균과 z 점수 간의 33.65%를 빼면, 16.35%를 얻게 된다.

그림 7-4

z 점수보다 극단적인 백분율 계산하기
양수 z 점수의 경우에는 그 z 점수 위의 백분율을 두 배로 늘려 그 z 점수가 평균에서부터 떨어져 있는 것 못지않게 극단적인 점수의 백분율을 얻는다. 여기서는 16.35%를 두 배로 늘려 32.70%를 얻는다.

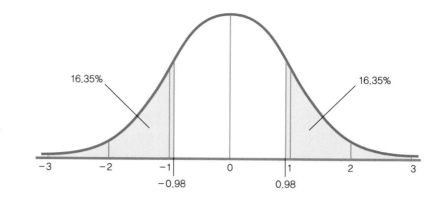

장이 평균에서 떨어져 있는 것보다 더 멀리 떨어져 있는 신장의 전체 백분율을 구하기 위하여 16.35%를 두 배로 증가시킨다.

$$16.35\% + 16.35\% = 32.70\%$$

따라서 신장의 32.70%는 어느 방향으로든 제시카의 신장 못지않게 극단적이다. 그림 7-4는 이 사실을 시각적으로 보여주고 있다.

제시카는 어느 집단에 속하는가? 15세 소녀의 16.35%가 제시카보다 크기 때문에, 상위 5%에 속하지 못한다. 따라서 연구자의 정의에 근거하여 평균 신장으로 분류된다. ●

사례 7.2

이제 평균 이하의 점수에 대해서 이 과정을 되풀이해 보자. 마누엘의 신장은 61.20인치이며, 그를 '작다' 집단으로 분류할 수 있는지를 알아보고자 한다. 소년의 경우에 평균 신장은 67.00인치이며 표준편차는 3.19임을 기억하라.

> **단계 1 : 원점수를 z 점수로 변환한다.**

15세 소년의 평균($\mu = 67.00$)과 표준편차($\sigma = 3.19$)를 사용한다.

$$z = \frac{(X - \mu)}{\sigma} = \frac{(61.20 - 67.00)}{3.19} = -1.82$$

> **단계 2 : 마누엘 신장의 음수 z 점수에 해당하는 퍼센타일, 상위 백분율, 그리고 그 z 점수 못지않게 극단적인 점수의 백분율을 계산한다.**

여기서도 z 점수와 관련된 여러 값들을 결정할 수 있다. 그렇지만 이번에는 부록 B의 표 B-1 전체를 사용할 필요가 있다. z 점수표는 양수 z 점수만을 포함하고 있기 때문에, 1.82를 찾아서 평균과 z 점수 사이의 백분율이 46.56%임을 확인한다. 백분율은 항상 양수이므로 여기에 음수부호를 붙이지 말라!

1. 마누엘의 퍼센타일 순위, 즉 그의 점수 아래에 해당하는 점수의 백분율 : 음수 z 점수의 경우에는 50%에서 평균과 z 점수 사이의 백분율을 뺀다.

마누엘의 퍼센타일 : 50 − 46.56 = 3.44 (그림 7-5)

2. 마누엘 점수보다 높은 점수들의 백분율 : 평균과 음수 z 점수 사이의 백분율을 평균 이상의 백분율인 50%에 더한다.

$$50\% + 46.56\% = 96.56\%$$

따라서 15세 소년 신장의 96.56%가 마누엘의 신장보다 크다(그림 7-6).

3. 양방향 모두에서 최소한 마누엘의 z 점수 못지않게 극단적인 점수들의 백분율 : 이 사례에서 15세 소년의 3.44%가 − 1.82보다 작은 z 점수를 가질 정도로 극단적인 신장을 가지고 있다. 그런데 정상곡선은 대칭적이기 때문에 또 다른 3.44%가 1.82보다 큰 z 점수를 가질 정도로 극단적이다. 따라서 마누엘의 신장이 평균에서 떨어져 있는 것보다 더 멀리 떨어져 있는 신장의 전체 백분율을 구하기 위하여 3.44%를 두 배로 증가시킨다.

$$3.44\% + 3.44\% = 6.88\%$$

따라서 신장의 6.88%는 어느 방향으로든 마누엘의 신장 못지않게 극단적이다(그림 7-7).

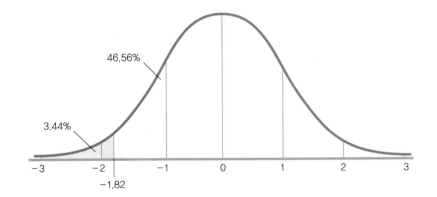

그림 7-5

음수 z 점수의 퍼센타일 계산하기

양수 z 점수와 마찬가지로, 곡선을 그리는 것은 음수 z 점수의 백분율을 결정하는 데 도움을 준다. 음수 z 점수의 경우에는 50%에서 평균과 그 z 점수 간의 백분율을 빼서 그 음수 z 점수 아래의 백분율을 구한다. 여기서는 50%에서 46.56%를 빼서 3.44%를 얻는다.

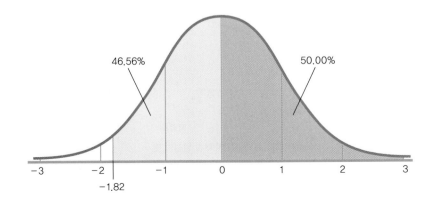

그림 7-6

음수 z 점수 위의 백분율 계산하기

음수 z 점수의 경우에는 평균 위의 50%에 평균과 그 z 점수 사이의 백분율을 더하여 그 z 점수 위의 백분율을 구한다. 여기서는 50%에 평균과 − 1.82인 z 점수 간의 46.56%를 더하여 96.56%를 얻는다.

그림 7-7

z 점수보다 극단적인 백분율 계산하기

음수 z 점수의 경우에는 그 z 점수 아래의 백분율을 두 배로 늘려 그 z 점수가 평균에서부터 떨어져 있는 것만큼 극단적인 점수의 백분율을 얻는다. 여기서는 3.44%를 두 배로 늘려 6.88%를 얻는다.

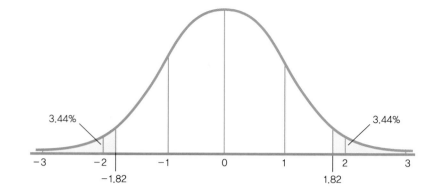

연구자들은 마누엘을 어느 집단으로 분류하겠는가? 마누엘은 3.44퍼센타일 순위를 가지고 있다. 그는 하위 5%에 속하기 때문에 '작다' 집단으로 분류하게 된다. 이제 이 연구를 주도한 물음에 답할 수 있다. 작은 신장이 마누엘을 친구도 적고 사회적 적응에도 열등하기 그지없는 불행한 삶으로 이끌어가는가? 연구자들은 또래 관계와 사회적 적응 등과 같은 여러 가지 측정치에서 세 집단의 평균을 비교하였으나, 집단 간에 평균차이에 대한 증거를 찾아내지 못하였다(Sandberg et al., 2004). ●

사례 7.3

이 사례는 (1) 원점수, z 점수, 퍼센타일 순위 사이를 매끄럽게 이동할 수 있는 방법, 그리고 (2) 정상곡선을 그리는 것이 계산을 훨씬 쉽게 이해할 수 있게 만들어주는 이유를 입증해준다.

온라인 중매 사이트인 OKCupid.com의 창립자 중 한 사람인 크리스티안 러더는 사이트 사용자들의 데이터에 근거한 블로그를 작성하였다. 그림 7-8의 그래프는 OKCupid에 프로파일을 올려놓은 이성애 여성과 남성의 매력도 평정을 보여주고 있다(Rudder,

그림 7-8

이성애자들의 이성에 대한 매력도 평가

이 그래프는 이성에 대한 이성애자들의 평정에 관한 OKCupid.com의 기사에서 제시한 두 가지 데이터를 결합한 것이다(Rudder, 2009). x축은 매력도 5점 척도를 나타낸다. y축은 특정 평정치를 받은 프로파일의 백분율을 나타낸다. 파란색 선분은 여성의 매력도에 대한 남성의 평가를 나타내며, 회색 선분은 남성의 매력도에 대한 여성의 평가를 나타낸다. 대부분의 여성은 남성을 꽤나 매력적이지 않은 것으로 판단한 반면(어떤 남성의 프로파일도 만점인 5점을 받지 못하였다), 여성에 대한 남성의 평가는 정상분포의 패턴을 따르고 있다.

출처 : Rudder(2009, November 17).

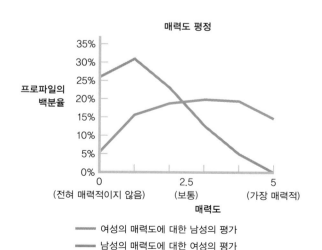

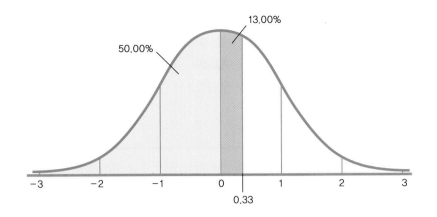

그림 7-9

퍼센타일에서 원점수 계산하기
평균과 *z* 점수 사이의 백분율을 계산하여 퍼센타일을 원점수로 변환하고, *z* 점수표에서 그 백분율을 찾아 해당 *z* 점수를 확인한다. 그런 다음에 공식을 사용하여 *z* 점수를 원점수로 변환한다. 여기서는 *z* 점수표에서 13%를 찾은 다음에 (표에서 가장 근접한 값이 12.93%이다) 0.33의 *z* 점수를 확인한 후, 원점수로 변환한다.

2009). 남성에 대한 여성의 평정분포는 정적으로 편중되어 있음을 볼 수 있다(회색 선). 여성은 남성들을 별로 매력적이라고 생각하지 않는 경향이 있다. 그렇지만 여성에 대한 남성의 평정은 대체로 정상분포를 이루고 있으며(파란색 선), 그렇기 때문에 이 분포에 대한 *z* 점수를 계산할 수 있다. (여성은 남성의 외모를 더 매몰차게 판단하는지 모르겠으나, 러더에 따르면 여성은 남성보다 덜 매력적이라고 간주하는 이성과 만날 가능성이 더 크기 때문에 일종의 상쇄효과를 나타낸다.) 러더는 평균과 표준편차를 제공하지 않았지만, 정상분포에 관하여 알고 있는 것에 근거하여 평균은 2.5이고 표준편차는 0.833이라고 추정할 수 있다. 비에나라는 여성의 평정이 63퍼센타일에 해당한다고 상상해보자. 그녀의 원점수는 얼마인가? 그림 7-9와 같은 정상곡선을 그리는 것으로 시작하라. 그런 다음에 대략 63%의 점수가 들어가는 점에 수직선분을 그린다. 50%의 점수가 평균 아래에 위치하며 63%는 50%보다 크기 때문에, 이 점수는 평균 오른쪽에 위치한다.

그림을 지침으로 사용할 때, 평균과 원점수를 구하는 데 필요한 *z* 점수 간의 백분율을 계산해야 한다는 사실을 알게 된다. 따라서 비에나의 평정치 63%에서 평균 아래의 50%를 뺀다.

$$63\% - 50\% = 13\%$$

z 점수표에서 13%에 가장 가까운 백분율(12.93%)을 찾아서 이 백분율에 해당하는 *z* 점수 0.33을 확인한다. 이 값은 평균보다 위에 있기 때문에 음수부호를 붙이지 않는다. 그런 다음에 제6장에서 학습한 공식을 사용하여 *z* 점수를 원점수로 변환한다.

$$X = z(\sigma) + \mu = 0.33(0.833) + 2.5 = 2.7749$$

프로파일 평정치가 63퍼센타일에 해당하는 비에나는 2.77의 원점수를 갖는다. 다시 한번 확인하라. 이 점수는 평균 2.5보다 크며, 백분율도 50% 이상이다. ●

z 점수표와 평균분포

한 집단 내의 개별 *z* 점수로부터 집단의 *z* 통계치로 주의를 돌려보자. 계산에 두 가지 변화가 존재한다. 첫째, 이제 개별 점수를 연구하는 것이 아니라 많은 점수의 표본을 연구하고 있기 때문에 개별 점수가 아니라 평균을 사용한다. 다행히도 많은 사례에서 계산한 평균들의 분포에서 백분율과 z 통계치를 결정하는 데도 z 점수표를 사용할 수 있다. 또 다른 변화는 z 통계치를 계산하기에 앞서 평균분포에서의 평균과 표준오차를 계산할 필요가 있다는 점이다.

사례 7.4

이제 한 사람의 평정치를 들여다보는 대신에 한 집단의 평균 평정치에 관심이 있다고 상상해보자. 여러분은 OKCupid.com에 등록한 같은 대학에 다니는 여학생들을 그 사이트에 등록한 모든 여성 전집에 비견할 수 있는지 궁금할지 모르겠다. 여러분은 OKCupid사를 어렵사리 설득하여 30명 여학생의 프로파일 평정치를 구한다. 이 30명의 평균 평정치가 2.84라고 상상해보라. z 통계치를 계산하기에 앞서, 이 평균분포의 평균과 표준오차를 나타내는 적절한 기호 표기법을 사용하도록 하자.

$$\mu_M = \mu = 2.5$$

$$\sigma_M = \frac{\sigma}{\sqrt{N}} = \frac{0.833}{\sqrt{30}} = 0.152$$

이제 앞에서 학습한 두 단계를 사용하여 백분율을 계산하는 데 필요한 모든 정보를 가지고 있다.

| 단계 1 : 방금 계산한 평균과 표준오차를 사용하여 z 통계치로 변환한다. | $z = \frac{(M - \mu_M)}{\sigma_M} = \frac{(2.84 - 2.50)}{0.152} = 2.237$ |

| 단계 2 : 이 z 통계치 이하의 백분율을 계산한다. |

그려라! z 분포의 평균인 0과 2.24로 반올림한 이 z 통계치를 포함하는 정상곡선을 그려라(그림 7-10). 그런 다음에 관심 영역, 즉 2.24 아래의 영역을 음영으로 표시하라. 이제 평균과 z 통계치 2.24 사이의 백분율을 찾아본다. z 점수표는 이 백분율이 48.75임을 나타내며, 그 값을 평균과 2.24 사이의 영역에 적어놓는다. 평균 이하의 절반에는

그림 7-10

표본 평균의 퍼센타일

표본점수들뿐만 아니라 표본 평균을 가지고도 z 점수표를 사용할 수 있다. 유일한 차이는 점수분포가 아니라 평균분포의 평균과 표준오차를 사용한다는 점이다. 여기서는 2.24의 z 점수가 평균과 z 점수 사이의 48.75%와 연관되어 있다. 평균 아래의 50%를 더하면, 50 + 48.75 = 98.75퍼센타일이 된다.

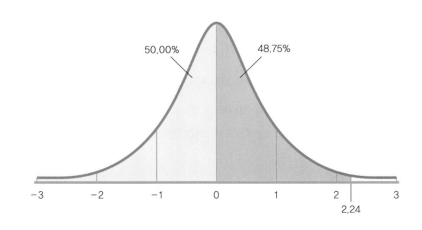

50%를 적는다. 48.75%를 평균 아래의 50%에 더하여 퍼센타일 순위 98.75%를 얻는다. (100%에서 이 값을 빼보자. 만일 평균들이 이 전집에서 나온 것이라면, 평균의 1.25%만이 전집 평균보다 크게 된다.) 이 백분율에 근거할 때, 여학생 표본의 평균 평정치는 상당히 높다. 그렇지만 가설검증을 수행하기 전까지는 아직 여학생들이 전집 평균 2.5와 비교해서 유의하게 더 매력적이라고 평가받는지에 대한 결론에 도달할 수 없다. ●

다음 절에서는 (1) 가설검증을 실시할 때의 가정, (2) z 분포를 사용한 가설검증의 여섯 단계, 그리고 (3) 영가설을 기각할 것인지 아니면 기각에 실패할 것인지를 다룬다. 마지막 절에서는 z 검증의 실제 사례를 보여준다.

학습내용 확인하기

개념의 개관

> 원점수, z 점수, 그리고 퍼센타일 순위는 정상분포에서 동일한 점수를 기술하는 세 가지 방법이다.

> 만일 전집의 평균과 표준편차를 알고 있다면, 원점수를 z 점수로 변환한 다음에 z 점수표를 사용하여 그 z 점수 아래나 위의 백분율 또는 z 점수 못지않게 극단적인 점수의 백분율 등을 결정할 수 있다.

> z 점수표를 역순으로도 사용할 수 있다. 즉, 백분율을 z 점수로 변환하고 다시 원점수로 변환할 수 있다.

> 동일한 변환을 하나의 점수 대신에 표본 평균을 대상으로 수행할 수 있다. 절차는 동일하지만, 점수분포 대신에 평균분포의 평균과 표준오차를 사용한다.

개념의 숙달

7-1 z 점수표를 사용하려면 전집에 관한 어떤 정보를 알 필요가 있는가?

7-2 z 점수는 원점수와 퍼센타일 순위와 어떻게 관련되는가?

통계치의 계산

7-3 z 점수 1.37과 평균 사이 점수들의 백분율이 41.47%라면, -1.37과 평균 사이에는 몇 퍼센트의 점수들이 존재하는가?

7-4 만일 평균과 z 점수 0.33 사이에 12.93%의 점수가 존재한다면, 이 z 점수 아래에는 몇 퍼센트의 점수가 존재하게 되는가?

개념의 적용

7-5 매년 ETS(교육평가위원회)는 심리학 전공 졸업생에게 MFTP(심리학 주요 분야 시험)를 실시한다. 베일러대학교는 자기 대학 졸업생이 전국 평균과 비교하여 어느 정도 수준인지가 궁금하였다. 웹사이트에는 이 시험을 치른 18,073명의 미국 대학생의 평균과 표준편차가 각각 156.8과 14.6이라는 사실이 들어있다. 베일러대학교 심리학 및 신경과학과 소속 36명의 학생이 이 시험을 치렀는데, 평균 164.6점을 받았다.

a. 베일러대학교 학생 표본의 퍼센타일 순위는 얼마인가? 기호 표기법을 사용하고 여러분의 계산을 상술하라.

b. 이만한 크기의 표본들 중에서 몇 퍼센트가 평균적으로 베일러 학생들보다 더 높은 점수를 나타내는가?

c. 전국의 학생들과 비교할 때 베일러 학생들이 어느 정도인지에 관하여 무슨 말을 할 수 있겠는가?

학습내용 확인하기의 답은 부록 D에서 찾아볼 수 있다.

가설검증의 가정과 단계

홍차 맛을 구분하는 브리스톨 박사의 이야기는 비공식적인 실험이었다. 가설검증의 공식적인 과정은 데이터에 관한 특정한 가정에 근거한다. 때로는 이러한 가정을 위반한 채 공식적인 가설검증의 여섯 단계를 진행하여도 안전할 수 있지만, 그러한 결정을 내리기에 앞서 그 가정들을 이해하는 것이 필수적이다.

가설검증의 세 가지 가정

'통계적 가정'을 가설검증의 이상적인 조건이라고 생각하라. 보다 공식적으로 표현하면, **가정**(assumption)은 정확한 추론을 위하여 표본을 표집하는 전집에게 요구하는 이상적인 특성이다. 만일 통계치가 알려주는 이야기를 믿을 수 없다면 그 통계치를 이해하고 계산하는 데 그토록 노력을 경주할 필요가 어디 있겠는가?

 z 검증의 가정은 다른 여러 가지 가설검증에도 적용되는데, 특히 **모수적 검증**(parametric test)에서 그렇다. 모수적 검증이란 전집에 관한 일련의 가정에 근거한 추론통계 분석이다. 반면에 **비모수적 검증**(nonparametric test)은 전집에 관한 일련의 가정에 근거하지 않는 추론통계 분석이다. 모수적 검증을 위한 세 가지 핵심 가정의 이해는 특정한 데이터 집합에 적절한 통계검증을 선택하는 데 도움을 준다.

가정 1 : 척도변인 측정치를 사용하여 종속변인을 평가한다. 만일 종속변인이 명목변인이거나 서열변인인 것이 확실하다면, 가정 1을 만족시킬 수 없기 때문에 모수적 검증을 사용해서는 안 된다.

가정 2 : 참가자들을 무선적으로 선정한다. 전집의 모든 구성원이 연구를 위해 선정될 동일한 기회를 가져야만 한다. 이 가정은 위반하기 십상이다. 참가자들이 편의표본을 구성할 가능성이 더 높다. 가정 2를 위배한다면 표본에서부터 전집으로 일반화할 때 조심해야 한다.

가정 3 : 전집의 분포는 정상분포에 근접해야 한다. 많은 분포가 정상분포에 근접하지만, 이러한 지침에는 예외가 있다는 사실을 기억하는 것이 중요하다(Micceri, 1989). 가설검증은 개별 점수가 아니라 표본 평균을 다루기 때문에, 표본크기가 최소 30에 달하는 한에 있어서는 가정 3을 충족시킬 가능성이 높다. (중심극한정리에 관한 논의를 회상해보라.)

몇몇 가정을 충족하지 못하는 경우조차도 많은 모수적 검증은 실행 가능하며(표 7-2), 이러한 가정의 위배를 극복할 정도로 강건하다. **강건한**(robust) 가설검증이란 전집이 몇몇 가정을 충족시키지 못한다는 사실을 데이터가 시사하는 경우조차도 꽤나 정확한 결과를 내놓는 검증이다.

이러한 세 가지 통계적 가정은 이상적인 조건을 나타내며 타당한 연구를 내놓을 가능성을 높인다. 가정을 충족하는 것이 연구의 질을 높여주

가정은 정확한 추론을 위하여 표본을 표집하는 전집에게 요구하는 이상적인 특성이다.

모수적 검증은 전집에 관한 일련의 가정에 근거한 추론통계 분석이다.

비모수적 검증은 전집에 관한 일련의 가정에 근거하지 않는 추론통계 분석이다.

강건한 가설검증은 전집이 몇몇 가정을 충족시키지 못한다는 사실을 데이터가 시사하는 경우조차도 꽤나 정확한 결과를 내놓는 검증이다.

개념 숙달하기

7-2 : 모수적 통계치를 계산할 때, 이상적으로는 전집 분포에 관한 가정들을 만족해야 한다. z 검증에는 다음과 같은 세 가지 가정이 있다. 종속변인은 척도변인 측정치이어야 하며, 표본을 무선선택해야 하고, 전집은 정상분포에 근접해야 한다.

표 7-2	가설검증의 세 가지 가정

여러분은 선택한 가설검증의 가정들을 깨닫고 있어야 하며, 데이터가 모든 가정을 충족시키지 못할 때 그 검증을 실행하는 데 있어서 신중을 기해야만 한다. 이러한 세 가지 가정에 덧붙여서, *z* 검증을 포함한 많은 가설검증에서는 독립변인도 정상분포를 이루어야만 한다는 사실에 주목하라.

세 가지 가정	가정의 위배
1. 종속변인은 척도변인 측정치로 평가한다.	명목변인이나 서열변인이 아니면 문제가 없다.
2. 참가자를 무선선택한다.	일반화에 신중을 기하면 문제가 없다.
3. 전집은 정상분포에 근접한다.	표본크기가 최소한 30이면 문제가 없다.

지만, 가정을 충족시키지 못하는 것이 반드시 연구를 무효화하지는 않는다.

가설검증의 여섯 단계

가설검증은 다음과 같은 여섯 가지 표준 단계로 분할할 수 있다.

단계 1 : 전집, 비교분포, 그리고 가정을 확인한다.

가설검증을 시작할 때는 표본을 비교할 분포를 결정하기 위하여 데이터의 특성을 고려하게 된다. 우선 비교할 집단들을 대표하는 전집을 천명한 다음에, 비교할 분포(예컨대, 평균분포)를 확인한다. 마지막으로 가설검증의 가정을 확인한다. 이 단계에서 수집하는 정보는 적절한 가설검증법을 선택하는 데 도움을 준다. (부록 E의 그림 E-1은 적절한 검증법을 선택하는 간편 지침을 제공해준다.)

단계 2 : 영가설과 연구가설을 진술한다.

가설은 전집에 관한 것이지 표본에 관한 것이 아니다. 일반적으로 영가설은 집단 간에 변화 없음이나 차이 없음을 상정하는 '재미없는' 가설이다. 연구가설은 처치나 개입이 변화나 차이를 초래함을 상정하는 '흥미진진한' 가설이다. 예컨대, 특정 유형의 심리치료가 불안을 감소시킬 것이라는 가설이다. 영가설과 연구가설을 언어표현과 기호 표기법 모두의 방법으로 진술하라.

단계 3 : 비교분포의 특성을 결정한다.

비교분포(영가설에 근거한 분포)의 적절한 특성을 진술하라. 뒤따르는 단계에서 표본 데이터(또는 표본들)를 비교분포와 비교하여 표본 데이터가 얼마나 극단적인지를 결정하게 된다. *z* 검증의 경우에, 비교분포의 평균과 표준오차를 결정하게 된다. 이 값들은 영가설이 나타내는 분포를 기술하며, 검증통계치를 계산할 때 사용하게 된다.

단계 4 : 임곗값 또는 컷오프값을 결정한다.

비교분포의 임곗값 또는 컷오프값은 영가설을 기각하려면 *z* 통계치에서 데이터가 얼마나 극단적이어야 하는지를 나타낸다. 간단하게 컷오프라고도 부르는 이 값을 공식적으로는 **임곗값**(critical value)이라고 부르며, 영가설을 기각하기 위해서 넘어서야 하는 검증

임곗값은 영가설을 기각하기 위해서 넘어서야 하는 검증통계치이며, 컷오프(cutoff)라고도 부른다.

통계치이다. 대부분의 경우에, 두 개의 임곗값을 결정하게 되는데, 하나는 평균 이하의 극단적인 표본의 임곗값이며, 다른 하나는 평균 이상의 극단적인 표본의 임곗값이다.

임곗값은 다소 임의적인 기준에 근거한다. 즉, 비교분포에서 양방향으로 2.5%씩으로 가장 극단적인 5%를 기준으로 잡는다. 때로는 임곗값이 10%와 같이 덜 보수적인 백분율에 근거하거나 1%와 같이 훨씬 더 보수적인 백분율에 근거하기도 한다. 어떤 임곗값을 선택하든지 간에, 그 임곗값을 넘어선 영역을 흔히 임계영역이라고 부른다. 구체적으로 **임계영역**(critical region)은 비교분포에서 영가설을 기각할 수 있는 꼬리 부분의 영역이다. 전형적으로는 이러한 백분율을 확률로 나타낸다. 즉, 5%는 0.05로 나타낸다. 가설검증에서 임곗값을 결정하는 데 사용하는 확률이 **알파수준**(alpha level)이다. (때로는 *p* 수준이라고 부른다.)

단계 5 : 검증통계치를 계산한다.

단계 3에서 얻은 정보를 사용하여 검증통계치를 계산한다. 이 경우에는 z 통계치이다. 그렇게 하면 표본이 영가설의 기각을 보장할 만큼 극단적인지를 결정하기 위하여 검증통계치를 임곗값과 직접 비교할 수 있다.

단계 6 : 결정을 내린다.

이제 통계 증거를 사용하여 영가설을 기각할 것인지 아니면 기각하는 데 실패할 것인지를 결정할 수 있다. 가용한 증거에 근거하여 검증통계치가 임곗값을 넘어서기에 영가설을 기각하거나, 검증통계치가 임곗값을 넘어서지 못하기에 영가설을 기각하는 데 실패하게 된다.

가설검증의 이러한 여섯 단계를 표 7-3에 요약하였다.

용어 사용에 주의하라! 영가설을 기각할 때는 흔히 결과가 '통계적으로 유의하다'고 지칭한다. 실질적인 차이가 없을 때 우연히 기대할 수 있는 것과 차이를 보이는 결과는 **통계적으로 유의하다**(statistically significant). 유의성(significance)이라는 단어는 매우 특별한 의미를 가지고 있는 또 다른 통계학 용어이다. 통계적으로 유의하다는 표현이 반드시 결과가 중요하다거나 의미심장하다는 것을 나타내는 것은 아니다. 평균 간의 작은 차이도 통계적으로 유의할 수 있지만, 실질적으로 의미심장하거나 중요한 것이 아닐 수 있다.

반복연구

제5장에서 반복연구의 개념을 소개하였다. 이제 가설검증을 소개하였기에, 심리과학에서 반복연구의 이점과 도전거리를 보다 상세하게 탐구해보자. 심리학자 에드 디너와 로버트 디너-비스워스는 흥미로운 사고 실험을 구상하고 있다. 이들은 여러분에게 차를 몰고 학교에 가는 도중에 길가에서 해적 한 명을 본다고 상상하도록 요구한다. 그렇다, 해적 말이다. 여러분은 그 사람이 진짜 해적인지 아니면 그저 이상한 모자와 파도무늬 셔츠를 입은 사람인지가 궁금할지 모른다. 그런데 연구자가 여러분에게 계속해서 차를

표 7-3	가설검증의 여섯 단계

각 유형의 가설검증에서도 동일한 여섯 가지 기본 단계를 사용한다.

1. 전집, 비교분포, 가정을 확인한 후에 적절한 가설검증법을 선택한다.
2. 언어표현과 기호 표기법 모두의 방식으로 영가설과 연구가설을 진술한다.
3. 비교분포의 특성을 결정한다.
4. 영가설을 기각할 지점을 나타내는 임곗값을 결정한다.
5. 검증통계치를 계산한다.
6. 영가설을 기각할지 아니면 기각하는 데 실패할지를 결정한다.

몰면서 또 다른 해적을 본다고 상상하도록 요구한다. 그런데 조금 가다 보니 또 다른 해적이 있다. 어느 시점이 되면 여러분은 자신의 눈을 믿기 시작하고는 학교 근처에 그토록 많은 해적이 있는 이유가 궁금해질 것이라고 연구자는 추측하고 있다. 아마도 "해적이 주제인 컨퍼런스가 열렸나?" 하고 말이다.

디너와 디너-비스워스는 이것이 어리석기 짝이 없는 사고 실험이지만 반복연구의 한 가지 사례임을 인정한다. 즉, 특정한 관찰이 참이라는 확신을 제공하는 반복연구 말이다. 반복연구가 중요한 까닭은 무엇인가? 상이한 표본을 대상으로 동일한 연구를 수행하여 매번 동일한 결과를 얻는다면, 그 결과가 정확한 것일 가능성이 더 크다. 나중에 수행한 연구가 첫 번째 연구의 반복이다. 따라서 만일 여러분이 해적을 여러 차례 보았다고 생각한다면, 실제로 해적(아니면 최소한 해적처럼 옷을 입은 사람)을 보고 있었을 가능성이 높아진다.

문제는 역사적으로 사회과학자들이 다른 과학자의 결과를 반복해보고자 시도하는 경우가 극히 드물었다는 점이다. 대학이나 연구소에 근무하는 과학자들이 직업을 유지하려면 연구결과를 전문저널에 발표할 필요가 있다. 그런데 저널은 새로운 연구만을 발표하는 경향이 있기 때문에, 다른 사람의 연구를 반복하는 데는 별다른 인센티브가 존재하지 않는다. 새로운 발견을 강조하는 경향은 대중매체에서도 보이는데, 뉴스에는 어떤 연구의 반복보다는 단일 연구에 근거하기 십상인 놀랍거나 이례적인 결과가 등장할 가능성이 더 높기 때문이다. 한 연구자는 이것을 '실천보다 말만 앞세우기'라고 부른다(Levenson, 2017, 675쪽).

그렇지만 이러한 경향이 바뀌기 시작하였다. 점차적으로 '크라우드소싱'(다수가 참여하여 해결책을 찾는 방법) 과학에 대한 압력이 증가하고 있다(Baranski, 2015). 과학의 크라우드소싱은 다양한 대학이나 국가에서 참가자를 모집하는 다수의 연구자를 수반할 수 있다. 그렇지만 보다 중요한 사실은 크라우드소싱이 온라인에서 방법론과 데이터를 공유하는 연구자들을 수반할 수 있다는 점이겠다. 이 방법은 한 연구의 결론에 기여할 수 있는 다양한 견해와 통계분석을 가능하게 해준다(Silberzahn & Uhlmann, 2015; Gilmore, Kennedy, & Adolph, 2018). 또한 이 방법은 다른 과학자들로 하여금 소셜미디어를 통해 연구의 장(場)으로 뛰어들어서 결과에 의문을 제기하고 자신들의 의문점을 공유하도록 이끌어갈 수도 있다. 한 기자는 대단한 (과학) 논문에 대해 놀라우리만치 높은

해적 반복하기 만일 여러분이 빠른 속도로 운전하면서 이 사나이를 스쳐 지나간다면, 실제로 해적을 보았는지 의심하게 된다. 그렇지만 이 사나이를 스쳐 지나간 다음에 계속해서 또 다른 해적들을 지나치게 된다면, 여러분의 눈을 믿기 시작할 가능성이 높다. 가설검증을 수행할 때 어떤 결과를 계속해서 반복하는 것은 이것이 사실이라는 확신을 더 많이 제공해준다.

수준의 비판이 트위터에서 매주 벌어지고 있으며 때로는 그 논문의 저자로 하여금 수정 내용을 내놓도록 이끌어간다는 사실을 보도하였다(White, 2014).

연구에서 이러한 크라우드소싱 운동을 가리키는 이름이 '오픈 사이언스(open science, 개방과학)'이다. 구글에서 그 용어를 탐색해보면, 다양한 과학 분야와 전 세계에 걸친 프로젝트의 수많은 사례를 찾아볼 수 있다. 예컨대, 한 가지 크라우드소싱 사례가 특히 흥미진진한 까닭은 학부생들에게 새로운 기회를 제공하기 때문이다. 심리학의 세계적인 우등생 모임인 'Psi Chi'는 잘 알려진 실험의 재현가능성을 검증하기 위하여 OSC(Open Science Collaboration)와 협력해왔다. 교수와 대학원생 모두가 재현가능성 프로젝트에서 멘토로 활동할 수 있다. 재현가능성 프로젝트를 중요한 연구의 작은 부분들을 크라우드소싱하는 방법으로 생각하라. 여러분이 무엇인가 거창한 작업에서 작은 부분을 담당하게 되는 것이다(Yong, 2012).

오픈 사이언스가 작동함에 따라서, 많은 심리학 연구가 다른 연구자들에 의해서 반복되지 않았다는 사실을 발견하고 있으며, 이 사실은 보다 많은 반복연구의 필요성을 집중 조명하고 있다. 최고의 저널인 사이언스(*Science*)에 게재되어 널리 알려진 한 연구에서 보면, 전 세계의 100개가 넘는 연구기관에 속한 100명 이상의 연구자들은 최상위 저널에 발표된 중요한 연구들의 표본에서 오직 36%만이 반복되었다는 사실을 찾아냈다. 나머지 64%의 연구는 반복되지 않았다(Open Science Collaboration, 2015). 혹자는 반복 실패는 원래의 결과가 1종 오류, 즉 영가설을 잘못 기각하였다는 사실을 나타내는 것이라고 믿는다. 예컨대, 많이 논의되는 한 연구는 청결과 도덕성 간의 연계를 찾아냈다(Schnall, Benton, & Harvey, 2008). 구체적으로 보면, 혐오 정서를 경험한 후에 손을 씻은 참가자가 손을 씻지 않은 참가자보다 덜 도덕적인 판단을 내렸다. 다른 연구자들은 이 연구를 반복하는 데 실패하였다(Johnson, Cheung, & Donnellan, 2014a).

그렇지만 사이언스에 게재된 연구가 정말로 대규모 반복 실패의 증거인지에 관해서는 아직 결론이 나지 않았다. 청결과 도덕성 연구의 경우에, 제1저자인 심리학자 시몬 슈낼은 그녀의 연구를 반복하는 데 실패한 연구에 대한 비판을 발표하였으며, 반복연구를 시도하였던 연구자들은 다시 그녀의 비판에 응수하였다(Bartlett, 2014; Johnson, Cheung, & Donnellan, 2014b; Schnall, 2014).

대니얼 길버트와 동료들은 그 사이언스 연구의 전체 데이터를 대대적으로 재분석하였다(Gilbert et al., 2016). 이들은 상이한 통계기법을 사용하여 '상반된 결론'에 도달하였다. 즉, 심리학 연구에 대한 상당히 높은 수준의 반복이 이루어졌다는 결론이다. 그렇지만 이 결론도 논쟁을 종료시키지는 못하였다. 원래 연구에 참여하였던 몇몇 연구자는 길버트와 동료들의 결론은 '지극히 낙관적인 평가'라고 반박하는 글을 썼으며 스스로 길버트와 동료들의 통계방법과는 다른 방법들을 개관하였다(Anderson et al., 2016). 구체적으로는 이러한 연구결과 그리고 보편적으로는 반복연구 노력에 관한 공개적 논쟁은 과학을 보다 투명하게 만드는 데 도움이 된다.

그러면 몇몇 연구들이 실제로 반복에 실패하였다고 해보자. 혹자는 그러한 결과가 심리과학 자체의 실패를 의미한다고 생각할 수도 있겠지만, OSC의 여러 연구자들을 포함하여 많은 심리학자는 이러한 견해를 결코 받아들이지 않는다(Samarrai, 2015). 심리학자 리사 펠드먼 배럿은 뉴욕타임스에 심리과학에 관한 기사를 기고하면서 이러한 견해를 다음과 같이 요약하였다. "반복 실패는 버그가 아니라 하나의 자질이다. 반복 실패는 과학적 발견의 멋들어지게 굴곡진 행로를 따라가도록 만들어준다"(2015). 그녀는 어떤 경우에는 반복연구가 몇몇 방법에서 차이가 있을 수 있으며, 그러한 차이가 결과에 영향을 미치는 방식은 과학자들이 어떤 결과가 발생하는 정확한 맥락을 이해하는 데 도움을 줄 수 있음을 지적하였다.

예컨대, 배럿은 쥐가 전기쇼크와 짝 지어졌던 소리에 얼어붙지만 특정한 상황에서만 그렇게 얼어붙었던 연구의 사례를 사용한다. 한 연구에서는 쥐가 얼어붙기보다는 달아났다. 환경이 쥐가 얼어붙는지 아니면 달아나는지에 영향을 미치는데, 이 사례에서는 쥐가 있던 케이지의 배열이었다. 애초에 반복 실패처럼 보였던 것이 실제로는 쥐의 공포를 보다 잘 이해하는 방향으로의 진전이었던 것이다.

반복연구 노력에 대한 배럿의 포용과 관련하여, 몇몇 과학자는 경쟁적인 가설을 검증할 뿐만 아니라 어떤 결과를 검증하였던 맥락을 확장하기 위하여 지나치게 엄격하지 않은 반복연구를 요구하고 있다(Larzelere, Cox, & Swindle, 2015). 다른 과학자들은 새로운 참가자 표본뿐만 아니라 새로운 실험자극 표본도 포함하는 반복연구의 필요성을 강조한다(Westfall, Judd, & Kenny, 2015). 대부분의 사회과학자는 더 많은 반복연구를 지향하는 운동을 지지하지만, 소수의 연구자들은 너무 지나치다고 생각한다(Hamlin, 2017). 반복연구 운동에 반대하는 과학자들은 이 운동을 '리플리게이트(repligate. replicate와 Watergate의 합성어)'라고 부르며, 반복연구자를 과학의 '깡패'라고 부른다(Bartlett, 2014). 그렇지만 대부분의 사회과학자는 반복연구가 결과를 재생하든, 1종 오류를 찾아내든, 아니면 결과가 참인 것처럼 보이는 상황과 그렇지 않은 상황을 분리해내는 데 도움을 주든, 반복연구는 좋은 것이라는 데 동의하고 있다(Carey, 2015; Levenson, 2017). 그리고 특히 어떤 결과가 새롭고 예상하지 못한 것일 때 반복연구는 정당성을 부여받는다.

마지막으로 디너와 디너-비스워스의 다음과 같은 진술을 제시한다. "이례적인 아이디어를 지지하는 증거가 있다면, 우리는 그 아이디어를 기꺼이 고찰한다. 우리는 개방적인 마음을 가지고 있다. 동시에 비판적이며, 반복연구를 신뢰한다. 과학자는 이례적이거나 위험한 가설을 기꺼이 고찰해야 하지만, 궁극적으로는 사람들의 견해가 아니라 좋은 증거가 마지막 답변을 하도록 해야만 한다"(5쪽). 이 진술에 동의하는 바이다.

학습내용 확인하기

개념의 개관

> 가설검증을 실시할 때는 그 검증의 가정을 고려해야 한다.

> 모수적 통계치는 전집분포에 관한 가정에 근거한 통계치이다. 비모수적 통계치는 그러한 가정을 하지 않는다. 모수적 통계치는 가정의 위배에 강건함을 나타내기 십상이다.

> z 검증의 세 가정은 종속변인이 척도변인 측정치에 근거하며, 표본을 무선선택하고, 전집분포는 정상분포에 근접한다는 것이다.

> 가설검증에는 여섯 가지 표준 단계가 있다. 첫째, 전집, 비교분포, 그리고 가정을 확인하는 단계인데, 적절한 가설검증법을 선택하는 데 도움을 준다. 둘째, 영가설과 연구가설을 진술한다. 셋째, 비교분포의 특성을 결정한다. 넷째, 비교분포의 임곗값을 결정한다. 다섯째, 검증통계치를 계산한다. 여섯째, 영가설을 기각할지 아니면 기각에 실패할지를 결정한다.

> 통계학자의 표준적인 관례는 영가설에 근거할 때 특정 점수들을 얻을 가능성이 5%보다도 작아서 통계적으로 유의하게 영가설 기각을 보장하는지 따져보는 것이다. 5% 이상으로 자주 발생하는 데이터는 이러한 결정을 지지하지 않기 때문에, 영가설을 기각하는 데 실패하게 된다.

> 심리학 분야에는 중요한 연구를 반복해보아야 한다는 압력이 증가하고 있다.

개념의 숙달

7-6 대부분의 모수적 가설검증에 적용되는 세 가지 가정을 설명하라.

7-7 임곗값은 가설에 관한 결정을 내리는 데 어떤 도움을 주는가?

통계치의 계산

7-8 만일 어떤 연구자가 임계영역을 항상 분포의 8%로 설정하며 영가설이 참이라면, 그 연구자는 얼마나 자주 영가설을 기각하겠는가?

7-9 다음 각 백분율을 확률 또는 알파수준으로 표현해보라.

  a. 15%

  b. 3%

  c. 5.5%

개념의 적용

7-10 다음 각 시나리오가 모수적 가설검증의 세 가지 기본 가정 각각을 충족하는지 진술하고 여러분의 답을 해명해보라.

  a. 연구자들은 노련한 임상심리학자와 임상심리학 전공 대학원생을 대상으로 1시간 상담에 근거하여 내담자를 진단하는 능력을 비교하였다. 2개월에 걸쳐 심리학자와 대학원생은 여러 기준에 근거하여 이미 진단을 받은 모든 외래환자를 지역 정신건강센터에서 상담하였다. 각 진단에 대해서 심리학자와 대학원생은 정답과 오답을 피드백받았다.

  b. 행동과학자들은 우리에 갇혀 성장하는 동물이 인간과의 접촉이 적을수록 더 건강한지를 알아보고자 하였다. 북미의 동물원에 살고 있는 대형 고양잇과 동물(예컨대, 사자, 호랑이 등) 중에서 20마리를 무선선택하였다. 절반은 인간과의 상호작용에서 변화가 없는 통제집단에, 나머지 절반은 사육사가 동물이 없을 때만 우리에 들어가며 동물이 관람객을 볼 수 없도록 일방거울을 사용하는 등의 실험집단에 할당하였다. 동물들은 1년에 걸쳐 건강점수를 받았다. 다양한 질병에 점수를 부여하였는데, 극소수의 병든 동물이 지극히 높은 점수를 받았다.

학습내용 확인하기의 답은 부록 D에서 찾아볼 수 있다.

z 검증 사례

홍차를 감별하는 박사의 이야기는 통계학자에게 인간 행동의 많은 미스터리를 이해하는 한 가지 방법으로 가설검증을 사용하도록 영감을 제공하였다. 이 절에서는 여섯 단계를 포함하여 가설검증에 관하여 학습한 것을 *z* 검증의 특정 사례에 적용해본다. (*z* 검증의 논리는 모든 통계검증을 이해하는 관문이다. 그렇지만 실제로는 *z* 검증을 거의 사용하지 않는다. 연구자들이 단 하나의 표본을 사용하며 전집의 평균과 표준편차를 모두 알고 있는 경우는 거의 없기 때문이다.)

뉴욕시는 식당 체인점들이 모든 메뉴에 칼로리양을 게시하도록 요구한 최초의 미국 도시이었다. 새로운 법을 실행한 직후에, 그 법의 효과를 검증해보기로 결정하였다 (Bollinger, Leslie, & Sorensen, 2010). 1년이 넘게 여러 도시에 있는 스타벅스 커피숍의 모든 거래 데이터를 수집하였다. 칼로리를 게시하지 않은 스타벅스에서 소비자가 구매한 제품 전집의 평균이 247칼로리임을 확인하였다. 소비자 구매에서 범위가 0에서부터 1,208칼로리라는 사실에 근거하여 표준편차는 대략 201칼로리라고 추정하며, 이 사례에서는 그 값을 전집의 표준편차로 사용한다.

Cold Beverages (Tall—12 fl oz)	
Tazo® Shaken Iced Passion® Tea (Unsweetened)	0 cal
Iced Brewed Coffee (with Classic Syrup)	60 cal
Iced Skinny Latte	60 cal
Caramel Frappuccino® Light Blended Coffee	90 cal
Tazo® Shaken Iced Tea Lemonade	100 cal
Iced Vanilla Latte	140 cal
Nonfat Iced Caramel Macchiato	140 cal
Coffee Frappuccino® Blended Coffee	180 cal

Donna Ranieri

연구자들은 스타벅스 메뉴에 칼로리를 게시한 후에 뉴욕시 표본의 칼로리도 기록하였다. 이들은 한 번 구매할 때의 칼로리가 평균 232칼로리라고 보고하였는데, 6%가 감소한 양이었다. 이 사례의 목적을 위해서, 표본크기는 1,000이라고 가정한다. 메뉴에 칼로리를 게시한 스타벅스의 소비자 표본을 메뉴에 칼로리를 게시하지 않은 스타벅스의 소비자 전집에 비교할 때, 가설검증을 어떻게 적용하는지를 살펴본다.

z 검증과 스타벅스 드문 상황이기는 하지만, 표본이 하나이고 전집의 평균과 표준편차를 알고 있을 때는 *z* 검증을 사용한다. 예컨대, 사람들이 자신이 좋아하는 라떼와 머핀에 얼마나 많은 칼로리가 들어있는지를 알면 더 적은 양의 칼로리를 섭취하는가? 스타벅스가 메뉴판에 칼로리를 게시하거나 게시하지 않았을 때 소비하는 칼로리의 양을 비교하는 데 *z* 검증을 사용할 수 있다.

칼로리 데이터를 분석하기 위하여 가설검증의 여섯 단계를 사용한다. 이 여섯 단계는 메뉴에 칼로리를 게시한 스타벅스를 방문한 소비자가 그렇지 않은 스타벅스를 방문한 소비자보다 평균적으로 적은 양의 칼로리를 섭취하는지를 알려주게 된다. 실제로 이 책에서는 여섯 단계 접근을 자주 사용할 것이기 때문에 머지않아서 여러분이 자동적으로 생각하는 방식이 될 것이다. 이 사례에서 각 단계에는 가설검증을 보고하는 방식을 갖춘 요약이 뒤따르고 있다.

단계 1 : 전집, 비교분포, 그리고 가정을 확인한다.

첫째, 전집, 비교분포, 그리고 가정들을 확인하는데, 이 작업은 적절한 가설검증법을 결정하는 데 도움을 준다. 전집(population)은 (1) 메뉴에 칼로리를 게시한 스타벅스의 모든 소비자, (2) 메뉴에 칼로리를 게시하지 않은 스타벅스의 모든 소비자이다. 개인이 아니라 표본을 연구하고 있기 때문에, 비교분포(comparison distribution)는 평균분포이다. 메뉴에 칼로리를 게시한 스타벅스를 방문한 1,000명 표본(칼로리를 게시한 스타벅스를 방문한 모든 사람들이라는 전집에서 선택한 표본)의 평균을 (칼로리를 게시하지 않은 스타벅스를 방문한 모든 사람들이라는 전집에서 선택한) 1,000명 표본의 모든 가능한 평균들로 구성된 분포(즉, 평균분포)에 비교한다. 가설검증법이 z 검증이 되는 까닭은 단지 하나의 표본만을 가지고 있으며, 발표된 규준에서 전집의 평균과 표준편차를 알고 있기 때문이다.

이제 z 검증의 가정들을 살펴보자. (1) 데이터는 척도변인 측정치인 칼로리이다. (2) 표본을 메뉴에 칼로리를 게시한 스타벅스를 방문한 모든 사람들 중에서 무선선발한 것인지를 알지 못한다. 만일 무선선발한 것이 아니라면, 이 표본의 결과를 다른 스타벅스 고객들에게 일반화하는 능력은 제한적일 수밖에 없다. (3) 비교분포는 정상분포를 이루어야 한다. 최저점수 0은 최고점수 1,208보다 평균인 247에 훨씬 가깝기 때문에 개별 점수들은 정적으로 편중될 가능성이 더 크다. 그렇지만 표본크기가 1,000으로 30보다 훨씬 크기 때문에, 중심극한정리에 근거하여 비교분포, 즉 평균분포는 정상분포에 근접할 것임을 알 수 있다.

요약 : 전집 1 : 메뉴에 칼로리를 게시한 스타벅스를 방문한 모든 고객. 전집 2 : 메뉴에 칼로리를 게시하지 않은 스타벅스를 방문한 모든 고객.

비교분포는 평균분포가 된다. 가설검증법이 z 검증인 까닭은 단지 하나의 표본만을 가지고 있으며 전집의 평균과 표준편차를 알고 있기 때문이다. 이 연구는 세 가지 가정 중에서 두 가지를 충족하고 있으며, 세 번째 가정도 충족시킬 수 있다. 종속변인이 척도변인이다. 덧붙여, 표본에 30명 이상의 참가자가 있으며, 이 사실은 비교분포가 정상분포임을 나타낸다. 그렇지만 표본을 무선선발하였는지를 알지 못하기 때문에, 일반화를 할 때는 신중을 기해야 한다.

단계 2 : 영가설과 연구가설을 진술한다. 이제 영가설과 연구가설을 문장과 기호로 진술한다. 가설은 표본에 관한 것이 아니라 항상 전집에 관한 것임을 기억하라. 대부분의 가설검증에서는 방향적인 가설(증가나 감소를 예측하며, 모두를 예측하지 않는 가설)이나 비방향적인 가설(어느 방향으로든지 차이를 예측하는 가설)의 집합이 가능하다.

첫 번째 가능한 가설 집합은 방향적인 것이다. 영가설은 메뉴에 칼로리를 게시한 스타벅스 고객이 그렇지 않은 스타벅스 고객보다 더 적은 칼로리를 섭취하지 않는다는 것이다. 다시 말해서, 전자가 동일하거나 더 많은 칼로리를 섭취하지 더 적게 섭취하지는 않는다는 것이다. 연구가설은 메뉴에 칼로리를 게시한 스타벅스 고객이 그렇지 않은 스타벅스 고객보다 더 적은 양의 칼로리를 섭취한다는 것이다. (가설의 방향은 역전될 수도 있다는 사실에 유념하라.)

영가설의 기호는 H_0이다. 연구가설의 기호는 H_1이다. 이 책 전반에 걸쳐 평균에 μ라는 기호를 사용하는 까닭은 가설이 전집과 모수치에 관한 것이지 표본과 통계치에 관한 것이 아니기 때문이다. 따라서 기호 표기법에서 가설은 다음과 같다.

$$H_0 : \mu_1 \geq \mu_2$$
$$H_1 : \mu_1 < \mu_2$$

영가설의 기호 표기법은 전집 1, 즉 메뉴에 칼로리를 게시한 스타벅스 고객이 섭취하는 평균 칼로리는 전집 2, 즉 메뉴에 칼로리를 게시하지 않은 스타벅스 고객이 섭취하는 평균 칼로리보다 적지 않다는 뜻이다. 연구가설의 기호 표기법은 전집 1의 구성원이 섭취하는 평균 칼로리는 전집 2의 구성원이 섭취하는 평균 칼로리보다 적다는 뜻이다.

이 가설은 일방검증이다. **일방검증**(one-tailed test)은 연구가설이 방향적이며, 독립변인으로 인해서 종속변인의 평균이 증가하거나 감소하는 것이지 모두는 아니라는 가설검증이다. 연구문헌에서는 일방검증을 보기 쉽지 않다. 일방검증은 효과가 다른 방향으로는 나타날 수 없다고 연구자가 절대적으로 확신하거나 다른 방향으로의 효과에는 관심이 없을 때에만 사용한다.

또 다른 집합의 가설은 비방향적인 것이다. 영가설은 칼로리를 게시한 스타벅스의 고객이 평균적으로 칼로리를 게시하지 않은 스타벅스의 고객과 동일한 양의 칼로리를 섭취한다는 것이다. 연구가설은 칼로리를 게시한 스타벅스 고객이 그렇지 않은 스타벅스 고객과 상이한 양의 칼로리를 섭취한다는 것이다. 두 전집의 평균이 다를 것이라 진술하지만, 어느 평균이 더 낮다거나 높다고 예측하지는 않는다.

기호로 나타낸 가설은 다음과 같다.

$$H_0 : \mu_1 = \mu_2$$
$$H_1 : \mu_1 \neq \mu_2$$

영가설의 기호 표기법은 전집 1의 구성원이 섭취하는 평균 칼로리는 전집 2의 구성원이 섭취하는 평균 칼로리와 동일하다는 뜻이다. 연구가설의 기호 표기법은 전집 1의 구성원이 섭취하는 평균 칼로리는 전집 2의 구성원이 섭취하는 평균 칼로리와 동일하지 않다는 뜻이다.

이 가설검증은 양방검증이다. **양방검증**(two-tailed test)은 연구가설이 종속변인에서 평균차이나 변화의 방향을 나타내지 않으며 단지 평균차이의 존재만을 나타내는 가설검증이다. 양방검증이 일방검증보다 훨씬 더 보편적이다. 이 책 전반에 걸쳐서 특별한 언급이 없으면 양방검증을 사용하는 것이다. 만일 연구자가 특정 방향으로의 차이를 기대한다면, 일방검증을 사용할 수 있다. 그렇지만 만일 결과가 반대 방향으로 나타난다면, 그때 가서 가설의 방향을 변경할 수는 없다.

요약 : 영가설 : 메뉴에 칼로리를 게시한 스타벅스 고객은 칼로리를 게시하지 않은 스타벅스 고객과 평균적으로 동일한 양의 칼로리를 섭취한다. $H_0 : \mu_1 = \mu_2$. 연구가설 : 칼로리를 게시한 스타벅스 고객은 칼로리를 게시하지 않은 스타벅스 고객과는 평균적으로 동일한 양의 칼

일방검증은 연구가설이 방향적이며, 독립변인으로 인해서 종속변인의 평균이 증가하거나 감소하는 것이지 모두는 아니라는 가설검증이다.

양방검증은 연구가설이 종속변인에서 평균차이나 변화의 방향을 나타내지 않으며 단지 평균차이의 존재만을 나타내는 가설검증이다.

개념 숙달하기

7-3 : 표본이 전집보다 높은(또는 낮은) 평균을 갖는 것처럼 방향적 가설을 설정할 때 일방검증을 실시한다. 표본이 전집과는 다른 평균을 갖는 것처럼 비방향적 가설을 설정할 때 양방검증을 실시한다.

로리를 섭취하지 않는다. $H_1 : \mu_1 \neq \mu_2$.

| 단계 3 : 비교분포의 특성을 결정한다. | 이제 표본을 비교할 분포의 특성들을 결정한다. z 검증의 경우, 전집의 평균과 표준오차를 알아

야 한다. 표준오차는 전집의 표준편차를 가지고 계산한다. 여기서 스타벅스 고객이라는 전체 전집이 섭취하는 칼로리양의 전집 평균은 247이며, 표준편차는 201이다. 표본크기는 1,000이다. 가설검증에서 단일 점수가 아니라 표본 평균을 사용하기 때문에, 전집의 표준편차 대신에 평균의 표준오차를 사용해야 한다. 비교분포의 특성은 다음과 같다.

$$\mu_M = \mu = 247$$
$$\sigma_M = \frac{\sigma}{\sqrt{N}} = \frac{201}{\sqrt{1,000}} = 6.356$$

요약 : $\mu_M = \mu = 247$; $\sigma_M = 6.356$

| 단계 4 : 임곗값 또는 컷오프를 결정한다. | 이제 검증통계치를 비교할 수 있는 임곗값 또는 컷오프를 결정한다. 앞서 언급하였던 바와 같이,

연구 관례는 컷오프를 0.05의 알파수준으로 설정하는 것이다. 양방검증의 경우에, 이 값은 비교분포의 가장 극단적인 5%, 즉 하단에서의 2.5% 그리고 상단에서의 2.5%를 나타낸다. 표본에 대한 z 통계치를 계산하기 때문에, 임곗값을 z 통계치로 보고한다. z 점수표를 사용하여 상위 2.5%와 하위 2.5%에 해당하는 점수를 결정한다.

곡선의 50%는 평균 위쪽에 위치하며, 2.5%가 해당 z 통계치 위쪽에 위치한다. 빼기(50% − 2.5% = 47.5%)를 통해서 47.5%가 평균과 해당 z 통계치 사이에 떨어진다는 사실을 알 수 있다. z 점수표에서 이 백분율을 찾아보면, z 통계치가 1.96이다. 따라서 임곗값은 −1.96과 +1.96이다(그림 7-11).

요약 : z 통계치의 임곗값은 −1.96과 1.96이다.

| 단계 5 : 검증통계치를 계산한다. | 단계 5에서는 데이터가 실제로 알려주는 것을 찾아내기 위하여 검증통계치를 계산하는데, 이 사

례에서는 z 통계치이다. 단계 3에서 계산한 평균과 표준오차를 사용한다.

그림 7-11

z 분포에서 임곗값 결정하기

전형적으로 z 통계치를 가지고 임곗값을 결정하기 때문에, 검증통계치가 임곗값을 넘어서는지를 용이하게 결정할 수 있다. 여기서 −1.96과 1.96의 z 점수는 분포의 양극단(꼬리 부분) 각각에 2.5%씩으로, 가장 극단적인 5%를 나타낸다.

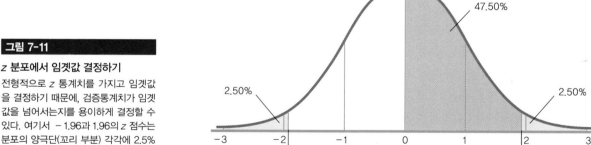

$$z = \frac{(M - \mu_M)}{\sigma_M} = \frac{(232 - 247)}{6.356} = -2.36$$

요약 : $z = \dfrac{(232 - 247)}{6.356} = -2.36$

단계 6 : 결정을 내린다.

마지막으로 검증통계치를 임곗값과 비교한다. 임곗값인 z 통계치를 포함하고 있는 정상곡선 그림에 검증통계치를 덧붙인다(그림 7-12). 만일 검증통계치가 임계영역에 들어있으면, 영가설을 기각할 수 있다. 이 사례에서 검증통계치 −2.36은 임계영역에 들어가기 때문에, 영가설을 기각한다. 두 평균을 살펴보면, 칼로리를 게시한 스타벅스 고객이 소비하는 칼로리양이 그렇지 않은 스타벅스 고객이 소비하는 칼로리양보다 적다는 사실을 알 수 있다. 따라서 비록 비방향적 가설을 가지고 있었지만, 결과의 방향을 보고할 수는 있다. 즉, 메뉴에 칼로리를 게시한 스타벅스 고객이 그렇지 않은 스타벅스 고객보다 평균적으로 적은 양의 칼로리를 섭취하는 것으로 보인다고 보고할 수 있다.

만일 검증통계치가 임곗값을 넘어서지 못한다면, 영가설을 기각하는 데 실패하는 것이다. 연구가설을 지지하는 증거가 없다고 결론 내릴 수 있을 뿐이다. 가설검증이 포착할 수 있을 만큼 충분하지 않은 평균 간 차이가 있을 수 있다. 그렇지만 이것이 사실인지 알 수 없을 뿐이다.

요약 : 영가설을 기각한다. 메뉴에 칼로리를 게시한 스타벅스 고객이 그렇지 않은 스타벅스 고객보다 평균적으로 적은 양의 칼로리를 섭취하는 것으로 보인다.

연구자들은 식당이 게시하는 칼로리가 실제로 이로운 것으로 보인다고 결론지었다. 연구자들은 6% 감소가 작은 것처럼 보일 수도 있다는 사실은 인정하지만, 식당에 올 때마다 250칼로리 이상 섭취하는 사람들 그리고 직접 음식을 구매하는 사람들 사이에서는 26%로 그 감소폭이 더 크다고 보고하고 있다. 또한 연구자들은 이러한 데이터를 놓고 볼 때, 체인점들이 메뉴에 저칼로리 음식을 첨가한다면 평균 칼로리 섭취량을 더욱 줄일 수 있을 것이라는 가설을 제시하였다. ●

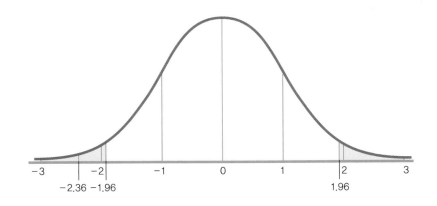

그림 7-12

결정 내리기

영가설을 기각할 것인지를 결정하기 위해서 검증통계치를 임곗값과 비교한다. 이 사례에서는 −2.36의 z 점수가 −1.96의 임곗값을 넘어서기 때문에, 영가설을 기각한다. 메뉴에 칼로리를 게시한 스타벅스 고객은 평균적으로 칼로리를 게시하지 않은 스타벅스 고객보다 칼로리를 적게 섭취한다.

학습내용 확인하기

개념의 개관

> 하나의 표본을 가지고 있으며 전집의 평균과 표준편차를 모두 알고 있을 때 z 검증을 실시한다.
> 가설이 방향성을 갖는 일방검증을 할 것인지 아니면 가설이 비방향적인 양방검증을 할 것인지를 결정해야 한다.
> 연구문헌에는 일방검증이 드물다.

개념의 숙달

7-11 어떤 검증이 방향적이거나 비방향적이라고 말하는 것의 의미는 무엇인가?

통계치의 계산

7-12 전집 평균이 1,090이고 표준편차가 87일 때, 53명에 근거한 표본 평균에 대한 비교분포의 특성(μ_M과 σ_M)을 계산해보라.

7-13 $\mu = 1,090$이고 $\sigma = 87$일 때 53명 표본의 평균 1,094에 대한 z 통계치를 계산해보라.

개념의 적용

7-14 커피연구소에 따르면, 미국에서 커피애호가들은 매일 평균 3.1잔을 마신다. 전집 표준편차가 0.9잔이라고 가정하자. 질리언은 자신이 운영하는 커피숍에서 커피 소비량을 연구하고자 한다. 그녀는 커피숍에 앉아서 작업하고 있는 사람들이 미국 전집에서 예상할 수 있는 것과는 차이 나는 양의 커피를 마시는지 알고자 한다. 2주에 걸쳐 하루의 대부분을 커피숍에서 보내는 34명의 데이터를 수집한다. 이 표본이 소비하는 커피의 양은 평균 3.17잔이다. 가설검증의 여섯 단계를 사용하여 질리언의 표본이 전집 평균과 통계적으로 유의한 차이를 보이는지를 결정해보라.

학습내용 확인하기의 답은 부록 D에서 찾아볼 수 있다.

개념의 개관

z 점수표

z 점수표는 데이터가 정상분포를 이루고 있을 때 여러 가지 용도를 갖는다. 만일 개별 원점수를 알고 있다면, z 통계치로 변환한 다음에 그 점수 위, 아래, 또는 적어도 그 점수만큼 극단적인 점수의 백분율을 결정할 수 있다. 반대로 만일 백분율을 알고 있다면, 표에서 z 통계치를 찾아 원점수로 변환할 수 있다. z 점수표는 개별 점수 대신에 표본 평균을 가지고도 동일하게 사용할 수 있다.

가설검증의 가정과 단계

가정은 이상적인 측면에서 볼 때 가설검증을 수행하기에 앞서 충족하고 있어야 하는 기준이다. 모수적 검증은 전집에 관한 가정을 필요로 하는 검증인 반면, 비모수적 검증은 그렇지 않은 검증이다. 다음과 같은 세 가지 기본 가정이 많은 모수적 가설검증에 적용된다. 즉, 종속변인은 척도변인 측정치이어야 하며, 데이터는 무선표본에서 얻어야 하고, 전집은 정상분포를 이루어야 한다(아니면 표본에 적어도 30개의 점수가 있어야 한다).

강건한 가설검증은 모든 가정을 충족시키지 못하는 경우에도 타당한 결과를 내놓는 검증이다.

모든 가설검증에 적용되는 여섯 단계가 존재한다. 첫째, 전집, 비교분포, 그리고 가정들을 결정한다. 이 단계는 부록 E의 그림 E-1에서 적절한 가설검증법을 선택하는 데 도움을 준다. 둘째, 영가설과 연구가설을 진술한다. 셋째, 검증통계치를 계산하는 데 사용할 비교분포의 특성을 결정한다. 넷째, 임곗값을 결정하는데, 일반적으로는 0.05의 알파수준 또는 *p* 수준에 근거하며, 이 값은 비교분포의 가장 극단적인 5%에 해당하는 임계영역을 구분 짓는다. 다섯째, 검증통계치를 계산한다. 여섯째, 그 검증통계치를 사용하여 영가설을 기각할 것인지 아니면 기각에 실패할 것인지를 결정한다. 영가설을 기각할 때 결과를 통계적으로 유의한 것으로 간주하게 된다.

z 검증 사례

z 검증은 표본이 하나뿐이고 전집의 평균과 표준편차를 알고 있는 드문 경우에만 수행한다. 이 경우에도 가설이 방향성을 갖는 **일방검증**을 사용할 것인지 아니면 가설이 비방향적인 **양방검증**을 사용할 것인지를 결정해야 한다.

SPSS®

SPSS를 사용하여 상이한 척도에서 얻은 원점수 데이터를 *z* 분포에 근거한 척도에서 표준화된 데이터로 변환할 수 있다. 이 기능은 원점수 대신에 표준점수를 들여다볼 수 있게 해준다. 제2

장에서 보았던 상위 50개 유튜브 비디오의 길이를 사용하여 이것을 시도해볼 수 있다. 변인 '초(seconds)'를 표준화하려면, 분석(Analyze) → 기술통계량(Descriptive Statistics) → 기술통계

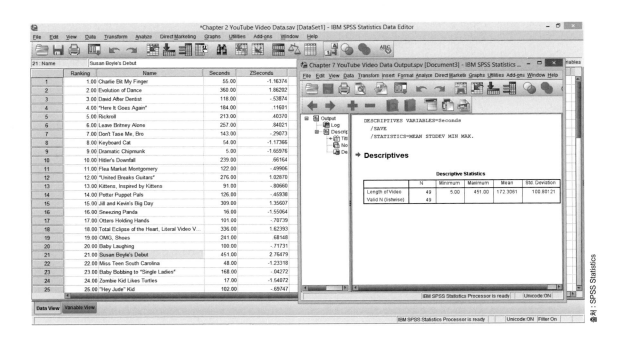

(Descriptives)를 선택한다. 왼쪽 측면에서 관련 변인[즉, '비디오 길이(Length of Video)']을 클릭하여 선택한 다음에, 화살표를 클릭하여 오른쪽으로 이동시킨다. '표준점수를 변인으로 저장(Save standardized values as variables)' 상자를 클릭하고 '확인(OK)'을 클릭한다. 'ZSeconds'라는 제목하에 표준점수 변인의 새로운 열이 스크린샷에 나와있다.

이제 z 점수를 살펴봄으로써 어떤 비디오가 평균 아래에 위치하는지 아니면 위에 위치하는지를 알 수 있다. 예컨대, 스크린샷에서 강조하고 있는 비디오는 2.77의 z 점수를 가지고 있으며, 이 값은 평균 위에 해당한다. 그다음 비디오는 −1.23의 z 점수를 가지고 있으며, 이 값은 평균 아래에 해당한다. 이제 모든 비디오 길이가 표준화되었기에, z 점수표를 사용하여 특정 z 점수 이상이거나 이하인 백분율을 찾을 수 있다.

작동방법

7.1 원점수를 z 점수와 퍼센타일로 변환하기

보조의사(PA. 소정의 훈련과 교육을 받고 시험을 거쳐 인정을 받아 의사의 감독하에 병력 작성, 의료 검사, 진찰, 치료 및 간단한 수술 등 의사가 행하는 업무 일부를 할 수 있는 사람)가 여러 국가에서 점차적으로 건강관리시스템의 핵심 역할을 담당하고 있다. 미국 PA 프로그램을 마친 학생들이 자신의 수입을 보고하였다(American Academy of Physician Assistants, 2005). 응급의학과에서 일하는 PA의 수입은 평균 76,553달러이고 표준편차는 14,001달러, 그리고 중앙값은 74,044달러이었다. 가정의학과에서 일하는 PA의 수입은 평균 63,521달러이고 표준편차는 11,554달러, 그리고 중앙값은 62,935달러이었다. 응급의학과에서 연봉 75,500달러를 받는 가브리엘의 수입을 가정의학과에서 64,300달러의 연봉을 받는 콜린의 수입과 어떻게 비교할 수 있겠는가?

이 사례에 적용할 수 있는 것처럼, 분포가 대략적으로 정상분포를 이룰 때에만 개별 점수에 대해서 z 분포를 사용해야 한다. 두 수입분포 모두에 있어서 중앙값은 평균과 비교적 가깝게 위치하고 있는데, 이 사실은 분포가 편중되지 않았음을 시사한다. 이에 덧붙여서, 표준편차가 해당 평균의 크기와 비교해서 그렇게 크지 않다는 사실은 예외값이 표준편차를 증폭시키지 않았다는 사실을 시사한다.

가용한 정보를 가지고, 가브리엘의 z 점수와 퍼센타일, 즉 응급의학과에 근무하면서 가브리엘보다 수입이 적은 PA의 백분율을 계산할 수 있다. 가브리엘의 z 점수는 다음과 같다.

$$z = \frac{(X - \mu)}{\sigma} = \frac{(75,500 - 76,553)}{14,001} = -0.08$$

z 점수표를 보면, 3.19%가 가브리엘의 수입과 평균 사이에 위치한다는 사실을 알 수 있다. 그녀의 점수는 평균 이하이기 때문에, 50%에서 3.19%를 빼서 46.81%를 얻는다. 가브리엘의 수입은 응급의학과에서 일하는 PA들 중에서 46.81퍼센타일에 해당한다.

콜린의 z 점수는 다음과 같다.

$$z = \frac{(X - \mu)}{\sigma} = \frac{(64,300 - 63,521)}{11,554} = 0.07$$

z 점수표를 보면, 2.79%가 콜린의 수입과 평균 사이에 위치한다는 사실을 알 수 있다. 그녀의 점수는 평균 이상이기 때문에, 50%에다가 2.79%를 더해서 52.79%를 얻는다. 콜린의 수입은 가

정의학과에서 일하는 PA들 중에서 52.79퍼센타일에 해당한다.

각자 해당 분야에서 비교해본 결과, 콜린이 가브리엘보다 상대적 수입이 더 좋은 셈이다. 가정의학과 PA의 평균보다 높은 콜린의 *z* 점수 0.07은 응급의학과 PA의 평균보다 낮은 가브리엘의 *z* 점수 −0.08보다 높다. 마찬가지로 콜린의 수입은 53퍼센타일을 상회하는 반면, 가브리엘의 수입은 47퍼센타일에도 못 미친다.

7.2 *z* 검증 수행하기

CFC 척도를 사용하여 얻은 데이터는 대규모 표본에 대해서 평균 CFC 점수가 3.20이고 표준편차가 0.70임을 확인하였다(Adams, 2012). (이 사례의 목적상, 이 표본이 전체 전집에 해당한다고 가정하기로 하자.) 여러분은 취업 토론집단에 참가하는 학생이 전체 전집과는 다른 CFC 점수를 갖겠는지 궁금하다. 여러분 학과생 중에서 45명이 취업 토론집단에 참가하고 CFC 척도에 응답하였다. 이 집단의 평균은 3.45이다. 이 정보를 가지고 0.05 알파수준을 갖는 양방검증인 *z* 검증의 여섯 단계를 어떻게 수행할 수 있는가?

단계 1 : 전집 1 : 취업 토론집단에 참가한 모든 학생. 전집 2 : 취업 토론집단에 참가하지 않은 모든 학생.

　　　　비교집단은 평균분포가 된다. 가설검증법이 *z* 검증인 까닭은 단지 하나의 표본이 있으며 전집 평균과 표준편차를 알고 있기 때문이다. 이 연구는 세 가정 중에서 두 가지를 충족하며 세 번째 가정을 충족하지 못하는 것으로 보인다. 종속변인은 척도변인 측정치를 사용하고 있다. 이에 덧붙여서 표본에 30명 이상의 참가자가 존재하는데, 이 사실은 비교분포가 정상분포임을 나타낸다. 그렇지만 표본을 무선선택하지 않았기 때문에, 일반화에 신중을 기해야 한다.

단계 2 : 영가설 : 취업 토론집단에 참가한 학생은 참가하지 않은 학생과 동일한 CFC 점수를 갖는다. $H_0 : \mu_1 = \mu_2$. 연구가설 : 취업 토론집단에 참가한 학생은 참가하지 않은 학생과는 차이가 있는 CFC 점수를 갖는다. $H_1 : \mu_1 \neq \mu_2$.

단계 3 : $\mu_M = \mu = 3.20$; $\sigma_M = \dfrac{\sigma}{\sqrt{N}} = \dfrac{0.70}{\sqrt{45}} = 0.104$

단계 4 : *z* 통계치의 임곗값은 −1.96과 1.96이다.

단계 5 : $z = \dfrac{(M - \mu_M)}{\sigma_M} = \dfrac{(3.45 - 3.20)}{0.104} = 2.40$

단계 6 : 영가설을 기각한다. 취업 토론에 참가한 학생은 그렇지 않은 학생보다 평균적으로 높은 CFC 점수를 갖는 것으로 보인다.

연습문제

홀수 문제의 답은 부록 C에서 찾아볼 수 있다.

개념 명료화하기

7.1 퍼센타일이란 무엇인가?

7.2 z 점수표에서 z 점수를 찾으면, 어떤 정보를 보고할 수 있는가?

7.3 양수인 z 점수 아래에 위치한 점수들의 백분율을 어떻게 계산하는가?

7.4 평균분포에서 특정 평균의 퍼센타일을 계산하는 것은 점수분포에서 특정 점수의 퍼센타일을 계산하는 것과 어떻게 다른가?

7.5 통계학에서 가정(assumption)이 의미하는 것은 무엇인가?

7.6 점수분포가 정상분포를 이루지 않을 때조차 평균분포의 정상성 가정을 충족하기 위해 어떤 크기의 표본을 권장하는가?

7.7 모수적 검증과 비모수적 검증 간의 차이는 무엇인가?

7.8 가설검증의 여섯 단계는 무엇인가?

7.9 임곗값과 임계영역은 무엇인가?

7.10 대부분의 통계학자가 사용하는 임계영역의 표준 크기는 얼마인가?

7.11 통계학자에게 통계적 유의성이 의미하는 것은 무엇인가?

7.12 다음 기호 표현이 의미하는 것은 무엇인가? $H_0 : \mu_1 = \mu_2$ 그리고 $H_1 : \mu_1 \neq \mu_2$.

7.13 연구자가 영가설을 기각하기 위해서 z 통계치가 위치해야 할 영역을 정의하는 데 임계영역이라는 표현을 선택해왔던 이유를 통계학 용어 대신에 일상적 표현으로 설명해보라.

7.14 연구자가 영가설을 기각하기 위한 지점을 정의하는 데 컷오프라는 표현을 선택해왔던 이유를 통계학 용어 대신에 일상적 표현으로 설명해보라.

7.15 임계영역이라는 측면에서 일방검증과 양방검증 간의 차이는 무엇인가?

7.16 연구자들이 전형적으로 일방검증 대신에 양방검증을 사용하는 이유는 무엇인가?

7.17 일방검증을 위한 영가설과 연구가설을 기호 표기법으로 표현해보라.

7.18 반복연구란 무엇이며, 그것이 행동과학 연구에서 중요한 이유는 무엇인가?

7.19 만일 어떤 연구를 반복하려는 시도가 실패한다면, 그 실패가 원래 연구에 관하여 지적할 수 있는 두 가지 사실은 무엇인가?

통계치 계산하기

7.20 꼬리 부분이 5.37%인 −1.61의 z 점수에 대해서 다음 백분율을 계산하라.

  a. 이 z 점수 위에 몇 퍼센트의 점수가 위치하는가?

  b. 평균과 이 z 점수 사이에 몇 퍼센트의 점수가 위치하는가?

  c. z 점수 1.61 위에 위치한 점수들의 비율은 얼마인가?

7.21 꼬리 부분이 22.96%인 0.74의 z 점수에 대해서 다음 백분율을 계산하라.

  a. 이 z 점수 아래에 몇 퍼센트의 점수가 위치하는가?

  b. 평균과 이 z 점수 사이에 몇 퍼센트의 점수가 위치하는가?

  c. z 점수 −0.74 아래에 위치한 점수들의 비율은 얼마인가?

7.22 부록 B의 z 점수표를 사용하여 z 점수 −0.08과 관련된 다음 백분율을 계산하라.

  a. 이 z 점수 이상인 점수

  b. 이 z 점수 이하인 점수

  c. 이 z 점수 못지않게 극단적인 점수

7.23 부록 B의 z 점수표를 사용하여 z 점수 1.71과 관련된 다음 백분율을 계산하라.

  a. 이 z 점수 이상인 점수

  b. 이 z 점수 이하인 점수

  c. 이 z 점수 못지않게 극단적인 점수

7.24 다음 각 백분율을 확률 또는 알파수준으로 다시 써보라.

  a. 5%

  b. 83%

  c. 51%

7.25 다음 각 확률 또는 알파수준을 백분율로 다시 써보라.

  a. 0.19

  b. 0.04

  c. 0.92

7.26 만일 어떤 가설검증을 위한 임곗값이 분포의 각 꼬리에서 2.5%가 되는 지점에서 발생한다면, z 점수의 컷오프는 얼마인가?

7.27 다음 각 알파수준에서 양방검증의 경우 각 임계영역에는 데이터의 몇 퍼센트가 들어가는가?

  a. 0.05

b. 0.10

c. 0.01

7.28 다음 각 알파수준에 있어서 일방검증 임계영역에 들어가는 점수들의 백분율을 진술하라.

a. 0.05

b. 0.10

c. 0.01

7.29 SAT 언어검사 평균점수가 542점인 50명 표본에게 *z* 검증을 실시하고 있다. (전집 평균은 500이고 표준편차는 100이라는 사실을 알고 있다고 가정한다.) 비교분포의 평균과 표준오차를 계산하라(μ_M과 σ_M).

7.30 SAT 언어검사 평균점수가 490점인 132명 표본에게 *z* 검증을 실시하고 있다. (전집 평균은 500이고 표준편차는 100이라는 사실을 알고 있다고 가정한다.) 비교분포의 평균과 표준오차를 계산하라(μ_M과 σ_M).

7.31 만일 *z* 검증의 컷오프가 −1.96과 1.96이라면, 다음 각 경우에 영가설을 기각하거나 아니면 기각하는 데 실패하는지 결정하라.

a. $z = 1.06$

b. $z = -2.06$

c. 각 꼬리에 데이터의 7%가 들어있는 *z* 점수

7.32 만일 *z* 검증의 컷오프가 −2.58과 2.58이라면, 다음 각 경우에 영가설을 기각하거나 아니면 기각하는 데 실패하는지 결정하라.

a. $z = -0.94$

b. $z = 2.12$

c. *z* 점수와 평균 사이에 49.6%의 데이터가 들어있는 그 *z* 점수

7.33 −1.65와 1.65의 컷오프값 그리고 대략 0.10 또는 10%의 알파수준을 사용하라. 다음 각 값에 대해서 영가설을 기각하거나 기각하는 데 실패하는지 결정하라.

a. $z = 0.95$

b. $z = -1.77$

c. 2%의 점수가 위쪽에 있는 *z* 통계치

7.34 평균 체중이 150파운드인 표본에 대해서 *z* 검증을 실시하고 있다. 전집 평균은 160이고 표준편차는 100이다.

a. 30명 표본에 대한 *z* 통계치를 계산하라.

b. 300명 표본에 대해 동일한 작업을 반복하라.

c. 3,000명 표본에 대해 동일한 작업을 반복하라.

개념 적용하기

7.35 **퍼센타일과 실업률** : 미국 노동통계국의 2011년 연보는 10개국의 실업률을 제공하고 있다. 평균은 7%이고 표준편차는 1.85이었다. 다음 각 계산에서는 7%를 전집 평균으로, 그리고 1.85를 전집 표준편차로 간주하라.

a. 호주의 실업률은 5.4%이다. 호주의 퍼센타일을 계산하라. 즉, 실업률이 호주보다 낮은 국가의 백분율은 얼마인가?

b. 영국의 실업률은 8.5%이다. 영국의 퍼센타일을 계산하라. 즉, 실업률이 영국보다 낮은 국가의 백분율은 얼마인가?

c. 미국의 실업률은 8.9%이다. 미국의 퍼센타일을 계산하라. 즉, 실업률이 미국보다 낮은 국가의 백분율은 얼마인가?

d. 캐나다의 실업률은 6.5%이다. 캐나다의 퍼센타일을 계산하라. 즉, 실업률이 캐나다보다 낮은 국가의 백분율은 얼마인가?

7.36 **신장과 *z* 분포. 물음 1** : 15세 소녀인 엘리나는 신장이 58인치이다. 질병통제예방센터(CDC)는 이 연령대 소녀의 평균 신장이 63.80인치이며 표준편차는 2.66이라고 밝혔다.

a. 엘리나의 *z* 점수를 계산하라.

b. 몇 퍼센트의 소녀가 엘리나보다 큰가?

c. 몇 퍼센트의 소녀가 엘리나보다 작은가?

d. 엘리나가 딱 평균이 되려면 몇 인치나 더 커야 하겠는가?

e. 만일 세라가 15세 소녀 신장의 75퍼센타일에 해당한다면, 그녀의 신장은 얼마인가?

f. 엘리나가 세라와 같은 75퍼센타일이 되려면 몇 인치나 더 커야 하겠는가?

7.37 **신장과 *z* 분포. 물음 2** : 15세 소년인 코나는 신장이 72인치이다. CDC에 따르면 이 연령대 소년의 평균 신장은 67.00인치이며 표준편차는 3.19이다.

a. 코나의 *z* 점수를 계산하라.

b. 신장에서 코나의 퍼센타일 점수는 얼마인가?

c. 몇 퍼센트의 소년이 코나보다 작은가?

d. 어느 방향으로든지 적어도 코나만큼 극단적인 신장은 몇 퍼센트인가?

e. 만일 이언이 15세 소년의 신장에서 30퍼센타일에 해당한다면, 그의 신장은 얼마인가? 어떻게 코나의 신장과 비교하겠는가?

7.38 신장과 z 통계치. 물음 1 : 평균 신장이 62.60인치인 33명의 15세 소녀 학급을 상상해보라. $\mu = 63.80$이고 $\sigma = 2.66$임을 기억하라.

   a. z 통계치를 계산하라.

   b. 이 표본을 평균분포에 어떻게 비교하겠는가?

   c. 이 표본의 퍼센타일 순위는 얼마인가?

7.39 신장과 z 통계치. 물음 2 : 13명의 15세 소년으로 구성된 농구팀을 상상해보라. 팀의 평균 신장은 69.50인치이다. $\mu = 67.00$이고 $\sigma = 3.19$임을 기억하라.

   a. z 통계치를 계산하라.

   b. 이 표본을 평균분포에 어떻게 비교하겠는가?

   c. 이 표본의 퍼센타일 순위는 얼마인가?

7.40 z 분포와 통계학 시험점수 : 통계학 교수가 최근 시험의 원점수 기록을 몽땅 잃어버렸다고 상상해보라. 다행히도 그 교수는 모든 학생들의 z 점수와 함께 학급 평균이 50점 만점에 41점이며 표준편차가 3점이라는 사실을 기록해놓았다. (이것을 전집 모수치로 취급하라.) 교수는 여러분의 z 점수가 1.10이라고 알려준다.

   a. 이 시험에서 여러분의 퍼센타일 점수는 얼마인가?

   b. z 점수와 퍼센타일에 관하여 알고 있는 사실을 사용할 때, 여러분은 이 시험에서 얼마나 잘 해냈는가?

   c. 여러분의 원점수는 얼마인가?

7.41 z 통계치, 평균분포, 그리고 신장. 물음 1 : 15세 소녀들의 신장에 관하여 알고 있는 것(여기서도 $\mu = 63.80$이고 $\sigma = 2.66$이다)을 사용하는데, 어떤 학급에서 14명 여학생의 평균 신장이 62.40인치이다.

   a. 신장 평균분포의 평균과 표준오차를 계산하라.

   b. 이 집단의 z 통계치를 계산하라.

   c. 14명의 표본크기에 근거할 때, 몇 퍼센트의 평균 신장이 이 집단보다 작을 것이라고 예상하겠는가?

   d. 이 전집에서는 이 신장과 같거나 더 극단적인 평균 신장이 얼마나 자주 발생하겠는가?

   e. 만일 통계학자가 5%보다도 작은 빈도로 발생하는 표본 평균을 '특별'하거나 드문 것으로 정의한다면, 여러분은 이 결과에 관하여 무슨 말을 하겠는가?

7.42 z 통계치, 평균분포, 그리고 신장. 물음 2 : 또 다른 학급에서 57명의 15세 소년들의 신장을 측정하였는데, 평균이 68.1인치이었다(이 전집에서 $\mu = 67.00$이고 $\sigma = 3.19$임을 기억하라).

   a. 신장 평균분포의 평균과 표준오차를 계산하라.

   b. 이 집단의 z 통계치를 계산하라.

   c. 57명의 표본크기에 근거할 때, 몇 퍼센트의 평균 신장이 이 집단보다 클 것이라고 예상하겠는가?

   d. 이 전집에서 68.1인치와 같거나 더 극단적인 평균 신장이 얼마나 자주 발생하겠는가?

   e. 이 결과를 통계적 유의도 5%에 어떻게 비교하겠는가?

7.43 방향적 가설 대 비방향적 가설 : 다음 각 사례에 대해서 연구가 방향적 가설을 표명하였는지 아니면 비방향적 가설을 표명하였는지 확인해보라.

   a. 한 연구자는 항박테리아 제품의 사용과 피부의 건조성 간의 관계를 연구하는 데 관심이 있다. 그는 이 제품이 다른 제품과는 다르게 피부의 수분을 변화시킬 것이라고 생각하고 있다.

   b. 한 학생은 성적이 교실에서 앉는 위치와 어떤 방식으로든 관련되는지가 궁금하다. 특히 맨 앞줄에 앉는 학생들이 평균적으로 전체 학생들보다 더 좋은 성적을 받는지가 궁금하다.

   c. 휴대폰은 어디에나 있으며, 거의 항상 휴대폰 사용이 가능하다. 이 사실을 멀리 떨어져 있는 사람들 간의 관계가 긴밀성에서 변화한 것으로 생각할 수 있겠는가?

7.44 영가설과 연구가설 : 다음 각 사례에 대해서 영가설과 연구가설을 언어표현과 기호 표기법으로 진술해보라.

   a. 음악가 데이비드 타이에는 동물 연구자와 협력하여 특별히 고양이를 위한 음악, 즉 고양이를 이완시키는 음악을 작곡하고자 하였다(Stanford, 2015). 여러분은 고양이 음악이 고양이들의 심장박동을 낮추는지를 연구하고자 결정하였다. 방향적 가설을 사용하라.

   b. 국립수면재단(2015)은 10대의 수면과 학업 수행을 개선하기 위하여 미국 고등학생들에게 아침을 늦게 시작할 것을 권장하고 있다. 한 시간 늦게 잠자리에 드는 10대가 그렇지 않은 10대와는 상이한 성적을 나타내는지 알아보려는 연구를 수행하기로 결정한다고 상상해보라.

   c. 스마트폰은 어디에나 있으며, 거의 항상 친구와 가족과 연락할 수 있다. 이 사실을 멀리 떨어져 있는 사람들 간의 관계가 긴밀성에서 변화한 것으로 생각할 수 있겠는가?

7.45 z 분포와 허리케인 카트리나 : 허리케인 카트리나가 2005년 8월 29일 뉴올리언스를 강타하였다. 국립기상청은 미국의 모든 도시와 지역의 기후 데이터에 관한 온라인 기록보관소를 운영하고 있다. 이 기록보관소는 예컨대 그해 8월 뉴올리언스의 강우량이 다른 달의 강우량과 비교할 때 얼마나 되는지를 찾아볼 수 있게 해준다. 다음 표는

2005년 뉴올리언스의 국립기상청 데이터(인치로 나타낸 강우량)를 보여주고 있다.

1월	4.41
2월	8.24
3월	4.69
4월	3.31
5월	4.07
6월	2.52
7월	10.65
8월	3.77
9월	4.07
10월	0.04
11월	0.75
12월	3.32

a. 허리케인 카트리나가 강타한 달인 8월의 z 점수를 계산하라. (주 : 이 표는 요약이 아니라 전집의 원자료이며, 여러분은 우선 평균과 표준편차를 계산해야 한다.)

b. 8월 강우량의 퍼센타일은 얼마인가?

c. 결과가 놀라울 때는 개별 데이터 값들을 살펴볼 필요가 있으며, 심지어는 데이터 이면을 살펴볼 필요도 있다. 2005년 8월의 일일 기후 데이터는 8월 29, 30, 31일의 모든 기후 통계치 옆에 부호 'M'을 표시하고 있다. 이 부호는 '허리케인 카트리나로 인하여 8월 29, 30, 31일의 모든 데이터가 상실되었음'을 의미한다. 여러분이 그해 8월의 퍼센타일을 결정하는 자문역으로 고용되었다고 가정해보라. 여러분이 생성한 데이터가 부정확할 가능성을 설명하는 짤막한 보고서를 작성해보라.

d. 이 데이터에서 상위 10%와 하위 10% 컷오프를 나타내는 원점수는 얼마인가? 이 점수에 근거할 때, 어느 달이 극단적인 데이터를 나타내었는가? 이 데이터를 신뢰해서는 안 되는 이유는 무엇인가?

7.46 개정판 WAIS-R 연구에 대한 가설검증의 단계 1과 단계 2 : 150명의 성인 정신질환 입원환자의 개정판 성인용 웩슬러 지능검사(WAIS-R) 점수를 살펴보았다(Boone, 1992). 연구자는 각 환자의 '하위검사내 분산' 점수를 결정하였다. 하위검사내 분산이란 피검자가 어려운 질문 못지않게 쉬운 질문에도 틀린 답을 내놓을 가능성을 나타내는 반응패턴을 지칭한다. WAIS-R에서는 뒤로 갈수록 점점 더 어려워지는 문항에 더 많은 오답을 예상하기 때문에, 높은 수준의 하위검사내 분산은 이례적인 반응패턴이 된다. 연구자는 정신질환자가 정상인과는 상이한 반응패턴을 가지고

있는지가 궁금하였다. 그는 150명 환자의 하위검사내 분산을 WAIS-R 표준화 집단의 전집 데이터와 비교하였다. 그는 이 전집의 평균과 표준편차 모두를 알고 있다고 가정하라. 연구자는 "표준화 집단의 하위검사내 분산이 정신질환 입원환자보다 유의하게 크다."라고 보고하면서 그러한 분산이 정상이라고 결론지었다.

a. 무엇이 두 전집인가?

b. 무엇이 비교분포인가? 설명해보라.

c. 어떤 가설검증법을 사용하겠는가? 설명해보라.

d. 이 가설검증의 가정들을 확인해보라.

e. 연구자가 '유의하게'라고 말할 때 의미하는 것은 무엇인가?

f. 양방검증을 위한 영가설과 연구가설을 언어표현과 기호 표기법으로 진술해보라.

g. 여러분이 이 연구를 반복하고자 한다고 상상해보라. 여기서 기술한 결과에 근거하여 일방검증을 위한 영가설과 연구가설을 언어표현과 기호 표기법으로 진술해보라.

7.47 암호, 빨강머리, 그리고 z 검증 : BBC는 빨강머리 여성이 다른 사람들보다 복잡한 암호를 사용할 가능성이 높다고 보도하였다(Ward, 2013). 이 보도내용을 어떻게 연구할 수 있는가? 컴퓨터과학자들은 암호에 점수를 부여하는 연구를 수행하였는데, 이들은 해커들이 사용하는 '패스워드 크랙 사전'에 들어있지 않으며, 길면서도 문자와 숫자 그리고 특수문자를 혼용하는 암호에 더 높은 점수를 부여하였다. 이들은 평균이 15.7점이고 표준편차가 7.3인 결과를 얻었다. 이 연습문제에서는 이 수치를 전집 모수치로 간주하라. z 검증에 관한 지식에 근거하여, 빨강머리 여성이 다른 사람들보다 복잡한 암호를 사용한다는 가설을 검증하는 연구를 어떻게 설계할 것인지를 설명해보라.

종합

7.48 점진적 명명검사와 사회문화적 차이 : 연구자들은 흔히 z 검증을 사용하여 자신의 표본을 알고 있는 전집 규준에 비교한다. 점진적 명명검사(GNT)는 응답자에게 서른 가지 흑백그림 집합에 들어있는 사물에 이름을 붙이도록 요구한다. 두뇌 손상을 탐지하기 위하여 자주 사용하는 이 검사는 '캥거루'와 같이 쉬운 단어로 시작하여 점진적으로 '육분의'와 같이 어려운 단어로 진행된다. GNT의 영국 성인 전집의 규준은 20.4이다. 캐나다 성인이 영국 성인과는 다른 점수를 갖는지 알아보고자 하였다(Roberts, 2003).

만일 다르다면, 영국 규준은 캐나다에서 사용하기에 타당한 규준이 되지 못한다. 30명의 캐나다 성인의 평균은 17.5이다. 이 연습문제에서는 영국 성인의 표준편차가 3.2라고 가정하라.

a. z 검증의 여섯 단계를 모두 수행하라. 여섯 단계 모두에 반드시 이름을 붙여라.

b. GNT의 몇몇 단어는 영국에서 더 보편적으로 사용한다. 예컨대, 주교가 의식 때 쓰는 모자인 '미트라'를 영국에서는 캔터베리 대주교가 공개적인 의식에서 착용한다. 캐나다 참가자 중에는 어느 누구도 이 그림에 정답을 내놓지 못한 반면에, 영국 성인의 경우에는 55%가 정확하게 응답하였다. 검사의 규준을 작성한 사람들과 다른 사람들에게 그 규준을 적용할 때 신중을 기해야 하는 이유를 설명해보라.

c. 양방검증 대신에 일방검증을 수행할 때는 가설검증의 단계 2와 4에 약간의 변화가 존재한다. (주 : 이 사례에서는 규준을 작성한 전집과 다른 전집은 평균적으로 낮은 점수를 받을 것이라고 가정하라. 즉, 캐나다인들이 낮은 평균을 나타낼 것이라는 가설을 세우라.) 일방검증을 위한 가설검증의 단계 2, 4, 6을 수행해보라.

d. 일방검증과 양방검증 중 어느 검증에서 영가설을 기각하기 더 용이한가? 설명해보라.

e. 일방검증과 양방검증 중 어느 한 유형의 검증에서 영가설을 기각하기가 더 쉬워진다면, 양방검증을 사용할 때보다 일방검증을 사용할 때 집단 간에 더 큰 차이가 있다는 사실을 의미하는가? 설명해보라.

f. 컷오프로 사용하는 알파수준을 변화시키면, 가설검증의 단계 4에서 약간의 변화가 있게 된다. 0.05가 가장 보편적으로 사용하는 알파수준이지만, 0.01과 같은 다른 값도 자주 사용한다. 이 사례에서는 알파수준이 0.01인 양방검증으로 가설검증의 단계 4와 6을 수행하면서, 컷오프를 결정하고 곡선을 그려보라.

g. 0.05와 0.01 중에서 어느 알파수준일 때 영가설을 기각하기 더 쉬운가? 설명해보라.

h. 특정 알파수준을 가지고 영가설을 기각하기가 더 쉽다면, 특정 알파수준을 사용할 때는 다른 알파수준을 사용할 때보다 표본 간의 차이가 크다는 사실을 의미하는가? 설명해보라.

7.49 치료지속과 치열교정 : 한 연구보고서(Behenam & Pooya, 2007)는 "아마도 치열교정만큼 협력을 필요로 하는 건강관리 영역도 없을 것이다."라고 시작하면서, 이란의 환자들이 하루에 치열교정장치를 착용하는 시간에 영향을 미치는 요인을 탐색하고 있다. 연구에 참가한 환자들은 하루 평균 14.78시간 교정장치를 사용한다고 보고하였으며, 표준편차는 5.31이었다. 이 사례에서는 이 집단을 전집으로 취급한다. 한 연구자가 치열교정술에 관한 정보를 담은 비디오가 교정장치를 착용하는 시간을 증가시키는지 알아보는 연구를 수행하는 데 보수적으로 양방검증을 사용하기로 결정하였다고 해보자. 자신의 병원에 찾아오는 15명의 환자에게 비디오를 시청하도록 요청하였으며, 이들이 하루 평균 17시간 교정장치를 착용하였다는 결과를 얻었다고 해보자.

a. 독립변인은 무엇인가? 종속변인은 무엇인가?

b. 연구자는 표본을 선정하는 데 무선선택을 사용하였는가? 여러분의 답을 해명해보라.

c. 가설검증의 여섯 단계를 모두 수행하라. 반드시 모든 단계에 이름을 붙이도록 하라.

d. 만일 단계 6에서 연구자의 결정이 틀렸다면, 어떤 유형의 오류를 범한 것인가? 여러분의 답을 해명해보라.

e. 연구자가 영가설을 기각하였다고 상상해보라. 이 결정이 1종 오류인지 결정하는 데 반복연구가 어떤 도움을 주겠는지 설명해보라.

f. 연구자가 영가설을 기각하였다고 상상해보라. 만일 연구자들이 상이한 국가에서 이 연구를 반복하고자 시도하고는 실패하였다면, 1종 오류 이외에 이러한 실패가 일어난 까닭을 설명해보라.

7.50 일본 농장의 방사능 수준 : 팩클러(Fackler, 2012)는 뉴욕타임스에 2011년 후쿠시마에서 발생한 쓰나미와 방사능 재앙에도 불구하고 방사능 수준은 법적 허용치 이내라는 일본 정부의 주장을 일본 농부들이 회의적으로 바라보기 시작하였다고 보도하였다. 오나미 지역의 안전 수준이 발표된 후에 12명 이상의 농부들이 자신의 농작물을 검사하고는 위험할 정도로 높은 수준의 세슘을 발견하였다.

a. 만일 농부들이 방사능에 노출된 적이 없었던 영역에서 발견된 세슘 수준과 자신의 결과를 비교하는 z 검증을 실시하고자 원한다면, 이들의 표본은 무엇이 되겠는가? 구체적으로 답해보라.

b. 가설검증의 단계 1을 실시하라.

c. 가설검증의 단계 2를 실시하라.

d. 양방검증이며 0.05의 알파수준에서 가설검증의 단계 4를 실시하라.

e. 농부들이 자신의 표본에서 3.2의 z 통계치를 얻었다고

상상해보라. 가설검증의 단계 6을 실시하라.

f. 만일 농부들의 결론이 틀렸다면, 어떤 유형의 오류를 범한 것인가? 여러분의 답을 설명해보라.

g. 다른 집단의 농부들을 대상으로 하는 반복연구가 결론이 1종 오류인지를 결정하는 데 어떤 도움을 주는지를 설명해보라.

핵심용어

가정(assumption)

강건함(robust)

모수적 검증(parametric test)

비모수적 검증(nonparametric test)

알파수준(alpha level)

양방검증(two-tailed test)

일방검증(one-tailed test)

임곗값(critical value)

임계영역(critical region)

통계적 유의성(statistical significance)

기호

H_0

H_1

신뢰구간, 효과크기, 그리고 통계적 검증력

8

새로운 통계치

신뢰구간
    구간 추정치
    z 분포에서 신뢰구간 계산하기

효과크기
    통계적 유의성에 대한 표본크기의 효과
    효과크기란 무엇인가?
    코헨의 d
    메타분석

통계적 검증력
    통계적 검증력의 중요성
    통계적 검증력에 영향을 미치는 다섯 가지 요인

시작하기에 앞서 여러분은

- z 검증을 실시하는 방법을 알아야 한다(제7장).
- 통계적 유의성 개념을 이해하여야 한다(제7장).

"수학 수업은 힘들어" 틴토크 바비 인형은 수학 수업에 대한 부정적인 진술로 인해 성별 고정관념에 관한 논의에서 논쟁을 끌어들이는 피뢰침과 같은 역할을 하였다. 바비 인형에 부정적인 몇몇 언론보도는 바비 인형의 메시지가 여학생들을 더욱 형편없는 수학성과로 이끌어갈 수 있다는 사실과 관련되었다. 대중매체는 성별 유사성이라는 흥미를 유발하지 못하는 실재보다는 미미하지만 흥미를 유발하는 성별 차이를 부각시키는 경향이 있다.

"**쇼**핑 가고 싶다고? 그래, 몰에서 만나자."

"수학 수업은 힘들어."

이것 외에 268개의 다른 문구를 장착한 틴토크 바비 인형(버튼을 누르면 무선선택된 구절을 말하는 소리상자가 들어있는 마텔사의 바비 인형)이 1992년 7월에 시장에 출시되었다. 9월이 되자 여자아이와 수학에 대한 부정적인 메시지로 공개적인 비판을 받게 되었다. 처음에 마텔사는 "나는 의사가 되려고 공부하고 있어."와 같이 보다 긍정적인 문구를 인용하면서, 그 인형을 상점 선반에서 퇴출시키기를 거부하였다. 그렇지만 나쁜 평판은 확대되었고, 10월에 들어서서 마텔사는 항복하고 말았다. 그렇지만 논쟁은 계속되었으며, 1994년 '심슨네 가족들'이라는 만화영화에서 리사 심슨이 "생각을 너무 많이 하면 주름이 생겨."라고 말하도록 설정되어 있는 가상적인 말리부 스테이시 인형을 거부하면서 재발하기도 하였다.

수학적 추리능력에서의 성별 차이에 관한 논쟁은 명망이 높은 저널인 사이언스에 이 주제에 관한 연구가 발표된 후에 시작되었다. 참가자에는 수학 표준화검사에서 이미 상위 2 내지 3%에 속하는 중학교 1학년부터 고등학교 1학년에 재학 중인 대략 10,000명의 남학생과 여학생이 포함되었다(Benbow & Stanley, 1980). 이렇게 미리 선택한 표본에서, SAT 수학 영역의 남학생 평균점수는 여학생 평균점수보다 32점이 높았으며, 이것은 대중매체의 엄청난 관심을 불러일으킬 만큼 통계적으로 유의한 차이였다(Jacob & Eccles, 1982). 그런데 그러한 평균차이를 보도하는 위험성은 한 집단의 거의 모든 구성원이 다른 집단의 거의 모든 구성원과 다르다는 사실을 함축하는 것이다. 그림 8-1의 중첩된 분포에서 볼 수 있는 바와 같이, 그러한 주장은 진실과 거리가 멀어도 한참 멀다.

용어 사용에 주의하라! 이러한 오해는 부분적으로 통계학 용어가 야기한다. '통계적으로 유의하다'가 '매우 중요하다'를 의미하지 않는다. 벤보우와 스탠리 연구(1980)에 대한 오해는 연구자로부터 대중매체로, 그리고 다시 일반 대중에게 전파되었다. 틴토크 바비 인형의 출시가 게릴라 아트 액션 그룹(게릴라 아트는 영국에서 시작된 길거리 예술 운동으로, 현재는 그래피티를 넘어서 전 세계로 퍼진 예술 운동이다) 구성원들을 고취시켰을 때 이 논제는 더 많은 관심을 불러일으켰다. 바비 해방 기구(Barbie Liberation Organization)는 말하는 바비 인형과 지아이 조의 컴퓨터칩을 교체하여 상점에 다시 진열하였다. 갑자기 지아이 조가 바비와 같은 괴상망측한 목소리로 "수학 수업은 힘들어."라고 불평할 뿐만 아니라 "굉장한 결혼식 계획을 세우자."라고 재잘거렸다.

이러한 데이터가 전하는 이야기를 명확하게 규정하고자 메타분석, 즉 특정 주제에 관한 모든 연구를 포괄하는 연구를 수행하였다. 하이드와 그의 동료들은 수학적 추리능력에서의 평균차이에 관한 259개의 결과를 종합한 메타분석을 실시하였다(Hyde, Fennema, & Lamon, 1990). 이 데이터는 1,968,846명의 남자 참가자와 2,016,836명의

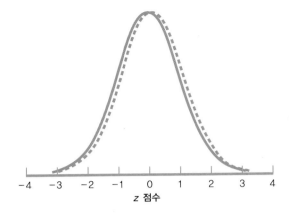

그림 8-1

수학능력에서의 성별 차이
이 그래프는 만일 수학 수행에서 남자의 분포와 여자의 분포가 하이드와 동료들 (1990)이 메타분석에서 보고한 크기만큼 차이를 보인다면 예상할 수 있는 두 분포의 중첩 정도이다. 실선은 여자의 분포를 나타내며, 점선은 남자의 분포를 나타낸다.

여자 참가자를 포함하였다. 연구자들이 발견한 사실은 다음과 같다.

- 두 분포(남자의 분포와 여자의 분포)는 거의 완벽하게 중첩된다(그림 8-1 참조). 점선은 남자의 수학적 추리능력을, 실선은 여자의 수학적 추리능력을 나타낸다.
- 전반적인 수학적 추리능력의 성별 차이는 작다.
- 분포의 극단적인 꼬리 부분(예컨대, 보충교육 프로그램이나 영재 프로그램 참가자의 점수)을 제거하면 그 차이는 더 작아지고 역전된다.

(통계적으로는 유의하지만) 두 성별의 분포가 거의 완벽하게 중첩된다는 사실에 놀랐는가? 이것은 가설검증 자체가 부지불식간에 심각한 오해를 부추기는 사례이다(Jacob & Eccles, 1986). 이러한 이야기는 제프 커밍(Geoff Cumming)이 '새로운 통계학'이라고 부르는 것을 더욱 강조하게 만들어왔다. 이 장에서는 더욱 새로운 통계학을 사용하라는 압력에 관하여 언급하고 통계학자들이 그렇게 하고 있는 세 가지 방법을 다룬다. 첫째, 신뢰구간을 계산할 것인데, 이것은 가능성 있는 평균차이의 범위를 제공해준다. 둘째, 효과크기를 계산할 것인데, 이것은 차이의 크기를 나타낸다. 마지막으로 진정한 차이를 탐지할 만큼 충분한 크기의 표본을 사용한다는 사실을 확신하기 위하여 연구의 통계적 검증력을 추정한다. 만일 충분한 통계적 검증력을 가지고 있지 못하다는 사실을 발견하게 되면, 연구의 결과를 믿을 수 있도록 통계적 검증력을 증가시킬 필요가 있다.

새로운 통계치

2012년에 제프 커밍은 **새로운 통계치 이해하기**(*Understanding the New Statistics*)를 출판하였는데, 이 책은 통계학이 어떻게 변하고 있는지에 관한 학계의 논의를 주류로 편입시켰다. 많은 연구자는 가설검증이 흑백논리로 이끌어가는 것을 비판해왔다(Gelman, 2018; Nuzzo, 2014). 실제로 미국통계학회는 최근에 전통적인 가설검증과 관련하여 p 값을 신중하게 정의하는 성명을 발표하였으며, 그 남용을 완화하기 위한 지침을 제시하였다 (Wasserstein, 2016; Wasserstein & Lazar, 2016). 무엇이 문제인가? 가설검증에서 결과는 유의하거나 유의하지 않은데, 여러분이 이 장에서 배우게 되겠지만 실제로 알려주는 것이 거의 없다. 또한 가설검증은 연구자들로 하여금 데이터가 $p < 0.05$의 임의적인 영역에 들어갈 때까지 '장난질'을 치도록 이끌어갈 수도 있다. '새로운 통계치'들은 이러한 문제점에 대처하도록 도와주는데, 이것이 실제로 새로운 것은 아니다(Cumming, 2012). 오히려 사회과학에 새로운 것은 가설검증 대신에 이러한 통계치를 사용하는 것이다.

무엇이 새로운 통계치인가? 여기에는 효과크기, 신뢰구간, 메타분석 등이 포함되는데, 이 모든 것을 이 장에서 다룬다. 통계적 검증력도 다룰 것이며, 이는 앞의 개념들과 긴밀하게 연계되어 있다. 이 모든 새로운 통계치는 우리가 관찰하는 행동, 태도, 정서, 인지 등에 대한 추정치를 찾아내는 데 도움을 준다. 커밍은 물리학을 비롯한 과학이 추정치를 보고한다는 사실을 언급하고 있다. 예컨대, "플라스틱의 용해점은 $85.5 \pm 0.2°C$이다." 반면에 행동과학은 유의한 효과가 있는지 아니면 없는지를 보고하는 경향이 있는데, 이것은 추정치가 제공하는 것보다 더 적은 정보만을 제공한다.

커밍이 요구하는 추정치는 단일 수치가 아니라 구간이라는 사실을 지적하는 것이 중요하겠다. 구간 추정치는 이치에 맞는 변인의 범위뿐만 아니라 통계치 이면에 존재하는 불확실성에 대해 감을 잡을 수 있게 해준다. 단일 수치를 보고할 때는, 이것이 마치 실제 수치인 것처럼 보인다. 구간 추정치는 우리가 그렇게 확신할 수 없다는 사실을 더 명확하게 만들어준다. 실제로 데이터를 구간 추정치에만 근거하여 해석한 연구자들이 가설검증 결과도 고려한 연구자보다 더 정확한 경향이 있었다(Coulson, Healey, Fidler, & Cumming, 2010).

구간 추정치가 더 유용하다는 사실에 덧붙여, 저널 편집자는 연구보고서가 새로운 통계치들을 포함하고 있을 것을 점점 더 많이 기대하고 있다(Cumming, 2013; Funder et al., 2013; Lindsay, 2017). 예컨대, 미국심리학회(APA)와 심리과학회(APS)는 모두 새로운 통계치를 강조함과 아울러 데이터 분석의 윤리적이며 투명한 보고에 관한 새로운 지침을 개발하였다(Appelbaum et al., 2018; Association for Psychological Science, 2017). 저널 *Basic and Applied Social Psychology*는 한 걸음 더 나아가서 게재 논문에 전통적인 가설검증을 포함하는 것을 금지하고 있다(Trafimow & Marks, 2015).

연구자들은 점차적으로 이러한 기대에 부응하고 있다. 예컨대, *Journal of Consulting and Clinical Psychology*에서는 여러 해에 걸쳐 게재한 연구의 94%가 효과크기를 보고하였으며 40%가 신뢰구간을 보고하였다(Odgaard & Fowler, 2010). 행동과학은 가설검증을 계속해서 사용하고 있기 때문에 그것을 배워두는 것은 여전히 도움이 된다. 그렇지만 세상은 변하고 있기 때문에 새로운 통계치를 배우는 것도 필수적인 일이다. 만일 여러분이 계속해서 행동과학을 공부하고 연구한다면, 언젠가는 가설검증을 전혀 사용하지 않을지도 모른다. 커밍이 지적하고 있는 바와 같이, "0.05 너머에도 삶은 존재한다"(2014).

신뢰구간

수학능력에서의 성별 차이에 관한 연구에서, 연구자들은 남학생의 평균점수에서 여학생의 평균점수를 빼서 평균차이를 계산한다. 세 가지 요약 통계치, 즉 남학생의 평균, 여학생의 평균, 그리고 평균 간의 차이는 모두 점 추정치이다. **점 추정치**(point estimate)는 전집 모수치에 대한 추정치로 사용하는 단 하나의 수치로 나타내는 표본의 요약 통계치이다. 따라서 표본에서 취한 평균은 점 추정치이며, 전집 모수치에 대한 추정치로 사용하는 단일 수치이다. 그렇지만 점 추정치가 정확한 경우는 드물다. 구간 추정치를 사용함으로써 정확도를 증가시킬 수 있다.

> **점 추정치**는 전집 모수치의 추정치로 사용하는 단 하나의 수치로 나타내는 요약 통계치이다.
>
> **구간 추정치**는 표본 통계치에 근거하며 전집 모수치의 이치에 맞는 값의 범위를 제공해준다.

구간 추정치

구간 추정치(interval estimate)는 표본 통계치에 근거하며 전집 모수치의 이치에 맞는 값의 범위를 제공해준다. 구간 추정치는 대중매체에서 여론조사를 보도할 때 자주 사용하며, 일반적으로 점 추정치에서 오차범위를 더하고 뺌으로써 구성한다.

예컨대, 매리스트 여론조사[Marist Poll. 미국 뉴욕 포킵에 위치한 매리스트대학의 MIPO(매리스트여론연구소)가 주관하는 여론조사]는 938명의 미국 성인에게 다섯 개의 선택지에서 '대화 중에 가장 짜증 나는" 단어나 구절을 선택하도록 요청하였다. 가장 많은 응답자가 '도대체 뭐야'(47%)를 선택하였으며, 뒤이어 '알잖아'(25%), '뭐, 어쩔 수 없지'(11%), '그건 그렇고'(7%), '결국에는'(2%)이 뒤따랐다. 오차범위는 ±3.2%라고 보고하였다.

47 − 3.2 = 43.8이고 47 + 3.2 = 50.2이기 때문에, '도대체 뭐야'의 구간 추정치는 43.8%에서 50.2%까지이다(그림 8-2). 구간 추정치는 단 하나의 통계치가 아니라 가능한 값의 범위를 제공해준다.

구간 추정치가 중첩되는지에 주의하라. '알잖아'가 25%로 두 번째이며, 21.8%에서 28.2%까지의 구간 추정치를 내놓고 있다. 첫 번째 표현과 중첩되는 부분이 없으며, 이 사실은 '도대체 뭐야'가 표본뿐만 아니라 전집에서도 실제로 가장 짜증 나는 표현임을

사례 8.1

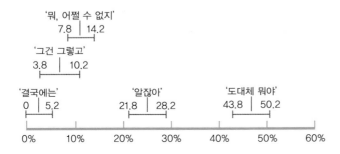

신뢰구간은 표본 통계치에 근거한 구간 추정치이며, 만일 동일한 전집에서 반복적으로 표본을 표집한다면 그 신뢰구간이 전집 평균을 특정 백분율만큼 포함하게 된다.

강력하게 시사한다. 그렇지만 만일 '알잖아'가 42%를 받았더라면, '도대체 뭐야'보다 단지 5%만 뒤처졌을 것이며, 38.8%에서 45.2%의 구간 추정치를 갖게 되었을 것이다. 이 범위는 '도대체 뭐야'의 범위(43.8~50.2%)와 중첩되며, 두 표현이 전집에서는 똑같이 짜증 나게 만들 수도 있음을 시사한다.

용어 사용에 주의하라! '오차범위', '구간 추정치', 그리고 '신뢰구간'이라는 용어는 모두 동일한 아이디어를 나타내는 것이다. 구체적으로 **신뢰구간**(confidence interval)은 표본 통계치에 근거한 구간 추정치이며, 만일 동일한 전집에서 반복적으로 표본을 표집한다면 그 신뢰구간이 전집 평균을 특정 백분율만큼 포함한다. (주 : 전집 평균이 그 구간에 들어간다고 확신함을 말하는 것이 아니다. 단지 동일한 표본크기를 가지고 동일한 연구를 수행할 때, 전집 평균을 특정 구간에서 찾을 수 있을 가능성이 특정 백분율이라고 말하는 것뿐이다. 그 가능성은 일반적으로 95%가 된다.)

신뢰구간은 표본 평균을 중심으로 이루어진다. 95% 신뢰구간을 가장 보편적으로 사용하는데, 이 말은 전집 평균이 하한값과 상한값 사이에 속할 가능성이 95%라는 사실을 나타낸다(즉, 100 − 5 = 95%). 여기서 사용하는 용어에 주의하라. 신뢰수준은 95%이지만, 신뢰구간은 표본 평균을 둘러싼 두 값(하한값과 상한값) 사이의 범위이다. ●

z 분포에서 신뢰구간 계산하기

z 분포의 대칭성이 신뢰구간을 계산하기 용이하게 만들어준다. 제7장 사례 7.5에서 메뉴에 칼로리를 게시하거나 게시하지 않은 스타벅스의 고객들이 섭취하는 칼로리양에 관한 연구에서 가설검증을 실시한 바 있다(Bollinger, Leslie, & Sorensen, 2010). 여기서는 어떻게 신뢰구간이 데이터가 알려주는 이야기에 더욱 귀 기울이도록 도와줄 수 있는지 보도록 하자.

사례 8.2

스타벅스 연구에서 전집 평균은 247칼로리였으며, 표준편차를 201로 간주하였다. 표본에 속한 1,000명은 평균 232칼로리를 섭취하였다. 가설검증을 실시하였을 때, 영가설에 따라 전집 평균 247을 중심으로 정상곡선을 그렸다. 이 평균에 근거하여 임곗값을 결정하고, 표본 평균을 이 임곗값과 비교하였다. 검증통계치(− 2.36)는 임곗값을 넘어섰기 때문에 영가설을 기각하였다. 데이터는 칼로리를 게시한 스타벅스에 가는 사람들이 칼로리를 게시하지 않은 스타벅스에 가는 사람들보다 더 적은 칼로리를 섭취한다고 결론짓도록 이끌어갔다.

신뢰구간을 계산할 때는 다음과 같은 여러 단계를 거친다.

> **단계 1 : 신뢰구간을 포함하는 분포의 그림을 그린다.**

전집 평균 247이 아니라 표본 평균 232가 중앙에 위치한 정상곡선(그림 8-3)을 그린다.

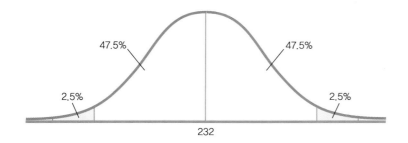

그림 8-3

95% 신뢰구간 I

z 분포에서 신뢰구간 계산을 시작하기 위하여 우선 정상곡선을 그리며, 중앙에 표본 평균을 위치시키고, 신뢰구간 내의 백분율과 그 구간을 넘어서는 백분율을 적시한다.

단계 2 : 그림에 신뢰구간의 경계를 나타낸다. 평균에서부터 정상곡선의 정점까지 수직선을 그린다. 95% 신뢰구간을 사용한다면, 정상곡선의 중앙 95%를 나타내는 짧은 수직선도 그린다(각 꼬리 부분이 2.5%가 되어 꼬리 부분의 합은 5%이다).

정상곡선은 대칭이기 때문에, 95%의 절반은 평균 위에 위치하고 나머지 절반은 평균 아래에 위치한다. 95의 절반은 47.5이며, 평균을 중심으로 양쪽에 47.5%를 적는다. 중앙 95%의 경계를 나타내는 두 짧은 선분 너머의 꼬리에도 해당 백분율을 적는다. 이렇게 마무리한 정상곡선을 그림 8-3에서 볼 수 있다.

단계 3 : 중앙 95%를 나타내는 선분에 해당하는 z 통계치를 결정한다. 이 단계의 작업을 위해서 부록 B의 z 점수표를 사용한다. 평균과 두 z 점수 간의 백분율은 각각 47.5%이다. z 점수표에서 이 백분율을 살펴보면, 1.96의 z 통계치를 찾게 된다. (이 값은 z 검증에서 사용한 임곗값과 동일하다는 사실에 주목하라. 0.05의 알파수준은 95%의 신뢰수준에 해당하기 때문에 항상 같은 값이 된다.) 이제 그림 8-4에서 보는 바와 같이, 정상곡선에 −1.96과 1.96의 z 통계치를 덧붙일 수 있다.

단계 4 : z 통계치를 다시 원래 평균으로 변환한다. 이 변환에 공식을 사용하면 되지만, 우선 해당 평균과 표준편차를 확인한다. 명심해야 할 두 가지 중요 사안이 존재한다. 첫째, (전집 평균이 아니라) 표본 평균을 중심으로 신뢰구간을 결정한다. 따라서 계산에서 표본 평균 232를 사용한다. 둘째, (개별 점수들이 아니라) 표본 평균을 가지고 있기 때문에,

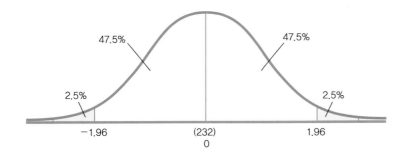

그림 8-4

95% 신뢰구간 II

신뢰구간 계산의 다음 단계는 구간의 양 극단을 나타내는 z 통계치를 확인하는 것이다. 정상곡선은 대칭적이기 때문에, 두 개의 z 통계치는 동일한 크기를 가지며, 하나는 음수이고 다른 하나는 양수가 된다(−1.96과 1.96).

평균분포를 사용한다. 따라서 변산 측정치로는 다음과 같이 표준오차를 계산한다.

$$\sigma_M = \frac{\sigma}{\sqrt{N}} = \frac{201}{\sqrt{1,000}} = 6.356$$

이 값은 제7장 사례 7.5에서 가설검증을 실시할 때 계산하였던 표준오차와 동일하다는 사실에 주목하라.

이 평균과 표준오차를 사용하여 신뢰구간의 양극단에 해당하는 원래 평균을 계산하고, 그림 8-5처럼 정상곡선에 그 값을 덧붙인다.

$$M_{하한} = -z(\sigma_M) + M_{표본} = -1.96(6.356) + 232 = 219.54$$
$$M_{상한} = z(\sigma_M) + M_{표본} = 1.96(6.356) + 232 = 244.46$$

95% 신뢰구간은 [219.54, 244.46]이다. (신뢰구간은 전형적으로 대괄호로 보고한다.)

| **단계 5 : 신뢰구간이 이치에 맞는지 확인한다.** |

표본 평균은 간격의 양극단 중앙에 위치해야 한다. 219.54 − 232 = −12.46이며 244.46 − 232 = 12.46이다. 두 계산의 절댓값이 일치한다. 신뢰구간은 평균보다 12.46 아래인 지점에서 12.46 위인 지점까지 걸쳐있다. 12.46의 값을 오차범위로 생각할 수 있다.

z 통계치를 사용한 신뢰구간을 계산하는 단계를 요약하면 다음과 같다.

1. 표본 평균을 중심으로 정상곡선을 그린다.
2. 양극단에 신뢰구간의 경계지점을 표시하고 정상곡선 좌우 영역의 백분율을 적는다.
3. z 점수표에서 신뢰구간 상한과 하한의 z 값을 찾는다. 95% 신뢰구간에서는 항상 −1.96과 1.96이 된다.
4. 신뢰구간 양극단의 z 값을 원래의 평균으로 변환한다.
5. 답을 확인한다. 신뢰구간의 양극단은 평균으로부터 동일한 거리에 있어야 한다.

동일한 전집에서 메뉴에 칼로리를 제시한 스타벅스에 가는 1,000명의 고객 표본을 반복적으로 표집한다면, 95% 신뢰구간은 95%의 표본에서 전집 평균을 포함하게 된다. 칼로리를 게시하지 않은 스타벅스 고객의 전집 평균인 247은 이 신뢰구간 밖에 위치한다는 사실에 주목하라. 따라서 칼로리를 게시하는 스타벅스에 가는 고객 표본이 칼로리를

공식 숙달하기

8-1 : z 분포를 사용하여 신뢰구간의 하한을 구하는 공식은 $M_{하한} = -z(\sigma_M) + M_{표본}$이며, 상한을 구하는 공식은 $M_{상한} = z(\sigma_M) + M_{표본}$이다. 각 공식에서 첫 번째 기호는 신뢰구간 극단에 위치한 평균을 지칭한다. 각 경계를 계산하기 위하여 z 통계치를 표준오차로 곱한 다음에, 표본 평균을 더한다. 하한의 z 통계치는 음수이며, 상한의 z 통계치는 양수이다.

그림 8-5

95% 신뢰구간 III
신뢰구간 계산의 마지막 단계는 구간의 양극단을 나타내는 z 통계치를 원래의 평균으로 변환하는 것이다.

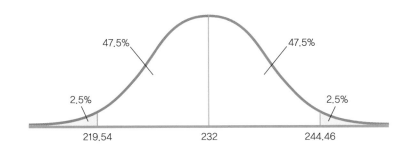

게시하지 않는 스타벅스 고객 전집에서 나온 것일 가능성이 희박하다.

 z 검증과 신뢰구간에서 얻은 결론이 동일하지만, 신뢰구간은 더 많은 정보를 제공해준다. 즉, 단순한 점 추정치가 아니라 구간 추정치를 제공한다. 이에 덧붙여 앞서 언급하였던 바와 같이, 가설검증 결과 대신에 신뢰구간을 보고하는 것은 결과를 보다 정확하게 해석하도록 이끌어간다는 증거가 있다(Coulson, Healey, Fidler, & Cumming, 2010). ●

학습내용 확인하기		
개념의 개관	>	연구자들이 점차적으로 전통적인 가설검증에 더하여(또는 가설검증 대신에) 효과크기, 신뢰구간, 메타분석, 통계적 검증력 등의 '새로운 통계치'를 사용할 것으로 예상된다.
	>	점 추정치는 평균과 같은 단일 수치이며 전집 모수치에 대한 가능성 있는 값을 제공한다. 구간 추정치는 전집 모수치에 대한 가능성 있는 값의 범위를 제공한다.
	>	신뢰구간은 한 가지 유형의 구간 추정치이며, z 분포를 사용하여 표본 평균을 중심으로 계산할 수 있다.
	>	신뢰구간은 가설검증 결과를 확증해주며 더 많은 정보를 제공한다.
개념의 숙달	8-1	구간 추정치가 점 추정치보다 더 좋은 이유는 무엇인가?
통계치의 계산	8-2	만일 투표자의 21%가 4%의 오차범위로 증세를 원한다면, 구간 추정치는 무엇인가? 점 추정치는 무엇인가?
개념의 적용	8-3	작동방법 7.2에서는 종속변인으로 CFC 척도를 사용한 연구의 다음과 같은 정보에 근거하여 z 검증을 실시하였다(Adams, 2012). CFC 점수의 전집 평균은 3.20이며 표준편차는 0.70이었다. 표본은 직업 토의집단에 참가하는 45명의 학생이었으며, 연구는 이러한 참가가 CFC 점수를 변경시켰는지를 살펴보았다. 이 집단의 평균은 3.45이었다. a. 95% 신뢰구간을 계산하라. b. 이 신뢰구간이 알려주는 것을 설명해보라. c. 이 신뢰구간이 제7장에서 실시한 가설검증보다 우월한 까닭은 무엇인가?

학습내용 확인하기의 답은 부록 D에서 찾아볼 수 있다.

효과크기

수학추리능력에서 성별 차이에 관한 연구를 살펴볼 때 보았던 것처럼, '통계적 유의성'은 연구결과가 의미심장한 차이를 나타낸다는 사실을 의미하지 않는다. '통계적 유의성'은 단지 영가설이 참일 때 그러한 결과가 발생할 가능성이 낮다는 사실만을 의미할 뿐이다. 제프 커밍(2014)은 가설검증이 "이상한 후향 논리에 의존하며, 우리가 알고 싶어 하는 것, 즉 효과 그 자체에 관하여 직접적인 정보를 제공할 수 없다."라고 지적한다. 효과크기의 계산은 우리가 가장 관심을 가지고 있는 물음, 즉 "데이터의 패턴이 의미 있거나 중요한가?"에 한 걸음 더 다가설 수 있게 해준다.

통계적 유의성의 오해 단순히 대규모 표본을 모집함으로써 달성하는 통계적 유의성은 연구결과를 실제보다 훨씬 더 중요하게 보이도록 만들 수 있다. 사람들의 크기를 과장할 수 있는 볼록거울처럼 말이다.

통계적 유의성에 대한 표본크기의 효과

그림 8-1에서 거의 완벽하게 중첩된 수학능력에 관한 두 정상곡선이 '통계적으로 유의한' 까닭은 표본크기가 상당하기 때문이다. 다른 모든 것이 동일하다면, 표본크기의 증가는 항상 검증통계치를 증가시킨다. 사례 7.3에서는 여성의 온라인 프로파일에 대한 남성의 평정 데이터를 사용하였다(Rudder, 2015). 보고된 분포에 근거하여, 평균은 2.5이고 표준편차는 0.833으로 추정하였다. 가상 연구의 사례를 사용하였는데, 그 연구에서는 30명 여대생 표본에 대한 평균 평정치 2.84를 전집 평균 평정치와 비교하였다. 표본크기 30에 근거하여 평균분포의 평균과 표준오차를 다음과 같이 보고하였다.

$$\mu_M = \mu = 2.50; \ \sigma_M = \frac{\sigma}{\sqrt{N}} = \frac{0.833}{\sqrt{30}} = 0.152$$

이 수치에서 계산한 검증통계치는 다음과 같다.

$$z = \frac{(M - \mu_M)}{\sigma_M} = \frac{(2.84 - 2.50)}{0.152} = 2.236$$

만일 표본크기를 200으로 늘린다면 어떤 일이 일어나겠는가? 커진 표본크기를 반영하는 표준오차를 재계산한 다음에, 작아진 표준오차를 반영하는 검증통계치를 재계산하여야 한다.

$$\mu_M = \mu = 2.50; \ \sigma_M = \frac{\sigma}{\sqrt{N}} = \frac{0.833}{\sqrt{200}} = 0.059$$

$$z = \frac{(M - \mu_M)}{\sigma_M} = \frac{(2.84 - 2.50)}{0.059} = 5.763$$

표본크기를 1,000으로 늘리면 어떻겠는가?

$$\mu_M = \mu = 2.50; \ \sigma_M = \frac{\sigma}{\sqrt{N}} = \frac{0.833}{\sqrt{1,000}} = 0.026$$

$$z = \frac{(M - \mu_M)}{\sigma_M} = \frac{(2.84 - 2.50)}{0.026} = 13.077$$

표본크기를 100,000으로 늘리면 어떻겠는가?

$$\mu_M = \mu = 2.50; \ \sigma_M = \frac{\sigma}{\sqrt{N}} = \frac{0.833}{\sqrt{100,000}} = 0.003$$

$$z = \frac{(M - \mu_M)}{\sigma_M} = \frac{(2.84 - 2.50)}{0.003} = 113.333$$

표본크기를 늘릴 때마다, 표준오차는 줄어들고 검증통계치는 증가하였다는 사실에 주목하라. 애초의 검증통계치 2.24는 임곗값인 1.96과 −1.96을 넘어서는 값이었다. 그리고 표본크기가 증가함에 따라서, 검증통계치(5.76, 13.08, 113.33)는 점차적으로 임곗값보다 더욱 극단적인 값이 되었다. 수학능력에서의 성별 차이에 관한 연구에서, 연구자들은 10,000명의 참가자를 사용하였는데, 이것은 대단히 큰 표본이다(Benbow & Stanley, 1980). 그렇기 때문에 작은 차이가 통계적으로 유의한 차이가 되어버린다고 해도 전혀 놀랍지 않다.

큰 표본이 작은 표본보다 훨씬 용이하게 영가설을 기각하게 해줄 수밖에 없다는 사실이 이치에 맞는 까닭을 논리적으로 따져보기로 하자. 만일 어느 대학에서 5명의 여학생을 무선선택하였는데, 전집 평균보다 꽤나 높은 평균을 보인다면, "우연일 수도 있잖아."라고 말할 수 있다. 그렇지만 만일 1,000명을 무선선택하고는 전집 평균보다 꽤나 높은 평균을 보인다면, 높은 점수를 보이는 1,000명을 우연히 선발하였을 가능성은 매우 낮다.

그렇지만 차이가 실제로 존재한다고 해서, 그 차이가 반드시 크거나 중요함을 의미하지는 않는다. 다섯 사람에게서 발견한 차이는 1,000명에게서 발견한 차이와 동일할 수 있다. 상이한 표본크기를 가지고 여러 차례 실시한 z 검증에서 시범 보인 바와 같이, 작은 표본을 가지고는 영가설을 기각하는 데 실패하지만, 큰 표본에서는 동일한 크기의 평균차이를 가지고 영가설을 기각할 수 있다.

코헨(Cohen, 1990)은 통계적 유의성과 현실적 중요성 간의 차이를 설명하기 위하여 신장과 지능점수(IQ) 간의 작지만 통계적으로 유의한 상관을 사용하였다. 표본은 14,000명의 아동으로 그 크기가 상당하였다. 신장과 IQ가 인과관계를 가지고 있다고 상상하면서 코헨은 어떤 사람이 IQ를 30점(2 표준편차) 올리려면 3.5피트 더 커야 하거나 아니면 신장을 4인치 증가시키려면 IQ를 233점이나 높여야 한다는 계산결과를 내놓았다. 신장은 IQ와 통계적으로 유의하게 상관되었을 수 있지만, 현실적인 실세계 응용력

표본이 클수록 결론에 대한 확신도가 증가한다 미국에 유학 중인 영국 학생인 스티븐은 친구들로부터 자신이 좋아하는 캔디바 요키를 찾을 수 없을 것이라는 이야기를 듣는다. 세 개의 상점에서 이 가설을 검증하는데, 요키 캔디바를 찾지 못한다. 역시 친구들로부터 경고를 들었던 또 다른 영국 유학생인 빅토리아도 자신이 무척 좋아하는 컬리 월리를 찾고 있다. 그녀는 25개 상점에서 자신의 가설을 검증하였는데, 컬리 월리를 한 개도 찾지 못하였다. 두 사람은 모두 친구가 옳았다고 결론짓는다. 여러분은 스티븐이나 빅토리아가 정말로 그들이 좋아하는 캔디바를 찾을 수 없다는 사실을 더욱 확신하고 있는가?

© Rob Walls/Alamy

은 없다. 커다란 표본크기는 이야기가 참이라는 신뢰수준에 영향을 주겠지만, 그 이야기가 중요하다는 신뢰도는 증가시키지 못한다.

용어 사용에 주의하라! 통계적 유의성이라는 용어에 직면할 때, 이것을 현실적 중요성의 지표로 해석하지 말라.

효과크기란 무엇인가?

효과크기는 통계적으로 유의한 차이가 중요한 차이일 수도 있는지를 알려줄 수 있다. **효과크기**(effect size)는 차이의 크기를 나타내며 표본크기의 영향을 받지 않는다. 효과크기는 두 전집이 얼마나 중첩되지 않는지를 알려준다. 요컨대, 중첩이 적을수록 효과크기는 커진다.

두 분포 간의 중첩 정도를 두 가지 방식으로 감소시킬 수 있다. 첫째, 그림 8-6에서 보는 바와 같이, 두 평균이 멀리 떨어져 있을수록 중첩은 감소하고 효과크기는 증가한다. 둘째, 그림 8-7에서 보는 바와 같이, 각 점수분포의 변산성이 작아질수록 중첩은 감소하고 효과크기는 증가한다.

수학추리능력의 성별 차이를 논의할 때, 여러분은 차이의 크기를 '작다'고 기술하였음을 알아차렸을지 모른다(Hyde, 2005). 효과크기는 평균이 아니라 점수에 근거한 표준 측정치이기 때문에, 연구들이 상이한 표본크기를 가지고 있을 때조차도, 그 연구들의 효과크기를 상호 간에 비교할 수 있다.

사례 8.3

그림 8-8은 효과크기를 계산하기 위하여 평균 대신에 원점수를 사용하는 까닭을 입증하고 있다. 첫째, 각각의 분포가 동일한 기저 전집에 근거하고 있다고 가정하라. 둘째, 수직 선분이 나타내고 있는 네 쌍의 평균은 모두 동일하다는 사실에 주목하라. 차이는 오직 분포의 변산성에만 달려있다. 그림 8-8a의 뾰족하고 얄팍한 평균분포에서 작은 정도의 중첩은 큰 표본크기의 결과이다. 그림 8-8b의 다소 넓적한 평균분포에서 상당한 정도의 중첩은 작은 표본크기의 결과이다. 반면에 그림 8-8c와 8-8d의 점수분포는 평균이 아니라 점수들을 나타낸다. 이렇게 평평하고 넓은 분포는 실제 점수를 포함하고 있기 때문에, 비교를 하는 데 있어서 표본크기는 문제가 되지 않는다.

이 사례에서 그림 8-8c와 8-8d의 실제 중첩 정도는 동일하다. 중첩 정도를 직접 비교하여 동일한 효과크기를 가지고 있다는 사실을 알 수 있다. ●

효과크기는 차이의 크기를 나타내며 표본크기의 영향을 받지 않는다.

코헨의 *d*는 두 평균 간의 차이를 표준오차가 아니라 표준편차에 근거하여 평가하는 효과크기 측정치이다.

코헨의 *d*

다양한 효과크기 통계치가 존재하지만, 모든 통계치는 표본크기의 영향을 배제한다. *z* 검증을 실시할 때의 효과크기 통계치는 전형적으로 제이콥 코헨(Jacob Cohen)이 개발한 코헨의 *d*이다(Cohen, 1988). **코헨의 *d***(Cohen's *d*)는 두 평균 간의 차이를 표준오차가 아니

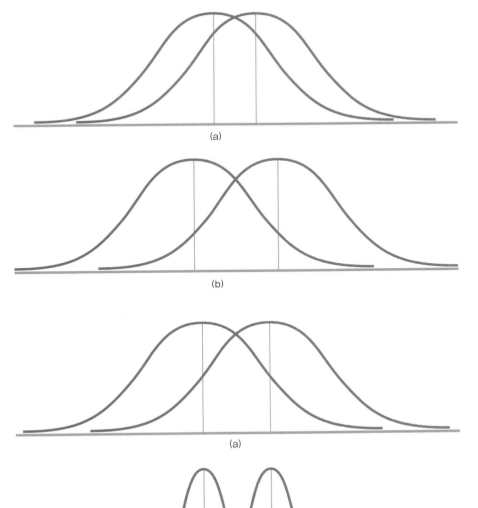

그림 8-6

그림 8-6

효과크기와 평균차이

(b)에서처럼 두 전집의 평균이 멀리 떨어져 있을 때는, 분포 간의 중첩이 감소하여 효과크기가 증가한다.

그림 8-7

효과크기와 표준편차

(b)에서 보는 바와 같이 두 전집분포의 변산이 감소하면, 분포의 중첩이 줄어들고 효과는 점점 더 커진다.

라 표준편차에 근거하여 평가하는 효과크기 측정치이다. 다시 말해서 코헨의 d는 z 통계치와 매우 유사하게 표준편차를 사용하여 평균 간 차이를 측정할 수 있게 해준다. 분모에 표준오차 대신에 표준편차를 사용함으로써 구하게 된다.

신뢰구간을 계산하였던 사례 8.2의 스타벅스 데이터에서 코헨의 d를 계산해보자. 단지 표준오차를 표준편차로 대치하면 된다. 칼로리를 게시한 스타벅스에 가는 1,000명의 고객에 대한 검증통계치를 계산할 때, 우선 다음과 같이 표준오차를 계산하였다.

사례 8.4

그림 8-8

공정하게 비교하기

위쪽의 두 정상곡선 쌍(a와 b)은 연구 1
과 연구 2를 나타내고 있다. 첫 번째 연
구 (a)는 대규모 표본크기의 두 표본을
비교하고 있기 때문에, 각 정상곡선이
매우 얄팍하다. 두 번째 연구 (b)는 상당
히 작은 표본크기의 두 표본을 비교하기
때문에, 각 정상곡선이 더 넓다. 연구 1
은 중첩 부분이 작지만, 그렇다고 해서
연구 2보다 더 큰 효과를 가지고 있음
을 의미하지는 않는다. 아래쪽 두 쌍(c
와 d)도 동일한 두 연구를 나타내고 있
지만, 개별 점수의 표준편차를 사용하고
있다. 이제 둘을 비교할 수 있으며 동일
한 정도로 중첩되어 있음을, 즉 동일한
효과크기를 가지고 있음을 알 수 있다.

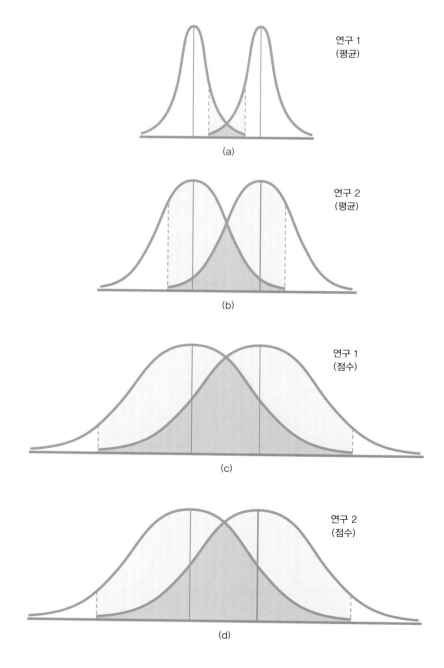

$$\sigma_M = \frac{\sigma}{\sqrt{N}} = \frac{201}{\sqrt{1,000}} = 6.356$$

전집 평균 247과 표본 평균 232를 사용하여 다음과 같이 z 통계치를 계산하였다.

$$z = \frac{(M - \mu_M)}{\sigma_M} = \frac{(232 - 247)}{6.356} = -2.36$$

코헨의 *d*를 계산하려면, *z* 통계치 공식을 사용하는데, σ_M을 σ로 대치한다(그리고 μ_M을 μ로 대치하는데, 이 경우에 평균은 항상 동일하다). 따라서 분포에 6.356 대신에 201을 사용한다. 코헨의 *d*는 평균분포가 아니라 점수분포의 변산성에 바탕을 둔다.

$$d = \frac{(M - \mu)}{\sigma} = \frac{(232 - 247)}{201} = -0.07$$

이제 간단하게 *d* = −0.07로 표현하기 십상인 효과크기를 알게 되었으므로, "이것이 의미하는 것은 무엇인가?"라는 물음을 던지게 된다. 첫째, 두 표본 평균은 0.07 표준편차만큼 떨어져 있다는 사실을 알게 되었는데, 이것이 대단한 차이로 보이지 않는다. 실제로도 그렇다. 코헨은 작은 효과(0.2), 중간 효과(0.5), 그리고 큰 효과(0.8)라는 지침을 개발하였다. 표 8-1은 특정 효과크기가 나타내는 분포의 중첩 정도와 함께 이 지침을 보여주고 있다. 중요한 것은 효과크기의 강도이기 때문에 음양부호를 제시하지 않았다. −0.5의 효과크기는 0.5의 효과크기와 동일하다.

이러한 수치에 근거할 때, 스타벅스 고객연구의 효과크기는 작은 효과 수준에도 미치지 못하고 있다. 그렇지만 제7장에서 지적한 바와 같이, 연구자들은 작은 효과조차도 음식점으로 하여금 저칼로리 메뉴를 더 많이 제공하도록 자극할 수 있다는 가설을 세웠다. 때로는 작은 효과도 의미가 있을 수 있다. ●

메타분석

많은 연구자들은 메타분석이야말로 사회과학 연구에서 최근에 이룩한 가장 중요한 진보라고 생각하고 있다(Newton & Rudestam, 1999 참조). **메타분석**(meta-analysis)은 둘 이상의 연구가 보여준 개별적인 효과크기로부터 평균 효과크기를 계산하는 연구이다. 메타분석은 여러 연구를 동시에 고려함으로써 증강된 통계적 검증력을 제공하며, 상반된 연구 결과들로 첨화된 논쟁거리를 해소하는 데 도움을 준다(Lam & Kennedy, 2005). 원래 메타분석의 목표는 많은 연구를 결합하는 데 있었지만, 연구자들은 점차적으로 소수의 연구, 심지어는 두 연구만을 가지고도 메타분석을 실시하도록 부추기고 있다(Cumming,

표 8-1	효과크기 *d*에 대한 코헨의 관례

제이콥 코헨은 연구자들이 효과가 작은지, 중간 정도인지, 아니면 큰지 결정하는 것을 도와주기 위하여 두 분포 간의 중첩에 근거한 지침(또는 관례)을 발표하였다. 이 수치들은 임곗값이 아니다. 단지 연구자들이 결과를 해석하는 데 도움을 주는 엉성한 지침일 뿐이다.

효과크기	관례	중첩
작다	0.2	85%
중간	0.5	67%
크다	0.8	53%

메타분석은 둘 이상의 연구가 보여준 개별 효과크기로부터 평균 효과크기를 계산하는 연구이다.

2012). 커밍은 소규모 메타분석조차도 가설검증을 대신할 수 있다고 주장한다.

　메타분석 과정의 논리는 놀라울 정도로 간단하다. 단지 다음과 같은 네 개의 단계만이 존재한다.

1. 관심 주제를 선정하고, 선행 연구들을 찾아 나서기에 앞서 어떻게 진행할 것인지를 엄격하게 결정한다.
2. 기준을 만족하는 모든 선행 연구를 확인한다.
3. 모든 연구에 대해서 효과크기를 계산한다. 흔히 코헨의 d를 사용한다.
4. 통계치를 계산한다. 이상적으로는 요약 통계치, 가설검증, 신뢰구간, 그리고 효과크기의 시각적 제시 등을 마련한다(Rosenthal, 1995).

> **단계 1 : 관심 주제를 선정하고, 선행 연구들을 찾아 나서기에 앞서 어떻게 진행할 것인지를 엄격하게 결정한다.**

명심해야 할 몇 가지 고려사항은 다음과 같다.

1. 효과크기를 계산하는 데 필요한 개별 연구의 효과크기나 요약 통계치 등 필요한 통계정보가 가용한지를 확인한다.
2. 참가자들이 연령, 성별, 지리적 위치 등 특정 기준을 만족하는 연구만을 선택한다.
3. 연구설계에 근거하여 연구들을 배제한다. 예컨대 실험연구가 아닌 연구들을 배제한다.

　영국 연구자들은 범불안장애 환자의 걱정 수준을 완화시키는 데 있어서 인지치료의 효과를 밝히려는 메타분석을 실시하였다(Hanrahan et al., 2013). 메타분석을 시작하기에 앞서, 분석에 포함시킬 연구의 기준을 설정하였다. 예컨대, 진정한 실험연구 그리고 참가자 연령이 18세에서 65세 사이인 연구만을 포함시키기로 결정하였다.

> **단계 2 : 기준을 만족하는 모든 선행 연구를 확인한다.**

명백한 출발점은 PsycINFO(대부분의 심리학 학술지 초록을 담고 있는 컴퓨터화된 데이터베이스)와 Google Scholar(구글에서 운영하는 학술정보 탐색 웹사이트)를 비롯한 전자 데이터베이스가 되겠다. 예컨대, 연구자들은 'generalized anxiety disorder(범불안장애)', 'cognitive therapy(인지치료)', 'anxiety(불안)' 등의 용어를 사용하여 여러 데이터베이스를 탐색한다(Hanrahan et al., 2013). 그렇지만 메타분석의 핵심은, 수행하였지만 아직 발표하지 않은 연구들을 찾아내는 것이다(Conn et al., 2003). 많은 '숨어있는 문헌(fugitive literature)'(Rosenthal, 1995)이나 '회색 문헌(gray literature)'(Lam & Kennedy, 2005)들이 발표되지 않은 까닭은 이 연구들이 유의한 차이를 발견하지 못하였기 때문이다. 이러한 연구들을 제외하면 전체적인 효과크기가 상당히 큰 것처럼 보이게 된다. 발표되지 않은 결과를 얻기 위하여 다른 출처, 예컨대 관련 학회의 발표 초록을 읽어보거나 그 분야에서 활동하는 연구자들과 접촉하는 방법을 사용하기도 한다. 연구자들은 데이터베이스를 사용하여 확인한 연구의 저자들에게 이메일을 보내서 발표하지 않은 데이터를 가지고 있는지 문의하였다(Hanrahan et al., 2013).

> **단계 3 : 모든 연구에 대해서 효과크기를 계산한다. 흔히 코헨의 *d*를 사용한다.**

선행 연구가 효과크기를 보고하지 않았을 때는 보고한 요약 통계치를 사용하여 효과크기를 계산하여야 한다. 연구자들은 자신들의 기준을 만족하는 15개 연구로부터 19개의 효과크기를 계산할 수 있었다(어떤 연구는 둘 이상의 효과크기를 보고하였다).

> **단계 4 : 통계치들을 계산한다. 이상적으로는 요약 통계치, 가설검증, 신뢰구간, 그리고 효과크기의 시각적 제시 등을 마련한다(Rosenthal, 1995).**

모든 연구의 평균 효과크기를 계산하는 것이 무엇보다도 중요하다. 실제로 알고 있는 모든 통계적 지식, 예컨대 평균, 중앙값, 표준편차, 신뢰구간, 가설검증, 상자도표(box plot)나 줄기잎도표(stem-and-leaf plot)와 같은 시각적 제시법 등을 적용할 수 있다. 불안에 대처하는 인지치료의 효과에 대한 메타분석에서, 연구자들은 여러 가지 주요 효과크기를 계산하였다. 예컨대, 인지치료와 무개입 간의 비교에 대한 코헨의 *d* 값의 평균은 1.81이었다. 신뢰구간은 0을 포함하지 않았으며, 연구자들은 효과크기가 0이라는 영가설을 기각할 수 있었다. 인지치료와 다른 치료법 간의 비교에 대한 코헨의 *d* 값의 평균은 0.63이었다. 연구자들은 이 경우에도 영가설을 기각할 수 있었지만, 상당한 효과크기를 나타낸 예외값을 발견하고 말았다. 예외값을 제외하였을 때, 코헨의 *d* 값의 평균은 0.63에서 0.45로 떨어졌으나 여전히 통계적으로 유의한 효과를 나타냈다. 연구자들은 **숲도표**(forest plot)도 포함시켰는데, 이것은 모든 연구의 효과크기에 대한 신뢰구간을 보여주는 도표이다. 예컨대, 그림 8-9는 인지치료를 무개입과 비교한 연구들의 숲도표를 보여주고 있다. 연구자들은 이 메타분석에 근거하여 인지치료가 불안에 대처하는 효과적인 치료법인 것으로 보인다고 결론지었다.

숲도표는 모든 연구의 효과크기에 대한 신뢰구간을 보여주는 도표이다.

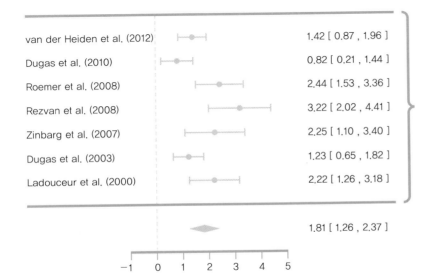

van der Heiden et al. (2012)	1.42 [0.87 , 1.96]
Dugas et al. (2010)	0.82 [0.21 , 1.44]
Roemer et al. (2008)	2.44 [1.53 , 3.36]
Rezvan et al. (2008)	3.22 [2.02 , 4.41]
Zinbarg et al. (2007)	2.25 [1.10 , 3.40]
Dugas et al. (2003)	1.23 [0.65 , 1.82]
Ladouceur et al. (2000)	2.22 [1.26 , 3.18]
	1.81 [1.26 , 2.37]

그림 8-9

숲도표

이 숲도표는 범불안장애 환자의 걱정거리를 덜어주는 데 있어서 인지치료를 치료 없음과 비교한 7개 연구의 효과크기를 보여주고 있다(Hanrahan et al., 2013). 또한 하단에 마름모로 7개 연구의 전반적인 효과크기도 나타내고 있다. 각 연구의 효과크기 옆에는 그 효과크기의 신뢰구간이 나와있다. 전반적인 효과크기 1.81의 신뢰구간은 0을 포함하지 않는다. 7개 연구 모두 효과크기의 신뢰구간이 0을 포함하고 있지 않기 때문에 이 사실은 놀라운 것이 아니다. 연구자들은 전반적인 효과크기가 0이라는 영가설을 기각할 수 있었다.

파일 서랍 분석은 메타분석을 수행한 후에, 평균 효과크기가 더 이상 통계적으로 유의하지 않으려면 존재해야만 하는 무효과 연구(영가설을 기각하는 데 실패한 연구)의 수를 통계적으로 계산하는 것이다.

미발표 연구들이 강력한 메타분석의 핵심이다. 발표되지 않은 채 숨어있는 많은 문헌이 존재하는 까닭은 영가설을 기각하지 못한 연구가 저널에 발표될 가능성이 낮기 때문이다(Begg, 1994 참조). 이 메타분석을 수행할 시점에 분석에 포함된 연구의 20%가 발표되지 않은 것이었다(Hanrahan et al., 2013). 그렇지만 연구자들이 찾아낼 수 없었던 다른 연구들도 있었을 것이다. 이 문제를 '파일 서랍 문제(file drawer problem)'라고 불러왔으며, 이 문제의 두 가지 해결책을 논의해보자.

첫 번째 해결책은 부가적 분석을 실시하는 것이다. 가장 보편적인 추적분석을 로버트 로젠탈(Robert Rosenthal, 1991)이 제안하였으며, 이는 **파일 서랍 분석**(file drawer analysis)이라는 적절한 이름으로 알려지게 되었다. 이 분석은 메타분석을 수행한 후에, 평균 효과크기가 더 이상 통계적으로 유의하지 않으려면 존재해야만 하는 무효과 연구(영가설을 기각하는 데 실패한 연구)의 수를 통계적으로 계산하는 것이다. 만일 극소수의 무효과 연구가 효과크기를 유의하지 않게 만들 수 있다면, 효과크기의 평균은 뻥튀기된 추정치일 가능성이 높은 것으로 간주해야 한다. 만일 효과를 유의하지 않은 것으로 만드는 데 연구자의 파일 서랍에 숨어있는 수백 개의 연구가 필요하다면, 정말로 유의한 효과가 있다고 안전하게 결론지을 수 있다. 대부분의 연구 주제에 있어서 수백 개의 미발표 연구가 존재할 가능성은 별로 없다.

파일 서랍 분석의 다양한 변형들이 존재한다. 예컨대, 연구자로 하여금 발표 편향이 있었던 것처럼, 다시 말해서 무효과 연구가 많이 있었던 것처럼, 자신의 결과를 살펴보도록 만들어주는 분석이다. 여기서 소개한 메타분석은 베비아와 우즈(Vevea & Woods, 2005)가 개발한 민감도 분석을 사용하였다. 연구자들은 민감도 분석이 (자신들이) "추정한 전집 효과크기가 메타분석에 포함되지 않은 미발표 연구로 인해서 심각하게 뻥튀기되지 않았다는 확신"(126쪽)을 주었다고 결론지었다.

두 번째 해결책인 반복연구 또는 재현가능성은 제7장에서 논의하였다. 파일 서랍 효과에 관한 염려에도 불구하고, 메타분석은 반복연구와 협력체계를 갖춤으로써 보다 신뢰할 수 있는 결론을 도출할 수 있다. 제프 커밍이 지적하는 바와 같이, 메타분석은 "골치 아픈 사회적 문제에 대해서도 증거가 강력하게 지지하며 중차대한 현실적 함의를 갖는 결론에 도달할 수 있다"(2012, 197쪽). 가설검증의 자체적인 제한점을 감안할 때, 메타분석은 점차적으로 연구의 핵심 표준이 되어가고 있다.

학습내용 확인하기

개념의 개관

> 표본크기가 증가함에 따라, 검증통계치는 더욱 극단적인 값이 되어 영가설을 기각하기 용이해진다.

> 통계적으로 유의한 결과가 반드시 현실적 중요성을 갖지는 않는다.

개념의 개관 (계속)	>	효과크기는 평균이 아니라 원점수의 측면에서 계산하기 때문에, 표본크기에 의존하지 않는다.
	>	어떤 효과의 크기는 두 집단 평균 간의 차이 그리고 각 집단내 변산성의 크기에 달려 있다.
	>	z 검증에서 효과크기는 코헨의 d로 측정하는데, z 통계치처럼 계산하지만 표준오차 대신에 표준편차를 사용한다.
	>	메타분석은 연구들에 대한 연구로서, 개별 연구보다 효과크기에 대한 보다 객관적인 측정치를 제공해준다.
	>	메타분석을 실시하는 연구자는 주제를 선정하고, 어떤 연구의 포함 여부에 관한 지침을 결정하며, 그 주제에 관한 모든 연구를 추적하고, 각 연구의 효과크기를 계산한다. 평균 효과크기를 계산하여 보고하는데, 흔히 표준편차, 중앙값, 유의도 검증, 신뢰구간, 적절한 그래프 등을 수반한다.
개념의 숙달	8-4	통계적 유의성과 현실적 중요성을 구분해보라.
	8-5	효과크기란 무엇인가?
통계치의 계산	8-6	평균이 100이고 표준편차가 15인 지능점수를 변인으로 사용하여, 관찰한 평균인 105에 대한 코헨의 d를 계산해보라.
개념의 적용	8-7	학습내용 확인하기 8-3에서 CFC 데이터에 근거한 신뢰구간을 계산한 바 있다. 전집의 평균 CFC 점수는 3.20이고 표준편차는 0.70이었다. 직업 토의집단에 참가한 45명 표본의 평균은 3.45이었다.
		a. 이 연구에 적합한 효과크기를 계산해보라.
		b. 코헨의 관례를 인용하여, 이 효과크기가 알려주는 것이 무엇인지를 설명해보라.
		c. 효과크기에 근거할 때, 이 결과는 실생활에 어떤 함의를 갖는가?

학습내용 확인하기의 답은 부록 D에서 찾아볼 수 있다.

통계적 검증력

효과크기 통계치는 수학능력에서의 성별 차이에 관한 대중적 논쟁이 종식되었음을 알려준다. 즉, 관찰된 성별 차이는 아무런 현실적 중요성을 갖지 않는다. 통계적 검증력의 계산도 그러한 논쟁을 애초에 제한시키는 또 다른 방법이다.

통계적 검증력(statistical power)이란 영가설이 거짓일 때 그 영가설을 기각하게 될 가능성의 측정치이다. 다시 말해서 통계적 검증력은 영가설을 기각해야만 할 때 그 영가설을 기각하는 확률, 즉 2종 오류를 범하지 않을 확률이다.

통계적 검증력의 계산은 0.00(0%)의 확률에서부터 1.00(100%)의 확률에 걸쳐있다. 역사적으로 통계학자들은 어떤 연구를 수행하는 최솟값으로 0.80의 확률을 사용해왔다. 만일 영가설을 정확하게 기각할 가능성이 80%라면, 그 연구를 수행하는 것은 적절하다.

통계적 검증력은 영가설이 거짓일 때 그 영가설을 기각하게 될 가능성의 측정치이다.

© REUTERS/Daniel Aguilar

James H. Robinson/Science Source

통계적 검증력   통계적 검증력은 나비 날개의 미세한 부분을 보여주는 데 사용하는 현미경의 누진적 힘과 마찬가지로, 실제로 존재하는 차이를 탐지할 가능성을 지칭한다.

일방 z 검증에서 통계적 검증력을 살펴보도록 하자. (계산을 단순화하기 위하여 일방검 증을 사용하는 것뿐이다.)

통계적 검증력의 중요성

통계적 검증력을 이해하려면 두 전집, 즉 표본을 대표하는 전집(전집 1)과 표본을 비교하려는 전집(전집 2)의 여러 가지 특성을 고려할 필요 가 있다. 시각적으로는 두 전집을 중첩된 두 곡선으로 나타낸다. 제4장 의 사례, 즉 개입이 학생들이 참석하는 대학 상담센터 회기의 평균 횟 수를 변화시키는지 알아보려던 연구를 생각해보자.

사례 8.5

> **단계 1 :** 통계적 검증력을 계산하는 데 필요한 정보를 결정한다. 가정하는 표본 평균, 표본크기, 전집 평균, 전집 표준편차, 이 표본크기에 근거 한 표준오차 등을 결정한다.

이 사례에서는 9명의 학생 표본이 개입 후에 상담센터가 실시하는 회기에 평균 6.2회 참석할 것이라고 가정한다고 해 보자. 전집 평균은 4.6이며 전집 표준편 차는 3.12이다. 표본 평균 6.2는 전집 평균보다 1.6이 증가한 것이며, 이것은 중간 크기 의 효과인 대략 0.5의 코헨의 d에 해당한다. 9명의 표본을 가지고 있기 때문에, 표준편차 를 표준오차로 변환할 필요가 있다. 표준편차를 표본크기의 평방근으로 나누어 1.04의 표준오차를 구한다. 통계적 검증력을 계산하는 데 필요한 수치들을 표 8-2에 요약하였 다. 표본을 뽑은 전집을 '전집 1'로, 평균을 알고 있는 전집을 '전집 2'로 부르기로 한다.

여러분은 어떻게 표본 평균을 6.2라고 가정하였는지가 궁금할는지 모르겠다. 실제로 효과가 얼마나 될지는 결코 알 수 없다. 특히 연구를 수행하기 전에는 더욱 그렇다. 전형 적으로 연구자들은 기존 연구문헌을 살펴보거나 수행하려는 연구를 가치 있는 것으로 만들려면 얼마나 큰 효과크기가 필요한지를 결정하는 방식으로 전집 1의 평균을 추정한 다(Murphy & Myors, 2004). 어떤 통계학자들은 검증력을 계산할 때 보수적으로 작은 효

표 8-2	통계적 검증력을 계산하기 위한 수치들

z 검증에서 통계적 검증력을 계산하려면, 시작하기에 앞서 여러 가지 수치들을 알아야만 한다.

검증력 계산을 위한 수치	상담센터 연구
전집 1의 평균(예상 표본 평균)	$M = 6.2$
계획한 표본크기	$N = 9$
전집 2의 평균	$\mu_M = \mu = 4.6$
전집의 표준편차	$\sigma = 3.12$
(계획한 표본크기를 사용한) 표준오차	$\sigma_M = \dfrac{\sigma}{\sqrt{N}} = \dfrac{3.12}{\sqrt{9}} = 1.04$

과크기를 사용하는 실수를 범할 것을 권장하며, 다른 통계학자들은 효과크기의 특정 범위에 대한 검증력을 계산할 것을 권장한다(Anderson, Kelley, & Maxwell, 2017; Gelman & Carlin, 2014; McShane & Böckenholt, 2014). 이 사례에서는 코헨의 *d*가 0.5인 중간 크기 효과를 가정하였는데, 이것을 평균에 적용하면, 4.6에서 6.2로 1.6만큼 증가하는 것이 된다.

> **단계 2 : 통계적 검증력을 계산할 수 있도록 z 분포에서의 임곗값과 원점수 평균을 결정한다.**

이 사례에서 6.2를 중심으로 하는 전집 1의 평균분포와 4.6을 중심으로 하는 전집 2의 평균분포가 그림 8-10에 나와있다. 이 그림은 0.05의 알파수준을 갖는 일방검증의 임곗값도 보여주고 있다. z 통계치의 임곗값은 1.65이며, 이것은 다음과 같이 원점수 평균 6.316으로 변환된다.

$$M = 1.65(1.04) + 4.6 = 6.316$$

그림 8-10에서 알파수준은 짙은 색으로 나타내고 있으며 5%(α)로 표시되어 있다. 6.316이라는 임곗값은 영가설에 근거하여 전집 2 분포의 상위 5%를 구분하고 있다.

임곗값 6.316은 가설검증에서와 동일한 의미를 갖는다. 만일 표본의 검증통계치가 이 임곗값을 넘어서면 영가설을 기각한다. 전집 1에서 추정한 평균이 임곗값을 넘어서지 못함에 주목하라. 만일 두 전집 간의 실제 차이를 예상하고 있다면, 표본크기 9를 가지고는 영가설을 기각하지 못할 가능성이 높다는 사실을 알 수 있다. 이 사실은 통계적 검증력이 충분하지 못함을 나타낸다.

> **단계 3 : 통계적 검증력, 즉 전집 1의 평균분포(가정한 표본 평균을 중심으로 하는 분포)에서 임곗값을 상회하는 영역의 백분율을 계산한다.**

그림 8-10에서 임곗값을 넘어서는 영역의 비율(또는 백분율), 즉 밝은색으로 표시한 영역이 통계적 검증력이 되며, z 점수표를 사용하여 계산할 수 있다. 통계적 검증력은 영가설을 기각해야만 할 때 그 영가설을 기각하게 될 가능성을 말한다는 사실을 명심하라.

이 사례에서 통계적 검증력은 임곗값 6.316을 상회하는 (6.2를 중심으로 하는) 전집 1

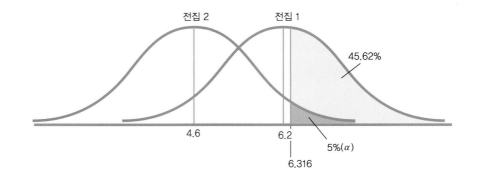

그림 8-10

통계적 검증력 : 전반적 모습

이제 두 전집이라는 맥락에서 통계적 검증력을 시각화할 수 있다. 통계적 검증력은 전집 1의 평균분포에서 임곗값을 넘어서는 백분율이다. 여기서는 통계적 검증력이 45.62%이다. 알파수준은 전집 2의 평균분포에서 임곗값을 넘어서는 백분율이다. 알파수준은 연구자가 결정하는데, 관례적으로는 0.05 또는 5%가 된다.

평균분포의 비율(백분율)이다. 가정한 평균 6.2에 근거하여 이 임곗값을 다음과 같이 z 통계치로 변환한다.

$$z = \frac{(6.316 - 6.2)}{1.04} = 0.112$$

z 점수표에서 이 z 통계치를 찾아 0.112를 상회하는 백분율을 결정한다. 그림 8-10에서 밝은색으로 나타내는 영역인 이 백분율은 45.62%이다.

그림 8-10에서 보면, 임곗값을 전집 2에서 결정하고 있다. 원점수 형태로 나타내면 6.316이 된다. 6.316을 넘어서는 전집 2 평균분포의 백분율이 0.05 또는 5%이며, 이것은 제7장에서 소개한 일반적인 알파수준이다. 줄여서 그냥 알파라고도 부르는 알파수준은 1종 오류를 범할 가능성이다. 전집 1 평균분포로 되돌아가 보면, 이 임곗값을 넘어서는 백분율이 통계적 검증력이다. 전집 1이 존재한다고 가정할 때, 이 전집에서 9명 크기의 표본을 선택하는 45.62%의 경우에 영가설을 기각할 수 있게 된다. 이 값은 적당하다고 생각하는 80%보다 훨씬 낮으며, 표본크기를 증가시키는 것이 현명한 일이다.

현실적인 수준에서 통계적 검증력 계산은 연구자에게 결과를 신뢰할 수 있는 연구를 수행하기 위해서 얼마나 많은 참가자가 필요한지를 알려준다. 그렇지만 통계적 검증력은 어느 정도 가정하는 정보에 근거하고 있으며, 단지 추정치에 불과하다는 사실을 명심하라. 이제 통계적 검증력에 영향을 미치는 여러 가지 요인들을 살펴보기로 한다. ●

통계적 검증력에 영향을 미치는 다섯 가지 요인

통계적 검증력을 증가시키는 다섯 가지 방법을 가장 용이한 것에서부터 가장 어려운 것에 이르기까지 나열하면 다음과 같다.

1. **알파수준을 증가시켜라.** 알파수준을 증가시키는 것은 축구에서 골대를 넓히는 것처럼 규칙을 변경하는 것과 같다. 그림 8-11에서 알파수준을 0.05에서 0.10으로 늘릴 때 통계적 검증력이 얼마나 증가하는지를 볼 수 있다. 그렇지만 이것은 1종 오류의 확률을 0.05에서 0.10으로 증가시키는 부작용을 초래하기 때문에, 연구자들이 이러한 방식으로 통계적 검증력을 증가시키는 경우는 극히 드물다.

2. **양방가설을 일방가설로 바꾸어라.** 지금까지 상대적으로 단순한 일방검증을 사용해 왔는데, 이 일방검증이 더 큰 통계적 검증력을 제공한다. 그렇지만 일반적으로 연구자들은 보다 보수적인 양방검증으로 시작한다. 그림 8-12에서 검증력이 약한 양방검증(a)과 검증력이 강한 일방검증(b) 간의 차이를 볼 수 있다. 양방검증을 나타내는 (a)의 분포는 (b)의 분포보다 약한 통계적 검증력을 보여준다. 그렇지만 일반적으로는 보수적인 양방검증을 사용하는 것이 최선이다.

3. **사례 수 N을 증가시켜라.** 이 장의 앞부분에서 입증하였던 바와 같이, 표본크기의 증가는 검증통계치를 증가시켜, 영가설을 기각하기 용이하게 만들어준다. 그림 8-13a의 분포는 작은 표본크기를 나타낸다. 그림 8-13b의 분포는 큰 표본크기를 나타낸다. (b)의 분포가 (a)의 분포보다 좁은 까닭은 표본크기가 클수록 표준오차가 작아지기 때문이다. 표본크기를 직접 제어할 수 있기 때문에, 단순히 사례 수 N을 증가시키는 것이 통계적 검증력을 증가시키는 용이한 방법이기 십상이다.

4. **독립변인 수준 간의 평균차이를 늘려라.** 그림 8-14에서 보는 바와 같이, (a)보다 (b)에서 전집 2의 평균이 전집 1의 평균과 훨씬 더 멀리 떨어져 있다. 평균 간 차이를 쉽게 변경시킬 수는 없지만, 가능하기는 하다. 예컨대 만일 사회공포증에 대한 집단치료의 효과를 연구하고 있다면, 치료기간을 3개월에서 6개월로 늘릴 수 있다. 장기 프로그램이 단기 프로그램보다 평균에서 더 큰 차이로 이끌어갈 가능성이 있다.

5. **표준편차를 줄여라.** 표본크기를 증가시킬 때와 마찬가지로 표준편차를 감소시키는 방법을 알고 있다면 통계적 검증력에 대한 동일한 효과를 볼 수 있다. 표본크기의 증가를 반영하고 있는 그림 8-13을 다시 보자. 분포가 좁아질 수 있는 까닭은 표준

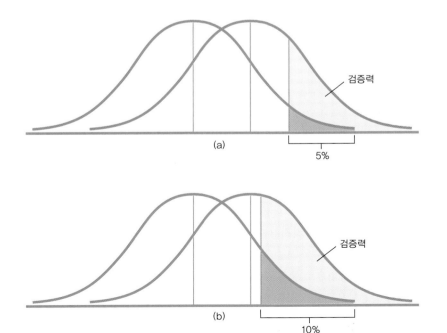

(a)

5%

(b)

10%

검증력

검증력

그림 8-11

알파의 증가

알파를 관례적인 0.05에서 0.10과 같이 더 큰 수준으로 증가시키게 되면, 통계적 검증력이 증가한다. 그렇지만 1종 오류의 확률도 증가시키기 때문에, 일반적으로는 통계적 검증력을 높이는 좋은 방법이 아니다.

그림 8-12

양방검증 대 일방검증

양방검증은 알파를 두 꼬리로 양분한다. 알파를 한쪽 꼬리에만 위치시키는 일방검증을 사용하면, 영가설을 기각할 기회가 증가하게 되며, 이것은 통계적 검증력의 증가로 나타난다.

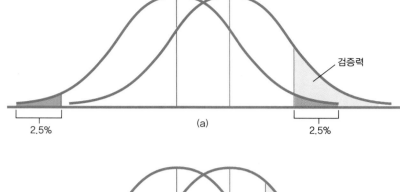

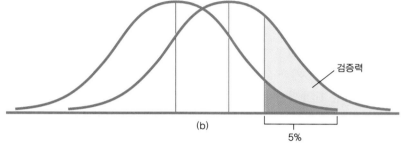

그림 8-13

표본크기의 증가 또는 표준편차의 감소

표본크기가 증가함에 따라, 평균분포는 더욱 좁아지며 중첩이 줄어든다. 중첩이 줄어든다는 말은 통계적 검증력의 증가를 의미한다. 표준편차를 줄일 때도 동일한 효과가 나타난다. 표준편차가 감소함에 따라서 분포는 좁아지며 중첩도 줄어들어 통계적 검증력이 증가한다.

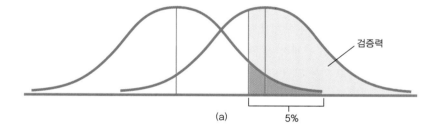

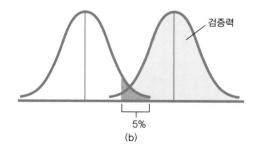

오차 계산에서 분모가 커지기 때문만이 아니라 분자가 작아지기 때문이기도 하다. 표준편차가 작아질수록 표준오차가 작아지며 분포가 좁아진다. 표준편차는 다음과 같은 두 가지 방법으로 줄일 수 있다. (1) 연구를 시작할 때부터 신뢰할 수 있는 측정치를 사용함으로써 오차를 줄인다. (2) 시작할 때부터 참가자들의 반응이 더욱 유사할 가능성이 큰 동질적 집단에서 표본을 표집한다.

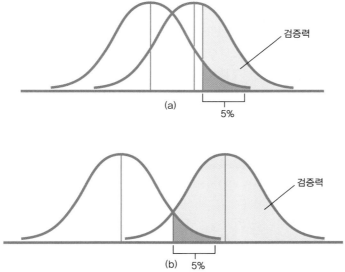

그림 8-14

평균 간 차이의 증가

평균 간 차이가 커짐에 따라서, 분포의 중첩이 줄어든다. 여기서는 아래쪽 분포 쌍이 위쪽 분포 쌍보다 중첩이 적다. 적은 중첩은 더 큰 통계적 검증력을 의미한다.

통계적 검증력은 많은 변인들의 영향을 받기 때문에, 연구논문을 읽을 때는 언제나 그 검증력을 고려하는 것이 중요하다. 항상 진정한 결과를 탐지하기에 충분한 통계적 검증력이 있는지를 물음하라. 더욱 중요한 사실은 표본에 충분한 수의 참가자가 있었는지를 확인해보는 것이다.

많은 행동과학 연구에서 통계적 검증력을 높이는 가장 현실적인 방법은 연구에 더 많은 참가자를 포함시키는 것이다. 제이콥 코헨(1992)의 논문 "A Power Primer"의 표와 같은 것을 참조함으로써 특정한 연구설계에 얼마나 많은 참가자가 필요한지를 추정할 수 있다. 무료 소프트웨어 G★Power를 다운로드할 수도 있다(Erdfelder, Faul, & Buchner, 1996; 온라인에서 G★Power를 찾아보라).

G★Power와 같은 통계적 검증력 계산기는 다음과 같은 두 가지 방법으로 사용하는 다목적 도구이다. 첫째, 연구를 수행한 후에 여러 가지 정보를 가지고 검증력을 계산할 수 있다. G★Power를 포함하여 대부분의 온라인 검증력 계산기의 경우에는 표 8-2에서 개관한 몇몇 정보와 함께 효과크기와 표본크기를 입력함으로써 검증력을 결정하게 된다. 효과크기를 비롯한 여러 가지 정보를 결정한 후에 검증력을 계산하기 때문에, G★Power는 이러한 계산을 사후적(post hoc) 계산이라고 부른다. 둘째, 연구를 수행하기 전에 특정한 검증력 수준을 달성하기 위해서 필요한 표본크기를 계산함으로써 계산기를 역으로 사용할 수 있다. 이 경우에는 연구를 수행하기에 앞서 원하는 통계적 검증력을 달성하는 데 필요한 표본크기를 결정하기 위하여 검증력 계산기를 사용하는 것이다. G★Power는 이러한 계산을 선험적(a priori) 계산이라고 부른다.

수학능력에서 성별 차이를 다룬 벤보우와 스탠리(1980) 연구에 대한 논쟁은 가설검증을 벗어나는 것이 중요한 이유를 입증해준다. 이 연구는 10,000명의 참가자를 사용하였기 때문에, 상당한 통계적 검증력을 가지고 있었다. 연구자들이 찾아낸 통계적으로 유의한 차이가 실재하는 것이라고 믿을 수 있다는 말이다. 그렇지만 효과크기는 이렇게 통계적으로 유의한 차이가 미미한 것이라는 사실을 알려주었다. 데이터를 분석하는 네 가지 방법(가설검증, 신뢰구간, 효과크기, 그리고 검증력 분석) 모두를 결합하는 것은 놀라우리만치 미묘한 의미와 후속 연구를 위한 제안을 담고 있는 데이터 이야기에 귀를 기울이는 데 도움을 준다.

학습내용 확인하기		
개념의 개관	>	통계적 검증력은 영가설을 기각해야만 할 때 그 영가설을 기각할 확률이다.
	>	이상적으로는 80%의 통계적 검증력이 있을 때에만, 즉 적어도 80%의 경우에 영가설을 정확하게 기각할 수 있을 때에만 연구를 수행한다.
	>	통계적 검증력은 여러 요인의 영향을 받지만, 표본크기의 영향을 가장 직접적으로 받는다.
	>	연구자들은 연구를 수행하기에 앞서, 0.80의 통계적 검증력를 확보하기 위해 필요한 참가자의 수를 결정하기 십상이다.
	>	데이터에 관하여 가장 완벽한 이야기를 구성하려면, 가설검증 결과를 신뢰구간과 효과크기 그리고 통계적 검증력에서 얻는 정보와 결합하는 것이 최선이다.
개념의 숙달	8-8	통계적 검증력을 증가시키는 세 가지 방법은 무엇인가?
통계치의 계산	8-9	학습내용 확인하기 8-3과 8-7에서는 직업 토의집단을 통하여 CFC 점수를 변화시키려는 연구를 논의하였다. 45명의 토의집단이 3.45의 평균 CFC 점수를 받았다고 상상하라. 전집 평균 CFC 점수는 3.20이고 표준편차는 0.70이라고 해보자. 일방검증에서 이 연구의 통계적 검증력을 계산해보라.
개념의 적용 학습내용 확인하기의 답은 부록 D에서 찾아볼 수 있다.	8-10	학습내용 확인하기 8-9를 참조하라. a. 여러분의 통계적 검증력 계산에서 얻은 수치가 무엇을 의미하는지를 설명해보라. b. 연구자들이 어떻게 통계적 검증력을 증가시키는지를 기술해보라.

개념의 개관

신뢰구간

평균과 같은 요약 통계치는 전집 평균의 점 추정치이다. 보다 유용한 추정치가 구간 추정치이며, 전집 평균으로 가능한 수치의 범위이다. 가장 보편적으로 사용하는 구간 추정치는 신뢰구간이며, z 분포를 사용하여 평균을 중심으로 구성할 수 있다. 신뢰구간은 가설검증과 동일한 정보를 제공하며, 값의 범위도 제공해준다.

효과크기

차이가 통계적으로 유의하다는 사실을 아는 것이 효과의 크기에 관한 정보를 제공하지는 않는다. 대규모 표본을 사용한 연구는 통계적으로 유의한 미미한 효과를 찾을 수 있는 반면, 작은 표본을 사용한 연구는 큰 효과조차도 탐지하는 데 실패할 수 있다. 어떤 연구결과의 중요성을 이해하기 위해서는 **효과크기**를 계산해야만 한다. 효과크기가 표본크기와 독립적인 까닭은 효과크기는 평균분포가 아니라 점수분포에 달려있기 때문이다. 한 가지 보편적인 효과크기 측정치가 **코헨의** d이며, z 검증을 수행할 때 사용할 수 있다.

　　메타분석은 연구들의 연구이며, 연구자는 주제를 선택하고, 어떤 연구의 포함 여부에 대한 지침을 결정하며, 선택한 주제에 관한 모든 연구를 찾아서 각 연구의 효과크기를 계산한다. 평균 효과크기를 계산하여 보고하는데, 흔히 표준편차, 중앙값, 가설검증, 신뢰구간, 적절한 그래프 등과 함께 보고하기 십상이다. 예컨대, 연구자는 **숲도표**를 작성할 수 있으며, 이것은 메타분석에 포함된 모든 효과크기의 신뢰구간을 보여주는 그래프이다. 효과크기가 통계적으로 유의하지 않게 되려면, 영가설을 기각하는 데 실패한 미발표 연구가 얼마나 존재해야 하는지를 결정하기 위하여 **파일 서랍 분석**을 수행할 수 있다.

통계적 검증력

통계적 검증력은 영가설을 정확하게 기각할 가능성, 즉 연구가설이 참일 때 2종 오류를 범하지 않을 가능성의 추정치이다. 통계적 검증력은 표본크기의 영향을 가장 직접적으로 받지만, 다른 요인들의 영향도 받는다. 연구자들은 0.80의 통계적 검증력을 달성하기에 적절한 표본크기를 결정하기 위하여 전산화된 통계적 검증력 계산기를 사용하기 십상이다.

작동방법

8.1 신뢰구간 계산하기

점진적 명명검사(GNT)는 두뇌 손상을 탐지하기 위하여 응답자에게 30개의 흑백 사물그림에 이름을 붙이도록 요구한다. 영국 성인의 GNT 전집의 평균은 20.4이다. 연구자들은 캐나다 성인 표본이 영국 성인과 상이한 점수를 나타내는지를 물음하였다(Roberts, 2003). 만일 점수들이 다르다면, 영국에서 작성한 규준은 캐나다에서 사용하기에 타당하지 않다. 캐나다 성인 30명의 평균은 17.5이었다. 영국 성인의 표준편차는 3.2라고 가정하라. 이 데이터를 가지고 어떻게 95% 신뢰구간을 계산할 수 있는가?

　　$\mu = 20.4$이고 $\sigma = 3.2$라면, 다음과 같이 표준오차를 계산하는 것으로 시작할 수 있다.

$$\sigma_M = \frac{\sigma}{\sqrt{N}} = \frac{3.2}{\sqrt{30}} = 0.584$$

　　그런 다음에 각 꼬리에 가장 극단적인 0.025를 나타내는 z 값을 찾아보는데, 그 값은 -1.96과 1.96이다. 구간의 하한과 상한을 다음과 같이 계산한다.

$$M_{하한} = -z(\sigma_M) + M_{표본} = -1.96(0.584) + 17.5 = 16.36$$
$$M_{상한} = z(\sigma_M) + M_{표본} = 1.96(0.584) + 17.5 = 18.64$$

평균인 17.5를 중심으로 하는 95% 신뢰구간은 [16.36, 18.64]이다.

동일한 데이터에 대해서 90% 신뢰구간은 어떻게 계산할 수 있는가? 이 경우에는 각 꼬리에서 가장 극단적인 0.05를 나타내는 z 값을 찾아보는데, 그 값은 -1.65와 1.65이다. 구간의 하한과 상한을 다음과 같이 계산한다.

$$M_{하한} = -z(\sigma_M) + M_{표본} = -1.65(0.584) + 17.5 = 16.54$$
$$M_{상한} = z(\sigma_M) + M_{표본} = 1.65(0.584) + 17.5 = 18.46$$

평균인 17.5를 중심으로 하는 90% 신뢰구간은 [16.54, 18.46]이다.

이러한 두 가지 신뢰구간을 상호 비교하면서 무슨 말을 할 수 있겠는가? 95% 신뢰구간의 범위가 90% 신뢰구간의 범위보다 크다. 95% 신뢰구간을 계산할 때, 동일한 전집에서 동일한 크기의 표본을 반복적으로 표집하면 표본 평균의 대부분(95%)이 어디에 위치할 것인지를 언급하였다. 따라서 90% 신뢰구간일 때보다 95% 신뢰구간일 때 범위가 더 커지게 된다.

8.2 효과크기 계산하기

점진적 명명검사(GNT) 연구는 평균이 20.4인 영국 성인 전집을 가지고 있다. 연구자는 캐나다 성인 30명의 평균이 17.5라는 결과를 얻었으며, 영국 성인의 표준편차는 3.2라고 가정하였다 (Roberts, 2003). 이 데이터의 효과크기를 어떻게 계산할 수 있는가?

z 통계치에 대해서 적절한 효과크기 측정치는 코헨의 d이며, 다음과 같이 계산한다.

$$d = \frac{(M - \mu)}{\sigma} = \frac{(17.5 - 20.4)}{3.2} = -0.91$$

코헨의 관례에 따르면, 이것은 큰 효과크기이다.

연습문제

홀수 문제의 답은 부록 C에서 찾아볼 수 있다.

개념 명료화하기

8.1 두 평균 간에 통계적으로 유의한 차이를 보고할 때 어떤 구체적인 위험이 존재하는가?

8.2 신뢰(confidence)라는 단어를 정의하되, 우선 일상 대화에서 사용하는 방식으로 정의한 다음에, 신뢰구간의 맥락에서 통계학자가 사용하는 방식으로 정의해보라.

8.3 신뢰구간을 계산하는 이유는 무엇인가?

8.4 z 분포의 평균에 대해서 신뢰구간을 결정하는 다섯 단계는 무엇인가?

8.5 효과(effect)라는 단어를 정의하되, 우선 일상 대화에서 사용하는 방식으로 정의한 다음에, 통계학자가 사용하는 방식으로 정의해보라.

8.6 표본크기를 늘리는 것은 표준오차와 검증통계치에 어떤 효과를 갖는가?

8.7 효과크기를 분포 간의 중첩이라는 개념과 관련지어 보라.

8.8 효과크기 통계치가 표본크기의 영향력을 무효화한다는 말의 의미는 무엇인가?

8.9 효과크기가 작다, 중간이다, 크다에 관한 코헨의 지침은 무엇인가?

8.10 통계적 검증력은 2종 오류와 어떻게 관련되는가?

8.11 검증력(power)이라는 단어를 정의하되, 우선 일상 대화에서 사용하는 방식으로 정의한 다음에, 통계학자가 사용하

는 방식으로 정의해보라.

8.12 통계적 검증력과 효과크기는 어떻게 다르며 어떻게 관련되는가?

8.13 전통적으로 실험을 수행하기 위해서 영가설을 정확하게 기각할 최소한의 백분율은 얼마라고 제안해왔는가?

8.14 알파수준의 증가가 어떻게 통계적 검증력을 증가시키는지 설명해보라.

8.15 통계적 검증력에 영향을 미치는 다섯 가지 요인을 나열해보라. 각각에 대해서 연구자는 검증력을 높이기 위하여 어떻게 그 요인을 제어하는지를 적시하라.

8.16 메타분석의 네 가지 기본 단계는 무엇인가?

8.17 메타분석의 목표는 무엇인가?

8.18 메타분석을 실시하고 있는 연구자에게 있어서 발표된 연구뿐만 아니라 미발표된 연구를 찾아내는 것이 중요한 이유는 무엇인가?

8.19 파일 서랍 분석은 어떻게 메타분석 결과를 더욱 설득적인 것으로 만들어주는가?

8.20 통계학에서는 개념들을 기호와 수식으로 표현하기 십상이다. $M_{하한} = -z(\sigma) + M_{표본}$에서 (1) 잘못된 기호를 확인하고, (2) 올바른 기호는 무엇인지를 진술하며, (3) 처음의 기호가 잘못된 이유를 설명해보라.

8.21 통계학에서는 개념들을 기호와 수식으로 표현하기 십상이다. $d = \dfrac{(M - \mu)}{\sigma_M}$에서 (1) 잘못된 기호를 확인하고, (2) 올바른 기호는 무엇인지를 진술하며, (3) 처음의 기호가 잘못된 이유를 설명해보라.

통계치 계산하기

8.22 2008년에 갤럽은 사람들에게 올림픽 대표선수들의 스테로이드 사용을 의심하고 있는지 물었다. 응답자의 35%는 어떤 선수가 육상경기 기록을 깨뜨리는 것을 보았을 때 의구심이 들었다고 답하였는데, 오차범위가 4%이었다. 구간 추정치를 계산해보라.

8.23 2008년에 갤럽 응답자 중 22%는 수영종목에서 세계신기록을 깬 선수로 인해서 스테로이드 사용을 의심하게 되었다고 답하였다. 3.5%의 오차범위를 사용하여 구간 추정치를 계산해보라.

8.24 2013년에 갤럽과 온라인 출판사 Inside Higher Ed는 831명의 대학총장을 대상으로 조사한 결과를 발표하였다. 그 보고서는 다음과 같이 진술하였다. "831명의 응답자라는 표본크기에 근거한 결과에 대해서 95%의 신뢰도를 가지

고 표집오차에 따른 오차범위가 ±3.4 퍼센티지 포인트라고 말할 수 있다"(6쪽). 응답자의 14%는 대규모 온라인 공개강의가 고등교육에 긍정적인 영향을 미칠 수 있다는 데 강력하게 동의한다고 답하였다. 14%라는 점 추정치에 대한 구간 추정치를 말해보라.

8.25 다음 각 신뢰수준에서 분포의 얼마만큼이 일방 z 검증의 임계영역에 들어가야 하는지를 나타내보라.
 a. 80%
 b. 85%
 c. 99%

8.26 다음 각 신뢰수준에서 분포의 얼마만큼이 양방 z 검증의 임계영역에 들어가야 하는지를 나타내보라.
 a. 80%
 b. 85%
 c. 99%

8.27 다음 각 신뢰수준에서 일방 z 검증의 임곗값에 해당하는 z 값을 찾아보라.
 a. 80%
 b. 85%
 c. 99%

8.28 다음 각 신뢰수준에서 양방 z 검증의 임곗값에 해당하는 z 값을 찾아보라.
 a. 80%
 b. 85%
 c. 99%

8.29 하루 텔레비전 시청 습관에 관한 다음의 가상 데이터에 대해서 95% 신뢰구간을 계산해보라. $\mu = 4.7$시간. $\sigma = 1.3$시간. 평균 4.1시간의 78명 표본.

8.30 하루 텔레비전 시청 습관에 관한 다음의 가상 데이터에 대해서 80% 신뢰구간을 계산해보라. $\mu = 4.7$시간. $\sigma = 1.3$시간. 평균 4.1시간의 78명 표본.

8.31 하루 텔레비전 시청 습관에 관한 다음의 가상 데이터에 대해서 99% 신뢰구간을 계산해보라. $\mu = 4.7$시간. $\sigma = 1.3$시간. 평균 4.1시간의 78명 표본.

8.32 $\mu = 1,014$이고 $\sigma = 136$일 때 다음 각 표본크기의 표준오차를 계산해보라.
 a. 12
 b. 39
 c. 188

8.33 어떤 변인에서 전집 평균이 1,014이고 표준편차가 136임을 알고 있다고 가정하라. 표본 평균은 1,057이다. 다음 각

표본크기를 사용하여 이 평균의 z 통계치를 계산해보라.

  a. 12

  b. 39

  c. 188

8.34 연습문제 8.33에서 $\mu = 1{,}014$이고 $\sigma = 136$일 때 관찰한 1,057의 평균에 대해서 효과크기를 계산해보라.

8.35 다음 각 SAT 수학점수 평균에 대해서 효과크기를 계산해보라. SAT 수학점수는 $\mu = 500$이고 $\sigma = 100$이 되도록 표준화되어 있다는 사실을 명심하라.

  a. 61명의 표본은 평균 480점이다.

  b. 82명의 표본은 평균 520점이다.

  c. 6명의 표본은 평균 610점이다.

8.36 연습문제 8.35의 효과크기 각각에 대해서, 코헨의 지침을 사용하여 그 효과의 크기를 확인해보라. SAT 수학점수는 $\mu = 500$이고 $\sigma = 100$이라는 사실을 명심하라.

  a. 61명의 표본은 평균 480점이다.

  b. 82명의 표본은 평균 520점이다.

  c. 6명의 표본은 평균 610점이다.

8.37 다음 각 d 값에 대해서 코헨의 지침을 사용하여 효과의 크기를 확인해보라.

  a. $d = 0.79$

  b. $d = -0.43$

  c. $d = 0.22$

  d. $d = -0.04$

8.38 다음 각 d 값에 대해서 코헨의 지침을 사용하여 효과의 크기를 확인해보라.

  a. $d = 1.22$

  b. $d = -1.22$

  c. $d = 0.13$

  d. $d = -0.13$

8.39 다음 각 z 통계치에 대해서, 양방검증의 p 값을 계산하라.

  a. 2.23

  b. -1.82

  c. 0.33

8.40 한 메타분석은 $d = 0.11$의 평균 효과크기와 함께 $d = 0.08$에서 $d = 0.14$까지의 신뢰구간을 보고한다.

  a. (평균 효과크기가 0이라는 영가설을 평가하는) 가설검증은 영가설을 기각하도록 이끌어가는가? 설명해보라.

  b. 코헨의 관례를 사용하여 $d = 0.11$의 평균 효과크기를 기술해보라.

8.41 한 메타분석은 $d = 0.11$의 평균 효과크기와 함께 $d =$

-0.06에서 $d = 0.28$까지의 신뢰구간을 보고한다. (평균 효과크기가 0이라는 영가설을 평가하는) 가설검증은 영가설을 기각하도록 이끌어가는가? 설명해보라.

8.42 여러분이 다섯 연구에 대한 메타분석을 실시하고 있다고 가정하라. 각 연구의 효과크기는 다음과 같다. $d = 0.67$; $d = 0.03$; $d = 0.32$; $d = 0.59$; $d = 0.22$.

  a. 이 연구들의 평균 효과크기를 계산하라.

  b. 코헨의 관례를 사용하여 여러분이 계산한 평균 효과크기를 기술해보라.

8.43 여러분이 다섯 연구에 대한 메타분석을 실시하고 있다고 가정하라. 각 연구의 효과크기는 다음과 같다. $d = 1.23$; $d = 1.08$; $d = -0.35$; $d = 0.88$; $d = 1.69$.

  a. 이 연구들의 평균 효과크기를 계산하라.

  b. 코헨의 관례를 사용하여 여러분이 계산한 평균 효과크기를 기술해보라.

개념 적용하기

8.44 **오차범위와 성인교육** : 크레스지재단의 2013년 보고에 따르면, 대학에 재입학할 계획이 있는 성인들 사이에 온라인 교육이 인기다. "다시 학생이 되려는 성인의 대다수(73%)는 최소한 몇 강의는 온라인으로 수강하기를 원하고 있으며, 10명 중 거의 4명(37%)은 미래의 학교가 온라인 강의를 제공하는 것이 자신들에게 절대적으로 필요하다고 답한다"(25쪽). 오차범위는 4.27이라고 보고하였다. 이 결과 각각에 대해서 구간 추정치를 계산해보라.

8.45 **분포와 부라쿠민(일본에서 가장 크고 가장 멸시당하는 사회적 소수집단)** : 한 친구가 심리학개론서에서 일본의 소수집단인 부라쿠민에 관한 이야기를 읽고 있다. 부라쿠민은 인종적으로 다른 일본인과 동일하지만, 조상들이 죽은 동물을 다루는 직업(예컨대, 도축업자)을 가졌기 때문에 따돌림을 받고 있다. 개론서는 부라쿠민의 평균 지능지수가 다른 일본인들의 평균 지능지수보다 10 내지 15점이 낮다고 보고하였다. 부라쿠민이 차별을 경험하지 않는 미국에서는 평균차이가 없었다(Hockenbury & Hockenbury, 2013에 소개되어 있는 Ogbu, 1986에서 인용). 친구가 여러분에게 이렇게 말한다. "와우! 지난 여름 일본에서 영어를 가르칠 때, 부라쿠민 학생이 한 명 있었어. 똑똑해 보였는데. 내가 속았는지도 몰라." 그 친구는 부라쿠민의 분포와 다른 일본인 분포에 관해서 어떤 것을 고려해야만 하겠는가?

8.46 **표본크기, z 통계치, 그리고 미래결과 숙고 척도** : 여기 미

래결과 숙고 척도(CFC)에서의 점수에 관한 z 검증에서 얻은 요약 데이터가 있다(Petrocelli, 2003). 전집 평균(μ)은 3.20이고 전집 표준편차(σ)는 0.70이다. 학생 표본의 평균은 3.45라고 가정하라.

a. 5명 표본의 검증통계치를 계산하라.

b. 1,000명 표본의 검증통계치를 계산하라.

c. 1,000,000명 표본의 검증통계치를 계산하라.

d. 전집 평균, 전집 표준편차, 표본 평균은 변하지 않았음에도 불구하고 검증통계치가 그토록 변하는 까닭을 설명해보라.

e. 표본크기가 가설검증과 이에 근거한 결론에 문제를 제기하는 이유는 무엇인가?

8.47 **표본크기, z 통계치, 그리고 점진적 명명검사** : 제7장 연습문제에서 캐나다 참가자의 점진적 명명검사(GNT) 점수가 영국 성인에 근거한 GNT 규준과 다른지를 확인하기 위한 z 검증을 실시하도록 요구한 바 있다. 이 장의 작동방법 절에서도 이 데이터를 사용하였다. 캐나다 30명 성인 표본의 평균은 17.5이었다. 영국 성인의 규준 평균은 20.4이며, 전집 표준편차는 3.2라고 가정하였다. 30명 참가자에서 z 통계치는 −4.97이었으며, 영가설을 기각할 수 있었다.

a. 3명 참가자의 검증통계치를 계산하라. 표본크기가 30일 때와 비교해서 검증통계치가 어떻게 변하였는가? 가설검증의 단계 6을 실시하라. 결론이 변하는가? 만일 그렇다면, 집단 간의 실제 차이가 변하였다는 것을 의미하는가? 설명해보라.

b. 100명 참가자에 대해서 단계 3, 5, 6을 실시하라. 검증통계치가 어떻게 변하는가?

c. 20,000명 참가자에 대해서 단계 3, 5, 6을 실시하라. 검증통계치가 어떻게 변하는가?

d. 검증통계치에 대한 표본크기의 효과는 무엇인가?

e. 검증통계치가 변함에 따라서 집단의 차이가 변하였는가? 이 사실이 가설검증에 문제점을 제기하는 이유는 무엇인가?

8.48 **가설검증의 속임수** : 음흉한 연구자라면 가설검증에서 속임수를 쓸 수 있다는 사실을 알고 있다. 즉, 연구자가 자기 입맛에 맞게 야비한 짓을 하여 영가설을 기각하기 쉽게 만들 수 있다.

a. 만일 영가설을 기각하기 쉽게 만들고자 한다면, 여러분이 취할 수 있는 세 가지 구체적인 행위는 무엇인가?

b. 이것이 표본 간의 실제 차이를 변화시키겠는가? 이것

이 가설검증의 잠재적 문제점인 이유는 무엇인가?

8.49 **중첩된 분포와 유학생을 위한 영어시험** : 캐나다와 미국의 대학에서 공부하기를 원하면서 영어가 모국어가 아닌 외국학생에게는 TOEFL(Test of English as a Foreign Language)이나 IELTS(International English Language Testing System)와 같은 시험을 요구한다. 국가별 TOEFL 평균점수를 보면, 세르비아어를 모국어로 사용하는 사람들은 평균 86점을 획득하였다. 모국어가 포르투갈어인 사람들은 평균 82점을 얻었다. 세르비아인 티하나와 포르투갈인 토마스가 방금 TOEFL 시험을 치렀다.

a. 누가 TOEFL에서 더 우수할지를 말할 수 있겠는가? 여러분의 답을 해명해보라.

b. 세르비아인의 분포와 포르투갈인의 분포를 나타내는 그림을 그려보라. (TOEFL 점수는 0점에서 120점의 범위를 갖는다.)

8.50 **신뢰구간, 효과크기, 그리고 테니스 서브** : 남자 테니스에서 서브의 평균 속도는 대략 135마일이며 표준편차는 6.5라고 가정해보자. 이 통계치는 여러 해에 걸쳐 여러 선수를 대상으로 계산하였기 때문에, 이것을 전집 모수치로 취급한다. 팔근육, 테니스 스윙의 힘, 서브의 속도(희망사항)를 증진시키는 새로운 훈련방법을 개발하고 있다. 9명의 프로 테니스 선수를 모집하여 이 훈련방법을 사용한다. 6개월 후에, 이들의 서브 속도를 측정하여 평균 138마일을 얻었다.

a. 95% 신뢰구간을 사용하여 새로운 방법이 차이를 초래한다는 가설을 검증해보라.

b. 효과크기를 계산하고, 그 강도를 기술해보라.

c. 0.05의 알파수준과 일방검증을 사용하여 통계적 검증력을 계산해보라.

d. 0.10의 알파수준과 일방검증을 사용하여 통계적 검증력을 계산해보라.

e. (c)와 (d)의 계산에서 알파수준이 검증력에 어떤 영향을 미치는지를 설명해보라.

8.51 **신뢰구간과 유학생을 위한 영어시험** : IELTS에는 6개의 모듈이 있는데, 그중 하나는 듣기 능력을 평가한다. IELTS 연구자는 최근 한 해 동안 이 모듈에 응시한 사람들의 평균이 6.00이고 표준편차가 1.30이라고 보고하였다. 호주 멜버른대학교에 입학허가를 받은 63명의 외국학생 표본은 평균 7.087의 듣기점수를 받았으며 표준편차는 0.754이었다(O'Loughlin & Arkoudis, 2009).

a. 이 표본에서 95% 신뢰구간을 계산하라.

b. 이 신뢰구간에서 무엇을 알 수 있는지를 진술해보라.

c. 신뢰구간이 제공하는 정보 중에서 가설검증에서도 얻을 수 있는 정보는 무엇인가?

d. 신뢰구간은 가설검증이 제공하지 못하는 어떤 정보를 제공해주는가?

8.52 신뢰구간과 유학생을 위한 영어시험(계속) : 연습문제 8.51에서 제시한 IELTS 듣기 데이터를 사용하라.

a. 80% 신뢰구간을 계산하라.

b. 95% 신뢰도에서 80% 신뢰도로 변경함에 따라서 결론과 신뢰구간이 어떻게 변하는가?

c. 100% 신뢰도를 다루지 않는 이유는 무엇인가?

8.53 효과크기와 유학생을 위한 영어시험 : 앞선 두 연습문제에서 IELTS 듣기 모듈을 다루었는데, 한 해 동안 이 모듈의 모든 응시자 전집의 평균이 6.00이고 표준편차가 1.30이었다. 멜버른대학교에 재학 중인 63명의 외국학생 표본은 평균 7.087의 듣기점수를 받았으며 표준편차는 0.754이었다(O'Loughlin & Arkoudis, 2009).

a. 이 표본에 대한 적절한 효과크기 측정치를 계산해보라.

b. 코헨의 관례에 근거할 때, 이 효과의 크기는 어느 정도인가?

c. 가설검증 결과에 덧붙여 이 정보를 갖는 것이 유용한 이유는 무엇인가?

8.54 효과크기와 유학생을 위한 영어시험(계속) : 앞선 연습문제에서 멜버른대학교에 재학 중인 63명의 외국학생 데이터에 대한 효과크기를 계산하였다. 여러분이 300명 표본을 가지고 있다고 상상해보라. 효과크기가 어떻게 변하겠는가? 여러분의 답을 해명해보라.

8.55 신뢰구간, 효과크기, 그리고 밸런타인데이 지출 : 닐슨컴퍼니에 따르면, 미국인들은 밸런타인데이가 들어있는 1주일 동안 초콜릿 구입에 3억 4,500만 달러를 지출한다. 기혼자 전집은 평균 45달러를 지출하고 표준편차가 16임을 알고 있다고 가정해보자. 2009년 2월 미국 경제는 불황의 고통을 겪고 있었다. 2009년 밸런타인데이 지출 데이터를 일반적으로 예상할 수 있는 지출액과 비교해보면, 불황일 때의 행동거지에 관한 지표를 얻을 수 있다.

a. 평균 38달러를 지출한 18명의 기혼자 표본에 대한 95% 신뢰구간을 계산해보라.

b. 만일 표본 평균이 180명에 근거한다면 95% 신뢰구간은 어떻게 변하겠는가?

c. 전년도인 2008년과 비교할 때 2009년의 재정상황에서 모든 것이 변하였다는 가설을 검증하고 있다면, (a)와

(b)에서 어떤 결론을 내리겠는가?

d. 이 데이터에 근거하여 효과크기를 계산하고 그 효과의 크기를 기술해보라.

8.56 신뢰구간, 효과크기, 그리고 테니스 서브(계속 I) : 여자 테니스에서 평균 서브 속도가 대략 118마일이며 표준편차가 12라고 가정해보자. 이번에는 100명의 아마추어 테니스 동호인을 모집하여 새로운 훈련방법을 사용하며, 6개월 후에 123마일의 집단 평균을 얻었다.

a. 95% 신뢰구간을 사용하여 새로운 방법이 차이를 초래한다는 가설을 검증해보라.

b. 효과크기를 계산하고, 그 강도를 기술해보라.

8.57 신뢰구간, 효과크기, 그리고 테니스 서브(계속 II) : 앞선 연습문제에서와 마찬가지로, 여자 테니스에서 평균 서브 속도가 대략 118마일이며 표준편차가 12라고 가정하라. 그렇지만 이번에는 26명의 아마추어 테니스 동호인을 모집하여 새로운 훈련방법을 사용하며, 6개월 후에 123마일의 집단 평균을 얻었다.

a. 95% 신뢰구간을 사용하여 새로운 방법이 차이를 초래한다는 가설을 검증해보라.

b. 효과크기를 계산하고, 그 강도를 기술해보라.

c. 표본크기를 100(연습문제 8.56 참조)에서 26으로 변경하는 것이 신뢰구간과 효과크기에 어떤 영향을 미쳤는가?

8.58 통계적 검증력과 유학생을 위한 영어시험 : 이 장의 여러 연습문제에서 IELTS 듣기 모듈점수를 다루었으며, 한 해 동안 모든 IELTS 응시자 전집의 평균이 6.00이고 표준편차는 1.30이었다. 멜버른대학교에 재학 중인 63명의 외국학생 표본은 평균 7.087의 듣기점수를 얻었으며 표준편차는 0.754이었다(O'Loughlin & Arkoudis, 2009).

a. 일방검증과 0.05의 알파수준을 사용하여 이 연구의 통계적 검증력을 계산해보라.

b. 이 연구의 결과를 어떻게 바라보아야 할지에 대해서 통계적 검증력이 제안하고 있는 것은 무엇인가?

c. G*Power나 다른 온라인 검증력 계산기를 사용하여, 일방검증이며 알파수준이 0.05인 이 연구의 통계적 검증력을 계산해보라.

8.59 통계적 검증력과 테니스 서브 : 다음의 알파수준과 일방검증을 사용하여 연습문제 8.57에서 제시한 데이터에 근거한 통계적 검증력을 계산해보라.

a. 0.05의 알파수준

b. 0.10의 알파수준

c. 이 계산에 사용한 알파수준이 검증력에 어떤 영향을

미치는지를 설명해보라.

8.60 효과크기와 노숙자 가족 : 뉴욕타임스는 점증하는 가족 노숙생활 문제를 보도하였다(Bellafante, 2013). 기자는 뉴욕시가 운영하는 홈베이스라는 이름의 프로그램에 들어있는 가족들이 그 프로그램에 들어있지 않은 가족보다 쉼터에 머무르는 시간이 짧다고 적었다. 쉼터에 머무르는 날짜의 차이가 대략 22.6일이었다. 그렇지만 기자는 다음과 같이 기사를 이어갔다. "이것이 통계적으로 유의한 결과이기는 하지만, 결코 인상적이지는 않다. 특히 요즈음 한 가족이 쉼터에 머무르는 평균 기간이 13개월로 2011년의 9개월보다 늘어났으며, 뉴욕시는 매일 밤 쉼터에 21,000명의 아동을 포함하여 50,000명이 찾아온다는 기록적인 노숙자 수준을 경험하고 있다."

a. 결과의 크기가 '전혀 인상적이지 않다'는 기자의 보도는 효과크기 개념과 어떻게 관련되는가?

b. 통계학을 수강한 적이 없는 친구가 여러분에게 통계적으로 유의한 결과와 크거나 '인상적인' 효과 간의 차이를 설명해달라고 요구한다고 상상해보라. 친구에게 그 차이를 어떻게 설명하겠는가?

8.61 메타분석, 정신건강 치료, 그리고 문화적 맥락 : 한 메타분석은 소수민족이나 인종을 위한 두 가지 유형의 정신건강 치료법, 즉 표준적으로 가용한 치료법과 내담자의 문화에 맞춘 치료법을 비교한 연구들을 살펴보았다(Griner & Smith, 2006). 다음은 초록 발췌문이다.

많은 연구자들은 전통적인 정신건강 치료법을 내담자의 문화적 맥락에 맞도록 수정해야 한다고 주장해왔다. 문화에 맞춘 개입방법을 평가하는 수많은 연구를 수행해왔으며, 이 연구는 메타분석 방법을 사용하여 이 데이터를 요약하였다. 76개 연구에 걸쳐 무선효과를 가중치로 부여한 평균 효과크기는 $d = .45$이었으며, 이 값은 문화에 맞춘 개입의 이점을 보여준다. (531쪽)

a. 메타분석을 실시한 연구자들이 선택한 주제는 무엇인가?

b. 이 메타분석에 포함된 각 연구에 대해서 어떤 유형의 효과크기를 계산하였는가?

c. 평균 효과크기는 얼마인가? 코헨의 관례에 따르면, 이 효과는 얼마나 큰 것인가?

d. 만일 메타분석을 위해 선택한 어떤 연구가 효과크기를 포함하고 있지 않다면, 효과크기를 계산하기 위해서 어떤 요약 통계치를 사용할 수 있는가?

8.62 메타분석, 정신건강 치료, 그리고 문화적 맥락(계속) : 앞선 연습문제에서 기술한 문화적합 치료에 관한 논문은 다음과 같이 보고하였다.

76개 연구에 걸쳐 무선효과를 가중치로 부여한 평균 효과크기는 $d = .45(SE = .04, p < .0001)$이었으며, 95% 신뢰구간은 $d = .36$에서 $d = .53$까지이었다. 데이터는 72개의 0이 아닌 효과크기로 구성되었으며, 그중에서 68개(94%)는 양수이고 4개(6%)는 음수이었다. 효과크기는 $d = -.48$에서 $d = 2.7$까지의 범위를 나타냈다. (535쪽)

a. 이 효과크기의 신뢰구간은 얼마인가?

b. 신뢰구간에 근거할 때, 가설검증은 효과크기가 0이라는 영가설을 기각하도록 이끌어가겠는가? 설명해보라.

c. 이러한 메타분석을 실시할 때 히스토그램과 같은 그래프가 유용한 까닭은 무엇인가? (힌트 : 집중경향치로 평균을 사용할 때의 문제점을 생각해보라.)

8.63 메타분석과 수학능력 : 다음은 린드버그 등(2010)이 발표한 메타분석의 요약에서 발췌한 것이다. 이 발췌문을 사용하여 메타분석의 네 단계 각각에서 수행한 내용을 기술해보라.

이 논문에서는 메타분석을 사용하여 수학능력에 관한 최근 연구에서의 성별 차이를 분석하였다. 첫째, 1990년부터 2007년까지 1,286,350명을 대상으로 수행한 242개 연구의 데이터를 메타분석하였다. 전반적으로 $d = 0.05$로 성별 차이가 없음을 나타냈으며, 변량 비율은 1.08로 남자와 여자의 변량이 거의 동일함을 나타냈다. … 이러한 결과는 남성과 여성이 수학에서 유사한 성과를 나타낸다는 견해를 지지한다.

8.64 메타분석과 상품 광고에서의 성과 폭력 : 오하이오주립대 연구자들은 거의 8,500명에 달하는 참가자가 참여한 53개 연구의 메타분석을 실시하였다(Lull & Bushman, 2015). 이들의 목표는 성이나 폭력을 포함한 광고가 제품 판매에 도움이 되는지를 알아보려는 것이었다. 연구자들은 다음과 같이 보고하였다. "제품의 브랜드와 광고내용에 대한 기억은 성이나 폭력 또는 둘을 모두 포함한 광고에서 유의하게 손상되었다. $d = -0.39; 95\% CI = -0.55, -0.22$"(1029쪽). (연구자들은 성이나 폭력과 연합된 제품을 구입할 의도가 있었다고 보고한 참가자에게서도 유사한 결과를 발견하였다.)

a. 이 효과크기의 신뢰구간은 얼마인가?

b. 신뢰구간에 근거할 때, 가설검증은 효과크기가 0이라는 영가설을 기각하도록 이끌어가겠는가? 설명해보라.

c. 이러한 메타분석을 실시할 때 숲도표와 같은 그래프가 유용한 까닭은 무엇인가? (힌트 : 집중경향치로 평균을 사용할 때의 문제점을 생각해보라.)

종합

8.65 가상 야구 : 룸메이트가 환상의 나라 : 야구 광팬의 계절 (*Fantasyland : A Season on Baseball's Lunatic Fringe*)(Walker, 2006)을 읽으면서 환상야구리그에서 경쟁자들이 사용하는 통계방법에 강한 흥미를 보이고 있다. (이 환상야구리그에서는 경쟁자들이 모든 메이저리그 팀에서 선수를 선발한 팀을 구성하며, 만일 자신이 선정한 선수명단이 다른 경쟁자들이 선택한 선수명단을 능가하면 환상리그에서 우승하게 된다.) 이 책이 보고한 많은 통계치 중의 하나는 셋째 아이를 갖게 되는 메이저리그 선수는 첫째나 둘째 아이를 갖게 되는 선수보다 성적의 현저한 하락을 보인다는 것이다. 룸메이트는 캔자스시티 로열즈 팀의 벤 조브리스 선수가 최근에 셋째 아이를 가졌다는 사실을 기억해내고는 그를 환상팀 고려 대상자 명단에서 빼버렸다.

a. 룸메이트에게 평균 간 차이가 특정 선수에 관한 정보를 제공해주지 않는 이유를 설명해보라. 설명의 일부로서 중첩하는 정상곡선의 그림을 포함시켜라. 그림에는 최근 셋째 아이를 가졌으면서 첫째나 둘째 아이를 가진 선수보다 더 높은 점수를 받은 선수를 나타내는 위치를 표시하라.

b. 룸메이트에게 통계적으로 유의한 차이가 반드시 큰 효과크기를 나타내는 것은 아님을 설명해보라. 코헨의 *d* 와 같은 효과크기 측정치는 어떻게 이러한 결과의 중요성을 이해하고 더 큰 효과를 가지고 있을 수도 있는 다른 예측요인과 그 결과를 비교하는 데 도움을 주겠는가?

c. 그 관련성이 참이라고 할 때, 셋째 아이를 갖는 것이 성적 하락을 초래한다고 결론지을 수 있는가? 여러분의 답을 해명해보라. 어떤 혼입변인이 이 연구에서 관찰한 차이로 이끌어갈 수 있겠는가?

d. 메이저리그 선수라는 비교적 제한된 수치(그리고 첫째든 둘째든 셋째든 최근에 아이를 가진 사람의 비교적 제한된 수치)를 놓고 볼 때, 여러분이라면 이 분석의 가능성 있는 통계적 검증력에 관하여 어떤 추측을 하겠는가?

8.66 수면시간 : 다음 표는 수면시간에 관한 정보를 제공하고 있다.

a. 표본의 유아들이 평균적으로 전집의 유아보다 잠을 적게 자는지를 결정하려는 일방검증($\alpha = 0.05$)의 통계적 검증력을 계산해보라.

b. $\alpha = 0.01$일 때의 통계적 검증력을 다시 계산해보라. 알파수준의 변화가 어째서 검증력에 영향을 미치는지를 설명하라. 검증력을 높이려고 더 큰 알파수준을 사용해서는 안 되는 이유를 설명하라.

c. 이 사례에서 양방검증을 실시하는 것이 통계적 검증력에 어떤 영향을 미치는지를 기술해보라. 일방검증보다 양방검증을 권장하는 이유는 무엇인가?

d. 가설검증의 결과에 영향을 미치는 가장 용이한 방법은 표본크기를 늘리는 것이다. 마찬가지로, 때때로 진정한 결과를 놓치고 마는 까닭도 연구에서 충분히 큰 표본을 사용하지 않았기 때문이다. 37명 표본의 데이터에 대한 가설검증을 실시하라. 그런 다음 동일한 가설검증을 실시하되, 평균이 단지 4명의 유아에만 근거한 것이라고 가정하라.

e. 통계적 검증력을 높이는 가장 용이한 방법은 표본크기를 증가시키는 것이다. 마찬가지로 표본크기가 작을수록 통계적 검증력은 줄어든다. 이 데이터에서 사례수가 4일 때 0.05의 알파수준을 갖는 일방검증의 통계적 검증력을 계산하라. 이 값을 사례수가 37일 때와 어떻게 비교하겠는가?

전집 1(표본을 추출한 전집)의 평균	14.9시간의 수면
표본크기	37명의 유아
전집 2의 평균	16시간의 수면
전집의 표준편차	1.7시간
표준오차	$\sigma_M = \dfrac{\sigma}{\sqrt{N}} = \dfrac{1.7}{\sqrt{37}} = 0.279$

8.67 효과크기와 대학 지원을 증대하는 개입 : 혹스비와 터너 (2013)는 간단한 개입이 저소득 학생들의 대학 지원 횟수를 늘릴 수 있는지를 알아보려는 실험을 실시하였다. 개입은 입학원서 대금의 용이한 면제방법과 함께, 특정 학생에게 제공하는 구체적인 대학 지원과정과 학비에 관한 정보로 구성되었다. 다음은 하나의 표에서 발췌한 것이다. 개입은 0.01의 알파수준에서 이 변인에 통계적으로 유의한 효과를 나타낸 것으로 보인다.

종속변인	백분율 변화로 나타낸 효과	효과크기로 나타낸 효과
제출한 입학원서 매수	19.0%	0.247

a. 이 연구의 표본과 전집을 기술하라.

b. 무엇이 독립변인이며, 그 변인의 수준은 무엇인가?

c. 무엇이 종속변인인가?

d. 결과는 통계적으로 유의하였다. 이것만 가지고는 학생 당 6달러가 소요되는 이 개입이 가치 있는 일임을 결정하기에 충분하지 않은 까닭은 무엇인가?

e. 종속변인의 효과크기는 얼마인가? 코헨의 관례에 따를 때, 그 효과는 얼마나 큰 것인가?

f. 이 연구의 맥락에서 볼 때, 효과크기가 표준편차의 측면에서 의미하는 것은 무엇인가?

g. 연구자들은 백분율 변화에서의 효과도 포함하였다. 이 연구의 맥락에서 이것이 의미하는 바를 설명해보라.

핵심용어

구간 추정치(interval estimate)

메타분석(meta-analysis)

숲도표(forest plot)

신뢰구간(confidence interval)

점 추정치(point estimate)

코헨의 d(Cohen's d)

통계적 검증력(statistical power)

파일 서랍 분석(file drawer analysis)

효과크기(effect size)

공식

$M_{하한} = -z(\sigma_M) + M_{표본}$

$M_{상한} = z(\sigma_M) + M_{표본}$

코헨의 $d = \dfrac{(M - \mu)}{\sigma}$

기호

코헨의 d(또는 단순히 d)

α

단일표본 *t* 검증과 대응표본 *t* 검증

t 분포
> 표본에서 전집 표준편차 추정하기
> t 통계치를 위한 표준오차 계산하기
> 표준오차를 사용하여 t 통계치 계산하기

단일표본 t 검증
> t 점수표와 자유도
> 단일표본 t 검증의 여섯 단계
> 단일표본 t 검증에서 신뢰구간 계산하기
> 단일표본 t 검증에서 효과크기 계산하기

대응표본 t 검증
> 평균차이 분포
> 대응표본 t 검증의 여섯 단계
> 대응표본 t 검증에서 신뢰구간 계산하기
> 대응표본 t 검증에서 효과크기 계산하기
> 순서효과와 역균형화

시작하기에 앞서 여러분은

■ 가설검증의 여섯 단계를 알아야 한다(제7장).

■ *z* 통계치에서 신뢰구간을 결정하는 방법을 알아야 한다(제8장).

■ 효과크기의 개념을 이해하고 *z* 검증에서 코헨의 *d*를 계산하는 방법을 알아야 한다(제8장).

낯선 이의 목소리   온라인에서 만난 사람과 데이트를 해본 적이 있는가? 만일 그렇다면, 직접 만나기 전에 전화로 이야기를 나누었을 것이다. 목소리를 통해서 상대의 외모에 대한 인상을 형성하였는가? 이것은 그렇게 나쁜 책략이 아니다. 연구자들은 사람들이 목소리를 매력적이거나 매력적이지 않은 사진과 얼마나 잘 대응시키는지를 결정하기 위하여 단일표본 t 검증을 사용하였으며, 사람들이 평균적으로 우연 수준(50%)보다 통계적으로 유의한 72.6%의 정확도를 나타낸다는 결과를 얻었다.

그래서 여러분은 틴더(Tinder. 2012년에 개발된 데이트 상대를 만나기 위한 앱)에서 스와이프(스크린에 손가락을 댄 상태로 화면을 쓸어넘기거나 정보를 입력하는 행위)를 해댔으며, 몇 차례 메시지를 주고받은 후에 잠재적 데이트 상대와 통화하기로 결정하였다. 여러분은 누군가의 목소리만을 듣고 얼마나 인상을 형성하는가? 개인적으로 만나기로 결정한다면, 데이트 상대의 외모는 목소리로 형성한 인상과 얼마나 일치하겠는가? 연구자들은 여자들이 고음의 남자 목소리를 매력적이지 않다고 지각하는 경향이 있는 반면에 남자들은 고음의 여자 목소리를 더 매력적이라고 지각하는 경향이 있다는 사실을 발견하였다(Hughes & Miller, 2015). 그리고 남자와 여자 모두 중간 음높이의 목소리를 '섹시하다'고 지각하는 경향이 있었다. 사람들이 매력적인 목소리를 매력적인 얼굴과 대응시킬 수 있는지를 검증하고자 55명의 참가자에게 두 얼굴(하나는 매력적이라고 평가된 얼굴이고, 다른 하나는 매력적이지 않다고 평가된 얼굴)을 화면에 제시하였다(Hughes & Miller, 2015). 각 참가자에게 1부터 10까지 세는 40개의 목소리를 들려준 다음에 어느 사진이 그 목소리와 대응되는지를 물었다.

참가자가 목소리를 우연히 사진과 정확하게 대응시킬 가능성은 50%이다. 그렇다면 참가자들이 정말로 목소리와 외모를 연합시키고 있다고 확신하려면, 50%보다 얼마나 높은 정확도를 나타내야 하겠는가? 이 연구에서 참가자들은 목소리와 얼굴을 평균 72.6%의 정확도를 가지고 대응시켰다. 이 정도면 우연이 아니라고 말하기에 충분한 차이인가? 연구자들은 이 장에서 공부할 단일표본 t 검증에 근거하여 사람들이 실제로 '목소리가 아름다우면 외모도 아름답다'는 고정관념을 가지고 있다고 결론지었다. 또한 매력적인 목소리가 매력적인 얼굴과 대응하지 않거나 그 반대의 경우에도 사람들이 혼란스러워한다는 사실도 발견하였다. 연구자들은 단 하나의 표본(실험 참가자들)과 비교 집단으로 작동하는 평균, 즉 유의한 차이가 없을 때 전집에서 기대할 수 있는 50%만을 가지고 있었다. 그렇지만 이것이 자신들의 물음에 답하기 위한 단일표본 t 검증을 사용하는 데 필요한 전부였다. 여러분의 잠재적 틴더 데이트 상대가 매력적인 목소리를 가지고 있다고 해보자. 이 연구결과에 근거할 때, 그/그녀의 외모도 매력적일 가능성은 꽤나 높게 된다.

개념 숙달하기

9-1: 다음과 같은 세 가지 유형의 t 검증이 존재한다. (1) 한 표본의 평균을 전집 평균과 비교하지만 전집 표준편차를 알지 못할 때 단일표본 t 검증을 사용한다. (2) 두 표본을 비교하는데, 모든 참가자가 두 표본 모두에 들어있는 집단내 설계를 사용할 때 대응표본 t 검증을 사용한다. 이 검증은 이 장 뒷부분에서 논의한다. (3) 두 표본을 비교하는데, 참가자가 단지 하나의 표본에만 들어가는 집단간 설계를 사용할 때 독립표본 t 검증을 사용한다. 이 검증은 제10장에서 논의한다.

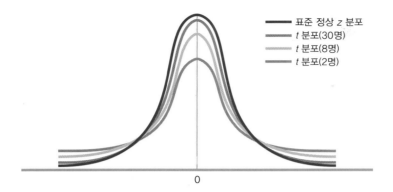

표준 정상 z 분포
t 분포(30명)
t 분포(8명)
t 분포(2명)

0

그림 9-1

넓고 평평한 t 분포
(2명이나 8명과 같이) 소규모 표본에서, t 분포는 z 분포보다 넓고 평평하다. 그 렇지만 (30명과 같이) 표본크기가 증가함에 따라서, t 분포는 점점 더 z 분포를 닮아간다. 이것이 이치에 맞는 까닭은 대규모 표본은 소규모 표본보다 전집과 더 유사해지기 때문이다.

t 분포를 가지고 있으면 하나의 표본을 모수치가 알려져 있지 않은 전집과 비교할 수 있으며, 두 표본을 상호 간에 비교할 수도 있다. 두 표본을 비교하는 두 가지 방법이 존재한다. 즉, 집단내 설계 또는 집단간 설계를 사용하여 비교할 수 있다. 집단내 설계에서는 대응표본 t 검증을 사용한다. 대응표본 t 검증의 실행 단계는 단일표본 t 검증의 단계와 유사하며, 그렇기 때문에 이 장에서 두 가지 가설검증을 함께 공부하는 것이다. 집단간 설계에서는 독립표본 t 검증을 사용하는데, 이에 대해서는 제10장에서 공부하게 된다.

t 분포

t 분포는 연구결과를 얼마나 확신할 수 있을지를 규정할 수 있게 해준다. 연구자는 표본에서 알아낸 것을 더 큰 전집에 일반화할 수 있는지를 알고자 한다. t 분포에 근거한 검증은 표본이 전집과 다르다는 사실을 얼마나 확신할 수 있는지를 알려준다.

t 분포가 z 분포보다 더 유용한 까닭은 (1) 전집 표준편차를 알지 못하면서 (2) 두 표본을 비교할 때 사용할 수 있기 때문이다. 그림 9-1은 가능한 표본크기 각각에 해당하는 많은 t 분포가 존재한다는 사실을 보여주고 있다. 단지 한두 사람만의 뒷담화를 믿지 않으려고 하는 것과 마찬가지로, 표본크기가 작을 때는 전집분포가 정말로 어떤 모습일지를 확신하기가 쉽지 않다. 작은 표본크기의 불확실성은 t 분포가 평평해지고 더 분산된다는 것을 의미한다. 그렇지만 표본크기가 커짐에 따라서 t 분포는 z 분포에 수렴하기 시작한다. 많은 개별적인 출처에서 반복되는 뒷담화를 점차적으로 확신하게 되는 것처럼, 더 많은 참가자가 연구에 포함될수록 확신도가 증가하기 때문이다.

표본에서 전집 표준편차 추정하기

단일표본 t 검증을 실시하기에 앞서, 표본 표준편차를 사용하여 전집 표준편차를 추정해야 한다. z 분포를 가지고 z 검증을 실시하는 것과 t 분포를 가지고 t 검증을 실시하는 것 간의 유일한 실제적인 차이는 표준편차를 추정해야 한다는 사실뿐이다. 다음은 지금까지 사용해온 표본 표준편차 공식이다.

공식 숙달하기

9-1: 표본에서 추정하는 표준편차의 공식은 다음과 같다.

$$s = \sqrt{\frac{\Sigma(X - M)^2}{(N - 1)}}$$

표본 표준편차가 전집의 실제 표준편차를 약간 과소추정할 확률을 교정하기 위하여 분모의 표본 크기에서 1을 뺀다.

$$SD = \sqrt{\frac{\Sigma(X - M)^2}{N}}$$

표본에서 전집 표준편차를 추정할 때는 어느 정도 오류를 범할 가능성이 있다는 사실로 인해서 이 공식에 수정을 가할 필요가 있다. 구체적으로 표본은 전집보다 변산이 다소 작을 가능성이 있다. 이 공식을 살짝 변형시키면 약간 크고 보다 정확한 표준편차를 내놓는다. N 대신에 $N - 1$을 분모로 사용하여 편차제곱의 평균을 얻는다. 1을 빼주는 것이 핵심이다. 예컨대, 만일 분자가 90이고 분모(N)가 10이라면 답은 9가 된다. 만일 $(N - 1) = (10 - 1) = 9$로 나누어준다면, 답은 10이 되는데 약간 큰 값이 된다. 따라서 공식은 다음과 같다.

$$s = \sqrt{\frac{\Sigma(X - M)^2}{(N - 1)}}$$

이 표준편차를 SD 대신에 s라고 부르는 것에 주목하라. 여전히 그리스어 문자 대신에 라틴어 문자를 사용하는 까닭은 이것이 모수치가 아니라 통계치이기 때문이다. 표준편차를 이 방식대로 계산하는 까닭은 전집의 표준편차를 추정해야 하기 때문이다.

새로운 공식을 친숙한 행위인 멀티태스킹(다중작업)의 표준편차에 적용해보자. 두 첨단기술 회사 중의 하나에서 직원들을 1,000시간 이상 관찰하였다(Mark, Gonzalez, & Harris, 2005). 직원들은 하나의 프로젝트가 방해받을 때까지 평균적으로 단지 11분을 사용하였다. 일단 방해받은 후에 다시 원래의 프로젝트로 되돌아가는 데 평균 25분이 필요하였다. 따라서 멀티태스킹이 실제로는 전반적인 생산성을 저하시키는 것으로 보인다.

멀티태스킹 만일 어떤 표본에서 멀티태스킹이 생산성을 낮춘다면, 멀티태스킹이 전집에서 생산성을 떨어뜨리는 정도를 추정할 수 있다.

여러분이 두 회사 중 한 곳의 관리자이며, 오후 1시부터 3시까지를 직원 상호 간에 방해하지 않는 시간으로 규정하였지만, 여전히 외부인들이 방해를 할 수 있다고 가정해보라. 이러한 결정의 효과를 검증하기 위하여 여러분은 다섯 명의 직원을 관찰하여 각 직원의 점수, 즉 방해받기 전에 선택한 과제에 투여하는 시간을 측정한다. 가상적 데이터는 다음과 같다. 8, 12, 16, 12, 14분. 이 사례에서는 11분을 전집 평균으로 간주하지만, 전집의 표준편차를 여전히 알지 못한다.

사례 9.1

전집의 추정 표준편차를 계산하는 데는 다음과 같은 두 단계가 존재한다.

단계 1 : 표본 평균을 계산한다.

전집 평균(11분)을 알고 있을지라도, 표본 평균을 사용하여 교정한 표본 표준편차를 계산한다. 이 점수들의 평균은 다음과 같다.

간단한 교정 : $N-1$ 변산성을 추정할 때, 세 명의 표본에서 한 명을 빼는 것은 상당한 차이를 초래한다. 수천 명의 표본에서 한 사람을 빼는 것은 지극히 사소한 차이를 초래한다. 만일 왼쪽 사진에서 한 명이 사라진다면 금방 알아차리겠지만, 오른쪽 사진에서는 한 명이 사라져도 알아차리기가 거의 불가능하다.

$$M = \frac{(8 + 12 + 16 + 12 + 14)}{5} = 12.4$$

> **단계 2 : 표준편차의 교정 공식에서 표본 평균을 사용한다.**

$$s = \sqrt{\frac{\Sigma(X - M)^2}{(N - 1)}}$$

평방근 기호 속의 분자를 계산하는 가장 용이한 방법은 우선 다음과 같이 데이터를 열에 맞추어 정리하는 것이다.

X	$X - M$	$(X - M)^2$
8	−4.4	19.36
12	−0.4	0.16
16	3.6	12.96
12	−0.4	0.16
14	1.6	2.56

분자는 다음과 같다.

$$\Sigma(X - M)^2 = \Sigma(19.36 + 0.16 + 12.96 + 0.16 + 2.56) = 35.2$$

표본크기가 5일 때, 교정 표준편차는 다음과 같다.

$$s = \sqrt{\frac{\Sigma(X - M)^2}{(N - 1)}} = \sqrt{\frac{35.2}{(5 - 1)}} = \sqrt{8.8} = 2.97 \ \bullet$$

9-2 : 표본에서 추정하는 표준오차의 공식은 다음과 같다.

$$s_M = \frac{s}{\sqrt{N}}$$

전집 대신 표본을 가지고 작업하기 때문에 σ 대신에 s를 사용한다는 점에서만 앞서 공부하였던 표준오차 공식과 차이가 있다.

t 통계치를 위한 표준오차 계산하기

이제 점수분포에서 표준편차 추정치는 갖게 되었지만, 평균분포의 변산인 표준오차 추정치는 아직 가지고 있지 못하다. z 분포에서 행했던 것과 마찬가지로, 평균분포는 점수분포보다 변산성이 적다는 사실을 반영하기 위하여 변산을 적게 만드는데, z 분포에 적용하였던 것과 똑같은 방식을 사용한다. 즉, s를 $\sqrt{N}$으로 나누어준다. 따라서 표본으로부터 추정하는 표준오차 공식은 다음과 같다.

$$s_M = \frac{s}{\sqrt{N}}$$

σ를 s로 대치한 까닭은 전집 표준편차 대신에 교정한 표본 표준편차를 사용하고 있기 때문이다.

사례 9.2

다음은 교정 표준편차 2.97을 표준오차로 변환한 값이다. 표본크기가 5이기 때문에 5의 평방근으로 s를 나누어준다.

$$s_M = \frac{s}{\sqrt{N}} = \frac{2.97}{\sqrt{5}} = 1.33$$

따라서 표준오차는 1.33이다. 중심극한정리가 예측하는 바와 같이, 평균분포의 표준오차는 점수분포의 표준편차보다 작다. (주 : 이 단계에서 보편적인 실수를 범할 수 있다. s를 계산할 때 교정을 하였음에도 불구하고, 여기서도 $\sqrt{N-1}$로 나누는 불필요한 추가 교정을 수행하기 십상이다. 그렇게 하지 말라! 이 단계에서는 그냥 $\sqrt{N}$으로 나누면 된다. 표준오차에 더 이상의 교정은 필요하지 않다.) ●

t 통계치는 추정 표준오차를 단위로 사용하여 나타낸 표본 평균과 전집 평균 간의 거리이다.

9-3 : 단일표본 t 통계치 공식은 다음과 같다.

$$t = \frac{(M - \mu_M)}{s_M}$$

(전집에 근거한) σ_M 대신에 (표본에서 추정한) s_M을 사용한다는 점에서만 z 통계치 공식과 차이가 있다.

표준오차를 사용하여 t 통계치 계산하기

이제 단일표본 t 검증을 실시하는 데 필요한 도구를 갖추었다. 단일표본 t 검증을 실시할 때는 **t 통계치**(t statistic), 즉 추정한 표준오차를 단위로 사용하여 나타낸 표본 평균과 전집 평균 간의 거리를 계산한다. 여기서는 이 t 통계치 공식을 소개하며, 다음 절에서 단일표본 t 검증의 여섯 단계 모두를 개관한다. 공식은 z 통계치의 공식과 동일하지만, 추정 표준오차를 사용한다는 점만 다르다. 평균분포에서의 t 통계치 공식은 다음과 같다.

$$t = \frac{(M - \mu_M)}{s_M}$$

분모가 t 통계치 공식과 z 통계치 공식 간의 유일한 차이라는 사실에 유념하라. 교정한 분모가 t 통계치를 더 작게 만들기 때문에, 극단적인 t 통계치를 가질 확률을 감소시킨다. 즉, t 통계치는 z 통계치만큼 극단적이지 않다. 과학 용어로 표현하면, 더 보수적이다.

학습내용 확인하기		
개념의 개관	>	전집 표준편차를 모르면서 단지 두 집단을 비교할 때 *t* 분포를 사용한다.
	>	두 집단은 표본과 전집이거나 아니면 집단내 설계나 집단간 설계의 두 표본일 수 있다.
	>	단일표본 *t* 검증에서의 *t* 통계치 공식은 평균분포에서의 *z* 통계치 공식과 동일하며, 분모에서 전집의 실제 표준오차 대신에 추정 표준오차를 사용한다는 점만 다르다.
	>	추정 표준오차는 교정 표준편차를 *N*의 평방근으로 나누어서 계산한다.
개념의 숙달	9-1	*t* 통계치란 무엇인가?
통계치의 계산	9-2	다음 데이터를 사용하여 표본 표준편차(*SD*)와 전집 표준편차의 추정치(*s*)를 계산해보라. 6, 3, 7, 6, 4, 5
	9-3	위의 데이터에 대해서 *t* 통계치를 위한 표준오차를 계산해보라.
개념의 적용	9-4	멀티태스킹 연구(Mark et al., 2005)에 관한 논의에서, 한 과제가 방해받을 때까지의 시간을 측정한 후속 연구를 상상하였었다. 이제 다섯 명의 직원 각자에 있어서, 처음 과제로 되돌아가는 데 걸리는 시간이 20, 19, 27, 24, 18분이었다고 가정해보자. 애초의 연구는 직원들이 방해받은 후 원래 과제로 되돌아가는 데 평균 25분이 걸렸음을 보여주었다는 사실을 기억하라.
		a. 이 상황에서 어떤 분포를 사용하겠는가? 여러분의 답을 해명해보라.
		b. 이 분포의 적절한 평균과 표준편차(또는 표준오차)를 결정하라. 적절한 기호 표기법과 공식을 사용하여 전체 진행과정을 밝혀라.
학습내용 확인하기의 답은 부록 D에서 찾아볼 수 있다.		c. *t* 통계치를 계산하라.

방해받을 때까지 집중한 시간을 나타내는 5명 표본의 *t* 통계치는 다음과 같다. **사례 9.3**

$$t = \frac{(M - \mu_M)}{s_M} = \frac{(12.4 - 11)}{1.33} = 1.05$$

가설검증 여섯 단계의 일환으로, *t* 통계치는 방해 금지가 방해받기 전까지 집중한 시간에 영향을 미치는지에 관하여 추론하는 데 도움을 줄 수 있다. ●

단일표본 *t* 검증

목소리만 듣고 낯선 이가 얼마나 매력적인지 정확하게 추측할 수 있는지를 알아보기 위하여 연구자들은 자신의 표본 평균을 단지 우연에 의해서 발생할 수 있는 전집 평균, 즉 50%와 비교하였다. 비교를 위하여 연구자들은 **단일표본 *t* 검증**(single-sample *t* test)을 사용하였는데, 이것은 데이터를 수집한 표본을 평균은 알고 있지만 표준편차를 알지 못하는 전집에 비교하는 가설검증법이다. 단일표본 *t* 검증의 논리는 두 표본을 비교하는 다른 *t* 검증

단일표본 *t* 검증은 데이터를 수집한 표본을 평균은 알고 있지만 표준편차를 알지 못하는 전집에 비교하는 가설검증법이다.

들 그리고 뒤따르는 다른 모든 복잡한 통계검증의 기본 모델이다. 여러분은 이제 곧 원하는 모든 것을 연구할 수 있게 될 것이다.

t 점수표와 자유도

t 분포를 사용할 때는 *t* 점수표를 사용한다. 모든 표본크기마다 상이한 *t* 분포가 존재하며 *t* 점수표는 표본크기를 고려하고 있다. 그렇지만 표에서 실제 표본크기를 들여다보지는 않는다. 오히려 **자유도**(degree of freedom)를 살펴보는데, 자유도란 **표본을 가지고 전집 모수치를 추정할 때 자유롭게 변할 수 있는 점수의 개수**이다.

용어 사용에 주의하라! '자유롭게 변할 수 있는'이라는 구절은 전집 모수치를 알고 있을 때 상이한 값을 취할 수 있는 점수의 개수를 나타내려는 것이다.

> **자유도**는 표본을 가지고 전집 모수치를 추정할 때 자유롭게 변할 수 있는 점수의 개수이다.

사례 9.4

예컨대, 야구팀 감독은 9명의 선수를 특정 타순에 배정할 필요가 있지만, 8명만 결정하면 된다. 그 이유는 무엇인가? 8명의 타순을 결정하고 나면 오직 하나의 선택지만 남기 때문이다. 따라서 감독이 타순을 결정하기 전에는 $N-1$, 즉 $9-1=8$의 자유도가 존재한다. 한 명을 결정한 후에는 $N-1$, 즉 $8-1=7$의 자유도가 존재하는 식이다. 그렇지만 8명을 결정하고 난 후에는 아홉 번째 선수를 배정할 '자유'가 남아 있지 않다. 오직 한 자리만 남아있을 뿐이다.

야구 사례와 마찬가지로, 다른 모든 점수가 결정된 후에는 변할 수 없는 하나의 점수가 항상 존재한다. 예컨대, 만일 4개 점수의 평균이 6이며, 세 점수가 2, 4, 8임을 알고 있다면, 마지막 점수는 10일 수밖에 없다. 따라서 자유도는 표본에 들어있는 점수의 개수에서 1을 뺀 값이다. 기호 표기법으로는 자유도를 *df*로 표현한다. 물론 이탤릭체로 나타낸다. 따라서 단일표본 *t* 검증에서 자유도 공식은 다음과 같다.

$$df = N - 1 \bullet$$

표 9-1은 *t* 점수표에서 발췌한 것이다. 전체 표는 부록 B에 들어있다. 자유도와 통계적 유의도를 선언하는 데 필요한 임곗값 간의 관계에 주목하라. 자유도가 증가함에 따라 임곗값은 낮아진다. 자유도가 단지 1이고(관찰치가 2개) 알파가 0.05인 일방검증에 해당하는 열에서 *t*의 임곗값은 6.314이다. 자유도가 1일 때 차이가 통계적으로 유의하다고 선언하기 위해서는 두 평균이 상당히 멀리 떨어져 있으며 표준편차는 매우 작아야만 한다. 그렇지만 자유도가 2일 때는(관찰치가 3개) *t*의 임곗값이 2.920으로 떨어진다. 어떤 소문을 단지 두 사람에게서 들을 때보다 세 사람에게서 들을 때 더 확신할 수 있는 것처럼, 단지 두 개의 관찰치보다는 세 개의 관찰치를 가질 때 신뢰할 만한 관찰을 하였다고 더 확신할 수 있기 때문에 임곗값에 도달하기가 용이한 것이다.

이 패턴은 4개의 관찰치를 가질 때도(3의 *df*) 계속된다. 통계적 유의성을 선언하는 데

| 표 9-1 | *t* 점수표의 일부분 |

가설검증을 실시할 때, 자유도 그리고 일방검증인지 아니면 양방검증인지에 근거하여 주어진 알파수준(0.10, 0.05, 또는 0.01)에서의 임곗값을 결정하기 위하여 *t* 점수표를 사용한다. 온전한 점수표는 부록 B에 나와있다.

	일방검증			양방검증		
df	0.10	0.05	0.01	0.10	0.05	0.01
1	3.078	6.314	31.821	6.314	12.706	63.657
2	1.886	2.920	6.965	2.920	4.303	9.925
3	1.638	2.353	4.541	2.353	3.182	5.841
4	1.533	2.132	3.747	2.132	2.776	4.604
5	1.476	2.015	3.365	2.015	2.571	4.032

필요한 *t* 임곗값은 2.920에서 2.353으로 감소한다. 관찰에서 확신도 수준이 증가하면 임곗값은 감소한다.

표본크기가 증가함에 따라 *t* 분포는 *z* 분포에 근접하게 된다. 만일 표본크기를 계속해서 증가시키게 되면, 결국에는 전체 전집을 연구하는 것이 되며 무엇보다도 성가신 *t* 검증 같은 것은 필요 없게 된다. 실제 연구상황에서 충분히 큰 표본의 교정 표준편차는 전집의 실제 표준편차와 같아지기 때문에 *t* 분포는 *z* 분포와 동일하게 된다.

부록 B에서 *z* 점수표와 *t* 점수표를 비교해봄으로써 여러분 스스로 이 사실을 확인해보라. 예컨대, 95퍼센타일의 *z* 통계치는 1.64와 1.65 사이의 값이다. 표본크기가 무한대일 때, 95퍼센타일의 *t* 통계치는 1.645이다. 무한대(∞)는 매우 큰 표본크기를 나타낸다. 물론 무한대의 표본크기 자체는 불가능하지만 말이다.

표본크기가 증가함에 따라 *t* 통계치가 *z* 통계치에 수렴하는 까닭을 스스로 생각해보라. 대표표본이라는 전제하에서 참가자가 많을수록 정확한 관찰을 하고 있다는 확신도가 증가한다. 따라서 *t* 분포가 *z* 분포와 완전히 별개의 것이라고 생각하지 말라. 오히려 *z* 통계치는 한 면만 날이 있는 칼인 반면에, *t* 통계치는 양날의 칼로서 *z* 통계치에 해당하는 한 면의 날도 포함하고 있는 것으로 생각하라.

부록 B의 전체 *t* 점수표를 사용하여 *t*의 임곗값을 결정해보자.

> **개념 숙달하기**
>
> **9-3 :** 표본크기가 증가할수록, *t* 분포는 *z* 분포를 점점 더 닮아간다. *z* 통계치는 한 면만 날이 있는 칼인 반면에, *t* 통계치는 양날의 칼로서 *z* 통계치에 해당하는 한 면의 날도 포함하고 있는 것으로 생각할 수 있다.

사례 9.5

연구 : 한 연구자는 먹이가 무제한으로 가용할 때 실험실 쥐가 30분 동안 섭취하는 평균 칼로리양을 알고 있다. 연구자는 새로운 먹이가 섭취하는 칼로리양을 변화시키는지를 알고자 한다. 38마리 쥐를 대상으로 실험하며 0.05의 알파수준을 사용한다.

임곗값 : 연구가설이 양방향으로의 변화를 허용하기 때문에 양방검증이다. 38마리가 있기 때문에 자유도는 다음과 같다.

$$df = N - 1 = 38 - 1 = 37$$

t 점수표의 양방검증에 해당하는 부분에서 $\alpha = 0.05$의 열과 $df = 37$인 행이 교차하는 지점을 찾아보고자 한다. 그런데 37의 df가 없다. 이런 경우에는 보다 보수적인 방향으로 오류를 범하기로 결정하고는 두 가지 가능한 임곗값 중에서 보다 극단적인(즉, 더 큰) 임곗값을 선택하는데, 그 임곗값은 항상 더 작은 df에 해당하는 것이다. 이 사례에서는 $df = 35$를 선택하여 2.030의 값을 얻게 된다. 양방검증이기 때문에 임곗값은 -2.030과 2.030이 된다. ●

단일표본 t 검증의 여섯 단계

이제 단일표본 t 검증을 실시하는 데 필요한 모든 도구를 갖추었다. 따라서 가상적인 연구 하나를 상정하여 가설검증의 여섯 단계를 모두 실시해보자.

사례 9.6

Zigy Kaluzny/The Image Bank/Getty Images

치료 빼먹기 약속을 까먹는 내담자는 내담자와 치료자 모두에게 문제가 될 수 있다. t 검증은 일정 횟수의 회기를 방문하는 계약서에 서명한 사람과 서명하지 않은 사람 간의 결과를 비교할 수 있다.

제4장에서는 대학생 내담자가 대학 상담센터를 방문하는 회기의 평균 횟수를 포함한 데이터를 제시하였었다. 한 연구는 평균 4.6회기를 보고하였다(Hatchett, 2003). 상담센터는 내담자에게 적어도 10회기를 참가한다는 계약서에 서명하게 함으로써 참여율을 증가시키고자 하였다고 상상해보자. 5명의 학생이 계약서에 서명하고는 각각 6, 6, 12, 7, 8회기를 참가하였다. 연구자는 오직 자신이 소속된 대학에만 관심이 있기 때문에, 평균인 4.6회기를 전집 평균으로 간주한다.

단계 1 : 전집, 비교분포, 가정을 확인한다. 전집 1 : 적어도 10회기 참가한다는 계약서에 서명한 모든 내담자. 전집 2 : 적어도 10회기 참가한다는 계약서에 서명하지 않은 모든 내담자.

비교분포는 평균분포가 된다. 가설검증이 단일표본 t 검증인 까닭은 단 하나의 표본만을 가지고 있으며 전집 평균은 알고 있지만 전집 표준편차는 모르기 때문이다.

이 연구는 세 가정 중에서 하나를 충족시키며, 나머지 둘도 충족시킬 수 있다. (1) 종속변인은 척도변인이다. (2) 표본을 무선표집하였는지 알 수 없기 때문에 계약서에 서명한 다른 내담자에게 일반화한다는 측면에서 신중해야 한다. (3) 전집이 정상분포를 이루고 있는지 알지 못하며, 표본크기가 최소 30에 미치지 못하고 있다. 그렇지만 표본 데이터가 분포의 편중성을 시사하지는 않는다.

단계 2 : 영가설과 연구가설을 진술한다. 영가설 : 적어도 10회기 참가한다는 계약서에 서명한 이 대학의 내담자는 그러한 계약서에 서명하지 않은 내담자와 평균적으로 동일한 횟수의 회기에 참가한다. $H_0 : \mu_1 = \mu_2$.

연구가설 : 적어도 10회기 참가한다는 계약서에 서명한 이 대학의 내담자는 그러한 계약서에 서명하지 않은 내담자와 평균적으로 동일한 횟수의 회기에 참가하지 않는다. $H_1 : \mu_1 \neq \mu_2$.

단계 3 : 비교분포의 특성을 결정한다.

$$\mu_M = 4.6, \; s_M = 1.114$$

계산과정은 다음과 같다.

$$\mu_M = \mu = 4.6$$

$$M = \frac{\Sigma X}{N} = \frac{(6 + 6 + 12 + 7 + 8)}{5} = 7.8$$

X	X − M	(X − M)²
6	−1.8	3.24
6	−1.8	3.24
12	4.2	17.64
7	−0.8	0.64
8	0.2	0.04

표준편차 공식의 분자는 편차제곱합이다.

$$\Sigma(X - M)^2 = \Sigma(3.24 + 3.24 + 17.64 + 0.64 + 0.04) = 24.8$$

$$s = \sqrt{\frac{\Sigma(X - M)^2}{(N - 1)}} = \sqrt{\frac{24.8}{(5 - 1)}} = \sqrt{6.2} = 2.490$$

$$s_M = \frac{s}{\sqrt{N}} = \frac{2.490}{\sqrt{5}} = 1.114$$

단계 4 : 임곗값을 결정한다.

$$df = N - 1 = 5 - 1 = 4$$

(그림 9-2에서 보는 바와 같이) 알파수준이 0.05이고 df가 4인 양방검증에서 임곗값은 −2.776과 2.776이다.

단계 5 : 검증통계치를 계산한다.

$$t = \frac{(M - \mu_M)}{s_M} = \frac{(7.8 - 4.6)}{1.114} = 2.873$$

그림 9-2

t 분포에서 임곗값 결정하기

z 분포에서와 마찬가지로, 원점수의 평균이 아니라 t 통계치를 가지고 임곗값을 결정함으로써 검증통계치가 임곗값을 넘어서는지를 용이하게 결정할 수 있다. 여기서 임곗값은 −2.776과 2.776이며, 이 값은 가장 극단적인 5%, 즉 양극단에 각각 2.5%를 나타낸다.

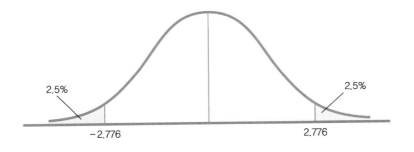

2.5% 2.5%

−2.776 2.776

단계 6 : 결정을 내린다.

영가설을 기각한다. 적어도 10회기 참가하겠다는 계약서에 서명한 내담자들이 서명하지 않은 내담자들보다 평균적으로 더 많은 회기에 참가하는 것으로 보인다(그림 9-3).

가설검증을 마무리한 다음에는 보고서에 핵심 통계정보를 제시하게 된다. 행동과학 전반에 걸쳐서 독자가 결과를 용이하게 이해하도록 통계치를 제시하는 미국심리학회(APA)의 표준 형식은 다음과 같다(APA 형식은 전 세계적으로 통용되는 방식이기도 하다).

1. 검증통계치의 기호를 사용한다(예컨대, t).
2. 자유도를 괄호 안에 적는다.
3. 등호(=)를 적고 검증통계치의 값을 전형적으로 소수점 이하 두 자리까지 적는다.
4. 쉼표(,)를 찍고 '$p = $'이라고 써서 p 값을 나타낸 다음에 실제 값을 적는다. (소프트웨어를 사용하여 가설검증을 실시하지 않는 한, 검증통계치에 해당하는 실제 p 값을 알지 못한다. 이 경우에 영가설을 기각할 때는 $p < 0.05$ 그리고 영가설을 기각하는 데 실패할 때는 $p > 0.05$라고 써서 p 값이 임곗값을 넘어서는지를 진술한다.)

상담센터 사례에서 통계치는 다음과 같이 표현한다.

$$t(4) = 2.87, p < 0.05$$

통계치는 전형적으로 결과에 관한 진술에 뒤따른다. 예컨대, "적어도 10회기를 참가하겠다는 계약서에 서명한 내담자들이 서명하지 않은 내담자들보다 평균적으로 더 많은 회기에 참석하는 것으로 보인다. $t(4) = 2.87, p < 0.05$." 보고서는 소수점 두 자리까지의 표본 평균과 표준편차(표준오차가 아니다)도 포함한다. 여기서 기술통계치는 다음과 같이 적는다. $M = 7.80, SD = 2.49$. 관례적으로 표준편차를 기호로 나타낼 때는 s 대신에 SD를 사용한다. ●

단일표본 t 검증에서 신뢰구간 계산하기

제8장에서 가설검증은 알려주는 정보가 제한적이며 오해하기 십상이라는 사실을 공부하였다. 그렇기 때문에 연구자들은 가능하다면 언제나 신뢰구간과 효과크기를 보고하여

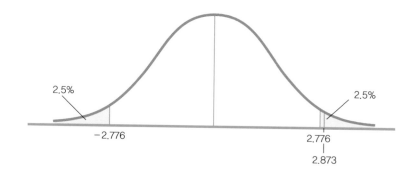

그림 9-3

결정 내리기

영가설을 기각할 것인지를 결정하기 위해서 검증통계치를 t 점수의 임곗값에 비교한다. 이 사례에서 검증통계치 2.873은 임곗값 2.776을 넘어서기 때문에, 영가설을 기각할 수 있다.

야 한다. 이것들은 가설검증 결과에 덧붙여 보고하게 되며, 점차적으로 가설검증을 대신
하여 사용하고 있다.

사례 9.7

단일표본 *t* 검증에서 신뢰구간을 계산할 수 있다. 전집 평균은 4.6이었다. 표본을 사용하
여 전집 표준편차가 2.490이고 전집 표준오차는 1.114라고 추정하였다. 표본의 다섯 내
담자는 평균 7.8회기에 참가하였다.

 가설검증을 실시할 때, 영가설에 따라 전집 평균 4.6을 중심으로 곡
선을 그렸다. 이제 동일한 정보를 사용하여 표본 평균 7.8을 중심으로
95% 신뢰구간을 계산할 수 있다.

> **개념 숙달하기**
>
> **9-4 :** 저널 편집자와 심리학회는 연구자들이 가능하
> 다면 언제나 신뢰구간과 효과크기를 계산할 것을 권장
> 하고 있다. 이 값들을 가설검증에 덧붙여 보고하거나
> 아니면 가설검증을 대신하여 보고할 수 있다.

| **단계 1 : 신뢰구간을 포함하는 *t* 분포의 그림을 그린다.** |

중심에 (전집 평균 4.6이
아니라) 표본 평균 7.8이
위치하는 정상곡선을 그린다(그림 9-4). 평
균에서부터 곡선까지 수직선을 그린다.

| **단계 2 : 그림에서 신뢰구간의 경계를 나타낸다.** |

95% 신뢰구간이라면, *t* 분포의 중앙 95%를
나타내는 두 개의 작은 수직선을 그린다(각
꼬리에 2.5%가 들어간다). 그런 다음에 곡선의 각 영역에 해당 백분율을 적는다.

| **단계 3 : 중앙 95%를 나타내는 각 수직선에 해당하는 *t* 통계치를 찾는다.** |

알파수준이 0.05이고 *df*가 4인 양방검증에
서 임곗값은 −2.776과 2.776이다. 이제 그
림 9-5에서 보는 바와 같이, 곡선 아래쪽에

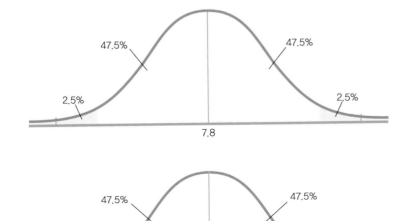

그림 9-4

단일표본 *t* 검증에서 95% 신뢰구간 I
단일표본 *t* 검증에서 신뢰구간을 계산하
기에 앞서, 표본 평균 7.8을 정상곡선의
중앙에 놓고 신뢰구간 내에 들어가거나
그 구간을 넘어서는 영역의 백분율을 나
타낸다.

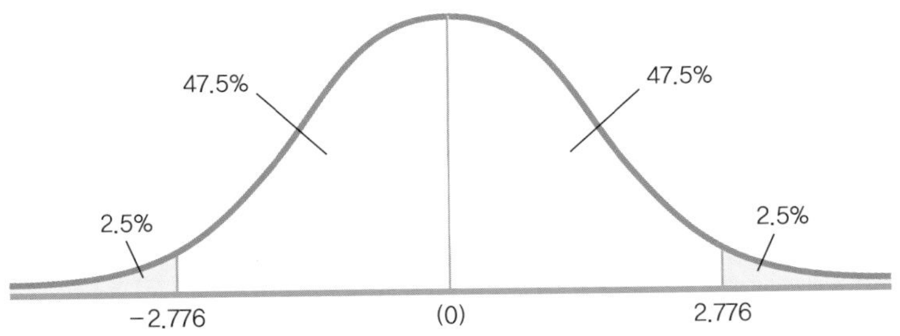

그림 9-5

단일표본 *t* 검증에서 95% 신뢰구간 II
단일표본 *t* 검증에서 신뢰구간을 계산하
는 다음 단계는 구간의 각 경계를 나타
내는 *t* 통계치를 확인하는 것이다. 곡선
은 대칭적이기 때문에, *t* 통계치는 음양
부호만 다를 뿐 동일한 크기를 갖는다.
여기서는 −2.776과 2.776이다.

이 t 통계치를 덧붙일 수 있다.

단계4 : t 통계치를 다시 원래의 평균으로 변환한다.

z 검증에서 했던 것처럼 이 변환에도 공식을 사용할 수 있지만, 우선 적절한 평균과 변산 측정치를 확인하게 된다. 여기에는 명심해야 할 두 가지 중요 사안이 있다. 첫째, 표본 평균을 중심으로 신뢰구간을 나타내기 때문에, 계산에서는 표본 평균인 7.8을 사용한다. 둘째, (개별 점수가 아니라) 표본 평균을 가지고 있기 때문에, 평균분포를 사용한다. 따라서 변산 측정치로 표준오차 1.114를 사용한다.

이 평균과 표준오차를 사용하여 신뢰구간 양극단에서 원래 평균을 계산하고, 그림 9-6에서처럼 곡선 아래에 그 평균을 덧붙인다. z 값을 t 값으로 대치하고 σ_M을 s_M으로 대치한다는 점을 제외하면 공식은 z 검증의 공식과 똑같다.

$$M_{하한} = -t(s_M) + M_{표본} = -2.776(1.114) + 7.8 = 4.71$$
$$M_{상한} = t(s_M) + M_{표본} = 2.776(1.114) + 7.8 = 10.89$$

전형적으로 대괄호로 보고하는 95% 신뢰구간은 [4.71, 10.89]이다.

단계5 : 신뢰구간이 이치에 맞는지 확인한다.

표본 평균은 신뢰구간 양극단의 중앙에 위치해야 한다.

$$4.71 - 7.8 = -3.09 \quad \text{그리고} \quad 10.89 - 7.8 = 3.09$$

대응이 되었다. 신뢰구간은 표본 평균 아래쪽으로 3.09만큼 떨어진 곳에서부터 위쪽으로 3.09만큼 떨어진 곳까지이다. 만일 동일한 전집에서 5명의 표본을 반복하여 표집한다면, 95% 신뢰구간은 표집의 95%의 경우에 전집 평균을 포함하게 된다. 전집 평균인 4.6이 이 구간에 포함되지 않음에 주목하라. 이 사실은 계약서에 서명한 학생의 표본이 영가설에 따른 전집, 즉 계약서에 서명하지 않은 학생 내담자 전집에서 나온 것일 가능성이 낮음을 의미한다. 그 표본은 상이한 전집, 즉 일반 전집보다 평균적으로 더 많은 회기에 참석하는 학생들의 전집에서 나온 것이라고 결론짓는다. z 검증에서와 마찬가지로 가설검증과 신뢰구간의 결론은 동일하지만, 신뢰구간은 더 많은 정보, 즉 단순한 점 추정치가 아니라 구간 추정치를 제공해준다. 결론이 동일하면서도 더 많은 정보를 제공하기

그림 9-6

단일표본 t 검증에서 95% 신뢰구간 III
단일표본 t 검증에서 신뢰구간을 계산하는 마지막 단계는 신뢰구간의 경계를 나타내는 t 통계치를 원래의 평균으로 변환하는 것이다. 여기서는 4.71과 10.89이다.

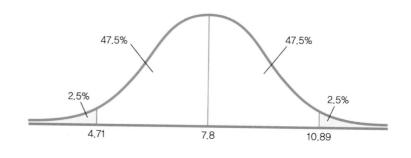

때문에, 많은 연구자는 가설검증이 아니라 신뢰구간만을 보고할 것을 권장하고 있다. ●

단일표본 *t* 검증에서 효과크기 계산하기

z 검증에서와 마찬가지로, 단일표본 *t* 검증에서도 효과크기(코헨의 *d*)를 계산할 수 있다.

상담센터 연구에서의 효과크기를 계산해보자. *z* 검증에서와 마찬가지로 그저 *t* 통계치 공식에서 s_M을 *s*로 대치하고 사용하면 된다. (논리적으로는 μ_M도 μ로 대치해야 하는데, 두 평균은 항상 동일하다.) 이 사례에서는 분모에 1.114 대신에 2.490을 사용한다. 코헨의 *d*는 평균들의 분포(평균분포)가 아니라 개별 점수들의 분포(점수분포)의 변산성에 근거하고 있다.

$$\text{코헨의 } d = \frac{(M - \mu)}{s} = \frac{(7.8 - 4.6)}{2.490} = 1.29$$

효과크기 *d* = 1.29는 표본 평균과 전집 평균이 1.29 표준편차만큼 떨어져 있음을 알려준다. 제8장에서 보았던 관례에 따르면(0.2는 작은 효과, 0.5는 중간 효과, 0.8은 큰 효과), 이 값은 꽤나 큰 효과이다. 통계치를 보고할 때 다음과 같이 효과크기를 덧붙일 수 있다. *t*(4) = 2.87, *p* < 0.05, *d* = 1.29. ●

사례 9.8

> **공식 숙달하기**
>
> **9-6 :** *t* 통계치에 대한 코헨의 *d* 공식은 다음과 같다.
>
> $$\text{코헨의 } d = \frac{(M - \mu)}{s}$$
>
> 추정한 전집 표준오차(s_M)가 아니라 추정한 전집 표준편차(*s*)로 나누어준다는 점을 제외하고는 *t* 통계치 공식과 동일하다.

학습내용 확인하기

개념의 개관

> 단일표본 *t* 검증을 사용하여 표본 데이터를 평균은 알고 있지만 표준편차를 알지 못하는 전집과 비교한다.

> 추정 *t* 통계치를 *t* 분포에 비추어 평가할 때는 *N* 대신에 자유도, 즉 자유롭게 변할 수 있는 점수의 개수를 고려한다.

> 표본크기가 증가함에 따라, 추정치의 신뢰도가 높아지고 자유도가 증가한다. 그리고 *t*의 임곗값이 감소하여 통계적 유의도에 도달하기 용이하게 만들어준다. 실제로 표본크기가 증가함에 따라 *t* 분포는 *z* 분포에 접근하게 된다.

> 단일표본 *t* 검증을 실시하려면, *z* 검증에서 하는 것과 동일한 가설검증의 여섯 단계를 따른다. 다만 표준오차를 계산하기에 앞서 표본을 가지고 표준편차를 추정하는 것만 다르다.

> 단일표본 *t* 검증에서 신뢰구간과 효과크기인 코헨의 *d*를 계산할 수 있다.

개념의 숙달

9-5 자유도라는 용어를 설명해보라.

9-6 단일표본 *t* 검증이 *z* 검증보다 더 유용한 까닭은 무엇인가?

통계치의 계산

9-7 다음 각각에서 자유도를 계산해보라.

a. 35마리의 쥐가 여덟 가지 통로를 가지고 있는 미로를 달리는 데 걸리는 시간을 측정한다.

(계속)

통계치의 계산 (계속)		b. 14명 학생의 시험점수를 수집하여 4학기에 걸친 평균을 구하였다.
	9-8	다음 각 검증에서 t의 임곗값을 확인해보라. a. 알파수준이 0.05이고 자유도가 11인 양방검증 b. 알파수준이 0.01이고 N이 17인 일방검증

개념의 적용	9-9	대학 통계에 따르면 학생들이 한 학기 동안 평균 3.7번 수업을 빼먹는다고 가정해보자. 다음을 통계학 수강생들이 빼먹었던 평균 수업 횟수 데이터라고 상상하라. 6, 3, 7, 6, 4, 5. 알파수준이 0.05인 양방검증을 사용하여 가설검증의 여섯 단계를 모두 실시하라. (주 : 여러분은 이미 학습내용 확인하기 9-2와 9-3에서 단계 3의 작업을 수행하였다.)

학습내용 확인하기의 답은 부록 D에서 찾아볼 수 있다.

대응표본 *t* 검증

세상의 많은 지역에서, 겨울 휴가철은 가족 전통음식이 중심에 자리 잡는 시기이다. 사회적 통념은 이 시기 동안에 많은 사람들이 5~7파운드(2.5~3.5킬로그램 정도) 살이 찐다는 사실을 시사한다. 그렇지만 사전-사후 연구는 체중 증가가 1파운드 남짓(대략 0.5킬로그램)임을 보여준다(Díaz-Zavala et al., 2017; Hull et al., 2006; Roberts & Mayer, 2000). 휴가철이 지나고 1파운드 정도의 체중 증가가 그렇게 나쁜 것처럼 보이지 않을 수도 있지만, 휴가철에 늘어난 체중은 그대로 유지되는 경향이 있다. 휴가가 끝난 후에도 줄어들지 않는 것이다(Yanovski et al., 2000).

대응표본 *t* 검증은 집단내 설계, 즉 모든 참가자가 두 표본 모두에 포함되는 상황에서 두 평균을 비교하는 데 사용한다.

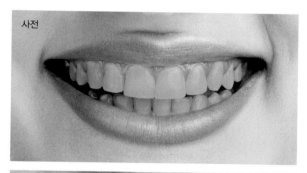

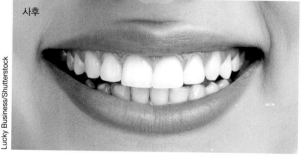

사전과 사후 극적인 사전-사후 사진이나 증언에 속아 넘어가지 말라. 위험할 가능성이 있는 다이어트를 시작하거나 값비싼 성형수술을 받기 전에, 독자적으로 수행한 대응표본 *t* 검증결과를 요구하라.

Lucky Business/Shutterstock

연구자들은 휴가철 동안의 체중 증가가 사회적 통념이 제안해온 것보다 훨씬 작다는 사실을 발견하였다. 여러분은 어떻게 생각하는가? 무시무시한 '신입생 15(freshman 15. 대학 1학년생들이 무절제한 생활로 인하여 체중이 15파운드 증가한다는 속설)'도 근거 없는 믿음으로 보인다. 한 연구는 가을학기가 시작되는 9월부터 11월 사이에 남학생은 체중이 평균 3.5파운드(대략 1.6킬로그램) 증가하며, 여학생은 4.0파운드(대략 1.8킬로그램) 증가한다는 결과를 얻었다(Holm-Denoma et al., 2008). 대응표본 *t* 검증을 사용하여 사전-사후 비교를 수행할 수 있다.

대응표본 *t* 검증(paired-samples *t* test)[종속표본 *t* 검증 (dependent-samples *t* test)이라고도 부른다]은 집단내 설계, 즉 모든 참가자가 두 표본 모두에 포함되는 상황에서 두 평균을 비교하는 데 사용한다. 대응표본 *t* 검증은 많은 연구의 데이터를 분석하는 데 사용할 수 있다. 예컨대, 한 참가자가 두 조건(예컨대, 카페인 음료수를 마시기 전에 기억과제를 실시하는 조건과 무카페인 음료수를 마신 후에 기억과제를 실시하는 조건)

모두에 들어있다면, 한 조건에서의 점수가 다른 조건에의 점수에 의존적이게 된다.

대응표본 *t* 검증의 단계는 단일표본 *t* 검증의 단계와 거의 동일하다. 대응표본 *t* 검증에서 중요한 차이점은 각 참가자의 차이점수를 알아야 한다는 것이다. 차이점수를 가지고 작업하기 때문에, 차이점수 평균들의 분포, 즉 평균차이 분포(distribution of mean differences)라는 새로운 분포를 알 필요가 있다.

평균차이 분포

점수분포와 평균분포를 이미 학습한 바 있다. 이제 평균차이(mean difference)의 분포를 작성할 필요가 있는데, 예컨대 휴가 전과 후 체중 데이터에서 평균 간의 차이가 만들어내는 분포이다. 목적은 집단내 설계의 영가설을 규정하는 분포를 만들려는 것이다.

많은 대학생들의 체중을 겨울방학 전과 후에 측정하여 개별 카드에 기록하였다고 상상해보라. 대학생 전집에서 예컨대, 세 명의 표본으로부터 데이터를 수집하는 것으로 시작한다. 전집에는 각 대학생에 해당하는 카드가 있으며, 앞면에는 방학 전의 체중이, 그리고 뒷면에는 방학 후의 체중이 기록되어 있다. 전집에 들어있는 각 학생마다 앞뒷면에 체중이 적힌 카드가 존재한다(이 검증의 이름이 대응표본 *t* 검증인 까닭이 바로 이것이다). 평균차이 분포를 만들기 위한 단계들을 살펴보자.

단계 1 : 세 장의 카드를 무작위로 선택하되, 한 카드를 선택하고 다음 카드를 선택하기 전에, 앞선 카드를 전집에 다시 집어넣는다(복원 표집의 방법을 사용하는 것이다).

단계 2 : 각 카드의 방학 후 체중에서 방학 전 체중을 빼서 차이점수를 계산한다.

단계 3 : 세 사람의 체중에서 차이점수의 평균을 계산한다. 그런 다음에 세 단계를 다시 반복한다. 전집에서 또 다른 세 사람을 무작위로 선택하고, 차이점수를 계산하며, 세 차이점수의 평균을 계산한다. 이 과정을 계속해서 반복한다.

이제 사례를 사용하여 이 단계를 다시 한번 밟아보자.

단계 1 : 한 장의 카드를 무작위로 선택하여 첫 번째 학생은 방학 전에 체중이 140파운드였는데, 방학 후에는 144파운드라는 사실을 확인한다. 이 카드를 전집에 다시 집어넣고 나서 또 다른 카드를 무작위로 선택한다. 두 번째 학생은 방학 전과 후에 각각 126과 124파운드이었다. 이 카드를 전집에 다시 넣고 또 다른 카드를 무작위로 선택한다. 세 번째 학생은 방학 전과 후에 각각 168과 168파운드이었다.

단계 2 : 첫 번째 학생의 차이점수는 144 − 140 = 4이다. 체중이 4파운드 늘었다. 두 번째 학생의 차이점수는 124 − 126 = − 2이다. 체중이 2파운드 줄었다. 세 번째 학생의 차이점수는 168 − 168 = 0이다. 체중이 변하지 않았다.

단계 3 : 세 개의 차이점수(4, − 2, 0) 평균은 0.667이다. 체중 변화의 평균은 0.667파운드의 증가이다.

그런 다음에 다른 세 학생을 선택하여 차이점수의 평균을 계산한다. 궁극적으로 많은 차이점수 평균을 가지고 평균차이의 분포를 그릴 수 있게 된다. 어떤 차이점수 평균은

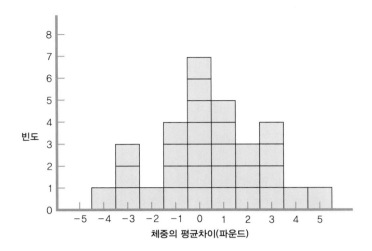

그림 9-7

평균차이의 분포 만들기

이 분포는 30개의 평균차이를 구하면 만들 수 있는 많은 분포 중의 하나이다. 이 분포는 방학 전과 후의 체중 쌍 전집에서 한 번에 하나씩 세 쌍을 뽑아 체중 간 차이의 평균을 30개 계산하여 그린 것이다. 여기서 사용한 전집은 영가설, 즉 방학 전과 후의 체중에는 평균적으로 차이가 없다는 가설에 근거한 것이다.

양수이고 어떤 평균은 음수이며, 또 다른 평균은 0이다.

그렇지만 이것은 이러한 평균차이 분포가 어떤 모습일지에 대한 시작에 불과하다. 만일 평균차이의 전체 분포를 알고자 한다면, 이 과정을 무한히 반복해야만 한다. 이 책의 저자들이 체중 쌍의 평균차이를 30개 계산하였을 때, 그림 9-7의 분포를 얻었다. 만일 방학 전과 후의 체중 간에 평균차이가 없다면, 그림 9-7을 작성할 때 사용한 데이터와 마찬가지로 그 분포는 0을 중심으로 퍼져있게 된다. 영가설에 따르면 방학 전과 후의 체중에서 평균차이가 없을 것이라고 기대하게 된다.

대응표본 *t* 검증의 여섯 단계

대응표본 *t* 검증에서 각 참가자는 두 개의 점수, 즉 두 조건 각각에서의 점수를 갖는다. 대응표본 *t* 검증을 실시할 때는 동일 참가자의 점수 쌍을 좌우로 나란히 두 열에 적는다. 그런 다음에 한 점수를 그것과 짝을 이루고 있는 다른 점수로부터 빼서 차이점수를 계산한다. 이상적으로는 양수의 차이점수는 증가를 나타내고 음수의 차이점수는 감소를 나타내도록 한다. 일반적으로는 첫 번째 점수를 두 번째 점수에서 빼게 되면 차이점수가 이 논리에 부응하게 된다. 이제 대응표본 *t* 검증의 여섯 단계를 살펴보기로 한다.

사례 9.9

소프트웨어 기업의 사례를 사용하도록 하자. (소프트웨어 기업은 사람들이 자신의 제품과 상호작용하는 방법을 개선하기 위하여 사회과학자들을 고용한다.) 예컨대, 마이크로소프트의 행동과학자들은 15명의 자원자가 다음과 같은 두 조건, 즉 15인치 컴퓨터 모니터를 사용하는 조건과 42인치 모니터를 사용하는 조건에서 일련의 과제를 어떻게 수행하는지를 연구하였다(Czerwinski et al., 2003). 후자의 조건은 사용자가 여러 가지 프로그램을 동시에 볼 수 있게 해주었다.

다섯 참가자의 가상 데이터는 다음과 같으며, 이 데이터는 연구자들이 보고한 실제 평균을 반영하는 것이다. 작은 수치는 신속한 반응시간을 나타내며 좋은 결과라는 사실을 명심하라. 첫 번째 참가자의 경우 작은 모니터에서는 122초 그리고 큰 모니터에서는 111초에 과제를 마쳤다. 두 번째 참가자는 각각 131초와 116초이었으며, 세 번째 참가자는 127초와 113초, 네 번째 참가자는 123초와 119초, 그리고 다섯 번째 참가자는 132초와 121초이었다.

| 단계 1 : 전집, 비교분포, 그리고 가정을 확인한다. | 대응표본 *t* 검증은 단일표본의 점수를 분석한다는 점에서 단일표본 *t* 검증과 유사하다. 그렇지만 대응표본 *t* 검증에서는 차이점수를 분석한다. 대 |

응표본 *t* 검증에서 각 조건이 하나의 전집을 반영하고 있지만, 비교분포는 (평균분포가 아니라) 평균차이 점수의 분포(distribution of mean difference scores)이다. 비교분포는 평균차이가 없음을 상정하는 영가설에 근거한다. 따라서 비교분포의 평균은 0이다. 대응표본 *t* 검증에서 세 가지 가정은 단일표본 *t* 검증에서와 동일하다.

요약 : 전집 1 : 15인치 모니터를 사용하여 과제를 수행하는 사람들. 전집 2 : 42인치 모니터를 사용하여 과제를 수행하는 사람들.

비교분포는 영가설에 근거한 평균차이 점수의 분포이다. 가설검증이 대응표본 *t* 검증인 까닭은 집단내 설계에 따른 점수의 두 표본이 존재하기 때문이다.

이 연구는 세 가정 중에서 하나를 충족하고 있으며, 다른 두 가정도 충족시킬 수 있다. (1) 종속변인은 시간으로, 척도변인이다. (2) 그렇지만 참가자들을 무작위로 선정하지 않았기 때문에 결과를 일반화한다는 측면에서 신중을 기해야 한다. (3) 전집이 정상분포를 이루는지 알지 못하며, 참가자의 수가 30에 이르지 못하고 있다. 그렇지만 표본 데이터는 편중된 분포를 시사하지 않는다.

Raphye Alexius/Getty Images

커다란 모니터와 생산성 큰 모니터가 생산성을 증가시키는가? 마이크로소프트 연구자와 인지심리학자들(Czerwinski et al., 2003)은 자원한 연구 참가자들이 15인치 모니터 대신에 42인치 대형 모니터를 사용할 때 생산성이 9% 증가한다고 보고하였다. 모든 참가자는 두 종류 모니터를 모두 사용하였기 때문에 두 표본 모두에 포함되었다. 집단내 설계의 두 집단에는 대응표본 *t* 검증이 적절한 가설검증법이다.

| 단계 2 : 영가설과 연구가설을 진술한다. | 단일표본 t 검증의 단계 2와 동일하다. |

요약 : 영가설 : 15인치 모니터를 사용하는 사람은 42인치 모니터를 사용하는 사람과 평균적으로 동일한 시간에 일련의 과제를 마칠 것이다. $H_0 : \mu_1 = \mu_2$.

연구가설 : 15인치 모니터를 사용하는 사람은 42인치 모니터를 사용하는 사람에 비해 평균적으로 상이한 시간에 일련의 과제를 마칠 것이다. $H_1 : \mu_1 \neq \mu_2$.

| 단계 3 : 비교분포의 특성을 결정한다. | 이 단계는 단일표본 t 검증의 단계와 유사하다. |

영가설에 근거한 비교분포의 평균과 표준오차를 결정한다. 그렇지만 대응표본 t 검증에는 (개별 점수의 표본과 평균의 비교분포 대신에) 차이점수의 표본과 평균차이의 비교분포가 존재한다. 영가설에 따르면, 차이가 존재하지 않는다. 따라서 영가설이 차이 없음을 상정하는 한에 있어서 비교분포의 평균은 항상 0이다.

대응표본 t 검증에서 표준오차는 각 조건에서의 점수 대신에 차이점수를 사용한다는 점을 제외하면, 단일표본 t 검증에서와 동일한 방식으로 계산한다. 현재의 사례에서 차이점수를 얻으려면 통제조건(작은 모니터)에서 실험조건(큰 모니터)으로 넘어갈 때 무슨 일이 발생하는지를 알아야 하기 때문에 두 번째 점수에서 첫 번째 점수를 뺀다. 음수의 차이는 모니터가 작은 것에서 큰 것으로 이동할 때 시간이 감소함을 나타낸다. (빼기 순서를 역전시키면 음양부호가 바뀌겠지만 검증통계치는 동일하게 된다.)

요약 : $\mu_M = 0$; $s_M = 1.924$

계산 : (일단 차이점수 열을 만든 후에는 원점수 열을 지워버린 것에 주목하라. 나머지 모든 계산은 원점수가 아니라 차이점수를 수반한다는 점을 환기시키고자 이렇게 하였다.)

X	Y	차이값	차이값−평균차이값	편차제곱
122	111	−11	0	0
131	116	−15	−4	16
127	113	−14	−3	9
123	119	−4	7	49
132	121	−11	0	0

각 참가자의 차이점수를 합하고 표본크기로 나누어줌으로써 차이점수의 평균을 계산한다.

$$M_{차이} = -11$$

표준편차 공식에서 평방근 기호 안의 분자는 편차의 제곱합, 즉 SS이다(제곱합에 대해서는 제4장에서 학습하였다).

$$SS = 0 + 16 + 9 + 49 + 0 = 74$$

표준편차 s는 다음과 같다.

$$s = \sqrt{\frac{74}{(5-1)}} = \sqrt{18.5} = 4.301$$

표준오차 s_M은 다음과 같다.

$$s_M = \frac{4.301}{\sqrt{5}} = 1.924$$

단계 4 : 임곗값을 결정한다.

자유도가 (점수의 수가 아니라) 참가자의 수에서 1을 뺀 값이라는 점을 제외하면 단일표본 t 검증의 단계 4와 동일하다.

요약 : $df = N - 1 = 5 - 1 = 4$

양방검증이며 알파수준 0.05에 근거한 임곗값은 그림 9-8에서 보는 바와 같이 −2.776과 2.776이다.

단계 5 : 검증통계치를 계산한다.

개별 점수의 평균 대신에 차이점수의 평균을 사용한다는 점을 제외하면 단일표본 t 검증의 단계 5와 동일하다. 영가설에 따른 평균차이 점수, 즉 0을 표본에서 계산한 평균차이 점수에서 뺀다. 그런 다음에 표준오차로 나누어준다.

요약 : $t = \frac{(-11 - 0)}{1.924} = -5.72$

단계 6 : 결정을 내린다.

단일표본 t 검증의 단계 6과 동일하다.

요약 : 영가설을 기각한다. 평균($M_X = 127$; $M_Y = 116$)을 살펴보면, (그림 9-9의 정상곡선에서 보는 바와 같이) 사람들은 평균적으로 15인치 모니터보다 42인치 모니터를 사용할 때 과제를 빠르게 수행하는 것으로 보인다.

통계치는 저널 논문에 보고하는 바와 같이, 단일표본 t 검증에서 사용하였던 것과 동일한 APA 형식을 따른다. (주 : 소프트웨어를 사용하지 않는 한, p 값이 0.05보다 작은지 아니면 큰지만 나타낼 수 있다.) 현재의 사례에서 통계치는 다음과 같이 표현한다.

$$t(4) = -5.72, p < 0.05$$

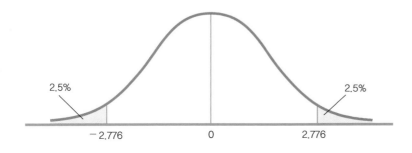

그림 9-8

대응표본 t 검증에서 임곗값 결정하기

전형적으로 원점수의 평균 대신에 t 통계치에서 임곗값을 결정하기 때문에, 검증통계치가 임곗값을 넘어서는지를 용이하게 결정할 수 있다.

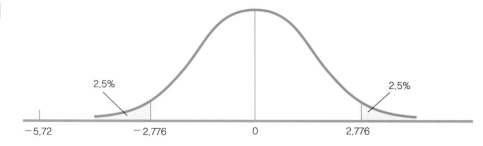

두 표본의 평균과 표준편차도 포함시킨다. 가설검증의 단계 6에서 평균을 계산하였지만, 두 표본의 표준편차도 계산하여야 한다.

연구자들은 큰 모니터의 빠른 수행시간이 그렇게 빠른 것처럼 보이지 않을 수 있지만, 빠른 수행시간으로 이끌어가는 요인들을 확인해내는 데 더 큰 어려움을 겪었다는 사실을 언급하였다(Czerwinski et al., 2003). 선행 연구에 근거할 때, 이것은 인상적인 차이다. ●

개념 숙달하기

9-6 : z 검증과 단일표본 t 검증에서와 마찬가지로, 대응표본 t 검증에서도 신뢰구간과 효과크기를 계산할 수 있다.

대응표본 t 검증에서 신뢰구간 계산하기

APA는 (z 검증과 단일표본 t 검증의 경우와 마찬가지로) 대응표본 t 검증에서 신뢰구간과 효과크기의 사용을 적극 권장하고 있다. 작은 모니터와 큰 모니터의 생산성 사례에서 신뢰구간과 효과크기를 모두 계산해보자. 신뢰구간을 결정하는 것으로부터 시작한다.

사례 9.10

우선 필요한 정보를 요약해보자. 영가설에 따른 전집의 평균차이는 0이고, 표본을 사용하여 전집 표준편차가 4.301이며 표준오차는 1.924라고 추정하였다. 표본에 들어있는 다섯 참가자의 평균차이는 -11이었다. 표본 평균차이 -11을 중심으로 95% 신뢰구간을 계산해보자.

> **단계 1 : 신뢰구간을 포함하는 t 분포의 그림을 그린다.**

중앙에 전집의 평균차이인 0 대신에 표본의 평균차이인 -11이 위치하는 정상곡선(그림 9-10)을 그린다.

> **단계 2 : 그림에서 신뢰구간의 경계를 나타낸다.**

앞에서와 마찬가지로, 점수의 47.5%가 평균과 임곗값 사이에 위치하며, 각 꼬리에 2.5%가 위치한다.

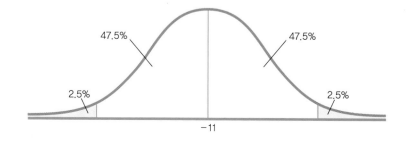

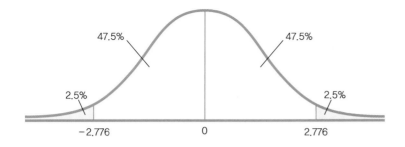

그림 9-11

대응표본 *t* 검증에서 95% 신뢰구간 II
평균차이에서 신뢰구간을 계산하는 다음 단계는 구간의 양극단을 나타내는 *t* 통계치를 확인하는 것이다. 곡선은 대칭적이기 때문에 양극단의 *t* 통계치는 동일한 크기를 가지며, 하나는 음수인 −2.776이며 다른 하나는 양수인 2.776이다.

| 단계 3 : 곡선에 *t* 임곗값을 덧붙인다. | 알파수준이 0.05이고 *df*가 4인 양방검증에서 임곗값은 그림 9-11에서 보는 바와 같이 −2.776과 2.776이다. |

| 단계 4 : *t* 임곗값을 다시 원래의 평균 차이로 변환한다. | 다른 신뢰구간에서 했던 것처럼, 계산에서 표본 평균차이(−11) 그리고 변량측정치로 표준오차 (1.924)를 사용한다. 단일표본 *t* 검증과 동일한 공 |

식을 사용하는데, 평균과 표준편차를 각 참가자의 두 점수 간의 차이를 가지고 계산한다는 점을 명심하라. 원래의 평균차이를 그림 9-12에 첨가하였다.

$$M_{하한} = -t(s_M) + M_{표본} = -2.776(1.924) + (-11) = -16.34$$
$$M_{상한} = t(s_M) + M_{표본} = 2.776(1.924) + (-11) = -5.66$$

전형적으로 대괄호로 보고하는 95% 신뢰구간은 [−16.34, −5.66]이다.

| 단계 5 : 신뢰구간이 이치에 맞는지 확인한다. | 표본 평균은 신뢰구간 양극단의 중앙에 위치해야 한다. |

$$-11 - (-16.34) = 5.34 \text{ 그리고 } -11 - (-5.66) = -5.34$$

대응이 되었다. 신뢰구간은 표본 평균차이 아래쪽으로 5.34만큼 떨어진 곳에서부터 위쪽으로 5.34만큼 떨어진 곳까지이다. 만일 동일한 전집에서 다섯 명의 표본을 반복하여 표집한다면, 95% 신뢰구간은 95%의 경우에 전집 평균을 포함하게 된다. 영가설에 따른 전집 평균차이가 이 범위에 들지 못함을 주목하라. 이는 15인치 모니터를 사용하는

공식 숙달하기

9-7 : 대응표본 *t* 검증에서 신뢰구간의 하한을 구하는 공식은 $M_{하한} = -t(s_M) + M_{표본}$이며, 상한을 구하는 공식은 $M_{상한} = t(s_M) + M_{표본}$이다. 이 공식은 단일표본 *t* 검증에서 사용한 것과 동일하지만, 평균과 표준오차를 개별 점수가 아니라 점수 쌍 간의 차이를 가지고 계산한다는 사실을 명심하라.

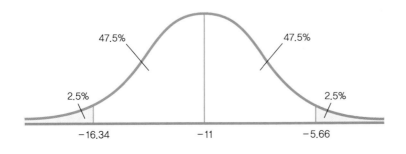

그림 9-12

대응표본 *t* 검증에서 95% 신뢰구간 III
평균차이에서 신뢰구간을 계산하는 마지막 단계는 구간의 양극단을 나타내는 *t* 통계치를 원래의 평균차이인 −16.34와 −5.66으로 변환하는 것이다.

것과 42인치 모니터를 사용하는 것 간에 차이가 없다는 주장은 그럴듯하지 않음을 의미한다.

다른 가설검증에서와 마찬가지로, 대응표본 *t* 검증과 신뢰구간의 결론은 동일하지만, 신뢰구간이 더 많은 정보를 제공한다. 즉 단순한 점 추정치가 아니라 구간 추정치를 제공한다. ●

대응표본 *t* 검증에서 효과크기 계산하기

z 검증에서와 마찬가지로, 대응표본 *t* 검증에서 효과크기(코헨의 *d*)를 계산할 수 있다.

사례 9.11

컴퓨터 모니터 연구의 효과크기를 계산해보자. 여기서도 *t* 통계치 공식을 사용하는데, s_M을 *s*로 대치한다(μ_M도 μ으로 대치하지만, 두 평균은 항상 동일하다). 이 경우에 분모로 1.924 대신에 4.301을 사용한다. 코헨의 *d*는 평균차이의 분포가 아니라 점수 간 차이 분포의 변산성에 근거한다.

$$코헨의\ d = \frac{(M - \mu)}{s} = \frac{(-11 - 0)}{4.301} = -2.56$$

효과크기 *d* = -2.56은 표본 평균차이와 전집 평균차이는 2.56 표준편차만큼 떨어져 있음을 알려준다. 이것은 큰 효과다. 음양부호는 효과의 크기에 아무런 영향을 미치지 않는다는 사실을 기억하라. 즉, 2.56과 -2.56은 동일한 효과크기이다. 통계치를 보고할 때 효과크기를 다음과 같이 첨가할 수 있다. *t*(4) = -5.72, *p* < 0.05, *d* = -2.56. ●

공식 숙달하기

9-8: 대응표본 *t* 검증에서 코헨의 *d*를 계산하는 공식은 다음과 같다.

$$코헨의\ d = \frac{(M - \mu)}{s}$$

평균과 표준편차가 개별 점수가 아니라 차이점수에 대한 것이라는 점을 제외하고는 단일표본 *t* 검증에서 사용한 공식과 동일하다.

순서효과와 역균형화

집단내 설계에서 발생할 수 있는 특별한 문제가 있다. 구체적으로 집단내 설계는 순서효과라고 하는 특정 유형의 혼입변인을 연구에 끌어들인다. **순서효과**(order effect)란 실험처치에 해당하는 과제를 두 번째 제시할 때 참가자의 행동이 변하는 효과를 지칭한다[때때로 이 효과를 연습효과(practice effect)라고도 부른다]. 대응표본 *t* 검증을 실시한 컴퓨터 모니터 연구를 생각해보자. 참가자는 15인치 모니터에서 일련의 과제를 수행하고 42인치 모니터에서도 일련의 과제를 수행하였다는 사실을 기억하라. 각 조건에서 일련의 과제를 마치는 데 걸린 시간을 기록하였다. 혼입을 확인할 수 있는가? 참가자는 과제를 두 번째 수행할 때 마치는 시간이 빠를 가능성이 크다. 두 번째로 나타내는 반응은 과제를 이미 수행하였던 연습의 영향을 받는다.

다행히도 순서효과의 혼입을 제한시킬 수 있다. **역균형화**(counterbalancing)는 참가자마다 독립변인의 상이한 수준을 제시하는 순서를 변화시킴으로써 순서효과를 최소화한다. 예컨대, 먼저 15인치 모니터에서 과제를 수행하고 나서 42인치 모니터에서 수행하는 조건에 절반의 참가자를 무작위로 할당한다. 나머지 절반을 먼저 42인치 모니터에서 과제를

순서효과는 실험처치에 해당하는 과제를 두 번째 제시할 때 참가자의 행동이 변하는 효과를 지칭한다. 연습효과라고도 부른다.

역균형화는 참가자마다 독립변인의 상이한 수준을 제시하는 순서를 변화시킴으로써 순서효과를 최소화한다.

© Amazing Images/Alamy

순서효과　여러분은 친구들이 루프가 없는 롤러코스터를 타고는 환희에 들뜬 후에 루프가 있는 롤러코스터를 타고는 욕지기를 느낀 것을 관찰한다. 여러분은 루프가 욕지기를 초래한다고 결론짓는다. 문제는 순서효과가 있을 수 있다는 점이다. 친구들은 루프가 있는지에 관계없이 두 번째 롤러코스터를 탄 후에 욕지기를 느꼈을 수 있다. 역균형화가 이러한 혼입을 배제시킨다. 절반의 친구를 우선 루프가 없는 롤러코스터를 타는 조건에 무선할당한 다음에 루프가 있는 롤러코스터에 할당한다. 다른 절반은 루프가 있는 롤러코스터에 할당한 다음에 루프가 없는 롤러코스터에 할당하는 것이다.

수행하고 나서 15인치 모니터에서 수행하는 조건에 할당한다. 이렇게 모니터의 순서를 변화시킴으로써 연습효과는 상쇄된다.

　순서효과를 감소시키는 다른 방법들이 있다. 각 처치조건에서 상이한 집합의 과제를 사용하도록 결정할 수 있다. 두 가지 상이한 집합의 과제를 제시하는 순서도 참가자를 두 가지 상이한 크기의 모니터에 할당하는 순서와 함께 역균형화할 수 있다. 이러한 측정은 집단내 설계의 순서효과를 감소시킬 수 있다.

학습내용 확인하기

개념의 개관

> 대응표본 *t* 검증은 두 조건 모두에서 모든 참가자의 데이터를 얻을 때, 즉 집단내 설계에서 사용한다.

> 대응표본 *t* 검증에서는 모든 참가자의 차이점수를 계산한다. 통계치는 이러한 차이점수를 사용하여 계산한다.

> 대응표본 *t* 검증은 *z* 검증과 단일표본 *t* 검증에서 사용한 가설검증의 여섯 단계를 똑같이 사용한다.

> 대응표본 *t* 검증에서 신뢰구간을 계산할 수 있다. 신뢰구간은 단순한 점 추정치가 아니라 구간 추정치를 제공해준다. 만일 0이 신뢰구간에 포함되지 않는다면, 표본 평균차이와 전집 평균차이 간에 아무런 차이가 없을 가능성은 낮다.

> 대응표본 *t* 검증에서 효과크기(코헨의 *d*)도 계산할 수 있다.

> 실험처치에 해당하는 과제를 두 번 제시하여 참가자의 행동이 영향을 받을 때 순서효과가 발생한다.

(계속)

개념의 개관 (계속)

> 순서효과는 역균형화를 통해서 감소시킬 수 있다. 역균형화란 독립변인의 상이한 수준을 참가자마다 상이한 순서로 제시하는 절차이다.

개념의 숙달

9-10 대응표본 t 검증은 어떻게 실시하는 것인가?

9-11 대응표본 t 검증에서 사용하는 것과 같은 개별 차이점수가 무엇인지를 설명해보라.

9-12 대응표본 t 검증에서의 신뢰구간은 어떻게 대응표본 t 검증의 가설검증과 동일한 정보를 제공하는가?

9-13 대응표본 t 검증에서 코헨의 d를 어떻게 계산하는가?

통계치의 계산

9-14 다음은 다섯 학생의 점심식사 전과 후의 활력 수준 데이터이다(7점 척도에서 1 = 아무런 활력도 못 느낀다, 7 = 활력이 넘친다). 활력 상실이 음수 값이 되도록 이 학생들의 평균차이값을 계산하라. 학생들이 식사 후에 식곤증에 빠진다는 가설과 점심은 학생들에게 활력을 제공한다는 가설을 검증하고 있다고 가정하라.

점심식사 전	점식식사 후
6	3
5	2
4	6
5	4
7	5

9-15 연구자가 다섯 참가자에게 웃기는 비디오를 시청하기 전과 후에 자신의 기분을 7점 척도(1이 가장 낮고, 7이 가장 높다)에서 평정하도록 요구하였다. 연구자는 '사전' 기분 점수와 '사후' 기분 점수 간의 평균차이는 $M = 1.0$, $s = 1.225$라고 보고하였다. 대응표본 t 검증을 실시한 결과, $t(4) = 1.13$, $p > 0.05$이었으며, 0.05 알파수준의 양방검증을 사용하여 영가설을 기각하는 데 실패하였다.

a. 이 t 검증의 95% 신뢰구간을 계산하고, 이것이 어떻게 가설검증과 동일한 결론을 초래하는지를 기술해보라.

b. 코헨의 d를 계산하고 해석해보라.

개념의 적용

9-16 학습내용 확인하기 9-14에서 제시한 활력 수준 데이터를 사용하여, 학생들이 점심 전과 후에 상이한 활력을 나타낸다는 가설을 검증해보라. 대응표본 t 검증의 여섯 단계를 수행하라.

9-17 활력 수준 데이터를 사용하여 가설검증을 넘어서는 작업을 해보자.

a. 95% 신뢰구간을 계산하고 이것이 어떻게 가설검증과 동일한 결론을 초래하는지 기술해보라.

b. 코헨의 d를 계산하고 해석해보라.

학습내용 확인하기의 답은 부록 D에서 찾아볼 수 있다.

개념의 개관

t 분포

t 분포는 *z* 분포와 유사하다. 다만 전자에서는 표본으로부터 표준편차를 추정해야 한다. 표준편차를 추정할 때는 증가된 오류 가능성을 조정하기 위하여 수학적 교정을 해주게 된다. 표준편차를 추정한 후에는 *t* 통계치를 평균분포의 *z* 통계치처럼 계산한다. *t* 분포는 다음과 같은 세 가지 방식으로 사용할 수 있다. (1) 전집 표준편차를 알지 못할 때 표본 평균을 전집 평균과 비교한다(단일표본 *t* 검증). (2) 집단내 설계에서 두 표본을 비교한다(대응표본 *t* 검증). (3) 집단간 설계에서 두 표본을 비교한다(제10장에서 소개할 독립표본 *t* 검증).

단일표본 *t* 검증

단일표본 *t* 검증은 *z* 검증과 마찬가지로, 알고 있는 전집과 비교하려는 단 하나의 표본만을 가지고 있는 드문 경우에 실시한다. 차이점은 단일표본 *t* 검증을 실시하기 위해서는 전집 평균만을 알고 있으면 된다는 점이다. 가능한 모든 표본크기에 해당하는 많은 *t* 분포가 존재한다. 표본크기를 가지고 계산하는 **자유도**에 근거하여 *t* 점수표에서 적절한 임곗값을 찾는다. 단일표본 *t* 검증에서 신뢰구간과 효과크기(코헨의 *d*)를 계산할 수 있다.

대응표본 *t* 검증

두 개의 표본을 가지고 있으며 동일한 참가자들이 두 표본에 모두 들어있을 때 **대응표본 *t* 검증**을 사용한다. 검증을 실시하기 위하여 모든 참가자의 차이점수를 계산한다. 비교분포는 단일표본 *t* 검증에서 사용하였던 평균분포가 아니라 평균차이 점수의 분포이다. 비교분포를 제외하면, 가설검증 단계는 단일표본 *t* 검증의 단계와 유사하다.

　z 검증과 단일표본 *t* 검증에서와 마찬가지로, 대응표본 *t* 검증에서도 신뢰구간을 계산할 수 있다. 신뢰구간은 점 추정치가 아니라 구간 추정치를 제공해준다. 신뢰구간 결과는 가설검증 결과와 일치한다. 영가설을 기각할 때는 신뢰구간이 0을 포함하지 않는다. 대응표본 *t* 검증에서 효과크기(코헨의 *d*)도 계산할 수 있다. 이 값은 관찰한 효과의 크기에 관한 정보를 제공하며 통계적으로 유의한 결과가 현실적으로도 중요한 결과인지를 알 수 있게 해준다.

　집단내 설계를 사용한 두 집단을 비교할 때 대응표본 *t* 검증을 사용한다. 집단내 설계에서는 연습효과라고도 부르는 순서효과를 유념해야만 한다. 순서효과는 실험과제를 두 번째 제시할 때 참가자의 행동이 변함으로써 발생한다. 연구자들은 순서효과를 감소시키기 위하여 역균형화를 사용한다. 즉, 독립변인의 상이한 수준을 제시하는 순서를 참가자마다 다르게 한다.

SPSS®

이 장 앞부분에서 검증하였던 상담회기에 참가하는 횟수에 관한 데이터를 사용하여 단일표본 t 검증을 실시해보자. 다섯 점수는 6, 6, 12, 7, 8이었다.

용어 사용에 주의하라! SPSS 프로그램은 여러분이 결과를 보고할 때 사용하는 이탤릭체의 소문자 t 대신에 대문자 T를 사용한다.

분석(Analyze) → 평균비교(Compare Means) → 단일표본 T 검증(One-Sample T Test)을 선택한다. 종속변인(참석한 회기의 횟수)을 하이라이트로 표시하고 중앙 부분의 화살표를 클릭하여 선택한다. 이제 SPSS에게 이 변인, 즉 참석한 회기 횟수의 표본 평균을 알고 싶다고 알려준 것이다. 또한 SPSS에게 표본 평균을 비교할 전집을 알려줄 필요가 있다. 그렇게 하려면 '검증값(Test Value)' 옆에 전집 평균 4.6을 입력하고 '확인(OK)'을 클릭한다.

SPSS를 사용하여 이 검증을 실시하면, 출력은 두 개의 표를 포함하고 있음을 알게 된다. 하나는 종속변인의 기술통계치 표이고, 다른 하나는 t를 계산하는 데 사용하는 정보를 포함한 표이다. 두 표의 스크린샷을 아래에 제시하였다(첫 번째 스크린샷). 두 번째 표에서는 다음과 같은 세 가지에 주의를 기울여야 한다. 첫 번째 열의 t 통계치, 유의도 열의 p 값(세 번째 열), 그리고 신뢰구간(다섯 번째와 여섯 번째 열). t 통계치 2.874는 앞서 계산하였던 값 2.873과 거의 동일하다는 점에 주목하라. 차이는 단지 반올림에 따른 것이다.

신뢰구간이 앞에서 계산하였던 값과 다르다는 사실도 볼 수 있다. 이것은 표본 평균을 중심으로 한 구간이 아니라 두 평균 간 차이를 중심으로 한 구간이다. p 값은 'Sig. (2-tailed)' 아래에 적혀 있다. p 값 0.045는 선택한 알파 0.05보다 작으며, 통계적으로 유의한 결과임을 나타낸다. t 통계치를 손으로 계산하는 데 사용한 모든 정보는 SPSS 출력 표에 나와있는 정보와 동일하여야 한다.

대응표본 t 검증에 대해서는 작은 모니터를 사용하거나 큰 모니터를 사용한 성과에 관한 사례 9.9의 데이터를 사용하도록 하자. 두 열에 데이터를 입력한다. 각 참가자별로 작은 모니터에서의 성과를 첫 번째 열에, 그리고 큰 모니터에서의 성과를 두 번째 열에 입력한다.

분석 → 평균비교 → 대응표본 T 검증(Paired-Sample T Test)을 선택한다. 첫 번째 조건(small, 작은 모니터) 아래에 있는 종속변인을 클릭한 다음에, 중앙 화살표를 클릭하여 그 종속변인을 선택한다. 두 번째 조건(large, 큰 모니터) 아래에 있는 종속변인을 클릭한 다음에 중앙 화살표를 클릭하여 그 종속변인을 선택

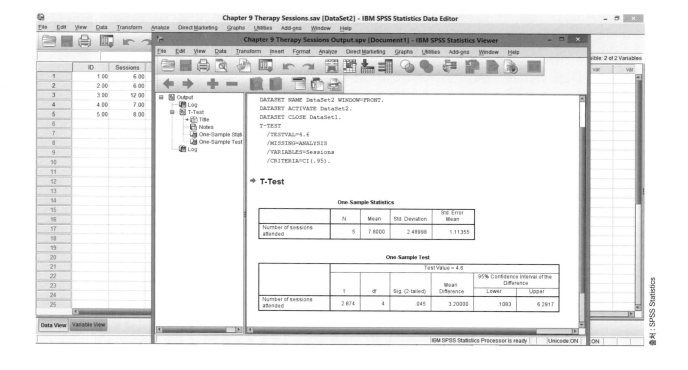

출처 : SPSS Statistics

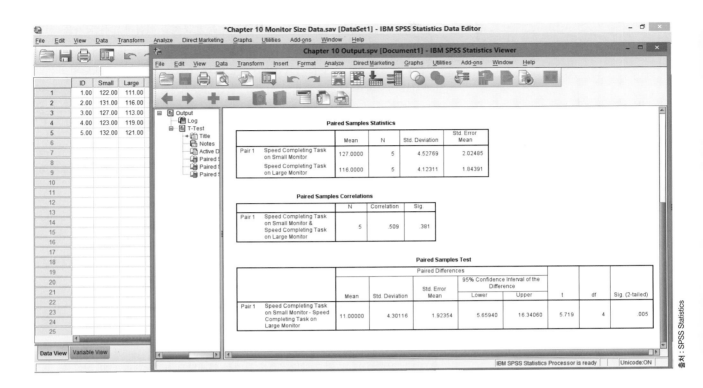

한다. 이제 'Variable 1' 표지 아래에 'Small'이 나타나고 'Variable 2' 표지 아래에 'Large'가 나타난다. 그런 다음에 '확인'을 클릭한다. 데이터와 출력이 두 번째 스크린샷에 나와있다.

t 통계치와 신뢰구간이 음양부호만 다를 뿐 앞에서 제시한 값 (−5.72 그리고 [−16.34, −5.66])과 대응한다는 사실에 주목

하라. 음양부호가 다른 이유는 한 점수를 다른 점수에서 빼주는 순서가 달랐기 때문이다. 어느 경우이든 결과는 동일하다. *p* 값이 'Sig. (2-tailed)' 아래에 나와있으며, 그 값은 0.005이다.

작동방법

9.1 단일표본 *t* 검증 수행하기

웹사이트 numbeo.com은 이 사이트를 방문한 사람들이 제공한 데이터에 근거하여 전 세계 국가의 삶의 질 논제에 관한 통계치들을 수집한다. Numbeo 교통체증 지수는 전형적인 출퇴근 거리, 출퇴근 거리에 대한 사람들의 불만, 전반적인 교통시스템의 비효율성, 출퇴근과 연관된 이산화탄소 배출량 추정치 등을 고려하여 계산한다. 지수는 오스트리아의 71에서부터 이집트의 284.51에 이르고 있는데, 높은 값일수록 교통 관련 문제점이 더 많음을 나타낸다. (참고로, 캐나다는 161.91 그리고 미국은 154.2의 지수를 나타내고 있다.) Numbeo에 포함된 모든 국가의 평균은 138.69이다. 이 사례의 목적을 위하여 이 수치를 전집 모수치로 간주한다.

20개 국가가 5년에 걸쳐 교통체증 상황을 개선시키기 위한 특별 조치를 취한다고 상상해보라. 이 기간이 지난 후에 교통체증 지수를 재계산하였더니 이 국가들의 평균 지수는 117.33이며 표준편차는 45.04이다. 이 데이터에 근거할 때, 어떻게 알파가 0.05이고 양방검증인 단일표본 *t* 검증을 위한 가설검증의 여섯 단계를 실시할 수 있겠는가? 단계들을 차례로 진행해보자.

단계 1 : 전집 1 : 교통체증 상황 개선을 위하여 5년 동안 특별 조치를 취하지 않은 국가들. 전집 2 : 교통체증 상황 개선을 위하여 5년 동안 특별 조치를 취한 국가들.

비교분포는 평균분포가 된다. 가설검증법이 단일표본 t 검증인 까닭은 단 하나의 표본만을 가지고 있으며 전집 평균을 알고 있지만, 전집 표준편차를 알지 못하기 때문이다. 이연구는 세 가지 가정 중 하나를 충족시키고 있다. 즉, 종속변인이 척도변인이다. 이 표본의 국가들을 모든 국가 중에서 무선표집하였다고 가정할 수 없다. 실제로 이 국가들은 자기선택하였을 가능성이 크다. 즉, 개선 요구에 의해서 동기화되었을 수 있다. 결과를 일반화할 때 조심해야만 한다. 마지막으로 참가자(즉, 국가) 수가 30보다 작기 때문에 비교분포가 정상분포인지에 관해서도 조심해야만 한다.

단계 2 : 영가설 : 교통체증 상황 개선을 위하여 5년 동안 특별 조치를 취한 국가들이 그렇지 않은 국가들과 평균적으로 동일한 교통체증 지수를 나타낸다. $H_0 : \mu_1 = \mu_2$.

연구가설 : 교통체증 상황 개선을 위하여 5년 동안 특별 조치를 취한 국가들이 그렇지 않은 국가들과는 평균적으로 상이한 교통체증 지수를 나타낸다. $H_1 : \mu_1 \neq \mu_2$.

단계 3 : $\mu_M = \mu = 138.69$; $s_M = \dfrac{s}{\sqrt{N}} = \dfrac{45.04}{\sqrt{20}} = 10.072$

단계 4 : $df = N - 1 = 20 - 1 = 19$

자유도 19, 알파 0.05, 그리고 양방검증에 근거한 임곗값은 -2.093과 2.093이다.

단계 5 : $t = \dfrac{(M - \mu_M)}{s_M} = \dfrac{(117.33 - 138.69)}{10.072} = -2.121$

단계 6 : 영가설을 기각한다. 교통체증 상황 개선을 위하여 5년 동안 특별 조치를 취한 국가들이 그렇지 않은 국가들보다 평균적으로 낮은 교통체증 지수를 나타내는 것으로 보인다.

저널 논문에 통계치를 제시하는 방식은 다음과 같다.

$$t(19) = -2.12, p < 0.05$$

(주 : 만일 통계 소프트웨어를 사용한다면, p 값이 알파수준보다 크거나 작은지를 나타내는 대신에 실제 p 값을 제시하게 된다.)

9.2 단일표본 t 검증에서 신뢰구간 계산하기

이 데이터에서 어떻게 95% 신뢰구간을 계산할 수 있는가?

$M = 117.13$이고 $s = 45.05$일 때, 다음과 같이 표준오차를 계산하는 것으로부터 출발할 수 있다.

$$s_M = \frac{s}{\sqrt{N}} = \frac{45.04}{\sqrt{20}} = 10.072$$

그런 다음에 df가 19일 때 각 꼬리에서 가장 극단적인 0.025에 해당하는 t 값을 찾게 되는데, 그 값은 -2.093과 2.093이다. 신뢰구간의 하한과 상한은 다음과 같이 계산한다.

$$M_{하한} = -t(s_M) + M_{표본} = -2.093(10.072) + 117.13 = 96.049$$
$$M_{상한} = t(s_M) + M_{표본} = 2.093(10.072) + 117.13 = 138.211$$

95% 신뢰구간은 [96.05, 138.21]이다.

9.3 단일표본 *t* 검증에서 효과크기 계산하기

이 데이터에서 효과크기는 어떻게 계산할 수 있는가? 단일표본 *t* 검증의 적합한 효과크기 측정치는 코헨의 *d*이며, 다음과 같이 계산한다.

$$코헨의 \ d = \frac{(M - \mu)}{s} = \frac{117.13 - 138.69}{45.04} = -0.479$$

코헨의 관례에 근거할 때, 이것은 중간 수준의 효과크기이다.

9.4 대응표본 *t* 검증 수행하기

Salary Wizard는 미국의 여러 도시에서 특정 직업의 연봉을 찾아볼 수 있게 해주는 온라인 도구이다. 미국의 두 도시 아이다호의 보이시와 캘리포니아의 로스앤젤레스에서 여섯 가지 직업 연봉의 25퍼센타일을 찾아보았다. 그 데이터는 다음과 같다.

	보이시	로스앤젤레스
총주방장	$53,047	$62,490
유전상담가	$49,958	$58,850
연구제안서 작성가	$41,974	$49,445
사서	$44,366	$52,263
공립학교 교사	$40,470	$47,674
(학사학위) 사회복지사	$36,963	$43,542

한 도시의 연봉이 평균적으로 다른 도시의 연봉과 다른지를 결정하기 위하여 어떻게 대응표본 *t* 검증을 실시할 수 있겠는가? 양방검증과 0.05의 알파수준을 사용해보자.

단계 1 : 전집 1 : 아이다호 보이시의 직업 종류. 전집 2 : 캘리포니아 로스앤젤레스의 직업 종류.
비교분포는 평균차이 분포가 된다. 가설검증법이 대응표본 *t* 검증인 까닭은, 두 표본을 가지고 있는데 모든 참가자(이 사례에서는 직업 종류)가 두 표본 모두에 들어있기 때문이다.
이 연구는 세 가지 가정 중 첫 번째 가정을 충족시키고 있으며, 세 번째 가정도 충족시킬 수 있다. 종속변인인 연봉은 척도변인이다. 전집이 정상분포를 이루고 있는지 알지 못하며, 참가자(직업 종류)의 수가 30에 미치지 않고, 표본 데이터의 변산이 그렇게 크지 않기 때문에, 신중하게 진행하여야 한다. 직업 종류를 무선적으로 선택하지 않았기 때문에 표본을 넘어서서 일반화할 때 신중해야 한다.

단계 2 : 영가설 : 보이시 연봉은 평균적으로 로스앤젤레스 연봉과 동일하다. $H_0 : \mu_1 = \mu_2$.
연구가설 : 보이시 연봉은 평균적으로 로스앤젤레스 연봉과 다르다. $H_1 : \mu_1 \neq \mu_2$.

단계 3 : $\mu_M = \mu = 0$; $s_M = 438.919$

차이값(*D*)	(*D* − *M*차이)	(*D* − *M*차이)²
9,443	1,528.667	2,336,822.797
8,892	977.667	955,832.763
7,471	− 443.333	196,544.149

(계속)

차이값(D)	($D - M_{차이}$)	($D - M_{차이}$)^2
7,897	− 17.333	300.433
7,204	− 710.333	504,572.971
6,579	− 1,335.333	1,783,114.221

$$M_{차이} = 7,914.333$$

$$SS = \Sigma(D - M_{차이})^2 = 5,777,187.334$$

$$s = \sqrt{\frac{\Sigma(D - M_{차이})^2}{(N-1)}} = \sqrt{\frac{5,777,187.334}{(6-1)}} = 1,074.913$$

$$s_M = \frac{s}{\sqrt{N}} = \frac{1,074.913}{\sqrt{6}} = \frac{1,074.913}{2.449} = 438.919$$

단계 4 : $df = N - 1 = 6 - 1 = 5$

자유도 5, 알파 0.05, 그리고 양방검증에 근거한 임곗값은 − 2.571과 2.571이다.

단계 5 : $t = \dfrac{(M_{차이} - \mu_{차이})}{s_M} = \dfrac{(7,914.333 - 0)}{438.919} = 18.03$

단계 6 : 영가설을 기각한다. 로스앤젤레스의 직업이 평균적으로 보이시의 직업보다 더 많은 연봉을 지급하는 것으로 보인다.

저널 논문에 통계치를 제시하는 방식은 다음과 같다.

$$t(5) = 18.03, p < 0.05$$

9.5 대응표본 t 검증에서 신뢰구간 계산하기

표본 간 차이의 평균인 $M_{차이}$가 7,914.333이고 표본 변량인 s가 1,074.913일 때, 다음과 같이 표준오차를 계산하는 것으로부터 출발할 수 있다.

$$s_M = \frac{s}{\sqrt{N}} = \frac{1,074.913}{\sqrt{6}} = 438.919$$

그런 다음에 df가 5일 때 각 꼬리에서 가장 극단적인 0.025에 해당하는 t 값을 찾게 되는데, 그 값은 − 2.571과 2.571이다. 신뢰구간의 하한과 상한은 다음과 같이 계산한다.

$$M_{하한} = -t(s_M) + M_{표본} = -2.571(438.919) + 7,914.333 = 6,785.872$$
$$M_{상한} = t(s_M) + M_{표본} = 2.571(438.919) + 7,914.333 = 9,042.794$$

95% 신뢰구간은 [6,785.87, 9,042.79]이다.

9.6 대응표본 t 검증에서 효과크기 계산하기

이 데이터에서 효과크기는 어떻게 계산할 수 있는가? 대응표본 t 검증의 적합한 효과크기 측정치는 코헨의 d이며, 다음과 같이 계산한다.

$$\text{코헨의 } d = \frac{(M_{차이} - \mu_{차이})}{s} = \frac{7,914.333 - 0}{1,074.913} = 7.363$$

코헨의 관례에 근거할 때, 이것은 매우 큰 효과크기이다.

연습문제

홀수 문제의 답은 부록 C에서 찾아볼 수 있다.

개념 명료화하기

9.1 언제 *t* 분포를 사용해야 하는가?

9.2 *t* 검증을 사용할 때 표준편차를 계산하는 공식에 교정을 가하는 이유는 무엇인가?

9.3 *t* 검증에서의 표준오차 계산은 *z* 검증에서의 계산과 어떻게 다른가?

9.4 표본 평균의 표준오차가 표본 점수의 표준편차보다 작은 이유를 설명해보라.

9.5 다음 *t* 통계치 공식의 기호들을 정의해보라.

$$t = \frac{(M - \mu_M)}{s_M}$$

9.6 어느 때 단일표본 *t* 검증을 사용하는 것이 적절한가?

9.7 표본에 들어있는 점수의 수에 적용하는 '자유롭게 변한다'는 구절이 통계학자에게는 어떤 의미를 갖는가?

9.8 표본크기와 자유도는 *t* 점수의 임곗값에 어떤 영향을 미치는가?

9.9 표본크기가 증가함에 따라서 *t* 분포가 *z* 분포에 수렴하는 이유는 무엇인가?

9.10 APA 형식으로 보고한 다음 통계적 진술의 각 부분이 의미하는 바를 설명해보라.

$$t(4) = 2.87, p = 0.032$$

9.11 단일표본 *t* 검증보다 신뢰구간이 더 유용한 이유는 무엇인가?

9.12 단일표본 *t* 검증에 적합한 효과크기는 무엇인가?

9.13 평균차이 분포를 가지고 있다고 말할 때의 의미는 무엇인가?

9.14 언제 대응표본 *t* 검증을 사용하는가?

9.15 *t* 검증과 관련하여 독립표본과 대응표본이라는 용어 간의 차이를 설명해보라.

9.16 대응표본 *t* 검증은 단일표본 *t* 검증과 어떻게 유사한가?

9.17 대응표본 *t* 검증은 단일표본 *t* 검증과 어떻게 다른가?

9.18 양방 대응표본 *t* 검증에서 영가설에 따른 전집 평균이 항상 0인 이유는 무엇인가?

9.19 대응표본 *t* 검증에서 사용한 표본 평균차이를 중심으로 신뢰구간을 계산하는데, 그 구간이 0의 값을 포함하고 있다면, 어떤 결론을 내릴 수 있는가?

9.20 대응표본 *t* 검증에서 사용한 표본 평균차이를 중심으로 신뢰구간을 계산하는데, 그 구간이 0의 값을 포함하지 않는다면, 어떤 결론을 내릴 수 있는가?

9.21 대응표본 *t* 검증보다 신뢰구간이 더 유용한 이유는 무엇인가?

9.22 대응표본 *t* 검증에 적합한 효과크기는 무엇인가? 그 계산은 단일표본 *t* 검증의 효과크기 계산과 어떻게 다른가?

9.23 순서효과란 무엇인가?

9.24 집단내 설계를 사용할 때 순서효과를 역균형화하는 기법을 설명해보라.

9.25 순서효과가 연구자들로 하여금 집단내 설계보다 집단간 설계를 사용하도록 만드는 이유는 무엇인가?

9.26 제1장에서 혼입변인을 설명하였다. 순서효과가 혼입변인의 사례인 까닭을 설명해보라.

9.27 코헨의 관례에 따를 때, 단일표본 *t* 검증에서 0.5인 코헨의 *d*를 어떻게 해석하는가?

통계치 계산하기

9.28 공식을 사용하여 계산을 수행한다. 다음 각 공식에서 오류를 찾아라. 그 공식이 잘못인 이유를 설명하고 수정해보라.

a. $s_M = \dfrac{s}{\sqrt{N - 1}}$

b. $t = \dfrac{(M - \mu_M)}{\sigma_M}$

9.29 데이터 93, 97, 91, 88, 103, 94, 97에 대해서 다음 (a)와 (b)의 조건에서 표준편차를 계산하라. 그런 다음에 (c)와 (d)를 계산하라.

a. 이 표본의 표준편차

b. 전집 추정치로서의 표준편차

c. 기호 표기법을 사용하여 *t* 검증을 위한 표준오차를 계산하라.

d. $\mu = 96$이라고 가정하고 *t* 통계치를 계산하라.

9.30 데이터 1.01, 0.99, 1.12, 1.27, 0.82, 1.04에 대해서 다음 (a)와 (b)의 조건에서 표준편차를 계산하라. 그런 다음에 (c)와 (d)를 계산하라. (주 : 계산에서의 차이를 보려면 소수점 세 자리까지 계산을 수행해야 한다.)

a. 이 표본의 표준편차

b. 전집 추정치로서의 표준편차

c. 기호 표기법을 사용하여 *t* 검증을 위한 표준오차를 계산하라.

d. $\mu = 0.96$이라고 가정하고 t 통계치를 계산하라.

9.31 다음 각 상황에서 t 값의 임곗값을 확인해보라.

a. 일방검증, $df = 73$, $\alpha = 0.10$

b. 양방검증, $df = 108$, $\alpha = 0.05$

c. 일방검증, $df = 38$, $\alpha = 0.01$

9.32 다음 각 상황에서 자유도를 계산하고 단일표본 t 검증에서 t 통계치의 임곗값을 확인해보라.

a. 양방검증, $N = 8$, $\alpha = 0.10$

b. 일방검증, $N = 42$, $\alpha = 0.05$

c. 양방검증, $N = 89$, $\alpha = 0.01$

9.33 다음 각 검증에서 t 값의 임곗값을 확인해보라.

a. 26명 참가자의 점수가 전집과 비교해서 어떤 차이가 있는지를 알아보려는 단일표본 t 검증($\alpha = 0.05$).

b. 결혼 상담을 받은 18명의 결혼만족도검사에서의 점수가 결혼 상담을 받지 않은 사람들 전집의 점수보다 높은지를 알아보려는 일방검증인 단일표본 t 검증($\alpha = 0.01$).

c. $\alpha = 0.05$, $df = 34$를 사용한 양방검증인 단일표본 t 검증.

9.34 $\alpha = 0.05$이고 양방검증인 단일표본 t 검증에 대해서 다음을 알고 있다고 가정하라. $\mu = 44.3$, $N = 114$, $M = 43$, $s = 5.9$.

a. t 통계치를 계산하라.

b. 95% 신뢰구간을 계산하라.

c. 코헨의 d를 사용하여 효과크기를 계산하라.

9.35 양방검증인 단일표본 t 검증에 대해서 다음을 알고 있다고 가정하라. $\mu = 7$, $N = 41$, $M = 8.5$, $s = 2.1$.

a. t 통계치를 계산하라.

b. 99% 신뢰구간을 계산하라.

c. 코헨의 d를 사용하여 효과크기를 계산하라.

9.36 코헨의 관례를 사용하여 여러분이 계산한 효과크기를 해석해보라.

a. 연습문제 9.34(c)

b. 연습문제 9.35(c)

9.37 다음 각 검증에서 t 통계치의 임곗값을 확인해보라.

a. 연구자들은 결혼 상담이 참가자의 결혼만족도를 증진시키는지를 알고자 하였다. 12주에 걸친 결혼 상담 프로그램 후에 15명의 결혼만족도검사 점수를 수집하였다. $\alpha = 0.01$을 사용하여 일방 단일표본 t 검증에서 t 값의 임곗값을 확인해보라.

b. 44명의 초등학교 4학년생 표본이 새로운 곱하기 프로그램에 참가하였다. 동일한 학교에 다니고 있는 모든 학생의 점수와 비교할 때 새로운 프로그램에 참가한 학생의 점수가 유의한 차이를 보이는지 알아보기 위하여 $\alpha = 0.05$인 단일표본 t 검증을 실시하였다. 양방검증인 단일표본 t 검증에서 t 통계치의 임곗값을 확인해보라.

c. 마케팅 연구자들이 우버 운전사들의 스마트폰 데이터 사용에 관한 정보를 수집하였다. 우버 운전사들이 다른 모든 택시 운전사들과 비교할 때 더 많은 양의 스마트폰 데이터를 사용하는지를 알고자 하였다. $\alpha = 0.10$을 사용하여 일방검증인 단일표본 t 검증에서 t 통계치의 임곗값을 확인해보라.

9.38 참가자 8명이 재미있는 비디오를 시청하기 전과 후에 기분척도에 답하였다고 가정하라.

a. $\alpha = 0.01$이고 일방검증인 대응표본 t 검증에서 t 통계치의 임곗값을 확인해보라.

b. $\alpha = 0.01$이고 양방검증인 대응표본 t 검증에서 t 통계치의 임곗값을 확인해보라.

9.39 다음은 8명의 학생이 두 가지 시험에서 얻은 점수이다.

시험 1	시험 2
92	84
67	75
95	97
82	87
73	68
59	63
90	88
72	78

a. 이 시험점수에 대하여 대응표본 t 통계치를 계산하라.

b. $\alpha = 0.05$인 양방검증을 사용하여 t 통계치의 임곗값을 확인하고, 영가설에 관한 결정을 내려보라.

c. 여러분이 1,000명으로부터 동일한 시험점수를 수집하였는데, 이들의 평균차이 점수와 표준편차가 8명의 것과 동일하였다고 가정하라. $\alpha = 0.05$인 양방검증을 사용하여 t 값의 임곗값을 확인하고, 영가설에 관한 결정을 내려보라.

d. 표본크기의 변화가 영가설에 관한 결정에 어떤 영향을 미쳤는가?

9.40 다음은 참가자 12명이 재미있는 비디오를 시청하기 전과 후에 응답한 기분척도 점수이다. (낮은 점수가 더 좋은 기분을 나타낸다.)

전	후	전	후
7	2	4	2
5	4	7	3
5	3	4	1
7	5	4	1
6	5	5	3
7	4	4	3

a. 이 기분 점수에 대하여 대응표본 *t* 통계치를 계산하라.

b. $\alpha = 0.05$이고 비디오가 기분을 개선시킨다는 일방검증을 사용하여 *t* 통계치의 임곗값을 확인하고, 영가설에 관한 결정을 내려보라.

c. $\alpha = 0.05$인 양방검증을 사용하여 *t* 통계치의 임곗값을 확인하고, 영가설에 관한 결정을 내려보라.

9.41 다음 데이터를 살펴보라.

점수 1	점수 2	점수 1	점수 2
45	62	15	26
34	56	51	56
22	40	28	33
45	48		

a. 대응표본 *t* 통계치를 계산하라.

b. 95% 신뢰구간을 계산하라.

c. 평균차이의 효과크기를 계산하라.

9.42 다음 데이터를 살펴보라.

점수 1	점수 2
23	16
30	12
28	25
30	27
14	6

a. 대응표본 *t* 통계치를 계산하라.

b. 95% 신뢰구간을 계산하라.

c. 효과크기를 계산하라.

9.43 대응표본 *t* 검증에서 다음을 알고 있다고 가정하라. $N = 13$, $M_{차이} = -0.77$, $s = 1.42$.

a. *t* 통계치를 계산하라.

b. 95% 신뢰구간을 계산하라.

c. 코헨의 *d*를 사용하여 효과크기를 계산하라.

9.44 대응표본 *t* 검증에서 다음을 알고 있다고 가정하라. $N = 32$, $M_{차이} = 1.75$, $s = 4.0$.

a. *t* 통계치를 계산하라.

b. 양방검증에서 95% 신뢰구간을 계산하라.

c. 코헨의 *d*를 사용하여 효과크기를 계산하라.

개념 적용하기

9.45 ***z* 분포와 *t* 분포 간의 관계** : 아래에 기술한 세 가설검증에서, 만일 표본이 하나뿐이고 전집의 평균과 표준편차를 알고 있다면, *z* 통계치의 임곗값은 얼마가 되겠는지 확인해 보라.

a. 26명 참가자의 점수가 전집과 비교해서 어떤 차이가 있는지를 알아보려는 단일표본 *t* 검증($\alpha = 0.05$).

b. 결혼 상담을 받은 18명의 결혼만족도검사에서의 점수가 결혼 상담을 받지 않은 사람들 전집의 점수보다 높은지를 알아보려는 일방검증인 단일표본 *t* 검증($\alpha = 0.01$).

c. $\alpha = 0.05$, $df = 34$를 사용한 양방검증인 단일표본 *t* 검증.

9.46 ***t* 통계치와 표준화검사** : Princeton Review 웹사이트는 자신들이 개설한 과정을 이수한 학생들이 GRE에서 (기존의 채점방식에 근거할 때) 평균 210점이 상승하였다고 주장하고 있다. (이 통계치에 관한 정보는 아무것도 없다.) 한 연구자는 이러한 평균의 상승을 전집 평균으로 간주하고, 독학으로 GRE를 준비하는 훨씬 저렴한 방법이 상이한 평균의 상승을 초래하는지를 알아보고자 한다. 연구자는 자신이 속한 학교에서 GRE를 보고자 계획하고 있는 학생들 중에서 5명을 무작위로 선발한다. 이 학생들에게 2개월에 걸친 독학 전과 후에 모의고사를 실시한다. 이들은 160, 240, 340, 70, 250점의 (가상적인) 상승을 보여준다. (많은 전문가는 스스로 공부하려는 의지를 가지고 있는 학생들의 경우에 독학 결과가 구조화된 강좌의 결과와 유사하다고 제안하고 있다. 형식에 관계없이, 시험 준비 자체가 평균적으로 점수를 상승시키는 것으로 입증되어 왔다.)

a. 기호 표기법과 공식을 사용하여, 이 표본을 비교하려는 분포의 적절한 평균과 표준오차를 결정하라. 여러분 계산의 모든 단계를 제시하라.

b. 기호 표기법과 공식을 사용하여, 이 표본의 *t* 통계치를 계산하라.

c. Princeton Review 강좌에 관심이 있는 소비자로서, 이들이 보고한 통계치에 관하여 던지고 싶은 비판적 질문은 무엇인가? 적어도 세 가지 질문을 기술해보라.

9.47 **단일표본 *t* 검증과 벌레퇴치제로서의 빅토리아 시크릿 향수** : 생물학 연구자들이 (냄새가 없는) 통제물질, 천연 방충제인 DEET가 들어있는 벌레퇴치제, 그리고 여러 가지

화장품의 모기 퇴치효과를 살펴보았다(Rodriguez et al., 2015). 손에 통제물질을 바르고 있는 통제조건에서는 평균적으로 모기떼의 61%가 방으로 들어왔다. 이 연습문제의 목적을 위하여, 이것을 전집 평균으로 간주하겠다. 손에다 빅토리아 시크릿 향수를 듬뿍 뿌렸을 때는 평균적으로 모기의 17%만이 방에 들어왔다. 향수를 뿌린 다섯 개 손의 표준편차는 12.052이었다. (흥미롭게도 벌레를 퇴치하는 데 있어서 향수가 DEET 못지않게 효과적이었다.)

a. 통제조건과 대비하여 향수의 효과를 살펴보는 데 단일표본 t 검증이 적절한 가설검증법인 이유를 설명해보라.

b. 통제조건과 대비하여 향수의 효과를 살펴보는 가설검증의 여섯 단계를 모두 실시하라.

c. 이 가설검증에서의 효과크기를 계산하라. 코헨의 관례에 따르면, 이 효과는 얼마나 큰 것인가?

d. 향수의 표본 평균에 대한 신뢰구간을 계산하라.

e. 어떻게 신뢰구간이 가설검증과 동일한 정보를 제공하는지를 설명해보라.

9.48 t 검증과 핼리팩스에서 리바이스 청바지와 H&M 의상의 가격 : Numbeo는 소비자로부터 전 세계 도시와 국가에 관한 데이터를 수집하는 웹사이트이다. 데이터는 국가나 도시별로 탐색할 수 있다. 예컨대, 캐나다 핼리팩스를 들여다보니, (리바이스 501 또는 이와 유사한) 청바지 한 벌이 평균 55.23달러에 팔리고 있었다(Numbeo, 2017). 가격의 범위는 40달러에서 70달러이었다. 그리고 Zara나 H&M과 같은 곳에서 여름 의상 한 벌은 평균 42.37달러에 팔리고 있었으며, 그 범위는 30달러에서 50달러이었다. 또한 Numbeo는 핼리팩스 데이터가 147명의 소비자에 근거한다는 사실도 알려준다.

a. 리바이스사가 전 세계에서 리바이스 501 청바지의 평균 가격을 알려주기로 동의하였다고 해보자. 만일 여러분이 핼리팩스에서의 리바이스 501 청바지 가격이 전 세계 가격과 다른지를 검증하고자 한다면, 어떤 가설검증법을 사용하겠는가? 여러분의 답을 해명해보라.

b. (a)에서 선정한 가설검증을 실시하려면 어떤 부가적인 정보가 필요하겠는가?

c. 이것은 어떤 유형의 표본인가? 이러한 유형의 표본에 대해서 어떤 문제를 유념하겠는가?

d. Numbeo는 147명의 소비자 중에서 얼마나 많은 사람이 이러한 질문 각각에 답하였는지를 알려주지 않는다. 여름 의상 평균 가격의 표본크기는 147보다 작을 수도 있는 이유는 무엇인가?

9.49 두뇌운동과 대응표본 t 검증 : 홍콩에 근거지를 두고 있는 기업인 PowerBrainRx는 인지능력을 증진해준다고 선전하고 있다. 이 회사의 웹사이트는 증언서들을 나열하고 있는데, 그중에는 자녀가 두뇌운동 훈련을 받은 후에 "작업기억, 수학과 같은 문제해결 능력, 논리적 사고, 학업성적 등에서 우수한 성과를 보이는 것으로 보인다."라는 어떤 부모의 증언도 들어있다. 인터넷과 심야 텔레비전 프로그램에는 PowerBrainRx와 같은 기업들의 광고가 넘쳐 나지만, 이러한 기업들이 팔고 있는 특정 프로그램을 살펴보는 연구는 그렇게 많지 않은 것으로 보인다. 여러분은 PowerBrainRx에 대해서 대응표본 t 검증을 사용하여 데이터를 분석하는 연구를 어떻게 설계할 수 있겠는가?

9.50 t 검증과 소매점 : 전 세계적으로 많은 지역사회는 (월마트와 같은) 소위 대형할인소매점이 지역경제, 특히 소규모 자영업자에게 미치는 영향을 애통하게 생각하고 있다. 이러한 대형할인점이 자영소매업자의 매출에 영향을 미치는가? 여러분이 이 물음을 검증해보기로 하였다고 상상하라. 대형할인점이 문을 열기 수개월 전인 10월에 20개 소매점의 매출액을 평가한다. 다음 해 10월에 인플레이션을 보정하여 매출액을 다시 평가한다.

a. 무엇이 두 전집인가?

b. 무엇이 비교분포인가? 설명해보라.

c. 어떤 가설검증법을 사용하겠는가? 설명해보라.

d. 이 가설검증의 전제를 확인하라.

e. 시간 경과에 따른 비교에서 결론을 도출할 때 한 가지 단점은 무엇인가?

f. 영가설과 연구가설을 언어표현과 기호로 모두 진술해보라.

9.51 대응표본 t 검증, 신뢰구간, 그리고 하키경기에서의 골 : 다음은 2007~2008 시즌과 2008~2009 시즌에 프로아이스하키 팀인 뉴저지 데블스에서 득점 경쟁을 벌이고 있는 여섯 선수의 득점수이다. 평균적으로 볼 때, 데블스는 두 시즌에서 상이한 경기력을 보여주었는가?

선수	2007~2008	2008~2009
엘리아스	20	31
자약	14	20
팬돌포	12	5
랭겐브루너	13	29
지온타	22	20
패리시	32	45

a. 양방검증이며 0.05의 알파를 사용하여 가설검증의 여섯 단계를 실시하라.

b. APA 형식으로 통계치를 보고하라.

c. (a)에서 실시한 대응표본 *t* 검증에서 신뢰구간을 계산하라. 신뢰구간을 가설검증 결과와 비교해보라.

d. 두 시즌 간의 평균차이에 대한 효과크기를 계산해보라.

9.52 대응표본 *t* 검증과 대학원 입학 : 심리학과 역사학 대학원 프로그램 중에서 어느 곳이 입학하기 더 어려운가? 대학원 프로그램을 운영하는 미국의 모든 대학에서 5개 대학을 무선선택하였다. 표에서 첫 번째 수치는 심리학 박사과정에 지원할 수 있는 최저 학점이며, 두 번째 수치는 역사학 박사과정에 지원할 수 있는 최저 학점이다. 이 학점은 유명한 대학 지원안내 회사인 피터슨스의 웹사이트에 게재된 것이다.

웨인주립대학	3.0, 2.75
아이오와대학	3.0, 3.0
르노 소재 네바다대학	3.0, 2.75
조지워싱턴대학	3.0, 3.0
와이오밍대학	3.0, 3.0

a. 참가자들은 사람이 아니다. 이 상황에서 대응표본 *t* 검증을 사용하는 것이 적절한 까닭을 설명해보라.

b. 대응표본 *t* 검증의 여섯 단계를 모두 실시하라. 모든 단계에 반드시 이름을 붙여라.

c. 효과크기를 계산하고, 이것이 여러분의 분석에 도움을 주는 것이 무엇인지를 설명해보라.

d. 저널 논문에 보고하듯이 통계치들을 보고해보라.

9.53 통계학에 대한 태도와 대응표본 *t* 검증 : 교수는 학기말에 통계학에 대한 학생들의 태도가 변하는지를 알고자 하였기에, 수강생들에게 학기초와 학기말에 '통계학에 대한 태도' 척도에 응답하도록 요구하였다.

a. 데이터를 분석하기 위해서 어떤 유형의 *t* 검증을 사용해야 하는가?

b. 만일 학기초보다 학기말에 평균값이 더 높다면, 이것이 반드시 통계적으로 유의한 개선을 나타내는가?

c. 수강생이 7명인 강의와 700명인 강의 중에서 어떤 상황이 특정한 평균차이가 통계적으로 유의하다고 선언하기 쉽게 만들어주는가? 여러분의 답을 해명해보라.

9.54 대응표본 *t* 검증, 신뢰구간 그리고 결혼식 체중 감소 : 약혼한 여성의 14%는 현재 자기 몸매보다 적어도 한 사이즈 작은 웨딩드레스를 구입하는 것으로 보인다. 왜 그럴까? 코넬대학교 연구팀은 약혼한 여성들이 때때로 결혼식에 앞서 건강을 해칠 정도로 체중을 감량하고자 시도한다는 놀라운 경향성을 보고하였다(Neighbors & Sobal, 2008). 연구팀은 약혼한 여성의 체중이 평균 152.1파운드라는 사실을 확인하였다. 227명의 여성이 보고한 이상적인 결혼식 체중은 평균 136.0파운드이었다. 다음 데이터는 웨딩드레스를 구입한 날과 결혼식 날 여성 8명의 가상적 체중을 나타낸다. 여성들은 결혼식을 위해서 체중을 줄였는가?

드레스 구입 시	결혼식 날
163	158
144	139
151	150
120	118
136	132
158	152
155	150
145	146

a. 알파가 0.05인 일방검증을 사용하여 가설검증의 여섯 단계를 실시하라.

b. APA 형식으로 검증통계치를 보고하라.

c. (a)에서 실시한 대응표본 *t* 검증에서 신뢰구간을 계산하라. 신뢰구간을 가설검증 결과와 비교해보라.

d. 이 사례의 효과크기를 계산하라. 코헨의 관례에 따를 때, 이 효과는 얼마나 큰 것인가?

9.55 대응표본 *t* 검증, 유치원 교실의 장식 그리고 과학 학습 : 유치원생들이 장식을 한 교실과 하지 않은 교실 중 어느 곳에서 더 잘 학습하는지를 연구하였다(Fisher, Godwin, & Seltman, 2014). 연구자들은 아동이 포스터, 지도, 아동의 미술작품 등과 같은 장식품이 없는 교실에서 방해를 덜 받고 공부를 더 잘하는지 알아보고자 하였다. 동일한 아동집단이 장식이 없는 교실과 장식을 한 교실 모두에서 과학수업을 받았다. 아동들은 각 조건이 끝난 후에 검사를 받았으며, 100점 만점의 기준으로 점수를 받았다. 연구자들은 논문에서 다음과 같이 보고하였다. "아동의 학습점수는 장식한 교실 조건($M = 42$점)보다 장식하지 않은 조건($M = 55$점)에서 더 높았다. 대응표본 $t(22) = 2.95$, $p = .007$. 이 효과는 중간 수준의 크기이었다. 코헨의 $d = .65$."

a. 이 연구에서 독립변인은 무엇이며, 그 수준은 무엇인가?

b. 종속변인은 무엇인가?

c. 연구자들이 대응표본 *t* 검증으로 데이터를 분석한 까닭

은 무엇인가?

d. 몇 명의 아동이 이 연구에 참가하였는가? 어떻게 답을 결정하였는지를 설명해보라.

e. 이 결과가 통계적으로 유의한지를 어떻게 아는가?

f. 평균을 사용하여 통계학을 수강한 적이 없는 사람에게 결과를 설명해보라.

g. 연구자들이 효과크기를 보고한 까닭은 무엇인가?

9.56 **대응표본 t 검증과 유학생 영어시험** : IELTS는 영어권 국가에서 공부하려는 외국 유학생의 영어능력을 평가하는 검사이다. 여섯 가지 모듈이 있으며, 그중 하나가 듣기 능력을 평가한다. 연구자들은 호주 멜버른대학교에서 63명의 유학생 표본을 대상으로 듣기 능력을 평가하였다 (O'Loughlin & Arkoudis, 2009). 이 학생들은 입학하기 위하여 평가받았으며, 최종학기에 재평가받았다. 아래는 호주 표본의 하위집합이다. (평균과 표준편차를 포함하여 데이터의 전반적 패턴은 전체 63명 표본의 것과 유사하다.)

시점 1	시점 2
5.5	6.5
6.0	7.5
6.5	6.5
6.5	7.5
6.5	7.5
7.0	6.5
7.0	7.5
7.5	8.0
8.0	9.0
8.5	8.5

a. 알파가 0.05인 양방검증을 사용하여 가설검증의 여섯 단계를 실시하라.

b. APA 형식으로 검증통계치를 보고하라.

c. (a)에서 실시한 대응표본 t 검증의 신뢰구간을 계산하라. 그 신뢰구간을 가설검증 결과와 비교하라.

d. 이 표본의 효과크기를 계산하라. 코헨의 관례에 따를 때, 이 효과는 얼마나 큰 것인가?

9.57 **이메일, 스트레스 그리고 대응표본 t 검증** : 연구자들은 이메일의 빈번한 확인이 스트레스를 증가시키는지 궁금하였다(Kushlev & Dunn, 2015). 참가자의 절반은 이메일을 1주일 동안 하루에 3회만 확인한 다음, 두 번째 주에는 원하는 대로 확인해보는 조건에 무선할당하였다. 나머지 절반은 역으로, 첫 번째 주에는 원하는 대로 확인해보고 두 번째 주에는 하루에 3회만 확인하는 조건에 할당하였다.

참가자들은 이메일을 무제한 확인해볼 때보다 제한적으로만 확인해볼 때 평균적으로 스트레스를 적게 받았다. 그렇지만 연구자들은 이 효과를 초래한 것이 실제로 이메일의 제한적 확인인지를 확신하기 위하여, 참가자들이 지시받은 대로 하고 있었는지 확인하기 위한 대응표본 t 검증을 실시하였다. 연구자들은 다음과 같이 보고하였다. "처치가 성공적임을 확인해주듯, 사람들은 무제한적 이메일 조건($M = 12.54$, $SD = 8.02$)보다 제한적 이메일 조건($M = 4.70$, $SD = 4.10$)에서 하루에 유의하게 적은 횟수만 확인하였다[$t(115) = -10.23$, $p < .001$]." 덜 빈번하게 확인한 사람들이 적은 수의 이메일을 받았거나 아니면 스트레스를 유발할 가능성이 높은 많은 이메일을 무시하였기 때문은 아닌가? 그런 것 같지는 않다. 연구자들은 다음과 같이 보고하였다. "사람들이 이메일을 받은 횟수[$M_{제한} = 16.64$ 대 $M_{무제한} = 16.04$, $t(114) = 1.31$, $p = .19$]에서나 이메일에 반응한 횟수[$M_{제한} = 5.30$ 대 $M_{무제한} = 5.95$, $t(115) = -1.58$, $p = .12$]에서는 두 조건 간에 유의한 차이가 없었으며, 이 사실은 무엇보다도 우리의 처치가 처리한 이메일의 양이 아니라 얼마나 자주 확인하느냐에 영향을 미쳤음을 시사한다."

a. 이 연구에서 스트레스 수준에 영향을 미치는 것이 정확하게 무엇인지에 관한 관심사를 탐구하고자 대응표본 t 검증을 사용한 이유는 무엇인가?

b. 가설검증 결과에 덧붙여 신뢰구간을 보고하는 것이 유용하였던 이유를 설명해보라.

c. 가설검증 결과에 덧붙여 효과크기를 보고하는 것이 유용하였던 이유를 설명해보라.

d. 절반의 참가자는 제한적 이메일 조건에 먼저 할당하고 다른 절반의 참가자는 무제한적 조건에 먼저 할당한 이유를 설명해보라. 답에는 역균형화와 순서효과라는 용어를 사용하여, 여러분이 이 연구 맥락에서 두 용어를 모두 이해하고 있음을 보여라.

e. 여기서 기술한 바와 같이 연구자들의 부가적인 가설검증이 어떻게 잠재적인 혼입변인을 제거하는 데 도움을 주었는지 설명해보라.

종합

9.58 **유급휴가와 단일표본 t 검증** : 지역 소상공업계에서 일하는 8명의 유급휴가 일수를 전국 평균과 비교한다. 새로 개업한 소상공업자가 직원들에게 얼마나 많은 유급휴가를 주어야 하는지를 결정하는 데 도움을 받기 위해서 여러분

을 자문역으로 고용한다. 우선 주인 자신과 직원에게 어떤 기준을 설정하고자 원하고 있다. 인터넷에서 유급휴가에 관한 데이터 탐색은 전국 평균이 15일이라는 인상을 남겼다. 지난 해 8명 직원의 데이터는 다음과 같다. 10, 11, 8, 14, 13, 12, 12, 27일.

a. 여러분 연구의 가설을 적어보라.

b. 여러분의 질문에 답할 데이터를 분석하는 데 어떤 유형의 검증이 적합하겠는가?

c. 계산을 수행하기에 앞서, 여러분은 이 연구에 관해 어떤 걱정거리를 가지고 있는가? 여러분에게 주어진 데이터에 관하여 물어볼 것이 있는가?

d. 적절한 *t* 통계치를 계산하라. 여러분의 계산작업을 상세하게 보여라.

e. 이 소상공업자를 위한 통계적 결론을 내려보라.

f. 신뢰구간을 계산하라.

g. 효과크기를 계산하고 해석해보라.

h. 여러분이 계산한 모든 결과를 살펴보라. 이 소상공업자에게 상황을 어떻게 요약하겠는가? 여러분 분석의 제한점을 확인하고, 전집과 표본 간의 비교에서 어려운 점을 논의해보라. 답에 통계검증의 전제들을 참조하라.

i. 추가연구를 통해서 데이터 포인트의 하나인 27일이 실제로는 주인의 유급휴가일이라는 사실을 발견하였다. 이 값을 제외한 새로운 정보를 가지고 *t* 통계치를 계산하고 결론을 내려보라. 재분석에서 무엇이 변하였는가?

j. 새로운 정보를 가지고 효과크기를 계산하고 해석해보라. 재분석에서 무엇이 변하였는가?

9.59 **사형집행과 단일표본 *t* 검증** : 미국 플로리다 교정국은 온라인으로 사형집행 데이터를 발표한다. 평균적으로 사형수동에서 11.72년을 생활한 후에 사형을 집행한다고 보고하고 있으나 표준편차는 제공하지 않는다. 이 평균이 모수치인 까닭은 플로리다에서 사형을 집행한 전체 수감자 전집에서 계산하기 때문이다. 사형수동에서 보내는 기간이 시간 경과에 따라 변하였는가? 동일한 웹사이트에 링크된 사형집행 목록에 따르면, 2003, 2004, 2005년에 플로리다에서 사형을 집행한 6명의 수감자는 사형수동에서 각기 25.62, 13.09, 8.74, 17.63, 2.80, 4.42년을 생활하였다. (모두 남자였지만, 2003년 영화 '몬스터'가 묘사한 여자 연쇄살인범인 아일린 워노스는 2002년 플로리다주가 사형을 집행한 세 명의 수감자 중 한 사람이었다. 그녀는 사형수동에서 10.69년을 생활하였다.)

a. 기호 표기법과 공식을 사용하여, 평균분포의 평균과 표준오차를 결정하라. 계산의 모든 단계를 보여라.

b. 기호 표기법과 공식을 사용하여 사형을 집행한 수감자 표본이 사형수동에서 생활한 기간에 대한 *t* 통계치를 계산하라.

c. 사형집행 목록은 1976년 플로리다주에서 사형제도가 부활된 이후 사형을 집행한 모든 수감자 데이터를 제공하고 있다. 각 수감자의 이름, 인종, 성별, 출생일, 범행일, 선고일, 사형수동 도착일, 사형집행일, 구속 횟수, 사형수동 생활기간 등이 포함되어 있다. *t* 분포와 사형수동에서의 평균 11.72년을 사용하여 다루어볼 수 있는 가설을 적어도 한 가지 이상 언급해보라. 가설을 가능한 한 구체적으로 제시하라(그리고 만일 관심이 있다면, 온라인에서 데이터를 찾아볼 수도 있다).

d. 아일린 워노스가 사형수동에서 생활한 기간의 *z* 점수를 계산하는 데 어떤 부가적인 정보가 필요한가?

e. "사형수동에서 보내는 기간이 시간 경과에 따라 변하였는가?"라는 물음을 다룰 가설을 적어보라.

f. 이 데이터를 '시간 경과'로 사용하고 평균 11.72년을 비교값으로 사용하여, 알파수준이 0.05일 때 (b)에서 계산한 *t* 통계치에 근거하여 (e)의 물음에 답해보라.

g. 제시한 데이터에 근거하여 이 통계치의 신뢰구간을 계산하라.

h. 이 신뢰구간에 근거하여 가설에 대해 어떤 결론을 내리겠는가? 이 신뢰구간의 크기에 대해서 무슨 말을 할 수 있겠는가?

i. 코헨의 *d*를 사용하여 효과크기를 계산하라.

j. 이 효과의 크기를 평가하라.

9.60 **학계에서의 정치적 편향과 대응표본 *t* 검증** : 다음은 미국 학계에 보수주의에 반대하는 편향이 존재한다는 보도를 살펴본 연구의 요약문에서 발췌한 내용이다(Fosse, Gross, & Ma, 2011).

미국 교수사회는 진보주의적 정치견해를 가지고 있는 사람의 비율이 압도적이다. 이것은 정치적 편향 때문인가 아니면 차별 때문인가? … 미국 유수대학 사회학과, 정치학과, 경제학과, 역사학과, 그리고 국문학과 대학원 학과장에게 두 가지 이메일을 보냈다. 그 이메일은 대학원 진학에 관심을 표명하는 가상의 학생이 보낸 것이다. … 답신을 빈도, 시간, 학과에 관해 제공한 정보의 양, 정서적 환대, 학생을 향한 열정 등에 따라서 분석하였다. (1쪽)

하나는 잘 알려진 보수주의자인 존 맥케인의 대통령 선거운동에 참여한 것을 언급한 가상의 학생에게서 온 이메일이며, 다른 하나는 진보주의자인 버락 오바마의 선거운동에 참여한 것을 언급한 가상의 학생 이메일이었다. 연구자들은 일련의 대응표본 t 검증을 실시하였으나, 보수주의적 학생과 진보주의적 학생의 다양한 평가에서 통계적으로 유의한 차이를 발견하지 못하였다.

a. 이것이 집단내 설계인 까닭은 무엇인가?

b. 독립변인은 무엇이며, 그 변인의 수준은 무엇인가?

c. 초록에 기술한 바와 같이, 종속변인은 무엇이며, 그 변인들은 어떤 유형의 변인인가?

d. 대응표본 t 검증을 실시할 수 있었던 이유를 설명해보라.

e. 이 연구에 순서효과가 있었던 이유를 설명해보라.

f. 연구자는 어떻게 역균형화를 사용하였는가?

g. p 값은 0.05보다 작을 가능성이 높았는가 아니면 클 가능성이 높았는가?

h. 결과가 통계적으로 유의하지 않았음을 전제할 때, 충분한 통계적 검증력이 있었는지를 알아보려면 어떤 부가적 정보를 알 필요가 있는가?

9.61 최면과 스트룹 효과 : 제1장에서 스트룹 과제를 수행할 기회가 있었다. 이 과제에서는 색이름을 다른 색깔로 적어놓는다. 예컨대, '빨강'이라는 단어를 파란색으로 적는다. 단어를 적은 잉크의 색을 말하고자 시도할 때 잉크 색과 일치하지 않는 색이름이 초래하는 갈등이 반응시간을 증가시키고 정확도를 떨어뜨린다. 여러 연구자는 최면으로 스트룹 효과를 감소시킬 수 있다고 제안해왔다. 두뇌영상 기법을 사용하여 최면후 암시가 피암시성이 높은 사람들로 하여금 스트룹 단어를 무의미 철자로 보도록 이끌어간다는 사실을 입증하고자 시도하였다(Raz, Fan, & Posner, 2005). 여러분이 이 연구팀의 일원이며, 피암시성이 높은 사람이 단어를 무의미 철자로 보라는 최면후 암시를 받았을 때 반응시간이 감소하는지 알아보고자 한다고 상상해보라. 6명의 참가자를 대상으로 각 조건에서 실험을 수행하고, 다음의 데이터를 얻는다. 첫 번째 수치는 최면후 암시가 없을 때 초 단위의 반응시간이며, 두 번째 수치는 최면후 암시를 받았을 때의 반응시간이다.

참가자 1	12.6, 8.5
참가자 2	13.8, 9.6
참가자 3	11.6, 10.0
참가자 4	12.2, 9.2
참가자 5	12.1, 8.9
참가자 6	13.0, 10.8

a. 독립변인은 무엇이며, 그 변인의 수준은 무엇인가? 종속변인은 무엇인가?

b. 양방검증인 대응표본 t 검증의 여섯 단계를 모두 실시하라. 모든 단계에 반드시 이름을 붙여라.

c. 저널 논문에 게재할 때처럼 통계치를 보고하라.

d. 이제 일방검증으로 전환할 때의 효과를 살펴보도록 하자. 일방검증인 대응표본 t 검증의 단계 2, 4, 6을 실시하라. 일방검증과 양방검증 중 어느 상황에서 영가설을 기각하기 더 용이한가? 만일 특정 유형의 검증에서 영가설을 기각하기 용이해진다면, 표본 간에 더 큰 평균차이가 있음을 의미하는 것인가? 설명해보라.

e. 이제 알파의 효과를 살펴보도록 하자. 양방검증이면서 알파가 0.01인 가설검증의 단계 4와 6을 실시하라. 0.05와 0.01 중 어느 알파수준에서 영가설을 기각하기 더 용이한가? 만일 특정 알파에서 영가설을 기각하기가 더 용이하다면, 표본 간에 더 큰 평균차이가 있음을 의미하는 것인가? 설명해보라.

f. 이제 표본크기의 효과를 살펴보도록 하자. 참가자 1, 2, 3만을 사용하여 검증통계치를 계산하고 새로운 임곗값을 결정해보라. 이 검증통계치는 임곗값에 더 가까워졌는가 아니면 더 멀어졌는가? 표본크기의 감소가 영가설을 기각하기 더 쉽게 만드는가 아니면 더 어렵게 만드는가? 설명해보라.

g. 순서효과가 연구결과에 어떤 영향을 미치는가?

h. 연구자들은 역균형화를 사용할 수 있었는가? 그 이유는 무엇인가? 만일 순서효과가 문제라고 생각한다면 어떻게 하겠는가?

핵심용어

단일표본 t 검증(single-sample t test)

대응표본 t 검증(paired-sample t test)

순서효과(order effect)

역균형화(counterbalancing)

자유도(degree of freedom)

t 통계치(t statistic)

공식

$$s = \sqrt{\frac{\Sigma(X - M)^2}{(N - 1)}}$$

$$s_M = \frac{s}{\sqrt{N}}$$

$$t = \frac{(M - \mu_M)}{s_M}$$

$$df = N - 1$$

$$M_{하한} = -t(s_M) + M_{표본}$$

$$M_{상한} = t(s_M) + M_{표본}$$

코헨의 $d = \dfrac{(M - \mu)}{s}$

기호

s_M

t

df

독립표본 *t* 검증

독립표본 *t* 검증 수행하기
평균 간 차이 분포
독립표본 *t* 검증의 여섯 단계
통계치 보고하기

가설검증 뛰어넘기
독립표본 *t* 검증에서 신뢰구간 계산하기
독립표본 *t* 검증에서 효과크기 계산하기

시작하기에 앞서 여러분은

■ 가설검증의 여섯 단계를 알아야 한다(제7장).

■ 점수분포(제2장)와 평균분포(제6장), 그리고 평균차이 분포(제9장) 간의 차이를 이해하여야 한다.

■ 표준편차와 변량의 교정값(제9장)을 포함하여 단일표본 *t* 검증과 대응표본 *t* 검증을 실시하는 방법을 알아야 한다.

■ 신뢰구간을 결정하는 기본 방법을 이해하여야 한다(제8장).

■ 효과크기의 개념을 이해하고 코헨의 *d*를 계산하는 기본 방법을 알아야 한다(제8장).

Royal Statistical Society

스텔라 컨리프 스텔라 컨리프는 자신의 통계적 추리 능력을 발휘하여 놀라운 경력을 쌓았으며, 여성 최초로 영국 왕립통계학회 회장이 되었다. 통계학자로서 그녀는 가설검증을 사용하여 기네스 양조회사에서 품질관리를 개선시키고 영국 법무부 교정국의 정책을 입안하였다.

스텔라 컨리프(Stella Cunliffe)는 영국 왕립통계학회 최초의 여성 회장으로 선출되었으며, 남성이 주도하던 두 가지 사업, 즉 맥주 제조와 통계학에서 성공의 발판을 마련하였다. 그녀가 "자유롭고 많은 측면에서 흥미진진한 삶"이라고 기술하였던 삶을 영위한 후에, 기네스 양조회사의 직책을 수락하였다. 컨리프는 성별에 대한 장구한 사회규범을 우회하는 통찰력을 지닌 현실적인 통계학자이었다. 왕립통계학회장 취임연설에서 그녀는 청중들에게 응용통계학은 "애매모호한 아이디어보다는 사람들에게 훨씬 더 많은 관심을 기울인다."(1976, 4쪽)라는 사실을 상기시켰다.

예컨대, 수제 맥주통의 품질 유지는 품질관리자의 간단한 결정, 즉 받아들일 것인지 아니면 기각할 것인지에 달려있다. 그런데 그 결정은 편향되어 있었다. 받아들임은 맥주통을 발로 차서 언덕 아래로 굴려 보내는 것을 의미하고 기각함은 그 통을 언덕 위로 밀어 올릴 것을 요구하여 명백히 더 고된 작업을 의미하기 때문이었다. 컨리프는 맥주통을 받아들이거나 기각하는 데 동일한 노력이 필요하도록 품질관리 작업장을 옮겨서 이러한 판단의 편향성을 제거하였으며, 허위 긍정(기각했어야만 하는 맥주통을 받아들이는 것)의 수를 줄임으로써 기네스사가 엄청난 경비를 절약할 수 있게 해주었던 것이다. 동일한 방식으로 많은 실험의 편향을 제거할 수 있다. 즉, 독립집단에의 무선할당을 통해 최초 조건을 동일하게 만드는 것이다.

제9장에서는 단일표본 t 검증(하나의 표본을 평균은 알고 있지만 표준편차를 알지 못하는 전집에 비교하는 검증)의 실시방법을 다루었다. 또한 대응표본 t 검증(동일한 참가자들이 두 집단 모두에 속하는 사전-사후 설계와 같은 검증)을 실시하는 방법도 다루었다. 이제 t 검증을 요구하는 세 번째 상황이 있다. 각 참가자가 오직 한 집단에만 속하는 두 집단 연구가 그것이다. 한 집단의 점수들은 다른 집단에서 일어나는 사건과 독립적이다. 또한 두 개의 독립집단을 가지고 있는 상황에서 신뢰구간을 결정하고 효과크기를 계산하는 방법도 알아본다.

용어 사용에 주의하라! 독립표본 t 검증은 집단간 t 검증이라고도 부른다.

독립표본 t 검증 수행하기

독립표본 t 검증(independent-samples t test)은 집단간 설계, 즉 각 참가자를 오직 한 조건에만 할당하는 상황에서 두 평균을 비교하는 데 사용한다. 이 검증은 평균 간 차이 분포를 사용한다. 이 사실은 t 검증에 몇 가지 사소한 방식으로 영향을 미치는데, 가장 특기할 만한 사항은 손으로 t 검증을 실시할 때 더 많은 작업을 하게 된다는 점이다(특히 컴퓨터를 사용할 때와 비교해서 그렇다는 것이다!). 부가적 계산은 여러분이 적절한 표준오차를 추정해야 하는 것이다. 이것이 어렵지는 않지만, 약간 더 많은 시간을 필요로 한다.

독립표본 t 검증은 집단간 설계, 즉 각 참가자를 오직 한 조건에만 할당하는 상황에서 두 평균을 비교하는 데 사용한다.

평균 간 차이 분포

연구의 각 조건에 상이한 사람들이 존재하기 때문에, 각 사람의 차이점수를 구할 수 없다. 두 독립집단 간의 전반적인 차이를 들여다보고 있기 때문에 새로운 유형의 분포, 즉 평균 간 차이 분포를 만들 필요가 있다.

신장에 관한 제6장 데이터를 사용하여 평균 간 차이 분포를 만드는 방법을 시범 보이도록 해보자. 각 세 명이 들어있는 두 집단의 데이터를 수집하고자 계획하고 있으며 이 연구를 위한 비교분포를 결정한다고 해보자. 제6장에서 통계학 강의를 수강하는 140명 대학생 전집의 사례를 사용하였음을 기억해보라. 각 학생의 신장을 적은 140장의 카드를 모자와 같은 용기에 집어넣는다고 기술하였다.

> **개념 숙달하기**
>
> **10-1 :** 독립표본 *t* 검증은 두 집단이 있으며 집단간 설계일 때, 즉 모든 참가자가 오직 한 집단에만 속할 때 사용한다.

사례 10.1

평균 간 차이 분포를 만들기 위해서 그 사례를 사용한다고 해보자. 이 과정의 단계들을 하나씩 살펴본다.

> **단계 1 :** 한 장을 선택한 후에 복원하는 방식으로 세 장의 카드를 무작위로 선택하고, 카드에 적힌 신장의 평균을 계산한다. 이것이 첫 번째 집단이다.

> **단계 2 :** 한 장을 선택한 후에 복원하는 방식으로 또 다른 세 장의 카드를 무작위로 선택하고, 카드에 적힌 신장의 평균을 계산한다. 이것이 두 번째 집단이다.

> **단계 3 :** 첫 번째 집단의 평균에서 두 번째 집단의 평균을 뺀다.

이러한 세 단계를 여러 차례 반복한다는 점을 제외하면 이것이 해야 할 작업의 전부이다. 두 개의 표본이 있기 때문에 두 개의 표본 평균이 존재한다. 그렇지만 단지 하나의 평균 간 차이 분포를 만들고 있는 것이다.

다음은 세 단계를 사용한 사례이다.

> **단계 1 :** 한 장을 선택한 후에 복원하는 방식으로 세 장의 카드를 무작위로 선택하는데, 그 신장이 61, 65, 72인치이다. 평균 66인치를 계산한다. 이것이 첫 번째 집단이다.

> **단계 2 :** 한 장을 선택한 후에 복원하는 방식으로 또 다른 세 장의 카드를 무작위로 선택하는데, 그 신장이 62, 65, 65인치이다. 평균 64인치를 계산한다. 이것이 두 번째 집단이다.

> **단계 3 :** 첫 번째 집단의 평균에서 두 번째 집단의 평균을 뺀다. 66 − 64 = 2. (계산에서 일관성을 유지하는 한에 있어서 두 번째 집단에서 첫 번째 집단을 빼도 무방하다는 사실에 유념하라.)

세 단계 과정을 반복한다. 이번에는 두 표본에서 65와 68의 평균을 계산한다고 해보자. 이제 평균 간 차이는 65 − 68 = −3이다. 세 단계를 세 번째 반복하여 63과 63의 평균을 얻었으며, 차이는 0이다. 궁극적으로 많은 평균 간 차이를 갖게 되는데, 어떤 차이

그림 10-1

평균 간 차이 분포
이 그래프는 평균 간 차이 분포의 출발을 나타낸다. 오직 30개의 차이만을 포함한 반면, 실제 분포는 모든 가능한 차이를 포함하게 된다.

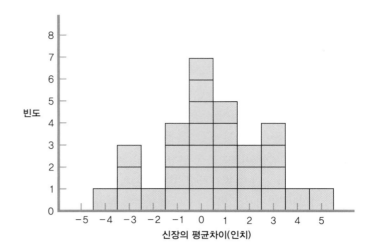

는 양수이고 어떤 차이는 음수이며, 어떤 차이는 그저 0이다. 이제 이 차이값들의 분포를 그릴 수 있다. 그렇지만 이것은 분포가 어떤 모습일지에 관한 출발점에 불과하다. 전체 분포를 그리고자 한다면, 이 작업을 훨씬 더 많이 수행해야 한다. 평균 간 차이 분포의 출발점으로 30개의 평균 간 차이값을 계산하여 분포를 그린 것이 그림 10-1에 나와 있다. ●

독립표본 *t* 검증의 여섯 단계

앞에서와 마찬가지로 가설검증의 여섯 단계를 사용하여 독립표본 *t* 검증을 실시할 수 있다. 사례 하나를 살펴보기로 하자.

사례 10.2

제품 가격이 그 제품 선호도에 영향을 미치는가? 여동생의 새로운 텔레비전 가격이 3,000달러라는 말을 들었을 때, 1,200달러라고 들었을 때보다 화질이 더 선명하다고 지각하는가? 친구의 새 셔츠가 돌체앤가바나와 같은 최첨단 디자이너의 작품이라고 생각하면, 최신 유행이기는 하지만 저가의 품목을 대량으로 판매하는 타깃(Target)에서 구입한 것이라는 말을 들을 때보다 더 탐이 나는가?

주요 와인 생산지와 멀리 떨어지지 않은 북부 캘리포니아의 경제학 연구자들은 와인의 즐거움이 가격의 영향을 받는지 알고자 하였다(Plassmann et al., 2008). 연구의 일환으로 절반의 와인 시음자를 한 병에 10달러라고 알려준 와인을 시음하는 조건에 무선할당하였으며, 나머지 절반의 시음자를 한 병에 90달러라고 알고 있는 동일한 와인을 시음하는 조건에 할당하였다. (강의를 위하여 연구설계와 통계분석의 몇몇 측면들을 바꾸었지만, 결과는 유사하다.) 참가자들에게 그 와인을 얼마나 좋아하는지를 5점 척도에서 평정하도록 요구하였다. 또한 사람들이 즐거운 자극을 경험할 때 전형적으로 활성화되는 두뇌영역(예컨대, 내측 안와전두피질)에서 차이가 명확하게 나타나는지를 알아보고자

가격과 지각 : 디자이너 제품 대 짝퉁 제품 가격의 지각이 그 제품 호감도에 영향을 미치는가? 오른쪽 선글라스가 고가의 디자이너 제품이다. 얼마나 좋은지 빠르게 답해보라. 자, 거짓말이었다. 오른쪽 것은 짝퉁이다. 이제 이것의 지각이 변하였는가? 만일 사람들에게 레이벤 선글라스의 디자이너 버전을 평가하게 하고, 다른 사람들에게 짝퉁 버전을 평가하게 한다면, 독립표본 *t* 검증을 실시하여 평정에 통계적으로 유의한 차이가 있는지를 결정할 수 있다.

두뇌영상 기법인 기능적 자기공명영상법(fMRI)을 사용하였다. 가격이 10달러라고 매겨진 와인과 90달러라고 매겨진 와인 중에서 참가자들은 어느 와인을 더 선호하였을 것이라고 생각하는가?

총 9명이 무선할당된 와인을 시음한 뒤 좋아하는 정도를 평정하였고, 그 값을 사용하여(4명은 10달러 병에 들어있는 와인을 시음하였으며, 5명은 90달러 병에 들어있는 와인을 시음하였다) 독립표본 *t* 검증을 실시한다. 모든 사람이 실제로는 동일한 와인을 시음하고 있다는 사실을 명심하라. 표본크기가 꽤나 유사한 것이 최선이기는 하지만, 각표본이 동일한 수의 참가자를 가지고 있을 필요는 없다는 사실에 유념하라.

와인의 평균 '호감도 평정'

‘10달러’ 와인 : 1.5, 2.3, 2.8, 3.4
‘90달러’ 와인 : 2.9, 3.5, 3.5, 4.9, 5.2

단계 1 : 전집, 비교분포, 가정을 확인한다. 전집을 결정한다는 측면에서 이 단계는 대응표본 *t* 검증의 단계와 유사하다. 두 전집이 존재한다. 10달러 와인을 시음하고 있다고 알려준 전집, 그리고 90달러 와인을 시음하고 있다고 알려준 전집. 그렇지만 독립표본 *t* 검증에서 비교분포는 (평균차이 점수의 분포가 아니라) 평균 간 차이 분포가 된다. 표 10-1은 지금까지 공부하였던 가설검증에서 직면하였던 분포들을 요약하고 있다.

늘 그렇듯이, 비교분포는 영가설에 근거한다. 대응표본 *t* 검증에서와 마찬가지로, 독립표본 *t* 검증에서도 영가설은 평균차이가 없음을 상정한다. 따라서 비교분포의 평균은 0이 된다. 이것은 평균 간 차이의 평균이 0이라는 사실을 반영한다. 표본 평균 간 차이를 0에 비교하게 되는데, 0은 집단 간 차이가 없을 때의 값이 된다. 독립표본 *t* 검증의 가정은 단일표본 *t* 검증과 대응표본 *t* 검증의 가정과 동일하다.

요약 : 전집 1 : 10달러 와인을 시음한다고 알려준 사람들. 전집 2 : 90달러 와인을 시음

표 10-1	가설검증과 관련 분포		
어떤 가설검증을 사용할 것인지를 선택할 때 적절한 비교분포를 고려해야 한다.			
가설검증	**표본의 수**		**비교분포**
z 검증	하나		평균분포
단일표본 t 검증	하나		평균분포
대응표본 t 검증	둘(동일한 참가자)		평균 차이점수 분포
독립표본 t 검증	둘(상이한 참가자)		평균 간 차이 분포

한다고 알려준 사람들.

비교분포는 영가설에 근거한 평균 간 차이 분포가 된다. 가설검증이 독립표본 t 검증인 까닭은 상이한 참가자 집단으로 구성한 두 표본을 가지고 있기 때문이다. 이 연구는 세 가정 중 하나를 충족하고 있다. (1) 종속변인은 호감도 평정이며, 이것은 척도변인으로 간주할 수 있다. (2) 전집이 정상분포를 이루고 있는지를 알지 못하며, 참가자의 수가 30에 미치지 못한다. 그렇지만 표본 데이터는 기저 전집의 분포가 편중되었음을 시사하지 않는다. (3) 이 연구에서 와인 시음자들을 전체 와인 시음자 중에서 무선선택하지 않았다. 따라서 이 결과를 일반화하는 측면에서 신중을 기해야 한다.

단계 2 : 영가설과 연구가설을 진술한다.   독립표본 t 검증에서의 이 단계는 선행 t 검증에서의 단계와 동일하다.

요약 : 영가설 : 가격이 10달러라고 알려준 와인을 시음하는 사람은 90달러라고 알려준 와인을 시음하는 사람과 동일한 호감도 평정을 한다. $H_0 : \mu_1 = \mu_2$.

연구가설 : 가격이 10달러라고 알려준 와인을 시음하는 사람은 90달러라고 알려준 와인을 시음하는 사람과 상이한 호감도 평정을 한다. $H_1 : \mu_1 \neq \mu_2$.

단계 3 : 비교분포의 특성을 결정한다.   독립표본 t 검증에서의 이 단계는 선행 t 검증에서의 단계와 유사하다. 영가설에 근거한 분포인 비교분포의 적절한 평균과 표준오차를 결정한다. 영가설에 따르면, 두 전집 간에 평균차이가 존재하지 않는다. 즉, 평균 간 차이가 0이다. 따라서 영가설이 평균 간 차이가 없다고 상정하고 있는 한, 비교분포의 평균은 항상 0이다.

그렇지만 독립표본 t 검증에서는 두 표본이 존재하기 때문에, 적절한 변산 측정치를 계산하기가 더 복잡하다. 이 과정에는 다섯 단계가 존재한다. 우선 언어표현으로 그 단계들을 살펴본 다음에 계산과정을 배워보도록 하자. 언어표현은 기본적인 것이고, 계산을 해보면 더 잘 이해하게 되겠지만, 전반적인 틀을 마음에 새기는 데 도움을 준다.

a. 각 표본의 교정 변량을 계산한다. (표준편차가 아니라 변량을 가지고 계산을 수행한다는 사실에 주의하라.)

b. 변량을 통합한다. 변량을 통합한다는 것은 두 표본크기의 차이를 고려하면서 두 표

본 변량의 평균을 취하는 것이다. 통합 변량은 공통적인 전집 변량의 추정치이다.

c. 표준편차 제곱(즉, 변량)에서 구한 통합 변량을 표본크기로 나누어줌으로써 표준오차 제곱(변량의 또 다른 버전)으로 변환시키는데, 각 표본별로 진행한다. 이 값들은 각 표본 평균분포의 추정 변량이 된다.

d. 두 개의 변량(표준오차 제곱)을 합하여, 평균 간 차이 분포의 추정 변량을 계산한다.

e. 이 변량(표준오차 제곱)의 평방근을 계산하여 평균 간 차이 분포의 추정 표준오차를 얻는다.

단계 (a)와 (b)는 t 검증에서 일반적으로 첫 번째로 행하는 계산을 확장한 것임에 주목하라. 표준편차의 교정 추정치를 계산하는 대신에, 독립표본 t 검증에서는 각 표본에 해당하는 두 개의 추정치를 계산한다. 또한 표준편차 대신에 변량을 사용한다. 변량의 두 가지 계산이 존재하기 때문에, 둘을 통합시킨다(즉, 통합 변량). 단계 (c)와 (d)는 t 검증에서 일반적으로 두 번째로 행하는 계산을 확장한 것이다. 여기서도 통합 변량을 각 표본에 해당하는 표준오차 제곱으로 변환하여 통합한다. 단계 (e)에서는 평방근을 취하여 표준오차를 얻는다. 계산과정을 살펴보도록 하자.

a. 각 표본의 교정 변량을 계산한다(교정 변량은 제9장에서 공부한 바와 같이, 분모에 $N-1$을 사용하는 변량이다). 첫째, 10달러 와인을 시음하고 있다고 알려준 사람들의 표본인 X의 변량을 계산한다. 10달러 와인 시음자들의 평정 평균만을 사용해야 하는데, 그 값은 2.5이다. 이 변량의 기호로는 SD^2 대신에 s^2을 사용한다는 점에 주목하라(앞에서 제시하였던 t 검증에서 표준편차 기호로 SD 대신에 s를 사용한 것과 마찬가지이다). 또한 s^2에 아래첨자 X를 첨가하여 첫 번째 표본의 변량임을 나타낸다. 물론 X가 첫 번째 표본인 것은 임의로 정한 것이다. (주의사항 : 평방근을 취하지 말라. 필요한 것은 변량이지 표준편차가 아니다.)

X	$X - M$	$(X - M)^2$
1.5	-1.0	1.00
2.3	-0.2	0.04
2.8	0.3	0.09
3.4	0.9	0.81

$$s_X^2 = \frac{\Sigma(X - M)^2}{N - 1} = \frac{(1.00 + 0.04 + 0.09 + 0.81)}{4 - 1} = \frac{1.94}{3} = 0.647$$

이제 90달러 와인을 시음하고 있다고 알려준 사람들의 표본인 Y에 대해서도 동일한 작업을 한다. Y의 평균을 사용한다는 점을 기억하라. 이 사실을 망각하고는 X에 대해서 계산하였던 평균을 사용하기 십상이다. Y의 평균을 계산하니 4.0이다. 아래첨자 Y는 이것이 두 번째 표본의 변량임을 나타낸다. 물론 Y가 두 번째 표본인 것도 임의로 정한 것이다. (이 점수들을 어떤 문자로도 표현할 수 있지만, 통계학자들은 처음 두 표본의 점수들을 X와 Y로 부르는 경향이 있다.)

Y	$Y - M$	$(Y - M)^2$
2.9	− 1.1	1.21
3.5	− 0.5	0.25
3.5	− 0.5	0.25
4.9	0.9	0.81
5.2	1.2	1.44

$$s_Y^2 = \frac{\Sigma(Y - M)^2}{N - 1} = \frac{(1.21 + 0.25 + 0.25 + 0.81 + 1.44)}{5 - 1} = \frac{3.96}{4} = 0.990$$

b. 두 개의 변량 추정치를 통합한다. 각 표본에 들어있는 참가자의 수가 다르기 십상이기 때문에, 단순히 평균을 취할 수가 없다. 이 책 초반부에 언급하였던 바와 같이, 작은 표본에서 얻은 변산 추정치는 정확도가 떨어지는 경향이 있다. 따라서 작은 표본의 추정치에는 가중치를 작게 하고 큰 표본의 추정치에는 가중치를 크게 한다. 각 표본이 가지고 있는 자유도의 비율을 계산하여 그에 따라 가중치를 부여한다. 각 표본은 $N - 1$의 자유도를 가지고 있다. 또한 두 표본의 자유도를 합하는 전체 자유도도 계산한다. 그 계산은 다음과 같다.

$$df_X = N - 1 = 4 - 1 = 3$$
$$df_Y = N - 1 = 5 - 1 = 4$$
$$df_{전체} = df_X + df_Y = 3 + 4 = 7$$

이 자유도를 사용하여 일종의 평균 변량을 계산한다. **통합 변량**(pooled variance)은 각 표본에서 구한 두 변량 추정치의 가중 평균이며, 독립표본 t 검증을 실시할 때 사용한다. 통합 변량에서 작은 표본의 변량 추정치보다 큰 표본의 변량 추정치가 더 큰 비중을 차지하는 까닭은 큰 표본이 작은 표본보다 더 정확한 추정치인 경향이 있기 때문이다. 다음은 통합 변량 공식을 이 사례에 적용한 것이다.

$$s^2_{통합} = \left(\frac{df_X}{df_{전체}}\right)s_X^2 + \left(\frac{df_Y}{df_{전체}}\right)s_Y^2 = \left(\frac{3}{7}\right)0.647 + \left(\frac{4}{7}\right)0.990 = 0.277 + 0.566 = 0.843$$

(주 : 만일 두 표본에 동일한 수의 참가자가 들어있다면, 이것은 비가중 평균이 된다. 즉, 두 표본 변량을 합하고 2로 나누는 일반적인 방식으로 평균을 구할 수 있다.)

c. 이제 변량을 통합함으로써 변산 추정치를 갖게 되었다. 앞선 t 검증에서의 표준편

공식 숙달하기

10-1 : 독립표본 t 검증에는 세 가지 자유도 계산이 존재한다. 각 표본의 참가자 수에서 1을 빼서 각 표본의 자유도를 계산한다. $df_X = N - 1$; $df_Y = N - 1$. 그리고 두 표본의 자유도를 합하여 전체 자유도를 계산한다.

$$df_{전체} = df_X + df_Y$$

공식 숙달하기

10-2 : 통합 변량을 계산하는 데 세 개의 자유도와 각 표본의 변량 추정치를 사용한다.

$$s^2_{통합} = \left(\frac{df_X}{df_{전체}}\right)s_X^2 + \left(\frac{df_Y}{df_{전체}}\right)s_Y^2$$

이 공식은 각 표본의 크기를 반영한 것이다. 큰 표본은 분자에 더 큰 자유도를 갖기 때문에, 그 변량은 통합 변량 계산에서 더 큰 가중치를 갖는다.

통합 변량은 각 표본에서 구한 두 변량 추정치의 가중 평균이며, 독립표본 t 검증을 실시할 때 사용한다.

차 추정치와 유사하지만, 이것은 두 표본에 근거한 것이다(그리고 표준편차가 아니라 변량 추정치이다). 앞선 t 검증에서 다음 계산은 표준편차를 $\sqrt{N}$으로 나누어 표준오차를 구하는 것이었다. 이 경우에는 $\sqrt{N}$ 대신에 N으로 나눈다. 그 이유는 무엇인가? 다루고 있는 것이 표준편차가 아니라 변량이기 때문이다. 변량은 표준편차의 제곱이기 때문에 $\sqrt{N}$의 제곱인 N으로 나누는 것이다. 통합 변량을 변산 추정치로 사용하여 이 작업을 각 표본마다 실시한다. 통합 변량을 사용하는 까닭은 두 표본에 근거한 추정치가 하나에만 근거한 추정치보다 더 우수하기 때문이다. 여기서의 핵심은 적절한 N으로 나누어주는 것인데, 이 사례의 경우 첫 번째 표본에서는 4이고 두 번째 표본에서는 5가 된다.

$$s^2_{M_X} = \frac{s^2_{\text{통합}}}{N_X} = \frac{0.843}{4} = 0.211$$

$$s^2_{M_Y} = \frac{s^2_{\text{통합}}}{N_Y} = \frac{0.843}{5} = 0.169$$

d. 단계 (c)에서는 각 표본의 표준오차에 대응하는 변량을 계산하였지만, 검증통계치를 계산할 때는 단 하나의 변산 측정치만이 필요하다. 따라서 단계 (b)에서 두 개의 변량 추정치를 통합했던 것과 유사한 방식으로 두 변량을 통합한다. 그렇지만 이 단계는 더 간단하다. 두 변량을 더하기만 하면 되는데, 더하면 기호 $s^2_{\text{차이}}$로 나타내는 평균 간 차이 분포의 변량이 된다. 다음은 그 공식을 이 사례에 적용한 것이다.

$$s^2_{\text{차이}} = s^2_{M_X} + s^2_{M_Y} = 0.211 + 0.169 = 0.380$$

e. 이제 다음과 같은 두 가지 작업을 수행함으로써 앞선 t 검증들의 두 가지 계산과 대응하는 상태가 되었다. (1) 변산 추정치를 계산하였다(각 표본에 해당하는 두 계산을 한 다음에 둘을 통합하였다). (2) 표본크기에 따라 추정치를 조정하였다(여기서도 각 표본에 해당하는 두 계산을 수행한 다음에 둘을 통합하였다). 주요 차이점은 모든 계산을 표준편차가 아니라 변량으로 수행하였다는 점이다. 이 마지막 단계에서는 변량 형태를 표준편차 형태로 변환시킨다. 표준편차는 변량의 평방근이기 때문에, 단지 평방근을 취하기만 하면 된다.

$$s_{\text{차이}} = \sqrt{s^2_{\text{차이}}} = \sqrt{0.380} = 0.616$$

요약 : 평균 간 차이 분포의 평균은 $\mu_X - \mu_Y = 0$이다. 평균 간 차이 분포의 표준편차는 $s_{\text{차이}} = 0.616$이다.

단계 4 : 임곗값을 결정한다.

이 단계는 앞선 t 검증의 단계 4와 유사하지만, 자유도는 전체 자유도 즉 $df_{\text{전체}}$를 사용한다.

요약 : 양방검증이며 0.05의 알파수준과 전체 자유도 7에 근거한 임곗값은 (그림 10-2에서 보는 바와 같이) ±2.365이다.

공식 숙달하기

10-3 : 두 집단이 존재하는 집단 간 설계에서 t 통계치를 계산하는 다음 단계는 변량을 표본크기로 나눔으로써 각 표본 표준오차의 변량 버전을 계산하는 것이다. 두 계산 모두에서 통합 변량 버전을 사용한다. 첫 번째 표본에서의 공식은 $s^2_{M_X} = \frac{s^2_{\text{통합}}}{N_X}$이며, 두 번째 표본에서의 공식은 $s^2_{M_Y} = \frac{s^2_{\text{통합}}}{N_Y}$이다. 표준편차의 제곱인 변량을 다루고 있기 때문에, 표준오차의 분모 $\sqrt{N}$의 제곱인 N으로 나누는 것이다.

공식 숙달하기

10-4 : 평균 간 차이 분포의 변량을 계산하려면, 앞선 단계에서 계산한 표준오차의 변량 버전을 합하면 된다.
$$s^2_{\text{차이}} = s^2_{M_X} + s^2_{M_Y}$$

공식 숙달하기

10-5 : 평균 간 차이 분포의 표준편차를 계산하려면, 앞에서 계산한 평균 간 차이 분포 변량의 평방근을 취하면 된다.
$$s_{\text{차이}} = \sqrt{s^2_{\text{차이}}}$$

그림 10-2

독립표본 t 검증에서 임곗값 결정하기
독립표본 t 검증에서 임곗값을 결정하기 위해서 전체 자유도 $df_{전체}$를 사용한다. 이것은 각 표본의 자유도를 합한 값이다.

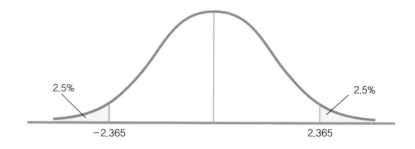

단계 5 : 검증통계치를 계산한다.

이 단계는 앞선 t 검증의 단계 5와 유사하다. 여기서는 표본 평균 간 차이에서 영가설에 근거한 전집 평균 간 차이를 뺀다. 공식은 다음과 같다.

$$t = \frac{(M_X - M_Y) - (\mu_X - \mu_Y)}{s_{차이}}$$

앞선 t 검증에서와 마찬가지로, 검증통계치는 표본에 근거한 수치에서 전집에 근거한 수치를 뺀 다음에 표준오차로 나누어 계산한다. (영가설에 따르면) 전집 평균 간 차이는 거의 항상 0이기 때문에, 많은 통계학자는 공식의 뒷부분을 제거하고 사용한다. 따라서 독립표본 t 검증에서 검증통계치 공식은 다음과 같이 간략하게 표현한다.

$$t = \frac{(M_X - M_Y)}{s_{차이}}$$

여러분은 첫 번째 공식을 사용하기가 더 용이할 수도 있다. 첫 번째 공식이 표본 평균 간의 실제 차이에서 영가설에 따른 전집 평균 간 차이를 빼준다는 사실을 생각나게 해주기 때문이다. 이 형식은 제9장에서 계산하였던 검증통계치 공식과 꽤나 유사하다.

요약 : $t = \dfrac{(2.5 - 4.0) - 0}{0.616} = -2.44$

단계 6 : 결정을 내린다.

이 단계는 앞선 t 검증의 단계 6과 동일하다. 만일 영가설을 기각한다면, 효과의 방향을 알아보기 위하여 두 조건의 평균을 살펴볼 필요가 있다.

요약 : 영가설을 기각한다. (그림 10-3에서 볼 수 있는 바와 같이) 10달러 와인을 시음하고 있다고 알려준 참가자들이 평균적으로 90달러 와인을 시음하고 있다고 알려준 참가자들보다 와인 품질을 낮게 평정하는 것으로 보인다.

이 결과는 사람들이 동일한 와인임에도 불구하고 값이 쌀 때보다 비쌀 때 그 와인이 더 좋다고 보고한다는 사실을 보여준다. 연구자들은 5달러와 45달러 같이 가격 차이가 더 작은 경우에도 유사한 결과를 얻었다. 그렇지만 반대론자들은 비싼 와인을 시음하는 참가자가 값싼 와인을 시음하는 참가자보다 그 와인을 더 좋게 평정하는 까닭은, 가격 때문에 비싼 와인을 더 좋아한다고 말할 것이라고 기대하기 때문이라는 사실을 지적하

공식 숙달하기

10-6 : 다음 공식을 사용하여 독립표본 t 검증에서 검증통계치를 계산한다.

$$t = \frac{(M_X - M_Y) - (\mu_X - \mu_Y)}{s_{차이}}$$

영가설에 따라 일반적으로는 0인 평균 간 차이를 표본 평균 간 차이에서 뺀다. 그런 다음에 평균 간 차이의 표준편차로 나누어준다. 영가설에 따라서 평균 간 차이는 일반적으로 0이기 때문에, 검증통계치 공식은 다음과 같이 줄여서 쓰기 십상이다.

$$t = \frac{(M_X - M_Y)}{s_{차이}}$$

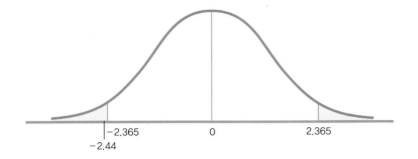

그림 10-3

결정 내리기

앞선 t 검증에서와 마찬가지로, 영가설을 기각할지를 결정하기 위해서 검증통계치를 임곗값에 비교한다. 이 그림에서 검증통계치 −2.44는 하한인 −2.365를 넘어선다. 따라서 영가설을 기각한다. 10달러 와인을 시음하고 있다고 알려준 참가자들이 평균적으로 90달러 와인이라고 알려준 참가자들보다 낮게 평정한 것으로 보인다.

기도 한다. 그렇지만 보다 객관적인 측정치인 fMRI도 유사한 결과를 내놓았다. 비싸다고 생각하는 와인을 시음한 사람은 내측 안와전두피질과 같은 두뇌영역의 증가된 활성화를 보였는데, 본질적으로 이 영역은 사람들이 경험을 즐기고 있을 때 활성화된다. 기대가 실제로 사람들에게 영향을 미치는 것으로 보인다. ●

통계치 보고하기

저널 논문에 제시하는 것처럼 통계치를 보고하려면, APA 표준 형식을 따르라. 자유도, 검증통계치의 값, 검증통계치와 연합된 p 값 등을 반드시 포함시켜라. (부록 B에 나와있는 t 점수표는 0.10, 0.05, 0.01의 p 값만을 포함하고 있기 때문에, 그 표를 사용하여 검증통계치의 실제 p 값을 결정할 수는 없다. 통계 소프트웨어를 사용하지 않는 한, 알파수준보다 작은지 여부만을 보고할 수 있다.) 현재의 사례에서 통계치는 다음과 같이 제시한다.

$$t(7) = -2.44, p < 0.05$$

가설검증의 결과에 덧붙여, 두 표본의 평균과 표준편차도 포함시킨다. 가설검증 단계 3에서 평균을 계산하였으며, 변량도 계산하였다(10달러 와인을 시음하고 있다고 알려준 참가자의 경우에는 0.647이었고 90달러 와인을 시음하고 있다고 알려준 참가자의 경우에는 0.990이었다.) 변량의 평방근을 취함으로써 표준편차를 계산할 수 있다. 기술통계치는 다음과 같이 괄호 속에 보고할 수 있다.

(10달러 와인 : $M = 2.5$, $SD = 0.80$; 90달러 와인 : $M = 4.0$, $SD = 0.99$)

학습내용 확인하기	
개념의 개관	> 독립표본 t 검증을 실시할 때는 개별 차이점수들을 계산할 수 없다. 그렇기 때문에 한 표본의 평균을 다른 표본의 평균과 비교한다.
	> 비교분포는 평균 간 차이 분포이다.
	> z 검증, 단일표본 t 검증, 대응표본 t 검증에서 사용한 것과 동일한 가설검증의 여섯 단계를 사용한다.

(계속)

개념의 개관 (계속)	**>**	개념적으로 독립표본 *t* 검증은 다른 *t* 검증과 동일한 비교를 한다. 그렇지만 계산방식은 다르며, 임곗값은 두 표본 모두의 자유도에 근거한다.

개념의 숙달

10-1 어떤 상황에서 대응표본 *t* 검증을 실시하는가? 어떤 상황에서 독립표본 *t* 검증을 실시하는가?

10-2 통합 변량이란 무엇인가?

통계치의 계산

10-3 두 독립집단으로부터 다음과 같은 데이터를 가지고 있다고 상상하라.

집단 1 : 3, 2, 4, 6, 1, 2
집단 2 : 5, 4, 6, 2, 6

독립표본 *t* 검증의 최종 계산을 마무리하는 데 필요한 다음 각 통계치를 계산하라.
a. 각 집단의 교정 변량
b. 자유도와 통합 변량
c. 각 집단의 표준오차 제곱, 즉 표준오차의 변량 버전
d. 평균 간 차이 분포의 변량과 그 표준편차
e. 검증통계치

개념의 적용

10-4 위에서 여러 가지 통계치를 계산하였다. 이제 이 수치들을 위한 한 가지 맥락을 살펴보도록 하자. 직속상관에 대한 신뢰수준이 그 상사가 지지하는 정책에 동의하는 수준에 영향을 미치는지를 살펴보았다(Steele & Pinto, 2006). 연구자들은 부하가 상사에게 동의하는 정도는 신뢰수준과 통계적으로 유의하게 관련되었으며, 성별, 연령, 근속연한, 상사와 함께 일한 시간 등과는 아무런 관련성도 보이지 않는다는 결과를 얻었다. 이 결과를 재생할 가상적 데이터를 제시하였는데, 집단 1은 직속상관에 대해 낮은 신뢰도를 갖는 직원들을 나타내고, 집단 2는 높은 신뢰도를 나타내는 직원들이다. 제시한 점수는 7점 척도(점수가 높을수록 동의하는 것이다)에서 상사의 결정에 동의하는 수준을 평정한 값이다.

집단 1(낮은 신뢰도) : 3, 2, 4, 6, 1, 2
집단 2(높은 신뢰도) : 5, 4, 6, 2, 6

a. 영가설과 연구가설을 진술하라.
b. 임곗값을 확인하고 결정을 내려라.
c. APA 형식의 통계치 제시를 포함한 공식적인 문장으로 여러분의 결론을 적어보라.
d. 유사한 평균차이를 나타내고 있음에도 불구하고 여러분의 결과가 원연구의 결과와 다른 이유를 설명해보라.

학습내용 확인하기의 답은 부록 D에서 찾아볼 수 있다.

가설검증 뛰어넘기

스텔라 컨리프는 기네스사에 근무한 후에, 영국 정부의 범죄 부서에서 일하였다. 그녀는 단기 복역형을 받았던 성인 남성 재소자들이 교도소로 되돌아오는 비율이 매우 높다는 사실에 주목하였다. 이것은 장기 복역형을 정당화하는 것처럼 보이는 사실이었다. 스텔라 컨리프의 천재성은 그녀가 항상 원수치의 출처를 세심하게 살펴본다는 것이었다. 이번에 그녀가 발견한 것은 교도소로 되돌아오는 재소자들은 거의 모두가 정신건강 문제를 가지고 있는 노인들이라는 사실이었다. 정신병원이 이들을 수용하지 않기 때문에 교도소로 되돌아오는 것이다. 따라서 이 데이터는 혹독한 장기 복역형을 정당화하지 못하였다. 훌륭한 연구자는 수치가 정말로 의미하는 것이 무엇인지를 알아야 한다고 주장한다.

연구자들이 가설검증 결과를 평가할 수 있는 두 가지 방법은 신뢰구간과 효과크기를 계산해보는 것이다.

개념 숙달하기

10-2 : *z* 검증, 단일표본 *t* 검증, 대응표본 *t* 검증에서와 마찬가지로, 독립표본 *t* 검증을 실시할 때도 신뢰구간을 결정하고 효과크기 측정치인 코헨의 *d*를 계산할 수 있다.

독립표본 *t* 검증에서 신뢰구간 계산하기

독립표본 *t* 검증에서 신뢰구간은 (평균 자체가 아니라) 평균 간 차이를 중심으로 하는 구간이다. 따라서 표본들의 평균 간 차이 그리고 그 평균 간 차이의 표준오차인 $s_{차이}$를 사용하는데, 이 표준오차는 가설검증에서 사용한 것과 동일한 방식으로 계산한다.

원래의 평균 간 차이를 계산할 때는 독립표본 *t* 검증 공식을 사용한다. 독립표본 *t* 검증의 원공식에 대수 규칙을 적용하여 평균차이의 상한과 하한을 분리해낸다. 독립표본 *t* 검증의 원공식은 다음과 같다.

$$t = \frac{(M_X - M_Y) - (\mu_X - \mu_Y)}{s_{차이}}$$

전집 평균차이 $(\mu_X - \mu_Y)$를 표본 평균차이 $(M_X - M_Y)_{표본}$으로 대치하는 까닭은 신뢰구간이 표본의 평균차이를 중심으로 하는 구간이기 때문이다. 또한 분자에서 첫 번째 평균차이가 신뢰구간의 한계를 지칭한다는 사실도 나타내게 되는데, 이 경우에는 상한이다.

$$t_{상한} = \frac{(M_X - M_Y)_{상한} - (M_X - M_Y)_{표본}}{s_{차이}}$$

약간의 연산규칙을 적용하여, 다음과 같은 공식을 통해서 신뢰구간의 상한을 분리해낸다.

$$(M_X - M_Y)_{상한} = t(s_{차이}) + (M_X - M_Y)_{표본}$$

음수의 *t* 통계치를 사용하여 똑같은 방식으로 신뢰구간의 하한 공식을 만든다.

$$(M_X - M_Y)_{하한} = -t(s_{차이}) + (M_X - M_Y)_{표본}$$

공식 숙달하기

10-7 : 신뢰구간 하한과 상한의 공식은 각각 다음과 같다. $(M_X - M_Y)_{하한} = -t(s_{차이}) + (M_X - M_Y)_{표본}$; $(M_X - M_Y)_{상한} = t(s_{차이}) + (M_X - M_Y)_{표본}$. 각 경우에 꼬리 영역의 경계를 나타내는 *t* 통계치에 평균 간 차이의 표준오차를 곱한 다음에 표본 평균 간의 차이를 더한다. *t* 통계치의 하나는 음수임을 명심하라.

사례 10.3

10달러 와인을 시음한다고 알려준 참가자의 평정치와 90달러 와인을 시음한다고 알려준 참가자의 평정치를 비교하기 위해서 실시하였던 가설검증에 대응하는 신뢰구간을 계산해보자. 이 표본 평균 간의 차이는 t 통계치 공식의 분자에서 계산하였으며, $2.5 - 4.0 = -1.5$이다. (평균 간 차이를 계산하는 데 있어서 빼기 순서는 아무 상관이 없음에 주목하라. 4.0에서 2.5를 빼서 양수인 1.5의 값을 얻을 수도 있다.) 평균 간 차이의 표준오차 $s_{차이}$는 0.616이었다. 자유도는 7이었다. 평균 간 차이에 대한 신뢰구간을 결정하는 다섯 단계는 다음과 같다.

> **단계 1 :** (그림 10-4에서 보는 것처럼) 표본 평균 간 차이값을 중심으로 정상곡선을 그린다.

> **단계 2 :** 양극단으로 신뢰구간의 경계를 나타내고 곡선의 각 영역에 해당하는 백분율을 적는다(그림 10-4 참조).

> **단계 3 :** t 점수표에서 신뢰구간의 상한과 하한에 해당하는 t 통계치를 찾는다.

양방검증과 0.05의 알파수준(이것은 95% 신뢰구간에 해당한다)을 사용하라. 앞서 계산한 자유도 7을 사용하라. t 점수표는 그 값이 2.365임을 나타낸다. 정상곡선은 대칭적이기 때문에, 신뢰구간의 경계는 -2.365와 2.365의 t 통계치에 해당한다. (0.05의 알파는 95%의 신뢰구간에 해당하기 때문에 임곗값은 독립표본 t 검증에서 사용한 것과 동일함에 주목하라.) 그림 10-5에서 보는 것처럼, 정상곡선에 해당 t 통계치를 나타낸다.

> **단계 4 :** 해당 t 통계치를 신뢰구간의 하한과 상한에 해당하는 원래의 평균 간 차이의 값으로 변환한다.

그림 10-4

평균 간 차이에서 95% 신뢰구간 I
단일표본 t 검증의 신뢰구간에서와 마찬가지로, 표본의 평균 간 차이가 중앙에 위치하는 정상곡선을 그리는 것으로 평균 간 차이의 신뢰구간 결정을 시작한다.

그림 10-5

평균 간 차이에서 95% 신뢰구간 II
신뢰구간 계산의 다음 단계는 구간의 양쪽 끝을 나타내는 t 통계치를 확인하는 것이다. 정상곡선은 대칭적이기 때문에, t 통계치는 동일한 크기의 양수와 음수가 된다.

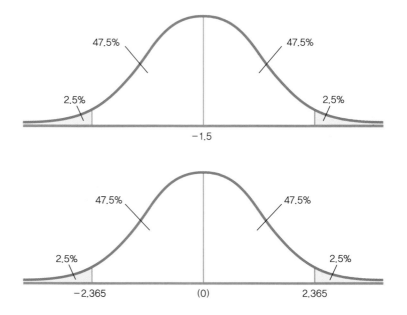

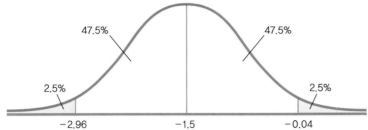

그림 10-6

평균 간 차이에서 95% 신뢰구간 III
신뢰구간 계산의 마지막 단계는 구간의 양쪽 끝을 나타내는 *t* 통계치를 평균 간 차이값으로 변환하는 것이다.

하한과 상한의 공식은 다음과 같다.

$$(M_X - M_Y)_{하한} = -t(s_{차이}) + (M_X - M_Y)_{표본} = -2.365(0.616) + (-1.5) = -2.96$$
$$(M_X - M_Y)_{상한} = t(s_{차이}) + (M_X - M_Y)_{표본} = 2.365(0.616) + (-1.5) = -0.04$$

신뢰구간은 그림 10-6에서 보는 바와 같이, [−2.96, −0.04]이다.

단계 5 : 답을 확인한다.

신뢰구간의 양극단은 표본 평균으로부터 동일한 거리에 있어야 한다.

$$-2.96 - (-1.5) = -1.46$$
$$-0.04 - (-1.5) = 1.46$$

간격을 확인하였다. 신뢰구간의 경계는 표본 평균 간 차이에 1.46을 더하거나 빼서 계산한다. 신뢰구간은 0을 포함하지 않는다. 따라서 평균 간에 차이가 없을 가능성이 낮다. 10달러 와인을 시음한다고 알려준 사람은 평균적으로 90달러 와인을 시음한다고 알려준 사람과 다르게 그 와인의 호감도를 평정한다고 결론지을 수 있다. 앞에서 독립표본 *t* 검증을 실시하였을 때, 영가설을 기각하고 신뢰구간에서와 동일한 결론을 내렸다. 그렇지만 신뢰구간은 점 추정치가 아니라 구간 추정치이기 때문에 더 많은 정보를 제공해 준다. ●

독립표본 *t* 검증에서 효과크기 계산하기

모든 가설검증에서와 마찬가지로, 효과크기로 결과를 보완할 것을 권장하고 있다. 독립표본 *t* 검증에서도 다른 *t* 검증에서와 마찬가지로 효과크기 측정치로 코헨의 *d*를 사용할 수 있다.

독립표본 *t* 검증을 실시하였던 가상 데이터는 10달러 와인을 시음한다고 알려준 참가자의 경우에는 2.5의 평균을, 그리고 90달러 와인을 시음한다고 알려준 참가자의 경우에는 4.0의 평균을 나타냈다(Plassmann et al., 2008). 앞에서 계산한 평균 간 차이의 표준오차 $s_{차이}$는 0.616이었다. 지금까지 수행한 계산을 단계별로 보면 다음과 같다.

사례 10.4

(a) 각 표본의 변량

$$s_X^2 = \frac{\Sigma(X - M)^2}{N - 1} = 0.647$$

$$s_Y^2 = \frac{\Sigma(Y - M)^2}{N - 1} = 0.990$$

(b) 변량의 통합

$$s^2_{통합} = \left(\frac{df_X}{df_{전체}}\right)s_X^2 + \left(\frac{df_Y}{df_{전체}}\right)s_Y^2 = 0.843$$

(c) 표본에서 표준오차의 변량 형식

$$s_{M_X}^2 = \frac{s^2_{통합}}{N_X} = 0.211; \quad s_{M_Y}^2 = \frac{s^2_{통합}}{N_Y} = 0.169$$

(d) 표준오차를 통합한 변량 형식

$$s^2_{차이} = s_{M_X}^2 + s_{M_Y}^2 = 0.380$$

(e) 표준오차의 변량 형식을 표준오차의 표준편차 형식으로 변환하기

$$s_{차이} = \sqrt{s^2_{차이}} = 0.616$$

목표는 코헨의 d를 계산하기 위하여 표본크기의 영향을 무시하는 것이기 때문에, 분포에서 표준오차 대신에 표준편차를 사용하고자 한다. 따라서 표준오차의 계산에 기여하고 있는 마지막 세 단계는 무시할 수 있다. 그렇게 되면 단계 (a)와 (b)만 남는다. 두 표본 모두의 정보를 담고 있는 단계를 사용하는 것이 이치에 맞기에, 단계 (b)에 초점을 맞춘다. 많은 학생들이 실수를 저지르는 지점이 바로 이곳이다. 단계 (b)에서 계산한 것은 통합 변량이지 통합 표준편차가 아니다. 통합 표준편차를 구하려면 통합 변량의 평방근을 취해야 하며, 이것이 코헨의 d 공식의 분모에 적합한 값이 된다.

$$s_{통합} = \sqrt{s^2_{통합}} = \sqrt{0.843} = 0.918$$

이 연구에서 계산한 검증통계치는 다음과 같다.

$$t = \frac{(M_X - M_Y) - (\mu_X - \mu_Y)}{s_{차이}} = \frac{(2.5 - 4.0) - (0)}{0.616} = -2.44$$

코헨의 d에서는 t 통계치 공식에서 분모를 표준오차 $s_{차이}$ 대신에 표준편차 $s_{통합}$으로 대치하면 된다.

$$코헨의\ d = \frac{(M_X - M_Y) - (\mu_X - \mu_Y)}{s_{통합}} = \frac{(2.5 - 4.0) - (0)}{0.918} = -1.63$$

이 연구에서 효과크기는 $d = 1.63$이다. 두 표본 평균은 1.63 표준편차만큼 떨어져 있다. 제8장에서 학습하였으며 표 10-2에 다시 제시한 관례에 따르면, 이것은 큰 효과이다.

공식 숙달하기

10-8 : 두 개의 표본이 존재하는 집단간 설계에서는 다음 공식을 사용하여 코헨의 d를 계산한다.

코헨의 $d = \dfrac{(M_X - M_Y) - (\mu_X - \mu_Y)}{s_{통합}}$

이 공식은 독립표본 t 검증에서 t 통계치 공식과 유사하다. 다만 표본크기의 영향을 받지 않는 변산 측정치가 필요하기 때문에 표준오차 대신에 통합 표준편차로 나누어주는 것만이 다르다.

표 10-2	효과크기 *d*에 대한 코헨의 관례

제이콥 코헨은 연구자들이 효과가 작은지, 중간 정도인지, 아니면 큰지 결정하는 것을 도와주기 위하여 두 분포 간의 중첩에 근거한 지침(또는 관례)을 발표하였다. 이 수치들은 임곗값이 아니다. 단지 연구자들이 결과를 해석하는 데 도움을 주는 엉성한 지침일 뿐이다.

효과크기	관례	중첩
작다	0.2	85%
중간	0.5	67%
크다	0.8	53%

학습내용 확인하기

개념의 개관

> 신뢰구간은 평균 간 차이를 중심으로 하는 *t* 분포에서 확인할 수 있다.
> 독립표본 *t* 검증에서도 효과크기인 코헨의 *d*를 계산할 수 있다.

개념의 숙달

10-5 신뢰구간을 계산하는 이유는 무엇인가?

10-6 효과크기에 근거한 결론은 어떻게 결과의 잘못된 해석을 방지하는 데 도움을 주는가?

통계치의 계산

10-7 상사와의 동의 수준에 관한 가상 데이터를 사용하여 다음을 계산해보라. 학습내용 확인하기 10-3에서 이미 몇 가지 계산을 수행한 바 있다.

　　　　　집단 1(상사에 대한 낮은 신뢰도) : 3, 2, 4, 6, 1, 2
　　　　　집단 2(상사에 대한 높은 신뢰도) : 5, 4, 6, 2, 6

a. 95% 신뢰구간
b. 코헨의 *d*를 사용한 효과크기

개념의 적용

10-8 학습내용 확인하기 10-7에서 계산한 신뢰구간이 알려주는 것을 설명해보라. 이 신뢰구간이 가설검증보다 우월한 이유는 무엇인가?

학습내용 확인하기의 답은 부록 D에서 찾아볼 수 있다.

10-9 학습내용 확인하기 10-7에서 계산한 효과크기의 의미를 해석해보라. 이것이 신뢰구간과 가설검증에 덧붙여주는 것은 무엇인가?

개념의 개관

독립표본 *t* 검증 수행하기

두 개의 표본이 있으며 각 표본에 상이한 참가자들이 들어있을 때 독립표본 *t* 검증을 사용한다. 표본들이 상이한 사람들로 구성되기 때문에 차이점수를 계산할 수 없으며, 따라서 비교분포는 평균 간 차이 분포가 된다. 독립표본 *t* 검증을 실시할 때는 (차이점수의 집합이 아니라) 개별적인 두 표본의 점수를 가지고 작업하기 때문에, 변산 추정치를 계산하기 위한 부가적 단계가 필요하다. 이러한 단계의 일환으로 각 표본에서 변량 추정치를 계산한 다음에 둘을 결합하여 **통합 변량**을 구한다. 다른 가설검증에서와 마찬가지로 통계치를 APA 형식으로 제시할 수 있다.

가설검증 뛰어넘기

다른 형식의 가설검증에서와 마찬가지로, 독립표본 t 검증을 신뢰구간으로 대치하거나 보완하는 것이 유용하다. 신뢰구간은 평균 간 차이를 중심으로 t 분포를 사용하여 계산할 수 있다. 어떤 결과의 중요성을 이해하려면 효과크기도 계산해야만 한다. 다른 t 검증에서와 마찬가지로 독립표본 t 검증에서도 보편적인 효과크기 측정치는 코헨의 d이다.

SPSS®

이 장 앞부분에서 제시하였던 와인 시음 데이터에 대해서 SPSS를 사용하여 독립표본 t 검증을 실시할 수 있다. 우선 문제에 포함된 변인들을 확인해보자. 첫째, 와인의 평가라는 종속변인이 있다. 둘째, 참가자에게 10달러짜리라고 말하거나 90달러짜리라고 말하는 독립변인이 있다. 독립변인은 두 수준을 가지고 있는 범주변인이다. SPSS에게 이 변인이 범주변인이라는 사실, 그리고 각 범주의 수준을 알려줄 필요가 있다. 그러기 위하여 10달러짜리 와인이라고 말해준 참가자에게는 '1'을, 그리고 90달러짜리 와인이라고 말해준 참가자에게는 '2'를 부여한다. 그렇게 하면 변인 보기(Variable View)의 'Values' 기능을 사용하여 SPSS에게 1 = 10달러, 2 = 90달러라는 사실을 알려줄 수 있다. 또한 변인 보기의 'Measures' 기능을 사용하여 이 변인을 명목변인으로 확실하게 바꾸어야 한다. 독립표본 t 검증에서 독립변인은 명목변인이거나 서열변인일 수 있다. 종속변인은 항상 척도변인이어야 한다.

각 참가자의 데이터를 하나의 행에 입력하는데, 첫 번째 열에는 임의로 할당한 참가자 번호를, 두 번째 열에는 알려준 와인 가격 점수를, 그리고 세 번째 열에는 호감도 평정치를 입력한다. 일반적으로 말해서 항상 각 참가자에게 번호를 할당하는 것이 좋은 방법임을 기억하라. 그렇게 함으로써 항상 잘못 입력된 것으로 보이는 데이터를 재확인할 수 있다. 이제 가설검증을 실시할 수 있다.

주 : 데이터 보기(Data View)에서 실제 값(이 연구에서는 10달러와 90달러)을 보여주거나 아니면 각 집단에 할당한 수치(1 또는 2)를 보여줄 수 있다. 상단의 '보기(view)' 메뉴에서 선택지 '변인값 설명문(value labels)'을 선택하거나 선택하지 않음으로써 그 설명문(label)을 끄거나 켤 수 있다. 이것은 데이터를 변화시키지 않으며, 단지 데이터를 바라보는 방식을 변화시킬 뿐이다.

분석(Analyze) → 평균비교(Compare Means) → 독립표본 T 검증(Independent-Samples T Test)을 선택한다. 첫째, 종속변인 '평정(rating)'을 클릭하고 상단 중앙에 있는 화살표를 클릭함으로써 그 종속변인을 선택한다. 이제 검증변인(Test Variable) 상자에서 '평정'을 보게 된다. 둘째, 독립변인 '값(cost)'을 클릭하고 하단 중앙에 있는 화살표를 클릭함으로써 그 독립변인을 선택한다. 이제 집단변인(Grouping Variable) 상자에서 '값'을 보게 된다. 여기서도 SPSS에게 어느 두 집단을 비교하고 있는지를 알려줄 필요가 있다. 그렇게 하려면 집단정의(Define Groups) 버튼을 클릭한 다음에 독립변인 각 수준의 값을 입력한다. 예컨대, 집단 1(10달러 집단)에는 '1'을, 그리고 집단 2(90달러 집단)에는 '2'를 입력하고, 계속(Continue)을 클릭한다. 그런 다음에 '확인(OK)'을 클릭한다.

출력이 스크린샷에 나와있다. 첫 번째 표 'Group Statistics'에는 각 집단의 평균과 표준편차가 나와있다. 예컨대, 출력은 10달러 와인을 시음하고 있다고 알려준 집단의 평균은 2.50이고 표준편차는 0.80416임을 알려준다.

두 번째 출력 표 'Independent-Samples Test'에서는 상단에 초점을 맞춘다. t 통계치는 −2.436이며, p 값은 0.045임을 볼 수 있다. t 통계치는 앞에서 계산하였던 값인 −2.44와 동일하다. 또한 평균차이(t 통계치를 계산하는 데 사용하는 분자), 평균차이의 표준오차(t 통계치를 계산하는 데 사용하는 분모), 그리고 이 t 통계치의 95% 신뢰구간도 볼 수 있다. 이 값들은 앞서 계산하였던 값들과 일치하여야 한다.

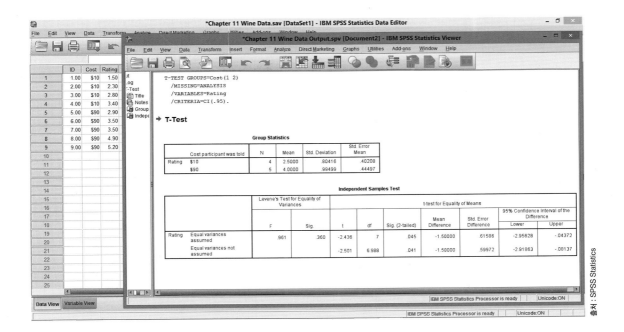

작동방법

10.1 독립표본 *t* 검증

여성과 남성 중에서 누가 유머감각이 뛰어나다고 생각하는가? 스탠퍼드대학교 연구자들은 재미있는 만화를 보는 동안 남성와 여성의 두뇌활동을 조사하였다(Azim, Mobbs, Jo, Menon, & Reiss, 2005). 연구자들은 fMRI를 사용하여 남성보다 여성 두뇌의 보상센터, 즉 돈을 받거나 행복을 느낄 때 반응하는 보상센터가 더 많이 활동하는 것을 관찰하였다. 연구자들은 여성이 남성보다 유머의 기대 수준이 낮아서 무엇인가 실제로 재미있을 때 더 보상적이라고 받아들이기 때문이라고 제안하였다.

그렇지만 연구자들은 이 결과의 또 다른 설명가능성도 자각하고 있었다. 예컨대, 남성이나 여성이 애초에 재미있는 자극을 더 웃기는 것으로 받아들일 가능성이 높을지도 모른다고 생각하였다. 이 연구에서 남성과 여성들은 30개 만화 중에서 '재미있다'나 '재미없다'로 지각한 만화의 백분율을 나타냈다. 다음은 9명(여성 4명과 남성 5명)의 가상 데이터이다. 이 가상 데이터는 원 연구에서와 대략 동일한 평균을 가지고 있다.

'재미있다'로 판단한 만화의 백분율

여성 : 84, 97, 58, 90

남성 : 88, 90, 52, 97, 86

어떻게 알파 = 0.05인 양방검증을 사용하여 이 시나리오에 대한 독립표본 *t* 검증의 여섯 단계를 모두 실시할 수 있는가? 각 단계는 다음과 같다.

단계 1 : 전집 1 : 재미있는 만화를 본 여성. 전집 2 : 재미있는 만화를 본 남성.

비교분포는 영가설에 근거한 평균 간 차이 분포가 된다. 가설검증은 독립표본 *t* 검증이 된다. 상이한 참가자 집단으로 구성된 두 표본이 있기 때문이다. 이 연구는 세 가정 중에서 첫 번째 가정만을 충족하고 있다. (1) 종속변인은 '재미있다'로 범주화한 만화의 백분율인데, 이것은 척도변인이다. (2) 그렇지만 전집이 정상분포를 이루고 있는지 알지 못하며, 표본크기가 최소 30에 미치지 못한다. 게다가 데이터는 어느 정도 부적 편중성을 시사하고 있다. 이 검증이 정상분포 가정의 측면에서 강건하기는 하지만, 조심해야만 한다. (3) 이 연구에서 남성과 여성은 모든 남성과 여성 중에서 무선표집하지 않았기 때문에 결과를 일반화하는 데 있어서 신중을 기해야 한다.

단계 2 : 영가설 : 여성이 '재미있다'고 범주화한 만화의 백분율은 평균적으로 남성의 백분율과 동일하다. $H_0 : \mu_1 = \mu_2$.

연구가설 : 여성이 '재미있다'고 범주화한 만화의 백분율은 평균적으로 남성의 백분율과 다르다. $H_1 : \mu_1 \neq \mu_2$.

단계 3 : $(\mu_1 - \mu_2) = 0$; $s_{차이} = 11.641$

계산과정은 다음과 같다.

a. $M_X = 82.25$

X	$X - M$	$(X - M)^2$
84	1.75	3.063
97	14.75	217.563
58	−24.25	588.063
90	7.75	60.063

$$s_X^2 = \frac{\Sigma(X - M)^2}{N - 1} = \frac{(3.063 + 217.563 + 588.063 + 60.063)}{4 - 1} = 289.584$$

$M_Y = 82.6$

Y	$Y - M$	$(Y - M)^2$
88	5.4	29.16
90	7.4	54.76
52	−30.6	936.36
97	14.4	207.36
86	3.4	11.56

$$s_Y^2 = \frac{\Sigma(Y - M)^2}{N - 1} = \frac{(29.16 + 54.76 + 936.36 + 207.36 + 11.56)}{5 - 1} = 309.800$$

b. $df_X = N - 1 = 4 - 1 = 3$

$df_Y = N - 1 = 5 - 1 = 4$

$df_{전체} = df_X + df_Y = 3 + 4 = 7$

$$s_{통합}^2 = \left(\frac{df_X}{df_{전체}}\right)s_X^2 + \left(\frac{df_Y}{df_{전체}}\right)s_Y^2 = \left(\frac{3}{7}\right)289.584 + \left(\frac{4}{7}\right)309.800$$

$$= 124.107 + 177.029 = 301.136$$

c. $s_{M_X}^2 = \frac{s_{통합}^2}{N_X} = \frac{301.136}{4} = 75.284$

$$s_{M_Y}^2 = \frac{s_{\text{통합}}^2}{N_Y} = \frac{301.136}{5} = 60.227$$

d. $s_{\text{차이}}^2 = s_{M_X}^2 + s_{M_Y}^2 = 75.284 + 60.227 = 135.511$

e. $s_{\text{차이}} = \sqrt{s_{\text{차이}}^2} = \sqrt{135.511} = 11.641$

단계 4 : 알파 = 0.05이고 $df_{\text{전체}}$가 7인 양방검증에서 임곗값은 ±2.365이다(그림 10-2의 정상곡선에서 본 바와 같다).

단계 5 : $t = \dfrac{(82.25 - 82.6) - (0)}{11.641} = -0.03$

단계 6 : 영가설 기각에 실패한다. 이 연구에서는 여성이든 남성이든 한 성이 다른 성보다 재미있는 만화를 더 웃기는 것으로 받아들일 가능성이 크다는 연구가설을 지지하는 증거가 없다고 결론짓는다.

10.2 저널에 통계치 보고하기

작동방법 10.1에서 기술한 가설검증 결과를 어떻게 보고하겠는가? 저널 논문에는 통계치가 다음과 같이 나타나게 된다. $t(7) = -0.03$, $p > 0.05$. 가설검증 데이터에 덧붙여서, 두 표본의 평균과 표준편차도 포함시킨다. 가설검증 단계 3에서 평균과 표준편차를 계산하였다. 변량의 평방근을 구함으로써 표준편차를 계산할 수 있다. 기술통계치는 다음과 같이 괄호 속에 보고할 수 있다.

(여성 : $M = 82.25$, $SD = 17.02$; 남성 : $M = 82.60$, $SD = 17.60$)

10.3 독립표본 *t* 검증에서 신뢰구간

작동방법 10.1에서 실시한 독립표본 *t* 검증에 대하여 어떻게 95% 신뢰구간을 계산하는 것인가? 앞에서 두 표본 평균 간 차이가 $-0.35(= 82.25 - 82.6)$라고 계산하였다. 평균 간 차이의 표준오차 $s_{\text{차이}}$는 11.641이었으며, 자유도는 7이었다. (평균 간 차이를 계산하는 데 있어서 빼기의 순서는 관계가 없다. 82.6에서 82.25를 빼서 양수 값 0.35를 얻을 수도 있다.)

1. 표본 평균 간 차이값이 중앙에 위치한 정상곡선을 그린다.
2. 양극단에 2.5%에 해당하는 95% 신뢰구간의 경계를 나타내고, 각 영역의 백분율을 적어놓는다.
3. 알파가 0.05(95% 신뢰구간과 대응된다)이고 자유도가 7인 양방검증에 근거하여 *t* 점수표에서 신뢰구간의 상한과 하한에 해당하는 *t* 통계치를 찾는다. 정상곡선은 대칭적이기 때문에, 신뢰구간의 경계는 *t* 통계치 ±2.365에 해당한다. 정상곡선에 이 값들을 적어놓는다.
4. 신뢰구간 하한과 상한에 해당하는 *t* 통계치를 다음과 같이 원래의 평균 간 차이값으로 변환한다.

   $(M_X - M_Y)_{\text{하한}} = -t(s_{\text{차이}}) + (M_X - M_Y)_{\text{표본}} = -2.365(11.641) + (-0.35) = -27.88$

   $(M_X - M_Y)_{\text{상한}} = t(s_{\text{차이}}) + (M_X - M_Y)_{\text{표본}} = 2.365(11.641) + (-0.35) = 27.18$

   신뢰구간은 $[-27.88, 27.18]$이다.
5. 계산결과를 확인한다. 신뢰구간의 경계는 표본 평균으로부터 동일한 거리에 있어야 한다.

$$-27.88 - (-0.35) = -27.53$$
$$27.18 - (-0.35) = 27.53$$

신뢰구간을 확인하였으며, 오차범위가 27.53임을 알게 되었다.

10.4 독립표본 t 검증에서 효과크기

작동방법 10.1에서 실시한 독립표본 t 검증에서 어떻게 효과크기를 계산할 수 있는가? 앞에서 여성의 평균은 82.25이고 남성의 평균은 82.6이었다. 평균 간 차이의 표준오차 $s_{차이}$는 11.641이었다. 여기서는 통합 변량의 평방근을 구하여 코헨의 d 공식에서 분모에 해당하는 통합 표준편차를 얻는다.

$$s_{통합} = \sqrt{s_{통합}^2} = \sqrt{301.136} = 17.353$$

코헨의 d에서는 t 통계치 공식의 분모를 표준오차 $s_{차이}$ 대신에 표준편차 $s_{통합}$으로 대치하기만 하면 된다.

$$코헨의\ d = \frac{(M_X - M_Y) - (\mu_X - \mu_Y)}{s_{통합}} = \frac{(82.25 - 82.6) - (0)}{17.353} = -0.02$$

코헨의 관례에 따르면, 이 값은 작은 효과 수준에도 미치지 못한다.

연습문제

홀수 문제의 답은 부록 C에서 찾아볼 수 있다.

개념 명료화하기

10.1 언제 독립표본 t 검증을 사용하는 것이 적절한가?

10.2 무선할당을 설명하고, 그 무선할당이 제어하는 것이 무엇인지 설명하라.

10.3 독립사상이란 무엇인가?

10.4 어떻게 대응표본 t 검증이 개인차를 평가하는 데 도움이 되고 독립표본 t 검증이 집단차이를 평가하는 데 도움이 되는지를 설명하라.

10.5 비교분포와 관련되었다는 측면에서 평균차이와 평균 간 차이는 어떻게 다른 것인가?

10.6 변산 측정치로서 표준편차와 변량 간의 차이는 무엇인가?

10.7 s_X^2와 s_M^2 간의 차이는 무엇인가?

10.8 통합 변량이란 무엇인가?

10.9 작은 표본에 근거한 변산 추정치보다 큰 표본에 근거한 변산 추정치에 더 많이 의존하려는(가중치를 더 많이 주는) 이유는 무엇인가?

10.10 다음 공식의 기호들을 정의해보라.
$$s_{차이}^2 = s_{M_X}^2 + s_{M_Y}^2$$

10.11 신뢰구간은 오차범위와 어떻게 관련되는가?

10.12 통합 변량과 통합 표준편차 간의 차이는 무엇인가?

10.13 신뢰구간의 크기는 어떻게 예측의 정확도와 관련되는가?

10.14 효과크기 계산에서 표준오차 대신에 표준편차를 사용하는 이유는 무엇인가?

10.15 표준오차를 결정하기 위하여 수행한 여러 단계의 계산에서 어떻게 (코헨의 d를 계산하는 데 필요한) 표준편차를 결정하는지를 설명해보라.

10.16 독립표본 t 검증에서 t 통계치 공식과 코헨의 d 공식 간의 차이는 무엇인가?

10.17 코헨의 d를 사용하여 어떻게 효과크기를 해석하는가?

통계치 계산하기

10.18 다음 표에는 여러 가지 표본 평균이 들어있다. 각 학급에서 앞쪽에 앉은 학생과 뒤쪽에 앉은 학생들의 평균 간 차이를 계산하라.

	앞쪽에 앉은 학생	뒤쪽에 앉은 학생
학급 1	82.0	78.00
학급 2	79.5	77.41
학급 3	71.5	76.00
학급 4	72.0	71.30

10.19 두 독립표본의 다음 데이터를 보자.

집단 1 : 97, 83, 105, 102, 92

집단 2 : 111, 103, 96, 106

a. 집단 1과 집단 2의 s^2을 계산하라.

b. df_X, df_Y, $df_{전체}$를 계산하라.

c. 알파가 0.05인 양방검증을 가정하고 t의 임곗값을 결정하라.

d. 통합 변량 $s^2_{통합}$을 계산하라.

e. 각 집단에서 표준오차의 변량 버전을 계산하라.

f. 평균 간 차이 분포의 변량과 표준편차를 계산하라.

g. t 통계치를 계산하라.

h. 95% 신뢰구간을 계산하라.

i. 코헨의 d를 계산하라.

10.20 두 독립표본의 다음 데이터를 보자.

진보 : 2, 1, 3, 2

보수 : 4, 3, 3, 5, 2, 4

a. 각 집단의 s^2을 계산하라.

b. df_X, df_Y, $df_{전체}$를 계산하라.

c. 알파가 0.05인 양방검증을 가정하고 t의 임곗값을 결정하라.

d. 통합 변량 $s^2_{통합}$을 계산하라.

e. 각 집단에서 표준오차의 변량 버전을 계산하라.

f. 평균 간 차이 분포의 변량과 표준편차를 계산하라.

g. t 통계치를 계산하라.

h. 95% 신뢰구간을 계산하라.

i. 코헨의 d를 계산하라.

10.21 다음 각 데이터 집합에 대한 t 통계치의 임곗값을 찾아보라.

a. 집단 1은 21명이고 집단 2는 16명이다. 알파가 0.05인 양방검증을 실시하고 있다.

b. 3세와 6세 아동을 연구하였는데, 각각 12명과 16명이었다. 알파가 0.01인 양방검증을 실시하고 있다.

c. 알파가 0.10인 양방검증에서 두 집단의 전체 자유도가 17이다.

개념 적용하기

10.22 **결정 내리기** : 아래에 여러 독립표본 t 검증의 결과가 나와있다. 각 검증이 통계적으로 유의한지 결정하고 APA 표준 형식으로 각 결과를 보고해보라.

a. 한 집단에 40명, 다른 집단에 33명 등 총 73명을 연구하였다. 알파가 0.05인 양방검증에서 계산한 t 통계치는 2.13이었다.

b. 23명의 집단을 18명의 다른 집단과 비교하였다. 데이터에서 얻은 t 통계치는 1.77이었다. 알파가 0.05인 양방검증을 실시하고 있다고 가정하라.

c. 알파가 0.01인 양방검증을 사용하여 쥐 아홉 마리 집단을 여섯 마리 집단과 비교하였다. 계산한 t 통계치는 3.02이었다.

10.23 **독립표본 t 검증, 최면, 그리고 스트룹 효과** : 스트룹 효과에 대한 최면후 암시의 효과를 언급한 연습문제 9.55의 데이터를 사용하여, 독립표본 t 검증을 실시해보자. 이 검증을 위해서 두 집단이 연구에 참가하는 집단간 설계인 것처럼 가정해보자. 제9장에서는 이 데이터를 집단내 설계에서 얻은 데이터로 간주하였다. 각 참가자의 첫 번째 점수는 최면후 암시를 받지 않는 집단 1의 것이며, 두 번째 점수는 최면후 암시를 받는 집단 2의 것이다.

집단 1 : 12.6, 13.8, 11.6, 12.2, 12.1, 13.0

집단 2 : 8.5, 9.6, 10.0, 9.2, 8.9, 10.8

a. 독립표본 t 검증의 여섯 단계를 모두 실시하라. 반드시 모든 단계에 이름을 붙여라.

b. 저널 논문에 보고하는 것처럼 통계치를 보고해보라.

c. 단일 표본의 모든 참가자에서부터 두 개의 개별 표본으로 전환할 때 검증통계치에 어떤 일이 일어나는가? 참가자의 수가 동일할 때, 집단내 설계와 집단간 설계 중에서 어느 것이 영가설을 기각하기 더 용이한가?

d. 한 가지 설계에서 영가설을 기각하기 더 용이하다고 생각하는 이유는 무엇인가?

e. 95% 신뢰구간을 계산하라.

f. 이 신뢰구간에서 알게 된 사실을 진술해보라.

g. 신뢰구간은 가설검증에서도 얻게 되는 어떤 정보를 제공해주는가?

h. 신뢰구간은 가설검증에서 얻을 수 없는 어떤 정보를 제공해주는가?

i. 효과크기의 적절한 측정치를 계산하라.

j. 코헨의 관례에 근거할 때, 이 효과크기는 작은 것인가, 중간 수준인가, 아니면 큰 것인가?

k. 가설검증 결과에 덧붙여 이 정보를 갖는 것이 유용한 까닭은 무엇인가?

10.24 **독립표본 t 검증과 데이트를 위한 준비** : 142명의 남학생과 여학생에게 데이트 준비에 시간을 얼마나 들이는지 분 단위로 답하도록 물었다. 아래에 제시한 데이터는 실제 데이터의 평균과 표준편차를 반영한 것이다.

남학생 : 28, 35, 52, 14

여학생 : 30, 82, 53, 61

a. 독립표본 t 검증의 여섯 단계를 모두 실시하라. 반드시 모든 단계에 이름을 붙여라.

b. 저널 논문에 보고하는 것처럼 통계치를 보고해보라.

c. 95% 신뢰구간을 계산하라.

d. 90% 신뢰구간을 계산하라.

e. 신뢰구간이 상호 어떻게 다른가? 다른 이유를 설명해보라.

f. 효과크기의 적절한 측정치를 계산하라.

g. 코헨의 관례에 근거할 때, 이 효과크기는 작은 것인가, 중간 수준인가, 아니면 큰 것인가?

h. 가설검증 결과에 덧붙여 이 정보를 갖는 것이 유용한 까닭은 무엇인가?

10.25 독립표본 t 검증, 성별, 그리고 수다스러움 : "여자가 정말로 남자보다 수다스러운가?"는 사이언스에 발표된 논문 제목이다. 논문에서 연구자들은 남녀 396명의 연구결과를 보고하였다(Mehl et al., 2007). 각 참가자는 자신이 말한 것을 모두 녹음하는 마이크를 착용하였다. 연구자들은 여자와 남자가 말하는 모든 단어를 기록하여 비교하였다. 여기 제시한 데이터는 가상적인 것이지만, 연구자들이 관찰한 패턴을 재현한 것이다.

남자 : 16,345   17,222   15,646   14,889   16,701

여자 : 17,345   15,593   16,624   16,696   14,200

a. 독립표본 t 검증의 여섯 단계를 모두 실시하라. 반드시 모든 단계에 이름을 붙여라.

b. 저널 논문에 보고하는 것처럼 통계치를 보고해보라.

c. 95% 신뢰구간을 계산하라.

d. 이 장에서 논의한 형식에 따라서 신뢰구간을 말로 표현해보라.

e. 이 신뢰구간을 통해서 알게 된 것을 진술해보라.

f. 효과크기의 적절한 측정치를 계산하라.

g. 코헨의 관례에 근거할 때, 이 효과크기는 작은 것인가, 중간 수준인가, 아니면 큰 것인가?

h. 가설검증 결과에 덧붙여 이 정보를 갖는 것이 유용한 까닭은 무엇인가?

10.26 독립표본 t 검증과 사람들로 하여금 실내등 끄게 만들기 : 방에서 나갈 때 여러분은 실내등을 끄는가? 한국 연구자들은 어떻게 하면 그렇게 하는 사람의 수를 증가시킬 수 있을지 궁리해보았다(Ahn, Kim, & Aggarwal, 2013). 연구자들은 두 개의 포스터 캠페인을 비교하였다. 한 개의 포스터에서는 등에 눈, 코, 입을 그려 넣어서 의인화함

과 동시에 "나는 뜨거워요. 나갈 때 꺼주세요!"라는 표현을 덧붙였다. 두 번째 포스터에는 의인화하는 자질이 없이 단지 "나는 뜨거워요. 나갈 때 꺼주세요!"라는 표현만 있었다. 참가자들을 두 포스터 조건에 무선할당한 다음에 환경 친화적인 방식으로 행동할 가능성에 관한 일련의 문항에 9점 척도(1 : 가능성이 매우 낮다, 9 : 매우 높다)에서 답하도록 요구하였다. 여기 제시한 데이터는 실제 연구의 평균과 표준오차에 근사한 것이다.

의인화	의인화 없음
7.2	5.3
8.1	6.2
7.5	6.5
6.9	7.0
6.6	5.6
7.4	6.8
6.5	6.2

a. 독립표본 t 검증의 여섯 단계를 모두 실시하라. 반드시 모든 단계에 이름을 붙여라.

b. 저널 논문에 보고하는 것처럼 통계치를 보고해보라.

c. 여러분의 가설검증을 실시하는 지름길이 있는가? (힌트 : 두 집단에 동일한 수의 참가자가 들어있다.)

d. 95% 신뢰구간을 계산하라.

e. 이 신뢰구간을 통해서 알게 된 것을 진술해보라.

f. 점 추정치보다 구간 추정치가 더 좋은 이유를 설명해보라.

g. 효과크기의 적절한 측정치를 계산하라.

h. 코헨의 관례에 근거할 때, 이 효과크기는 작은 것인가, 중간 수준인가, 아니면 큰 것인가?

i. 가설검증 결과에 덧붙여 이 정보를 갖는 것이 유용한 까닭은 무엇인가?

10.27 독립표본 t 검증, 수상한 텔레비전 프로그램, 그리고 마음이론 : 텔레비전에서 상을 받은 허구 작품을 시청하는 것이 다른 사람을 이해하는 데 도움을 주는가? 심리학자 제시카 블랙과 제니퍼 반스(2005)는 수상한 허구 프로그램을 시청한 사람들이 다큐멘터리 프로그램을 시청한 사람보다 마음이론 검사에서 더 우수한 성과를 나타내는지를 조사하였다. 무선할당한 30분짜리 허구 프로그램이나 다큐멘터리를 시청한 후에, 참가자들에게 사람들의 눈을 찍은 36장의 사진을 한 장씩 보여주면서 질투하고 있는지, 공황상태인지, 거만을 떨고 있는지, 아니면 혐오스러워하는지를 판단하도록 요구하였다. 점수는 0점(정서를 하

나도 정확하게 맞히지 못함)에서 36점(모든 정서를 정확하게 맞힘)의 범위를 나타냈다. 여기 제시한 데이터는 실제 연구의 평균과 표준오차에 근사한 것이다.

a. 독립표본 *t* 검증의 여섯 단계를 모두 실시하라. 반드시 모든 단계에 이름을 붙여라.

b. 저널 논문에 보고하는 것처럼 통계치를 보고해보라.

c. 95% 신뢰구간을 계산하라.

d. 이 신뢰구간을 통해서 알게 된 것을 진술해보라.

e. 오차범위로서의 신뢰구간을 진술해보라.

f. 효과크기의 적절한 측정치를 계산하라.

g. 코헨의 관례에 근거할 때, 이 효과크기는 작은 것인가, 중간 수준인가, 아니면 큰 것인가?

h. 가설검증 결과에 덧붙여 이 정보를 갖는 것이 유용한 까닭은 무엇인가?

허구 프로그램	다큐멘터리
28	27
30	26
31	28
27	29
29	29
29	28
31	27
27	26
29	

10.28 가설검증 선택하기 : 다음 세 시나리오 각각에 대해서, 지금까지 소개한 네 가지 가설검증, 즉 *z* 검증, 단일표본 *t* 검증, 대응표본 *t* 검증, 그리고 독립표본 *t* 검증 중에서 어느 가설검증을 사용하겠는지를 진술해보라. (주 : 실제 연구에서 연구자들은 항상 이 중의 하나를 사용하지는 않았다. 실제 실험은 부가적인 변인을 가지고 있기 십상이었기 때문이다.) 여러분의 답을 해명해보라.

a. 두뇌 종양을 극복하고 살아남은 아동 40명을 대상으로 수행한 연구는 그러한 트라우마를 경험하지 않았던 아동보다 행동과 정서의 어려움을 나타낼 가능성이 더 높다는 사실을 보여주었다(Upton & Eiser, 2006). 부모가 아동의 어려움을 평정하였으며, 그 평정 데이터를 발표된 전집 규준의 평균과 비교하였다.

b. 9/11 테러 직후에 학생 54명의 기억을 기록하였다(Talarico & Rubin, 2003). 어떤 기억은 바로 그날 테러분자의 공격과 관련된 것이며[선명성과 정서적 내용으로 인해 섬광기억(flashbulb memory)이라고 부르

는 기억] 다른 기억은 일상생활에 관한 기억이었다. 연구자들은 섬광기억이 더 정확하게 지각한 기억이라고 할지라도, 시간이 경과함에 따라 섬광기억이 일상 기억보다 더 일관성을 유지하는 것은 아니라는 사실을 발견하였다.

c. 골치 아픈 공공주택 개발을 개선시키려는 미국 주택·도시개발청의 HOPE VI 프로그램을 검증하려는 연구가 시작되었다(Popkin & Woodley, 2002). 연구를 시작할 때 다섯 명의 HOPE VI 개발지 거주자들을 조사하였기 때문에 연구자들은 나중에 그들의 삶의 질이 개선되었는지를 확인할 수 있었다. 연구 시작 시점에서의 평균을 알려져 있는 국가 데이터 출처(예컨대, 미국 인구조사, 미국 주택조사 등)에 비교하였다. 이 출처들은 평균과 표준편차를 포함한 요약 통계치들을 담고 있다.

10.29 가설검증 선택하기 : 다음 세 시나리오 각각에 대해서, 지금까지 소개한 네 가지 가설검증, 즉 *z* 검증, 단일표본 *t* 검증, 대응표본 *t* 검증, 그리고 독립표본 *t* 검증 중에서 어느 가설검증을 사용하겠는지를 진술해보라. (주 : 실제 연구에서 연구자들은 항상 이 중의 하나를 사용하지는 않았다. 실제 실험은 부가적인 변인을 가지고 있기 십상이었기 때문이다.) 여러분의 답을 해명해보라.

a. 41명의 캐나다 피겨스케이팅 선수의 섭식장애를 연구하였다(Taylor & Ste-Marie, 2001). 연구자들은 피겨스케이팅 선수의 섭식장애검사 데이터를 섭식장애를 가지고 있는 여성 전집을 포함하여 알려진 전집의 평균과 비교하였다. 평균적으로 피겨스케이팅 선수는 섭식장애가 없는 여성 전집보다는 섭식장애가 있는 여성 전집과 더 유사하였다.

b. "공정하고 균형 잡힌 뉴스 바라보기 : 비판 논쟁에 관한 기억에 영향을 미치는 요인"이라는 제목의 연구에서, 논란이 많은 화제(예컨대, 낙태, 군사개입 등)에 관하여 지식 수준이 높은 사람이 낮은 사람보다 평균적으로 양쪽의 주장을 모두 더 잘 회상한다는 사실을 발견하였다(Wiley, 2005).

c. 수면박탈의 효과를 연구하였다(Engle-Friedman et al., 2003). 50명의 학생들을 하룻밤은 수면박탈을 하고(학생들에게 밤새도록 30분마다 실험실로 전화를 걸도록 하였다) 하룻밤은 수면박탈을 하지 않는(정상 수면) 조건에 할당하였다. 다음 날 학생들에게 난이도가 다른 수학문제를 선택하도록 제안하였다. 수면박탈 후

에는 학생들이 덜 어려운 문제를 선택하는 경향을 나타냈다.

10.30 영가설과 연구가설 : 앞선 연습문제(10.29)에서 기술한 세 연구 각각을 사용하여, 선택한 통계검증에 적합한 영가설과 연구가설을 진술해보라.

10.31 독립표본 *t* 검증과 걷는 속도 : 뉴욕시 도시계획과(New York City Department of City Planning, 2006)는 보행자의 걷는 속도를 연구하였다. 보도에 따르면, 직장에 출퇴근하는 보행자는 중앙값 초당 4.41피트의 속도로 걷는 반면, 관광객은 중앙값 초당 3.79피트의 속도로 걸었다. 연구자들은 가설검증의 결과를 보고하지 않았다.
   a. 이 상황에 독립표본 *t* 검증이 적합한 이유는 무엇인가?
   b. 이 상황에서 영가설과 연구가설은 무엇인가?

10.32 독립표본 *t* 검증과 '재미 이론(fun theory)' : 폭스바겐은 '재미 이론'에 근거한 일련의 비디오를 제작하였다. '재미 이론'이란 사회에 이롭고 사회를 재미있게 만드는 활동을 하면 여러분 스스로 행동을 변화시킬 수 있다는 아이디어이다. 다음 각 사례에 대해서, 독립변인(그리고 그 수준)과 종속변인을 진술하라. 그리고 두 변인의 유형도 진술하라. 그런 다음에 데이터를 분석하는 데 독립표본 *t* 검증을 사용할 수 있는지를 진술하고, 여러분의 답을 해명해보라.
   a. 전광판을 통해서 얼마나 빨리 달리고 있는지를 알려주어서 운전자가 속도를 조절할 수 있는 '과속카메라 로또'가 도입되었다. 자동차가 전광판을 통과할 때, 카메라가 번호판을 찍었다. 과속하고 있었다면, 벌금딱지가 우송되고 벌금을 내야 한다. 제한속도를 준수하고 있었다면, 과속자가 낸 벌금을 상으로 받을 수 있는 로또에 자동 참여하게 된다. 과속카메라 로또를 사용하였을 때의 평균 속도는 시속 25킬로미터이었으며, 사용하지 않았을 때의 평균 속도는 시속 32킬로미터이었다.
   b. 지하철 출입구에 계단과 에스컬레이터가 나란히 설치되어 있다. 계단은 피아노 소리와 연계되어 있어서, 계단을 올라갈 때 음악소리가 들린다. 피아노 계단이 설치되어 있을 때는 그렇지 않을 때에 비해서 계단을 이용하는 사람이 66% 증가하였다.
   c. 한 쓰레기통은 누군가 쓰레기를 던져 넣으면, 마치 쓰레기가 엄청나게 깊은 통에 떨어지듯이 긴 시간 동안 호루라기 소리가 난 후에 '퍽' 하는 소리가 뒤따르도록 설계되었다. 이 쓰레기통을 사용하였을 때, 하루에 평

균 72킬로그램의 쓰레기가 쌓였다. 사용하지 않았을 때는 하루에 평균 31킬로그램의 쓰레기가 쌓였다.

10.33 카페테리아 쟁반, 음식 소비량, 그리고 독립표본 *t* 검증 : 연구 초록에서 발췌한 글이다. "대학 구내식당에서 쟁반의 사용가능성이 음식물 쓰레기 생산과 접시 사용에 미치는 영향을 평가한 실험결과를 보고하였다. 6일에 걸쳐 구내식당에서 식사하는 사람 360명을 표집하여, 쟁반이 가용하지 않을 때 음식물 쓰레기의 32% 감소와 접시 사용의 27% 감소를 확인하였다"(Kim & Morawski, 2012).
   a. 무엇이 독립변인이며, 그 변인의 수준은 무엇인가?
   b. 무엇이 종속변인인가? 연구자들은 이 변인을 어떻게 조작적으로 정의하였겠는가?
   c. 연구자들은 이 연구를 실험으로 기술하고 있다. 이렇게 하는 의미를 설명해보라.
   d. 이 연구의 데이터를 분석하는 데 독립표본 *t* 검증을 사용할 수 있는 이유는 무엇인가?

10.34 독립표본 *t* 검증과 "과학에 눈이 멀다" : 연구자들은 새로운 치료법의 효과에 관한 학습효과를 연구하였다(Tal & Wansink, 2016). 어떤 참가자는 그 치료에 관한 정보를 들었으며, 다른 참가자는 동일한 정보를 듣는 동시에 들었던 데이터를 보여주는 그래프도 보았다. 따라서 두 집단은 동일한 정보를 가지고 있었다. 참가자들은 9점 척도에서 치료효과를 평정하였는데, 점수가 높을수록 효과가 큰 것이었다. 연구자들은 다음과 같이 보고하였다. "그래프를 제시받은 참가자는 언어 기술만을 받은 참가자(9점 척도에서 6.12)보다 치료효과 주장에 더 큰 신뢰를 나타냈고 치료법 효과가 더 높다고 평정하였다(9점 척도에서 6.83); $t(59) = -2.1$, $p = .04$"(4쪽). 연구자들이 자신들의 논문에 "과학에 눈이 멀다(Blinded with Science)"라는 제목을 붙인 까닭은 그래프라고 하는 단서를 제시하는 것만으로도 치료법에 대한 지각을 변경시키기 때문이었다.
   a. 연구자들은 어떤 유형의 *t* 검증을 사용하였는가? 여러분의 답을 해명해보라.
   b. 이 결과가 통계적으로 유의한지를 어떻게 아는가?
   c. 이 실험에는 몇 명의 참가자가 있었는가?
   d. 두 집단의 평균을 확인해보라.
   e. 어떤 부가적 통계치를 포함시키는 것이 연구자들에게 도움이 되었겠는가?

10.35 독립표본 *t* 검증과 노트필기 : 노트북 또는 수기 : 수기로 필기하는 조건에 무선할당된 학생과 노트북으로 필기하는 조건에 할당된 학생 간에 평균차이가 있는지 탐구하

였다(Mueller & Oppenheimer, 2014). 연구자들은 손으로 필기하는 학생이 노트북으로 필기하는 학생보다 평균적으로 개념적 물음, 즉 단지 사실만을 회상하는 것을 넘어서는 사고를 수반한 물음에서 더 우수한 성과를 보인다는 결과를 얻었다. 그 이유를 알아보기 위하여, 학생들의 필기내용을 조사하였다. 연구자들은 "노트북 필기는 강의와 평균 14.6%의 어휘 중복을 담고 있는 반면에(SD = 7.3%), 수기는 평균 8.8%만 중복된다는 사실을 발견하였다(SD = 4.8%); *t*(63) = −3.77, *p* < .001, *d* = 0.94"(3쪽). 연구자들은 사람들이 손으로 필기할 때는 자신의 표현방식으로 아이디어를 적을 가능성이 더 높으며, 이것이 더 깊은 처리와 정보에 대한 더 우수한 학습으로 이끌어갔을 수 있다고 결론지었다.

a. 연구자들은 어떤 유형의 *t* 검증을 사용하였는가? 여러분의 답을 해명해보라.
b. 이 결과가 통계적으로 유의한지를 어떻게 아는가?
c. 이 실험에는 몇 명의 참가자가 있었는가?
d. 두 집단의 평균을 확인해보라.
e. 이 결과에서 효과크기는 얼마인가? 그 효과크기를 코헨의 관례에 따라서 해석해보라.

종합

10.36 성별과 숫자 단어 : 어머니가 학령전 딸보다 학령전 아들에게 평균적으로 숫자 단어를 더 많이 사용하는지를 알고자 하였다(Chang, Sandhofer, & Brown, 2011). 연구에 참가한 각 가정에는 어머니와 자녀 한 명이 있었다. 연구자들은 생애 초기에 숫자 단어에 더 많이 노출시킬수록, 아동이 수학을 좋아하는 성향을 갖도록 만들 것이라고 추측하였다. 연구자들은 다음과 같이 보고하였다. "독립표본 *t* 검증은 딸과 비교해서 아들과 상호작용할 때 숫자 단어를 사용하는 백분율에서 통계적으로 유의한 차이를 보여주었다. *t*(30) = 2.40, *p* < .05, *d* = .88." 즉, 딸과의 대화에서 숫자 단어를 사용하는 비율은 평균 4.64%(SD = 4.43%)인 반면, 아들과의 대화에서는 평균 9.49%(SD = 6.78%)이었다.

a. 이것은 집단간 설계인가, 아니면 집단내 설계인가? 여러분의 답을 해명해보라.
b. 독립변인은 무엇이며, 종속변인은 무엇인가?
c. 전체 표본에 몇 명의 아동이 있었는가? 여러분이 이것을 헤아린 방법을 설명해보라.
d. 표본을 무선표집하였을 가능성이 있는가? 연구자가

무선할당을 사용하였을 가능성이 있는가?
e. 연구자들이 영가설을 기각할 수 있었는가? 설명해보라.
f. 효과크기에 관하여 무슨 말을 할 수 있는가?
g. 학령전기에 숫자 단어에 더 많이 노출될수록 학령기에 수학을 더 좋아하는지를 검증하려는 실험을 어떻게 설계할 수 있는지를 기술해보라.

10.37 학교 급식 : 캘리포니아 버클리에 있는 식당 셰파니스(Chez Panisse)의 주인인 앨리스 워터스는 오래전부터 가정과 식당에서 음식을 장만할 때 단순하고 신선하며 유기농인 재료를 사용하자고 주창해왔다. 또한 그녀는 자신의 뛰어난 전문성을 학교 구내식당에도 적용해왔다. 워터스(Waters, 2006)는 영양가 높은 음식으로 확대해온 학교 점심 메뉴의 변화를 찬양하였지만, 학생들이 영양학 교육을 받고 음식 장만에 직접 참여하지 않는 한에 있어서는 채소를 기피하고 금지된 정크푸드를 몰래 반입함으로써 건강에 좋은 점심을 회피할 가능성이 클 것이라는 가설을 설정하였다. 그녀는 버클리에서 공립학교 학생들이 직접 재배하고 신선한 음식을 마련하도록 하는 학교마당 텃밭 프로그램(Edible Schoolyard program)을 진두지휘하였으며, 점증하고 있는 아동기 비만과 싸우려면 그러한 상호작용적 교육이 필요하다고 언급하고 있다. 워터스는 "다른 어느 것도 아동의 행동을 변화시킬 수 없다."라고 적고 있다.

a. 워터스가 예측하고 있는 것은 무엇인가? 워터스의 프로그램이 직관적으로는 호소력을 가지고 있다고 하더라도, 후속 연구를 진행하지 않고는 전국적으로 제도화해서는 안 되는 이유를 확증편향을 인용하여 설명해보라.
b. 워터스의 가설을 검증하기 위하여 두 수준을 가지고 있는 명목변인인 독립변인과 척도변인인 종속변인을 가지고 있는 간단한 집단간 실험을 기술해보라. 구체적으로 독립변인, 그 수준, 그리고 종속변인을 확인해보라. 종속변인을 어떻게 조작적으로 정의할 것인지를 진술해보라.
c. 이 실험을 분석하는 데 어떤 가설검증을 사용하겠는가? 여러분의 답을 해명해보라.
d. 가설검증의 단계 1을 실시하라.
e. 가설검증의 단계 2를 실시하라.
f. 종속변인을 조작적으로 정의할 수 있는 다른 방법을 적어도 하나 이상 진술해보라.
g. 프로그램을 실시한 버클리 학교가 다른 캘리포니아

학교보다 낮은 비만율을 가지고 있다는 자신의 데이터를 인용하면서, 여러분이 제안한 연구의 필요성을 평가절하하였다고 해보자. 무선선택과 무선할당의 중요성을 논의하면서 이 주장의 결함을 기술해보라.

10.38 지각과 1회 분량 : 코넬대학교 연구자들은 청소년 피트니스 캠프에서 한 가지 실험을 실시하였다(Wansink & van Ittersum, 2003). 캠프 참가자들에게 길고 폭이 좁거나 짧고 폭이 넓은 22온스 유리잔을 주었다. 짧은 유리잔을 받은 참가자들이 긴 유리잔을 받은 참가자들보다 소다수나 우유 또는 주스를 더 많이 붓는 경향이 있었다.

a. 연구자들이 무선선택을 사용하였을 가능성이 있는가? 설명해보라.
b. 연구자들이 무선할당을 사용하였을 가능성이 있는가? 설명해보라.
c. 독립변인은 무엇이며, 그 변인의 수준은 무엇인가?
d. 종속변인은 무엇인가?
e. 연구자들은 어떤 가설검증을 사용하였겠는가? 설명해보라.
f. 가설검증의 단계 1을 실시하라.
g. 가설검증의 단계 2를 실시하라.
h. 이 연구를 어떻게 재설계하면 대응표본 *t* 검증을 사용할 수 있겠는가?

10.39 독립표본 *t* 검증과 격식 없는 이메일 주소의 위험성 : 여러분의 이메일 주소가 hotstuff@fake-mail.com과 유사한가? 구직원서를 보내거나 교수에게 이메일을 보낼 때 이러한 주소를 사용하고 싶지는 않을 것이다. 네덜란드 심리학자들은 격식 없는 이메일 주소의 사용이 채용가능성에 미치는 효과를 연구하였다(Toorenburg, Oostrom, & Pollet, 2015). 연구자들은 인사담당자에게 sannejong@hotmail.com과 같이 사용자의 이름에 근거한 격식을 갖춘 이메일 주소를 가지고 있는 이력서 또는 luv_u_

sanne@hotmail.com과 같이 격식 없는 이메일 주소를 가지고 있는 이력서를 살펴보도록 요청하였다. 그런 다음에 인사담당자가 해당 이력서의 사람을 채용할 가능성을 평정하였다. 연구자들은 다음과 같이 보고하였다. "격식 없는 이메일 주소의 이력서를 보내온 사람의 채용가능성 평정치는 격식을 갖춘 이메일 주소의 이력서를 보내온 사람에 대한 평정치에 비해서 유의하게 낮았다. *t*(362) = 7.72, *p* < .001, 코헨의 *d* = 0.81. 이메일 주소의 효과는 오탈자 효과 못지않게 강력하였다. *t*(362) = 7.66, *p* < .001, 코헨의 *d* = 0.80"(137쪽).

a. 연구자들이 독립표본 *t* 검증을 사용하여 자신들의 가설을 검증할 수 있었던 이유를 설명해보라.
b. 여기서 기술한 첫 번째 결과에서, 독립변인은 무엇이며, 그 변인의 수준은 무엇인가? 종속변인은 무엇인가?
c. 여기 기술한 두 번째 결과에 대해서는 정보가 더 적다. 제시된 정보에서 독립변인은 무엇이라고 생각하며, 그 변인의 가능한 수준은 무엇이라고 생각하는가? 종속변인은 무엇인가?
d. 표본을 무선선택하였을 가능성이 있는가? 연구자가 무선할당을 사용하였을 가능성이 있는가? 여러분의 답을 해명해보라.
e. 연구자들은 인사담당자에게 6점 척도의 네 항목을 평정하도록 요청하여 채용가능성을 평가하였다. 예컨대, 인사담당자에게 지원자를 인터뷰할 가능성이 얼마나 되는지를 물었다. 연구자들이 채용가능성을 조작적으로 정의하였을 다른 방법 한 가지를 기술해보라.
f. 연구자들이 가설검증 대신에 신뢰구간을 보고하였더라면 더 도움이 되었을 까닭을 설명해보라.
g. 어떤 정보에 근거하여 연구자들은 "이메일 주소의 효과는 오탈자 효과 못지않게 강력하였다."라고 말할 수 있는 것인가? 여러분의 답을 해명해보라.

핵심용어

독립표본 *t* 검증(independent-samples *t* test)

통합 변량(pooled variance)

공식

$$df_{전체} = df_X + df_Y$$

$$s^2_{통합} = \left(\frac{df_X}{df_{전체}}\right)s^2_X + \left(\frac{df_Y}{df_{전체}}\right)s^2_Y$$

$$s^2_{M_X} = \frac{s^2_{통합}}{N_X}$$

$$s^2_{M_Y} = \frac{s^2_{통합}}{N_Y}$$

$$s^2_{차이} = s^2_{M_X} + s^2_{M_Y}$$

$$s_{차이} = \sqrt{s^2_{차이}}$$

$$t = \frac{(M_X - M_Y) - (\mu_X - \mu_Y)}{s_{차이}}$$

$$(M_X - M_Y)_{하한} = -t(s_{차이}) + (M_X - M_Y)_{표본}$$

$$(M_X - M_Y)_{상한} = t(s_{차이}) + (M_X - M_Y)_{표본}$$

$$s_{통합} = \sqrt{s^2_{통합}}$$

$$평균\ 간\ 차이에\ 대한\ 코헨의\ d = \frac{(M_X - M_Y) - (\mu_X - \mu_Y)}{s_{통합}}$$

기호

$s^2_{통합}$

$s^2_{차이}$

$s_{차이}$

일원 변량분석

11

셋 이상의 표본에서 *F* 분포 사용하기
셋 이상을 비교할 때의 1종 오류
*z*와 *t* 통계치의 확장으로서 *F* 통계치
변산을 분석하여 평균을 비교하기 위한 *F* 분포
F 점수표
변량분석(ANOVA)의 용어와 가정

일원 집단간 변량분석
계산을 제외한 변량분석의 모든 것
F 통계치의 논리와 계산
결정 내리기

일원 집단간 변량분석을 통한 가설검증 넘어서기
R^2, 변량분석의 효과크기
사후검증
투키 *HSD* 검증

일원 집단내 변량분석
집단내 변량분석의 이점
가설검증의 여섯 단계

일원 집단내 변량분석을 통한 가설검증 넘어서기
R^2, 변량분석의 효과크기
투키 *HSD* 검증

시작하기에 앞서 여러분은

- *z* 분포와 *t* 분포를 이해하여야 한다. 또한 점수분포(제6장), 평균분포(제6장), 그리고 평균 간 차이 분포(제10장)를 구별할 수 있어야 한다.
- 가설검증의 여섯 단계를 알고 있어야 한다(제7장).
- 변량이 무엇인지를 이해하여야 한다(제4장).
- 집단간 설계와 집단내 설계를 구별할 수 있어야 한다(제1장).
- 효과크기의 개념을 이해하여야 한다(제8장).

여기 나쁜 소식이 있다. 여러분은 멀티태스킹을 잘하지 못한다. 또 다른 부가적인 나쁜 소식이 있다. 여러분은 자신이 멀티태스킹에 꽤나 유능하다고 생각한다. 특히 운전하면서 휴대폰을 사용할 때 그렇다.

운전하면서 통화할 때 일반적으로는 나쁜 일이 일어나지 않는다. 따라서 많은 사람은 자신이 운전하면서 수행하는 멀티태스킹에 꽤나 유능하다고 결론짓는다. 그런데 여기 간단한 연구물음 하나가 있다. 핸즈프리 도구로 이야기할 때와 조수석에 앉은 사람과 대화를 나눌 때 중에서 어느 경우에 더 형편없는 운전자가 되는가? t 검증으로 분석한 간단한 두 집단설계가 이 물음에 답할 수 있다. 그렇지만 현실은 간단한 두 집단설계보다 훨씬 복잡하기 십상이며, 사람들은 다양한 방식으로 대화를 나누면서 운전을 한다.

연구자들은 대화의 다양성에 대처하기 위하여 교통 흐름에 합류하는 것과 같은 일련의 위험스러운 운전 상황을 만들어내고자 8개의 투사 스크린을 장착한 운전 시뮬레이터를 사용하였다(Gaspar et al., 2014). 다음과 같은 네 가지 상이한 실험조건이 있었다. (1) 혼자 운전, (2) 옆자리에 앉은 사람과 이야기하면서 운전, (3) 별도의 방에 있는 '원격 동승자'와 비디오폰으로 이야기하면서 운전, (4) 핸즈프리 휴대폰으로 대화하면서 운전. 비디오폰을 사용하는 세 번째 조건에서는 '원격 동승자'가 실제 동승자처럼 운전자가 보고 있는 것(전방 도로)과 운전자의 얼굴을 모두 볼 수 있도록 두 개의 투사 스크린을 사용하였다. 어느 조건이 가장 위험하다고 생각하는가?(그림 11-1).

연구자들에게는 네 집단 변량분석(ANOVA)이 좋은 타협안이다. 하나의 가격으로 여러 개의 실험을 할 수 있으니 말이다! 이 장에서 공부할 내용은 다음과 같다. (1) ANOVA가 사용하는 분포(F 분포), (2) 집단간 설계를 하였을 때 ANOVA를 실시하는 방법, (3) 집단간 설계의 ANOVA에서 사용하는 효과크기 통계치, (4) 어느 집단이 상호 간에 차이를 보이는지를 결정하기 위한 사후검증, (5) 이 모든 절차를 집단내 설계의 ANOVA에 적용하는 방법.

그림 11-1

셋 이상의 집단을 비교하기

연구자는 한 연구에서 네 집단을 비교하였는데, 이렇게 함으로써 핸즈프리 휴대폰 대화가 옆자리의 동승자와의 대화, 비디오폰을 사용하여 멀리 있는 동승자와의 대화, 아니면 혼자 운전하는 것보다 통계적으로 유의하게 더 위험하다는 사실을 찾아낼 수 있었다(Gaspar et al., 2014).

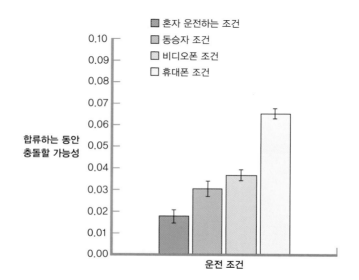

셋 이상의 표본에서 *F* 분포 사용하기

운전하면서 말하기 연구는 네 조건 중에서 핸즈프리 휴대폰으로 대화하는 것이 가장 위험하다는 사실을 입증하였다. 셋 이상의 집단을 비교하는 것은 두 집단을 비교하는 것보다 다소 복잡하기 때문에, 그러한 복잡성을 수용할 수 있는 비교분포인 *F* 분포가 필요하다.

셋 이상을 비교할 때의 1종 오류

셋 이상의 집단을 비교할 때는, 가능한 비교 각각에 이해하기 쉬운 *t* 검증을 실시하고 싶어진다. 불행하게도 대단히 불리한 측면이 존재한다. 즉, 여러분 자신의 결과를 믿을 수 없게 된다. 그 이유는 무엇인가? *t* 검증을 여러 차례 실시하면 1종 오류(허위긍정 : 영가설이 참임에도 영가설을 기각하는 오류)의 확률이 크게 증가한다. 통계학자들은 가능한 비교가 너무나 많은 것의 문제에 '팽창하는 알파(inflating alpha)'라는 별난 표현을 사용하고 있다. 예컨대, 세 집단을 가지고 있는 연구는 집단 1과 2, 집단 1과 3, 그리고 집단 2와 3을 비교한다.

  비교가 셋이다. 만일 네 집단이 존재한다면, 비교는 여섯이 된다. 다섯 집단이라면, 열 개로 증가하는 식이다. 단지 하나의 비교만 있다면, 영가설이 참일 때 분석에서 1종 오류를 범할 확률은 0.05이며 1종 오류를 범하지 않을 확률은 0.95이다. 이것은 꽤나 좋은 확률이며, 그 연구의 결론을 신뢰하는 경향을 보인다. 그렇지만 표 11-1을 보면, 동일한 표본을 가지고 더 많은 연구를 수행할 때 무슨 일이 일어나는지를 알 수 있다. 첫 번째 분석에서 1종 오류를 범하지 않고 두 번째 분석에서도 1종 오류를 범하지 않을 확률은 $(0.95)(0.95) = 0.95^2 = 0.903$으로 대략 90% 정도가 된다. 이 값은 1종 오류를 범할 확률이 거의 10%에 이른다는 사실을 의미한다. 세 개의 분석에서는 1종 오류를 범하지 않을 확률이 $(0.95)(0.95)(0.95) = 0.95^3 = 0.857$로 대략 86%이다. 이 값은 적어도 하나의 1종 오류를 범할 확률이 대략 14%임을 의미한다. 표 11-1에서 보는 바와 같이, 비교 수가 증가할수록 1종 오류의 확률이 증가한다. ANOVA가 강력한 접근법인 까닭은 셋 이상의

표 11-1   **통계적 비교의 수가 증가함에 따라 1종 오류의 확률이 증가한다**

표본의 수 증가에 따라, 모든 가능한 평균 쌍을 비교하는 데 필요한 *t* 검증의 수가 기하급수적으로 증가한다. 그와 함께 1종 오류의 확률이 0.05보다 급격하게 증가하게 된다.

평균의 수	비교의 수	1종 오류의 확률
2	1	0.050
3	3	0.143
4	6	0.265
5	10	0.401
6	15	0.537
7	21	0.659

z, t, F 분포 통계분포는 점차적으로 정교하고 복잡해지는 스위스 군용 칼과 유사하다. 구체적으로 z, t, F 분포는 정상곡선이라는 위대한 아이디어에 근거하여 점진적으로 복잡해지는 버전들이다.

집단들 간의 차이를 한 번에 검증할 수 있게 해주기 때문이다.

z와 t 통계치의 확장으로서 F 통계치

F 분포를 사용하는 까닭은 여러 집단에 대해서 단 하나의 가설검증을 실시할 수 있게 해주기 때문이다. F 분포는 z 분포와 t 분포보다 더 보수적인 분포이다. z 분포가 t 분포의 일부분인 것과 마찬가지로, t 분포도 F 분포의 일부분이다. 그리고 이 모든 분포는 정상곡선의 특성에 의존하고 있다. 분포들은 점차적으로 복잡해지는 스위스 군용 칼의 버전에 비유할 수 있다. z 분포는 단 하나의 칼날을 가지고 있으며, t 분포는 여기에 몇 가지 도구를 첨가한 것이고, 다용도의 F 분포는 z와 t가 할 수 있는 모든 것뿐만 아니라 더 복잡한 많은 통계과제를 수행할 수 있게 해준다.

지금까지 학습한 가설검증들, 즉 z 검증과 세 가지 유형의 t 검증은 유사한 방식으로 계산한다. 분자는 비교집단들이 상호 간에 얼마나 멀리 떨어져 있는지(집단간 변산)를 나타낸다. 분모는 개인차와 우연 등과 같은 다른 출처의 변산(집단내 변산)을 나타낸다. 예컨대, 남자의 평균 신장이 여자의 평균 신장보다 크다는 말은 집단간 변산을 나타낸다. 그렇지만 모든 남자의 신장이 동일하지 않으며 모든 여자도 마찬가지이기 때문에 집단내 변산을 나타낸다. 많은 여자가 많은 남자보다 크기 때문에, 두 분포 간에 상당한 중첩이 존재한다. F 통계치는 **변량분석**(ANalysis Of VAriance, ANOVA)이라고 부르는 가설검증을 실시하기 위하여 집단간 변량과 집단내 변량을 계산한다. 변량분석은 전형적으로 하나 이상의 명목변인(때로는 서열변인)인 독립변인(적어도 세 집단을 가지고 있는)과 척도변인인 종속변인을 가지고 있을 때 사용하는 가설검증이다.

변산을 분석하여 평균을 비교하기 위한 F 분포

남자와 여자의 신장 비교는 **F 통계치**(F statistic)가 두 변량 측정치, 즉 (1) 표본 평균 간의 차이를 나타내는 집단간 변량과 (2) 표본 변량의 평균인 집단내 변량의 비(ratio)라는 사실을 입증한다.

$$F = \frac{\text{집단간 변량}}{\text{집단내 변량}}$$

집단간 변량(between-groups variance)이라고 부르는 분자부터 시작해보자. 평균들 간의 차이에 근거한 전집 변량의 추정치이기 때문에 이렇게 부른다. 분자의 수치가 큰 것은 평균 간의 거리(변산)가 상당함을 나타내며, 다른 전집에서 나온 것임을 시사한다. 분자의 수치가 작은 것은 평균들 간의 거리가 매우 가까움을 나타내며, 동일한 전집에서 나온 것임을 시사한다. 평균이 셋 이상일 때는, 단순한 빼기를 통해서는 이들이 떨어져 있는 정도를 나타내는 단일 수치를 얻을 수 없기 때문에 표본 평균들 간의 변량을 계산하

개념 숙달하기

11-1 : F 통계치를 사용하여 세 집단 이상의 평균을 비교한다. z 통계치나 t 통계치와 마찬가지로, F 통계치도 평균 간 변산 측정치를 집단내 변산 측정치로 나누어 계산한다.

변량분석은 전형적으로 하나 이상의 명목변인(때로는 서열변인)인 독립변인(적어도 세 집단을 가지고 있는)과 척도변인인 종속변인을 가지고 있을 때 사용하는 가설검증이다.

F 통계치는 두 변량 측정치, 즉 (1) 표본 평균 간의 차이를 나타내는 집단간 변량과 (2) 표본 변량의 평균인 집단내 변량의 비(ratio)이다.

집단간 변량은 평균들 간의 차이에 근거한 전집 변량의 추정치이다.

게 된다. 예컨대, 밴쿠버, 멤피스, 시카고, 토론토에서 사람들이 얼마나 빠르게 말하는지를 비교하고 싶다면, 집단간 변량을 나타내는 수치(이 경우에는 도시 간 변량)는 네 도시 각각을 대표하는 사람들이 평균적으로 1분당 말하는 단어의 수에 존재하는 변산 추정치가 된다.

F 통계치의 분모는 **집단내 변량**(within-groups variance)이라고 부르며, 셋 이상의 표본 분포 각각에서 분포 내에 존재하는 차이에 근거한 전집 변량의 추정치이다. 예컨대, 밴쿠버, 멤피스, 시카고, 토론토에 사는 모든 사람이 동일한 속도로 말하지는 않는다. 말하는 속도에서 도시 내 차이가 존재하기 때문에, 집단내 변량은 네 변량의 평균을 나타낸다.

F 통계치를 계산하려면, 단순히 집단간 변량을 집단내 변량으로 나누어주면 된다. 만일 *F* 통계치가 큰 수치라면(집단간 변량이 집단내 변량보다 훨씬 크다면), 표본 평균들이 상호 간에 다르다고 추론할 수 있다. 반면에 *F* 통계치가 수치 1.0에 가깝다면(집단간 변량이 집단내 변량과 거의 같다면), 그러한 추론을 할 수 없다.

요컨대, 집단내 변량은 단지 우연히 발생할 것이라고 기대하는 평균 간 차이를 반영하는 것으로 생각할 수 있다. 어떤 전집이든 변산성이 있기 때문에, 어느 정도의 평균 간 차이가 우연히 발생할 것이라고 예상한다. 집단간 변량은 데이터에서 얻은 평균들 간의 차이를 반영한다. 만일 차이가 집단내 변량보다 훨씬 크다면, 영가설을 기각하고 평균들 간에 차이가 존재한다고 결론지을 수 있다.

F 점수표

F 점수표는 *t* 점수표의 확장이다. *t* 점수표에 각 표본크기를 반영하는 많은 *t* 분포가 있는 것처럼, 많은 *F* 분포가 존재한다. 두 점수표는 모두 광범위한 표본크기(자유도로 나타내고 있다)를 포함하고 있는데, *F* 점수표는 표본의 수라고 하는 세 번째 요인도 포함하고 있다. (*t* 통계치는 두 표본으로 제한된다.) 표본크기(한 유형의 자유도로 나타낸다)와 표본의 개수(또 다른 유형의 자유도로 나타낸다)의 가능한 모든 조합에 해당하는 *F* 분포가 존재한다.

두 표본을 위한 *F* 점수표는 *t* 검증으로도 사용할 수 있다. *F*는 변량에 근거하고 *t*는 변량의 평방근, 즉 표준편차에 근거한다는 점을 제외하고는 수치가 동일하다. 예컨대, *F* 점수표에서 표본이 둘이고 표본크기가 무한대일 때, 95퍼센타일에 해당하는 값은 2.71이다. 이 값의 평방근을 취하면, 1.646이 된다. *z* 점수표에서 95퍼센타일에 해당하는 값 그리고 *t* 점수표에서 표본크기가 무한대일 때 95퍼센타일에 해당하는 값은 1.645이다. (약간의 차이는 반올림에 따른 것이다.) *z*, *t*, *F* 분포 간의 연계를 표 11-2에 요약하였다.

변량분석(ANOVA)의 용어와 가정

통계학자들이 상이한 유형의 변량분석을 기술하는 데 사용하는 용어에 대한 간단한 지침은 다음과 같다(Landrum, 2005). 변량분석(ANOVA)이라는 단어 앞에는 거의 항상 (1) 독

집단내 변량은 셋 이상의 표본분포 각각에서 분포 내에 존재하는 차이에 근거한 전집 변량의 추정치이다.

표 11-2	분포 간의 연계성

특정 상황에서는 z 분포가 t 분포에 포함되며, z 분포와 t 분포 모두 특정 상황에서는 F 분포에 포함된다.

	사용 시점	분포 간의 연계
z	단일 표본, μ와 σ를 알고 있을 때	t 분포와 F 분포에 포함된다.
t	(1) 단일 표본, μ만을 알고 있을 때 (2) 두 표본	표본크기가 무한(∞)하거나 매우 크면 z 분포와 동일하다.
F	셋 이상의 표본(두 표본에서도 사용할 수 있다)	표본이 둘이고 표본크기가 무한하거나 매우 크면 z 분포의 제곱이 된다. 표본이 둘이면, t 분포의 제곱이 된다.

립변인의 수와 (2) 연구설계(집단간 또는 집단내)를 나타내는 두 개의 수식어가 선행한다.

연구 1. 학교를 다닌 햇수가 유일한 독립변인이고 학생들의 애교심 평정이 종속변인인 변량분석을 어떻게 부르겠는가? 답 : 일원 집단간 변량분석. **일원 변량분석**(one-way ANOVA)은 둘 이상의 수준을 가지고 있는 명목변인인 독립변인 하나와 척도변인인 종속변인 하나를 포함하고 있는 가설검증이다. **집단간 변량분석**(between-groups ANOVA)은 둘 이상의 표본이 존재하고 각 표본은 상이한 참가자로 구성된 가설검증이다.

연구 2. 매년 동일한 학생집단을 검사하고자 한다면 어떤 변량분석이 되겠는가? 답 : 일원 집단내 변량분석. **집단내 변량분석**(within-groups ANOVA)은 둘 이상의 표본이 존재하고, 모든 표본이 동일한 참가자로 구성된 가설검증이다. [이 검증을 반복측정 변량분석(repeated-measure ANOVA)이라고도 부른다.]

연구 3. 첫 번째 연구에 성별을 첨가하면 어떤가? 이제 학교를 다닌 햇수와 성별이라는 두 개의 독립변인을 갖게 되었다. 답 : 이원 집단간 변량분석(two-way between-groups ANOVA). 이에 대해서는 제12장에서 공부하게 된다.

모든 변량분석은 유형에 관계없이 타당한 분석을 위한 최적 조건을 반영하는 세 가지 가정을 공유하고 있다. (집단내 변량분석은 이 장의 뒷부분에서, 그리고 이원 변량분석은 제12장에서 공부하게 된다.)

가정 1. 표본을 넘어서서 일반화하기 위해서는 무선선택이 필요하다. 무선표집의 어려움으로 인해서, 연구자들은 편의표집으로 대치하고 새로운 표본으로 실험을 반복하기 십상이다.

가정 2. 정상분포를 이루고 있는 전집은 기저 전집의 분포가 어떤 모습인지를 이해하기 위하여 표본의 분포를 살펴볼 수 있게 해준다. 이 가정은 표본크기가 증가함에 따라서 덜 중요하게 된다.

가정 3. 동변산성(변량 동질성이라고도 부른다)은 모든 표본이 동일한 변량을 가지고 있는 전집에서 나온 것이라고 가정한다. (이변산성은 전집들이 모두 동일한 변량을 가지고 있지 않음을 의미한다.) **동변량**(homoscedastic)(또는 등분산) 전집은 동일한 변량을 가지고 있는 전집이다. **이변량**(heteroscedastic)(또는 이분산) 전집은 상이한 변량을 가지고 있는 전집이다.

일원 변량분석은 둘 이상의 수준을 가지고 있는 명목변인인 독립변인 하나와 척도변인인 종속변인 하나를 포함하고 있는 가설검증이다.

집단간 변량분석은 둘 이상의 표본이 존재하고 각 표본은 상이한 참가자로 구성된 가설검증이다.

집단내 변량분석은 둘 이상의 표본이 존재하고, 모든 표본이 동일한 참가자로 구성된 가설검증이다. 반복측정 변량분석이라고도 부른다.

동변량(또는 등분산) 전집은 동일한 변량을 가지고 있는 전집이다.

이변량(또는 이분산) 전집은 상이한 변량을 가지고 있는 전집이다.

여러분의 연구가 이렇게 이상적인 조건들을 만족하지 못한다면 어떻게 하겠는가? 데이터를 버려야 할지도 모르겠지만, 일반적으로는 그럴 필요까지는 없다. (1) 결과를 보고하고 이러한 가정을 위배한 결정을 정당화할 수도 있고, 아니면 (2) 보다 보수적인 비모수적 검증을 실시할 수도 있다(제15장 참조).

학습내용 확인하기

개념의 개관

> 변량분석(ANOVA)에서 사용하는 F 통계치는 본질적으로 z 통계치와 t 통계치의 확장으로, 셋 이상의 표본을 비교하는 데 사용할 수 있다.

> z와 t 통계치와 마찬가지로, F 통계치도 표본내 변산 측정치에 대한 집단 평균 간 차이(이 경우에는 변산 측정치를 사용한다)의 비(ratio)이다.

> 일원 집단간 변량분석은 적어도 세 개의 수준을 가지고 있는 하나의 독립변인이 있으며, 각 수준에 상이한 참가자가 포함되어 있는 분석이다. 집단내 변량분석은 모든 참가자가 독립변인의 모든 수준에 포함된다는 차이점을 가지고 있다.

> 변량분석의 가정은 참가자들을 무선선택하며, 표본을 추출한 전집이 정상분포를 이루고 있고, 그 전집들이 동일한 변량을 가지고 있다는 것이다(동변산성 가정).

개념의 숙달

11-1 F 통계치는 어떤 유형의 두 변량이 나타내는 비(ratio)인가?

11-2 일원 변량분석에서는 어떤 유형의 두 가지 연구설계를 사용하는가?

통계치의 계산

11-3 다음 각 사례에 대해서 F 통계치를 계산하라.
  a. 집단간 변량은 8.6이고 집단내 변량은 3.7이다.
  b. 집단내 변량은 123.77이고 집단간 변량은 102.4이다.
  c. 집단간 변량은 45.2이고 집단내 변량은 32.1이다.

개념의 적용

11-4 제9장에서 살펴보았던 멀티태스킹에 관한 연구(Mark, Gonzalez, & Harris, 2005)를 생각해보라. 어느 조건에서 방해를 받은 후 원래 과제로 가장 신속하게 복귀하는지를 알아보기 위하여 다음과 같은 세 조건을 비교하였다고 해보자. 통제집단 조건에서는 작업환경에 아무런 변화를 가하지 않았다. 두 번째 조건에서는 오후 1시부터 3시까지 대화를 금지시켰다. 세 번째 조건에서는 오전 11시부터 오후 3시까지 대화를 금지시켰다. 방해받은 작업으로 복귀하는 데 걸리는 시간을 분 단위로 기록하였다.
  a. 이 상황에서는 어떤 유형의 분포를 사용하겠는가? 여러분의 답을 해명해보라.
  b. 어떻게 집단간 변량을 계산할 것인지를 설명해보라. 구체적인 계산이 아니라 그 논리에 초점을 맞추어라.
  c. 어떻게 집단내 변량을 계산할 것인지를 설명해보라. 구체적인 계산이 아니라 그 논리에 초점을 맞추어라.

학습내용 확인하기의 답은 부록 D에서 찾아볼 수 있다.

일원 집단간 변량분석

운전 중 대화 연구는 대화 상대자가 언제 어려운 운전 상황이 전개되는지를 알지 못할 때 위험해진다는 사실을 보여주었다. 그렇지만 그러한 결론에 도달하기 위해서는 변량 분석을 통해서 네 집단의 데이터를 분석할 필요가 있었다. 이 절에서는 집단간 연구설계에서의 가설검증에 변량분석의 원리를 적용한 또 다른 네 집단 연구를 사용한다.

계산을 제외한 변량분석의 모든 것

일원 집단간 변량분석의 가설검증 단계를 소개하기 위하여 한 사회의 경제구조가 사람들이 타인에게 공정하게 행동하는 정도에 영향을 미치는지에 관한 연구(Henrich et al., 2010)를 사용한다.

사례 11.1

전 세계 15개 사회 유형의 사람들을 연구하였다. 편의상 여기서는 다음과 같은 네 가지 유형의 사회에서 얻은 데이터만을 살펴본다. 수렵채취사회, 농경사회, 천연자원사회, 그리고 산업사회.

1. 수렵채취사회. 볼리비아와 파푸아 뉴기니의 부족들을 포함한 여러 사회가 이 범주로 분류되었다. 이들은 대부분의 먹거리를 사냥과 채집을 통해서 얻는다.
2. 농경사회. 케냐와 탄자니아의 부족들을 포함한 몇몇 사회는 주로 농사를 지으며 자신의 먹거리를 재배하는 경향이 있다.
3. 천연자원사회. 콜롬비아의 부족들을 포함한 또 다른 사회는 목재나 물고기와 같은 천연자원을 확보하여 경제를 구축한다. 대부분의 먹거리를 구입한다.
4. 산업사회. 미국 미주리 농촌지역뿐만 아니라 가나의 수도 아크라를 포함하는 산업사회에서는, 대부분의 먹거리를 구입한다.

연구자들은 자신의 먹거리를 스스로 마련하는 첫 번째와 두 번째 집단과 먹거리를 다른 사람에게 의존하는 세 번째와 네 번째 집단 중에서 어느 집단이 타인에게 더 공정하게 행동하는지를 알아보고자 하였다. 연구자들은 여러 가지 게임을 통해서 공정성을 측정하였다. 예컨대, 독재자 게임에서는 두 사람에게 해당 사회의 최저임금에 맞먹는 액수의 돈을 제공하였다. 첫 번째 사람(독재자)은 모든 돈을 차지하거나 아니면 일부분을 두 번째 사람에게 나누어줄 수 있었다. 두 번째 사람에게 나누어준 돈의 비율이 공정성의 측정치이었다. 예컨대, 돈의 10%만을 건네준 것보다 40%를 건네준 것을 더 공정한 것으로 간주하였다.

이 연구설계에서는 공정성 측정치, 즉 두 번째 사람에게 건네준 돈의 비율을 종속변인으로 사용하는 일원 집단간 변량분석으로 데이터를 분석하였다. 하나의 독립변인(사회 유형)이 있는데, 이 변인은 네 개의 수준(수렵채취, 농경, 천연자원, 산업)을 가지고 있

독재자 게임 여기 한 연구자가 수렵채취사회인 파푸아 뉴기니의 한 여인에게 공정성 게임을 소개하고 있다. 연구자들은 게임을 사용하여 상이한 유형의 사회 간에 공정행동을 비교할 수 있었다. 네 집단이 있고 각 참가자는 한 집단에만 속하기 때문에, 결과는 일원 집단간 변량분석으로 분석할 수 있다.

다. 집단간 설계인 까닭은 각각의 사람이 오직 하나의 사회에서만 살기 때문이다. 변량 분석인 까닭은 상이한 유형의 사회 간 변산성을 추정하고 사회 유형 내 변산성으로 나누어줌으로써 변량을 분석하기 때문이다. 아래의 공정성 점수는 13명의 가상 인물의 것이지만, 각 집단은 연구자들이 실제 연구에서 관찰하였던 것과 거의 동일한 평균 공정성 점수를 가지고 있다.

> 수렵채취 : 28, 36, 38, 31
> 농경 : 32, 33, 40
> 천연자원 : 47, 43, 52
> 산업 : 40, 47, 45

가설검증의 여섯 단계라는 친숙한 틀걸이를 적용하는 것으로 시작해보자. 계산은 다음 절에서 공부할 것이다.

단계 1 : 전집, 비교분포, 그리고 가정을 확인한다.

가설검증의 첫 번째 단계는 비교할 전집, 비교분포, 적절한 검증, 그리고 그 검증의 가정을 확인하는 것이다. 공정성 연구에 대한 가설검증의 첫 번째 단계를 요약해보자.

요약 : 비교할 전집 : 전집 1 : 수렵채취사회에 사는 모든 사람. 전집 2 : 농경사회에 사는 모든 사람. 전집 3 : 천연자원사회에 사는 모든 사람. 전집 4 : 산업사회에 사는 모든 사람.

비교분포와 가설검증 : 비교분포는 F 분포이다. 가설검증은 일원 집단간 변량분석이다.

가정 : (1) 데이터를 무선선택하지 않았기 때문에 신중하게 일반화하여야 한다. (2) 전집이 정상분포를 이루는지 알지 못하지만 표본 데이터는 분포의 편중성을 시사하지 않는다. (3) 검증통계치를 계산할 때 가장 큰 변량이 가장 작은 변량보다 두 배 이상 큰지를 확인해봄으로써 동변산성(변량 동질성)을 검증한다. (주 : 분석의 뒷부분에 해당한다고

해서 이 과정을 잊어버리면 안 된다.)

단계 2 : 영가설과 연구가설을 진술한다.

두 번째 단계는 영가설과 연구가설을 진술하는 것이다. 항상 그렇듯이, 영가설은 전집 평균 간에 차이가 없음을 상정한다. 기호는 전과 동일하지만, 전집이 더 많다. $H_0 : \mu_1 = \mu_2 = \mu_3 = \mu_4$. 그런데 연구가설은 더 복잡하다. 오직 한 집단만이 다른 집단과 평균에서 차이를 보이는 경우조차도 영가설을 기각할 수 있기 때문이다. 연구가설 $\mu_1 \neq \mu_2 \neq \mu_3 \neq \mu_4$는 집단 1과 2의 평균 공정성 점수가 집단 3과 4의 평균 공정성 점수보다 더 높다는 가설과 같이, 가능한 모든 결과를 포함하지 않는다. 연구가설은 적어도 하나의 전집 평균이 적어도 다른 하나의 전집 평균과 다르다는 것이기 때문에, H_1은 적어도 하나의 μ가 다른 μ와 다르다는 것이 된다.

요약 : 영가설 : 수렵채취, 농경, 천연자원, 산업에 기초한 사회에 사는 사람들은 모두 평균적으로 동일한 공정성 행동을 나타낸다. $H_0 : \mu_1 = \mu_2 = \mu_3 = \mu_4$. 연구가설 : 수렵채취, 농경, 천연자원, 산업에 기초한 사회에 사는 사람들은 평균적으로 모두가 동일한 공정성 행동을 나타내지는 않는다.

단계 3 : 비교분포의 특성을 결정한다.

세 번째 단계는 비교분포의 관련 특성을 명시적으로 진술하는 것이다. 변량분석에서 대부분의 계산은 단계 5에서 수행하기 때문에 이 단계는 용이하다. 여기서는 비교분포가 F 분포라는 사실만을 진술하고 적절한 자유도를 제시한다. 앞에서 논의한 바와 같이, F 통계치는 두 개의 독자적인 전집 변량 추정치, 즉 집단간 변량과 집단내 변량의 비(ratio)이다(두 변량 모두 단계 5에서 계산한다). 각 변량 추정치는 자체적인 자유도를 가지고 있다. 표본의 집단간 변량은 표본 평균들 간의 차이를 통해서 전집 변량을 추정한다. 이 사례에서 표본은 네 개이다. 집단간 변량 추정치의 자유도는 표본의 수에서 1을 뺀 값이다.

공식 숙달하기

11-1 : 집단간 자유도 공식은 다음과 같다. $df_{집단간} = N_{집단} - 1$. 연구에 들어있는 집단 수에서 1을 뺀다.

$$df_{집단간} = N_{집단} - 1 = 4 - 1 = 3$$

네 집단이 있기 때문에, 집단간 자유도는 3이다.

표본의 집단내 변량은 표본 평균들 간의 차이를 무시한 채, 표본 변량들을 평균함으로써 전집 변량을 추정한다. 우선 각 표본의 자유도를 계산하여야 한다. 첫 번째 표본(수렵채취)에 4명의 참가자가 있기 때문에 이 표본의 자유도는 다음과 같다.

공식 숙달하기

11-2 : 네 집단을 가지고 실시한 일원 집단간 변량분석에서 집단내 자유도 공식은 다음과 같다. $df_{집단내} = df_1 + df_2 + df_3 + df_4$. 네 집단 각각의 자유도를 합한다. 각 집단의 자유도는 그 집단 참가자 수에서 1을 빼서 계산한다. 예컨대, 첫 번째 집단의 자유도 df_1은 $n_1 - 1$이다.

$$df_1 = n_1 - 1 = 4 - 1 = 3$$

n은 특정 표본의 참가자 수를 나타낸다.

나머지 표본에 대해서도 동일한 계산을 수행한다. 이 사례에는 네 개의 표본이 있기 때문에 집단내 자유도 공식은 다음과 같다.

$$df_{집단내} = df_1 + df_2 + df_3 + df_4$$

이 사례에서 자유도 계산은 다음과 같다.

$$df_1 = 4 - 1 = 3$$
$$df_2 = 3 - 1 = 2$$
$$df_3 = 3 - 1 = 2$$
$$df_4 = 3 - 1 = 2$$
$$df_{집단내} = 3 + 2 + 2 + 2 = 9$$

요약 : 자유도가 3과 9인 F 분포를 사용한다.

단계 4 : 임곗값을 결정한다.

네 번째 단계는 영가설을 기각하기 위하여 데이터가 얼마나 극단적이어야 하는지를 나타내는 임곗값을 결정하는 것이다. 변량분석에서는 F 통계치를 사용하는데, F 분포에서 임곗값은 항상 양수이다(F 값은 변량 추정치에 근거하는데, 변량은 항상 양수이기 때문이다). 부록 B에서 F 점수표를 살펴봄으로써 임곗값을 결정한다(표 11-3에 발췌한 부분이 나와

표 11-3 　 F 점수표의 일부분

분자의 자유도(집단간 자유도)와 분모의 자유도(집단내 자유도)에 근거하여 주어진 알파수준에서의 임곗값을 결정하기 위하여 F 점수표를 사용한다. 알파수준 **0.01**, 0.05, 그리고 *0.10*에서의 임곗값을 확인하라.

집단내 자유도 : 분모	알파	집단간 자유도 : 분자			
		1	2	3	4 ⋯
9	0.01	10.56	8.02	6.99	6.42
	0.05	5.12	4.26	3.86	3.63
	0.10	*3.36*	*3.01*	*2.81*	*2.69*
10	0.01	10.05	7.56	6.55	6.00
	0.05	4.97	4.10	3.71	3.48
	0.10	*3.29*	*2.93*	*2.73*	*2.61*
11	0.01	9.65	7.21	6.22	5.67
	0.05	4.85	3.98	3.59	3.36
	0.10	*3.23*	*2.86*	*2.66*	*2.54*
12	0.01	9.33	6.93	5.95	5.41
	0.05	4.75	3.88	3.49	3.26
	0.10	*3.18*	*2.81*	*2.61*	*2.48*
13	0.01	9.07	6.70	5.74	5.20
	0.05	4.67	3.80	3.41	3.18
	0.10	*3.14*	*2.76*	*2.56*	*2.43*
14	0.01	8.86	6.51	5.56	5.03
	0.05	4.60	3.74	3.34	3.11
	0.10	*3.10*	*2.73*	*2.52*	*2.39*

있다). 집단간 자유도는 표 상단의 행에서 찾는다. 하나의 연구에서 조건이나 집단이 7개를 넘어서는 경우는 드물기 때문에 실제 표에서도 이 행은 6까지만 나와있음에 주목하라. 집단내 자유도는 표 좌측의 열에 나와있다. 한 연구의 참가자 수는 매우 다양할 수 있기 때문에, 이 행은 여러 페이지에 걸쳐 계속된다. 물론 각 페이지 상단에는 동일한 집단간 자유도가 나와있다.

F 점수표는 우선 표 좌측을 따라 적절한 집단내 자유도를 찾은 다음에 표 상단을 따라 적절한 집단간 자유도를 찾는 식으로 사용하라. 표에서 행과 열이 만나는 지점에는 알파수준 0.01, 0.05, 그리고 0.10에 해당하는 세 개의 수치가 들어있다. 일반적으로 연구자들은 중간 수준인 0.05를 사용하는데, 이 사례에서는 3.86이다(그림 11–2 참조).

요약 : 그림 11–2의 곡선에 나와있는 것처럼, 알파 0.05에서 F 통계치의 임곗값은 3.86이다.

단계 5 : 검증통계치를 계산한다.

다섯 번째 단계에서는 검증통계치를 계산한다. 집단내 변량 추정치와 집단간 변량 추정치를 사용하여 F 통계치를 계산한다. F 통계치를 임곗값과 비교하여 영가설을 기각할지를 결정한다. 다음 절에서 이 계산을 공부하게 된다.

요약 : 다음 절에서 계산한다.

단계 6 : 결정을 내린다.

마지막 단계에서는 영가설을 기각할 것인지 아니면 기각에 실패할 것인지를 결정한다. 만일 F 통계치가 임곗값을 넘어선다면, 영가설이 참일 때 그 F 통계치는 가능한 검증통계치의 가장 극단적인 5%에 해당하는 것이다. 그렇게 되면 영가설을 기각하고는 "사람들이 살고 있는 사회 유형에 따라서 평균적으로 상이한 공정성 행동을 나타내는 것으로 보인다."라고 결론지을 수 있다. 변량분석은 적어도 하나의 평균이 다른 것과 유의한 차이를 보인다는 사실만을 알려줄 뿐이다. 어느 사회가 상호 간에 다른지는 알려주지 않는다.

만일 검증통계치가 임곗값을 넘어서지 못한다면, 영가설 기각에 실패한 것이다. 영가설이 참일 때 그 검증통계치는 그렇게 드물게 나타나는 값이 아니다. 이 상황에서는 연

그림 11-2

F 분포에서 임곗값 결정하기

F 분포에서는 하나의 임곗값을 결정한다. F는 z(또는 t)를 제곱한 것에 해당하기 때문에 양방검증에서 오직 하나의 임곗값만을 갖게 된다.

구가설을 지지하는 증거가 없다고만 보고하게 된다.

요약 : 결정은 오직 증거에 기반하기 때문에, 그 증거와 연합된 확률을 계산하는 단계 5를 마치지 않고는 결정을 내릴 수 없다. 뒤쪽의 결정 내리기 절에서 단계 6을 마무리한다. ●

F 통계치의 논리와 계산

이 절에서는 우선 변량분석이 집단간 변량과 집단내 변량을 사용하는 논리를 개관한다. 그런 다음에 데이터가 알려주고 있는 이야기에 관한 데이터 주도적 결정을 내리기 위하여 앞에서 보았던 통계검증에서 사용하였던 것과 동일한 가설검증의 여섯 단계를 적용한다. 변량분석의 계산을 수행하는 목표는 연구에 포함된 모든 변산성의 출처를 이해하려는 것이다.

앞에서 지적한 바와 같이, 성인 남자는 성인 여자보다 평균적으로 약간 크다. 이것을 '집단간 변산성'이라고 부른다. 모든 여자의 신장이 동일하지 않으며 모든 남자의 신장도 동일하지 않다는 사실도 지적하였다. 이것을 '집단내 변산성'이라고 부른다. F 통계치는 단지 집단간 변산 추정치를 집단내 변산 추정치로 나누어준 것이다.

$$F = \frac{\text{집단간 변산}}{\text{집단내 변산}}$$

변량분석에서 중첩을 정량화하기 평균적으로는 남자가 여자보다 크지만, 남자보다 큰 여자도 많기 때문에 두 분포는 중첩된다. 중첩의 정도는 평균 간 거리(집단간 변산성)와 분산 정도(집단내 변산성)의 영향을 받는다. 그림 11-3에서 보면, 수렵채취집단과 농경집단 간에 상당한 중첩이 있다. 두 평균은 서로 매우 가까우며, 개별 점들의 분포가 널리 퍼져있다. 천연자원집단과 산업집단 간에도 중첩이 존재한다. 마찬가지로 두 평균은 비교적 유사하며 개별 점들이 퍼져있다. 상당한 중첩이 존재하는 분포는 상호 간의 차이가

Image Source/Getty Images

신장에서 성별 차이 평균적으로 남자가 여자보다 조금 크다(집단간 변량). 그렇지만 남자이든 여자이든 각 집단 내에서 신장이 동일하지 않다(집단내 변량). F는 집단간 변산을 집단내 변산으로 나눈 것이다.

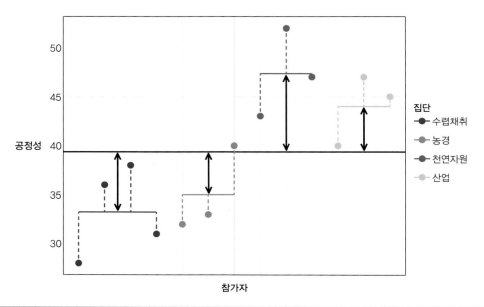

그림 11-3

변량분석(ANOVA)의 논리

이 그래프는 공정성 연구에서 13개의 데이터 포인트 모두를 보여주고 있으며, 각 집단을 다른 색깔로 나타내고 있다. 수평으로 그은 네 가지 색깔의 선분은 네 집단의 평균을 나타낸다. 수직 점선은 각 점을 해당 집단의 평균과 연결하고 있으며, 그 집단내 변산을 나타낸다. 예컨대, 선분과 네 개의 점을 연결하는 수직 점선은 수렵채취집단 내의 변산을 나타낸다. 변량분석의 F 통계치 계산에서 분모로 사용하는 집단내 변량은 네 집단 모두의 수직 점선으로 나타낸 변산에 근거한다. 이것이 분모이기 때문에, 이 변산이 작아질수록, F 통계치는 커진다. 중앙 부근에 있는 검은색 수평선은 13개 데이터 포인트 모두의 전체 평균을 나타낸다. 네 개의 검은색 수직화살은 각 집단 평균이 전체 평균에서 떨어져 있는 거리를 나타낸다. F 통계치 계산에서 분자로 사용하는 집단간 변량은 이 변산에 근거한다. 이것이 분자이기 때문에, 이 변산이 커질수록 F 통계치는 커진다. 따라서 집단간 변산을 증가시키거나 집단 내 변산을 감소시키게 되면, F 통계치를 증가시킬 수 있다.

우연에 의한 것일 수 있음을 시사한다. 그림 11-3에서 유사한 평균을 가지고 있는 집단들은 F 통계치에 별로 기여하지 못한다.

그렇지만 한편으로 수렵채취집단과 농경집단 간에, 그리고 다른 한편으로는 천연자원집단과 산업집단 간에는 중첩이 별로 없다. 두 평균이 멀리 떨어져 있으며, 개별 점들이 반영하고 있는 집단내 변산성도 대체로 유사하기 때문이다. 평균 간의 큰 차이는 F 통계치 크기에 기여하는데, 이 경우에는 분자가 커지기 때문이다. 중첩이 거의 없는 분포들이 동일한 전집에서 나온 것일 가능성은 낮다. 둘 간의 차이가 우연에 의한 것일 가능성이 낮은 것이다.

만일 개별 점들이 덜 분산되어 있다면, 즉 점들이 평균과 가까운 위치에 존재한다면, 분포 간의 중첩은 더욱 작아지게 된다. 만일 그렇다면 더 큰 F 통계치를 갖게 된다. F 통계치 계산에서 분모를 차지하는 집단내 변산성이 작아지기 때문이다. 큰 분자와 작은 분모는 분포 간의 중첩이 적음을 나타내며 큰 F 통계치에 기여하게 된다.

전집 변량을 추정하는 두 가지 방법   집단간 변산성과 집단내 변산성은 전집에서 두 가지 상이한 유형의 변량을 추정한다. 만일 이러한 두 추정치가 동일하다면, F 통계치는 1.0

이 된다. 예컨대, 집단간 변량 추정치가 32이고 집단내 변량 추정치가 32라면, F 통계치는 32/32 = 1.0이다. 이 값은 z 검증이나 t 검증과 약간 다르다. z나 t 검증에서는 0이 차이 없음을 의미한다. 변량분석에서는 1.0의 F 값이 차이 없음을 의미한다. 표본 평균들이 멀리 떨어질수록 집단간 변량(분자)이 증가하는데, 이것은 F 통계치도 증가함을 의미한다.

변산원표를 가지고 F 통계치 계산하기 통계분석의 목표는 연구에 들어있는 변산성의 출처를 이해하는 것이다. 변량분석에서는 많은 편차제곱과 세 가지 제곱합을 계산함으로써 이 목표를 달성한다. 중요한 계산과 최종 결과를 일관성 있고 가독성이 높은 형식으로 제시하는 **변산원표**(source table)[흔히 변량분석표(ANOVA Table)라고 부른다]에 변량분석의 결과를 요약한다. 표 11-4에 변산원표가 나와있다. 실제 변산원표에서는 이 표의 기호들을 수치로 대치하게 된다. 표 11-4에 제시한 변산원표를 첫 번째 열에서부터 설명한 다음에, 마지막 열(다섯 번째 열)에서부터 역순으로 두 번째 열까지 설명한다.

첫 번째 열 : 변산원. 전집 변량의 한 가지 가능한 출처는 평균 간 거리에서 나온다. 두 번째 출처는 표본 내의 변산에서 나온다. 이 장에서 '전체'라는 이름의 행은 제곱합(SS)과 자유도(df)의 계산을 확인할 수 있게 해준다. 이제 변산원표가 두 가지 친숙한 변산원을 기술하는 방법을 알아보기 위하여 역순으로 살펴보도록 하자.

다섯 번째 열 : F. 간단히 집단간 변량을 집단내 변량으로 나누어서 F 값을 계산한다.

네 번째 열 : MS. MS는 변량분석에서 변량을 나타내는 관례적 기호이다. 변량은 집단간 변량($MS_{집단간}$)과 집단내 변량($MS_{집단내}$)에서 편차제곱의 산술 평균이기 때문에, MS는 '제곱 평균(mean square)'을 의미한다. $MS_{집단간}$을 $MS_{집단내}$로 나누어서 F 통계치를 계산한다.

세 번째 열 : df. 집단간 자유도($df_{집단간}$)와 집단내 자유도($df_{집단내}$)를 계산한 다음에 둘을 합하여 전체 자유도를 계산한다.

$$df_{전체} = df_{집단간} + df_{집단내}$$

변산원표는 변량분석의 중요한 계산과 최종 결과를 일관성 있고 가독성이 높은 형식으로 제시한다. 흔히 변량분석표라고 부른다.

공식 숙달하기

11-3 : 일원 집단간 변량분석에서 전체 자유도 공식은 다음과 같다. $df_{전체} = df_{집단간} + df_{집단내}$. 집단간 자유도와 집단내 자유도를 더한다. 대안적 공식은 다음과 같다. $df_{전체} = N_{전체} - 1$. 전체 참가자 수에서 1을 뺀다.

표 11-4 **변산원표는 변량분석 계산을 체제화해준다**

변산원표는 연구자가 변량분석을 실시하는 데 필요한 가장 중요한 계산들뿐만 아니라 변량분석의 최종 결과를 체제화하는 것을 도와준다. 첫 번째 행의 숫자 1~5는 변산원표의 형식을 이해하는 것을 돕기 위해 이 표에서만 사용한 것이며, 실제 변산원표에는 포함되지 않는다.

1 변산원	2 SS	3 df	4 MS	5 F
집단간	$SS_{집단간}$	$df_{집단간}$	$MS_{집단간}$	F
집단내	$SS_{집단내}$	$df_{집단내}$	$MS_{집단내}$	
전체	$SS_{전체}$	$df_{전체}$		

공정성 연구에서 $df_{전체}$는 12(= 3 + 9)이다. $df_{전체}$를 계산하는 두 번째 방법은 다음과 같다.

$$df_{전체} = N_{전체} - 1$$

$N_{전체}$는 연구에 참여한 전체 참가자 수를 지칭한다. 공정성 연구에는 각각 4, 3, 3, 3명의 참가자가 포함된 네 집단이 있었다. 이 연구의 전체 자유도는 $df_{전체} = 13 - 1 = 12$로 계산한다. 두 가지 방식으로 자유도를 계산하였는데 답이 일치하지 않는다면, 계산을 재확인해보아야 한다.

두 번째 열 : SS. 세 가지 제곱합(sum of squares)을 계산한다. 하나는 집단간 변산성($SS_{집단간}$), 다른 하나는 집단내 변산성($SS_{집단내}$), 그리고 나머지 하나는 전체 변산성($SS_{전체}$)을 나타낸다. 앞의 두 제곱합을 합하면 세 번째 것이 된다. 제곱합들이 일치함을 확인하기 위해 세 가지를 모두 계산하라.

변산원표가 편리한 요약인 까닭은 변산성의 출처에 관하여 공부하였던 모든 것을 기술하고 있기 때문이다. 일단 집단간 변량과 집단내 변량의 제곱합을 계산하고 나면, 단지 두 단계만 남는다.

단계 1 : 각 제곱합을 해당 자유도로 나눈다. $SS_{집단간}$을 $df_{집단간}$으로 나누고, $SS_{집단내}$를 $df_{집단내}$로 나눈다. 이제 두 개의 변량 추정치를 갖게 되었다($MS_{집단간}$과 $MS_{집단내}$).

단계 2 : $MS_{집단간}$과 $MS_{집단내}$의 비를 계산하여 F 통계치를 얻는다. 일단 편차제곱합을 가지고 있으면, 나머지 계산은 간단한 나누기이다.

편차제곱합   용어 사용에 주의하라! '편차'라는 용어는 변산성을 기술하기 위하여 사용하는 또 다른 단어이다. 변량분석은 다음과 같은 세 가지 상이한 유형의 통계적 편차를 분석한다. (1) 집단간 편차, (2) 집단내 편차, 그리고 (3) 전체 편차. 각 유형의 편차 또는 변산원(집단간, 집단내, 전체)에 대해서 제곱합을 계산하는 것으로 시작한다.

전체 제곱합 $SS_{전체}$로부터 출발하는 것이 가장 쉽다. 모든 점수를 정리하여 하나의 열에 배열하는데, 수평 선분으로 각 표본을 구분하라. 표 11-5에서 'X'라는 표지를 붙인 열의 데이터(공정성 연구에서 얻은 데이터)를 하나의 모델로 사용하라. X는 그 아래에 기술한 13개의 개별 점수 각각을 나타낸다. 각 점수 집합이 각 표본 오른쪽에 있으며, 평균은 각 표본 이름 아래쪽에 있다. (첫 번째 열의 각 평균에 해당 표본을 나타내기 위하여 아래첨자를 사용하였다.)

전체 제곱합을 계산하기 위하여 표본에 관계없이 각 점수로부터 전체 평균을 뺀다. 모든 점수의 평균을 전체 평균이라고 부르며, 그 기호는 GM이다. **전체 평균**(grand mean)은 점수가 어느 표본에 들어있는지에 관계없이 연구에 포함되어 있는 모든 점수의 평균이다.

$$GM = \frac{\Sigma(X)}{N_{전체}}$$

이 점수들의 전체 평균은 39.385이다. (늘 그렇듯이 최종 답인 F 값을 얻을 때까지 모든

전체 평균은 집단에 관계없이 모든 점수의 평균을 말한다.

공식 숙달하기

11-4 : 전체 평균은 연구에 참가한 모든 참가자 점수의 평균이다. 공식은 다음과 같다.

$$GM = \frac{\Sigma(X)}{N_{전체}}$$

모든 참가자의 점수를 합한 다음에 모든 참가자의 수로 나누어준다.

표 11-5	전체 제곱합 계산하기

전체 제곱합은 모든 점수에서 전체 평균(GM)을 빼서 편차를 구한 다음에, 그 편차를 제곱하고 합하여 계산한다.

사례	X	$(X - GM)$	$(X - GM)^2$
수렵채취사회	28	-11.385	129.618
	36	-3.385	11.458
	38	-1.385	1.918
$M_{수렵채취} = 33.250$	31	-8.385	70.308
농경사회	32	-7.385	54.538
	33	-6.385	40.768
$M_{농경} = 35.000$	40	0.615	0.378
천연자원사회	47	7.615	57.988
	43	3.615	13.068
$M_{천연자원} = 47.333$	52	12.615	159.138
산업사회	40	0.615	0.378
	47	7.615	57.988
$M_{산업} = 44.000$	45	5.615	31.528
	$GM = 39.385$		$SS_{전체} = $ **629.074**

수치를 소수점 세 자리까지 적는다. 최종 답은 소수점 두 자리까지 보고한다.)

표 11-5의 세 번째 열은 각 점수의 전체 평균과의 편차를 보여주고 있다. 네 번째 열은 이 편차의 제곱을 보여준다. 예컨대, 첫 번째 점수 28에서 전체 평균을 뺀다.

$$28 - 39.385 = -11.385$$

그런 다음에 그 편차를 제곱한다.

$$(-11.385)^2 = 129.618$$

네 번째 열 밑에, 편차제곱을 합한 값 629.074를 적어놓았다. 이 값이 전체 제곱합 $SS_{전체}$이다. 전체 제곱합 공식은 다음과 같다.

$$SS_{전체} = \Sigma(X - GM)^2$$

집단내 제곱합을 계산하는 모형이 표 11-6에 나와있다. 이번에는 편차가 전체 평균이 아니라 (수평 선분으로 구분하고 있는) 특정 표본의 평균을 중심으로 하고 있다. 첫 번째 표본의 네 점수에 대해서 표본 평균인 33.25를 뺀다. 예컨대, 첫 번째 점수에 대한 계산은 다음과 같다.

$$(28 - 33.25)^2 = 27.563$$

공식 숙달하기

11-5 : 변량분석에서 전체 제곱합은 다음 공식을 사용하여 계산한다. $SS_{전체} = \Sigma(X - GM)^2$. 모든 점수에서 전체 평균을 뺀 다음에 그 편차를 제곱하고 다시 모든 편차제곱을 합한다.

공식 숙달하기

11-6 : 일원 집단간 변량분석에서 집단내 제곱합은 다음 공식을 사용하여 계산한다. $SS_{집단내} = \Sigma(X - M)^2$. 각 점수에서 집단 평균을 뺀다. 그런 다음에 그 편차를 제곱하고 모든 집단 참가자의 편차제곱을 합한다.

두 번째 표본의 세 점수에 대해서는 표본 평균 35.0을 뺀다. 네 표본 모두에 대해서 이러한 작업을 계속한다. (주 : 새로운 표본으로 넘어갈 때 평균을 바꾸는 것을 잊지 말라!)

일단 모든 편차를 구한 후에는 제곱하고 합하여 집단내 제곱합인 167.419를 계산하는데, 네 번째 열의 아래쪽에 나와있는 수치이다. 각 점수로부터 전체 평균이 아니라 표본 평균을 빼기 때문에, 공식은 다음과 같다.

$$SS_{집단내} = \Sigma(X - M)^2$$

표본크기의 가중치가 어떻게 계산에 반영되는지에 주목하라. 첫 번째 표본은 네 개의 점수를 가지고 있으며 전체 값에 네 개의 편차제곱이 들어간다. 다른 표본들은 단지 세 개의 점수만을 가지고 있기 때문에 세 개의 편차제곱만이 들어간다.

마지막으로, 집단간 제곱합을 계산한다. 이 단계의 목표는 개별 참가자가 아니라 각 집단이 전체 평균으로부터 얼마나 벗어나 있는지를 추정하려는 것이기 때문에, 계산에서 개별 점수가 아니라 평균을 사용한다. 이 연구의 13명 각각에 대해서 그 개인이 속해 있는 집단의 평균으로부터 전체 평균을 뺀다.[*]

표 11-6   집단내 제곱합 계산하기

집단내 제곱합은 각 점수에서 (전체 평균이 아니라) 그 점수가 속한 칸의 평균을 빼서 편차를 구한 다음에, 그 편차를 제곱하고 합하여 계산한다.

사례	X	(X − M)	(X − M)²
수렵채취사회	28	− 5.25	27.563
	36	2.75	7.563
	38	4.75	22.563
$M_{수렵채취} = 33.250$	31	− 2.25	5.063
농경사회	32	− 3.000	9.000
	33	− 2.000	4.000
$M_{농경} = 35.000$	40	5.000	25.000
천연자원사회	47	− 0.333	0.111
	43	− 4.333	18.775
$M_{천연자원} = 47.333$	52	4.667	21.781
산업사회	40	− 4.000	16.000
	47	3.000	9.000
$M_{산업} = 44.000$	45	1.000	1.000
$GM = 39.385$			$SS_{집단내} = $ **167.419**

---

[*] 집단간 제곱합을 위한 간편 공식이 있지만, 각 집단에 동일한 수의 참가자가 있을 때에만 사용할 수 있다. 이 경우에는 각 평균에서 전체 평균을 한 번만 빼면 된다. 각 평균의 편차를 제곱하고 합한 다음에 그 제곱합에다가 각 표본의 참가자 수를 곱한다. 공식은 다음과 같다. $SS_{집단간} = n[\Sigma(M - GM)^2]$. 여기서 n은 각 표본의 참가자 수이다.

예컨대, 첫 번째 사람은 28점이고 '수렵채취'집단에 속해 있는데, 이 집단의 평균은 33.25이다. 전체 평균은 39.385이다. 이 사람의 개인 점수는 무시하고 집단 평균인 33.25에서 전체 평균인 39.385를 빼서 편차 점수 −6.135를 얻는다. 다음 사람도 '수렵채취'집단에 속해 있으며 36점이다. 이 사람의 집단 평균도 33.25이다. 다시 한번 개인의 점수를 무시하고 집단 평균 33.25에서 전체 평균 39.385를 빼서 편차 점수 −6.135를 얻는다.

실제로 표 11-7에서 보는 바와 같이 네 점수 모두 집단 평균 33.25에서 전체 평균 39.385를 뺀다. 표본들을 구분하는 수평 선분을 만나면, 다음 표본 평균을 찾아본다. 다음 표본의 세 점수 모두 표본 평균 35.0에서 전체 평균 39.385를 뺀다.

계산에서 개별 점수는 전혀 포함되지 않고, 단지 표본 평균과 전체 평균만이 관여하고 있다는 사실에 주목하라. 또한 참가자가 네 명인 첫 번째 집단(수렵채취집단)이 단지 세 명의 참가자만 있는 다른 세 집단보다 계산에서 더 많은 가중치를 갖는다는 사실에도 주목하라. 표 11-7의 세 번째 열에는 편차 점수가, 그리고 네 번째 열에는 편차제곱 점수가 들어있다. 네 번째 열 하단에 진하게 적어놓은 집단간 제곱합은 461.643이다. 집단간 제곱합 공식은 다음과 같다.

$$SS_{집단간} = \Sigma(M - GM)^2$$

이제 계산을 확인해볼 시간이다. 계산은 정확하였는가? 집단내 제곱합(167.419)과 집

표 11-7 집단간 제곱합 계산하기

집단간 제곱합은 각 점수에 대해서 표본 평균에서 전체 평균을 빼서 편차를 구한 다음에, 그 편차를 제곱하고 합하여 계산한다. 개별 점수들 자체는 이 계산에 관여하지 않는다.

사례	X	(M − GM)	(M − GM)²
수렵채취사회	28	− 6.135	37.638
	36	− 6.135	37.638
	38	− 6.135	37.638
$M_{수렵채취} = 33.250$	31	− 6.135	37.638
농경사회	32	− 4.385	19.228
	33	− 4.385	19.228
$M_{농경} = 35.000$	40	− 4.385	19.228
천연자원사회	47	7.948	63.171
	43	7.948	63.171
$M_{천연자원} = 47.333$	52	7.948	63.171
산업사회	40	4.615	21.298
	47	4.615	21.298
$M_{산업} = 44.000$	45	4.615	21.298
	GM = 39.385		$SS_{집단간} =$ **461.643**

단간 제곱합(461.643)을 더하여 전체 제곱합(629.074)이 되는지 확인해본다. 그 공식은 다음과 같다.

$$SS_{전체} = SS_{집단내} + SS_{집단간} = 167.419 + 461.643 = 629.062$$

실제로 전체 제곱합 629.074는 두 제곱합 167.419와 461.643을 더한 값 629.062와 거의 같다. (약간의 차이는 반올림에 의한 것이다.)

요약해보자. 전체 제곱합에서는 개별 점수에서 전체 평균을 빼서 편차를 구한다. 집단내 제곱합에서는 개별 점수에서 해당 표본 평균을 빼서 편차를 구한다. 그리고 집단간 제곱합에서는 해당 표본 평균에서 전체 평균을 빼서 편차를 구한다. 집단간 제곱합에서는 실제 점수가 계산에 포함되지 않는다(표 11-8 참조).

이제 이 수치들을 변산원표에 집어넣어 F 통계치를 계산한다. 모든 공식을 나열한 변산원표를 표 11-9에서, 그리고 완성된 변산원표를 표 11-10에서 확인하라. 집단간 제곱합과 집단내 제곱합을 해당 자유도로 나누어서 집단간 변량과 집단내 변량을 구한다. 그 공식은 다음과 같다.

$$MS_{집단간} = \frac{SS_{집단간}}{df_{집단간}} = \frac{461.643}{3} = 153.881$$

표 11-8   변량분석의 세 가지 제곱합

변량분석에서의 계산은 제4장에서 다루었던 편차제곱합에 바탕을 두고 있다. 다음과 같은 세 가지 유형의 제곱합을 계산한다. 즉, 집단간 변량을 위한 제곱합, 집단내 변량을 위한 제곱합, 그리고 전체 변량을 위한 제곱합이다. 일단 세 가지 제곱합을 계산하고 나면, 나머지 계산의 대부분은 단순한 나누기에 불과하다.

제곱합	편차의 계산	공식
집단간	표본 평균에서 전체 평균을 뺀다.	$SS_{집단간} = \Sigma(M - GM)^2$
집단내	각 점수에서 표본 평균을 뺀다.	$SS_{집단내} = \Sigma(X - M)^2$
전체	각 점수에서 전체 평균을 뺀다.	$SS_{전체} = \Sigma(X - GM)^2$

표 11-9   공식으로 나타낸 변산원표

이 표는 F 통계치를 계산하기 위한 공식을 요약하고 있다.

변산원	SS	df	MS	F
집단간	$\Sigma(M - GM)^2$	$N_{집단} - 1$	$\dfrac{SS_{집단간}}{df_{집단간}}$	$\dfrac{MS_{집단간}}{MS_{집단내}}$
집단내	$\Sigma(X - M)^2$	$df_1 + df_2 + \cdots + df_n$	$\dfrac{SS_{집단내}}{df_{집단내}}$	
전체	$\Sigma(X - GM)^2$	$N_{전체} - 1$		

[확장 공식 : $df_{집단내} = (N_1 - 1) + (N_2 - 1) + \cdots + (N_n - 1)$]

표 11-10 완성된 변산원표

일단 제곱합과 자유도를 계산하면, 나머지는 단순한 나누기에 불과하다. 처음 두 열의 수치를 사용하여 변량과 F 통계치를 계산한다. 집단간 제곱합과 집단내 제곱합을 해당 자유도로 나누어서 집단간 변량과 집단내 변량을 구한다. 그런 다음에 집단간 변량을 집단내 변량으로 나누어서 F 통계치 8.27을 얻는다.

변산원	SS	df	MS	F
집단간	461.643	3	153.881	**8.27**
집단내	167.419	9	18.602	
전체	629.074	12		

$$MS_{집단내} = \frac{SS_{집단내}}{df_{집단내}} = \frac{167.419}{9} = 18.602$$

그런 다음에 집단간 변량을 집단내 변량으로 나누어 F 통계치를 계산한다. 표 11-9에서 진한 글씨로 나타낸 공식은 다음과 같다.

$$F = \frac{MS_{집단간}}{MS_{집단내}} = \frac{153.881}{18.602} = 8.27$$

결정 내리기

앞 절에서는 변량분석의 가설검증 여섯 단계 중에서 단계 2부터 5까지를 마무리하였다. 이제 가설검증을 마무리하기 위하여 단계 1과 6으로 되돌아왔다.

단계 1: 변량분석은 참가자들을 변량이 동일한 전집에서 선택하였다고 가정한다. SPSS와 같은 통계 소프트웨어는 전체 데이터를 분석하는 과정에서 이 가정을 검증한다. 지금은 표 11-6의 집단내 제곱합 계산에서 마지막 열을 사용할 수 있다. 변량은 제곱합

표 11-11 표본의 변량 계산하기

표본크기에서 1을 뺀 값으로 각 제곱합을 나누어 표본의 변량을 계산함으로써 변량분석의 등변량 가정을 확인한다. 지금의 사례처럼 표본크기가 동일하지 않을 때는 가장 큰 변량(이 사례에서는 20.917)이 가장 작은 변량(이 사례에서는 13.0)보다 두 배 이상 크지 않아야 한다. 13.0의 두 배인 26.0은 20.917보다 크기 때문에 이 가정을 만족한다.

표본	수렵채취	농경	천연자원	산업
편차제곱	27.563	9.000	0.111	16.000
	7.563	4.000	18.775	9.000
	22.563	25.000	21.781	1.000
	5.063			
제곱합	62.752	38.000	40.667	26.000
N − 1	3	2	2	2
변량	**20.917**	**19.000**	**20.334**	**13.000**

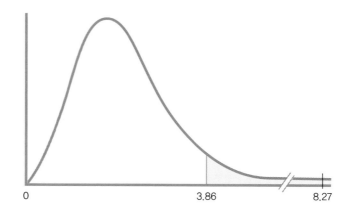

그림 11-4

F 분포에서 결정 내리기
표본에서 계산한 F 통계치를 F 분포의 임곗값과 비교한다. 검증통계치가 임곗값을 넘어서면 영가설을 기각한다. 여기서 F 통계치 8.27은 임곗값 3.86을 넘어서기 때문에, 영가설을 기각할 수 있다.

11-10 : F 통계치 공식은 다음과 같다.

$$F = \frac{MS_{집단간}}{MS_{집단내}}$$

집단간 평균제곱을 집단내 평균제곱으로 나누어준다.

을 표본크기에서 1을 뺀 값으로 나누어 계산한다. 각 표본에서 편차제곱을 더한 다음에 표본크기에서 1을 뺀 값으로 나눈다. 표 11-11은 네 표본 각각에서 변량의 계산을 보여주고 있다. 가장 큰 변량 20.917이 가장 작은 변량 13.0보다 두 배 이상 크지 않기 때문에, 등변량의 가정을 만족하였다.

단계 6 : 이제 검증통계치를 단계 4에서 확인한 임계치인 3.86과 비교한다. 앞에서 계산한 F 통계치는 8.27이었으며, 그림 11-4는 이 값이 임곗값을 넘어서는 것을 보여준다. 영가설을 기각할 수 있다. 특정 유형의 사회에 살고 있는 사람이 다른 유형의 사회에 살고 있는 사람보다 평균적으로 더 공정한 것으로 보인다. 무엇보다도 여러분이 첫 번째 변량분석 관문을 통과한 것을 축하하는 바이다! 통계 소프트웨어가 이 모든 계산을 해줄 것이지만, 컴퓨터가 이 모든 수치를 어떻게 내놓게 되는지를 이해하는 것은 여러분의 전반적 이해력에 도움을 준다.

그런데 변량분석은 최소한 하나의 평균이 최소한 다른 하나의 평균과 다르다고만 결론 내릴 수 있게 해줄 뿐이다. 다음 절에서는 어느 집단들이 서로 다른지를 결정하는 방법을 다룬다.

요약 : 영가설을 기각한다. 공정성 수준은 살고 있는 사회의 유형에 따라 다른 것으로 보인다. 과학 저널에는 이 통계치들을 z나 t 통계치와 유사한 방식으로 제시하지만, 집단간과 집단내의 개별 자유도를 괄호에 적는다. $F(3, 9) = 8.27$, $p < 0.05$. (주 : 통계 소프트웨어를 가지고 변량분석을 실시할 때는 실제 p 값을 보고하라.)

학습내용 확인하기

개념의 개관

> 일원 집단간 변량분석은 제7장에서 학습한 것과 동일한 가설검증 여섯 단계를 사용하지만, 단계 3과 5에 몇 가지 사소한 차이가 있다.

> 단계 3에서는 단지 비교분포만을 언급하고, 집단간 변량과 집단내 변량의 각기 상이한 유형의 자유도를 제시한다.

개념의 개관 (계속)

> 단계 5에서 결과를 정리하는 변산원표를 사용하여 계산을 마무리한다. 첫째, 평균 간 차이에 근거하여 전집 변량을 추정한다(집단간 변량). 둘째, 각 표본 내 변량의 가중 평균을 계산하여 전집 변량을 추정한다(집단내 변량).

> 변산성 계산은 표본 평균과 전체 평균을 포함한 여러 가지 평균을 필요로 한다.

> 집단간 변량을 집단내 변량으로 나누어 F 통계치를 계산한다.

> F 통계치에 근거하여 결론을 내리기에 앞서, 등변량 가정이 만족되는지를 확인한다. 가장 큰 변량이 가장 작은 변량보다 두 배 이상 크지 않으면 이 가정은 만족된다.

개념의 숙달

11-5 임곗값을 넘어서는 F 통계치가 알려주는 것은 무엇이며, 알려주지 않는 것은 무엇인가?

11-6 $SS_{집단간}$ 계산에서 일차적으로 적용하는 빼기는 무엇인가?

통계치의 계산

11-7 집단간 설계에서 다음 데이터의 자유도를 계산하라.

집단 1 : 37, 30, 22, 29
집단 2 : 49, 52, 41, 39
집단 3 : 36, 49, 42

a. $df_{집단간} = N_{집단} - 1$

b. $df_{집단내} = df_1 + df_2 + \cdots + df_n$

c. $df_{전체} = df_{집단간} + df_{집단내}$ 또는 $df_{전체} = N_{전체} - 1$

11-8 앞의 데이터를 사용하여 전체 평균을 구하라.

11-9 앞의 데이터를 사용하여 다음 각 유형의 제곱합을 계산하라.

a. 전체 제곱합

b. 집단내 제곱합

c. 집단간 제곱합

11-10 모든 계산결과를 사용하여 ANOVA 변산원표를 작성하라.

개념의 적용

11-11 위에 제시한 데이터를 위한 맥락을 만들어보자. 홀론 등(Hollon et al., 2002)은 약물치료, 전기충격치료, 심리치료, 가짜약 치료 등을 포함하여 우울증 치료법들의 효율성을 개관하였다. 다음 데이터는 심리치료에 관하여 연구자들이 제시한 기본 결과를 재구성한 것이다. 각 집단은 상이한 심리치료를 받은 사람들을 나타낸다. 여기 제시한 점수는 사람들이 치료에 반응을 보인 정도를 나타내며, 점수가 높을수록 치료의 더 큰 효율성을 나타낸다.

집단 1(정신역동 치료법) : 37, 30, 22, 29
집단 2(대인관계 치료법) : 49, 52, 41, 39
집단 3(인지행동 치료법) : 36, 49, 42

a. 이 연구의 가설을 언어표현으로 진술하라.

b. 변량분석의 가정들을 확인해보라.

c. F의 임곗값을 결정하라. 위에서 수행한 계산을 사용하여, 이 치료법들에 대한 영가설에 관하여 결정을 내려라.

학습내용 확인하기의 답은 부록 D에서 찾아볼 수 있다.

일원 집단간 변량분석을 통한 가설검증 넘어서기

핸즈프리 휴대폰으로 통화하면서 운전하는 것이 조수석에 앉아있는 사람과 대화하면서 운전하는 것보다 정말로 더 위험한가? 공정성에 대한 기대는 사회 유형에 따라 다른가? 가설검증은 이러한 물음에 답하는 좋은 출발점이다. (1) z 검증과 t 검증에서와 마찬가지로 효과크기를 계산하고 (2) 정확하게 어느 집단들이 서로 유의한 차이를 보이는지를 결정하기 위한 사후검증을 실시함으로써, 더욱 구체적인 답을 얻을 수 있다.

R^2, 변량분석의 효과크기

제8장에서 코헨의 d를 사용하여 어떻게 효과크기를 계산하는지를 알아보았다. 그렇지만 코헨의 d는 z 검증이나 t 검증과 같이, 하나의 평균에서 다른 평균을 빼는 경우에만 적용할 수 있다. 변량분석에서는 R^2을 계산하는데, 이것은 **독립변인으로 설명할 수 있는 종속변인 변량의 비율**이다. 또한 η^2('에타 제곱')이라고 부르는 유사한 통계치도 계산할 수 있다. η^2은 R^2과 똑같은 방식으로 해석할 수 있다.

F 통계치와 마찬가지로 R^2도 비(ratio)이다. 그렇지만 R^2은 모든 변량 중에서 독립변인으로 설명할 수 있는 변량의 비율을 계산한다. R^2 공식에서 분자는 오직 평균들 간의 변산성을 나타내는 집단간 제곱합 $SS_{집단간}$만을 사용한다. 분모는 전체 변산(집단간 변산과 집단내 변산) $SS_{전체}$를 사용한다. 공식은 다음과 같다.

$$R^2 = \frac{SS_{집단간}}{SS_{전체}}$$

사례 11.2

위 공식을 상이한 사회 유형에 따른 공정성 결과에 수행하였던 변량분석에 적용해보자. 앞서 작성하였던 변산원표의 통계치들을 사용하여 R^2을 계산할 수 있다.

$$R^2 = \frac{SS_{집단간}}{SS_{전체}} = \frac{461.643}{629.074} = 0.73$$

표 11-12는 코헨의 d와 마찬가지로, 효과크기가 작은지 중간 정도인지 아니면 큰지를 나타내는 코헨의 관례를 나타내고 있다. 여기서 계산한 0.73의 R^2은 큰 값이다. 이것은 놀랄 일이 아니다. 표본크기가 작음에도 영가설을 기각할 수 있으려면, 효과크기가 커야만 한다. 비율에 100을 곱하여 우리에게 더 친숙한 백분율, 즉 퍼센티지로 변환시킬 수도 있다.

그렇게 하면 구체적으로 종속변인 변량의 몇 퍼센트를 독립변인이 설명하는지를 말할 수 있게 된다. 이 사례에서는 공유하는 변산의 73%가 사회 유형에 달려있다고 말할 수 있다. (전반적인 결과패턴은 실제 연구에서의 패턴과 일치하지만, 실제 효과크기는 0.73

R^2은 독립변인으로 설명할 수 있는 종속변인 변량의 비율이다.

표 11-12	효과크기 R^2에 대한 코헨의 관례

통계학자들이 관례라고 부르는 다음 지침은 연구자들이 효과의 중요성을 결정하는 것을 도와주려는 것이다. 이 수치들은 임곗값이 아니다. 결과를 해석하는 것을 도와주려는 개략적인 지침일 뿐이다.

효과크기	관례
작다	0.01
중간	0.06
크다	0.14

보다 작았다.) ●

사후검증

통계적으로 유의한 F 통계치는 연구에서 어디엔가 차이가 존재한다는 사실을 의미한다. R^2은 차이가 크다는 사실을 알려주지만, 어느 평균 쌍이 이러한 효과를 나타내는지를 여전히 알지 못한다. 이 문제를 해결하는 쉬운 방법이 있다. 그래프를 그려보는 것이다. 그래프는 어느 평균이 서로 다른 것인지를 시사해주지만, 그 차이는 여전히 사후검증으로 확인해볼 필요가 있다. **사후검증**(post hoc test)은 변량분석에서 영가설을 기각한 후에 흔히 수행하는 통계절차이며, 여러 가지 평균 간에 다양한 비교를 할 수 있게 해준다. 이러한 사후검증을 흔히 추수검증(follow-up test)이라고도 부른다. (영가설을 기각하는 데 실패하면 사후검증을 실시하지 않는다. 평균들 간에 통계적으로 유의한 차이가 없다는 사실을 이미 알기 때문이다.)

예컨대, 공정성 연구가 다음과 같은 평균점수들을 내놓았다고 해보자. 수렵채취, 33.25; 농경, 35.0; 산업, 44.0; 그리고 천연자원, 47.333. 변량분석은 영가설을 기각하도록 알려주었기 때문에, 이 데이터 집합에는 무슨 일인가 벌어지고 있는 것이다. (가장 높은 점수에서 가장 낮은 점수로 배열한) 파레토차트와 사후검증은 통계적으로 유의한 변량분석 어디에서 무슨 일이 일어났는지를 알려주게 된다.

그림 11-5의 그래프는 가능성들을 생각하도록 도와준다. 예컨대, 산업사회와 천연자원사회 사람들이 수렵채취사회나 농경사회 사람들보다 평균적으로 높은 수준의 공정

사후검증은 변량분석에서 영가설을 기각한 후에 흔히 수행하는 통계절차이며, 여러 가지 평균 간에 다양한 비교를 할 수 있게 해준다. 흔히 추수검증이라고도 한다.

그림 11-5

공정성의 측면에서 어떤 유형의 사회가 차이를 보이는가?

이 그래프는 네 가지 상이한 유형의 사회에 살고 있는 사람들의 평균 공정성 점수를 나타내고 있다. 변량분석을 실시하고 영가설을 기각한다. 어딘가에 차이가 있다는 사실만을 알 뿐, 그 차이가 어디에 위치하는지는 알지 못한다. 그래프에서 평균들을 살펴봄으로써 여러 가지 가능한 차이의 조합을 볼 수 있다. 사후검증은 어느 특정한 평균 쌍이 상호 간에 다른지를 알 수 있게 해준다.

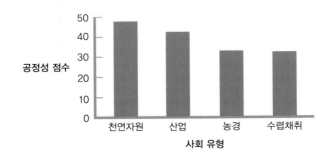

투키 HSD 검증은 표준오차를 가지고 평균 간 차이를 결정하는 널리 사용하는 사후검증법의 하나로, HSD를 임곗값에 비교한다. q 검증이라고도 부른다.

성을 나타낼 수 있다(집단 1과 2 대 집단 3과 4). 또는 천연자원사회 사람들이 오직 수렵채취사회 사람들보다 평균적으로 높을 수도 있다(집단 1 대 집단 4). 네 집단 모두가 평균적으로 서로 다를는지도 모른다. 너무나 다양한 가능성이 존재하기 때문에 통계적으로 타당한 결론에 도달하기 위해서는 사후검증이 필요하다. 수많은 사후검증이 존재하며, 대부분은 제작자의 이름을 붙이고 있는데, 제작자들은 본페로니(Bonferroni), 셰페(Scheffé), 투키(Tukey) 등과 같이 옛날이야기에 나올 것 같은 멋진 이름을 가지고 있다. 여기서는 투키 HSD 검증에 초점을 맞춘다.

투키 HSD 검증

투키 HSD 검증(Tukey HSD Test)은 표준오차를 가지고 평균 간 차이를 결정하는 널리 사용하는 사후검증법의 하나로, HSD를 임곗값에 비교한다. 투키 HSD 검증(q 검증이라고도 부른다)에서 HSD는 '진정으로 유의한 차이(honestly significant difference)'를 의미하는데, '정말로' 존재하는 차이를 확인해내는 다중비교를 가능하게 해주기 때문이다.

투키 HSD 검증에서는 (1) 각 평균 쌍 간의 차이를 계산하고, (2) 각 차이를 표준오차로 나눈 다음에, (3) 각 평균 쌍의 HSD를 임곗값(부록 B에 나와있는 q 값)과 비교하여 영가설을 기각할 만큼 평균들이 다른지를 결정한다. 투키 HSD 검증의 공식은 어느 것이든 두 표본 평균에 대한 z 검증이나 t 검증의 변형이다.

$$HSD = \frac{(M_1 - M_2)}{s_M}$$

표준오차 공식은 다음과 같다.

$$s_M = \sqrt{\frac{MS_{집단내}}{N}}$$

여기서 N은 모든 표본이 동일한 수의 참가자를 가지고 있다고 가정할 때 각 집단의 표본크기이다.

사회 유형의 사례처럼, 표본크기가 다를 때는 표준오차를 계산하기에 앞서 조화평균(harmonic mean)이라고 알려진 가중 표본크기를 계산하여야 하며, N'('N 프라임'이라고 읽는다)으로 적는다.

$$N' = \frac{N_{집단}}{\Sigma(1/N)}$$

공식 숙달하기

11-12 : 투키 HSD 검증을 실시하려면, 우선 표준오차를 계산한다.

$$s_M = \sqrt{\frac{MS_{집단내}}{N}}$$

$MS_{집단내}$를 표본크기로 나누고 평방근을 취한다. 그렇게 되면 각 평균 쌍의 HSD를 다음과 같이 계산할 수 있다.

$$HSD = \frac{(M_1 - M_2)}{s_M}$$

각 평균 쌍에서 하나에서 다른 하나를 빼고 앞에서 계산한 표준오차로 나눈다.

공식 숙달하기

11-13 : 표본크기가 상이한 변량분석을 실시할 때는 조화평균 N'을 계산하여야 한다.

$$N' = \frac{N_{집단}}{\Sigma(1/N)}$$

각 집단에서 1을 집단크기로 나눈 값을 모두 합한 다음에, 집단의 수를 그렇게 합한 값으로 나눈다.

사례 11.3

집단의 수(분자)를 각 집단의 표본크기로 1을 나눈 값들의 합(분모)으로 나누어 N'을 계산한다. 수렵채취사회에 네 명의 참가자가 있고 나머지 세 유형의 사회에는 세 명의 참가자가 있는 사례에 공식을 적용하면 다음과 같다.

$$N' = \frac{4}{\left(\dfrac{1}{4} + \dfrac{1}{3} + \dfrac{1}{3} + \dfrac{1}{3}\right)} = \frac{4}{1.25} = 3.20$$

표본크기가 동일하지 않을 때는 N 대신에 N'에 근거한 표준오차 공식을 사용한다.

$$s_M = \sqrt{\frac{MS_{집단내}}{N'}} = \sqrt{\frac{18.602}{3.20}} = 2.411$$

이제 간단한 빼기를 사용하여 각 평균 쌍의 HSD를 계산한다. 무엇을 무엇으로 빼느냐는 중요하지 않다. 예컨대, 농경사회 평균에서 수렵채취사회 평균을 뺄 수도 있고 그 반대일 수도 있다. 어느 평균에서 어느 평균을 빼느냐는 임의적인 결정이기 때문에 음양 부호는 무시해도 무방하다.

수렵채취(33.250) 대 농경(35.000)

$$HSD = \frac{(33.250 - 35.000)}{2.411} = -0.73$$

수렵채취(33.250) 대 천연자원(47.333)

$$HSD = \frac{(33.250 - 47.333)}{2.411} = -5.84$$

수렵채취(33.250) 대 산업(44.000)

$$HSD = \frac{(33.250 - 44.000)}{2.411} = -4.46$$

농경(35.000) 대 천연자원(47.333)

$$HSD = \frac{(35.000 - 47.333)}{2.411} = -5.12$$

농경(35.000) 대 산업(44.000)

$$HSD = \frac{(35.000 - 44.000)}{2.411} = -3.73$$

천연자원(47.333) 대 산업(44.000)

$$HSD = \frac{(47.333 - 44.000)}{2.411} = 1.38$$

이제 필요한 것은 부록 B의 q 점수표(표 11-13에 일부분을 발췌)에서 임곗값을 찾아서 HSD를 비교하는 것이다. 비교할 평균의 수(독립변인 수준의 수)가 q 점수표 상단 행에 들어있으며, 집단내 자유도가 좌측 열에 나와있다. 우선 좌측 열을 따라서 검증을 위

표 11-13	q 점수표의 일부분

F 점수표와 마찬가지로, 비교할 평균의 수와 집단내 자유도에 근거하여 주어진 알파수준에서의 임곗값을 결정하는 데 q 점수표를 사용한다. 알파가 0.05일 때와 0.01일 때의 임곗값에 주목하라.

집단내 자유도	알파	k = 처치(수준)의 수		
		··· 3	4	5 ···
⋮				
8	0.05	4.04	4.53	4.89
	0.01	**5.64**	**6.20**	**6.62**
9	0.05	3.95	4.41	4.76
	0.01	**5.43**	**5.96**	**6.35**
10	0.05	3.88	4.33	4.65
⋮	**0.01**	**5.27**	**5.77**	**6.14**

한 집단내 자유도가 9인 행을 찾는다. 그런 다음에 그 행을 따라서 비교할 평균의 수인 4 아래의 수치를 찾는다. 0.05의 알파에서 임곗값 q는 4.41이다. 여기서도 HSD의 음양부호는 문제가 되지 않는다. 이것은 양방검증이며, 4.41을 상회하거나 −4.41을 하회하는 HSD는 통계적으로 유의한 것으로 간주하게 된다.

q 점수표는 HSD가 −4.41의 임계치를 넘어서는 3개의 차이(−5.84, −4.46, −5.12)가 통계적으로 유의함을 나타내고 있다. 수렵채취사회 사람들이 천연자원사회와 산업사회 사람들보다 평균적으로 덜 공정한 것으로 보인다. 덧붙여서 농경사회 사람들이 천연자원사회 사람들보다 평균적으로 덜 공정하다. 다른 평균 쌍들에 대해서는 영가설을 기각하지 못하였기 때문에, 그 평균 쌍들이 다른지를 결정하기에는 증거가 충분하지 못하다고 결론 내릴 수밖에 없다.

무엇이 이러한 차이를 설명해주겠는가? 연구자들은 먹거리를 구입하는 사람들이 시장에서 다른 사람들과 일상적으로 교류하는 것을 관찰하고는, 높은 수준의 시장 교류가 높은 수준의 공정성과 관련되어 있다고 결론지었다(Henrich et al., 2010). 서로 알지 못하는 사람들끼리 협력하는 교류가 요구되는 시장에서는 공정성의 사회적 규범이 발달하게 된다는 것이다.

이러한 결과를 얼마나 신뢰할 수 있겠는가? 신뢰도 부여에는 신중을 기하고, 반복연구의 수행을 권장한다. 연구자들은 사람들을 특정 사회에 살도록 무선할당할 수 없었기 때문에, 제3변인이 시장 교류와 공정성 간의 관계를 설명해줄 수도 있다. ●

학습내용 확인하기

개념의 개관

> 다른 가설검증에서와 마찬가지로, 변량분석을 실시할 때에도 효과크기 측정치를 계산할 것을 권장한다. 변량분석에서 가장 보편적으로 보고하는 효과크기는 R^2이다.

> 변량분석에서 영가설을 기각할 수 있다고 하더라도, 끝난 것이 아니다. 투키 HSD 검증과 같은 사후검증을 수행하여 정확하게 어느 평균 쌍이 상호 간에 통계적으로 유의한 차이를 보이는지를 결정해야 한다.

> 표본크기가 동일하지 않은 표본들에 투키 HSD 검증을 실시할 때는 N'이라고 부르는 가중 표본크기를 계산할 필요가 있다.

개념의 숙달

11-12 언제 투키 HSD 검증과 같은 사후검증을 실시하는가? 그리고 이것이 알려주는 것은 무엇인가?

11-13 R^2을 어떻게 해석하겠는가?

통계치의 계산

11-14 어느 연구자가 반응시간이 학년에 따라 변하는지에 관심이 있다고 가정해보자. 4학년생 10명, 5학년생 12명, 6학년생 13명의 반응시간을 측정한 후에, 변량분석을 실시하니 $SS_{집단간}$이 336.360이고 $SS_{전체}$가 522.782이었다.

a. R^2을 계산하라.

b. 이 R^2을 해석하는 문장을 작성하라. 반드시 이 연구에서 기술한 독립변인과 종속변인의 측면에서 작성하라.

11-15 만일 위의 연구자가 변량분석을 실시한 후에 영가설을 기각하고 투키 HSD 사후검증을 실시하고자 한다면, 비교를 위한 q 통계치의 임곗값은 얼마가 되겠는가?

개념의 적용

학습내용 확인하기의 답은 부록 D에서 찾아볼 수 있다.

11-16 학습내용 확인하기 11-11에서 분석한 데이터에 투키 HSD 사후검증을 수행하라. 어느 비교에서 영가설을 기각하겠는가?

11-17 학습내용 확인하기 11-11에서 분석한 데이터에서 효과크기를 계산하고 그 의미를 해석하라.

일원 집단내 변량분석

지금까지는 독립표본 t 검증의 다중집단 버전에 해당하는 일원 집단간 변량분석을 실시하는 방법을 알아보았다. 또한 일원 집단간 변량분석에서 효과크기를 계산하고 사후검증을 실시하는 방법도 알아보았다. 다음 두 절은 동일한 아이디어를 다루지만, 이제는 대응표본 t 검증의 다중집단 버전에 해당하는 일원 집단내 변량분석(반복측정 변량분석이라고도 부른다)을 다룬다. 일원 집단간 변량분석에서와 마찬가지로, 일원 집단내 변량분석에서 효과크기를 계산하고 사후검증을 실시하는 방법도 알아본다. 집단간 설계가 집단내 설계와 어떻게 다른지를 이해하고 있다면, 여러분은 이미 관련된 핵심 개념을 이해하고 있는 것이다.

사례 11.4

미각 검사에 참여한 적이 있는가? 만일 그렇다면, 여러분은 집단내 실험의 참가자이었을 것이다. 20여 년 전 값비싼 수제 맥주가 북미에서 유행하기 시작하였을 때, 맥주 애호가인 기자 제임스 팔로스는 맥주 한 병에 점차 더 많은 액수를 지불하고 있는 자신을 발견하였다. 그는 이렇게 비싼 맥주가 제값을 하고 있는 것인지가 궁금하였다. 그래서 자칭 맥주 전문가인 동료 12명을 대상으로 어떤 맥주가 비싼 것인지 아니면 싼 것인지 말할 수 있는지를 알아보기 위한 미각 검사를 실시하였다(Fallows, 1999).

팔로스는 미국 어디에서나 구할 수 있으며 가격에 근거하여 고가, 중가, 그리고 저가라는 세 집단으로 범주화할 수 있는 맥주들을 자칭 맥주 전문가들인 동료들이 구분할 수 있는지를 알아보고자 하였다. 모든 맥주를 라거맥주 중에서 선택한 이유는 모든 가격대에 해당하는 맥주가 있기 때문이었다. 여기 다섯 참가자의 데이터, 즉 각 맥주 범주에 대한 101점 척도에서의 평균점수가 있다.

참가자	저가 맥주	중가 맥주	고가 맥주
1	40	30	53
2	42	45	65
3	30	38	64
4	37	32	43
5	23	28	38

개념 숙달하기

11-5 : 적어도 세 개의 수준을 가지고 있는 하나의 독립변인, 척도변인인 하나의 종속변인, 그리고 모든 집단에 포함되는 참가자들이 있을 때 일원 집단내 변량분석을 사용한다.

집단내 변량분석의 이점

팔로스는 전반적 결과만을 보고하였다. 만일 가설검증을 실시하였더라면, 일원 집단내 변량분석을 사용하였을 것이다. 이것은 셋 이상의 수준(저가, 중가, 고가)을 가지고 있는 명목변인이거나 서열변인인 하나의 독립변인(맥주의 종류)과 척도변인인 종속변인(맥주의 평가) 그리고 독립변인의 모든 수준을 경험하는 참가자(모든 참가자는 모든 범주의 맥주를 맛본다)들이 있을 때 적절한 통계검증이다.

집단내 설계의 멋진 점은 모든 집단이 동일한 참가자들을 포함하고 있기 때문에 집단 간 차이에 따른 오류가 줄어든다는 것이다. 맥주 연구는 개인의 입맛 선호도, 주량, 평가에 비판적이거나 관대한 성향 등의 영향을 받지 않을 수 있었다. 집단내 설계는 집단에 따른 사람들 간의 차이와 연합된 집단내 변산을 감소시킬 수 있게 해준다. 집단내 변산성이 낮다는 것은 F 통계치 공식의 분모가 작음으로 인해서 영가설을 기각하기 쉽게 만들어준다는 것을 의미한다.

가설검증의 여섯 단계

맥주 미각 검사 데이터를 사용하여 다른 통계검증에도 사용해왔던 가설검증의 여섯 단계를 진행한다.

단계 1 : 전집, 비교분포, 가정을 확인한다.

일원 집단내 변량분석은 일원 집단간 변량분석에 비해서 한 가지 부가적인 가정을 요구한다. 즉, 순서효과를 피하도록 조심해야만 한다는 것이다. 맥주 연구에서 순서가 참가자의 판단에 영향을 미칠 수 있는 까닭은 모든 참가자가 동일한 순서로 맥주를 맛보기 때문이다. 어떤 종류의 맥주를 맛보든지 간에 처음 한 모금이 최고일 것이다. 이상적이라면 팔로스는 역균형화를 사용하여 참가자들이 상이한 순서로 맥주를 맛보도록 했어야 한다.

사례 11.5

요약 : 전집 1 : 저가 맥주를 마시는 사람들. 전집 2 : 중가 맥주를 마시는 사람들. 전집 3 : 고가 맥주를 마시는 사람들.

비교분포와 가설검증 : 비교분포는 F 분포이다. 가설검증은 일원 집단내 변량분석이다.

가정 : (1) 참가자들을 무선선택하지 않았기 때문에, 일반화할 때 신중을 기해야 한다. (2) 전집이 정상분포를 이루고 있는지를 알지 못하지만 표본 데이터가 심각한 편중성을 나타내지는 않는다. (3) 검증통계치를 계산한 후에 가장 큰 변량이 가장 작은 변량보다 두 배 이상 큰지 확인함으로써 동변산성 가정을 검증한다. (4) 실험자가 역균형화를 실시하지 않았기 때문에 순서효과가 있을 수 있다.

단계 2 : 영가설과 연구가설을 진술한다.

이 단계는 일원 집단간 변량분석의 단계와 동일하다.

요약 : 영가설 : 가격에 관계없이 맥주를 마시는 사람들은 맥주를 평균적으로 동일하게 평정한다. $H_0 : \mu_1 = \mu_2 = \mu_3$. 연구가설 : 가격이 다른 맥주를 마시는 사람들은 평균적으로 그 맥주를 동일하게 평정하지 않는다. H_1은 적어도 하나의 μ는 다른 μ와 다르다는 것이다.

단계 3 : 비교분포의 특성을 결정한다.

비교분포는 F 분포이며, 자유도를 결정해야 한다. 여기서는 네 가지 유형의 자유도, 즉 집단간 자유도, 참가자 자유도, 집단내 자유도, 그리고 전체 자유도를 계산한다. 참가자 자유도는 참가자 간 차이의 제곱합, 즉 참가자 제곱합인 $SS_{참가자}$에 해당하는 자유도이다. 일원 집단내 변량분석에서는 집단간 자유도와 참가자 자유도를 우선 계산하게 되는데, 그 까닭은 이 둘을 곱하여 집단내 자유도를 계산하기 때문이다.

> **개념 숙달하기**
>
> **11-6 :** 일원 집단내 변량분석에서 계산은 일원 집단간 변량분석에서의 계산과 유사하지만, 집단간, 집단내, 전체 제곱합에 덧붙여 참가자 제곱합을 계산하게 된다. 참가자 제곱합은 집단에 걸쳐 참가자들의 차이와 연관된 변산을 제거함으로써 집단내 제곱합을 감소시킨다.

집단간 자유도는 앞에서와 똑같이 계산한다.

$$df_{집단간} = N_{집단} - 1 = 3 - 1 = 2$$

그다음에는 $SS_{참가자}$에 해당하는 자유도를 계산한다. $df_{참가자}$는 데이터의 수가 아니라 실제 참가자의 수에서 1을 빼서 계산한다. 소문자 n을 사용하여 이것이 단일 표본에 들어있는 참가자의 수임을 나타낸다. 공식은 다음과 같다.

$$df_{참가자} = n - 1 = 5 - 1 = 4$$

일단 집단간 자유도와 참가자 자유도를 알게 되면, 둘을 곱해서 집단내 자유도를 계산한다.

$$df_{집단내} = (df_{집단간})(df_{참가자}) = (2)(4) = 8$$

집단내 자유도가 일원 집단간 변량분석에서 계산하였던 것보다 작은 것에 주목하라. 일원 집단간 변량분석에서는 각 표본에서 1을 빼고는($5 - 1 = 4$) 모두 더해서 12를 얻었다. 집단내 자유도가 작은 까닭은 집단내 제곱합에서 참가자 간의 차이와 관련된 변산성을 배제시켰기 때문이며, 자유도는 그 사실을 반영해야만 한다.

마지막으로 전체 자유도는 앞서 공부하였던 방식 중 하나를 사용하여 계산한다. 즉 다른 자유도들을 모두 합할 수 있다.

$$df_{전체} = df_{집단간} + df_{참가자} + df_{집단내} = 2 + 4 + 8 = 14$$

아니면 앞에서 배웠던 두 번째 공식을 사용하여, 참가자 개인이 아니라 참가자들의 전체 수를 데이터 포인트로 취급할 수 있다. 물론 다섯 명의 참가자가 독립변인의 세 수준 모두에 참가하였다는 사실을 알고 있지만, 이 단계에서는 15개의 전체 데이터 포인트를 계산에 포함시킨다.

$$df_{전체} = N_{전체} - 1 = 15 - 1 = 14$$

변산원표에 포함될 네 가지 자유도를 계산하였다. 그렇지만 이 단계에서는 집단간 자유도와 집단내 자유도만을 보고한다.

요약 : 2와 8의 자유도를 갖는 F 분포를 사용한다.

단계 4 : 임곗값을 결정한다. 네 번째 단계는 일원 집단간 변량분석의 단계와 동일하다. 집단간 자유도와 집단내 자유도를 사용하여 부록 B의 F 점수표에서 임곗값을 찾는다.

요약 : 알파가 0.05이고 자유도가 2와 8인 F 통계치의 임곗값은 4.46이다.

단계 5 : 검증통계치를 계산한다. 앞에서와 마찬가지로, 다섯 번째 단계에서 검증통계치를 계산한다. 우선 네 개의 제곱합, 즉 집단간, 참가자, 집단내, 그리고 전체 제곱합을 계산한다. 각 제곱합에서 두 가지 상이한 유형의 평균이나 점수 간의 편차를 계산하고 제곱한 다음에 그 편차제곱을 합한다. 모든 점수에 대해 편차제곱을 계산한다. 따라서 이 사례의 각 제곱합에서는 15개의 편차제곱을 합하게 된다.

일원 집단간 변량분석에서와 마찬가지로, 전체 제곱합 $SS_{전체}$로부터 출발해보자. 앞에서와 똑같은 방식으로 계산한다.

$$SS_{전체} = \Sigma(X - GM)^2 = 2,117.732$$

맥주 유형	평가(X)	X − GM	(X − GM)²
저가	40	− 0.533	0.284
저가	42	1.467	2.152
저가	30	− 10.533	110.944
저가	37	− 3.533	12.482
저가	23	− 17.533	307.406
중가	30	− 10.533	110.944
중가	45	4.467	19.954
중가	38	− 2.533	6.416
중가	32	− 8.533	72.812
중가	28	− 12.533	157.076
고가	53	12.467	155.426
고가	65	24.467	598.634
고가	64	23.467	550.700
고가	43	2.467	6.086
고가	38	− 2.533	6.416
GM = 40.533			Σ(X − GM)² = 2,117.732

이제 집단간 제곱합을 계산한다. 이것도 일원 집단간 변량분석에서와 동일하다.

$$SS_{집단간} = \Sigma(M - GM)^2 = 1,092.130$$

맥주 유형	평가(X)	집단 평균(M)	M − GM	(M − GM)²
저가	40	34.4	− 6.133	37.614
저가	42	34.4	− 6.133	37.614
저가	30	34.4	− 6.133	37.614
저가	37	34.4	− 6.133	37.614
저가	23	34.4	− 6.133	37.614
중가	30	34.6	− 5.933	35.200
중가	45	34.6	− 5.933	35.200
중가	38	34.6	− 5.933	35.200
중가	32	34.6	− 5.933	35.200
중가	28	34.6	− 5.933	35.200

(계속)

맥주 유형	평가(X)	집단 평균(M)	M − GM	(M − GM)²
고가	53	52.6	12.067	145.612
고가	65	52.6	12.067	145.612
고가	64	52.6	12.067	145.612
고가	43	52.6	12.067	145.612
고가	38	52.6	12.067	145.612
	GM = 40.533			Σ(M − GM)² = 1,092.130

11-18 : 일원 집단내 변량분석에서 참가자 제곱합은 다음 공식을 사용하여 계산한다. $SS_{참가자} = \Sigma(M_{참가자} - GM)^2$. 각 점수에 대해서 한 참가자가 나타낸 모든 반응의 평균에서 전체 평균을 빼고, 그 편차를 제곱한다. 이 계산에서 실제 점수를 사용하지 않음에 주목하라. 모든 편차제곱을 합한다.

지금까지는 일원 집단내 변량분석에서 제곱합 계산이 일원 집단간 변량분석에서와 동일하였다. 참가자 제곱합과 집단내 제곱합을 마지막으로 미루어놓은 까닭은 여기에 어떤 차이가 있기 때문이다. 조건에 걸친 변산성 추정치로부터 참가자 차이가 초래하는 변산성을 제거하고자 한다. 따라서 집단내 제곱합과는 별도로 참가자 제곱합을 계산한다. 그렇게 하기 위해서 각 참가자가 나타낸 모든 반응의 평균으로부터 전체 평균을 뺀다. 우선 세 조건에 걸쳐 각 참가자의 평균을 계산해야 한다. 예컨대, 첫 번째 참가자는 저가 맥주에 40점, 중가 맥주에 30점, 그리고 고가 맥주에 53점을 매겼으며, 이 참가자의 평균은 41이다.

따라서 참가자 제곱합 공식은 다음과 같다.

$$SS_{참가자} = \Sigma(M_{참가자} - GM)^2 = 729.738$$

참가자	맥주 유형	평가(X)	참가자 평균(M참가자)	M참가자 − GM	(M참가자 − GM)²
1	저가	40	41	0.467	0.218
2	저가	42	50.667	10.134	102.698
3	저가	30	44	3.467	12.020
4	저가	37	37.333	− 3.200	10.240
5	저가	23	29.667	− 10.866	118.070
1	중가	30	41	0.467	0.218
2	중가	45	50.667	10.134	102.698
3	중가	38	44	3.467	12.020
4	중가	32	37.333	− 3.200	10.240
5	중가	28	29.667	− 10.866	118.070
1	고가	53	41	0.467	0.218
2	고가	65	50.667	10.134	102.698
3	고가	64	44	3.467	12.020
4	고가	43	37.333	− 3.200	10.240
5	고가	38	29.667	− 10.866	118.070
		GM = 40.533			Σ(M참가자 − GM)² = 729.738

이제 하나의 제곱합만이 남았다. 참가자 제곱합을 제거한 집단내 제곱합을 계산하기 위하여 전체 제곱합에서 지금까지 계산한 두 제곱합, 즉 집단간 제곱합과 참가자 제곱합을 뺀다. 공식은 다음과 같다.

$$SS_{집단내} = SS_{전체} - SS_{집단간} - SS_{참가자} = 2,117.732 - 1,092.130 - 729.738 = 295.864$$

이제 변산원표의 처음 세 열, 즉 변산원(source), 제곱합(SS), 그리고 자유도(df) 열을 채우기에 충분한 정보를 갖게 되었다. 변산원표의 나머지 칸은 일원 집단간 변량분석에서와 마찬가지로 계산한다. 세 개의 변산원, 즉 집단간과 참가자 그리고 집단내 변산원 각각에서 제곱합을 자유도로 나누어 그 변량, 즉 MS를 구한다.

$$MS_{집단간} = \frac{SS_{집단간}}{df_{집단간}} = \frac{1,092.130}{2} = 546.065$$

$$MS_{참가자} = \frac{SS_{참가자}}{df_{참가자}} = \frac{729.738}{4} = 182.435$$

$$MS_{집단내} = \frac{SS_{집단내}}{df_{집단내}} = \frac{295.864}{8} = 36.981$$

그런 다음에 두 개의 F 통계치를 계산하는데, 하나는 집단간 F 통계치이고 다른 하나는 참가자 F 통계치이다. 집단간 F 통계치에서는 집단간 MS를 집단내 MS로 나눈다. 참가자 F 통계치에서는 참가자 MS를 집단내 MS로 나눈다.

$$F_{집단간} = \frac{MS_{집단간}}{MS_{집단내}} = \frac{546.065}{36.981} = 14.766$$

$$F_{참가자} = \frac{MS_{참가자}}{MS_{집단내}} = \frac{182.435}{36.981} = 4.933$$

완성된 변산원표는 다음과 같다.

변산원	SS	df	MS	F
집단간	1,092.130	2	546.065	14.766
참가자	729.738	4	182.435	4.933
집단내	295.864	8	36.981	
전체	2,117.732	14		

다음은 일원 집단내 변량분석에서 계산을 위해 사용하는 공식의 요약이다.

변산원	SS	df	MS	F
집단간	$\Sigma(M - GM)^2$	$N_{집단} - 1$	$\dfrac{SS_{집단간}}{df_{집단간}}$	$\dfrac{MS_{집단간}}{MS_{집단내}}$
참가자	$\Sigma(M_{참가자} - GM)^2$	$n - 1$	$\dfrac{SS_{참가자}}{df_{참가자}}$	$\dfrac{MS_{참가자}}{MS_{집단내}}$

(계속)

공식 숙달하기

11-19: 일원 집단내 변량분석에서 집단내 제곱합은 다음 공식을 사용하여 계산한다. $SS_{집단내} = SS_{전체} - SS_{집단간} - SS_{참가자}$. 전체 제곱합에서 집단간 제곱합과 참가자 제곱합을 뺀다.

공식 숙달하기

11-20: 해당 제곱합을 해당 자유도로 나눔으로써 참가자 평균제곱을 계산한다.

$$MS_{참가자} = \frac{SS_{참가자}}{df_{참가자}}$$

공식 숙달하기

11-21: 참가자 F 통계치 공식은 다음과 같다.

$$F_{참가자} = \frac{MS_{참가자}}{MS_{집단내}}$$

참가자 평균제곱을 집단내 평균제곱으로 나눈다.

변산원	SS	df	MS	F
집단내	$SS_{전체} - SS_{집단간} - SS_{참가자}$	$(df_{집단간})(df_{참가자})$	$\dfrac{SS_{집단내}}{df_{집단내}}$	
전체	$\Sigma(X - GM)^2$	$N_{전체} - 1$		

두 개의 F 통계치를 계산하였지만, 실제로는 집단간 F 통계치에만 관심이 있다. 이 사례에서 14.766인 집단간 F 통계치는 집단 간에 통계적으로 유의한 차이가 존재하는지를 알려준다.

요약 : 집단 간 차이와 연합된 F 통계치는 14.77이다.

> **단계 6 : 결정을 내린다.**

이 단계는 일원 집단간 변량분석의 단계와 동일하다.

요약 : F 통계치 14.77은 임계치 4.46을 넘어선다. 영가설을 기각한다. 맥주에 대한 평가는 평균적으로 가격에 근거한 맥주 유형에 따라 다른 것으로 보인다. 물론 어느 평균들이 다른지는 아직 명확하게 알 수 없다. 저널 논문에서는 통계치를 다음과 같이 보고한다. $F(2, 8) = 14.77$, $p < 0.05$. (주 : 통계 소프트웨어를 사용한다면, 정확한 p 값을 보고한다.) ●

학습내용 확인하기

개념의 개관

> 적어도 세 개 이상의 수준을 갖는 명목변인이거나 서열변인인 하나의 독립변인, 척도변인인 종속변인, 그리고 독립변인의 모든 수준을 경험하는 참가자가 존재할 때 일원 집단내 변량분석을 사용한다.

> 모든 참가자가 독립변인의 모든 수준을 경험하기 때문에, 개인차가 줄어들어 집단내 변산성이 감소한다. 각 참가자가 자신의 통제조건으로 작동하는 것이다. 이 설계에서의 걱정거리는 순서효과이다.

> 일원 집단내 변량분석은 한 가지 중요한 예외를 제외하면 일원 집단간 변량분석에서 사용하는 것과 동일한 가설검증의 여섯 단계를 사용한다. 세 개가 아니라 네 변산원의 통계치를 계산한다. 집단간, 집단내, 그리고 전체 변산원에 덧붙여서, 네 번째 변산원은 전형적으로 '참가자'라고 부른다.

개념의 숙달

11-18 집단간 변량분석과 비교할 때 집단내 변량분석에서 집단내 변산성 즉 제곱합이 작은 이유는 무엇인가?

통계치의 계산

11-19 집단내 설계라고 가정하고 다음 집단에서 4개의 자유도를 계산하라.

	참가자 1	참가자 2	참가자 3
집단 1	7	9	8
집단 2	5	8	9
집단 3	6	4	6

통계치의 계산 (계속)

    a. $df_{집단간} = N_{집단} - 1$

    b. $df_{참가자} = n - 1$

    c. $df_{집단내} = (df_{집단간})(df_{참가자})$

    d. $df_{전체} = df_{집단간} + df_{참가자} + df_{집단내} = N_{전체} - 1$

11-20 위의 데이터에서 4개의 제곱합을 계산하라.

    a. $SS_{전체} = \Sigma(X - GM)^2$

    b. $SS_{집단간} = \Sigma(M - GM)^2$

    c. $SS_{참가자} = \Sigma(M_{참가자} - GM)^2$

    d. $SS_{집단내} = SS_{전체} - SS_{집단간} - SS_{참가자}$

11-21 위에서 수행한 모든 계산을 사용하여, 간단한 나누기를 통해서 이 데이터에 대한 변량 분석 변산원표를 완성하라.

개념의 적용

11-22 학습내용 확인하기 11-19에서 제시한 데이터에 대한 맥락을 구성해보자. 자동차 판매상은 사람들에게 팔려는 자동차, 그리고 동급의 다른 두 자동차를 시운전해봄으로써 그 자동차를 팔려고 한다. 이 세 집단의 데이터는 자동차를 시운전해본 후에 시운전 경험을 10점 척도에서 매긴 평정치를 나타낸다. 11-19에서 계산한 F 값을 사용하여 다음에 답하라.

    a. 이 연구의 가설을 문장으로 작성해보라.

    b. 이 연구를 어떻게 수행하면 집단내 변량분석의 네 번째 가정을 만족시킬 수 있겠는가?

    c. F의 임곗값을 결정하고 이 연구결과에 대한 결론을 내려라.

학습내용 확인하기의 답은 부록 D에서 찾아볼 수 있다.

일원 집단내 변량분석을 통한 가설검증 넘어서기

일원 집단내 변량분석을 통한 가설검증은 사람들이 평균적으로 가격대에 근거하여 맥주 종류를 구분할 수 있는지, 즉 사람들이 가격에 근거하여 맥주에 상이한 평정치를 부여하는지를 알려준다. 효과크기는 그러한 차이가 중요할 만큼 큰 것인지를 궁리할 수 있게 해준다. 투키 HSD 검증은 정확하게 어느 평균들이 상호 간에 통계적으로 유의한 차이를 보이는지 알려준다.

R^2, 변량분석의 효과크기

일원 집단내 변량분석과 일원 집단 간 변량분석에서 R^2 계산은 유사하다. 앞에서와 마찬가지로 분자는 평균들 간의 차이만을 고려하는 변산 측정치, 즉 $SS_{집단간}$이다. 반면에 분모는 전체 변산인 $SS_{전체}$를 고려하지만, 참가자 간의 차이가 초래하는 변산인 $SS_{참가자}$를 배제시킨다. 이렇게 함으로써 집단간 차이만으로 설명할 수 있는 변산을 결정할 수 있다. 공식은 다음과 같다.

$$R^2 = \frac{SS_{집단간}}{(SS_{전체} - SS_{참가자})}$$

공식 숙달하기

11-22 : 일원 집단내 변량분석에서 효과크기 공식은 다음과 같다.

$$R^2 = \frac{SS_{집단간}}{(SS_{전체} - SS_{참가자})}$$

전체 제곱합에서 참가자 제곱합을 뺀 값으로 집단간 제곱합을 나눈다. 참가자 제곱합을 제거함으로써 집단간 차이로 설명할 수 있는 변산만을 결정할 수 있다.

사례 11.6

방금 수행한 변량분석에 이것을 적용해보자. 359쪽에 나와있는 변산원표의 통계치를 사용하여 R^2을 계산할 수 있다.

$$R^2 = \frac{SS_{집단간}}{(SS_{전체} - SS_{참가자})} = \frac{1,092.130}{(2,117.732 - 729.738)} = 0.787$$

R^2의 관례는 표 11-12에 나와있는 것과 동일하다. 효과크기 0.787은 매우 큰 효과이다. 맥주 평정에서 나타난 변산성의 79%를 가격으로 설명할 수 있다. ●

투키 *HSD* 검증

일원 집단간 변량분석에서 투키 *HSD* 검증을 위해 사용하였던 것과 동일한 절차를 사용한다. 맥주 시음 사례에서의 계산을 살펴보기로 하자.

사례 11.7

우선 표준오차를 계산함으로써 각 평균 쌍의 *HSD*를 계산한다.

$$s_M = \sqrt{\frac{MS_{집단내}}{N}} = \sqrt{\frac{36.981}{5}} = 2.720$$

표준오차는 각 평균 쌍에 대한 *HSD*를 계산할 수 있게 해준다.

저가 맥주(34.4) 대 중가 맥주(34.6)

$$HSD = \frac{(34.4 - 34.6)}{2.720} = -0.074$$

저가 맥주(34.4) 대 고가 맥주(52.6)

$$HSD = \frac{(34.4 - 52.6)}{2.720} = -6.691$$

중가 맥주(34.6) 대 고가 맥주(52.6)

$$HSD = \frac{(34.6 - 52.6)}{2.720} = -6.618$$

이제 부록 B의 q 점수표에서 임곗값을 찾는다. 집단내 자유도가 8이고 알파가 0.05인 세 평균 간 비교에서 q 임계치는 4.04이다. 앞에서와 마찬가지로 각 *HSD*의 음양부호는 문제가 되지 않는다.

q 점수표는 *HSD*가 임곗값을 넘어서는 두 개의 통계적으로 유의한 차이, 즉 -6.691과 -6.618을 보여준다. 고가 맥주는 저가 맥주보다 더 높은 평균 평정치를 내놓으며, 중가 맥주보다도 더 높은 평균 평정치를 내놓는 것으로 보인다. 저가 맥주와 중가 맥주

사이에서는 통계적으로 유의한 차이가 없다.

이러한 차이를 어떻게 설명하겠는가? 고가 맥주가 저가 맥주와 중가 맥주보다 앞선다는 사실은 놀라운 것이 아니지만, 저가 맥주와 중가 맥주 간에 차이가 없다는 사실은 팔로스를 놀라게 하였다. 이 결과는 자칭 맥주 전문가인 동료들에게 다음과 같은 충고를 하도록 만들었다. "한 잔의 환상적인 라거맥주를 원한다면" 고가 맥주를 사라. 그렇지만 "다른 경우에는 항상 가성비가 제일 높은 저가 맥주를 사라." 중가 맥주는 어떤가? 가격만큼의 가치가 없다.

이 결과를 얼마나 신뢰할 수 있겠는가? 행동과학자로서 설계와 절차를 비판적으로 살펴본다. 고가 맥주의 다소 진한 색이 어떤 정보를 제공하지는 않았는가? 맥주에 알파벳으로 이름을 붙였는데, 학교에서 성적을 부여하는 방식과 연관되어, 문자 A는 긍정성을 함축하고 F는 부정성을 함축하지는 않았는가? 순서효과는 없었는가? 시음자들이 한 모금씩 시음할 때마다 더 관대해지거나 비판적이 되지는 않았는가? 이 연구의 참가자는 대부분이 마이크로소프트 직원이고 남자였는데, 다른 직종의 참가자이거나 여성 참가자이었다면 다른 결과를 얻었겠는가? 과학은 느리지만 반복실험에 의존하는 확실한 앎의 길이다. ●

일상생활에서 집단내 설계 사람들은 부지불식간에 집단내 설계를 사용하기 십상이다. 신부는 자신의 모든 신부 들러리(참가자)들에게 여러 가지 상이한 드레스(연구에 포함된 수준)를 입어보게 함으로써 집단내 설계를 사용할 수 있다. 그런 다음에 평균적으로 들러리를 가장 돋보이게 하는 드레스를 선택한다. 사람들은 순서효과에 대한 직관적 이해도 가지고 있다. 예컨대, 신부는 들러리에게 선호하는 드레스를 처음이나 마지막에 입어보도록 요청함으로써 들러리는 그 드레스를 더 잘 기억하거나 더 선호할 가능성이 크다.

학습내용 확인하기

개념의 개관	> 다른 가설검증에서와 마찬가지로, 일원 집단내 변량분석에서도 효과크기 측정치인 R^2을 계산해볼 것을 권장한다.
	> 일원 집단간 변량분석에서와 마찬가지로, 일원 집단내 변량분석에서 영가설을 기각할 수 있다면, 분석은 종료된 것이 아니다. 투키 HSD 검증과 같은 사후검증을 실시하여 정확하게 어느 평균 쌍들이 상호 간에 통계적으로 유의한 차이를 보이는지 결정해야 한다.
개념의 숙달	11-23 효과크기 R^2의 계산이 일원 집단내 변량분석과 일원 집단간 변량분석에서 어떻게 다른가?
	11-24 투키 HSD의 계산이 일원 집단내 변량분석과 일원 집단간 변량분석에서 어떻게 다른가?
통계치의 계산	11-25 한 연구자는 세 가지 상이한 시점에 6명 참가자의 반응시간을 측정하여, 각 시점에서의 평균 반응시간을 구하였다($M_1 = 155.833$; $M_2 = 206.833$; $M_3 = 251.667$). 연구자는 일원 집단내 변량분석을 실시한 후에 영가설을 기각하였다. 이 변량분석에서 $df_{집단간} = 2$, $df_{집단내} = 10$, 그리고 $MS_{집단내} = 771.256$이었다.

(계속)

통계치의 계산 (계속)		a. 세 가지 평균 간 비교 각각에서 HSD를 계산하라.

a. 세 가지 평균 간 비교 각각에서 HSD를 계산하라.
b. 이 투키 HSD 검증에서 q의 임계치는 얼마인가?
c. 어느 비교에서 영가설을 기각하겠는가?

11-26 다음 변산원표를 사용하여 일원 집단내 변량분석의 효과크기 R^2을 계산하라.

변산원	SS	df	MS	F
집단간	27,590.486	2	13,795.243	17.887
참가자	16,812.189	5	3,362.438	4.360
집단내	7,712.436	10	771.244	
전체	52,115.111	17		

개념의 적용

학습내용 확인하기의 답은
부록 D에서 찾아볼 수 있다.

11-27 학습내용 확인하기 11-21과 11-22에서 시운전 후에 운전자가 평정한 결과의 분석을 실시하였다.
a. 이 변량분석에서 R^2을 계산하고, 효과크기가 얼마나 되는 것인지를 진술하라.
b. 만일 필요하다면, 이 변량분석에 어떤 후속 검증이 필요하겠는가?

개념의 개관

셋 이상의 표본에서 F 분포 사용하기

셋 이상의 표본을 비교하고자 할 때 F 통계치를 사용한다. z와 t 통계치에서와 마찬가지로, F 통계치도 표본 평균들 간의 차이 측정치(집단간 변량)를 집단내 변산 측정치(집단내 변량)로 나누어서 계산한다. F 통계치에 근거한 가설검증을 **변량분석(ANOVA)**이라고 부른다.

변량분석은 단 한 번의 통계분석에서 많은 비교를 할 수 있게 해주기 때문에, t 검증을 여러 차례 실시해야 하는 문제에 대한 해결책을 제공한다. 다양한 유형의 변량분석이 존재하며, 각각은 다음과 같은 두 가지 수식어를 갖는다. 하나는 독립변인의 수를 지칭하며, 독립변인이 하나일 때 **일원(one-way) 변량분석**과 같이 표현한다. 다른 하나는 참가자가 단 하나의 조건에만 들어가는지(집단간 변량분석) 아니면 모든 조건에 들어가는지(집단내 변량분석)를 나타낸다. 변량분석의 일차 가정은 참가자의 무선선택, 전집의 정상분포, 그리고 동변산성이다. 동변산성이란 모든 전집이 동일한 변량을 가지고 있다는 것을 의미한다. 앞에서 다루었던 통계검증과 마찬가지로, 대부분의 실제 분석은 이 가정들을 모두 만족시키지 못한다.

일원 집단간 변량분석

일원 집단간 변량분석은 이미 앞에서 공부하였던 가설검증의 여섯 단계를 사용하지만,

약간의 수정이 필요하며 특히 단계 3과 5에서 그렇다. 단계 3은 t 검증보다도 간단하다. 비교분포가 F 분포라고 천명하고 자유도만 제시하면 된다. 단계 5에서는 F 통계치를 계산한다. **변산원표**는 계산을 추적하도록 도와준다. F 통계치는 전집 변량의 두 가지 상이한 추정치의 비이며, 둘 모두 평균분포가 아니라 점수분포이다. 분모인 집단내 변량은 독립표본 t 검증의 통합 변량과 유사하다. 집단내 변량은 기본적으로 각 표본 변량의 가중 평균이다. 분자인 집단간 변량은 표본 평균 간의 차이에 근거한 추정치이지만 평균분포가 아니라 점수분포를 반영하도록 부풀리게 된다. 집단간 변량과 집단내 변량을 계산하는 과정의 일환으로, 모든 참가자의 평균점수인 **전체 평균**을 계산할 필요가 있다.

 큰 값의 집단간 변량과 작은 값의 집단내 변량은 표본들 간의 중첩 정도가 작음을 나타내며, 마찬가지로 전집들 간의 중첩 정도도 작을 가능성을 나타낸다. 작은 값의 집단내 변량으로 나눈 큰 값의 집단간 변량은 큰 값의 F 통계치를 내놓는다. 만일 F 통계치가 임곗값을 넘어선다면, 영가설을 기각할 수 있다.

일원 집단간 변량분석을 통한 가설검증 넘어서기

다른 가설검증에서와 마찬가지로 변량분석을 실시할 때도 효과크기를 계산할 것을 권장하는데, 일반적으로는 R^2을 계산한다. 이에 덧붙여서, 변량분석에서 영가설을 기각할 때는, 적어도 하나의 평균이 적어도 다른 하나의 평균과 다르다는 사실만을 알 뿐이다. **투키 HSD 검증**과 같은 사후검증을 실시하지 않고는 그 차이가 정확하게 어디에서 나타난 것인지를 알지 못한다.

일원 집단내 변량분석

명목변인이거나 서열변인이면서 적어도 세 개의 수준을 가지고 있는 하나의 독립변인과 척도변인인 종속변인 그리고 모든 참가자가 독립변인의 모든 수준을 경험할 때 일원 집단내 변량분석(반복측정 변량분석이라고도 부른다)을 사용한다. 일원 집단내 변량분석에서도 일원 집단간 변량분석에서와 동일한 가설검증의 여섯 단계를 사용하는데, 다만 여기서는 셋이 아니라 네 개 변산원에 대한 통계치를 계산하게 된다. 여전히 집단간, 집단내, 그리고 전체 변산원에 대한 통계치를 계산하지만, 네 번째 변산원인 '참가자'에 대한 통계치도 계산한다. 두 개의 F 통계치, 즉 집단간 변산성에 대한 F 통계치와 참가자 변산성에 대한 F 통계치를 계산하지만, 집단간 F 통계치를 임계치와 비교하여 영가설을 기각하거나 기각에 실패하게 된다.

일원 집단내 변량분석을 통한 가설검증 넘어서기

일원 집단간 변량분석에서와 마찬가지로, 효과크기 측정치를 계산하는데 일반적으로는 R^2이 된다. 그리고 영가설을 기각하게 되면 투키 HSD 검증과 같은 사후검증을 실시한다.

SPSS®

이 장에서는 일원 집단간 변량분석을 실시하여 네 가지 상이한 유형의 사회에 사는 사람들이 게임에서 얼마나 공정하게 행동하는지를 비교하였다. 공정한 행동의 수준은 게임에서 상대에게 나누어주는 돈의 비율로 평가하였다. 명목변인인 사회 유형이 독립변인이며, 상대방에게 나누어주는 돈의 비율이 척도변인인 종속변인이다. SPSS를 사용하여 일원 집단간 변량분석을 실시하려면 각 참가자의 모든 데이터를 하나의 행에 입력한다. 예컨대 첫 번째 열에 들어가는 데이터는 그 사람이 살고 있는 사회 유형을 나타내며, 1은 수렵채취사회이고 3은 천연자원사회일 수 있다. 두 번째 열에는 그 사람의 공정성 수준을 나타내는 점수, 즉 상대에게 나누어주는 돈의 비율이 들어갈 수 있다. 입력해야 하는 데이터가 스크린샷의 출력 뒤에 보인다. 보기(View)를 선택하고 변인값 설명문(value labels) 상자를 체크하거나 체크하지 않음으로써 범주 데이터를 다루는 방식을 변경할 수 있다. 스크린샷에는 변인값 설명문이 작동하고 있다.

일단 데이터를 입력한 후에는, 분석(Analyze) → 평균비교(Compare Means) → 일원 변량분석(One-Way ANOVA)을 선택하여 'Society'라고 명명한 독립변인은 'Factor'라고 표시된 상자에 들어가고, 'Fairness'라고 명명한 종속변인은 'Dependent List'라고 표시된 상자로 들어간다. 네 집단의 평균을 비교하기 위한 사후검증을 요구하려면, 'Post Hoc' 다음에 'Tukey'를 선택한 다음에 계속(Continue)을 클릭한다. 각 집단의 평균과 표준편차와 같은 기술통계치를 요구하려면, 'Options' 다음에 'Descriptive'를

선택하고 계속을 클릭한다. 변량분석을 실시하려면 확인(OK)을 클릭한다.

SPSS 출력은 네 가지 상이한 표를 제공한다. (스크린샷에는 나와있지 않은) 첫 번째 표에는 독립변인 각 수준의 기술통계치가 포함되어 있다. 두 번째 표는 변산원표이다. 제곱합, 자유도, 제곱 평균, F 통계치가 앞에서 계산하였던 것과 일치하는 것에 주목하라. 약간의 사소한 차이는 반올림에서의 차이 때문이다. 'Sig.'라는 이름의 마지막 열은 '.006'을 나타내고 있다. 이 수치는 이 검증통계치의 실제 p 값이 0.006임을 나타내며, 이 값은 가설검증에서 전형적으로 사용하는 0.05의 알파수준보다 작다. 따라서 영가설을 기각할 수 있음을 나타낸다.

변산원표 아래에서 사후검증 출력('Multiple Comparisons'라고 이름 붙인 표)을 볼 수 있다. 별표가 붙어있는 평균차이는 0.05의 알파수준에서 통계적으로 유의한 것이다. 이 출력은 앞에서 실시한 사후검증 결과와 일치한다. 표의 각 행은 두 집단 간의 비교를 나타낸다. 예컨대, 첫 번째 행은 수렵채취집단과 농경집단을 비교하며, 그 비교를 위한 평균차이와 표준오차를 포함하고 있다. 다음 열은 그 비교의 p 값인 '.949'를 보여준다. 이 p 값은 0.05보다 크기 때문에 두 평균 간에 통계적으로 유의한 차이가 존재하지 않는다. 수렵채취집단과 천연자원집단 간의 비교인 두 번째 행을 살펴보면, p 값이 0.009임을 알 수 있다. 이 p 값은 0.05보다 작으며, SPSS는 평균 비교값 옆에 별표를 찍어놓음으로써 이 사실을 쉽게 볼 수 있게 해준다. 이 표는 여러 가지 군

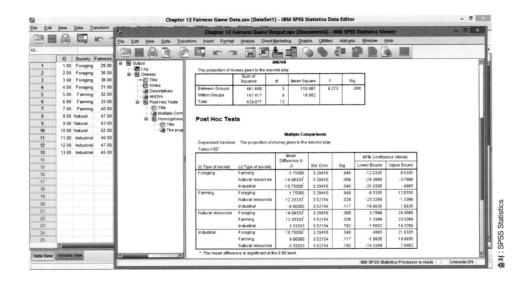

출처 : SPSS Statistics

Homogeneous Subsets

The proportion of money given to the second play

Tukey HSD[a,b]

Type of society	N	Subset for alpha = 0.05		
		1	2	3
Foraging	4	33.2500		
Farming	3	35.0000	35.0000	
Industrial	3		44.0000	44.0000
Natural resources	3			47.3333
Sig.		.954	.103	.765

Means for groups in homogeneous subsets are displayed.
a. Uses Harmonic Mean Sample Size = 3.200.
b. The group sizes are unequal. The harmonic mean of the group sizes is used. Type I error levels are not guaranteed.

출처: SPSS Statistics

더더기 비교를 제공하고 있음에 주목하라. 예컨대, 첫 번째 행은 수렵채취집단을 농경집단에 비교하고, 네 번째 행은 농경집단을 수렵채취집단에 비교하고 있다. 이 두 비교는 순서만 다를 뿐 완전히 동일한 것이다. 순서에 관계없이, 비교에 관한 결론은 동일하다.

SPSS에서 투키 *HSD* 사후검증은 다중비교표 다음에 (아래쪽에 'Homogeneous Subsets'라고 이름 붙인) 부가적인 표를 제공한다. 이 표를 사용하여 내린 결론은 '다중비교' 표를 사용하거나 앞에서 손으로 직접 계산한 결과를 가지고 내린 결론과 동일하다. 이 표는 독립변인 각 수준의 평균을 제공하고 다음과 같은 두 가지 정보를 제공해준다. 첫째, 동일한 열에 들어있는 평균들은 상호 간에 통계적으로 유의한 차이를 보이지 않는다. 둘째, 상이한 열에 들어있는 평균들은 상호 간에 통계적으로 유의한 차이를 보인다. 예컨대, 첫 번째 열은 수렵채취집단과 농경집단의 평균을 포함하고 있기 때문에, 두 집단 간에는 통계적으로 유의한 차이가 없다. 두 번째 열에서는 농경집단과 산업집단의 평균을 볼 수 있기 때문에, 이 두 평균도 상호 간에 통계적으로 유의한 차이를 보이지 않는다. 따라서 열의 패턴은 어떤 평균들이 동일한 열에 들어있으며 통계적으로 유의한 차이를 보이지 않는지를 시각적으로 결정할 수 있게 해준다. 이에 덧붙여서 어느 평균들이 동일한 열에 들어있지 않아서 통계적으로 유의한 차이를 보이는지를 볼 수 있다. 예컨대, 수렵채취집단과 산업집단의 평균은 동일한 열에 들어있지 않다. 따라서 수렵채취집단과 산업집단은 상호 간에 통계적으로 유의한 차이를 보인다고 결론 내릴 수 있다. 또한 수렵채취집단의 평균과 천연자원집단의 평균도 동일한 열에 들어있지 않다. 마찬가지로 수렵채취집단과 천

연자원집단은 상호 간에 통계적으로 유의한 차이를 보인다고 결론 내릴 수 있다. 사후검증의 결과를 해석하기 위하여 어느 표를 사용하든지 간에 결론은 동일하다.

이 장에서 보았던 맥주 평정 데이터를 사용하여 SPSS에서 일원 집단내 변량분석을 실시하려면, 하나의 행에 각 참가자의 모든 데이터가 들어가도록 입력한다. 이것은 일원 집단간 변량분석을 위해 데이터를 입력하는 방식과 상이한 포맷을 초래한다. 일원 집단간 변량분석의 경우에는 독립변인에서 참가자가 해당하는 수준의 점수와 종속변인 점수가 있다. 집단내 변량분석의 경우에는 각 참가자가 종속변인에서 독립변인의 수준만큼의 점수를 가지고 있다. SPSS에서 세 열 각각의 제목은 독립변인의 수준들을 나타낸다. 예컨대, 다음 SPSS 스크린샷의 왼쪽에서 보는 바와 같이, 첫 번째 참가자는 저가 맥주에 40점, 중가 맥주에 30점, 그리고 고가 맥주에 53점을 부여하였다. 분석 → 일반 선형모형(General Linear Model) → 반복측정(Repeated Measures)을 선택함으로써 SPSS에게 변량분석을 수행하도록 지시한다. (변량분석을 기술할 때 반복측정은 집단내를 표현하는 또 다른 방식임을 명심하라.) 그다음에 'Within-Subject Factor Name' 아래에서 일반적인 이름인 'factor 1'을 'type_of_beer'와 같이 독립변인의 실제 이름으로 변경한다. (SPSS는 변인 이름에서 빈 공간을 인식하지 못하기 때문에 단어는 아랫줄로 연결한다.) 'Number of Levels' 옆에 '3'을 타이핑해서 이 연구에서 사용한 독립변인의 수준 수를 나타낸다. 이제 'Add'를 클릭하고 다시 'Define'을 클릭한다. 세 가지 수준 각각을 클릭한 다음 화살표 버튼을 클릭하여 수준을 정의한다. 스크린샷에서 입력한 데이터, 그리고 수준을 정의하는 박스를 볼 수 있다. 변량분석의 결과를 보려면, 확인을 클릭한다.

출력에는 집단간 변량분석의 경우보다 더 많은 표가 포함된다. 주의를 기울여야 할 표는 참가자내 효과검증(Tests of Within-Subjects Effects)이라는 이름의 표이다. 이 표는 네 개의 *F* 값과 네 개의 유의도 값(실제 *p* 값)을 제공해준다. 어느 값을 사용할 것인지를 결정할 때 따져보아야 할 여러 가지 고급 고려사항이 있다. 여기서는 SPSS를 소개하려는 것이기 때문에, *F* 값들이 모두 앞에서 계산하였던 14.77과 동일하다는 사실만을 언급한다. 나아가서 모든 *p* 값은 0.05보다 작다. 수작업으로 일원 집단내 변량분석을 실시하였을 때와 마찬가지로, 영가설을 기각할 수 있다.

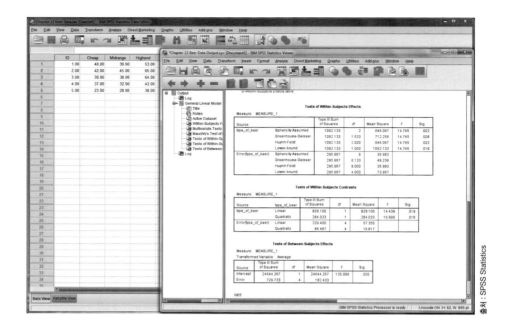

출처 : SPSS Statistics

작동방법

11.1 일원 집단간 변량분석 수행하기

형제 중에서 맏이하고 동생 중에 누가 더 외향적이라고 생각하는가? 출생순서와 성격 간의 관계를 이해하기 위하여 미국과 영국 그리고 독일의 세 가지 국가기반 데이터베이스를 살펴보았다 (Rohrer et al., 2015). 각국의 데이터베이스는 상이한 성격 측정도구를 사용하였지만, 모든 측정은 이론적으로 성격 5요인, 즉 외향성, 정서적 안정성(신경성), 친화성, 성실성, 그리고 경험에 대한 개방성에 근거하고 있었다. 연구자들은 모든 참가자 간의 비교가 가능하도록 각 성격 측정도구의 점수를 표준화하였다. z 점수와 유사한 방법을 사용하였지만, 평균은 0이 아니라 50이 되도록 하였다. 또한 연령에 따른 성격 점수를 조절하였다. "시간 경과에 따른 성격의 변화가 본질적으로 출생순서에 혼입되어 있기 때문"(5쪽)이었다.

다음은 외향성 특질에 관한 가상 데이터로 나타낸 이 연구의 축약본이다. 그렇기는 하지만 이 데이터의 평균은 연구의 실제 평균과 동일하다. 이러한 가상 데이터의 결과는 대규모 국제적 연구의 결과와 대응된다. 데이터는 두 명의 형제를 가지고 있는 참가자(즉, 자녀가 셋인 가족)를 나타낸다.

맏이 : 47.15, 51.25, 49.75, 52.45

둘째 : 47.55, 49.70, 50.80, 53.75

막내 : 47.97, 49.49, 50.21, 53.89

이 연구에서 독립변인은 출생순서이며, 맏이, 둘째, 막내라는 세 개의 수준을 가지고 있다. 종속변인은 외향성에 대한 표준성격검사 점수이다. 따라서 독립변인은 세 개의 집단간 수준을 가지고 있는 하나의 서열변인이며, 종속변인은 척도변인이다. 어떻게 일원 집단간 변량분석을 실시하겠는가?

단계 1의 요약

전집 1 : 삼형제 가족에서 맏이인 사람. 전집 2 : 삼형제 가족에서 둘째인 사람. 전집 3 : 삼형제 가족에서 막내인 사람.

비교분포는 F 분포이다. 가설검증은 일원 집단간 변량분석이다. 참가자들을 형제가 세 명인 가족의 모든 아이들 중에서 무선선택하였을 가능성은 거의 없기 때문에, 이 연구의 결론을 일반화할 때는 신중을 기해야 한다. 전집이 정상분포를 이루고 있는지를 알지 못하며, 여기서 제시한 가상 데이터는 중심극한정리에 근거하여 정상분포를 가정하기에 충분한 표본크기를 가지고 있지 않다. (그렇지만 실제 연구는 대규모 표본크기를 가지고 있었기 때문에, 이 가정을 만족시켰을 것이다.) 등변산성 가정을 충족하는지 알아보기 위하여 가장 큰 변량이 가장 작은 변량보다 두 배 이상 큰지를 확인한다. 아래의 계산을 보면, 가장 큰 변량인 6.66이 가장 작은 변량인 5.22보다 두 배 이상 크지 않기 때문에, 등변산성 가정을 만족시켰다. (다음 정보는 $SS_{집단내}$의 계산에서 취한 것이다.)

표본	맏이	둘째	막내
편차제곱	9.000	8.410	5.856
	1.210	0.563	0.810
	0.160	0.123	0.032
	5.290	10.890	12.250
제곱합	15.660	19.986	18.948
$N-1$	3	3	3
변량	5.220	6.662	6.316

단계 2의 요약

영가설 : 성격특질로서의 외향성은 출생순서에 관계없이 평균적으로 동일하다. $H_0 : \mu_1 = \mu_2 = \mu_3$. 연구가설 : 성격특질로서의 외향성은 평균적으로 맏이와 둘째 그리고 막내가 동일하지 않다. H_1은 적어도 하나의 μ는 다른 하나의 μ와 다르다는 것이다.

단계 3의 요약

$df_{집단간} = N_{집단} - 1 = 3 - 1 = 2$

$df_1 = 4 - 1 = 3; \ df_2 = 4 - 1 = 3; \ df_3 = 4 - 1 = 3$

$df_{집단내} = 3 + 3 + 3 = 9$

비교분포는 2와 9의 자유도를 갖는 F 분포가 된다.

단계 4의 요약

알파수준 0.05에 근거한 F 값의 임곗값은 4.26이다.

단계 5의 요약

$df_{전체} = 2 + 9 = 11$ 또는 $df_{전체} = 12 - 1 = 11$

$SS_{전체} = \Sigma(X - GM)^2 = 54.794$

표본	X	$X - GM$	$(X - GM)^2$
맏이	47.15	-3.180	10.112
$M_{맏이} = 50.15$	51.25	0.920	0.846
	49.75	-0.580	0.336
	52.45	2.120	4.494
둘째	47.55	-2.780	7.728
$M_{둘째} = 50.45$	49.70	-0.630	0.397
	50.80	0.470	0.221
	53.75	3.420	11.696
막내	47.97	-2.360	5.570
$M_{막내} = 50.39$	49.49	-0.840	0.706
	50.21	-0.120	0.014
	53.89	3.560	12.674
	$GM = 50.33$		$SS_{전체} = 54.794$

$$SS_{집단내} = \Sigma(X - M)^2 = 54.594$$

표본	X	$X - M$	$(X - M)^2$
맏이	47.15	-3.000	9.000
$M_{맏이} = 50.15$	51.25	1.100	1.210
	49.75	-0.400	0.160
	52.45	2.300	5.290
둘째	47.55	-2.900	8.410
$M_{둘째} = 50.45$	49.70	-0.750	0.563
	50.80	0.350	0.123
	53.75	3.300	10.890
막내	47.97	-2.420	5.856
$M_{막내} = 50.39$	49.49	-0.900	0.810
	50.21	-0.180	0.032
	53.89	3.500	12.250
	$GM = 50.33$		$SS_{집단내} = 54.594$

$$SS_{집단간} = \Sigma(M - GM)^2 = 0.200$$

표본	X	$M - GM$	$(M - GM)^2$
맏이	47.15	-0.180	0.032
$M_{맏이} = 50.15$	51.25	-0.180	0.032
	49.75	-0.180	0.032
	52.45	-0.180	0.032
둘째	47.55	0.120	0.014
$M_{둘째} = 50.45$	49.70	0.120	0.014
	50.80	0.120	0.014
	53.75	0.120	0.014

표본	X	M − GM	(M − GM)²
막내	47.97	0.060	0.004
$M_{막내} = 50.39$	49.49	0.060	0.004
	50.21	0.060	0.004
	53.89	0.060	0.004
	GM = 50.33		$SS_{집단간} = 0.200$

$$MS_{집단간} = \frac{SS_{집단간}}{df_{집단간}} = \frac{0.200}{2} = 0.100$$

$$MS_{집단내} = \frac{SS_{집단내}}{df_{집단내}} = \frac{54.594}{9} = 6.066$$

$$F = \frac{MS_{집단간}}{MS_{집단내}} = \frac{0.100}{6.066} = 0.016$$

변산원	SS	df	MS	F
집단간	0.20	2	0.10	0.02
집단내	54.59	9	6.07	
전체	54.79	11		

단계 6의 요약

F 통계치 0.016은 임곗값 4.26을 넘어서지 못한다. 영가설을 기각할 수 없다. 맏이와 둘째 그리고 막내 간에 외향성에서 차이가 있다는 증거가 없다. 사후검증을 실시하지 않은 까닭은 영가설을 기각할 수 없기 때문이다. 다음 11.2절은 이 사례에서 효과크기를 계산하는 방법을 보여주고 있다.

11.2 일원 집단간 변량분석에서 효과크기

앞 절에서 수행한 일원 집단간 변량분석에 대해서 효과크기는 어떻게 계산하겠는가?

$$R^2 = \frac{SS_{집단간}}{SS_{전체}} = \frac{0.200}{54.594} = 0.004$$

코헨의 관례에 따르면, 이것은 지극히 작은 효과크기이다.

11.3 일원 집단내 변량분석 수행하기

연구자들이 척수 손상을 입고 재활치료를 받은 42명 입원환자의 예후를 추적조사하였다(White, Driver, & Warren, 2010). 연구자들은 세 가지 상이한 시점, 즉 재활병동에 입원할 때, 3주 후, 그리고 퇴원할 때 다양한 측정치로 환자들을 평가하였다. 다음은 환자의 우울 증상을 반영하는 데이터이다. (세 명의 가상 환자 데이터는 실제 대규모 데이터 집합에서와 동일한 평균을 나타내고 있으며, 변량분석의 단계 6에서의 결정이라는 측면에서도 동일한 결과를 내놓고 있다.)

	입원 시	3주 후	퇴원 시
환자 1	6.1	5.5	5.3
환자 2	6.9	5.7	4.2
환자 3	7.4	6.5	4.9

어떻게 일원 집단내 변량분석을 사용하여 환자가 척수 손상 재활치료를 받음에 따라 우울 수준이 변화하였는지를 결정하겠는가? 일원 집단내 변량분석에서 가설검증의 여섯 단계를 진행한다.

단계 1 : 전집 1 : 척수 손상 후에 재활병동 입원이 허락된 사람. 전집 2 : 척수 손상 후에 재활병동에 입원하고 3주가 경과한 사람. 전집 3 : 척수 손상 후에 재활병동에 입원하였다가 퇴원하는 사람.

비교분포는 F 분포이다. 가설검증은 일원 집단내 변량분석이다. 가정과 관련된 사항 : (1) 환자들을 무선선택하지 않았기 때문에(모든 참가자는 동일 병원의 환자들이었다), 일반화에 신중을 기해야 한다. (2) 전집이 정상분포를 이루는지를 알지 못하지만, 표본 데이터는 심각한 편중성을 나타내지 않고 있다. (3) 등변산성 가정을 만족하는지 알아보기 위하여 검증통계치를 계산할 때 변량들이 유사한지를 확인한다(구체적으로 가장 큰 변량이 가장 작은 변량보다 두 배 이상 큰지를 확인한다). (4) 실험자가 역균형화를 실행할 수 없었기 때문에 순서효과가 존재할지도 모른다. 독립변인의 상이한 수준이 시간과 관련된 것이기 때문에, 참가자를 예컨대, 입원 시점에 앞서 퇴원 시점에서 측정하는 것이 가능하지 않다.

단계 2 : 영가설 : 척수 손상으로 재활병동에 입원한 사람은 입원할 때, 입원 후 3주 후에, 그리고 퇴원할 때 평균적으로 동일한 우울증 수준을 나타낸다. $H_0 : \mu_1 = \mu_2 = \mu_3$. 연구가설 : 척수 손상으로 재활병동에 입원한 사람은 입원할 때, 입원 후 3주 후에, 그리고 퇴원할 때 평균적으로 동일한 우울증 수준을 나타내지 않는다. H_1은 적어도 하나의 μ는 다른 하나의 μ와 다르다는 것이다.

단계 3 : 자유도가 2와 4인 F 분포를 사용한다.

$df_{집단간} = N_{집단} - 1 = 3 - 1 = 2$

$df_{참가자} = n - 1 = 3 - 1 = 2$

$df_{집단내} = (df_{집단간})(df_{참가자}) = (2)(2) = 4$

$df_{전체} = df_{집단간} + df_{참가자} + df_{집단내} = 2 + 2 + 4 = 8$ (또는 $N_{전체} - 1 = 9 - 1 = 8$)

단계 4 : 알파가 0.05이고 자유도가 2와 4인 F 통계치의 임곗값은 6.95이다.

단계 5 : $SS_{전체} = \Sigma(X - GM)^2 = 8.059$

시점	X	$X - GM$	$(X - GM)^2$
입원 시	6.1	0.267	0.071
입원 시	6.9	1.067	1.138
입원 시	7.4	1.567	2.455
3주 후	5.5	-0.333	0.111
3주 후	5.7	-0.133	0.018
3주 후	6.5	0.667	0.445
퇴원 시	5.3	-0.533	0.284
퇴원 시	4.2	-1.633	2.667
퇴원 시	4.9	-0.933	0.870
	$GM = 5.833$		$\Sigma(X - GM)^2 = 8.059$

$$SS_{집단간} = \Sigma(M - GM)^2 = 6.018$$

시점	X	집단평균(M)	$M - GM$	$(M-GM)^2$
입원 시	6.1	6.8	0.967	0.935
입원 시	6.9	6.8	0.967	0.935
입원 시	7.4	6.8	0.967	0.935
3주 후	5.5	5.9	0.067	0.004
3주 후	5.7	5.9	0.067	0.004
3주 후	6.5	5.9	0.067	0.004
퇴원 시	5.3	4.8	-1.033	1.067
퇴원 시	4.2	4.8	-1.033	1.067
퇴원 시	4.9	4.8	-1.033	1.067
$GM = 5.833$				$\Sigma(M - GM)^2 = 6.018$

$$SS_{참가자} = \Sigma(M_{참가자} - GM)^2 = 0.846$$

참가자	시점	평가(X)	참가자 평균($M_{참가자}$)	$M_{참가자} - GM$	$(M_{참가자} - GM)^2$
1	입원 시	6.1	5.633	-0.200	0.040
2	입원 시	6.9	5.600	-0.233	0.054
3	입원 시	7.4	6.267	0.434	0.188
1	3주 후	5.5	5.633	-0.200	0.040
2	3주 후	5.7	5.600	-0.233	0.054
3	3주 후	6.5	6.267	0.434	0.188
1	퇴원 시	5.3	5.633	-0.200	0.040
2	퇴원 시	4.2	5.600	-0.233	0.054
3	퇴원 시	4.9	6.267	0.434	0.188
		$GM = 5.833$			$\Sigma(M_{참가자} - GM)^2 = 0.846$

$$SS_{집단내} = SS_{전체} - SS_{집단간} - SS_{참가자} = 8.059 - 6.018 - 0.846 = 1.195$$

이제 변산원표의 처음 세 열을 채우기에 충분한 정보, 즉 변산원, 제곱합(SS), 그리고 자유도(df) 정보를 가지고 있으며, 각 제곱합을 자유도로 나누어서 변량인 MS를 구하게 된다.

$$MS_{집단간} = \frac{SS_{집단간}}{df_{집단간}} = \frac{6.018}{2} = 3.009$$

$$MS_{참가자} = \frac{SS_{참가자}}{df_{참가자}} = \frac{0.846}{2} = 0.423$$

$$MS_{집단내} = \frac{SS_{집단내}}{df_{집단내}} = \frac{1.195}{4} = 0.299$$

그런 다음에 각 MS를 집단내 MS로 나누어서 두 개의 F 통계치, 즉 집단간 F 통계치와 참가자 F 통계치를 계산한다.

$$F_{집단간} = \frac{MS_{집단간}}{MS_{집단내}} = \frac{3.009}{0.299} = 10.06$$

$$F_{참가자} = \frac{MS_{참가자}}{MS_{집단내}} = \frac{0.423}{0.299} = 1.41$$

완성된 변산원표는 다음과 같다.

변산원	SS	df	MS	F
집단간	6.018	2	3.009	10.06
참가자	0.846	2	0.423	1.41
집단내	1.195	4	0.299	
전체	8.059	8		

집단 간에 통계적으로 유의한 차이가 있는지를 알고자 하였기에 집단간 F 통계치인 10.06을 살펴본다.

단계 6 : F 통계치 10.06은 임곗값 6.95를 넘어선다. 영가설을 기각할 수 있다. 우울증 점수는 재활 시점에 따라 다른 것으로 보인다. 정확하게 어느 평균 쌍이 유의한 차이를 보이는지를 알기 위해서는 사후검증이 필요하다.

11.4 일원 집단내 변량분석에서 효과크기 계산하기

이 데이터에서 어떻게 효과크기를 계산할 수 있는가?

일원 집단내 변량분석에서 효과크기의 적절한 측정치는 R^2이며, 다음과 같이 계산한다.

$$R^2 = \frac{SS_{집단간}}{(SS_{전체} - SS_{참가자})} = \frac{6.018}{(8.059 - 0.846)} = 0.834$$

코헨의 관례에 근거할 때, 이것은 상당히 큰 효과이다. 재활 시점이 우울증 점수 변산의 83%를 설명한다.

11.5 일원 집단내 변량분석에서 투키 HSD 사후검증 수행하기

작동방법 11.3에서 계산한 변량분석은 통계적으로 유의한 차이가 있다는 사실만을 알려주며, 사후검증을 실시하지 않고는 유의한 차이가 어디에 위치하는지를 결정할 수 없다. 일원 집단내 변량분석에서 어떻게 투키 HSD 검증을 실시할 수 있는가?

우선 표준오차를 계산하여야 한다.

$$s_M = \sqrt{\frac{MS_{집단내}}{N}} = \sqrt{\frac{0.299}{9}} = 0.182$$

그런 다음에 각 평균 쌍에 대한 HSD를 계산한다.

입원 시의 평균 우울($M = 6.8$)을 재활 중의 평균 우울($M = 5.9$)과 비교하기 위하여 다음을 계산한다.

$$HSD = \frac{6.8 - 5.9}{0.182} = 4.945$$

입원 시의 평균 우울($M = 6.8$)을 퇴원 시의 평균 우울($M = 4.8$)과 비교하기 위하여 다음을 계산한다.

$$HSD = \frac{6.8 - 4.8}{0.182} = 10.989$$

재활 중의 평균 우울($M = 5.9$)을 퇴원 시의 평균 우울($M = 4.8$)과 비교하기 위하여 다음을 계산한다.

$$HSD = \frac{5.9 - 4.8}{0.182} = 6.044$$

집단내 자유도가 4이고 알파수준이 0.05일 때 q 점수표에서 세 평균 간 비교를 위한 임곗값은 5.04이다. 두 가지 비교, 즉 입원 시점과 퇴원 시점에서 평균 우울 간의 비교 그리고 재활 중과 퇴원 시점에서 평균 우울 간의 비교가 통계적으로 유의하다.

연습문제

홀수 문제의 답은 부록 C에서 찾아볼 수 있다.

개념 명료화하기

11.1 변량분석(ANOVA)이란 무엇인가?

11.2 t 분포는 할 수 없지만 F 분포가 해줄 수 있는 것은 무엇인가?

11.3 F 통계치는 집단간 변량과 집단내 변량의 비이다. 이 두 가지 유형의 변량은 무엇인가?

11.4 집단내(반복측정) 변량분석과 집단간 변량분석 간의 차이는 무엇인가?

11.5 집단간 변량분석의 세 가지 가정은 무엇인가?

11.6 변량분석의 영가설은 다른 가설검증과 마찬가지로 전집 평균 간에 차이 없음을 상정하지만, 연구가설은 조금 다르다. 그 이유는 무엇인가?

11.7 F 통계치가 항상 양수인 까닭은 무엇인가?

11.8 일상 대화에서 사용하는 출처(source)라는 단어를 정의해보라. 사용할 수도 있는 최소한 두 가지 다른 의미를 제시해보라. 그런 다음, 통계학자들이 사용하는 방식으로 정의해보라.

11.9 제곱합(sum of squares)의 개념을 설명해보라.

11.10 일원 집단간 변량분석에서 전체 제곱합은 어느 두 통계치를 합해서 구하는가?

11.11 전체 평균이란 무엇인가?

11.12 집단간 제곱합은 어떻게 계산하는가?

11.13 z 검증이나 t 검증에서 효과크기를 측정하는 데 전형적으로 사용하는 것은 무엇인가? 변량분석에서 효과크기를 측정하는 데는 무엇을 사용하는가?

11.14 R^2을 사용한 효과크기를 해석하는 코헨의 관례는 무엇인가?

11.15 사후(post hoc)의 의미는 무엇이며, 변량분석에서 언제 이러한 검증이 필요한가?

11.16 다음 공식에서 기호들을 정의해보라.

$$N' = \frac{N_{집단}}{\Sigma(1/N)}$$

11.17 z, t, F 분포나 관련 검증에 관한 다음 진술 각각에서 오류를 찾아보라. 그것이 오류인 까닭을 설명하고, 정확한 표현을 제시하라.

a. 교수는 통계학 강의의 학기말시험에서 평균과 표준오차를 보고하였다.

b. t 통계치를 계산하기에 앞서, 전집 평균과 전집 표준편차를 알아야만 한다.

c. 연구자는 자신의 세 표본에서 모수치를 계산함으로써 F 통계치를 계산하고 변량분석을 실시할 수 있었다.

d. 에블린은 자신의 우등생 프로젝트를 위해서 z 통계치를 계산함으로써 카페인을 주입한 학생 표본의 평균 비디오게임 점수를 카페인을 주입하지 않은 학생 표본과 비교할 수 있었다.

11.18 다음 진술이나 공식 각각에서 잘못 사용한 기호를 찾아라. 각 진술이나 공식에 대해서 (1) 어느 기호를 잘못 사

용하였는지 진술하고, (2) 원래 진술에서 그 기호가 잘못된 이유를 설명하고, (3) 어느 기호를 사용해야만 하는지를 진술하라.

a. F 통계치를 계산할 때 분자는 집단간 변량, s의 추정치를 포함한다.

b. $SS_{집단간} = (X - GM)^2$

c. $SS_{집단내} = (X - M)$

d. $F = \sqrt{t}$

11.19 집단내 변량분석의 네 가지 가정은 무엇인가?

11.20 순서효과란 무엇인가?

11.21 '참가자'라고 부르는 변산원을 설명하라.

11.22 집단간 변량분석에 비해서 집단내 변량분석 설계가 가지고 있는 장점은 무엇인가?

11.23 역균형화란 무엇인가?

11.24 집단내 설계를 사용할 때 역균형화하는 것이 적절한 이유는 무엇인가?

11.25 참가자 제곱합은 어떻게 계산하는가?

11.26 집단간 변량분석에서 $df_{집단내}$의 계산이 집단내 변량분석에서의 계산과 어떻게 다른가?

11.27 어떻게 집단간 연구를 집단내 연구로 전환할 수 있는가?

11.28 어떤 상황에서 집단간 연구를 집단내 연구로 전환하는 것이 불가능하거나 타당하지 않은가?

11.29 일원 집단간 변량분석과 일원 집단내 변량분석에서 효과크기 계산은 어떻게 다른가?

통계치 계산하기

11.30 집단간 설계라고 가정하고 다음 데이터에 대해 답하라.

집단 1 : 11, 17, 22, 15

집단 2 : 21, 15, 16

집단 3 : 7, 8, 3, 10, 6, 4

집단 4 : 13, 6, 17, 27, 20

a. $df_{집단간}$

b. $df_{집단내}$

c. $df_{전체}$

d. 알파가 0.05일 때 임곗값

e. 각 집단의 평균과 전체 평균

f. 전체 제곱합

g. 집단내 제곱합

h. 집단간 제곱합

i. 변산원표의 나머지 부분

j. 투키 HSD 값

11.31 집단간 설계라고 가정하고 다음 데이터에 대해 답하라.

1990 : 45, 211, 158, 74

2000 : 92, 128, 382

2010 : 273, 396, 178, 248, 374

a. $df_{집단간}$

b. $df_{집단내}$

c. $df_{전체}$

d. 알파가 0.05일 때 임곗값

e. 각 집단의 평균과 전체 평균

f. 전체 제곱합

g. 집단내 제곱합

h. 집단간 제곱합

i. 변산원표의 나머지 부분

j. 효과크기와 그 크기의 평가

11.32 다음 각 사례에 대해서 비를 정확하게 표현하면서 F 통계치를 계산하라.

a. 집단간 변량은 29.4이고 집단내 변량은 19.1이다.

b. 집단내 변량은 0.27이고 집단간 변량은 1.56이다.

c. 집단간 변량은 4,595이고 집단내 변량은 3,972이다.

11.33 다음 각 사례에 대해서 비를 정확하게 표현하면서 F 통계치를 계산하라.

a. 집단간 변량은 321.83이고 집단내 변량은 177.24이다.

b. 집단간 변량은 2.79이고 집단내 변량은 2.20이다.

c. 집단내 변량은 41.60이고 집단간 변량은 34.45이다.

11.34 완성하지 못한 일원 집단간 변량분석 변산원표가 아래에 나와있다. 빠진 값들을 계산하라.

변산원	SS	df	MS	F
집단간	191.450	—	47.863	—
집단내	104.720	32	—	
전체	—	36		

11.35 완성하지 못한 일원 집단간 변량분석 변산원표가 아래에 나와있다. 빠진 값들을 계산하라.

변산원	SS	df	MS	F
집단간	—	2	—	
집단내	89	11	—	
전체	132	—		

11.36 다음 각각은 계산한 F 통계치와 그 자유도이다. F 점수표를 사용하여 각각의 유의도 수준을 추정하라. 발생가능성이 표에 나와있는 알파보다 더 큰지 아니면 작은지 지적

함으로써 이 작업을 할 수 있다.

a. $df_{집단간} = 3$이고 $df_{집단내} = 30$인 $F = 4.11$

b. $df_{집단간} = 5$이고 $df_{집단내} = 83$인 $F = 1.12$

c. $df_{집단간} = 4$이고 $df_{집단내} = 42$인 $F = 2.28$

11.37 집단내 설계라고 가정하고 다음 데이터에 대해 답하라.

	참가자			
	1	2	3	4
독립변인의 수준 1	7	16	3	9
독립변인의 수준 2	15	18	18	13
독립변인의 수준 3	22	28	26	29

a. $df_{집단간} = N_{집단} - 1$

b. $df_{참가자} = n - 1$

c. $df_{집단내} = (df_{집단간})(df_{참가자})$

d. $df_{전체} = df_{집단간} + df_{참가자} + df_{집단내}$ 또는 $df_{전체} = N_{전체} - 1$

e. $SS_{전체} = \Sigma(X - GM)^2$

f. $SS_{집단간} = \Sigma(M - GM)^2$

g. $SS_{참가자} = \Sigma(M_{참가자} - GM)^2$

h. $SS_{집단내} = SS_{전체} - SS_{집단간} - SS_{참가자}$

i. 변산원표의 나머지 부분

j. 효과크기

k. 수준 1과 수준 3 간의 비교를 위한 투키 HSD 통계치

11.38 집단내 설계라고 가정하고 다음 데이터에 대해 답하라.

	참가자					
	1	2	3	4	5	6
수준 1	5	6	3	4	2	5
수준 2	6	8	4	7	3	7
수준 3	4	5	2	4	0	4

a. $df_{집단간} = N_{집단} - 1$

b. $df_{참가자} = n - 1$

c. $df_{집단내} = (df_{집단간})(df_{참가자})$

d. $df_{전체} = df_{집단간} + df_{참가자} + df_{집단내}$ 또는 $df_{전체} = N_{전체} - 1$

e. $SS_{전체} = \Sigma(X - GM)^2$

f. $SS_{집단간} = \Sigma(M - GM)^2$

g. $SS_{참가자} = \Sigma(M_{참가자} - GM)^2$

h. $SS_{집단내} = SS_{전체} - SS_{집단간} - SS_{참가자}$

i. 변산원표의 나머지 부분

j. F의 임곗값 그리고 영가설에 대한 결정

k. 모든 가능한 평균 비교를 위한 투키 HSD 통계치

l. q의 임곗값 그리고 위의 각 평균 비교에 대한 결정

m. 효과크기

11.39 다음은 일원 집단내 변량분석의 완성되지 않은 변산원표이다.

변산원	SS	df	MS	F
집단간	941.102	2	—	—
참가자	3,807.322	—	—	—
집단내	—	20	—	
전체	5,674.502			

a. 빠진 정보를 채워 넣어라.

b. R^2을 계산하라.

11.40 14명의 참가자가 실험의 세 조건 모두에 참가하였다고 가정하라. 이 정보를 사용하여 아래 변산원표를 완성하라.

변산원	SS	df	MS	F
집단간	60	—	—	—
참가자	—	—	—	—
집단내	50	—	—	
전체	136			

11.41 다음은 미완성의 일원 집단간 변량분석 변산원표이다. 빠진 값을 계산하라.

변산원	SS	df	MS	F
집단간	56.570	—	28.285	2.435
참가자	83.865	—	10.483	
집단내	—	16		
전체	326.265	26		

11.42 다음은 미완성의 일원 집단간 변량분석 변산원표이다. 세 개의 조건과 6명의 참가자가 있다. 빠진 값을 계산하라.

변산원	SS	df	MS	F
집단간	0.588	—	—	—
참가자	0.236	—	—	
집단내	0.126	—	—	
전체	—			

개념 적용하기

11.43 **코미디 대 뉴스 그리고 가설검증** : 인디애나대학교 신문방송학과 교수인 줄리아 폭스는 미국 대통령 선거 보도에 초점을 맞추고는 데일리쇼(Daily Show)가 코미디 형식을 취하고 있음에도 뉴스의 타당한 출처인지가 궁금하였다. 그녀는 30분짜리 데일리쇼의 에피소드 개수와 30분

짜리 지상파 뉴스의 에피소드 개수도 기록하였다(Indiana University Media Relations, 2006). 폭스는 두 유형의 프로그램 간에 시청각 핵심정보의 평균량이 통계적으로 유의하게 차이 나지 않았다고 보고하였다. 그녀의 분석은 초 단위로 기술되기 때문에, 모든 결과는 초 단위의 시간 측정이라고 가정하라.

a. 무엇이 독립변인이고 종속변인인가? 명목변인인 변인의 수준을 진술하라.

b. 폭스는 어떤 유형의 가설검증을 사용하겠는가?

c. 이제 폭스가 CNN과 같은 케이블 뉴스를 세 번째 범주로 첨가하였다고 상상하라. 이러한 새로운 정보에 근거하여 독립변인 그리고 명목 독립변인의 수준을 진술하라. 폭스는 어떤 가설검증을 사용하겠는가?

11.44 비교분포 : 다음 각 상황에 대해서 관심분포가 z 분포인지 t 분포인지 아니면 F 분포인지를 진술하라. 여러분의 답을 해명해보라.

a. 한 시청 직원이 와이오밍에서 소득의 평균과 표준편차를 포함하고 있는 미국 인구조사 보고서를 찾아보고는 주도인 샤이엔의 주민 100명의 무선표본을 취한다. 그는 샤이엔 주민이 와이오밍 전체 주민보다 평균적으로 소득이 더 많은지가 궁금하다.

b. 한 연구자가 작업 방해에 대한 상이한 맥락의 효과를 연구한다. 몰래카메라를 사용하여 막힌 사무실에서 근무하는 직원, 개방된 칸막이 공간에서 근무하는 직원 그리고 재택 근무하는 직원을 관찰한다.

c. 한 학생은 통계학 교육이 데이터를 인용하는 광고를 믿는 경향성을 감소시키는지 궁금하였다. 상호작용적 광고 평가에 대한 반응이라는 측면에서 통계학 강의를 수강한 사회과학도와 수강하지 않은 사회과학도를 비교한다.

11.45 비교분포 : 다음 각 상황에 대해서 관심분포가 z 분포인지 t 분포인지 아니면 F 분포인지를 진술하라. 여러분의 답을 해명해보라.

a. 한 학생이 심리학개론서에서 평균 IQ가 100이라는 사실을 읽고 있다. 친구들이 평균보다 똑똑한지 알아보기 위하여 10명의 친구에게 IQ 점수가 얼마나 되는지를 묻는다. (이들은 모든 학생의 IQ 점수를 평가하는 대학에 다니고 있다.)

b. 집에 책이 있다는 사실은 안정된 가정의 표지인가? 한 사회복지사는 1년에 걸쳐 방문하였던 모든 가정의 거실에 비치된 책의 수를 세어보았다. 그는 가정을 다음

과 같은 네 집단으로 범주화하였다. 책이 전혀 보이지 않음, 아동용 책만 있음, 성인용 책만 있음, 아동용과 성인용 책이 모두 있음. 그가 근무하는 부서는 다양한 측정치에 근거하여 각 가정의 안정성을 평가하였다.

c. 어느 텔레비전 프로그램이 학습에 더 많은 도움을 주는가? 한 연구자는 1년에 걸쳐 원하는 만큼 '세사미 스트리트' 프로그램은 시청하지만 '위글스' 프로그램은 시청하지 않는 집단에 무선할당한 아동 표본의 어휘를 평가하였다. 또한 1년에 걸쳐 원하는 만큼 '위글스' 프로그램은 시청하지만 '세사미 스트리트' 프로그램은 시청하지 않는 집단에 무선할당한 아동 표본의 어휘를 평가하였다. 연구자는 두 집단의 평균 어휘점수를 비교하였다.

11.46 분포들 간의 연계 : z, t, F 분포는 밀접하게 연계되어 있다. 실제로 z나 t 분포를 사용할 수 있는 모든 경우에도 F 분포를 사용할 수 있다.

a. F 통계치 4.22를 얻었지만 t 통계치를 사용하였을 수도 있었다면(즉, 상황이 t 통계치를 사용할 모든 기준을 만족하였다), 그 t 통계치는 얼마가 되었겠는가? 여러분의 답을 해명해보라.

b. F 통계치 4.22를 얻었지만 z 통계치를 사용하였을 수도 있었다면, 그 z 통계치는 얼마가 되었겠는가? 여러분의 답을 해명해보라.

c. t 통계치 0.67을 얻었지만 z 통계치를 사용하였을 수도 있었다면, 그 z 통계치는 얼마가 되었겠는가? 여러분의 답을 해명해보라.

d. 실제로 F 분포만 필요할 때도 세 가지 유형의 분포(즉, z, t, F 분포)를 여전히 사용하는 이유를 적어도 한 가지 들어보라.

11.47 외국인 학생 그리고 변량분석 유형 : 뉴욕대학교 박사과정생인 캐서린 루비는 외국인 학생이 미국에서 대학원에 진학하는 이유를 알아보기 위한 온라인 조사를 실시하였다. 그녀가 고려한 여러 가지 종속변인 중의 하나는 명성이었다. 학생들에게 자신의 결정에서 학교의 명성, 학교와 프로그램의 공식 인가 여부, 그리고 교수진의 명성 등의 요인이 가지고 있는 중요성을 평정하도록 요구하였다. 학생들은 각 요인을 5점 척도에서 평정하였으며, 모든 명성 평정점수의 평균을 내서 각 응답자의 요약점수로 간주하였다. 다음 각 시나리오에 대해서 독립변인과 그 수준을 진술하라(종속변인은 모든 경우에 명성이다). 그런 다음에 어떤 유형의 변량분석을 사용하였는지를 진술하라.

a. 루비는 상이한 전공, 즉 인문학, 과학, 교육학, 법학, 그리고 경영학 대학원생들 간에 명성의 중요성을 비교하였다.

b. 루비가 이 대학원생들을 3년 동안 추적하여 매년 한 번씩 명성의 평정을 평가하였다고 상상하라.

c. 루비는 석사과정, 박사과정, 전문학위과정(예컨대, MBA)에 다니고 있는 외국인 학생들을 비교하였다.

d. 루비가 외국인 학생들을 석사과정 프로그램에서부터 박사과정과 박사후 과정까지 추적하면서 각 과정에서 한 번씩 명성에 대한 평정을 평가하였다고 상상하라.

11.48 **이름 기억하기 연구에서 변량분석 유형** : 사람들은 상이한 상황에서 이름을 더 잘 기억하는가? 가상 연구에서 한 인지심리학자는 20분 동안 지속하는 집단활동 후에 이름 기억을 연구하였다. 참가자들에게는 기억 연구라고 알려주지 않았다. 집단활동 후에 참가자들에게 집단의 다른 구성원들의 이름을 물었다. 연구자는 120명의 참가자를 다음과 같은 세 조건에 무선할당하였다. (1) 집단 구성원들이 자신의 이름을 한 번 소개하였다(한 번만 소개). (2) 구성원들을 실험자가 한 번 소개하고 자신이 또 한 번 소개하였다(두 번 소개). (3) 실험자가 소개하고 자신이 또 한 번 소개하였으며, 집단활동을 하는 동안 이름표를 달고 있었다(두 번 소개 및 이름표).

a. 이 연구의 데이터를 분석하기 위하여 사용할 변량분석의 유형은 무엇인가?

b. 일원 집단내 변량분석으로 분석할 수 있도록 이 연구를 재설계하기 위하여 연구자가 할 수 있는 일을 구체적으로 진술해보라.

11.49 **운동과 교육 프로그램** : 운동 프로그램의 고수에 관한 연구를 수행하였다(Irwin et al., 2004). 참가자들에게 자신의 운동 행동을 변화시키는 데 도움을 줄 월례 교육 프로그램에 참가하도록 요구하였다. 출석률을 확인하여 참가자들을 세 범주로 나누었다. 5회 미만 참석한 사람, 5~8회 참석한 사람, 그리고 9~12회 참석한 사람. 연구자들은 모든 참가자들이 1주일에 운동하는 시간을 분 단위로 평가하였다.

　　　5회 미만 : 155, 120, 130
　　　5~8회 : 199, 160, 184
　　　9~12회 : 230, 214, 195, 209

a. 독립변인은 무엇인가? 독립변인의 수준은 무엇인가?

b. 종속변인은 무엇인가?

c. 가설검증의 여섯 단계를 사용하여 일원 집단간 변량분석을 실시하라.

11.50 **운동과 사후검증** : 11.49의 데이터를 사용하라.

a. 변량분석이 통계적으로 유의할 때 투키 *HSD* 검증과 같은 사후검증을 실시할 필요가 있는 이유를 설명해보라.

b. 투키 *HSD* 검증을 실시하라. 모든 계산과정을 보여라.

c. 투키 *HSD* 검증을 사용하여 영가설을 기각하는 데 실패할 때 두 집단이 동일한 평균을 가지고 있다고 가정할 수 없는 이유를 설명해보라. 여러분의 답에 이 사례를 포함시켜라.

11.51 **학점 그리고 *t* 분포와 *F* 분포 비교하기** : *t* 분포와 *F* 분포 간의 관계에 대한 여러분의 지식에 근거하여, 다음 표의 소프트웨어 출력을 마무리하라. 독립표본 *t* 검증 요약표

Independent Samples Test

							95% Confidence Interval of the Difference	
				t-test for Equality of Means		Standard Error Difference		
		t	*df*	Sig. (2-tailed)	Mean Difference		Lower	Upper
GPA			82		−.28251	.12194	−.52508	−.03993

ANOVA

GPA	Sum of Squares	*df*	Mean Square	*F*	Sig.
Between groups	4.623	1	4.623		.005
Within groups	42.804	82	.522		
Total	47.427	83			

와 일원 집단간 변량분석 요약표는 학점을 비교하는 동일한 가상 데이터를 사용하여 계산한 것이다.

a. F 통계치는 얼마인가? 여러분의 계산을 보여라. [힌트 : '평균제곱(Mean Square, MS)' 행은 F 통계치를 계산하는 데 사용하는 두 개의 변량 추정치를 포함하고 있다.]

b. t 통계치는 얼마인가? 여러분의 계산을 보여라. (힌트 : 앞에서 계산한 F 통계치를 사용하라.)

c. 통계 소프트웨어 출력에서 'Sig.'는 통계치의 실제 p 값을 나타낸다. 실제 p 값을 0.05와 같은 알파수준과 비교하여 영가설을 기각할지 결정할 수 있다. t 검증에서 'Sig.'는 무엇인가? 여러분이 이것을 어떻게 결정하였는지를 설명하라. (힌트 : 독립표본 t 검증에서의 'Sig.'가 일원 집단간 변량분석에서의 'Sig.'와 같을 것이라고 기대하는가, 아니면 다를 것이라고 기대하는가?)

11.52 미래결과의 고려와 두 가지 유형의 가설검증 : 사회과학 전공생 표본과 다른 학문 전공생 표본이 미래결과 숙고 척도(CFC)에 응답하였다. 다음 표들은 이 데이터에 대하여 독립표본 t 검증과 일원 집단간 변량분석을 실시한 소프트웨어 출력을 포함하고 있다.

a. 독립표본 t 검증과 일원 집단간 변량분석의 결과가 동일하다는 사실을 입증하라. (힌트 : t 검증의 t 통계치와 변량분석의 F 통계치를 찾아보라.)

b. 통계 소프트웨어 출력에서 'Sig.'는 통계치의 실제 p 값을 나타낸다. 실제 p 값을 0.05와 같은 알파수준과 비교하여 영가설을 기각할지 결정할 수 있다. 여기서 실시한 두 검증, 즉 독립표본 t 검증과 일원 집단간 변량분석에서 'Sig.' 수준이란 무엇인가? 둘은 동일한가 아니면 다른가? 그 이유를 설명해보라.

c. 변량분석 변산원표에서 '평균제곱'이라는 이름의 열은 변량 추정치를 포함하고 있다. 두 가지 유형의 변량으로부터 어떻게 F 통계치를 계산하는지를 보여라. (힌트 : 맨 왼쪽 열에서 어느 변량 추정치가 어느 유형의 것인지를 확인하라.)

d. '집단통계치(Group Statistics)'라는 제목의 표에서, 각 표본에 얼마나 많은 참가자들이 있었는가?

e. '집단통계치'라는 제목의 표에서, 사회과학 전공자들의 평균 CFC 점수는 얼마인가?

Independent Samples Test

	t	df	Sig. (2-tailed)	Mean Difference	Standard Error Difference	95% Confidence Interval of the Difference	
						Lower	Upper
CFC scores	-.650	28	.521	-.17500	.26930	-.72664	.37664

ANOVA

CFC Scores

	Sum of Squares	df	Mean Square	F	Sig.
Between Groups	.204	1	.204	.422	.521
Within Groups	13.538	28	.483		
Total	13.742	29			

Group Statistics

Major		N	Mean	Standard Deviation	Standard Error Mean
CFC Scores	Other	10	3.2000	.88819	.28087
	Social Science	20	3.3750	.58208	.13016

11.53 페이스북에서의 담당교수와 일원 변량분석 : 페이스북에 교수가 자기를 노출한 정도가 담당교수와 강의실 그리고 강의실 분위기에 대한 학생들의 지각에 영향을 미치는지를 연구하였다(Mazer, Murphy, & Simonds, 2007). 학생들을 교수의 세 가지 페이스북 페이지 중 하나를 보도록 무선할당하였다. 페이지는 자기노출 정도가 높거나 중간 정도이거나 낮다는 사실을 제외하고는 동일하였다. 자기노출은 "사진, 신체정보, 그리고 게시물을 가지고 처치"하였다. 연구자들은 다음과 같이 보고하였다. "교수의 자기노출 정도가 높은 페이스북 웹사이트에 접속한 참가자들은 높은 수준의 동기와 정서적 학습 그리고 보다 긍정적인 강의실 분위기를 기대하였다."

a. 독립변인은 무엇이고, 어떤 유형의 변인이며, 어떤 수준을 가지고 있는가?

b. 언급한 첫 번째 종속변인은 무엇이며, 이것은 어떤 유형의 변인인가?

c. 이 연구는 집단간 설계인가, 아니면 집단내 설계인가? 여러분의 답을 해명해보라.

d. (a)부터 (c)까지의 답에 근거할 때, 연구자들은 어떤 유형의 변량분석을 사용하여 데이터를 분석하겠는가? 여러분의 답을 해명해보라.

e. 이것은 진정한 실험인가? 여러분의 답을 해명해보라. 그리고 그 사실이 연구자의 결론에 어떤 의미를 갖는지를 설명해보라.

11.54 사후검증, 이중언어, 그리고 언어재능 : 다음과 같은 네 집단에 속해있는 6세 아동 104명의 언어재능을 비교하는 연구를 수행하였다(Barac & Bialystok, 2012). 어떤 아동은 영어만을 사용하였다. 다른 아동은 이중언어자로, 중국어와 영어, 불어와 영어 또는 스페인어와 영어를 사용하였다. 피바디 그림 어휘검사(PPVT)를 통해서 아동의 어휘력을 측정하였다. 발표한 논문의 결과 부분에서 발췌한 내용은 다음과 같다. "PPVT에 대한 일원 변량분석은 언어집단의 주효과를 보여주었다. $F(3, 100) = 8.27$, $p < .0001$. [사후검증은] 단일언어 아동집단과 스페인어-영어 이중언어 아동집단이 상호 간에 차이를 보이지 않는 다른 두 이중언어 집단을 능가함을 나타냈다."

a. 독립변인은 무엇이고, 어떤 유형의 변인이며, 어떤 수준을 가지고 있는가? 종속변인은 무엇이며 어떤 유형의 변인인가?

b. 이 결과가 통계적으로 유의한지를 어떻게 아는 것인가?

c. 이 데이터로부터 결론을 내리기에 일원 변량분석이

충분하지 않은 이유는 무엇인가?

d. 여러분 스스로 이 결과를 요약해보라.

11.55 개에 대한 공포와 일원 집단내 변량분석 : 한 연구자가 개 크기의 함수로서 사람들의 개에 대한 공포를 평가하고자 하였다고 상상해보라. 각 참가자에게 세 가지 상이한 개, 즉 20파운드의 작은 개, 55파운드의 중간 크기 개, 그리고 110파운드의 큰 개를 제시하고는 30점 척도에서 공포 수준을 평가하였다. 다음은 가상 데이터이다. 그런데 이 데이터는 연습문제 11.37에서 이미 여러 통계치를 계산하였던 바로 그 데이터이다.

	참가자			
	1	2	3	4
작은 개	7	16	3	9
중간 크기 개	15	18	18	13
큰 개	22	28	26	29

a. 영가설과 연구가설을 진술하라.

b. 무선선택과 순서효과의 가정이 충족되었는지 결정하라.

c. 연습문제 11.37에서 이 데이터의 효과크기를 계산하였다. 이 통계치는 공포 수준에 대한 개 크기의 효과에 관하여 무엇을 알려주고 있는가?

d. 연습문제 11.37에서 수준 1(작은 개)과 수준 3(큰 개) 간의 차이에 대한 투키 *HSD* 검증을 실시하였다. 이 통계치에 근거하여 공포 수준에 대한 개 크기의 효과에 관하여 어떤 결론을 내릴 수 있는가?

11.56 껌 광고와 일원 집단내 변량분석 : 껌 광고는 껌의 풍미가 오래 지속된다고 주장한다. 실제로 어떤 광고는 풍미가 너무나 오래 지속되어 판매량과 수익에 지장을 줄 정도라고 주장한다. 이러한 주장을 검증해보자. 다섯 명의 참가자를 통해 네 가지 상이한 껌을 비교해본다고 상상해보라. 무선선택한 참가자에게 4일에 걸쳐 매일 다른 종류의 껌을 씹어보도록 요구하였다. 따라서 모든 참가자가 네 가지 껌을 모두 씹어보았다. 껌의 순서는 각 참가자마다 무선적으로 결정하였다. 두 시간 동안 껌을 씹은 후에, 풍미의 강도를 9점 척도에서 평가하였다. 다음은 가상 데이터이다.

	참가자				
	1	2	3	4	5
껌 1	4	6	3	4	4
껌 2	8	6	9	9	8
껌 3	5	6	7	4	5
껌 4	2	2	3	2	1

a. 가설검증의 여섯 단계를 모두 실시하라.

b. 부가적인 검증이 보장되는가? 여러분의 답을 해명해 보라.

c. 대응집단 연구설계를 사용하여 어떻게 이 연구를 수행할 수 있겠는가?

11.57 비관주의와 일원 집단내 변량분석 : 삶의 지향성 검사에서 비관주의자로 평가된 사람들에게 과거, 현재, 미래의 삶의 만족도에 관하여 물었다(Busseri, Choma, & Sadava, 2009). 점수가 높을수록 삶의 만족도가 높은 것이다. 비관주의자는 스스로 우울한 미래를 예측하는가?

	참가자				
	1	2	3	4	5
과거	18	17.5	19	16	20
현재	18.5	19.5	20	17	18
미래	22	24	20	23.5	21

a. 가설검증의 단계 5와 6을 실시하라. 단계 5에서 F 통계치를 계산할 때 반드시 변산원표를 마무리하도록 하라.

b. 필요하다면, 모든 가능한 평균 간 비교를 위한 투키 HSD를 계산하라. q의 임계치를 찾아서 각 평균 간 비교의 영가설에 관한 결정을 내려라.

c. 이 변량분석의 효과크기 측정치인 R^2을 계산하라.

11.58 낙관주의와 일원 집단내 변량분석 : 앞의 연습문제는 비관주의 집단을 사용하여 수행한 연구를 기술하고 있다. 연구자들은 낙관주의자에게도 동일한 질문을 던졌다. 낙관주의자들이 자신의 과거, 현재, 미래의 삶의 만족도를 평정하였다. 높은 점수일수록 높은 만족도를 나타낸다. 낙관주의자는 장밋빛 미래를 바라보고 있는가?

	참가자				
	1	2	3	4	5
과거	22	23	25	24	26
현재	25	26	27	28	29
미래	24	27	26	28	29

a. 가설검증의 단계 5와 6을 실시하라. 단계 5에서 F 통계치를 계산할 때 반드시 변산원표를 마무리하도록 하라.

b. 필요하다면, 모든 가능한 평균 간 비교를 위한 투키 HSD를 계산하라. q의 임계치를 찾아서 각 평균 간 비교의 영가설에 관한 결정을 내려라.

c. 이 변량분석의 효과크기 측정치인 R^2을 계산하라.

11.59 꼬리 흔들기와 일원 집단내 변량분석 : 개는 다른 사람이나 다른 동물을 볼 때 꼬리를 어떻게 흔드는가? 주인이나 낯선 고양이 또는 낯선 개를 볼 때, 개가 꼬리를 흔드는 강도와 방향을 살펴보았다(Quaranta, Siniscalchi, & Vallortigara, 2007). 아래의 가상 데이터는 강도 측정치이다. 이 데이터는 연구의 결과 패턴을 재현하고 있다. 이 데이터를 사용하여 일원 집단내 변량분석의 변산원표를 작성하라.

참가한 개	주인	고양이	다른 개
1	69	28	45
2	72	32	43
3	65	30	47
4	75	29	45
5	70	31	44

11.60 기억, 사후검증, 그리고 효과크기 : 단어목록이 그림이나 음향효과와 짝지어져 있으면 사람들이 그 단어목록을 더 잘 기억해내는지에 관심을 가졌다(Luo, Hendriks, & Craik, 2007). 참가자들에게 세 가지 상이한 학습조건에서 단어목록을 기억하도록 요구하였다. 첫 번째 조건에서는 참가자가 기억해낼 단어의 목록을 보기만 하였다(단어 조건). 두 번째 조건에서는 단어가 사물 그림과 짝을 이루었다(그림 조건). 세 번째 조건에서는 사물에 대응하는 음향효과와 짝을 이루었다(음향효과 조건). 나중에 실시한 재인검사에서 참가자들이 정확하게 재인한 단어의 비율을 측정하였다. 참가자 4명의 가상 데이터는 원래 연구의 결과와 유사하다. 재인한 단어의 평균 비율이 단어 조건에서는 $M = 0.54$이고, 그림 조건에서는 $M = 0.69$이며, 음향효과 조건에서는 $M = 0.838$이었다. 다음 변산원표는 가상 참가자 4명의 데이터에 대한 변량분석 결과를 나타낸 것이다.

변산원	SS	df	MS	F
집단간	0.177	2	0.089	8.900
참가자	0.002	3	0.001	0.100
집단내	0.059	6	0.010	
전체	0.238	11		

a. 데이터에 사후검증을 실시하는 것이 적절하겠는가? 그 이유는 무엇인가?

b. 변량분석표에 나와있는 정보를 사용하여 R^2을 계산하라. 코헨의 관례를 사용하여 효과크기를 해석해보라. 이 연구에서 사용한 독립변인과 종속변인의 입장에서

이 R^2이 의미하는 것을 진술해보라.

11.61 꼬리 흔들기, 가설검증에서 의사결정, 그리고 사후검증 : 다섯 마리의 다른 개를 모집하여 연습문제 11.59에서 기술한 연구를 반복한다고 가정하라. 가상적 반복연구의 변산원표가 아래에 나와있다. F 임곗값을 찾아서 영가설에 관한 결정을 내려라. 이 결정에 근거할 때 사후검증을 실시하는 것이 적절한가? 그 이유는 무엇인가?

변산원	SS	df	MS	F
집단간	58.133	2	29.067	0.066
참가자	642.267	4	160.567	0.364
집단내	532.533	8	441.567	
전체	1,232.933	14		

11.62 조종사의 심적 노력과 일원 집단내 변량분석 : 참가자들이 무인비행기를 조종하는 것과 같이 인지적으로 복잡한 과제에 쏟고 있다고 느끼는 심적 노력의 양을 조사하였다(Ayaz et al., 2012). 무인비행기 시뮬레이션에서 일련의 착륙과제를 수행한 후에 심적 노력에 대한 참가자들의 지각을 평가하는 측정도구인 TLX를 사용하였다. 연구자들은 전문성이 심적 노력 지각에 어떤 효과가 있는지를 알아보고자 하였으며, 일련의 일원 반복측정 변량분석 결과를 다음과 같이 보고하였다. "결과를 보면 심적 요구[$F(2, 8) = 17.87$, $p < 0.01$, $\eta^2 = 0.817$], 심적 노력[$F(2, 8) = 16.32$, $p < 0.01$, $\eta^2 = 0.803$], 그리고 좌절감[$F(2, 8) = 8.60$, $p < 0.01$, $\eta^2 = 0.682$]에서 연습 수준(초보자/중급/고급 수준)의 유의한 주효과가 있었다." 연구자들은 계속해서 심적 요구, 심적 노력 그리고 좌절감 모두가 전문성과 함께 감소하는 경향이 있다고 설명하였다.
a. 이 연구에서 독립변인은 무엇인가?
b. 이 연구에서 종속변인은 무엇인가?
c. 연구자들이 이 상황에서 일원 집단내 변량분석을 사용할 수 있었던 이유를 설명해보라.
d. η^2은 대체로 R^2과 등가적이다. 코헨의 관례에 근거할 때 각 효과크기는 얼마나 큰 것인가?
e. 연구자들은 독립변인의 특정 수준에 따라서 평균적으로 종속변인에서 차이가 있다는 구체적인 결론을 내렸다. 어떤 부가적인 검증을 수행하였을 가능성이 있는가? 여러분의 답을 해명해보라.
f. 연구자들은 어떻게 대응집단 연구설계를 사용하여 이 연구를 수행할 수 있었겠는가?

종합

11.63 리더십의 신뢰도와 일원 집단간 변량분석 : 제10장에서 직속상관에 대한 신뢰수준이 그 상사가 지지하는 정책에 동의하는 정도와 관련이 있는지를 살펴본 연구를 소개하였다. 연구자들은 부하가 상사에 동의하는 정도는 신뢰도와 관련이 있으며 성별, 연령, 근무연한, 그 상사와 함께 일한 시간 등과는 관계가 없다는 사실을 발견하였다. 직원들을 상사에 대한 낮은 신뢰도, 중간 신뢰도, 그리고 높은 신뢰도의 세 집단으로 분류하는 척도를 사용하였다고 가정해보자. 다음은 세 집단에 있어 상사의 결정에 동의하는 정도에 관한 가상 데이터이다. 여기 제시한 점수는 상사의 결정에 동의하는 정도를 40점 척도로 나타낸 것이다. 1점은 가장 낮은 동의 정도이며, 40점은 최고 수준의 동의를 나타낸다. 주 : 이 가상 데이터는 제10장에서 제시하였던 데이터와 다르다.

낮은 신뢰도를 보이는 직원 : 9, 14, 11, 18
중간 신뢰도를 보이는 직원 : 14, 35, 23
높은 신뢰도를 보이는 직원 : 27, 33, 21, 34

a. 이 연구에서 독립변인은 무엇인가? 그 변인이 갖고 있는 수준은 무엇인가?
b. 종속변인은 무엇인가?
c. 일원 집단간 변량분석을 사용하는 가설검증의 여섯 단계 모두를 실시하라.
d. 저널 논문에 통계치들을 어떻게 보고하겠는가?
e. 투키 HSD 검증을 실시하라. 실시한 결과, 무엇을 알게 되었는가?
f. 이 상황에서 t 검증을 실시할 수 없는 이유는 무엇인가?
g. 이 연구에서 집단내 설계를 사용할 수 없는 이유는 무엇인가?

11.64 치아교정과 일원 집단간 변량분석 : 이란 연구자들은 치아교정이야말로 환자의 협력이 가장 많이 요구되는 건강관리 영역이라는 사실을 언급하면서, 환자가 치아교정기를 착용할 가능성에 영향을 미치는 요인들을 연구하였다(Behenam & Pooya, 2007). 이들은 초등학교, 중학교, 그리고 고등학교 학생들을 비교하였다. 다음 데이터는 실제 연구에서 얻은 것과 거의 동일한 평균을 가지고 있지만, 표본크기는 훨씬 작다. 각 학생의 점수는 하루에 교정기를 착용한 시간이다.

초등학생 : 16, 13, 18
중학생 : 8, 13, 14, 12
고등학생 : 20, 15, 16, 18

a. 이 연구에서 독립변인은 무엇인가? 그 변인이 갖고 있는 수준은 무엇인가?

b. 종속변인은 무엇인가?

c. 일원 집단간 변량분석을 사용하는 가설검증의 여섯 단계 모두를 실시하라.

d. 저널 논문에 통계치들을 어떻게 보고하겠는가?

e. 투키 *HSD* 검증을 실시하라. 실시한 결과, 무엇을 알게 되었는가?

f. 이 표본에 대해서 적절한 효과크기 측정치를 계산하라.

g. 코헨의 관례에 근거할 때, 이 효과크기는 작은가, 중간 크기인가, 아니면 큰가?

h. 가설검증의 결과에 덧붙여서 효과크기를 아는 것이 유용한 까닭은 무엇인가?

i. 집단내 설계를 사용하여 어떻게 이 연구를 수행하겠는가?

11.65 변량분석, 텔레비전 수상작품, 그리고 마음이론 : 고품질의 텔레비전 프로그램을 시청하는 것이 마음이론, 즉 다른 사람을 이해하는 능력을 증진시킬 수 있는가? 상을 받은 텔레비전 드라마를 시청하는 조건, 상을 받은 다큐멘터리를 시청하는 조건, 그리고 텔레비전을 시청하지 않는 조건에 참가자들을 무선할당하는 연구(Black & Barnes, 2015)를 통해서 이 물음을 탐구하였다(주 : 연습문제 10.27은 동일한 논문에서 보고한 상이한 연구에 관한 것이다). 모든 참가자에게 사람들의 눈을 찍은 36장의 사진을 들여다보고 그 사람이 질투하고 있는지, 공포에 질려있는지, 오만한지, 아니면 증오하고 있는지를 판단하도록 요구하였다. 점수는 0점(한 장도 정확하게 맞히지 못함)에서 36점(모든 사진의 정서를 정확하게 맞힘)에 걸쳐있었다. 연구자들은 데이터를 분석하여, "평균이 세 집단에 걸쳐 다르다. $F_{(2, 173)} = 6.04$, $p = .003$, 부분 η^2 $= .065$"라는 결과를 얻었다. (부분 η^2은 R^2과 동일하게 해석할 수 있다.) 드라마 집단의 평균은 28.02이고, 다큐멘터리 집단은 26.55이며, 통제집단은 25.30이었다. 연구자들은 드라마 집단과 통제집단의 평균 간에서만 유의한 차이가 존재한다고 보고하였다.

a. 독립변인은 무엇인가? 그 변인이 갖고 있는 수준은 무엇인가?

b. 종속변인은 무엇인가?

c. 이 연구는 실험연구인가 아니면 상관연구인가? 여러분의 답을 해명해보라.

d. 연구자들은 어떤 통계분석을 사용하였는가? 여러분의 답을 해명해보라.

e. 연구 발췌문에서 보고한 통계치를 설명해보라. 이것들 각각이 의미하는 바는 무엇인가?

f. 어느 평균이 상호 간에 유의한 차이를 보이는지를 결정하기 위해서 연구자들이 했음직한 작업을 설명해보라.

g. 결과의 전반적 패턴을 여러분 스스로 설명해보라.

h. 효과크기를 부분 η^2으로 제시하였다. 이것이 효과크기에 관해서 알려주는 것은 무엇인가?

i. 여러분이 드라마보다 다큐멘터리를 더 좋아한다고 해보자. 여러분은 또한 다큐멘터리 집단의 평균이 통제집단의 평균보다 높은 것을 확인하고는 다큐멘터리도 도움이 된다고 결정한다. 통계적 관점에서 이러한 진술이 문제인 까닭은 무엇인가?

j. 이 연구에서 관찰한 한 가지 유의한 평균차이가 부정확한 결론이라면, 이것은 어떤 유형의 오류인가? 여러분의 답을 해명해보라.

k. 연구자들은 이 연구의 결과를 아래에 제시한 것과 유사한 그래프로 나타냈다. 제3장에서 공부한 것에 맞도록 그래프를 개선할 적어도 두 가지 방법을 제시해보라.

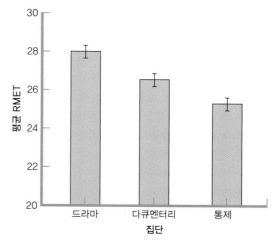

11.66 변량분석과 노트필기 : 개념과 관련된 시험 문제에서 최선의 성과를 보이게 해주는 노트필기 유형을 연구하였다 (Mueller & Oppenheimer, 2014). 개념 문제란 학생들이 사실에 기반한 문제에 답하는 것이 아니라 공부한 내용을 응용해서 답해야 하는 문제이다. 학생들을 다음 세 집단에 무선할당하였다.

1. 손으로 필기하는 집단(수기집단)

2. 평소대로 노트북에 필기하는 집단(미개입 노트북 집단)

3. 자신의 표현방식대로 필기하라는 지시를 받은 노트북 집단(개입 노트북 집단)

  사람들은 노트북에 곧이곧대로 필기하는 경향이 있기 때문에, 미개입 집단이 평균적으로 다른 두 집단보다 학습량이 떨어질 것이라고 예상하였다. 연구자들은 다음과 같이 보고하였다. "결과를 보면 개념 적용 문제에 있어서 수기 참가자(z 점수 $M = 0.28$, $SD = 1.04$)가 미개입 노트북 참가자(z 점수 $M = -0.15$, $SD = 0.85$)보다 우수한 성과를 나타냈다. $F_{(1, 89)} = 11.98$, $p = .017$, $\eta_p^2 = .12$. 개입 노트북 집단의 점수(z 점수 $M = -0.11$, $SD = 1.02$)는 미개입 노트북 집단이나 수기집단의 점수와 유의한 차이를 보이지 않았다(각각 $p = .91$, $p = .29$)"(1162쪽).

a. 독립변인은 무엇인가? 그 변인이 갖고 있는 수준은 무엇인가?

b. 종속변인은 무엇인가?

c. 이 연구는 실험연구인가 아니면 상관연구인가? 여러분의 답을 해명해보라.

d. 보고한 통계치는 M이 아니라 z 점수 M이다. 연구자들이 여기에 보고하고 있는 것이 무엇인지를 설명해보라.

e. 어느 집단들이 상호 간에 유의한 차이를 보이는가? 이 사실을 알게 되는 두 가지 방법을 기술하라.

f. 효과크기를 η_p^2로 제시하였다. 이것이 효과크기에 관해서 알려주는 것은 무엇인가? (주 : 아래첨자 p는 '부분'을 의미하며, 이 효과크기는 단지 이 특정 결과에만 해당한다는 사실을 나타낸다. 여러분은 답을 작성할 때 p를 무시해도 된다. η^2은 대체로 R^2과 등가적임을 기억하라.)

g. 한 친구가 이 결과를 듣고는 다음과 같이 말한다. "나는 손으로 필기하고 싶지 않아. 내 방식대로 타이핑할 생각이야. $-.11$의 평균 z 점수는 $-.15$의 평균 z 점수보다 크잖아." 이 진술이 통계적 견지에서 문제가 되는 이유는 무엇인가?

h. 만일 수기집단과 개입 노트북 집단 간에 유의한 차이가 없다는 결과가 잘못된 것이라면, 어떤 유형의 오류를 범한 것인가? 여러분의 답을 해명해보라.

11.67 눈부심 방지, 미식축구, 그리고 일원 집단내 변량분석 : 미식축구 선수가 눈 밑에 칠하는 검은색 윤활유가 실제로 눈부심을 감소시키는가, 아니면 단지 위협적으로 보이게만 만드는가? 예일대학교에서 실제로 수행한 연구에서는 46명의 참가자가 눈 밑에 다음 세 가지 물질을 칠하였다.

검은색 윤활유, 검은색 눈부심 방지 스티커, 또는 바셀린. 연구자들은 각 참가자에게 척도값을 제공하는 대조표를 사용하여 눈부심을 평가하였다. 한 번에 하나의 물질을 가지고 각 참가자를 평가하였다. 검은색 윤활유는 다른 두 조건, 즉 눈부심 방지 스티커나 바셀린에 비해서 눈부심의 감소를 더 많이 초래하였다(DeBroff & Pahk, 2003).

참가자	검은색 윤활유	눈부심 방지 스티커	바셀린
1	19.8	17.1	15.9
2	18.2	17.2	16.3
3	19.2	18.0	16.2
4	18.7	17.9	17.0

a. 독립변인은 무엇인가? 그 변인이 갖고 있는 수준은 무엇인가?

b. 종속변인은 무엇인가?

c. 이것은 어떤 유형의 변량분석인가?

d. 변량분석의 첫 번째 가정은 무엇인가? 연구자들이 이 가정을 만족시켰을 가능성이 있는가? 여러분의 답을 해명해보라.

e. 변량분석의 두 번째 가정은 무엇인가? 연구자들이 이 가정을 만족시켰는지를 어떻게 확인할 수 있는가? 구체적으로 제시해보라.

f. 변량분석의 세 번째 가정은 무엇인가? 연구자들은 이 가정을 만족시켰는지를 어떻게 확인할 수 있는가? 구체적으로 제시해보라.

g. 집단내 변량분석에만 해당하는 네 번째 가정은 무엇인가? 연구자들은 이 가정을 만족시켰다는 사실을 확신하기 위하여 무엇을 할 필요가 있는가?

h. 가설검증의 단계 5와 6을 수행하라. 단계 5에서 F 비를 계산할 때 변산원표를 반드시 완성하라.

i. 필요하다면 모든 가능한 평균 비교를 위한 투키 HSD를 계산하라. q의 임곗값을 찾아서 각 평균 비교의 영가설에 관한 결정을 내려라.

j. 이 변량분석의 효과크기로 R^2을 계산하라.

k. 집단간 설계를 사용하여 어떻게 이 연구를 수행할 수 있는가?

l. 대응집단 설계를 사용하여 어떻게 이 연구를 수행할 수 있는가?

11.68 변량분석, 운동선수, 그리고 사회적 지원 : 학생 운동선수들이 자신의 종목과 관련하여 상이한 유형의 지원을 어떻게 지각하는지를 살펴보았다(Adams, Coffee, &

Lavallee, 2015). 스코티시대학교에서 크리켓, 농구, 배드민턴 등을 포함한 7개 종목 중 한 종목의 선수인 남학생들을 대상으로 다음과 같은 네 가지 영역에서 받고 있는 지원 수준을 조사하였다. 이 연구에서 (기분과 관련된) 정서적 지원의 평균은 8.47, 자존감 지원(격려)은 8.42, 정보 지원(기술적 조언)은 7.63, 그리고 실질적 지원(예컨대, 장래 계획에 대한 도움)은 6.66이었다. 다음은 연구자들이 보고한 분석내용이다. "일원 반복측정 변량분석을 실시하여 차이를 알아보았다. [효과크기] 값은 코헨이 제안한 지침에 따라 해석하였다"(41쪽). 연구자들은 다음 통계치를 포함시켰다. $F(3, 68) = 29.88$, $p < .001$, 또한 연구자들은 다음과 같이 보고하였다. "네 가지 유형의 모든 사회적 지원 간의 비교는 정서적 지원과 자존감 지원 간의 차이(95% CI = -0.342, -0.428, $p = 1.000$)를 제외하고는 모든 지원 유형 간에 유의한 차이를 나타냈다"(42쪽). 마지막으로 연구자들은 통계적으로 유의한 비교들에서 0.57의 효과크기를 보고하였다. (연구자들이 효과크기로 부분 η^2을 보고하였는데, 이것은 R^2과 유사하게 해석한다.)

a. 독립변인은 무엇인가? 그 변인이 갖고 있는 수준은 무엇인가?

b. 종속변인은 무엇인가? 그 종속변인은 어떤 유형의 변인인가?

c. 이 연구는 실험연구인가 아니면 상관연구인가? 여러분의 답을 해명해보라.

d. 연구자들은 일원 집단내 변량분석의 또 다른 이름인 일원 반복측정 변량분석을 사용하였다고 설명하였다. 이 통계분석을 사용한 이유를 설명해보라.

e. 연구자들은 코헨의 지침을 사용하여 효과크기를 해석하였다고 보고하였다. 자신들이 얻은 효과크기를 어떻게 해석하였겠는지 설명해보라.

f. 연구자들이 보고한 통계치를 설명해보라. 각 통계치가 의미하는 것은 무엇인가? (힌트 : 평균 간 비교에서 연구자들은 대응표본 t 검증을 실시하였을 가능성이 높다. 또한 'CI'는 신뢰구간을 지칭한다.)

g. 결과의 전반적 패턴을 여러분 스스로 설명해보라.

h. 이 연구에서 통계적으로 유의하지 않은 하나의 평균 간 차이가 잘못된 결론이었다면, 그것은 어떤 유형의 오류인가? 여러분의 답을 해명해보라.

i. 평균들 간의 차이를 나타내는 그래프를 작성해보라. 제3장에서 학습한 그래프 작성지침을 준수하라.

용어

동변산성(homoscedasticity)
변량분석(ANOVA)
변산원표(source table)
사후검증(post hoc test)
이변산성(heteroscedasticity)
일원 변량분석(one-way ANOVA)
전체 평균(grand mean)

집단간 변량(between-groups variance)
집단간 변량분석(between-groups ANOVA)
집단내 변량(within-groups variance)
집단내 변량분석(within-groups ANOVA)
투키 HSD 검증(Tukey HSD test)
F 통계치(F statistic)
R^2

공식

$df_{집단간} = N_{집단} - 1$
$df_{집단내} = df_1 + df_2 + \cdots + df_n$ [일원 집단간 변량분석 공식]
$df_{전체} = df_{집단간} + df_{집단내}$ [일원 집단간 변량분석 공식]
$df_{전체} = N_{전체} - 1$
$GM = \dfrac{\Sigma(X)}{N_{전체}}$
$SS_{전체} = \Sigma(X - GM)^2$

$SS_{집단내} = \Sigma(X - M)^2$ [일원 집단간 변량분석 공식]
$SS_{집단간} = \Sigma(M - GM)^2$
$SS_{전체} = SS_{집단내} + SS_{집단간}$ [일원 집단간 변량분석 대안 공식]
$MS_{집단간} = \dfrac{SS_{집단간}}{df_{집단간}}$
$MS_{집단내} = \dfrac{SS_{집단내}}{df_{집단내}}$

$$F = \frac{MS_{집단간}}{MS_{집단내}}$$

$$R^2 = \frac{SS_{집단간}}{SS_{전체}} \text{ [일원 집단간 변량분석 공식]}$$

$$s_M = \sqrt{\frac{MS_{집단내}}{N}} \text{ [표본크기가 동일할 때]}$$

$$HSD = \frac{(M_1 - M_2)}{s_M} \text{ [두 표본 평균 간에]}$$

$$N' = \frac{N_{집단}}{\Sigma(1/N)}$$

$$s_M = \sqrt{\frac{MS_{집단내}}{N'}} \text{ [표본크기가 동일하지 않을 때]}$$

$$df_{참가자} = n - 1$$

$$df_{집단내} = (df_{집단간})(df_{참가자}) \text{ [일원 집단내 변량분석 공식]}$$

$$df_{전체} = df_{집단간} + df_{참가자} + df_{집단내} \text{ [일원 집단내 변량분석 공식]}$$

$$SS_{참가자} = \Sigma(M_{참가자} - GM)^2$$

$$SS_{집단내} = SS_{전체} - SS_{집단간} - SS_{참가자} \text{ [일원 집단내 변량분석 공식]}$$

$$MS_{참가자} = \frac{SS_{참가자}}{df_{참가자}}$$

$$F_{참가자} = \frac{MS_{참가자}}{MS_{집단내}}$$

$$R^2 = \frac{SS_{집단간}}{(SS_{전체} - SS_{참가자})} \text{ [일원 집단내 변량분석 공식]}$$

기호

F

$df_{집단간}$

$df_{집단내}$

$MS_{집단간}$

$MS_{집단내}$

$df_{전체}$

$SS_{집단간}$

$SS_{집단내}$

$SS_{전체}$

GM

R^2

HSD

N'

$df_{참가자}$

$SS_{참가자}$

$MS_{참가자}$

$F_{참가자}$

이원 집단간 변량분석

이원 변량분석
  이원 변량분석을 사용하는 이유
  이원 변량분석의 세부 용어
  두 개의 주효과와 하나의 상호작용

변량분석에서 상호작용 이해하기
  상호작용과 공공정책
  상호작용 해석하기

이원 집단간 변량분석 수행하기
  이원 변량분석의 여섯 단계
  이원 변량분석에서 네 가지 변산원 확인하기
  이원 변량분석에서의 효과크기

시작하기에 앞서 여러분은

- 가설검증의 여섯 단계를 알고 있어야 한다(제7장).

- 일원 집단간 변량분석을 실시하고 해석할 수 있어야 한다(제11장).

- 효과크기의 개념(제8장) 그리고 변량분석에서 효과크기 측정치인 R^2(제11장)을 이해하여야만 한다.

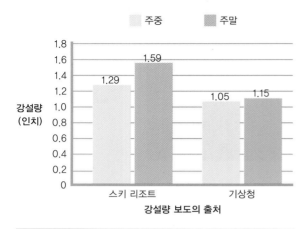

그림 12-1

스키광들은 조심하라!
이 막대그래프는 소비자에게 통계적으로 유의한 상호작용에 관해 유용한 정보를 알려준다. 스키 리조트는 강설량을 과장하는 경향이 있으며 특히 주말 강설량에서 그렇다.

조너선 진먼과 에릭 지체비츠는 뉴햄프셔에 거주하는 사회과학자이자 스키광이다. 이들은 스키장에 가서야 비로소 강설량 보도가 명백하게 과장되었다는 사실을 발견하고는 짜증이 나고 말았다. 그래서 이들은 스키 리조트와 기상청으로부터 주중(스키장을 찾는 사람이 적은 시점)과 수익을 더 많이 올릴 수 있는 주말의 강설량 데이터를 수집하였다. 그림 12-1은 이들이 수집한 데이터를 요약한 것이다. 스키 리조트는 기상청보다 더 많은 강설량을 보도하였는데, 그러한 과장이 더 많은 고객을 끌어모을 수 있는 주말에 더욱 확연하게 나타나는 현상이었다.

진먼과 지체비츠(2009)의 연구에서 종속변인은 인치 단위로 보도한 강설량이다. 그런데 두 개의 독립변인이 있었으며(강설량 보도원 그리고 한 주의 시간대), 각 독립변인은 보도하는 강설량에 독자적인 효과가 있는 것처럼 보인다. 눈이 주중에 오는지 아니면 주말에 오는지를 고려하지 않는다면, 스키 리조트는 평균적으로 기상청이 보도하는 것보다 더 많은 강설량을 보도하였다. 이것을 강설량 보도원의 **주효과**라고 부른다. 그림 12-1은 강설량 보도원을 고려하지 않는다면, 보도하는 강설량은 주중보다 주말에 더 많다는 사실도 보여주고 있다. 이것을 주 시간대의 **주효과**라고 부른다.

그런데 제3의 결과가 있으며, 그것이 가장 흥미진진한 것이다. 오직 스키 리조트만이 주중보다 주말에 강설량 추정치를 더욱 뻥튀기하였던 것이다! 따라서 보도원이라는 변인이 주 시간대라는 변인과 상호작용하여, 보도한 강설량에 독특한 효과를 초래하였다. 이것을 보도원이라는 변인과 주 시간대라는 변인 간의 **상호작용**이라고 부른다.

편중된 보도에 관한 경험적 증거로 무장한 연구자들은 스키와 스노보드를 즐기는 사람들이 이에 대해 강력하게 맞설 수 있다고 결론지었다. 진먼과 지체비츠(2009)는 다음과 같이 적고 있다. "우리의 연구기간이 끝날 무렵에, 새로운 아이폰 앱이 스키어(skier)들로 하여금 스키장 조건에 관한 정보를 실시간으로 공유하기 쉽게 해주었다. 뻥튀기는 급격하게 줄어들었으며, 특히 아이폰이 잘 터지는 리조트에서 그렇다." 보도된 데이터를 의심하고 새로운 데이터를 작성하며 소셜미디어를 활용하여 정보를 의미 있는 방식으로 공유할 수 있다는 사실은 대단히 주목할 만하다.

두 개의 독립변인이 있고 한 개의 종속변인이 있는 이 실험은 스키장을 찾을 것인지 여부에 영향을 미칠 수 있는 세 가지 비교를 포함하고 있다. (1) 강설량 보도원(스키 리조트 대 기상청), (2) 주 시간대(주중 대 주말), 그리고 (3) 보도원과 시간대의 결합효과. 이 연구에서 연구자들은 보도하는

크라우드소싱 강설 데이터 인터넷에 능숙한 스키어들은 실시간으로 슬로프 상태에 관한 정보를 공유할 수 있기 때문에 강설량을 과장하려는 스키 리조트의 시도를 무력화시킨다. 이러한 과장은 통계적 상호작용을 통해서 드러났다.

강설량에 결합효과가 가장 중요한 영향을 미치고 있다는 사실을 발견하였다. 보도하는 강설량에 대한 보도원의 효과는 그 시점이 주중인지 아니면 주말인지에 달려있었다.

이 장에서는 **상호작용**이라고 부르는 결합효과의 존재를 확인하는 가설검증을 살펴본다. 통계적 **상호작용**(interaction)은 요인설계에서 둘 이상의 독립변인이 결합하여 개별적으로는 가지고 있지 않은 효과를 종속변인에 나타낼 때 발생한다. 여기서는 명목변인(때로는 서열변인)인 두 개의 독립변인, 척도변인인 하나의 종속변인, 그리고 집단간 설계와 관련하여 상호작용에 관하여 다룬다. 그리고 가설검증의 여섯 단계를 이원 집단간 변량분석에 어떻게 적용하는지 그리고 이 검증에서 효과크기를 어떻게 계산하는지를 다룬다.

이원 변량분석

스키 관련 결정(그리고 다른 많은 행동)은 일상적으로 다중변인의 영향을 받기 때문에 다중변인의 상호작용 효과를 측정할 방법이 필요하다.

이원 변량분석은 두 독립변인의 수준들을 비교할 뿐만 아니라 두 변인의 공동효과도 측정할 수 있게 해준다. **이원 변량분석**(two-way ANOVA)은 명목변인인 두 개의 독립변인과 척도변인인 하나의 종속변인을 포함하고 있는 가설검증이다. 이 경우 독립변인의 수준이 몇 개인지는 문제가 되지 않는다. 셋 이상의 독립변인을 갖는 변량분석도 가능하다. 독립변인의 수가 증가함에 따라서, 삼원, 사원, 오원 등으로 변량분석에 붙는 숫자도 증가한다. 표 12-1은 변량분석에 이름을 붙일 수 있는 가능성 범위를 보여주고 있다.

독립변인의 수와는 무관하게, 지금까지 논의하였던 모든 연구설계를 사용할 수 있다. 다른 가설검증과 마찬가지로, 집단간 설계는 모든 참가자를 단지 하나의 조건에만 할당하는 것이며, 집단내 설계는 모든 참가자를 모든 조건에 할당하는 것이다. 혼합설계는 독립변인 하나는 집단간 변인이고 다른 하나는 집단내 변인인 설계이다. 이 장에서는 이원 집단간 변량분석에 초점을 맞춘다.

용어 사용에 주의하라! 이원이든 삼원이든 모든 변량분석에 적용하는 구절이 있다. 적어도 두 개의 독립변인을 가지고 있는 변량분석은 어느 것이든 **요인 변량분석**(factorial ANOVA)이라고 부르며, 척도변인인 하나의 종속변인과 명목변인인 적어도 두 개의 독립변

통계적 **상호작용**은 요인설계에서 둘 이상의 독립변인이 결합하여 개별적으로는 가지고 있지 않은 효과를 종속변인에 나타낼 때 발생한다.

이원 변량분석은 명목변인인 두 개의 독립변인과 척도변인인 하나의 종속변인을 포함하고 있는 가설검증이다.

요인 변량분석은 척도변인인 하나의 종속변인과 명목변인인 적어도 두 개의 독립변인(이 경우에 요인이라고도 부른다)을 가지고 있는 통계분석이다. 이것을 다요인 변량분석이라고도 부른다.

표 12-1 변량분석에 이름 붙이는 방법

변량분석(ANOVA)은 전형적으로 첫 번째 열과 두 번째 열에 들어있는 두 개의 수식어로 표현한다. 따라서 일원 집단간 변량분석이나 일원 집단내 변량분석, 이원 집단간 변량분석이나 이원 집단내 변량분석 등이 가능하다. 적어도 하나의 독립변인이 집단간 변인이고 적어도 하나가 집단내 변인이면, 혼합설계 변량분석이 된다.

독립변인의 수	하나 또는 모든 표본의 참가자	항상 뒤따르는 표현
일원	집단간	변량분석(ANOVA)
이원	집단내	
삼원	혼합설계	

요인은 둘 이상의 독립변인을 갖는 연구에서 독립변인을 지칭하는 또 다른 이름이다.

인[이 경우에 요인(factor)이라고도 부른다]을 가지고 있는 통계분석이다. 이것을 다요인 변량분석(multifactorial ANOVA)이라고도 부른다. **요인**(factor)은 둘 이상의 독립변인을 갖는 연구에서 독립변인을 지칭하는 또 다른 이름이다.

이 절에서는 이원 변량분석을 사용하는 상황뿐만 아니라 이러한 유형의 가설검증에서 사용하는 용어들을 다룬다. 그런 다음에 이원 변량분석에서 살펴볼 수 있는 세 가지 결과에 관하여 논의한다.

이원 변량분석을 사용하는 이유

행동과학자들은 이원 변량분석의 이점을 이해하고 있다. 상호작용이 주효과보다 더 흥미진진하고 완벽한 이야기를 제공하는 연구 하나를 살펴보자. 최근에 과학, 테크놀로지, 공학, 그리고 수학 분야(흔히 STEM 분야)에서 성차별을 입증하는 수많은 연구들이 있어왔다. 예컨대, 한 실험에서는 교수들이 실험실 관리자직을 위해 제출한 지원서를 살펴보았다(Moss-Racusin et al., 2012). 절반은 남자 이름(예컨대, 존)이었고 나머지 절반은 여자 이름(예컨대, 제니퍼)인 것을 제외하면 지원서는 동일하였다. 교수들은 평균적으로 제니퍼보다 존이 더 유능하고 고용할 가치가 있다고 평가하였으며, 존에게 더 높은 연봉과 경력 지원을 제안할 가능성이 높았다. 이들의 지원서는 동일하였음을 명심하라. 여러분이라면 이 연구결과를 얼마나 신뢰하겠는가?

사례 12.1

연구자들은 여러분이 방금 읽은 실험실 관리자직 실험에 토대를 둔 연구를 수행하였다(Handley et al., 2015). 이들은 STEM 분야에서의 성차별에 관한 연구를 바라보는 성별 효과에 관심을 가졌다. 남자 교수들이 평균적으로 여자 교수들보다 이 연구에 덜 호의적인가? 또한 학문분야의 효과에도 관심을 가졌다. STEM 분야의 교수가 평균적으로 다른 분야의 교수보다 이 연구에 덜 호의적인가?

연구자들은 이 가설을 검증하기 위하여 두 가지 연구, 즉 남자 교수와 여자 교수를 비교하는 연구와 STEM 분야 교수와 다른 분야 교수를 비교하는 또 다른 연구를 수행할 수도 있었다. 그렇지만 개별적인 연구를 수행하는 것에는 한계가 있다. 연구자들이 실제로 관심이 있었던 것은 성별 차이의 패턴이 STEM 분야와 다른 분야에서 다르게 나타나는지 여부이었다.

각 독립변인을 분리하여 검증하는 두 연구보다는 성별 차이와 학문분야를 동시에 살펴보는 단일 연구가 더 효율적이다. 이원 변량분석은 연구자들이 단일 연구에 투여할 자원과 시간 그

제니퍼인가 존인가? 여러분은 교수들이 실험실 관리자로 동일한 지원서임에도 불구하고 제니퍼라는 여자 이름의 지원자보다 존이라는 남자 이름의 지원자를 선호한다는 사실에 놀라겠는가?(Moss-Racusin et al., 2012). 답은 여러분의 배경에 달려있다. 한 연구는 교수들이 이 연구를 믿을 만한 것으로 받아들일 가능성이 두 요인, 즉 그들의 성별과 학문분야의 상호작용에 달려있다는 사실을 찾아냈다(Handley et al., 2015). 이원 변량분석은 다중요인 간의 상호작용을 이해하는 데 도움을 준다.

리고 에너지를 사용하여 두 가설을 모두 살펴볼 수 있게 해준다. 더군다나 이원 변량분석은 두 개의 개별 실험보다도 더 많은 정보를 제공해준다.

구체적으로 이원 변량분석은 연구자들이 정말로 밝히기를 원하는 것, 즉 상호작용을 탐구할 수 있게 해준다. 성별 효과는 다른 독립변인인 학문분야의 특정 수준에 달려있는가? 이원 변량분석은 (1) 성별 효과 (2) 학문분야 효과 그리고 (3) 성별과 학문분야가 결합하여 완전히 새롭고 예측하지 못하기 십상인 효과를 만들어내는 방식을 살펴볼 수 있게 해준다. ●

이원 변량분석의 세부 용어

지금까지 다룬 모든 변량분석은 두 개의 설명어를 가지고 있는데, 하나는 독립변인의 수를 나타내며, 다른 하나는 연구설계를 나타낸다. 많은 연구자는 첫 번째 설명어를 확장하여 독립변인에 관하여 더 많은 정보를 제공한다. STEM 분야에서의 성차별 연구를 사람들이 바라보는 방식에 관한 연구라는 맥락에서 이렇게 확장된 설명어를 생각해보자. 연구자들은 성별과 학문분야를 모두 살펴보는 단 하나의 연구를 수행하기 위해서 STEM 분야와 다른 분야에서 남자 교수와 여자 교수를 모두 모집하게 된다. 이러한 연구설계가 표 12-2에 나와있다.

표 12-2에서처럼 어떤 연구의 설계를 그림으로 나타낼 때, 요인설계에서 독립변인 수준들의 독특한 조합을 나타내는 영역을 **칸**(cell)이라고 부른다. 칸이 수치를 담고 있다면, 일반적으로 그 수치는 그 독립변인 수준의 조합에 할당한 모든 참가자 점수의 평균이 된다. 많은 사회과학자는 각 칸에 대략 30명 정도의 참가자가 포함되기를 희망하며, 실험에 비용이 많이 들게 되는 이유가 바로 이것이다. 여기서 다루고 있는 연구에서 참가자는 성별과 학문분야에 따라서 네 개의 칸 중 하나에 포함된다. 예컨대, 각 참가자는 표의 첫 번째 열에 나와있는 '성별' 변인의 두 수준(남자 또는 여자) 중의 하나에 포함된다.

또한 각 참가자는 표의 첫 번째 행에 나와있는 변인 '학문분야'의 두 수준(STEM 분야 또는 다른 분야) 중의 하나에 포함된다. 따라서 참가자는 두 독립변인의 네 가지 조합 중 하나에 포함된다. 예컨대, 여자이며 STEM 분야(좌측 상단), 남자이며 다른 분야(우측 하단) 등에 포함될 수 있다.

용어 사용에 주의하라! 위의 사실은 새로운 변량분석 용어로 이끌어간다. 많은 연구

표 12-2   **성차별 지각 연구에서의 상호작용**

이원 변량분석은 두 개의 독립변인(성별 그리고 학문분야)뿐만 아니라 둘이 상호작용하는 방식도 살펴볼 수 있게 해준다.

	STEM 분야(S)	다른 분야(NS)
여자(W)	W & S	W & NS
남자(M)	M & S	M & NS

칸은 요인설계에서 독립변인 수준들의 독특한 조합을 나타내는 영역을 말한다.

자는 이원이라는 설명어 대신에, 위와 같은 칸 배열의 변량분석을 2×2 변량분석(two by two ANOVA)이라고 부른다. 그리고 변량분석은 집단간이나 집단내와 같은 두 번째 설명어로 기술한다. 여기서 다루고 있는 연구에서 참가자는 오직 하나의 성별과 하나의 학문분야에만 포함되기 때문에, 가설검증은 이원 집단간 변량분석 또는 2×2 집단간 변량분석이라고 부를 수 있다. (각 독립변인 수준의 수를 가지고 변량분석에 이름을 붙이는 방법의 부차적인 이점은 칸의 수를 쉽게 계산할 수 있다는 점이다. 독립변인 수준의 수를 곱하기만 하면 된다. 2×2 변량분석의 경우에는 네 개의 칸이 존재한다.)

두 개의 주효과와 하나의 상호작용

이원 변량분석은 세 개의 F 통계치를 내놓는다. 첫 번째 독립변인에 대한 것 하나, 두 번째 독립변인에 대한 것 하나, 그리고 두 독립변인 간의 상호작용에 대한 것 하나가 그것이다. 두 독립변인 각각에 대한 F 통계치는 주효과를 나타낸다. **주효과**(main effect)는 요인설계에서 하나의 **독립변인이 종속변인에 영향을 미칠 때 발생한다.** 다른 독립변인의 영향을 무시한 채 주효과가 있는지를 평가한다. 잠정적으로 다른 변인은 존재하지 않는 것처럼 취급하는 것이다.

따라서 두 개의 독립변인을 가지고 있는 연구자들에게는 두 개의 주효과가 가능하다. 이원 변량분석으로 검증한 후에, 잠정적으로 '학문분야' 변인은 연구에 포함되지도 않은 것처럼 취급하고는 '성별'의 주효과를 찾을 수 있다. 예컨대, 남자 교수들은 평균적으로 여자 교수들보다 성차별 연구의 결론에 더 호의적일 수 있다. 이것이 첫 번째 F 통계치이다. 또한 '성별' 변인은 연구에 포함되지도 않은 것처럼 취급하고는 '학문분야'의 주효과를 찾을 수도 있다. 예컨대, STEM 분야의 교수들은 평균적으로 다른 분야의 교수들보다 성차별 연구에 덜 호의적일 수 있다. 이것이 두 번째 F 통계치이다.

이원 변량분석에서 세 번째 F 통계치는 상호작용하는 변인들로 인해서 복잡해질 수 있기 때문에 가장 흥미를 끌 가능성을 가지고 있다. 예컨대, 연구자들은 다른 분야의 교수들보다는 STEM 분야 교수들 사이에서 더 강력한 성차별을 발견할 수 있다. 다시 말해서 성차별 연구에 대한 성별 효과 지각에서 STEM 분야 교수들 간의 차이가 다른 분야 교수들 간의 차이와 다를 수 있다. 아니면 STEM 분야 교수와 다른 분야 교수 간의 차이가 여자 교수들보다 남자 교수들 사이에서 더 클 수 있다. 다시 말해서 성차별 연구의 지각에서 학문분야의 효과가 교수 성별에 따라 다를 수 있다.

세 F 통계치 각각은 자체적인 집단간 제곱합(SS), 자유도(df), 평균제곱(MS), 그리고 임곗값을 가지고 있지만, 집단내 평균제곱($MS_{집단내}$)은 모두 공유한다. 변산원표가 표 12-3에 나와있다. 실제 변산원표에서는 기호들이 통계치의 구체적인 값으로 대치된다.

주효과는 요인설계에서 하나의 독립변인이 종속변인에 영향을 미칠 때 발생한다.

개념 숙달하기

12-1 : 이원 변량분석에서 세 가지 상이한 효과, 즉 두 개의 주효과와 한 개의 상호작용 효과를 검증한다.

표 12-3	확장된 변산원표

이 변산원표는 성별과 학문분야의 두 독립변인을 가지고 있는 이원 집단간 변량분석의 계산을 위한 틀이다. 이 표는 두 개의 주효과와 한 개의 상호작용이라는 세 가지 이야기를 제공한다.

변산원	SS	df	MS	F
성별	$SS_{성별}$	$df_{성별}$	$MS_{성별}$	$F_{성별}$
학문분야	$SS_{학문}$	$df_{학문}$	$MS_{학문}$	$F_{학문}$
상호작용	$SS_{성별 \times 학문}$	$df_{성별 \times 학문}$	$MS_{성별 \times 학문}$	$F_{성별 \times 학문}$
집단내	$SS_{집단내}$	$df_{집단내}$	$MS_{집단내}$	
전체	$SS_{전체}$	$df_{전체}$		

학습내용 확인하기

개념의 개관

> 독립변인이 여러 개일 때 요인 변량분석을 사용하는 까닭은 여러 가설을 하나의 연구에서 살펴보며 상호작용을 확인할 수 있게 해주기 때문이다.

> 요인 변량분석은 독립변인의 수(예컨대, 이원) 대신에 독립변인의 수준(예컨대, 2×3)으로 표현하기 십상이다. 때로는 독립변인을 요인이라고 부른다.

> 이원 변량분석은 두 개의 주효과(각 독립변인마다 하나씩)와 하나의 상호작용(두 독립변인의 결합효과)을 나타낸다. 각 주효과와 상호작용은 자체적인 F 통계치를 포함하여 자체적인 일련의 통계치를 가지고 있으며, 확장된 변산원표에 나타낸다.

개념의 숙달

12-1 요인 변량분석이란 무엇인가?

12-2 상호작용이란 무엇인가?

통계치의 계산

12-3 다음 각 설계에는 몇 개의 요인이 있는지 결정하라.
 a. 체중 감량에 대한 세 가지 다이어트 프로그램과 두 가지 운동 프로그램의 효과
 b. 체중 감량에 대한 세 가지 다이어트 프로그램, 두 가지 운동 프로그램, 세 가지 상이한 개인적 신진대사 유형의 효과
 c. 상품권 액수($15, $25, $50, $100)가 사람들이 그 액수 이상으로 지출하는 액수에 미치는 효과
 d. 상품권 액수($15, $25, $50, $100)와 상점의 자질(저가 대 고가 상품)이 소비자의 과소비에 미치는 효과

개념의 적용

12-4 프린스턴대학교 대학원생인 애덤 알터와 지도교수인 대니얼 오펜하이머는 주식의 이름이 매매가격에 영향을 미치는지를 연구하였다(Alter & Oppenheimer, 2006). 이들은 'BAL'처럼 발음이 가능한 이름을 가진 주식이 'BDL'처럼 발음할 수 없는 이름을 가진 주식보다 더 높은 가격에 팔리는 경향이 있음을 발견하였다. 이들은 주식이 상장된 후 하루, 1주일, 6개월 그리고 1년 후에 이 효과를 조사하였다. 그 효과는 주식이 상장되고 하루가 지났을 때 가장 강력하였다.

(계속)

a. 이 연구에서 '참가자'는 누구인가?

b. 독립변인은 무엇이며, 그 변인의 수준은 무엇인가?

c. 종속변인은 무엇인가?

d. 제11장의 설명어를 사용하면, 여기서 사용할 가설검증을 무엇이라고 부르겠는가?

e. 이 장의 새로운 설명어를 사용하면, 여기서 사용할 가설검증을 무엇이라고 부르겠는가?

학습내용 확인하기의 답은
부록 D에서 찾아볼 수 있다.

f. 칸(cell)이 몇 개 있는가? 이 물음에 어떻게 답하였는지를 설명해보라.

변량분석에서 상호작용 이해하기

이원 변량분석은 '한 개 값에 세 개 받기' 재고정리 세일과 같다. 단 하나의 연구를 수행함으로써 세 가지 차별적인 결과를 얻게 된다. 뉴햄프셔 스키광인 조너선 진먼과 에릭 지체비츠가 얻은 첫 번째 결과는 강설량 보도원의 효과에 관한 것이었다. 이들의 두 번째 결과는 강설량 보도를 내놓는 주 시간대의 효과에 관한 것이었다. 세 번째 결과는 강설량 보도원과 강설량 보도의 주 시간대의 결합효과(상호작용)와 관련되었다. 상호작용은 강설량 보도원의 효과가 어느 시간대의 보도인지에 달려있다는 사실을 알려주었다. 통계적 상호작용은 어느 하위집단이든지 데이터의 전반적인 추세에서 유의하게 벗어날 때 발생한다.

　이 절에서는 이원 변량분석에서 상호작용의 개념을 더욱 깊이 있게 살펴본다. 상호작용의 실생활 사례를 살펴본 다음에 두 가지 상이한 유형의 상호작용, 즉 정량적 상호작용과 정성적 상호작용을 소개한다.

상호작용과 공공정책

2005년에 미국 루이지애나 뉴올리언스를 초토화시킨 허리케인 카트리나는 상호작용 이해의 중요성을 입증하고 있다. 첫째, 허리케인 자체가 여러 가지 기상변인들의 상호작용이다. 허리케인의 충격적인 효과는 육지에 상륙하는 지점과 멕시코만을 지날 때의 이동속도 등과 같은 다른 변인들의 특정 수준에 달려있다.

　상호작용은 허리케인 카트리나의 피해를 입었던 사람들에게도 적용된다. 예컨대, 허리케인 카트리나는 모든 이재민의 건강에 해를 입혔을 것이라고 생각할 수 있으며, 이것은 건강관리에 대한 허리케인의 주효과이다. 그렇지만 모든 규칙에는 예외가 있게 마련이며, 툴레인대학교의 세 연구자는 임산부의 건강관리에 대한 허리케인 효과에 관하여 놀랄 만한 상호작용을 제안하였다(Buekens, Xiong, & Harville, 2006).

　어떤 임산부는 뉴올리언스 슈퍼돔 스포츠 스타디움에 마련한 지저분하기 짝이 없는 공공대피소에서 또는 구조대원을 기다리는 동안 뒷골목에서 출산하였다. 임산부에 관한 한, 재난구조기관의 우선순위는 산모와 신생아를 보호하는 것이다. 대대적인 구조 노력이라는 것이 때로는 임산부를 보호하려는 시도가 실제로 재난의 여파로 개선된다는 사실을 의미하기도 한다. 물론 건강관리 자질이 모든 사람에게서 증진되는 것은 아니며, 이 사실은 상호작용이 개입됨을 의미한다. 따라서 건강관리 자질이 임산부의 경우에는 재난의 여파로 증진된 반면에, 나머지 거의 모든 사람에게는 열악해졌다. 이원 변량분석의 용어로 표현하면, 건강관리 자질에 대한 재난(재난이 있거나 없는 두 수준을 가지고 있는 하나의 독립변인)의 효과는 필요한 건강관리 유형(마찬가지로 두 수준, 즉 산모/신생아 건강관리 대 다른 모든 유형의 건강관리를 가지고 있는 두 번째 독립변인)에 달려있다.

재난구조와 임산부 허리케인 카트리나 난민인 이 여성과 그녀의 신생아는 루이지애나 대피소에서 보호를 받았다. 허리케인 카트리나가 지나간 후에 놀랄 만한 상호작용이 있었다. 어떤 임산부들의 경우에는 대대적인 구조 노력이 실제로 이들의 건강관리 자질을 증진시켰다.

상호작용 해석하기

이원 집단간 변량분석은 집단간 변량을 세 가지 세부 범주, 즉 두 개의 주효과와 한 개의 상호작용 효과로 분리할 수 있게 해준다. 상호작용 효과는 두 독립변인 간의 상호작용이 초래하는 혼합효과이다. 상호작용 효과는 초콜릿 시럽을 우유 한 잔에 섞는 것과 마찬가지이다. 두 액체가 뒤섞여 무엇인가 친숙하지만 새로운 것이 되어버린다.

정량적 상호작용 상호작용을 기술하는 데 자주 사용하는 두 가지 용어가 정량적과 정성적이라는 용어이다(Newton & Rudestam, 1999 참조). **정량적 상호작용**(quantitative interaction)은 한 독립변인의 효과가 다른 독립변인의 하나 또는 그 이상의 수준에서 강화되거나 약화되지만, 애초 효과의 방향이 변하지는 않는 상호작용이다. 진면과 지체비츠가 리조트 강설량 보도는 일기예보와 비교해서 항상 과장되었으며 특히 주말에 그렇다는 사실을 발견한 것이 정량적 상호작용이다. 보다 구체적으로, 한 독립변인의 효과가 다른 독립변인의 존재로 수정되는 것이다.

　정성적 상호작용(qualitative interaction)은 둘 또는 그 이상의 독립변인들 간에 나타나는 특별한 유형의 정량적 상호작용으로, 한 독립변인의 효과가 다른 독립변인의 수준에 따라서 역전되는 상호작용이다. 정성적 상호작용에서는 한 변인의 효과가 단순히 강해지거나 약해지는 것이 아니다. 실제 다른 변인의 출현으로 인해서 효과의 방향이 역전된다. 우선 정량적 상호작용을 살펴보도록 하자.

12-2 : 연구자들은 두 가지 용어 중의 하나, 즉 정량적 또는 정성적이라는 용어를 가지고 상호작용을 기술하기 십상이다. 정량적 상호작용에서는 한 독립변인의 효과가 다른 독립변인의 하나 이상의 수준에서 강화되거나 약화되지만, 처음 효과의 방향이 변하지는 않는다. 정성적 상호작용에서는 한 독립변인의 효과가 다른 독립변인의 수준에 따라 역전된다.

정량적 상호작용은 한 독립변인의 효과가 다른 독립변인의 하나 또는 그 이상의 수준에서 강화되거나 약화되지만, 애초 효과의 방향이 변하지는 않는 상호작용이다.

정성적 상호작용은 둘 또는 그 이상의 독립변인들 간에 나타나는 특별한 유형의 정량적 상호작용으로, 한 독립변인의 효과가 다른 독립변인의 수준에 따라서 역전되는 상호작용이다.

STEM 분야에서의 성차별 사례는 정량적 상호작용을 예시한다. 연구자들이 찾아낸 사실을 살펴보도록 하자. STEM 분야에서 남자 교수들은 여자 교수들보다 "그 연구를 덜 호의적으로 평가하였다." 다른 학문분야에서는 남자 교수와 여자 교수 간에 그와 유사

사례 12.2

한 통계적으로 유의한 차이가 없었다(Handley et al., 2015). 따라서 STEM 교수들 간에는 성별 차이가 있었지만 다른 학문분야 교수들 간에는 그렇지 않았다. 표 12-4에서 연구의 실제 평균을 살펴보도록 하자. 높은 점수일수록 평균적으로 연구에 대해서 보다 호의적인 견해를 나타내는 것이다. (이 사례의 목적을 위하여, 칸들이 동일한 표본크기를 갖는다고 가정한다.)

우선 주효과를 살펴본다. 그런 다음에 상호작용을 구성하는 전반적 패턴을 살펴본다. 만일 유의한 상호작용이 있다면, 어느 것이든 유의한 주효과를 무시한다. 유의한 상호작용은 어느 것이든 유의한 주효과를 대신하게 된다.

표 12-4에는 네 칸에 평균점수가 들어있다. 또한 표의 오른쪽과 아래쪽의 주변에도 수치가 포함되어 있다. 이 수치들도 평균이지만, 주어진 행이나 열에 들어가는 모든 참가자의 평균이다. 이것들 각각을 **주변평균**(marginal mean)이라 부르는데, 이원 변량분석 설계의 표에서 행이나 열의 평균을 말한다. 예컨대, 표 12-4에서 여자 행에 걸친 평균인 4.67은 학문분야에 관계없이 이 연구에 참여한 모든 여자 교수의 평균점수이다. STEM 분야 열 밑의 평균 4.41은 성별에 관계없이 이 연구에 참여한 STEM 분야 모든 교수의 평균점수이다.

주효과를 이해하는 가장 쉬운 방법은 적절한 주변평균만을 가지고 있는 작은 표를 작성하는 것이다. 별도의 표는 칸에 들어있는 평균의 방해를 받지 않은 채 한 번에 하나의 주효과에만 초점을 맞출 수 있게 해준다. 성별의 주효과를 위해서는 표 12-5에 나와있는 것처럼, 두 개의 칸을 가진 표를 작성한다. 이 표는 여자가 남자보다 평균적으로 성차별 연구에 보다 호의적인 견해를 가지고 있다는 사실을 쉽게 볼 수 있게 만들어준다.

이제 두 번째 주효과, 즉 학문분야의 효과를 살펴보자. 앞에서와 마찬가지로, 학문분야 평균만을 보여주는 표(예컨대, 표 12-6)를 작성한다. 마치 성별은 연구에 포함되지 않은 듯 말이다. 원래의 표에서처럼, 성별 평균은 열에, 그리고 학문분야 평균은 행에 유지하였다. 그렇지만 어떤 방식이든 여러분이 이해하기 쉬운 것을 사용하면 된다. 표 12-6을 보면, 성차별 연구에 대한 호의적인 견해가 평균적으로 STEM 분야보다 다른 분야에서 더 높다. 두 결과 모두 가설검증을 통해서 검증할 필요가 있지만, 두 개의 주효과, 즉 (1) 성별의 주효과(평균적으로 여성이 남성보다 성차별 연구에 더 호의적인 견해를 가지고 있다) 그리고 (2) 학문분야의 주효과(다른 분야 교수들이 평균적으로 STEM 분야

주변평균은 이원 변량분석 설계의 표에서 행이나 열의 평균이다.

표 12-4	평균 표		

칸평균과 주변평균을 제시하는 표를 사용하여 주효과를 해석할 수 있다. 높은 값일수록 성차별 연구에 대해 보다 호의적인 견해를 나타낸다.

	STEM 분야	다른 분야	
여자	4.80	4.54	4.67
남자	4.02	4.55	4.285
	4.41	4.545	

표 12-5	성별의 주효과

이 표는 성별의 주효과를 입증하는 주변평균만을 보여주고 있다. 이 주변평균만을 분리하였기 때문에, 다른 평균들로 인한 혼란이나 혼동이 있을 수 없다.

여자	4.67
남자	4.285

표 12-6	학문분야의 주효과

이 표는 학문분야의 주효과를 입증하는 주변평균만을 보여주고 있다. 이 주변평균만을 분리하였기 때문에, 다른 평균들로 인한 혼란이나 혼동이 있을 수 없다.

STEM 분야	다른 분야
4.41	4.545

표 12-7	평균들의 전반적 패턴 살펴보기

상호작용을 이해하는 첫 번째 단계는 칸평균들의 전반적 패턴을 살펴보는 것이다.

	STEM 분야	다른 분야
여자	4.80	4.54
남자	4.02	4.55

교수들보다 성차별 연구에 더 호의적인 견해를 가지고 있다)가 있는 것처럼 보인다.

그렇지만 여기서 이야기가 끝난 것은 아니다. 상호작용이 등장하는 곳이 바로 여기다. 이제 주변평균은 무시하고, 표 12-7에 다시 제시한 칸평균으로 되돌아간다. 여기서는 다음과 같은 두 가지 상이한 방식으로 틀만들기를 함으로써 전체 패턴을 볼 수 있다. 성별을 고려하는 것으로 시작할 수 있다. 성차별 연구에 대한 지각에서 성별 차이가 있었는가? 경우에 따라서 다르다. 구체적으로 그 결과는 교수들이 STEM 분야에 속해있는지 아니면 다른 분야에 속해있는지에 달려있다. 연구자들은 다른 분야 교수들 간의 미미한 성별 차이는 통계적으로 유의하지 않다고 보고하였다(Handley et al., 2015). 그렇지만 STEM 분야 교수들 간의 성별 차이는 유의한 차이를 보이며, 상당한 효과크기를 가지고 있다. 0.74의 코헨의 d는 0.80이면 큰 효과라는 코헨의 지침에 근사하다. 따라서 남자가 여자보다 성차별 연구에 덜 호의적인 견해를 가지고 있는 것처럼 보이지만, STEM 분야에서만 그렇다.

학문분야로 시작하여 틀만들기를 할 수도 있다. 학문분야가 성차별 연구를 상이하게 지각하도록 이끌어가는가? 경우에 따라 다르다. 구체적으로 교수가 남자인지 아니면 여자인지에 달려있다. 남자의 경우 차이가 있는 것처럼 보인다. STEM 분야 남자 교수의 평균과 다른 분야 남자 교수의 평균 간 차이는 통계적으로 유의하였다. 그렇지만 STEM 분야 여자 교수의 평균과 다른 분야 여자 교수의 평균 간 차이는 통계적으로 유의하지 않았다. 이것이 정량적 상호작용인 까닭은 효과의 강도가 특정 조건에서 변하기는 하지만, 방향은 변하지 않기 때문이다(통계적으로 유의한 결과만을 차이 나는 것으로 간주한다).

때때로 사람들은 존재하지 않는 상호작용을 지각하기도 한다. 만일 학문분야에 관계없이 언제나 남자가 여자보다 성차별 연구에 덜 호의적인 인상을 갖는다면, 상호작용은 없을 것이다. 반면에 지금까지 다루어온 사례에 상호작용이 존재하는 까닭은 성별이 STEM 분야 교수들에게만 유의한 효과를 갖기 때문이다. 존재하지 않는 상호작용을 보려는 경향성은 그림 12-2와 같은 막대그래프를 작성함으로써 제거할 수 있다.

막대그래프가 전반적 패턴을 볼 수 있게 도와주지만, 한 가지 단계가 더 필요하다. 즉, 각 집합의 막대를 선분으로 연결해보는 것이다. 만일 선분이 교차하면(또는 확장했을 때 교차하게 된다면), 상호작용이 있을 수 있음을 나타내는 것이다. 상호작용의 틀을 만드는 두 가지 방법과 대응하는 다음과 같은 두 가지 선택이 존재한다. (1) 그림 12-3에서처

막대그래프와 상호작용

막대그래프는 상호작용이 실제로 존재하는지를 결정하는 데 도움을 준다. 이 그래프에서 막대들은 STEM 분야의 교수 간에는 성별 차이가 있지만 다른 분야의 교수 간에는 성별 차이가 없는 것처럼 보인다는 사실을 알 수 있게 해준다.

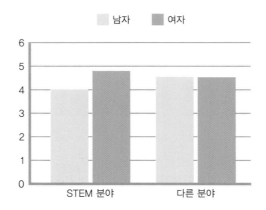

럼, 학문분야 변인의 두 막대를 연결할 수 있다. STEM 분야의 두 막대를 연결하고 다른 분야의 두 막대를 연결하는 것이다. (2) 아니면 그림 12-4에서처럼, 두 성별의 막대를 연결할 수 있다. 여자 교수의 두 막대를 연결하고 남자 교수의 두 막대를 연결한다.

그림 12-3에서 보면 선분이 교차하지는 않지만, 서로 평행하지도 않다. 선분을 충분하게 늘리면, 결국에는 각 학문분야의 두 막대를 연결하는 선분은 교차하게 될 것이다. 완벽하게 평행인 선분은 상호작용이 부재할 가능성을 나타내지만, 실생활의 데이터 집합에서 완벽하게 평행한 선분은 결코 볼 수 없다. 실세계 데이터는 일반적으로 뒤죽박죽

선들이 평행한가? I

실제로 상호작용이 있는지를 결정하는 데 도움을 받기 위해서 막대그래프에 선분을 추가한다. STEM 분야의 남녀 교수 막대를 연결하는 선을 긋고, 다른 분야 남녀 교수 막대를 연결하는 선을 긋는다. 두 선을 연장하면, 결국에는 교차하여 상호작용을 나타내겠는가? 연구자들은 논문에서 유의한 상호작용의 존재를 확증하였다(Handley et al., 2015).

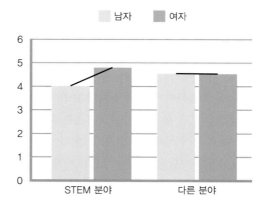

선들이 평행한가? II

막대그래프의 패턴을 살펴보는 두 가지 방법이 있다. 여기서는 여교수들의 막대를 연결하는 선, 그리고 남교수들의 막대를 연결하는 선을 긋는다. 두 선이 교차하기 직전임을 볼 수 있으며, 이것은 상호작용을 나타내는 것이다. 연구자들은 논문에서 유의한 상호작용의 존재를 확증하였다(Handley et al., 2015).

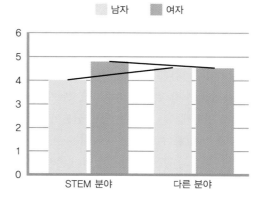

이다. 평행하지 않은 선분은 통계적으로 유의한 상호작용을 나타낼 수 있지만, 확신하려면 변량분석을 수행해야만 한다. 선분이 유의하게 평행에서 벗어날 때에만 상호작용이 없다는 영가설을 기각할 수 있다. 그리고 영가설을 기각할 때에만 상호작용을 해석하고자 시도하게 된다. 이 연구의 경우에는 연구자들이 효과크기가 0.03(R^2과 유사한 측정치를 사용한 값이다)인 통계적으로 유의한 상호작용을 보고하였다. 코헨의 관례에 따르면, 이것은 중간 이하의 작은 효과이다.

어떤 사회과학자들은 상호작용을 차이에서의 유의한 차이라고 지칭한다. 성차별 연구의 맥락에서 보면, STEM 분야의 교수들 간에는 유의한 성별 차이가 있지만, 다른 분야의 교수들 간에는 차이가 없다. 이것은 차이 간의 유의한 차이의 사례이다. 막대그래프에서 막대를 연결하는 선분이 평행에서 유의하게 벗어날 때는 언제나 이러한 상호작용이 그래프상에 나타나게 된다.

그렇지만 만일 STEM 분야에서와 마찬가지로 다른 분야에서도 여자가 성차별 연구를 남자들과 유사하게 지각하였더라면, 그래프는 그림 12-5처럼 보이게 될 것이다. 이 경우에도 STEM 분야에서 성별 차이가 존재하지만, 다른 분야에서도 성별 차이가 존재하며, 상호작용은 존재할 가능성이 없다. 만일 이것이 실제 데이터라면, 학문분야에 관계없이 성별은 성차별 연구의 지각에 동일한 효과를 갖게 된다. 상호작용이 있는지 아니면 단지 두 개의 주효과가 가산적으로 더 큰 효과를 보이는 것인지가 의심스러울 때에는 그래프를 작성하여 막대를 선분으로 연결해보라.

그렇지만 선분만 그려보고 막대그래프를 작성하는 단계를 건너뛰지 말라. 막대그래프보다 선그래프를 오해하는 경우가 훨씬 더 많다(Ali & Peebles, 2012). 한 실험에서 선그래프를 해석하는 조건에 무선할당된 학생들이 막대그래프를 해석하도록 무선할당된 학생들보다 x축 변인을 무시할 가능성이 유의하게 높았다. 선그래프를 해석하는 사람은 막대그래프를 해석하는 사람보다 결과를 전혀 설명하지 못하는 경우도 훨씬 더 많았다. 선그래프에서 선분이 연속변인을 나타내는 것으로 간주하는 사람도 있다(Zacks & Tversky, 1997). 이들 실험의 한 참가자는 선그래프를 보고는 다음과 같이 진술하였다. "남성적인 사람일수록 키가 더 크다"(148쪽). 막대그래프이었더라면, 그 참가자는 남자

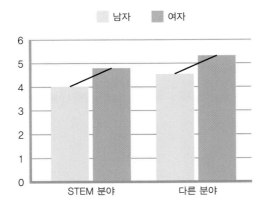

그림 12-5

평행선

두 선은 정확하게 평행하다. 두 선을 무한히 연장하더라도 결코 교차하지 않는다. 이것이 (단지 표본에서만이 아니라) 전집에서도 참이라면, 상호작용은 없다.

가 평균적으로 여자보다 더 크다고 정확하게 지각하였을 가능성이 높았을 것이다. ●

정성적 상호작용   정성적 상호작용의 정의를 회상해보자. 한 독립변인이 다른 독립변인의 수준에 따라 그 효과가 역전되는 특별한 유형의 정량적 상호작용이다.

사례 12.3

사람들이 의식적으로 자신의 결정에 초점을 맞출 때 평균적으로 더 좋은 결정을 내린다고 생각하는가? 아니면 의사결정 과정이 무의식적일 때(즉, 다른 과제로 방해를 받은 직후에 결정을 내릴 때) 더 좋은 결정을 내리는가? 네덜란드 연구자들은 참가자들이 선택에 관하여 의식적이거나 무의식적으로 생각한 후에 두 선택지 중에서 하나를 선택하도록 요구하는 일련의 연구를 수행하였다. 그 연구결과를 이원 변량분석으로 분석하였다(Dijksterhuis et al., 2006).

한 연구에서는 참가자에게 네 대의 자동차 중에서 하나를 선택하도록 요구하였다. 하나는 객관적으로 최선의 자동차이고 다른 하나는 객관적으로 최악의 자동차이었다. 어떤 참가자는 그렇게 복잡하지 않은 결정을 내렸다. 이들에게는 각 자동차의 네 가지 속성을 알려주었다. 다른 참가자는 더 복잡한 결정을 내렸다. 이들에게는 각 자동차의 열네 가지 속성을 알려주었다. 자동차의 속성을 알고 난 후에, 각 집단에서 절반의 참가자는 결정을 내리기 전에 4분 동안 자동차에 대해서 의식적으로 생각하는 조건에 무선할당되었다. 나머지 절반은 결정을 내리기 전에 4분 동안 철자 맞추기를 통해 주의를 분산시키는 조건에 무선할당되었다. 두 개의 독립변인을 갖춘 연구설계가 표 12-8에 나와있다. 첫 번째 독립변인은 복잡성으로, 두 수준, 즉 복잡하지 않은 수준(4개의 속성)과 복잡한 수준(14개의 속성)을 가지고 있다. 두 번째 독립변인은 의사결정 유형으로 두 수준, 즉 의식적 사고와 무의식적 사고(주의 방해)의 수준을 가지고 있다.

연구자들은 각 참가자마다 최선의 자동차와 최악의 자동차를 구분하는 능력을 반영하는 점수를 계산하였다. 이 점수가 종속변인을 나타내며, 높은 점수일수록 최악과 최선을 분별하는 능력이 우수함을 나타낸다. 표 12-9는 이 실험에서 칸평균과

최선의 자동차 선택하기   자동차를 구입할 때처럼 결정을 내릴 때, 의식적 사고와 무의식적 사고 중에서 어느 경우에 더 좋은 선택을 하겠는가? 복잡하지 않은 결정은 의식적 사고 후에 더 우수한 반면, 보다 복잡한 결정은 무의식적 사고 후에 더 우수하다는 사실을 시사하는 연구들이 있다(Dijksterhuis et al., 2006).

표 12-8   이원 집단간 변량분석

네덜란드 연구팀은 어떤 의사결정 스타일이 덜 복잡하거나 더 복잡한 상황에서 최선의 선택으로 이끌어가는지 살펴보는 연구를 설계하였다. 여러분은 상호작용을 예측하겠는가? 다시 말해서, 막대그래프에서 막대를 연결하는 선분이 평행에서 벗어나겠는가? 만일 평행에서 벗어난다면, 어떻게 벗어나는가? 단지 강도에서만 차이를 보인다면, 정량적 상호작용을 예측하는 것이다. 효과의 방향이 실제로 역전된다면, 정성적 상호작용을 예측하는 것이다.

	의식적 사고	무의식적 사고
덜 복잡(각 차의 4개 속성)	덜 복잡, 의식적	덜 복잡, 무의식적
더 복잡(각 차의 14개 속성)	더 복잡, 의식적	더 복잡, 무의식적

주변평균을 보여주고 있다. 설명의 편의상, (1) 칸평균은 대략적인 것이며, (2) 주변평균은 각 칸의 참가자 수가 동일하다고 가정하며, (3) 모든 차이가 통계적으로 유의하다고 전제한다. (실제 연구 상황에서는 변량분석을 실시하여 통계적 유의성을 결정한다.)

이 연구에서는 상호작용 효과가 있었기 때문에 연구자들이 주효과에 주의를 기울이지 않았다. 상호작용이 주효과를 압도하는 것이다. 그렇기는 하지만 연습을 위해 주효과를 살펴보기로 하자. 두 주효과 각각의 표(표 12-10과 12-11)를 작성하여 독자적으로 살펴볼 수 있다. 주변평균은 의사결정 유형을 완전히 무시할 때 사람들이 평균적으로 복잡한 상황보다 복잡하지 않은 상황에서 더 우수한 결정을 내린다는 사실을 나타낸다. 또한 결정의 복잡성을 무시하면 사람들은 의사결정 과정이 의식적일 때보다 무의식적일 때 평균적으로 더 우수한 결정을 내린다는 사실도 시사하고 있다.

그렇지만 만일 유의한 상호작용도 존재한다면, 이러한 주효과는 온전한 사실을 전달하지 못한다. 상호작용은 의사결정 방법의 효과가 결정의 복잡성에 달려있다는 사실을 입증하고 있다. 복잡하지 않은 상황에서는 의식적 의사결정이 무의식적 의사결정보다 우수한 경향이 있지만, 복잡한 상황에서는 무의식적 의사결정이 의식적 의사결정보다 우수한 경향이 있다. 이러한 방향의 역전은 이 상호작용을 정성적 상호작용으로 만들어버린다. 변화하는 것은 단순히 효과의 강도가 아니라 실제 방향인 것이다!

그림 12-6에 나와있는 막대그래프는 데이터 패턴을 더욱 명확하게 만들어준다. 실제로 정성적 상호작용을 볼 수 있는 것이다.

정량적 상호작용에서와 마찬가지로, 그림 12-7에서와 같이 선분을 첨가하여 그 선분이 (그 길이에 관계없이) 평행한지 아니면 교차하는지 결정한다. 여기서는 그래프 너머로 확장할 필요도 없이 선분이 교차하고 있음을 볼 수 있다. 상호작용이 있을 가능성이 무척 높다. 의사결정 유형이 최선의 자동차와 최악의 자동차를 분별하는 데 영향을 미치

표 12-9 의사결정 책략

이원 변량분석의 주효과와 전반적 패턴을 이해하려면, 칸평균과 주변평균을 살펴보는 것으로 시작한다.

	의식적 사고	무의식적 사고	
덜 복잡	5.5	2.3	3.9
더 복잡	0.6	5.0	2.8
	3.05	3.65	

표 12-10 의사결정 복잡성의 주효과

이 주변평균은 전반적으로 참가자들이 덜 복잡한 결정에서 우수함을 시사한다.

덜 복잡	3.9
더 복잡	2.8

표 12-11 의사결정 유형의 주효과

이 주변평균은 참가자들이 전반적으로 무의식적으로 결정할 때 더 우수함을 시사한다.

의식적	무의식적
3.05	3.65

결정방법 그래프 그리기

이 막대그래프는 표나 언어표현보다 상호작용을 훨씬 더 잘 보여주고 있다. 여기서는 정성적 상호작용을 볼 수 있다. 즉, 덜 복잡한 상황과 더 복잡한 상황에서 결정방법의 효과가 실제로 역전되고 있다.

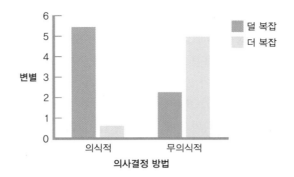

지만, 그 효과는 결정의 복잡성에 달려있다. 복잡하지 않은 결정을 내리는 사람은 의식적 사고를 사용할 때 더 우수한 선택을 하는 경향이 있다. 복잡한 결정을 내리는 사람은 무의식적 사고를 사용할 때 더 우수한 선택을 하는 경향이 있다. 상호작용이 없다는 영가설을 기각하기에 앞서, 이 연구자들이 하였던 것처럼 가설검증을 실시함으로써 이 결과를 확증할 수 있다.

상식적으로는 의사결정 방법과 상황 복잡성 간에 정성적 상호작용이 존재할 것이라고 예측할 가능성이 거의 없다. 이러한 경우에는 결과를 일반화하는 데 신중을 기해야 한다. 이 사례에서는 연구를 세심하게 수행하였으며, 연구자들은 여러 상황에 걸쳐 연구결과를 반복하였다. 예컨대, 연구자들은 복잡하지 않은 상황은 옷과 주방용품을 파는 백화점에서 물건을 사는 상황이고, 복잡한 상황은 이케아(스웨덴에 본사를 두고 있는 조립식 가구 및 생활용품 회사)에서 가구를 구입하는 상황인 실생활 맥락에서도 유사한 효과를 찾아냈다. 하나의 연구에 두 개의 독립변인을 포함시키지 않았더라면 이토록 흥미진진한 결과는 가능하지도 않았으며, 이러한 연구는 상호작용을 검증할 수 있는 이원 변량분석의 사용을 요구한다.

그렇다면 이 연구결과가 일상적으로 직면하는 결정에 대해서 어떤 의미를 갖는 것인가? 자외선으로부터 피부를 가장 잘 보호하려면 어떤 자외선 차단크림을 사야 하는가? 대학 졸업 후에 대학원에 진학해야 하는가 아니면 직장을 구해야 하는가? 자외선 차단크림의 특성은 의식적으로 따져보아야 하지만, 대학원과 관련된 요인에 대해서는 생각을 미루어야 하겠는가? 연구결과는 마지막 물음의 답이 '그렇다'는 사실을 시사한다

정성적 상호작용을 나타내는 교차하는 선분

덜 복잡한 상황을 나타내는 두 막대를 연결하는 선과 보다 복잡한 상황을 나타내는 두 막대를 연결하는 선을 그리면, 이들이 교차함을 쉽게 볼 수 있다. 교차하는 선분이나 연장하면 교차하게 되는 선분은 상호작용의 가능성을 나타낸다.

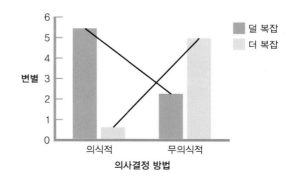

(Dijksterhuis et al., 2006). 그렇기는 하지만 사회과학 연구의 역사가 지적하는 바와 같이, 사람들이 내리는 결정의 자질에 영향을 미칠 가능성이 있는 다른 요인들이 있다. (이 연구에는 포함되지 않았지만 말이다.) 그렇기 때문에 연구는 계속되는 것이다. ●

학습내용 확인하기

개념의 개관

> 이원 변량분석은 각 칸이 독립변인들의 독특한 조합을 나타내는 행렬로 나타낸다. 칸평균이라 부르는 각 칸의 평균을 계산한다. 또한 다른 독립변인의 수준을 무시하고 한 독립변인의 각 수준에 대한 평균도 계산한다. 행렬의 주변에서 볼 수 있는 이러한 평균을 주변평균이라고 부른다.

> 통계적으로 유의한 상호작용이 있을 때는, 주효과가 상호작용에 의해서 수정되는 것으로 간주한다. 따라서 상호작용을 보여주는 칸평균의 전반적 패턴에만 초점을 맞춘다.

> 두 범주의 상호작용, 즉 정량적 상호작용과 정성적 상호작용이 칸평균의 전반적 패턴을 나타낸다.

> 가장 보편적인 상호작용은 정량적 상호작용이며, 첫 번째 독립변인의 효과는 두 번째 독립변인의 수준에 달려있지만, 각 변인에서의 차이는 오직 효과의 강도에서만 변한다.

> 정성적 상호작용은 첫 번째 독립변인의 효과가 두 번째 독립변인의 수준에 달려있지만, 효과의 방향이 실제로 역전된다.

> 통계적으로 유의한 상호작용을 확인하는 다음과 같은 세 가지 방법이 있다. (1) 시각적 방법 : 막대그래프에서 각 집단의 평균을 연결하는 선분이 평행에서 유의하게 벗어날 때. (2) 개념적 방법 : 데이터에 대해서 "경우에 따라 다르다."라고 말할 필요가 있을 때. (3) 통계적 방법 : 다른 가설검증에서와 마찬가지로, 변산원표에서 상호작용과 연합된 p 값이 0.05보다 작을 때. 마지막 방법인 통계적 분석만이 상호작용을 평가하는 객관적 방법이다.

개념의 숙달

12-5 정량적 상호작용과 정성적 상호작용 간의 차이는 무엇인가?

12-6 상호작용이 있을 때 주효과를 무시하는 까닭은 무엇인가?

통계치의 계산

12-7 아래 데이터는 두 개의 독립변인(IV)과 그 조합에 관한 것이다.

IV 1, 수준 A; IV 2, 수준 A : 2, 1, 1, 3

IV 1, 수준 B; IV 2, 수준 A : 5, 4, 3, 4

IV 1, 수준 A; IV 2, 수준 B : 2, 3, 3, 3

IV 1, 수준 B; IV 2, 수준 B : 3, 2, 2, 3

a. 이 연구의 표에는 몇 개의 칸이 있는지 확인하고, 격자 표를 그려라.

b. 칸평균을 계산하고 격자의 칸에 그 값을 적어라.

c. 주변평균을 계산하고 격자의 주변에 그 값을 적어라.

d. 이 데이터의 막대그래프를 그려라.

(계속)

12-8 학생들의 성별과 매력도가 성적에 영향을 미치는지 궁금하였다(Hernández-Julián & Peters, 2015). 연구자들은 편중되지 않은 집단에게 대학에서 찍은 사진에 근거하여 5,000명 이상의 남학생과 여학생의 매력도를 평정하도록 요구하였다. 학생들을 평균 이하, 평균, 그리고 평균 이상의 세 가지 매력도 범주로 분류하였다. 또한 4점 만점의 평가에서 학생들의 평점도 알아보았다. 결과를 보면, 여학생의 경우 신체적으로 매력적인 여학생이 더 좋은 성적을 받았다. 남학생의 경우에는 매력도와 성적 간에 유의한 관계가 없었다(Jaschik, 2016).

a. 이 연구에서 독립변인은 무엇이며, 그 독립변인의 수준은 무엇인가?

b. 이 연구에서 종속변인은 무엇인가? 어떤 유형의 변인인가?

c. 위의 두 물음에 대한 답변에 근거하여, 이 데이터에 변량분석을 실시하는 것이 가능한 이유를 설명해보라. 이 장에서 소개한 용어들을 사용할 때, 이 분석은 어떤 유형의 변량분석인가?

d. 연구결과가 상호작용이 존재한다는 사실을 나타내는 까닭을 설명해보라.

e. 칸들을 보여주는 표를 작성하라. 상호작용 패턴을 보여주는 칸의 값들을 포함시켜라.

f. 상호작용은 정량적인 것인가 아니면 정성적인 것인가? 여러분의 답을 해명해보라.

g. 연구자들은 이 결과에 대해 두 가지 가능한 설명을 적시하였다. 즉, 매력적인 여성이 그저 더 똑똑하며 교수들은 보다 매력적인 여성에게 편향되었다. 이것이 이 연구에서 혼입변인을 초래하는 이유를 설명해보라. (연구자들은 외모가 요인으로 작동하지 않는 온라인 강좌에서 동일한 연구를 수행하였는데, 이때 여성의 매력도 효과는 통계적으로 유의하지 않아서 교수의 편향가능성을 지적하였다.)

학습내용 확인하기의 답은 부록 D에서 찾아볼 수 있다.

이원 집단간 변량분석 수행하기

상호작용의 이해는 데이터 패턴을 설명하기 용이하게 만들어준다. 예컨대, 스키 리조트가 강설량 보도를 과장하고 싶은 이유, 특히 많은 돈을 벌 수 있는 주말 직전에 과장하고 싶은 이유를 이해하기 쉬워진다. 이원 변량분석을 수행하는 것은 한 독립변인의 효과가 다른 독립변인의 수준에 달려있는지를 검증하는 유일한 방법이다.

행동과학자들은 이원 변량분석을 사용하여 상호작용을 탐구한다. 다행스럽게도 이원 집단간 변량분석을 사용하는 가설검증도 일원 집단간 변량분석과 동일한 논리를 사용한다. 예컨대, 영가설이 완벽하게 동일하다. 즉 집단 간에 평균차이가 없다는 것이다. 1종 오류와 2종 오류도 여전히 결정을 동일한 위협에 노출시킨다. F 통계치를 F 임곗값과 비교하여 결정을 내린다. 이원 변량분석이 일원 변량분석과 차이를 보이는 핵심은 세 가지 아이디어를 검증하고 있으며, 각 아이디어는 변산의 독자적인 출처가 된다는 점이다.

이원 집단간 변량분석에서 검증하는 세 가지 아이디어는 첫 번째 독립변인의 주효과, 두 번째 독립변인의 주효과, 그리고 두 독립변인의 상호작용 효과이다. 이원 변량분석에서 변산의 네 번째 출처는 집단내 변량이다. 공중보건을 개선하기 위하여 보편적으로 사용하는 교육방법인 신화 깨뜨리기(myth busting. 사람들이 잘못 알고 있는 사실이나 사

회적 통념을 제대로 알려주는 것)를 평가해봄으로써 변량의 이러한 네 가지 출처를 분리
하고 측정하는 방법을 알아보도록 하자.

이원 변량분석의 여섯 단계

이원 변량분석은 여러분이 이미 알고 있는 가설검증 여섯 단계를 똑같이 사용한다. 핵심
차이는 대부분의 단계를 본질적으로 세 번씩 수행한다는 점이다. 각 주효과에 한 번씩
그리고 상호작용에 한 번 수행하게 된다. 사례 하나를 살펴보자.

신화 깨뜨리기가 정말로 공중보건을 개선하는가? 여기 몇 가지 신화와 사실이 있다. 캐
나다 정신건강협회(2018) 웹사이트에서 발췌한 것이다.

사례 12.4

신화 : "정신질환을 겪는 사람은 일을 할 수 없다."
사실 : "믿거나 말거나, 작업장은 정신질환을 겪었던 사람들로 가득
　　　 하다. 정신질환이 누군가 더 이상 일을 할 수 없음을 의미하지
　　　 않는다."

세계보건기구(WHO, 2018) 웹사이트에서 발췌한 것이다.

신화 : "재앙이 최악의 인간 행동을 초래한다."
사실 : "반사회적 행동의 격려된 사례가 존재하지만, 대부분의 사람
　　　 은 자발적이고 자애롭게 반응한다."

의학적 신화와 사실 중에서 어느 것을 기억하는가? 엉터리
의학적 주장을 사실로 잘못 기억하는 데 영향을 미치는 요인들을 연
구하였다(Skurnik et al., 2005). 연구자들을 다음과 같이 물었다.
"의사가 환자에게 거짓 주장을 말해준 다음에, 사실을 가지고 그 주장
이 틀린 것임을 알려주었을 때, 환자는 거짓 주장과 사실 중에서 어느
것을 기억하겠는가?" 변산원표는 연구의 각 요인을 살펴보고 종속변
인 변산 중에 얼마큼 그 요인이 설명할 수 있는지를 알려준다.

일단의 캐나다 연구자들이 신화 깨뜨리기의 효과를 살펴보았다
(Skurnik, Yoon, Park, & Schwarz, 2005). 연구자들은 엉터리 의학적
주장을 까발리는 것의 효과가 메시지를 전달하려는 사람의 연령에
달려있는지 궁금하였다. 한 연구에서는 18~25세 젊은 성인과 71~86세 노인의 두 집단
을 비교하였다. 참가자들에게 일련의 주장을 제시하고 각 주장이 참이거나 거짓이라고
말해주었다. (실제로는 모든 주장이 참이었다. 이렇게 처치한 까닭은 참가자들이 거짓 주
장을 참으로 잘못 기억하는 위험을 감수하고 싶지 않았기 때문이었다.) 어떤 경우에는 주
장을 한 번만 제시하였고, 다른 경우에는 세 번 반복하였다. 어느 경우이든 각 '거짓' 진
술 후에는 정확한 정보를 제시하였다. (설명의 편의상, 연구의 설계를 약간 변경하였다.)

이 연구에서 두 개의 독립변인은 두 수준을 갖는 연령(젊은 성인과 노인) 그리고 두 수
준을 갖는 반복횟수(한 번과 세 번)이었다. 종속변인인 3일 후에 틀린 반응의 비율을 각
참가자마다 계산하였다. 이것은 이원 집단간 변량분석이며, 더 구체적으로는 2×2 집단
간 변량분석이었다. 이 이름으로부터 표가 4개의 칸을 가지고 있음을 알 수 있다. 각 칸
에 16명씩 모두 64명의 참가자가 있었다. 그렇지만 여기서는 각 칸에 3명씩 12명의 사례
를 사용한다. 다음은 여기서 사용할 데이터이다. 실제 연구의 평균과 유사한 평균을 가

지고 있으며, F 통계치도 유사하다.

실험조건	잘못된 반응의 비율	평균
젊고, 1회 실시	0.25, 0.21, 0.14	0.20
젊고, 3회 반복	0.07, 0.13, 0.16	0.12
나이 들고, 1회 실시	0.27, 0.22, 0.17	0.22
나이 들고, 3회 반복	0.33, 0.31, 0.26	0.30

이 사례를 가지고 이원 집단간 변량분석의 가설검증 단계들을 살펴보도록 하자.

> 단계 1 : 전집, 비교분포, 그리고 가정을 확인한다.

이원 집단간 변량분석의 가설검증에서 첫 번째 단계는 일원 집단간 변량분석의 단계와 매우 유사하다. 첫째, 전집을 진술하지만, 둘 이상의 범주로 분할된다. 현재의 사례에서는 4개의 전집이 있기 때문에 4개의 칸이 있다(표 12-12에 나와있다). 첫 번째 독립변인인 연령이 표의 두 행에 나와있으며, 두 번째 독립변인인 반복횟수는 표의 두 열에 나와있다.

네 개의 전집이 있으며, 각각에는 두 독립변인의 수준을 나타내는 표지가 붙어있다.

전집 1 (Y, 1) : 거짓 주장을 한 번만 듣는 젊은 성인
전집 2 (Y, 3) : 거짓 주장을 세 번 반복해서 듣는 젊은 성인
전집 3 (O, 1) : 거짓 주장을 한 번만 듣는 노인
전집 4 (O, 3) : 거짓 주장을 세 번 반복해서 듣는 노인

다음으로는 데이터의 특성을 따져서 표본을 비교할 전집을 결정한다. 셋 이상의 집단이 있기 때문에 평균 간의 차이를 분석하기 위해서는 변량을 고려할 필요가 있다. 따라서 F 분포를 사용한다. 마지막으로 이 분포를 사용하는 가설검증을 확인하고 그 검증의 가정을 확인한다. F 분포에 대해서는 변량분석을 사용하며, 이 경우에는 이원 집단간 변량분석이 된다.

가정은 모든 유형의 변량분석에서 동일하다. 표본을 무선선택해야 하며, 전집은 정상분포를 이루어야 하고, 전집 변량은 동일하여야 한다. 이 가정을 조금 더 살펴보도록 하자.

(1) 이 데이터는 무선선택하지 않았다. 젊은 성인은 대학에서, 그리고 노인은 지역사회에서 모집하였다. 무선표집을 하지 않았기 때문에, 이 표본으로부터 일반화할 때는 조

표 12-12 이원 변량분석을 사용하여 거짓기억 연구하기

이 거짓기억 연구는 연령(젊다, 나이 들었다)과 반복횟수(1회, 3회)라는 두 개의 독립변인을 가지고 있다.

	1회 실시(1)	3회 반복(3)
젊다(Y)	Y, 1	Y, 3
나이 들었다(O)	O, 1	O, 3

심해야만 한다. (2) 연구자들은 전집의 모양을 평가하기 위하여 표본분포의 모양을 살펴보았는지에 대해서 보고하지 않았다. (3) 연구자들은 전집의 변산이 대체로 동일한지를 나타내는 지표로 표본들의 표준편차를 제시하지 않았다. 이것은 제11장에서 다루었던 동변산성의 문제이다. 일반적으로는 표본 데이터를 사용하여 이 가정들을 살펴본다.

요약 : 전집 1 (Y, 1) : 거짓 주장을 한 번만 듣는 젊은 성인. 전집 2 (Y, 3) : 거짓 주장을 세 번 반복해서 듣는 젊은 성인. 전집 3 (O, 1) : 거짓 주장을 한 번만 듣는 노인. 전집 4 (O, 3) : 거짓 주장을 세 번 반복해서 듣는 노인.

비교분포는 F 분포가 된다. 가설검증은 이원 집단간 변량분석이다. 가정 : (1) 데이터는 무선표본에서 나온 것이 아니기 때문에, 조심해서 일반화해야 한다. (2) 발표한 연구 보고서에서는 전집이 정상분포를 이루는지 알 수 없다. (3) 전집 변량이 대체로 동일한지(동변산성)를 알지 못한다.

단계 2 : 영가설과 연구가설을 진술한다. 영가설과 연구가설을 진술하는 두 번째 단계는 일원 집단간 변량분석의 단계와 유사하다. 다만 여기서는 각 주효과에 대한 가설 그리고 상호작용에 대한 가설 등 모두 세 개의 가설이 존재한다. 두 개의 주효과에 대한 가설은 일원 집단간 변량분석의 한 가지 효과에 대한 가설과 동일하다(아래 요약을 참조). 만일 두 개의 수준만이 존재한다면, 간단하게 두 수준이 동일하지 않다고 말할 수 있다. 두 수준만이 존재하고 통계적으로 유의한 차이가 있다면, 그 차이는 두 수준 간에 존재하는 것일 수밖에 없다. 두 개의 독립변인이 있기 때문에, 각 독립변인의 수준을 나타내는 첫 글자나 약자를 사용하여 어느 변인을 지칭하고 있는지를 확실히 규정한다(예컨대, 젊은 성인을 나타내는 Y, 노인을 나타내는 O 등). 만일 독립변인이 셋 이상의 수준을 가지고 있다면, 연구가설은 적어도 독립변인의 어느 두 수준이 동일하지 않다는 것이 된다.

상호작용에 대한 가설은 전형적으로 기호가 아니라 언어표현으로 진술한다. 영가설은 한 독립변인의 효과는 다른 독립변인의 수준에 의존하지 않는다는 것이다. 연구가설은 한 독립변인의 효과가 다른 독립변인의 수준에 의존적이라는 것이다. 어느 독립변인을 먼저 언급하느냐는 문제가 되지 않는다. 여러분에게 가장 이치에 맞는 방식으로 가설을 진술하면 된다.

요약 : 첫 번째 독립변인인 연령의 주효과에 대한 가설은 다음과 같다. 영가설 : 젊은 성인은 노인과 비교하여 평균적으로 어느 주장이 엉터리인지를 기억해낼 때 틀린 반응의 비율에서 차이를 보이지 않는다. $H_0 : \mu_Y = \mu_O$. 연구가설 : 젊은 성인은 노인과 비교하여 평균적으로 어느 주장이 엉터리인지를 기억해낼 때 틀린 반응의 비율에서 차이를 보인다. $H_1 : \mu_Y \neq \mu_O$.

두 번째 독립변인인 반복횟수의 주효과에 대한 가설은 다음과 같다. 영가설 : 한 번만 듣는 사람은 세 번 반복해서 듣는 사람과 비교할 때 평균적으로 어느 주장이 엉터리인지를 기억해낼 때 틀린 반응의 비율에서 차이를 보이지 않는다. $H_0 : \mu_1 = \mu_3$. 연구가설 :

한 번만 듣는 사람은 세 번 반복해서 듣는 사람과 비교할 때 평균적으로 어느 주장이 엉터리인지를 기억해낼 때 틀린 반응의 비율에서 차이를 보인다. $H_1 : \mu_1 \neq \mu_3$.

연령과 반복횟수의 상호작용에 대한 가설은 다음과 같다. 영가설 : 반복횟수 효과는 연령 수준에 의존적이지 않다. 연구가설 : 반복횟수 효과는 연령 수준에 의존적이다.

단계 3 : 비교분포의 특성을 결정한다. 세 개의 비교분포가 있고 모두 F 분포라는 사실을 제외하면 일원 집단간 변량분석의 단계 3과 유사하다. 두 개의 주효과와 하나의 상호작용 각각에 대한 적절한 자유도가 필요하다. 앞에서와 마찬가지로, 각 F 통계치는 집단간 변량과 집단내 변량의 비(ratio)이다. 세 가지 효과가 존재하기 때문에, 세 개의 집단간 변량 추정치가 있으며, 각각은 자체적인 자유도를 갖는다. 집단내 변량 추정치는 오직 하나만 존재하며, 자체적인 자유도를 갖는다.

각 주효과에 있어서 집단간 자유도는 일원 변량분석에서와 마찬가지로 계산한다. 즉 집단 수에서 1을 뺀다. 첫 번째 독립변인인 연령은 표의 행에 들어있기 때문에, 집단간 자유도는 다음과 같다.

$$df_{행(연령)} = N_{행} - 1 = 2 - 1 = 1$$

두 번째 독립변인인 반복횟수는 표의 열에 들어있기 때문에 집단간 자유도는 다음과 같다.

$$df_{열(반복)} = N_{열} - 1 = 2 - 1 = 1$$

이제 상호작용에 대한 집단간 자유도가 필요한데, 이것은 두 주효과의 자유도를 곱해서 계산한다.

$$df_{상호작용} = (df_{행(연령)})(df_{열(반복)}) = (1)(1) = 1$$

집단내 자유도는 일원 집단내 변량분석에서와 마찬가지로 계산한다. 즉 각 칸의 자유도를 모두 합한다. 현재 예에서는 각 칸에 3명의 참가자가 있기 때문에 집단내 자유도는 다음과 같이 계산한다. 여기서 N은 각 칸의 사례 수를 나타낸다.

$$df_{Y,1} = N - 1 = 3 - 1 = 2$$
$$df_{Y,3} = N - 1 = 3 - 1 = 2$$
$$df_{O,1} = N - 1 = 3 - 1 = 2$$
$$df_{O,3} = N - 1 = 3 - 1 = 2$$
$$df_{집단내} = df_{Y,1} + df_{Y,3} + df_{O,1} + df_{O,3} = 2 + 2 + 2 + 2 = 8$$

계산의 정확성을 확인하기 위해서, 일원 집단간 변량분석에서 하였던 것처럼 전체 자유도를 계산해본다. 즉 전체 참가자 수에서 1을 빼는 것이다.

$$df_{전체} = N_{전체} - 1 = 12 - 1 = 11$$

이제 세 개의 집단간 자유도와 집단내 자유도를 합하여 11이 되는지 확인한다.

$$11 = 1 + 1 + 1 + 8$$

마지막으로 세 가지 효과에 대해서 자유도와 함께 비교분포를 나열한다. 이 사례에서는 세 효과의 집단간 자유도가 동일하지만, 실제 연구에서는 다른 경우가 많다. 예컨대, 한 독립변인이 세 개의 수준을 가지고 있고 다른 독립변인은 네 개의 수준을 가지고 있으면, 주효과에 대한 집단간 자유도는 각각 2와 3이 되며, 상호작용에 대한 집단간 자유도는 6이 된다.

요약 : 연령의 주효과 : 자유도가 1과 8인 F 분포. 반복횟수의 주효과 : 자유도가 1과 8인 F 분포. 연령과 반복횟수의 상호작용 : 자유도가 1과 8인 F 분포. (주 : 이 단계에 모든 자유도 계산을 포함시키는 것이 좋다.)

공식 숙달하기

12-5 : 전체 자유도를 계산하는 두 가지 방법이 있다. 전체 참가자 수에서 1을 뺄 수 있다.

$$df_{전체} = N_{전체} - 1$$

세 개의 집단간 자유도와 하나의 집단내 자유도를 합할 수도 있다. 두 가지 방식으로 모두 계산하여 계산 작업을 확인해보는 것은 좋은 생각이다.

단계 4 : 임곗값을 결정한다.

여기서도 이원 집단간 변량분석의 단계 4는 일원 집단간 변량분석의 단계 4를 확장한 것에 불과하다. 세 개의 임곗값이 필요하지만, 앞에서 결정하였던 것과 동일한 방식으로 결정하게 된다. 즉, 부록 B의 F 점수표를 사용한다.

각 주효과와 상호작용에 대해서 우선 표 좌측을 따라 적절한 집단내 자유도를 찾은 다음에 표 상단을 따라 적절한 집단간 자유도를 찾는다. 표에서 행과 열이 만나는 지점에는 알파수준 0.01, 0.05 그리고 0.10에 해당하는 세 개의 수치가 들어있다. 늘 그렇듯이, 전형적으로는 0.05를 사용한다. 이 사례에서는 우연히 임곗값이 세 가지 효과 모두에서 동일하다. 집단간 자유도가 세 효과에서 동일하기 때문이다. 그렇지만 집단간 자유도가 다를 때는 상이한 임곗값이 존재한다. 여기서는 집단간 자유도 1과 집단내 자유도 8, 그리고 알파 0.05를 찾아본다. 세 효과 모두의 임곗값은 그림 12-8에서 보는 바와 같이 5.32이다.

요약 : 그림 12-8의 곡선에 나와있는 것처럼, 세 개의 임곗값이 존재한다(이 사례에서는 모두가 동일하다). 주효과 연령의 F 임곗값은 5.32이다. 반복횟수 주효과의 F 임곗값도 5.32이다. 연령과 반복횟수 상호작용의 F 임곗값도 5.32이다.

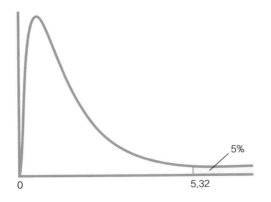

5%

0   5.32

그림 12-8

F 분포의 임곗값 결정하기

이원 집단간 변량분석을 위한 F 분포의 임곗값은, 세 개(주효과 두 개와 상호작용)의 임곗값을 계산한다는 사실을 제외하고는 일원 집단간 변량분석에서와 동일하게 결정한다. 이 사례에서는 집단간 자유도가 모두 동일하기 때문에, 임곗값도 동일하다.

단계 5 : 검증통계치를 계산한다.

일원 집단간 변량분석에서와 마찬가지로, 이원 집단간 변량분석의 단계 5도 가장 많은 시간을 요구한다. 여러분도 추측하는 바와 같이, 이미 학습한 내용과 유사하지만 계산해야 할 F 통계치는 하나가 아니라 세 개다. 이 단계의 논리와 구체적 계산은 다음 절에서 학습한다.

단계 6 : 결정을 내린다.

세 F 통계치 각각을 해당 F 임곗값과 비교한다는 사실을 제외하면 일원 집단간 변량분석의 단계 6과 동일하다. 만일 F 통계치가 임곗값을 넘어선다면, 영가설이 참일 때 그 F 통계치는 가능한 검증통계치의 가장 극단적인 5%에 들어간다는 사실을 알고 있다. 각 F 통계치에 대한 결정을 내린 후에는 다음과 같은 세 가지 중의 한 가지 방법으로 결과를 제시한다.

첫째, 상호작용에 대한 영가설을 기각할 수 있다면, 표와 그래프의 도움을 받아 구체적인 결론을 내리게 된다. 셋 이상의 집단을 가지고 있다면, 제11장에서 공부하였던 것과 같은 사후검증을 실시한다. 세 가지 효과가 있다면, 전형적으로 각 주효과와 상호작용에 대해 개별적으로 사후검증을 실시한다(Hayes, 1994). 만일 상호작용이 통계적으로 유의하다면, 주효과도 유의한지는 중요하지 않다. 주효과도 유의하다면, 그 주효과는 일반적으로 상호작용에 근거하여 평가하며, 개별적으로 기술하지 않는다. 칸평균들의 전반적인 패턴이 결과의 모든 내용을 알려준다.

둘째, 상호작용에 대한 영가설을 기각할 수 없다면, 어느 것이든 유의한 주효과에 초점을 맞추고는 각 주효과에 대한 구체적인 방향성 결론을 내린다. 이 연구에서는 각 독립변인이 두 수준만을 가지고 있기 때문에, 사후검증은 필요하지 않다. 그렇지만 셋 이상의 수준이 있었다면, 각각의 유의한 주효과는 어디에 차이가 존재하는지를 결정하기 위한 사후검증을 필요로 하였을 것이다.

셋째, 주효과이든 상호작용이든 영가설을 기각할 수 없다면, 이 연구에서는 연구가설을 지지할 충분한 증거가 없다고 결론 내릴 수밖에 없다. 다음 절에서 이원 집단간 변량분석의 변산원표를 위한 계산을 다룬 후에, 이 연구에 대한 가설검증의 단계 6을 마무리한다. ●

이원 변량분석에서 네 가지 변산원 확인하기

이 절에서는 이원 집단간 변량분석의 단계 5를 마무리한다. 계산은 세 개의 F 통계치를 계산한다는 사실을 제외하고는 일원 집단간 변량분석에서의 계산과 유사하다. 표 12-18에 나와있는 것과 같은 변산원표를 사용하게 된다.

첫째, 전체 제곱합을 계산한다(표 12-13). 일원 변량분석에서 했던 것과 동일한 방식으로 이 수치를 계산한다. 개별 점수에서 전체 평균(이 사례에서는 0.21)을 빼서 편차를 구한 다음에 편차를 제곱하고, 최종적으로 편차제곱을 합한다.

$$SS_{전체} = \Sigma(X - GM)^2 = 0.0672$$

표 12-13	전체 제곱합 계산하기

전체 제곱합은 모든 점수에서 전체 평균을 빼서 편차를 구한 다음에, 그 편차를 제곱하고 합하여 계산한다.
$\Sigma(X - GM)^2 = 0.0672$

	X	$X - GM$	$(X - GM)^2$
Y, 1	0.25	0.04	0.0016
	0.21	0.00	0.0000
	0.14	− 0.07	0.0049
Y, 3	0.07	− 0.14	0.0196
	0.13	− 0.08	0.0064
	0.16	− 0.05	0.0025
O, 1	0.27	0.06	0.0036
	0.22	0.01	0.0001
	0.17	− 0.04	0.0016
O, 3	0.33	0.12	0.0144
	0.31	0.10	0.0100
	0.26	0.05	0.0025

이제 두 주효과의 집단간 제곱합을 계산한다. 둘 모두 일원 집단간 변량분석에서의 집단간 제곱합과 유사하게 계산한다. 표 12-14는 칸평균, 주변평균, 그리고 전체 평균을 보여준다. 독립변인 연령의 주효과를 위한 집단간 제곱합은 각 점수에 대해 주변평균에서 전체 평균을 뺀 다음에 제곱한 값들의 합이다. 표 12-15에 12개 점수를 모두 나열하고 칸 간의 경계를 표시하였다. 표 12-15의 첫 여섯 줄에 해당하는 여섯 명의 젊은 성인 각각에 대해서 주변평균 0.16에서 전체 평균 0.21을 뺀다. 표의 아래쪽 여섯 줄에 해당하는 여섯 명의 노인 각각에 대해서 주변평균 0.26에서 전체 평균 0.21을 뺀다. 모든 편차를 제곱한 다음에 합하여 독립변인 연령의 제곱합을 계산한다.

$$SS_{집단간(연령)} = \Sigma(M_{연령} - GM)^2 = 0.03$$

> **공식 숙달하기**
>
> **12-7** : 행렬표의 행에 있는 첫 번째 독립변인의 집단간 제곱합은 다음 공식을 사용하여 계산한다.
>
> $$SS_{집단간(행)} = \Sigma(M_행 - GM)^2$$
>
> 모든 참가자에서 각 참가자에 해당하는 행의 주변평균에서 전체 평균을 뺀다. 그 편차를 제곱하고 편차제곱을 합한다.

표 12-14	거짓 의학적 주장 연구에서의 평균

거짓 의학적 주장을 참이라고 잘못 기억하는 현상에 관한 연구는 연령과 반복횟수라는 두 개의 독립변인을 가지고 있었다. 오류율에 대한 칸평균과 주변평균이 표에 나와있다. 전체 평균은 0.21이다.

	1회 실시(1)	3회 반복(3)	
젊다(Y)	0.20	0.12	0.16
나이 들었다(O)	0.22	0.30	0.26
	0.21	0.21	0.21

표 12-15 | 첫 번째 독립변인의 제곱합 계산하기

첫 번째 독립변인(연령)의 제곱합은 그 변인 각 수준에서의 평균에서 전체 평균을 빼서 편차를 구한 다음에, 그 편차를 제곱하고 편차제곱을 합하여 계산한다. $\Sigma(M_{연령} - GM)^2 = 0.03$

	X	$M_{연령} - GM$	$(M_{연령} - GM)^2$
Y, 1	0.25	− 0.05	0.0025
	0.21	− 0.05	0.0025
	0.14	− 0.05	0.0025
Y, 3	0.07	− 0.05	0.0025
	0.13	− 0.05	0.0025
	0.16	− 0.05	0.0025
O, 1	0.27	0.05	0.0025
	0.22	0.05	0.0025
	0.17	0.05	0.0025
O, 3	0.33	0.05	0.0025
	0.31	0.05	0.0025
	0.26	0.05	0.0025

공식 숙달하기

12-8 : 행렬표의 행에 있는 두 번째 독립변인의 집단간 제곱합은 다음 공식을 사용하여 계산한다.

$$SS_{집단간(열)} = \Sigma(M_{열} - GM)^2$$

모든 참가자에서 각 참가자에 해당하는 행의 주변평균에서 전체 평균을 뺀다. 그 편차를 제곱하고 편차제곱을 합한다.

공식 숙달하기

12-9 : 집단내 제곱합은 다음 공식을 사용하여 계산한다.

$$SS_{집단내} = \Sigma(X - M_{칸})^2$$

모든 참가자에 대해서 각 참가자 점수에서 해당 칸의 평균을 뺀다. 그 편차를 제곱하고 편차제곱을 합한다.

두 번째 주효과, 즉 반복횟수의 주효과에 대해 이 과정을 반복한다(표 12-16). 반복횟수의 집단간 제곱합은 각 점수에 대해서 주변평균에서 전체 평균을 뺀 다음에 제곱한 값들의 합이다. 여기서도 12개 점수 모두를 나열하고, 칸 간의 경계를 표시하였다. 표 12-14에서 왼쪽 열에 해당하고 표 12-16에서는 1~3행과 7~9행에 해당하는, 한 번만 반복한 여섯 명의 참가자 각각에 있어서 주변평균 0.21에서 전체평균 0.21을 뺀다. 표 12-14에서 오른쪽 열에 해당하고 표 12-16에서는 4~6행과 10~12행에 해당하는, 세 차례 반복한 여섯 명의 참가자 각각에 있어서 주변평균 0.21에서 전체 평균 0.21을 뺀다. (주 : 이 사례에서 주변평균이 똑같은 것은 우연의 일치이다.) 모든 편차를 제곱하고 합하여 독립변인 반복횟수의 집단간 제곱합을 계산한다. 각 주효과에 대한 집단간 제곱합의 계산은 일원 집단간 변량분석에서의 계산과 동일하다.

$$SS_{집단간(반복)} = \Sigma(M_{반복} - GM)^2 = 0$$

집단내 제곱합은 일원 집단간 변량분석에서와 똑같은 방식으로 계산한다(표 12-17). 12개 점수 각각에서 칸평균을 빼서 편차를 계산한다. 편차를 제곱하여 모두 더한다.

$$SS_{집단내} = \Sigma(X - M_{칸})^2 = 0.018$$

이제 필요한 것은 상호작용의 집단간 제곱합뿐이다. 이것은 전체 제곱합에서 집단간 제곱합(두 가지 주효과를 위한 집단간 제곱합)과 집단내 제곱합을 빼서 계산한다. 상호

표 12-16 두 번째 독립변인의 제곱합 계산하기

두 번째 독립변인(반복횟수)의 제곱합은 그 변인 각 수준에서의 평균에서 전체 평균을 빼서 편차를 구한 다음에, 그 편차를 제곱하고 편차제곱을 합하여 계산한다. $\Sigma(M_{반복} - GM)^2 = 0$

	X	$M_{반복} - GM$	$(M_{반복} - GM)^2$
Y, 1	0.25	0	0
	0.21	0	0
	0.14	0	0
Y, 3	0.07	0	0
	0.13	0	0
	0.16	0	0
O, 1	0.27	0	0
	0.22	0	0
	0.17	0	0
O, 3	0.33	0	0
	0.31	0	0
	0.26	0	0

표 12-17 집단내 제곱합 계산하기

집단내 제곱합은 일원 변량분석에서와 동일한 방식으로 계산한다. 각 점수에서 그 점수가 속한 칸의 평균을 빼서 편차를 구한 다음에, 그 편차를 제곱하고 편차제곱을 합하여 계산한다. $\Sigma(X - M_{칸})^2 = 0.018$

	X	$X - M_{칸}$	$(X - M_{칸})^2$
Y, 1	0.25	0.05	0.0025
	0.21	0.01	0.0001
	0.14	-0.06	0.0036
Y, 3	0.07	-0.05	0.0025
	0.13	0.01	0.0001
	0.16	0.04	0.0016
O, 1	0.27	0.05	0.0025
	0.22	0.00	0.0000
	0.17	-0.05	0.0025
O, 3	0.33	0.03	0.0009
	0.31	0.01	0.0001
	0.26	-0.04	0.0016

작용의 집단간 제곱합은 본질적으로 주효과를 설명하고 남은 것이다. 수학적으로는 이 독립변인들이 예측하였지만, 독립변인 자체로는 직접적으로 예측하지 못한 변산을 상호작용 탓으로 돌리는 것이다. 공식은 다음과 같다.

$$SS_{집단간(상호작용)} = SS_{전체} - (SS_{집단간(연령)} + SS_{집단간(연령)} + SS_{집단내})$$

실제로 계산한 결과는 다음과 같다.

$$SS_{집단간(상호작용)} = 0.0672 - (0.03 + 0 + 0.018) = 0.0192$$

이제 표 12-18에 들어있는 공식을 사용하여 F 통계치를 계산함으로써 가설검증의 단계 6을 마무리하게 된다. 결과는 변산원표에 나와있다(표 12-19). 연령의 주효과가 통계적으로 유의한 까닭은 F 통계치 13.04가 임곗값 5.32보다 크기 때문이다. 평균들을 보면, 노인 참가자가 젊은 성인 참가자보다 의학적 신화를 참이라고 기억해내는 실수를 더 많이 저지르는 경향이 있다. 그렇지만 반복횟수의 주효과는 통계적으로 유의하지 않다. F 통계치 0.00은 임곗값 5.32보다 크지 않기 때문이다. 0.00의 F 통계치는 지극히 이례

표 12-18　확장된 변산원표와 공식

이 변산원표는 이원 집단간 변량분석을 수행하는 데 필요한 모든 계산 공식들을 포함하고 있다.

변산원	SS	df	MS	F
연령	$\sum (M_{연령} - GM)^2$	$N_{연령} - 1$	$\dfrac{SS_{연령}}{df_{연령}}$	$\dfrac{MS_{연령}}{MS_{집단내}}$
반복횟수	$\sum (M_{반복} - GM)^2$	$N_{연령} - 1$	$\dfrac{SS_{반복}}{df_{반복}}$	$\dfrac{MS_{반복}}{MS_{집단내}}$
연령 × 반복	$SS_{전체} - (SS_{연령} + SS_{반복} + SS_{집단내})$	$(df_{연령})(df_{반복})$	$\dfrac{SS_{상호작용}}{df_{상호작용}}$	$\dfrac{MS_{상호작용}}{MS_{집단내}}$
집단내	$\sum (X - M_{칸})^2$	$df_{칸1} + \cdots + df_{칸n}$	$\dfrac{SS_{집단내}}{df_{집단내}}$	
전체	$\sum (X - GM)^2$	$N_{연령} - 1$		

표 12-19　확장된 변산원표와 거짓 의학적 주장

이 확장된 변산원표는 거짓 의학적 주장 연구의 실제 제곱합, 자유도, 평균제곱, 그리고 F 통계치를 보여주고 있다.

변산원	SS	df	MS	F
연령(A)	0.0300	1	0.0300	13.04
반복(R)	0.0000	1	0.0000	0.00
A×R	0.0192	1	0.0192	8.35
집단내	0.0180	8	0.0023	
전체	0.0672	11		

적이다. 통계적으로 유의한 효과가 없는 경우라도 무선표집을 하였기 때문에 평균 간에 약간의 차이가 있게 마련이다. 상호작용도 통계적으로 유의한 까닭은 F 통계치 8.35가 임곗값 5.32보다 크기 때문이다. 따라서 그림 12-9에서 보는 바와 같이, 상호작용을 해석하기 위하여 칸평균의 막대그래프를 구성한다.

그림 12-9에서 선분들이 평행하지 않다. 실제로 그래프를 넘어서서 확장할 필요도 없이 두 선분이 교차하고 있다. 젊은 성인 참가자의 경우에는 세 번 반복했을 때의 잘못된 반응 비율이 평균적으로 한 번 반복했을 때보다 낮았다. 노인들의 경우에는 세 번 반복했을 때의 잘못된 반응 비율이 평균적으로 한 번 반복했을 때보다 높았다. 반복이 도움을 주었는가? 경우에 따라 다르다. 젊은 성인에게는 도움을 주지만, 노인에게는 방해가 되었다. 구체적으로 보면, 반복이 젊은 성인에게는 신화와 사실을 구분하는 데 도움을 준다. 그렇지만 의학적 신화의 단순한 반복은 노인들이 그것을 사실로 간주할 가능성을 더 높이는 경향이 있다. 연구자들은 노인들이 어떤 진술을 친숙하게 느끼지만, 그 진술을 들었던 맥락을 망각한다고 추측하고 있다. 이것이 정성적 상호작용인 까닭은 반복효과의 방향이 한 연령집단에서 다른 집단으로 역전되기 때문이다.

이원 변량분석에서의 효과크기

이원 변량분석에서는 일원 변량분석에서와 마찬가지로, 효과크기 측정치로 R^2을 계산한다. 늘 그렇듯이 제곱합을 변산의 지표로 사용한다. 세 가지 효과 각각에서 해당 집단간 제곱합을 전체 제곱합에서 다른 두 효과의 제곱합을 뺀 값으로 나누어준다. 전체 제곱합에서 다른 두 효과의 제곱합을 뺌으로써, 한 번에 하나씩 단일 효과의 효과크기를 분리해내는 것이다. 예컨대, 만일 행의 주효과에서 효과크기를 결정하려면, 행의 제곱합을 전체 제곱합에서 열의 제곱합과 상호작용 제곱합을 뺀 값으로 나누게 된다.

첫 번째 주효과, 즉 표의 행에 나와있는 주효과의 R^2 공식은 다음과 같다.

$$R^2_{행} = \frac{SS_{행}}{(SS_{전체} - SS_{열} - SS_{상호작용})}$$

두 번째 주효과, 즉 표의 열에 나와있는 주효과의 R^2 공식은 다음과 같다.

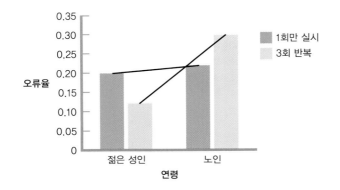

$$R^2_{열} = \frac{SS_{열}}{(SS_{전체} - SS_{행} - SS_{상호작용})}$$

상호작용의 R^2 공식은 다음과 같다.

$$R^2_{상호작용} = \frac{SS_{상호작용}}{(SS_{전체} - SS_{행} - SS_{열})}$$

사례 12.5

효과크기를 방금 다루었던 변량분석에 적용해보자. 표 12-19의 변산원표에 나와있는 통계치를 사용하여 각 주효과와 상호작용에서의 R^2을 계산한다. 다음은 연령의 주효과에서의 계산이다.

$$R^2_{행(연령)} = \frac{SS_{열(연령)}}{(SS_{전체} - SS_{열(반복)} - SS_{상호작용})} = \frac{0.0300}{(0.0672 - 0.0000 - 0.0192)} = 0.625$$

다음은 반복횟수의 주효과에서의 계산이다.

$$R^2_{행(반복)} = \frac{SS_{열(반복)}}{(SS_{전체} - SS_{행(연령)} - SS_{상호작용})} = \frac{0.0000}{(0.0672 - 0.0300 - 0.0192)} = 0.000$$

다음은 상호작용에서의 계산이다.

$$R^2_{상호작용} = \frac{SS_{상호작용}}{(SS_{전체} - SS_{행(연령)} - SS_{열(반복)})} = \frac{0.0192}{0.0672 - 0.0300 - 0.0000} = 0.516$$

효과크기를 판단하는 관례는 제11장에서 제시하였던 것과 동일하며, 표 12-20에 다시 제시하였다. 이 표에서 보면, 연령의 주효과에서 0.63의 R^2 그리고 상호작용에서 0.52의 R^2은 매우 큰 것이다. 반복의 주효과에서 0.00의 R^2은 이 연구에서 관찰할 만한 효과가 없다는 사실을 나타낸다.

표 12-20 효과크기 R^2에 대한 코헨의 관례

통계학자들이 관례라고 부르는 다음 지침은 연구자들이 효과의 중요성을 결정하는 것을 도와주려는 것이다. 이 수치들은 임곗값이 아니다. 결과를 해석하는 것을 도와주려는 개략적인 지침일 뿐이다.

효과크기	관례
작다	0.01
중간	0.06
크다	0.14

학습내용 확인하기

개념의 개관

> 이원 집단간 변량분석에서 가설검증의 여섯 단계는 일원 집단간 변량분석에서와 유사하다.

> 두 개의 주효과와 하나의 상호작용이 가능하기 때문에, 각 단계는 세 개의 가설, 비교분포, F 임곗값, 결론 등을 갖춘 세 부분으로 나뉜다.

> 확장된 변산원표는 계산을 놓치지 않도록 도와준다.

> 통계적으로 유의한 F 통계치는 세 개 이상의 집단이 있을 때 어디에서 차이가 나는지를 결정하기 위한 사후검증을 필요로 한다.

> 각 주효과와 상호작용에 대한 효과크기 측정치인 R^2을 계산한다.

개념의 숙달

12-9 이원 집단간 변량분석과 일원 집단간 변량분석 간에 변량분석의 여섯 단계에서 기본적인 차이는 무엇인가?

12-10 이원 변량분석에서 변산의 네 가지 출처는 무엇인가?

통계치의 계산

12-11 다음 데이터에 대해서 세 개의 집단간 자유도(두 개의 주효과와 상호작용의 자유도)와 집단내 자유도 그리고 전체 자유도를 계산하라. (주 : IV 1은 첫 번째 독립변인, IV 2는 두 번째 독립변인을 지칭한다.)

IV 1, 수준 A; IV 2, 수준 A : 2, 1, 1, 3
IV 1, 수준 B; IV 2, 수준 A : 5, 4, 3, 4
IV 1, 수준 A; IV 2, 수준 B : 2, 3, 3, 3
IV 1, 수준 B; IV 2, 수준 B : 3, 2, 2, 3

12-12 위에서 계산한 자유도를 사용하여, 두 개의 주효과 그리고 상호작용의 F 통계치에 대하여 알파수준 0.05에서의 임곗값을 결정하라.

개념의 적용

12-13 상이한 유형의 이메일이 나중에 치르는 시험 성적에 미치는 영향을 연구하였다 (Forsyth, Lawrence, Burnette, & Baumeister, 2007). 연구자들이 사용한 독립변인 두 개를 살펴보도록 하자. 첫 번째 독립변인은 앞선 시험의 성적이었다. 첫 번째 시험에서 C 학점을 받은 학생과 D나 F 학점을 받은 학생들이 있다. 두 번째 독립변인은 학생들이 받은 이메일 유형이었다. 즉, 자존감을 증진시키려는 이메일, 성적에 대한 제어감을 증진시키려는 이메일, 그리고 복습문제만을 포함한 이메일(통제집단)이었다. 아래 표는 마지막 시험 성적의 칸평균을 보여준다. (몇몇 평균은 근사한 값이지만, 모두 실제 결과를 반영하고 있다.) 편의상 이 연구에는 모든 칸에 똑같이 할당한 84명의 참가자가 있었다고 가정하라.

성적	자존감(SE)	제어감(TR)	통제집단(CG)
C	67.31	69.83	71.12
D/F	47.83	60.98	62.13

a. 가설검증의 단계 1에서 이 연구의 전집들을 나열해보라.

b. 가설검증의 단계 2를 수행하라.

개념의 적용 (계속)

학습내용 확인하기의 답은
부록 D에서 찾아볼 수 있다.

c. 가설검증의 단계 3을 수행하라.
d. 가설검증의 단계 4를 수행하라.
e. 첫 번째 성적이라는 독립변인의 주효과에 대한 F 통계치는 20.84이며, 이메일 유형이라는 독립변인의 주효과에 대한 F 통계치는 1.69이고, 상호작용에 대한 F 통계치는 3.02이다. 가설검증의 단계 6을 수행하라.

개념의 개관

이원 변량분석

둘 이상의 독립변인(또는 요인)을 가지고 있는 **요인 변량분석**(다요인 변량분석이라고도 부른다)은 단일 연구에서 둘 이상의 가설을 검증할 수 있게 해준다. 또한 독립변인들 간의 상호작용을 살펴볼 수 있게 해준다. 요인 변량분석은 독립변인의 수로 이름을 붙이는 대신에(예컨대, 이원) 독립변인의 수준을 나타내는 이름을 붙이기 십상이다(예컨대, 2×2). 이원 변량분석에서는 두 개의 **주효과**(각 독립변인에 하나씩)와 하나의 **상호작용**(두 변인이 함께 작동하여 종속변인에 영향을 미치는 방식)을 살펴볼 수 있다. 세 가지 가설을 살펴보고 있기 때문에, 이원 변량분석에서는 세 가지 집합의 통계치를 계산하게 된다.

변량분석에서 상호작용의 이해

연구자들은 전형적으로 칸평균들의 전반적 패턴을 살펴봄으로써 상호작용을 해석한다. 이 연구에서는 칸이 하나의 조건이다. 전형적으로 한 집단의 평균을 해당 칸에 적어 넣는다. 각 행의 칸들 오른쪽에, 그리고 각 열의 칸들 아래쪽에 **주변평균**을 적는다. 만일 한 독립변인의 주효과가 두 번째 독립변인의 특정 조건에서 더 강력하다면, **정량적 상호작용**이 존재하는 것이다. 만일 주효과의 방향이 두 번째 독립변인의 특정 조건에서 실제로 역전된다면, **정성적 상호작용**이 존재하는 것이다.

이원 집단간 변량분석 수행하기

이원 집단간 변량분석은 앞서 사용하였던 것과 동일한 가설검증의 여섯 단계를 사용한다. 물론 약간의 변화가 따른다. 두 개의 주효과와 하나의 상호작용을 검증하기 때문에, 각 단계는 세 부분으로 분할된다. 구체적으로 세 가지 가설, 세 가지 비교분포, 세 가지 F 임곗값, 세 가지 F 통계치, 그리고 세 가지 결론이 존재한다. F 통계치의 계산을 돕기 위하여 확장된 변산원표를 사용한다. 또한 각 주효과와 상호작용에 대해서 효과크기 측정치인 R^2도 계산한다.

SPSS®

이 장에서 사용하였던 신화 깨뜨리기에 관한 데이터에 대하여 SPSS를 사용하여 이원 변량분석을 실시해보자. 세 개의 열에 데이터를 입력하는데, 두 열에는 두 독립변인(연령과 반복횟수)에서 각 참가자 점수를, 그리고 하나의 열에는 종속변인(거짓기억) 점수를 입력한다.

분석(Analyze) → 일반 선형 모형(General Linear Model) → 일변량(Univariate)을 선택하고 변인들을 선택함으로써 SPSS에게 변량분석을 실시하도록 명령한다. [독립변인이 두 개이지만, 여러 개의 변인을 의미하는 다변량(Multivariate) 대신에 하나의 변인을 의미하는 일변량(Univariate)을 선택한다. 왜냐하면 이 선택은 독립변인이 아니라 종속변인을 지칭하며, 거짓기억이라는 단 하나의 종속변인만이 있기 때문이다.]

종속변인인 거짓기억을 하이라이트로 표시하고 'Dependent Variable' 옆의 화살표를 클릭함으로써 그 종속변인을 선택한다. 독립변인(여기서는 '고정요인'이라고 부른다)인 연령과 반복횟수 각각을 클릭한 다음에 'Fixed Factor(s)' 옆의 화살표를 클릭함으로써 두 독립변인을 선택한다. 특정한 기술통계치와 효과크기 측정치를 포함시키려면, 'Options'를 선택한 다음에 'Descriptive Statistics'와 'Estimates of effect size'를 선택한다. 그런 다음에 계속(Continue)을 선택한다. 마지막으로 분석을 시작하려면 확인(OK)을 클릭한다.

여기 나와있는 스크린샷의 출력에는 앞에서 계산하였던 것과 동일한 통계치들이 포함되어 있다. 미세한 차이는 반올림에 따른 것이다. 예컨대, 주효과 연령의 F 통계치는 13.333이다. 이 통계치의 p 값은 'Sig.'라는 이름의 열에서 찾을 수 있으며, 0.006이다. 이 값은 전형적인 알파인 0.05보다 상당히 작으며, 이 사실은 통계적으로 유의한 효과가 있음을 알려준다. 효과크기는 마지막 열 'Partial Eta Squared'에서 볼 수 있는데, 이 값은 R^2을 해석하는 방식대로 해석할 수 있다. 0.625의 효과크기는 상당히 큰 효과를 나타낸다.

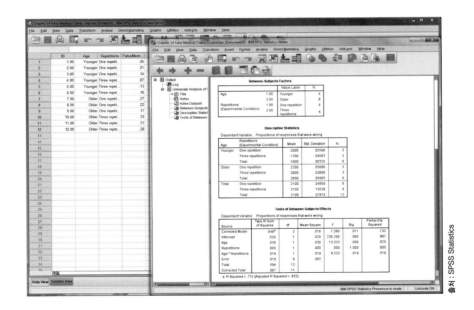

작동방법

12.1 이원 집단간 변량분석 수행하기

온라인 데이트 웹사이트인 Match.com은 사용자들이 상대를 만나기 위해 개인적 광고를 게시할 수 있게 해준다. 각자에게 데이트 파트너로 받아들일 수 있는 연령대(최소 연령~최대 연령)를 규정하도록 요구한다. 다음 데이터는 뉴욕시에 거주하는 25세 사람들의 광고에서 무선선택한 것이다. 점수는 받아들일 수 있는 최소 연령이다. 따라서 첫 번째 줄에서 남자를 찾고 있는 25세 여성 중 첫 번째 사람은 26세 미만의 남자와는 데이트하지 않겠다고 말하고 있다.

남자를 찾고 있는 25세 여성 : 26, 24, 25, 24, 25
여자를 찾고 있는 25세 남성 : 18, 21, 22, 22, 18
여자를 찾고 있는 25세 여성 : 22, 25, 22, 25, 25
남자를 찾고 있는 25세 남성 : 23, 25, 24, 22, 20

독립변인이 두 개 있고, 종속변인이 하나 있다. 첫 번째 독립변인은 상대를 구하는 사람의 성별이며, 그 수준은 남성과 여성이다. 두 번째 독립변인은 만나고 싶은 사람의 성별이며, 그 수준은 남자와 여자이다. 종속변인은 만나고 싶은 사람의 최소 연령이다. 이 변인들에 근거하여, 이 데이터에 어떻게 이원 집단간 변량분석을 실시할 수 있겠는가? 칸평균들은 다음과 같다.

	상대를 구하는 여성	상대를 구하는 남성
만나고 싶은 남자	24.8	22.8
만나고 싶은 여자	23.8	20.2

이 사례에 대한 가설검증의 여섯 단계는 다음과 같다.

단계 1 : 전집 1(여성, 남자) : 남자를 찾는 여성. 전집 2(남성, 여자) : 여자를 찾는 남성. 전집 3(여성, 여자) : 여자를 찾는 여성. 전집 4(남성, 남자) : 남자를 찾는 남성.

비교분포는 F 분포이다. 가설검증은 이원 집단간 변량분석이다. 가정 : 데이터는 무선표본에서 얻은 것이 아니기 때문에 일반화에 신중을 기해야 한다. 이렇게 작은 표본크기를 가지고는 전집이 정상분포를 이루는지 말하기 어렵기 때문에, 조심스럽게 진행하여야 한다. 동변산성 가정을 위배한 까닭은 가장 큰 변량(3.70)이 가장 작은 변량(0.70)보다 다섯 배 이상 크기 때문이다. 편의상 계속해서 진행한다.

단계 2 : 첫 번째 독립변인인 상대를 구하는 사람의 성별 주효과에 관한 가설은 다음과 같다. 영가설 : 상대를 구하는 남성과 여성은 평균적으로 파트너로 받아들일 수 있는 최소 연령이 동일하다. $H_0 : \mu_M = \mu_F$. 연구가설 : 상대를 구하는 남성과 여성은 평균적으로 파트너로 받아들일 수 있는 최소 연령이 다르다. $H_0 : \mu_M \neq \mu_F$.

두 번째 독립변인인 만나고 싶은 사람의 성별 주효과에 관한 가설은 다음과 같다. 영가설 : 남자를 찾는 사람과 여자를 찾는 사람은 평균적으로 파트너로 받아들일 수 있는 최소 연령이 동일하다. $H_0 : \mu_M = \mu_W$. 연구가설 : 남자를 찾는 사람과 여자를 찾는 사람은 평균적으로 파트너로 받아들일 수 있는 최소 연령이 다르다. $H_0 : \mu_M \neq \mu_W$.

상대를 구하는 사람의 성별과 만나고 싶은 사람의 성별 간 상호작용에 관한 가설은 다음과 같다. 영가설 : 상대를 구하는 사람의 성별이 파트너로 받아들일 수 있는 최소 연령에 대한 효과는 만나고 싶은 사람의 성별에 달려있지 않다. 연구가설 : 상대를 구하는 사람의 성별이 파트너로 받아들일 수 있는 최소 연령에 대한 효과는 만나고 싶은 사람의 성별에 달려있다.

단계 3 : $df_{열(상대를 구함)} = 2 - 1 = 1$

$df_{행(만나고 싶음)} = 2 - 1 = 1$

$df_{상호작용} = (1)(1) = 1$

$df_{집단내} = df_{F,M} + df_{M,W} + df_{F,W} + df_{M,M} = 4 + 4 + 4 + 4 = 16$

상대를 구하는 사람의 성별 주효과 : 1과 16의 자유도를 갖는 F 분포

만나고 싶은 사람의 성별 주효과 : 1과 16의 자유도를 갖는 F 분포

상호작용 : 1과 16의 자유도를 갖는 F 분포

단계 4 : 상대를 구하는 사람 주효과의 임곗값 : 4.49

만나고 싶은 사람 주효과의 임곗값 : 4.49

상호작용의 임곗값 : 4.49

단계 5 : $SS_{전체} = \Sigma(X - GM)^2 = 103.800$

$SS_{열(상대를 구함)} = \Sigma(M_{열(상대를 구함)} - GM)^2 = 39.200$

$SS_{행(만나고 싶음)} = \Sigma(M_{행(만나고 싶음)} - GM)^2 = 16.200$

$SS_{집단내} = \Sigma(X - M_{칸})^2 = 45.200$

$SS_{상호작용} = SS_{전체} - (SS_{행} + SS_{열} + SS_{집단내}) = 3.200$

변산원	SS	df	MS	F
상대를 구하는 성별	39.200	1	39.200	13.876
만나고 싶은 성별	16.200	1	16.200	5.735
상호작용	3.200	1	3.200	1.133
집단내	45.200	16	2.825	
전체	103.800	19		

단계 6 : 상대를 구하는 사람의 성별 주효과와 만나고 싶은 사람의 성별 주효과가 모두 유의하다. 두 주효과의 영가설을 기각할 수 있다. 상대를 구하는 남성이 평균적으로 상대를 구하는 여성보다 더 젊은 파트너를 받아들이고자 한다. 여자를 찾는 사람은 평균적으로 남자를 찾는 사람보다 더 젊은 파트너를 받아들이고자 한다. 상호작용의 영가설은 기각할 수가 없다. 상대를 구하는 사람의 성별이 받아들일 수 있는 최소 연령에 미치는 효과가 만나고 싶은 사람의 성별에 의존적이라는 충분한 증거가 없다고 결론 내릴 수밖에 없다.

12.2 이원 집단간 변량분석에서 효과크기 계산하기

위에서 수행한 변량분석의 각 주효과와 상호작용에 대하여 어떻게 효과크기 R^2을 계산하고 해석할 수 있는가? 다음은 세 가지 효과 각각에 대한 효과크기 계산 그리고 코헨의 관례에 따른 해석이다.

상대를 구하는 사람의 성별이라는 주효과 : 이것은 큰 효과이다.

$$R_{\text{행}}^2 = \frac{SS_{\text{행}}}{(SS_{\text{전체}} - SS_{\text{열}} - SS_{\text{상호작용}})} = \frac{39.2}{(103.8 - 16.2 - 3.2)} = 0.46$$

만나고 싶은 사람의 성별이라는 주효과 : 이것은 큰 효과이다.

$$R_{\text{열}}^2 = \frac{SS_{\text{열}}}{(SS_{\text{전체}} - SS_{\text{행}} - SS_{\text{상호작용}})} = \frac{16.2}{(103.8 - 39.2 - 3.2)} = 0.26$$

상호작용 : 이것은 중간 크기의 효과이다.

$$R_{\text{상호작용}}^2 = \frac{SS_{\text{상호작용}}}{(SS_{\text{전체}} - SS_{\text{행}} - SS_{\text{열}})} = \frac{3.2}{(103.8 - 39.2 - 16.2)} = 0.07$$

연습문제

홀수 문제의 답은 부록 C에서 찾아볼 수 있다.

개념 명료화하기

12.1 이원 변량분석이란 무엇인가?

12.2 요인이란 무엇인가?

12.3 칸(cell)이라는 단어를 일상 대화에서 사용하는 방식으로 정의한 다음에 통계학자가 사용하는 방식으로 정의해보라.

12.4 사원 집단내 변량분석이란 무엇인가?

12.5 이원 변량분석이라는 표현과 2×3 변량분석이라는 표현이 제공하는 정보의 차이는 무엇인가?

12.6 이원 변량분석에서 세 가지 상이한 F 통계치는 무엇인가?

12.7 주변평균이란 무엇인가?

12.8 통계적으로 유의한 상호작용을 확인하는 세 가지 방법은 무엇인가?

12.9 막대그래프는 상호작용을 확인하고 해석하는 데 어떤 도움을 주는가? 막대그래프에 선분을 첨가하는 것이 어떤 도움을 줄 수 있는지 설명해보라.

12.10 이원 변량분석의 평균들을 나타내는 데 선그래프보다 막대그래프가 더 좋은 선택인 까닭은 무엇인가?

12.11 이원 집단간 변량분석의 가설검증 단계 6에서 각 F 통계치에 관한 결정을 내린다. 결과의 전반적 패턴 측면에서 세 가지 가능한 결과는 무엇인가?

12.12 이원 집단간 변량분석에 필요한 사후검증은 무엇인가?

12.13 여러분 스스로 다음 공식을 설명해보라.
$$SS_{\text{상호작용}} = SS_{\text{전체}} - (SS_{\text{행}} + SS_{\text{열}} + SS_{\text{집단내}})$$

12.14 여러분 스스로 상호작용이라는 단어를 우선 일상 대화에서 사용하는 방식으로 정의한 후 통계학자가 사용하는 방식으로 정의해보라.

12.15 이원 변량분석에서는 어떤 효과크기 측정치를 사용하는가?

통계치 계산하기

12.16 다음 각 시나리오에서 데이터를 분석하기 위해서 실시할 변량분석의 두 가지 이름은 무엇인가?

 a. 외로움에 대한 성별과 반려동물 소유(반려동물 없음, 한 마리, 두 마리 이상)의 효과를 살펴보았다.

 b. 기억 연구에서 참가자들은 4주에 걸쳐 매주 한 번씩 기억검사를 받았다. 두 번은 8시간 수면 후에, 그리고 두 번은 4시간 수면 후에 검사를 받았다. 각 수면조건에서 참가자들은 카페인이 첨가된 음료수를 마신 후에 검사를 받았으며, 다른 날은 카페인이 들어있다고 알려준 가짜약 음료수를 마신 후에 검사를 받았다.

 c. 학생들의 인스타그램 프로파일이 인스타그램 친구의 수에 미치는 영향을 살펴보았다. 연구자들은 (1) 학생 자신임을 확인할 수 있는 사진이거나 다른 사람 또는 다른 대상(예컨대, 강아지)의 프로파일 사진 그리고 (2) 짧거나(75자 이하) 긴(75자 이상) 자기소개 길이의 효과에 관심이 있었다.

12.17 다음 연구설계에서 요인과 그 요인의 수준을 확인해보라.

 a. 두 가지 상이한 스포츠 행사, 즉 스포츠 1과 스포츠 2를 남자와 여자가 즐기는 정도를 20점 척도를 사용하여 비교하였다.

 b. 공식적인 사건 기록으로 남아있는 미성년자 음주량을 '술이 완전히 금지된' 대학 캠퍼스와 '법적 음주 연령을 엄격하게 단속하는' 대학 캠퍼스에서 비교하고자

한다. 세 가지 상이한 유형의 대학, 즉 주립대학, 사립대학, 그리고 종교대학을 고려하고 있다.

   c. 청소년 당국과 접촉하는 정도를 세 연령집단(12~13, 14~15, 16~17세)에 걸쳐 비교하는데, 성별과 가족 구성(양부모, 편부모, 확인된 보호자 없음) 모두를 고려한다.

12.18 다음 각 연구에 얼마나 많은 칸이 존재해야 하는지 진술하라. 그런 다음에 그 칸들을 나타내는 빈 행렬을 작성하라.

   a. 두 가지 상이한 스포츠 행사, 즉 스포츠 1과 스포츠 2를 남자와 여자가 즐기는 정도를 20점 척도를 사용하여 비교하였다.

   b. 공식적인 사건 기록으로 남아있는 미성년자 음주량을 '술이 완전히 금지된' 대학 캠퍼스와 '법적 음주 연령을 엄격하게 단속하는' 대학 캠퍼스에서 비교하고자 한다. 세 가지 상이한 유형의 대학, 즉 주립대학, 사립대학, 그리고 종교대학을 고려하고 있다.

   c. 청소년 당국과 접촉하는 정도를 세 연령집단(12~13, 14~15, 16~17세)에 걸쳐 비교하는데, 성별과 가족 구성(양부모, 편부모, 확인된 보호자 없음) 모두를 고려한다.

12.19 아래의 '즐거움' 데이터를 사용하여 다음을 수행하라.

	아이스하키	피겨스케이팅
남자	19, 17, 18, 17	6, 4, 8, 3
여자	13, 14, 18, 8	11, 7, 4, 14

   a. 칸평균과 주변평균을 계산하라.

   b. 막대그래프를 그려라.

   c. 다섯 개의 상이한 자유도를 계산하고, 0.01의 알파수준을 상정하고 각 자유도에 근거한 F 임곗값을 제시하라.

   d. 전체 제곱합을 계산하라.

   e. 독립변인 성별에 대한 집단간 제곱합을 계산하라.

   f. 독립변인 스포츠 행사에 대한 집단간 제곱합을 계산하라.

   g. 집단내 제곱합을 계산하라.

   h. 상호작용의 제곱합을 계산하라.

   i. 변산원표를 작성하라.

12.20 아래의 미성년자 음주사건 데이터를 사용하여 다음을 수행하라.

'술이 완전히 금지된' 캠퍼스, 주립대학 : 47, 52, 27, 50
'술이 완전히 금지된' 캠퍼스, 사립대학 : 25, 33, 31
'법적 음주 연령을 엄격하게 단속하는' 캠퍼스, 주립대

학 : 77, 61, 55, 48
'법적 음주 연령을 엄격하게 단속하는' 캠퍼스, 사립대학 : 52, 68, 60

   a. 칸평균과 주변평균을 계산하라. 사례 수가 다른 것에 유념하라.

   b. 막대그래프를 그려라.

   c. 다섯 개의 상이한 자유도를 계산하고, 0.05의 알파수준을 상정하고 각 자유도에 근거한 F 임곗값을 제시하라.

   d. 전체 제곱합을 계산하라.

   e. 독립변인 캠퍼스에 대한 집단간 제곱합을 계산하라.

   f. 독립변인 학교에 대한 집단간 제곱합을 계산하라.

   g. 집단내 제곱합을 계산하라.

   h. 상호작용의 제곱합을 계산하라.

   i. 변산원표를 작성하라.

12.21 확정된 변산원표에 관하여 알고 있는 사실을 사용하여 다음 표에서 빠진 부분을 채워 넣어라.

변산원	SS	df	MS	F
성별	248.25	1		
양육 스타일	84.34	3		
상호작용	33.60			
집단내	1,107.20	36		
전체				

12.22 아래 제시한 변산원표의 정보를 사용하여, 각 효과에 대한 R^2을 계산하라. 코헨의 관례를 사용하여 그 값이 의미하는 바를 설명해보라.

변산원	SS	df	MS	F
A(행)	0.267	1	0.267	0.004
B(열)	3,534.008	2	1,767.004	24.432
A×B	5.371	2	2.686	0.037
집단내	1,157.167	16	72.323	
전체	4,696.813	21		

12.23 아래 제시한 변산원표의 정보를 사용하여, 각 효과에 대한 R^2을 계산하라. 코헨의 관례를 사용하여 그 값이 의미하는 바를 설명해보라.

변산원	SS	df	MS	F
A(행)	30.006	1	30.006	0.511
B(열)	33.482	1	33.482	0.570
A×B	1.720	1	1.720	0.029
집단내	587.083	10	58.708	
전체	652.291	13		

개념 적용하기

12.24 미식축구, 눈부심, 그리고 변량분석 : 연습문제 11.67에서 예일대학교 연구를 기술한 바 있다. 46명 참가자의 눈밑에 다음 세 가지 물질, 즉 검은색 윤활유, 검은색 눈부심 방지 스티커, 또는 바셀린 중의 하나를 바르는 조건에 무선할당하는 연구의 재설계를 생각해보자. 연구자들은 각 참가자에게 척도변인의 값을 제공하는 대비표를 사용하여 눈부심을 평가하였다. 검은색 윤활유가 다른 두 조건, 즉 눈부심 방지 스티커 또는 바셀린 조건과 비교하여 눈부심을 더 많이 감소시켰다(DeBroff & Pahk, 2003). 모든 참가자를 밝은 대낮에, 그리고 밤에 인공불빛을 사용하여 두 번 측정하였다고 상상하라.

   a. 독립변인과 그 수준은 무엇인가?
   b. 어떤 유형의 변량분석을 사용하겠는가?

12.25 건강 관련 신화와 변량분석 유형 : 이원 집단간 변량분석을 위한 사례로 사용하였던 연구를 보자. 노인과 젊은 성인들을 건강 관련 신화를 한 번만 듣거나 세 번 반복해서 듣고 그 신화를 깨뜨리는 정확한 정보를 제공하는 조건에 무선할당하였다.

   a. 이 연구를 집단간 변량분석으로 분석하는 까닭을 설명해보라.
   b. 이 연구를 집단내 변량분석으로 분석할 수 있도록 어떻게 재설계할 수 있는가? (힌트 : 장기적으로 생각해보라.)

12.26 기억과 변량분석 유형 선택하기 : 한 인지심리학자가 집단활동 후에 이름에 대한 기억을 연구하였다. 연구자는 120명 참가자를 다음 세 집단에 무선할당하였다. (1) 집단 구성원이 한 번 자신을 소개하였다. (2) 실험자가 집단구성원을 소개하고 또한 자신이 스스로 소개하였다. (3) 실험자가 소개하고 자신이 스스로 소개하였으며, 집단활동 중에는 이름표를 달고 있었다.

   a. 연구자는 어떻게 이 연구를 이원 집단간 변량분석으로 분석할 수 있도록 재설계할 수 있겠는가? 구체적으로 명시하라. (주 : 이렇게 만들 수 있는 여러 가지 방법이 존재한다.)
   b. 연구자는 어떻게 이 연구를 이원 혼합설계 변량분석으로 분석할 수 있도록 재설계할 수 있겠는가? 구체적으로 명시하라. (주 : 이렇게 만들 수 있는 여러 가지 방법이 존재한다.)

12.27 분노, 문화, 그리고 변량분석 유형 선택하기 : 두 문화, 즉

미국과 일본에서 분노의 표출이 신체건강에 미치는 효과를 탐구하였다(Kitayama et al., 2015). 연구자들은 선행연구가 분노 표출을 건강 문제와 연계시켰지만, 서양문화에서 수행되었다는 점에 주목하였다. 연구자들은 비교문화 연구를 통해서 높은 수준의 분노가 (낮은 수준의 분노와 비교해서) 미국 참가자의 경우에는 고혈압을 포함하여 나쁜 건강으로 이끌어간 반면, 일본 참가자의 경우에는 더 좋은 건강으로 이끌어간다는 사실을 발견하였다. 연구자들은 미국에서 분노는 사람들이 부정적 사건을 경험하였다는 사실을 나타내는 경향이 있다고 추측하였다. 반면에 일본에서는 분노가 '권한과 재량권이 주어졌다'고 느낀다는 사실을 나타내는 경향이 있으며, 자신의 삶을 보다 잘 제어하는 사람들 사이에서만 발생하는 경향이 있는 긍정적 감정이라고 연구자들은 믿고 있다.

   a. 독립변인을 그들의 수준과 함께 나열하라.
   b. 종속변인은 무엇인가?
   c. 연구자들은 어떤 유형의 변량분석을 사용하였는가?
   d. 이제 수준의 수를 나열하는 보다 구체적인 표현을 사용하여 변량분석에 이름을 붙여라.
   e. 위의 답을 사용하여 칸의 수를 계산하라. 어떻게 이 계산을 하였는지를 설명해보라.
   f. 이 변량분석의 칸들을 나타내는 표를 그려보라.
   g. 이 상호작용은 정량적인가 아니면 정성적인가? 여러분의 답을 해명해보라.

12.28 인종차별, 배심원, 그리고 상호작용 : 인종차별 연구에서 참가자에게 경찰관이 운전자를 폭행하는 시나리오를 읽게 하였다(Nail, Harton, & Decker, 2003). 절반의 참가자는 백인 운전자를 폭행하는 흑인 경찰에 관한 이야기를 읽었고, 절반은 흑인 운전자를 폭행하는 백인 경찰에 관한 이야기를 읽었다. 참가자들을 정치적 성향에 따라 진보주의, 중도, 또는 보수주의로 범주화하였다. 참가자에게 경찰이 주법원에서는 폭행 혐의에 무죄 선고를 받았지만 연방법원은 운전자의 권리를 침해한 죄를 인정하였다고 말해주었다. 한 사람이 동일한 죄목으로 두 번 재판받을 때 일사부재리의 문제, 즉 이중 위험에 처하게 되는 문제가 제기된다. 참가자들에게 경찰관이 두 번째 재판으로 인해서 이중 위험에 처하는 정도를 7점 척도에서 평정하도록 요청하였다.

   연구자들은 $F_{(2, 58)} = 10.93$, $p < 0.0001$의 상호작용을 보고하였다. 진보주의 참가자가 흑인 경찰관에 관한 이야기를 읽었을 때의 평균은 3.18이고 백인 경찰관에 관

한 이야기를 읽었을 때는 1.91이었다. 중도 참가자가 흑인 경찰관 이야기를 읽었을 때의 평균은 3.50이고 백인 경찰관 이야기를 읽었을 때의 평균은 3.33이었다. 보수주의 참가자가 흑인 경찰관 이야기를 읽었을 때의 평균은 1.25이고 백인 경찰관 이야기를 읽었을 때의 평균은 4.62이었다.

a. 이 연구의 실제 평균들을 포함한 칸평균 표를 그려보라.
b. 보고한 통계치는 유의한 상호작용이 있다는 사실을 나타내는가? 만일 그렇다면, 여러분 스스로 그 상호작용을 기술해보라.
c. 상호작용을 나타내는 막대그래프를 그려보라. 막대의 끝을 연결하는 선분을 첨가하고 상호작용의 패턴을 나타내보라.
d. 이것은 정량적 상호작용인가, 아니면 정성적 상호작용인가? 설명해보라.
e. 이제 정량적 상호작용이 되도록 흑인 경찰관에 관한 이야기를 읽은 보수주의 참가자의 칸평균을 바꾸어보라.
f. 새로운 칸평균을 포함한 패턴을 나타내는 막대그래프를 그려보라.
g. 이제 상호작용이 없도록 흑인 경찰관에 관한 이야기를 읽은 중도 참가자와 보수주의 참가자의 칸평균을 바꾸어보라.
h. 새로운 칸평균을 포함한 패턴을 나타내는 막대그래프를 그려보라.

12.29 사리사욕, 변량분석, 그리고 상호작용 : 사람들이 자신의 이익에 명백하게 반하는 방식으로 행동할 때 불편해하는지가 궁금하였다(Ratner & Miller, 2001). 연구자들은 33명의 여자와 32명의 남자를 (1) 여자 또는 (2) 남자에게 큰 영향을 미치는 위장질환 연구를 위한 정부 예산이 곧 끊기게 된다는 가상의 글을 읽는 조건에 무선할당하였다. 그런 다음에 이러한 사실에 대해서 자신과 견해를 같이하는 '걱정하는 시민모임'에 참석하는 것이 얼마나 편안한 것인지를 7점 척도에서 평정하도록 요구하였다. 높은 점수일수록 편안하게 느끼는 것이다. 저널 논문은 상호작용에 대한 통계치를 $F(1, 58) = 9.83$, $p < 0.01$로 발표하였다. 여자에 관한 글을 읽은 여자의 평균은 4.88인 반면 남자에 관한 글을 읽은 여자의 평균은 3.56이었다. 여자에 관한 글을 읽은 남자의 평균은 3.29인 반면 남자에 관한 글을 읽은 남자의 평균은 4.67이었다.

a. 독립변인 그리고 그 변인의 수준은 무엇인가? 종속변인은 무엇인가?

b. 연구자들은 어떤 유형의 변량분석을 실시하였는가?
c. 보고한 통계치는 유의한 상호작용을 나타냈는가? 여러분의 답을 해명해보라.
d. 연구의 칸들이 포함된 표를 작성하라. 칸평균들을 포함시켜라.
e. 결과를 나타내는 막대그래프를 그려라.
f. 상호작용 패턴을 말로 기술해보라. 이것은 정량적 상호작용인가, 아니면 정성적 상호작용인가? 여러분의 답을 해명해보라.
g. 새로운 표를 작성하되, 여자에 관한 글을 읽는 남성의 평균을 변경하여 이제 정성적 상호작용이 아니라 정량적 상호작용이 되도록 작성해보라.
h. (g)에서 변경시킨 데이터의 막대그래프를 그려라.
i. 새로운 표를 작성하되, 여자에 관한 글을 읽는 남성의 평균을 변경하여 이제 상호작용이 존재하지 않는 표를 작성해보라.

12.30 성별, 연봉 협상, 그리고 상호작용 : 남자와 여자의 협상 스타일에서의 차이점을 연구하여 보고하였다(Barkhorn, 2012). 우선 연구자는 여자와 남자가 연봉 협상을 할 가능성에서 유의한 차이를 발견하지 못하였다고 설명하였다. 그렇지만 이것이 결과의 전말은 아니다. 연구자는 다음과 같이 보고하였다. "여자는 고용주가 임금을 협상할 수 있다고 명시적으로 언급할 때 협상할 가능성이 더 크다. 반면에 남자는 고용주가 협상할 수 있다고 직접적으로 언급하지 않을 때 협상할 가능성이 더 크다."

다음 각각에 대해서 결과가 주효과를 살펴본 것인지 아니면 상호작용을 살펴본 것인지를 언급하라. 여러분의 답을 해명해보라.

a. 평균적으로 협상할 가능성에서 여자와 남자가 유의하게 다르지 않다는 결과.
b. 협상을 하는 상황에서의 성별 차이의 결과.

12.31 다른 인종 효과, 주효과, 그리고 상호작용 : 상이한 인종 집단 구성원들을 알아보는 데 어려움을 겪는 효과인 다른 인종 효과(cross-race effect)를 보다 잘 이해하려는 연구를 수행하였다(Hugenberg, Miller, & Claypool, 2007). 이 효과를 일상어로는 '모두 똑같이 생겼어' 효과라고 부르기도 한다. 이 연구의 한 변형에서는 백인 참가자들이 20명의 흑인 얼굴이나 20명의 백인 얼굴 사진을 각 3초간 보았다. 절반의 참가자는 얼굴의 특징적인 자질에 특별히 주의를 기울이라는 지시를 들었다. 나중에 참가자들에게 40명의 흑인 얼굴이나 40명의 백인 얼굴 사진을 보여주

었는데(앞에서 보여주었던 인종과 동일한 인종의 얼굴), 20명의 얼굴은 새로운 것이었다. 각 참가자는 재인 정확도를 나타내는 점수를 받았다.

연구자들은 두 가지 효과를 보고하였다. 하나는 사진에 들어있는 사람의 인종 효과로[$F(1, 136) = 23.06$, $p < 0.001$], 평균적으로 백인 얼굴을 흑인 얼굴보다 용이하게 재인하였다. 또한 사진에 들어있는 사람의 인종과 지시의 유의한 상호작용도 있었다[$F(1, 136) = 5.27$, $p < 0.05$]. 지시를 주지 않았을 때는 평균 재인점수가 백인 얼굴은 1.46이고 흑인 얼굴은 1.04이었다. 특정적 자질에 주의를 기울이라는 지시를 주었을 때는 평균 재인점수가 백인 얼굴은 1.38이고 흑인 얼굴은 1.23이었다.

a. 독립변인 그리고 그 변인의 수준은 무엇인가? 종속변인은 무엇인가?

b. 연구자들은 어떤 유형의 변량분석을 실시하였는가?

c. 보고한 통계치는 유의한 주효과를 나타냈는가? 만일 그렇다면 그 효과를 기술해보라.

d. 이 상황에서 결과를 이해하는 데 주효과가 충분하지 않은 이유는 무엇인가? 주효과가 자체적으로 오해의 소지가 있는 이유를 정확하게 제시하라.

e. 보고한 통계치는 유의한 상호작용을 나타냈는가? 여러분의 답을 해명해보라.

f. 연구의 칸들을 포함한 표를 작성하고 칸평균을 포함시켜라.

g. 이 결과를 나타내는 막대그래프를 그려라.

h. 상호작용 패턴을 글로 기술해보라. 이것은 정량적 상호작용인가, 아니면 정성적 상호작용인가? 여러분의 답을 해명해보라.

12.32 학점, 남학생 클럽, 여학생 클럽, 그리고 이원 집단간 변량분석 : 통계학 수강생에서 뽑은 표본이 자신의 학점, 성별, 그리고 그리스어 문자로 나타내는 남학생 클럽이나 여학생 클럽에 속해있는지를 진술하였다. 다음은 상이한 집단에 속한 학생들의 평점이다.

남학생 클럽 소속 남학생 : 2.6, 2.4, 2.9, 3.0
비소속 남학생 : 3.0, 2.9, 3.4, 3.7, 3.0
여학생 클럽 소속 여학생 : 3.1, 3.0, 3.2, 2.9
비소속 여학생 : 3.4, 3.0, 3.1, 3.1

a. 독립변인 그리고 그 변인의 수준은 무엇인가? 종속변인은 무엇인가?

b. 연구설계의 칸들을 나열한 표를 작성하라. 칸평균을 포함시켜라.

c. 가설검증의 여섯 단계를 실시하라.

d. 통계적으로 유의한 모든 효과에 대한 막대그래프를 그려라.

e. 유의한 상호작용이 있는가? 만일 그렇다면 글로 그 효과를 기술하고, 그것이 정량적 상호작용인지 아니면 정성적 상호작용인지 지적하라. 여러분의 답을 해명해보라.

f. 주효과와 상호작용에 대한 효과크기 R^2을 계산하라. 코헨의 관례를 사용하여 효과크기를 평가하라.

12.33 연령, 온라인 데이트, 그리고 이원 집단간 변량분석 : 아래의 데이터는 작동방법 12.1에서 기술한 25세 참가자들의 것이지만, 이번에는 데이트 파트너로 받아들일 수 있는 가장 많은 나이를 나타내는 점수이다.

남자를 찾는 25세 여성 : 40, 35, 29, 35, 35
여자를 찾는 25세 남성 : 26, 26, 28, 28, 28
여자를 찾는 25세 여성 : 35, 35, 30, 35, 45
남자를 찾는 25세 남성 : 33, 35, 35, 36, 38

a. 독립변인 그리고 그 변인의 수준은 무엇인가? 종속변인은 무엇인가?

b. 연구설계의 칸들을 나열한 표를 작성하라. 칸평균을 포함시켜라.

c. 가설검증의 여섯 단계를 실시하라.

d. 유의한 상호작용이 있는가? 만일 그렇다면 글로 그 효과를 기술하고, 그것이 정량적 상호작용인지 아니면 정성적 상호작용인지 지적하고, 막대그래프를 그려라.

e. 주효과와 상호작용에 대한 효과크기 R^2을 계산하라. 코헨의 관례를 사용하여 효과크기를 평가하라.

12.34 도움 주기, 대가, 그리고 이원 집단간 변량분석 : 도우려는 노력과 자발성이 노력의 대가로 제공받는 보답의 형태와 양의 영향을 받는지 알아보고자 하였다(Heyman & Ariely, 2004). 연구자들은 소위 머니마켓에서 돈을 대가로 사용할 때는 노력의 대가 수준의 함수로 증가할 것이라고 예측하였다. 반면에 소위 소셜마켓에서 이타심으로 노력을 경주하는 것이라면, 노력의 수준은 일관성 있게 높고 대가 수준의 영향을 받지 않을 것이다. 한 연구에서 대학생들에게 현금을 대가로 받거나 그 액수에 상응하는 캔디를 대가로 받는 조건으로 트럭에 소파를 싣는 것을 도와주려는 다른 학생의 자발성을 추정해보도록 요청하였다. 도와주려는 자발성은 '전혀 도와줄 가능성이 없다'에서부터 '확실하게 도와줄 것이다'에 이르는 11점 척도를 사용하여 평가하였다. 다음 데이터는 이들의 결과를

재생하려는 것이다.

현금 대가, 0.5달러의 소액 : 4, 5, 6, 4

현금 대가, 5.0달러의 적정액 : 7, 8, 8, 7

캔디 대가, 0.5달러의 소액 : 6, 5, 7, 7

캔디 대가, 5.0달러의 적정액 : 8, 6, 5, 5

a. 독립변인 그리고 그 변인의 수준은 무엇인가?

b. 종속변인은 무엇인가?

c. 연구설계의 칸들을 나열하는 표를 작성하라. 칸평균과 주변평균을 포함시켜라.

d. 막대그래프를 작성하라.

e. 이 그래프와 칸평균 표를 사용하여, 데이터 패턴에서 어떤 효과를 볼 수 있는지 기술해보라.

f. 영가설과 연구가설을 적어보라.

g. 모든 계산을 수행하고 완벽한 변산원표를 구성하라.

h. 알파 0.05에서 각 효과의 임곗값을 결정하라.

i. 결정을 내려라. 유의한 상호작용이 있는가? 만일 그렇다면 글로 그 효과를 기술하고, 그것이 정성적 상호작용인지 아니면 정량적 상호작용인지를 나타내라.

j. 주효과와 상호작용에 대한 효과크기 R^2을 계산하라. 코헨의 관례를 사용하여 효과크기를 평가하라.

12.35 도움 주기, 대가, 그리고 상호작용 : 위의 연구를 확장하여 높은 수준의 대가를 포함시켜 다음 데이터를 수집하였다고 가정해보자. (고액 조건의 새로운 데이터를 첨가한 것을 제외하고는 앞의 데이터와 동일하다.)

현금 대가, 0.5달러의 소액 : 4, 5, 6, 4

현금 대가, 5.0달러의 적정액 : 7, 8, 8, 7

현금 대가, 50.0달러의 고액 : 9, 8, 7, 8

캔디 대가, 0.5달러의 소액 : 6, 5, 7, 7

캔디 대가, 5.0달러의 적정액 : 8, 6, 5, 5

캔디 대가, 50.0달러의 고액 : 6, 7, 7, 6

a. 독립변인 그리고 그 변인의 수준은 무엇인가? 종속변인은 무엇인가?

b. 연구설계의 칸들을 나열하는 표를 작성하라. 칸평균과 주변평균을 포함시켜라.

c. 이 데이터의 새로운 막대그래프를 작성하라.

d. 유의한 상호작용이 있다고 생각하는가? 만일 그렇다면, 그 효과를 글로 표현해보라.

e. 이제 하나의 독립변인이 세 수준을 가지고 있게 되었는데, 어떤 부가적인 분석이 필요하겠는가? 여러분이 하려는 것 그리고 그 이유를 설명해보라. 작성한 그래프에 근거할 때, 어디에 유의한 차이가 있다고 생각하

는가?

12.36 운동, 웰빙, 그리고 변량분석 유형 : 운동이 웰빙에 미치는 효과를 연구하였다(Cox et al., 2006). 다음과 같은 세 개의 독립변인이 있었다. 연령(18~20세, 35~45세), 훈련 강도(저, 중, 고), 그리고 운동시간(15, 20, 25, 30분). 종속변인은 긍정적 웰빙이었다. 모든 참가자를 모든 훈련강도 수준과 모든 운동시간에서 평가하였다. (전반적으로 중간 강도의 훈련과 고강도의 훈련이 저강도의 훈련보다 더 높은 수준의 웰빙으로 이끌어갔다.) 연구자들은 어떤 유형의 변량분석을 실시하였겠는가?

12.37 협상, 상호작용, 그리고 그래프 : 협상에 관한 실험을 수행하였다(Loschelder et al., 2014). 연구자들은 테니스 선수인 앤디 로딕의 에이전트를 인용하였는데, 이 에이전트는 "첫 번째 제안은 상대방의 사고과정에 대한 통찰을 제공해준다."라고 말하면서 먼저 제안하는 것이 항상 해롭다고 생각하였다. 연구자들은 이것이 항상 참인지가 궁금하였다. 따라서 두 개의 독립변인을 갖는 실험을 수행하였다. 한 독립변인은 협상에서 개인의 역할이었다. 즉, 협상을 시작하는 사람(전달자) 대 협상의 표적이 되는 사람(수신자)이었다. 두 번째 독립변인은 최초 제안에 들어있는 정보의 유형으로 다른 정보 대 동일한 정보이었다. 즉, 전달자가 상대방이 원하는 것과 다른 것을 묻거나 아니면 상대방도 원하는 것을 묻는 것이었다. 예컨대, 만일 새로운 고용주와 협상을 하고 있다면, 여러분은 얻을 수 있을 것이라고 생각하는 것보다 더 많은 5주의 휴가와 연봉을 요구할 수 있다. 그리고 고용주는 이미 여러분에게 5주 휴가를 줄 준비가 되어있을 수도 있다. 따라서 연구자들은 상대방이 원하는 것과 일치하는 유형의 정보(휴가기간에 관한 것과 같은 정보)는 수신자에게 일종의 협상카드를 제공하는 것이라고 생각하였다. 전달자가 정말로 원하는 것을 알게 되면, 협상의 다른 측면에서 고의적으로 매우 낮은 제안을 할 수 있다. 따라서 고용주는 휴가기간을 받아들이고 높은 연봉을 제안할 필요가 없다. 다음 그래프는 이 실험의 결과를 보여주고 있는데, 협상에서의 성공은 얻을 수 있는 돈의 백분율로 측정하였다.

a. 그래프에 근거할 때, 연구자들은 어떤 유형의 변량분석을 실시하였겠는가?

b. 협상에서 역할(전달자 또는 수신자)의 주효과가 있는 것처럼 보이는가? 만일 그렇다면, 그 효과를 글로 설명해보라. 만일 아니라면, 여러분의 답을 해명해보라.

c. 정보 유형의 주효과가 있는 것처럼 보이는가? 만일 그

렇다면, 그 효과를 글로 설명해보라. 만일 아니라면, 여러분의 답을 해명해보라.

d. 상호작용을 여러분의 표현대로 기술해보라. 이것은 정량적 상호작용인가 아니면 정성적 상호작용인가? 여러분의 답을 해명해보라.

e. 제3장에서 그래프 그리기에 관하여 학습한 것에 근거하여, y축에서의 심각한 문제점을 설명해보라.

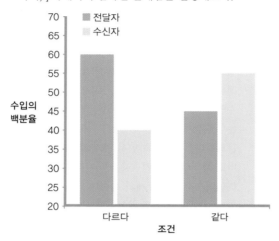

종합

12.38 **회의주의, 사리사욕, 그리고 이원 변량분석** : 동기적 회의주의에 관한 연구에서 회의주의가 자신의 이득에 도움을 줄 때 참가자들이 회의적일 가능성이 더 커지는지를 살펴보았다(Ditto & Lopez, 1992). 93명의 참가자가 특정 효소 TAA의 수준이 높다고 알려주는 가상의 의학검사를 받았다. 참가자들을 높은 수준의 TAA가 건강에 이로울 수 있다고 알려주는 조건과 해로울 수 있다고 알려주는 조건에 무선할당하였다. 또한 TAA 검사를 받기 전에 종속변인을 측정하거나 검사를 받은 후에 측정하는 조건에 무선할당하였다. 종속변인은 TAA 검사의 정확도에 대한 지각을 9점 척도(1 : 매우 부정확, 9 : 매우 정확)에서 평가하는 것이었다. 연구자들은 TAA 검사를 받기 전에 종속변인을 측정한 참가자에게서 다음과 같은 평균값을 얻었다. 즉 건강에 해롭다는 조건은 6.6이고 건강에 이롭다는 조건은 6.9이었다. TAA 검사를 받은 후에 종속변인을 측정한 참가자에게서는 다음과 같은 평균값을 얻었다. 즉 건강에 해롭다는 조건은 5.6이고 건강에 이롭다는 조건은 7.3이었다. 변량분석 결과에 근거하여 연구자들은 두 가지 결과에 대한 통계치를 보고하였다. 검사결과의 주효과에 대해서 다음과 같은 통계치를 보고하였다. $F(1, 73) =$ 7.74, $p < 0.01$. 검사결과와 종속변인 측정시간의 상호작용에 대해서는 다음과 같은 통계치를 보고하였다. $F(1, 73) = 4.01$, $p < 0.05$.

a. 독립변인과 그 수준을 진술하라. 종속변인을 진술하라.

b. 이 데이터를 분석하는 데 어떤 유형의 변량분석을 사용하겠는가? 보다 구체적인 용어뿐만 아니라 원래의 용어를 사용하는 이름을 진술하라.

c. 이 연구설계에서 칸의 수를 계산하기 위하여 변량분석의 보다 구체적인 용어를 사용하라.

d. 칸평균, 주변평균, 그리고 전체 평균의 표를 그려라. 동일한 수의 참가자가 각 칸에 할당되었다고 가정하라. (실제 연구에서는 그렇지 않았다.)

e. 유의한 주효과를 여러분 스스로 기술해보라.

f. 주효과를 나타내는 막대그래프를 그려라.

g. 주효과 자체가 오도하는 이유는 무엇인가?

h. 주효과는 통계적으로 유의한 상호작용의 제약을 받는가? 설명해보라. 상호작용을 여러분 스스로 기술해보라.

i. 상호작용을 나타내는 막대그래프를 그려라. 막대 상단을 연결하는 선분을 포함시켜 상호작용의 패턴을 나타내라.

j. 이것은 정량적 상호작용인가, 아니면 정성적 상호작용인가? 설명해보라.

k. 상호작용이 이제 정량적인 것이 되도록 건강에 이롭다는 검사결과를 받고 TAA 검사 전에 종속변인을 측정한 참가자의 칸평균을 변경해보라.

l. 새로운 칸평균을 포함한 패턴을 보여주는 막대그래프를 그려보라.

m. 이제 상호작용이 없도록 건강에 이롭다는 검사결과를 받고 TAA 검사 전에 종속변인을 측정한 참가자의 칸평균을 변경해보라.

n. 새로운 칸평균을 포함한 패턴을 보여주는 막대그래프를 그려보라.

12.39 **피드백과 변량분석** : 학습과정에서 피드백의 효과를 검증하였다(Finkelstein & Fishbach, 2012). 다음은 논문 초록에서 발췌한 부분이다. "이 논문은 사람들이 어떤 피드백을 찾고 반응하는지를 탐색하였다. 사람들이 전문성을 획득함에 따라서 정적 피드백에서 부적 피드백으로 전환할 것이라고 예측하였다. 언어 획득, 환경 원인의 추구, 소비재 사용에서의 피드백을 포함하여 다양한 영역에서 이러한 전환을 확인하였다. 이러한 영역에 걸쳐, 초보자

는 정적 피드백을 찾고 반응을 보이며, 전문가는 부적 피드백을 찾고 반응을 보였다"(22쪽).

a. 초록에 근거할 때, 독립변인은 무엇이며 그 변인의 수준은 무엇인가?

b. 초록에 근거할 때 가능한 종속변인은 무엇인가?

c. 연구자들은 여러 가지 실험을 실시하였는데, 그중 하나는 초급과 고급 프랑스어 수강생들을 살펴본 것이었다. 다음은 한 분석의 결과이다. "분석결과는 예측하였던 전문성×피드백 상호작용도 내놓았다[$F(1, 79)$ = 7.31, $p < .01$]." 이 상호작용은 통계적으로 유의한가? 여러분의 답을 해명해보라.

d. 이들의 보고에는 어떤 중요한 통계치가 빠져있는가? 이 통계치를 포함시키는 것이 도움이 되는 까닭은 무엇인가?

e. (c)의 결과에는 막대그래프가 수반되었다. 물론 어느

막대가 상호 간에 유의한 차이를 보이는지를 알기 위해서는 부가적인 분석을 실시해야만 한다. 그렇다면 전반적인 패턴은 이 부가적 분석에 대해 무엇을 알려주는 것처럼 보이는가?

f. 제3장에서 배운 내용에 맞추어서 이 그래프를 어떻게 재설계하겠는가? 적어도 두 가지 구체적인 제안을 해보라.

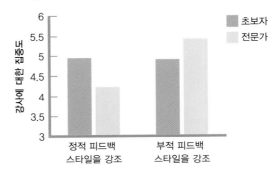

핵심용어

상호작용(interaction)

요인(factor)

요인 변량분석(factorial ANOVA)

이원 변량분석(two-way ANOVA)

정량적 상호작용(quantitative interaction)

정성적 상호작용(qualitative interaction)

주변평균(marginal mean)

주효과(main effect)

칸(cell)

공식

$$df_{행} = N_{행} - 1$$

$$df_{열} = N_{열} - 1$$

$$df_{상호작용} = (df_{행})(df_{열})$$

$$df_{집단내} = df_{칸1} + df_{칸2} + \cdots + df_{칸n}$$

$$df_{전체} = N_{전체} - 1$$

$$SS_{전체} = \Sigma(X - GM)^2$$

$$SS_{집단간(행)} = \Sigma(M_{행} - GM)^2$$

$$SS_{집단간(열)} = \Sigma(M_{열} - GM)^2$$

$$SS_{집단내} = \Sigma(X - M_{칸})^2$$

$$SS_{집단간(상호작용)} = SS_{전체} - (SS_{집단간(행)} + SS_{집단간(열)} + SS_{집단내})$$

$$R^2_{행} = \frac{SS_{행}}{(SS_{전체} - SS_{열} - SS_{상호작용})}$$

$$R^2_{행} = \frac{SS_{열}}{(SS_{전체} - SS_{행} - SS_{상호작용})}$$

$$R^2_{상호작용} = \frac{SS_{상호작용}}{(SS_{전체} - SS_{행} - SS_{열})}$$

상관

상관의 의미
상관의 특성
상관은 인과가 아니다

피어슨 상관계수
피어슨 상관계수 계산하기
피어슨 상관계수를 사용한 가설검증

심리측정에 상관 적용하기
신뢰도
타당도

13

시작하기에 앞서 여러분은

- 상관연구와 실험연구 간의 차이를 알아야 한다(제1장).

- 평균으로부터 점수의 편차를 계산하는 방법을 이해하여야 한다(제4장).

- 제곱합의 개념을 이해하여야 한다(제4장).

- 가설검증의 여섯 단계를 이해하여야 한다(제7장).

- 효과크기 개념을 이해하여야 한다(제8장).

Eric Audras/PhotoAlto/Alamy

부정행위와 성적 간의 상관   부정행위는 더 나쁜 성적을 초래하는가? 부정행위가 나쁜 성적을 야기하는지는 말할 수 없지만, 부정행위와 학기말 성적 간에는 부적 상관이 존재한다.

$\stackrel{\displaystyle 존}{}$스노가 작성한 런던 콜레라 전염병 지도(제1장)는 상관, 즉 두 변인 간의 체계적 연합(또는 관계)을 드러냈다. MIT 연구자들은 학업 부정행위의 위험성을 밝히기 위하여 상관을 사용하였다(Palazzo et al., 2010). 연구자들은 428명의 물리학과 학생의 학기말시험 점수와 컴퓨터로 친구의 것을 복사해서 과제물을 제출한 횟수를 비교하였다. 터무니없이 짧은 시간에 숙제를 마친 10% 미만의 소수 학생들은 부정행위를 한 것이라고 가정하였다. 여러분은 부정행위가 성적을 올려줄 것이라고 기대할 것이다. 결국 그것이 부정행위의 핵심이지 않은가 말이다. 그렇지만 여러분의 생각은 틀렸다. 학기 중에 부정행위를 더 많이 할수록(변인 1), 학기말 시험성적은 떨어진다(변인 2).

여기서 무슨 일이 일어나고 있는 것인가? 학생들의 수학과 물리학 실력은 부정행위와 상관이 없었기 때문에, 실력이 모자란 학생이 부정행위에도 무능력한 것은 아니다. 컴퓨터를 이용하는 숙제는 또 다른 가능한 답을 시사하는 상관을 나타냈다. 부정행위자들은 너무 늦게 시작해서 부정행위를 하지 않고는 숙제를 마칠 수가 없었다. 그들은 아르바이트를 하는가, 불안에 시달리는가 아니면 숙제할 시간을 빼앗은 다른 약속이 있었는가? 상관은 어느 설명이 옳은지를 알려줄 수 없다. 그렇지만 가능한 설명에 대해서 생각하도록 만들 수는 있다.

이 장에서는 (1) 상관의 방향과 크기를 평가하고 (2) 상관의 제한점을 확인하며 (3) 가장 보편적 형태의 상관, 즉 피어슨 상관계수 r을 계산하는 방법을 시범 보인다. 그런 다음에 가설검증의 여섯 단계를 사용하여 상관이 통계적으로 유의한지를 결정한다.

상관의 의미

상관은 그 이름이 시사하는 바로 그것이다. 즉, 두 변인 간의 상호 관계이다. 먹은 정크푸드의 양과 체지방, 운전 거리와 타이어 마모 정도, 에어컨 사용량과 전기료 등 수많은 일상의 관찰이 상호 관련되어 있다. 어떤 것이든 두 변인을 측정할 수 있으면, 둘이 상호 관련된 정도를 계산할 수 있다.

상관의 특성

상관계수는 두 변인 간의 관계를 정량화하는 통계치이다.

상관계수(correlation coefficient)는 두 변인 간의 관계를 정량화하는 통계치이다. 이 장에서는 데이터가 선형적으로 관련되어 있을 때 그 관계를 정량화하는 방법, 즉 상관계수를 계산하는 방법을 다룬다. 선형 관계란 데이터가 전반적으로 직선을 그리는 것이 이치에 맞는 패턴을 형성하고 있다는 것을 의미한다. 즉 산포도의 점들이 대체로 곡선보다는 직선을 중심으로 몰려있는 것이다. 실제로 데이터가 알려주는 이야기를 한눈에 보고 이해할 수 있다. 상관계수에는 다음과 같은 세 가지 핵심 특성이 있다.

1. 상관계수는 양수이거나 음수일 수 있다.
2. 상관계수는 항상 −1.00과 1.00 사이에 위치한다.
3. 상관의 크기를 나타내는 것은 음양부호가 아니라 계수의 강도이다.

상관계수에서 첫 번째 중요한 특성은 음수이거나 양수일 수 있다는 점이다. 정적 상관은 양수부호(예컨대, +0.32, 전형적으로는 그냥 0.32)를 가지며, 부적 상관은 음수부호(예컨대, −0.32)를 갖는다. **정적 상관**(positive correlation)은 한 변인에서 높은 점수를 갖는 참가자는 다른 변인에서도 높은 점수를 갖는 경향이 있으며, 한 변인에서 낮은 점수를 갖는 참가자는 다른 변인에서도 낮은 점수를 갖는 경향이 있는 두 변인 간의 연합이다.

혹자가 생각하는 것과는 정반대로, 한 변인에서 낮은 점수를 갖는 참가자가 다른 변인에서도 낮은 점수를 갖는 경향을 보이는 것이 부적 상관이 아니다. 정적 상관은 참가자들이 두 점수가 낮든 중간 수준이든 아니면 높든지 간에, 두 변인 모두에서 평균과 변산성이 유사한 점수를 갖는 경향을 보이는 상황을 기술한다. 정적 상관을 갖는 산포도를 요약해주는 선분은 좌측 하단에서 우측 상단으로 올라간다.

사례 13.1

그림 13-1의 산포도는 유아가 듣는 단어의 수와 2년 후 어휘 간의 정적 상관을 보여주고 있다. 이 데이터는 실제 결과에 근거한 것이다(Newman et al., 2015). (상관은 원연구보다 다소 높지만 평균과 표준편차는 유사하다.) x축은 아이가 생후 7개월 미만일 때 15분의 놀이시간 중에 어머니가 사용한 상이한 단어의 수를 나타낸다. y축은 만 2세일 때 아동의 어휘량을 반영한다.

예컨대, 파란색 마름모로 표시한 점은 아동이 유아일 때 어머니가 단지 91개 단어를 사용하였으며, 만 2세일 때 132개 단어의 어휘를 가지고 있었음을 나타낸다. 이 아동은

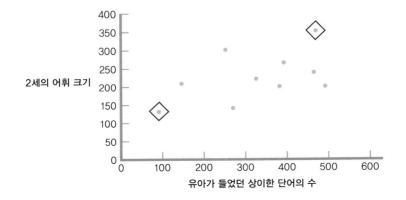

그림 13-1

정적 상관

이 데이터 포인트들은 유아가 어머니에게서 듣는 어휘의 다양성과 2세일 때의 어휘력 간의 정적 상관을 나타낸다. 아주 어린 나이에 더 많은 단어를 듣는 유아가 2세가 되었을 때 더 많은 어휘를 갖는 경향이 있으며, 적은 수의 단어를 듣는 유아는 나중에 더 적은 어휘를 갖는 경향을 나타낸다.

두 점수 모두에서 평균보다 낮다. 검은색 마름모로 표시한 점은 아동이 유아일 때 어머니가 469개 단어를 사용하였으며, 만 2세일 때 353개 단어의 어휘를 가지고 있었음을 나타낸다. 이 아동은 두 점수 모두에서 평균을 상회하고 있다. 이것이 이치에 맞는 까닭은 많은 연구가 부모로부터 더 많은 단어를 듣는 아동이 평균적으로 더 우수한 언어재능을 발휘한다는 사실을 나타내기 때문이다. ●

사례 13.2

그림 13-2의 산포도는 MIT 연구에서 부정행위와 학기말시험 점수 간에 −0.43의 부적 상관을 보여주고 있다. **부적 상관**(negative correlation)은 한 변인에서 높은 점수를 갖는 참가자가 다른 변인에서는 낮은 점수를 갖는 경향을 보이는 두 변인 간의 연합이다. 부적 상관의 산포도를 요약하는 선분은 좌측 상단에서 우측 하단으로 내려간다. 각 점은 한 개인이 두 변인에서 얻은 점수를 나타낸다. 학기 중에 숙제를 복사한 비율은 x축에, 그리고 학기말 성적(표준 z 점수로 변환하였다)은 y축에 나와있다. 예컨대, 파란색 마름모의 점은 숙제의 20% 미만을 복사한 학생이 학기말시험에서 평균보다 거의 2 표준편차 높은 점수를 받았음을 나타낸다. 검은색 마름모의 점은 숙제의 거의 80%를 복사한 학생이 학기말시험에서 평균보다 3 표준편차 이상 낮은 점수를 받았음을 나타낸다. 대부분의 점이 방금 기술한 두 학생의 패턴만큼 극단적이지는 않다고 하더라도, 전반적 추세는 복사를 많이 한 학생일수록 학기말시험에서 성적이 나쁘다는 선형 관계를 나타내고 있다. ●

부적 상관은 한 변인에서 높은 점수를 갖는 참가자가 다른 변인에서는 낮은 점수를 갖는 경향을 보이는 두 변인 간의 연합이다.

상관계수의 두 번째 중요한 특성은 그 값이 항상 −1.00과 +1.00 사이에 들어간다는 점이다. −1.00과 1.00은 모두 완벽한 상관이다. 만일 계산한 상관계수가 이 범위를 벗어난다면, 계산에서 실수를 범한 것이다. 1.00의 상관계수는 완벽한 정적 상관을 나타낸다. 그림 13-3에 표현한 결석 일수와 시험점수 간의 가상적 관계에서 보는 바와 같이, 산포도의 모든 점이 하나의 선분 위에 위치한다. 한 변인에서 높은 점수는 다른 변인에서의 높은 점수와 연합되어 있고, 한 변인에서 낮은 점수는 다른 변인에서의 낮은 점

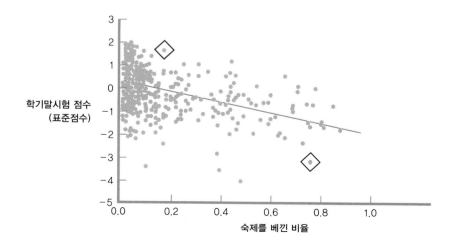

그림 13-2

부적 상관

MIT 연구에서 나온 이러한 부적 상관에서 보면, 부정행위를 많이 한 학생이 낮은 성적을 받는 경향이 있으며 적게 한 학생이 높은 성적을 받는 경향을 보인다.

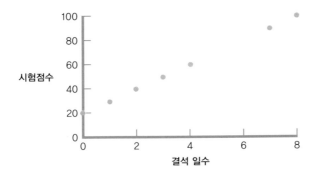

그림 13-3

완벽한 정적 상관

모든 점이 정확하게 우측 상단으로 진행하는 직선 위에 놓인다. 이렇게 완벽한 정적 상관이 현실적이지는 않다. 많은 결석 일수가 높은 성적으로 이끌어가지 않는 것은 거의 확실하다.

수와 연합되어 있다. 상관계수가 −1.00이거나 1.00일 때는, 한 변인의 점수가 다른 변인의 점수를 정확하게 알려줄 수 있다. 완벽하게 관련되었기 때문이다.

−1.00의 상관계수는 완벽한 부적 상관을 나타낸다. 산포도의 모든 점은 그림 13-4가 보여주고 있는 결석 일수와 시험성적 간의 가상적 관계에서 보는 바와 같이, 하나의 선분 위에 존재한다. 완벽한 정적 상관에서와 마찬가지로, 한 변인에서의 점수는 다른 변인에서의 점수를 완벽하게 알려준다. 0.00의 상관은 두 극단적인 계수 중간에 해당하며 상관이 없음을 나타낸다. 즉, 두 변인 간에 연합이 없다.

상관계수의 세 번째 유용한 특성은 음양부호가 단지 연합의 방향을 나타낼 뿐이며 그 연합의 강도나 규모를 나타내는 것은 아니라는 점이다. 따라서 −0.35의 상관계수는 0.35의 상관계수와 크기가 동일하다. −0.67의 상관계수는 0.55의 상관계수보다 크다. 음수부호에 현혹되지 말라. 음양부호는 관계의 방향을 나타내는 것이지 강도를 나타내는 것이 아니다.

상관의 강도는 데이터 포인트들이 '완벽한' 관계에 접근하고 있는 정도가 결정한다. 데이터 포인트들이 산포도를 관통하는 가상의 선에 근접할수록, 완벽한 상관(1.00이나 −1.00)에 근접하며, 두 변인 간의 관계도 강력해진다. 데이터 포인트들이 가상의 선에서 멀어질수록, 상관은 완벽함에서부터 멀어지고(따라서 0.00에 가까워진다), 두 변인 간의 관계도 약해진다.

정적 상관의 점수들은 함께 올라가고 내려간다. 마치 기온이 오르내림에 따라서 온도계의 수은이 오르내리는 것처럼 말이다. 부적 상관의 점수들은 마치 시소처럼 서로 반

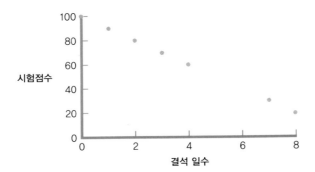

그림 13-4

완벽한 부적 상관

모든 점수 쌍이 산포도에서 동일한 선분에 놓이며 한 변인에서의 높은 점수가 다른 변인에서의 낮은 점수와 연합된다면, 상관계수 −1.00의 완벽한 부적 상관이 존재한다. 실생활에서는 거의 발생하지 않는 상황이다.

표 13-1	상관은 얼마나 강력한 것인가?

코헨(1988)은 연구자들이 상관계수를 가지고 상관의 강도를 결정하는 데 도움을 주려는 지침을 내놓았다. 그 러지만 행동과학 연구에서 0.50과 같이 높은 상관을 갖는 경우는 극히 이례적이며, 혹자는 많은 행동과학 연 구 맥락에서 코헨의 관례가 유용하지 않다고 비판해왔다.

상관의 크기	상관계수
작다	0.10
중간	0.30
크다	0.50

시소 놀이와 같은 부적 상관 두 변인이 부적으로 상관될 때, 마치 시소 놀이를 즐기고 있는 두 아이과 같이, 한 변인의 높은 점수는 다른 변인의 낮은 점수를 나타낼 가능성이 크다.

대 방향으로 오르내린다. 상관의 방향은 한 변인의 점수를 사용하여 다른 변인의 점수를 예측할 수 있게 해준다. 다행스럽게도 상관 통계치는 두 변인 간의 방향과 강도 모두를 확인할 수 있게 해준다.

어떤 상관계수를 중요한 것으로 간주하려면 얼마나 커야 하는가? 제이콥 코헨(1988)은 효과크기에서와 마찬가지로, 상관계수를 해석하는 데 도움을 주기 위하여 표 13-1에서 보는 바와 같은 기준을 발표하였다. 행동과학 연구에서 상관계수가 0.50 이상인 경우가 극히 드문 까닭은 학생의 시험성적 등과 같은 특정 결과가 많은 변인들의 영향을 받을 가능성이 크기 때문이다. 어떤 학생의 시험성적은 결석 일수, 집중 수준, 공부시간, 교과목에 대한 흥미, 지능점수 등을 비롯한 수많은 변인들의 영향을 받을 가능성이 있다. 따라서 MIT 학생들에게서 얻은 부정행위와 시험성적 간의 상관 −0.43은 행동과학에서 꽤나 큰 상관이 된다.

상관은 인과가 아니다

상관이 변인들 간의 관계에 관하여 밝혀주지 못하는 것을 이해할 필요가 있다. 상관은 인과성에 관한 단서만을 제공할 뿐이다. 인과성을 입증하거나 검증하지 않는다. 단지 변인들 간의 관계의 강도와 방향만을 정량화할 뿐이다. 상관이 밝혀주지 못하는 것에 대한 이해는 여러분이 과학적 사고를 하고 있다는 사실을 시사한다. 예컨대, MIT 연구에서 부정행위와 학기말 시험성적 간의 강력한 부적 상관이 있음을 알고 있으면, 부정행위가 나쁜 성적을 초래한다고 생각하는 것은 부당한 것이 아니다. 그렇지만 이러한 상관을 관찰하게 된 데는 다음과 같은 세 가지 이유가 가능하다.

첫째, 변인 A(부정행위)가 변인 B(나쁜 성적)를 야기할 수 있다. 둘째, 변인 B(나쁜 성적)가 변인 A(부정행위)를 야기할 수 있다. 셋째, 변인 C(다른 요인)가 변인 A와 B 간의 상관을 초래할 수 있다. 이러한 세 가지 가능성은 A-B-C 모형으로 생각해볼 수 있다 (그림 13-5).

A ⟶ B

B ⟶ A

C ⟨ A
     B

그림 13-5

상관에 대한 세 가지 가능한 설명
어떤 상관이든 여러 가지 방식으로 설명할 수 있다. 첫 번째 변인 A가 두 번째 변인 B를 야기할 수 있다. 아니면 그 반대가 참일 수 있다. 즉, B가 A를 초래할 수 있다. 마지막으로 제3변인 C가 A와 B를 모두 야기할 수 있다. 실제로 많은 제3변인들이 존재할 수 있다.

상관이 인과성을 함축하지 않는다는 사실은 우리 두뇌로 하여금 대안적 설명을 생각하도록 부추긴다. 연구자들은 물리학과 수학 능력이 부정행위와 상관이 없다는 사실을 발견하였기 때문에, 그것은 그럴듯한 답이 아니다. 그렇지만 아르바이트, 불안, 다른 시간약속 등을 언급하였다. 여러분은 더 많은 다른 가능성을 생각해볼 수 있다. 상관을 인과성과 혼동해서는 결코 안 된다.

> **개념 숙달하기**
>
> **13-3 :** 두 변인이 관련되어 있다고 해서, 하나가 다른 하나를 야기하는 것을 의미하지 않는다. 첫 번째 변인이 두 번째 변인을 초래할 수 있고, 그 반대일 수도 있으며, 제3변인이 모두를 야기할 수도 있다. 상관은 인과성을 나타내지 않는다.

학습내용 확인하기

개념의 개관

> 상관계수는 두 변인 간의 관계를 정량화하는 통계치이다.
> 상관계수는 항상 −1.00과 1.00 사이의 값을 갖는다.
> 한 변인에서 높은 점수를 갖는 사람은 다른 변인에서도 높은 점수를 갖는 경향이 있고, 한 변인에서 낮은 점수를 갖는 사람은 다른 변인에서도 낮은 점수를 갖는 경향이 있는 방식으로 두 변인이 관련되었을 때, 그 변인들은 정적 상관을 나타낸다고 말한다.
> 한 변인에서 높은 점수를 갖는 사람이 다른 변인에서 낮은 점수를 갖는 경향이 있는 방식으로 두 변인이 관련되었을 때, 그 변인들은 부적 상관을 나타낸다고 말한다.
> 두 변인이 관련되지 않았을 때, 상관이 없으며 상관계수는 0.00에 수렴한다.
> 계수값으로 나타내는 상관의 강도는 음양부호와 독립적이다. 코헨은 연합의 강도를 평가하는 기준을 설정하였다.
> 상관은 인과성과 등가적이지 않다. 실제로 상관은 상이한 인과적 설명 중에서 하나를 선택하는 데 도움을 주지 않는다.
> 두 변인이 상관되었을 때, 첫 번째 변인 A가 두 번째 변인 B를 초래하거나, B가 A를 초래하거나, 아니면 제3변인 C가 상관된 두 변인 A와 B를 모두 초래할 수 있다.

개념의 숙달

13-1 상관계수에는 세 가지 핵심 특성이 있다. 그 특성들은 무엇인가?

13-2 상관이 인과성을 나타내지 않는 이유는 무엇인가?

통계치의 계산

13-3 코헨의 지침을 사용하여 다음 상관계수의 강도를 기술해보라.

 a. −0.60

 b. 0.35

 c. 0.04

13-4 다음 상관계수를 나타내는 가상적 산포도를 그려보라.

 a. −0.60

 b. 0.35

 c. 0.04

개념의 적용

13-5 잡지 러너스월드(*Runner's World*)의 한 필자는 음악을 들으면서 달리기하는 것의 장점에 이의를 제기하였다(Seymour, 2006). 필자는 한 임상심리학자를 인터뷰하였는데, 이 논쟁에 대한 반응은 다음과 같았다. "나는 위대한 사람이 하는 행동을 흉내 내고자 합니다. 케냐 사람들이 어떻게 하고 있나요?"

(계속)

개념의 적용 (계속)

한 국가의 마라톤 선수 중에서 음악을 들으면서 훈련하는 백분율과 그 국가 마라톤 선수의 평균 기록 간의 상관을 알아보는 연구를 수행하였다고 해보자. (이 경우에는 참가자가 사람이 아니라 국가이다.) 강력한 정적 상관을 얻었다고 해보자. 즉, 음악을 들으면서 훈련하는 선수의 비율이 높을수록, 평균 기록도 길어졌다. 마라톤에서는 기록이 길수록 나쁜 것이다. 따라서 이러한 가상결과는 음악과 함께하는 훈련이 나쁜 마라톤 기록과 연합되어 있다는 것이다. 예컨대, 미국은 케냐에 비해서 훈련 중에 음악을 사용하는 비율이 상대적으로 높으며 마라톤 기록도 늦다.

A–B–C 모형을 사용하여 이 결과에 대한 세 가지 가능한 설명을 제시해보라.

학습내용 확인하기의 답은 부록 D에서 찾아볼 수 있다.

피어슨 상관계수는 두 척도변인 간의 선형관계를 정량화하는 통계치이다.

피어슨 상관계수

가장 널리 사용하고 있는 상관계수는 **피어슨 상관계수**(Pearson correlation coefficient)이며, 두 **척도변인 간의 선형관계를 정량화하는 통계치**이다. 다시 말해서 전반적 패턴이 선형관계를 나타낼 때 두 변인 간 관계의 방향과 강도를 기술하는 데 사용하는 단일 값이다. 피어슨 상관계수는 표본 데이터에 근거한 통계치일 때는 이탤릭체 소문자 r로, 그리고 전집에 근거한 통계치일 때는 그리스어 문자 ρ('로우'라고 읽는다)로 나타낸다. 유의도 검증을 위한 가설을 작성할 때와 같이 상관계수의 전집 모수치를 지칭할 때 ρ를 사용한다.

피어슨 상관계수 계산하기

상관계수는 두 변인 간 연합의 방향과 강도를 기술하는 기술통계치로 사용할 수 있다. 그렇지만 상관계수가 0과 유의한 차이를 보이는지를 결정하기 위한 가설검증에 근거하는 추론통계치로도 사용할 수 있다. 이 절에서는 데이터로부터 산포도를 작성하고 상관계수를 계산하는 방법을 다룬다. 그런 다음에 가설검증의 단계들을 밟아본다.

사례 13.3

매년 보면, 책을 통해서 모든 내용을 배워 잘 해낼 수 있기 때문에 통계학 강의에 규칙적으로 출석할 필요가 없다고 허풍을 떠는 학생이 있다. 여러분은 어떻게 생각하는가? 표 13-2는 통계학 강의 수강생 10명의 데이터를 나타내고 있다. 두 번째 열은 각 학생이 한 학기 동안 결석한 횟수를, 그리고 세 번째 열은 각 학생의 성적을 보여주고 있다.

우선 그림 13-6의 산포도를 살펴보는 것으로 시작해보자. 전반적으로 데이터는 머릿속에서 직선을 그려볼 수 있는 패턴을 가지고 있기 때문에 피어슨 상관계수를 사용하는 것이 합당하다. 산포도를 더 자세하게 들여다보라. 점들이 가상의 선분을 중심으로 몰려있는가? 만일 그렇다면, 상관은 1.00이나 -1.00에 가깝게 된다. 만일 그렇지 않다면, 상관은 0.00에 가깝게 된다.

한 변인에서 (평균 이상의) 높은 점수가 다른 변인에서 (역시 평균 이상의) 높은 점수를 나타내는 경향이 있을 때 정적 상관이 나타난다. 한

개념 숙달하기

13-4 : 산포도는 두 변인이 선형관계를 갖는지 보여준다. 또한 두 변인 간 관계의 방향과 강도에 대해서도 감을 잡을 수 있게 해준다.

표 13-2	수업 빼먹기가 통계학 성적과 관련이 있는가?	

다음은 10명의 학생들이 보여준 두 개의 척도변인, 즉 결석 일수와 시험점수이다.

학생	결석 일수	시험점수
1	4	82
2	2	98
3	2	76
4	3	68
5	1	84
6	0	99
7	4	67
8	8	58
9	7	50
10	3	78

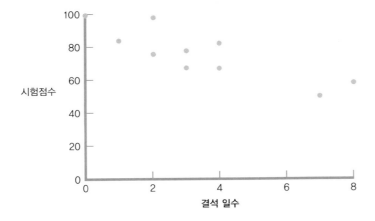

그림 13-6

항상 산포도로 시작하라

눈이 일을 하도록 만들어라! 상관계수를 계산하기에 앞서 산포도를 들여다보라. 점들이 직선을 형성하는 것으로 보이는가? 우측 상단으로 올라가는가, 아니면 좌측 하단으로 내려가는가? 이 산포도의 점들은 좌측 하단으로 내려가는 가상적인 직선을 중심으로 몰려있다. 따라서 상관은 아마도 −1.00에 꽤나 근접할 것이다.

변인에서 (평균 이상의) 높은 점수가 다른 변인에서 (평균 이하의) 낮은 점수를 나타내는 경향이 있을 때는 부적 상관이 나타난다. 각 점수의 평균과의 편차를 계산함으로써 어떤 사람이 평균 이상인지 아니면 이하인지를 결정할 수 있다. 만일 참가자들이 두 개의 양수편차(두 점수 모두 평균 이상) 또는 두 개의 음수편차(두 점수 모두 평균 이하)를 갖는 경향이 있다면, 두 변인은 정적 상관을 나타낼 가능성이 크다. 만일 참가자들이 하나의 양수편차와 하나의 음수편차를 갖는 경향이 있다면, 두 변인은 부적 상관을 나타낼 가능성이 크다. 이 사실이 상관계수 공식이 작동하는 방식에서 중요한 부분을 담당한다.

평균과의 편차를 계산하는 것이 이치에 맞는 까닭을 생각해보라. 정적 상관에서 높은 점수는 평균 이상이기 때문에 양수의 편차를 갖는다. 높은 점수 쌍의 곱은 양수가 된다. 낮은 점수는 평균 이하이고 음수의 편차를 갖는다. 낮은 점수 쌍의 곱도 양수가 된다. 상관계수를 계산하는 과정에서 편차 쌍의 곱들을 더하게 된다. 만일 대부분이 양수이면,

정적 상관계수를 얻게 된다.

부적 상관을 생각해보자. 평균 이상인 높은 점수는 양수의 편차를 갖는다. 평균 이하인 낮은 점수는 음수의 편차를 갖는다. 양수편차와 음수편차의 곱은 음수가 된다. 만일 대부분의 편차 곱이 음수라면, 부적 상관계수를 얻게 된다.

방금 기술한 과정이 상관계수 공식에서 분자의 계산이다. 표 13-3은 그 계산을 보여준다. 첫 번째 열은 각 학생의 결석 일수이다. 두 번째 열은 평균 3.40과의 편차를 보여준다. 세 번째 열은 각 학생의 시험성적이다. 네 번째 열은 평균 76.00과의 편차이다. 다섯 번째 열은 편차의 곱을 보여주고 있다. 다섯 번째 열 아래에서 편차 곱의 합인 −304.0을 볼 수 있다.

표 13-3에서 보는 바와 같이, 점수 쌍은 평균 양쪽에 위치하는 경향을 보인다. 즉, 각 학생에게 있어서 한 점수의 음수편차는 다른 점수의 양수편차를 나타내는 경향이 있다. 예컨대, 6번 학생은 결석 일수가 0으로 평균보다 한참 아래에 위치하며, 시험에서는 99점을 받아서 평균보다 한참 위에 위치한다. 반면에 9번 학생은 일곱 번 결석하여 평균 이상이며, 시험에서 50점을 받아 평균 이하이다. 따라서 대부분의 편차 곱이 음수이며, 곱들을 합하였을 때 음수 총합을 갖게 되는데, 이것은 부적 상관을 나타낸다.

여러분은 이 수치 −304.0이 −1.00과 1.00 사이에 해당하지 않는다는 사실을 알아차렸을 것이다. 문제는 이 수치가 표본크기와 변산이라는 두 가지 요인의 영향을 받는다는 점이다. 첫째, 표본 구성원이 많을수록 편차의 개수가 더 많게 된다. 둘째, 만일 점수들이 차이를 많이 보이게 되면, 편차가 커지기 때문에 편차 곱의 합도 커지게 된다. 따라서 분모에서 이 두 요인의 효과를 교정해야 한다.

변산을 교정해야 한다는 점은 이치에 맞는다. 제6장에서 z 점수는 표준화를 가능하게 해줌으로써 통계에서 중요한 기능을 제공한다는 사실을 배웠다. 여러분은 처음 배웠던

표 13-3	상관계수의 분자 계산하기			
결석 일수(X)	$X - M_X$	시험점수(Y)	$Y - M_Y$	$(X - M_X)(Y - M_Y)$
4	0.6	82	6	3.6
2	−1.4	98	22	−30.8
2	−1.4	76	0	0.0
3	−0.4	68	−8	3.2
1	−2.4	84	8	−19.2
0	−3.4	99	23	−78.2
4	0.6	67	−9	−5.4
8	4.6	58	−18	−82.8
7	3.6	50	−26	−93.6
3	−0.4	78	2	−0.8
$M_X = 3.40$		$M_Y = 76.00$		$\Sigma[(X - M_X)(Y - M_Y)] = -304.0$

z 점수 공식을 기억할는지 모르겠다 $\left[z = \dfrac{(X - M)}{SD} \right]$. 상관을 위한 분자의 계산에서 편차를 구할 때 이미 점수들로부터 평균을 뺐지만, 표준편차로 나누어주지는 않았다. 분모에서 변산을 교정한다면, 교정해주어야만 하는 두 요인 중의 하나를 고려한 것이다.

그렇지만 표본크기도 교정해주어야만 한다. 표준편차를 계산할 때 마지막 두 단계는 (1) 편차제곱합을 표본크기 N으로 나누어서 표본크기의 영향력을 제거한 상태에서 변량을 계산하고, (2) 변량의 제곱근을 취하여 표준편차를 구하는 것이다. 따라서 표준편차와 함께 표본크기를 고려하기 위해서는 계산 앞부분으로 되돌아가야 한다. 만일 변량에 표본크기를 곱한다면, 편차제곱합(단순하게는 그냥 제곱합)을 얻는다. 그렇기 때문에, 상관계수의 분모는 두 변인 모두의 제곱합에 근거하게 된다. 분모가 분자와 대응하게 만들려면, 두 제곱합을 곱한 다음에 표준편차에서와 마찬가지로 평방근을 취한다. 표 13-4는 두 변인인 결석 일수와 시험점수의 제곱합 계산을 보여주고 있다.

이제 상관계수를 계산하는 데 필요한 모든 요소를 갖추었다. 공식은 다음과 같다.

$$ r = \frac{\Sigma[(X - M_X)(Y - M_Y)]}{\sqrt{(SS_X)(SS_Y)}} $$

분자는 각 변인의 편차를 곱하여 모두 더한 것이다(표 13-3 참조).

> **단계 1 : 각 점수에서 평균과의 편차를 계산한다.**

> **단계 2 : 각 참가자에서 두 점수의 편차를 곱한다.**

> **단계 3 : 편차의 곱을 합한다.**

| 표 13-4 | 상관계수의 분모 계산하기 | | | | |

결석 일수(X)	$X - M_X$	$(X - M_X)^2$	시험점수(Y)	$Y - M_Y$	$(Y - M_Y)^2$
4	0.6	0.36	82	6	36
2	−1.4	1.96	98	22	484
2	−1.4	1.96	76	0	0
3	−0.4	0.16	68	−8	64
1	−2.4	5.76	84	8	64
0	−3.4	11.56	99	23	529
4	0.6	0.36	67	−9	81
8	4.6	21.16	58	−18	324
7	3.6	12.96	50	−26	676
3	−0.4	0.16	78	2	4
		$\Sigma(X - M_X)^2 = 56.4$			$\Sigma(Y - M_Y)^2 = 2{,}262$

분모는 두 제곱합을 곱한 것의 평방근이다. 제곱합 계산은 표 13-4에 나와있다.

> **단계 1 : 각 변인에서 제곱합을 계산한다.**

> **단계 2 : 두 제곱합을 곱한다.**

> **단계 3 : 두 제곱합을 곱한 것의 평방근을 취한다.**

데이터에 상관계수 공식을 적용해보자.

$$r = \frac{\sum[(X - M_X)(Y - M_Y)]}{\sqrt{(SS_X)(SS_Y)}} = \frac{-304.0}{\sqrt{(56.4)(2,262.0)}} = \frac{-304.0}{357.179} = -0.85$$

따라서 피어슨 상관계수 r은 -0.85이다. 이것은 매우 강력한 부적 상관이다. 그림 13-6의 산포도를 주의 깊게 살펴보면, 이 관계에서 크게 벗어나 눈에 확 뜨이는 사람이 없음을 알 수 있다. 데이터는 일관성 있는 정보를 제공한다. 그렇다면 학생들은 이 결과로부터 어떤 교훈을 얻어야 하겠는가? 교실로 돌아가라! ●

피어슨 상관계수를 사용한 가설검증

앞에서 상관계수를 두 가지 방식, 즉 (1) 단순히 두 변인 간의 관계를 기술하는 기술통계치로, 그리고 (2) 추론통계치로 사용할 수 있다고 언급하였다.

사례 13.4

여기서는 상관계수를 사용한 가설검증의 여섯 단계를 개관한다. 일반적으로 상관을 가지고 가설검증을 실시할 때는 상관이 0.00과 통계적으로 유의한 차이를 보이는지 검증하려는 것이다.

> **단계 1 : 전집, 비교분포, 그리고 가정을 확인한다.**

전집 1 : 사례 13.3에서 연구한 표본과 같은 학생들. 전집 2 : 결석 일수와 시험점수 간에 상관이 없는 학생들.

비교분포는 전집에서 취한 상관의 분포이지만, 표본크기 10과 같이 연구의 특성을 고려한 상관의 분포이다. 이 사례에서는 10명의 학생을 고려할 때 결석 일수와 시험점수 간의 모든 가능한 상관의 분포이다.

처음 두 가정은 다른 모수적 검증의 가정과 같다. (1) 데이터는 무선 선택해야 하며, 만일 그렇지 않다면 외적 타당도는 제한될 수밖에 없다. 이 사례에서는 데이터를 어떻게 선택하였는지 알 수 없기 때문에, 신중하게 일반화해야 한다. (2) 두 변인의 전집분포는 정상분포에 근접해야만 한다. 이 사례에서는 상당히 적은 수의 데이터 포인트만이 존재하기 때문에 정상분포 여부는 말하기 어렵다.

세 번째 가정은 상관에만 해당되는 것이다. 즉, 각 변인은 다른 변인의 모든 값에서 동일한 변산을 나타내야 한다. 다시 말해, 결석 일수는 시험점수의 모든 수준에서 동일한 양의 변산을 보여야 한다. 반대로 시험점수도 모든 결석 일수에서 동일한 양의 변산을 보여야 한다. 그림 13-7의 산포도를 살펴봄으로써 이 가정에 대한 감을 잡을 수 있다. 이 사례에서는 데이터 포인트의 수가 적기 때문에, 한 변인의 변산크기가 다른 변인의 모든 수준에 걸쳐 동일한지를 결정하기 어렵다. 그렇지만 각 결석 일수에서 시험점수가 10 내지 20점 정도의 변산을 나타내는 것으로 보인다. 결석 일수가 증가함에 따라서 그 변산의 중심이 낮아지지만, 범위는 대체로 동일하다. 또한 각 시험점수에서 결석 일수가 2 내지 3의 변산을 나타내는 것으로 보인다. 이 경우에도 시험점수가 증가함에 따라서 변산의 중심이 낮아지지만, 범위는 대체로 동일하다.

| 단계 2 : 영가설과 연구가설을 진술한다. | 영가설 : 결석 일수와 시험점수 간에는 상관이 존재하지 않는다. $H_0 : \rho = 0$. 연구가설 : 결석 일수 |

와 시험점수 간에는 상관이 존재한다. $H_1 : \rho \neq 0$. (주 : 그리스어 문자 ρ를 사용한 까닭은 가설이 전집 모수치에 관한 것이기 때문이다.)

| 단계 3 : 비교분포의 특성을 결정한다. | 비교분포는 표본크기에서 2를 뺀 자유도를 갖는 r 분포이다. 피어슨 상관계수에서 표본크기는 점수의 수가 아니라 참가자의 수이다. |

$$df_r = N - 2$$

이 사례에서 자유도는 다음과 같이 계산한다.

$$df_r = N - 2 = 10 - 2 = 8$$

따라서 비교분포는 자유도가 8인 r 분포이다.

| 단계 4 : 임곗값을 결정한다. | 이제 부록 B의 r 점수표에서 임곗값을 찾아볼 수 있다. z 점수표와 t 점수표에서와 마찬가지로, r |

공식 숙달하기

13-2 : 피어슨 상관계수 r의 가설검증을 실시할 때는 표본크기에서 2를 빼서 자유도를 계산한다. 피어슨 상관에서 표본크기는 참가자의 수이며, 점수의 수가 아니다. 공식은 다음과 같다.

$$df_r = N - 2$$

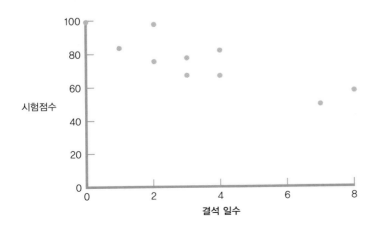

그림 13-7

산포도를 사용하여 가정들을 살펴보기
산포도를 사용하여 한 변인이 다른 변인의 각 수준에서 동일하게 변하는지를 알아볼 수 있다. 10개의 데이터 포인트만을 가지고는 확신할 수 없다. 그렇지만 이 산포도는 각 결석 일수에서 시험점수가 10~20점 사이의 변산을, 그리고 각 시험점수에서 2~3 결석 일수 사이의 변산을 나타낸다는 사실을 시사하고 있다.

점수표도 양수만을 포함하고 있다. 양방검증의 경우에는 표에 나와있는 임곗값의 양수와 음수를 취한다. 알파수준이 0.05이고 자유도가 8인 양방검증에서 r 분포의 임곗값은 ±0.632이다.

| 단계 5 : 검증통계치를 계산한다. | 앞 절에서 이미 검증통계치 r을 계산하였다. 그 값은 −0.85이다. |

| 단계 6 : 결정을 내린다. | 검증통계치 $r = -0.85$는 임곗값 −0.632보다 절댓값이 더 크다. 따라서 영가설을 기각하고 결 |

석 일수와 시험점수는 부적 상관을 나타낸다고 결론 내린다. ●

학습내용 확인하기

개념의 개관

> 피어슨 상관계수는 관찰한 관계를 정량화해준다.

> 피어슨 상관계수를 계산하기에 앞서, 항상 산포도를 작성하여 두 변인이 선형관계를 가지고 있는지를 확인해야 한다.

> 피어슨 상관계수는 다음과 같은 세 가지 기본 단계를 거쳐 계산한다. (1) 각 점수의 편차를 계산한다. 각 참가자의 두 편차를 곱한 다음에 편차 곱을 합한다. (2) 각 변인의 제곱합을 계산하고, 두 제곱합을 곱한 다음에 평방근을 취한다. (3) 단계 1의 합을 단계 2의 평방근으로 나눈다.

> 가설검증의 여섯 단계를 사용하여 r 분포에서 상관계수가 0.00과 통계적으로 유의한 차이를 보이는지를 결정한다.

개념의 숙달

13-6 피어슨 상관계수를 정의하라.

13-7 상관 공식의 분모는 분자를 계산할 때 제기되는 두 문제 중 어느 것을 교정하는가?

통계치의 계산

13-8 다음 데이터의 산포도를 작성하라.

변인 A	변인 B
8.0	14.0
7.0	13.0
6.0	10.0
5.0	9.5
4.0	8.0
5.5	9.0
6.0	12.0
8.0	11.0

13-9 위 데이터의 상관계수를 계산하라.

개념의 적용	**13-10** 사회학습이론에 따르면, 가정폭력을 포함하여 공격행동에 노출된 아동이 그러한 폭력을 목격하지 않은 아동보다 공격행동을 나타낼 가능성이 더 크다. 위의 데이터에서 변인 A가 폭력에의 노출을 나타내고 변인 B가 공격행동을 나타낸다고 가정해보자. 두 변인 모두에서 높은 점수는 높은 수준을 나타낸다. 가설검증의 단계 5에서 상관계수를 계산하였다. 이제 가설검증의 단계 1, 2, 3, 4, 6을 마무리하라.
학습내용 확인하기의 답은 부록 D에서 찾아볼 수 있다.	

심리측정에서 상관 적용하기

행동과학도에게 가용한 인기 만점의 분야가 있다. **심리측정**(psychometrics)이 바로 그 것이며, 이는 검사와 측정의 개발에 사용하는 통계학의 한 분야이다. 놀라울 것도 없이, 검사와 측정척도를 개발하는 통계학자와 심리학자를 **심리측정학자**(psychometrician, 또는 계량심리학자)라고 부른다. 심리측정학자는 이 책에서 다루는 통계절차, 특히 상관이 수학적 근간을 형성하는 통계절차를 사용한다. 심리측정학자는 선거가 공정한지를 확인하고, 표준화검사에서 문화적 편향을 검증하며, 성취도가 높은 피고용자를 찾아내는 등 광범위한 영역에서 사회적으로 공헌한다. 그런데 이러한 전문가의 수가 충분하지 않다. 뉴욕타임스는 이러한 전문가가 '심각하게 부족하며' 가용한 소수의 전문가를 영입하려는 경쟁이 치열하여 200,000달러를 훌쩍 넘어서는 연봉을 제안받고 있다고 보도하였다 (Herszenhorn, 2006). 심리측정학자는 상관을 사용하여 측정척도의 개발에 두 가지 중요한 측면, 즉 신뢰도와 타당도를 조사한다.

신뢰도

제1장에서 신뢰할 만한 측정을 일관성 있는 측정으로 정의하였다. 예컨대, 수줍음을 측정한다면, 신뢰할 만한 측정은 어떤 사람이 수줍음 검사를 받을 때마다 거의 동일한 점수를 내놓는 측정이다. 한 가지 특정한 유형의 신뢰도가 검사-재검사 신뢰도이다. **검사-재검사 신뢰도**(test-retest reliability)는 사용하고 있는 척도가 실시할 때마다 일관성 있는 정보를 제공하는지를 지칭한다. 측정척도의 검사-재검사 신뢰도를 계산하려면, 동일한 표본에게 그 척도를 두 번 실시하게 되는데, 보통은 그 사이에 시간 간격을 둔다. 참가자가 첫 번째 실시에서 얻은 점수와 두 번째 실시에서 얻은 점수 간의 상관계수를 알아본다. 큰 상관은 측정척도가 시간이 경과하여도 일관성 있게 동일한 결과를 내놓는다는 사실을 나타낸다. 즉, 검사-재검사 신뢰도가 높다(Cortina, 1993).

한 검사의 신뢰도를 측정하는 또 다른 방법은 내적 일관성을 평가하여 모든 항목이 동일한 내용을 측정하고 있는지를 확인해보는 것이다(DeVellis, 1991). 애초에 연구자들은 반분(split-half) 신뢰도를 통해서 내적 일관성을 측정하였다. 즉, 홀수 항목(1, 3, 5 등)과 짝수 항목(2, 4, 6 등) 간의 상관을 알아보는 것이다. 만일 이 상관계수가 크다면, 그 검사는 높은 내적 일관성을 가지고 있다. 홀수-짝수 접근은 이해하기 용이하지만, 오늘날

심리측정은 검사와 측정의 개발에 사용하는 통계학의 한 분야이다.

심리측정학자(또는 계량심리학자)는 검사와 측정척도를 개발하는 통계학자와 심리학자이다.

검사-재검사 신뢰도는 사용하고 있는 척도가 실시할 때마다 일관성 있는 정보를 제공하는지를 지칭한다.

상관과 신뢰도 심리측정학자는 상관을 사용하여 프로스포츠 팀이, 예컨대 투수가 얼마나 빠르게 투구하는지와 같은 운동기량의 신뢰도를 평가하는 것을 돕는다.

계수 알파는 검사나 측정척도에서 보편적으로 사용하는 신뢰도 추정치이며, 모든 가능한 반분 상관계수의 평균이다.

개념 숙달하기

13-6 : 검사-재검사 신뢰도나 계수 알파와 같은 내적 일관성 측정치를 통해서 신뢰도를 계산하는 데 상관을 사용한다.

개념 숙달하기

13-7 : 관심변인을 평가하는 것으로 알려진 기존 측정치와 새로운 측정치 간의 상관을 알아봄으로써 타당도를 계산하는 데 상관을 사용한다.

컴퓨터는 더욱 정교한 접근을 가능하게 해준다. 컴퓨터는 모든 가능한 반분 신뢰도의 평균을 계산해줄 수 있다.

10개 항목 측정척도를 생각해보자. 컴퓨터는 홀수 항목과 짝수 항목 간의 상관을 계산할 수 있으며, 처음 다섯 항목과 마지막 다섯 항목 간의 상관, 1, 2, 4, 8, 10번 항목과 3, 5, 6, 7, 9번 항목 간의 상관을 계산하는 등 모든 가능한 조합의 상관을 계산할 수 있다. 그런 다음에 모든 가능한 반분 신뢰도의 평균을 계산해낼 수 있다. 이러한 평균을 계수 알파 또는 이것을 개발한 통계학자의 이름을 따서 **크론바흐 알파**(Cronbach's alpha)라고 부른다. **계수 알파**(coefficient alpha)는 검사나 측정척도에서 보편적으로 사용하는 신뢰도 추정치이며, 모든 가능한 반분 상관계수의 평균이다. 계수 알파는 심리학, 교육학, 사회학, 정치학, 의학, 경제학, 범죄학, 인류학 등을 포함하여 광범위한 분야에서 자주 사용한다(Cortina, 1993). (이 알파는 유의도 수준인 알파수준과 다른 것이다. 혼동하지 말기 바란다.)

새로운 척도나 측정도구를 개발할 때, 신뢰도는 얼마나 높아야 하는가? 만일 그 척도의 계수 알파가 0.80에 미치지 못한다면, 연구에서 척도로 사용할 가치가 없다. 그렇지만 예컨대, 아동을 적절한 학급에 배정하기 위하여 표준화 수행검사를 사용하고 있거나 치료법을 결정하기 위하여 우울증상 측정도구를 사용하고 있는 것처럼, 개개인에 관한 결정을 내리기 위하여 척도를 사용하고 있다면, 0.90이나 심지어는 0.95의 계수 알파를 목표로 삼아야 한다(Nunnally & Bernstein, 1994). 사람들의 삶에 직접적인 영향을 미치는 검사를 사용하고 있을 때는 높은 신뢰도를 원하게 되지만, 그 검사는 타당할 필요도 있다.

타당도

제1장에서 타당한 측정이란 평가하고자 설계하였거나 의도한 내용을 평가하는 측정이라고 정의하였다. 많은 연구자는 타당도를 심리측정 분야에서 가장 중요한 개념으로 간주한다(예컨대, Nunnally & Bernstein, 1994). 그렇지만 신뢰도를 측정하는 것보다 타당도를 측정하는 데 훨씬 더 많은 작업이 필요하기 때문에 타당도 측정이 항상 제대로 이루어지는 것은 아니다. 실제로 신뢰할 만한 검사, 즉 수줍음과 같은 변인을 일관성 있게 측정하고 내적 일관성을 가지고 있는 검사이지만, 여전히 타당하지는 않을 수 있다. 검사 문항들이 모두 동일한 것을 측정한다는 것이 측정하고자 원하는 것을 측정한다거나 측정하고 있다고 생각하는 것을 측정한다는 것을 의미하지 않기 때문이다.

예컨대, 잡지 **코스모폴리탄**은 독자의 남자친구와의 관계를 평가한다고 주장하는 퀴즈를 게재하는 경우가 많다. 만일 이러한 퀴즈를 풀어본 적이 있다면, 여러분은 몇몇 퀴즈 문항이 실제로 그 퀴즈가 시사하는 내용을 측정하고 있는지 궁금했을 것이다. "그는 당신에게 헌신하고 있는가?"라는 제목의 퀴즈는 이렇게 묻는다. "솔직하라. 당신은 그가 바람을 피울지도 모른다고 걱정하는가?" 이 문항은 파트너에 대한 남자의 헌신을 평가하는가, 아니면 파트너의 질투심을 평가하는가? 또 다른 문항은 이렇다. "그를 여러분의 절친에게 소개하였을 때, 다음 중 어떤 태도를 보였는가?" (1) "말씀 참 많이 들었습니다! 그래, 어떻게 친구가 되었나요?" (2) "안녕하세요."라고 말하고는 침묵했다. 약간 지루해 보였다. (3) 활짝 웃으면서 "만나서 반갑습니다."라고 인사하였다. 이 문항은 그의 헌신을 측정하는가, 아니면 사회성 기술을 측정하는가? 그러한 퀴즈가 신뢰할 만할 수는 있지만(즉, 여러분이 일관성 있게 반응할 수 있다), 파트너에 대한 남자의 헌신에 대한 타당한 측정은 아닐 수 있다. 헌신, 질투심, 그리고 사회성 기술은 상이한 개념인 것이다.

상관을 이해하고 있는 심리측정 전문가가 그러한 측정도구의 타당도를 검증하게 된다. 전형적으로 심리측정 전문가는 새로운 측정도구와 상관이 있는 기존의 다른 측정도구를 찾는다. 예컨대, 불안을 측정하는 새로운 척도는 타당한 것으로 알려진 기존의 측정도구 또는 심장박동과 같이 불안의 생리적 지표와 상관이 있을 수 있다. 만일 새로운 불안 측정도구가 다른 측정도구와 상관이 있다면, 타당도의 증거가 될 수 있다.

타당도와 관련된 또 다른 사례가 있다. 고등교육에서 소수집단 우대정책에 관한 돌파구적인 연구에서, 연구자들은 경쟁이 치열한 28개 대학 중 하나에 다니고 있던 35,000명 이상의 흑인과 백인 학생들의 성공을 연구하였다(Bowen & Bok, 2000). 타당도를 결정할 때는 관심 변인을 어떻게 조작적으로 정의하는지를 따져보는 것이 중요하다. 여기서의 관심 변인은 성공이었다.

이 연구에서는 우선 성공을 조작적으로 정의하기 위한 명백한 기준을 따져보았는데, 학생들의 장차 대학원 교육과 직업적 성취이었다. 이들의 결과는 유수 대학의 흑인 졸업생이 백인 졸업생의 성공에 상응하는 것을 달성하지 못한다는 엉터리 신화를 깨부수었다. 그런 다음에 연구자들은 한 걸음 더 나아가서 한 사회의 조직에 매우 중요한 성공 관련 기준, 즉 졸업생들의 정치 참여와 지역사회 서비스를 포함하여 시민사회에 참여하는 수준을 평가하였다. 연구자들은 이러한 유수 대학의 백인 졸업생보다 유의하게 많은 흑인 졸업생이 자신의 지역사회에 적극적으로 관여하고 있다는 결과를 얻었다. 타당도 조사를 통하여, 이 연구는 성공을 조작적으로 정의하는 기준을 확대함으로써, 소수집단 우대정책에 관한 논쟁의 본질을 바꾸어버렸다.

타당도와 성격 퀴즈 상관은 성격검사의 타당도를 평가하는 데 도움을 줄 수 있으며, 이것은 신뢰도 평가보다 더 어려운 과제이다. 아마도 잡지사와 웹사이트 운영자는 자신들이 개발한 퀴즈의 신뢰도나 타당도를 결코 확인해보지 않을 것이다. 그 퀴즈를 단지 재밋거리로만 생각하라.

학습내용 확인하기

개념의 개관

> 상관은 검사와 측정도구의 구성에 관한 통계학인 심리측정에서 핵심 부분이다.

> 심리측정을 실행하는 통계학자인 심리측정학자는 상관을 사용하여 검사의 신뢰도와 타당도를 확립한다.

> 검사-재검사 신뢰도는 동일한 참가자가 서로 다른 두 시점에서 동일한 검사에서 받은 두 점수 간의 상관을 통해서 추정할 수 있다.

> 오늘날 신뢰도를 구축하는 데 널리 사용하고 있는 계수 알파는 본질적으로 모든 가능한 반분 상관의 평균을 취함으로써 계산한다(단순히 짝수 문항 대 홀수 문항만을 비교하는 것이 아니다).

> 평가하고자 설계하거나 의도한 것을 평가할 때, 그 측정은 타당한 것이다.

개념의 숙달

13-11 심리측정 분야는 어떻게 상관을 활용하는가?

13-12 계수 알파가 측정하는 것은 무엇이며, 어떻게 계산하는가?

통계치의 계산

13-13 학생을 읽기치료 프로그램에 배정해야만 하는지를 결정하기 위한 진단도구를 평가하고 있다. 연구자는 계수 알파를 계산하여 0.85의 값을 얻는다.

   a. 진단도구로 사용하기에 충분한 신뢰도를 가지고 있는가? 그 이유는 무엇인가?

   b. 진단도구로 사용하기에 충분한 타당도를 가지고 있는가? 그 이유는 무엇인가?

   c. 검사의 타당도를 적절하게 평가하려면 어떤 정보가 필요한가?

개념의 적용

13-14 타당도를 논의할 때 언급한 잡지 코스모폴리탄의 헌신 퀴즈를 기억하는가? 잡지사가 이 퀴즈의 신뢰도와 타당도를 평가하기 위하여 심리측정 전문가를 고용하였으며, 그(그녀)는 남자친구가 있는 100명의 구독자에게 10문항의 퀴즈를 실시하였다고 상상해보라.

   a. 심리측정 전문가는 어떻게 퀴즈의 신뢰도를 확인할 수 있겠는가? 즉, 이 경우에 이 장에서 소개한 어떤 방법을 사용할 수 있겠는가? 구체적이고 명확하게 적어도 두 가지 방법을 들어보라.

   b. 심리측정 전문가는 어떻게 퀴즈의 타당도를 확인할 수 있겠는가? 구체적이고 명확하게 적어도 두 가지 방법을 들어보라.

   c. (b)에서 한 가지 기준을 선택하고, 그것이 실제로는 관심사인 기저 변인을 측정하지 못할 수도 있는 이유를 설명해보라. 즉, 어떻게 여러분의 기준 자체가 타당하지 않을 수 있는지를 설명해보라.

학습내용 확인하기의 답은 부록 D에서 찾아볼 수 있다.

개념의 개관

상관의 의미

상관은 두 변인 간의 연합이며, 상관계수로 정량화한다. 정적 상관은 한 변인에서 높은 점수를 갖는 참가자는 다른 변인에서도 높은 점수를 나타낼 가능성이 크고, 한 변인에서 낮은 점수를 갖는 참가자는 다른 변인에서도 낮은 점수를 나타낼 가능성이 크다는 사실을 나타낸다. **부적 상관**은 한 변인에서 높은 점수를 갖는 사람은 다른 변인에서 낮은 점수를 가질 가능성이 크다는 사실을 나타낸다. 모든 상관계수는 −1.00과 1.00 사이에 위치한다. 상관의 강도는 음양부호와 무관하다.

상관계수가 유용하지만, 오도할 수도 있다. 상관계수를 해석할 때는 상관을 인과성과 혼동해서는 안 된다. 상관계수를 통해서는 두 변인이 관련된 인과 방향을 알 수 없으며, 외현적 관계를 초래한 제3의 변인이 숨어있는지도 알 수 없다.

피어슨 상관계수

산포도를 통해서 두 개의 척도변인이 선형적 관계를 가지고 있을 때 **피어슨 상관계수**를 사용한다. 상관계수의 계산은 다음과 같은 세 단계를 수반한다. (1) 각 점수의 평균과의 편차를 계산하고, 각 참가자별로 각 변인에서의 편차를 곱한다. 그리고 편차 곱을 합한다. (2) 각 변인의 제곱합을 곱한 다음에 그 곱의 평방근을 취한다. (3) (단계 1에서 얻은) 편차 곱의 합을 (단계 2에서 얻은) 제곱합 곱의 평방근으로 나누어준다. 가설검증의 여섯 단계를 사용하여 r 분포에서 상관계수가 0.00과 통계적으로 유의하게 다른지를 결정한다.

심리측정에 상관 적용하기

심리측정은 검사와 측정도구의 개발에 관한 통계학이다. 심리측정학자는 검사의 신뢰도와 타당도를 평가한다. 신뢰도는 때때로 **검사-재검사 신뢰도**로 측정하는데, 상이한 두 시점에서 얻은 동일한 측정도구의 두 점수가 상관된 정도를 말한다. **계수 알파**의 경우에는 컴퓨터가 모든 가능한 반분 상관의 평균을 계산하게 된다. 타당도는 때때로 새로운 측정도구를 타당한 것으로 알려진 기존의 측정도구와의 상관을 통해서 평가한다.

SPSS®

이 장에서 상관계수를 계산하기 위해서 사용한 사례(사례 13.3)의 데이터, 즉 결석 일수와 시험점수를 입력한다. 각 학생의 두 점수를 동일한 행에 입력하도록 하라. 두 변인이 모두 척도변인인지를 확인하라.

산포도를 보려면, 그래프(Graphs) → 차트 작성기(Chart Builder) → 갤러리(Gallery) → 산포도/점(Scatter/Dot)을 선택한다. [주 : 차트 작성기를 처음 클릭할 때는 변인들을 척도, 서열, 또는 명목변인으로 정확하게 기술하였음을 나타내기 위하여 확인(OK)을 클릭해야 한다.] 아래쪽 차트 목록에서 '산포도/점'을 선택한다. 그런 다음에 독립변인인 결석 일수를 x축으로 드래그하고 종속변인인 성적을 y축으로 드래그하여 산포도에 포함시킬 변인을 선택한다. 확인을 클릭한다.

산포도가 피어슨 상관계수의 가정을 만족하고 있다는 사실

을 나타내면, 데이터를 분석할 수 있다. 분석(Analyze) → 상관(Correlate) → 이변량(Bivariate)을 선택한다. (주 : 이변량은 두 개의 변인을 분석하고 있다는 것을 의미한다.) 그런 다음에 분석한 두 변인, 즉 결석 일수와 성적을 선택하고 이들을 변인 목록으로 이동시킨다. 'Pearson'은 계산할 상관계수의 유형으로 이미 체크되어 있을 것이다. (주 : 셋 이상의 변인을 선택하게 되면, SPSS는 모든 가능한 변인 쌍을 보여주는 상관 행렬표를 구성하게 된다.) 출력 화면을 보려면 확인을 클릭한다. 스크린샷은 피어슨 상관계수의 출력을 보여주고 있다. 상관계수는 −0.851이며, 앞에서 손으로 계산하였던 계수와 동일하다. 두 개의 별표는 그 계수가 0.01보다 작은 알파수준에서 통계적으로 유의하다는 사실을 나타낸다. 상관계수 밑에서 실제 p 값이 0.002임을 볼 수 있다.

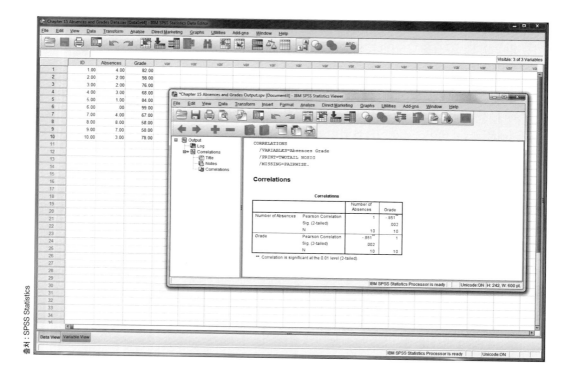

출처 : SPSS Statistics

작동방법

13.1 상관계수 이해하기

심리학 전공생이 대학원에 진학할 가능성에 대한 평정과 심리학 과목에서 이수한 학점 수에 관한 데이터를 수집하였다(Rajecki, Lauer, & Metzner, 1998). 다음 각 수치를 두 변인 간의 관계를 정량화한 피어슨 상관계수라고 상상해보자. 이 계수 각각으로부터 두 변인 간의 관계에 관하여 무엇을 알 수 있는가?

1. 1.00 : 이 상관계수는 대학원에 진학할 가능성 평정과 이수한 심리학 학점 간에 완벽한 정적 관계를 반영한다. 이 상관은 가장 강력한 상관이다.

2. −0.001 : 이 상관계수는 대학원에 진학할 가능성 평정과 이수한 심리학 학점 간에 관계없음을 반영한다. 이것은 아주 약한 상관이다.

3. 0.56 : 이 상관계수는 학생의 평정과 이수학점 간에 큰 정적 관계를 반영한다.

4. −0.27 : 이 상관계수는 학생의 평정과 이수학점 간에 보통 정도의 부적 관계를 반영한다. (주 : 이것은 이 연구의 변인들 사이에서 실제로 얻은 상관계수이다.)

5. −0.98 : 이 상관계수는 학생의 평정과 이수학점 간에 (거의 완벽에 가까운) 매우 큰 부적 관계를 반영한다.

6. 0.09 : 이 상관계수는 학생의 평정과 이수학점 간에 작은 정적 관계를 반영한다.

13.2 피어슨 상관계수 계산하기

연령은 사람들이 공부하는 양과 관련이 있는가? 다음 데이터에 대해서 어떻게 피어슨 상관계수를 계산할 수 있겠는가?

학생	연령	주당 공부시간	학생	연령	주당 공부시간
1	19	5	6	23	25
2	20	20	7	22	15
3	20	8	8	20	10
4	21	12	9	19	14
5	21	18	10	25	15

단계 1 : 산포도를 작성한다.

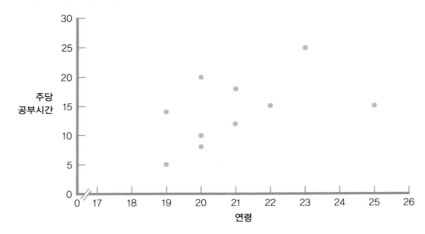

산포도에서 데이터는 전반적으로 관통하는 직선을 상상할 수 있는 패턴을 가지고 있음을 볼 수 있다. 따라서 피어슨 상관계수를 계산하는 것이 안전하다.

단계 2 : 피어슨 상관계수 공식의 분자를 계산한다. 분자는 각 변인에서 편차의 곱을 모두 합한 것이다. 연령의 평균은 21세이고, 공부시간의 평균은 14.2시간이다. 이 평균을 사용하여 각 점수의 편차를 계산한다. 그런 다음에 각 학생의 두 편차를 곱하고 그 곱을 모두 합한다. 다음 표는 그 계산을 보여준다.

연령(X)	$X-M_X$	공부시간(Y)	$Y-M_Y$	$(X-M_X)(Y-M_Y)$
19	−2	5	−9.2	18.4
20	−1	20	5.8	−5.8
20	−1	8	−6.2	6.2
21	0	12	−2.2	0.0
21	0	18	3.8	0.0
23	2	25	10.8	21.6
22	1	15	0.8	0.8
20	−1	10	−4.2	4.2
19	−2	14	−0.2	0.4
25	4	15	0.8	3.2
$M_X = 21$		$M_Y = 14.2$		$\Sigma[(X-M_X)(Y-M_Y)] = 49.0$

분자는 49.0이다.

단계 3 : 피어슨 상관계수 공식의 분모를 계산한다. 분모는 두 제곱합을 곱한 값의 평방근이다. 우선 각 변인의 제곱합을 계산한다. 계산은 다음과 같다.

연령(X)	$X-M_X$	$(X-M_X)^2$	공부시간(Y)	$Y-M_Y$	$(Y-M_Y)^2$
19	-2	4	5	-9.2	84.64
20	-1	1	20	5.8	33.64
20	-1	1	8	-6.2	38.44
21	0	0	12	-2.2	4.84
21	0	0	18	3.8	14.44
23	2	4	25	10.8	116.64
22	1	1	15	0.8	0.64
20	-1	1	10	-4.2	17.64
19	-2	4	14	-0.2	0.04
25	4	16	15	0.8	0.64
$M_X = 21$		$\Sigma(X-M_X)^2 = 32$	$M_Y = 14.2$		$\Sigma(Y-M_Y)^2 = 311.6$

이제 두 제곱합을 곱한 다음에 평방근을 취한다.

$$\sqrt{(SS_X)(SS_Y)} = \sqrt{(32)(311.6)} = 99.856$$

단계 4 : 마지막으로 분모와 분자를 수식에 집어넣어 피어슨 상관계수를 계산한다.

$$r = \frac{\Sigma[(X-M_X)(Y-M_Y)]}{\sqrt{(SS_X)(SS_Y)}} = \frac{49.0}{99.856} = 0.49$$

이제 피어슨 상관계수(0.49)를 계산하였으니, 이 통계치가 두 변인 간 연합의 방향과 강도에 관해 무엇을 알려주는지를 결정한다. 이것은 정적 상관이다. 연령이 많을수록 공부시간이 늘어나는 경향이 있으며, 연령이 적을수록 공부시간이 줄어드는 경향이 있다.

연습문제

홀수 문제의 답은 부록 C에서 찾아볼 수 있다.

개념 명료화하기

13.1 상관계수란 무엇인가?

13.2 선형관계란 무엇인가?

13.3 완벽한 상관을 설명해보라. 가능한 계수를 포함시켜라.

13.4 정적 상관과 부적 상관 간의 차이는 무엇인가?

13.5 중요한 것 또는 언급할 만한 가치가 있는 것으로 간주하려면 상관계수의 강도가 얼마나 커야 하는가?

13.6 두 변인 간에 선형관계가 존재할 때는 피어슨 상관계수를 사용한다. 이 계수가 기술하는 것은 무엇인가?

13.7 상관계수를 어떻게 기술통계치나 추론통계치로 사용할 수 있는 것인지를 설명하라.

13.8 변인들 간의 관계를 평가하는 데 편차점수를 어떻게 사용하는가?

13.9 편차를 곱한 값들의 합이 어떻게 상관계수의 음양부호를 결정하는지 설명해보라.

13.10 상관의 영가설과 연구가설은 무엇인가?

13.11 피어슨 상관계수를 계산하는 세 가지 기본 단계는 무엇인가?

13.12 상관을 사용한 가설검증의 세 번째 가정을 기술해보라.

13.13 검사-재검사 신뢰도와 계수 알파 간의 차이는 무엇인가?

13.14 상관계수가 결코 1보다 클 수 없는(그리고 -1보다 작을 수 없는) 까닭은 무엇인가?

통계치 계산하기

13.15 다음 각 그래프의 데이터가 부적 상관을 초래하는지 아니면 정적 상관을 초래하는지 결정하라.

a.
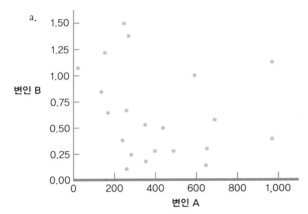

b.
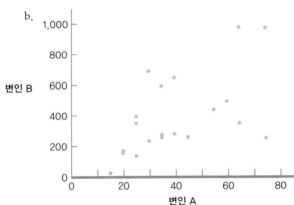

c.
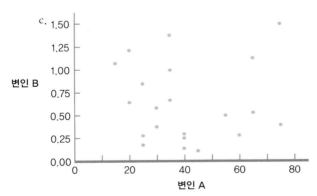

13.16 다음 세 개의 상관계수와 앞선 세 개의 산포도를 대응시켜보라.

   a. 0.545

   b. 0.018

   c. −0.20

13.17 코헨의 지침을 사용하여 다음 상관계수의 강도를 기술해보라.

   a. −0.28

   b. 0.79

   c. 1.0

   d. −0.015

13.18 다음 각 상관계수 쌍에서 어느 것이 변인 간의 더 강력한 관계를 나타내는지 결정하라.

   a. −0.28과 −0.31

   b. 0.79와 0.61

   c. 1.0과 −1.0

   d. −0.15와 0.13

13.19 다음 데이터를 사용하여 답하라.

X	Y
0.13	645
0.27	486
0.49	435
0.57	689
0.84	137
0.64	167

   a. 산포도를 그려라.

   b. 각 개인의 편차점수 그리고 그 편차의 곱을 계산한 다음에, 모든 곱을 더하라. 이것이 상관계수 공식의 분자이다.

   c. 각 변인의 제곱합을 계산하라. 그런 다음에 두 제곱합 곱의 평방근을 계산하라. 이것이 상관계수 공식의 분모이다.

   d. 분자를 분모로 나누어서 상관계수 r을 계산하라.

   e. 자유도를 계산하라.

   f. 알파 0.05인 양방검증을 가정하고 임곗값을 결정하라.

13.20 다음 데이터를 사용하여 답하라.

X	Y
394	25
972	75
349	25
349	65
593	35
276	40
254	45
156	20
248	75

a. 산포도를 그려라.

b. 각 개인의 편차점수 그리고 그 편차의 곱을 계산한 다음에, 모든 곱을 더하라. 이것이 상관계수 공식의 분자이다.

c. 각 변인의 제곱합을 계산하라. 그런 다음에 두 제곱합 곱의 평방근을 계산하라. 이것이 상관계수 공식의 분모이다.

d. 분자를 분모로 나누어서 상관계수 r을 계산하라.

e. 자유도를 계산하라.

f. 알파 0.05인 양방검증을 가정하고 임곗값을 결정하라.

13.21 다음 데이터를 사용하여 답하라.

X	Y
40	60
45	55
20	30
75	25
15	20
35	40
65	30

a. 산포도를 그려라.

b. 각 개인의 편차점수 그리고 그 편차의 곱을 계산한 다음에, 모든 곱을 더하라. 이것이 상관계수 공식의 분자이다.

c. 각 변인의 제곱합을 계산하라. 그런 다음에 두 제곱합 곱의 평방근을 계산하라. 이것이 상관계수 공식의 분모이다.

d. 분자를 분모로 나누어서 상관계수 r을 계산하라.

e. 자유도를 계산하라.

f. 알파 0.05인 양방검증을 가정하고 임곗값을 결정하라.

13.22 다음 실험설계 각각에 대해서 알파수준 0.05인 양방검증을 가정하고 자유도와 임곗값을 계산하라.

a. 학업윤리에 관한 지식과 학생들이 견지하고 있는 가치관 간의 관계에 관한 연구를 위하여 40명의 학생을 모집하였다. 기본 아이디어는 지식이 적은 학생이 지식이 많은 학생보다 이 논제에 관심이 없다는 것이다.

b. 27쌍의 부부를 대상으로 결혼기간과 관계 만족도에 관한 조사를 한다.

13.23 다음 실험설계 각각에 대해서 알파수준 0.05인 양방검증을 가정하고 자유도와 임곗값을 계산하라.

a. 개의 크기와 뼈의 비율 그리고 관절 건강 간의 관계를 살펴보기 위하여 데이터를 수집한다. 전 세계의 수의사들이 3,113마리의 데이터에 기여하였다.

b. 72명의 학생에게 있어서 한 주에 공부하는 시간은 학업부담과 상관이 있었다.

13.24 다음 중 계수 알파로 가능하지 않은 것은 어느 것인가? 1.67, 0.12, −0.88. 여러분의 답을 해명해보라.

13.25 한 연구자가 세 가지 진단도구 중에서 결정을 하고 있다. 첫 번째 도구는 계수 알파가 0.82이고, 두 번째는 0.95이며, 세 번째는 0.91이다. 이 정보에 근거할 때 여러분이라면 어느 도구를 사용하도록 제안하겠는가? 그 이유는 무엇인가?

개념 적용하기

13.26 신속한 사고, 말주변, 그리고 상관 : 호주 심리학자들이 "신속한 사고자가 말주변이 좋다"라는 제목의 논문에서 신속하게 생각하는 능력이 사회성 기술과 관련된다는 생각을 검증하였다(von Hippel et al., 2016). 이들은 결과를 다음과 같이 요약하였다. "또래들은 상식 문제에 보다 신속하게 답할 수 있으며 전반적으로 보다 신속하게 반응할 수 있는 참가자를 느리게 반응하는 참가자보다 카리스마가 더 많은 것으로 평가하였다. 이 결과는 생각하는 속도가 사회적 기능성을 촉진한다는 생각과 일치한다"(121쪽). 연구자들은 정적 상관을 언급하고 있는가, 아니면 부적 상관을 언급하고 있는가? 여러분의 답을 해명해보라.

13.27 악력, 사망, 그리고 상관 : 한 연구팀은 17개국의 성인들을 대상으로 악력과 사망 간의 관계를 연구하였다(Leong et al., 2015). 이들은 "약한 악력이 높은 사망률과 연합되어 있다."라고 보고하였다. 연구자들은 정적 상관을 기술하고 있는가, 아니면 부적 상관을 기술하고 있는가? 여러분의 답을 해명해보라.

13.28 뉴스에서 경외감과 상관 : 뉴욕타임스는 긍정 정서와 건강 간의 연계를 살펴본 연구에 관해 보도하였다. 우선 부정적 기분을 나쁜 건강과 연계시킨 선행 연구를 인용한 후에 기자는 다음과 같이 말하였다. "그렇지만 특정한 낙관적 기분이 건강에 주는 이득에 관해서는 알려진 것이 훨씬 적다. 말하자면, 만족감이 기쁨이나 자부심보다 좋은 건강을 더 일관성 있게 증진시키는지에 대해서는 알려진 것이 별로 없다. 최근 연구는 강력한 건강증진제로 한 가지 놀라운 정서, 즉 경외감을 선정하고 있다"(Reynolds, 2015). 경외감이란 무엇인가? 기자는 연구자 중의 한 명을 인터뷰하였는데, 그는 경외감이 '닭살검사를 통과하는' 그 무엇이라고 말하였다. "어떤 사람은 음악을 들으

면서 경외감을 느끼며, 다른 사람은 석양을 바라보거나 정치집회에 참석하거나 자식이 뛰어노는 것을 보면서 경외감을 느낀다."라고 설명하였다.

a. 만일 이 연구가 실험이었다면, 연구자들은 어떻게 경외감 정서를 치료제로 연구하였겠는가?

b. 연구자들이 진정한 실험을 수행하였을 가능성이 없는 까닭은 무엇인가?

c. 실제로 연구자들은 상관연구를 수행하였다. 연구자들은 참가자의 나쁜 건강을 나타내는 지표로 염증 측정치인 인터루킨6(IL-6)의 증가 수준을 사용하였다. 연구자들은 여러 가지 긍정 정서를 살펴보았으며, "경외감이 어떤 것이든 긍정 정서가 IL-6와 가장 강력한 관계를 가지고 있었다."라고 보도하였다. 이 관계는 긍정적일 가능성이 높은가, 아니면 부정적일 가능성이 높은가? 여러분의 답을 해명해보라.

d. 경외감이 염증 수준의 변화를 초래하였다고 결론 내릴 수 없는 까닭은 무엇인가?

e. 기자가 자신의 기사에서 '약물'이라는 단어를 피해야만 하는 이유는 무엇인가?

13.29 상관을 가지고 점성학 깨부수기 : 뉴욕타임스는 국제점성학회 간부인 앤 메이시가 행성인 수성의 특정 위상인 역행 위상이 통신이나 교통과 같은 광범위한 영역에서의 고장을 초래한다고 언급하였다고 보도하였다(Newman, 2006). 뉴욕타임스 기자인 앤디 뉴먼은 여러 가지 변인에서 고장가능성을 조사하였으며, 메이시의 가설과는 정반대로 수성의 역행 위상기 동안 뉴저지 통근기차가 0.4%에 불과하지만 오히려 연착할 가능성이 줄어들었음을 발견하였다. 반면에 뉴욕의 라과디아 공항에서 수화물에 관한 항의비율은 메이시의 가설대로 약간 증가하였다. 뉴먼의 결과는 조사한 모든 변인, 예컨대 범죄율, 컴퓨터 사고, 교통 마비, 비행기 연착 등에서 어떤 변인은 메이시를 지지하였고 어떤 변인은 그렇지 않아서 상호모순적이었다. 교통통계 전문가인 브루스 샬러는 이렇게 말하였다. "만일 이 모든 것이 무선성에 의한 것이라면, 그것이 바로 여러분이 기대하는 결과이다." 점성술사 메이시는 자신이 예언한 패턴은 수천 년의 데이터를 통해서만 드러난다고 맞받아치고 있다.

a. 뉴먼 기자의 데이터는 수성의 위상과 고장 간의 상관을 시사하고 있는가?

b. 점성술사 메이시가 상관이 있다고 믿는 까닭은 무엇인가? 제5장에서 다루었던 확증편향과 착각상관을 논의하라.

c. 교통 전문가 샬러의 진술과 뉴먼의 상반된 결과는 제5장에서 확률에 관하여 배운 것과 어떻게 관련되는가? 여러분의 답에서 상대적 빈도 기대확률을 논의하라.

d. 수천 년의 데이터에 걸쳐서만 관찰할 수 있는 지극히 작은 상관이 존재한다면, 여러분 자신의 삶에서 사건을 예측한다는 측면에서 그 지식은 얼마나 유용하겠는가?

e. 일상의 삶이라는 측면에서 수성의 위상과 고장 간의 상관에 관한 메이시의 주장에 대해 간략한 글을 작성해보라.

13.30 비만, 사망연령, 그리고 상관 : 신문 칼럼에서 폴 크루그먼(2006)은 (체질량지수로 측정한) 비만을 사망연령의 가능한 상관체의 하나로 언급하였다.

a. 두 변인 간의 함축된 상관을 기술해보라. 그 상관은 정적일 가능성이 높은가, 아니면 부적일 가능성이 높은가? 설명해보라.

b. (a)에서 여러분이 기술한 상관을 나타내는 산포도를 그려보라.

13.31 운동, 친구의 수, 그리고 상관 : 사람들의 운동량은 친구의 수와 상관이 있는가? 다음 표는 통계학 강의에서 수집한 데이터이다. 첫 번째와 세 번째 열은 주당 운동시간을 나타내고, 두 번째와 네 번째 열은 각 참가자가 보고한 절친의 수를 보여준다.

운동시간	친구의 수	운동시간	친구의 수
1	4	8	4
0	3	2	4
1	2	10	4
6	6	5	7
1	3	4	5
6	5	2	6
2	4	7	5
3	5	1	5
5	6		

a. 이 데이터의 산포도를 작성하라. 각 축에 반드시 이름을 붙이도록 하라.

b. 산포도가 두 변인 간의 관계에 관하여 시사하는 것은 무엇인가?

c. 피어슨 상관계수를 계산하는 것이 적절한가? 여러분의 답을 해명해보라.

13.32 외현화 행동, 불안, 그리고 상관 : 청소년의 거부와 우울

간의 관계에 관한 연구의 일환으로 연구자들은 외현화 행동(예컨대, 싸움을 거는 것과 같이 부정적인 방향으로 행동하는 것)과 불안에 관한 데이터를 수집하였다(Nolan, Flynn, & Garber, 2003). 연구자들은 외현화 행동이 불안감과 관련되어 있는지가 궁금하였다. 일부 데이터가 다음 표에 제시되어 있다.

외현화 행동	불안	외현화 행동	불안
9	37	6	33
7	23	2	26
7	26	6	35
3	21	6	23
11	42	9	28

a. 이 데이터의 산포도를 작성하라. 각 축에 반드시 이름을 붙이도록 하라.

b. 산포도가 두 변인 간의 관계에 관하여 시사하는 것은 무엇인가?

c. 피어슨 상관계수를 계산하는 것이 적절한가? 여러분의 답을 해명해보라.

d. 두 번째 산포도를 작성하는데, 이번에는 외현화 행동에서 1점 그리고 불안에서 45점을 받은 참가자 한 명을 첨가하라. 이제 상관계수가 정적일 것이라고 예상하는가, 아니면 부적일 것이라고 예상하는가? 크기는 작겠는가, 아니면 크겠는가?

e. 첫 번째 데이터의 피어슨 상관계수는 0.65이며, 두 번째 데이터는 0.12이다. 단지 한 명의 참가자를 첨가하였음에도 상관이 그토록 많이 변한 까닭을 설명해보라.

13.33 **외현화 행동, 불안 그리고 상관의 가설검증** : 위의 데이터를 사용하여 외현화 행동과 불안 간의 관계를 탐구하는 가설검증의 여섯 단계를 모두 실시하라.

13.34 **상관의 방향** : 다음 각 변인 쌍에 대해서 여러분은 두 변인 간에 정적 상관을 기대하는가, 아니면 부적 상관을 기대하는가? 여러분의 답을 해명해보라.

a. 비가 오는 정도와 통근시간

b. 디저트 제안을 거절하는 횟수와 체지방

c. 저녁식사와 함께 마시는 와인의 양과 식사 후의 각성 상태

13.35 **고양이, 정신건강 문제, 그리고 상관의 방향** : 여러분은 많은 고양이를 소유한 '제정신이 아닌' 사람에 관한 고정관념을 알고 있는지 모르겠다. 이 고정관념이 참인지를 궁금해한 적이 있는가? 여러분은 연구자로서 다음과 같은 두 변인에서 100명을 평가해보기로 결정한다. (1) 소

유하고 있는 고양이의 수, 그리고 (2) 정신건강 문제의 수준(점수가 높을수록 문제가 더 많다).

a. 두 변인 간에 정적 관계를 얻었다고 상상하라. 수많은 고양이를 소유한 사람에게 무엇을 기대하겠는가? 설명해보라.

b. 두 변인 간에 정적 관계를 얻었다고 상상하라. 고양이가 없거나 단지 한 마리만을 소유한 사람에게 무엇을 기대하겠는가? 설명해보라.

c. 두 변인 간에 부적 관계를 얻었다고 상상하라. 수많은 고양이를 소유한 사람에게 무엇을 기대하겠는가? 설명해보라.

d. 두 변인 간에 부적 관계를 얻었다고 상상하라. 고양이가 없거나 단지 한 마리만을 소유한 사람에게 무엇을 기대하겠는가? 설명해보라.

13.36 **고양이, 정신건강 문제, 그리고 산포도** : 앞 문제의 시나리오를 다시 생각해보라. 고려하고 있는 두 변인은 (1) 소유한 고양이의 수, 그리고 (2) 정신건강 문제의 수준이다. 두 변인 간의 가능한 관계는 상이한 산포도로 나타낼 수 있다. 대략 10명의 참가자 데이터를 사용하여, 다음 각 상관을 나타내는 산포도를 그려보라.

a. 약한 정적 상관

b. 강한 정적 상관

c. 완벽한 정적 상관

d. 약한 부적 상관

e. 강한 부적 상관

f. 완벽한 부적 상관

g. 상관이 없음

13.37 **정신적 외상, 여성성, 그리고 상관** : 한 대학원생이 정신질환으로 고통받고 있는 참전용사의 지각을 살펴보는 연구를 수행하였다(Holiday, 2007). 참가자들은 최근 이라크전투에서 귀국하였으며 우울증에 시달리고 있는 남녀 군인에 관한 이야기를 읽었다. 참가자들은 그 상황(이라크에서의 전투)이 얼마나 정신적 외상을 초래한다고 믿는지에 근거하여 그 상황을 평정하였다. 또한 다양한 변인에서 참전용사들을 평정하였는데, 얼마나 남성적이고 얼마나 여성적이라고 지각하는지를 평가하는 척도들이 포함되었다. 여러 분석 중에서 연구자는 상황을 외상적으로 지각하는 정도와 참전용사를 남성적이거나 여성적이라고 지각하는 정도 간의 관계를 살펴보았다. 참전용사가 남성일 때는, 외상적 상황 지각이 여성성 지각과 강력한 정적 상관을 나타냈지만, 남성성 지각과는 약한 정적 상

관만을 나타냈다. 참전용사가 여성일 때 여러분은 무엇을 기대하는가? 다음 표는 외상적 상황 지각(10점 척도에서 10이 가장 외상적이다)과 여성성 지각(10점 척도에서 10이 가장 여성적이다)의 데이터를 보여주고 있다.

지각한 외상	지각한 여성성
5	6
6	5
4	6
5	6
7	4
8	5

a. 이 데이터의 산포도를 그려보라. 산포도는 피어슨 상관계수를 계산하는 것이 적절하다는 사실을 시사하는가? 설명해보라.

b. 피어슨 상관계수를 계산하라.

c. 피어슨 상관계수가 두 변인 간의 관계에 관하여 알려주는 것을 진술해보라.

d. 편차점수 쌍의 패턴이 두 변인 간의 관계를 이해할 수 있게 해주는 이유를 설명해보라. (즉, 편차 쌍이 동일한 음양부호를 갖는 경향이 있는지 아니면 상반된 음양부호를 갖는 경향이 있는지를 따져보라.)

13.38 정신적 외상, 여성성, 그리고 상관의 가설검증 : 앞선 연습문제의 데이터와 여러분이 행한 작업을 사용하여, 가설검증의 나머지 다섯 단계를 수행하여 정신적 외상과 여성성 간의 관계를 탐색하라. 단계 6에서는 코헨의 지침을 사용하여 상관의 크기를 반드시 평가하라. (연습문제 13.37b에서 단계 5, 즉 상관계수의 계산을 이미 수행하였다.)

13.39 정신적 외상, 남성성, 그리고 상관 : 연습문제 13.37에서 기술한 실험을 참조하라. 정신적 외상으로서의 상황 지각과 여성의 여성성 지각 간의 관계를 나타내는 상관계수를 계산하였다. 이제 외상으로서의 상황 지각과 여성의 남성성 지각 간의 관계를 알아보기 위하여 데이터를 들여다보도록 하자. (10점 척도에서 10은 가장 남성적인 것이다.)

지각한 외상	지각한 남성성
5	3
6	3
4	2
5	2
7	4
8	3

a. 이 데이터의 산포도를 그려라. 산포도는 피어슨 상관계수를 계산하는 것이 적절하다고 제안하고 있는가? 설명해보라.

b. 피어슨 상관계수를 계산하라.

c. 피어슨 상관계수가 두 변인 간의 관계에 관하여 알려주는 것을 기술하라.

d. 편차점수 쌍의 패턴이 두 변인 간의 관계를 이해할 수 있게 해주는 이유를 설명해보라. (즉, 편차 쌍이 동일한 음양부호를 갖는 경향이 있는지 아니면 상반된 음양부호를 갖는 경향이 있는지를 따져보라.)

e. 외상으로서의 상황 지각과 남성이거나 여성성으로서의 여성의 지각 간의 관계가 남자의 입장에서 동일한 관계와 어떻게 다른지를 설명해보라.

13.40 정신적 외상, 남성성, 그리고 상관의 가설검증 : 앞선 연습문제의 데이터와 여러분이 행한 작업을 사용하여, 가설검증의 나머지 다섯 단계를 수행하여 정신적 외상과 남성성 간의 관계를 탐색하라. 단계 6에서는 코헨의 지침을 사용하여 상관의 크기를 반드시 평가하라. (13.39b에서 단계 5, 즉 상관계수의 계산을 이미 수행하였다.)

13.41 교통량, 지각, 그리고 편향 : 친구 한 명이 자신이 지각하는 것과 교통량 간에 상관이 있다고 말한다. 어디엔가 가면서 늦었을 때는 언제나 교통량이 엄청나다. 반면에 시간 여유가 있을 때는 교통이 뜸하다. 언제 어디를 가든지 간에 항상 이런 일이 일어난다고 그 친구는 말한다. 그 친구는 교통이라는 측면에서 자신이 저주받았다고 결론짓는다.

a. 우연의 일치, 미신, 확증편향 등과 같은 현상들이 그 결론을 어떻게 설명해주는지를 그 친구에게 설명해보라.

b. 그 친구는 두 변인, 즉 지각한 정도와 교통량 간의 관계를 어떻게 정량화할 수 있는가? 답을 할 때는 그 변인들을 어떻게 조작적으로 정의 내릴 것인지를 반드시 설명하라. 물론 그 변인들은 다양한 방식으로 조작적 정의를 내릴 수 있다.

13.42 IQ를 신장시키는 물과 착각상관 : 쓰레기 같은 타블로이드판 위클리 월드 뉴스는 "마운틴 폴스의 물이 여러분을 천재로 만들 수 있다"라는 기사를 내보내면서 스위스 어느 비밀장소에 있는 특별한 폭포의 물을 마시면 "순식간에 IQ가 14점이나 높아진다."라고 보도하였다. 숲에서 길을 잃은 두 명의 등산객이 이 물을 마시고는 사고능력이 증진됨을 알아차리고는 즉각적으로 숲을 빠져나오는 길을 찾았다는 것이다. 물을 더 많이 마실수록 더 똑똑해

지는 것처럼 보였다. 두 등산객은 자신들의 지능이 높아진 것을 '기적의 물' 덕분으로 돌렸다. 이들은 그 물을 집으로 가져와서 친구에게 주었으며, 친구들도 사고능력이 증진되는 것을 알아차렸다고 주장하였다. 일화에 의존하는 것이 어떻게 두 등산객으로 하여금 착각상관을 지각하게 만들었는지를 설명하라.

13.43 컨버터블 운전하기, 상관, 그리고 인과성 : 컨버터블은 얼마나 안전한가? USA 투데이(Healey, 2006)는 컨버터블 자동차의 장단점을 조사하였다. 미국 고속도로 안전보험협회는 모델에 따라서 컨버터블을 등록한 100만 명당 52~99명의 운전자가 충돌사고로 사망하였다고 보고하였다. 모든 승용차의 평균 사망률은 87%이다. 기자는 "관례적인 생각과는 달리, 컨버터블이 일반적으로 안전하지 않은 것은 아니다."라고 쓰고 있다.

  a. 컨버터블의 안전성에 관하여 기자가 시사하는 것은 무엇인가?

  b. 컨버터블의 사망률이 꽤나 낮은 것에 대한 또 다른 설명을 생각해볼 수 있는가? (힌트 : 그 기사는 컨버터블이 '두 번째나 세 번째 자동차'이기 십상이라고 보도하였다.)

  c. (b)에서 여러분의 설명에 근거하여 보다 적절한 비교를 할 수 있는 데이터를 제안해보라.

13.44 표준화검사, 상관, 그리고 인과성 : 뉴욕타임스 사설("공립학교 대 사립학교", 2006)은 공립학교 학생보다 사립학교 학생이 표준화검사 점수가 유의하게 높다는 미국 교육부의 결과를 인용하였다.

  a. 인과성에 대해서 연구자가 제안하고 있는 것은 무엇인가?

  b. 가정한 인과성의 방향을 역전시킴으로써 이 상관을 어떻게 설명할 수 있는가? 구체적으로 명확하게 진술해보라.

  c. 제3변인은 어떻게 이 상관을 설명하겠는가? 구체적으로 명확하게 진술해보라. 수많은 가능한 제3변인이 있음에 주목하라. (주 : 실제 연구에서는 인종, 성별, 부모의 교육 수준, 수입 등을 포함하여 관련된 제3변인들을 통계적으로 제거하였을 때 학교 유형 간의 차이가 사라졌다.)

13.45 예술교육, 상관, 그리고 인과성 : 브로드웨이 뮤지컬 '애니(Annie)'와 연예산업재단은 제대로 혜택받지 못한 아동들을 위한 예술교육 프로그램을 촉진하기 위하여 팀을 구성하였다. 뉴욕타임스에 내보낸 광고에서는 "예술교육 프

로그램의 학생은 학업도 더 잘하고 학교에 더 오래 머뭅니다."라고 말하고 있다.

  a. 뮤지컬과 재단이 인과성에 대해서 시사하고 있는 것은 무엇인가?

  b. 가정한 인과성의 방향을 역전시킴으로써 이 상관을 어떻게 설명할 수 있는가? 구체적으로 명확하게 진술해보라.

  c. 제3변인은 어떻게 이 상관을 설명하겠는가? 구체적으로 명확하게 진술해보라. 수많은 가능한 제3변인이 있음에 주목하라.

13.46 페이스북 '좋아요'와 상관 : 여러분이 '좋아하는' 것에 유념하라. 연구자들은 한 사람이 페이스북에 게시하는 '좋아요'의 수와 연구자들이 그 사람의 성별, 연령, 성적 지향, 인종, 종교, 정치성향, 성격특질, 지능 등을 포함한 다양한 특성들을 정확하게 확인해내는 능력 간의 관계를 살펴보았다(Kosinski, Stillwell, & Graepel, 2013). 아래 그래프는 '좋아요'의 수와 성별, 연령, 그리고 개방성이라는 성격특질을 확인해내는 정확성 간의 관계를 보여준다.

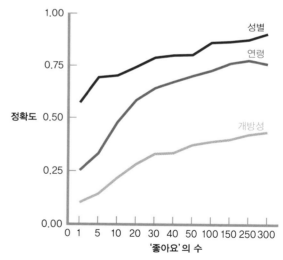

  a. 이 그래프가 어떤 이야기를 알려주는지를 여러분 스스로 기술해보라.

  b. 그래프에 관해서 제3장에서 학습한 내용에 근거하여, x축이 오도하는 이유를 설명하고 여러분이라면 이 그래프를 어떻게 재설계할 것인지를 기술해보라.

13.47 맹세하기, 어휘 그리고 상관 : 사람들이 자주 맹세하는 까닭이 총체적 어휘가 모자라기 때문이라는 속설을 검증하였다(Jay & Jay, 2015). 참가자들에게 '악담하는 단어나 불경스러운 단어'라고 표현한 금기 단어를 1분 동안 가능한

한 많이 말하도록 하였다. 그런 다음에 참가자들에게 과제를 반복하도록 요구하였지만, 이번에는 동물 이름과 같이 다른 범주의 단어를 1분 동안 가능한 한 많이 말하도록 하였다. 아래 표는 실제 연구의 데이터와 동일한 전반적 패턴을 가지고 있는 가상 데이터이다.

금기어의 수(X)	동물의 수(Y)
9	23
5	20
4	17
12	28
14	26
10	16
9	17
11	18
14	23
6	21
7	25
13	19

a. 이 데이터의 산포도를 작성하고, 산포도에 근거하여 이 변인들 간의 관계에 대한 여러분의 인상을 기술해보라.

b. 이 데이터의 피어슨 상관계수를 계산하라.

c. 여러분이 방금 계산한 상관계수는 추론통계치가 아니라 기술통계치인 이유를 설명해보라. 이것을 추론통계치로 만들려면 무엇이 필요한가?

d. 가설검증의 여섯 단계를 실시하라.

e. 연구자들이 이 현상을 상관연구가 아니라 실험을 통해서 연구할 수 있었겠는가? 여러분의 답을 해명해보라.

13.48 낭만적 사랑, 두뇌활동, 그리고 신뢰도 : ('열정적 사랑 척도'로 평가한) 강렬한 낭만적 사랑과 (fMRI로 평가한) 두뇌 특정 영역의 활성화 간의 상관을 찾아냈다(Aron et al., 2005). 열정적 사랑척도(Hatfield & Sprecher, 1986)는 낭만적 관계에 있는 사람에게 다음과 같은 일련의 진술에 동의하는 정도를 평정하도록 요구함으로써 낭만적 사랑의 강도를 평가한다. 예컨대, "나는 신체적으로나 정서적으로나 심리적으로나 _____를 원한다." "때때로 나는 내 생각을 제어할 수가 없다. 강박적으로 _____를 생각한다." 빈칸은 파트너의 이름으로 대치하게 된다.

a. 검사-재검사 신뢰도 기법을 사용하여 어떻게 이 측정치의 신뢰도를 알아볼 수 있는가? 구체적이고 명확하게 상관의 역할을 설명해보라.

b. 검사-재검사 신뢰도가 이 측정에 적합한가? 연습효과가 있을 가능성이 있지 않은가? 설명해보라.

c. 계수 알파를 사용하여 어떻게 이 측정의 신뢰도를 알아볼 수 있는가? 구체적이고 명확하게 상관의 역할을 설명해보라.

d. 이 연구에서 계수 알파는 0.81이었다. 이 값에 근거할 때, 이 연구에서 이 척도의 사용은 정당한 것인가? 설명해보라.

e. 이 측정이 평가하고자 시도하고 있는 아이디어는 무엇인가?

f. 이 측정치가 타당하다는 것의 의미는 무엇인가? 구체적이고 명확하게 진술해보라.

13.49 편향적 시험문제, 타당도, 그리고 상관 : 뉴욕주의 4학년 영어시험이 학부모의 격렬한 반응을 초래하였다. 4학년생의 성과를 측정하기에 공정하지 않은 시험문제 때문이었다. 학생들은 '수탉이 새벽에 울어대는 이유'라는 이야기를 읽었는데, 이 이야기에는 왕임을 자처하는 건방진 수탉과 결국에는 수탉에게 못되게 행동하게 되는 '가장 친절한 소' 브라우니가 등장한다. 처음에 수탉은 제멋대로 행동하지만, 끝날 무렵에는 브라우니가 이끄는 소들이 스스로 왕이라고 칭하는 수탉이 아침에 가장 먼저 일어나고 밤에 가장 늦게 잠자리에 들어야 한다고 설득시켰다. 소들에게는 기쁘게도, 건방진 수탉은 동의한다. 다 읽고 난 다음에 학생들에게 이야기에 관한 여러 문제에 답하도록 하였는데, 여기에 다음과 같은 문제가 포함되어 있었다. "무엇이 브라우니의 행동을 변화시켰는가?" 여러 명의 학부모가 웹사이트에서 시험의 문제점들을 지적하기 시작하였는데, 특히 이 문제의 문제점을 가장 많이 지적하였다. 학부모들은 변한 것은 소의 행동이 아니라 수탉의 행동인 것처럼 보이기 때문에 학생들이 혼란스러웠다고 주장하였다. 익명의 뉴욕주 관리자가 웹사이트에 올린 글에 따르면, 정답은 소가 친절하게 시작하여 무례하게 끝났다는 것이었다.

a. 이 시험문제는 글쓰기 능력을 평가하려는 것이었다. 웹사이트에 따르면, 시험문제는 학생의 훌륭한 글쓰기로 이끌어야 하며, 모호하지 말아야 하고, 다른 능력이 아니라 글쓰기 능력을 검증하며, 객관적이고 믿을 만하게 채점할 수 있어야 한다. 만일 웹사이트가 주장하는 바와 같이, 학생이 소 대신에 수탉에 관하여 언급하여 점수가 깎이게 된다면, 이것은 위의 기준을 만족하는 것인가? 설명해보라. 이것이 타당한 문제인

것으로 보이는가? 설명해보라.

b. 웹사이트는 뉴욕주 학교는 다른 무엇보다도 시험성적을 사용하여 교사와 교장을 평가한다고 기술하고 있다. 그 이면의 논리는 우수한 교사와 관리자가 높은 시험성적을 초래한다는 것이다. 우수한 교사와 관리자의 존재 이외에 더 우수한 성과로 이끌어갈 가능성이 있는 제3의 변인을 적어도 두 개 이상 나열해보라.

13.50 휴가기간 체중 증가, 신뢰도 그리고 타당도 : 월스트리트 저널은 휴가철 체중 증가에 관한 연구를 보도하였다. 연구자들은 사람들에게 가을과 겨울에 전형적으로 얼마나 체중이 증가하는지를 물어서 체중 증가를 평가하였다 (Parker-Pope, 2005). 평균 응답은 2.3킬로그램이었다. 그렇지만 이 기간 동안의 실제 연구는 사람들의 체중이 평균 0.48킬로그램 증가하였다는 결과를 얻었다.

a. 체중 증가에 대해서 사람들에게 묻는 방법이 신뢰할 만할 가능성이 있는가? 설명해보라.

b. 체중 증가에 대해서 사람들에게 묻는 방법이 타당할 가능성이 있는가? 설명해보라.

종합

13.51 건강관리 지출, 장수 그리고 상관 : 뉴욕타임스 칼럼니스트인 폴 크루그먼(2006)은 신문 칼럼에서 "미국인인 것이 건강에 나쁜가?"라고 물을 때 상관이라는 아이디어를 사용하였다. 크루그먼은 미국이 전 세계 어느 나라보다도 건강관리에 1인당 지출액이 높은데도 기대수명은 많은 나라에게 추월당하고 있다고 설명하였다. [크루그먼은 *Journal of the American Medical Association*에 발표한 뱅크스 등(2006)의 연구를 인용하였다.]

a. 이 연구에서 '참가자'는 누구인가?

b. 연구한 두 척도변인은 무엇인가? 각 변인을 어떻게 조작적으로 정의하였는가? 건강을 조작적으로 정의하는 데 있어서 기대수명 이외에 다른 방법을 적어도 한 가지 제안해보라.

c. 연구결과는 무엇이며, 그 결과가 놀라운 까닭은 무엇인가? 위에서 기술한 결과가 전 세계에 걸쳐 참이라면, 이것은 부적 상관인가 아니면 정적 상관인가? 설명해보라.

d. 혹자는 인종이나 수입이 높은 지출 그리고 낮은 기대수명과 관련된 제3변인일 수 있다고 생각하였다. 그렇지만 크루그먼은 히스패닉계가 아닌 미국 백인과 영국 백인의 비교(따라서 인종을 배제시켰다)는 놀랄 만

한 결과를 내놓았다고 보도하였다. 즉, 미국인의 가장 부유한 1/3이 영국의 가장 가난한 1/3보다도 건강이 나빴다. 이 연구에서 두 변인 모두에 영향을 미쳤을 수 있는 또 다른 가능한 제3변인에는 어떤 것이 있겠는가?

e. 이 연구를 진정한 실험이 아니라 상관연구로 간주하는 까닭은 무엇인가?

f. 건강관리에 지출하는 액수가 건강의 변화를 초래하는지를 결정하는 진정한 실험을 실시할 수 없는 이유는 무엇인가?

13.52 음식 가용성, 섭취량 그리고 상관 : 때로는 단지 음식이 눈앞에 있기 때문에 더 많이 먹는다는 사실을 알고 있었는가? 1회 분량이 먹는 양에 어떤 영향을 미치는지를 연구하였다(Geier, Rozin, & Doros, 2006). 이들은 흥미진진한 사실을 발견하였다. 예컨대, 사람들은 엠앤엠 초콜릿을 작은 스푼으로 덜어줄 때보다 큰 스푼으로 덜어줄 때 더 많이 먹는다. 연구자들은 가용한 음식이 더 많을 때 사람들이 더 많이 먹는지를 살펴보았다. 참가자에게 그릇에 제공한 캔디의 양과 연구가 끝났을 때 먹은 캔디의 양에 대한 가상 데이터를 아래에 제시하였다.

제공한 양	먹은 양
10	3
25	14
50	26
75	44
100	36
125	57
150	41

a. 이 연구에서 두 변인은 무엇인가? 각 변인은 어떤 유형의 변인인가?

b. 이 데이터의 산포도를 작성하라.

c. 산포도에 근거하여 두 변인 간의 관계에 대한 여러분의 느낌을 기술해보라.

d. 이 데이터의 피어슨 상관계수를 계산하라.

e. 코헨의 지침을 사용하여 결과를 요약해보라.

f. 가설검증의 나머지 단계를 실시하라.

g. 이 상관에 근거하여 내릴 수 있는 결론에는 어떤 한계가 있는가?

h. A-B-C 모형을 사용하여 변인들 간의 관계에 대한 가능한 원인을 설명해보라.

13.53 고등학교 스포츠 참여와 상관 : 연구자들이 고등학교 스

포츠 참여의 장기적 효과를 검증하기 위하여 종단 데이터를 살펴보았다(Lutz et al., 2009). 이들은 다음과 같은 세 가지 결과를 보고하였다. 첫째, 고등학교 스포츠 참여는 여러 가지 긍정적 결과와 관련되었다. 여기에는 고등학교 성적의 증가, 대학 졸업률, 성인으로서 수입, 그리고 다양한 긍정적 건강행동 등이 포함되었다. 둘째, 수많은 다른 변인들이 고등학교 스포츠 참여와 긍정적 결과 간의 관계에 영향을 미쳤다. 이러한 변인에는 인종, 성별, 학교 유형(예컨대, 사립 대 공립) 등이 포함되었다. 셋째, 고등학교 스포츠 참여는 남학생 사이에서 여러 가지 부정적 결과와 관련되었다. 여기에는 음주, 성차별과 동성애 혐오 태도 그리고 폭력 등이 포함되었다.

a. 고등학교 스포츠 참여를 명목변인으로서 어떻게 조작적으로 정의하겠는가? 구체적이고 명확하게 진술해보라.

b. 고등학교 스포츠 참여를 척도변인으로서 어떻게 조작적으로 정의하겠는가? 구체적이고 명확하게 진술해보라.

c. 이 연구에서 사용한 것과 같은 데이터에서 상관이 유용한 도구인 까닭은 무엇인가?

d. 연구자들이 정적 상관을 보고하였는가? 만일 그렇다면 적어도 두 개를 제시하라. 그것들이 정적 상관인 까닭을 설명해보라.

e. 연구자들이 부적 상관을 보고하였는가? 만일 그렇다면 적어도 두 개를 제시하라. 그것들이 부적 상관인 까닭을 설명해보라.

f. A-B-C 모형을 사용하여 고등학교 스포츠 참여와 긍정적 건강행동 간의 상관에 대한 세 가지 상이한 인과 설명을 제시해보라.

핵심용어

검사-재검사 신뢰도(test-retest reliability)
계수 알파(coefficient alpha)
부적 상관(negative correlation)
상관계수(correlation coefficient)

심리측정(psychometrics)
심리측정학자(psychometrician)(계량심리학자)
정적 상관(positive correlation)
피어슨 상관계수(Pearson correlation coefficient)

공식

$$r = \frac{\Sigma[(X - M_X)(Y - M_Y)]}{\sqrt{(SS_X)(SS_Y)}}$$

$$df_r = N - 2$$

기호

r

ρ

α

회귀

14

단순선형회귀
예측 대 관계
z 점수의 회귀
회귀식 결정하기
표준회귀계수와 회귀의 가설검증

해석과 예측
회귀와 오차
상관의 제한점을 회귀에 적용하기
평균으로의 회귀
오차의 비례적 감소

중다회귀
회귀식 이해하기
일상생활에서의 중다회귀

시작하기에 앞서 여러분은

- 가설검증의 여섯 단계를 이해하여야 한다(제7장).
- 효과크기 개념을 이해하여야 한다(제8장).
- 상관의 개념을 이해하여야 한다(제13장).
- 상관의 제한점을 설명할 수 있어야 한다(제13장).

페이스북과 사회자본 이 장에서 소개하는 예측도구는 증가하는 페이스북 사용이 높은 수준의 사회자본을 예측한다는 사실을 결정하는 데 도움을 주었다.

2004년에 당시 대학생이었던 마크 저커버그는 소셜네트워킹 사이트인 페이스북을 개발하였는데, 곧바로 대학 캠퍼스에 걸쳐 인기가 폭발적으로 증가하였다. 2012년에 페이스북은 기업공개에서 160억 달러를 상회하였다. 2018년에 페이스북은 적극적 사용자가 20억 명을 넘어섰다. 페이스북 사용이 끝도 없이 증가하자, 미시건주립대학교(MSU) 연구자들은 페이스북 관계를 통해서 대학생들이 무엇을 얻고 있는지, 즉 사회자본에서 무엇을 얻고 있는지를 이해하고자 시도하였다 (Ellison, Steinfeld, & Lampe, 2007).

연구자들이 다룬 한 가지 유형의 사회자본은 '다리놓기(bridging)' 사회자본, 즉 친구라기보다는 아는 사이라고 생각하는 느슨한 사회적 연계이었다. 연구자들은 페이스북을 많이 사용할수록 다리놓기 사회자본이 많아질 것이라는 가설을 세웠다. 이들은 학생들에게 다음과 같은 여러 항목들을 평정하도록 요구함으로써 다리놓기 사회자본을 측정하였다. 예컨대, "나는 MSU 사회의 일원이라고 느낀다." 그리고 "MSU에서 나는 항상 새로운 사람과 접촉한다."

페이스북에 사용하는 시간의 양은 학생들이 페이스북에서 얼마나 많은 사회자본을 얻는지를 결정하는 많은 영향력 중의 하나일 뿐이다. 연구물음에 대한 확실한 답은 수줍음, 성별, 인터넷 연결의 자질 등과 같은 많은 상이한 요인들에 의해서 복잡해지게 된다. MSU 페이스북 연구는 많은 변인들의 영향을 제어해야만 하였지만, 데이터는 여전히 연구자들의 가설을 지지하였다. 즉, 페이스북을 더 많이 사용할수록, 학생들은 사회자본 측정치에서 더 높은 점수를 받는 경향이 있었다. 그렇다면 연구자들은 어떻게 페이스북 사용시간의 효과를 다른 변인들로부터 분리해내었는가?

이 장에서 다루는 분석법은 상관에 기반하여 예측도구를 만들 수 있도록 도와준다. 우선 단 하나의 척도변인을 사용하여 두 번째 척도변인의 결과를 예측하는 방법을 공부하는 것으로 시작한다. 그런 다음에 이 방법의 한계점, 즉 상관에서 직면하였던 것과 유사한 한계점을 논의한다. 마지막으로 다중 척도변인을 사용하여 또 다른 척도변인의 결과를 예측하도록 이 분석법을 확장한다.

단순선형회귀

상관이 우수한 도구인 까닭은 두 변인 간 관계의 방향과 강도를 알 수 있게 해주기 때문이다. 또한 상관계수를 사용하여 예측도구, 즉 척도변인인 독립변인의 점수를 가지고 척도변인인 종속변인의 점수를 예측하는 등식을 개발할 수 있다. 예컨대, MSU 연구팀은 학생이 페이스북에 사용한 시간을 사용하여 사회자본 측정에서 얼마나 높은 점수를 받을지를 예측하였다.

미래를 예측할 수 있다는 것은 강력한 무기이지만, 예측은 마술이 아니라 통계이다. 물론 통계적 예측은 어느 정도의 오차범위를 허용해야 한다. 예컨대, 많은 대학은 고등학교 성적, 표준화검사 점수 등의 변인을 사용하여 신입생의 성공을 예측한다. 완벽한 예측은 아니지만, 수정 구슬을 들여다보는 것보다는 훨씬 낫다. 마찬가지로, 보험회사들은 특정 집단의 사람(예컨대, 젊은 남성 운전자)이 보험을 청구할 가능성을 예측하기 위하여 인구학적 데이터를 등식에 입력한다. 페이스북 창립자인 마크 저커버그는 심지어 페이스북 사용자의 데이터를 사용하여 연인관계가 깨지는 것을 예측하였던 것으로 알려져 있다. 다른 사람의 페이스북 프로파일을 들여다보는 시간, 다른 사람의 페이스북에 게시하는 방식의 변화, 사진 올리는 패턴 등과 같은 독립변인을 사용하여 사용자의 페이스북 관계 상태가 입증하는 관계의 종말과 같은 종속변인을 예측하였다. 저커버그는 대략 1/3 정도 정확성을 보였다("페이스북은 당신의 이별을 예측할 수 있을까?", 2010).

예측 대 관계

지금까지 논의한 예측도구의 이름은 회귀, 즉 변인들 간의 관계를 예측하는 구체적인 정량적 정보를 제공할 수 있는 통계기법이다. 보다 구체적으로 **단순선형회귀**(simple linear regression)는 한 개인의 독립변인 점수를 가지고 종속변인 점수를 예측할 수 있게 해주는 통계도구이다.

단순선형회귀는 데이터를 기술하는 직선의 식을 계산할 수 있게 해준다. 일단 그래프에 그러한 선분을 그릴 수 있다면, x축의 어느 점에서든 그에 대응하는 y축의 점을 찾을 수 있다. (주 : 피어슨 상관계수에서와 마찬가지로, 데이터가 선형 패턴을 형성하지 않는다면, 단순선형회귀를 사용할 수 없다.) 회귀 기법을 사용한 연구 사례를 살펴본 다음에 회귀식을 만드는 단계를 따라가 보자.

경제학자인 크리스토퍼 럼은 자신의 연구에서 회귀를 자주 사용한다. 한 연구에서는 실업률이 증가하면 사망률이 감소한다는 자신의 결과(Ruhm, 2000)에 대한 이유를 찾고자 하였는데, 이 결과는 사망률과 경제지표 간의 놀랄 만한 부적 관계이다. 한 걸음 더 나아가서 그는 이 관계를 예측의 영역으로 끌어들였다. 그는 실업률 1% 증가는 평균적으로 사망률을 0.5% 떨어뜨린다는 결과를 얻었다. 다시 말해서, 열악한 경제가 좋은 건강을 예측하였던 것이다!

이토록 놀라운 결과에 대한 원인을 탐색하고자 럼(2006)은 건강과 관련된 독립변인(흡연, 비만, 신체활동 등)과 경제와 관련된 종속변인(수입, 실업, 주당 근무시간 등)에 대한 회귀분석을 실시하였다. 그는 10여 년에 걸쳐 전화조사를 통해 수집한 거의 150만 명의 데이터를 분석하였다. 무엇보다도 럼은 근무시간의 감소가 흡연, 비만, 그리고 신체적 무활동의 감소를 예측한다는 사실을 발견하였다.

예측과 흥행의 성공 "좀비는 잊어라. 데이터 크런처(데이터를 수집하고 분석해 유용하고 결정적인 정보들을 추출해내는 사람)들이 할리우드를 침공하고 있다." 뉴욕타임스 기사는 영화대본 자문역으로 전향한 전직 통계학 교수인 비니 브루지스에 관한 기사를 이렇게 시작하고 있다(Barnes, 2013). 브루지스는 지나간 영화의 요소들에 관한 데이터를 사용하여 흥행의 성공을 예측한다. '오즈의 마법사' 제작진은 브루지스의 충고를 받아들였고, 영화는 수억 달러를 벌어들였다. 반면에 '링컨 : 뱀파이어 헌터' 제작진은 브루지스의 충고를 무시하였고, '오즈의 마법사'가 벌어들인 것의 1/4도 챙기지 못하였다. 그렇지만 두 개의 데이터 포인트는 어떤 패턴을 주장하기에 결코 충분하지 않다.

단순선형회귀는 한 개인의 독립변인 점수를 가지고 종속변인 점수를 예측할 수 있게 해주는 통계도구이다.

회귀는 상관을 넘어서서 한 단계 더 나아갈 수 있다. 회귀는 변인들 간의 관계를 보다 명확하게 설명하는 구체적인 정량적 예측을 제공할 수 있다. 예컨대, 럼은 단 한 시간의 주당 근무시간 감소가 신체 무활동의 1% 감소를 예측하였다고 보고하였다. 럼은 짧아진 근무시간이 신체활동을 위한 자유시간을 제공한다고 제안하였는데, 회귀가 제공하는 구체적인 정량적 정보가 없었더라면 생각할 수도 없는 일이었다. 이제 이미 친숙한 정보인 z 점수를 사용하여 단순선형회귀분석을 실시해보자.

개념 숙달하기

14-1 : 단순선형회귀는 한 개인의 독립변인 점수를 가지고 종속변인 점수를 예측하는 직선의 식을 결정할 수 있게 해준다. 데이터가 선형관계에 수렴할 때에만 단순선형회귀를 사용할 수 있다.

z 점수의 회귀

제13장에서 학생의 결석 일수와 기말시험 점수 간의 관계를 정량화하는 피어슨 상관계수를 계산하였다. 표본에 들어있는 10명의 데이터가 표 14-1에 나와있다. 결석 일수의 평균은 3.400이고, 표준편차는 2.375이었다. 기말시험의 평균점수는 76.000이고 표준편차는 15.040이었다. 제13장에서 계산한 피어슨 상관계수는 −0.85이었지만, 단순선형회귀는 한 걸음 더 나아갈 수 있다. 학생의 결석 일수를 가지고 기말시험 점수를 예측하는 등식을 만들 수 있다.

한 학생(이 학생을 '땡땡이'라고 부르자)이 수업 첫날 자신은 학기 동안 수업을 다섯 번 빼먹을 계획이라고 말한다. 상관계수(−0.85)의 크기와 방향을 기초로 땡땡이의 기말시험 성적을 예측할 수 있다. 그의 성적을 예측하기 위하여 회귀를 이미 친숙한 통계치인 z 점수와 통합한다. 만일 한 변인에서 땡땡이의 z 점수를 알고 있다면, 그 z 점수에 상관계수를 곱하여 두 번째 변인에서 예측하는 z 점수를 계산할 수 있다. z 점수는 표준편차 단위로 한 참가자가 평균으로부터 얼마나 떨어져 있는지를 나타낸다는 사실을 기

표 14-1	수업 빼먹기가 통계학 성적과 관련이 있는가?	

다음은 10명의 학생들이 두 개의 척도변인, 즉 결석 일수와 시험점수에서 보여준 결과이다.

학생	결석 일수	시험점수
1	4	82
2	2	98
3	2	76
4	3	68
5	1	84
6	0	99
7	4	67
8	8	58
9	7	50
10	3	78

억하라. z 점수를 사용하기 때문에 표준화 회귀식(또는 회귀방정식)이라고 부르는 공식은 다음과 같다.

$$z_{\hat{Y}} = (r_{XY})(z_X)$$

공식에서 아래첨자는 첫 번째 z 점수가 종속변인 Y에 대한 것이고, 두 번째 z 점수가 독립변인 X에 대한 것임을 나타내고 있다. 아래첨자 Y 위에 붙어있는 기호 ^[통계학자들은 '모자'라는 뜻으로 '해트(hat)'라고 부른다]는 이 변인이 예측한 것이라는 사실을 나타낸다. 이것은 'Y 해트'의 z 점수, 즉 실제 점수가 아니라 종속변인에서 예측한 점수의 z 점수이다. 물론 실제 점수를 예측할 수는 없으며, '해트'는 이 사실을 상기시켜준다. 이 점수를 지칭할 때는 'Y의 예측점수'라고 말하거나 아니면 예측점수임을 나타내기 위하여 해트가 포함된 $\hat{Y}$(Y 해트)를 사용할 수 있다. 피어슨 상관계수 r의 아래첨자 X와 Y는 이것이 변인 X와 Y 간의 상관이라는 사실을 나타낸다.

공식 숙달하기

14-1: 표준화 회귀식은 독립변인 X의 z 점수를 가지고 종속변인 Y의 z 점수를 예측한다. 단순히 독립변인의 z 점수에 피어슨 상관계수를 곱하여 종속변인의 예측한 z 점수를 얻는다.

$$z_{\hat{Y}} = (r_{XY})(z_X)$$

사례 14.1

만일 땡땡이의 결석 일수가 전체 수강생의 평균 결석 일수와 동일하다면, 그의 z 점수는 0이 된다. 여기에 상관계수를 곱하면, 학기말 시험의 예측한 z 점수 0을 얻게 된다.

$$z_{\hat{Y}} = (-0.85)(0) = 0$$

따라서 만일 땡땡이의 점수가 독립변인의 평균에 해당한다면, 종속변인에서도 바로 평균에 해당할 것이라고 예측하게 된다.

만일 땡땡이가 평균보다 더 많이 결석하여 독립변인에서 1.0의 z 점수를 갖는다면, 종속변인에서 예측점수는 -0.85가 된다.

$$z_{\hat{Y}} = (-0.85)(1) = -0.85$$

만일 그의 z 점수가 -2라면(즉 평균보다 2 표준편차만큼 아래에 위치한다면), 종속변인에서 예측점수는 1.7이 된다.

$$z_{\hat{Y}} = (-0.85)(-2) = 1.70$$

두 가지 사실에 유념하라. 첫째, 부적 상관이기 때문에, 결석 일수에서 평균 이상의 점수는 성적에서 평균 이하의 점수를 예측하며, 그 역도 마찬가지다. 둘째, 종속변인에서 예측한 z 점수는 독립변인에서의 z 점수보다 평균에 더 근접해 있다. 표 14-2는 여러 z 점수에 대해서 이 사실을 예시하고 있다.

종속변인의 이러한 회귀, 즉 평균에 더 가깝다는 사실을 **평균으로의 회귀**(regression to the mean)라고 부르며, 특별히 높거나 낮은 점수가 시간이 경과하면서 평균을 향하여 이동하는 경향성을 말한다.

사회과학에서는 많은 현상이 평균으로의 회귀를 입증해준다. 예컨대, 매우 큰 부모는

평균으로의 회귀는 특별히 높거나 낮은 점수가 시간이 경과하면서 평균을 향하여 이동하는 경향성을 말한다.

표 14-2	평균으로의 회귀

회귀식이라고 이름 붙인 한 가지 이유는 그 식이 독립변인의 z 점수보다 평균에 더 가까운 종속변인의 z 점수를 예측하기 때문이다. 점수는 평균을 향해서 회귀한다. 실제로 이 현상을 흔히 '평균으로의 회귀'라고 부른다. 종속변인 Y의 다음과 같은 예측 z 점수는 독립변인 X의 z 점수에 피어슨 상관계수 -0.85를 곱하여 계산한 것이다.

독립변인 X의 z 점수	종속변인 Y의 예측 z 점수
-2.0	1.70
-1.0	0.85
0.0	0.00
1.0	-0.85
2.0	-1.70

평균보다는 여전히 크지만 자신들보다는 조금 작은 자식을 갖는 경향이 있다. 매우 작은 부모는 평균보다는 여전히 작지만 자신들보다는 조금 큰 자식을 갖는 경향이 있다. 이 장의 뒷부분에서 이 개념을 보다 상세하게 고찰한다.

독립변인에서의 z 점수를 가지고 있지 않을 때는, 원점수를 z 점수로 변환하는 부가적인 단계를 수행해야만 한다. 이에 덧붙여서, 종속변인에서 예측 z 점수를 계산할 때는 z 점수로부터 원점수를 결정하는 공식을 사용할 수 있다. 땡땡이를 대상으로 결석 일수와 시험점수 사례를 가지고 이 작업을 해보자. ●

사례 14.2

땡땡이가 다섯 번 결석하겠다고 선언한 사실을 알고 있다. 기말고사 성적으로 무엇을 예측하겠는가?

단계 1 : z 점수를 계산한다.

우선 땡땡이 결석 일수의 z 점수를 계산해야 한다. 평균(3.400)과 표준편차(2.375)를 사용하여 다음과 같이 계산한다.

$$z_X = \frac{(X - M_X)}{SD_X} = \frac{(5 - 3.400)}{2.375} = 0.674$$

단계 2 : z 점수에 상관계수를 곱한다.

이 z 점수에 상관계수를 곱하여 종속변인인 기말시험 점수에 대해 예측 z 점수를 얻는다.

$$z_{\hat{Y}} = (r_{XY})(z_X) = (-0.85)(0.674) = -0.573$$

단계 3 : z 점수를 원점수로 변환한다.

종속변인의 예측 z 점수 -0.573을 예측 원점수로 변환한다.

$$\hat{Y} = z_Y(SD_Y) + M_Y = -0.0573(15.040) + 76.00 = 67.38$$

만일 땡땡이가 다섯 번 결석하였다면, 이 수치는 평균 결석 일수보다 크기 때문에 그가 평균 이하의 점수를 받을 것이라고 기대하게 된다. 공식은 바로 이 예측, 즉 땡땡이의 학기말시험 점수가 67.38일 것이라고 예측하고 있는데, 이 값은 평균(76.00)보다 낮다.

그런데 입학사정관, 보험판매원, 페이스북의 마크 저커버그 등은 원점수를 z 점수로 변환하였다가 다시 원점수로 변환하기 위한 시간이나 관심이 있을 가능성이 별로 없기 때문에, z 점수 회귀식은 현실적인 의미에서 동일한 변인들을 사용하여 계속해서 예측해야만 하는 상황에서는 유용하지 않다. 그렇기는 하지만 원점수를 가지고 바로 사용할 수 있는 회귀식을 개발하는 데 도움을 주는 도구라는 점에서 매우 유용하다. 이 회귀식을 다음 절에서 살펴본다. ●

회귀식 결정하기

기하학 수업시간에 공부하였던 직선식을 기억할는지 모르겠다. 여러분이 배웠을 가능성이 높은 버전은 $y = m(x) + b$일 것이다. (이 식에서 b는 절편이고 m은 기울기이다.) 통계학에서는 약간 상이한 버전을 사용한다.

$$\hat{Y} = a + b(X)$$

회귀식에서 a는 **절편**(intercept)으로, X가 0일 때 Y의 예측값이며, 선분이 Y축을 교차하는 지점이다. 그림 14-1에서 절편은 5이다. b는 **기울기**(slope)로, X가 한 단위 증가할 때 Y의 예측 증가량이다. 그림 14-1에서 기울기는 2이다. 예컨대, X가 3에서 4로 증가함에 따라서 Y가 11에서 13으로 2만큼 증가하는 것을 볼 수 있다. 따라서 식은 $\hat{Y} = 5 + 2(X)$이다. 예컨대, X의 점수가 6이면, Y의 예측점수는 $\hat{Y} = 5 + 2(6) = 5 + 12 = 17$이 된다. 그림 14-1의 선에서 이 사실을 확인할 수 있다. 여기에는 회귀식과 회귀선이 제시되어 있지만, 일반적으로는 데이터를 가지고 회귀식과 회귀선을 결정해야만 한다. 이 절에서는 데이터로부터 회귀식을 계산하는 과정을 공부한다.

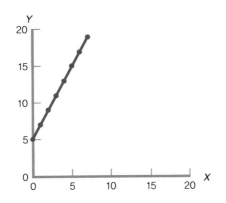

공식 숙달하기

14-2 : 단순선형회귀는 다음의 공식을 사용한다.

$$\hat{Y} = a + b(X)$$

이 식에서 X는 독립변인에서의 원점수, $\hat{Y}$는 종속변인에서의 예측 원점수이다. a는 선분의 절편이고, b는 기울기이다.

절편은 X가 0일 때 Y의 예측값이며, 선분이 y축을 교차하는 지점이다.

기울기는 X가 한 단위 증가할 때 Y의 예측 증가량이다.

그림 14-1

직선식
직선식은 선분이 y축을 통과하는 점인 절편을 포함한다. 여기서 절편은 5이다. 또한 X가 한 단위 증가할 때 Y의 증가량인 기울기도 포함한다. 여기서 기울기는 2이다. 따라서 등식은 $\hat{Y} = 5 + 2(X)$가 된다.

일단 선분에 관한 식을 갖게 되면, X에 어떤 값이든 입력하여 Y의 예측값을 결정하는 것이 용이해진다. 땡땡이의 급우인 앨리가 이번 학기에 두 번 결석할 것으로 예상한다고 상상해보자. 회귀식을 가지고 있다면, 앨리의 점수 2를 X에 입력하고는 Y의 예측값을 확인할 수 있다. 그렇지만 우선은 회귀식을 작성해야만 한다. 절편과 기울기를 찾아내기 위하여 z 점수 회귀식을 사용하게 되면, 그 수치들이 어디에서 나온 것인지를 알 수 있게 된다(Aron & Aron, 2002). 그래서 z 점수 회귀식 $z_{\hat{Y}} = (r_{XY})(z_X)$를 사용하는 것이다.

사례 14.3

세 단계 과정을 통해서 절편 a를 계산하는 것으로 시작한다.

단계 1 : X가 0일 때의 z 점수를 찾는다.

알고 있는 바와 같이, 절편은 X가 0일 때 선분이 y축을 교차하는 점이다. 따라서 z 점수 공식을 사용하여 X가 0일 때 z 점수를 찾는 것으로 시작한다.

$$z_X = \frac{(X - M_X)}{SD_X} = \frac{(0 - 3.400)}{2.375} = -1.432$$

단계 2 : z 점수 회귀식을 사용하여 Y의 예측 z 점수를 계산한다.

z 점수 회귀식을 사용하여 X가 0일 때 Y의 예측 z 점수를 계산한다.

$$z_{\hat{Y}} = (r_{XY})(z_X) = (-0.85)(-1.432) = 1.217$$

단계 3 : z 점수를 원점수로 변환한다.

공식 $\hat{Y} = z_{\hat{Y}}(SD_Y) + M_Y$를 사용하여 $\hat{Y}$의 z 점수를 원점수로 변환한다.

$$\hat{Y} = z_{\hat{Y}}(SD_Y) + M_Y = 1.217(15.040) + 76.000 = 94.30$$

절편이 생겼다! X가 0일 때 $\hat{Y}$는 94.30이다. 즉, 한 번도 결석하지 않은 학생은 학기말 시험에서 94.30점을 받을 것이라고 예언하는 것이다.

이제 기울기 b를 계산하는데, 절편을 계산하는 과정과 유사하지만 기울기 계산은 셋이 아니라 네 단계를 거치게 된다. 기울기는 X가 1만큼 증가할 때 $\hat{Y}$가 증가하는 양이다. 따라서 해야 할 일은 X가 1일 때 예측하는 값, 즉 $\hat{Y}$를 계산하는 것이다. 그렇게 되면 X가 0일 때의 $\hat{Y}$와 X가 1일 때의 $\hat{Y}$를 비교할 수 있다. 두 값 간의 차이가 기울기이다.

단계 1 : X가 1일 때의 z 점수를 찾는다.

z 점수 공식을 사용하여 X가 1일 때 z 점수를 찾는다.

$$z_X = \frac{(X - M_X)}{SD_X} = \frac{(1 - 3.400)}{2.375} = -1.011$$

| 단계 2 : z 점수 회귀식을 사용하여 Y의 예측 z 점수를 계산한다. | z 점수 회귀식을 사용하여 X가 1일 때 Y의 예측 z 점수를 계산한다. |

$$z_{\hat{Y}} = (r_{XY})(z_X) = (-0.85)(-1.011) = 0.859$$

| 단계 3 : z 점수를 원점수로 변환한다. | 공식 $\hat{Y} = z_{\hat{Y}}(SD_Y) + M_Y$를 사용하여 $\hat{Y}$의 z 점수를 원점수로 변환한다. |

$$\hat{Y} = z_{\hat{Y}}(SD_Y) + M_Y = 0.859(15.040) + 76.000 = 88.919$$

| 단계 4 : 기울기를 결정한다. | 예측은 한 번 결석하는 학생은 학기말시험에서 88.919점을 받는다는 것이다. |

X, 즉 결석 일수가 0에서 1로 증가함에 따라 Y에 어떤 일이 벌어졌는가? 첫째, 증가하였는지 아니면 감소하였는지 자문해보라. 증가는 양수의 기울기를, 감소는 음수의 기울기를 의미한다. 여기서는 결석 일수가 증가함에 따라서 시험성적이 감소하였다. 그다음에 얼마나 많이 증가하거나 감소하였는지를 결정한다. 이 사례에서는 5.385가 감소하였다(94.304 − 88.919 = 5.385). 따라서 기울기는 −5.39이다.

이제 절편과 기울기를 알게 되었기에 회귀식 $\hat{Y} = a + b(X)$에 입력하면 $\hat{Y} = 94.30 − 5.39(X)$가 된다. 이 식을 사용하면 두 번 결석에 근거하여 앨리의 학기말시험 점수를 예측할 수 있다.

$$\hat{Y} = 94.30 − 5.39(X) = 94.30 − 5.39(2) = 83.52$$

데이터에 근거하여, 만일 앨리가 두 번 결석한다면 학기말시험에서 83.52점을 받을 것이라고 예측한다. z 점수 회귀식을 사용해서도 앨리의 동일한 점수를 예측할 수 있었을 것이다. 차이점은 이제 어떤 점수이든 원점수 회귀식에 입력할 수 있으며, 점수 변환작업을 모두 해준다는 점이다. 입학사정관, 보험판매원, 페이스북 설립자 모두가 쉬운 공식을 가지고 있으며, 사용하기 위해서 z 점수를 알아야 할 필요가 없다.

또한 회귀식을 사용하여 회귀선을 그려봄으로써 시각적으로 어떤 모습인지 감을 잡을 수도 있다. 최소한 회귀선의 두 점을 계산함으로써 그릴 수 있는데, 일반적으로는 X의 낮은 점수 하나와 높은 점수 하나를 취한다. 이미 X 점수 0과 1에 대한 $\hat{Y}$를 알고 있다(체온과 같은 변인에서는 이러한 수치가 이치에 맞지 않는다. 체온이 그렇게 낮은 경우는 없다!). 이 점수들은 결석 일수 척도에서 낮은 값이기 때문에, 높은 점수도 선택한다. 애초의 데이터 집합에서 8이 가장 큰 점수이기에 그 점수를 사용할 수 있다.

$$\hat{Y} = 94.30 − 5.39(X) = 94.30 − 5.39(8) = 51.18$$

여덟 번 결석한 학생은 학기말시험 점수가 51.18점이라고 예측한다. 이제 표 14-3에서 보는 바와 같이 세 개의 점을 가지게 되었다. 세 점을 갖는 것이 유용한 까닭은 세 번

표 14-3	회귀선 그리기

X와 $\hat{Y}$의 적어도 둘 아니면 세 쌍을 계산한다. 이상적이라면 척도에서 적어도 X의 하나는 낮은 값을, 그리고 적어도 하나는 높은 값을 가져야 한다.

X	$\hat{Y}$
0	94.30
1	88.92
8	51.18

그림 14-2

회귀선

회귀선을 그리려면, 적어도 X와 $\hat{Y}$ 점수의 두 쌍, 가급적이면 세 쌍을 그래프에 찍는다. 그런 다음 점들을 관통하는 선을 그린다.

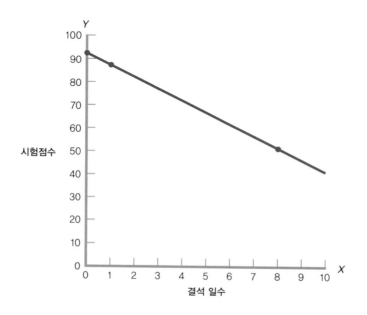

최적선 회귀에서 최적선은 맞춤복과 동일한 특징을 갖는다. 데이터와 가장 잘 들어맞는 선에 첨가할 것은 아무것도 없다.

째 점이 다른 두 점을 점검하는 역할을 해주기 때문이다. 만일 세 점이 직선 위에 놓이지 않는다면, 실수를 범한 것이다.

이제 점들을 관통하는 선을 그리는데, 이것은 단순한 선이 아니다. 그림 14-2에서 볼 수 있는 이 선은 회귀선이며, 직관적으로 멋들어진 최적선이라는 또 다른 이름을 가지고 있다. 만일 여러분이 결혼식이나 어떤 특별한 경우를 위하여 몸에 딱 들어맞도록 옷을 맞춰본 적이 있다면, '최적'이라는 것이 실제로 존재한다는 사실을 알고 있을 것이다.

회귀에서 '최적선'의 의미는 맞춤복의 특성과 동일하다. 회귀선보다 점들을 더 잘 나타내도록 선을 조금 더 가파르게 만들거나, 올리거나 내리거나, 아니면 어떠한 방식으로든 처치를 가할 수가 없다. 그림 14-3의 산포도를 보면, 선이 데이터의 중앙 부분을 정확하게 관통하는 것을 보게 된다. 통계적으로 예측에서의 오차를 최소화시키는 선이 바로 이것이다.

용어 사용에 주의하라! 방금 그린 선은 그래프의 좌측 상단에서 출발하여 우측 하단에서 끝이 나는데, 이것은 음수 기울기를 가지고 있음을 의미한다. 음수 기울

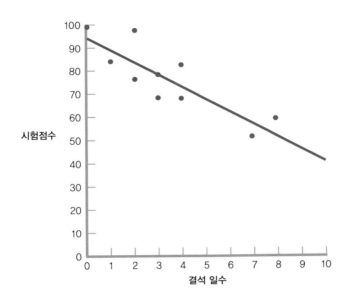

그림 14-3

최적선
회귀선은 산포도에 들어있는 점들과 가장 잘 들어맞는 선이다. 통계학적으로 회귀선은 예측에서 최소량의 오차로 이끌어가는 선이다.

기는 선이 왼쪽에서 오른쪽으로 가면서 내리막길을 걷는 것처럼 보인다는 사실을 의미한다. 이것이 이치에 맞는 까닭은 회귀식의 계산이 상관계수에 근거하며, 부적 상관계수와 연합된 산포도도 내리막길을 걷는 점들을 가지고 있기 때문이다. 만일 기울기가 양수라면, 선은 그래프의 좌측 하단에서 출발하여 우측 상단에서 끝나게 된다. 양수 기울기는 선이 왼쪽에서 오른쪽으로 가면서 오르막길을 걷는 것처럼 보인다는 사실을 의미한다. 이것도 이치에 맞는 까닭은 정적 상관계수에 근거하여 계산하며, 정적 상관과 연합된 산포도도 오르막길을 걷는 점들을 가지고 있기 때문이다. ●

표준회귀계수 그리고 회귀의 가설검증

기울기의 가파른 정도는 독립변인이 1만큼 증가할 때 종속변인이 변하는 정도를 알려준다. 따라서 결석 일수와 시험점수 사례에서 −5.39의 기울기는 결석을 한 번 할 때마다 시험점수가 5.39점씩 떨어진다고 예언할 수 있음을 알려준다. 또 다른 교수가 동일한 학생표본을 사용하여 4점 만점의 평점에서 학급의 성적을 예언한다고 해보자. 결석을 한 번 할 때마다 4점 만점인 성적이 0.23씩 떨어진다고 예측하였다. 여기서 문제는 한 교수의 결과를 다른 교수의 결과와 직접적으로 비교할 수 없다는 점이다. 5.39의 감소는 0.23의 감소보다 크지만, 상이한 척도에서의 값이기 때문에 직접 비교할 수는 없다.

이 문제는 여러분이 상이한 척도에서의 점수들을 비교하고자 할 때 직면하였던 문제를 생각나게 할는지 모르겠다. 점수들을 올바르게 비교하기 위해서, z 통계치를 사용하여 표준화하였다. 마찬가지로 표준회귀계수를 계산함으로써 기울기를 표준화할 수 있다. **표준회귀계수**(standardized regression coefficient)는 회귀식에서 기울기를 표준화한 버전으로, 독립변인이 1 표준편차 증가할 때 종속변인의 변화를 표준편차의 수로 예측한 값이다. 기호로는 β로 나타내고, 흔히 베타 가중치(또는 베타 계수)라고 부르며, 다음의 공식을

표준회귀계수는 회귀식에서 기울기를 표준화한 버전으로, 독립변인이 1 표준편차 증가할 때 종속변인의 변화를 표준편차의 수로 예측한 값이다. 기호로는 β로 나타내며, 흔히 베타 가중치(또는 베타 계수)라고 부른다.

14-3 : 표준회귀계수 β는 회귀식의 기울기에 독립변인 제곱합의 평방근을 종속변인 제곱합의 평방근으로 나누어준 계수를 곱하여 계산한다.

$$\beta = (b) \frac{\sqrt{SS_X}}{\sqrt{SS_Y}}$$

사용하여 계산한다.

$$\beta = (b) \frac{\sqrt{SS_X}}{\sqrt{SS_Y}}$$

이 장 앞부분에서 기울기 -5.39를 계산하였다. 제13장에서 제곱합을 계산하였다. 표 14-4는 상관계수 공식의 분모에 해당하는 계산의 한 부분을 반복하고 있다. 표 아래쪽에서 독립변인 결석 일수의 제곱합이 56.4이며, 종속변인 시험점수의 제곱합이 2,262임을 볼 수 있다. 이 수치들을 공식에 입력하여 β를 계산하면 다음과 같다.

$$\beta = (b) \frac{\sqrt{SS_X}}{\sqrt{SS_Y}} = (-5.39) \frac{\sqrt{56.4}}{\sqrt{2,262}} = (-5.39) \frac{7.510}{47.560} = (-5.39) 0.158 = -0.85$$

이 결과는 피어슨 상관계수 -0.85와 동일하다는 사실에 주목하라. 실제로 단순선형회귀에서 둘은 항상 동일하다. 차이가 있다면 계산과정에서 발생하는 반올림 때문이다. 표준회귀계수와 상관계수는 모두 독립변인이 1 표준편차만큼 변할 때 예상하는 표준편차에서의 변화를 나타낸다. 회귀식이 둘 이상의 독립변인을 포함하고 있을 때는 상관계수가 표준회귀계수와 동일하지 않다는 사실에 유념하라. 이러한 상황은 뒷부분에 나오는 '중다회귀' 절에서 경험하게 된다.

14-2 : 표준회귀계수는 기울기의 표준화 버전으로, z 통계치가 원점수의 표준화 버전인 것과 마찬가지이다. 단순선형회귀에서 표준회귀계수는 상관계수와 동일하다. 가설검증을 실시하고 상관계수가 0과 통계적으로 유의하게 다르다고 결론지을 때, 표준회귀계수에 대해서도 동일한 결론을 도출할 수 있다는 의미이다.

단순선형회귀에서는 표준회귀계수가 상관계수와 동일하기 때문에, 가설검증 결과도 동일하게 된다. 상관계수가 통계적으로 유의하게 0과 다른지를 검증하기 위하여 사용한 가설검증 과정을 표준회귀계수가 통계적으로 유의하게 0과 다른지를 검증하는 데도 사용할 수 있다. 제13장에서 공부하였던 것처럼, 피어슨 상관계수 -0.85는 임곗값

표 14-4	상관계수의 분모 : 제곱합의 계산

결석 일수(X)	$X - M_X$	$(X - M_X)^2$	시험점수(Y)	$Y - M_Y$	$(Y - M_Y)^2$
4	0.6	0.36	82	6	36
2	-1.4	1.96	98	22	484
2	-1.4	1.96	76	0	0
3	-0.4	0.16	68	-8	64
1	-2.4	5.76	84	8	64
0	-3.4	11.56	99	23	529
4	0.6	0.36	67	-9	81
8	4.6	21.16	58	-18	324
7	3.6	12.96	50	-26	676
3	-0.4	0.16	78	2	4
		$\Sigma(X - M_X)^2 = 56.4$			$\Sigma(Y - M_Y)^2 = 2,262$

−0.632(자유도가 8이고 알파수준이 0.05일 때)보다 크다. 영가설을 기각하고 결석 일수와 시험점수는 부적으로 상관되어 있는 것으로 보인다고 결론지었다.

학습내용 확인하기

개념의 개관

> 회귀는 상관에 근거하며, 두 변인 간의 관계를 정량화할 뿐만 아니라 독립변인 점수를 가지고 종속변인 점수를 예측할 수 있게 해준다.

> 표준화 회귀식에서는 한 사람의 독립변인 z 점수에 피어슨 상관계수를 곱해줌으로써 종속변인 z 점수를 예측한다.

> 원점수 회귀식이 사용하기 용이한 까닭은 식 자체가 원점수를 z 점수로, 그리고 z 점수를 다시 원점수로 변환하기 때문이다.

> 표준화 회귀식을 사용하여 독립변인의 원점수에서 종속변인의 원점수를 예측할 수 있는 회귀식을 구성한다.

> X가 0일 때 Y의 예측값인 절편 a와 X가 한 단위 증가할 때 예측하는 Y의 변화인 기울기 b에 근거하여 회귀선 $\hat{Y} = a + b(X)$를 그릴 수 있다.

> 변인들 간의 관계를 포착하고 있는 기울기는 표준회귀계수를 계산함으로써 표준화할 수 있다. 표준회귀계수는 독립변인이 1 표준편차만큼 증가할 때마다 표준편차의 수에 근거하여 예측하는 종속변인의 변화를 알려준다.

> 단순선형회귀에서는 표준회귀계수가 피어슨 상관계수와 동일하다.

개념의 숙달

14-1 단순선형회귀란 무엇인가?

14-2 회귀선은 어떤 목표를 달성하려는 것인가?

통계치의 계산

14-3 여성의 신장과 체중은 상관이 있으며 피어슨 상관계수가 0.28임을 알고 있다고 가정해보자. 또한 다음 기술통계치도 알고 있다고 가정해보자. 여성의 신장은 평균 5피트 4인치(64인치)이고 표준편차는 2인치이다. 여성의 체중은 평균 155파운드이며 표준편차는 15파운드이다. 새라의 신장은 5피트 7인치이다. 그녀의 체중은 얼마일 것이라고 예측하겠는가? 이 물음에 답하려면 다음 단계를 수행하라.

a. 독립변인 원점수를 z 점수로 변환하라.

b. 종속변인의 예측 z 점수를 계산하라.

c. 종속변인의 예측 z 점수를 예측 원점수로 다시 변환하라.

14-4 회귀선 $\hat{Y} = 12 + 0.67(X)$가 주어졌을 때, 다음 각각에 대해 예측해보라.

a. $X = 78$

b. $X = -14$

c. $X = 52$

개념의 적용

14-5 연습문제 13.47에서 1분에 말하는 금기단어의 개수와 동물이름의 개수 간의 관계를 탐색하였다. 이 변인 간에서 0.353의 상관을 얻었다. 가상 데이터가 다음 표에 나와 있다.

(계속)

개념의 적용 (계속)

금기어의 수(X)	동물의 수(Y)
9	23
5	20
4	17
12	28
14	26
10	16
9	17
11	18
14	23
6	21
7	25
13	19

a. 절편은 얼마인가?

b. 기울기는 얼마인가?

c. 회귀식은 무엇인가?

d. 이 회귀식에서 절편과 기울기를 모두 해석해보라.

e. 표준회귀계수를 계산해보라.

f. 강력한 상관이 회귀선의 예측력에 어떤 의미를 갖는지 설명해보라.

학습내용 확인하기의 답은
부록 D에서 찾아볼 수 있다.

g. 이 회귀에 대한 가설검증을 실시한다면 어떤 결론을 내리겠는가?

해석과 예측

이 절에서는 회귀의 논리가 어떻게 일상적 추리의 한 부분인 것인지를 탐구해본다. 그런
다음에 데이터를 해석할 때 어째서 회귀가 인과성을 허용하지 않는지를 논의한다. 예컨
대, MSU 연구자들은 페이스북에 더 많은 시간을 할애하는 것이 학생들로 하여금 더 많
은 사회자본을 자신들의 온라인 관계에 연결시키게 만들었다고 말할 수 없다. 이러한 인
과성 논의는 회귀의 의미 해석에 대한 친숙한 경고로 이끌어가는데, 이번에는 평균으로
의 회귀라고 부르는 과정에 의한 것이다. 마지막으로 효과크기를 계산하는 방법을 다룸
으로써 회귀식이 행동을 얼마나 잘 예측하는지를 판단할 수 있다.

회귀와 오차

여러 가지 다양한 이유로, 예측은 오차로 가득하며, 회귀분석에는 오차범위가 요인으로
포함된다. 예컨대, 수업을 빼먹은 횟수에 근거하여 학생의 성적을 예측하지만, 그 예측
은 틀릴 수 있다. 지능, 시험 전날 수면시간, 관련 과목의 이수 여부 등과 같은 다른 요인

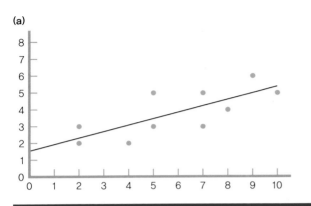
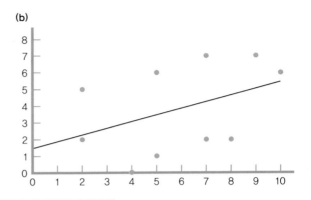

그림 14-4

추정표준오차

그래프 (a)처럼 최적선 주변에 밀집되어 있는 데이터 포인트들은 작은 추정표준오차를 나타낸다. 그래프 (b)처럼 최적선에서 멀리 떨어져 있는 데이터 포인트들은 큰 추정표준오차를 나타낸다. (a)처럼 데이터 포인트들이 최적선 주변에 밀집되어 있을 때 독립변인의 예측력에 상당한 확신을 가지며, (b)처럼 최적선에서 멀리 떨어져 있을 때 독립변인의 예측력에 낮은 확신도를 나타낸다.

들도 성적에 영향을 미칠 가능성이 높다. 결석 일수가 완벽한 예측자일 가능성은 거의 없다.

예측에서의 오차는 변산을 초래하는데, 이것은 측정할 수 있는 것이다. 예컨대, t 검증과 변량분석에서는 표준편차와 표준오차를 사용하여 평균을 중심으로 하는 변산을 계산한다. 회귀에서는 최적선을 중심으로 하는 변산을 계산한다. 그림 14-4는 데이터 포인트들이 최적선을 중심으로 빽빽하게 밀집되어 있을 때, 변산 즉 오차가 적다는 사실을 보여준다. 데이터 포인트들이 최적선에서 멀리 떨어져 있을 때, 변산 즉 오차가 더 크다.

최적선을 중심으로 오차의 양을 정량화할 수 있다. 데이터 포인트들이 평균적으로 최적선에서 얼마나 멀리 떨어져 있는지를 기술하는 수치를 **추정표준오차**(standard error of the estimate)라고 부르며, 회귀선과 실제 데이터 포인트 간의 전형적인 거리를 나타내는 통계치이다. 추정표준오차는 본질적으로 회귀선을 중심으로 하는 실제 데이터 포인트들의 표준편차이다. 일반적으로 추정표준오차는 통계 소프트웨어를 사용하여 얻기 때문에, 여기서는 그 계산을 다루지 않는다.

상관의 제한점을 회귀에 적용하기

회귀가 도움을 줄 수 있는 방법을 이해하는 것에 덧붙여서, 회귀 사용과 관련된 제한점을 이해하는 것도 중요하다. 회귀식으로 분석한 데이터가 진정한 실험(참가자들을 조건에 무선할당한 실험)에서 나온 것인 경우는 극히 드물다. 독립변인이 (명목변인이 아니라 회귀의 경우처럼) 척도변인일 경우에는 참가자를 조건에 무선할당할 수가 없다. 따라서 회귀의 결과에는 상관에서 논의하였던 해석에서의 제한점이 그대로 적용된다.

제13장에서는 상관을 이해하는 A-B-C 모형을 소개하였다. 결석 일수와 시험점수 간

추정표준오차는 회귀선과 실제 데이터 포인트 간의 전형적인 거리를 나타내는 통계치이다.

의 상관은 다음과 같이 설명할 수 있음을 지적하였다. 즉, 결석(A)이 성적(B)에 해를 끼쳤을 수 있으며, 나쁜 성적(B)이 좌절로 인해 수업을 빼먹도록(A) 이끌어갔을 수 있으며, 아니면 지능과 같은 제3의 변인(C)이 수업에 출석하는 것이 좋다는 사실(A)을 자각하게도 만들고 좋은 성적(B)도 초래하였을 수 있다. 회귀를 통해서 결론을 도출할 때는 상관에 대한 확신을 제한하는 것과 동일한 혼입변인들을 고려해야만 한다.

실제로 회귀는 상관과 마찬가지로 예측에서 상당히 부정확할 수 있다. 피어슨 상관계수에서와 마찬가지로, 유능한 통계학자는 통계분석을 마친 후에 (잠재적 혼입변인을 확인하기 위하여) 인과성을 물음하게 된다. 그런데 회귀분석의 해석에 영향을 미칠 수 있는 오차의 출처에는 한 가지가 더 있다. 평균으로의 회귀가 바로 그것이다.

14-3 : 평균으로의 회귀가 발생하는 까닭은 극단적인 점수는 덜 극단적이게 되는 경향이 있기 때문이다. 즉, 평균으로 회귀하는 경향이 있다. 키가 매우 큰 부모는 큰 자식을 갖는 경향이 있지만, 일반적으로 부모만큼 크지는 않다. 반면에 매우 작은 부모는 작은 자식을 갖는 경향이 있지만 부모만큼 작지는 않다.

Jack Hollingsworth/Getty Images

평균으로의 회귀   키가 큰 부모는 평균보다 큰 자식을 갖는 경향이 있지만, 부모만큼 크지는 않다. 마찬가지로 (사진 속의 할아버지와 할머니처럼) 작은 부모는 평균보다 작은 자식을 갖는 경향이 있지만, 부모만큼 작지는 않다. 프랜시스 골턴이 이 현상을 언급한 최초의 인물이며, 이는 '평균으로의 회귀'라고 불리게 되었다.

평균으로의 회귀

이 장의 앞부분에서 다루었던 연구(Ruhm, 2006)에서는 경제요인이 여러 가지 건강지표를 예측하였다. 또한 그 연구는 "골초들의 이례적인 담배 사용 감소, 심각한 비만자들의 체중 급감, 철저하게 비활동적인 사람들의 운동량 증가" 등도 보고하였다. 이 연구가 기술하고 있는 것은 회귀라는 단어에 대해서 초기 주창자들이 정의하였던 의미를 포착하고 있다. 특정 변인에서 지극히 극단적인 사람은 (평균을 향해서) 회귀한다. 다시 말해서, 그 변인에서 어느 정도 덜 극단적이게 된다.

평균으로의 회귀 현상을 처음으로 기술한 사람은 (다윈의 사촌이기도 한) 프랜시스 골턴이며, 그는 다양한 맥락에서 이 현상을 기술하였다(Bernstein, 1996). 예컨대, 골턴은 다윈을 포함한 9명에게 그들이 살고 있는 영국의 다양한 지역에 스위트피(옅은 색의 향기 좋은 꽃이 피는 콩과의 원예식물) 씨앗을 심도록 요구하였다. 골턴은 자신이 보낸 씨앗의 변산성이 그 씨앗으로 키운 스위트피가 다시 생산한 씨앗의 변산성보다 크다는 사실을 발견하였다. 가장 큰 씨앗은 자신보다 작은 씨앗을 만들어냈으며, 가장 작은 씨앗은 자신보다 큰 씨앗을 만들어냈다.

마찬가지로 키가 큰 부모는 평균보다 큰 자식을 갖는 경향이 있지만, 그 자식은 부모보다 조금 작은 경향이 있다. 그리고 작은 부모는 평균보다 작은 자식을 갖는 경향이 있지만, 그 자식은 부모보다 조금 큰 경향이 있다. 골턴은 다음과 같이 지적하였다. 만일 평균으로의 회귀가 발생하지 않아서, 큰 사람과 스위트피가 더 큰 후손을 남기고, 작은 사람과 스위트피가 더 작은 후손을 남긴다면, "세상은 오직 난쟁이와 거인으로만 구성될 것이다"(Bernstein, 1996, 167쪽에서 인용).

아마 여러분도 평균으로의 회귀에 대한 많은 사례들을 생각할 수 있을 것이다. 지금은 문을 닫은 뉴저지 저지시티에 있었던 '서티에이커' 식당의 주방장이자 공동소유주였던 케빈 퍼뮬리는 스포츠와 값비싼 맛집에서 평균으로의 회귀에 관한 이야기를 글로 남겼다(2015). 퍼뮬리는 독자들에게 다음과 같은 물음을 던졌다.

표 14-5	평균으로의 회귀 : 투자하기

번스타인(1996)은 투자 전문 출판물인 '모닝스타'의 데이터를 가지고 평균으로의 회귀가 작동하고 있음을 보여주었다. 첫 5년 동안 가장 높은 성과를 보여주었던 범주(해외 주식)는 다음 5년 동안 성과가 감소한 반면, 첫 5년 동안 가장 열악한 성과를 보여주었던 범주(공격적 성장)는 다음 5년 동안 성과가 증가하였다.

투자 펀드	1984~1989(백분율 증가)	1989~1994(백분율 증가)
해외 주식	20.6	9.4
소득	14.3	11.2
성장과 소득	14.2	11.9
성장	13.3	13.9
중소기업	10.3	15.9
공격적 성장	8.9	16.1
평균	13.6	13.1

"존 매든의 저주를 의식하고 있는가?" 이에이 스포츠사는 매년 존 매든 미식축구 게임을 출시하는데, 그 게임 표지에 나오는 선수는 거의 필연적으로 부상당하거나 팀의 챔피언 등극에 방해가 된다. (로스앤젤레스에 있는 식당인) '알마'는 문자 그대로 존 매든 저주에 해당한다. 2012년 식당업계에 새로 등장했을 때만 해도 알마는 가장 존경받는 식당 목록에서 선두자리를 차지하였다. 물론 퍼물리의 서티에이커도 그 목록에 포함되어 있었다. 그러나 서티에이커와 알마 모두 2015년에 문을 닫았다.

평균으로의 회귀의 이해는 일상 삶에서 더 좋은 선택을 하도록 도와줄 수 있다. 예컨대, 평균으로의 회귀는 은퇴에 대비한 저축을 시작하면서 어떤 종목에 어떻게 저축할 것인지를 선택할 때 특히 중요한 개념이 된다. 표 14-5는 투자 전문 출판물인 모닝스타(*Morningstar*)에 나온 데이터를 보여주고 있다. 백분율은 1984~1989년과 1989~1994년의 두 차례 5개년에 걸친 투자종목의 수익률을 나타낸다(Bernstein, 1996). 대부분의 뮤추얼펀드가 잠재 투자자들을 상기시키는 바와 같이, 과거 성과가 반드시 미래 성과의 지표는 아니다. 여러분 자신의 투자 결정에서 평균으로의 회귀를 생각해보라. 뮤추얼펀드가 떨어지면 다시 평균으로 되돌아갈 가능성이 높음에도 불구하고 놀라서 팔아치우기보다 근근이 버티어내도록 도와줄 수 있다. 그리고 여러 해에 걸쳐 상위권에 있었던 펀드는 다시 평균으로 되돌아올 가능성이 높다는 사실을 알고 있기에 그러한 펀드에 가입하지 않도록 도와주기도 한다.

오차의 비례적 감소

앞 절에서는 결석 일수를 가지고 기말시험 점수를 예측하는 회귀식을 개발하였다. 이제 이 회귀식이 얼마나 우수한지를 알고자 한다. 학생들에게 이 식을 사용하여 결석할 횟수를 가지고 자신의 기말 시험성적을 예측하도록 할 가치가 있는가? 이 물음에 답하기 위하여 일종의 효과크기인 **오차의 비례적 감소**(proportionate reduction in error, PRE)를

오차의 비례적 감소는 예측도구로 평균 대신에 회귀선을 사용할 때 예측이 얼마나 더 정확해지는지를 정량화하는 통계치이다. 때때로 결정계수라고도 부른다.

계산하는데, 이것은 예측도구로 평균 대신에 회귀선을 사용할 때 예측이 얼마나 더 정확해지는지를 정량화하는 통계치이다. (오차의 비례적 감소는 때때로 **결정계수**라고 부른다.) 보다 구체적으로 오차의 비례적 감소는 모든 사람이 평균에 위치한다고 예측하는 것보다 특정한 회귀식을 사용하여 점수를 예측할 때 얼마나 더 정확해지는지를 정량화하는 통계치이다.

이 장의 앞부분에서 회귀식을 가지고 있지 않을 때의 최선은 결석 일수와 무관하게 모든 사람에게 평균을 예측하는 것이라는 사실을 지적한 바 있다. 이 사례에서 기말시험의 평균점수는 76점이다. 또 다른 정보가 없다면, 학생들에게 최선의 추측이 76점이라고 말할 수밖에 없다. 모든 사람에게 평균을 예측한다면 상당한 오류가 있을 것은 명백한 일이다. 가지고 있는 정보가 평균밖에 없다면, 그 평균을 사용하여 점수를 추정하는 것은 합리적인 방법이다. 그렇지만 회귀선은 변인들 간의 관계에 관하여 보다 정확한 밑그림을 제공하기 때문에, 회귀식의 사용은 오류를 감소시킨다.

오차가 작다는 말은 추정표준오차가 작다고 말하는 것과 동일하다. 추정표준오차가 작을수록 예측을 더 잘하고 있다는 의미가 된다. 시각적으로는 실제 점수가 회귀식에 더 근접해 있다는 의미가 된다. 반대로 추정표준오차가 클수록, 예측을 더 잘못하고 있는 것이다. 시각적으로는 실제 점수가 회귀식에서 더 멀리 떨어져 있게 된다.

그렇지만 회귀식을 중심으로 하는 표준편차를 정량화하는 것 이상의 작업을 할 수 있다. 즉, 평균과 비교해서 회귀식이 얼마나 더 우수한지를 결정할 수 있다. 예측을 위해서 평균 대신에 회귀식을 사용함으로써 제거할 수 있는 오차의 비율을 계산할 수 있다. (다음 절에서는 비율이 정확하게 무엇을 나타내는 것인지를 이해하기 위하여 이 비율을 계산하는 먼 길을 배운 다음에 지름길을 공부하게 된다.)

사례 14.4

표본에서 평균을 예측도구로 사용할 때의 오차크기를 계산할 수 있다. 표 14-6에서 오차$(Y - M_Y)$라고 이름 붙인 열에서 보는 바와 같이, 종속변인(학기말 시험성적) 점수가 평균으로부터 얼마나 떨어져 있는지를 결정함으로써 그 오차를 정량화하게 된다.

예컨대, 학생 1의 오차는 82 − 76 = 6이다. 10명 학생의 오차 각각을 모두 제곱하여 합한다. 이것은 또 다른 유형의 제곱합이다. 즉 제곱한 오차의 합, 오차 제곱합이다. 여기서 오차 제곱합은 2,262이다('오차 제곱' 열의 합). 이것은 표본에 들어있는 모든 사람을 평균이라고 예측할 때 발생하게 되는 오차 측정치이다. 이렇게 특별한 유형의 오차 제곱합을 전체 제곱합, $SS_{전체}$라고 부르기로 한다. 왜냐하면 이것이 최악의 시나리오, 즉 회귀식이 없을 때의 전체 오차를 나타내기 때문이다. 그림 14-5에서 보는 바와 같이, 수평선이 평균을 나타내는 그래프에서 이 오차를 시각적으로 보여줄 수 있다. 산포도에서와 같이 실제 데이터에 해당하는 점을 표시한 다음에 각 점에서부터 평균까지 수직선을 그릴 수 있다. 이러한 수직선은 모든 사람을 평균으로 예측할 때 초래되는 오차를 시각적으로 보여준다.

표 14-6	모든 사람에게 평균을 예측할 때의 오차 계산하기

회귀식이 없다면, 최선은 모든 참가자에게 평균을 예측하는 것이다. 물론 그렇게 하면 오차가 있게 마련이다. 모든 사람이 종속변인에서 평균값을 갖지는 않기 때문이다. 이 표는 각 참가자에게 평균을 예측할 때의 오차 제곱을 보여준다. 그 합은 2,262이다.

학생	점수(Y)	Y의 평균	오차($Y - M_Y$)	오차 제곱
1	82	76	6	36
2	98	76	22	484
3	76	76	0	0
4	68	76	-8	64
5	84	76	8	64
6	99	76	23	529
7	67	76	-9	81
8	58	76	-18	324
9	50	76	-26	676
10	78	76	2	4

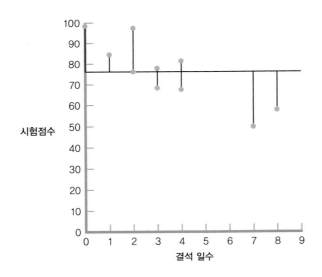

시험점수 / 결석 일수

그림 14-5

오차의 시각적 표현

평균 76을 나타내는 수평선이 포함된 그래프는 모든 사람을 평균으로 예측할 때 초래되는 오차를 시각적으로 보여준다. 산포도의 각 점을 평균까지 수직선으로 연결한다. 이 선분들이 오차를 시각적으로 표현한 것이다.

회귀식을 사용하여 모든 사람을 평균으로 예측하는 것보다 더 열등한 예측을 할 수는 없다. 그렇지만 평균으로 예측하는 것보다 상당한 증진을 초래하지 않는다면 회귀식을 사용하고자 시간과 노력을 들일 가치가 없게 된다. 평균과 마찬가지로, 표본에 회귀식을 사용하였을 때 오차크기를 계산할 수 있다. 그렇게 되면 평균이 아니라 회귀식을 가지고 얼마나 잘 예측할 수 있는지를 알 수 있게 된다.

첫째, 회귀식을 사용한다면 각 학생에 대해서 어떻게 예측하는지를 계산한다. 각 X를 회귀식에 입력함으로써 그 값을 구한다. 다음은 회귀식 $\hat{Y} = 94.30 - 5.39(X)$를 사용하여 계산한 값이다.

$$\hat{Y} = 94.30 - 5.39(4); \hat{Y} = 72.74$$
$$\hat{Y} = 94.30 - 5.39(2); \hat{Y} = 83.52$$
$$\hat{Y} = 94.30 - 5.39(2); \hat{Y} = 83.52$$
$$\hat{Y} = 94.30 - 5.39(3); \hat{Y} = 78.13$$
$$\hat{Y} = 94.30 - 5.39(1); \hat{Y} = 88.91$$
$$\hat{Y} = 94.30 - 5.39(0); \hat{Y} = 94.30$$
$$\hat{Y} = 94.30 - 5.39(4); \hat{Y} = 72.74$$
$$\hat{Y} = 94.30 - 5.39(8); \hat{Y} = 51.18$$
$$\hat{Y} = 94.30 - 5.39(7); \hat{Y} = 56.57$$
$$\hat{Y} = 94.30 - 5.39(3); \hat{Y} = 78.13$$

방금 계산한 $\hat{Y}$, 즉 Y의 예측점수를 표 14-7에 제시하였는데, 여기서 오차는 평균이 아니라 예측점수에 근거하여 계산한다. 예컨대, 학생 1의 경우에 오차는 실제 점수에서 예측점수를 뺀 값이다. $82 - 72.74 = 9.26$. 앞에서와 마찬가지로 오차를 제곱하고 모두 더한다. 회귀식에 근거한 오차 제곱합은 623.425이다. 이것을 오차 제곱합, $SS_{오차}$라고 부르는 까닭은 회귀식을 사용하여 Y를 예측할 때 얻게 되는 오차를 나타내기 때문이다.

그림 14-6에서 보는 바와 같이 회귀선을 포함하는 그래프에서 이 오차를 시각적으로 나타낼 수 있다. 여기서도 산포도에서처럼 실제 데이터를 나타내는 점을 표시하고, 각 점에서부터 회귀선으로 수직선을 그린다. 이 수직선은 회귀식을 사용하여 Y를 예측할 때 나타나는 오차를 시각적으로 알 수 있게 해준다. 그림 14-6의 수직선들이 평균을 사

표 14-7 예측에 회귀식을 사용할 때의 오차 계산하기

평균 대신에 회귀식을 사용하여 예측할 때, 오차가 작아진다. 그렇지만 여전히 어느 정도의 오차가 존재하는 까닭은 모든 참가자가 회귀선 위에 위치하지 않기 때문이다. 이 표는 회귀식을 사용하여 각 참가자의 점수를 예측할 때의 오차 제곱을 보여 준다. 그 합은 623.425이다.

학생	결석 일수(X)	시험점수(Y)	예측점수($\hat{Y}$)	오차($Y - \hat{Y}$)	오차 제곱
1	4	82	72.74	9.26	85.748
2	2	98	83.52	14.48	209.670
3	2	76	83.52	− 7.52	56.550
4	3	68	78.13	− 10.13	102.617
5	1	84	88.91	− 4.91	24.108
6	0	99	94.30	4.70	22.090
7	4	67	72.74	− 5.74	32.948
8	8	58	51.18	6.82	46.512
9	7	50	56.57	− 6.57	43.165
10	3	78	78.13	− 0.13	0.017

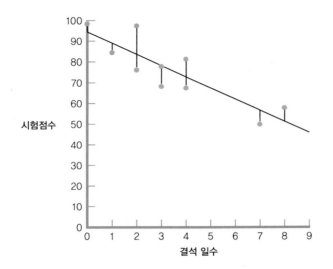

그림 14-6

오차의 시각적 표현

회귀선을 나타내는 그래프는 회귀식을 사용하여 Y값을 예측할 때 초래되는 오차를 시각적으로 보여준다. 각 점을 회귀선까지 수직선으로 연결한다. 이 선분들이 오차를 시각적으로 표현한 것이다.

용하였던 그림 14-5의 수직선들보다 짧은 경향이 있다는 사실에 주목하라.

그렇다면 예측이 얼마나 증진되었는가? 이 표본에서 모든 사람에게 평균을 사용하여 예측할 때의 오차가 2,262이었다. 회귀선을 사용하여 예측할 때의 오차는 623.425이다. 회귀식이 얼마나 잘 예측하는지를 나타내는 측정치를 오차의 비례적 감소라고 부른다는 사실을 기억하라. 알아보고자 하는 것은 평균 대신에 회귀식을 사용함으로써 감소한 오차의 양이다. 감소한 오차의 양은 2,262 − 623.425 = 1,638.575이다. 그렇지만 비례적이라는 단어는 감소시킨 전체 오류의 비율을 나타내는 것이기 때문에, 비례적 감소를 결정하기 위하여 비(ratio)를 구하게 된다. 전제 2,262 중에서 1,638.575를 줄였기 때문에, 그 비는 $\frac{1,638.575}{2,262} = 0.724$가 된다.

Y를 예측하기 위해서 평균을 사용할 때에 비해서 회귀식을 사용함으로써 처음 오차의 0.724, 즉 72.4%를 감소시켰다. 이 비는 방금 계산하였던 내용을 나타내는 식을 사용하여 계산할 수 있으며, 다음과 같은 기호로 표현할 수 있다.

$$r^2 = \frac{(SS_{전체} - SS_{오차})}{SS_{전체}} = \frac{(2,262 - 623.425)}{2,262} = 0.724$$

요컨대, 다음과 같은 작업만 하면 된다.

1. 평균을 예측자로 사용할 때의 오차를 결정한다.
2. 회귀식을 예측자로 사용할 때의 오차를 결정한다.
3. 평균을 사용할 때의 오차에서 회귀식을 사용할 때의 오차를 뺀다.
4. 그 차이값을 평균을 사용할 때의 오차로 나누어준다.

오차의 비례적 감소는 회귀식이 얼마나 우수한 것인지를 알려준다. 이 사실을 진술하는 또 다른 방법이 있다. 즉, 오차의 비례적 감소는 독립변인으로 설명할 수 있는 종속

공식 숙달하기

14-4 : 오차의 비례적 감소는 모든 사람의 예측점수로 평균을 사용할 때 초래되는 전체 오차에서 회귀식을 예측도구를 사용하여 초래된 오차를 빼서 계산한다. 그런 다음에 그 차이값을 전체 오차로 나누어준다.

$$r^2 = \frac{(SS_{전체} - SS_{오차})}{SS_{전체}}$$

오차의 비례적 감소는 변량분석에서 효과크기 추정치를 해석하는 것과 동일한 방식으로 해석할 수 있다. 동일한 통계치를 나타내는 것이다.

14-4 : 오차의 비례적 감소는 회귀에서 사용하는 효과크기이다. 변량분석에서 효과크기 추정치로 계산한 것과 동일한 값이다. 오차의 비례적 감소는 종속변인 점수를 평균으로 예측할 때에 비해서 회귀식을 사용하여 예측할 때 감소하는 오차의 비율을 알려준다.

변인 변량의 크기에 대한 측정치이다. 오차의 비례적 감소를 나타내는 기호를 알아차렸는가?

그 기호는 r^2이다. 아마도 여러분은 앞에서 이미 계산하였던 어떤 수치와의 연계를 보았는지도 모르겠다. 그렇다. 이것은 상관계수를 제곱한 것이다!

그렇지만 회귀식을 사용한 예측에서의 오차와 모든 사람을 평균으로 예측할 때의 오차 간의 차이를 보기 위해서는 더 오랜 계산이 필요하다. 일단 오차의 비례적 감소를 몇 차례 계산하고 나면, 무엇을 계산하고 있는 것인지를 정확하게 이해하게 된다. 오차의 비례적 감소와 상관계수 간의 관계에 덧붙여서, 이것은 앞에서 계산하였던 또 다른 수치와도 동일하다. 즉 변량분석에서의 효과크기 R^2과도 동일하다. 두 경우 모두에서, 이 수치는 독립변인이 설명하는 종속변인 변량의 비율을 나타낸다.

오차의 비례적 감소는 상관계수를 제곱하여 계산할 수 있기 때문에, 상관계수만을 들여다보고도 줄어드는 오차의 양에 대한 감을 잡을 수 있다. 음수이든 양수이든 강도가 큰 상관계수는 두 변인 간의 강력한 관계를 나타낸다. 만일 두 변인이 밀접하게 관련되어 있다면, 둘 중의 하나가 다른 변인의 훌륭한 예측자가 되는 것이 이치에 맞는다. 그리고 한 변인을 사용하여 다른 변인을 예측할 때, 오차가 감소한다는 것도 이치에 맞는다. ●

학습내용 확인하기

개념의 개관

> 회귀분석의 결과도 상관과 동일한 유형의 제한을 받는다. 상관과 마찬가지로 회귀도 인과성에 관해 알려주는 것은 없다.

> 한 시점에서 극단적인 점수를 받은 사람은 다음 시점에서 덜 극단적인 점수(평균에 가까운 점수)를 받는 경향이 있으며, 이 현상을 평균으로의 회귀라고 부른다.

> 평균에 근거한 오차를 전체 제곱합($SS_{전체}$)이라고 칭하는 반면, 회귀식에 근거한 오차를 오차 제곱합($SS_{오차}$)이라고 부른다.

> 오차의 비례적 감소 r^2은 한 개인의 종속변인 값을 단지 평균으로 예측하는 것에 비해서 특정 회귀식을 사용하여 예측할 때 감소시킬 수 있는 오차의 양이다.

개념의 숙달

14-6 최적선을 중심으로 하는 추정표준오차를 평균을 중심으로 하는 예측의 오차와 구분해보라.

14-7 회귀에서 상관의 강도가 오차의 비례적 감소와 어떻게 관련되는지를 설명해보라.

통계치의 계산

14-8 평균, 표준편차, 상관계수, 그리고 회귀식이 포함된 데이터가 나와있다. $r = -0.77$, $\hat{Y} = 7.846 - 0.431(X)$.

   a. 이 정보를 사용하여 평균의 오차 제곱합, $SS_{전체}$를 계산하라.

   b. 이제 회귀식을 사용하여 회귀식의 오차 제곱합 $SS_{오차}$를 계산하라.

   c. (a)와 (b)의 결과를 사용하여 이 데이터에 대한 오차의 비례적 감소 r^2을 계산하라.

   d. 오차의 비례적 감소 r^2의 계산이 상관계수의 제곱과 동일한지 확인해보라.

	X	Y
	5	6
	6	5
	4	6
	5	6
	7	4
	8	5
	$M_X = 5.833$	$M_Y = 5.333$
	$SD_X = 1.344$	$SD_Y = 0.745$

통계치의 계산 (계속)

개념의 적용

14-9 앞에서 미식축구 비디오게임과 최고급 식당계에서 평균으로의 회귀에 관한 이야기를 보았다. 많은 운동선수와 스포츠 팬은 스포츠 전문잡지인 스포츠 일러스트레이티드(*SI*) 표지에 등장하는 것을 저주라고 믿고 있다. *SI* 표지에 등장한 직후, 선수나 팀은 지독히 형편없는 경기력을 보이기 십상이다. 이 경향성은 스포츠 일러스트레이티드의 지면을 장식하며, 심지어는 'SI 징크스'라는 이름까지 얻게 되었다(Wolff, 2002). 실제로 *SI*는 2,456개의 표지에서 913명의 희생자를 선별하였다. 그리고 잠재적 희생자들은 이 사실에 주목하였다. 뉴잉글랜드 패트리어츠 미식축구 팀이 리그 결승전에서 승리한 후에, 그 당시 감독이었던 빌 파셀스는 딸에게 전화를 하고 나서 *SI* 담당자에게 전화를 걸어 다음과 같이 주문하였다. "표지 등장은 안 됩니다!" 회귀의 제한점에 관한 지식을 사용할 때, 여러분이라면 파셀스 감독에게 무슨 말을 해주겠는가?

학습내용 확인하기의 답은 부록 D에서 찾아볼 수 있다.

중다회귀

회귀분석에서 만일 독자적이고 차별적인 순수한 예측자를 발견할 수 있다면, 종속변인에서 더 많은 변산을 설명하게 된다. 여기에는 **직교변인**(orthogonal variable)이 수반되는데, 종속변인 예측에서 다른 변인들의 공헌과 비교해볼 때 독자적이고 차별적인 공헌을 하는 독립변인을 말한다. 직교변인들은 서로 중복되지 않는다. 예컨대, 앞에서 논의하였던 한 연구는 페이스북 사용량이 사회자본을 예측하는지를 탐색하였다. 개인의 성격도 사회자본을 예측할 가능성이 크다. 예컨대, 외향적인 사람이 내향적인 사람보다 이러한 유형의 사회자본을 더 많이 가질 것이라고 예상할 수 있다. 사회자본에 대한 페이스북 사용량과 외향성의 효과를 분리할 수 있다면 유용할 것이다.

다음 절에서 다룰 통계기법은 (1) 여러 가지 증거가 정말로 하나보다 우수한지, 그리고 (2) 증거가 하나씩 증가할 때 실제로 얼마나 우수해지는지를 정량화하는 방법이다.

회귀식 이해하기

하나의 독립변인을 사용하는 회귀식이 평균보다 더 우수한 예측자인 것처럼, 두 개 이

직교변인은 종속변인 예측에서 다른 변인들의 공헌과 비교해볼 때 독자적이고 차별적인 공헌을 하는 독립변인이다.

중다회귀는 회귀식에 둘 이상의 예측변인을 포함하는 통계기법이다.

상의 독립변인을 사용하는 회귀식이 더 우수한 예측자일 가능성이 크다. 야구선수의 과거 타율을 아는 것에 덧붙여서 그 선수가 계속해서 심각한 부상으로 고생하고 있다는 사실을 아는 것이 그 선수의 경기력을 예측하는 힘을 증진시킬 가능성이 큰 것과 마찬가지다. 따라서 중다회귀가 단순선형회귀보다 더 보편적인 것은 놀라운 일이 아니다. **중다회귀**(multiple regression)는 회귀식에 둘 이상의 예측변인을 포함하는 통계기법이다.

결석 일수와 기말시험 공부시간이라는 두 변인을 가지고 기말시험 점수를 예측하는 데 사용할 수 있는 회귀식을 살펴보기로 하자. 표 14-8은 표 14-1의 데이터를 반복한 것이며, 여기에 공부시간 변인을 첨가하였다. (결석 일수와 기말시험 점수는 실제 데이터이지만, 공부시간은 가상적인 것이다.)

회귀분석 컴퓨터 소프트웨어는 그림 14-7에서 보는 프린트아웃을 제공해준다. 관심거리인 열은 'Unstandardized Coefficients' 아래 'B'라고 표기된 열이다. 첫 번째 수치는 절편이다. 절편을 constant(상수)라고 부르는 까닭은 변하지 않기 때문이다. 독립변인의 어떤 값으로도 곱하거나 하지 않는다. 여기서 절편은 35.230이다. 두 번째 수치는 독립변인 결석 일수의 기울기이다. 결석 일수는 학기말시험 점수와 부적 상관이 있기 때문에, 기울기가 −3.389로 음수이다. 이 열의 세 번째 수치는 독립변인 공부시간의 기울기이다. 예측하다시피 공부시간과 시험점수 간에는 정적 상관이 있다. 즉 공부를 많이 한 학생이 더 높은 점수를 받는 경향이 있다. 따라서 기울기가 9.174로 양수이다. 이 수치들을 회귀식에 집어넣을 수 있는데, 아래 식에서 X_1은 첫 번째 변인인 결석 일수를 나타내고 X_2는 두 번째 변인인 공부시간을 나타낸다.

표 14-8 두 변인으로 시험점수 예측하기

중다회귀는 둘 이상의 독립변인으로부터 하나의 종속변인을 예측하는 회귀식을 만들 수 있게 해준다. 여기서는 결석 일수와 공부시간 데이터를 가지고 시험점수를 예측하는 회귀식을 만든다.

학생	결석 일수	공부시간	시험점수
1	4	6	82
2	2	7.5	98
3	2	5	76
4	3	5	68
5	1	5.5	84
6	0	7	99
7	4	6	67
8	8	5	58
9	7	4.5	50
10	3	5.5	78

Coefficients[a]

Model		Unstandardized Coefficients		Standardized Coefficients	t	Sig.
		B	Std. Error	Beta		
1	(Constant)	35.230	13.802		2.553	.038
	Number of Absences	−3.389	.796	−.535	−4.256	.004
	Hours Studied	9.174	2.101	.549	4.366	.003

a. Dependent Variable: Final Exam Grade

그림 14-7

회귀분석의 소프트웨어 출력

컴퓨터 소프트웨어는 중다회귀식에 필요한 정보를 제공해준다. 모든 필요한 계수는 'Unstandardized Coefficients' 아래의 열에 들어있다. 상수(constant) 35.230은 절편이다. 'Number of Absences(결석 일수)' 다음의 수치 −3.389는 그 독립변인의 기울기이다. 그리고 'Hours Studied(공부시간)' 다음의 수치 9.174는 그 독립변인의 기울기이다.

$$\hat{Y} = 35.230 - 3.389(X_1) + 9.174(X_2)$$

일단 중다회귀식을 작성하게 되면, 결석 일수의 원점수와 공부시간의 원점수를 입력하여 Y에서 예측한 점수를 결정할 수 있다. 학생 중의 한 명인 앨리가 6시간 공부하였다고 상상해보라. 앨리는 이번 학기에 두 번 결석할 계획이다. 앨리의 학기말시험 점수는 몇 점일 것이라고 예측하겠는가?

$$\hat{Y} = 35.230 - 3.389(X_1) + 9.174(X_2)$$
$$= 35.230 - 3.389(2) + 9.174(6)$$
$$= 35.230 - 6.778 + 55.044 = 83.496$$

두 변인에 근거하여 앨리의 학기말시험 점수가 83.496점일 것이라고 예측한다. 이 중다회귀식은 얼마나 우수한

중다독립변인 연구자들은 종속변인을 예측한다고 생각하는 적어도 두 개 이상의 독립변인을 측정하였을 때 중다회귀를 사용한다. 예컨대, 연구자들은 폭력 비디오게임을 즐기는 데 사용한 시간, 성격검사 점수, 절친의 수 등이 아동의 공격성 수준을 예측하는지 알아보고자 할 수 있다.

것인가? 통계 소프트웨어를 이용하여 이 회귀식의 오차의 비례적 감소를 계산하였더니 놀랍게도 0.926이다. 결석 일수와 공부시간이라는 독립변인을 가지고 있는 중다회귀식을 사용함으로써 모든 사람에게 평균인 76점을 예측할 때 발생하는 오차를 93%나 줄이게 되었다.

중다회귀에서 오차의 비례적 감소를 계산할 때, 기호가 조금 변한다. 이제 그 기호는 r^2이 아니라 R^2이다. 이 통계치를 대문자로 쓰는 까닭은 오차의 비례적 감소가 둘 이상의 독립변인에 근거하기 때문이다.

일상생활에서의 중다회귀

점차적으로 강력한 컴퓨터가 개발되고 엄청난 양의 전자데이터가 가용해짐에 따라서, 중다회귀에 바탕을 둔 도구들이 빠르게 확산되었다. 오늘날 일반 대중도 온라인으로 다양한 도구들에 접속할 수 있다(Darlin, 2006; Rosenbloom, 2015). 많은 앱과 웹사이트들이 특정 여행경로, 여행일자, 그리고 무엇보다도 중요한 구입일자에 근거하여 비행기표의 가격을 예측해준다. 여행사에게 가용한 것과 동일한 데이터와 함께 날씨나 여행경로에서 벌어지는 특별 행사 등을 독립변인으로 추가함으로써, 가격 예측도구는 항공사가 사용하는 회귀식을 흉내 내고 있다. 항공사는 잠재 여행자들이 특정 일자의 특정 항공편에 얼마를 지불할 용의가 있는지를 예측하고, 그 예측을 사용하여 최대의 수익을 올릴 수 있도록 가격을 조정한다.

온라인 가격 예측도구는 수학적 예측도구를 사용하여 요령 있는 소비자들이 비행기표 가격이 오르기 전에 구입할 것인지 아니면 내릴 때까지 기다릴 것인지 결정하는 데 도움을 준다. 2007년에 한 가격 예측사이트는 자신의 예측이 74.5%의 정확률을 보인다고 주장하였다. 질로우(Zillow.com)는 가격 예측사이트가 비행기표에 대해서 하였던 예측을 부동산에 대해서 하고 있다. 질로우는 보관된 토지정보 기록을 사용하여 미국의 주택가격을 예측하고 있으며, 특정 주택의 실제 매매가격에서 10% 이상 벗어나지 않을 만큼 정확하다고 주장하고 있다.

아마존(Amazon.com)은 예측이라는 사업을 새로운 수준으로 끌어올리고자 시도하고 있다. 2014년 아마존은 '예상 배송시스템' 특허를 획득하였다(Bensinger, 2014). 아마존은 어마어마한 고객정보 데이터베이스를 활용하여 고객과 가까운 배송센터로 제품을 보내거나 심지어는 트럭에 적재할 수 있었는데, 이 모든 과정은 고객이 구매하기도 전에 이루어지는 것이다! 이러한 출하작업은 고객의 검색내용, 구매 희망 목록, 과거의 주문 내용뿐만 아니라 고객이 특정 제품에 커서를 올려놓고 보낸 시간 등과 같은 온라인 행동에 근거한다.

예측도구에서 흥미를 끄는 부분은 모든 것이 연구자가 선택하는 독립변인에 근거한다는 점이다. 상이한 입력은 상이한 예측으로 이끌어간다. 한 가지 사례, 즉 아마존과 넷플릭스가 여러분이 좋아할 책과 영화를 비롯한 여러 매체를 결정하기 위해서 사용하는 예측도구만을 살펴보기로 하자. 둘 간의 차이를 기술하면서 기자는 독자들에게 소매상점에 들어갔다고 상상해보도록 요구하였다(Domingos, 2015). 두 회사의 회귀식에 근거할 때, "아마존은 여러분을 과거에 즐겨 찾던 선반으로 이끌어갈 가능성이 높은 반면, 넷플릭스는 여러분을 낯설고 특이한 구역으로 데리고 가지만 결국에는 좋아하게 될 상품으로 이끌어간다."라고 언급하였다. 어느 하나가 다른 것보다 더 우수한가? 아마도 그렇지 않을 것이다. 아마존에서 주문한 모든 상품에는 대가를 지불해야 하기 때문에, 위험을 무릅쓸 가능성이 높지 않다. 넷플릭스의 경우에는 모든 것이 월정 사용료에 포함되어 있기 때문에, 색다른 추천이라도 도박과 같이 위험할 이유가 없다. 예측이 정밀과학은 아니더라도 흥미진진한 과학임에는 틀림없다. 그리고 통계학에 관심이 있는 사람에게 흥미진진한 기회를 제공하는 분야이기도 하다. 데이터를 시각적으로 배열하는 분야와 마찬가지로, 회귀식의 미래도 새로운 세대의 행동과학자와 통계학자들의 창의성에 의해서만 제약을 받을 뿐이다.

학습내용 확인하기

개념의 개관

> 중다회귀는 둘 이상의 독립변인을 가지고 종속변인을 예측하는 데 사용한다. 이상적으로는 이 독립변인들이 상호 차별적이어서 예측에 독자적으로 기여하는 것이다.

> 중다회귀식을 개발하여 각 독립변인에 특정 점수를 입력함으로써 종속변인의 예측 점수를 결정할 수 있다.

> 중다회귀는 주택가격이나 교통상황과 같은 일상의 변인들을 예측하는 데 사용할 수 있는 많은 온라인 도구의 토대이다.

개념의 숙달

14-10 중다회귀란 무엇이며, 단순선형회귀를 넘어서는 이점은 무엇인가?

통계치의 계산

14-11 중다회귀분석에서 얻은 다음 출력을 사용하여 회귀식을 작성해보라.

Coefficients[a]

Model		Unstandardized Coefficients		Standardized Coefficients	t	Sig.
		B	Std. Error	Beta		
1	(Constant)	5.251	4.084		1.286	.225
	Variable A	.060	.107	.168	.562	.585
	Variable B	1.105	.437	.758	2.531	.028

a. Dependent Variable: Outcome variable

14-12 위에서 작성한 회귀식을 사용하여 다음 각각에서의 예측을 해보라.

   a. $X_1 = 40$, $X_2 = 14$

   b. $X_1 = 101$, $X_2 = 39$

   c. $X_1 = 76$, $X_2 = 20$

개념의 적용

14-13 일상적인 상황에서 회귀분석이 점점 더 보편화함에 따라, 문제가 발생하기 마련이다 (Kirchner, 2015). 다음은 문제가 있는 회귀식의 두 가지 사례이다. 각각에 대해서 가능성이 높은 독립변인과 종속변인을 가능한 한 구체적이고 명확하게 진술하라. 제공한 정보에만 근거할 때, 이것은 단순선형회귀의 사례인가, 아니면 중다회귀의 사례인가? 여러분의 답을 해명해보라.

   a. **월스트리트저널**(Valentino-Devries, Singer-Vine, & Soltani, 2012)은 사무용품 상점인 스테이플스(Staples)가 회귀식을 사용하여 상이한 지역에 거주하는 고객을 위한 가격을 결정한다고 보도하였다. 스테이플스와 경쟁하는 다른 사무용품 상점에서 가까운 곳에 사는 고객보다 멀리 떨어진 곳에 사는 고객에게 더 비싼 가격을 요구하였다. 문제는 무엇인가? 경쟁 상점에서 멀리 떨어진 곳에 거주하는 고객은 가난

학습내용 확인하기의 답은 부록 D에서 찾아볼 수 있다.

(계속)

개념의 적용 (계속)

학습내용 확인하기의 답은 부록 D에서 찾아볼 수 있다.

하거나 농촌지역에 거주하고 있을 가능성이 높았다. 기자는 "이것이 인터넷의 균형자 역할을 약화시킨다."라고 지적하였다.

b. 2015년도 보고서는 한 사람이 상습범이 될 가능성을 예측하고자 기소된 사람들에게 형을 선고하는 데 사용한 회귀식을 살펴보았다(Barry-Jester, Casselman, & Goldstein, 2015). 회귀식은 개인의 범죄기록을 넘어서 연령, 직업 경력, 집안 내력의 범죄패턴 등과 같은 정보를 사용하였다. 기자는 이렇게 물었다. "과거의 범죄 행위뿐만 아니라 동일한 프로파일을 가지고 있는 다른 사람들에 관한 통계에도 근거하여 사람들에게 점수를 부여하는 것은 공정한 일인가?"

개념의 개관

단순선형회귀

회귀는 두 변인 간의 관계를 정량화할뿐만 아니라 한 변인이 다른 변인을 예측하는 능력도 정량화한다는 점에서 상관을 확장한 것이다. 독립변인의 z 점수를 가지고 종속변인의 z 점수를 예측할 수 있으며, 아니면 약간의 사전 작업을 통해서 독립변인 원점수를 가지고 종속변인 원점수를 예측할 수도 있다. 후자의 방법은 절편과 기울기를 갖는 일차방정식을 사용한다.

두 변인이 선형관계를 가지고 있는 경우에 하나의 독립변인을 가지고 하나의 종속변인을 예측할 때 단순선형회귀를 사용한다. 회귀식을 사용하여 이 선을 그래프에 그릴 수 있다. X의 낮은 값과 높은 값을 선택하고 그 X 값과 연합된 Y의 두 예측값을 계산하여 그래프에 해당 점을 그린 후에 두 점을 연결하여 회귀선을 그린다.

원점수를 z 점수로 변환하여 표준화할 수 있는 것과 마찬가지로, 기울기를 표준회귀계수로 변환하여 표준화할 수 있다. 이 수치는 독립변인에서 1 표준편차만큼 증가할 때마다 종속변인에서 표준편차 단위로 예측한 변화를 나타낸다. 단순선형회귀에서 표준회귀계수는 피어슨 상관계수와 동일하다. 상관계수가 0과 통계적으로 유의하게 차이를 보이는지를 결정하는 가설검증도 표준회귀계수가 0과 통계적으로 유의하게 차이를 보이는지 여부를 나타낸다.

해석과 예측

회귀식이 종속변인에서의 점수에 대한 완벽한 예측자인 경우는 극히 드물다. 항상 어느 정도의 예측오차가 있게 되는데, 이 예측오차는 추정표준오차, 즉 관찰값이 회귀선에서 벗어난 정도를 나타내는 수치로 정량화할 수 있다. 덧붙여서 회귀는 상관과 동일한 제한점을 가지고 있다. 예컨대, 예측하는 관계가 인과적인지를 알 수 없다. 상정한 방향이 역전될 수도 있으며, 제3의 변인이 작동할 수도 있다.

회귀를 사용할 때는 **평균으로의 회귀**라고 부르는 현상에도 유념해야만 하는데, 이것은 극단적인 값은 시간이 경과하면서 덜 극단적인 값이 되는 경향을 말한다.

회귀를 사용할 때는 독립변인이 종속변인을 예측하는 정도를 고려해야만 한다. 이를 위해서 r^2으로 표현하는 **오차의 비례적 감소**를 계산할 수 있다. 오차의 비례적 감소는 평균을 유일한 예측도구로 사용할 때보다 회귀식을 가지고 얼마나 잘 예측하게 되는지를 알려준다.

중다회귀

둘 이상의 독립변인을 가지고 있을 때 **중다회귀**를 사용하게 되는데, 대부분의 행동과학 연구에서는 이것이 일반적이다. 중다회귀는 **직교변인**을 가지고 있을 때 특히 유용하다. 직교변인이란 종속변인의 예측에 독자적인 공헌을 하는 독립변인들을 말한다. 중다회귀는 비행기표 가격과 같은 것에 대해 합리적인 추정을 할 수 있게 해주는 많은 웹 기반 예측도구를 개발하는 역할을 담당해왔다.

SPSS®

SPSS에서 가장 보편적인 형태의 회귀분석은 적어도 두 개의 척도변인, 즉 하나의 독립변인(예측변인)과 하나의 종속변인(예측하려는 변인)을 사용한다. 결석 일수와 시험점수를 예로 사용해 보자. 여기서도 데이터를 시각적으로 제시하는 것으로 시작한다. 다음을 선택함으로써 데이터의 산포도를 요구한다. 그래프(Graphs) → 차트 작성기(Chart Builder) → 갤러리(Gallery) → 산

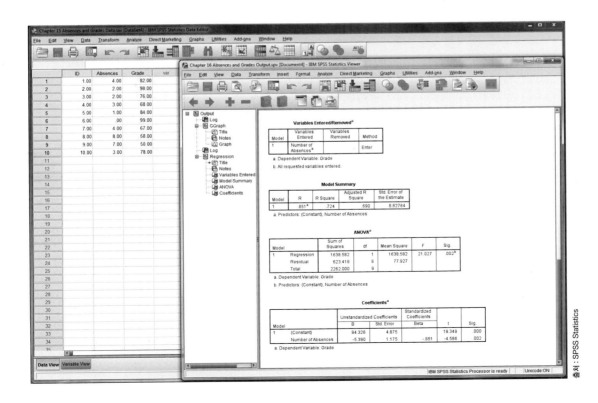

포도/점(Scatter/Dot). 좌측 상단의 사례 그래프를 위쪽의 큰 박스로 드래그한다. 그런 다음 독립변인 '결석 일수'를 *x*축으로 드래그하고 종속변인 '성적'을 *y*축으로 드래그하여 산포도에 포함시킬 변인들을 선택한다. 확인(OK)을 클릭한다. 차트 편집기(Chart Editor)를 사용하여 변경하기 위하여 그래프를 더블클릭한다. 회귀선을 첨가하려면 요소(Elements) 다음에 전체 적합선(Fit Line at Total)을 클릭한다. 우측 상단 모서리에 있는 *x*를 클릭하여 차트 편집기를 종료시킨다.

선형회귀분석을 하려면, 다음을 선택한다. 분석(Analyze) → 회귀(Regression) → 선형 모형(Linear). '결석 일수'를 독립변인 (예측변인)으로, 그리고 '성적'을 종속변인으로 선택한다.

늘 그렇듯이, 출력 화면을 보려면 확인을 클릭한다. 출력의 일부분이 스크린샷에 나와있다. 'Model Summary'라는 제목의 박스에서는 'R' 아래에서 0.851의 상관계수를, 그리고 'R Square' 아래에서 0.724의 오차의 비례적 감소를 볼 수 있다. 'Coefficients'라는 제목의 박스에서는 회귀식을 결정하기 위하여 'B' 아래의 첫 번째 열을 살펴볼 수 있다. 절편 94.326은 '(Constant)' 행에, 그리고 기울기 −5.390은 'Number of Absences' 행에 나와있다. (앞에서 계산하였던 수치와 약간의 차이가 있는 이유는 반올림에 의한 것이다.)

작동방법

14.1 *z* 점수의 회귀

한 대학원생은 강의 '명확성'에서 높은 평가를 받은 교수가 '소탈한' 사람으로 보일 가능성도 높은지 궁금하였다. 그 학생은 한 교수가 받은 소탈함 평정점수의 평균과 강의 명확성에서 받은 평정점수의 평균 간에 0.267의 유의한 상관이 있음을 발견하였다.

그 교수의 명확성 *z* 점수가 2.2(매우 명확하다는 지표이다)라면, 소탈함 *z* 점수를 어떻게 예측할 수 있는가?

$$z_{\hat{Y}} = (r_{XY})(z_X) = (0.267)(2.2) = 0.59$$

정적 상관이 있는 경우에는 교수의 원래 *z* 점수가 평균 이상일 때 평균 이상인 *z* 점수를 예측하게 된다.

그리고 만일 교수의 명확성 *z* 점수가 −1.8(명확하지 않다는 지표이다)이라면, 소탈함 *z* 점수를 어떻게 예측할 수 있는가?

$$z_{\hat{Y}} = (r_{XY})(z_X) = (0.267)(-1.8) = -0.48$$

정적 상관이 있는 경우에는 교수의 원래 *z* 점수가 평균 이하일 때 평균 이하의 *z* 점수를 예측하게 된다.

14.2 원점수의 회귀

위의 대학원생 데이터를 사용하여 어떻게 원점수를 가지고 직접 작업할 수 있는 회귀식을 작성할 수 있는가? 이를 위해서는 조금 더 많은 정보가 필요하다. 이 데이터에서 명확성 점수의 평균은 3.673이고 표준편차는 0.890이다. 소탈함 점수의 평균은 2.843이고 표준편차는 0.701이다. 앞에서 언급한 바와 같이, 두 변인 간의 상관은 0.267이다.

회귀식을 작성하려면, 절편과 기울기가 필요하다. *X*(명확성)가 0일 때 예측하는 *Y*(소탈함)의 값을 계산함으로써 절편을 결정한다. 평균, 표준편차, 상관에 근거하여 우선 z_X를 계산한다.

$$z_X = \frac{(X - M_X)}{SD_X} = \frac{(0 - 3.673)}{0.890} = -4.127$$

그런 다음에 소탈함의 예측 z 점수를 계산한다.

$$z_{\hat{Y}} = (r_{XY})(z_X) = (0.267)(-4.127) = -1.102$$

마지막으로 소탈함의 예측 z 점수를 예측 원점수로 변환한다.

$$\hat{Y} = z_{\hat{Y}}(SD_Y) + M_Y = -1.102(0.701) + 2.843 = 2.070$$

따라서 절편은 2.070이다.

기울기를 결정하기 위하여 X(명확성)가 1일 때 Y(소탈함)의 예측값을 계산하고, X가 0일 때의 예측값과 얼마나 다른지를 결정한다. 원점수 1에 대응하는 X의 z 점수는 다음과 같다.

$$z_X = \frac{(X - M_X)}{SD_X} = \frac{(1 - 3.673)}{0.890} = -3.003$$

그런 다음에 소탈함의 예측 z 점수를 계산한다.

$$z_{\hat{Y}} = (r_{XY})(z_X) = (0.267)(-3.003) = -0.802$$

마지막으로 소탈함의 예측 z 점수를 예측 원점수로 변환한다.

$$\hat{Y} = z_{\hat{Y}}(SD_Y) + M_Y = -0.802(0.701) + 2.843 = 2.281$$

X가 1일 때 Y의 예측값(2.281)과 X가 0일 때 Y의 예측값(2.070) 간의 차이가 기울기인데, $2.281 - 2.070 = 0.211$이다. 따라서 회귀식은 다음과 같다.

$$\hat{Y} = 2.07 + 0.21(X)$$

이제 이 회귀식을 사용하여 교수의 강의 명확성 점수를 가지고 소탈함의 예측점수를 계산할 수 있다. 한 교수의 명확성 점수가 3.2라고 해보자. 회귀식을 사용하여 그 교수의 소박함을 다음과 같이 예측하게 된다.

$$\hat{Y} = 2.07 + 0.21(X) = 2.07 + 0.21(3.2) = 2.74$$

이 교수는 명확성에서 평균 이하이기 때문에 정적 상관이 있다고 전제할 때 소탈함 예측값도 평균 이하일 것이라고 예측하는 것은 이치에 맞는다.

연습문제

홀수 문제의 답은 부록 C에서 찾아볼 수 있다.

개념 명료화하기

14.1 회귀가 상관을 넘어서서 보충해주는 것은 무엇인가?

14.2 회귀선은 두 변인 간의 상관과 어떤 관련이 있는가?

14.3 $\hat{Y}$와 Y의 예측점수 간에 어떤 차이가 있는가? 여러분의 답을 해명해보라.

14.4 다음 각 기호는 회귀식 공식에서 무엇을 의미하는가?

$$z_{\hat{Y}} = (r_{XY})(z_X)$$

14.5 직선을 나타내는 식은 $\hat{Y} = a + b(X)$이다. 기호 a와 b를 정의하라.

14.6 절편을 계산하는 세 단계는 무엇인가?

14.7 언제 절편이 의미가 없거나 유용하지 않은가?

14.8 기울기가 알려주는 것은 무엇인가?

14.9 회귀선을 최적선이라고도 부르는 까닭은 무엇인가?

14.10 상관계수의 음양부호와 기울기의 음양부호는 어떤 관련

이 있는가?

14.11 작은 추정표준오차와 큰 추정표준오차 간의 차이는 무엇인가?

14.12 회귀를 가지고 탐색한 관계 이면에 숨어있는 인과성에 대한 설명이 상관과 마찬가지의 제한점을 갖는 까닭은 무엇인가?

14.13 평균으로의 회귀와 정상곡선 간의 관계는 무엇인가?

14.14 회귀식이 평균보다 더 우수한 예측의 출처인 까닭을 설명해보라.

14.15 $SS_{전체}$란 무엇인가?

14.16 데이터 포인트와 회귀선 간에 오차 선분을 그릴 때, 그 선분이 수직이어야만 하는 까닭은 무엇인가?

14.17 오차의 비례적 감소를 계산하는 기본 단계는 무엇인가?

14.18 오차의 비례적 감소가 제공해주는 정보는 무엇인가?

14.19 직교변인이란 무엇인가?

14.20 만일 상관계수를 알고 있다면, 오차의 비례적 감소를 어떻게 결정할 수 있는가?

14.21 단순선형회귀보다 중다회귀가 더 유용한 까닭은 무엇인가?

14.22 단순선형회귀의 효과크기를 나타내는 기호와 중다회귀의 효과크기를 나타내는 기호 간의 차이는 무엇인가?

통계치 계산하기

14.23 X의 점수가 2.9일 때 다음 정보를 사용하여 Y를 예측해보라.

> 변인 X : $M = 1.9$, $SD = 0.6$
> 변인 Y : $M = 10$, $SD = 3.2$
> 두 변인 간 피어슨 상관계수 = 0.31

a. 독립변인의 원점수를 z 점수로 변환하라.
b. 종속변인의 예측 z 점수를 계산하라.
c. 종속변인의 z 점수를 다시 원점수로 변환하라.

14.24 X의 점수가 8일 때 다음 정보를 사용하여 Y를 예측해보라.

> 변인 X : $M = 12$, $SD = 3$
> 변인 Y : $M = 74$, $SD = 18$
> 두 변인 간 피어슨 상관계수 = 0.46

a. 독립변인의 원점수를 z 점수로 변환하라.
b. 종속변인의 예측 z 점수를 계산하라.
c. 종속변인의 z 점수를 다시 원점수로 변환하라.
d. 절편 a를 계산하라.
e. 기울기 b를 계산하라.
f. 직선의 식을 적어보라.
g. 빈 산포도에 그 직선을 그려보라.

14.25 연령이 골밀도와 관련이 있으며 피어슨 상관계수가 -0.19라는 사실을 알고 있다고 해보자. (상관이 부적이어서 골밀도는 젊을 때보다 나이 들수록 낮아지는 경향이 있음을 나타낸다는 사실에 주목하라.) 다음 기술통계치도 알고 있다고 가정하라.

> 참가자의 연령 : 평균 55세, 표준편차 12
> 참가자의 골밀도 : 평균 1,000mg/cm², 표준편차 95

우리 할머니는 76세이다. 할머니의 골밀도가 얼마라고 예측하겠는가? 이 물음에 답하기 위해 다음 단계를 수행하라.

a. 독립변인의 원점수를 z 점수로 변환하라.
b. 종속변인의 예측 z 점수를 계산하라.
c. 종속변인의 z 점수를 다시 원점수로 변환하라.
d. 절편 a를 계산하라.
e. 기울기 b를 계산하라.
f. 직선의 식을 적어보라.
g. 빈 산포도에 그 직선을 그려보라.

14.26 회귀선 $\hat{Y} = -6 + 0.41(X)$에 근거하여 다음 각각에 대해 예측해보라.

a. $X = 25$
b. $X = 50$
c. $X = 75$

14.27 회귀선 $\hat{Y} = 49 - 0.18(X)$에 근거하여 다음 각각에 대해 예측해보라.

a. $X = -31$
b. $X = 65$
c. $X = 14$

14.28 기술통계치, 상관계수, 그리고 회귀식과 함께 데이터를 제시하였다. $r = 0.426$, $\hat{Y} = 219.974 + 186.595(X)$.

X	Y
0.13	200.00
0.27	98.00
0.49	543.00
0.57	385.00
0.84	420.00
1.12	312.00
$M_X = 0.57$	$M_Y = 326.333$
$SD_X = 0.333$	$SD_Y = 145.752$

이 정보를 사용하여 다음 예측오차 추정치를 계산하라.

a. 평균의 오차 제곱합 $SS_{전체}$를 계산하라.
b. 이제 회귀식을 사용하여 회귀식의 오차 제곱합 $SS_{오차}$

를 계산하라.

c. 지금까지 작업한 결과를 사용하여 오차의 비례적 감소를 계산하라.

d. r^2의 계산이 상관계수의 제곱과 동일한지 확인해보라.

e. 표준회귀계수를 계산하라.

14.29 기술통계치, 상관계수, 그리고 회귀식과 함께 데이터를 제시하였다. $r = 0.52$, $\hat{Y} = 2.643 + 0.469(X)$.

X	Y
4.00	6.00
6.00	3.00
7.00	7.00
8.00	5.00
9.00	4.00
10.00	12.00
12.00	9.00
14.00	8.00
$M_X = 8.75$	$M_Y = 6.75$
$SD_X = 3.031$	$SD_Y = 2.727$

이 정보를 사용하여 다음 예측오차 추정치를 계산하라.

a. 평균의 오차 제곱합 $SS_{전체}$를 계산하라.

b. 이제 회귀식을 사용하여 회귀식의 오차 제곱합 $SS_{오차}$를 계산하라.

c. 지금까지 작업한 결과를 사용하여 오차의 비례적 감소를 계산하라.

d. r^2의 계산이 상관계수의 제곱과 동일한지 확인해보라.

e. 표준회귀계수를 계산하라.

14.30 다음 표와 같은 중다회귀분석의 출력을 사용하여 물음에 답하라.

a. 예측선의 식을 적어보라.

b. (a) 식을 사용하여 다음 경우에 Y를 예측해보라.
변인 1 = 6, 변인 2 = 60.

c. (a) 식을 사용하여 다음 경우에 Y를 예측해보라.
변인 1 = 9, 변인 2 = 54.3.

d. (a) 식을 사용하여 다음 경우에 Y를 예측해보라.
변인 1 = 13, 변인 2 = 44.8.

Coefficients[a]

Model		Unstandardized Coefficients		Standardized Coefficients	t	Sig.
		B	Std. Error	Beta		
1	(Constant)	3.977	1.193		3.333	.001
	Variable 1	.414	.096	.458	4.313	.000
	Variable 2	-.019	.011	-.181	-1.704	.093

a. Dependent Variable: Outcome (Y)

14.31 다음 표와 같은 중다회귀분석의 출력을 사용하여 다음 물음에 답하라.

a. 예측선의 식을 적어보라.

b. (a) 식을 사용하여 다음 경우에 Y를 예측해보라.
SAT = 1,030, 순위 = 41.

c. (a) 식을 사용하여 다음 경우에 Y를 예측해보라.
SAT = 860, 순위 = 22.

d. (a) 식을 사용하여 다음 경우에 Y를 예측해보라.
SAT = 1,060, 순위 = 8.

Coefficients[a]

Model		Unstandardized Coefficients		Standardized Coefficients	t	Sig.
		B	Std. Error	Beta		
1	(Constant)	1.675	.563		2.972	.004
	SAT	.001	.000	.321	2.953	.004
	Rank	-.008	.003	-.279	-2.566	.012

a. Dependent Variable: GPA

개념 적용하기

14.32 출생체중, 혈압, 그리고 회귀 : 메타분석을 통해 출생체중과 말년의 혈압 간에 부적 상관을 발견하였다(Mu et al., 2012).

a. 두 변인 간에 존재하는 부적 상관이 의미하는 바를 설명해보라.

b. 상관 대신에 단순선형회귀를 통해서 두 변인을 살펴보고자 한다면, 어떤 틀을 가지고 질문을 던지겠는가? (힌트 : 상관을 위한 연구물음은 다음과 같다. 출생체중은 혈압과 관련이 있는가?)

c. 단순선형회귀와 중다회귀 간의 차이는 무엇인가?

d. 단순선형회귀 대신에 중다회귀를 실시하고자 한다면, 다른 어떤 독립변인을 포함시키겠는가?

14.33 예측 치안 : 뉴욕타임스는 특정 사람이 범죄를 저지를 가능성이 있는지를 '예측하는' 공식에 근거한 전략인 예측 치안에 관하여 보도하였다(Elgion & Williams, 2015). 경찰이 고려하고 있는 예측 데이터는 무엇인가? 경찰은 실생활에서든 소셜미디어에서든 살인 희생자, 조폭 조직원, 또는 형을 살고 있는 사람과의 개인적 연계를 살펴본다. 또한 실업상태인지 아니면 마약이나 알코올 중독의 기록을 가지고 있는지도 살펴본다.

a. 이 사례에서 독립변인은 무엇인가?

b. 종속변인은 무엇인가?

c. 다른 어떤 변인이 이 종속변인을 예측하겠는가? 적어도 세 가지를 들어보라.

d. 예측 치안을 보도한 기사는 이 방법에 대한 비판도 논의하고 있다. 기자는 이 책략이 "가난하고 범죄율이 높은 이웃들과 살고 있는 소수인종의 프로파일링(정보 수집)을 합법화하고 경찰로 하여금 선별적으로 법을 집행하도록 유도하였다."라고 지적하였다. 이 사례에 근거하여 어째서 회귀가 완벽한 과학이 아닌지, 즉 어째서 회귀가 예측에서 문제를 유발할 수 있는지를 설명해보라.

14.34 연령, 공부시간, 그리고 예측 : 작동방법 13.2에서 학생의 연령과 주당 공부시간 간의 상관계수를 계산하였다. 두 변인 간의 상관은 0.49이다.

a. 엘리프의 연령 z 점수는 -0.82이다. 주당 공부시간의 z 점수로 얼마를 예측하겠는가?

b. 존의 연령 z 점수는 1.2이다. 주당 공부시간의 z 점수로 얼마를 예측하겠는가?

c. 유진의 연령 z 점수는 0이다. 주당 공부시간의 z 점수로 얼마를 예측하겠는가?

d. (c)에서 평균으로의 회귀 개념이 무관한 이유를 설명해보라. (그리고 실제로 공식이 필요하지 않았던 이유도 설명해보라.)

14.35 미래결과숙고 척도, z 점수, 그리고 원점수 : 미래결과숙고(CFC)에 관한 연구는 표본에 들어있는 664명을 대상으로 평균이 3.51점이고 표준편차가 0.61인 결과를 얻었다(Petrocelli, 2003).

a. 여러분의 CFC z 점수가 -1.2라고 상상해보라. 여러분의 원점수는 얼마이겠는가? 기호 표기법과 공식을 사용하라. 그 답이 이치에 맞는 이유를 설명하라.

b. 여러분의 CFC z 점수가 0.66이라고 상상해보라. 여러분의 원점수는 얼마이겠는가? 기호 표기법과 공식을 사용하라. 그 답이 이치에 맞는 이유를 설명하라.

14.36 IMDB, z 점수, 그리고 원점수 : 인터넷 영화 데이터베이스(IMDB)에 들어있는 23,396개 영화는 평균이 6.2이고 표준편차가 1.4이다(Moertel, 2006). 영화들은 대체로 정상분포를 이루고 있다. (이 데이터베이스는 적어도 100명이 리뷰한 모든 영화를 포함하고 있다.)

a. 공식을 사용하지 말고 다음 z 점수를 원점수로 변환하라. (i) -1.0, (ii) 1.0, (iii) 0.0

b. 이제 기호 표기법과 공식을 사용하여 동일한 z 점수를 원점수로 변환하라. (i) -1.0, (ii) 1.0, (iii) 0.0

14.37 공부시간, 학점, 그리고 회귀 : 통계학 수강생에서 얻은 데이터의 회귀분석은 공부시간이라는 독립변인과 학점 평점이라는 종속변인에 대해서 다음과 같은 회귀식을 내놓았다. $\hat{Y} = 2.96 + 0.02(X)$.

a. 만일 주당 8시간을 공부할 계획이라면, 평점이 얼마일 것이라고 예측하겠는가?

b. 만일 주당 10시간을 공부할 계획이라면, 평점이 얼마일 것이라고 예측하겠는가?

c. 만일 주당 11시간을 공부할 계획이라면, 평점이 얼마일 것이라고 예측하겠는가?

d. 위의 세 점수에 근거하여 그래프를 작성하고 회귀선을 그려보라.

e. 최고 평점인 4.0을 예측하기 위해서 투자해야 하는 공부시간을 결정해보라. 이렇게 많은 시간을 공부하려는 사람에 대해서 예측하는 것이 오해의 소지를 일으키는 이유는 무엇인가?

14.38 강수량, 폭력, 그리고 회귀의 제한점 : 강수량 수준이 폭력을 예측하는가? 더브너와 레빗(2006b)은 강수량과 폭력 간의 연계를 발견한 다양한 연구들을 보고하였다. 이들은 수많은 아프리카 국가에서 강수량의 감소가 내전 가능성의 증가와 연계되어 있다는 사실을 찾아낸 연구를 언급하였다. 더브너와 레빗은 "이 연구의 저자들은 가뭄의 인과적 효과는 놀라울 정도로 강력하다고 주장하고 있다."라고 진술하고 있다.

a. 이 연구에서 독립변인은 무엇인가?

b. 종속변인은 무엇인가?

c. 이 연계에는 어떤 제3변인이 작동할 가능성이 있는가? 폭력을 초래하는 것이 가뭄인가, 아니면 또 다른 무엇인가? (힌트 : 많은 아프리카 국가의 가능성이 큰 경제 기반을 고려해보라.)

14.39 콜라 섭취량, 골밀도, 그리고 회귀의 제한점 : 콜라 섭취량이 골밀도를 예측하는가? 영양학자들은 회귀분석을 사용하여 콜라를 많이 마신(그렇지만 다른 탄산음료보다 더 많이 마신 것은 아니다) 할머니들이 골다공증의 위험 요인인 낮은 골밀도를 보이는 경향이 있음을 발견하였다(Tucker et al., 2006). 따라서 콜라 섭취가 골밀도를 예측하는 것으로 보인다.

a. 콜라 섭취가 골밀도를 감소시킨다고 결론 내릴 수 없는 이유를 설명하라.

b. 연구자들은 회귀분석에 다양한 제3변인들을 포함시켰다. 그중에는 신체활동 점수, 흡연, 음주, 그리고 칼슘

복용 등이 포함되었다. 가능한 제3변인을 먼저 포함시킨 후에 골밀도 측정치를 첨가하였다. 연구자들이 이 경우에 중다회귀를 사용한 이유는 무엇이겠는가? 설명해보라.

c. 신체활동이 어떻게 제3변인으로 작동할 수 있겠는가? 골밀도와 콜라 섭취 모두와의 가능한 관계를 논의해보라.

d. 칼슘 복용이 어떻게 제3변인으로 작동할 수 있겠는가? 골밀도와 콜라 섭취 모두와의 가능한 관계를 논의해보라.

14.40 튜터링, 수학 성적, 그리고 회귀의 문제점 : 한 연구자가 수학 공부에 문제가 있는 아동에게 특별 튜터와 시간을 보낼 수 있는 기회를 제공하는 연구를 수행하였다. 아동이 튜터와 만나는 횟수가 1주에서 20주까지 다양하였다. 연구자는 튜터링의 횟수가 아동의 수학 성과를 예측한다는 사실을 발견하고는 그러한 자녀를 둔 부모에게 튜터링을 권장하였다.

a. 이 해석의 한 가지 문제를 제시하라. 여러분의 답을 해명해보라.

b. 단순선형회귀 대신에 중다회귀를 사용하는 연구를 설계하고자 한다면, 어떤 부가적 변인이 좋은 독립변인이겠는가? 처치를 가할 수 있는 변인(예컨대, 튜터링 기간)과 처치를 가할 수 없는 변인(예컨대, 부모의 학력)을 각각 적어도 한 가지 제시해보라.

14.41 불안, 우울 그리고 단순선형회귀 : 저자 중 한 사람이 선행연구에서 사용하였던 대규모 데이터 집합의 데이터를 분석하였다(Nolan, Flynn, & Garber, 2003). 지금의 분석에서는 회귀를 사용하여 3년의 기간에 걸쳐 불안을 예측하는 요인들을 찾아보고자 하였다. 다음 표는 1년차의 우울이 3년차의 불안을 예측하는지를 살펴본 회귀분석의 출력이다.

a. 소프트웨어 출력에 근거해서 회귀식을 적어보라.

b. 1년차의 우울이 1점 증가할 때, 3년차의 예측 불안 수준에는 무슨 일이 일어나는가? 구체적이고 명확하게 진술해보라.

c. 누군가 1년차에 10점의 우울점수를 나타낸다면, 3년차에 불안점수가 얼마라고 예측하겠는가?

d. 누군가 1년차에 2점의 우울점수를 나타낸다면, 3년차에 불안점수가 얼마라고 예측하겠는가?

Coefficients[a]

	Unstandardized Coefficients		Standardized Coefficients	t	Sig.
	B	Std. Error	Beta		
(Constant)	24.698	.566		43.665	.000
Depression Year 1	.161	.048	.235	3.333	.001

a. Dependent Variable: Anxiety Year 3

14.42 불안, 우울 그리고 중다회귀 : 위 연습문제 14.41의 데이터에 두 번째 회귀분석을 실시하였다. 3년차의 불안을 예측하기 위하여 1년차의 우울에 덧붙여서 두 번째 독립변인을 포함시켰다. 또한 1년차의 불안도 포함시켰다. (미래 어느 시점에서의 불안에 대한 최선의 예측자는 앞선 시점에서의 불안일 것이라고 기대할 수 있다.) 다음 표는 이 분석의 출력이다.

Coefficients[a]

	Unstandardized Coefficients		Standardized Coefficients	t	Sig.
	B	Std. Error	Beta		
(Constant)	17.038	1.484		11.482	.000
Depression Year 1	-.013	.055	-.019	-.237	.813
Anxiety Year 1	.307	.056	.442	5.521	.000

a. Dependent Variable: Anxiety Year 3

a. 소프트웨어 출력에 근거해서 회귀식을 적어보라.

b. 첫 번째 독립변인인 1년차의 우울이 1점 증가할 때, 3년차의 예측 불안 수준에는 무슨 일이 일어나는가?

c. 두 번째 독립변인인 1년차의 불안이 1점 증가할 때, 3년차의 예측 불안 수준에는 무슨 일이 일어나는가?

d. 연습문제 4.41에서의 회귀식을 사용한 1년차 우울의 예측 효용성과 (a)에서 방금 작성한 회귀식을 사용한 1년차 우울의 예측 효용성을 비교해보라. 어느 회귀식에서 1년차 우울이 더 우수한 예측자인가? 동일한 표본을 사용하고 있다는 점을 감안할 때, 1년차 우울이 3년차 불안을 예측하는 능력이 회귀식에 따라서 실제로 달라질 수 있는가? 차이가 있다고 생각하는 이유는

Correlations

		Depression Year 1	Anxiety Year 1	Anxiety Year 3
Depression Year 1	Pearson Correlation	1	.549(**)	.235(**)
	Sig. (2-tailed)		.000	.001
	N	240	240	192
Anxiety Year 1	Pearson Correlation	.549(**)	1	.432(**)
	Sig. (2-tailed)	.000		.000
	N	240	240	192
Anxiety Year 3	Pearson Correlation	.235(**)	.432(**)	1
	Sig. (2-tailed)	.001	.000	
	N	192	192	192

** Correlation is significant at the 0.01 level (2-tailed).

무엇인가?

e. 위의 표는 세 변인 간의 상관행렬이다. 보는 바와 같이, 세 변인은 상호 간에 모두 높은 상관을 나타내고 있다. 각 변인 쌍의 교차점을 살펴보면, '피어슨 상관' 옆의 수치가 상관계수이다. 예컨대, '1년차 불안'과 '1년차 우울' 간의 상관은 .549이다.

어느 두 변인이 가장 강력한 상관을 보여주는가? 이 상관은 1년차 불안도 독립변인으로 포함될 때보다 1년차 우울이 유일한 독립변인일 때 더 우수한 예측자인 것처럼 보이는 사실을 어떻게 설명해주는가? 이 사실은 회귀분석에서 가능한 한 세 번째 변인을 포함시키는 것의 중요성에 관해서 무엇을 알려주는가?

f. 네 번째 독립변인을 첨가하고 싶다고 해보자. 다음과 같은 세 가지 가능한 독립변인 중에서 선택해야만 한다. (1) 독립변인과 종속변인 모두와 높은 상관을 보이는 변인, (2) 종속변인과는 높은 상관을 보이지만 독립변인과는 상관이 없는 변인, (3) 독립변인과 종속변인 모두와 상관이 없는 변인. 어느 변인이 중다회귀식을 더 우수한 예측자로 만들 가능성이 높은가? 즉, 어느 변인이 오차의 비례적 감소를 증가시킬 가능성이 높은가? 설명해보라.

14.43 **동거, 이혼 그리고 예측** : 재정연구원이 수행한 연구 (Goodman & Greaves, 2010)는 아동이 태어났을 때 부모의 결혼상태가 부부관계의 종말가능성을 예측한다는 사실을 찾아냈다. 아동이 태어났을 때 동거 중이던 부모는 아동이 5세가 되었을 때 헤어졌을 가능성이 27%인 반면,

결혼상태에 있었던 부모의 경우는 9%밖에 되지 않아서, 그 차이가 18%나 되었다. 그렇지만 연구자들은 동거하던 부모는 더 젊고, 덜 부유하며, 주택을 소유할 가능성이 낮고, 교육 수준이 낮으며, 무계획적으로 임신하였을 가능성이 더 높은 경향이 있다고 보고하였다. 연구자들이 이러한 변인들을 통계적으로 제어하였을 때, 동거부모와 결혼부모 간에는 단지 2%의 차이만 존재한다는 결과를 얻었다.

a. 이 연구에서 독립변인과 종속변인은 무엇인가?

b. 연구자들은 분석에서 단순선형회귀를 사용하였을 가능성이 더 큰가, 아니면 중다회귀를 사용하였을 가능성이 더 큰가? 여러분의 답을 해명해보라.

c. 다른 변인들을 고려하면, 아동의 출생 시점에서의 혼인상태가 5년 내에 이혼할 가능성을 예측하는 능력이 거의 사라지는 이유를 여러분 스스로 설명해보라.

d. 이 상황에서 작동하였을 수도 있는 부가적인 '제3변인'을 적어도 하나 이상 제시하고, 여러분의 답을 해명해보라.

14.44 **구글, 독감 그리고 제3변인** : 뉴욕타임스는 이렇게 보도하였다. "수년 전에 구글은 사람들이 어떻게 재채기하고 기침하는지를 눈치채고는 자신의 웹사이트에 얼마나 많은 사람이 독감에 걸리는지를 알아내는 멋진 공식을 게재하였다. 이와 관련된 수학은 다음과 같이 작동한다. 사람들의 위치 + 구글에서의 독감 관련 정보 탐색량 + 몇 가지 정말로 멋진 알고리즘 = 미국에서 독감에 걸린 사람의 수"(Bilton, 2013).

a. 여러분이 통계학 강의를 수강하고 있다는 사실을 알고 있는 친구가 이것이 의미하는 바를 통계학적 용어로 설명해달라고 요청한다. 구글 통계학자들이 하였을 가능성이 높은 작업을 여러분 스스로 진술해보라.

b. 문제는 이들의 '멋진 알고리즘'이 작동하지 않았다는 점이다. 미국 국민의 11%가 독감에 걸린다고 추정하였지만, 실제로는 단지 6%였다. 뉴욕타임스 기사는 맥락을 고려하지 않은 채 데이터를 받아들여서는 안 된다고 경고하였다. 이 경우에 무엇이 잘못되었다고 생각하는가? (힌트 : 여러분 자신의 구글 탐색과 그러한 탐색의 다양한 이유를 생각해보라.)

14.45 **설탕, 당뇨병 그리고 중다회귀** : 뉴욕타임스 기자는 다음과 같이 보도하였다. "한 연구는 지난 10년에 걸쳐 175개 국가에서 설탕 가용량과 당뇨병 발병율을 살펴봄으로써 설탕 소비량의 증가를 당뇨병 발병율의 증가와 연계시키고 있다. 그리고 다른 많은 요인들을 설명한 후에, 연구자들은 설탕 소비량의 증가가 비만율과는 무관하게 높은 당뇨병 발병율과 연계되어 있음을 발견하였다"(Bittman, 2013).

a. 연구자들이 이 데이터를 분석하는 데 어떻게 중다회귀를 사용하였는지를 설명해보라.

b. 연구자들이 다른 많은 요인들을 설명하였음을 기자가 강조한 이유는 무엇이겠는가?

c. 연구자들이 포함시켰을 법한 다른 요인들을 적어도 세 가지 나열해보라.

d. 기자는 또한 다음과 같이 보도하였다. "다시 말해서, 이 연구에 따르면, 비만이 당뇨병을 야기하는 것이 아니라 설탕이 야기한다는 것이다. 이 연구는 1960년대 흡연과 폐암을 연계시켰던 것과 동일한 확신을 가지고 이 사실을 입증하고 있다." 연구자가 상관연구로부터 인과적 결론을 도출하는 데 자신감을 느낄 가능성이 높은 이유를 설명해보라.

14.46 **국가의 연륜, 환경에 대한 관심 수준 그리고 중다회귀** : 국가의 연륜이 환경에 대한 전반적인 관심 수준에 미치는 영향을 분석하였다(Hershfield, Bang, & Weber, 2014). 연구자들은 스웨덴과 같은 몇몇 국가는 환경친화적인 법을 제정하여 적용할 가능성이 높은 반면, 인도와 같은 몇몇 국가는 그렇게 할 가능성이 낮다고 지적하였다. 연구자들은 오랜 역사를 가진 국가가 미래지향적이고 따라서 환경친화적 정책을 펼칠 가능성이 더 높다고 예측하였다. 국가 연륜이 환경수행지표(EPI)라고 부르는 측정도구에서

의 점수를 예측하는지를 살펴보는 회귀분석을 실시하였다. 국가의 국내총생산(GDP)으로 측정한 부유함과 정부의 전반적인 안정성 변인을 통제하였다. 연구자들은 다음과 같이 보고하였다. "그렇지만 이러한 요인들을 통제한 후에도 국가의 연륜은 국가 수준의 환경성과 변량의 거의 6%를 설명한다는 사실을 발견하였다." 연구자들은 0.001의 p 값을 보고하였다.

a. 이 사례에서 연구자들이 중다회귀를 사용하였음을 어떻게 알 수 있는지 설명해보라.

b. 연구자들이 중다회귀에서 부유함과 안정성을 통제한 가장 큰 이유는 무엇인가?

c. 연구자들이 통제하고자 고려하였을 또 다른 변인을 적어도 한 가지 제시해보라.

종합

14.47 **연령, 공부시간 그리고 회귀** : 작동방법 13.2에서 학생의 연령과 주당 공부시간 간의 상관계수를 계산하였다. 연령의 평균은 21세이고 표준편차는 1.789이다. 공부시간의 평균은 14.2시간이고 표준편차는 5.582이다. 두 변인 간의 상관은 0.49이다. z 점수 공식을 사용하라.

a. 차오는 24세이다. 그가 주당 몇 시간 공부할 것이라고 예측하겠는가?

b. 킴벌리는 19세이다. 그녀가 주당 몇 시간 공부할 것이라고 예측하겠는가?

c. 승은 45세이다. 그가 주당 공부할 시간을 예측하는 것이 별로 좋은 생각이 아닌 이유는 무엇인가?

d. 수학적 견지에서 볼 때, 회귀라는 단어를 사용하는 이유는 무엇인가? [힌트 : (a)와 (b)에서, 평균의 입장에서 첫 번째 변인의 점수와 두 번째 변인의 예측점수를 살펴보라.]

e. 회귀식을 계산하라.

f. 회귀식을 사용하여 17세 학생과 22세 학생의 공부시간을 예측해보라.

g. 여러분이 가지고 있는 점수들을 사용하여 회귀선을 포함한 그래프를 작성해보라.

h. 그래프에 0이나 5세와 같이 어린 나이를 포함시키면 오해의 소지가 있는 이유는 무엇인가?

i. 이 데이터의 산포도와 회귀선을 모두 포함하는 그래프를 작성하라. 산포도의 각 점을 회귀선에 연결하는 수직선을 그려라.

j. 산포도와 공부시간의 평균인 14.2를 나타내는 선을 모

두 포함한 두 번째 그래프를 작성하라. 그 선은 수평하며 y축의 14.2에서 시작할 것이다. 산포도의 각 점을 수평선과 연결하는 수직선을 그려라.

k. (i)는 회귀선을 사용하여 공부시간을 예측할 때 발생하는 오차를 나타낸다. (j)는 평균을 사용하여 공부시간을 예측할 때 발생하는 오차를 나타낸다. 어느 것이 더 작은 오차를 나타내는 것으로 보이는가? 한 상황에서 오차가 적은 이유를 간략하게 설명해보라.

l. 오차의 비례적 감소를 계산해보라.

m. 앞에서 계산한 오차의 비례적 감소가 무엇을 알려주는지를 설명해보라. 이것이 회귀식을 사용하여 예측하는 것과 평균을 사용하여 예측하는 것에 대해서 알려주는 것을 구체적으로 진술해보라.

n. 오차의 비례적 감소를 어떻게 간편하게 계산할 수 있는지를 보여라. 이것이 이치에 맞는 이유는 무엇인가? 즉, 상관계수가 회귀식의 유용성에 대해서 감을 잡을 수 있게 해주는 이유는 무엇인가?

o. 표준회귀계수를 계산하라.

p. 이 계수는 여러분이 알고 있는 다른 정보와 어떤 관련이 있는가?

q. 회귀분석의 가설검증에 관하여 알고 있는 것에 근거한 여러분의 분석에 대해 결론을 내려라.

14.48 기업의 정치 기부, 수익 그리고 회귀 : 기업의 정치 기부가 수익을 예측하는지를 연구하였다(Cooper, Gulen, & Ovtchinnikov, 2007). 보관자료에서 각 기업이 얼마나 많은 정치 후보자들을 재정적으로 후원하고 있는지, 그리고 각 기업의 수익을 백분율로 확인하였다. 다음 표는 다섯 기업의 데이터를 보여주고 있다.

지지한 후보의 수	수익(%)
6	12.37
17	12.91
39	12.59
62	13.43
98	13.42

a. 이 점수들의 산포도를 그려라.

b. '지지한 후보의 수' 변인의 평균과 표준편차를 계산하라.

c. '수익' 변인의 평균과 표준편차를 계산하라.

d. 지지한 후보의 수와 수익 간의 상관을 계산하라.

e. 지지한 후보의 수로부터 수익을 예측하는 회귀식을 계산하라.

f. 그래프를 작성하고 회귀선을 그려라.

g. 이 데이터가 정치과정에 관해서 시사하는 것은 무엇인가?

h. 어떤 제3변인이 여기서 작동하겠는가?

i. 표준회귀계수를 계산하라.

j. 이 계수는 여러분이 알고 있는 다른 정보와 어떤 관련이 있는가?

k. 회귀분석의 가설검증에 관하여 알고 있는 것에 근거한 여러분의 분석에 대해 결론을 내려라.

핵심용어

기울기(slope)
단순선형회귀(simple linear regression)
오차의 비례적 감소(proportionate reduction in error)
절편(intercept)
중다회귀(multiple regression)

직교변인(orthogonal variable)
추정표준오차(standard error of the estimate)
평균으로의 회귀(regression to the mean)
표준회귀계수(standardized regression coefficient)

공식

$$z_{\hat{Y}} = (r_{XY})(z_X)$$

$$\hat{Y} = a + b(X)$$

$$\beta = (b)\frac{\sqrt{SS_X}}{\sqrt{SS_Y}}$$

$$r^2 = \frac{(SS_{전체} - SS_{오차})}{SS_{전체}}$$

기호

$\hat{Y}$	$SS_{전체}$
a	$SS_{오차}$
b	r^2
β	R^2

카이제곱 검증

15

비모수적 통계
비모수적 검증의 사례
비모수적 검증의 사용 시점

카이제곱 검증
카이제곱 적합도 검증
카이제곱 독립성 검증

가설검증을 넘어서서
크레이머 *V*, 카이제곱의 효과크기
카이제곱 비율 그래프 그리기
상대적 위험도

시작하기에 앞서 여러분은

- 모수적 가설검증과 비모수적 가설검증을 구분할 수 있어야 만 한다(제7장).

- 가설검증의 여섯 단계를 이해하여야 한다(제7장).

- 효과크기 개념을 이해하여야 한다(제8장).

셀카와 성별 고정관념   셀카 포즈를 취할 때 사람들은 성별 고정관념에 의존하는가? 연구결과는 그렇다는 사실을 시사한다(Döring, Reif, & Poeschl, 2016). 여자는 남자보다 덕페이스와 같이 유혹적으로 포즈를 취할 가능성이 더 높은 반면, 남자는 여자보다 근육을 뽐내는 자세를 취할 가능성이 더 높다.

여러분이 마지막으로 게시한 셀카 사진을 확인해보라. 여러분에 대해서 무엇을 알려주는가? 독일 연구자들이 많은 사람에게 있어서 셀카 사진은 성별을 반영한다는 사실을 시사하는 연구를 수행하였다(Döring, Reif, & Poeschl, 2016). 절반은 남자이고 절반은 여자인 500장의 셀카 사진을 살펴보고는 얼마나 많은 사진이 다양한 성별 고정관념에 들어맞는지를 계산해보았다. 셀카 속의 사람이 누워있거나, 먼 곳을 바라다보거나, 아니면 때때로 '덕페이스(duckface. 셀카를 찍을 때 입술을 내미는 표정)'처럼 유혹하는 것으로 보이는 여성 고정관념에 해당하는 행동이나 자세를 얼마나 자주 취하고 있는지 계산하였다. 또한 근육을 자랑하는 것과 같이 남성 고정관념에 해당하는 행동도 계산하였다.

여러분이라면 이러한 데이터를 어떻게 분석하겠는가? 척도변인은 하나도 없다. 연구자들은 단지 셀카 속의 행동을 계산하였을 뿐이며, 어떤 점수도 부여하지 않았다. 따라서 이것은 명목변인 데이터이다. 덕페이스와 같은 행동을 보이거나 보이지 않을 뿐이다. 여러분도 깨달았겠지만, 명목변인만의 데이터를 가지고 있는 연구를 다루는 도구는 아직 접하지 않았다. 지금까지는 표 15-1에 요약한 것처럼 모수적 검증만을 공부하였다. 이 장에서는 비모수적 검증을 다룰 것인데, 이 검증은 종속변인이 척도변인이 아닐 때 데이터를 분석할 수 있게 해준다.

그런데 연구자들이 찾아낸 것은 무엇인가? 연구자들은 비모수적 카이제곱 검증을 사용하여 여성과 남성이 모두 셀카 자세를 취할 때 성별 고정관념에 의존한다는 결과를 얻었다. 실제로 성별 고정관념은 광고에서 보는 것보다도 더 현저하였다.

이 장은 언제 비모수적 검증을 사용하는지를 알려주고 명목변인 데이터에 근거한 두 가지 비모수적 검증을 사용하는 방법을 시범 보임으로써 비모수적 데이터에 대한 가설을 탐색할 수 있도록 해준다.

표 15-1	연구설계 요약

지금까지 살펴본 여러 가지 연구설계는 대부분 두 범주 중 하나에 속한다. 범주 I에 속하는 설계는 적어도 척도변인인 하나의 독립변인과 하나의 종속변인을 포함한다. 범주 II에 속하는 다른 설계들은 명목변인(때로는 서열변인)인 하나의 독립변인과 척도변인인 하나의 종속변인을 포함한다. 지금까지는 명목변인인 하나의 독립변인과 하나의 종속변인을 가지고 있거나 서열변인인 종속변인을 가지고 있는 연구설계를 다루지 않았다.

I. 척도변인인 독립변인과 종속변인	II. 명목변인인 독립변인과 척도변인인 종속변인
상관	z 검증
회귀	모든 유형의 t 검증
	모든 유형의 변량분석

　　비모수적 가설검증은 관찰한 데이터가 척도변인에 근거한 것이 아닐 때 어떤 패턴과 우연을 구별할 수 있게 해준다. 셀카 연구에서와 같이, 모든 데이터가 명목변인일 때 카이제곱 통계치를 사용한다. 어떤 사건의 빈도를 셈하고 각 빈도를 오직 한 범주에만 할당할 수 있을 때, 카이제곱 통계치는 그 범주들의 독립성을 검증하고 효과크기를 추정할 수 있게 해준다.

비모수적 통계

셀카는 성별 고정관념이 제멋대로 날뛰는 곳만은 아니다. 셀카는 심지어 위험할 수도 있다. 영국의 한 신문은 "셀카는 상어 공격보다도 더 많은 사람을 죽이고 있다."라는 표제로 경고하였다. 한 해의 전반기에만 셀카를 찍다가 추락 등으로 12명이 사망한 반면, 상어의 공격을 받아 사망한 사람은 8명에 불과하였다(Sandhu, 2015). 이것은 척도변인 데이터가 아니라, 범주에 속한 사람의 수와 같은 명목변인 데이터에 근거한 또 다른 연구 사례이다. 셀카의 위험에 관한 연구와 같은 많은 연구들은 가설검증의 모수적 가정을 위반한다(특히 정상분포를 이룬 전집에서 데이터를 표집한다는 가정을 위반한다). 카이제곱 통계치가 이 문제의 해결책을 제공하는 까닭은 전집에 대한 결정적 가정에 근거하지 않는 보다 보수적인 비모수적 통계치이기 때문이다.

비모수적 검증의 사례

비모수적 통계치가 흥미진진한 까닭은 연구의 범위를 확장시켜주기 때문이다. 예컨대, 내과의사이자 훈련받은 무언극 배우인 셰바크 프리들러 박사가 이끄는 이스라엘 연구팀(Ryan, 2006)은 광대들의 라이브 공연이 인공수정의 높은 임신율과 연합되어 있다는 결과를 얻었다(Rockwell, 2006). 정말이다, 실제로 광대들의 공연 효과인 것이다! 프리들러는 배아를 이식한 93명의 여성 앞에서 프로 광대가 15분 동안 라이브 공연을 하도록 만들었다(Brinn, 2006). 또 다른 93명의 비교집단은 광대의 공연을 보지 못하였다. 광대의 공연을 보았던 33명(35%)이 임신한 반면, 비교집단은 18명(19%)만이 임신하였다. 이것은 진정한 차이인가, 아니면 단지 우연일 뿐인가?

　　가설은 인공수정 여성의 임신은 광대 치료를 받는지에 영향을 받는다는 것이다. 독립변인은 두 수준(광대 치료 대 광대 치료 없음)을 가지고 있는 인공수정 후 처치의 유형이다. 종속변인은 두 수준(임신 대 임신 못 함)을 가지고 있는 결과이다. 이것이 새로운 통계적 상황이 되는 까닭은 임신 여부가 척도변인이 아니기 때문이다. '단지 조금만'이거나 '상당히' 임신할 수는 없다. 독립변인과 종속변인 모두가 명목변인이다. (나중에 이 연구의 결과를 보다 상세하게 다룬다.)

　　이렇게 새로운 상황(두 개의 명목변인)은 새로운 통계치와 가설검증을 요구한다. 카이제곱 통계치는 χ^2('카이제곱'이라고 발음한다)이라는 기호로 나타내며, 카이제곱 분포에 근거한다.

비모수적 검증의 사용 시점

비모수적 검증은 (1) 종속변인이 명목변인일 때, (2) 종속변인이 서열변인일 때, 또는 (3) 표본크기가 작고 관심 대상인 전집의 분포가 편중적일 때 사용하게 된다.

상황 1(종속변인이 명목변인인 상황)은 임신 대 비임신, 남성 대 여성, 운전면허 보유 대 미보유와 같이 관찰결과를 범주화할 때는 언제나 발생한다. 사람들은 세상을 범주들로 생각하기 십상이다.

상황 2(종속변인이 서열변인인 상황)는 마라톤, 성적, 좋아하는 아이스크림 향과 같이 순위를 기술한다. 상위 10개 목록과 선호하는 조카 등도 서열 관찰이다.

상황 3(일반적으로 30 이하인 작은 표본크기와 편중될 가능성이 있는 전집)은 자주 발생하지 않는다. 아무리 노력을 한다 하더라도, 그리고 아무리 많은 참가비를 제공한다고 하더라도 노벨문학상 수상자의 두뇌 패턴을 연구하기에 충분한 참가자를 모집하는 것은 어려울 수밖에 없다.

비모수적 검증이 연구에 가용한 변인의 범위를 확장해준다고 하더라도, 두 가지 심각한 문제점이 존재한다. (1) 일반적으로 명목변인이나 서열변인 데이터에 가용한 신뢰구간과 효과크기 측정치가 존재하지 않으며, (2) 모수적 검증보다 통계적 검증력이 떨어지는 경향이 있다. 그렇기 때문에 2종 오류의 위험성이 증가한다. 즉, 영가설을 기각해야만 하는 경우에도(즉, 집단 간에 진정한 차이가 있음에도) 기각하지 못할 가능성이 높다. 비모수적 검증은 우선적으로 실시할 통계검증이 아니라 백업(backup) 계획, 즉 플랜 B이기 십상이다.

개념 숙달하기

15-1 : (1) 종속변인이 명목변인이거나, (2) 종속변인이 서열변인이거나, (3) 표본크기가 작고 전집이 정상분포가 이루고 있지 않다고 의심하게 될 때, 비모수적 검증을 사용한다.

학습내용 확인하기

개념의 개관

> 모수적 검증의 가정을 만족시킬 수 없을 때 비모수적 검증을 사용하는데, 특히 종속변인이 척도변인이어야 하며 전집이 정상분포를 이루어야 한다는 가정을 만족시킬 수 없을 때 그렇다.

> 비모수적 검증을 사용하는 가장 보편적인 상황은 종속변인이 명목변인이거나 서열변인이거나 종속변인 데이터가 전집분포가 편중될 수 있음을 시사하는 작은 표본일 때이다.

개념의 숙달

15-1 모수적 검증을 비모수적 검증과 구분해보라.

15-2 언제 비모수적 검증을 사용하는가?

통계치의 계산

15-3 다음 각 상황에서 독립변인과 종속변인을 확인하고 그것들이 어떤 유형의 변인(명목, 서열, 척도변인)인지 제시하라.

a. 번스타인(1996)은 프랜시스 골턴이 1900년대 초반에 영국의 여러 도시에서 접한 예쁘거나 별로 예쁘지 않은 여자의 수를 기록함으로써 '미인 지도'를 작성하였다

통계치의 계산 (계속)	고 보고하였다. 골턴은 런던 여자가 가장 예쁘고 애버딘 여자가 가장 예쁘지 않다는 결과를 얻었다.

b. 골턴이 모든 여자에게 10점 척도에서 아름다움 점수를 부여한 다음에 다섯 도시 각각의 평균을 비교하였다고 상상해보라.

c. 골턴은 여자의 지능을 평가절하한 것으로 유명하다(Bernstein, 1996). 골턴이 50명 여성의 지능을 평가한 다음에 (b)에서 언급한 아름다움 척도를 적용하였다고 상상하라. 지능이 높은 여자가 예쁠 가능성이 더 높은 반면, 지능이 낮은 여자는 예쁠 가능성이 낮다는 사실을 골턴이 발견하였다고 해보자.

d. 이제 골턴이 50명의 여자를 아름다움과 지능에서 순서를 매겼다고 상상해보라.

개념의 적용 학습내용 확인하기의 답은 부록 D에서 찾아볼 수 있다.	**15-4**	위의 15-3에서 나열하였던 각 상황에 대해 표 15-1에서 적절한 가설검증을 선택할 범주(I 또는 II)를 언급하라. 만일 범주 I이나 II에서 검증을 선택할 수 없다면, 기타에 해당하는 범주 III을 선택하라. 범주 I, II, 또는 III을 선택한 이유를 설명해보라.

카이제곱 검증

셀카 연구는 학문의 정당한 분야가 되어가고 있다. 호주 연구자들은 장례식에서의 셀카와 같이 논란거리가 되는 셀카에 대한 자신들의 생각을 제시하였다(Gibbs, Nansen, Carter, & Kohn, 2014). 사람들이 장례식에서 셀카 사진을 찍는 상황을 탐구해보는 것도 흥미로울 것이다. 예컨대, 젊은 사람의 장례식에서 더 보편적인가? 사고로 인해 비극적으로 사망한 사람의 장례식에서 더 보편적인가? 이것들은 검증가능한 생각이며, 이 장에서는 다음과 같은 두 가지 보편적인 유형의 카이제곱 검증내용을 기술한다. (1) **카이제곱 적합도 검증**(chi-square test for goodness of fit)으로, 하나의 명목변인이 존재할 때 사용하는 비모수적 가설검증이다. (2) **카이제곱 독립성 검증**(chi-square test for independence)으로, 두 개의 명목변인이 존재할 때 사용하는 비모수적 가설검증이다. 두 카이제곱 검증은 모두 이제는 친숙해진 가설검증의 여섯 단계를 수반한다.

두 카이제곱 검증은 카이제곱 통계치, χ^2을 사용한다. 카이제곱 통계치는 카이제곱 분포에 근거한다. t 분포와 F 분포에서와 마찬가지로, 자유도에 따라 다양한 카이제곱 분포가 존재한다. 카이제곱 검증을 소개한 후에, 결과의 크기를 결정하는 여러 가지 방법을 소개할 것이다. 예컨대, 효과크기를 계산하거나, 결과를 그래프로 나타내거나, 아니면 상대적 위험을 결정하는 방법 등을 소개한다.

카이제곱 적합도 검증

카이제곱 적합도 검증은 단 하나의 변인에 근거한 통계치를 계산한다. 독립변인이나 종속변인은 존재하지 않으며, 단지 참가자들을 배치하는 둘 이상의 범주를 가지고 있는 하나의 범주변인만이 존재한다. 실

카이제곱 적합도 검증은 하나의 명목변인이 존재할 때 사용하는 비모수적 가설검증이다.

카이제곱 독립성 검증은 두 개의 명목변인이 존재할 때 사용하는 비모수적 가설검증이다.

개념 숙달하기

15-2 : 명목변인들만을 가지고 있을 때 카이제곱 통계치를 사용한다. 구체적으로 하나의 명목변인이 있을 때는 카이제곱 적합도 검증을 사용하며, 두 개의 명목변인이 있을 때는 카이제곱 독립성 검증을 사용한다.

제로 카이제곱 적합도 검증이라는 이름을 갖는 까닭은 단일 명목변인을 다양한 범주에서 관찰한 데이터와 영가설에 따라 기대한 데이터가 얼마나 잘 맞아떨어지는지를 측정하기 때문이다. 영가설과 정말로 잘 맞아떨어진다면, 그 영가설을 기각할 수 없다. 연구가설에 대한 경험적 지지를 얻고자 희망한다면, 관찰 데이터와 영가설에 따라 기대하는 데이터가 전혀 맞아떨어지지 않기를 희망하고 있는 것이다.

사례 15.1

연구자들은 세계 최고의 축구선수가 한 해의 후반부보다는 초반부에 태어났을 가능성이 높다고 보고하였다(Dubner & Levitt, 2006a). 한 가지 예로 독일에서 52명의 엘리트 선수가 1, 2, 3월에 태어난 반면, 단지 4명의 선수만이 10, 11, 12월에 태어났다고 보고하였다. (다른 달에 태어난 선수들은 연구에 포함시키지 않았다.)

영가설은 언제 태어났는지는 아무런 차이를 나타내지 않는다고 예측한다. 연구가설은 뛰어난 축구선수에 관한 한, 태어난 달이 중요하다고 예측한다. 전체 전집에서 출생은 열두 달에 골고루 분포할 것이라고 가정할 때, 영가설은 한 해의 처음 세 달과 마지막 세 달에 동일한 수의 엘리트 축구선수들이 태어났다고 상정한다. 56명 참가자(첫 세 달에 태어난 52명과 마지막 세 달에 태어난 4명)의 경우, 영가설은 우연히 처음 세 달에 28명이, 그리고 마지막 세 달에 28명이 태어났을 것이라고 예측하게 만든다. 출생한 달은 골고루 분포하지 않은 것으로 보이는데, 이것은 실재하는 패턴인가 아니면 단순한 우연인가?

엘리트 축구선수는 한 해의 초기에 태어나는가? 독일의 엘리트 축구선수 데이터에 근거한 카이제곱 적합도 검증은 통계적으로 유의한 효과를 나타냈다. 그 선수들은 한 해의 마지막 세 달보다는 처음 세 달에 태어났을 가능성이 훨씬 컸다(Dubner & Levitt, 2006a).

이전의 가설검증과 마찬가지로, 카이제곱 적합도 검증 역시 가설검증의 여섯 단계를 사용한다.

단계 1 : 전집, 비교분포, 그리고 가정을 확인한다.

카이제곱 검증에는 항상 두 전집이 존재한다. 즉, 관찰한 참가자 빈도와 대응하는 전집 그리고 영가설에 따라 기대하는 빈도와 대응하는 전집이다. 이 사례에는 관찰한 것과 대응하는 생년월일을 가지고 있는 독일 엘리트 축구선수 전집 그리고 일반 전집의 것과 같은 생년월일을 가지고 있는 독일 엘리트 축구선수 전집이 있다. 비교분포는 카이제곱 분포이다. 단 하나의 명목변인인 출생한 달만이 존재하기 때문에 카이제곱 적합도 검증을 실시한다.

첫 번째 가정은 변인(출생한 달)이 명목변인이라는 것이다. 두 번째 가정은 각 관찰이 독립적이라는 것이다. 어떤 참가자도 둘 이상의 범주에 들어갈 수 없다. 세 번째 가정은 참가자들을 무선표집하였다는 것이다. 만일 그렇지 않다면, 표본을 넘어서서 자신 있게 일반화하는 행위는 현명하지 못하다. 네 번째 가정은 모든 범주(칸이라고도 부른다)에 기대하는 최소한의 참가자들이 존재한다는 것이다. 적어도 5명이나 그 이상의 참가자를 기대한다. 대안적 지침(Delucchi, 1983)은 칸의 개수보다 적어도 5배는 넘는 참가자가 있어야 한다는 것이다. 어느 경우이든 카이제곱 검증은 마지막 가정의 위반에 강건함을 보인다.

요약 : 전집 1 : 관찰한 것과 같은 생년월일을 가지고 있는 독일 엘리트 축구선수들. 전집 2 : 일반 전집에서 보는 것과 같은 생년월일을 가지고 있는 독일 엘리트 축구선수들.

비교분포는 카이제곱 분포이다. 가설검증은 출생한 달이라는 명목변인 하나만을 가지고 있기 때문에 카이제곱 적합도 검증이 된다. 이 연구는 네 가지 가정 중에서 세 가지를 만족하고 있다. (1) 하나의 변인이 명목변인이다. (2) 모든 참가자는 오직 하나의 칸에만 속한다(1월과 11월에 동시에 태어날 수는 없다). (3) 모든 엘리트 축구선수에서 무선표집한 표본이 아니다. 표본은 오직 독일 엘리트 축구선수만을 포함하고 있다. 독일 엘리트 선수를 넘어서서 일반화하는 데 신중을 기해야 한다. (4) 칸의 개수보다 5배 이상의 참가자들이 존재한다. (표에는 두 개의 칸이 있으며, $2 \times 5 = 10$명이 최소 인원수이다.) 이 연구에는 56명의 참가자가 있으며, 이 지침을 만족하는 데 필요한 10명을 훌쩍 넘어선다.

단계 2 : 영가설과 연구가설을 진술한다. 카이제곱 검증에서는 가설을 언어와 기호 모두로 진술하는 것보다 언어로만 진술하는 것이 더 쉽다.

요약 : 영가설 : 독일 엘리트 축구선수들은 일반 전집의 출생 패턴과 동일한 패턴을 보인다. 연구가설 : 독일 엘리트 축구선수들은 일반 전집의 출생 패턴과는 상이한 패턴을 보인다.

단계 3 : 비교분포의 특징을 결정한다. 이 단계에서의 유일한 과제는 자유도를 결정하는 것이다. 대부분의 가설검증에서, 자유도는 표본 크기에 근거하였다. 그렇지만 카이제곱 검증의 경우에는 자유도가 참가자들의 수를 셈할 수 있는 범주 또는 칸의 수에 근거한다. 카이제곱 적합도 검증의 자유도는 범주의 수에서 1을 뺀 값이다.

$$df_{\chi^2} = k - 1$$

여기서 k는 범주 개수를 나타내는 기호이다. 현재 사례는 두 범주만을 가지고 있다. 이 연구의 모든 축구선수는 한 해의 첫 3개월이나 마지막 3개월에 태어났다.

$$df_{\chi^2} = 2 - 1 = 1$$

요약 : 비교분포는 카이제곱 분포이며, 1의 자유도를 가지고 있다.

단계 4 : 임곗값을 결정한다. 카이제곱 통계치의 임곗값을 결정하기 위해서 부록 B의 카이제곱 점수표를 사용한다. χ^2은 제곱에 근거하며 음수일 수가 없기 때문에 단 하나의 임곗값만을 갖는다. 축구선수 연구에 적용

공식 숙달하기

15-1 : 다음 공식에서는 k로 나타낸 범주의 수에서 1을 빼서 카이제곱 적합도 검증의 자유도를 계산한다.

$$df_{\chi^2} = k - 1$$

할 수 있는 부록 B의 일부분이 표 15-2에 나와있다. 알파수준 열과 적절한 자유도 행이 교차하는 값을 살펴본다. 이 사례에서 통상적인 0.05의 알파수준을 상정할 때 임곗값은 3.841이다.

요약 : 알파수준 0.05와 자유도 1에 근거한 χ^2의 임곗값은 그림 15-1의 곡선에서 보는 바와 같이 3.841이다.

> 단계 5 : 검증통계치를 계산한다.

카이제곱 통계치를 계산하기 위해서 표 15-3, 그리고 표 15-4의 두 번째와 세 번째 열에서 보는 바와 같이 관찰빈도와 기대빈도를 결정한다. 기대빈도는 일반 전집에 관하여 가지고 있는 정보에 근거하여 결정한다. 이 사례에서는 일반 전집에서 (처음 3개월과 마지막 3개월에 태어난 모든 사람의) 대략 절반이 처음 3개월에 출생하였다고 추정한다.

$$(0.50)(56) = 28$$

표 15-2 χ^2 점수표의 일부분

χ^2 점수표를 사용하여 자유도에 근거한 주어진 알파수준에서의 임곗값을 결정한다.

df	임계영역의 비율		
	0.10	0.05	0.01
1	2.706	3.841	6.635
2	4.605	5.992	9.211
3	6.252	7.815	11.345

그림 15-1

카이제곱 통계치의 임곗값 결정하기
특정 알파수준과 자유도에 근거하여 카이제곱 점수표에서 카이제곱 통계치의 임곗값을 찾는다. 카이제곱 통계치는 제곱한 값이어서 결코 음수가 아니기 때문에, 오직 하나의 임곗값만이 존재한다.

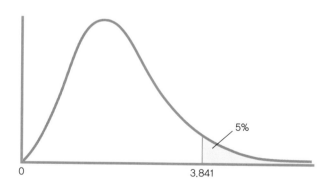

표 15-3   관찰빈도와 기대빈도

카이제곱 통계치를 계산하는 첫 번째 단계는 관찰빈도를 나타내는 표와 기대빈도를 나타내는 표를 작성하는 것이다.

관찰(엘리트 선수들이 태어난 달)		기대(일반 전집에 근거한다)	
처음 3개월	마지막 3개월	처음 3개월	마지막 3개월
52	4	28	28

표 15-4	카이제곱 계산

다른 많은 통계치와 마찬가지로, 계산과정을 추적하기 위한 열들을 사용하여 카이제곱 통계치를 계산한다. 관찰빈도를 입력한 다음에 기대빈도, 관찰빈도와 기대빈도 간의 차이를 계산한다. 그런 다음에 그 차이값을 제곱하고 그 제곱한 값을 해당하는 기대빈도로 나누어준다. 마지막으로 여섯 번째 열의 수치들을 합하여 카이제곱 통계치를 구한다.

열 1 범주	2 관찰(O)	3 기대(E)	4 $O - E$	5 $(O - E)^2$	6 $\dfrac{(O - E)^2}{E}$
처음 3개월	52	28	24	576	20.571
마지막 3개월	4	28	− 24	576	20.571

만일 독일 엘리트 축구선수들이 출생한 달의 측면에서 일반 전집과 다르지 않다면, 이 연구에 참가한 56명의 독일 엘리트 축구선수 중에서 28명은 처음 3개월에 태어났다고 기대한다. 마찬가지로 이 축구선수들의 절반은 마지막 3개월에 출생하였다고 기대한다.

$$(0.50)(56) = 28$$

두 수치가 동일한 까닭은 비율이 0.50으로 동일하기 때문이다. 만일 일반 전집에 근거하여 처음 3개월에 대해서 기대하는 비율이 0.60이었다면, 마지막 3개월에 대해서는 1 − 0.60 = 0.40의 비율을 기대하였을 것이다.

카이제곱 통계치를 계산하는 다음 단계는 일종의 차이제곱합을 계산하는 것이다. 각 관찰빈도와 그에 대응하는 기대빈도 간의 차이를 결정하는 것으로 시작한다. 이 작업은 일반적으로 열에서 수행하기 때문에, 단 두 개의 범주만 존재하지만 이 포맷을 그대로 사용한다. 표 15-4의 처음 세 열은 각각 범주, 관찰빈도, 기대빈도를 보여준다. 관찰빈도로 O를 그리고 기대빈도로 E를 사용한 네 번째 열이 차이를 보여주고 있다. 다른 상황에서와 마찬가지로, 만일 차이를 모두 더하면 0을 얻게 된다. 어떤 값은 양수이고 어떤 값은 음수이며 서로 상쇄시키기 때문이다. 다섯 번째 열에서 보는 바와 같이, 차이값을 제곱함으로써 이 문제를 해결한다. 그렇지만 차이제곱에서 전에는 보지 못하였던 단계를 거친다. 여섯 번째 열에서 보는 바와 같이, 각 차이제곱을 그 칸의 기대빈도로 나누어준다.

예컨대, '처음 3개월' 범주의 계산은 다음과 같다.

$$O - E = (52 - 28) = 24$$
$$(O - E)^2 = (24)^2 = 576$$
$$\frac{(O - E)^2}{E} = \frac{576}{28} = 20.571$$

일단 표를 완성하고 나면, 마지막 단계는 용이하다. 여섯 번째 열의 수치를 더해주기만 하면 된다. 이 사례에서 카이제곱 통계치는 20.571 + 20.571 = 41.14이다. 여섯 번째 열의 공식에 합의 기호 Σ를 첨가하여 그 공식을 마무리할 수도 있다. 주목할 점은 다른 통계치에서 하였던 것과는 달리, 이 합을 무엇인가로 나누어줄 필요가 없다는 사실이다. 합하기 전에 이미 나누기를 하였던 것이다. 이 합이 카이제곱 통계치이다. 그 공식은 다음과 같다.

$$\chi^2 = \Sigma\left[\frac{(O - E)^2}{E}\right]$$

요약 : $\chi^2 = \Sigma\left[\dfrac{(O - E)^2}{E}\right] = 20.571 + 20.571 = 41.14$

단계 6 : 결정을 내린다.

마지막 단계는 이전의 가설검증 단계 6과 동일하다. 검증통계치가 임곗값을 넘어서면 영가설을 기각하고, 임곗값을 넘어서지 못하면 영가설을 기각하는 데 실패한다. 이 사례에서 검증통계치 41.14는 그림 15-2에서 보는 바와 같이 임계치 3.841을 훨씬 넘어선다. 따라서 영가설을 기각한다. 단지 두 개의 범주만이 있기 때문에, 차이가 어디에 존재하는지가 명확하다. 독일 엘리트 축구선수들은 일반 전집의 구성원들에 비해서 한 해의 처음 3개월에 태어났을 가능성이 높고, 마지막 3개월에 태어났을 가능성이 낮은 것으로 보인다. (만일 영가설을 기각하는 데 실패하였다면, 이 데이터가 영가설을 기각하기 위해 충분한 증거를 제공하지 못하였다고 결론 내릴 수밖에 없었을 것이다.)

요약 : 영가설을 기각하라. 독일 엘리트 축구선수들은 일반 전집의 구성원들에 비해서 한 해의 처음 3개월에 태어났을 가능성이 높고, 마지막 3개월에 태어났을 가능성이 낮은 것으로 보인다.

논문에서 이 통계치들을 보고하는 방식은 앞서 보았던 형식과 거의 동일하다. 자유도, 검증통계치의 값, 그리고 검증통계치가 알파수준 0.05에서 임곗값보다 작거나 큰지를 보고한다. (늘 그렇듯이, 통계 소프트웨어를 사용하여 가설검증을 실시하였다면 실제의 p 값을 보고하게 된다.) 이에 덧붙여서 자유도와 함께 표본크기를 괄호에 보고한다. 현재 사례에서의 통계치는 다음과 같이 제시한다.

그림 15-2

결정 내리기

다른 가설검증에서와 마찬가지로, 검증통계치를 임곗값과 비교함으로써 카이제곱 검증에서의 결정을 내린다. 보는 바와 같이 41.14는 3.841보다 훨씬 오른쪽에 위치한다.

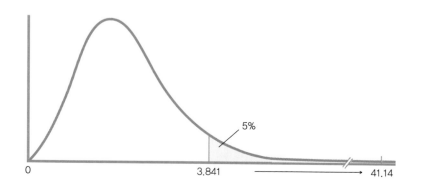

$$\chi^2(1, N = 56) = 41.14, p < 0.05$$

이 연구를 수행한 연구자들은 다음과 같은 네 가지 가능한 설명을 상상하였다. "a) 점성술의 별자리가 뛰어난 축구 기술을 부여한다. b) 겨울철에 출생한 아이가 더 높은 산소 수용능력을 갖는 경향이 있으며, 이것이 축구를 위한 체력을 높인다. c) 축구에 푹 빠진 부모가 봄철에 아이를 출산했을 가능성이 더 높다. d) 모두 아니다"(Dubner & Levitt, 2006a). 여러분은 어떻게 추측하는가?

연구자들은 d)를 선택하고는 또 다른 대안을 제시하였다. 독일 청소년 축구리그는 12월 31일이라는 엄격한 컷오프 날짜를 준수한다. 12월에 태어난 아동과 비교할 때, 1월에 태어난 아동은 신체적으로나 정서적으로 더 성숙하고, 더 재능이 있는 것으로 보이며, 최고의 리그에 선발되어 더 우수한 지도를 받게 될 가능성이 더 높다. 일종의 자기충족적 예언이다. 이 모든 것은 간단한 카이제곱 적합도 검증에서 나온 것이다! ●

광대 치료 이스라엘 연구자들은 광대의 공연이 인공수정 후에 더 높은 임신율을 초래하는지를 검증하였다. 이들의 연구는 광대 공연(유무)과 임신(유무)의 두 명목변인을 가지고 있으며, 카이제곱 독립성 검증으로 분석할 수 있었다.

카이제곱 독립성 검증

카이제곱 적합도 검증은 단지 하나의 명목변인을 분석한다. 카이제곱 독립성 검증은 두 개의 명목변인을 분석한다.

상관계수와 마찬가지로, 카이제곱 독립성 검증은 독립변인과 종속변인의 구분을 필요로 하지 않는다. 그렇지만 독립변인과 종속변인을 규정하는 것이 가설을 명확하게 진술하는 데 도움을 줄 수 있다. 카이제곱 독립성 검증이라고 부르는 까닭은 두 변인이 상호간에 독립적인지를 결정하는 데 사용하기 때문이다. 어느 변인을 독립변인으로 간주할 것인지는 아무 문제가 되지 않는다. 임신율이 인공수정 후에 광대의 공연을 관람하는지 여부와 독립적인지(아니면 의존적인지)를 보다 자세하게 들여다보자.

사례 15.2

대중매체에서 보도한(Ryan, 2006) 광대 연구에서 보면, 186명의 여성을 인공수정만을 받는 조건과 인공수정을 받은 후에 15분 동안 광대의 공연을 관람하는 조건에 무선할당하였다. 인공수정 처치만을 받은 93명 중에서 18명이 임신하게 되었던 반면, 인공수정 후 광대 공연을 보았던 93명 중에서는 33명이 임신하였다. 이러한 관찰빈도를 보여주는 칸들을 표 15-5에서 볼 수 있다. 카이제곱 독립성 검증을 위한 표를 유관표라고 부르는 까닭은 한 변인의 결과(임신 유무)가 다른 변인(광대 공연 유무)에 유관한지를 알아보는 데 도움을 주기 때문이다. 카이제곱 독립성 검증의 여섯 단계를 살펴보도록 하자.

단계 1 : 전집, 비교분포, 그리고 가정을 확인한다.

요약 : 전집 1 : 연구에서 관찰한 여성들과 같이 인공수정 처치를 받은 여성들. 전집 2 : 인공수정 처치를 받으며 광대의 공연이 임신과 연관이 없는 여성들.

비교분포는 카이제곱 분포이다. 두 개의 명목변인이 존재하기 때문에 가설검증은 카

표 15-5	관찰 임신율	

이 표는 인공수정 시술을 받은 여성들의 경우 광대의 공연이 임신율과 관련이 있는지를 알아본 연구에서 해당 칸과 그 빈도를 나타내고 있다.

	관찰	
	임신	임신 못 함
광대 공연 관람	33	60
관람하지 않음	18	75

이제곱 독립성 검증이 된다. 이 연구는 네 가정 중에서 세 개를 만족시키고 있다. (1) 두 변인은 명목변인이다. (2) 모든 참가자는 오직 하나의 칸에만 속한다. (3) 그렇지만 참가 자들은 인공수정 처치를 받은 모든 여성 전집에서 무선적으로 선택한 것이 아니다. 이 병원의 여성 표본을 넘어서서 일반화하는 데 있어 신중을 기해야 한다. (4) 칸의 수보다 5배 이상 많은 참가자가 존재한다(186명의 참가자와 4개의 칸). 이 지침을 준수하는 데 필요한 20명보다 더 많은 186명의 참가자가 존재한다.

단계 2 : 영가설과 연구가설을 진술한다.

요약 : 영가설 : 임신율은 인공수정 처치 후 광대 공연 여부와 독립적이다. 연구가설 : 임신율은 인 공수정 처치 후 광대 공연 여부에 의존적이다.

단계 3 : 비교분포의 특성을 결정한다.

카이제곱 독립성 검증에서는 각 변인의 자유도를 계산한 후에 둘을 곱해서 전체 자유도를 얻는다. 유관표의 행에 있는 변인의 자유도는 다음과 같다.

$$df_{행} = k_{행} - 1$$

유관표의 열에 있는 변인의 자유도는 다음과 같다.

$$df_{열} = k_{열} - 1$$

전체 자유도는 다음과 같다.

$$df_{\chi^2} = (k_{행} - 1)(k_{열} - 1)$$

따라서 이 카이제곱 검증의 자유도는 다음과 같다.

$$df_{\chi^2} = (k_{행} - 1)(k_{열} - 1) = (2 - 1)(2 - 1) = 1$$

요약 : 비교분포는 카이제곱 분포이며, 1의 자유도를 갖는다.

단계 4 : 임곗값을 결정한다.

요약 : 알파수준 0.05이며 자유도 1에 근거한 카 이제곱 통계치의 임곗값은 3.841이다(그림 15-3 참조).

공식 숙달하기

15-3 : 카이제곱 독립성 검증에서 자유도를 계산하려면, 우선 각 변인의 자유도를 계산하여야 한다. 행의 변인에서는 행의 범주 수에서 1을 뺀다. $df_{행} = k_{행} - 1$. 열의 변인에서는 열의 범주 수에서 1을 뺀다. $df_{열} = k_{열} - 1$. 두 수치를 곱하여 전체 자유도를 얻는다. $df_{\chi^2} = (df_{행})(df_{열})$. 모든 계산을 종합하면 다음과 같은 공식을 사용할 수 있다. $df_{\chi^2} = (k_{행} - 1)(k_{열} - 1)$.

| 단계 5 : 검증통계치를 계산한다. | 적절한 기대빈도를 결정하는 다음 단계가 카이제곱 독립성 검증의 계산에서 가장 중요하다. 이 단 |

계에서 실수를 저지르기 십상이며, 만일 잘못된 기대빈도를 사용한다면, 그 기대빈도에서 유도한 카이제곱 통계치도 엉터리일 수밖에 없다. 많은 학생이 전체 참가자 수(여기서는 186)를 칸의 수(여기서는 4)로 나누어서 얻은 값을 똑같이 모든 칸의 기대빈도로 사용하고자 한다. 그렇게 되면 기대빈도는 46.5가 된다.

그렇지만 이것은 이치에 맞지 않는다. 186명의 여성 중에서 51명이 임신하였다. 51/186 = 0.274, 즉 27.4%만이 임신한 것이다. 만일 임신율이 광대 공연에 의존하지 않는다면, 광대 공연과 무관하게 동일한 임신 성공률인 27.4%를 기대할 것이다. 만일 4개의 모든 칸에서 46.5의 기대빈도를 갖게 되면, 27.4%가 아니라 50%의 임신율을 갖게 된다. 항상 상황의 특수성을 고려해야만 하는 것이다.

이 연구에서는 이미 27.4%의 여성이 임신하였음을 계산하였다. 만일 임신율이 광대 공연과 독립적이라면, 광대 공연을 관람한 여성의 27.4%가 임신하고, 관람하지 않은 여성의 경우에도 27.4%가 임신하였을 것이라고 기대한다. 이 백분율에 근거할 때, 100 − 27.4 = 72.6%의 여성이 임신하지 못하였다. 따라서 광대 공연을 관람한 여성의 72.6%가 임신하지 못하였으며 관람하지 않은 여성의 경우에도 72.6%가 임신하지 못하였다고 기대하게 된다. 요컨대, 광대 공연을 관람한 집단과 관람하지 않은 집단 모두에서 동일한 임신율과 임신 실패율을 기대하는 것이다.

표 15-6은 관찰 데이터를 보여주는데, 각 행과 열의 주변합과 전체합도 보여주고 있다. 표 15-6에서 93명의 여성이 인공수정 처치 후에 광대 공연을 관람하였음을 알 수 있다. 위에서 계산한 바와 같이, 이들 중에서 27.4%가 임신하였다고 기대하게 된다.

$$(0.274)(93) = 25.482$$

만일 광대 공연이 임신율과 독립적이라면 공연을 관람하지 않은 93명 중에서도 27.4%가 임신할 것이라고 기대하게 된다.

$$(0.274)(93) = 25.482$$

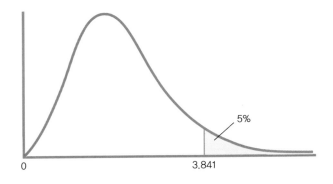

그림 15-3

카이제곱 독립성 검증의 임곗값

파란색 영역은 알파수준 0.05와 자유도 1의 카이제곱 독립성 검증의 임곗값을 넘어서는 영역이다. 만일 검증통계치가 이 영역에 위치하면, 영가설을 기각하게 된다.

표 15-6	관찰빈도

이 표는 인공수정 시술을 받은 여자들의 경우 광대의 공연이 임신율과 관련이 있는지를 알아본 연구에서 해당
칸과 그 빈도를 나타내고 있다. 또한 열의 주변합(93, 93)과 행의 주변합(51, 135), 그리고 전체합(186)도 포함
하고 있다.

	관찰		
	임신	임신 못 함	
광대 공연 관람	33	60	93
관람하지 않음	18	75	93
	51	135	186

이제 임신하지 않는 경우에도 동일한 절차를 반복한다. 두 집단 모두에서 72.6%의 여
성이 임신하지 않는다고 기대한다. 광대의 공연을 관람한 여성의 경우, 72.6%가 임신하
지 않는다고 기대한다.

$$(0.726)(93) = 67.518$$

광대 공연을 관람하지 않은 여성의 경우에도 72.6%가 임신하지 않는다고 기대한다.

$$(0.726)(93) = 67.518$$

(첫 번째 행의 두 기대빈도가 두 번째 행의 두 기대빈도와 동일한데, 각 광대 공연 관
람 유무 조건에 동일한 수, 즉 93명이 있었기 때문이다. 만일 두 수치가 달랐다면, 두 행
에서 동일한 기대빈도를 갖지 않았을 것이다.)

여기서 기술한 기대빈도 계산방법이 이상적인 까닭은 행과 열의 빈도에 대한 생각에
직접적으로 근거하고 있기 때문이다. 그렇지만 때로는 그 생각이 혼란스러워질 수 있는
데, 특히 두(또는 그 이상의) 행의 주변합이 대응하지 않으며, 두(또는 그 이상의) 열의 주
변합이 대응하지 않을 때 그렇다. 이러한 상황에서는 다음과 같은 간단한 규칙이 정확한
기대빈도로 이끌어간다. 각 칸에 대해서 열의 주변합(주변합$_{열}$)과 행의 주변합(주변합$_{행}$)
을 곱한 다음에 전체합(N)으로 나눈다.

$$\frac{(주변합_{열})(주변합_{행})}{N}$$

예컨대, 광대 공연을 관람하고 임신한 사람의 관찰빈도는 33이다. 이 칸에 대한 행의
주변합은 93이고, 열의 주변합은 51이며, 전체합 N은 186이다. 따라서 기대빈도는 다음
과 같다.

$$\frac{(주변합_{열})(주변합_{행})}{N} = \frac{(51)(93)}{186} = 25.5$$

광대 공연을 관람하고 임신하지 못한 사람의 관찰빈도는 60이다. 이 칸에 대한 행의

주변합은 93이고, 열의 주변합은 135이며, 전체합은 186이다. 따라서 기대빈도는 다음과 같다.

$$\frac{(주변합_열)(주변합_행)}{N} = \frac{(135)(93)}{186} = 67.5$$

위의 두 결과가 공식을 사용하지 않고 계산한 것과 거의 동일한 것에 주목하라. 차이점은 반올림에 의한 오차가 발생하는 중간 단계를 뛰어넘어 모든 계산을 한 번에 수행하였다는 점이다. 그리고 공식을 사용하는 경우에도, 열 주변합(51)을 전체합(186)으로 나누어줌으로써 전체적인 임신율을 계산하였다. 그런 다음에 이 임신율을 사용하여 그 행의 93명 중에서 임신할 것이라고 기대한 사람의 수를 계산하였다. 공식을 사용한 결과가 더 정확하기 때문에, 지금부터는 25.5와 67.5를 사용한다.

공식은 검증의 논리를 따르며 여러 가지 계산을 해야 할 때 혼란에 빠지지 않게 해준다.

계산의 최종 점검으로 표 15-7에 나와있는 것처럼, 칸의 기대빈도들을 더해서 행과 열의 주변합 그리고 전체합과 일치하는지 확인해볼 수 있다. 예컨대, 첫 번째 열의 두 수치 25.5와 25.5를 더하면, 51을 얻는다. 만일 186명의 참가자를 4로 나누어 각 칸에 집어넣는 실수를 범하였다면, 각 칸에 46.5가 들어가서, 첫 번째 열의 주변합은 46.5 + 46.5 = 93이 되었을 것이며, 이것은 51과 일치하지 않는다. 이러한 최종 점검은 각 칸에 적절한 기대빈도가 들어갔음을 확신시켜준다.

단계 5의 나머지 부분은 표 15-8에서 보는 바와 같이 카이제곱 적합도 검증의 것과 동일하다. 앞에서와 마찬가지로, 각 관찰빈도와 그에 대응하는 기대빈도 간의 차이값을 계산하고, 그 차이값을 제곱한 다음에, 각 차이제곱을 적절한 기대빈도로 나누어준다. 표의 마지막 열에서 그 수치들을 합하여 카이제곱 통계치를 계산한다.

요약 : $\chi^2 = \Sigma \left[\frac{(O-E)^2}{E} \right] = 2.206 + 0.833 + 2.206 + 0.833 = 6.078$

단계 6 : 결정을 내린다.

요약 : 영가설을 기각한다. 임신율은 여성이 인공수정 처치를 받은 후에 광대 공연을 관람하는지의 영향을 받는다(그림 15-4).

표 15-7 | **기대빈도**

이 표는 네 칸 각각의 기대빈도를 포함하고 있다. 기대빈도는 열의 주변합(93, 93)과 행의 주변합(51, 135), 그리고 전체합(186)을 만족해야 한다.

	관찰		
	임신	임신 못 함	
광대 공연 관람	25.5	67.5	93
관람하지 않음	25.5	67.5	93
	51	135	186

표 15-8	카이제곱 계산

카이제곱 독립성 검증 계산에서도 카이제곱 적합도 검증에서와 동일한 형식을 사용한다. 관찰빈도와 기대빈도 간의 차이를 계산하고 그 차이값을 제곱한 후에, 그 제곱을 해당 기대빈도로 나누어준다. 마지막으로 마지막 행의 수치를 합하여 카이제곱 통계치를 얻는다.

범주	관찰(O)	기대(E)	$O - E$	$(O - E)^2$	$\dfrac{(O - E)^2}{E}$
광대, 임신	33	25.5	7.5	56.25	2.206
광대, 임신 못 함	60	67.5	−7.5	56.25	0.833
광대 없음, 임신	18	25.5	−7.5	56.25	2.206
광대 없음, 임신 못 함	75	67.5	7.5	56.25	0.833

그림 15-4

결정 내리기

카이제곱 통계치 6.078은 임곗값 3.841을 넘어서기 때문에, 영가설을 기각할 수 있다. 광대 공연을 관람한 사람의 임신율과 관람하지 않은 사람의 임신율은 우연을 넘어서서 유의하게 다르다.

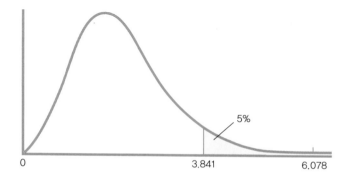

논문에 보고하는 통계치는 선행 장들에 나왔던 다른 가설검증뿐만 아니라 카이제곱 적합도 검증에서 배웠던 형식을 그대로 따른다. 자유도와 표본크기, 검증통계치의 값, 그리고 검증통계치가 0.05 알파수준에 근거한 임곗값보다 작은지 아니면 큰지를 보고한다. (통계 소프트웨어를 사용하여 가설검증을 수행하였다면, 실제 p 값을 보고한다.) 현재의 사례에서는 통계치를 다음과 같이 제시한다.

$$\chi^2(1, N = 186) = 6.08, p < 0.05 \,\bullet$$

학습내용 확인하기

개념의 개관

> 카이제곱 검증은 모든 변인이 명목변인일 때 사용한다.

> 카이제곱 적합도 검증은 하나의 명목변인에 사용한다.

> 카이제곱 독립성 검증은 두 개의 명목변인에 사용한다. 일반적으로 하나는 독립변인, 다른 하나는 종속변인으로 생각할 수 있다.

> 두 카이제곱 검증은 모두 이제 친숙해진 가설검증의 여섯 단계와 동일한 단계를 사용한다.

| 개념의 숙달 | 15-5 | 언제 카이제곱 검증을 사용하는가? |
| | 15-6 | 관찰빈도와 기대빈도란 무엇인가? |

통계치의 계산 **15-7** 80%의 경우에 깨끗한 파란 하늘이 자랑거리인 도시를 상상해보라. 어느 여름에 78일 동안 그 도시에서 일하게 되었으며, 다음 데이터를 기록한다.

깨끗한 파란 하늘 : 59일
구름 끼고 흐린 하늘 : 19일

a. 이 카이제곱 적합도 검증의 자유도를 계산하라.
b. 관찰빈도와 기대빈도를 결정하라.
c. 두 빈도 간의 차이와 차이제곱을 계산하고, 카이제곱 통계치를 계산하라. 아래에 제시한 6열 형식을 사용하라.

범주	관찰(O)	기대(E)	$O - E$	$(O - E)^2$	$\dfrac{(O - E)^2}{E}$
파란 하늘					
흐린 하늘					

개념의 적용 **15-8** 시카고 경찰청은 혐의자 확인을 위한 두 가지 유형의 라인업, 즉 동시 라인업과 연속 라인업을 비교하는 연구를 수행하였다(Mecklenburg, Malpass, & Ebbesen, 2006). 동시 라인업에서는 목격자가 실물이든 사진이든 모든 혐의자를 동시에 본 다음에 선택을 한다. 연속 라인업에서는 목격자가 한 번에 한 명씩 보고는 판단을 한다.

DNA 증거가 많은 사형수를 포함하여 형을 선고받고 복역 중이던 사람들의 무죄를 밝혀주어 세간의 이목을 끌었던 수많은 사례가 발생한 후에, 경찰 당국은 부정확한 확인을 감소시키기 위하여 연속 라인업으로 돌아섰다. 여러 선행 연구는 정확도의 측면에서 연속 라인업의 우월성을 지적해왔다. 한 해에 걸쳐 미국 일리노이에서 두 가지 유형의 라인업을 비교하였다. 319회의 동시 라인업에서 191회는 혐의자를 확인하였고, 8회는 엉뚱한 사람을 지목하였으며, 120회는 아무도 지목하지 못하였다. 229회의 연속 라인업에서 102회는 혐의자를 확인하였고, 20회는 다른 사람을 지목하였으며, 107회는 아무도 지목하지 못하였다.

a. 이 연구에서 참가자는 누구 또는 무엇인가? 독립변인과 그 변인의 수준 그리고 종속변인과 그 변인의 수준을 확인해보라.
b. 가설검증의 여섯 단계를 모두 수행하라.
c. 논문에 표현하는 방식으로 통계치들을 보고해보라.
d. 이 연구가 일방검증이 아니라 양방검증을 사용하는 것의 중요성을 보여주는 사례인 까닭은 무엇인가?

학습내용 확인하기의 답은 부록 D에서 찾아볼 수 있다.

가설검증을 넘어서서

이 장에서 소개한 셀카 연구에서 연구자들은 카이제곱 분석을 실시하여 여자와 남자가 자신의 성별 고정관념에 의존해서 셀카 포즈를 취한다는 가설을 지지하였다. 이처럼 통계적으로 유의한 결과에 대해서는 더 많은 것을 알고자 하게 된다. 예컨대, 성별 차이는 얼마나 큰지 물을 수 있으며 그 차이를 그래프로 나타내고자 할 수도 있다.

대부분의 비모수적 가설검증은 그 검증과 연합된 효과크기 측정치가 없지만, 카이제곱 검증은 효과크기 측정치를 가지고 있다. 임신과 광대 공연 사례를 사용하여, 차이가 얼마나 큰 것인지를 결정하는 한 가지 방법으로 카이제곱의 효과크기인 크레이머 V를 소개한다. 그런 다음에 카이제곱 분석결과를 그래프에 시각적으로 제시하여 그 효과크기를 알아볼 수 있는 방법을 소개한다. 또한 얻은 결과의 가능성을 정량화함으로써 효과크기를 이해하는 또 다른 방법인 상대적 위험도를 계산하는 방법도 보여준다. 마지막으로 카이제곱 설계의 어느 칸들 사이에 차이가 존재하는지를 정확하게 결정하는 데 사용할 수 있는 사후검증을 실시하는 방법을 알아본다.

크레이머 V, 카이제곱의 효과크기

많은 비모수적 가설검증은 그와 연합된 효과크기 측정치를 가지고 있지 않지만, 카이제곱은 가지고 있다. 다른 가설검증들과 마찬가지로, 효과크기는 연구결과의 중요성을 주장할 수 있게 도와준다.

크레이머 V(Cramér's V)는 카이제곱 독립성 검증에서 사용하는 표준효과크기이다. 크레이머 파이라고도 부르며 기호로는 ϕ로 표현한다. 일단 검증통계치를 계산하였다면, 크레이머 V는 손으로도 쉽게 계산할 수 있다. 공식은 다음과 같다.

$$\text{크레이머 } V = \sqrt{\frac{\chi^2}{(N)(df_{\text{행/열}})}}$$

χ^2은 앞에서 계산한 검증통계치이고, N은 연구 참가자의 총수이며(유관표에서 우하단 수치), $df_{\text{행/열}}$은 행의 범주와 열의 범주 중에서 개수가 작은 것의 자유도이다.

15-5 : 카이제곱 통계치와 함께 사용하는 효과크기인 크레이머 V의 공식은 다음과 같다.

$$\text{크레이머 } V = \sqrt{\frac{\chi^2}{(N)(df_{\text{행/열}})}}$$

평방근 안의 분자는 카이제곱 통계치이다. 분모는 행과 열의 자유도 중에서 작은 값과 표본크기 N을 곱한 값이다.

사례 15.3

광대 사례에서 카이제곱 통계치는 6.078이고, 참가자는 186명이며, 두 범주 모두 자유도는 1이었다. 어느 자유도 하나가 다른 것보다 작지 않기 때문에, 어느 것을 선택하든 문제가 되지 않는다. 따라서 광대 연구에서 효과크기는 다음과 같다.

$$\text{크레이머 } V = \sqrt{\frac{\chi^2}{(N)(df_{\text{행/열}})}} = \sqrt{\frac{6.078}{(186)(1)}} = \sqrt{0.033} = 0.182$$

효과크기를 얻었으니, 그것이 의미하는 바를 물어야만 한다. 다른 효과크기에서와 마

크레이머 V는 카이제곱 독립성 검증에서 사용하는 표준효과크기이다. 크레이머 파이라고도 부르며 기호로는 ϕ로 표현한다.

표 15-9	크레이머 V에 근거한 효과크기의 관례

제이콥 코헨(1992)은 특정한 효과크기를 작거나 중간 크기이거나 큰 것으로 간주할지를 결정하는 지침을 개발하였다. 효과크기 지침은 유관표의 크기에 따라서 달라진다. 두 개의 자유도(행 또는 열의 자유도) 중에서 작은 것이 1, 2, 또는 3인지에 따라서 상이한 지침이 존재한다.

효과크기	$df_{행/열} = 1$일 때	$df_{행/열} = 2$일 때	$df_{행/열} = 3$일 때
작다	0.10	0.07	0.06
중간	0.30	0.21	0.17
크다	0.50	0.35	0.29

찬가지로, 제이콥 코헨(1992)은 특정한 효과가 작은지 중간 정도인지 아니면 큰지를 결정하는 표 15-9에서 보는 바와 같은 지침을 개발하였다. 지침은 유관표 크기에 근거하여 변한다. 행과 열의 두 자유도 중에서 작은 것이 1일 때는, 두 번째 열의 지침을 사용한다. 두 자유도 중에서 작은 것이 2일 때는, 세 번째 열의 지침을 사용한다. 그리고 작은 자유도가 3일 때는 네 번째 열의 지침을 사용한다. 효과크기를 판단하는 다른 지침의 경우와 마찬가지로 이 지침도 단정적인 것이 아니다. 오히려 연구자들이 연구결과의 중요성을 가름하는 데 도움을 주는 개략적 지표이다.

광대 공연과 임신 연구에서 효과크기는 0.18이다. 행과 열의 자유도 중에서 작은 것은 1이었다(실제로는 둘 다 1이었다). 따라서 표 15-9의 두 번째 열을 사용한다. 이 크레이머 V는 효과크기 지침에서 대략 작은 효과(0.10)와 중간 크기 효과(0.30) 사이에 위치한다. 이 정도의 효과라면 중소 크기 효과라고 부를 수 있겠다. 통계치를 보고하는 말미에 크레이머 V를 첨가할 수 있다.

$$\chi^2(1, N = 186) = 6.08, p < 0.05, \text{크레이머 } V = 0.18 \bullet$$

카이제곱 비율 그래프 그리기

크레이머 V를 계산하는 것에 덧붙여서, 데이터를 그래프로 나타낼 수 있다. 결과 패턴을 시각적으로 묘사하는 것은 카이제곱 통계치를 사용하여 평가한 두 변인 간 관계의 크기를 이해하는 데 효과적인 방법이다. 그렇지만 빈도를 그래프로 그리지는 않는다. 대신에 비율이나 백분율을 그래프로 그린다.

사례 15.4

광대 공연을 관람한 집단에서, 임신한 비율과 그렇지 않은 비율을 계산한다. 공연을 관람하지 않은 집단에서도 임신한 비율과 그렇지 않은 비율을 계산한다. 비율 계산은 아래에 나와있다.

각 집단에서 특정 결과의 빈도를 그 집단의 전체 빈도로 나누어준다. 그 비율을 조건비율이라고 부르는 까닭은 연구에 참가한 모든 여성으로부터 비율을 계산하는 것이 아니라 특정 조건의 여성에 대해서 비율을 계산하기 때문이다. 예컨대, 광대 공연을 관람한 조건에서 임신한 여성의 비율을 계산하는 것이다.

광대 공연을 관람

임신 : 33/93 = 0.355

임신 못 함 : 60/93 = 0.645

공연을 관람하지 않음

임신 : 18/93 = 0.194

임신 못 함 : 75/93 = 0.806

이 비율들을 표 15-10과 같은 표에 집어넣는다. 공연 관람 여부의 각 범주에서 비율의 합은 1.00이어야 한다. 만일 백분율을 사용한다면, 100%가 되어야 한다.

이제 그림 15-5에서처럼 조건 비율을 그래프로 그릴 수 있다. 아니면 임신하지 않은 비율이 임신한 비율에 의해서 자동적으로 결정된다고 할 때, 여자들이 임신한 두 비율, 0.355와 0.194만을 그림 15-6과 같이 간략하게 그릴 수도 있다. 두 경우 모두 y축에 0.0 부터 1.0까지 비율을 표시하였기 때문에, 그 비율을 실제보다 더 높게 생각하는 실수를 범하지 않게 만들어준다. ●

상대적 위험도

제1장에서 보았던 존 스노와 같은 공중보건 통계학자를 유행병학자라고 부른다. 이들은 카이제곱의 효과크기를 **상대적 위험도**(relative risk) 측면에서 생각하기 십상이다. 상대적 위험도란 두 조건비율의 비를 가지고 만들어내는 측정치이다. 이것은 상대적 가능성 또는 상대적 기회라고도 부른다.

상대적 위험도는 두 조건비율의 비를 가지고 만들어내는 측정치이다. 상대적 가능성 또는 상대적 기회라고도 부른다.

사례 15.5

표 15-10에서처럼, 인공수정 후에 광대 공연을 관람하고 임신한 여성의 수를 광대 공연을 관람한 전체 여성의 수로 나누어줌으로써, 인공수정 후에 광대 공연을 관람하고 임신한 비율 또는 가능성을 계산한다.

$$33/93 = 0.355$$

표 15-10	조건비율

카이제곱 독립성 검증결과를 나타내는 그래프를 작성하려면, 우선 조건비율을 계산하게 된다. 예컨대, 인공수정 후에 광대 공연을 관람하였을 때 임신한 여성의 비율을 다음과 같이 계산한다. 33/93 = 0.355.

	조건비율		
	임신	임신 못 함	
광대 공연 관람	0.355	0.645	1.00
관람하지 않음	0.194	0.806	1.00

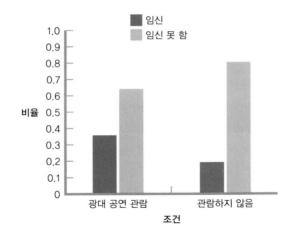

그림 15-5

그래프와 카이제곱
카이제곱 독립성 검증의 데이터를 그래프로 그리려면, 빈도 대신에 조건비율을 그리게 된다. 비율은 두 조건에서의 임신율을 비교할 수 있게 해준다.

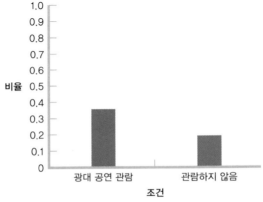

그림 15-6

조건확률의 간단한 그래프
임신하지 못하는 비율은 임신율에 의해서 자동적으로 결정되기 때문에, 간단히 하나의 비율만을 그릴 수도 있다. 여기서는 두 광대 조건에서의 임신율을 볼 수 있다.

그런 다음에 인공수정 후에 광대 공연을 관람하지 않고 임신한 여성의 수를 광대 공연을 관람하지 않은 전체 여성의 수로 나누어줌으로써, 인공수정 후에 광대 공연을 관람하지 않고 임신한 비율 또는 가능성을 계산한다.

$$18/93 = 0.194$$

공연을 관람하고 임신할 가능성을, 관람하지 않고 임신할 가능성으로 나누어주면 상대적 가능성을 얻게 된다.

$$0.355/0.194 = 1.830$$

상대적 위험도 계산에 근거할 때, 인공수정 후에 광대 공연을 관람하고 임신할 기회는 광대 공연을 관람하지 않고 임신할 기회보다 1.83배(거의 두 배) 높다. 이 값은 그래프에서 얻는 인상과 일치한다.

아니면 광대 공연 없이 임신할 가능성 0.194를 광대 공연 후 임신할 가능성 0.355로 나

개념 숙달하기

15-3 : 카이제곱의 효과크기는 상대적 가능성이라고도 부르는 상대적 위험도를 통해서 정량화할 수 있다. 두 조건비율의 비를 구함으로써, 예컨대 어떤 결과를 보일 가능성이 한 집단에서 다른 집단보다 두 배 크다거나, 아니면 역으로 그 가능성이 절반에 불과하다고 말할 수 있다.

누어 비율을 역전시킬 수 있다. 이것이 역전된 비율의 상대적 가능성이다.

$$0.194/0.355 = 0.546$$

이 수치는 동일한 정보를 상이한 방식으로 제공해준다. 인공수정 후에 공연이 뒤따르지 않을 때 임신할 기회는 공연이 뒤따를 때 임신할 기회의 0.55배(거의 절반)이다. 이 값도 그래프와 일치한다. 한 막대의 길이가 다른 막대의 대략 절반이다.

주 : 질병의 측면에서 이러한 비율을 계산할 때, 상대적 가능성 대신에 '상대적 위험도'라고 부른다. 그렇지만 상대적 위험도와 상대적 가능성을 보고할 때는 조심해야만 한다. 항상 기저율을 자각하고 있어야만 한다. 예컨대, 특정 질병이 전집의 0.01%에서만 발생하고(즉, 10,000명 중 1명) 아이스크림을 먹는 사람들 사이에서 발생할 가능성이 두 배 높다면, 아이스크림 먹는 사람들 사이에서의 비율은 0.02%(10,000명 중 2명)가 된다. 일반 대중을 불필요하게 놀라게 만드는 데 상대적 위험도와 상대적 가능성을 사용할 수 있다. 통계적 추리가 건강한 사고방식인 또 하나의 이유가 바로 이것이다. ●

학습내용 확인하기

개념의 개관

> 카이제곱 적합도 검증에서 적절한 효과크기 측정치는 크레이머 V이다.

> 둘 이상의 집단 각각에서 특정한 결과의 비율을 비교할 수 있도록 조건비율을 계산하고 그래프로 작성함으로써 효과크기를 시각적으로 표현할 수 있다.

> 효과크기를 고려하는 또 다른 방법은 상대적 위험도, 즉 두 집단 각각의 조건비율의 비를 살펴보는 것이다.

개념의 숙달

15-9 카이제곱 검증에서는 무엇이 효과크기 측정치이며, 어떻게 계산하는가?

통계치의 계산

15-10 이 장의 서두에서 논의한 셀카 사진 연구에서, 사람들의 포즈와 행동에서의 성별 고정관념에 관하여 언급하였다(Döring et al., 2016). 250장의 여성 셀카 사진 중에서 29장이 덕페이스라고 더 잘 알려진 입술 내미는 모습을 나타냈다. 250장의 남성 셀카 사진 중에서는 6장이 그러하였다. 만일 여러분이 여성이라면 남성과 대비하여 덕페이스 셀카 사진을 찍을 상대적 가능성을 계산해보라.

개념의 적용

15-11 학습내용 확인하기 15-8에서는 혐의자 확인을 위한 두 가지 유형의 라인업, 즉 동시 라인업과 연속 라인업을 비교하는 시카고 경찰청 연구에 대하여 카이제곱 검증을 실시하도록 요구하였다(Mecklenburg et al., 2006).
  a. 이 연구에서 적절한 효과크기 측정치를 계산해보라.
  b. 이 데이터에서 조건비율의 그래프를 작성해보라.
  c. 동시 라인업 대 연속 라인업에서 혐의자를 정확하게 확인하는 상대적 가능성을 계산해보라.

학습내용 확인하기의 답은 부록 D에서 찾아볼 수 있다.

개념의 개관

비모수적 통계

연구설계가 모수적 검증의 가정들을 만족시키지 못할 때 비모수적 가설검증을 사용한다. 이러한 상황은 종속변인이 명목변인이나 서열변인이거나 데이터가 편중된 전집분포를 시사하는 작은 표본일 때 자주 발생한다. 가능한 한 모수적 검증을 사용해야만 한다. 모수적 검증이 더 강력한 검증력을 갖는 경향이 있으며 신뢰구간과 효과크기를 계산할 수 있기 때문이다.

카이제곱 검증

하나의 변인만이 존재하고 그 변인이 명목변인일 때 **카이제곱 적합도 검증**을 사용한다. 두 개의 명목변인이 있을 때 **카이제곱 독립성 검증**을 사용한다. 일반적으로 가설을 명확하게 진술하려는 목적에서 한 변인을 독립변인으로, 그리고 다른 변인을 종속변인으로 생각한다. 두 카이제곱 검증 모두에서 관찰 데이터가 영가설에 따라 기대하는 데이터와 맞아떨어지는지를 분석한다. 두 검증 모두 앞에서 다루었던 가설검증의 여섯 단계를 똑같이 사용한다.

가설검증을 넘어서서

일반적으로는 효과크기도 계산한다. 카이제곱에서 가장 보편적으로 계산하는 효과크기는 크레이머 *V*이며 크레이머 파이라고도 부른다. 각 집단에서 어떤 결과의 조건비율을 보여주는 그래프를 만들 수도 있다. 아니면 **상대적 위험도**(상대적 가능성 또는 상대적 기회)를 계산하여 두 집단 각각에서 특정 결과의 비율을 쉽게 비교할 수 있다.

SPSS®

SPSS에서 카이제곱 적합도 검증과 카이제곱 독립성 검증을 모두 실시할 수 있다. 축구선수 사례의 데이터를 사용하여, 한 변인, 즉 축구선수가 첫 3개월에 태어났는지 여부에 대한 데이터를 입력한다. 데이터를 명목변인으로 입력한다. 명목변인과 서열변인의 경우에는 SPSS에게 각 범주의 이름을 알려주어야 한다(SPSS에 명목변인 데이터를 입력하는 방법을 다시 보려면 제10장을 참조하라). 이 사례에서는 처음 3개월에 태어난 축구선수를 나타내는 데 1을 사용하고 마지막 3개월에 태어난 선수에게는 2를 사용할 수 있다.

카이제곱 적합도 검증을 실시하려면, 분석(Analyze) → 비모수적 검증(Non-parametric Tests) → 레거시 대화상자(Legacy Dialogue) → 카이제곱(Chi-square)을 선택한다. 이 사례에서의 관심변인인 'birth'를 선택하여 Test Variable List로 이동시킨다. 이 사례의 가설은 축구선수들이 일반 전집의 생일 패턴과 동일한 생일 패턴을 갖는다는 것으로, 모든 범주가 동일할 것이라고 기대한다는 사실을 의미한다. 반면에 만일 (작동방법 15.1의 사례에서처럼) 상이한 비율을 기대한다면, 그 비율을 Expected Values에 입력할 필요가 있다. 지금은 모든 범주가 동일하다는 지정값을 유지할 수 있다. 분석을 실시하려면 확인(OK)을 클릭한다.

출력 스크린샷은 두 개의 표를 보여주고 있다. 첫 번째 표는 변인의 각 수준에서 관찰값, 기댓값, 그리고 차이값을 보여준다.

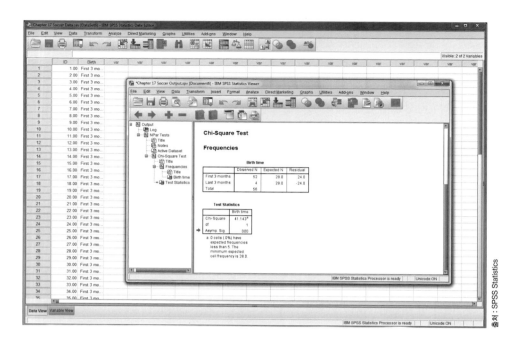

출처 : SPSS Statistics

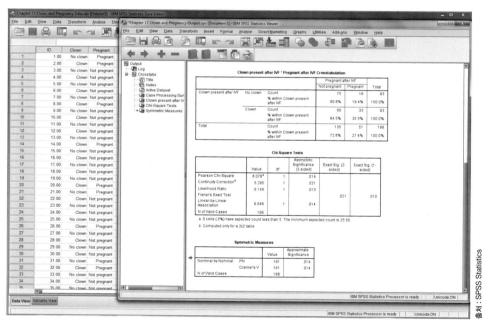

출처 : SPSS Statistics

두 번째 표 'Test Statistics'는 카이제곱 값, 자유도, 그리고 p 값을 보여준다. 카이제곱 값 41.193과 자유도 1은 이 장 앞부분에서 계산하였던 값과 동일하다. 여기 나와있는 p 값은 0.05보다 작다. 따라서 영가설을 기각한다. (표에서 보는 값과 앞에서 계산하였던 값 간의 미세한 차이는 반올림 오차에 따른 것이다.)

SPSS를 사용하여 카이제곱 독립성 검증도 수행할 수 있다. 그 방법을 시범 보이기 위해 임신과 광대 공연 사례의 데이터를 사용한다. 각 참가자는 두 변인, 즉 광대 공연 관람 여부(그렇다 대 아니다) 변인과 임신 여부(그렇다 대 아니다) 변인에서 점수를 갖는다. '아니다'를 나타내는 데 숫자 0을, 그리고 '그렇다'

를 나타내는 데 숫자 1을 사용할 수 있다. 분석 → 기술통계량 (Descriptive Statistics) → 크로스탭(Crosstabs)을 선택한다. (행에서도 명목변인을, 그리고 열에서도 명목변인을 선택한다. 여기서는 행에 광대 공연 여부를, 그리고 열에 임신 여부를 선택하였지만, 어느 것을 선택하느냐는 문제가 되지 않는다.) 'Statistics'를 선택하고 'Chi-Square'와 (효과크기를 위하여) 'Phi & Cramér's V'를 클릭하고, 계속(Continue)을 클릭한다. 각 광대 공연 조건에서 임신한 여성의 백분율을 얻기 위하여 'Cells'를 선택한 다음에 백분율 아래의 'Row'를 클릭한다. 분석을 실시하려면 계속을 클릭한 다음에 확인을 클릭한다.

데이터의 일부분과 함께 대부분의 출력을 스크린샷에서 볼 수 있다. 출력의 맨 위 표에서 각 조건에서 임신하거나 임신하지 못한 여성의 백분율을 볼 수 있다. 예컨대, 광대 공연을 관람한 여성의 35.5%가 임신하였다. ('Chi-Square Tests'라는 표의 'Pearson Chi-Square' 열에서) 카이제곱 통계치가 6.078인 것도 볼 수 있는데, 이 값은 앞서 손으로 계산하였던 값과 동일하다. 'Symmetric Measures' 표에서, 크레이머 V의 값 .181을 볼 수 있는데, 이 값도 앞에서 계산한 값과 동일하다. (여기서도 미세한 차이는 반올림 오차에 따른 것이다.)

작동방법

15.1 카이제곱 적합도 검증 수행하기

벡델검사를 들어본 적이 있는가? 앨리슨 벡델은 영화(또는 픽션 작품)가 최소한도 성별 평등을 시도하였는지를 결정하는 간단한 기준을 개발하였다. 그 검사는 다음과 같다. 여러분은 다음 세 가지 질문에 '그렇다'고 답할 수 있어야 한다. (1) 영화에는 적어도 두 명의 여성이 등장합니까? (2) 둘이 서로 대화를 합니까? (3) 대화내용에 남자와 관련되지 않은 것이 있습니까? 이러한 세 가지 기준을 충족하는 영화를 찾기가 놀라울 정도로 어렵다. 연구자들은 시나리오작가의 성별이 영화의 성별 평등에 미치는 효과를 살펴보았다(Friedman, Daniels, & Blinderman, 2016). 전적으로 남자가 집필한 고수익 영화의 53%가 벡델검사를 통과하지 못하였다. 적어도 한 명의 여성 작가가 관여하였으며 유사한 정도로 성공적인 영화의 경우는 어떨까? 집필팀에 적어도 한 명의 여성이 들어있는 상위 61편의 영화 표본에서 23편이 검사를 통과하지 못하였으며 38편만이 통과하였다. 어떻게 벡델검사를 사용하여 카이제곱 적합도 검증에서 가설검증의 여섯 단계를 실시할 수 있겠는가?

단계 1 : 전집 1 : 집필팀에 적어도 한 명의 여성이 포함된 고수익 영화. 전집 2 : 전적으로 남성이 집필한 고수익 영화.

비교분포는 카이제곱 분포이다. 가설검증이 카이제곱 적합도 검증인 까닭은 단 하나의 명목변인만을 가지고 있기 때문이다. 이 연구는 네 가정 중에서 세 개를 만족한다. (1) 하나뿐인 변인이 명목변인이다. (2) 모든 참가자는 단 하나의 칸에만 들어있다(벡델검사 통과 또는 통과 실패). (3) 칸 수의 다섯 배보다 훨씬 많은 참가자가 있다(칸은 단지 2개인데 영화는 61편이다). (4) 61편의 영화(집필팀에 적어도 한 명의 여자가 포함된 고수익 영화)를 어떻게 선정하였는지 알지 못하기 때문에 무선표집 여부를 알지 못한다. 이 사실은 표본에 들어있는 영화를 넘어서서 일반화하는 능력에 제약을 가한다.

단계 2 : 영가설 : 적어도 한 명의 여성 작가가 관여한 영화가 벡델검사를 통과할 가능성은 전적으로 남자가 집필한 영화의 가능성과 동일하다. 연구가설 : 적어도 한 명의 여성 작가가 관여한 영화가 벡델검사를 통과할 가능성은 전적으로 남자가 집필한 영화의 가능성과 다르다.

단계 3 : 비교분포는 자유도가 1인 카이제곱 분포이다. $df_{\chi^2} = 2 - 1 = 1$.

단계 4 : 알파수준 0.05와 자유도 1에 근거한 카이제곱 임곗값은 그림 15-3에서 보는 바와 같이 3.841이다.

단계 5 : 관찰빈도(적어도 한 명의 여성 작가가 관여한 61편의 영화에 근거함)

통과	실패
38	23

기대빈도(전적으로 남자가 집필한 영화의 53%가 검사를 통과하지 못한 것에 근거함)

통과	실패
(0.47)(61) = 28.67	(0.53)(61) = 32.33

	관찰(O)	기대(E)	O − E	(O − E)²	$\dfrac{(O-E)^2}{E}$
통과	38	28.67	9.33	87.049	3.036
실패	23	32.33	− 9.33	87.049	2.693

$$\chi^2 = \Sigma\left[\frac{(O-E)^2}{E}\right] = 3.036 + 2.693 = 5.729$$

단계 6 : 영가설을 기각한다. 적어도 한 명의 여성 작가가 관여한 영화는 전적으로 남자가 집필한 영화보다 벡델검사를 통과할 가능성이 더 높은 것으로 보인다.

논문에 통계치를 보고하는 형식은 다음과 같다.

$$\chi^2(1, N = 61) = 5.73, p < 0.05$$

15.2 카이제곱 독립성 검증 수행하기

고향에서 멀리 떠나온 사람이 더 흥미진진한 삶을 영위하는가? 1972년 이래로 일반사회조사 (GSS)는 미국의 대략 40,000명 성인에게 삶에 관한 다양한 질문을 던졌다. GSS를 실시한 여러 해에 걸쳐서 참가자들에게 다음과 같은 질문을 던졌다. "전반적으로 여러분은 삶이 흥미진진합니까, 그저 통상적인가요, 아니면 따분한가요?"(변인 이름 LIFE) 그리고 "여러분은 16세일 때, 지금과 동일한 (도시/국가)에 살고 있었습니까?"(변인 이름 MOBILE16) 어떻게 이 데이터를 사용하여 카이제곱 독립성 검증에서 가설검증의 여섯 단계를 실시할 수 있는가?

이 사례에는 두 개의 명목변인이 존재한다. 한 변인은 16세일 때와 비교해서 살고 있는 지역 (동일 도시, 동일 국가)이다. 다른 변인은 삶의 내용(흥미진진, 통상적, 따분함)이다. 데이터는 다음과 같다.

	흥미진진	통상적	따분함
동일 도시	4,890	6,010	637
동일 국가/다른 도시	3,368	3,488	337
다른 국가	4,604	4,139	434

단계 1 : 전집 1 : 표본과 같은 사람들. 전집 2 : 삶이 흥미진진한지 통상적인지 아니면 따분한지
가 16세 때와 비교하여 현재 살고 있는 지역에 의존적이지 않은 사람들.

비교집단은 카이제곱 분포이다. 두 개의 명목변인이 있기 때문에 가설검증은 카이제
곱 독립성 검증이 된다. 이 연구는 네 가지 가정을 모두 만족한다. (1) 두 변인은 명목변
인이다. (2) 모든 참가자는 오직 한 칸에만 속한다. (3) 칸의 수보다 다섯 배 이상의 참가
자들이 있다(참가자는 27,907명이며 칸은 9개이다). (4) GSS 표본은 무선표집의 방법을
사용한다.

단계 2 : 영가설 : 자신의 삶이 흥미진진한지 통상적인지 아니면 따분한지를 생각하는 사람들의
비율은 16세일 때 살던 곳과 비교하여 현재 살고 있는 지역에 의존하지 않는다. 연구가
설 : 자신의 삶이 흥미진진한지 통상적인지 아니면 따분하다고 생각하는 사람들의 비율
은 16세일 때 살던 곳과 비교하여 현재 살고 있는 지역에 따라 다르다.

단계 3 : 비교분포는 자유도가 4인 카이제곱 분포이다.

$$df_{\chi^2} = (k_{행} - 1)(k_{열} - 1) = (3 - 1)(3 - 1) = (2)(2) = 4$$

단계 4 : 알파수준 0.05와 자유도 4에 근거한 카이제곱 임곗값은 9.488이다.

단계 5 :

	관찰빈도(괄호는 기대빈도)			
	흥미진진	**통상적**	**따분함**	
동일 도시	4,890 (5,317.264)	6,010 (5,637.656)	637 (582.080)	11,537
동일 국가/다른 도시	3,368 (3,315.167)	3,488 (3,514.922)	337 (362.911)	7,193
다른 국가	4,604 (4,229.569)	4,139 (4,484.421)	434 (463.010)	9,177
	12,862	13,637	1,408	27,907

$$\frac{(주변합_{열})(주변합_{행})}{N} = \frac{(12,862)(11,537)}{27,907} = 5,317.264$$

$$\frac{(주변합_{열})(주변합_{행})}{N} = \frac{(12,862)(7,193)}{27,907} = 3,315.167$$

$$\frac{(주변합_{열})(주변합_{행})}{N} = \frac{(12,862)(9,177)}{27,907} = 4,229.569$$

$$\frac{(주변합_{열})(주변합_{행})}{N} = \frac{(13,637)(11,537)}{27,907} = 5,637.656$$

$$\frac{(주변합_{열})(주변합_{행})}{N} = \frac{(13,637)(7,193)}{27,907} = 3,514.922$$

$$\frac{(주변합_{열})(주변합_{행})}{N} = \frac{(13,637)(9,177)}{27,907} = 4,484.421$$

$$\frac{(주변합_{열})(주변합_{행})}{N} = \frac{(1,408)(11,537)}{27,907} = 582.080$$

$$\frac{(주변합_{열})(주변합_{행})}{N} = \frac{(1,408)(7,193)}{27,907} = 362.911$$

$$\frac{(주변합_{열})(주변합_{행})}{N} = \frac{(1,408)(9,177)}{27,907} = 463.010$$

범주	$(O - E)^2$	$\dfrac{(O - E)^2}{E}$
동일 도시, 흥미진진	182,554.526	34.332
동일 도시, 통상적	138,640.054	24.592
동일 도시, 따분함	3,016.206	5.182
동일 국가/다른 도시, 흥미진진	2,791.326	0.842
동일 국가/다른 도시, 통상적	724.794	0.206
동일국가/다른 도시, 따분함	671.38	1.850
다른 국가, 흥미진진	140,198.574	33.147
다른 국가, 통상적	119,315.667	26.607
다른 국가, 따분함	841.580	1.818

$$\chi^2 = \Sigma \left[\frac{(O - E)^2}{E} \right] = 128.576$$

단계 6 : 영가설을 기각한다. 계산한 카이제곱 통계치가 임곗값을 능가한다. 자신의 삶이 얼마나 흥미진진한지는 16세 때 살던 곳과 비교해서 현재 살고 있는 곳에 따라 다른 것으로 보인다.

논문에서는 이 통계치들을 다음과 같이 제시한다. $\chi^2(4, N = 27,907) = 128.58$, $p < 0.05$.

15.3 크레이머 V 계산하기

작동방법 15.2에서 수행한 카이제곱 독립성 검증에서 효과크기 크레이머 V는 얼마인가?

$$크레이머\ V = \sqrt{\frac{\chi^2}{(N)(df_{행/열})}} = \sqrt{\frac{128.576}{(27,907)(2)}} = \sqrt{\frac{128.576}{55,814}} = 0.048$$

코헨의 관례에 따르면 이것은 작은 효과크기이다. 논문에서는 이 정보를 포함한 통계치들을 다음과 같이 제시한다.

$\chi^2(4, N = 27,907) = 128.58$, $p < 0.05$, 크레이머 $V = 0.05$.

연습문제

홀수 문제의 답은 부록 C에서 찾아볼 수 있다.

개념 명료화하기

15.1 명목데이터, 서열데이터, 척도데이터를 구분해보라.

15.2 비모수적 검증을 사용하는 세 가지 기본 상황은 무엇인가?

15.3 카이제곱 적합도 검증과 카이제곱 독립성 검증 간의 차이는 무엇인가?

15.4 카이제곱 검증의 네 가지 가정은 무엇인가?

15.5 통계학자가 독립성이라는 단어를 이 책 초반에 소개하였던 개념들의 측면에서 사용하는 두 가지 방식을 기술하라. 그런 다음에 통계학자들이 카이제곱의 측면에서 독립성을 사용하는 방식을 기술하라.

15.6 카이제곱 적합도 검증을 실시할 때의 가설은 무엇인가?

15.7 카이제곱 검증에서의 자유도는 다른 여러 가설검증의 자유도와 어떻게 다른가?

15.8 가설이 양방검증에 해당하는 것일 때조차 카이제곱 검증에는 단 하나의 임곗값만 존재하는 이유는 무엇인가?

15.9 카이제곱 독립성 검증에서 유관표에는 어떤 정보를 제시하는가?

15.10 카이제곱 검증에서는 어떤 효과크기 측정치를 사용하는가?

15.11 다음 공식에 들어있는 기호들을 정의하라.

$$\chi^2 = \Sigma \left[\frac{(O-E)^2}{E} \right]$$

15.12 공식 $\dfrac{(주변합_{열})(주변합_{행})}{N}$ 은 어디에 사용하는가?

15.13 상대적 가능성 측정치가 제공하는 정보는 무엇인가?

15.14 상대적 가능성을 계산하려면 우선 무엇을 계산해야 하는가?

15.15 상대적 가능성과 상대적 위험도 간의 차이는 무엇인가?

15.16 효과크기로서 상대적 가능성이 크레이머 V보다 이해하기 쉬운 까닭은 무엇인가?

15.17 카이제곱 독립성 검증의 결과를 시각적으로 제시하는 데 가장 유용한 그래프는 무엇인가?

통계치 계산하기

15.18 다음 각각에서 (i) 잘못된 기호를 확인하고, (ii) 정확한 기호는 무엇이어야 하는지를 진술하며, (iii) 처음의 기호가 잘못된 것인 이유를 설명하라.

  a. 카이제곱 적합도 검증에서 $df_{\chi^2} = N - 1$

  b. 카이제곱 독립성 검증에서 $df_{\chi^2} = (k_{행} - 1) + (k_{열} - 1)$

  c. $\chi^2 = \Sigma \left[\dfrac{(M-E)^2}{E} \right]$

  d. 크레이머 $V = \sqrt{\dfrac{\chi^2}{(N)(k_{행/열})}}$

  e. 각 칸의 기대빈도 $= \dfrac{(k_{열})}{N(k_{행})}$

15.19 다음 각각에서 독립변인, 종속변인, 그리고 그 변인의 유형(명목, 서열, 척도)을 진술하라.

  a. 기숙사에 거주하는 남학생과 여학생이 매달 세탁기로 빨래하는 양.

  b. 사회적 이미지를 유지하려는 사람들의 욕구에 관심을 가지고 있는 연구자가 183명을 대상으로 자동차 주행거리와 '승인 욕구'의 순위에 관한 데이터를 수집하였다.

  c. 학생이 기숙사에 거주하는지 아니면 학교 밖에 거주하는지가 대학생활 관여도에 유의한 영향을 미치는지를 알아보았다. 37명의 기숙사생과 37명의 학외생활자에게 동아리 활동에 적극적인지를 물었다.

15.20 카이제곱 적합도 검증을 위한 다음 계산표를 사용하여 답하라.

범주	관찰(O)	기대(E)	O − E	(O − E)²	$\dfrac{(O-E)^2}{E}$
1	48	60			
2	46	30			
3	6	10			

  a. 이 카이제곱 적합도 검증의 자유도를 계산하라.
  b. 모든 계산을 수행하여 이 표를 완성하라.
  c. 카이제곱 통계치를 계산하라.

15.21 카이제곱 적합도 검증을 위한 다음 계산표를 사용하여 답하라.

범주	관찰(O)	기대(E)	O − E	(O − E)²	$\dfrac{(O-E)^2}{E}$
1	750	625			
2	650	625			
3	600	625			
4	500	625			

  a. 이 카이제곱 적합도 검증의 자유도를 계산하라.
  b. 모든 계산을 수행하여 이 표를 완성하라.
  c. 카이제곱 통계치를 계산하라.

15.22 다음은 카이제곱 독립성 검증에서 사용한 데이터이다.

	관찰		
	사고	사고 없음	
비	19	26	45
화창	20	71	91
	39	97	136

  a. 이 검증의 자유도를 계산하라.
  b. 다음 기대빈도 표를 완성하라.

	기대	
	사고	사고 없음
비		
화창		

  c. 검증통계치를 계산하라.
  d. 적절한 효과크기 측정치를 계산하라.
  e. 비가 오고 있다고 전제하고, 사고의 상대적 가능성을

계산하라.

15.23 아래 데이터는 터키 폐암 환자 연구에서 나온 것이다 (Yilmaz et al., 2000). 남자가 아니라 여자라고 전제하고, 이 데이터를 사용하여 환자가 흡연자일 상대적 가능성을 계산하라.

	비흡연자	흡연자
여성	186	13
남성	182	723

개념 적용하기

15.24 **비모수적 검증과 자전거의 교통법규 준수에서의 성별 차이** : 뉴욕시에서 자전거 안전에 관한 연구를 수행하였다 (Tuckel & Milczarski, 2014). 연구자들은 자기 소유의 자전거를 타고 있으며 직업의 일환으로 타는 것이 아닌(예컨대, 배달원으로서 자전거를 타는 것이 아니다) 자전거 운전자들에 대한 데이터를 보고하였다. 남자의 28.4%가 빨간 신호등을 철저하게 준수하는 반면, 여자는 38.3%가 그러하였다. 남자의 30.9%와 여자의 35.4%가 정지하기는 하지만, 여전히 빨간불일 때 페달을 밟기 시작하였다. 그리고 남자의 40.7%와 여자의 26.3%가 신호등을 무시하고 달렸다. 연구자들은 어떤 가설검증을 사용하였겠는가? 여러분의 답을 해명해보라.

15.25 **성별, 연봉 협상, 그리고 카이제곱** : 일자리 공시의 표현이 남자와 여자가 임금에 관하여 협상을 벌일 가능성에 영향을 미치는지를 연구하였다(Leibbrandt & List, 2012). 어떤 일자리 공시는 임금을 협상할 수 있다고 명시적으로 나타내고 있는 반면, 다른 공시는 그러한 진술을 포함하고 있지 않았다. 그 외의 점에서 두 공시는 동일하였다. 연구자들은 공시에 포함된 일자리 중의 하나에 지원한 2,500여 명의 행동을 살펴보았다. 그래프는 두 유형의 공시에 대한 반응으로 협상을 벌인 여자와 남자의 비율을 보여주고 있다.

a. 이 연구의 변인은 무엇인가? 그 변인의 수준은 무엇인가? 그리고 그 변인은 어떤 유형인가?

b. 연구자들이 이 연구에서 카이제곱 검증을 사용할 수 있었던 까닭을 설명해보라. 어떤 유형의 카이제곱 검증이 적절하였겠는가?

c. 그래프에 근거하여, 연구자들이 얻은 결과를 여러분 스스로 설명해보라.

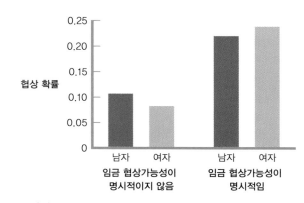

15.26 **성별, 오스카상, 그리고 비모수적 검증** : 2010년에 샌드라 블록이 아카데미 여우주연상을 수상하였다. 곧이어서 그녀는 남편이 바람을 피우고 있다는 사실을 발견하였다. 많은 대중매체는 여성에게 닥치는 오스카상의 저주를 앞다투어 대서특필하였으며, 배우이든 기업가이든 야망 있는 여성이 야망적인 남성보다 가정생활을 망가뜨릴 위험이 더 큰지 궁금해하였다. 기자들은 줄리아 로버츠, 헬렌 헌트, 케이트 윈즐릿, 핼리 베리, 리스 위더스푼 등 오스카상을 수상하고 2년 이내에 이혼한 여자배우들을 숨 가쁘게 나열하였다.

a. 유능한 연구자는 항상 "무엇하고 비교해서 그런가?"라고 묻는다. 이 사례에서 오스카상 수상자 중에서 정말로 파경에 이를 가능성의 성별 차이가 존재하는지를 결정하기 위해서 어떤 비교집단이 적절하겠는가? 여러분의 답을 해명해보라.

b. 케이트 하딩(Harding, 2010)은 러셀 크로, 윌리엄 허트, 더스틴 호프먼, 로버트 듀발, 클락 게이블 등을 포함하여 많은 남자배우들도 동일한 경험을 하였음을 보도하였다. 실제로 하딩은 오스카상을 수상하고 얼마 지나지 않아 이혼한 15명의 남우주연상 수상자를 나열하였는데, 여우주연상 수상자의 경우에는 8명에 불과하였다. 만일 통계분석을 실시하고자 한다면, 어떤 검증을 사용하겠는가? 여러분의 답을 해명해보라.

c. 증거는 반대 방향을 가리키고 있음에도 어떻게 확증편향에 의해 증폭된 착각상관이 주요 기삿거리로 이끌어갔는지를 설명해보라.

15.27 **모수적 검증인가, 비모수적 검증인가?** : 다음 각 연구물음에 대해서 모수적 가설검증과 비모수적 가설검증 중에서 어느 것이 더 적절한지 진술해보라. 여러분의 답을 해명해보라.

a. 여자가 남자보다 경제학을 전공할 가능성이 더 높은

가, 아니면 낮은가?

b. 사장 외 직원이 15명인 소기업에서, 대학교육을 받은 사람이 그렇지 않은 사람보다 더 많은 수익을 올리는 경향이 있는가?

c. 고등학교에서 운동선수와 일반 학생 중에서 누가 더 좋은 성적을 올리는 경향이 있는가?

d. 고등학교에서 운동선수와 일반 학생 중에서 누가 더 높은 학급 등수를 나타내는 경향이 있는가?

e. 승객들이 안전벨트를 매고 있었던 자동차 사고와 매지 않고 있었던 자동차 사고를 비교하라. 안전벨트가 부상자 없음, 치명적이지 않은 부상, 그리고 치명적 부상을 초래하는 사건의 수에서 차이를 나타내는가?

f. 승객들이 안전벨트를 매고 있었던 자동차 사고와 매지 않고 있었던 자동차 사고를 비교하라. 안전벨트를 매고 있었던 자동차가 평균적으로 그렇지 않은 자동차보다 더 느리게 운전하고 있었는가?

15.28 변인 유형과 학생의 교수평가 : 지난 10년에 걸쳐 오하이오주립대학교에 개설하였던 거의 400개 경제학 강의의 담당교수에 대해서 거의 50,000명에 달하는 학생들의 평가를 분석하였다(Weinberg, Fleisher, & Hashimoto, 2007). 아래에 요약한 각 결과에 대해서 (i) 독립변인, 그리고 가능하다면 그 수준, (ii) 종속변인, (iii) 다음 중 어느 연구설계를 사용하고 있는지를 진술하라.

I : 모두 척도변인인 독립변인과 종속변인

II : 명목변인인 독립변인과 척도변인인 종속변인

III : 모두 명목변인

(iii)에 대한 여러분의 답을 해명해보라.

a. 학생들의 교수평가는 그 교수를 평가한 강의에서 학생들의 학점을 예측하였다.

b. 학생들의 교수평가는 미래에 개설하는 다른 강의에서의 학점을 예측하지는 못하였다. (연구자들은 이 두 결과가 학생들의 교수평가는 학습이 아니라 학점과 연계되어 있음을 시사한다고 진술하였다.)

c. 평균적으로 남교수들이 여교수들보다 통계적으로 유의하게 높은 평가를 받았다.

d. 그렇지만 학생들의 평균 학습 수준은 교수의 성별에 따라서 통계적으로 유의한 차이를 보이지 않았다.

e. 연구자들은 여교수들이 비율적으로 초급강의보다는 고급강의를 더 많이 담당하고, 남교수들이 고급강의보다는 초급강의를 더 많이 담당하였는지에 관심을 가졌을 수도 있었다. (여교수들이 낮은 평가를 받은 이

유일 수가 있다.)

f. 시간강사, 강의를 담당한 대학원생, 그리고 정년보장을 앞둔 전임교수 간에 통계적으로 유의한 차이는 없었다.

15.29 학점 인플레이션과 변인 유형 : 학점 인플레이션에 관한 뉴욕타임스 기사는 해를 거듭할수록 학점이 높아지는 경향성, 그리고 최상위대학들이 최고의 학점을 주는 경향성과 관련된 여러 가지 결과를 보도하였다(Archibold, 1998). 아래에 요약한 각 결과에 대해서 (i) 독립변인 그리고 가능하다면 그 수준, (ii) 종속변인, (iii) 다음 중 어느 연구설계를 사용하고 있는지를 진술하라.

I : 모두 척도변인인 독립변인과 종속변인

II : 명목변인인 독립변인과 척도변인인 종속변인

III : 모두 명목변인

(iii)에 대한 여러분의 답을 해명해보라.

a. 1969년에는 모든 학점의 7%가 A학점이었다. 1994년에는 25%가 A학점이었다.

b. 최상위대학 대학원생의 평점(GPA)은 3.2이며, 차상위대학 대학원생의 평점은 3.04이며, 하위대학 대학원생의 평점은 2.95이다.

c. 특정 최상위대학에 입학하는 신입생의 수학능력시험 점수는 입학 후의 평점과 함께 계속해서 증가해왔다. (학점 인플레이션에 대한 설명일는지 모른다.)

15.30 셀카 연구하기와 변인 유형 : 셀카와 관련된 데이터를 평가하는 다음과 같은 세 가지 방법이 있다. (1) 한 달에 찍는 셀카 사진의 수, (2) 지난달에 셀카 사진을 찍었는지 여부, (3) 지난달에 찍은 셀카 사진 수에서의 순위. 예컨대, 압둘은 지난달에 11장의 셀카 사진을 찍었고, 이것은 그가 셀카 사진을 찍었다는 사실을 의미한다. 또한 지난달에 셀카 사진을 찍은 빈도에서 23위에 해당하였다.

a. 어느 변인을 명목변인으로 간주할 수 있는가? 설명해보라.

b. 어느 변인이 가장 명확하게 서열변인인가? 설명해보라.

c. 어느 변인이 척도변인인가? 설명해보라.

d. 어느 변인이 압둘의 셀카 사진 찍기에 관하여 가장 많은 정보를 제공하는가?

e. 분석에서 한 변인을 사용하고자 할 때, 종속변인으로 어느 변인을 사용하는 것이 2종 오류를 범할 가능성을 가장 낮추겠는가? 그 이유를 설명해보라.

15.31 이민, 범죄 그리고 연구설계 : "이민자는 우리를 더 안전하게 만드는가?" 뉴욕타임스 매거진의 기사 제목이다

(Press, 2006). 기사는 하버드대학 사회학자인 로버트 샘슨이 시카고에서 수행한 여러 연구를 포함하여 미국에서 수행한 여러 연구들의 결과를 보도하였다. 다음 각 결과에 대해서 연구설계를 구성하는 행렬표를 그려라. 각 행과 열에 이름을 붙여라.

a. 멕시코 이민자는 흑인이나 백인보다 (독신이기보다는) 결혼할 가능성이 더 높다.

b. 이민자와 이웃해서 사는 사람은 비이민자와 이웃해서 사는 사람보다 범죄를 저지를 가능성이 15%나 낮았다. 이 결과는 결혼한 부부가 꾸려가는 가정에 사는 사람이든 그렇지 않은 가정에 사는 사람이든 모두 참이었다.

c. 범죄율은 이민 1세대보다 이민 2세대에서 높았다. 이에 덧붙여서 이민 2세대보다 이민 3세대에서 더욱 높았다.

15.32 성선택과 가설검증 : 인도 전역에 걸쳐서 남아 1,000명 당 여아는 단지 933명에 불과하다(Lloyd, 2006). 이 사실은 많은 부모가 불법적으로 남아만을 선택하거나 어린 여아를 살해한다는 편향의 증거이다. (여아의 비율이 0.483에 불과하다는 말이다.) 인도의 다른 지역보다 주민들의 교육 수준이 높은 경향이 있는 펀자브 지방에서는 남아 1,000명당 여아는 단지 798명에 불과하다. 여러분이 인도의 교육 수준이 높은 지역에서 성선택이 더 성행하는지 여부에 관심이 있는 연구자라고 가정하고, 펀자브 지역 아동 1,798명이 표본을 구성하고 있다고 가정하라. (힌트 : 여러분은 비교를 위하여 국가 데이터베이스에서 얻은 비율을 사용하게 될 것이다.)

a. 이 연구에는 몇 개의 변인이 존재하는가? 여러분이 확인한 변인은 어떤 수준을 가지고 있는가?

b. 이 데이터를 분석하는 데 어떤 가설검증을 사용하겠는가?

c. 이 사례에서 가설검증의 여섯 단계를 실시하라. (주 : 기댓값으로 전집의 실제 수치가 아니라 정확한 비율을 사용하도록 하라.)

d. 논문에 표기하는 방식대로 통계치를 보고하라.

15.33 성별, 실명 논평가 그리고 가설검증 : 리처즈(2006)는 뉴욕타임스에 낙태라는 주제를 다룬 실명 논평가의 성별에 관한 연구 데이터를 보도하였다. 2년에 걸쳐, (광범위한 정치적 조망과 이념적 조망에서) 낙태를 논의한 124편의 논평을 수집하였다. 그중에서 단지 21편만이 여성 논평가가 쓴 것이었다.

a. 이 연구에는 몇 개의 변인이 존재하는가? 여러분이 확인한 변인은 어떤 수준을 가지고 있는가?

b. 이 데이터를 분석하는 데 어떤 가설검증을 사용하겠는가? 여러분의 답을 정당화해보라.

c. 이 사례에서 가설검증의 여섯 단계를 실시하라.

d. 논문에 표기하는 방식대로 통계치를 보고하라.

15.34 낭만적 음악, 행동, 카이제곱 그리고 효과크기 : 낭만적 음악에의 노출이 데이트 행동에 영향을 미치는지 연구하였다(Guéguen, Jacob, & Lamy, 2010). 젊고 독신이며 이성애자인 프랑스 여성 참가자들이 낭만적 가사의 음악이나 중립적 가사의 음악이 들리는 방에서 실험이 시작되기를 기다리고 있다. 몇 분 후에 각 참가자는 젊은 남성 실험협조자가 실시하는 마케팅 조사에 응하였다. 휴식시간에 실험협조자는 참가자에게 전화번호를 물었다. 낭만적 음악을 들었던 여성 중에서는 52.2%(44명 중에서 23명)가 전화번호를 알려준 반면, 중립적 음악을 들었던 여성의 27.9%(43명 중에서 12명)만이 그렇게 하였다. 연구자들은 카이제곱 독립성 검증을 실시하고는 다음과 같은 결과를 얻었다. [$\chi^2(1, N = 83) = 5.37, p < 0.02$]

a. 크레이머 V를 계산하라. 이 효과크기는 어느 정도의 크기인가?

b. 낭만적 음악을 들은 여성 대 중립적 음악을 들은 여성이 전화번호를 알려주는 상대적 가능성을 계산하라. 이 상대적 가능성에서 무엇을 알게 되는지를 설명해보라.

15.35 일반사회조사, 흥미진진한 삶 그리고 상대적 위험도 : 작동방법 15.2에서 일반사회조사의 두 변인 LIFE와 MOBILE16을 사용한 카이제곱 독립성 검증을 실시한 바 있다. 이 데이터를 사용하여 다음 물음에 답하라.

a. 이 사례에서 적절한 조건비율만을 보여주는 표를 작성해보라. 예컨대, 동일한 도시에 살고 있다고 전제할 때, 삶이 흥미진진하다고 보는 사람의 백분율은 42.4%이다. 따라서 비율은 0.424이다.

b. 이러한 조건비율을 보여주는 그래프를 작성해보라.

c. 16세 때와 동일한 도시에 살고 있는 사람과 비교해서 다른 도시에 살고 있는 사람이 삶을 흥미진진하게 생각할 상대적 위험도(또는 상대적 가능성)를 계산해보라.

15.36 성별, ESPN 그리고 카이제곱 : 뉴스에서 보는 많은 수치들은 카이제곱으로 분석할 수 있다. 페미니스트 블로그인 'Culturally Disoriented'는 ESPN에서 간행하는 잡지의 2012년도판 '바디 이슈(body issue)'의 사진을 살펴보았

다. 이것은 매년 유명 스포츠 선수들의 누드를 실은 특집 판이다. 블로거는 "연이은 여자 선수들은 재능 있고 건장한 운동선수로서가 아니라 그저 눈요깃감으로 사진을 찍었다."라고 보도하였다. 즉 남자 선수 19명의 사진과 여자 선수 17명의 사진이 있는데, 그중에서 15명의 남자 선수와 9명의 여자 선수가 활동적인 자세를 취하고 있다고 보도하였다. 활동적인 자세란 자신의 종목에서 전형적으로 나타나는 자세인 반면, 수동적인 사진은 마치 모델의 사진과 같아 보이는 것이었다. 'Culturally Disoriented'의 표현을 빌리면, "카메라 앞에서 요염하게 보이려는 것이다."

a. 이 데이터에 카이제곱 분석이 좋은 선택인 까닭은 무엇인가? 어떤 유형의 카이제곱 검증을 사용해야 하는가? 여러분의 답을 해명해보라.

b. 이 사례에 대해 가설검증의 여섯 단계를 실시하라.

c. 효과크기를 계산하라. 영가설을 기각하지 못하였음에도 불구하고 그것이 꽤나 상당한 효과크기인 까닭을 설명해보라.

d. 논문에 제시하는 방식으로 통계치를 보고하라.

e. 이 사례에 적합한 조건비율, 즉 남자이거나 여자라고 전제할 때 적극적인 자세를 취하고 있는 사람의 비율만을 보여주는 표를 작성하라.

f. 이러한 조건비율을 보여주는 그래프를 작성하라.

g. 여자 운동선수와 비교하여 남자 운동선수가 적극적 자세로 사진 찍을 상대적 가능성을 계산해보라.

15.37 혼전 의구심, 이혼 그리고 카이제곱 : "차가운 발이 말썽을 경고하는가?"라는 제목의 논문에서, 연구자들은 결혼 전의 의심이 부부갈등 그리고 훗날의 이혼을 예측하는지를 알아보기 위하여 464쌍의 부부를 살펴보았다(Lavner, Karney, & Bradbury, 2012). 다음은 이 논문의 결과 부분에서 발췌한 것이다. "남편의 경우, 혼전 의구심이 없었다고 보고한 사람의 9%가 4년 내에 이혼한 반면(117명 중 10명), 혼전 의구심을 보고한 사람은 14%가 그러하였다(106명 중 15명). 두 집단 간에는 통계적으로 유의한 차이가 없었다. $\chi^2(1, N = 223) = 1.76, p > 0.10$. 부인의 경우에는 혼전 의구심이 없었다고 보고한 사람의 8%가 4년 내에 이혼한 반면(141명 중 11명), 혼전 의구심을 보고한 사람은 19%가 그러하였다(84명 중 16명). 카이제곱 분석은 이 비율이 통계적으로 유의한 차이를 보인다는 사실을 나타냈다. $\chi^2(1, N = 225) = 6.31, p < 0.05$."

a. 이 연구의 변인은 무엇인가? 그 변인의 수준은 무엇인가?

b. 연구자들이 카이제곱 검증을 사용할 수 있었던 까닭을 설명해보라. 어떤 유형의 카이제곱 검증을 사용하였는가?

c. APA는 이 결과를 보고하는 데 있어서 어떤 변화를 보고자 하겠는가?

d. 연구자들이 찾아낸 것을 여러분 스스로 설명해보라.

종합

15.38 죄수의 딜레마, 비교문화 연구 그리고 가설검증 : 상금이 걸린 고전적인 죄수의 딜레마 게임에서는 서로 협력한 참가자가 많은 상금을 받게 된다. 그런데 만일 상대방은 협력하는데 여러분이 협력하지 않는다면, 여러분은 더 많은 상금을 받고 상대방은 아무것도 받지 못한다. 여러분이 협력하지만 상대방이 협력하지 않으면, 상대방은 더 많은 상금을 받고 여러분은 아무것도 받지 못한다. 만일 두 사람이 모두 협력하지 않으면, 소액의 상금만을 받는다. 그렇기 때문에 자신이 협력하는데 상대방이 협력하지 않으면 아무것도 얻지 못한다는 사실을 알고 있는 한, 게임 참가자 대부분은 협력하지 않는다. 미국 학생과 중국 학생의 전략을 비교하였다. 연구자들은 시장경제(미국)의 학생이 국가경제(중국)의 학생보다 덜 협력할 것이라는 가설을 세웠다. 데이터는 다음과 같다.

	협력 안 함	협력함
중국	31	36
미국	41	14

a. 이 연구에는 몇 개의 변인이 있는가? 여러분이 확인한 변인에는 어떤 수준이 있는가?

b. 이 데이터를 분석하기 위하여 어떤 가설검증을 사용하겠는가?

c. 위 데이터를 사용하여 가설검증의 여섯 단계를 실시하라.

d. 효과크기의 적절한 측정치를 계산하라. 코헨의 관례에 따를 때, 이 값은 어느 정도 크기인가?

e. 논문에 제시하는 방식으로 통계치를 보고하라.

f. 중국 참가자와 미국 참가자의 조건비율을 포함한 표를 작성하라.

g. 네 조건 모두의 비율을 보여주는 막대그래프를 작성하라.

h. 각 국가에서 비협력자의 비율만을 보여주는 막대그래프를 작성하라.

i. 중국 학생 대 미국 학생이라고 전제하고 비협력의 상대적 위험도(또는 상대적 가능성)를 계산하라. 여러분의 계산과정을 보여라.

j. 이 상대적 위험도에서 무엇을 알게 되었는지 설명하라.

k. 이제 미국 학생 대 중국 학생이라고 전제하고 비협력의 상대적 위험도를 계산하라. 여러분의 계산과정을 보여라.

l. 이 상대적 위험도에서 무엇을 알게 되었는지 설명하라.

m. (i)와 (k)의 계산이 동일한 정보를 어떻게 두 가지 상이한 방식으로 제공하는지를 설명해보라.

15.39 성별 편향, 발육부진 그리고 가설검증 : 발육이 부진한 아동을 전문가에게 의뢰할 때 성별 편향이 드러나는지 알아보고자 하였다(Grimberg, Kutikov, & Cucchiara, 2005). 연구자들은 아무런 문제가 없을 때조차도 남아를 전문가에게 의뢰할 가능성이 높다고 생각하였다. 왜소한 남아의 가족은 남아의 작은 신장을 의학적 문제로 잘못 간주할 수 있기 때문에, 이 사실이 남아에게는 좋지 않은 일이다. 또한 실제로 문제가 있을 때조차도 여아를 전문가에게 의뢰할 가능성이 낮다고도 생각하였다. 실제 문제를 진단하고도 치료하지 않을 수 있기 때문에, 이 사실이 여아에게는 좋지 않은 일이다. 연구자들은 아동병원에 작은 신장과 관련된 잠재적 문제점으로 의뢰가 들어온 모든 새로운 환자를 연구하였다. 182명의 남아 중에서 27명이 의학적 문제를 가지고 있고, 86명이 문제는 없지만 해당 연령대의 규준 이하였으며, 69명은 정상 신장이었다. 의뢰가 들어온 96명의 여아 중에서는 39명이 의학적 문제를 가지고 있고, 38명이 문제는 없지만 해당 연령대의 규준 이하였으며, 19명은 정상 신장이었다.

a. 이 연구에는 몇 개의 변인이 있는가? 여러분이 확인한 변인에는 어떤 수준이 있는가?

b. 이 데이터를 분석하기 위하여 어떤 가설검증을 사용하겠는가? 여러분의 답을 해명해보라.

c. 이 사례에 가설검증의 여섯 단계를 실시하라.

d. 효과크기의 적절한 측정치를 계산하라. 코헨의 관례에 따를 때, 이 값은 어느 정도 크기인가?

e. 논문에 제시하는 방식으로 통계치를 보고하라.

f. 남아와 여아의 조건비율을 포함한 표를 작성하라.

g. 여섯 조건 모두의 비율을 보여주는 막대그래프를 작성하라.

h. 신장이 규준 이하인 아동 중에서, 여아에 비하여 남아가 의학적 문제를 가지고 있는 상대적 위험도를 계산하라. 여러분의 계산과정을 보여라.

i. 이 상대적 위험도에서 무엇을 알게 되었는지 설명하라.

j. 이제 여아라고 전제하고 의학적 문제를 가지고 있을 상대적 위험도를 계산하라. 여러분의 계산과정을 보여라.

k. 이 상대적 위험도에서 무엇을 알게 되었는지 설명하라.

l. (h)와 (j)의 계산이 동일한 정보를 어떻게 두 가지 상이한 방식으로 제공하는지를 설명해보라.

핵심용어

상대적 위험도(relative risk)
카이제곱 독립성 검증(chi-square test for independence)

카이제곱 적합도 검증(chi-square test for goodness of fit)
크레이머 V(Cramér's V)

공식

$df_{\chi^2} = k - 1$ (카이제곱 적합도 검증의 자유도)

$$\chi^2 = \Sigma \left[\frac{(O - E)^2}{E} \right]$$

$df_{\chi^2} = (k_{행} - 1)(k_{열} - 1)$ (카이제곱 독립성 검증의 자유도)

각 칸의 기대빈도 $= \dfrac{(주변합_{열})(주변합_{행})}{N}$

크레이머 $V = \sqrt{\dfrac{\chi^2}{(N)(df_{행/열})}}$

기호

χ^2
k

크레이머 V
크레이머 ϕ

부록

부록 A
기초 수학

부록 B
통계표

부록 C
홀수 연습문제의 답

부록 D
학습내용 확인하기의 답

부록 E
적절한 통계검증 선택하기

부록 F
통계치 보고하기

부록 G
엑셀(Excel) 프로그램을 사용하여 더 우수한 그래프 작성하기

부록 H
데이터 분석에서 베이즈 접근방법

용어해설

가설검증(hypothesis testing) 증거가 변인들 간의 특정 관계를 지지하는지에 관한 결론을 도출하는 과정이다.

가정(assumption) 정확한 추론을 위하여 표본을 표집하는 전집에게 요구하는 이상적인 특성이다.

강건한(robust) 가설검증은 전집이 몇몇 가정을 충족시키지 못한다는 사실을 데이터가 시사하는 경우조차도 꽤나 정확한 결과를 내놓는 검증이다.

개인적 확률(personal probability) 어떤 사건이 발생할 가능성에 관한 개인의 판단을 말하며, 주관적 확률이라고도 부른다.

검사-재검사 신뢰도(test-retest reliability) 사용하고 있는 척도가 실시할 때마다 일관성 있는 정보를 제공하는지를 지칭한다.

격자(grid) 거의 모눈종이와 같은 배경패턴으로, 막대와 같은 데이터가 그 위에 겹쳐지게 된다.

계수 알파(coefficient alpha) 검사나 측정척도에서 보편적으로 사용하는 신뢰도 추정치이며, 모든 가능한 반분 상관계수의 평균이다.

구간 추정치(interval estimate) 표본 통계치에 근거하며 전집 모수치의 이치에 맞는 값의 범위를 제공해준다.

그림그래프(pictorial graph) 지극히 적은 수의 수준(범주)을 갖는 명목변인이나 서열변인인 하나의 독립변인과 척도변인인 하나의 종속변인에 대해서만 전형적으로 사용하는 시각적 표현방법이다. 각 수준은 종속변인에서의 값을 나타내기 위하여 그림이나 상징을 사용한다.

기술통계(descriptive statistic) 일단의 양적 관찰치를 체제화하고 요약하며 전달한다.

기울기(slope) X가 한 단위 증가할 때 Y의 예측 증가량이다.

다봉(multimodal)**분포** 셋 이상의 최빈값을 갖는다.

단봉(unimodal)**분포** 하나의 최빈값(가장 보편적인 점수)을 갖는다.

단순선형회귀(simple linear regression) 한 개인의 독립변인 점수를 가지고 종속변인 점수를 예측할 수 있게 해주는 통계도구이다.

단일표본 t 검증(single-sample t test) 데이터를 수집한 표본을 평균은 알고 있지만 표준편차를 알지 못하는 전집에 비교하는 가설검증법이다.

대응표본 t 검증(paired-samples t test) 집단내 설계, 즉 모든 참가자가 두 표본 모두에 포함되는 상황에서 두 평균을 비교하는 데 사용한다.

독립변인(independent variable) 종속변인에 대한 효과를 결정하기 위하여 연구자가 처치를 가하거나 관찰하는 변인으로 최소한 두 개의 수준을 갖는다.

독립표본 t 검증(independent-samples t test) 집단간 설계, 즉 각 참가자를 오직 한 조건에만 할당하는 상황에서 두 평균을 비교하는 데 사용한다.

동변량(또는 등분산)(homoscedastic) 전집은 동일한 변량을 가지고 있는 전집이다.

등간변인(interval variable) 수치를 값으로 갖는 관찰에 사용하는데, 연속하는 두 값 간의 거리(또는 간격)는 일정하다고 가정한다.

막대그래프(bar graph) 독립변인이 명목변인이거나 서열변인이고 종속변인이 척도변인인 데이터를 시각적으로 묘사하는 그래프이다. 각 막대의 높이는 전형적으로 각 범주에서 종속변인의 평균값을 나타낸다.

메타분석(meta-analysis) 둘 이상의 연구가 보여준 개별 효과크기로부터 평균 효과크기를 계산하는 연구이다.

명목변인(nominal variable) 범주나 이름을 값으로 갖는 관찰에 사용한다.

모수적 검증(parametric test) 전집에 관한 일련의 가정에 근거한 추론통계 분석이다.

모수치(parameter) 전체 전집에 근거한 수치이며, 일반적으로 그리스어 문자로 나타낸다.

무선표본(random sample)   연구 대상으로 선택될 가능성에서 전집의 모든 구성원이 동일한 표본이다.

무선할당(random assignment)   모든 참가자가 어떤 집단 또는 실험조건에 배정될 기회를 동등하게 갖게 된다.

무아레 진동(Moiré vibration)   시각을 혼란시키는 진동과 움직임의 인상을 만들어내는 시각패턴이다.

묶은 빈도표(grouped frequency table)   특정 값의 빈도가 아니라 특정 간격에 들어가는 빈도를 보고하는 빈도표이다.

바닥효과(floor effect)   변인이 특정 값 이하의 수치를 취하지 못하도록 어떤 제약요인이 작동하고 있는 상황을 말한다.

반복연구(replication)   상이한 맥락이나 상이한 특성을 나타내는 표본에서 과학적 결과를 반복하는 연구를 말한다. 때로는 재현가능성(reproducibility)이라고도 부른다.

범위(range)   최고점수에서 최저점수를 빼서 계산하는 변산성 측정치이다.

변량(variance)   각 점수가 평균으로부터 벗어난 정도인 편차의 제곱, 즉 편차제곱의 평균이다.

변량분석(ANalysis Of VAriance, ANOVA)   전형적으로 하나 이상의 명목변인(때로는 서열변인)인 독립변인(적어도 세 집단을 가지고 있는)과 척도변인인 종속변인을 가지고 있을 때 사용하는 가설검증이다.

변산성(variability)   분포가 얼마나 많이 퍼져있는지를 수치로 기술하게 해주는 방법이다.

변산원표(source table)   변량분석의 중요한 계산과 최종 결과를 일관성 있고 가독성이 높은 형식으로 제시한다. 흔히 변량분석표(ANOVA Table)라고 부른다.

변인(variable)   상이한 값을 취할 수 있는 물리, 태도, 행동 특성 등의 관찰을 말한다.

부적 상관(negative correlation)   한 변인에서 높은 점수를 갖는 참가자가 다른 변인에서는 낮은 점수를 갖는 경향을 보이는 두 변인 간의 연합이다.

부적으로 편중(negatively skewed)   데이터는 왼쪽으로(부적인 방향으로) 늘어진 꼬리를 갖는 분포를 이룬다.

불연속 관찰(discrete observation)   오직 특정 값(예컨대, 정수)만을 취할 수 있으며, 정수 사이에 해당하는 어떤 값도 존재할 수 없다.

비모수적 검증(nonparametric test)   전집에 관한 일련의 가정에 근거하지 않는 추론통계 분석이다.

비선형관계(nonlinear relation)   두 변인 간의 관계를 변곡점이 있는 선이나 곡선으로 가장 잘 기술할 수 있다는 사실을 의미한다.

비율변인(ratio variable)   등간변인의 기준을 만족하면서 동시에 의미 있는 영점(절대영점)도 가지고 있는 변인이다.

빈도다각형(frequency polygon) x축이 값(또는 간격의 중앙점)을 나타내고 y축이 빈도를 나타내는 선그래프이다. 각 값(또는 중앙점)의 빈도에 해당하는 위치에 점을 찍고 연결하면 된다.

빈도분포(frequency distribution)   한 변인의 가능한 값 각각에 대해서 집계한 사례 수나 비율을 드러냄으로써 관찰치 집합의 패턴을 기술한다.

빈도표(frequency table)   각 데이터 값이 얼마나 자주 발생하는지, 즉 각 값에 얼마나 많은 사례가 존재하는지를 시각적으로 보여주는 표이다. 값들은 첫 번째 열에 나열하며, 그 값을 갖는 사례의 수는 두 번째 열에 나열한다.

사후검증(post hoc test)   변량분석에서 영가설을 기각한 후에 흔히 수행하는 통계절차이며, 여러 가지 평균 간에 다양한 비교를 할 수 있게 해준다. 흔히 추수검증(follow-up test)이라고도 한다.

산포도(scatterplot)   두 척도변인 간의 관계를 묘사하는 그래프이다.

상관(correlation)   둘 이상 변인 간의 연합이다.

상관계수(correlation coefficient)   두 변인 간의 관계를 정량화하는 통계치이다.

상대적 빈도에 근거한 기대확률(expected relative-frequency probability)   수많은 시행의 실제 결과에 근거한 특정 사건의 발생가능성이다.

상대적 위험도(relative risk)   두 조건비율의 비를 가지고 만들어내는 측정치이다. 상대적 가능성 또는 상대적 기회라고도 부른다.

통계적 상호작용(interaction)   요인설계에서 둘 이상의 독립변인이 결합하여 개별적으로는 가지고 있지 않은 효과를 종속변인에 나타낼 때 발생한다.

서열변인(ordinal variable) 순위(예컨대, 1등, 2등, 3등…)를 값으로 갖는 관찰에 사용한다.

선그래프(line graph) 두 척도변인 간의 관계를 예시하는 데 사용된다.

선형관계(linear relation) 두 변인 간의 관계를 직선으로 가장 잘 기술할 수 있다는 사실을 의미한다.

성공(success) 사람들이 확률을 결정하고자 시도하고 있는 소산을 지칭한다.

소산(outcome) 한 시행의 결과를 지칭한다.

수준(level) 변인이 취할 수 있는 불연속 값이나 조건을 말한다.

순서효과(order effect) 실험처치에 해당하는 과제를 두 번째 제시할 때 참가자의 행동이 변하는 효과를 지칭한다. 연습효과(practice effect)라고도 부른다.

숲도표(forest plot) 모든 연구의 효과크기에 대한 신뢰구간을 보여주는 도표이다.

시계열도(time series plot, time plot) y축의 척도변인이 x축에 이름 붙인 시간의 증가(예컨대, 시간, 날짜, 세기 등)에 따라 변화하는 양상을 나타내는 그래프이다.

시행(trial) 주어진 절차를 수행하는 각각의 상황을 말한다.

신뢰구간(confidence interval) 표본 통계치에 근거한 구간 추정치이며, 만일 동일한 전집에서 반복적으로 표본을 표집한다면 그 신뢰구간이 전집 평균을 특정 백분율만큼 포함하게 된다.

신뢰도(reliability) 측정의 일관성을 지칭한다.

실험(experiment) 참가자가 하나 이상의 독립변인의 각 조건이나 수준에 무선할당된 연구이다.

실험집단(experimental group) 실험의 관심사인 처치나 중재를 받는 독립변인 수준이다.

심리측정(psychometrics) 검사와 측정의 개발에 사용하는 통계학의 한 분야이다.

심리측정학자(psychometrician)(또는 계량심리학자) 검사와 측정척도를 개발하는 통계학자와 심리학자이다.

쌍봉(bimodal)**분포** 두 개의 최빈값을 갖는다.

알파수준(alpha level) 가설검증에서 임곗값을 결정하는 데 사용하는 확률이다. (때로는 p 수준이라고 부른다.)

양방검증(two-tailed test) 연구가설이 종속변인에서 평균차이나 변화의 방향을 나타내지 않으며 단지 평균차이의 존재만을 나타내는 가설검증이다.

역균형화(counterbalancing) 참가자마다 독립변인의 상이한 수준을 제시하는 순서를 변화시킴으로써 순서효과를 최소화한다.

연구가설(research hypothesis) 전집 간의 차이를 상정하거나 보다 구체적으로 특정 방향으로 차이가 존재한다는 진술이다. 대립가설(alternative hypothesis)이라고도 부른다.

연속 관찰(continuous observation) 전체 범위의 모든 값(예컨대, 소수점 이하의 수치)을 취할 수 있으며, 무한한 수의 잠재적 값이 존재한다.

영가설(null hypothesis) 전집 간에 차이가 없다거나 연구자가 예상하는 것과는 반대 방향으로 차이가 있다고 가정하는 진술이다.

오리(duck) 요란하게 치장하여 데이터 이상의 다른 것처럼 보이도록 만드는 데이터의 자질이다.

오차의 비례적 감소(proportionate reduction in error, PRE) 예측도구로 평균 대신에 회귀선을 사용할 때 예측이 얼마나 더 정확해지는지를 정량화하는 통계치이다. 때때로 결정계수라고도 부른다.

요인(factor) 둘 이상의 독립변인을 갖는 연구에서 독립변인을 지칭하는 또 다른 이름이다.

요인 변량분석(factorial ANOVA) 척도변인인 하나의 종속변인과 명목변인인 적어도 두 개의 독립변인[이 경우에 요인(facror)이라고도 부른다]을 가지고 있는 통계분석이다. 이것을 다요인 변량분석(multifactorial ANOVA)이라고도 부른다.

원점수(raw score) 아직 변환하거나 분석하지 않은 데이터 값이다.

이변량(heteroscedastic)(또는 이분산) 전집은 상이한 변량을 가지고 있는 전집이다.

이원 변량분석(two-way ANOVA) 명목변인인 두 개의 독립변인과 척도변인인 하나의 종속변인을 포함하고 있는 가설검증이다.

일반화가능성(generalizability) 연구자가 한 표본이나 맥락에서 얻은 결과를 다른 표본이나 맥락에 적용할 수 있는 능력을 말한다. 외적 타당도(external validity)라고도 부른다.

일방검증(one-tailed test)   연구가설이 방향적이며, 독립변인으로 인해서 종속변인의 평균이 증가하거나 감소하는 것이지 모두는 아니라는 가설검증이다.

일원 변량분석(one-way ANOVA)   둘 이상의 수준을 가지고 있는 명목변인인 독립변인 하나와 척도변인인 종속변인 하나를 포함하고 있는 가설검증이다.

임계영역(critical region)   비교분포에서 영가설을 기각할 수 있는 꼬리 부분의 영역이다.

임곗값(critical value)   영가설을 기각하기 위해서 넘어서야 하는 검증통계치이며, 컷오프(cutoff)라고도 부른다.

자원자표본(volunteer sample)   참가자들이 연구에 참여하겠다고 능동적으로 선택한 특별한 유형의 편의표본이다. 자기선택표본(self-selected sample)이라고도 부른다.

자유도(degree of freedom)   표본을 가지고 전집 모수치를 추정할 때 자유롭게 변할 수 있는 점수의 개수이다.

전집(population)   무엇인가 알아내고자 하는 것에 관한 모든 가능한 관찰치를 포함한다.

전체 평균(grand mean)   집단에 관계없이 모든 점수의 평균을 말한다.

절편(intercept) X가 0일 때 Y의 예측값이며, 선분이 y축을 교차하는 지점이다.

점 추정치(point estimate)   전집 모수치의 추정치로 사용하는 단 하나의 수치로 나타내는 요약 통계치이다.

정량적 상호작용(quantitative interaction)   한 독립변인의 효과가 다른 독립변인의 하나 또는 그 이상의 수준에서 강화되거나 약화되지만, 애초 효과의 방향이 변하지는 않는 상호작용이다.

정상곡선(normal curve)   단봉이며 대칭적이고 수학적으로 정의된 산 모양의 곡선이다.

정상분포(normal distribution)   산 모양의 대칭적이고 봉우리가 하나인 독특한 빈도분포 곡선이다.

정성적 상호작용(qualitative interaction)   둘 또는 그 이상의 독립변인들 간에 나타나는 특별한 유형의 정량적 상호작용으로, 한 독립변인의 효과가 다른 독립변인의 수준에 따라서 역전되는 상호작용이다.

정적 상관(positive correlation)   한 변인에서 높은 점수를 갖는 참가자는 다른 변인에서도 높은 점수를 갖는 경향이 있으며, 한 변인에서 낮은 점수를 갖는 참가자는 다른 변인에서도 낮은 점수를 갖는 경향이 있는 두 변인 간의 연합이다.

정적으로 편중(positively skewed)   데이터에서는 분포의 꼬리가 오른쪽으로(정적인 방향으로) 늘어진다.

제곱합(sum of squares)   기호 SS로 평균으로부터의 편차를 제곱한 값의 합이다.

조작적 정의(operational definition)   변인에 처치를 가하거나 그 변인을 측정하는 데 사용하는 절차를 규정한다.

종속변인(dependent variable)   독립변인의 변화와 관련이 있거나 그 변화가 야기한다고 가설을 세우는 결과변인이다.

주변평균(marginal mean)   이원 변량분석 설계의 표에서 행이나 열의 평균이다.

주효과(main effect)   요인설계에서 하나의 독립변인이 종속변인에 영향을 미칠 때 발생한다.

중다회귀(multiple regression)   회귀식에 둘 이상의 예측변인을 포함하는 통계기법이다.

중심극한정리(central limit theorem)   전집이 정상분포를 나타내지 않을 때조차도 표본 평균의 분포가 개별 점수들의 분포보다 정상분포에 더욱 근사하게 된다는 사실을 나타낸다.

중앙값(median)   표본에 들어있는 모든 점수를 오름차순으로 배열할 때 중간에 해당하는 점수이다. 만일 단일 중간 값이 존재하지 않는다면, 중앙값은 두 중간 값의 평균이 된다.

컴퓨터 **지정값**(default)   소프트웨어 설계자가 미리 선택해 놓은 선택지이며, 만일 여러분이 다르게 지정하지 않는다면 소프트웨어가 시행할 내장된 결정사항이다.

직교변인(orthogonal variable)   종속변인 예측에서 다른 변인들의 공헌과 비교해볼 때 독자적이고 차별적인 공헌을 하는 독립변인이다.

집단간 변량(between-groups variance)   평균들 간의 차이에 근거한 전집 변량의 추정치이다.

집단간 변량분석(between-groups ANOVA)   둘 이상의 표본이 존재하고 각 표본은 상이한 참가자로 구성된 가설검증이다.

집단간 연구설계(between-groups research design)   참가자가 독립변인의 오직 한 가지 수준만을 경험한다.

집단내 변량(within-groups variance) 셋 이상의 표본분포 각각에서 분포 내에 존재하는 차이에 근거한 전집 변량의 추정치이다.

집단내 변량분석(within-groups ANOVA) 둘 이상의 표본이 존재하고, 모든 표본이 동일한 참가자로 구성된 가설검증이다. 반복측정 변량분석(repeated-measure ANOVA)이라고도 부른다.

집단내 연구설계(within-groups research design) 모든 참가자가 독립변인의 모든 수준을 경험한다. 반복측정 설계(repeated-measures design)라고도 부른다.

집중경향(central tendency) 데이터 집합의 중심을 가장 잘 나타내는 기술통계치, 즉 다른 모든 데이터가 수렴하는 것으로 보이는 특정한 값을 지칭한다.

차트정크(chartjunk) 그래프를 통해 데이터를 이해하는 사람들의 능력을 와해시키는 불필요한 정보나 자질이다.

착각상관(illusory correlation) 아무런 관련성이 없는 변인 간에 관련성이 있다고 믿는 현상이다.

척도변인(scale variable) 등간변인이나 비율변인의 기준을 만족하는 변인을 말한다.

천장효과(ceiling effect) 변인이 특정 값 이상의 수치를 취할 수 없도록 어떤 제약요인이 작동하고 있는 상황을 말한다.

최빈값(mode) 표본의 모든 점수 중에서 가장 빈번한 점수이다.

추론통계(inferential statistic) 표본 데이터를 사용하여 보다 큰 전집에 관해 추정한다.

추정표준오차(standard error of the estimate) 회귀선과 실제 데이터 포인트 간의 전형적인 거리를 나타내는 통계치이다.

카이제곱 독립성 검증(chi-square test for independence) 두 개의 명목변인이 존재할 때 사용하는 비모수적 가설검증이다.

카이제곱 적합도 검증(chi-square test for goodness of fit) 하나의 명목변인이 존재할 때 사용하는 비모수적 가설검증이다.

칸(cell) 요인설계에서 독립변인 수준들의 독특한 조합을 나타내는 영역을 말한다.

코헨의 *d*(Cohen's *d*) 두 평균 간의 차이를 표준오차가 아니라 표준편차에 근거하여 평가하는 효과크기 측정치이다.

크레이머 *V*(Cramér's *V*) 카이제곱 독립성 검증에서 사용하는 표준효과크기이다. 크레이머 파이라고도 부르며 기호로는 ϕ로 표현한다.

타당도(validity) 검사가 측정하고자 의도하였던 것을 실제로 측정하고 있는 정도를 지칭한다.

통계적 검증력(statistical power) 영가설이 거짓일 때 그 영가설을 기각하게 될 가능성의 측정치이다.

실제로 차이가 없을 때 우연히 기대할 수 있는 것과 차이를 보이는 결과는 **통계적으로 유의하다**(statistically significant).

통계치(statistic) 전집에서 표집한 표본에 근거한 수치이며, 일반적으로 라틴어 문자로 나타낸다.

통제집단(control group) 연구의 관심사인 처치를 받지 않은 독립변인 수준이다. 실험처치 자체를 제외하고는 모든 면에서 실험집단과 대응되도록 구성한다.

통합 변량(pooled variance) 각 표본에서 구한 두 변량 추정치의 가중 평균이며, 독립표본 *t* 검증을 실시할 때 사용한다.

투키 *HSD* 검사(Tukey *HSD* Test) 표준오차를 가지고 평균 간 차이를 결정하는 널리 사용하는 사후검증법의 하나로, *HSD*를 임곗값에 비교한다. *q* 검증이라고도 부른다.

파레토차트(Pareto chart) *x*축의 범주들을 왼쪽부터 높은 막대 순으로 배열하는 막대그래프다.

파이차트(pie chart) 원형 그래프이며, 각 조각은 독립변인의 각 수준(범주)에 해당한다. 각 조각의 크기는 각 범주의 비율(또는 백분율)을 나타낸다.

파일 서랍 분석(file drawer analysis) 메타분석을 수행한 후에, 평균 효과크기가 더 이상 통계적으로 유의하지 않으려면 존재해야만 하는 무효과 연구(영가설을 기각하는 데 실패한 연구)의 수를 통계적으로 계산하는 것이다.

편의표본(convenience sample) 쉽게 가용한 참가자를 사용하는 표본이다.

편중분포(skewed distribution) 분포의 꼬리 하나가 중앙에서부터 멀리 떨어져 있는 분포이다.

평균(mean) 점수집단의 산술 평균이다. 데이터 집합의 모든 점수를 합한 다음에 점수의 전체 개수로 나누어 계산한다.

평균분포(distribution of means) 동일한 전집에서 취한 특정 크기의 가능한 모든 표본으로부터 계산한 평균들로 구성된 분포이다.

평균으로부터의 편차(deviation from the mean) 표본점수가 그 평균과 차이를 보이는 정도이다.

평균으로의 회귀(regression to the mean) 특별히 높거나 낮은 점수가 시간이 경과하면서 평균을 향하여 이동하는 경향성을 말한다.

표본(sample) 관심의 대상인 전집으로부터 추출한 일련의 관찰치 집합이다.

표준오차(standard error) 평균분포의 표준편차를 나타내는 이름이다.

표준정상분포(standard normal distribution) z 점수의 정상분포이다.

표준편차(standard deviation) 편차제곱 평균의 평방근, 간략하게 표현하여 변량의 평방근이다. 각 점수가 평균으로부터 벗어난 전형적인 크기이다.

표준화(standardization) 상이한 정상분포에 들어있는 개별 점수를 평균, 표준편차, 퍼센타일을 이미 알고 있는 공통의 정상분포로 변환하는 방법이다.

표준회귀계수(standardized regression coefficient) 회귀식에서 기울기를 표준화한 버전으로, 독립변인이 1 표준편차 증가할 때 종속변인의 변화를 표준편차의 수로 예측한 값이다. 기호로는 β로 나타내며, 흔히 베타 가중치(또는 베타 계수)라고 부른다.

피어슨 상관계수(Pearson correlation coefficient) 두 척도변인 간의 선형관계를 정량화하는 통계치이다.

혼입변인(confounding variable) 독립변인과 함께 체계적으로 변함으로써 어느 변인이 작동하는 것인지를 논리적으로 결정할 수 없게 만드는 모든 변인을 말한다.

확률(probability) 모든 가능한 결과 중에서 하나의 특정한 결과가 발생할 가능성이다.

확증편향(confirmation bias) 사람들이 이미 믿고 있는 것을 확증하는 증거에 주의를 기울이고 그 믿음을 부정하는 증거를 무시하는 의도하지 않은 경향성이다. 확증편향은 착각상관으로 이끌어가기 십상이다.

효과크기(effect size) 차이의 크기를 나타내며 표본크기의 영향을 받지 않는다.

히스토그램(histogram) 막대그래프와 유사하게 생겼지만, 단지 하나의 변인만을 묘사한다. 일반적으로 척도 데이터에 근거하며, 변인의 값은 x축(가로축)에 그리고 빈도는 y축(세로축)에 나타낸다.

1종 오류(type I error) 영가설이 참일 때 그 영가설을 기각하는 오류이다.

2종 오류(type II error) 영가설이 거짓일 때 영가설 기각에 실패하는 오류이다.

F 통계치(F statistic) 두 변량 측정치, 즉 (1) 표본 평균 간의 차이를 나타내는 집단간 변량과 (2) 표본 변량의 평균인 집단내 변량의 비(ratio)이다.

R^2 독립변인으로 설명할 수 있는 종속변인 변량의 비율이다.

t 통계치(t statistic) 추정 표준오차를 단위로 사용하여 나타낸 표본 평균과 전집 평균 간의 거리이다.

z 분포(z distribution) 표준점수의 분포, 즉 z 점수의 분포이다.

z 점수(z score) 특정 점수가 평균으로부터 떨어져 있는 정도를 표준편차의 수로 나타낸 값이다.

참고문헌

Abumrad, J., & Krulwich, R. (Hosts). (2009, September 11). Stochasticity [Radio series episode]. In Wheeler, S., & Abumrad, J. (Producers), *Radiolab*. New York: WNYC.

Acerbi, A., Lampos, V., Garnett, P., & Bentley, R. A. (2013). The expression of emotions in 20th century books. *PLOS ONE, 8,* e59030.

Adams, C., Coffee, P., & Lavallee, D. (2015). Athletes' perceptions about the availability of social support during within-career transitions. *Sport and Exercise Psychology Review, 11,* 37–48.

Adams, J. (2012). Consideration of immediate and future consequences, smoking status, and body mass index. *Health Psychology, 31,* 260–263.

Ahn, H. K., Kim, H. J., & Aggarwal, P. (2014). Helping fellow beings: Anthropomorphized social causes and the role of anticipatory guilt. *Psychological Science, 25,* 224–229. doi:10.1177/0956797613496823

Ali, N., & Peebles, D. (2013). The effect of gestalt laws of perceptual organization on the comprehension of three-variable bar and line graphs. *Human Factors, 55,* 183–203. doi:10.1177/0018720812452592

Alter, A., & Oppenheimer, D. (2006). Predicting short-term stock fluctuations by using processing fluency. *Proceedings of the National Academy of Sciences of the United States of America, 103,* 9369–9372.

American Academy of Physician Assistants. (2005). Income reported by PAs who graduated in 2004. Retrieved from http://www.aapa.org/research/05newgrad-income.pdf

American Psychological Association. (2010). *Publication manual of the American Psychological Association* (6th ed.). Washington, DC: Author.

American Psychological Association. (2014). Crowdsourcing with mobile apps brings "big data" to psychological research. American Psychological Association Press Release. Retrieved from www.apa.org.

Anderson, C. J., Bahník, Š., Barnett-Cowan, M., Bosco, F. A., Chandler, J., Chartier, C. R., … & Zuni, K. (2016). Response to Comment on "Estimating the reproducibility of psychological science." *Science, 351,* 1037-c.

Anderson, S. F., Kelley, K., & Maxwell, S. E. (2017). Sample-size planning for more accurate statistical power: A method adjusting sample effect sizes for publication bias and uncertainty. *Psychological Science, 28,* 1547–1562.

Aneja, A., & Ross, A. (2015, June 23). These are the 5 elements of a viral video. *Time.* Retrieved from http://www.time.com/.

Appelbaum, M., Cooper, H., Kline, R. B., Mayo-Wilson, E., Nezu, A. M., & Rao, S. M. (2018). Journal article reporting standards for quantitative research in psychology: The APA Publications and Communications Board task force report. *American Psychologist, 73,* 3–25. doi: 10.1037/amp0000191

Archibold, R. C. (1998, February 18). Just because the grades are up, are Princeton students smarter? *The New York Times.* Retrieved from http://www.nytimes.com.

Arcidiacono, P., Bayer, P., & Hizmo, A. (2008). *Beyond signaling and human capital* (NBER Working Paper No. 13591). Cambridge, MA: National Bureau of Economic Research. Retrieved from http://www.nber.org/papers/w13951.

Aron, A., & Aron, E. N. (2002). *Statistics for psychology* (3rd ed.). Upper Saddle River, NJ: Pearson Education.

Aron, A., Fisher, H., Mashek, D. J., Strong, G., Li, H., & Brown, L. L. (2005). Reward, motivation, and emotion systems associated with early-stage intense romantic love. *Journal of Neurophysiology, 94,* 327–337.

Association for Psychological Science. (2014). Business not as usual. *Psychological Science, 25,* 3–6.

Association for Psychological Science. (2017). "A genius in the art of living": Industrial psychology pioneer Lillian Gilbreth. *APS Observer.* Retrieved from https://www.psychologicalscience.org/publications/observer/obsonline/a-genius-in-the-art-of-living-lillian-moller-gilbreth-industrial-psychology-pioneer.html

Association for Psychological Science. (2017). Submission guidelines. Retrieved from https://www.psychologicalscience.org/publications/psychological_science/ps-submissions

Ayaz, H., Shewokis, P. A., Bunce, S., Izzetoglu, K., Willems, B., & Onaral, B. (2012). Optical brain monitoring for operator training and mental workload assessment. *Neuroimage, 59,* 36–47.

Azim, E., Mobbs, D., Jo, B., Menon, V., & Reiss, A. L. (2005). Sex differences in brain activation elicited by humor. *Proceedings of the National Academy of Sciences, 102,* 16496–16501. Retrieved from http://www.pnas.org/cgi/doi/10.1073/pnas.0408456102.

Banks, J., Marmot, M., Oldfield, Z., & Smith, J. P. (2006). Disease and disadvantage in the United States and England. *Journal of the American Medical Association, 295,* 2037–2045.

Barac, R., & Bialystok, E. (2012). Bilingual effects on cognitive and linguistic development: Role of language, cultural background, and education. *Child Development, 83,* 413–422.

Baranski, E. (2015, January 22). It's all happening—the future of crowdsourcing science. *Open Science Collaboration.* Retrieved from http://osc.centerforopenscience.org/2015/01/22/crowdsourcing-science/.

Barkhorn, E. (2012). The word that gets women negotiating their salaries: Negotiate. *The Atlantic.* Retrieved from http://www.theatlantic.com/sexes/archive/2012/11/the-word-that-gets-women-negotiating-their-salaries-negotiate/264567/.

Barnes, B. (2013). Solving equation of a hit film script, with data. *The New York Times.* Retrieved from http://www.nytimes.com/2013/05/06/business/media/solving-equation-of-a-hit-film-script-with-data.html.

Barrett, L. F. (2015, September 1). Psychology is not in crisis. *The New York Times.* Retrieved from http://www.nytimes.com.

Barry-Jester, A. M., Casselman, B., & Goldstein, D. (2015, August 4). The new science of sentencing: Should prison sentences be based on crimes that haven't been committed yet? *The Marshall Project.* Retrieved from www.themarshallproject.com.

Bartlett, C. P., Harris, R. J., & Bruey, C. (2008). The effect of the amount of blood in a violent video game on aggression, hostility, and arousal. *Journal of Experimental Social Psychology, 44,* 539–546.

Bartlett, T. (2014, June 23). Replication crisis in psychology research turns ugly and odd. *The Chronicle of Higher Education.* Retrieved from http://chronicle.com/.

BBC. (2012a). Beijing 2008 medal table. Retrieved from http://www .bbc.com.

BBC. (2012b). London 2012 medal table. Retrieved from http:// www.bbc.com.

Begg, C. B. (1994). Publication bias. In H. Cooper & L. V. Hedges (Eds.), *The handbook of research synthesis* (pp. 399–409). New York, NY: Russell Sage Foundation.

Behenam, M., & Pooya, O. (2006). Factors affecting patients cooperation during orthodontic treatment. *Orthodontic CYBER Journal.* Retrieved from http://www.oc-j.com/nov06/cooperation.htm.

Bellafante, G. (2013). Gentrifying into the shelters. *The New York Times.* Retrieved from https://www.nytimes.com/2013/07/07 /nyregion/gentrifying-into-the-shelters.html

Benbow, C. P., & Stanley, J. C. (1980). Sex differences in math ability: Fact or artifact? *Science, 210,* 1262–1264.

Bennhold, K. (2015, October 9). London police "super recognizer" walks beat with a Facebook of the mind. *The New York Times.* Retrieved from http://www.nytimes.com.

Bensinger, G. (2014). Amazon wants to ship your package before you buy it. *The Wall Street Journal.* Retrieved from https://blogs.wsj .com/digits/2014/01/17/amazon-wants-to-ship-your-package-before -you-buy-it/

Bernstein, P. L. (1996). *Against the gods: The remarkable story of risk.* New York, NY: Wiley.

Bilton, N. (2013) Disruptions: Data without context tells a misleading story. *The New York Times.* Retrieved, from http://bits.blogs.nytimes .com/2013/02/24/disruptions-google-flu-trends-shows-problems-of -big-data-without-context/.

Bittman, M. (2013). It's the sugar, folks. *The New York Times.* Retrieved from https://opinionator.blogs.nytimes.com/2013/02/27 /its-the-sugar-folks/

Black, J., & Barnes, J. L. (2015). Fiction and social cognition: The effect of viewing award-winning television dramas on theory of mind. *Psychology of Aesthetics, Creativity, and the Arts, 9,* 423–429. doi: 10.1037 /aca0000031

Blatt, B. (2013, November 20). A textual analysis of *The Hunger Games. Slate.* Retrieved from http://www.slate.com.

Bollinger, B., Leslie, P., & Sorensen, A. (2010). *Calorie posting in chain restaurants* (NBER Working Paper No. 15648). Cambridge: MA: National Bureau of Economic Research. Retrieved from http://www .gsb.stanford.edu/news/StarbucksCaloriePostingStudy.pdf.

Boone, D. E. (1992). WAIS-R scatter with psychiatric inpatients: I. Intrasubtest scatter. *Psychological Reports, 71,* 483–487.

Borsari, B., & Carey, K. B. (2005). Two brief alcohol interventions for mandated college students. *Psychology of Addictive Behaviors, 19,* 296–302.

Bowen, W. G., & Bok, D. (2000). *The shape of the river: Long-term consequences of considering race in college and university admissions.* Princeton, NJ: Princeton University Press.

Box, J. (1978). *R. A. Fisher: The life of a scientist.* New York: Wiley.

Boyce, T. (2015, November 10). 25 baby names that spell career success. *Moose Roots.* Retrieved from http://names.mooseroots.com /stories/7338/names-spell-career-success.

Buckley, C. (2013, February 6). Storm's toll creeps inland, 4 tiny feet at a time. *The New York Times.* Retrieved from http://www.nytimes .com/2013/02/07/nyregion/after-storm-rats-creep-inland.html.

Buekens, P., Xiong, X., & Harville, E. (2006). Hurricanes and pregnancy. *Birth, 33,* 91–93.

Buhrmester, M., Kwang, T., & Gosling, S. D. (2011). Amazon's Mechanical Turk a new source of inexpensive, yet high-quality, data. *Perspectives on Psychological Science, 6*(1), 3–5.

Busseri, M. A., Choma, B. L., & Sadava, S. W. (2009). "As good as it gets" or "the best is yet to come"? How optimists and pessimists view their past, present, and anticipated future life satisfaction. *Personality and Individual Differences, 47,* 352–356. doi:10.1016 /j.paid.209.04.002.

Can Facebook predict your breakup? (2010). *The Week.* Retrieved from http://theweek.com/article/index/203122/can-facebook -predict-your-breakup.

Canadian Mental Health Association (2018). Myths about mental illness. Retrieved from https://cmha.ca/documents/myths-about -mental-illness

Carey, B. (2015, August 29). Psychologists welcome analysis casting doubt on their work. *The New York Times.* Retrieved from http:// www.nytimes.com/2015/08/29/science/psychologists-welcome -analysis-casting-doubt-on-their-work.html.

Carroll, R. (2014). Hawaiian volcano lava on verge of consuming homes on Big Island. *The Guardian.* Retrieved from http://www .theguardian.com/us-news/2014/oct/28/hawaiian-volcano-lava -consuming-homes-big-island.

Carter, B. (2012, February 1). In networks' race for ratings, chicanery is on the schedule. *The New York Times.* Retrieved from http://www .nytimes.com/2012/02/02/business/media/networks-resort-to -trickery-in-an-attempt-to-lift-ratings.html.

Chang, A., Sandhofer, C. M., & Brown, C. S. (2011). Gender biases in early number exposure to preschool-aged children. *Journal of Language and Social Psychology, 30,* 440–450. doi: 10.1177 /0261927X11416207.

Cohen, J. (1988). *Statistical power analysis for the behavioral sciences* (2nd ed.). Hillsdale, NJ: Erlbaum.

Cohen, J. (1990). Things I have learned (so far). *American Psychologist, 45,* 1304–1312.

Cohen, J. (1992). A power primer. *Psychological Bulletin, 112,* 155–159.

Conn, V. S., Valentine, J. C., Cooper, H. M., & Rantz, M. J. (2003). Grey literature in meta-analyses. *Nursing Research, 52,* 256–261.

Cooper, M. J., Gulen, H., & Ovtchinnikov, A. V. (2007). *Corporate political contributions and stock returns.* Available at SSRN: http://ssrn .com/abstract-940790.

Corsi, A., & Ashenfelter, O. (2001, April). *Wine quality: Experts' ratings and weather determinants* [Electronic version]. Poster session presented at the annual meeting of the European Association of Agricultural Economists, Zaragoza, Spain.

Cortina, J. M. (1993). What is coefficient alpha? An examination of theory and applications. *Journal of Applied Psychology, 78,* 98–104.

Coulson, M., Healey, M., Fidler, F., & Cumming, G. (2010). Confidence intervals permit, but do not guarantee, better inference than statistical significance testing. *Frontiers in Psychology: Quantitative Psychology and Measurement, 1,* 1–9. doi: 10.3389/fpsyg.2010.00026

Cox, R. H., Thomas, T. R., Hinton, P. S., & Donahue, W. M. (2006). Effects of acute bouts of aerobic exercise of varied intensity on subjective mood experiences in women of different age groups across time. *Journal of Sport Behavior, 29,* 40–59.

Cresswell, J. (2015, October 17). A small Indiana town scarred by a trusted doctor. *The New York Times.* Retrieved from http://www.nytimes.com.

Cumming, G. (2014). The new statistics: Why and how. *Psychological Science, 25,* 7–29. doi:10.1177/0956797613504966

Cumming, G. (2012). *Understanding the new statistics: Effect sizes, confidence intervals, and meta-analysis.* New York, NY: Routledge.

Cunliffe, S. (1976). Interaction. *Journal of the Royal Statistical Society, A, 139,* 1–19.

Czerwinski, M., Smith, G., Regan, T., Meyers, B., Robertson, G., & Starkweather, G. (2003). Toward characterizing the productivity benefits of very large displays. In M. Rauterberg et al. (Eds.), *Human–computer interaction: INTERACT '03* (pp. 9–16). Amsterdam, Netherlands: IOS Press.

Darlin, D. (2006, July 1). Air fare made easy (or easier). *The New York Times.* Retrieved from http://www.nytimes.com.

Das, A., & Biller, D. (2015, February 26). 11 most useless and misleading infographics on the Internet. *io9.com.* Retrieved from http://io9.gizmodo.com/.

Dean, G., & Kelly, I. W. (2003). Is astrology relevant to consciousness and PSI? *Journal of Consciousness Studies, 10,* 175–198.

DeBroff, B. M., & Pahk, P. J. (2003). The ability of periorbitally applied antiglare products to improve contrast sensitivity in conditions of sunlight exposure. *Archives of Ophthalmology, 121,* 997–1001.

Delucchi, K. L. (1983). The use and misuse of chi square: Lewis and Burke revisited. *Psychological Bulletin, 94,* 166–176.

DeVellis, R. F. (1991). *Scale development: Theory and applications.* Newbury Park, CA: SAGE.

Diamond, M., & Stone, M. (1981). Nightingale on Quetelet. I: The passionate statistician, II: The marginalia, III. Essay in memoriam. *Journal of the Royal Statistical Society, A, 144,* 66–79, 176–213, 332–351.

Díaz-Zavala, R. G., Castro-Cantú, M. F., Valencia, M. E., Álvarez-Hernández, G., Haby, M. M., & Esparza-Romero, J. (2017). Effect of the holiday season on weight gain: A narrative review. *Journal of Obesity.* Article ID 2085136. doi:10.1155/2017/2085136

Diener, E., & Diener-Biswas, R. (n.d.). The replication crisis in psychology. *Noba Project.* Retrieved from http://nobaproject.com/modules/the-replication-crisis-in-psychology.

Dijksterhuis, A., Bos, M. W., Nordgren, L. F., & van Baaren, R. B. (2006). On making the right choice: The deliberation-without-attention effect. *Science, 311,* 1005–1007.

Ditto, P. H., & Lopez, D. L. (1992). Motivated skepticism: Use of differential decision criteria for preferred and nonpreferred conclusions. *Journal of Personality and Social Psychology, 63,* 568–584.

Domingos, P. (2015). An algorithm might save your life: How the Amazon and Netflix method might someday cure cancer. *Salon.* Retrieved from https://www.salon.com/2015/10/10/an_algorithm_might_save_your_life_how_the_amazon_and_netflix_method_might_someday_cure_cancer/

Döring, N., Reif, A., & Poeschl, S. (2016). How gender-stereotypical are selfies? A content analysis and comparison with magazine adverts. *Computers in Human Behavior, 55,* 955–962.

Douma, L., Steverink, N., Hutter, I., & Meijering, L. (2015). Exploring subjective well-being in older age by using participant-generated word clouds. *The Gerontologist,* 1-11, gnv119. doi:10.1093/geront/gnv119.

Dubner, S. J., & Levitt, S. D. (2006a, May 7). A star is made: The birth-month soccer anomaly. *The New York Times.* Retrieved from http://www.nytimes.com.

Dubner, S. J., & Levitt, S. D. (2006b, November 5). The way we live now: Freakonomics; The price of climate change. *The New York Times.* Retrieved March 7, 2007 from http://www.nytimes.com.

Duggan, M., & Levitt, S. (2002). Winning isn't everything: Corruption in sumo wrestling. *American Economic Review, 92,* 1594–1605.

Dunn, C. (2013): As 'normal' as rabbits' weights and dragons' wings. *The New York Times.* Retrieved from https://www.nytimes.com/2013/09/24/science/as-normal-as-rabbits-weights-and-dragons-wings.html

Economist Intelligence Unit. (2012). Best cities ranking and report. Retrieved from http://pages.eiu.com/rs/eiu2/images/EIU_BestCities.pdf.

Educational Testing Services. (2015). Test and Score Data Summary for TOEFL iBT® Tests: January 2014–December 2014 Test Data. Retrieved from https://www.ets.org/s/toefl/pdf/94227_unlweb.pdf.

Elgion, J. & Williams, T. (2015). Police program aims to pinpoint those most likely to commit crimes. *The New York Times.* Retrieved from https://www.nytimes.com/2015/09/25/us/police-program-aims-to-pinpoint-those-most-likely-to-commit-crimes.html

Ellison, N. B., Steinfeld, C., & Lampe, C. (2007). The benefits of Facebook "friends": Social capital and college students' use of online social network sites. *Journal of Computer-Mediated Communication, 12.* Retrieved from http://jcmc.indiana.edu/vol12/issue4/ellison.html

Engle-Friedman, M., Riela, S., Golan, R., Ventuneac, A. M., Davis, C. M., Jefferson, A. D., & Major, D. (2003). The effect of sleep loss on next day effort. *Journal of Sleep Research, 12,* 113–124.

Erdfelder, E., Faul, F., & Buchner, A. (1996). G★Power: A general power analysis program. *Behavior Research Methods, Instruments, and Computers, 28,* 1–11.

Fackler, M. (2012, January 21). Japanese struggle to protect their food supply. *The New York Times.* Retrieved from https://www.nytimes.com/2012/01/22/world/asia/wary-japanese-take-food-safety-into-their-own-hands.html

Fallows, J. (1999). Booze you can use: Getting the best beer for your money. *Slate* online magazine. http://www.slate.com/33771/.

Feng, J., Spence, I., & Pratt, J. (2007). Playing an action video game reduces gender differences in spatial cognition. *Psychological Science, 18,* 850–855.

Finkelstein, S. R., & Fishbach, A. (2012). Tell me what I did wrong: Experts seek and respond to negative feedback. *Journal of Consumer Research, 39,* 22–38.

Fisher, A. V., Godwin, K. E., & Seltman, H. (2014). Visual environment, attention allocation, and learning in young children: When too much of a good thing may be bad. *Psychological Science, 25,* 1362–1370. doi:10.1177/0956797614533801

Fisher, R. A. (1971). *The design of experiments* (9th ed.). New York, NY: Macmillan. (Original work published 1935).

Forsyth, D. R., Lawrence, N. K., Burnette, J. L., & Baumeister, R. F. (2007). *Attempting to improve the academic performance of struggling college students by bolstering their self-esteem: An intervention that backfired.* Unpublished manuscript.

Fosse, E., Gross, N., & Ma, J. (2011). *Political bias in the graduate admissions process: A field experiment* (Working Paper). Retrieved from https://www10.arts.ubc.ca/fileadmin/template/main/images /departments/soci/faculty/gross/audit_paper_march_3.pdf.

Friedman, L., Daniels, M., & Blinderman, I. (2016, January). Hollywood's gender divide and its effect on films. *Polygraph.* Retrieved from http://polygraph.cool/bechdel/.

Friendly, M. (2005). Gallery of data visualization. Retrieved from http://www.math.yorku.ca/SCS/Gallery/.

GAISE College Report ASA Revision Committee. (2016). Guidelines for assessment and instruction in statistics education (GAISE) college report 2016. Retrieved from http://www.amstat.org /education/gaise

Garcia-Retamero, R., & Cokely, E. T. (2013). Communicating health risks with visual aids. *Current Directions in Psychological Science, 22,* 392–399. doi:10.1177/0963721413491570

Gaspar, J. G., Street, W. N., Windsor, M. B., Carbonari, R., Kaczmarski, H., Kramer, A. F., & Mathewson, K. E. (2014). Providing views of the driving scene to drivers' conversation partners mitigates cell-phone-related distraction. *Psychological Science, 25,* 2136–2146. doi:10.1177/0956797614549774

Geier, A. B., Rozin, P., & Doros, G. (2006). Unit bias: A new heuristic that helps explain the effect of portion size on food intake. *Psychological Science, 17,* 521–525.

Gelman, A. (2013). The average American knows how many people? *The New York Times.* Retrieved from https://www.nytimes.com/2013 /02/19/science/the-average-american-knows-how-many-people .html

Gelman, A. (2018). The failure of null hypothesis significance testing when studying incremental changes, and what to do about it. *Personality and Social Psychology Bulletin, 44,* 16–23.

Gelman, A., & Carlin, J. (2014). Beyond power calculations: assessing type S (sign) and type M (magnitude) errors. *Perspectives on Psychological Science, 9,* 641–651. doi:10.1177/1745691614551642

Georgiou, C. C., Betts, N. M., Hoerr, S. L., Keim, K., Peters, P. K., Stewart, B., & Voichick, J. (1997). Among young adults, college students and graduates practiced more healthful habits and made more healthful food choices than did nonstudents. *Journal of the American Dietetic Association, 97,* 754–759.

Gibbs, M., Nansen, B., Carter, M., & Kohn, T. (2014). Selfies at funerals: Remediating rituals of mourning. *AoIR Selected Papers of Internet Research, 4.*

Gilbert, D. T., King, G., Pettigrew, S., & Wilson, T. D. (2016). Comment on "Estimating the reproducibility of psychological science." *Science, 351,* 1037-b.

Gill, G. (2005). *Nightingales: The extraordinary upbringing and curious life of Miss Florence Nightingale.* New York, NY: Random House.

Gilmore, R. O., Kennedy, J. L., & Adolph, K. E. (2018). Practical solutions for sharing data and materials from psychological research. *Advances in Methods and Practices in Psychological Science.* https://doi .org/10.1177/2515245917746500

Gilovich, T., & Medvec, V. H. (1995). The experience of regret: What, when, and why. *Psychological Review, 102,* 379–395.

Goldacre, B. (2013). Health care's trick coin. *The New York Times.* Retrieved from http://www.nytimes.com/2013/02/02/opinion /health-cares-trick-coin.html.

Goldenburg, D. (2014). The story behind the worst movie on IMDB. *FiveThirtyEight.* Retrieved from https://fivethirtyeight.com /features/the-story-behind-the-worst-movie-on-imdb/

Golder, S. A., & Macy, M. W. (2011). Diurnal and seasonal mood vary with work, sleep, and daylength across diverse cultures. *Science, 333,* 1878–1881. doi:10.1126/science.1202775

Goodman, A., & Greaves, E. (2010). *Cohabitation, marriage and relationship stability (IFS Briefing Note BN107).* London, UK: Institute for Fiscal Studies.

Gosset, W. S. (1908). The probable error of a mean. *Biometrics, 6,* 1–24.

Gosset, W. S. (1942). *"Student's" collected papers* (E. S. Pearson & J. Wishart, Eds). Cambridge, UK: Cambridge University Press.

Graham, L. (1999). Domesticating efficiency: Lillian Gilbreth's scientific management of homemakers, 1924–1930. *Signs, 24,* 633–675. http://www.jstor.org/stable/3175321

Grimberg, A., Kutikov, J. K., & Cucchiara, A. J. (2005). Sex differences in patients referred for evaluation of poor growth. *Journal of Pediatrics, 146,* 212–216.

Griner, D., & Smith, T. B. (2006). Culturally adapted mental health intervention: A meta-analytic review. *Psychotherapy: Research, Practice, Training, 43,* 531–548.

Grosz, D. (2015). 6 tricks to get 86% more Chipotle burrito (for free!). *Apartment list RENTONOMICS.* Retrieved from https://www .apartmentlist.com/rentonomics/6-techniques-to-get-more-chipotle -burrito-for-free/.

Guéguen, N., Jacob, C., & Lamy, L. (2010). "Love is in the air": Effects of songs with romantic lyrics on compliance with a courtship request. *Psychology of Music, 38,* 303–307.

Hamlin, J. K. (2017). Is psychology moving in the right direction? An analysis of the evidentiary value movement. *Perspectives on Psychological Science, 12,* 690–693. https://doi.org/10.1177/174569161668906

Handley, I. M., Brown, E. R., Moss-Racusin, C. A., & Smith, J. L. (2015). Quality of evidence revealing subtle gender biases in science is in the eye of the beholder. *Proceedings of the National Academy of Sciences, 112,* 13201–13206.

Hanrahan, F., Field, A. P., Jones, F. W., & Davey, G. C. L. (2013). A meta-analysis of cognitive therapy for worry in generalized anxiety disorder. *Clinical Psychology Review, 33,* 120–132.

Harding, K. (2010). Dispelling Sandra Bullock's Oscar curse. *Salon.* Retrieved from https://www.salon.com/2010/03/19/best_actress _curse

Hardy, Q. (2013). Technology workers are young (really young). *The New York Times.* Retrieved from https://bits.blogs.nytimes.com/2013 /07/05/technology-workers-are-young-really-young/

Hatchett, G. T. (2003). Does psychopathology predict counseling duration? *Psychological Reports, 93,* 175–185.

Hatfield, E., & Sprecher, S. (1986). Measuring passionate love in intimate relationships. *Journal of Adolescence, 9,* 383–410.

Haug, T. T., Mykletun, A., & Dahl, A. A. (2002). Are anxiety and depression related to gastrointestinal symptoms in the general population? *Scandinavian Journal of Gastroenterology, 37,* 294–298.

Healey, J. R. (2006, October 13). Driving the hard(top) way. *USA Today,* Page 1B.

Held, L. (2010). Profile of Lillian Gilbreth. In A. Rutherford (Ed.), *Psychology's feminist voices multimedia Internet archive.* Retrieved from http://www.feministvoices.com/lillian-gilbreth/

Henrich, J., Ensminger, J., McElreath, R., Barr, A., Barrett, C., Bolyanatz, A., … Ziker, J. (2010). Markets, religion, community size, and the evolution of fairness and punishment. *Science, 327,* 1480–1484, and supporting online material retrieved from http:// www.sciencemag.org/content/327/5972/1480.

Hernández-Julián, R., & Peters, C. (2015). Student appearance and academic performance. Retrieved from https://www.aeaweb.org /aea/2016conference/program/retrieve.php?pdfid=280.

Hershfield, H. E., Bang, H. M., & Weber, E. U. (2014). National differences in environmental concern and performance are predicted by country age. *Psychological Science, 25,* 152–160. doi:10.1177/0956797613501522

Herszenhorn, D. M. (2006, May 5). As test-taking grows, test-makers grow rarer. *The New York Times.* Retrieved from http://www.nytimes .com.

Heyman, J., & Ariely, D. (2004). Effort for payment. *Psychological Science, 15,* 787–793.

Hickey, W. (2015, November 18). The 20 most extreme cases of "the book was better than the movie." *FiveThirtyEight.* Retrieved from www.fivethirtyeight.com.

Highfield, R. (2005). Eurovision voting bias exposed. *Telegraph.* Retrieved from http://www.telegraph.co.uk/news/uknews/1490194 /Eurovision-voting-bias-exposed.html.

Hockenbury, D. H., & Hockenbury, S. E. (2013). *Psychology* (6th ed.). New York: Worth.

Holiday, A. (2007). *Perceptions of depression based on etiology and gender.* Unpublished manuscript.

Hollon, S. D., Thase, M. E., & Markowitz, J. C. (2002). Treatment and prevention of depression. *Psychological Science in the Public Interest, 3,* 39–77.

Holm-Denoma, J. M., Joiner, T. E., Vohs, K. D., & Heatherton, T. F. (2008). The "freshman fifteen" (the "freshman five" actually): Predictions and possible explanations. *Health Psychology, 27,* s3–s9.

Hoxby, C., & Turner, S. (2013). *Expanding college opportunities for high-achieving, low-income students* (SIEPR Discussion Paper No. 12-014). Stanford, CA: Stanford Institute for Economic Policy Research.

Hsiehchen, D., Espinoza, M., & Hsieh, A. (2015). Multinational teams and diseconomies of scale in collaborative research. *Science Advances, 1*(8), e1500211.

Hugenberg, K., Miller, J., & Claypool, H. (2007). Categorization and individuation in the cross-race recognition deficit: Toward a solution to an insidious problem. *Journal of Experimental Social Psychology, 43,* 334–340.

Hughes, S. M., & Miller, N. E. (2016). What sounds beautiful looks beautiful stereotype: The matching of attractiveness of voices and faces. *Journal of Social and Personal Relationships, 33,* 984–996. https://doi.org /10.1177/0265407515612445

Hull, H. R., Radley, D., Dinger, M. K., & Fields, D. A. (2006). The effect of the Thanksgiving holiday on weight gain. *Nutrition Journal, 21,* 29–34.

Hyde, J. S. (2005). The gender similarities hypothesis. *American Psychologist, 60,* 581–592.

Hyde, J. S., Fennema, E., & Lamon, S. J. (1990). Gender differences in mathematics performance: A meta-analysis. *Psychological Bulletin, 107,* 139–155.

IMD International (2001). Competitiveness rankings as of April 2001. Retrieved from http://www.photius.com/wfb1999/rankings /competitiveness.html.

Indiana University Media Relations. (2006). It's no joke: IU study finds *The Daily Show* with Jon Stewart to be as substantive as network news. Retrieved from http://newsinfo.iu.edu/news/page /normal/4159.html.

Irwin, M. L., Tworoger, S. S., Yasui, Y., Rajan, B., McVarish, L., LaCroix, K., … McTiernan, A. (2004). Influence of demographic, physiologic, and psychosocial variables on adherence to a year-long moderate-intensity exercise trial in postmenopausal women. *Preventive Medicine, 39,* 1080–1086.

Jacob, J. E., & Eccles, J. (1982). Science and the media: Benbow and Stanley revisited. Report funded by the National Institute of Education, Washington, D.C. ERIC #ED235925.

Jacob, J. E., & Eccles, J. (1986). Social forces shape math attitudes and performance. *Signs, 11,* 367–380.

Jacobs, T. (2010). Ink on skin doesn't necessarily indicate sin. *PS Magazine.* Retrieved from http://www.psmag.com/navigation/books -and-culture/ink-on-skin-doesn-t-necessarily-indicate-sin-7068/.

Jakovcevic, A., Steg, L., Mazzeo, N., Caballero, R., Franco, P., Putrino, N., & Favara, J. (2014). Charges for plastic bags: Motivational and behavioral effects. *Journal of Environmental Psychology, 40,* 372–380. doi: 10.1016/j.jenvp.2014.09.004.

Jay, K. L., & Jay, T. B. (2015). Taboo word fluency and knowledge of slurs and general pejoratives: Deconstructing the poverty-of-vocabulary myth. *Language Sciences, 52,* 251–259.

Johnson, D. J., Cheung, F., & Donnellan, M. B. (2014a). Does cleanliness influence moral judgments? A direct replication of Schnall, Benton, and Harvey (2008). *Social Psychology, 45,* 209–215.

Johnson, D. J., Cheung, F., & Donnellan, M. B. (2014b). Hunting for artifacts: The perils of dismissing inconsistent replication results. *Social Psychology, 45,* 318–320.

Johnson, L. F., Mossong, J., Dorrington, R. E., Schomaker, M., Hoffmann, C. J., Keiser, O., ... Boulle, A. (2013). Life expectancies of South African adults starting antiretroviral treatment: Collaborative analysis of cohort studies. *PLoS Medicine, 10*(4), 1–11. doi:10.1371/journal.pmed.1001418

Johnson, W. B., Koch, C., Fallow, G. O., & Huwe, J. M. (2000). Prevalence of mentoring in clinical versus experimental doctoral programs: Survey findings, implications, and recommendations. *Psychotherapy: Theory, Research, Practice, Training, 37*, 325–334.

Kennedy, C. (2012). Frank and Lillian Gilbreth: Efficiency through studying time and motion. In *Guide to the management gurus* (5th ed.). London, UK: Random House.

Kim, K., & Morawski, S. (2012). Quantifying the impact of going trayless in a university dining hall. *Journal of Hunger and Environmental Nutrition, 7*, 482–486. http://dx.doi.org/10.1080/19320248.2012.732918

Kirchner, L. (2015, November 3). What we know about the computer formulas making decisions in your life. *Pacific Standard.* Retrieved from http://www.psmag.com.

Kitayama, S., Park, J., Boylan, J. M., Miyamoto, Y., Levine, C. S., Markus, H. R., et al. (2015). Expression of anger and ill health in two cultures: An examination of inflammation and cardiovascular risk. *Psychological Science, 26*, 211–220.

Koch, J. R., Roberts, A. E., Armstrong, M. L., & Owens, D. C. (2010). Body art, deviance, and American college students. *The Social Science Journal, 47*, 151–161.

Kosinski, M., Stillwell, D., & Graepel, T. (2013). Private traits and attributes are predictable from digital records of human behavior. *Proceedings of the National Academy of Sciences, 110*, 5802–5805.

Krugman, P. (2006, May 5). Our sick society. *The New York Times.* Retrieved from http://www.nytimes.com.

Kuck, V. J., Marzabadi, C. H., Buckner, J. P., & Nolan, S. A. (2007). A review and study on graduate training and academic hiring of chemists. *Journal of Chemical Education, 84*, 277–284. doi:10.1021/ed084p 277

Kushlev, K., & Dunn, E. W. (2015). Checking email less frequently reduces stress. *Computers in Human Behavior, 43*, 220–228.

Kushnir, T., Xu, F., & Wellman, H. M. (2010). Young children.

Lam, R. W., & Kennedy, S. H. (2005). Using meta-analysis to evaluate evidence: Practical tips and traps. *Canadian Journal of Psychiatry, 50*, 167–174.

Lambert, J. & Usher, A. (2013. The pros and cons of internalization: How domestic students experience the globalizing campus. *Higher Education Strategy Associates Intelligence Brief 7.* Retrieved from http://www.queensu.ca/sgs/sites/webpublish.queensu.ca.sgswww/files/files/Faculty-Internationalisation/HESA%20report%20pros_cons%20internationalization.pdf

Landrum, E. (2005). Core terms in undergraduate statistics. *Teaching of Psychology, 32*, 249–251.

Larzelere, R. E., Cox, R. B., & Swindle, T. M. (2015). Many replications do not causal inferences make: The need for critical replications to test competing explanations of nonrandomized studies. *Perspectives on Psychological Science, 10*, 380–389.

Lavner, J. A., Karney, B. R., & Bradbury, T. N. (2012). Do cold feet warn of trouble ahead? Premarital uncertainty and 4-year marital outcomes. *Journal of Family Psychology, 26*, 1012–1017.

Leibbrandt, A., & List, J. A. (2012). *Do women avoid salary negotiations? Evidence from a large scale natural field experiment* (NBER Working Paper No. 18511). Cambridge, MA: National Bureau of Economic Research.

Leung, D. P. K., Ng, A. K. Y., & Fong, K. N. K. (2009). Effect of small group treatment of the modified constraint induced movement therapy for clients with chronic stroke in a community setting. *Human Movement Science, 28*, 798–808.

Levenson, R. W. (2017). Do you believe the field of psychological science is headed in the right direction? *Perspectives on Psychological Science, 12*, 675–679. https://doi.org/10.1177/1745691617706507

Levitt, S. D., & Dubner, S. J. (2009). *Freakonomics: A rogue economist explores the hidden side of everything.* New York, NY: Morrow.

Lindberg, S. M., Hyde, J. S., Petersen, J. L., & Linn, M. C. (2010). New trends in gender and mathematics performance: A meta-analysis. *Psychological Bulletin, 136*, 1123–1135.

Lindsay, S. (2017, October 16). Nineteen things editors of experimental psychology journals can do to increase the replicability of the research they publish. Retrieved from http://web.uvic.ca/~dslind/?q=node/209

Lloyd, C. (2006, December 14). Saved, or sacrificed? *Salon.com.* Retrieved from http://www.salon.com/mwt/broadsheet/2006/12/14/selection/index.html.

Loschelder, D. D., Swaab, R. I., Trötschel, R., & Galinsky, A. D. (2014). The first-mover disadvantage: The folly of revealing compatible preferences. *Psychological Science, 25*, 954–962. doi:10.1177/0956797613520168

Lubinski, D., Benbow, C.P., & Kell, H.J. (2014). Life paths and accomplishments of mathematically precocious males and females four decades later. *Psychological Science, 25*, 2217–2232. doi:10.1177/0956797614551371

Lucas, M. E. S., Deen, J. L., von Seidlein, L., Wang, X., Ampuero, J., Puri, M., ... Clemens, J. D. (2005). Effectiveness of mass oral cholera vaccination in Beira, Mozambique. *New England Journal of Medicine, 352*, 757–767.

Lull, R. B., & Bushman, B. J. (2015). Do sex and violence sell? A meta-analytic review of the effects of sexual and violent media and ad content on memory, attitudes, and buying intentions. *Psychological Bulletin, 141*, 1022–1048. http://dx.doi.org/10.1037/bul0000018

Luo, L., Hendriks, T., & Craik, F. (2007). Age differences in recollection: Three patterns of enhanced encoding. *Psychology and Aging, 22*, 269–280.

Lusher, L., Campbell, D., and Carrell, S. (2015). TAs like me: Racial interactions between graduate teaching assistants and undergraduates. National Bureau of Economic Research Working Paper 21568. Retrieved from http://www.nber.org/papers/w21568.

Lutz, G. M., Cornish, D. L., Gonnerman Jr., M. E., Ralston, M., & Baker, P. (2009). *Impacts of participation in high school extracurricular activities on early adult life experiences: A study of Iowa graduates.* Cedar Falls, IA: University of Northern Iowa, Center for Social and Behavioral Research.

Maner, J. K., Miller, S. L., Rouby, D. A., & Gailliot, M. T. (2009). Intrasexual vigilance: The implicit cognition of romantic rivalry. *Journal of Personality and Social Psychology, 97*, 74–87.

Mark, G., Gonzalez, V. M., & Harris, J. (2005, April). No task left behind? Examining the nature of fragmented work. *Proceedings of the Association for Computing Machinery Conference on Human Factors in Computing Systems* (ACM CHI 2005), Portland, OR, 321–330. New York, NY: ACM Press.

Markoff, J. (2005, July 18). Marrying maps to data for a new web service. *The New York Times*. Retrieved from http://www.nytimes.com.

Mazer, J. P., Murphy, R. E., & Simonds, C. J. (2007). I'll see you on "Facebook": The effects of computer-mediated teacher self-disclosure on student motivation, affective learning, and classroom climate. *Communication Education, 56*, 1–17.

McCollum, J. F., & Bryant, J. (2003). Pacing in children's television programming. *Mass Communication and Society, 6*, 115–136.

McKee, S. (2014). Using word clouds to present your qualitative data. *SurveyGizmo* blog. Retrieved from https://www.surveygizmo.com/survey-blog/what-you-need-to-know-when-using-word-clouds-to-present-your-qualitative-data/.

McShane, B. B., & Böckenholt, U. (2014). You cannot step into the same river twice: When power analyses are optimistic. *Perspectives on Psychological Science, 9*, 612–625. doi:10.1177/1745691614548513

Mecklenburg, S. H., Malpass, R. S., & Ebbesen, E. (2006, March 17). Report to the legislature of the State of Illinois: The Illinois Pilot Program on Sequential Double-Blind Identification Procedures. Retrieved from http://eyewitness.utep.edu.

Mehl, M. R., Vazire, S., Ramirez-Esparza, N., Slatcher, R. B., & Pennebaker, J. W. (2007). Are women really more talkative than men? *Science, 317*, 82. doi:10.1126/science.1139940

Micceri, T. (1989). The unicorn, the normal curve, and other improbable creatures. *Psychological Bulletin, 105*, 156–166.

Mitroff, S. R., Biggs, A. T., Adamo, S. H., Dowd, E. W., Winkle, J., & Clark, K. (2015). What can 1 billion trials tell us about visual search. *Journal of Experimental Psychology: Human Perception and Performance, 41*, 1–5.

Moertel, T. (2006, January 17). Mining gold from the Internet Movie Database, part 1: Decoding user ratings. *Tom Moertel's Blog*. Retrieved from http://blog.moertel.com/posts/2006-01-17-mining-gold-from-the-internet-movie-database-part-1.html.

Möller, I., & Krahé, B. (2009). Exposure to violent video games and aggression in German adolescents: A longitudinal analysis. *Aggressive Behavior, 35*, 75–89.

Moss-Racusin, C. A., Dovidio, J. F., Brescoll, V. L., Graham, M. J., & Handelsman, J. (2012). Science faculty's subtle gender biases favor male students. *Proceedings of the National Academy of Sciences, 109*, 16474–16479.

Mu, M., Wang, S. F., Sheng, J., Zhao, Y., Li, H. Z., Hu, C. L., & Tao, F. B. (2012). Birth weight and subsequent blood pressure: a meta-analysis. *Archives of Cardiovascular Diseases, 105*, 99–113. doi:10.1016/j.acvd.2011.10.006

Mueller, P. A., & Oppenheimer, D. M. (2014). The pen is mightier than the keyboard: Advantages of longhand over laptop note taking. *Psychological Science, 25*, 1159–1168. doi:10.1177/0956797614524581

Munro, G. D., & Munro, J. E. (2000). Using daily horoscopes to demonstrate expectancy confirmation. *Teaching of Psychology, 27*, 114–116. doi:10.1207/S15328023TOP2702_08

Murphy, K. R., & Myors, B. (2004). *Statistical power analysis: A simple and general model for traditional and modern hypothesis tests.* Mahwah, NJ: Erlbaum.

Nail, P. R., Harton, H. C., & Decker, B. P. (2003). Political orientation and modern versus aversive racism: Tests of Dovidio and Gaertner's (1998) integrated model. *Journal of Personality and Social Psychology, 84*, 754–770.

National Center for Health Statistics. (2000). National Health and Nutrition Examination Survey, CDC growth charts: United States. Retrieved from http://www.cdc.gov/nchs/about/major/nhanes/growthcharts/charts.htm.

National Geographic. (2018). Great white shark. Retrieved April 3, 2018, from https://www.nationalgeographic.com/animals/fish/g/great-white-shark/

National Sleep Foundation (2015). Teens and sleep. Retrieved from https://sleepfoundation.org/sleep-topics/teens-and-sleep.

Neighbors, L., & Sobal, J. (2008). Weight and weddings: Women's weight ideals and weight management behaviors for their wedding day. *Appetite, 50*, 550–554.

New York City Department of City Planning (2006). New York City pedestrian level of service study phase I. Retrieved from http://www1.nyc.gov/assets/planning/download/pdf/plans/transportation/td_fullpedlosb.pdf

Newman, A. (2006, November 11). Missed the train? Lost a wallet? Maybe it was all Mercury's fault. *The New York Times*, p. B3.

Newton, R. R., & Rudestam, K. E. (1999). *Your statistical consultant: Answers to your data analysis questions.* Thousand Oaks, CA: SAGE.

Nolan, S. A., Flynn, C., & Garber, J. (2003). Prospective relations between rejection and depression in young adolescents. *Journal of Personality and Social Psychology, 85*, 745–755.

Norris, F. H., Stevens, S. P., Pfefferbaum, B., Wyche, K. F., & Pfefferbaum, R. L. (2008). Community resilience as a metaphor, theory, set of capacities, and strategy for disaster readiness. *American Journal of Community Psychology, 41*, 127–150.

Nunnally, J. C., & Bernstein, I. H. (1994). *Psychometric theory* (3rd ed.). New York, NY: McGraw-Hill.

Nuzzo, R. (2014). Statistical errors. *Nature, 506*, 150–152.

O'Loughlin, K., & Arkoudis, S. (2009). Investigating IELTS exit score gains in higher education. *IELTS Research Report, 10*, 95–180. Retrieved from https://www.ielts.org/pdf/Vol10_Report3.pdf.

Oberst, U., Charles, C., & Chamarro, A. (2005). Influence of gender and age in aggressive dream content of Spanish children and adolescents. *Dreaming, 15*, 170–177.

Odgaard, E. C., & Fowler, R. L. (2010). Confidence intervals for effect sizes: Compliance and clinical significance in the *Journal of Consulting and Clinical Psychology. Journal of Consulting and Clinical Psychology, 78*, 287–297.

Ogbu, J. U. (1986). The consequences of the American caste system. In U. Neisser (Ed.), *The school achievement of minority children: New perspectives* (pp. 19–56). Hillsdale, NJ: Erlbaum.

Open Science Collaboration (2015). Open science framework. Retrieved from https://osf.io/vmrgu/wiki/home/.

Palazzo, D. J., Lee, Y-J, Warnakulasooriya, R., & Pritchard, D. E. (2010). Patterns, correlates, and reduction of homework copying. *Physical Review Special Topics—Physics Education Research, 6*. Retrieved from http://prst-per.aps.org/pdf/PRSTPER/v6/i1/e010104. doi: 10.1103/PhysRevSTPER.6.010104.

Pandey, A. V., Rall, K., Satterthwaite, M. L., Nov, O., & Bertini, E. (2015). How deceptive are deceptive visualizations?: An empirical analysis of common distortion techniques. In *Proceedings of the ACM Conference on Human Factors in Computing Systems;* NYU School of Law, Public Law Research Paper No. 15-03. Retrieved from SSRN: http://ssrn.com/abstract=2566968.

Parker-Pope, T. (2005, December 13). A weight guessing game: Holiday gains fall short of estimates, but pounds hang on. *The Wall Street Journal*, p. 31.

Petrocelli, J. V. (2003). Factor validation of the Consideration of Future Consequences Scale: Evidence for a shorter version. *Journal of Social Psychology, 143*, 405–413.

Plassman, H., O'Doherty, J., Shiv, B., & Rangel, A. (2008). Marketing actions can modulate neural representations of experienced pleasantness. *Proceedings of the National Academy of Sciences, 105*, 1050–1054. doi:10.1073/pnas.0706929105

Popkin, S. J., & Woodley, W. (2002). *Hope VI Panel Study*. Washington, DC: Urban Institute.

Press, E. (2006, December 3). Do immigrants make us safer? *The New York Times Magazine*, pp. 20–24.

Pressman, S. D., Gallagher, M. W., & Lopez, S. J. (2013). Is the emotion–health connection a "first-world problem"? *Psychological Science, 24*, 544–549. doi:10.1177/0956797612457382

Psi Chi. (2015). The reproducibility project: A national project for Psi Chi in partnership with the Open Science Collaboration. Retrieved from http://c.ymcdn.com/sites/www.psichi.org/resource/resmgr/pdfs/psichiprojectosc.pdf.

Public vs. private schools [Editorial]. (2006, July 19). *The New York Times*. Retrieved from http://www.nytimes.com.

Quaranta, A., Siniscalchi, M., & Vallortigara, G. (2007). Asymmetric tail-wagging responses by dogs to different emotive stimuli. *Current Biology, 17*, 199–201.

Rajecki, D. W., Lauer, J. B., & Metzner, B. S. (1998). Early graduate school plans: Uninformed expectations. *Journal of College Student Development, 39*, 629–632.

Ratner, R. K., & Miller, D. T. (2001). The norm of self-interest and its effects on social action. *Journal of Personality and Social Psychology, 81*, 5–16.

Raz, A., Fan, J., & Posner, M. I. (2005). Hypnotic suggestion reduces conflict in the human brain. *Proceedings of the National Academy of Sciences, 102*, 9978–9983.

Reuters. (2014). FIFA World Cup 2014: Animals no longer able to predict World Cup correctly after Paul the Octopus' death. Retrieved from http://www.dnaindia.com/sport/fifa-world-cup-2014/report-fifa-world-cup-2014-animals-no-longer-able-to-predict-world-cup-correctly-after-paul-the-octopus-death-1997142.

Reynolds, G. (2015, March 26). An upbeat emotion that's surprisingly good for you. *The New York Times*. Retrieved from https://well.blogs.nytimes.com/2015/03/26/an-upbeat-emotion-thats-surprisingly-good-for-you/

Richards, S. E. (2006, March 22). Women silent on abortion on NYT op-ed page. *Salon.com*. Retrieved from http://www.salon.com.

Roberts, P. M. (2003). Performance of Canadian adults on the Graded Naming Test. *Aphasiology, 17*, 933–946.

Roberts, S. B., & Mayer, J. (2000). Holiday weight gain: Fact or fiction? *Nutrition Review, 58*, 378–379.

Rockwell, P. (2006, June 23). Send in the clowns: No joke: "Medical clowning" seems to help women conceive. *Salon.com*. Retrieved from http://www.salon.com.

Rodriguez, S. D., Drake, L. L., Price, D. P., Hammond, J. I., & Hansen, I. A. (2015). The efficacy of some commercially available insect repellents for *Aedes aegypti* (Diptera: Culicidae) and *Aedes albopictus* (Diptera: Culicidae). *Journal of Insect Science, 15*, 140–144.

Rogers, S. (2013, February 1). Car, bike, train, or walk: How people get to work mapped. *The Guardian: Data Blog*. Retrieved from http://www.guardian.co.uk/news/datablog/interactive/2013/feb/01/cycle-drive-work-map-census-2011.

Rohrer, J. M., Egloff, B., & Schmukle, S. C. (2015). Examining the effects of birth order on personality. *Proceedings of the National Academy of Sciences, 112*, 14224–14229.

Rosario, F. & Sutherland, A. (2014, March 6). Woman wins $2M playing fortune cookie lotto numbers. *New York Post*. Retrieved from https://nypost.com/2014/03/06/woman-plays-fortune-cookie-lottery-numbers-wins-2m/

Rosenberg, T. (2012). Putting charities to the test. *The New York Times*. Retrieved from https://opinionator.blogs.nytimes.com/2012/12/05/putting-charities-to-the-test/

Rosenblat, A. (September 10, 2015). The future of work: For Uber drivers, data is the boss. *Pacific Standard*. http://www.psmag.com/.business-economics/the-future-of-work-for-uber-drivers-data-is-the-boss.

Rosenbloom, S. (2015). The art of 'farecasting' the lowest airfare. *The New York Times*. Retrieved from https://www.nytimes.com/2015/09/20/travel/cheap-flights-kayak.html

Rosenthal, R. (1991). *Meta-analytic procedures for social research*. Newbury Park, CA: SAGE.

Rosenthal, R. (1995). Writing meta-analytic reviews. *Psychological Bulletin, 118*, 183–192.

Rosser, J. C., Lynch, P. J., Cuddihy, L., Gentile, D. A., Klonsky, J., & Merrell, R. (2007). The impact of video games on training surgeons in the 21st century. *Archives of Surgery, 142*, 181–186.

Ruby, C. (2006). *Coming to America: An examination of the factors that influence international students' graduate school choices*. Draft of dissertation.

Rudder, C. (2009, November 17). Your looks and your inbox. *Oktrends*. Retrieved from http://blog.okcupid.com/index.php/your-looks-and-online-dating/.

Ruhm, C. J. (2000). Are recessions good for your health? *Quarterly Journal of Economics, 115*, 617–650.

Ruhm, C. J. (2006). *Healthy living in hard times* (NBER Working Paper No. 9468). Cambridge, MA: National Bureau of Economic Research. Retrieved from http://www.nber.org/papers/w9468.

Ryan, C. (2006, June 21). "Therapeutic clowning" boosts IVF. *BBC News*. Retrieved June 25, 2006, from http://news.bbc.co.uk.

Samarrai, F. (2015, August 28). Massive collaboration testing reproducibility of psychology studies publishes findings. University of Virginia. Retrieved from http://as.virginia.edu/news/massive-collaboration-testing-reproducibility-psychology-studies-publishes-findings.

Sandberg, D. E., Bukowski, W. M., Fung, C. M., & Noll, R. B. (2004). Height and social adjustment: Are extremes a cause for concern and action? *Pediatrics, 114*, 744–750.

Sandhu, S. (2015, September 22). Selfies are killing more people than shark attacks. *Independent.* Retrieved from http://www.independent.co.uk/arts-entertainment/photography/selfies-are-killing-more-people-than-shark-attacks-10512449.html.

Schnall, S. (2014). Commentary and rejoinder on Johnson, Cheung, and Donnellan (2014a): Clean data: Statistical artifacts wash out replication efforts. *Social Psychology, 45,* 315–318.

Schnall, S., Benton, J., & Harvey, S. (2008). With a clean conscience cleanliness reduces the severity of moral judgments. *Psychological Science, 19*(12), 1219–1222.

Schulz, K. (2015, July 20). The really big one: An earthquake will destroy a sizable portion of the coastal Northwest. The question is when. *The New Yorker.* Retrieved from http://www.newyorker.com/.

Seymour, C. (2006). Listen while you run. *Runner's World.* Retrieved from http://msn.runnersworld.com.

Shenker, S. (2010). What are the chances Paul the Octopus is right? *BBC News.* Retrieved from http://www.bbc.co.uk/news/10567712.

Sherman, J. D., Honegger, S. D., & McGivern, J. L. (2003). *Comparative indicators of education in the United States and other G-8 countries: 2002,* NCES 2003-026. Washington, DC: U.S. Department of Education, National Center for Health Statistics. Retrieved from http://scsvt.org/resource/global_ed_compare2002.pdf.

Silberzahn, R., & Uhlmann, E. L. (2015). Many hands make tight work. *Nature, 526,* 189–191.

Silver, N. (2012). Oct. 21: Uncertainty clouds polling, but Obama remains Electoral College favorite. *The New York Times.* Retrieved from http://fivethirtyeight.blogs.nytimes.com/2012/10/22/oct-21-uncertainty-clouds-polling-but-obama-remains-electoral-college-favorite/.

Silver, N. & McCann, A. (2014). How to tell someone's age when all you know is her name. *FiveThirtyEight.* Retrieved from https://fivethirtyeight.com/features/how-to-tell-someones-age-when-all-you-know-is-her-name/

Skurnik, I., Yoon, C., Park, D. C., & Schwarz, N. (2005). How warnings about false claims become recommendations. *Journal of Consumer Research, 31,* 713–724.

Smith, T. W., & Kim, S. (2006). National pride in cross-national and temporal perspective. *International Journal of Public Opinion Research, 18,* 127–136.

Stanford, E. (2015, October 30). Music to cats' ears. *The New York Times.* Retrieved from http://www.nytimes.com.

Steele, J. P., & Pinto, J. N. (2006). Influences of leader trust on policy agreement. *Psi Chi Journal of Undergraduate Research, 11,* 21–26.

Stellar, J. E., John-Henderson, N., Anderson, C. L., Gordon, A. M., McNeil, G. D., & Keltner, D. (2015). Positive affect and markers of inflammation: Discrete positive emotions predict lower levels of inflammatory cytokines. *Emotion, 15,* 129–133. doi:10.1037/emo0000033

Sterne, J. A. C., & Smith, G. D. (2001). Sifting the evidence: What's wrong with significance tests? *British Medical Journal, 322,* 226–231.

Stevenson, S. (2014, April 30). Why YKK? The mysterious Japanese company behind the world's best zippers. *Slate.* Retrieved from www.slate.com/articles/business/branded/2012/04/ykk_zippers_why_so_many_designers_use_them_.html

Stigler, S. M. (1999). *Statistics on the table: The history of statistical concepts and methods.* Cambridge, MA: Harvard University Press.

Tal, A., & Wansink, B. (2016). Blinded with science: Trivial graphs and formulas increase ad persuasiveness and belief in product efficacy. *Public Understanding of Science, 25,* 117–125. doi:10.1177/0963662514549688

Talarico, J. M., & Rubin, D. C. (2003). Confidence, not consistency, characterizes flashbulb memories. *Psychological Science, 14,* 455–461.

Taylor, G. M., & Ste-Marie, D. M. (2001). Eating disorders symptoms in Canadian female pair and dance figure skaters. *International Journal of Sports Psychology, 32,* 21–28.

Tierney, J. (2008a). Health halo can hide the calories. *The New York Times.* Retrieved from http://www.nytimes.com/2008/12/02/science/02tier.html.

Tierney, J. (2008b). The perils of "healthy" food. *The New York Times.* Retrieved from http://tierneylab.blogs.nytimes.com.

Tough, P. (2014, May 15). Who gets to graduate? *The New York Times.* Retrieved from http://www.nytimes.com.

Trafimow, D., & Marks, M. (2015). Editorial. *Basic and Applied Social Psychology, 37,* 1–2.

TripAdvisor. (n.d.). Top 25 museums—world. Retrieved from https://www.tripadvisor.com/TravelersChoice-Museums-g1-a_Mode.expanded.

Tuckel, P. & Milczarski, W. (2014). Bike lanes + bike share program = bike safety: An observational study of biking behavior in lower and central Manhattan. *Hunter College, the City University of New York.* Retrieved from http://silo-public.hunter.cuny.edu/62eaab1fad6c75d37293d2f2f6504a15adacd5c6/Cycling_Study_January_2014.pdf

Tucker, K. L., Morita, K., Qiao, N., Hannan, M. T., Cupples, A., & Kiel, D. P. (2006). Colas, but not other carbonated beverages, are associated with low bone mineral density in older women: The Framingham Osteoporosis Study. *American Journal of Clinical Nutrition, 84,* 936–942.

Tufte, E. R. (2001). *The Visual Display of Quantitative Information* (2nd ed.). Cheshire, CT: Graphics Press.

Tufte, E. R. (2005). *Visual explanations* (2nd ed.). Cheshire, CT: Graphics Press. (Original work published 1997)

Tufte, E. R. (2006a). *Beautiful evidence.* Cheshire, CT: Graphics Press.

Tufte, E. R. (2006b). *The visual display of quantitative information* (2nd ed.). Cheshire, CT: Graphics Press. (Original work published 2001)

Turner, L. (2015, September 23). Is Lake Kivu set to explode? *Pacific Standard.* Retrieved from http://www.psmag.com/.

United Nations Development Programme. (2015). Human development reports: Cartagena Data Festival. Retrieved from http://www.cartagenadatafest2015.org/.

Upton, P. & Eiser, C. (2006). School experiences after treatment for a brain tumour. *Child: Care, Health and Development, 32,* 9–17.

U.S. News & World Report. (2013). National university rankings. Retrieved from http://colleges.usnews.rankingsandreviews.com/best-colleges/rankings/national-universities/data.

U.S. News & World Report. (2013). World's best universities top 400. Retrieved from http://www.usnews.com/education/worlds-best-universities-rankings/top-400-universities-in-the-world.

Valentino-Devries, J., Singer-Vine, J., & Soltani, A. (2012, December 24). Websites vary prices, deals based on users' information. *The Wall Street Journal.* Retrieved from http://www.wsj.com.

van Toorenburg, M., Oostrom, J. K., & Pollet, T. V. (2015). What a difference your e-mail makes: effects of informal e-mail addresses in online résumé screening. *Cyberpsychology, Behavior, and Social Networking, 18,* 135–140. doi:10.1089/cyber.2014.0542

Vevea, J. L., & Woods, C. M. (2005). Publication bias in research synthesis: Sensitivity analysis using a priori weight functions. *Psychological Methods, 10,* 428–443.

Vinten-Johansen, P., Brody, H., Paneth, N., Rachman, S., & Rip, M. (2003). *Cholera, chloroform, and the science of medicine: A life of John Snow.* New York, NY: Oxford University Press.

Vogel, C. (2011, December 14). Art world star doesn't change his spots. *The New York Times.* Retrieved from https://www.nytimes.com/2011/12/14/arts/design/damien-hirsts-spot-paintings-will-fill-all-11-gagosians.html

Volcanoes by country (2016). Retrieved from http://volcano.oregonstate.edu/volcanoes_by_country.

von Hippel, W., Ronay, R., Baker, E., Kjelsaas, K., & Murphy, S. C. (2016). Quick thinkers are smooth talkers mental speed facilitates charisma. *Psychological Science, 27,* 119–122.

Walker, S. (2006). *Fantasyland: A season on baseball's lunatic fringe.* New York, NY: Penguin.

Wansink, B., & van Ittersum, K. (2003). Bottoms up! The influence of elongation and pouring on consumption volume. *Journal of Consumer Research, 30,* 455–463.

Ward, M. (2013). The gentle art of cracking passwords. *BBC News.* Retrieved from: http://www.bbc.com/news/technology-24519306

Wasserstein, R. L. (Ed.) (2016). ASA Statement on Statistical Significance and *p*-values. *The American Statistician.*

Wasserstein, R. L., & Lazar, N. A. (2016): The ASA's statement on *p*-values: context, process, and purpose. *The American Statistician,* DOI: 10.1080/00031305.2016.1154108

Waters, A. (2006, February 24). Eating for credit. *The New York Times.* Retrieved from http://www.nytimes.com.

Weinberg, B. A., Fleisher, B. M., & Hashimoto, M. (2007). *Evaluating methods for evaluating instruction: The case of higher education* (NBER Working Paper No. 12844). Cambridge, MA: National Bureau of Economic Research.

Westfall, J., Judd, C. M., & Kenny, D. A. (2015). Replicating studies in which samples of participants respond to samples of stimuli. *Perspectives on Psychological Science, 10,* 390–399.

Wetenhall, J. (2010). Who is the lucky four-time lottery winner? *ABC News.* Retrieved from http://abcnews.go.com/Business/texas-woman-wins-millions-lottery-fourth-time/story?id=11097894

White, B., Driver, S., & Warren, A. (2010). Resilience and indicators of adjustment during rehabilitation from a spinal cord injury. *Rehabilitation Psychology, 55*(1), 23–32. doi:10.1037/a0018451

White, M. (2014, July 11). Is social media saving science? *Pacific Standard.* Retrieved from http://www.psmag.com/nature-and-technology/academic-publishing-social-media-saving-science-85733.

Wiley, J. (2005). A fair and balanced look at the news: What affects memory for controversial arguments. *Journal of Memory and Language, 53,* 95–109.

Wolff, A. (2002). Is the SI jinx for real? *Sports Illustrated,* January 21.

Wood, J. M., Nezworski, M. T., Lilienfeld, S. O., & Garb, H. N. (Eds.) (2003). *What's wrong with the Rorschach? Science confronts the controversial inkblot test.* San Francisco, CA: Jossey-Bass.

Word, D. L., Coleman, C. D., Nunziata, R., & Kominski, R. (2008). Demographic aspects of surnames from census 2000. Unpublished manuscript, Retrieved from http://citeseerx.ist.psu.edu/viewdoc/download?doi=10.1.1.192.3093&rep=rep1&type=pdf

World Health Organization. (2018). Myths and realities in disaster situations. Retrieved from http://www.who.int/hac/techguidance/ems/myths/en/index.html.

Yanovski, J. A., Yanovski, S. Z., Sovik, K. N., Nouven, T. T., O'Neil, P. M., & Sebring, N. G. A. (2000). A prospective study of holiday weight gain. *New England Journal of Medicine, 23,* 861–867.

Yilmaz, A., Baran, R., Bayramgürler, B., Karahalli, E., Unutmaz, S., & Üskül, T. B. (2000). Lung cancer in non-smokers. *Turkish Respiratory Journal, 2,* 13–15.

YKK. (2018). The cycle of goodness. Retrieved from http://ykkamerica.com/corp_philosophy.html.

Yong, E. (May, 2012). Replication studies: Bad copy. *Nature.* Retrieved from http://www.nature.com/news/replication-studies-bad-copy-1.10634.

York, B. N. & Loeb, S. (2014). One step at a time: The effects of early literacy text messaging program for parents and preschoolers. *National Bureau of Economic Research.* Retrieved from http://www.nber.org/papers/w20659

YouTube's 50 Best Videos. (2015, September 25). *Time.* Retrieved from http://content.time.com/time/specials/packages/completelist/0,29569,1974961,00.html.

Zacks, J., & Tversky, B. (1997). *Bars and lines: A study of graphic communication.* AAAI Technical Report FS-97-03.

Zarate, C. A. (2006). A randomized trial of an N-methyl-D-aspartate antagonist in treatment-resistant major depression. *Archives of General Psychiatry, 63,* 856–864.

Zinman, J., & Zitzewitz, E. (2016). Wintertime for Deceptive Advertising?. *American Economic Journal: Applied Economics, 8,* 177–92. doi:10.1257/app.20130346

찾아보기

ㄱ

가설검증 11
가정 194
강건한 194
개인적 확률 125
검사-재검사 신뢰도 447
격자 70
계수 알파 448
구간 추정치 221
그림그래프 64
기술통계 3
기울기 471

ㄷ

다봉 96
단봉 96
단순선형회귀 467
단일표본 t 검증 259
독립표본 t 검증 296
동변량 330

ㅁ

막대그래프 62
명목변인 5
모수적 검증 194
모수치 92
무선표본 117
무선할당 12
무아레 진동 70
묶은 빈도표 33

ㅂ

바닥효과 41
반복연구 119
범위 101
변량 102
변량분석 328
변산성 101
변산원표 339
변인 4
부적 상관 436
부적으로 편중 42
불연속 관찰 5
비모수적 검증 194
비선형관계 59
비율변인 6
빈도다각형 38
빈도분포 28
빈도표 28

ㅅ

사후검증 349
산포도 58
상관 12
상관계수 434
상대적 빈도에 근거한 기대확률 125
상대적 위험도 524
상호작용 391
서열변인 5
선그래프 60
선형관계 59
성공 125

ㅂ

소산 125
수준 7
순서효과 276
숲도표 233
시계열도 61
시행 125
신뢰구간 222
신뢰할 만한 9
실험 12
실험집단 129
심리측정 447
심리측정학자 447
쌍봉 96

ㅇ

알파수준 196
양방검증 203
역균형화 276
연구가설 129
연속 관찰 5
영가설 129
오리 70
오차의 비례적 감소 481
요인 392
요인 변량분석 391
원점수 28
이변량 330
이원 변량분석 391
일반화가능성 119
일방검증 203
일원 변량분석 330

임계영역 196
임곗값 195

ㅈ

자원자표본 119
자유도 260
전집 3
전체 평균 340
절편 471
점 추정치 221
정량적 상호작용 397
정상곡선 148
정상분포 40
정성적 상호작용 397
정적 상관 435
정적으로 편중 41
제곱합 103
조작적 정의 11
주변평균 398
주효과 394
중다회귀 488
중심극한정리 163
중앙값 94
지정값 70
직교변인 487
집단간 변량 328
집단간 변량분석 330
집단간 연구설계 14
집단내 변량 329
집단내 변량분석 330
집단내 연구설계 14

집중경향 90

ㅊ

차트정크 69
착각상관 123
척도변인 6
천장효과 42
최빈값 95
추론통계 3
추정표준오차 479

ㅋ

카이제곱 독립성 검증 509
카이제곱 적합도 검증 509
칸 393
코헨의 d 228
크레이머 V 522

ㅌ

타당한 9
통계적 검증력 235
통계적으로 유의하다 196
통계치 92
통제집단 129
통합 변량 302
투키 HSD 검증 350

ㅍ

파레토차트 62
파이차트 64

파일 서랍 분석 234
편의표본 117
편중분포 41
평균 91
평균분포 163
평균으로부터의 편차 103
평균으로의 회귀 469
표본 3
표준오차 166
표준정상분포 158
표준편차 104
표준화 152
표준회귀계수 475
피어슨 상관계수 440

ㅎ

확률 125
확증편향 123
효과크기 228
히스토그램 35

기타

1종 오류 132
2종 오류 133
F 통계치 328
R^2 348
t 통계치 258
z 분포 158
z 점수 152

저자 소개

수전 놀란(Susan Nolan)은 홀리크로스대학을 졸업하고 노스웨스턴대학교에서 임상심리학으로 Ph.D.를 획득하였다. 그녀는 과학, 테크놀로지, 공학, 그리고 수학 분야에서 성별의 역할뿐만 아니라 정신건강의 낙인찍기 문제를 연구하고 있으며, 국립과학재단(NSF)의 연구비 지원을 받아왔다. 현재 시턴홀대학교 심리학과 교수이고, 미국심리학회(APA)의 유엔 대표로 활동하였으며, 2012년 심리학교수학회의 통계적 사고능력 태스크포스를 주재하였다. 또한 미국 동부심리학회(EPA)의 회장을 역임하였고, 2015~2016년 풀브라이트 학자이기도 하였다. 현재 EPA, APA, APS(미국심리과학회)의 펠로이다.

Colene Barlow Durocher

톰 하인젠(Tom Heinzen)은 29세에 록포드대학에 입학하여 우등생으로 졸업하였고, 알바니 소재 뉴욕주립대학교(SUNY)에서 사회심리학으로 3년 만에 Ph.D.를 획득하였다. 그는 학위 취득 후 정부에서 일하면서 2년 만에 좌절과 창의성에 관한 첫 번째 저서를 출판하였으며, 공공정책 연구원으로 활동한 후, 뉴저지의 윌리엄패터슨대학교에서 교수경력을 시작하였다. 그는 심리학 클럽을 설립하고, 학부생 연구회를 조직하였으며, 계속해서 논문, 저서, 희곡, 그리고 일반심리학과 통계학 강의를 지원하는 두 편의 소설을 쓰면서도 여러 가지 교수상을 수상하였다. 또한 노인 작가들의 시 모음집인 할 이야기가 참 많네요(*Many Things to Tell You*)의 편집자이기도 하다. 그는 수많은 학회의 회원이며 APA, EPA, APS, 그리고 뉴욕과학원의 펠로이다.

Caroline Dawney

공식

제4장

표본의 평균

$$M = \frac{\Sigma X}{N}$$

범위

범위 $= X_{최고점수} - X_{최저점수}$

변량

$$SD^2 = \frac{\Sigma (X - M)^2}{N}$$

표준편차

$$SD = \sqrt{SD^2}$$

표준편차(변량을 알지 못할 때)

$$SD = \sqrt{\frac{\Sigma (X - M)^2}{N}}$$

제6장

z 점수

$$z = \frac{(X - \mu)}{\sigma}$$

z 점수에서 원점수로 변환

$$X = z(\sigma) + \mu$$

표준오차

$$\sigma_M = \frac{\sigma}{\sqrt{N}}$$

평균분포에서 z 통계치

$$z = \frac{(M - \mu_M)}{\sigma_M}$$

제8장

z 검증에서 신뢰구간

$$M_{하한} = -z(\sigma_M) + M_{표본}$$
$$M_{상한} = z(\sigma_M) + M_{표본}$$

z 검증에서 효과크기

$$코헨의 \; d = \frac{(M - \mu)}{\sigma}$$

제9장

표본의 표준편차

$$s = \sqrt{\frac{\Sigma (X - M)^2}{(N - 1)}}$$

표본의 표준오차

$$s_M = \frac{s}{\sqrt{N}}$$

단일표본 t 검증에서 t 통계치

$$t = \frac{(M - \mu_M)}{s_M}$$

단일표본 t 검증 또는 대응표본 t 검증에서 자유도

$$df = N - 1$$

단일표본 t 검증 또는 대응표본 t 검증에서 신뢰구간

$$M_{하한} = -t(s_M) + M_{표본}$$
$$M_{상한} = t(s_M) + M_{표본}$$

단일표본 t 검증 또는 대응표본 t 검증에서 효과크기

$$코헨의 \; d = \frac{(M - \mu)}{s}$$

제10장

독립표본 t 검증에서 자유도

$$df_{전체} = df_X + df_Y$$

통합 변량

$$s^2_{통합} = \left(\frac{df_X}{df_{전체}}\right)s^2_X + \left(\frac{df_Y}{df_{전체}}\right)s^2_Y$$

독립표본 t 검증에서 평균분포의 변량

$$s^2_{M_X} = \frac{s^2_{통합}}{N_X} \qquad s^2_{M_Y} = \frac{s^2_{통합}}{N_Y}$$

평균 간 차이 분포의 변량

$$s^2_{차이} = s^2_{M_X} + s^2_{M_Y}$$

평균 간 차이 분포의 표준편차

$$s_{차이} = \sqrt{s^2_{차이}}$$

독립표본 t 검증에서 t 통계치

$$t = \frac{(M_X - M_Y) - (\mu_X - \mu_Y)}{s_{차이}}$$

흔히 다음과 같이 줄여서 사용한다. $t = \dfrac{(M_X - M_Y)}{s_{차이}}$

독립표본 t 검증에서 신뢰구간

$$(M_X - M_Y)_{하한} = -t(s_{차이}) + (M_X - M_Y)_{표본}$$
$$(M_X - M_Y)_{상한} = t(s_{차이}) + (M_X - M_Y)_{표본}$$

통합 표준편차

$$s_{통합} = \sqrt{s^2_{통합}}$$

독립표본 t 검증에서 효과크기

평균 간 차이에 대한 코헨의 $d = \dfrac{(M_X - M_Y) - (\mu_X - \mu_Y)}{s_{통합}}$

제11장

일원 집단간 변량분석

$$df_{집단간} = N_{집단} - 1$$
$$df_{집단내} = df_1 + df_2 + \cdots + df_n$$
$$df_{전체} = df_{집단간} + df_{집단내} \text{ 또는 } df_{전체} = N_{전체} - 1$$
$$GM = \frac{\Sigma(X)}{N_{전체}}$$
$$SS_{전체} = \Sigma(X - GM)^2$$
$$SS_{집단내} = \Sigma(X - M)^2$$
$$SS_{집단간} = \Sigma(M - GM)^2$$
$$SS_{전체} = SS_{집단내} + SS_{집단간}$$
$$MS_{집단간} = \frac{SS_{집단간}}{df_{집단간}}$$
$$MS_{집단내} = \frac{SS_{집단내}}{df_{집단내}}$$
$$F = \frac{MS_{집단간}}{MS_{집단내}}$$

일원 집단간 변량분석에서 효과크기

$$R^2 = \frac{SS_{집단간}}{SS_{전체}} \text{ [일원 집단간 변량분석 공식]}$$

일원 집단간 변량분석에서 사후검증

$$HSD = \frac{(M_1 - M_2)}{s_M}$$
$$s_M = \sqrt{\frac{MS_{집단내}}{N}} \text{ (표본크기가 모두 동일할 때)}$$
$$s_M = \sqrt{\frac{MS_{집단내}}{N'}} \text{ (표본크기가 동일하지 않을 때)}$$
$$N' = \frac{N_{집단}}{\Sigma(1/N)}$$

일원 집단내 변량분석

$$df_{집단간} = N_{집단} - 1$$
$$df_{참가자} = n - 1$$
$$df_{집단내} = (df_{집단간})(df_{참가자})$$
$$df_{전체} = df_{집단간} + df_{참가자} + df_{집단내}$$
$$SS_{전체} = \Sigma(X - GM)^2$$
$$SS_{집단간} = \Sigma(M - GM)^2$$
$$SS_{참가자} = \Sigma(M_{참가자} - GM)^2$$
$$SS_{집단내} = SS_{전체} - SS_{집단간} - SS_{참가자}$$
$$MS_{집단간} = \frac{SS_{집단간}}{df_{집단간}}$$

$$MS_{참가자} = \frac{SS_{참가자}}{df_{참가자}}$$

$$MS_{집단내} = \frac{SS_{집단내}}{df_{집단내}}$$

$$F_{집단간} = \frac{MS_{집단간}}{MS_{집단내}}$$

$$F_{참가자} = \frac{MS_{참가자}}{MS_{집단내}}$$

$$R^2 = \frac{SS_{집단간}}{(SS_{전체} - SS_{참가자})}$$

제13장

피어슨 상관계수

$$r = \frac{\Sigma[(X - M_X)(Y - M_Y)]}{\sqrt{(SS_X)(SS_Y)}}$$

$$df_r = N - 2$$

제14장

표준회귀방정식

$$z_{\hat{Y}} = (r_{XY})(z_X)$$

단순 선형회귀방정식(일원일차방정식)

$$\hat{Y} = a + b(X)$$

표준회귀계수

$$\beta = (b)\frac{\sqrt{SS_X}}{\sqrt{SS_Y}}$$

오차의 비율적 감소

$$r^2 = \frac{(SS_{전체} - SS_{오차})}{SS_{전체}}$$

제15장

카이제곱 통계치

$df_{\chi^2} = k - 1$ (카이제곱 적합도 검증)
$df_{\chi^2} = (k_{행} - 1)(k_{열} - 1)$ (카이제곱 독립성 검증)

$$\chi^2 = \Sigma\left[\frac{(O - E)^2}{E}\right]$$

각 칸의 기대빈도 $= \dfrac{(주변합_{열})(주변합_{행})}{N}$

카이제곱 통계치에서 효과크기

크레이머 $V = \sqrt{\dfrac{\chi^2}{(N)(df_{행/열})}}$

스피어먼 상관계수

$$r_S = 1 - \frac{6(\sum D^2)}{N(N^2 - 1)}$$

만-휘트니 U 검증

$$U_1 = (n_1)(n_2) + \frac{n_1(n_1 + 1)}{2} - \sum R_1 \quad \text{(R은 첫 번째 표본}$$
의 순위)

$$U_2 = (n_1)(n_2) + \frac{n_2(n_2 + 1)}{2} - \sum R_2 \quad \text{(R은 두 번째 표본}$$
의 순위)